气象数据统计分析方法

黄嘉佑　李庆祥　编著

内容简介

本书主要介绍了近代数据处理与统计方法及其在各类气象分析中的应用，并加入了许多21世纪以来国际上在气象应用统计领域的一些最新成果。此外，还将一些常用的数据处理方法的基本原理和计算步骤编写在附录中，希望有助于气象工作人员参考使用。

本书可以作为具有一定气象学基础的气象及相关行业技术人员从事相关研究及业务工作的参考书，也可以作为气象学硕士、博士研究生开展相关研究的参考书或教材。

图书在版编目(CIP)数据

气象数据统计分析方法/黄嘉佑，李庆祥编著.
—北京：气象出版社，2014.12(2020.1重印)
ISBN 978-7-5029-5792-6

Ⅰ.①气…　Ⅱ.①黄…　②李…　Ⅲ.①气象数据-统计分析-分析方法　Ⅳ.①P416

中国版本图书馆CIP数据核字(2015)第002453号

Qixiang Shuju Tongji Fenxi Fangfa
气象数据统计分析方法

出版发行：气象出版社
地　　址：北京市海淀区中关村南大街46号　　邮政编码：100081
电　　话：010-68407112(总编室)　010-68408042(发行部)
网　　址：http://www.qxcbs.com　　E-mail：qxcbs@cma.gov.cn
责任编辑：陈　红　黄海燕　　终　　审：黄润恒
封面设计：博雅思企划　　责任技编：吴庭芳
印　　刷：三河市君旺印务有限公司
开　　本：787 mm×1092 mm　1/16　　印　　张：32.5
字　　数：828千字
版　　次：2015年3月第1版　　印　　次：2020年1月第4次印刷
定　　价：100.00元

前　言

无论是人类社会或自然科学中，均存在大量的资料数据。巨量资料(big data)，或称大数据、海量资料，是人们了解社会和自然的基础。大数据具有四大特点：第一，数据体量巨大；第二，数据类型繁多，包括网络日志、视频、图片、地理位置信息等；第三，价值密度低，在连续不间断观测和监控过程中，可能有用的数据很少；第四，处理速度快，依靠计算机可以快速处理。“大数据”是由数量巨大、结构复杂、类型众多数据构成的数据集合，是基于云计算的数据处理与应用模式，通过数据的整合共享，交叉复用，形成的智力资源和知识服务能力。对大数据处理、挖掘技术、数据分析是时代发展的需要。在大数据时代已经到来的时候需要用大数据思维去发掘大数据的潜在价值。

在现代气象学科的发展中，人们认识天气现象和天气过程，总是先从局地的天气现象的观测开始，了解局地的天气气候变化特征。这种了解过程是利用天基(卫星)和陆基(探空、雷达、观测站和自动气象站等)的全球气象观测网，了解全球范围的天气气候现象，这些数据是大数据。此外，在气象业务和科研中，很多是通过数值模式对大气运动的变化过程进行模拟和预报，其中也存在大量的气象要素和相关物理量的数据。但是，由于过去没有电脑的帮助，无法从大量的数据中总结大气运动的规律性。近年来，随着计算机的发展，利用数据处理和统计学方法来研究天气和气候现象发生的过程和成因，利用气象数据探索大气过程演变的规律成为可能。

近代发展起来的天气气候学、以研究原理为主的物理气候学或动力气候学均离不开气象数据。它们使用气象数据来总结天气概念模式、解释和总结大气动力过程，形成以统计观点和方法为主体又与气象学结合的新分支；它们补充和加强传统气候学的研究，并形成一个气象学中崭新的学科——天气统计学和气候统计学；它们均是利用资料数据，运用数理统计和数据处理方法研究天气和气候的特征、变化和预测的学科。

从现代气候学的观点来看，气候不仅是局地气象要素的平均状态的描述，从空间上扩展到全球范围，即所谓的全球气候系统，扩展到地球—大气—外层空间，即所谓的地球气候系统，即把局地的气候变化看成是地球五大圈——岩石圈、水圈、冰雪圈、大气圈和生物圈，甚至包括地球以外的天文圈相互作用的结果。事实上，以气象与其他学科相互关系为研究对象的学科业已形成，如农田气候学、森林气候学、航空气候学、海洋气候学、水面气候学、山地气候学、水文气候学、城市气候学、建筑气候学、室内气候学、污染气候学、生态气候学、生物气候学和医疗气候学等，均以气象数据处理方法为主要研究手段。当然在气象中，数据处理和统计方法作为研究手段不仅在气候学、天气学和动力气象学上，还广泛用于大气探测、卫星遥感、大气物理和大气化学等学科中。总而言之，以气象资料为基础和以气象数据处理为主要研究方法的学科可以称为气象统计学，它在边缘学科和交叉学科的研究中将起重要作用。

与国内以往气象统计类著作不同之处在于，本书将侧重介绍近代数据处理与统计方法如何实际应用到各类气象分析中。例如，如何描述气象中的数据，如何对气象数据进行基础处理，如何对气象要素的时间演变序列做规律性分析，如何研究不同气象要素之间的变化关系，如何分析一个地区的气象要素和气候要素的时空变化，如何做气象要素和气候变化的预报和预测，如何进行气象资料均一化处理，如何对气象资料进行插补，等等。本书正文内容主要介绍数据处理方法如何应用在气象中；并将一些常用的数据处理方法的基本原理和计算步骤作为参考编写在附录中，希望有助于从事气象研究和业务的工作人员参考使用。

由于水平有限，本书错误和不当之处在所难免，敬请读者指正。

编著者

2014年10月

目　录

第1章　气象资料与数据

1.1　气象数据的特征

目前，在气象业务系统中拥有大量的气象资料和各种其他有关的信息资料（直接或间接获得的观测数据），它们是来自地面、高空、雷达和卫星的观测资料，隐含着丰富的地球环境和大气环流信息，这些信息既包含地区天气变化和气候环境状况，也包含外界影响局地天气和气候的因素。人类和大部分生物生存在地球大气中，大气圈是人类对气候变化感受的主要空间环境，人类生存环境与大气、下垫面生态环境有关，也与人类居住环境有关，如果能够从数据中找出其演变规律，就能够对人类环境的未来状态进行预测。因此，如何利用这些资料数据，分析其基本特征及其演变规律，是开发利用气象资源的重要内容。

地球系统包含岩石圈、冰雪圈、大气圈、水圈和生物圈，圈层之间存在相互作用。气象资料主要来自大气圈观测资料，诊断大气中的天气和气候状态及变化是通过气象要素和气候要素来描述的，即通过气候要素的量化描述，来反映气候各子系统的状态和变化过程。大气系统的气候要素常用的有温度、降水、气压，此外还有水汽含量、风向风速、二氧化碳含量、臭氧含量等。考虑到大气圈与水圈相互作用，还常常使用海洋和河流的各种物理量的测量资料。例如，海洋系统常用的有海表海温、深层海温和海洋热含量等，它们是描述海洋向大气子系统传输热量多少的要素。陆地中常用河流流量、水库水位等资料。冰雪系统常用积雪厚度、冰雪范围来描述冷源作用的程度和大小。陆面系统中常用火山喷发和火山灰强度指数来描述。生物圈的作用目前还无公认的描述要素。上述的资料数据都可以用于气象规律性的分析，均可以称为气象资料数据。

1.2　气象数据的类型

地球系统中的气象资料类型大体有两种，一种是定性资料。例如，天气现象，雷暴、霜冻、雾霾和沙尘暴等现象，观测资料中使用“有”和“无”来记载。对地区温度的气候状态，一般分为特冷、冷、正常、暖和特暖5个级别进行描述。有时为描述简便，也可以把温度的气候状态分为两级，即冷和暖。对地区降水的气候状态，也有特旱、旱、正常、涝和特涝5个级别的状态描述，或旱和涝两个级别的状态描述。在我国历史上，气温或降水的状态描述还使用文字来记载。例如，某地的县志等资料记录该地某年某月“城门水深三尺”“颗粒无收”等，均是历史文献中有关水旱状态的文字描述。这些文字记载也是一种定性资料。

另一种是定量资料。即由现代仪器观测（各种在地面观测和卫星中使用的仪器）得到的资料数据，常常表现为连续变化的数值资料。

在气象观测资料数据中有元数据，即“数据的数据”，或者叫作用来描述数据的数据，或者叫作信息的信息。元数据可以简单地理解成最小的数据单位，可以为数据说明其元素或属性（如名称、大小、数据类型等），或其结构（如长度、字段、数据列），或其相关数据（如位于何处、如何联系、拥有者）等。

非气象领域的专业人员也需要从观测中提取最准确的数据，并且通常和从不同地方或以不同次数采集的数据相比较。同时需要对测量条件有完整的了解。数据的准确性可能受到仪器类型、仪器安装位置、记录程序以及许多其他因素的影响。尽量保留所有元数据的记录，从而可以最大可能地利用这些数据。全球气候观测系统（GCOS）气候监测的原则是，“当地条件、仪器、操作程序、数据处理算法以及其他与解释数据相关的因素（例如元数据）的历史和细节都应该与数据本身得到同等重要的重视”（WMO，2002）。

为了计算处理方便，需要把定性的气象资料转化为数据。例如，为了数量化描述，定性资料常常以离散数值描述。例如，把“有”和“无”描述的天气现象，以及“冷（旱）”和“暖（涝）”的两种级别的记载，记为“1”和“0”的数据资料。对气温（降水量）划分的 5 级气候状态，记为“1”“2”“3”“4”和“5”的数据资料（中央气象局气象科学研究院，1981），即可以把定性的气象资料转变为定量的数据资料。但是，这种数据与气象仪器观测的连续型数据不同，它们是自然数列，是离散型的数据。因此，在气象中的数据类型有两种：离散型数据、连续型数据。

不同数据类型，根据研究分析需要，可以相互转化。例如，对连续型降水量数据，根据降水量数值大小，把降水量分为小雨、中雨、大雨、暴雨、大暴雨和特大暴雨等 6 个级别，其中小雨指 1 d（或24 h）降雨量小于 10 mm 者；中雨指 1 d（或 24 h）降雨量 10～25 mm 者；大雨指 1 d（或 24 h）降雨量 25～50 mm 者；暴雨指 1 d（或 24 h）降雨量 50～100 mm 者；大暴雨指 1 d（或 24 h）降雨量 100～200 mm 者；特大暴雨指 1 d（或 24 h）降雨量在 200 mm 以上者。这样，连续型数据就转化为 1～6 个级别的离散型数据。

对离散型气象数据，有时为了处理方便，把它们看成连续型中不同时刻的观测值，也可以作为连续型数据处理。

1.3 气象数据的描述

为了便于数学的研究，常把各种大气中描述天气过程的气象要素，或描述气候变化的气候要素，以及与大气层有相互作用的各气候系统圈层的物理量（如海洋表面和深层的海温、极地的冰盖、高原的雪盖等）统称为大气变量，由于它们是影响大气层变化的物理量，是随时间变化的变量，有时为了方便，也简称为变量。

大气变量的数据类型，是离散型变量和连续型变量。根据研究对象不同，研究的变量可以是单变量，如某一个测站的气温或降水量；也可以是多变量，例如，中国范围所有观测站某时刻的气温或降水量，它们的观测值组成一个空间分布图像，常称为气温场或降水量场，统称为某时刻的大气变量场。场中测站分布可以是不规则的，如中国气象观测站点的分布、某月中国降水量的分布（中国气象局气候变化中心，2012）；也可以是规则的，如高度场中的格点、某一等压面（图 1.3.1）。常常把这些变量称为大气变量场。例如，温度场、降水量场和高度场等。

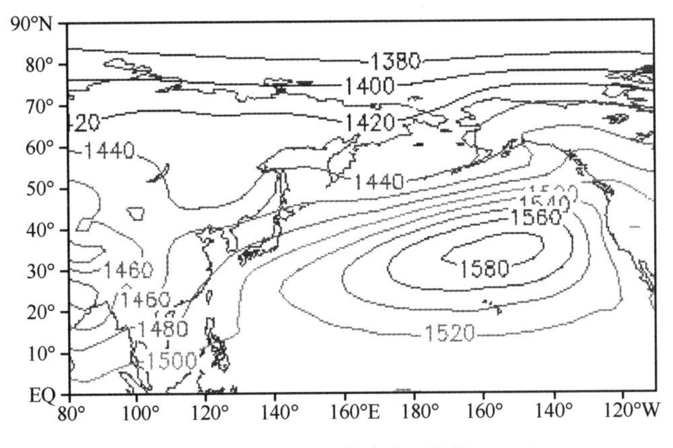

图 1.3.1　850 hPa 高度场(单位:gpm)

气象中观测数据是随时间变化的,常常把变量按时间顺序排列的一组数据,称为时间序列,或称为该变量时间序列,或简称为序列(图 1.3.2)。如果研究两个变量以上的数据,则称为多变量时间序列。例如,某一等压面(如 850 hPa)中有很多网格点,某个格点都有随时间变化的观测数据,它们一起称为多变量时间序列数据,也称为变量场数据,它们随空间和时间变化。

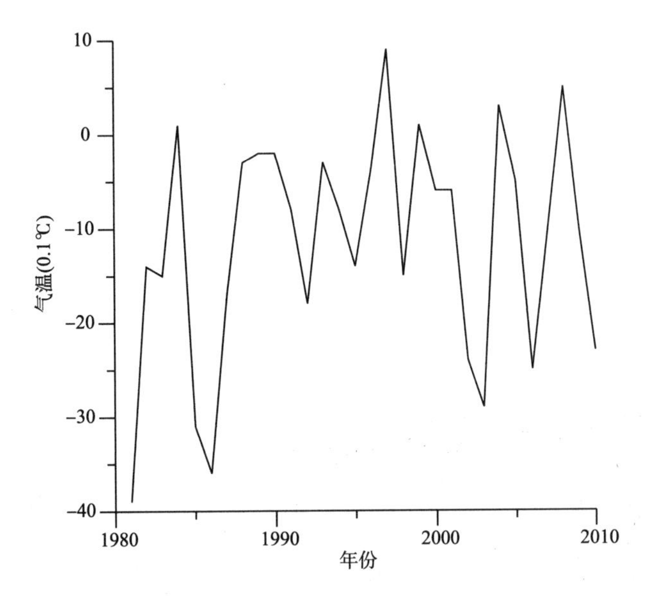

图 1.3.2　北京 12 月气温逐年变化序列(1981—2010 年)

对气象数据进行研究是为了了解研究对象全体的变化规律。研究对象的全体也称为总体,我们所取得的气象数据是大气变量总体的部分,称为样本。数据采样的数量称为样本容量。

气象数据除了用变量样本数据的数值变化描述外,常以列表形式给出,例如,北京近 1 个气候阶段(30 年)冬季(12 月—次年 1 月)气温和夏季(6—8 月)降水量 1981—2010 年逐年变化序列(表 1.3.1)。

表 1.3.1 北京冬季气温和夏季降水量数据资料(1981—2010 年)

年份	冬季气温(0.1℃)			夏季降水量(0.1 mm)		
	12月	1月	2月	6月	7月	8月
1981	−39	−48	−14	194	1709	1025
1982	−14	−43	4	1402	2074	1194
1983	−15	−29	−21	665	265	2252
1984	1	−45	−25	441	600	2775
1985	−31	−47	−19	320	2895	2977
1986	−36	−37	−18	2032	1629	1427
1987	−17	−36	1	912	1309	2465
1988	−3	−29	−14	618	2787	2040
1989	−2	−20	16	390	1248	1042
1990	−2	−49	−6	40	2230	1570
1991	−8	−23	1	2363	1980	1247
1992	−18	−11	18	694	1539	1414
1993	−3	−37	16	392	2064	1585
1994	−8	−16	8	236	4592	2142
1995	−14	−7	21	689	1956	1199
1996	−4	−22	−4	551	3074	2500
1997	9	−38	13	355	1398	832
1998	−15	−39	24	1429	2479	1144
1999	1	−16	22	240	596	570
2000	−6	−64	−15	190	615	1505
2001	−6	−54	−15	458	1286	497
2002	−24	1	34	1035	549	743
2003	−29	−31	9	661	577	342
2004	3	−23	29	696	1820	507
2005	−5	−28	−29	664	961	1234
2006	−25	−19	−9	351	1550	475
2007	−10	−15	37	461	1162	1036
2008	5	−30	6	1253	793	1321
2009	−10	−30	10	955	1966	609
2010	−23	−48	−10	887	340	1778

数据还可以用变量值随时间的变化曲线表现(图 1.3.2)。在数学上,变量常用字母来表示,例如,以 x 表示某大气变量,它的一组观测数据称为该变量的样本,用式(1.3.1)表示:

$$x_i(i=1,2,\cdots,n) \tag{1.3.1}$$

式中,i 表示数据顺序,把样本中某个时刻观测的数据称为样品;n 表示数据的总个数,也称为样本容量。变量数据也可以表示为函数形式,为

$$x(i)(i=1,2,\cdots,n) \tag{1.3.2}$$

气象中的变量数据是随时间变化的,也常把 i 改为 t 来表示不同时间所取得的样本。记为

$$x_t(t = 1,2,\cdots,n) \tag{1.3.3}$$

变量数据的变化可以用图表示，例如，图 1.3.2 给出了北京 12 月气温 1981—2010 年的变化情况，通过曲线可以相互比较，其变化趋势也一目了然。

离散型的变量数据也可以表示为时间序列形式。例如，海冰结冰的冰情，按轻、较轻、正常、较重、重分为 5 级描述。图 1.3.3 给出了 1932—2000 年黄、渤海海冰冰级的年际变化曲线。

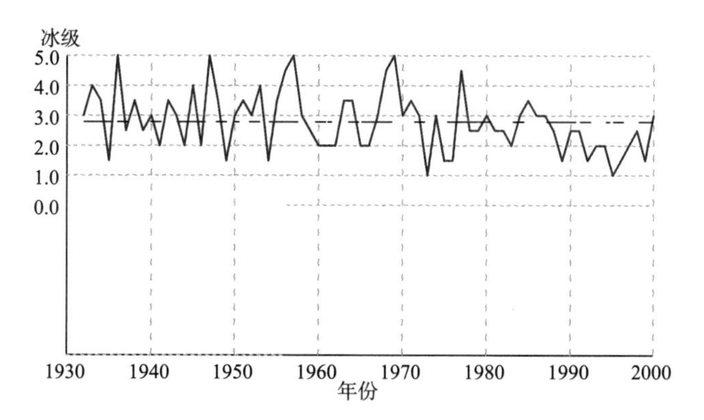

图 1.3.3　1932—2000 年黄、渤海海冰冰级年际变化(引自李剑等，2005)

对单个变量数据，有时为了矩阵计算方便，也可以使用向量表示。即表示为

$$\boldsymbol{x} = (x_1, x_2, \cdots, x_n) \tag{1.3.4}$$

该向量称为行向量，记为 $\boldsymbol{x}\,(1\times n)$ 或 $\underset{1\times n}{\boldsymbol{x}}$。

当然，也可以表示为列向量，即

$$\underset{n\times 1}{\boldsymbol{x}} = \begin{pmatrix} x_1 \\ x_2 \\ \vdots \\ x_n \end{pmatrix} \tag{1.3.5}$$

记为 $\boldsymbol{x}\,(n\times 1)$ 或 $\underset{n\times 1}{\boldsymbol{x}}$。

对包含多变量的大气变量场数据，通常表示为矩阵。例如，含 p 个变量(或格点)的变量场的数据矩阵，记为

$$\underset{p\times n}{\boldsymbol{x}} = \begin{pmatrix} x_{11} & x_{12} & \cdots & x_{1n} \\ x_{21} & x_{22} & \cdots & x_{2n} \\ \vdots & \vdots & & \vdots \\ x_{p1} & x_{p2} & \cdots & x_{pn} \end{pmatrix} \tag{1.3.6}$$

矩阵中每一行的数据是某变量的 n 个数据。当然 p 个变量的数据矩阵也可以按列记录场中某变量的数据，表示为

$$\underset{n\times p}{\boldsymbol{x}} = \begin{pmatrix} x_{11} & x_{12} & \cdots & x_{1p} \\ x_{21} & x_{22} & \cdots & x_{2p} \\ \vdots & \vdots & & \vdots \\ x_{n1} & x_{n2} & \cdots & x_{np} \end{pmatrix} \tag{1.3.7}$$

1.4 数据整理的方法论

气象数据的表示和进一步分析不是我们研究的最终目的，我们需要通过收集气象数据，对资料数据进行整理和分析，得到数据变化规律性的认识，从而对人类活动环境的未来状态进行预估。

研究大气中现象之间的关联及其自身的演变规律性，常常把气象变量数据的产生，看成一个随机事件，不去理会它们个别的物理演变行为，而去研究它们大量现象出现的总体行为，由此发现它们的规律性。大气变量数据研究的目的，是通过大气变量产生的数据变化，来研究大气变量的发生和发展的规律性、产生的原因，以及对大气未来状态做出估计和预测。

对气象数据的处理，主要使用统计学方法。统计学方法是一种“概率对应”的描述。即一组确定的初值只是总体中的一次抽样，未来的演变是一种大量现象的演变规律，其对应关系是一种统计关系，而不是确定的对应关系。对天气过程的研究，前者是物理的必然性观点，后者是随机性观点。事实上，天气过程既有必然性的一面又有随机性的一面，它的发生发展除遵循流体动力规律外，不可避免地受到外界其他因素的影响，何况一个确定动力系统由于对初值的敏感性有时也会表现出随机行为，这种性质被称为系统内在的随机性。而且大量天气现象的总体中存在着隐藏的天气过程规律性。正如恩格斯所说：“那被断定为必然性的东西，是由种种的偶然所构成的，而被认为是偶然的东西，则是一种必然性隐藏在里面的形式。”

数据处理有可识别性(样本了解总体)、统计诊断、因果分析学派等，但是无论什么学派，其处理方法主要是统计学的基础方法。随着计算机的迅猛发展，统计方法和数字处理方法结合，渗透到了一切可以称为科学的学科部门，直接解决实际问题。因此，人们说统计学是一门应用学科。但事实上，许多古老的科学学科，其哲学思维方式也被统计学的哲学思想逐渐取代，一系列新的思想与学科，由统计产生。从这点上来看，统计学也是独特的理论研究学科。

参考文献

李剑，黄嘉佑，刘钦政．2005．黄、渤海海冰长期变化特征分析．海洋预报，**22**(2)：22-32.

中国气象局气候变化中心．2012．中国气候变化监测公报．

中央气象局气象科学研究院．1981．中国近五百年旱涝分布图集．北京：地图出版社．

第 2 章　大气基本状态

利用数据，从定量的角度描述大气的各种状态，其中包括大气瞬时状态、定常状态（平均态），大气状态变化速度（也称为变率，即天气变率和气候变率），大气现象出现的频率，大气不同状态的分布，以及极端天气和气候事件等，是天气和气候学基础研究的重要内容。

2.1　大气平均状态的描述

现代气候的定义：大气许多不同状态总体的一个统计集合，大气变量的平均状态是大气基本状态。描述大气变量基本状态，平均态是主要气候状态描述之一。

单个大气变量平均值是大气局地气候状态的度量，它由大气变量数据 $x_i(i=1,2,\cdots,n)$ 平均得到。表示为

$$\bar{x}=\frac{1}{n}\sum_{i=1}^{n}x_i \tag{2.1.1}$$

或以向量运算，表示为

$$\bar{x}=(1/n)\,\boldsymbol{x}'\boldsymbol{1} \tag{2.1.2}$$

式中，$\boldsymbol{x}\ (n\times1)$ 为变量数据向量；$\boldsymbol{1}\ (n\times1)$ 为单位长度向量；“$\boldsymbol{x}'$”表示向量的转置。变量平均值可以看成是 n 维空间中原变量数据向量与单位长度向量的内积。

常见的某地气温日、月和年的平均值，是度量该地气温在不同时间尺度中的平均状态。有日平均值、月平均值和年平均值等，它们是描述气候平均状态的基本统计量。标准气候平均值又称为常年值，它是在标准气候阶段内产生的气候数据序列的平均值。此阶段 WMO 规定为 30 年。例如，近年使用的是 1981—2010 年的平均值作为常年值。

大气变量的平均还有空间平均。如果数据是某一纬度中各经度值构成的序列，平均得到的是纬度平均值。如果序列是大气变量场中各格点的值，平均得到的是变量场的状态平均代表值。

气温一般遵从正态分布，平均气温值常常是出现概率最大的气温值，称为气温变量的期望值。局地气温的平均值往往具有很好的代表性。

在气象要素中，降水量没有使用日、月和年的平均降水量作为度量，而是使用降水量的日、月和年降水总量，来表征某地降水在不同时间尺度中的状态。其原因是降水量一般不遵从正态分布，它的平均值没有代表性。例如，在某地某月 30 天中，有 29 天无降水，只有 1 天降水 300 mm，其月降水量的平均值为 10 mm，它不能代表该月降水最多出现（期望）的情况。

大气中风或气流变量具有方向和大小的变化，可以把它们看成复变量。例如，风变量可表示为

$$X=u+\mathrm{i}v \tag{2.1.3}$$

式中，u 为纬向风速，为复变量实部；v 为经向风速，为复变量虚部。

对大气风变量，纬向风速 u 和经向风速 v 的 n 次观测数据可表示为

$$u_i(i=1,2,\cdots,n)$$

$$v_i(i=1,2,\cdots,n)$$

风变量的平均值为

$$\overline{X}=\overline{u}+\mathrm{i}\overline{v} \tag{2.1.4}$$

其中

$$\overline{u}=\frac{1}{n}\sum_{i=1}^{n}u_i$$

$$\overline{v}=\frac{1}{n}\sum_{i=1}^{n}v_i$$

由于地球中、高纬地区盛行西风，低纬盛行东风，因此不同纬度的平均纬向风经常被使用。如果把风变量看成纬向风速 u 和经向风速 v 构成的向量，用其向量的模表示风速，则可以把风变量处理为实变量：

$$x=\sqrt{u^2+v^2} \tag{2.1.5}$$

2.2 大气状态的异常

大气状态的异常是大气状态分析的重点，因为平均态随时间很少变化，而异常是随时间有剧烈变化的。大气异常状态是针对气候常态而言的状态。度量大气变量的异常状态，通常使用距平来表示，对某时刻的变量距平表示为

$$x_{di}=x_i-\overline{x}\quad(i=1,2,\cdots,n) \tag{2.2.1}$$

样本中所有时刻距平值的平均值为 0，即

$$\frac{1}{n}\sum_{i=1}^{n}x_{di}=\frac{1}{n}\sum_{i=1}^{n}(x_i-\overline{x})=0$$

对大气变量做距平处理后，得到的新变量称为距平变量。记为

$$x_d=x-\overline{x}$$

距平变量的数据向量表示为

$$\boldsymbol{x}_d=\boldsymbol{x}-\overline{x}\boldsymbol{1}$$

式中，$\boldsymbol{x}$ 为原始数据在 n 维空间中的向量；$\overline{x}$ 为数据平均值；$\boldsymbol{1}$ 为 n 维空间中所有元素为 1 的向量。变量的距平数据向量，可以看成是原变量数据向量在 n 维空间中的平移。

距平变量的数据随时间变化，可以反映变量异常状态随时间变化的情况。对大气变量所有异常状态的平均情况进行分析，可以了解大气的变化幅度。但是，距平变量的平均值为 0，无法使用距平变量的平均值来度量大气的平均异常幅度。可以使用距平的平方消除正、负符号的影响，它的平均值可以度量大气异常变化的平均幅度，即使用

$$s^2=\frac{1}{n}\sum_{i=1}^{n}x_{di}^2=\frac{1}{n}\sum_{i=1}^{n}(x_i-\overline{x})^2 \tag{2.2.2}$$

来度量。此统计量称为方差。

方差可以看成距平向量在 n 维空间中的内积，即

$$s^2 = (1/n)\,\boldsymbol{x}'_d\boldsymbol{x}_d$$

变量的方差也可以使用其无偏估计量计算：

$$s^2 = \frac{1}{n-1}\sum_{i=1}^{n} x_{di}^2 = \frac{1}{n-1}\sum_{i=1}^{n}(x_i - \bar{x})^2 \tag{2.2.3}$$

由于方差的单位是变量值单位的平方，使用不方便，常常使用它的开方值来度量变量异常变化的平均幅度，即

$$s = \sqrt{\frac{1}{n}\sum_{i=1}^{n} x_{di}^2} = \sqrt{\frac{1}{n}\sum_{i=1}^{n}(x_i - \bar{x})^2} \tag{2.2.4}$$

此统计量称为标准差，它的单位与平均值相同，常常被用来度量大气变量变化的平均异常幅度。

标准差也可以使用其无偏估计量计算：

$$s^* = \sqrt{\frac{1}{n-1}\sum_{i=1}^{n} x_{di}^2} = \sqrt{\frac{1}{n-1}\sum_{i=1}^{n}(x_i - \bar{x})^2}$$

大气中，风变量是一复变量，它的方差为

$$\begin{aligned} s^2 &= \frac{1}{n}X_d X_d^* = \frac{1}{n}\sum[(u-\bar{u})+\mathrm{i}(v-\bar{v})][(u-\bar{u})-\mathrm{i}(v-\bar{v})] \\ &= \frac{1}{n}\sum[(u-\bar{u})^2 - \mathrm{i}(v-\bar{v})(u-\bar{u}) + \mathrm{i}(v-\bar{v})(u-\bar{u}) + (v-\bar{v})^2] \\ &= \frac{1}{n}\sum[(u-\bar{u})^2 + (v-\bar{v})^2] = s_u^2 + s_v^2 \end{aligned} \tag{2.2.5}$$

可见，风变量中的纬向风 u 和经向风 v，可以看成两个相互独立的随机变量，可以分别求方差，再加在一起，得到风变量的方差。它也可以看成在 n 维空间中两个垂直向量构成的三角形的边长。

风变量的标准差为

$$s = \sqrt{\frac{1}{n}X_d X_d^*} = \sqrt{\frac{1}{n}[(u-\bar{u})^2 + (v-\bar{v})^2]} = \sqrt{s_u^2 + s_v^2} \tag{2.2.6}$$

为了便于不同的大气变量异常变化幅度相互比较，将某时刻的距平除以该变量的标准差，即

$$x_{zi} = \frac{x_{di}}{s} = \frac{x_i - \bar{x}}{s} \quad (i = 1,2,\cdots,n) \tag{2.2.7}$$

或表示为

$$x_{zi} = \frac{x_{di}}{s}$$

此变量称为标准化距平变量，或称为标准化变量。由于它没有单位，便于不同大气变量异常幅度相互比较。标准化变量的数据向量表示为

$$\boldsymbol{x}_z = (1/s)\,\boldsymbol{x}_d$$

其向量由距平向量缩小 s 倍即得。标准化变量的平均值为 0，方差为 1。因为

$$\bar{x}_z = \frac{1}{n}\sum_{i=1}^{n}\frac{x_{di}}{s} = \frac{1}{n}\sum_{i=1}^{n}\left(\frac{x_i - \bar{x}}{s}\right) = 0$$

$$s_z^2 = \frac{1}{n}\sum_{i=1}^{n}\left(\frac{x_{di}}{s} - \bar{x}_z\right)^2 = \frac{1}{n}\sum_{i=1}^{n}\left(\frac{x_i - \bar{x}}{s}\right)^2 = \frac{s^2}{s^2} = 1$$

如果变量遵从正态分布,做上述变量变换后,则新变量遵从标准正态分布,其分布参数期望值为0,方差为1。

根据大气变量某时刻的观测值,计算对应的标准化值的大小,可以判断该观测值是否为极端异常值。此异常值常常作为数值模式中大量观测数据来源可靠性的判断。例如,对500 hPa场中某网格点的观测数据,如果计算出它的标准化值超过5.0,则可以判断它的观测值是不可靠的。因为高度场变量一般遵从正态分布,做变量标准化变换后,新变量遵从标准正态分布,新变量取值超过4.0事件的概率为0.00003,是极小的小概率事件,一次观测就出现了,是不太可能的事情。由此判断该数据是错误数据,可以不予考虑。

大气变量中,为了比较不同地点降水量的异常幅度,常常使用降水距平百分率进行比较。即

$$x_{bi} = \frac{x_{di}}{\bar{x}} = \frac{x_i - \bar{x}}{\bar{x}} \quad (i = 1,2,\cdots,n) \tag{2.2.8}$$

或

$$x_b = \frac{x_d}{\bar{x}}$$

此变量称为距平百分率。降水距平百分率变量单位是百分率,也是无单位变量,可以在不同地区进行降水量的相互比较。

为了消除不同变量变化范围的差异,可以使用均一化变量,即

$$x_{ci} = \frac{x_i - x_{\min}}{x_{\max} - x_{\min}} \quad (i = 1,2,\cdots,n) \tag{2.2.9}$$

式中,$x_{\max}$和$x_{\min}$分别是变量数据样本中的极大值和极小值。此新变量的数据变化范围为0~1。便于进行不同变量变化过程的比较。

2.3 大气平均状态的代表性

对一个地区不同测站的大气变量,常常使用所有测站的平均值来代表该地区的平均状态,例如,气温的地区平均值或者降水量的地区平均值。但是,变量的空间平均值是否有代表性是一个重要问题,也是研究大气基本状态的主要内容之一。

反映数据的聚集状态,常常使用离散系数对变量平均值的代表性进行度量,即

$$CV = \frac{s}{\bar{x}} \tag{2.3.1}$$

式中,$\bar{x}$和s分别为变量的平均值和标准差。此统计量称为离散系数或离散度,又称变差系数。CV的值是没有单位的,便于在不同变量或不同时段中进行比较。CV值越大,表明变量数据变化幅度很大,表示平均值代表性很差,数据不稳定;反之,则表示平均值代表性好。一般CV的值应该小于1比较好,因为如果大于1,则表示变量变化的平均幅度比平均值还大,代表性较差。

例如,计算北京1月气温在两个气候阶段(1951—1980年与1981—2010年)的平均值分别为−4.6℃和−3.1℃,标准差分别为6.37℃和8.08℃。为了了解北京冬季1月气温在两个气候阶段有什么差异,可以分别研究气温的气候平均态的代表性,计算两个时段的样本数据的离散系数,分别为1.38和2.60。因此,可以判断这两个气候阶段,北京冬季1月气温的平均

态代表性都不好，即气温每年变化的幅度都很大。但是，比较而言，最近 30 年的气候阶段气温的变化性更大，反映了地球变暖对北京地区的影响。

大气变量平均值是对某变量总体抽样的样本平均值，判断该样本是否来自某变量的总体，样本的平均值是否与变量总体的期望值相同，即它是否可以代表总体，常常需要做统计学的显著性检验，其检验的统计量为

$$t=\frac{\bar{x}-E(X)}{s/\sqrt{n-1}} \tag{2.3.2}$$

它遵从自由度为 $n-1$ 的 t 分布。式中，$\bar{x}$ 、s 分别为序列平均值和标准差；$E(X)$为变量总体的数学期望；n 为序列样本容量。

Trenberth(1984)提出，使用 t 统计量检验全球天气试验年期间不同的统计量与其他年份的是否有差别。

设 x_0 为试验年的某一统计量，这一统计量一般为某一研究气象要素在某一研究期间(如月、季等)的平均数值。用它与其他年份同一对象的统计量进行比较，设抽取 n 年样品，记为 $x_1,x_2,\cdots,x_n$。假定 $x_0,x_1,\cdots,x_n$ 所对应的随机变量为独立的正态分布变量，具有同一数学期望，则统计量

$$t=\frac{x_0-\bar{x}_n}{s_n}\left(\frac{n-1}{n+2}\right)^{\frac{1}{2}} \tag{2.3.3}$$

遵从自由度为 $n-1$ 的 t 分布。

其中

$$\bar{x}_n=\frac{1}{n}\sum_{i=1}^{n}x_i,s_n=\sqrt{\frac{1}{n}\sum_{i=1}^{n}(x_i-\bar{x})^2}$$

对于给定的显著水平和自由度，从附录 L4 中查出对应的临界 t_α 值，若 $t>t_\alpha$，就拒绝原假设，认为 x_0 与其他年份有显著差异。

2.4 大气平均状态的差异性

信噪比是度量大气变量不同时期平均状态差异性的统计量。它是由 Hayashi(1982)提出的，定义信噪比为

$$r_H=\frac{\Delta\bar{x}}{\sigma(\Delta x)} \tag{2.4.1}$$

其中

$$\Delta\bar{x}=\bar{x}_2-\bar{x}_1,\Delta x=x_2-x_1$$

式中，$\Delta\bar{x}$ 是两个气候阶段状态总体平均值之差；$\sigma(\Delta x)$是两个气候状态差值的总体标准差，反映它们差值的平均振动状况。因为任何一个气候状态 X，可以分解成它的总体平均值 $\bar{X}$ 与偏差 e 之和，即 $X=\bar{X}+e$ 。那么，$\Delta X=\Delta\bar{X}+\Delta e$ 。而总体平均值是不变的常数，对此式两边取方差有

$$\sigma^2(\Delta X)=\sigma^2(\Delta e)$$

$\sigma(\Delta X)$是偏差部分的平均变动程度，亦即噪声部分，而 $\Delta\bar{X}$ 是信号部分，它们之比值就称为信噪比。

信噪比的大小反映气候状态变化的显著程度，这种程度也可以通过显著性检验来反映。在原假设气候状态总体变化 $\Delta\overline{X}=0$ 且 $\sigma(x_1)=\sigma(x_2)$ 的情况下，统计量

$$t=\Delta\overline{x}/s \tag{2.4.2}$$

遵从自由度 $v=2n-2$ 的 t 分布。

其中

$$\Delta\overline{x}=\frac{1}{n}\sum_{i=1}^{n}(x_{2i}-x_{1i}),s^2=\frac{s^2(x_2)+s^2(x_1)}{n}$$

$s^2(x_2)$ 及 $s^2(x_1)$ 分别为两个气候阶段状态 x_2 及 x_1 的样本方差无偏估计量，即

$$s^2(x_k)=\frac{1}{n-1}\sum_{i=1}^{n}(x_{ki}-\overline{x}_k)^2 \qquad (k=1,2)$$

利用两气候样本的平均值差异和已知的 t 分布可做出它们总体情况的估计。其95%的置信区间为

$$(x_1-x_2)\pm d$$

其中

$$d=st_{\alpha/2}$$

$t_{\alpha/2}$ 表示在显著水平为 α，自由度为 n，概率为 $\alpha/2$ 时 t 分布之值。然后定义

$$R=\Delta\overline{x}/d=(\overline{x}_1-\overline{x}_2)/d$$

度量样本与总体平均值的密切程度，称为可靠性比。例如，当 R 的绝对值远大于1时表示与总体情况十分接近，即样本的平均值差异可代表总体情况；R 大于1时表示它们差异是显著的；小于1时表示它们差异不显著。使用此统计量，对 CO_2 增加是否对土壤湿度有影响，做了气候模拟的敏感性试验的显著性检验，用4倍与1倍的 CO_2 增加量做比较性试验。结果发现，高纬度冬季土壤湿度对 CO_2 增加有正的响应，检验表明这种结论是可靠的（R 值约为3）。在中纬度夏季有负的响应，其结论并不十分可靠（R 约为−1.5），但两种试验的差异是显著的。

为了考察大气变量在不同的两个气候阶段的差异性，可以使用两组平均值差异的检验。在假设两个气候阶段的变量总体平均值无显著差异的条件下，统计量

$$t=\frac{\overline{x}_1-\overline{x}_2}{s\left(\frac{1}{n}+\frac{1}{m}\right)^{\frac{1}{2}}} \tag{2.4.3}$$

遵从自由度为 $n+m-2$ 的 t 分布，其中，s 为它们差值的标准差的无偏估计量，即

$$s=\sqrt{\frac{\sum_{i=1}^{n}(x_{1i}-\overline{x}_1)^2+\sum_{i=1}^{m}(x_{2i}-\overline{x}_2)^2}{n+m-2}}$$

式中，x_{1i} 及 x_{2i} 分别为第1个和第2个时段样本第 i 时刻的变量值。

使用此统计量，研究北京冬季1月气温在两个气候阶段（1951—1980年和1981—2010年）有什么差异，计算得到 t 统计量的值为−4.31，在5%显著水平下，其绝对值大于自由度为58的 t 分布的判据值，因此，判定北京冬季1月气温在两个气候阶段的多年平均气候态有显著差异。近30年气候阶段的平均值（−3.1℃），明显比20世纪50—80年代的平均值（−4.6℃）偏暖。

2.5 大气状态出现的频率

大气变量中有很多是描述大气现象的，是离散型变量。例如，极端天气事件，包括高温、暴

雨、沙尘暴、雾(能见度)、大风、冰雹,以及一些特殊天气如雷暴、降雨、轻雾等。对它们的状态使用事件来描述。例如,大气逐日降水状态可以使用干、湿两个事件来描述,一个地区长期降水湿润状态使用旱、涝两个事件来描述。它们使用次数来表述大气现象的发生,其变量数据类型是离散型变量数据。对它们的描述,可以使用大气状态的不同事件的发生频繁程度来描述。为了比较不同事件发生的频繁程度,可以用事件频率(用某事件发生的次数除以所有事件发生的总次数)来度量它们。因此,对大气现象的状态分析常常使用频率分析方法。频率定义为

$$f = m/n \tag{2.5.1}$$

式中,m 为频数,是大气现象事件出现的次数;n 为观测总次数。

大气事件"频率"与"概率"是两个不同的概念。"频率"是样本的统计量。而"概率"的统计定义是:在条件不变的前提下,重复进行 n 次试验,事件发生的频率稳定地围绕某个常数附近摆动,一般 n 越大,摆动的幅度越小,此常数称为该事件发生的概率。因此,在气象数据样本中,当样本容量很大时,事件概率可以用频率代替,气象中称为气候概率。概率是度量变量总体的量,是随机变量的固有属性,它不随抽样而变化,而频率是随抽样的样本而变化的。

为了度量某天气或气候现象(事件)总体出现的可能性大小,计算时尽量利用所有气象要素数据统计得到气候现象出现的频率,以此作为事件总体概率的一个估计,此事件频率称为气候概率。

李庆祥等(2006)统计了不利于人们活动的几种天气近 50 年在 6 个城市的发生频率,发现极端天气事件在近 50 年中发生的频率非常低,符合小概率事件的标准(小于 5%),北京的雾、青岛的大风、上海的高温和大风的发生频率虽略超过 5%,但均在 10%以下。而雷暴、降雨、轻雾日数等则不属于小概率事件。

雷暴是大气现象,其发生可以看作事件,雷暴的逐日观测仅为"有"和"无"两个级别的事件。某测站各月的雷暴日数,由于各月日数不同,缺乏可比性。为了使不同月的雷暴日数具有可比性,可以使用雷暴事件发生频率进行分析。

林卓宏等(2012)使用广东省江门市 1961—2010 年的逐月雷暴发生日数的资料,研究江门市逐年各月雷暴发生日数,并计算 50 年各月雷暴发生总频数、频率(表 2.5.1)。

表 2.5.1　广东省江门市 1961—2010 年雷暴发生总频数、频率的月际变化

月	总频数(次)	频率(%)	频率增长量(%)
1	4	0.3	0.0
2	47	3.4	3.1
3	129	8.3	4.9
4	328	21.9	13.6
5	554	35.7	13.8
6	729	48.6	12.9
7	681	43.9	−4.7
8	778	50.2	6.3
9	495	33.0	−17.2
10	103	6.6	−26.4
11	12	0.8	−5.8
12	4	0.3	−0.5

从表 2.5.1 可以看出，江门市的雷暴频率月际变化分布呈双峰型，较大频率分别出现在 6 月和 8 月，为雷暴频率月际变化曲线的两个极大值，它们分别与华南地区的两个汛期对应。从全年各月看，4 月开始雷暴发生频率明显增大，超过 20%，雷暴频率较大状态一直持续到 9 月。其中，3—4 月，频率增长量超过 10%，进入雷暴多发期；5—6 月是雷暴高发月，与南海夏季风爆发时期对应；10 月雷暴频率低于 20%，且呈明显下降趋势，相比 9 月的频率下降了 26.4%。因此，可以把 4—9 月称为雷暴多发时期。另外，从表 2.5.1 还可以看出，在 4—9 月的雷暴多发期中，7 月的雷暴频率比 6 月和 8 月要小，从而形成频率分布的双峰型；因此，把 4—6 月称为前雷暴多发期，把 8—9 月称为后雷暴多发期，把 7 月称为过渡期，与华南前汛期和后汛期对应。

频率分析也常常被用来研究大气现象。例如，目前一般认为 ENSO 是发生全球性气候异常最强的信号。因此，研究 ENSO 发生时大气环流出现的异常现象被很多气象学家所关注。李崇银(1985；1987)研究发现，西太平洋地区台风发生多出现在 7—11 月，而厄尔尼诺现象亦多出现在这一时段。并发现在厄尔尼诺年各月台风发生频数比常年有所减少，在反厄尔尼诺年则增多。他认为，这是由于厄尔尼诺年东赤道海水增温使海温纬向梯度减弱，哈得来环流加强，热带的热量和动量向副热带地区输送，使太平洋副高加强、面积扩大，导致热带辐合带活动减弱，位置偏南，使台风发生频率减少。

2.6 大气变量的分布

对大气变量中连续型变量数据，可以通过划分为不同的事件(级别)来分析大气不同状态，其状态称为级别，可以分析各级别现象出现的频率情况。为了便于不同级别事件的相互比较，制作出各级别—频率分布图，该图称为变量的频率分布直方图。

把变量数据分成若干组(级别)，确定各组数据变化范围，然后统计各组数据出现的个数，此个数又称为频数，其频数在各组的分布称为频数分布，频数分布往往绘成频数分布直方图，在分布图上可以看到大气变量数值在各组出现的频率，可以相互比较。

频数分布直方图制作方法如下：

第一步：把变量数据样本按照大小升序排列，并确定统计时段内的所有样本的频率分布组数 G，组数按照下式确定：

$$G = 1 + 3.322\log(n) \tag{2.6.1}$$

式中，n 为实际变量数据样本容量；组数 G 为整数，以遵循小数点四舍五入的原则确定。

第二步：确定气温样本的组距。如果大气变量变化幅度不是很大(如气温)，其组距取相同，这时组距 D=(样本中变量数据中最高值—样本中气温最低值)/组数。如果大气变量变化幅度很大(如日降水量)，可以根据降水量分级确定组距，称为不等组距。

第三步：确定每一分组的频数。根据组数 G 及组距 D，将落入各组区间内的所有变量数值数据划分到各自的组中去，并统计落在第 i 组($i=1,\cdots,G$)的数据个数，即得频数 s_i，然后绘出频数分布直方图。

根据各组频数 s_i，进一步计算各组频率 $f_i=s_i/n$，最后得到变量频率分布直方图。

根据各组频率 f_i，还可以计算各组的累积频率。即

$$Lf_i = \sum_{k=1}^{i} f_k \quad (i = 1,2,\cdots,G) \tag{2.6.2}$$

最后得到变量的累积频率分布直方图。由变量的样本得到的频率分布又称为变量的经验分布。

对各组计算频率密度(f_i/组距)，得到的分布图称为频率密度分布图。所有组的频率密度之和为 1。频率密度分布是变量的概率密度分布的样本估计。还可以根据频率密度计算各组的累积频率密度，得到的分布图称为累积频率密度分布图。累积频率密度分布是变量的概率分布的样本估计。如果组距相同，频率密度分布与频率分布图形一致，只是纵坐标单位改变而已。

大气变量的频率密度分布，可以作为该变量概率密度分布的估计。类似地，大气变量的累积频率分布，就可以作为该变量概率分布的估计。

取北京 1951—2010 年冬季(12 月—次年 2 月)逐日最低气温的数据资料，制作频率分布图(图 2.6.1)，从图可知，北京冬季逐日最低气温大致遵从正态分布。取北京 1941—2011 年夏季(6—8 月)月降水量的数据资料，制作频率分布图(图 2.6.2)，从图可知，北京夏季月降水量明显不遵从正态分布。

根据累积频率分布图，通过图中纵坐标的累积频率百分率，从横坐标可以确定出某频率对应的变量值，此值称为百分位值。

第 50 百分位对应的值称为中值，小于它或者大于它的事件，出现频率各为 50%。当变量遵从正态分布时，中值与平均值是一致的。但是，中值不受变量的极端值影响，当变量遵从正态分布时，常常被用来代替平均值。

度量频率分布图的偏倚程度，常使用偏度系数 g_1 和峰度系数 g_2，它们分别定义为

$$g_1 = \frac{\boldsymbol{m}_3}{\boldsymbol{m}_2^{3/2}}, g_2 = \frac{\boldsymbol{m}_4}{\boldsymbol{m}_2^2} \tag{2.6.3}$$

式中，$\boldsymbol{m}_k$ 为 k 阶中心矩。中心矩定义为

$$\boldsymbol{m}_k = \frac{1}{n}\sum_{i=1}^{n}(x_i - \bar{x})^k$$

当偏度系数和峰度系数为 0 时，频率分布图没有偏倚，为正态分布。当偏度系数小于 0 时，称分布为负偏，分布图形拟合曲线的峰在横坐标轴中心的右侧。当偏度系数大于 0 时，称分布为

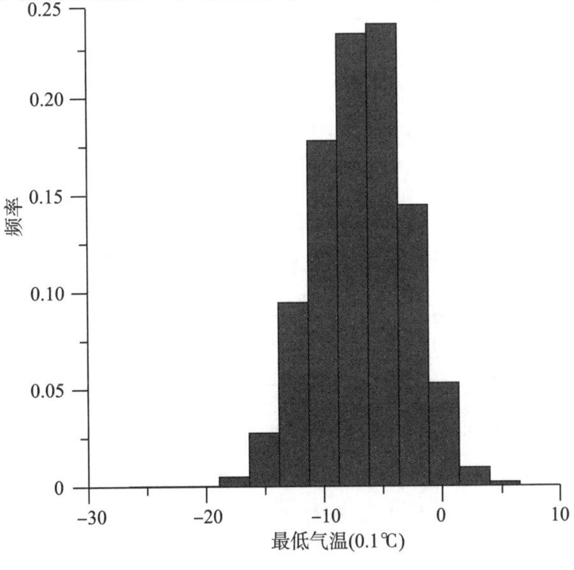

图 2.6.1　北京冬季(12 月—次年 2 月)逐日最低气温样本频率分布(1951—2010 年)

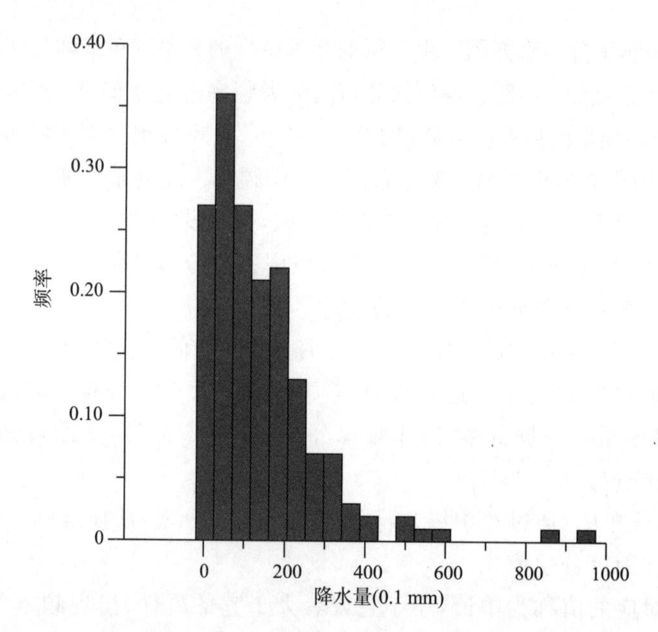

图 2.6.2 北京夏季(6—8 月)月降水量样本频率分布(1941—2011 年)

正偏,分布图形拟合曲线的峰在横坐标轴中心的左侧。

Ridit 分析法,常常被用来检验变量分布是否与总体分布有差异。黄健等(2008)使用此法分析能见度与参考能见度是否有差异。对某一给定时段(某一特定的季节或年份)的能见度频率分布与参考能见度分布(所有时段能见度频率分布的集合)进行定量化对比。例如,研究1954—2004 年珠江三角洲大气能见度的变化,将逐年的能见度频率分布与参考能见度分布进行对比,给出某一给定时段能见度好于参考能见度的频率,可获取某一年能见度好于或差于1954—2004 年 51 年整体平均能见度分布的频率序列。当某一年的 Ridit 中值大于(或小于)0.5,表示这一年的能见度观测值好于(或差于)51 年的整体能见度;当从某年起 Ridit 中值稳定不大于 0.5 时,则表示该年为能见度变差的转折年。而平均 Ridit 值的变化曲线可反映比总体能见度好的比例随时间演变情况。它能够以整个能见度时间序列作为参考分布,非常简洁地反映了整个能见度观测值的分布。

某年(或季)的 Ridit 中值计算公式(范引琪等,2008)为

$$m_d = \sum_{i=1}^{K} f_{Ai}\left(\sum_{j=1}^{i-1} f_{Rj} + \frac{1}{2} f_{Ri}\right) \tag{2.6.4}$$

式中,f_A 和 f_R 分别表示某年(或季)样本和总体的频率;K 为分组数。

累积百分率法,与 Ridit 分析法类似,也被用来检验变量分布是否与总体分布有差异。黄健等(2008)使用上述两种方法分析能见度与参考能见度是否有差异。他们定义能见度累积百分率为:第 N 段的累积百分率是所有观测到的能见度中出现等于或超过 $N\%$值的次数。能见度趋势就是与某一特定的累积百分率对应的能见度距离随时间的变化。通常,这个趋势采用某一累积百分率为代表,例如能见度资料是连续的且分布范围较大,则 50%就是累积百分率的中值。Ridit 分析法和累积百分率法往往作为两种相互补充、验证的方法,用于能见度的趋势分析。

黄健等(2008)计算珠江三角洲 5 个站点的烟幕/霾日频率,以及经过过滤处理后(不包括

雨、雾和高湿度条件下）所有观测数据中能见度小于10 km的比例，建立能见度平均Ridit值和烟幕/霾日频率的变化序列。研究结果表明：近51年来，珠江三角洲城市能见度呈显著下降趋势。

两个大气连续型变量数据可以使用频率方法进行归一化和无量纲处理。例如，要研究一次过程的历时与降水量关系，可以先求出该次降水的总历时（T），将过程中测量时刻t进行无量纲化（$t_w=t/T, t=1,2,\cdots,T$），原过程的历时变换为t_w，其变化范围为0～1。该次过程的对应历时降水量也进行归一化变量变换，将它们分别作为横坐标和纵坐标，绘出该次降水量随时间变化的累积降水量曲线。分析曲线的变化规律，即可以了解降水过程的变化特征。使用归一化的频率变量，有利于对不同的降水过程进行代表性的比较。

大气变量中，年、季平均气温和降水量是最基本的气候状态参数，是大气基本状态的描述，它们的分布状态，特别是正态性问题，能够为变量的短期气候预测提供可预报性的背景。因此，如何检验变量的正态性是十分重要的。

根据变量数据样本计算的偏度系数和峰度系数的数值，可以大致判断变量是否遵从正态分布。在样本容量很大的情况下，随机变量若遵从正态分布，它的偏度系数和峰度系数亦遵从正态分布。它们分布的数学期望为0，均方差分别为

$$s_{g1}=\sqrt{\frac{6(n-2)}{(n+1)(n+3)}} \tag{2.6.5}$$

$$s_{g2}=\sqrt{\frac{24n(n-2)(n-3)}{(n+1)^2(n+3)(n+5)}} \tag{2.6.6}$$

对某变量的分布做正态性检验时，假设变量遵从正态分布，用变量样本数据计算偏度系数和峰度系数，在0.05显著水平下，若它们的绝对值大于它们均方差的1.96倍，则认为该变量不遵从正态分布，否则认为遵从正态分布。

谢瑶瑶等（2011）使用偏度系数和峰度系数两个统计量的正态性检验方法，对1951—2008年中国160站年和四季的气温、降水量序列是否服从正态分布进行显著性检验，结果表明，大多数测站（80%以上）的年和四季气温服从正态分布；年降水量有多数测站（50%以上）服从正态分布，而季节平均的降水量遵从正态分布的测站数均占总站数的50%以下，其中冬季只有26%。大多数测站的降水量序列不服从正态分布。

使用分布拟合度的检验（方法见附录K），也可以进行变量的正态性检验。曹杰等（2002）使用分布拟合度χ^2统计量，对中国境内160个测站的降水量观测值以0.01的显著水平进行正态性检验，发现夏季降水多符合正态分布，而冬季降水多符合非正态分布。黄河流域以南和江淮流域，东北地区的东部和西北以及云南的部分地区为基本符合正态分布区，这些区域的气候基本属于季风性气候；西北、华北和东北西部为严重偏离正态分布区，是大陆性气候；其他地区为偏离正态分布区。所以在做有关降水量的分析预报时，有必要考虑其统计分布特征。

方建刚等（2009）对陕西省82个气象站的年降水量，也使用分布拟合度χ^2统计量进行正态性检验，在0.01显著水平下，有73站年降水量遵从正态分布。未通过正态分布检验的9站呈孤立单点分布，主要分布在秦岭山脉南北两侧的汉江流域和渭河流域；有58站年降水量通过偏度系数与峰度系数的正态分布检验，其年降水量服从正态分布，24站未能通过偏度系数与峰度系数的正态分布检验。分析表明，陕西大多数气象站年降水量服从正态分布；未能通过正态性检验的气象站具有明显的地域性和局地性，多呈孤立单点分布，其中，多数测站位于陕

西极端强降水多发区。陕西季降水量的正态分布性夏季最好，春、秋季次之，冬季较差。陕西冬季各测站月降水量基本不遵从正态分布。

陆慧娟等(2005)研究夏季雨季逐日500 hPa信号场的正态性，选取信号场中每格点，计算格点变量的偏度系数。图 2.6.3 给出了 5—9 月 500 hPa 逐日高度场通过正态性的显著检验(0.05 显著水平)网格点所占比例随日数的变化情况。从图可知，5—9 月(153 d)通过正态性显著检验的网格点所占比例平均为 91.7%，标准差为 0.025。第 107 天最低，为 82.4%。说明大部分格点变量的分布与正态分布有显著差异。因此，500 hPa 高度场格点变量不满足正态性的要求，故需要对 500 hPa 高度场格点变量做正态变换。

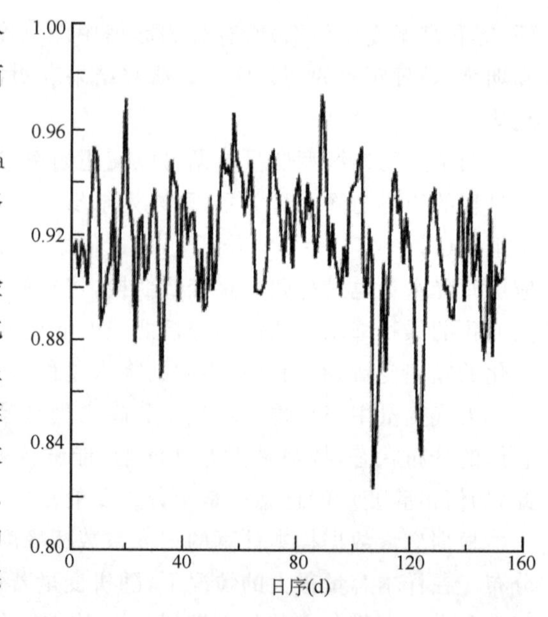

图 2.6.3　500 hPa 高度场通过正态性显著检验(0.05 显著水平)网格点所占比例随日数变化

2.7　大气状态的分级

为了研究方便，常把定性描述气象数据或定量数据转换成离散型变量，以大气变量的级别形式表现，级别使用整数表示。例如，把变量数据变换为 3 级，记为 1、2、3。变量级别实际上是把大气变量的变化表现为不同的离散型气候态。在将定量数据转换成整数级别的过程中，能够不同程度地降低原始数据变化的差异程度，可以使变换后的新级别变量趋于正态分布。把降水量连续型变量转化为级别变量时，也称为旱涝指标。常见的几种旱涝指标有：

(1)把降水量当成正态分布处理。用标准化降水量变量值来划分级别，把小于－2、－2～－1、－1～1、1～2 和大于 2 的变量值分别称为特旱、旱、正常、涝和特涝的气候态。在这种划分法中，特旱和特涝现象出现的概率约为 5%。也有用 5 个级别，使用标准正态变量划分级别，取分界值－1.17、－0.33、0.33、1.17 进行划分。

(2)用降水量正负距平划分。把距平取绝对值再平均并记为 d，作为变量标准差的估计，把小于－2 d、－2～－1 d、－1～1 d、1～2 d 和大于 2 d 的降水量分别称为特旱、旱、正常、涝和特涝。

(3)用降水量的距平百分率划分。以小于－60%、－60%～－20%、－20%～20%、20%～60%和大于 60%，分别划分特旱、旱、正常、涝和特涝。

(4)用小于某一降水量值的概率进行划分。以气候频率代替概率，以频率小于 10%、10%～30%、30%～70%、70%～90%和大于 90%，分别划分特旱、旱、正常、涝和特涝。

由于降水量不遵从正态分布，以正态分布为基础的划分法会带来较大的误差。表 2.7.1 给出北京季降水量概率分布的统计量估计值。从表可见，北京各季降水量均有异于 0 的偏度和峰度，实际统计检验表明它们均不能看成遵从正态分布。因而若用常规的正态划分法则可能会在识别旱涝状态上产生较大的误差。

表 2.7.1　北京四季降水量分布的参数值比较(1951—1980 年)

统计量	冬	春	夏	秋
平均值(mm)	12.8	61.1	482.7	87.6
标准差(mm)	8.51	39.48	208.82	53.78
偏度	0.76	1.02	1.24	0.46
峰度	0.36	0.25	2.09	−0.90

除使用正态分布进行级别划分外，还可以使用其他分布进行级别划分。黄嘉佑(1990a)认为中国的月降水量大多不遵从正态分布，降水量能较好地遵从 Gamma 分布，应该用 Gamma 分布进行变换。通过计算不同降水量对应的概率值，用概率值的划分法进行划分。

Gamma 分布，也记为 Γ 分布，又称皮尔森-Ⅲ(Pearson-Ⅲ，简称 P-Ⅲ)分布，它的概率密度函数为

$$f(x)=\frac{1}{\beta^{\gamma}\Gamma(\gamma)}x^{\gamma-1}\mathrm{e}^{-\frac{x}{\beta}}\ (x>0) \tag{2.7.1}$$

式中，$\beta(>0)$为尺度参数；$\gamma(>0)$为形状参数。两个参数可以使用变量的样本进行计算，其估计值为

$$\begin{cases}\hat{\gamma}=\dfrac{1+\sqrt{1+4\ A/3}}{4\ A}\\ \hat{\beta}=\overline{x}/\hat{\gamma}\end{cases}$$

其中

$$A=\lg\overline{x}-\frac{1}{n}\sum_{i=1}^{n}\lg x_i$$

求出概率密度函数中的参数后，对某年降水量 x_0，可求出“降水量小于 x_0”事件的概率为

$$P(X<x_0)=\int_0^{x_0}f(x)\mathrm{d}x$$

在研究北京月和季节降水量的分布时，利用数值积分可以计算出事件发生概率的近似估计。由此，逐年的降水量可以转换为对应 Gamma 分布的概率值，再按分级概率临界值定义，以概率值 0.10、0.30、0.70 和 0.90，对应的降水量作为 5 个级别的阈值，对降水量进行级别划分。

黄嘉佑(1992)对北京各季节和年降水量，用上述几种划分级别方法的频数分布状况进行比较。表 2.7.2 给出 3 种不同划分级别方法的比较。表中，G 表示用 Gamma 分布概率值的划分法，N1 表示用假定降水量为正态分布并把降水量转换为概率值的划分法，N2 表示用标准化降水量值的划分法，5 个级别分界值分别以−1.17、−0.33、0.33、1.17 进行划分。

从表 2.7.2 可见，用 N1 法划分时旱状态年份过多，而正常年份反而偏少；如果把 4 级和 5 级合称为旱，把 1 级和 2 级合称为涝，则各季旱均多于涝。这表明该划分法并不合乎常见的气候状态分布(正态分布)。试验结果表明，用 G 法和 N2 法所划分的级别分布能较好地符合正态分布。但是，检查各年这两种划法所得的级别差异发现，在 N2 法划分时，旱状态总体多于涝状态，且多集中在 4 级上，而 5 级又过少。正常气候状态下，1 级与 5 级在 30 年中约出现 3 次，在 N2 划法中各季 5 级均少于 3 次，特别在春季，竟无 1 次出现。例如，1972 年春季降水量为 11.3 mm，标准化值为−1.26，据 N2 法划为 4 级，但该年降水量是 30 年中最小的，该季 30

年中降水量次小值出现在1960年(19.1 mm),N2法也把它划为4级。而使用G法,把上述两年均划为5级。看来G法更合理些。又如在夏季,N2法把1972年和1980年划为4级,它们对应的降水量分别为227.2 mm和242.3 mm,与特旱的年份1968年的203.7 mm相差不大,G法则把它们划为5级,似乎更合理些。因此,应该使用G法对降水量进行级别的划分。

表2.7.2 3种划分法的旱涝级别频数比较

级别		1	2	3	4	5	涝	旱
冬	G	2	8	12	5	3	10	8
	N1	4	6	7	10	3	10	13
	N2	2	6	12	8	2	8	10
春	G	4	5	13	4	4	9	8
	N1	4	5	5	13	3	9	16
	N2	4	5	13	8	0	9	8
夏	G	3	4	16	2	5	7	7
	N1	3	5	9	10	3	8	13
	N2	3	3	17	5	2	6	7
秋	G	4	7	11	3	5	11	8
	N1	4	7	5	9	5	11	14
	N2	4	5	10	9	2	9	11
全年	G	13	24	52	14	17	37	31
	N1	15	23	26	42	14	38	56
	N2	13	19	52	30	6	32	36

上述旱涝级别的划分是针对某月或年的降水量进行划分。如果针对的是一个时期的旱涝状态,如何进行划分,特别是在一个时期中,降水量分布不均匀,划分的旱涝级别代表性会出现问题。例如,1890年,北京的年降水量为1043.2 mm,实属特涝级别的年份,但是年降水总量的大部分降水集中在7月(7月降水量为871.8 mm,占全年降水量的84%),其余月降水很少,这难道可以说该年是特涝的湿润状态吗?黄嘉佑(1990b)提出,应该使用一个时期进行划分的新旱涝指标。为了表现各月的旱涝特征,把各月的降水量放在同一水平上进行比较,首先把各月降水量做标准化处理,称为湿度指数,定义为

$$M_{ij} = (R_{ij} - \bar{R}_i)/s_i \quad (i = 1, 2, \cdots, 12) \tag{2.7.2}$$

式中,R_{ij}为降水量,下标i表示月,j表示年。
其中

$$\bar{R}_i = \frac{1}{n}\sum_{j=1}^{n} R_{ij}, s_i = \sqrt{\frac{1}{n}\sum_{j=1}^{n}(R_{ij} - \bar{R}_i)^2}$$

n=119(1869—1987年)为样本容量。

与年降水量定义类似,将对应第j年的各月湿度指数求和可以得到该年的湿度指数,记为YM_i,对湿度指数序列(1869—1987年)再进行标准化处理。所得到的序列称为北京旱涝指标,记为W序列。当W大于0的年份,称为涝状况,否则称为旱状况。该指标序列与年降水量标准化序列(记为YR)比较,进行两个序列差异性检验,结果表明它们有显著性差异,说明该旱涝指标与降水量指标是不同的。

按旱涝级别划分5级的方法，可以把 W 和 YR 序列转化为级别序列。表2.7.3给出了北京几个年份中各月降水量的标准化值和该序列值划分其旱涝级别的比较。例如，1890年，按年降水量划分是属特涝的年份，但从各月的旱涝状况来看(表2.7.4)，7月为特涝，一年中大部分月份均为偏旱，且偏旱持续半年之久，从气候观点来看该年应属旱年。1891年与1890年各月旱涝状况十分相似，只是特涝月多一个月，划为特涝的年份也是没有代表性的。至于1914年，该年春季、夏季及秋季的月份中均有洪涝现象发生，划为特涝年更为合适一些。因此，年旱涝指数比降水量更能反映年内各月湿度特征。

表2.7.3　北京旱涝指数与年降水量比较

年份	YR(级别)	W(级别)
1890	1.76(1)	−0.62(4)
1891	3.34(1)	0.31(3)
1914	0.34(2)	2.54(1)

表2.7.4　北京各月湿度指数

年份	1月	2月	3月	4月	5月	6月	7月	8月	9月	10月	11月	12月
1890	−0.55	−0.58	−0.81	−0.45	−0.34	−1.04	4.11	−0.84	−1.29	0.36	−0.18	−0.66
1891	−0.55	−0.49	−0.86	−0.33	−1.12	4.07	4.91	−1.04	−1.32	−0.78	−0.69	−0.66
1914	−0.33	0.99	3.22	−0.88	−0.79	0.67	0.12	−0.87	−0.54	3.63	4.62	−0.47

Gamma分布也常常被用来推算一定重现期的气象要素极值，林两位等(2005)使用Gamma概率分布来推算重现期年最大日雨量，他们使用办公软件Excel的数理统计计算功能，实现Gamma概率分布参数的计算，对漳州市10个测站年最大日雨量进行推算，取得了较好的效果。

对大气现象状态的分布，有使用离散型变量的概率分布来描述的。常用的有二项分布。大气现象(事件)出现次数 x 的概率，可以由其二项分布的分布函数描述，即

$$P(X = x) = C_n^x p^x q^{n-x} \tag{2.7.3}$$

式中，n 为统计时期的所有事件数；p 为大气现象(事件)出现的概率；$q=1-p$ 为现象不出现的概率；C_n^x 为 n 个事件中取 x 个事件的组合数。计算事件出现的概率时，使用频率代替概率进行计算。例如，李庆祥等(2006)利用1954—2003年每年8月8—24日北京地区发生高温、沙尘(含浮尘、扬沙和沙尘暴)、雾、冰雹、大风和雷暴等天气发生天数的理论概率值进行研究，结果发现，高温、暴雨、沙尘、冰雹及大风天气出现的可能性很小，因此，担心奥运期间强烈的极端天气事件发生没有太大必要。但奥运期间发生雷暴的概率仍然是较大的，在该时段内，发生3、4和5天的概率，分别是17%、19%和17%。

2.8　大气异常的极端状态

在变量分级过程中，研究大气极端异常状态(级别)是十分重要的。因为近年来，地球上极端天气气候事件频繁发生，全球经济受到严重影响，人民生命和财产安全遭受严重威胁，越来越多的关于大气中极端事件的研究受到关注。对大气的极端事件定义有很多。有使用大气变量的绝对值定义的。例如，关于最高气温的极端气候事件的指标，有使用35℃、38℃和40℃作

为阈值，当最高气温大于阈值时，认为高温日出现。但是，为了使不同地区能够相互比较，现在大多是采用极端现象出现的概率进行识别，即使用对应小概率事件的变量值作为阈值进行识别。把变量某个百分位值作为极端值的阈值，超过这个阈值被认为是极端气候事件。例如，对于气温，定义极端高温事件时，把最高气温第 95 百分位值作为阈值；定义极端低温事件时，把最低气温第 5 百分位值作为阈值。某一年中某日最低气温值低于阈值的，对应那个夜晚称为冷夜；这一年中那些最低气温值高于阈值的，对应那些夜晚称为暖夜。对于降水量，定义暴雨事件时，把降水量第 95 百分位值作为阈值；有时也使用第 90 百分位值，作为降水量极端事件的阈值。

大气变量的概率分布的第 5 或 95 百分位值，对应变量小于阈值或大于阈值事件出现的概率为 5%，通常统计学中，事件出现的概率小于 5%时，称为小概率事件。所以极端天气气候事件是小概率事件。

求极端天气气候事件的百分位值阈值的方法很多。常用的有排序法，即对大气变量数据使用下式计算，将统计时段内所有的逐日的北京地区降水量记录下来，按大小升序排列，得到 $x'_1, x'_2, \cdots, x'_n$ (Zhang，2005)，则百分位值 $x(p)$ 为

$$x(p) = (1-a)x'_j + ax'_{j+1} \tag{2.8.1}$$

其中

$$j = [p(n+1)], a = p(n+1) - j$$

式中，j 为变量数据按大小升序排列后的序号；p 为百分位值对应的概率；方括号表示数值取整。此处理方法称为排序法，记为求阈值方法 1。

另一种方法是对变量数据处理与方法 1 类似，仍然将变量数据按大小升序排列，得到升序序列，某个值小于序号为 m 对应的降水量出现的概率(李红梅等，2008)为

$$p = \frac{j-0.31}{n+0.38} \tag{2.8.2}$$

式中，j 为升序 m 排列后的序号，对样本容量 $n=30$，第 95 百分位的计算概率值为 94.4%，排序的序号为 29，对应的值称为第 95 百分位值。而序列的第 30 个值，对应百分位的概率计算值为 97.7%。如果取 1 年的样本容量大气变量，记录有 365 个逐日值，那么第 95 个百分位上的值，为排序后的 347 位置的变量值(对应 $p=94.9\%$)和 348 位置的变量值(对应 $p=95.2\%$)中间的线性插值，由此可以得到 $p=95\%$对应的阈值。这一计算过程相当于仍然使用公式(2.8.1)，只需要把排列后的序号的计算改为

$$j = [p(n+0.38)+0.31], a = p(n+0.38)+0.31-j$$

此方法简称为插值法，记为求阈值方法 2。

上述两种计算阈值的方法，均是假定变量遵从均匀分布来求百分位。但是，大气变量中，有很多变量不遵从均匀分布。例如，求降水量的阈值时，可以把降水量做变量变换，使得它变成正态分布，然后使用正态分布确定百分位的阈值。

降水量做变量变换，常常使用 Z 指数转换(使用(2.9.3)式)，确定降水量阈值时，需要把对应的 Z 指数按下式进行反变换为降水量。即

$$x_i = s\left[\frac{2}{C_s}\left[\frac{C_s}{6}\left(Z_i + \frac{6}{C_s} - \frac{C_s}{6}\right)\right]^3 - 1\right] + \bar{x} \tag{2.8.3}$$

由于 Z 指数遵从标准正态分布，根据标准正态分布百分位的 Z 指数值，用(2.8.3)式计算

得到对应的降水量，记为求阈值方法 3。

对降水量的正态变换，还可以使用平方根变换（使用（2.9.1）式），简称为平方根变换法。由于变换后的变量遵从一般正态分布，还需要再做标准正态变换，然后类似方法 3，根据标准正态分布百分位的标准化值，计算得到变换后的值，进一步变换为一般正态分布的值，再对变换值求平方，即可以得到对应的降水量阈值。按求阈值方法序号排列，记为求阈值方法 4。

对降水量的正态变换，还可以做立方根变换（使用（2.9.2）式），简称为立方根变换法。反变换与平方根变换法相同，只是对变换值求立方即可，记为求阈值方法 5。

李庆祥等（2010）使用 1951—2008 年逐日的北京地区降水量资料，用上述 5 种计算阈值的方法，对强降水极端气候事件阈值的确定问题进行研究。把 30 年的平均值确定为极端气候日降水量的阈值。但是地区气候处于不断变换中，不同的 30 年气候阶段中阈值估计存在差异，需要考察在不同的 30 年气候阶段，气候阈值的变化情况，度量阈值的代表性。

分别选取 1951—1980 年、1952—1981 年、1979—2008 年的气候阶段的北京日降水量资料，计算各气候阶段的阈值。表 2.8.1 给出在 7 月样本中，使用 5 种方法得到的 29 个滑动气候阶段的阈值平均值和 CV 值（离散度），对它们差异性进行比较。

表 2.8.1　北京日降水量使用 5 种方法求第 95 百分位阈值比较

方法	1	2	3	4	5
平均值(mm)	45.74	40.96	18.48	21.64	21.03
离散度	0.066	0.066	0.064	0.059	0.060

从表中看出，在 5 种方法（分别对应排序法、插值法、Z 变换法、平方根变换法和立方根变换法）中，方法 3、4、5 计算的阈值代表性较好，其中平方根变换法计算的阈值有最好的代表性。

在极端天气气候事件的研究中，传统的计算阈值的方法是基于变量遵从均匀分布，使用排序法和插值法计算。但是，研究对象的大气变量是否遵从均匀分布，是需要进行判别的。例如，求中国各气象站的最高气温是否遵从均匀分布，是需要进行检验的。

对一个变量序列 $x_1, x_2, \cdots, x_n$，若遵从均匀分布，其数学期望和方差分别为

$$E(X)=\frac{x(\min)+x(\max)}{2}, D(X)=\frac{[x(\max)-x(\min)]^2}{12}$$

式中，$x(\min)$，$x(\max)$ 分别为序列最小值和最大值。要检验最高气温总体是否来自均匀分布，可以检验中国实际最高气温序列的平均值是否与均匀分布期望有显著差异。

李庆祥等（2011）对中国 224 个站夏季（6—8 月）最高气温的序列进行显著性检验，计算 224 站夏季变量序列的平均值，以样本容量 $n=92$，代入检验公式（2.3.2）。计算发现，平均有 74％的测站有显著差异（显著水平为 0.05）。有显著差异的站占总站数的比例，最大的年份（1997 年）达到 88％，最小的年份（1988 年）也能够达到 63％。说明大部分台站的概率分布不遵从均匀分布。

他们使用变量变换的方法求阈值。实际计算发现，传统的两种方法（方法 1 和方法 2）计算阈值没有很大的差异，但是，使用第 3 种方法所得到的阈值与它们比较，一般有 1℃以上的差异。以 1997 年为例，3 种方法求得的 90％百分位阈值，分别为 39.3℃、39.3℃和 40.5℃。对 1997 年夏季气温序列用 3 种方法求 90％百分位阈值发现，方法 2 与方法 1 比较，224 站阈值平均值差异是不显著的；而方法 3 与方法 1 比较，则有显著差异，其 t 值达到 4.49，超过

0.05 显著水平。

在求极端气候事件的阈值时，他们认为最好根据变量实际遵从的分布来确定阈值。他们提出，按日最高气温遵从的实际频率分布来确定百分位阈值。求得变量的频率分布后，再利用累积频率分布，也可以较容易地确定百分位阈值。即把 90%百分位与分组后各组的累积频率值比较，落入某两组的累积频率值时，使用对应的组中值，线性插值求取 90%百分位阈值，把此法称为根据实际累积频率分布求阈值的方法，记为求阈值方法 6。

在使用方法 6 计算得到气候极端事件的阈值中，发现 224 站的平均值能够达到 35℃，大于 35℃的站数占的比例也最大，与日常人们使用的最高气温灾害阈值十分接近，说明使用实际累积频率分布计算的阈值有较好的效果。

罗忠红等(2011)用实际概率分布阈值法估算中国最低气温的阈值。他们定义日最低气温低于冬季最低气温的第 10 百分位值时，称该日为冷夜，在此基础上，可以得到冷夜的持续天数。然后对极端低温的持续分布特征进行研究，将持续的冷夜天数分为 4 个等级：Ⅰ级，冷夜持续的时间为 1～2 d；Ⅱ级，冷夜持续的时间为 3～4 d；Ⅲ级，冷夜持续的时间为 5～6 d；Ⅳ级，冷夜持续的时间为 7 d 以上。研究发现，我国冬季发生Ⅰ级、Ⅱ级的频次东部地区多于西部地区；发生Ⅲ、Ⅳ级的频次西部地区多于东部地区的长江以南地区，特别是在贵州和湖南西部地区有Ⅲ级和Ⅳ级的高频中心；黄河中下游地区发生 4 个等级的频次均为低值区，尤其是发生Ⅳ级的频次很少。易发生长时间(5 d 以上)持续极端低温事件的地区除了东北、西北和青藏高原等地理位置偏北和高海拔的区域外，长江以南地区，尤其是贵州、广西和湖南等地也是易发地区，黄河中下游地区发生持续极端低温事件最少。

2.9 大气变量的数据变换

大气变量中，年、季平均气温和降水量是最基本的气候状态参数，是大气基本状态的描述，它们的分布状态，特别是正态性，能够为变量的短期气候预测提供可预报性的背景。但是气象中的降水量一般不遵从正态分布，常常把降水量做变量变换，使得它变成正态分布，变换方法如下。

降水量线性变换：距平变换(参见(2.2.1)式)、距平百分率变换(参见(2.2.8)式)、标准化变换(参见(2.2.7)式)。

降水量非线性变换主要包括以下几种。

(1)平方根变换

变换公式为

$$y_i = \sqrt{x_i} \tag{2.9.1}$$

式中，x_i 为降水量值。

(2)立方根变换

变换公式为

$$y_i = \sqrt[3]{x_i} \tag{2.9.2}$$

式中，x_i 为降水量值。反变换与平方根变换法相同，只是对变换值求立方即可。

(3)Z 指数转换

变换公式为

$$Z_i = \frac{6}{C_s}\left(\frac{C_s}{2}\varphi_i + 1\right)^{1/3} - \frac{6}{C_s} + \frac{C_s}{6} \tag{2.9.3}$$

其中

$$C_s = \frac{\sum (x_i - \overline{x})^3}{ns^3}, \varphi_i = \frac{x_i - \overline{x}}{s} \quad (i = 1, 2, \cdots, n)$$

式中，x_i 为降水量值；C_s 为偏度系数；n 为样本容量；$\overline{x}$ 和 s 分别为样本的平均值和标准差。

（4）概率分布变换和概率值变换

求降水量遵从的实际分布，按分布函数计算出“变量小于降水量”事件出现的概率，把降水量序列转化为概率序列，此序列称为概率变换。例如，能够较好地描述降水量的分布是 Gamma 分布，使用最大或然法从降水量的样本中，计算其概率密度函数中两个参数的估计值，把参数代入密度函数，用数值积分方法计算“变量小于某降水量”事件的概率值（黄嘉佑，1990a）。

（5）级别变换

把降水量序列按一定的规则划分级别，通常划分为 5 级，其对应的级别序列称为级别变换。级别变量的分布与原变量分布不同。把降水量序列按大小排序，其顺序号的序列称为秩序列，样本容量为 n 时，其秩序列为 1～n 的整数序列，此序列称为秩变换。秩变换也可以看成级别变换中的最大级别变换。

黄嘉佑等（2003）对中国三峡地区降水量（1952—1997 年）的正态性进行研究，使用上述几种变换方法，对该地区汛期（6—8 月）降水量进行变换，发现降水量的距平、距平百分率变换和标准化变换，由于是线性变换，并没有改变降水量的分布结构，在三峡地区 16 个测站中，均是正偏度，有 9 个站的偏度系数勉强通过正态性检验，峰度系数仅 3 个站通过检验（0.05 显著水平）。说明大部分汛期降水量不遵从正态分布。

对区域各站的降水量做几种非线性变换（平方根、立方根、级别和 Gamma 分布概率变换）后，比较它们的偏度系数和峰度系数，表 2.9.1 给出了 16 站的偏度系数和峰度系数的平均值。在 0.05 显著水平下，偏度系数小于 0.664 和峰度系数小于 0.178，可以认为变量遵从正态分布。

表 2.9.1　三峡地区 16 个测站降水量偏度系数和峰度系数的平均值

变换	原始	平方根	立方根	级别	Gamma
偏度系数	0.68	0.36	0.33	0.24	0.12
峰度系数	0.76	0.41	0.35	0.27	1.08

从表中可见，几种变换后变量的偏度系数和峰度系数比原降水量均减小。对降水量做 Gamma 分布概率变换，其偏度系数是几种变量正态性变换中平均值最小的。

为了克服月降水量的偏倚分布，也有提出使用降水量的 1/4 次方的变换（Dubrovsky，2004），即

$$y_i = x_i^{0.25} \tag{2.9.4}$$

式中，x_i 为降水量值。

概率分布变换也可以根据实际变量的频率分布图做变换。例如，对一次降雨过程，先求出该次降雨的总降雨量（P）、总降雨历时（T）、累积降雨量（P_t）和累积降雨历时（t），将累积降雨量无量纲化（$P_w = P_t/P, t = 1, 2, \cdots, T$），使原降雨量变换为新的频率变量 P_w，其数值变化范围

为 0～1。对降雨过程的降雨量无量纲化后，可以作为纵坐标，把累积的频率作为横坐标，绘图。例如，把降雨量累积频率 0～1 之间每隔 5%等分为 21 个部分，即 0.01、0.05、0.10、0.15、0.20、0.25、0.30、0.35、0.40、0.45、0.50、0.55、0.60、0.65、0.70、0.75、0.80、0.85、0.90、0.95、0.99，得到 21 个对应的雨量累积百分比，点绘出累积降雨量随累积频率的变化曲线，在曲线中可以得到累积降雨量的百分位阈值。在图上还可以查出雨量的概率变换值。

上述变换实际上也是对大气连续型变量数据做 0～1 化和无量纲处理，使得处理后的变量变换为频率变量，此变换使得不同变量具有可比性。

把降水量变换为正态分布是十分重要的。符长锋等(1992)提出一个日降水量正态化的检验方法，设置检验综合指标：

$$C=\frac{1}{2}\left(\frac{|C_s|}{g_1}+\frac{|C_v|}{g_2}\right) \tag{2.9.5}$$

式中，C_s 和 C_v 分别为偏度系数和峰度系数；g_1 和 g_2 分别为偏度系数和峰度系数的显著性检验判据值(0.05 显著水平)。如果利用变量样本计算偏度系数和峰度系数刚好通过 0.05 显著水平的显著性检验，则 C 值等于 1。因此，可设计如下的变量正态性判断：

当 C 值小于 1 时，变量不遵从正态分布；

当 C 值大于 1 且小于 2.5 时，变量有轻度偏倚；

当 C 值大于 2.5 时，变量有重度偏倚。

他们对河南省 68 个测站汛期的日降水量计算 C 值，其平均值为 68.3，变差系数为 3。说明河南省汛期日降水量不仅不服从正态分布，而且是高度偏倚，站点日降水量变化差异很大。

参考文献

曹杰，陶云. 2002. 中国的降水量符合正态分布吗？自然灾害学报，**11**(3)：115-120.

范引琪，李春强. 2008. 1980—2003 年京、津、冀地区大气能见度变化趋势研究. 高原气象，**27**(6)：1392-1400.

方建刚，毛明策，程肖侠. 2009. 陕西降水的正态分布特征分析. 西北大学学报，**39**(1)：131-136.

符长锋，黄嘉佑. 1992. MOS 预报中降水量的正态化处理. 气象，**18**(6)：26-30.

黄嘉佑. 1990a. 一种用于旱涝分析的降水概率指标—Gamma 分布概率指标. 气象，**16**(9)：3-12.

黄嘉佑. 1990b. 北京地区旱涝变化规律及其预测试验. 地理学报，**45**(1)：102-109.

黄嘉佑. 1992. 北京地区季节旱涝长期变化分析. 水科学进展，**3**(1)：59-64.

黄嘉佑，黄茂怡，张印，等. 2003. 中国三峡地区汛期降水量的正态性研究. 气象学报，**61**(1)：122-127.

黄健，吴兑，黄敏辉，等. 2008. 1954—2004 年珠江三角洲大气能见度变化趋势. 应用气象学报，**19**(1)：61-70.

李崇银. 1985. 厄尔尼诺与西太平洋台风活动. 科学通报，**14**：1087-1089.

李崇银，胡季. 1987. 东亚大气环流与厄尔尼诺相互影响的一个分析研究. 大气科学，**11**(4)：359-364.

李红梅，周天军，宇如聪. 2008. 近四十年我国东部盛夏日降水特性变化分析. 大气科学，**32**(2)：359-370.

李庆祥，黄嘉佑. 2010. 北京地区强降水极端气候事件阈值. 水科学进展，**21**(5)：660-665.

李庆祥，黄嘉佑. 2011. 对我国极端高温事件阈值的探讨. 应用气象学报，**22**(2)：138-144.

李庆祥，朱燕君，熊安元. 2006. 北京等 6 城市奥运期间不利天气的概率统计. 应用气象学报，**17**(增刊)：42-47.

林两位，王莉萍. 2005. 用 Pearson-Ⅲ概率分布推算重现期年最大日雨量. 气象科技，**33**(4)：314-315.

林卓宏，梁敏妍，梁军，等. 2012. 江门市雷暴多发期气候特征研究. 气象，**38**(12)：1502-1507.

陆慧娟，沈善普，黄嘉佑. 2005. 长江中游地区暴雨过程的 500 hPa 信号场特征. 气象学报，**63**(3)：333-341.

罗忠红，黄嘉佑，江航东. 2011. 我国冬季持续极端低温分布特征. 安徽农业科学，**39**(24)：14945-14947.

谢瑶瑶，李丽平，王盘兴，等. 2011. 中国气温和降水序列年代际分量的显著性检验. 大气科学学报，**34**(4)：467-475.

Dubrovsky M, Buchtele J, Zalud Z. 2004. High-frequency and low-frequency variability in stochastic daily weather generator and its effect on agricultural and hydrologic modelling. *Climatic Change*, **63**:145-179.

Hayashi Y. 1982. Confidence intervalues of a climatic signal. *J Atmos Sci*, **39**:1895-1905.

Trenberth K E. 1984. Interannual variability of the Southern Hemisphere circulation: Representativeness of the year of the global weather experiment. *Mon Wea Rev*, **112**:108-123.

Zhang X, Gabriele H, Francis W Z, *et al*. 2005. Avoiding inhomogeneity in percentile-based indices of temperature extremes. *J Climate*, **18**:1641-1651.

第3章 大气变量的相互关系

对某大气变量变化的成因进行研究时，常常要把它作为研究对象，与其他变量的相关关系进行同期或前期研究。比较简单的方法，是选择其中的一个外界大气变量对它的影响进行分析，即一个变量与另一个变量之间关系的分析。看看该变量的时间变化是否与研究对象的变化一致，如果一致，则表明它们之间关系密切，存在相互影响的物理过程。因此，大气中两个变量的相互关系，或者它们关联性的分析方法，是天气和气候变化过程成因分析常常使用的重要方法。

两个离散型变量的相关分析方法有：条件频率、列联表和级别变量相关等。连续型变量的相关分析方法有：相关系数、偏相关系数、交叉落后相关系数、滑动相关系数等。变量相关的瞬时情况分析有相关矩和回归关系方法。此外，还有多个变量的相关和变量的相似性等。

3.1 大气状态的关联性

条件频率方法是使用在两个离散型变量，即大气状态关联分析中，如果两个变量 X 和 Y 均为离散型变量，两个离散型变量数据取值是二值的，即 0 和 1。此种数据记录常使用在大气现象的观测中。例如，雷暴出现与否，有无沙尘暴或者某个冬季某地区是否冷或暖，或者某日降水是否有或无等。两个变量关系的条件频率计算公式为

$$f(Y \mid X) = m_{XY}/n_X \tag{3.1.1}$$

式中，m_{XY}表示在变量 X 的某种事件出现的条件下，变量 Y 的某种事件同时发生的频数；n_X 为变量 X 的某种事件出现的总频数。

例如，要研究北京地区冬季气温是否与夏季降水量有关系，即研究大气变量是否存在隔季相关，可以研究北京冬季偏暖时，夏季降水量是否偏少的关系规律。选取 1951—2010 年北京冬季平均气温与次年夏季降水量的资料数据。定义事件 B 为冬季平均气温出现正距平的事件，在近 60 年中出现 28 次，事件 A 为夏季降水量为负距平的事件，在冬季平均气温出现正距平的事件发生的条件下，事件 A 出现 16 次，其条件频率为 57%。说明北京冬季偏暖时，夏季降水量偏少的可能性大于 50%。

王咏亮等(1998)通过对环流背景及其对渤海海冰的影响的分析，讨论了 1997—1998 年冬季黄渤海海冰产生背景的气候特征。结果发现，冷空气的强弱和持续时间的长短是影响该地区气温的重要因素。该年度冬季各月分别有 6～7 次冷空气过程，全季度共 19 次，与常年持平。但这 19 次冷空气过程中竟然没有发生一次寒潮，这与常年全季平均共有 4.8 次寒潮过程相比，差异极大。强冷空气和中等偏强的冷空气过程，全季共发生 5 次，比常年略少，但它们主要集中在 12 月，值得注意的是 1998 年 2 月没有中等偏强以上级别的冷空气入侵。中等以下

级别的冷空气过程在全季度却发生了 14 次，占全季度冷空气活动总数的 74%左右，较常年偏多 5.8 次。所以，他们认为该年度是轻冰年的原因是，冷空气活动总次数虽然接近常年，但势力极弱。

李威等(2009)以 Nino 3.4 海温指数为主要因子，研究了 ENSO 强信号与同期中国区域极端强降水频率之间的关系。他们使用 Gamma 分布函数来定义极端降水事件，即把对应分布函数第 95 百分位的日降水量，作为极端降水事件的阈值。以赤道东太平洋海温异常暖和异常冷作为不同条件，研究在不同条件下中国测站极端降水事件出现日数是否有显著差异，并做差异性检验。结果表明，在春季，华北、东北、疆北和东南等地区极端降水日数，在海温异常暖时显著多于异常冷时，云南、湖南、湖北等地区则相反；在夏季，黄河中上游、华北北部、长江以南地区极端降水日数，在海温异常暖期显著少于海温异常冷期，淮河流域则相反。

事件的条件频率也常常用在两个离散型变量的关联分析上。关联分析就是要发现两个变量的关联规则，找出变量的关联程度。一般用信任度和支持度来描述关联规则属性。也有把研究对象 Y 变量某种事件发生的频率称为支持度，定义为

$$P(Y) = \frac{m}{n} \tag{3.1.2}$$

式中，m 为变量 Y 的某种事件(例如，降水中的暴雨)出现的频数；n 为所有事件出现的总频数。

可信度是指与变量 Y 有关的影响因子 X 出现条件下，Y 出现的可能性，即条件频率，称为可信度。定义为

$$P(Y \mid X) = \frac{P(YX)}{P(X)} \tag{3.1.3}$$

支持度和可信度大的变量也是可预报性大的变量。

向先全等(2013)研究了 4 个海洋生态环境变量之间的关联性。4 个变量分别是：叶绿素浓度(CHL)、悬浮泥沙浓度(SSC)、海水透明度(SDD)及海表温度(SST)。他们使用 2008 年和 2009 年的观测数据进行分析，把 4 个指标数据分为 3 类型事件，分别为高、中和低事件，发现极大频率集中在高 CHL、低 SDD、高 SSC 和高 SST 上面，其支持度为 0.156，是所有事件配合中最高的，其可信度 2008 年能够达到 0.715，2009 年达到 0.816。说明 3 类型事件有很强的关联性。

于大峰等(2012)研究了长江上游流域面雨量不同区域的关联性，以雨量大于 20 mm/d 为主要研究对象(事件)，计算不同的两个区域的关联度。结果发现：岷沱江流域与嘉陵江流域关联度达 24%，与长江上游关联度为 24%，而与其他流域关联度较小。

Ananthakishnan 等(1984)在研究太阳黑子相对数与印度降水的关系时，用条件频率的方法进行变量关联性分析。但是，在计算条件频率时不是用观测频率，而是使用理论概率来分析。他们用二项分布作为变量理论分布，并通过概率大小来判别两个现象之间关系是否显著。他们把印度年降水量分成特涝、偏涝、正常、偏旱和特旱五级。分级分界点是以降水量序列标准差来划分，其中降水量正距平值大于两倍和一倍标准差为特涝和偏涝，反之为特旱与偏旱，其余为正常。又把特涝与偏涝归为涝类，特旱与偏旱归为旱类。他们对 1871—1978 年的资料进行分析，发现在 16 个涝年中有 10 年出现在黑子数上升期，6 年出现在下降期；在 19 个旱年中有 14 年出现在黑子数下降期，5 年出现在上升期。似乎其规律为：在黑子数上升期涝出现的可能性较大，而下降期则易发生旱。但是是否有显著关系还需做统计检

验。假设黑子下降期出现涝的现象为多次独立试验，在太阳活动周(11 年)中上升期约经历 4 年，下降期为 7 年，上升年事件出现概率为 4/11，其对立事件出现概率为 7/11。在下降年出现涝为成功事件。那么在 16 次(年)中涝事件出现不多于 6 次(年)的可能性，据二项分布计算事件出现的概率为

$$p=\sum_{m=0}^{6}\frac{16!}{(16-m)!m!}\left(\frac{7}{11}\right)^{m}\left(\frac{4}{11}\right)^{16-m}=0.029$$

由此说明，涝事件在太阳活动周的下降期中出现不多于 6 次的可能性很小，但实际观测该事件是出现了，从而否定假设。即说明这不是偶然事件，其规律性有统计意义。另外，对于旱年出现的规律性也可进行类似的检验。假设黑子上升期出现旱的现象为多次独立随机试验，在 19 次独立试验中，不少于 5 次旱现象的事件出现在上升期的概率为

$$p=\sum_{m=0}^{5}\frac{19!}{(19-m)!m!}\left(\frac{4}{11}\right)^{m}\left(\frac{7}{11}\right)^{19-m}=0.253$$

由此不能否定假设，说明关于旱年的规律性不能认为不是随机的。

他们进一步分析，还发现在 16 次涝年中有 12 次出现在太阳磁周期(22 年)的双周(即第二个 11 年)，4 次出现在单周。在试验期间(1871—1978 年)一共发生 9 个太阳磁周期，其中有 5 个为单周 4 个为双周，因而单双周发生的概率分别为 5/9 和 4/9。涝年发生在磁周期单、双周规律性也可做检验。计算涝的事件在单周中出现不大于 4 次的概率为 0.013。表明这一规律也是显著的(显著水平接近 0.01)。

3.2 信息关联

度量两个变量 X 与 Y 之间的信息关联性，可以使用条件熵的统计量。设变量 X 离散化为 m 个互斥完备事件组的事件数，其事件记为 $X_i(i=1,m)$，变量 Y 也离散化为 n 个互斥完备事件组的事件数，其事件记为 $Y_j(j=1,n)$，则 Y 在 X 条件下的条件熵表示为

$$H(Y|X)=-\sum_{i=1}^{m}\sum_{j=1}^{n}P(X_i,Y_j)\log_2\left[\frac{P(X_i,Y_j)}{P(X_i)}\right] \tag{3.2.1}$$

式中，$P(X_i,Y_j)$为 X_i 和 Y_j 事件同时发生的概率；$P(X_i)$为 X_i 事件发生的概率。

熵是信息论中测量变量信息的一个量，它可以度量随机事件的不肯定性的程度。熵值越大，表示不肯定性越大。对上述的 Y 事件，其熵为

$$H(Y)=-\sum_{j=1}^{n}P(Y_j)\log_2 P(Y_j) \tag{3.2.2}$$

式中，$P(Y_j)$为 Y_j 事件发生的概率。

Naumann 等(2009)研究了阿根廷的布宜诺斯艾利斯市的某日气温与下一日气温的相关性，把某日气温作为变量 X，离散化为 $m(m=2)$个互斥完备事件组，分别为暖和冷事件，把下一日气温作为变量 Y，离散化为 $n(n=2)$个互斥完备事件组，分别为暖(H)和冷(C)事件，计算在 X 条件下 Y 出现的条件熵，图 3.2.1 给出了 $X=H$ 条件下，$Y=H$ 出现的条件熵和条件概率的年际变化的例子。

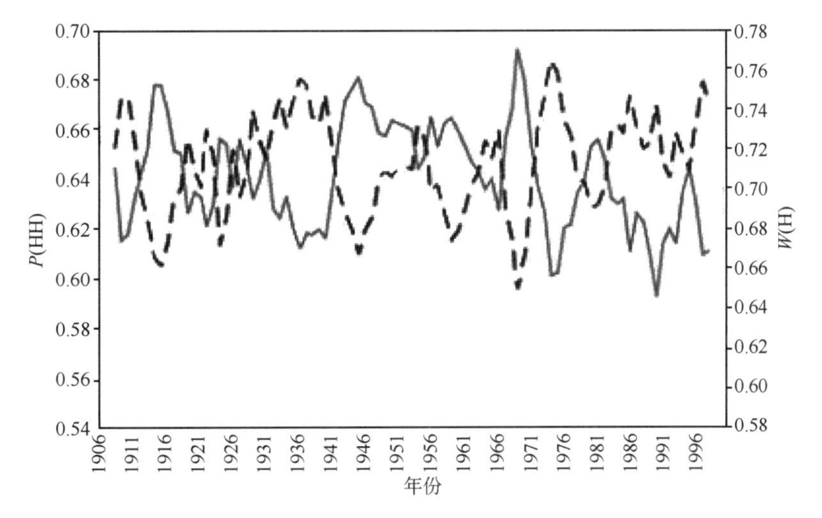

图 3.2.1 布宜诺斯艾利斯市气温 H-HD 条件熵(虚线)和条件概率(实线)年际变化

两个离散变量可以使用交互信息来度量它们之间的信息关联性,它定义为

$$I(X,Y)=H(X)+H(Y)-H(X,Y) \tag{3.2.3}$$

式中,$H(X,Y)$为 X 与 Y 的联合熵。它的计算式为

$$H(X,Y)=-\sum_{i=1}^{m}\sum_{j=1}^{n}P(X_i,Y_j)\log_2 P(X_i,Y_j) \tag{3.2.4}$$

如果变量 X 与 Y 相互独立,则两个变量的各类事件同时发生的概率为 0,两个变量交互信息等于各自熵之和,没有关联性。关联性是否显著,可以使用蒙特卡洛显著性检验方法(见附录 K)。

Shu 等(2013)研究了西北太平洋、东太平洋和北大西洋的环境动力和热力物理量,它们对热带气旋发生频数和强度的影响,使用交互信息量进行研究。他们取海温、比湿和海面至500 hPa的温度这 3 个变量作为环境热力物理量,取 850 hPa 与 200 hPa 风切变、气旋 850 hPa 纬向拉伸和 850 hPa 相对涡度等 3 个变量作为环境动力物理量,每个变量分成 6 类事件,分别计算不同海区的物理量对该海区热带气旋发生频数和强度的影响。结果表明,在北大西洋海区,海温、风切变和相对涡度对气旋发生频数有影响,它们的交互信息量分别为 0.59、0.55 和 0.47(bit)。其中,海温、风切变对气旋发生频数的影响是显著的,超过 0.05 的显著水平。

他们还计算了 6 个变量中,两两变量对热带气旋发生频数和强度的影响的联合信息量,即

$$I_2(A,F_{k1},F_{k2})=I(A,F_{k1})+I(A,F_{k2})-I(Z,F_{k1},F_{k2}) \tag{3.2.5}$$

式中,$I(A,F_{k1})$和 $I(A,F_{k2})$为单个变量(F)与对象的交互信息;$I(A,F_{k1},F_{k2})$为两个变量的联合信息。求 d 个变量的联合信息量计算式为

$$I(A,F_{k1},F_{k2},\cdots,F_{kd})=\sum_{p=1}^{d+1}(-1)^{p+1}\sum_{q}H(A,F_{k1},F_{k2},\cdots,F_{kl}) \tag{3.2.6}$$

式中,q 为 d 个变量所有可能的组合数。计算发现,在西北太平洋海区中,气旋 850 hPa 纬向拉伸和相对涡度对气旋发生频数有最显著的影响,它们的联合信息量为 1.80(bit),表明环境动力物理量对西北太平洋海区热带气旋发生频数的影响有重要作用。

3.3 列联表

两个大气现象出现频数之间的关联性也可以使用列联表来描述，它可以表现两个多级别的离散型变量相关情况，它能反映变量之间线性和非线性关系，是变量相关分析的有力工具。

变量 X（有 k 个级别）和变量 Y（有 s 个级别）的列联表，见表 3.3.1。

表 3.3.1 两个离散型变量列联表

$Y\|X$	Y_1	Y_2	…	Y_s	合计
X_1	n_{11}	n_{12}	…	n_{1s}	$n_{1\cdot}$
X_2	n_{21}	n_{22}	…	n_{2s}	$n_{2\cdot}$
⋮	⋮	⋮		⋮	⋮
X_k	n_{k1}	n_{k2}	…	n_{ks}	$n_{k\cdot}$
合计	$n_{\cdot 1}$	$n_{\cdot 2}$	…	$n_{\cdot s}$	n

表中，$n_{ij}(i=1,2,\cdots,k;j=1,2,\cdots,s)$ 为变量 X 第 i 级与变量 Y 第 j 级同时发生的频数；$n_{i.}$ 表示变量 X 出现 i 级的总频数；$n_{.j}$ 则表示变量 Y 出现 j 级的总频数；n 为样本容量；k 和 s 分别为两个级别变量的级别数。度量它们关系密切程度用 χ^2 统计量，表示为

$$\chi^2 = \sum_{i=1}^{k}\sum_{j=1}^{s}\frac{(n_{ij}-n_{i.}n_{.j}/n)^2}{n_{i.}n_{.j}/n} \tag{3.3.1}$$

该统计量遵从自由度为 $(k-1)\times(s-1)$ 的 χ^2 分布。χ^2 越大，表示它们之间关系越密切，如果该统计量通过显著性检验，则表明两个变量有显著关系。

对两变量都分 k 级的离散变量，还可以用关联系数 ϕ 表现其关系密切程度，即用

$$\phi = [\chi^2/n(k-1)]^{1/2} \tag{3.3.2}$$

来度量，它称为关联系数，在 0～1 之间变化。

将分两级的两个离散类型变量 X 和 Y，各分为两级，分别记为 X_1、X_2 和 Y_1、Y_2，其列联表如表 3.3.2 所示。

表 3.3.2 两类事件列联表

$Y\|X$	Y_1	Y_2	合计
X_1	n_{11}	n_{12}	$n_{1\cdot}$
X_2	n_{21}	n_{22}	$n_{2\cdot}$
合计	$n_{\cdot 1}$	$n_{\cdot 2}$	n

检验在列联表中的两个变量是否密切相关，可以使用(3.3.1)式的统计量进行检验。

例如，要研究北京地区冬季气温是否与夏季降水量有关系。可以根据 1952—2011 年北京冬季平均气温与当年夏季降水量的资料数据，制作如下列联表（表 3.3.3）。

表 3.3.3 北京冬季气温与夏季降水量列联表

气温＼降水	偏少	偏多	合计
偏暖	16	12	28
偏冷	17	15	32
合计	33	27	60

根据(3.3.1)式计算统计量

$$\chi^2 = \frac{(16-28\times 33/60)^2}{28\times 33/60} + \frac{(12-28\times 27/60)^2}{28\times 27/60} + \frac{(17-32\times 33/60)^2}{32\times 33/60} + \frac{(15-32\times 27/60)^2}{32\times 27/60}$$
$$= 0.07$$

查 χ^2 分布表(见附录 L),自由度为 1 时,0.05 显著水平下的 χ^2 值为 3.841,计算的 χ^2 值小于此值,认为可以接受原假设,即这两个变量是独立的。说明北京冬季偏暖时,夏季降水量偏少的可能性较大的规律性不成立,即北京地区冬季气温冷暖与来年夏季的降水量多少无关。根据 χ^2 值,求得对应的关联系数(式(3.3.2))为 0.03,也说明北京地区冬季气温与来年夏季降水量关系不密切。

Ramage(1983)为研究印度夏季季风雨量与 El Nino 现象之间的关系,统计了它们发生的频数列联表,见表 3.3.4。

表 3.3.4 印度夏季季风雨量距平值与 El Nino 现象出现频数的列联表

		出现	不出现	总数
雨	正距平	5.5	50.5	56
量	负距平	15.5	34.5	50
总数		21	85	116

计算 χ^2 值为 7.458,表明其对应关系是显著的(显著水平为 0.01)。

Bhalme 等(1987)用列联表方法研究 10 hPa 风与印度季风雨量的关系时,统计了 28 年的 1 月西风距平($\Delta U+$)和东风距平($\Delta U-$),分别与 7—9 月的旱(D)、涝(F)及正常(N)状态的相关列联表,见表 3.3.5。

表 3.3.5 10 hPa 东西风与降水列联表

	F	N	D	总数
$\Delta U+$	5	9	1	15
$\Delta U-$	0	9	4	13
总数	5	18	5	28

其 χ^2 值为 6.649,已达 0.05 的显著水平。说明它们的关系是密切的,在西(东)风异常年份多出现涝(旱)。

3.4 级别变量的相关

级别相关系数常用来描述两个大气变量进行分级处理后,变成两个级别变量(离散型变量)之间的相关程度的统计量。

两个变量分为 k 级时,两变量的相关系数称为级别相关系数,为

$$r_k = 1 - \frac{1}{2ns_k^2}\sum_{i=1}^{n} d_i^2 \tag{3.4.1}$$

式中,n 为样本容量;d_i 为第 i 个样品两变量的级别数之差;s_k^2 为变量分为 k 级时的方差。在变量遵从均匀分布情况下,方差的计算使用下式:

$$s_k^2 = \frac{k^2-1}{12} \tag{3.4.2}$$

对 1981—2010 年北京冬季平均气温与夏季降水量的资料数据，按气温为正距平时为 1，否则为 0，降水量为负距平时为 1，否则为 0，分为 2 级，计算得到级别相关系数为 0.00。也说明北京冬季气温与夏季降水无关。

当级别的划分数与样本容量相同时，其级别划分按变量样本从大到小排列所对应的级别序号，即变量最大值为 n 级，最小值为 1 级，按取值的时间顺序变成新的变量秩序列，计算得到的相关系数称为秩相关系数，又称斯波曼(Spearman)相关系数。

$$r = 1 - \frac{6}{n^3 - n}\sum_{i=1}^{n} d_i^2 \tag{3.4.3}$$

计算北京冬季气温与夏季降水量样本的秩相关系数为－0.12。

秩相关系数是否显著，还需要做显著性检验。检验时使用下面的统计量：

$$t = r\sqrt{\frac{n-4}{1-r^2}} \tag{3.4.4}$$

该统计量遵从自由度为 $n-2$ 的 t 分布。把北京冬季气温与夏季降水量秩相关系数值代入式(3.4.4)，计算 t 值为－0.60。查附录 L 中 t 分布表，自由度为 28 时，0.05 显著水平下的 t 值为 2.056，计算的 t 的绝对值小于此值，认为可以接受原假设，这两个变量是无关的，即相关系数不显著。说明该期间北京冬季气温与夏季降水量无显著相关关系。

3.5 连续变量的相关

度量两个连续型大气变量的关系的密切程度，常常使用相关系数，它又称为皮尔逊相关系数，也称为简单相关系数。对两个连续型的大气变量 X 和 Y，相关系数计算式为

$$r_{xy} = \frac{s_{xy}}{s_x s_y} \tag{3.5.1}$$

式中，分子 S_{xy} 是两个变量的协方差，定义为

$$s_{xy} = \frac{1}{n}\sum_{i=1}^{n}(x_i - \bar{x})(y_i - \hat{y}) \tag{3.5.2}$$

分母是两个变量的标准差，n 为样本容量。

相关系数也可以表示为两个标准化变量乘积的平均值，即

$$r_{xy} = \frac{1}{n}\sum_{i=1}^{n}\left(\frac{x_i - \bar{x}}{s_x}\right)\left(\frac{y_i - \hat{y}}{s_y}\right) \tag{3.5.3}$$

相关系数为 0 表示两个变量无关，相关系数大于 0 称为正相关，相关系数小于 0 称为负相关，相关系数在－1 与＋1 之间变化。它是无量纲量，便于不同变量之间相互关系程度的比较，广泛使用在大气变量之间关系的分析中。

根据 1981—2010 年北京冬季平均气温与夏季降水量的资料数据，计算它们之间的相关系数为－0.13，说明它们有负相关关系。

相关系数不仅在大气变量关系研究中被广泛使用，它还可以方便地应用在交叉科学的因子影响分析中。例如，在大气与其他圈层的关系研究上，地球上的冰雪是气候形成的重要因子，因为冰雪覆盖大大减少了下垫面可能接收的太阳辐射，而且冰雪可以阻止或削弱下垫面与大气的热交换。冰雪地区常是地球的热汇。因此，冰雪的变化会对大气环流的长期过程产生影响，进而影响地面气温和降水。例如，Kumar(1988)发现欧亚地区夏季雪盖面积与印度上空

75°E 的 500 hPa 脊线位置有强的相关关系，最密切的关系是在1月，其相关系数为−0.53。

两个变量相关是否密切还需要做显著性检验。可以使用如下统计量进行检验：

$$t = \frac{r\sqrt{n-2}}{\sqrt{1-r^2}} \tag{3.5.4}$$

它遵从自由度为 $n-2$ 的 t 分布。把北京冬季气温与夏季降水量相关系数值代入式(3.5.4)，t 值为−0.70。查 t 分布表，自由度为28时，0.05显著水平下的 t 值为2.056，计算的 t 的绝对值小于此值，认为可以接受原假设，这两个变量是无关的，即相关系数不显著。检验的结论是，北京冬季气温与夏季降水量无显著相关关系。

还可以根据0.05显著水平下的 t 值，计算出能判别是否为显著相关的临界相关系数。临界相关系数与显著水平 α 的关系为

$$r_c = \sqrt{\frac{t_\alpha^2}{n-2+t_\alpha^2}} \tag{3.5.5}$$

式中，t_α 为显著水平 α 下的 t 值。用 t 值为2.0代入式(3.5.5)，$r_c=0.361$，北京冬季气温与夏季降水量相关系数的绝对值小于临界值，因此，可以认为它们之间没有相关关系。

在相关系数的检验中，还可以使用蒙特卡洛(Monte Carlo)方法。蒙特卡洛方法，或称计算机随机模拟方法，是一种基于“随机数”的计算方法(见附录K)。

检验时，对两个变量做一次试验，分别产生两个随机序列，计算它们的相关系数。如此继续做很多次试验(如1000次)，把试验结果的相关系数进行频率分布计算，在频率分布中，确定概率为5%的否定域，否定域对应的相关系数就是显著水平为0.05的临界相关系数。随机序列可以在计算机中产生，因为计算机语言中都有产生均匀分布的伪随机数的内部函数或库文件可以调用，使用极其方便。

求相关系数的95%置信区间，用常规方法有困难，因为相关函数不遵从正态分布，可以使用Fisher的 z 变换，把相关系数 r 转换为新变量 z(Gutzler *et al.*，1983)。

$$z = \frac{1}{2}\log\left(\frac{1+r}{1-r}\right) \tag{3.5.6}$$

新变量 z 是遵从正态分布的，它的数学期望为

$$E(z) = \frac{1}{2}\log\left(\frac{1+r}{1-r}\right)$$

方差为 $1/(n-3)$，n 为计算 r 时序列的自由度。新变量 z 的95%置信区间为

$$z \pm 1.96[1/(n-3)]^{1/2}$$

然后利用 z 与 r 的关系式，可把 z 的95%置信区间转换为 r 的95%置信区间。

相关系数的检验中，常常假定变量是相互独立的。如果变量序列是随机独立样本，那么其自由度为 $n-2$(n 为样本容量)。但实际上，大气变量随时间变化存在持续性，不是独立的。因此，需要考虑使用有效自由度进行相关系数的检验。计算有效自由度使用下式(Leith，1973)：

$$N_{\mathrm{eff}} = n/T_0 \tag{3.5.7}$$

式中，T_0 为有效样本值之间的特征时间，表示为

$$T_0 = 1 + \sum_{\tau=1}^{n} 2\left(1-\frac{\tau}{n}\right)r(\tau) \tag{3.5.8}$$

式中，$r(\tau)$ 为样本自相关系数(其计算式见第4章(4.2.1)式)。

Chen(1982)研究了 ENSO 对北半球 700 hPa 高度场的影响，强调对相关系数的检验要考虑两个序列自身的持续性影响。提出在计算相关系数的有效自由度时，使用的两个变量的特征时间为

$$T_0 = \sum r_x(\tau) r_y(\tau) \tag{3.5.9}$$

式中，$r_x(\tau)$和 $r_y(\tau)$分别为两变量序列的自相关系数。

Padmanbhan 等(1990)在研究太阳活动与印度干旱指数之间的相关关系时，为了对不同落后时刻的交叉落后相关系数做显著性检验，提出用残差相关系数进行检验。他们用残差序列除去原序列的持续性影响。因为给定两个序列 $x(t)$和 $y(t)$，对它们的相关系数做检验时是假定抽样是相互独立的，而实际序列存在持续性。其持续性的部分可以用自回归方程来拟合，方程中的落后阶数由最终预报误差定出。那么原序列减去拟合的持续性部分所得到的序列称为残差序列，分别记为 $w_1(t)$和 $w_2(t)$，它们又称为白噪声。这两个序列就代表原序列独立抽样的部分。显然对这两个残差序列的相关系数做检验也就相当于对原来的相关系数做检验，而且满足一般统计检验的前提条件。两个序列不同落后步长的交叉落后相关系数的检验也可转变为两个残差序列交叉落后相关系数的检验。设此系数为 $r_{21}(\tau)$(τ 为 $w_2(t)$落后于 $w_1(t)$的时间步长)(其计算式为(3.7.1)式)，则统计量为

$$K(\tau) = \left[\frac{(n-\tau-1)r_{21}(\tau)}{1-r_{21}(\tau)}\right]^2 \tag{3.5.10}$$

遵从分子自由度为1、分母自由度为 $n-\tau-1$ 的 F 分布，n 为样本容量。当$\tau \leqslant n/10$时可以用如下统计量：

$$S(\tau) = n\sum_{k=-\tau}^{\tau} r_{21}^2(k) \tag{3.5.11}$$

该统计量遵从自由度为 $2\tau-1$ 的 χ^2 分布。当 $\tau > n/10$ 时用如下统计量

$$S^*(\tau) = n^2\sum_{k=-\tau}^{\tau} \frac{r_{21}^2(k)}{n-k} \tag{3.5.12}$$

气象要素的极端值在相关分析中也是值得注意的一个问题。黄嘉佑(1982)在研究环流因子与河北省正定站 10 月降水量的相关关系时发现，在前一年 8 月大西洋—欧洲环流型 E 型日数与降水量的相关散布图中，1968 年的样品点远离大多数的点子聚集范围，这种点称为强影响点或高杠杆点。这是由于该年降水量出现特别大的极端值。它的参加和剔除使相关系数的计算发生很大变化(由 0.58 变化到 0.72)。显然，这一样品使大多数点子聚集的回归线出现很大的偏倚。剔除它会使两变量的关系研究更接近于大多数样品的情况。

在研究冬季北大西洋涛动与中国西南地区降水量关系时，徐寒列等(2012)也发现在它们的关系中，2009 年存在高杠杆点(图 3.5.1)，使用 30 年资料计算的相关系数为 0.43，去掉 2009 年的资料，使用 29 年资料计算的相关系数为 0.38。他们进一步研究不同条件下两者的关系，发现它们似乎存在着不对称性，在冬季北大西洋涛动指数为负值年时，两者的对应关系要好于北大西洋涛动指数为正值年的情况。当冬季北大西洋涛动为负位相时，北大西洋涛动指数与西南降水指数表现出显著的正相关，30 年资料的相关系数为 0.62，即使去掉 2009 年，29 年资料的相关系数也达到 0.57。而当北大西洋涛动处于正位相时，两者的相关关系要远弱于北大西洋涛动为负位相的时期，相关系数仅为 0.33。

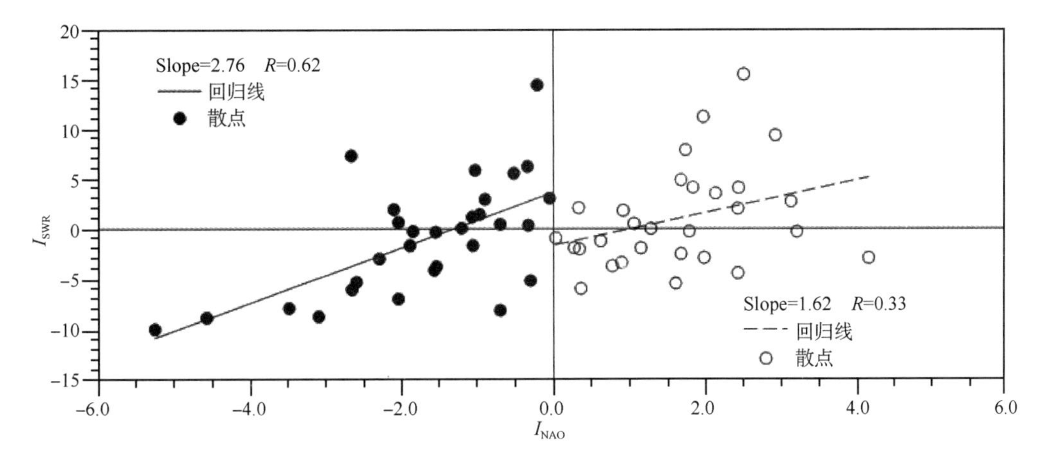

图 3.5.1　冬季北大西洋涛动指数 I_{NAO} 与冬季西南降水指数 I_{SWR} 的散点分布

（实线、虚线分别为利用最小二乘拟合的负、正北大西洋涛动位相时，北大西洋涛动指数与西南降水指数的线性关系，R 和 Slope 分别表示相关系数和回归直线斜率）

3.6　偏相关

偏相关是指在多个变量相互关系的研究中，其他变量保持不变的情况下，只研究其中的两个变量之间的关系。在对多元相关变量进行相关性分析时，偏相关分析能够去除其他相关变量的影响，正确地表示两个变量之间的线性关系性质与程度，真实地反映两个变量的本质联系。例如，在 3 个变量相互关系的研究中，保持其中某一变量不变的情况下研究另两个变量之间的相关关系。设有 3 个标准化变量 x_1、x_2 和 x_3。x_3 除了对 x_1 有直接影响外，还可通过 x_2 影响 x_1，因此要扣除 x_3 对 x_2 的影响部分才能有效地研究 x_1 与 x_2 之间的关系。度量两个连续型变量的偏相关系数计算式为

$$r_{12.3} = \frac{r_{12} - r_{13}r_{23}}{\sqrt{(1-r_{13}^2)(1-r_{23}^2)}} \tag{3.6.1}$$

式中，r_{ij} 为 x_i 和 x_j 的相关系数。

偏相关系数的计算也可以通过回归方程求出。例如，对 3 个大气距平变量 x_1、x_2 和 x_3，建立 x_1 对 x_3 和 x_2 对 x_3 的回归方程，有

$$x_1 = b_{13}x_3 + e_{13}$$

$$x_2 = b_{23}x_3 + e_{23}$$

如果要扣除 x_3 对 x_1 和 x_2 的影响，可以表示为

$$x_1 - b_{13}x_3 = e_{13}$$

$$x_2 - b_{23}x_3 = e_{23}$$

则残差 e_{13} 和残差 e_{13} 的相关系数，就是扣除 x_3 对 x_1 和 x_2 的影响后，x_1 和 x_3 的偏相关系数。

这种求偏相关系数的方法，容易推广到多个变量的情况。类似地，建立 x_1 对除 x_2 以外的其余多变量的回归方程，同样建立 x_2 对除 x_1 以外的其余多变量的回归方程，然后分别求两个多变量回归方程的残差，则两个方程残差序列相关系数即为两个变量的偏相关系数。

徐桂荣等(2007)用这种方法求偏相关系数，并使用它来分析电离层 NmF2 与低层大气等

压面高度的相关性。研究发现,电离层 F2 层光化学过程和动力学过程之间的微妙平衡对来自上面和下面的影响非常敏感。F2 层峰值电子浓度 NmF2 除有复杂季节变化外,还有 15% 的标准差存在于逐日变化中,这些变化可以归结为"太阳的""地磁的"和"其他的"影响,而"其他的"影响似乎主要源自大气的低层,可称之为"气象的"影响。图 3.6.1 为武汉站 NmF2 与 100 hPa高度的简单相关系数与偏相关系数随时间的变化。

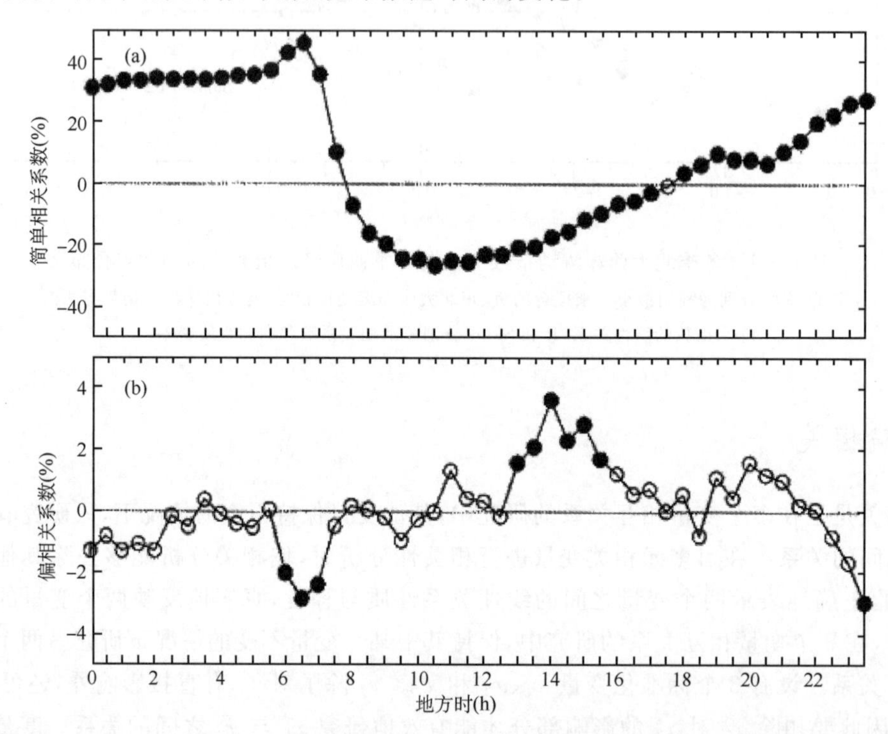

图 3.6.1　武汉站 NmF2 与 100 hPa 高度的(a)简单相关系数与(b)偏相关系数随时间的变化

(图中黑点为通过 0.1 的显著性检验)

从图 3.6.1 可见,NmF2 与 100 hPa 高度的偏相关系数的日变化与简单相关分析得到的结果有明显差别。

李勇等(2006)在研究太平洋西部遥相关型(WP)与赤道中东太平洋海温的关联性和独立性时,认为虽然 Nino3 区海温可能通过西北太平洋上的 WP 型来影响东亚冬季风的强弱,但 WP 型自身与冬季风的相关关系基本不受海温的影响。他们不考虑海温的作用,计算了 WP 型与冬季风之间的偏相关系数,发现偏相关系数仍然高达−0.46,超过 0.1 的显著水平。说明它们与赤道中东太平洋海温存在独立性。

3.7　不同时刻的交叉相关

度量两个变量 X 和 Y 在不同时刻的相关密切程度,使用交叉落后相关系数,落后 τ 时刻的交叉落后相关系数计算式为

$$r_{xy}(\tau)=\frac{1}{n-\tau}\sum_{t=1}^{n-\tau}\left(\frac{x_t-\bar{x}}{s_x}\right)\left(\frac{y_{t+\tau}-\hat{y}}{s_y}\right) \tag{3.7.1}$$

计算时,最大落后 τ 通常取样本容量的 1/3。

Gordon(1986)用交叉落后相关系数考查了各季的南方涛动指数与新西兰地面气压纬向指数关系，发现它们有显著的负相关，持续期间达一年之久。

Ananthakishnan 等(1984)计算了印度降水量与太阳黑子相对数在不同时期的交叉落后相关系数。考虑到 1925 年前后的突变，他们把试验期分为三期。第Ⅰ期为 1871—1978 年；第Ⅱ期为 1871—1924 年；第Ⅲ期为 1925—1978 年。表 3.7.1 给出了不同时期的计算结果。

表 3.7.1　印度降水量与太阳黑子相对数的交叉落后相关系数

落后(年)	Ⅰ	Ⅱ	Ⅲ
1	0.27 *	0.30 *	0.21
2	0.24 *	0.29 *	0.19
3	0.23 *	0.17	0.25

注：* 表示通过 0.05 的显著性检验。

从表中发现，落后 1、2 和 3 年，印度降水量与太阳黑子相对数普遍存在正相关关系。从中也发现，相关系数不同时期会发生变化。1871—1924 年的相关关系比后一期间要高些。计算印度 34 个分区降水量，也发现其中有 22 个区降水量与太阳黑子相对数的相关系数高的站数前一时期比后一时期多。说明前一时期的关系较好。

3.8　不同时段的相关

滑动相关系数，是度量两个变量在不同滑动时段中相关关系密切程度的统计量，它随滑动时段变化。因为两个大气变量的相关关系不是一成不变的，它们随样本容量不同和气候阶段不同而变化，也反映了大气变量关系不是稳定的。

Nicholls(1983)计算了达尔文站 7—8 月气压与印度半岛降水量不同时段的相关系数，发现它们随时间有强烈的变化。

梁平德(1988)用相关分析研究了 1891—1983 年的降水量资料，发现印度夏季风雨量与我国华北夏季降水量有相似的气候统计特征，并存在显著的正相关。并且还发现当印度季风槽发展时华北多雨，反之亦然。她以 20 年间隔时段计算它们之间的滑动相关系数，发现均在 0.3～0.6 之间变化，在 1924—1983 年为 0.406。说明在这一时段它们的关系是显著的。

田丰等(2004)研究了渤、黄海海冰冰级与北京地区降水量的相关关系，发现其与北京 9 月降水量有显著的相关。但是，在不同时段计算的相关系数是有变化的(表 3.8.1)。

表 3.8.1　不同时段渤、黄海海冰冰级与北京 9 月降水量的相关系数

时段	1932—1961 年	1942—1971 年	1952—1981 年	1962—1991 年	1932—1971 年	1942—1981 年	1952—1991 年	1932—1981 年	1942—1991 年	1932—1991 年
相关系数	0.26	0.30	0.24	0.24	0.35	0.26	0.20	0.31	0.23	0.28

从表中可以看出，在不同时段内计算的结果有些变化。总体上仍然保持正相关关系，不同时段相关系数有所变化，其中只有在 1932 年往后的 40 年、50 年和 60 年里的相关系数通过检验，且相关系数随样本容量的增加呈递减趋势，这说明 9 月的降水量与冬季海冰冰级的相关性并不十分稳定，也说明海冰与降水量在不同时段内有着不同的相关关系，是否其他月也存在这种情况呢？因此，他们以 30 年为最小样本容量，仍然以 10 年为滑动时段，分别计算冰级与各

月降水量的相关性，结果发现正相关高值区主要集中在秋季(9—10月)，1962—1991年这30年的正相关值最高，甚至达到了0.01的显著水平。

孙卫国等(2009)在研究黄河源区径流量与区域气候变化的相关关系时，也发现径流量与该地区的气温变化相关关系存在不稳定性(图3.8.1)。

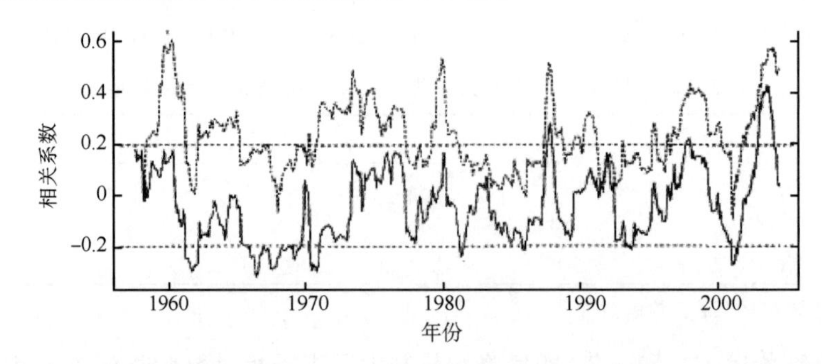

图3.8.1　黄河源区径流量与最高(实线)、最低(虚线)气温3年滑动相关系数随时间的变化

3.9　变量的瞬时相关

相关矩是描述两个连续型变量在某时刻的瞬时相关关系密切程度的统计量。相关矩定义为

$$c_i = x_{zi} y_{zi} \tag{3.9.1}$$

式中，x_{zi}和y_{zi}分别为两变量(例如海温和某站雨日)第i个样品标准化距平值。

实际上，该统计量也能反映一般的相关系数。因为该统计量的平均值就是一般的相关系数。该统计量的标准差反映了两个序列相关矩围绕相关系数的平均变幅。由于相关系数是所有样品相关矩的平均值(见式(3.5.3))，它不能反映两个变量关系瞬时相关变化的情况；而使用相关矩可以了解两个变量相关随时间变化的情况。

如果在所取的样本容量中相关矩的平均值为0，则表示两个变量的相关情况存在两种可能。一种是它们在各个时刻下相关矩为0或接近于0。另一种情况是它们在不同时刻存在不同符号的较大数值相关矩，只是在平均时相互抵消，而使平均值为0。后一情况有可能反映两变量存在非线性相关，例如，在这种情况下有可能是当海温为正距平值时，某站雨日有正距平值的响应，而当海温为负距平值时，某站雨日亦有正距平值的响应，那么它们相关矩的平均值有可能接近于0，但有可能它们存在非线性关系，例如，x与y的关系可以为

$$y = x^2$$

度量这种非线性关系可以用相关矩的绝对值大小来反映。

黄嘉佑(1989)研究发现，赤道东太平洋前期各季海温与我国夏季雨日有密切关系，这种关系与海温异常强度有很大的关系，但是其关系并不是线性的。他提出可用相关矩来度量不同强度的海温距平值与雨日相关随时间变化的情况。

选取赤道东太平洋地区1950—1979年夏、秋、冬以及次年的春季平均海温距平序列，与中国1951—1980年46个测站的夏季平均雨日序列做相关矩研究。海温异常定义为海温变量标准化值的绝对值超过1.0，选取海温异常年份与中国典型的几个测站计算其相关矩(表3.9.1)。尽管5个站与海温均有显著正相关(其相关系数均通过显著水平0.05的显著性检

验)，但是从表3.9.1可见，并不是所有年份都具有正的相关关系。在海温异常年份中，也有一些年份有负的相关矩。表明在个别年份下，该地区的雨日距平值响应并不总是正相关的响应。在所有年份中，北京与海温在5个站中有最高的相关系数。但是，在海温异常年份，天津则有最大的相关程度。

表3.9.1　海温异常年份的海温与雨日相关矩

年份	海温	长沙	天津	北京	福州	石家庄	平均相关矩振幅
1951	−1.38	1.49	2.25	2.58	−0.16	1.67	1.60
1956	−1.48	2.55	−1.85	−2.58	3.15	1.20	1.95
1965	−1.22	0.55	2.16	1.36	0.71	1.32	1.55
1966	1.69	−1.19	2.10	2.01	0.20	1.16	1.50
1968	−1.02	0.07	1.81	1.92	−1.12	1.24	1.42
1970	1.17	1.25	0.53	1.00	−0.35	−0.31	0.61
1973	2.35	4.00	2.61	2.79	4.54	1.62	2.34
1974	−1.29	−0.40	0.08	1.42	0.93	−0.19	0.71
1976	−1.38	0.27	−1.17	−1.03	−0.93	−1.70	1.24
1977	1.43	−0.46	1.03	−0.49	1.96	0.98	1.61
平均值		0.81	0.95	0.90	0.89	0.70	
相关系数		0.36	0.42	0.45	0.42	0.40	

利用相关矩可以诊断两个变量的非线性相关情况。例如，用秋季海温与汉口站雨日资料，计算其相关矩的平均值，发现在一般情况下计算的相关矩平均值(即相关系数)为0.03，似乎说明它们没有相关关系。但用相关矩绝对值计算其平均值则为0.67，说明它们之间存在预报量与自变量平方的非线性关系。

利用相关矩这一统计量随时间变化的规律性就可以揭示两变量相关程度随时间变化的情况。在研究强海温异常下雨日与海温的相关矩时，可以了解在强的海温异常下我国雨日变化的个别样品响应情况。例如，对赤道东太平洋地区海温与我国东北嫩江雨日序列计算相关系数为0.33，表明它们存在显著的正相关关系(显著水平为0.05)。但是进一步逐年研究它们之间的关系时发现，当海温出现强的负距平异常时，如1955年、1964年、1970年和1974年，其标准化距平值分别为−1.37、−1.37、−1.02和−1.02，我国东北嫩江雨日有强的负距平值的响应。因为其相关矩值表现为大于1的值，分别为1.63、1.24、1.07和1.80。显然，如果该地区没有强的雨日负距平值响应，两变量相关矩不会有很大的值。

在已有的物理统计模型中，大多是研究同期的关系，而且往往使用线性相关系数作为工具。这种天气概念模型仅能反映天气系统与降水量的线性关系。但是，现在许多研究表明，天气现象和气候过程是十分复杂的，它们之间的关联不能简单归结为线性关系。可以用条件相关矩的信噪比，研究上年大气环流因子对长江地区夏季洪涝影响的物理过程，并建立它们关联的非同期和非线性物理统计模型。

由于相关矩是一个随时间变化的变量，它在某一时段的平均值可以反映两个变量在该时段的相关关系平均状态。因此，可以研究不同时期两个变量的相关密切程度。

黄嘉佑等(2003)利用条件相关矩研究了影响长江地区夏季洪涝的大气环流因子。他们选取不同尺度(月、季、半年和全年)的74个大气环流指数作为因子，分别计算不同尺度因子偏高和偏低年份的条件下，与降水量的条件样本平均相关矩。在因子偏高的条件样本中，其标准化值大于0，如果降水量小标准化值也大于0，它们之间的相关矩必然大于0，相关矩的平均值也会大于0。相反，在偏低的条件样本中，因子标准化值小于0，如果降水量标准化值也大于0，它们之间的相关矩必然小于0，相关矩的平均值也会小于0。相关矩的大小反映它们之间相关的密切程度。

由于相关矩是一个变量，其平均值还可以按一般变量平均值进行显著性检验。即定义新统计量为

$$t=\frac{\bar{c}-\mu}{s/\sqrt{n-1}} \tag{3.9.2}$$

式中，$\bar{c}$ 为某条件的平均值，例如，在因子值偏高(1级)或偏低(3级)的条件下对应相关矩的条件样本平均值；μ 为无条件全部样本相关矩的平均值，如果原两个变量无关，它在一般条件下应该为0；s 为条件样本中相关矩标准差；n 为条件样本的样本容量。显然，该统计量的分子是反映在某条件下相关密切程度(即相关矩平均值)是否与两个原始变量无关的状态有显著差异，也可以看成相关矩的信噪比。因此，该统计量的分子反映相关状态与无关状态的差异程度，可以表示两变量有关的信号；而统计量的分母反映相关状况的平均变化，可以称为相关矩的噪声。该统计量反映相关程度的信噪比，称为条件相关矩信噪比。它遵从自由度为 $n-1$ 的 t 分布，可以用假设检验方法确定相关显著域。

把因子变量值分为3级，1级为偏高值，2级为正常，3级为偏低值，按均匀分布划分，各级别出现概率值分别为33.3%。显然，偏高的样本在1级中因子变量的标准化值大于0，在3级中则小于0。

在因子值异常偏低(3级)时，对长江地区降水量条件相关矩信噪比的显著性进行研究。当相关矩 t 值大于2.11(显著水平为0.05)时，选出的长江流域降水量的强影响因子有上年度西太平洋副高西伸脊点和下半年北半球副高北界因子。

从因子数量和相关矩信噪比的显著性来看，因子偏低值时对长江地区洪涝影响比因子偏高时差。计算表明，影响长江地区干旱选入的因子，在偏低和偏高条件下并不相同。说明因子与预报量没有线性关系。

要了解不同条件下两个变量之间的相关情况，可以使用不同条件下两个变量之间相关矩平均值之间的差异性进行研究，其差异性还可以进行显著性检验，使用统计量

$$t=\frac{\bar{c}_a-\bar{c}_n}{\sqrt{n_1 s_a^2+n_2 s_n^2}}\left[\frac{n_1 n_2(n_1+n_2-2)}{n_1+n_2}\right]^{1/2} \tag{3.9.3}$$

式中，$\bar{c}_a$ 为某异常条件下的相关矩平均值；$\bar{c}_n$ 为正常条件下的相关矩平均值；s_a^2 为某异常条件样本中相关矩方差；s_n^2 为正常条件样本中相关矩方差；n_1 和 n_2 分别为两个条件样本的样本容量。该统计量遵从自由度为 n_1+n_2-2 的 t 分布。

Huang(1990)使用不同条件相关矩平均值差异性检验，来研究赤道东太平洋海温异常与中国雨日的相关性。他把海温标准化值大于1.0的年份称为海温异常年份，其余年份称为正常年份。表3.9.2给出了中国5个城市异常年份与正常年份的海温与雨日相关矩平均值的差异性。

表 3.9.2 异常年份与正常年份的海温与雨日相关矩平均值的差异性

	南京	天津	呼和浩特	梧州	南宁
$\bar{c}_a$	0.49	−0.67	−0.12	−0.85	−0.85
$\bar{c}_n$	0.21	−0.10	−0.02	−0.07	−0.03
t 值	0.5	−0.8	−0.1	−1.1	−1.8
$\lvert\bar{c}_a\rvert$	1.21	1.05	0.95	1.09	1.23
$\lvert\bar{c}_n\rvert$	0.40	0.39	0.34	0.38	0.30
t 值	4.3	1.8	1.4	1.7	5.0

从表中可见，在5个测站中，异常年份与正常年份的海温与雨日相关性没有显著差异。但是，把海温标准化值小于1.0年份也称为海温(负)异常，取它们的样品相关矩的绝对值，再进行平均，与没有异常的相关矩平均值比较，发现差异性明显增加(见表3.9.2的下半部分)，说明我国雨日对海温因子的响应是非线性的，即无论海温是正异常或者是负异常，雨日均增多，其响应最为强烈的是南宁和南京，即华南和华东地区降水与海温正、负异常有密切关系。

3.10 变量相关程式关系

回归关系也是描述变量之间程式关系，也是大气变量关系中的重要方程式的关系表现。由于大气变量之间存在相互影响关系，可以利用它们的相关关系，建立逐个时刻的关系描述方程，此方程称为回归方程。在方程中某一大气变量的变化可以被另一大气变量的变化所解释，前一变量称为因变量，后一变量称为自变量。如果使用在大气变量的预报时，前一变量称为预报量，后一变量称为因子。在方程中描述的是两个变量的关系函数形式，即不仅可以回答两个变量是否有密切关系，还可以回答是什么样的关系。它们也是大气变量之间具体关系的一种描述方法。例如，根据1981—2010年北京冬季平均气温(x)与夏季降水量(y)的资料数据，利用回归分析方法(见附录A)，可以建立描述两个变量的关系形式方程为

$$\hat{y}_d = -16.4x_d$$

如果认为此关系在未来短时间保持稳定不变时，则可以根据2011年冬季气温距平值为−0.5℃，可以得到夏季降水量距平估计值为8.2 mm。即预测下一年夏季降水量比常年偏多。其回归关系表现在方程的回归系数中，其回归系数为−16.4 mm/℃，表明当冬季气温每升高1℃时，夏季的降水量减少16.4 mm，反之亦然。其回归关系与相关关系(相关系数为−0.13)是一致的。但是，回归系数是有单位的，其单位与预报量和因子有关，可以十分明确其回归关系的真实内容。因此，回归系数也常常被使用来描述具体的两个大气变量之间的关系。

两个回归关系是否可信也要进行检验，例如，检验北京冬季气温对夏季降水量回归方程是否显著，计算两个变量相关系数为−0.13，代入回归方程检验公式(见附录A1.19)，计算得到F值为0.48。查F分布表，分子自由度为1、分母自由度为28时，0.05显著水平下的F值为4.2，计算的F值小于此值，认为可以接受原假设，该回归方程不显著。说明此回归关系是不显著的。

大气变量之间关系是十分复杂的，常常不是理想的线性关系。可以试验用非线性关系来

描述(方法见附录A)。例如,黄嘉佑等(2004)对中国南方沿海地区城市热岛效应与人口的关系研究中,对不同类型城市的人口数(x)与气温(y)关系进行分析。用非线性回归确定人口对气温的拟合回归方程,其关系可用非线性函数拟合。常用的几种关于因变量 y 与自变量 x 的非线性函数类型有线性、幂指数、自然指数、对数和双曲等5种类型,函数形式如表3.10.1所示,函数中的参数 a 和 b 可用线性化方法确定,即把变量非线性函数数值化为新变量,则回归方程变为线性方程。拟合时选择对实际气温拟合误差最小,来确定拟合方程的非线性函数类型。结果表明,对数函数是主要的函数形式。图3.10.1给出了冬季气温与人口的关系的非线性拟合曲线(图中粗曲线)。

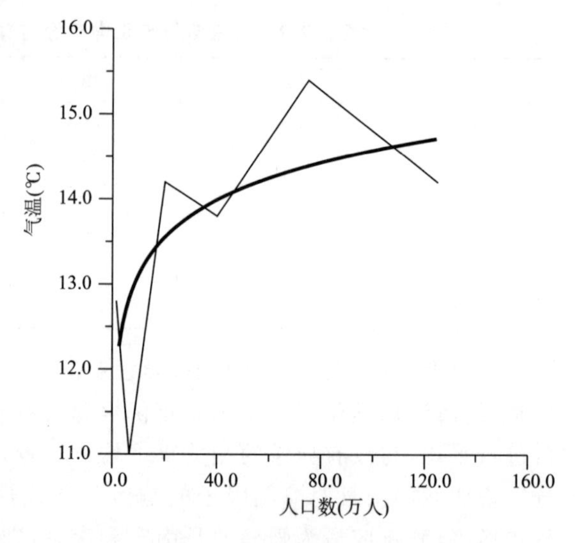

图 3.10.1 冬季气温与人口的关系(细实线)与拟合曲线(粗曲线)

表 3.10.1 因变量 y 与自变量 x 的非线性函数类型

类型	1	2	3	4	5
函数关系	$y=a+bx$	$y=ax^b$	$y=ae^{bx}$	$y=a+b\ln x$	$y=a+b\dfrac{1}{x}$

3.11 多个变量的相关

在大气变量相互关系中,如果需要对某几个指标变量进行综合时,其综合指数的各项线性权重,可以使用相关系数法确定(李方敏等,2002)。其做法是对其中某变量,计算它与其他变量之间的相关系数,取其平均值,然后把这个平均值与所有变量的相关系数平均值之和之比,作为该变量的权重。求权重与各变量指数乘积之和,即得到综合指数。

大气变量与其他多个变量的线性相关程度称为复相关系数。变量之间的关系可归结为一个多元线性回归方程,所以复相关系数是变量 y 与 p 个变量的回归方程估计量 $\hat{y}$ 序列的相关系数,是度量多个变量的相关密切程度的统计量。多个变量的回归方程还可以描述多个变量与因变量之间的函数关系,即回答它们有什么样的关系。

Huang(1991)在研究中国夏季降水量与北太平洋海温之间关系时,应用多变量相关关系进行分析。他把北太平洋划分为4个海域,记为A1(5°N~10°S,180°E~80°W)、A2(5°~30°N,120°E~175°W)、A3(5°~30°N,170°~90°W)和A4(35°~50°N,145°E~125°W),分别称为赤道东太平洋、西北太平洋、东北太平洋和北太平洋区域,以各区域海温平均作为代表变量。分别建立中国100个测站夏季降水量对4个海域的海温变量回归方程。中国某一测站降水量与第 k 个海域的海温变化之间的关系描述,可以用4个变量方程中第 k 个变量在回归方差中的方差贡献来描述,即用对应变量的标准化回归系数与相关系数的乘积来度量。对100个测

站，第 k 个海域的海温变化对降水量的总贡献，是由所有100个测站的海温变量方差贡献相加得到，称为总回归方差，记为VC。表3.11.1列出了4个海域海温变量各自在100个测站中的回归方差贡献。

表3.11.1 4个海域海温变量各自在100个降水量测站中的回归方差贡献

	A1	A2	A3	A4
VC	3.23	3.13	3.34	2.34

从表中可见，影响中国降水量最重要的海温地区，并非传统所认为的赤道东太平洋海域，而是东北太平洋地区。

3.12 变量变化的相似性

两个大气变量变化的相似性是两个变量相关性的另外一种表现，如果两个变量数据在变化过程中十分相似，它们必然有密切的相关关系。度量两个变量相似性的统计量有以下几种。

(1)相关相似系数

两个大气变量变化过程的相似性，可以使用相关系数来描述。当相关系数接近1.0时，说明两个变量变化过程十分相似。如果相关系数为0，或者经过显著性检验，显示没有显著相关时，说明两个变量变化过程不相似。如果相关系数接近−1.0，说明两个变量变化过程有反相似，即当一个变量为正距平的时刻，对应另一个变量为负距平，反之亦然。相似性系数 $\theta(A,B)$ 应该具有如下性质：

①$\theta(A,B)=\theta(B,A)$；

②$\theta(A,B)\geqslant 0$；

③相似性系数随 A 和 B 之间的相似性增加而增加。

但是，相关系数满足性质①，却不满足性质②。因此定义相关相似系数：

$$\theta_{xy} = \arccos(r_{xy}) \tag{3.12.1}$$

由于相关系数是两个标准化变量乘积的平均值，可以把两个标准化变量数据，看成 n 维空间的两个向量，相关相似系数越小，即两个标准化向量的夹角越小，表明两个标准化变量越相似。

(2)相似系数

把两个变量数据看成 n 维空间的两个向量，则可以把两个向量的夹角余弦定义为相似系数，表达式为

$$\theta_{xy} = \arccos(s_{xy}) \tag{3.12.2}$$

其中

$$s_{xy} = \frac{\sum_{i=1}^{n} x_i y_i}{\sqrt{\sum_{i=1}^{n} x_i^2}\sqrt{\sum_{i=1}^{n} y_i^2}}$$

显然，两个向量夹角越小，表明两个变量越相似。

(3)距离系数

把两个变量随时间演变曲线进行比较，使用两条曲线距离远近作为相似程度的度量。一

般在大气变量之间相似关系分析中，使用的距离系数有以下几种。

①欧氏距离

$$d_{xy} = \sqrt{\sum_{i=1}^{n}(x_i - y_i)^2} \tag{3.12.3}$$

②平均距离

$$d_{xy} = \sqrt{\frac{1}{n}\sum_{i=1}^{n}(x_i - y_i)^2} \tag{3.12.4}$$

③域块距离

$$d_{xy} = \sum_{i=1}^{n}|x_i - y_i| \tag{3.12.5}$$

式中，x 与 y 分别为两个变量；n 为变量的样本容量。考虑距离系数有单位，不利于不同变量之间进行距离相似性比较，这时可以使用相对欧氏距离，定义如下：

$$E_{xy} = 1 - \frac{d_{xy}}{d_{\max}} \tag{3.12.6}$$

式中，$d_{\max}$ 为在历史样本中两个变量的最大欧氏距离。它的数值变化范围是 0～1。

④相似离度

从上面各种距离系数的表达式可见，它们反映的只是两个变量样本的空间距离，反映不出序列变化形状的差异，而形状差异性也是两个变量相似的判别内容之一。两个变量的相似，可以通过比较两个变量的时间变化曲线，确定曲线演变相似程度。可以使用相似离度，它定义为

$$C_{xy} = \frac{g_{xy} + h_{xy}}{2} \tag{3.12.7}$$

其中

$$h_{xy} = \frac{1}{n}\sum_{i=1}^{n}|x_i - y_i|$$

表示两条曲线纵坐标方向上的平均距离。形相似系数定义为

$$g_{xy} = \frac{1}{n}\sum_{i=1}^{n}[|x_i - y_i| - (\bar{x} - \hat{y})]$$

反映了两个变量的绝对值差值与平均值差值的比较。这样，把两条曲线变化形状差值的变化平均，作为判别两个变量变化形状相似指标。C 值的大小，由相似系数 d_{xy} 和形相似系数 g_{xy} 共同决定，它们的值越小，两条曲线的相似程度越高。

刘勇等(2006)对台风路径相似性研究中，把台风路径视为二维平面上的一段曲线，经过坐标变换，把二维坐标的两个台风路径变换为相同坐标系的两个变量变化曲线，然后根据两条台风路径的相似离度判断其数值相似和形态相似的程度。

陈录元等(2012)使用调整相似离度系数来计算大气变量场之间的相似性。调整相似离度系数计算式为

$$C_{xy} = \frac{\alpha g_{xy} + \beta d_{xy}}{\alpha + \beta} \tag{3.12.8}$$

式中，α 与 β 分别为可调整系数，可取 1 或 2，以改变相似和形态相似的程度的权重，达到较好判别两个变量的相似效果。

当两个变量相似时，其相关系数也高，往往可以利用相似系数来反映两个变量的相关密切

程度。可以使用距离来度量两个变量的关联度。对 $x(t)$ 和 $y(t)(t=1,\cdots,n)$ 两个变量序列，定义关联度为

$$R_{xy}=\frac{1}{n}\sum_{t=1}^{n}\frac{\Delta_{\min}+b\Delta_{\max}}{\Delta_{xy}(t)+b\Delta_{\max}} \tag{3.12.9}$$

式中，$\Delta_{\min}$ 和 $\Delta_{\max}$ 分别为各时刻两序列绝对差的最小值和最大值；$\Delta_{xy}(t)$ 为 t 时刻两序列的绝对差；b 为分辨系数，其值为 0～1，通常取 0.5。例如，林乃峰等(2012)对湖泊面积变化与气候因子进行此种关联度分析，发现湖泊面积与年平均温度、年平均最高温度、年平均最低温度、年平均降水量、年平均蒸发量、年平均相对湿度的关联度分别为 0.83、0.84、0.70、0.80、0.77 和 0.75。其中以年平均最高温度变化的关联度最高。

参考文献

陈录元，尚可政，周海，等. 2012. 环渤海地区 4～10 天风速预报中相似预报法的应用. 气象科技，**40**(2)：219-225.

黄嘉佑. 1982. 气象统计预报中的极值问题. 北方天气文集，(2)：91-95.

黄嘉佑. 1989. 赤道东太平洋海温与我国夏季雨日的相关矩分析. 气象学报，**47**：475-478.

黄嘉佑，高守亭. 2003. 影响长江地区夏季洪涝的大气环流因子研究. 自然科学进展，**13**(2)：206-209.

黄嘉佑，刘小宁，李庆祥. 2004. 中国南方沿海地区城市热岛效应与人口的关系研究. 热带气象学报，**20**(6)：713-722.

李方敏，周治安，艾天成，等. 2002. 渍害土壤肥力综合评价研究. 资源科学，**24**(1)：25-29.

李威，翟盘茂. 2009. 中国极端强降水日数与 ENSO 的关系. 气候变化研究进展，**5**(6)：336-342.

李勇，陆日宇，何金海. 2006. 太平洋西部遥相关型与赤道中东太平洋海温的关联性和独立性. 自然科学进展，**16**(8)：1051-1055.

梁平德. 1988. 印度季风与我国华北平原夏季降水量. 气象学报，**46**：75-81.

林乃峰，沈渭寿，张慧，等. 2012. 近 35a 西藏那曲地区湖泊动态遥感与气候因素关联度分析. 生态与农村环境学报，**28**(3)：231-237.

刘勇，吴必文，王东勇. 2006. 一种台风路径相似检索的算法研究. 气象，**32**(7)：18-24

孙卫国，程炳岩，李荣. 2009. 黄河源区径流量与区域气候变化的多时间尺度相关. 地理学报，**64**(1)：117-127.

田丰，黄嘉佑，李剑，等. 2004. 渤、黄海冰情与华北地区降水关系的分析. 海洋预报，**21**(2)：1-8.

王咏亮，耿淑琴，李海. 1998. 1997—1998 年度冬季黄渤海天气气候特征及对渤海海冰的影响. 海洋预报，**15**(2)：66-77.

向先全，王海波，路文海，等. 2013. 基于数据挖掘的渤海湾水生态环境特性研究. 海洋通报，**32**(1)：72-77.

徐桂荣，万卫星，宁百齐. 2007. 用偏相关分析电离层 NmF2 与低层大气等压面高度的相关性. 科学通报，**52**(9)：1069-1074.

徐寒列，李建平，冯娟，等. 2012. 冬季北大西洋涛动与中国西南地区降水的不对称关系. 气象学报，**70**(6)：1276-1291.

于大峰，陈良华，孙士型，等. 2012. 长江上游流域面雨量时空分布特征. 干旱气象，**30**(4)：563-569.

Ananthakishnan R，Parthasarathy B. 1984. Indian rainfall in relation to the sunspot cycle. *J Climatol*，**4**：149-169.

Bhalme H N，Rohalkar S S，Sikder A B. 1987. Tropical quasi-biennial oscillation of the 10-mb wind and Indian monsoon rainfall-implications for forecasting. *J Climatol*，**7**：345-353.

Chen W Y. 1982. Fluctuations in Northern Hemisphere 700 mb height field associated with the Southern Oscillation. *Mon Wea Rev*, **110**: 808-823.

Gordon N D. 1986. The southern oscillation and New Zealand weather. *Mon Wea Rev*, **114**: 371-387.

Gutzler D S, Mo K C. 1983. Autocorrelation of Northern Hemisphere geopotential heights. *Mon Wea Rev*, **111**: 155-164.

Huang Jiayou. 1990. Correlations between sea surface temperature in eastern equatorial Pacific and rain days over China in summer. *Advances in Atmospheric Sciences*, **7**: 127-136.

Huang Jiayou. 1991. Responses of summer rainfall over China to anomalies of sea surface temperature in the North Pacific. *Acta Meteorologica Sinica*, **5**: 79-89.

Kumar B. 1988. Interaction between Eurasian winter snow cover and location of the ridge at the 500 hPa level along 75 E. *J Met Soc Japan*, **66**: 509-514.

Leith C E. 1973. The standard error of time-average estimates of climatic means. *J Appl Meteor*, **12**: 1066-1075.

Naumann G, Vargas W. 2009. Changes in the predictability of the daily thermal structure in southern South America using information theory. *Geophys Res Let*, **36**, L09704, doi: 10. 1029/2009 GL037576.

Nicholls N. 1983. Statistical climate prediction: the state of the art: *Reprints II International Meeting on Statistcal Climatology*.

Padmanbhan G, Rao A R. 1990. On the cross-correlation between drought indices and solar activity. *Theor Appl Climatol*, **41**: 55-61.

Ramage C S. 1983. Teleconnection and the siege of time. *J Climatol*, **3**: 223-231.

Shu Shoujuan, Wang Yuan, Bai Lina. 2013. Insight into the role of lower-layer vertical wind shear in tropical cyclone intensification over the Western North Pacific. *Acta Meteor Sinica*, **27**(3): 356-363.

第4章　大气变量的时间演变特征

大气的运动是随时间变化的，反映大气状态随时间变化特征具有持续性、变化趋势、韵律、周期性、波动性和突变等方面。如何描述大气状态随时间的演变特征十分重要。

4.1　离散变量持续性

大气离散变量以天气和气候现象来表现，它们随时间变化的持续性和韵律变化特征的描述主要有以下几种方法。

(1)条件频率法

大气现象在某个时刻出现某些主要特征，间隔若干月后有相似现象重现，其间隔时间称为对应间隔时间尺度的韵律。例如，农谚中的“八月十五云遮月，正月十五雪打灯”，就是描写这种现象的。这种现象可以使用条件频率法进行研究。

王绍武等(1987)分析北太平洋海温场的相似性随落后月变化曲线，发现相似性并不随时间增加而单调下降。例如，夏季海温相似时，后一个月也较相似，但2～3个月后相似性明显下降，而从第4个月开始相似性又逐渐增加，直到9个月后才明显下降。但是，大气环流的落后月的相似性与海温不同，当夏季500 hPa环流相似时，一般要经过1年间隔(11～13个月)，即来年夏季环流才相似。

他们用持续比(E)来研究副高的韵律的持续性。其持续比定义为

$$E = \frac{1-P}{1-P_1} \tag{4.1.1}$$

式中，P为上年秋冬季副高偏强(弱)的概率；P_1为上年秋冬副高偏强(弱)下当年副高亦偏强(弱)的条件概率。显然，式(4.1.1)中分子表示副高不偏强(弱)的无条件概率，分母则表示在同条件下副高不偏强(弱)的概率。如果副高存在强的韵律或持续性，则分母的条件概率将是小值，而分子为不变的气候概率，其比值将增大。因此，统计量E可以度量韵律性和隔年持续性。他们根据1954—1976年的资料，算得副高偏强的概率估计值为$P=10/23$，上年秋冬副高偏强时当年5—7月副高亦偏强的概率估计值为$P_1=9/10$。从而算得副高偏强的持续比为5.65，表明副高偏强存在约两个季的韵律。

(2)马尔科夫链

大气变量变化有随时间持续变化的特征。例如，某地今天是晴天，往往明天也是晴天，或者今天是雨天，往往明天也是雨天。此种现象称为降水的持续性。这种持续性可以使用马尔科夫链模型进行研究。

Katz(1983)在分析逐日降水的持续性中，假设降水出现过程为两种状态(即有雨和无雨)，遵从一阶马尔科夫过程，出现雨的天称为湿日，记为事件“1”，否则为干日，记为事件“0”。他定

义降水持续性参数为

$$d = P_{11} - P_{01} \tag{4.1.2}$$

式中，P_{11} 和 P_{01} 分别为前一天有雨第二天有雨和前一天无雨第二天有雨的转移概率。显然，当 $d=0$ 时，为逐日降水无持续性。d 是一阶自回归系数。条件概率的计算中可以使用样本条件频率来估计。

么枕生等(1990)在研究上海气温持续性中，把马尔科夫链用于持续性分析。把气象要素从某种状态转变为另外一种状态的现象，用状态转移的观点进行研究。从马尔科夫链的观点来看，一种状态持续而不转移或一种状态转移到其他状态的概率很小时，定义此状态有持续性。显然，若将天气气候现象按其属性划分为两种或多种状态，如晴雨、干湿日、高低温和旱涝年等，就可把天气气候序列看成状态离散、时间离散的马尔科夫链。

如果把“晴”“雨”两种状态记为 a 及 b，可以定义当第 i 天为 a 状态时，第 $i+n$ 天的状态是由 a 状态转移而来，从而构成时间间隔为 n 天的马尔科夫链；天气变化持续性的意义是指，当 a 转移到下一状态为 a 的概率较大，其概率值大小可与状态 a 的气候概率进行比较，比气候概率大时为有持续性，由此定义由状态 a 或 b 转移到另一状态(间隔 n 天)的持续性分别为

$$\begin{cases} L_{a.b}^{(n)} = \dfrac{P_n(b \mid a)}{P(b)} \\ L_{a.a}^{(n)} = \dfrac{P_n(a \mid a)}{P(a)} \\ L_{b.a}^{(n)} = \dfrac{P_n(a \mid b)}{P(a)} \\ L_{b.b}^{(n)} = \dfrac{P_n(b \mid b)}{P(b)} \end{cases} \tag{4.1.3}$$

式中，$P_n(b|a)$ 为 $a \to b$(间隔 n 天)的转移概率；$P(b)$ 为状态 b 的气候概率。显然当 $L_{a.b}^{(n)}$ 大于 1 时，$a \to b$ 事件持续性是存在的。其他状态转移的持续性意义类似。然后计算间隔 n 天后的持续性矩阵，从中研究不同状态下天气持续性大小。

他们计算广州等 5 站各月干湿日一阶(落后一天)和两阶(落后两天)持续性参数，发现湿日转湿日、干日转干日的持续性是很强的。

江志红等(2013)利用马尔科夫链转移概率极限分布研究了中国降水过程的持续性，发现中国降水夏季持续期最短，持续期由北向南、由西向东呈增加趋势，且春季平均降水持续期为 5.1 d，夏季平均为 5.0 d，秋季平均为 6.5 d，冬季平均为 6.2 d。各地逐日降水天气状态演变过程，存在天气气候状态自然转折的持续性，即自然天气周期。

关于降水的持续性指数还有 Besson 持续系数(么枕生等，1990)，定义为

$$r_b = \frac{1-P}{1-P_{11}} - 1 \tag{4.1.4}$$

式中，P 为雨日出现概率；P_{11} 为前一天有雨第二天仍有雨的概率。当 r_b 大于 0 时，表示降水有持续性。利用持续系数可以比较不同时期的降水持续性。

(3)事件重现的概率

大气事件的持续性还可以使用事件重现的概率进行分析。黄嘉佑(1989)为考察北京地区旱涝现象年尺度的持续性，使用对应事件重现的概率进行分析。记前一年出现旱(涝)事件为 A，第二年仍为旱(涝)事件为 B，设它们出现是相互独立的，则旱(涝)现象持续一年的概率(即

两事件同时发生的概率)为

$$P(AB) = P(A)P(B) \tag{4.1.5}$$

同样,持续两年的旱(涝)事件的持续性度量可用概率

$$P(ABC) = P(A)P(B)P(C) \tag{4.1.6}$$

表示。式中,$P(C)$为第三年旱(涝)事件出现的概率。表4.1.1给出了北京地区不同气候时段(30年)旱(涝)事件持续性比较。从表中可见,干旱的持续性随气候时段演变是增加的,涝的持续性却减小。实际计算时,使用样本的频率来估计概率。

表4.1.1 不同气候时段北京旱(涝)事件不同持续年的频率

时段	两年		三年	
	旱	涝	旱	涝
1870—1899年	0.172	0.655	0.143	0.571
1900—1929年	0.448	0.207	0.393	0.286
1930—1959年	0.483	0.379	0.464	0.393
1960—1989年	0.517	0.345	0.500	0.250

4.2 连续变量的持续性

天气过程的持续性是大气过程的可预报性研究的重要方面,因为如果天气过程存在强持续性,那么就可以利用它来做未来时刻大气状态的估计。

对大气连续型变量的时间序列$x(t)(t=1,\cdots,n)$,假定它是平稳的,其自相关系数计算用如下公式:

$$r(\tau) = s(\tau)/s^2 \tag{4.2.1}$$

式中,τ为时刻;$r(\tau)$称为落后τ时刻的自相关系数;$s(\tau)$称为自协方差,表示为

$$s(\tau) = \frac{1}{n}\sum_{i=1}^{n-\tau}(x_i - \overline{x})(x_{i+\tau} - \overline{x}) \tag{4.2.2}$$

它也可以使用其无偏估计量计算:

$$s(\tau) = \frac{1}{n-\tau}\sum_{i=1}^{n-\tau}(x_i - \overline{x})(x_{i+\tau} - \overline{x}) \tag{4.2.3}$$

式中,$\overline{x}$和s为变量样本均值和标准差。

Gutzler等(1983)对北半球200 hPa和500 hPa逐日高度场及地面气压场做自相关分析,来研究大气环流的持续性。他们计算各个网格点的不同落后步长(天)的自相关系数,用它们来度量大气过程逐日持续性。显然,自相关系数为正值且很大时,表明大气过程有高持续性。他们从冬季北半球落后一天的自相关系数分布场中,发现极大值出现在极区,极小值出现在亚洲及北美东岸中纬度地区上空;其他季节持续性极值区位置变化不大,只是持续性较冬季要小。

宗海锋等(2008)研究与ENSO相关的环流型和海温异常到底有多大的持续性,它与非ENSO年的持续性有什么不同等问题时,把海温分成El Nino年、La Nina年及非ENSO(正常)年3组,分别计算各组对应ENSO高峰期亚太地区(10°S～90°N,60°E～60°W)500 hPa位

势高度场与衰减期各月亚太地区 500 hPa 位势高度场之间的滞后相关系数(图 4.2.1)。

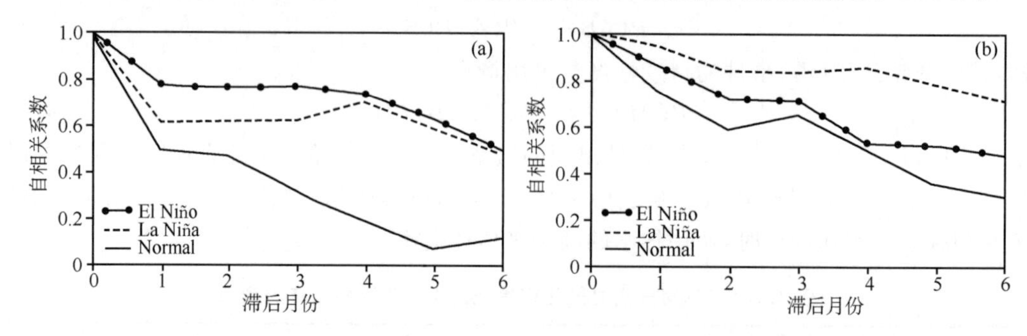

图 4.2.1 亚太地区(a)500 hPa 位势高度场和(b)印度洋—太平洋海温场的时滞自相关系数

他们发现,500 hPa 环流的持续性(图 4.2.1a)在 E1 Nino 年落后到 4 个月的相似系数仍高达 0.70 以上,ENSO 年的持续性远比正常年要大得多。

描述大气变量演变过程的持续性,往往用一阶马尔科夫过程来模拟,即假定大气变量的变化仅与前一天状态有关,而与更前些天的状态无关。Gutzler 等(1983)为了验证这一过程是否在北半球的范围内处处满足这种模型,他们用偏自相关系数来反映实际大气的持续性,用如下公式计算落后两天的偏自相关系数:

$$\rho(2)=[r(2)-r(1)^2]/[1-r(1)^2] \tag{4.2.4}$$

这一相关系数是去掉落后一天的持续性得到的。因为如果高度场的持续性是满足马尔科夫过程的话,场内各格点的 $\rho(2)$ 值均应该接近于 0。在北半球冬季和夏季的 500 hPa 场中,计算各格点的偏自相关系数后,发现大部分地区为负值,表明红噪声过程(一阶马尔科夫过程)的假定在这些地区是有些过分了。但中纬度海洋地区较接近于 0,因此可满足马尔科夫过程的假定,更为合适红噪声过程的假定。

估计总体的自相关系数有不同的方法。例如,Gutzler 等(1983)在研究高度场的持续性时抽取不同年份某个季节的样本,对每个样本分别计算自相关系数。为了更好地估计持续性,他们用不同方法进行估计的比较。他们首先计算在抽取的落后 L 年样本中第 j 年季节样本的自协方差,使用如下公式:

$$s(L,j)=\frac{1}{n}\sum_{i=L+1}^{n}[x(i-L,j)-\bar{x}(j)][x(i,j)-\bar{x}(j)] \tag{4.2.5}$$

式中,L 为落后步长(天);n 为在一个季节中样本容量;$x(i,j)$ 表示第 j 年季节中第 i 天高度场某格点高度值。相应的自相关系数为

$$r(L,j)=s(L,j)/s^2(0,j) \tag{4.2.6}$$

式中,$s^2(0,j)$ 为第 j 个样本中落后长度为 0 时的自协方差,即序列方差。然后对 J 年(即 J 个)样本的自相关系数求平均,得到自相关函数的估计值。为

$$r(L)=\frac{1}{J}\sum_{j=1}^{J}r(L,j) \tag{4.2.7}$$

用该公式估计自相关系数的方法称为 A 法。另一种方法是用所有 J 个样本的平均值作为总体均值的估计,即

$$\bar{x}=\frac{1}{nJ}\sum_{j=1}^{J}\sum_{i=1}^{n}x(i,j)$$

再求 J 个样本自协方差的平均值为

$$S(L)=\frac{1}{J}\sum_{j=1}^{J}s(L,j)$$

从而求得自相关系数另一估计值

$$r(L)=\frac{S(L)}{S(0)} \tag{4.2.8}$$

这种方法称为B法。上述两种估计法哪一种较好，Trenberth(1984)提出可用它们的计算值分别与理论值进行比较。例如，可假设过程为红噪声过程，则序列相邻两时刻的关系可表示为一阶自回归方程

$$x(i)=\alpha x(i-1)+e(i) \tag{4.2.9}$$

式中，α 为落后步长1的自相关函数；$e(i)$为白噪声，设它遵从正态分布。利用随机数可产生 $n=90$、$J=100$ 的模拟序列值。用它们分别计算第一种（记为A）和第二种（记为B）及理论（记为T）的自相关系数估计值。红噪声过程理论落后自相关函数可用下式计算：

$$r(\tau)=r(1)^{\tau} \tag{4.2.10}$$

可通过计算特征时间尺度(T_0)来综合比较这两种方法，因为它是所有落后步长的自相关系数综合值。计算表明，B法比A法更接近于理论值。说明做自相关函数的估计应用B法比A法好。

关于持续性的检验可以用对落后步长为1的自相关系数的检验来代替。在0.05显著水平下，把计算值 $r(1)$与下式临界值进行比较

$$r_c=\frac{-1+1.645\sqrt{(n-2)}}{n-1} \tag{4.2.11}$$

若 $r(1)>r_c$ 则认为有持续性存在(Trenberth,1984)。

Trenberth(1985)对南半球1000 hPa和500 hPa高度场做了逐日的持续性分析，发现在中纬度大部分地区用一阶自回归模式拟合得很好，但在极地和低纬地区用高阶模式更为合适。Chen(1986)也分析了700 hPa高度场，亦发现在副热带地区有较大的持续性。

在研究高度场的持续性中，自相关系数的计算常在网格点中进行。而网格点资料易受各种随机因素影响，其估计持续性时稳定性不强。为克服这一缺点，Mo等(1985)提出用模式相关来表征某一局地范围内环流或天气系统的持续性。他定义场中某区域第 t 天和第 $t+\tau$ 天的模式相关系数为

$$p(t,\tau)=\frac{\frac{1}{n}\sum_{i=1}^{n}z(x_i,t)z(x_i,t+\tau)-\bar{z}(t)\bar{z}(t+\tau)}{s(t)s(t+\tau)} \tag{4.2.12}$$

式中，$z(x,t)$表示在 t 时刻区域内格点的标准化距平值；$\bar{z}(t)$和 $s(t)$分别为区域网格点变量在不同时刻的区域平均值和标准差。式(4.2.12)实际表征了不同时刻两区域之间的空间相关系数，以此来表示环流模式持续性大小。若 $p(t,\tau)$接近于 $p(t+1,\tau)(\tau=1,\cdots,5)$，表示环流系统处于准定常状态，即环流系统有持续性。常见的阻塞高压或低涡系统可以使用模式相关系数来描述其持续性。

在考虑长期过程持续性的度量方面，也可以用相关系数来衡量。Chen(1986)在研究秋季到冬季700 hPa环流形势场的持续性时，分别计算了场中各格点秋冬季的高度相关系数用来表征其持续性，他发现副热带地区有较大的持续性。如果考察特殊年份与一般年份不同的持

续性特征,他提出用分层相关系数来度量其持续性。他把 n 年样本分为两个样本,其中 n_1 为特殊年(如 ENSO 年)样本,n_2 为一般年(如非 ENSO 年)样本。则

$$r_p = \frac{1}{n}\frac{\sum_{i=1}^{n_1} x_{di} y_{di} + \sum_{i=1}^{n_2} x_{di} y_{di}}{s_x s_y}$$

$$= \frac{n_1}{n}\left(\frac{1}{n_1}\frac{\sum_{i=1}^{n_1} x_{di} y_{di}}{s_x s_y}\right) + \frac{n_2}{n}\left(\frac{1}{n_2}\frac{\sum_{i=1}^{n_2} x_{di} y_{di}}{s_x s_y}\right) \tag{4.2.13}$$

$$= \frac{n_1}{n} p_1 + \frac{n_2}{n} p_2$$

表示特殊年和一般年份的持续性。当 n_1 或 n_2 有一个为 0 时就是相关系数,但一般来说 p_1 和 p_2 不是严格的相关系数,它们的值有可能超过 1.0。它们的显著性检验可用蒙特卡洛法。他发现持续性高的地区在美国东部,显著水平达 0.001。

对于分隔一段时间的不连续资料,怎样对它们做持续性研究,Singh 等(1986)对不连续资料在计算不同落后步长自相关系数时提出一种处理方法。他用印度地区 $m(m=19)$ 年雨季(6—8 月)($n=92$ 天)逐日降水距平资料,使用下式计算:

$$r(\tau) = \frac{\sum_{k=1}^{m}\sum_{i=1}^{n-\tau} x_d(i) x_d(i+\tau)}{\sum_{k=1}^{m}\sum_{i=1}^{n-\tau} x_d(i)^2} \tag{4.2.14}$$

他们利用 m 年的降水自相关系数,来度量雨季降水的持续性情况。

4.3 变量的变化趋势

众所周知,大气中气候系统的形成及其变化主要是外力因素(如大气环流、海温或太阳辐射等)作用,要素值本身就反映外力相互作用的结果。研究大气变量演变趋势可以了解这些外力对局地气候变化的影响。如近年来全球气候变暖的趋势被认为是 CO_2 增加所导致的结果。天气过程长期演变趋势是气候变化或变迁研究的重要内容。所谓趋势是指气候要素在一段长时期内大体的变化情况,即描述很长时间尺度的演变过程。因而它能反映大尺度气候因子的影响。为了对大气未来状态进行估计,大气变量变化趋势是大气时间变化特征的重要分析方面。常用的有直线趋势分析和曲线趋势分析等。

(1)直线趋势

直线是最常用来表征气候变化的最大时间尺度的演变趋势,直线的波长为无穷大,它能反映最大的气候因素对局地气候变化的作用(即反映大型气候因子的综合作用)。利用大气变量时间序列以时间为自变量,以变量为因变量建立一元回归方程,即直线方程,其直线即为序列的直线变化趋势。表示为

$$\hat{x}_t = b_0 + b_1 t \tag{4.3.1}$$

式中,$x_t(t=1,2,\cdots,n)$为序列值;b_0 称为方程的截距,b_1 为斜率,它们可以用最小二乘法求出(见附录 A);t 为样品的自然数序号,当时间是用年份表示时,方程中的截距和斜率则有改变。

如果令序列起始年份为 a，截距和斜率分别为 b'_0 和 b'_1。容易导出

$$b'_0 = b_0 - b_1(a-1)$$

$$b'_1 = b_1$$

在序列变化图上往往除绘出变量的变化曲线外，同时会绘出其拟合直线，从图中观察趋势演变是增加还是减少。直线的斜率的符号及大小可以度量其演变趋势是增加还是减少的程度。其显著程度还可通过对回归系数做显著性检验来确定。

例如，根据1951—1980年北京夏季降水量资料数据做趋势分析，其自然数序号的回归方程为

$$\hat{x}_t = 564.6 - 5.286t$$

当起始年份定为1951年时，其方程为

$$\hat{x}_t = 10872.3 - 5.286t$$

从拟合直线可知，北京夏季降水量在该期间有减少的变化趋势。但是，对方程做显著性检验，分子自由度为1，分母自由度为28，对应显著水平0.05的 $F=4.2$，计算的方程 $F=1.34$，小于临界值，方程是不显著的。因此，此期间北京夏季变旱的趋势不明显。

进一步对1951—2011年北京夏季降水量资料数据做趋势分析，其自然数序号为自变量的回归方程为

$$x(t) = 552.5 - 3.994t$$

当起始年份定为1951年时，其方程为

$$x(t) = 618340.96 - 3.994t$$

其趋势直线见图4.3.1中虚线，发现北京夏季降水量在该期间仍然有减少的变化趋势。对方程做显著性检验，分子自由度为1，分母自由度为59，对应显著水平0.05的 $F=5.0$，计算的方程 $F=8.47$，大于临界值，方程是显著的。因此，此期间北京夏季变旱的趋势十分明显。

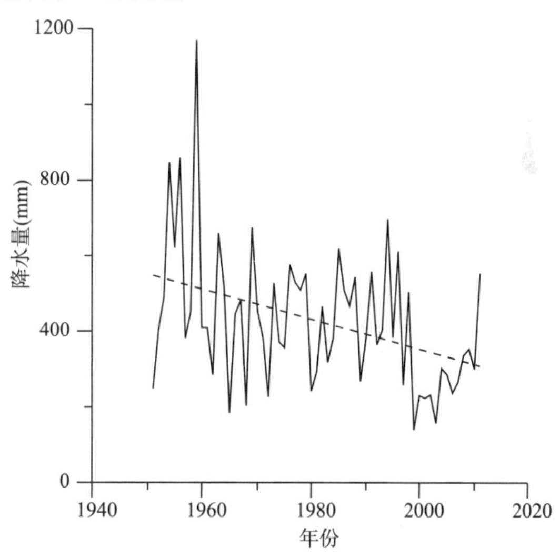

图4.3.1　北京夏季降水量逐年变化(1951—2011年)

黄嘉佑等(2004)利用趋势分析方法对中国南方沿海地区城市进行热岛强度研究，把中国南方地区城市分为6种不同类型的人口城市，分别对它们不同季节和全年的气温特征进行分析。选取影响局地气温变化的密切高空环流因子，它们不受地面各种热岛和局地因素影响。然后用回归分析找到与局地气温有关的环流因子综合自然变化序列，称为气温的自然变化序列。把各种类型城市气温变化趋势减去气温的自然变化趋势，它们的差值作为城市热岛强度的度量。

(2)曲线趋势

对长期变化趋势也可以用长尺度变化趋势综合的曲线形式来表现，即对序列用非线性多项式来拟合序列变化，以表现气候的曲线变化趋势。如用二次多项式

$$\hat{x}_t = b_0 + b_1 t + b_2 t^2 \tag{4.3.2}$$

来表现序列的长期变化趋势，反映气候因子长尺度变化趋势的综合影响。同样，当时间是用年份表示时，方程中的系数亦有改变。如果令序列起始年份为 a，各系数分别为 b'_0、b'_1 和 b'_2。容易导出

$$b'_0 = b_0 - b_1(a-1) + b_2(a-1)^2$$
$$b'_1 = b_1 - 2b_2(a-1)$$
$$b'_2 = b_2$$

对北京 1951—2010 年夏季降水量资料求得方程为

$$\hat{x}_t = 48495.1 - 43.5699t + 0.0097389t^2$$

从中可见，一次项系数为负，说明降水量的变化在大趋势上变旱。二次项系数为正，表明在近期有向偏多的趋势发展。从 1990 年以后的降水量的趋势变化似乎得以验证。

李庆祥等(2012)研究了北京冬季冷夜出现频率的时间序列演变规律性，对 1952—2010 年的冬季冷夜出现频率变化序列的趋势项进行多项式拟合(图 4.3.2)，拟合方程为

$$T(t) = 187.3 - 0.183t + 0.0000451t^2$$

从图中可见，北京冬季冷夜出现频率有逐年减小的变化趋势。

辛渝等(2008)研究新疆年降水量的时空变化特征时，使用线性趋势与二阶主值函数趋势对不同分区的降水量持续性特征进行了研究。他们发现，新疆年降水量随时间的演变趋势近似分为 3 类，其中一类是极小值抛物线型，即多—少—多的变化趋势(图 4.3.3)，是新疆有气象观测以来年降水量的主要特征变化。

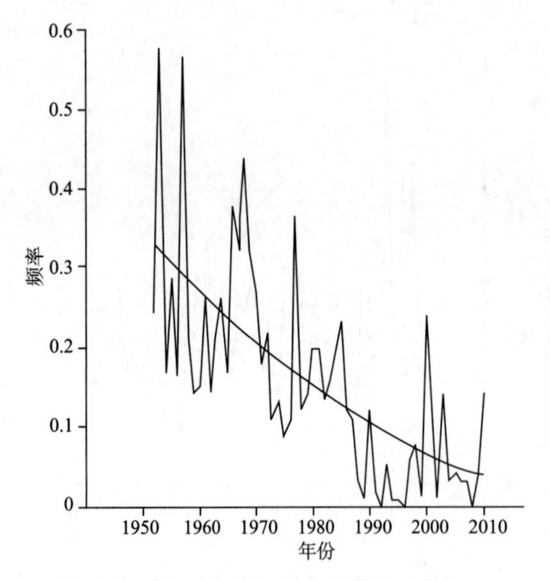

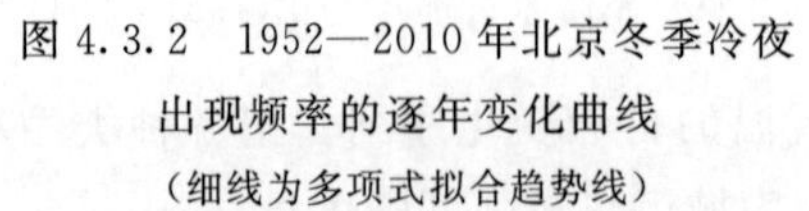

图 4.3.2　1952—2010 年北京冬季冷夜出现频率的逐年变化曲线（细线为多项式拟合趋势线）

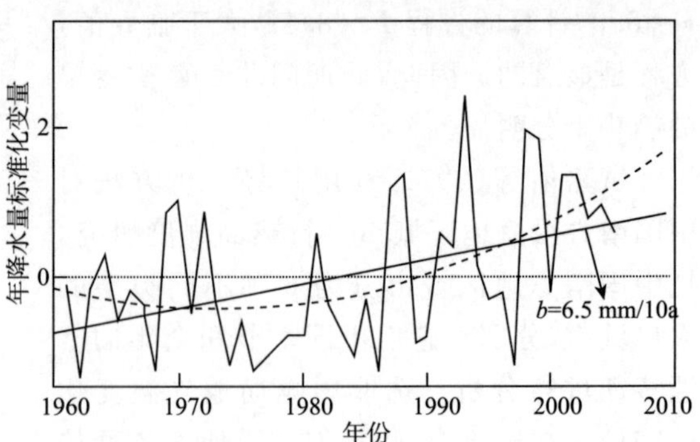

图 4.3.3　北疆西部及北疆沿天山区平均年降水量标准化曲线(粗实线)及其线性趋势(细实线)、二阶主值函数趋势(虚线)

变化尺度更短些的气候因子的综合影响，可以用三次或四次多项式来表现。王黎俊等(2012)使用青海省东部农业区 6—9 月雷暴日数、降雹日数近 40 年资料，进行自然变化趋势的 6 阶多项式的拟合，回归方程的判定系数为 0.938，通过显著水平 0.001 的显著性检验，说明回归模型拟合显著。并据此计算自然趋势期望值，自然趋势期望曲线较好地反映了降雹日数的

自然气候变化趋势。

Singh 等(1986)对印度 10 个分区用不同阶的自回归滑动平均模型(ARMA 模型)来描述降水的变化趋势特征。他们认为用 ARMA(1,1)模型来描述有较好的效果。对时间序列 $x(i)$,此模型可写为

$$x(i)=\phi x(i-1)+\eta(i)-\theta\eta(i-1) \tag{4.3.3}$$

式中,η 为白噪声。对系数 ϕ 和 θ 的估计可分两步进行。首先对 ϕ 进行估计,选取落后 10 阶自相关函数逼近模型,残差平方和为

$$Q=\sum_{i=2}^{10}[r(i)-r(1)\phi^{i-1}]^2 \tag{4.3.4}$$

试验 ϕ 在 0～1 之间变化时计算 Q 的值,当 Q 值最小时对应的 ϕ 值即为最佳估计值。然后计算模型中的系数 θ:

$$\theta=\frac{[1-2\phi r(1)+\phi^2]-\sqrt{[1-2\phi r(1)+\phi^2]-4[\phi-r(1)]}}{2[\phi-r(1)]} \tag{4.3.5}$$

模型的残差方差估计为

$$\sigma_e^2=\frac{1-\phi^2}{1-2\phi\theta+\theta^2} \tag{4.3.6}$$

显然,如果模型中 ϕ 值很大,说明序列有较强的持续性。

司鹏等(2010)采用 lowess 平滑后的鲁棒局部权重回归方法(见附录 1),对深圳气温的非线性长期变化趋势进行了分析,更加真实地反映了深圳气温的趋势变化。

(3)累积距平曲线

用累积距平曲线的变化也可做气候趋势分析。对一距平值序列 $x_d(t)$,其累积距平序列为

$$I(t)=\sum_{i=1}^{t}x_d(i) \tag{4.3.7}$$

把 $I(t)$绘成曲线称为累积距平曲线。在累积距平曲线中上升表示要素距平值增加,下降则减少。曲线上的微小变化所反映的是要素短期距平值的变化,而长时期的累积距平曲线演变则可反映要素长期演变趋势。因此,用它可分析要素长期变化趋势。容易证明距平序列末端值 $I(n)$为 0。

在累积距平序列计算式(4.3.7)中的距平值,也可使用标准化距平值来代替,相应的序列称为标准化累积距平序列。

刘钦政等(2004)对 1950—2000 年冬季渤海海冰冰级(共分 5 级,1 级为最轻,5 级为最重),制作累积标准化距平曲线,从图 4.3.5 可见,在 1970 年以后,海冰冰级出现持续负距平,说明由于全球变暖,海冰冰级偏低。把海冰冰级累积标准化距平曲线与当年太平洋副高面积下半年累积值(图 4.3.4 中实线)比较,发现它们存在趋势上的反相关,相关系数为−0.79,说明海冰与副高在长期变化上,存在密切反相变化关系。

黄嘉佑(1981)从我国东北夏季气温的主要因子(用因子分析方法所提取的)随时间的变化曲线发现,这些因子存在 80～90 年的长周期,认为可能与太阳活动有关。为研究它们之间长期变化趋势的关系,用累积距平曲线进行比较。发现在太平洋海温世纪周期下降时段,气温第一因子以负距平为主,在上升时段则以正距平为主,与其转折年份(1917 年和 1951 年)均处在太阳黑子极大值的年份。

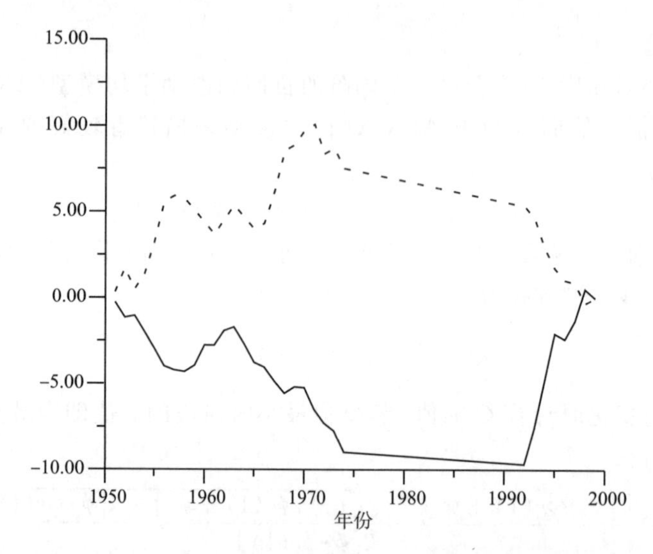

图 4.3.4 当年太平洋副高面积下半年累积值(实线)
与冬季渤海海冰冰级(虚线)的累积标准化距平曲线

(4)最优分割法

最优分割法是对有序的样本做聚类的一种方法。它可以对大气变量的时间序列做分段的趋势分析。分割原则是使得在分割的各时间段中,数据比较均匀。其均匀性是使用方差来度量,或使用距平平方和,即变差来度量。其方法步骤如下:

①计算序列任意分割点 i 和 j 的变差 $v(i,j)$,并以它为元素建立变差矩阵 v,变差计算如下:

$$v(i,j)=\sum_{t=i}^{j}[x(t)-\overline{x}(i,j)]^2$$

$$\overline{x}(i,j)=\frac{1}{j-i-1}\sum_{t=i}^{j}x(t) \tag{4.3.8}$$

②由 v 阵中元素计算各序列数据的 2 分割的相应变差:

$$v_m(2\mid i)=v(1,i)+v(i+1,m)\quad(i=1,2,\cdots,m;m=2,3,\cdots,n) \tag{4.3.9}$$

找出其中最小值并确定为 2 分割的时间点。记为

$$v_m^*(2\mid i)=\min_{1\leqslant i\leqslant m}v_m(2\mid i) \tag{4.3.10}$$

③由 2 分割计算序列数据的 2 分割的相应变差:

$$v_m[3\mid v_m(2\mid i)]=v_m^*(2\mid i)+v(i+1,m) \tag{4.3.11}$$

记为

$$v_m^*(3\mid i)=\min_{1\leqslant i\leqslant m}v_m(3\mid i)$$

④重复上述步骤,直到求出 4 分割、5 分割等。把各分割的变差值比较,找出最小的变差值即为最优分割数和对应的时间点。

例如,黄嘉佑(1981)在对我国东北夏季气温的趋势变化分析中,对该地区 1881—1970 年气温资料提取主要因子序列,然后用最优分割方法对第一因子序列做分割,结果分成 3 段:1881—1917 年、1918—1951 年和 1952—1970 年。第一时段序列平均值为负距平值,第二段为正距平值,第三段接近于 0。说明在 1917 年以前气温是下降的,其后为上升阶段。从其累积

距平曲线也发现在1917年为最小值。说明这一趋势分析结果是一致的。这种变化趋势与北半球气温的变化趋势是比较一致的。

(5)长程相关性

在大气变量随时间变化中，存在长程持续性，研究这种气候变化的长程持续性是了解气候变化的主要内容。对一个序列的持续性和相关性结合进行的研究方法是去趋势涨落分析(Detrended Fluctuations Analysis，DFA)。它能够去除趋势的影响，无论此趋势来自何种机制，趋势是何种类型，该方法可以系统化地滤去各阶的趋势成分，检测含有噪声且叠加有多项式趋势的信号的长程相关，可以消除非平稳时间序列中长周期波动所造成的伪相关现象，适合于非平稳时间序列中的长程相关分析。

对时间序列 $x(t)$，选取不同的窗口大小 s，可以得到不同的涨落函数 $F(s)$(见附录F)。如果原始序列具有长程持续性，则函数 $F(s)$ 和窗口大小 s 之间满足幂律关系：

$$F(s) \sim s^{\alpha} \tag{4.3.12}$$

式中，幂指数 α 称为标度指数，可用来描述序列长程幂律持续性的强弱。当 $0<\alpha<0.5$ 时，表示时间序列是非持久的，只有短期记忆性，当前事件不会对长期的未来事件产生影响；当 $\alpha=0.5$ 时，表示原序列是白噪声(如布朗运动)；当 $0.5<\alpha<1.0$ 时，表示序列具有长程相关特征，即当前发生的事件和未来事件存在长程相关性，时间序列具有长期记忆性或持续性，且标度指数 α 越大记忆性越好，即时间序列可预测性也越强。

冯涛等(2010)计算了北京气温序列的标度指数 α，发现平均气温序列和气温日较差序列在不同时间尺度的气候振荡中，都存在长程幂律相关。

赵俊虎等(2012)通过中国167个站点极端最高(低)温事件再现时间序列，计算了各站点极端最高(低)温事件再现时间序列的标度指数。发现中国各站点极端高温事件标度指数范围为0.60～0.74，极端低温事件标度指数为0.65～0.75，说明它们均存在较好的长程相关性，且两者标度指数 α 值总体上均呈纬向分布。极端高温事件标度指数在长江以南地区尤其是云贵高原较小，表明这些区域极端高温事件长程相关性较弱；而在长江以北地区，尤其是新疆北部部分地区和东北北部地区，极端高温事件长程相关性较强。极端低温事件标度指数分布则具有黄河以北地区较大而华南沿海地区较小的特点。北方天气比较稳定，一定程度导致了温度变化具有较好的长程记忆性。

对一个时间序列在给定的百分位阈值 q 条件下，可以确定大于阈值的极端气候事件时刻，以及序列对应的极端事件数目。定义两次相邻极端气候事件发生的间隔为极端事件再现时间，建立极端事件再现时间序列。研究发现，具有长程相关性的序列在相同百分位阈值条件下，极端事件再现时间的概率比随机序列大得多；长程相关性序列在某一百分位阈值条件下再现时间大值的分布概率也明显大于随机序列。说明具有长程相关性的系统，其再现时间有向两端(极小或极大)聚集的倾向，能够导致极端事件的群发。

(6)累积百分率法

累积百分率法(见第2章)也可以用来研究变量的变化趋势。张利等(2011)利用此法来研究中国的能见度及其变化趋势。他们利用1955—2000年中国675个站点逐日能见度观测资料，先将其转换为能见度等级，得到0～9级能见度的年序列，然后处理为能见度的比值，把50％选择为累积百分率中值，它所对应的值为能见度中值(km)，代表平均能见度水平；90％对应的是能见度高值，代表较好的能见度水平；10％对应的是能见度低值，代表较差的能见度水平。能见度趋势就是与某一特定的累积百分率对应的能见度距离随时间的变化。图 4.3.5 给出了中国地区年平均能见度距离变化。从图中可以看出，1955—1964 年能见度呈上升的趋势，增加率为 0.38 km/年；1965—1979 年呈下降的趋势，下降率为 0.19 km/年；1980—2000 年变化趋于平缓，其中，1980—1990 年略有升高，1991—2000 年略有下降。

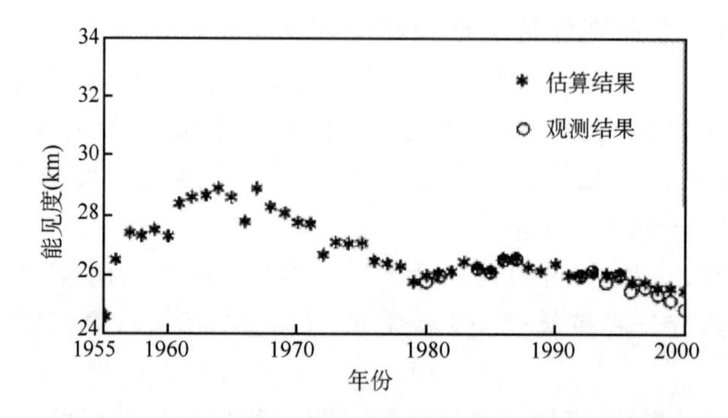

图 4.3.5　1955—2000 年中国地区年平均能见度距离变化

4.4　变量变化趋势的检验

大气变量的趋势变化是否有规律性，需要进行统计检验。

(1)秩相关系数检验

趋势的检验可以使用序列的秩相关系数来检验。把变量看成预报量，时间记为自变量，求秩相关系数，如果秩次相关系数大，表明趋势明显，可以采用 t 检验法，对秩次相关系数进行检验，使用统计量 T

$$T = r\left|\frac{n-4}{1-r^2}\right|^{\frac{1}{2}} \tag{4.4.1}$$

式中，r 为序列的秩次相关系数，T 服从自由度为 $n-2$ 的 t 分布，如果显著，则说明序列存在趋势项，否则不存在。

雷晓云等(1998)对新疆玛纳斯河年径流序列进行趋势分析，计算得序列秩次相关系数为 0.137，统计量 $T=0.83$，小于 t 分布的临界值 2.02，检验结果是接受原假设，趋势不显著，即玛纳斯河年径流序列不存在明显趋势。

(2)差分平均值检验

对时间序列 $x(t)$，其差分序列表示为

$$\Delta x(t) = x(t+1) - x(t)$$

求序列平均值，记为 mdx。显然，若 $\Delta x(t)$大于 0，表明序列后面的值比前面的值高的样品多，即表明有增加趋势，反之亦然；等于 0 时，表明序列无趋势。

对差分序列平均值还可做检验，使用统计量为

$$t = \frac{mdx\ \sqrt{n-1}}{s} \tag{4.4.2}$$

式中，n 为差分序列的样本容量；s 为序列的标准差。该统计量遵从自由度为 $n-1$ 的 t 分布。对北京 1951—1980 年降水量资料计算差分序列平均值为－0.203，表明这期间北京有变旱趋

势。但是显著性检验时，t 值为 -0.00373，未能通过显著性检验。

(3)秩统计量检验

对给定的序列 $x(t)(t=1,2,\cdots,n)$，构造一秩统计量 Z，定义为

$$Z=\frac{4\sum_{i=1}^{n-1}N(i)}{n(n-1)}-1 \tag{4.4.3}$$

式中，$N(i)$为序列 $x(t)(t=1,2,\cdots,n)$中大于 $x(i)$值的样品个数。Z 值在 $-1\sim1$ 之间变化。对递增直线或曲线，其 $N(i)$序列为 $n-1,n-2,\cdots,1$，则

$$4\sum_{i=1}^{n-1}N(i)=4(n-1)(1+n-1)/2=2n(n-1)$$

即 Z 为 1，对递减和无变化趋势序列 Z 为 -1。因此，0 值可以作为递增或递减趋势的分界线。若 Z 的绝对值大于如下判据值(显著水平为 0.05)：

$$Z_c=1.96\sqrt{\frac{4n+10}{9n(n-1)}}$$

则表明序列有显著的变化趋势。对北京 1951—1980 年降水量资料计算得到 Z 为 -0.062，亦表明这期间北京有变旱趋势。但是，Z_c 为 0.253，未能通过显著性检验。

(4)Mann-Kendall 秩统计量检验

利用 Mann-Kendall 检验做趋势分析有广泛的应用。对给定的序列 $x(t)(t=1,2,\cdots,n)$，构造一秩统计量

$$Q=\sum_{j=1}^{n}\sum_{i<j}^{n}h_{ij},h_{ij}=\begin{cases}+1 & x(i)>x(j)\\ 0 & x(i)\leqslant x(j)\end{cases} \tag{4.4.4}$$

这一统计量即是考查序列中各时间点(j)前面的要素值大于该时刻的要素值的个数的总体情况。如该序列是递降序列 Q 将有较大的正值，其值趋于 n。如为递升序列则其数值趋于 0。在变量任一时刻均遵从同一分布的假定下，统计量

$$U=\frac{Q-(n(n+1)/4)}{\sqrt{\frac{n(n-1)(2n+5)}{72}}}$$

U 的绝对值大于 1.96 时，则表明序列有非随机性变化趋势(显著水平为 0.05)。统计量 Q 是由时间序列按时间顺序产生的，也可以按时间逆序产生，即对原序列按 $j=1,2,\cdots,n$ 取不同样本容量计算一系列 U 值，在图上点出形成向前 U 曲线。另外，按 $j=n,n-1,\cdots,1$ 的样本容量计算可得后向 U 曲线。

例如，Demaree(1990)计算了非洲地区 Mauritanian 的 1904—1988 年期间年降水量序列的向前和向后的 U 值，并绘曲线图。发现从 1904 年至 70 年代无明显的趋势变化，1965 年向前 U 曲线开始下降直至 1988 年，其间 1976 年达到 0.05 的显著水平。对 8 月降水量序列进行分析，发现其下降趋势起于 20 世纪 70 年代初，1980 年达到 0.05 的显著水平。

4.5　变量变化的突变

在天气过程的变化中存在着某种不连续现象，这种不连续性称为突变。在气候系统中，气候系统的演化并不总是渐进的，而是有可能在较短的时间内从一种相对稳定的状态跃变到另

一种稳定的状态，称为气候系统的突变。突变原因可划分为两类。其一称简单突变，它常发生在天气系统内部，即不考虑系统边界外力影响下或外界气候系统没有大的变化情况下出现的突变，如初霜冻和季风爆发等。这类突变常有周期变化，如年变化周期。另一类为由于外力的突变使天气过程发生突变。对大气变量序列突变分析，有阶段突变和趋势突变，阶段突变中表现为平均值突变和方差(变化幅度)突变。这类突变现象不是有规律性的。近年来，气候突变成为长期天气过程变化研究的重要课题。分析变量突变有如下方法。

(1)平均值突变

天气过程的突变常用气候状态分布特征量(如平均值或方差)随不同时段的变化来衡量。Yamamoto 等(1986)提出把几十年作为气候阶段，以相邻气候阶段的平均值的显著差异定义为气候突变。方法是滑动地选择某个参考年，分别计算两个气候阶段内的平均值之差和标准差值。定义信噪比：

$$S/N = \frac{|\overline{x}_1 - \overline{x}_2|}{s_1 + s_2} \tag{4.5.1}$$

把它作为度量相邻两个气候阶段差异的统计量。式中，分子为两个阶段平均值差值的绝对值，反映气候平均态的跃变，作为信号；分母是两个阶段的标准差之和，反映序列的变化幅度，作为噪声。当这一信噪比数值大于 1.0 时认为存在气候突变。他们用日本气温、气压、降水量、日照及雪深的气象要素资料，以 1930—1952 年之间的任一年份为参考年，研究其在相邻两个气候阶段是否存在平均值的不连续。表 4.5.1 给出了各要素突变年份的情况。从表中可见，气象要素大约在 1950 年前后出现突变。他们还用 1900—1980 年的资料做分析，发现在 1920 年前后也出现突变。

表 4.5.1　日本地面气象要素气候突变年份

要素	气温(℃)		气压(hPa)		降水量(mm)		日照(hr)		雪深(cm)
季节	冬	春	夏	春	夏	冬	春	夏	冬
年份	1948	1950	1949	1950	1947	1938	1950	1952	1948
差值	1.0	0.8	−0.7	65	89	43	−34	−72	−14
信噪比	1.55	2.04	1.04	1.62	1.20	1.64	1.26	1.88	1.33

还可以用差异统计量 t 检验两个相邻时段序列平均值有无显著差异，来判断序列平均状态是否存在突变。对某变量时间序列，其样本容量为 n，一般在序列中取某年份为分割点，取相邻时段为 m 年，则统计量

$$t = \frac{\overline{x}_1 - \overline{x}_2}{s(x_1 - x_2)} \tag{4.5.2}$$

遵从自由度为 $2(m-1)$ 的 t 分布。式中，$\overline{x}_1$ 和 $\overline{x}_2$ 分别为分割前、后时段子样本的平均值；分母为它们两个时段差值标准差的无偏估计量，即

$$s(x_1 - x_2) = \sqrt{\frac{\sum_{i=1}^{m}(x_{1i} - \overline{x}_1)^2 + \sum_{i=1}^{m}(x_{2i} - \overline{x}_2)^2}{m(m-1)}} \tag{4.5.3}$$

例如，要检验北京冬季气温 1951—1980 年与 1981—2010 年的平均值是否有显著差异，计算两个时段的平均值为−3.20℃和−1.35℃，代入公式计算得到 t 值为−6.27。查 t 分布表，

自由度为 58 时，0.05 显著水平下的 t 值为 2.0，计算的 t 绝对值大于此值，认为可以拒绝原假设，该两个变量平均值有显著差异。说明北京地区在 1981 年气温变化存在突变，受全球变暖影响，冬季气温状态有明显变暖现象。

以滑动相邻时段分割年份为横坐标，以分割年份计算的 t 统计量的值(t_0)为纵坐标做图(图 4.5.1)，当某年份的 t_0 值大于显著水平 α 的临界值时，认为该序列存在突变。如果序列存在较强的持续性，检验使用的自由度偏大，需要对 t 检验的自由度进行修正，其修正的有效自由度为

$$n_{eff} = (2m-2)\left[\sum_{\tau=0}^{k} r^2(\tau)\right]^{-1} \tag{4.5.4}$$

式中，m 为时段的子预报容量；$r(\tau)$ 为自相关系数；k 为取的截止落后时刻，即当计算的自相关系数接近 0 时的截止落后时刻。

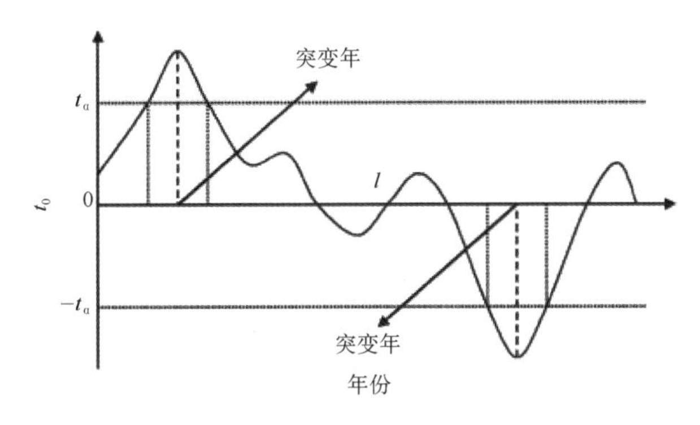

图 4.5.1　滑动 t 统计量年代际突变示意图

(曲线 l 为统计量 t_0 的数值序列；t_α 是显著水平为 0.05 的临界值)

肖栋等(2007)研究全球海表温度场中主要的年代际突变时，使用此滑动 t 检验法对太平洋年代际振荡模态(PDO)的年代际突变信号进行了定量的检验。取滑动相邻时段为 13，发现其年代际突变的时间依次为 1908 年、1924 年、1942 年、1956 年、1976 年和 1997 年。以 PDO 指数及显著突变点为分割点，计算相邻两个时段的平均值随年份的变化曲线(图 4.5.2)，可见突变点确实反映了相邻两个时段 PDO 指数的突变情况。

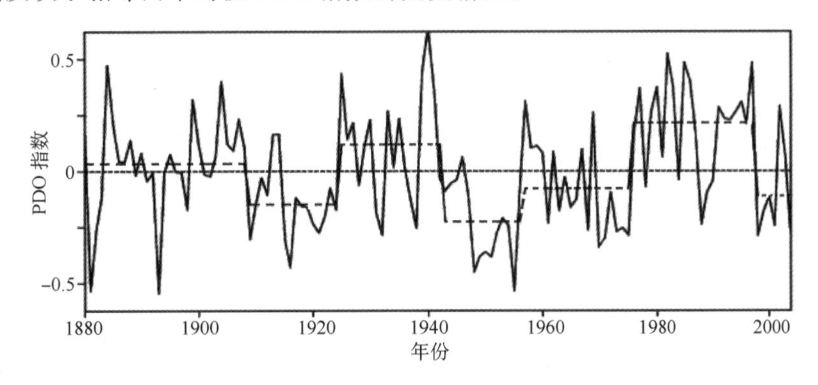

图 4.5.2　PDO 指数及其以突变点为界的时段分段平均变化曲线

林卓宏等(2012)选取广东省江门市 2008—2011 年逐日闪电数据，以及逐日雷暴和降水量资料，计算气候年 72 候的序列，诊断各大气变量序列两个相邻时段的平均状态是否有最大显著差异。选取能够最好代表闪电物理量候际变化的总闪数序列，进行 72 候总闪数序列的突变

研究。以 5 候为滑动时段，依次选取 4—69 候为试验的突变点，利用 t 检验公式，分别计算各试验的突变点前后相邻两个时段总闪数序列的平均值差异 t 值(图 4.5.3)，发现在 26 候和 55 候有最小(−3.55)和最大(2.74)的 t 值，且其 t 值的显著水平均超过 0.05，说明总闪数序列这种突变现象确实是存在的。实际上，在 26 候以前各候总闪数在 700 以下，但是在 26 候总闪数突然增加，为 1124，其增加量(比 25 候)为 662.75，是一个明显突变的候。因此，第 26 候(4 月第 2 候)可以作为反映江门地区对流活动的开始候。而第 55 候可以作为强烈对流活动结束的候。26—55 候，是江门地区大气闪电活动强盛时期。

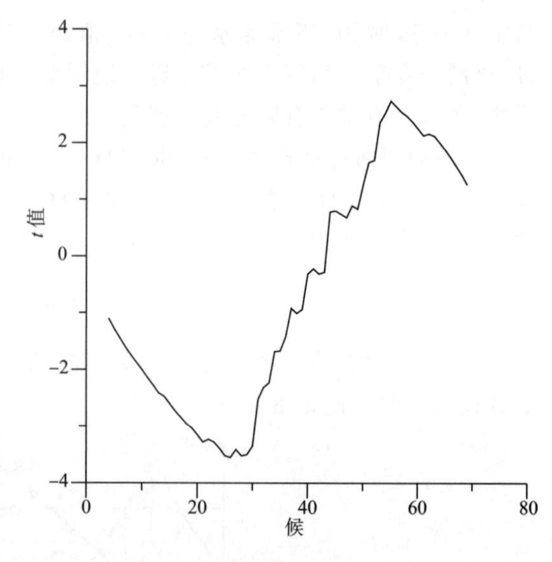

图 4.5.3　总闪数序列试验点 t 值的候际变化

对雷暴数和降水量逐候变化序列也做类似的突变点检验。它们与总闪数序列诊断结果比较(表 4.5.2)，发现雷暴数和降水量与总闪数的第 1 个突变候是完全一致的，说明度量大气对流活动物理量有完全一致的爆发状态时刻。这个突变候与南海夏季风爆发的日期(其他人研究诊断结果)十分接近。

表 4.5.2　不同物理量的候变化序列突变点(候)

	最小 t 值	突变点	最大 t 值	突变点
总闪数	−3.55	26	2.74	55
雷暴数	−4.97	26	4.23	56
降水量	−4.76	26	3.47	69

从表 4.5.2 的序列 t 检验的比较中还可以看到，总闪数序列突变诊断结果，突变点(候)几乎与雷暴数完全一致，即闪电活跃期和雷暴期几乎一致，为 26—55 候。说明该时段是江门地区雨季对流活动强盛期。

刘占明等(2012)对广东北江流域极端降水量的时空变化进行了研究，取 6 个测站 1965—2007 年日最大降水量降水数据中，采用滑动 t 检验法进行变异年份分析，取子样本长度为 10 年。由于一些指标为不显著变化趋势，故适当降低其显著水平，取显著水平为 0.1，相应的 t 判据值为 1.73，在图上绘出相应直线(图 4.5.4)。由于 t 值计算是后 10 年减前 10 年的平均值，若计算的 t 值大于 0，代表该点为趋向增加的变点，若 t 值小于 0，则代表趋势减少的变点。图 4.5.4 给出了(A)区 6 个测站(记为 R1 d(A))的滑动 t 检验情况，发现在 1993 年有

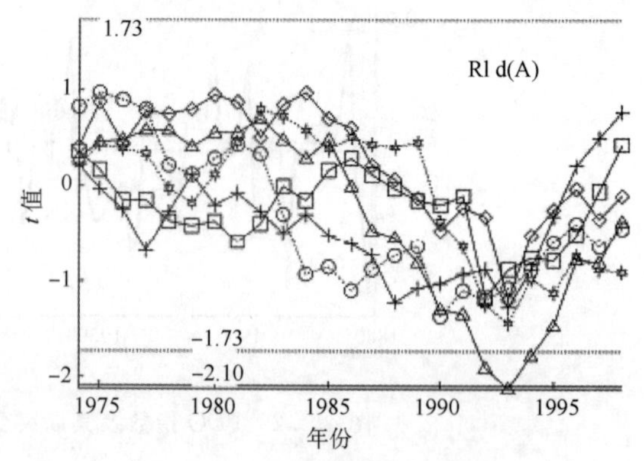

图 4.5.4　北江流域(A)区 6 站极端降水指标变异年份分析

显著的负值的突变点，突变年份前后日最大降水量有减少的趋势。

江剑民等(2001)使用扫描式 t 检验方法(见附录 K)，对尼罗河年最高与最低水位序列变量时间序列多尺度突变现象进行研究。图 4.5.5 中 3 个分图分别为年最高水位(a)、最低水位(b)的扫描式检验及其判据值 $t_{ru}(n,j)$ 的二维演变图(c)，图 4.5.5 中的分图(c)是(a)与(b)在各对应格点上的相干性指数 $t_{rc}(n,j)$ 的等值线图。从图(c)可见，最明显和最长时间尺度的突变发生在 1050 年前后，时间尺度为 360 年以上的河流流量增大，这一特征在年最高水位序列(图 4.5.5a)上表现得更为突出，其后河流流量增大的持续时间更长年最低水位序列(图 4.5.5b)增高的变化比年最高水位强些，但此后水位增高，到 1120 年至 1300 年间却转变为下降，之后又再次增高。由此导致图 4.5.5c 上在 1150—1290 年，128 年至 256 年尺度上出现负值，中心约在 1225 年和 200 年尺度上，检测出年最高水位与年最低水位两者之间的反位相的显著变化。

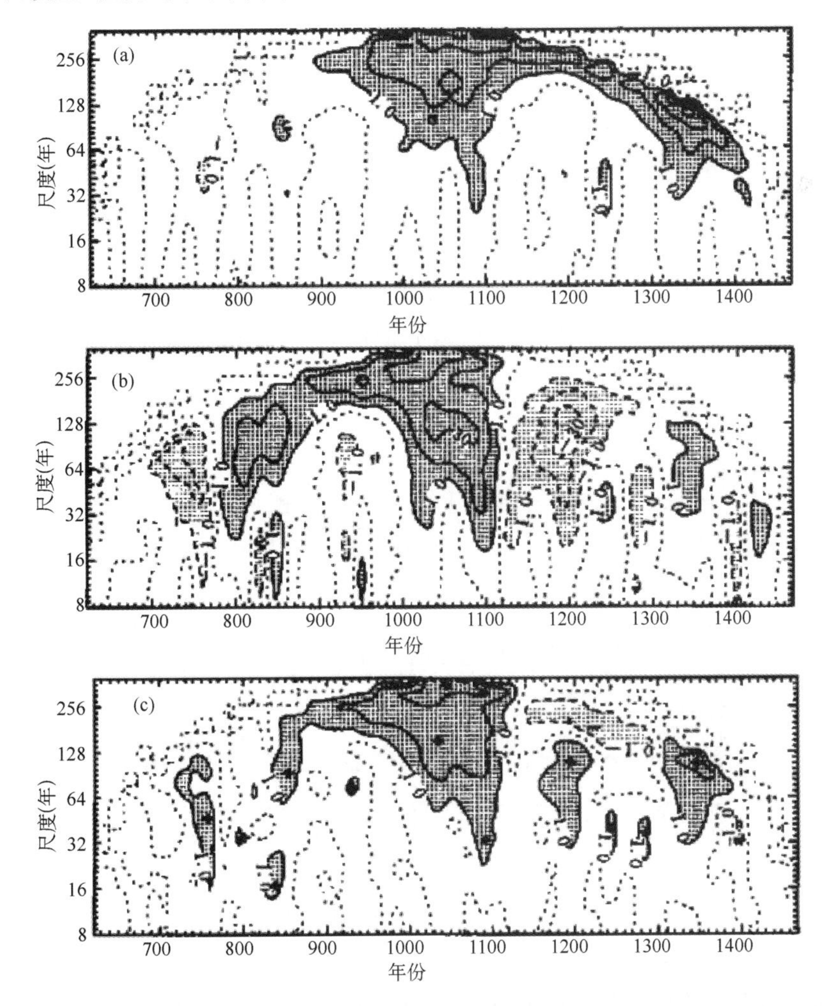

图 4.5.5　尼罗河年(a)最高水位、(b)最低水位的扫描式检验及其(c)相干性检测图

(阴影表示通过 $\alpha=0.01$ 显著性检验的区域，纵坐标代表滑动窗口子样本容量数)

在 t 检验中，一般要求分割点两侧选取一定长度的窗口，进行平均值比较。如果长度很小，需要使用序贯 t 检验。Rodionov(2004)提出要使用序贯 t 检验(方法见附录 K)进行检验。他对 1 月太平洋年代际振荡(PDO)指数(1900—2003 年)，以 $L=10$ 和 0.05 的显著水平进行分析(图

4.5.6),利用突变指数(RSI)把该指数划分为5个突变阶段,突变指数值也可以反映突变的强度。

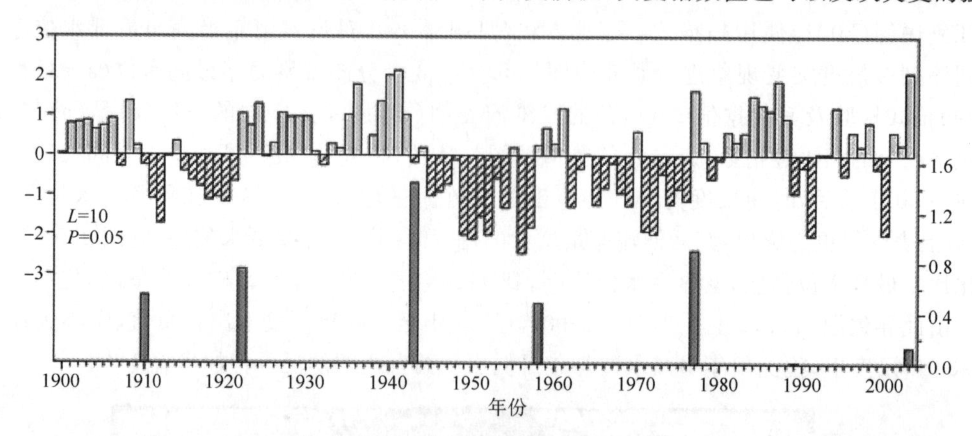

图 4.5.6 1月PDO指数(图上方,左纵坐标显示数值)和RSI值(图下方,右纵坐标显示数值)

在t检验中,一般要求序列是独立抽样得到的,而实际上气候序列时间变化存在持续性时,可以使用预白化来消除持续性的影响。对气候年变化时间序列$x(t)$,持续性通常使用1阶自回归模型描述。Rodionov(2006)对1月太平洋年代际振荡(PDO)指数序列(1900—2005年),求得落后1时刻自相关系数为0.46,使用原序列减去落后1时刻自回归方程序列的方法,来消除序列的持续性影响,然后分别对原序列、预白化后序列进行序贯t检验,分析序列突变性(图4.5.7)。结果发现,在原序列的1999年的突变点,在预白化后序列中没有诊断得到,说明序列的持续性对序列突变检验是有影响的。

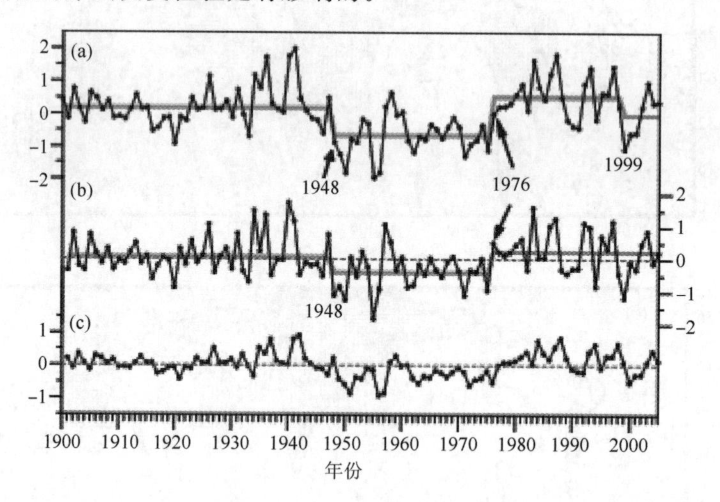

图 4.5.7 (a)PDO指数;(b)白化后PDO指数;(c)两个指数差序列

(2)方差突变

对两个大气变量状态的差异分析中,除考察它们的平均状态是否有显著性差异外,还可以考察它们的变化幅度是否有显著差异。检验两个变量在两个相邻阶段中的方差是否有显著差异,如果差异显著,则判断变量变化存在变化幅度上面的突变,突变的检验可以使用如下统计量:

$$F=\frac{s_1^2}{s_2^2} \tag{4.5.5}$$

它遵从分子自由度$v_1=n_1-1$,分母自由度$v_2=n_2-1$的F分布。s_1^2为前一时段,样本容量为

n_1 的方差；s_2^2 为后一时段，样本容量为 n_2 的方差。

例如，要检验北京冬季气温1951—1980年与1981—2010年的标准差是否有显著差异，计算两个时段的标准差分别为1.15℃和1.11℃，代入公式(4.5.5)计算得到 F 值为1.04。查 F 分布表(见附录L)，分子自由度为29、分母自由度为29时，0.05显著水平下的 F 值为1.86，计算的 F 值小于此值，认为可以接受原假设，该两个变量标准差无显著差异。说明北京地区这两个时期冬季气温状态变化幅度没有明显差异。

何飞等(2011)对贺州站2004—2005年自动站与人工站平行观测的气温资料，进行资料差异性分析，计算自动站与人工站月平均气温的平均值分别为20.57℃和20.49℃，方差为54.59℃^{2} 和54.30℃^{2}，计算平均值差异的统计量 t 值为0.037，方差差异的统计量 F 值为0.001，均小于0.05显著水平的临界值，说明它们无显著差异。

(3)趋势突变

在大气变量的年际和年代际变化中，变量随时间变化趋势常常存在突变现象。确定趋势变化的突变时间点是十分重要的。对大气变量序列 $x(t)(t=1,2,\cdots,n)$，分析趋势突变的方法有以下几种。

①K 统计量

Bardossy等(1990)使用序贯统计量

$$U(t)=\sum_{i=1}^{t}\sum_{j=t+1}^{n}\operatorname{sgn}[x(i)-x(j)] \tag{4.5.6}$$

式中，$\operatorname{sgn}[x(i)-x(j)]$ 为序列 $x(t)$ 的第 i 与第 j 个值之差的符号，若正值记为1，若负值记为-1，若相等记为0。它们反映序列的趋势特征，然后取其中最大者记为

$$K=\max_{1\leqslant t\leqslant n}|U(t)| \tag{4.5.7}$$

则它所对应的年份 t 为可能突变年份。其趋势突变出现概率近似为

$$P=1-\exp\left(\frac{-6K^2}{n^3+n^2}\right) \tag{4.5.8}$$

还可以使用

$$K=\max_{1\leqslant t\leqslant n}\frac{|U(t)|}{\sqrt{n_t-t^2}} \tag{4.5.9}$$

代替 K 作为检验突变年份的统计量。式中，n_t 为 t 取不同时刻的样本容量。Demaree(1990)用 K 统计量检查非洲地区Mauritanian的8月降水量序列，发现在1920、1940和1964年均有趋势突变出现。其中以1964年的突变最为强烈。

②Mann-Kendall检验

Mann-Kendall检验简称为M-K法，它是一种检验序列是否存在突变的常用方法(见附录K)。对序列 $x(t)$，计算序列统计量 U，它是所有对偶(X_i,X_j)中满足后者大于前者的对偶个数和后者小于前者的对偶个数之差。进一步计算序列正向和反向的对偶 U 统计量序列，画在同一张图上。如果两个曲线的交点落在某显著水平的接受域内，说明序列既无正向又无反向的显著变化趋势，则认为该交点(时刻)可能存在趋势变化的突变。

Cooper等(1989)对热带地区Pitcarn站和Tahiti站月气压近100年序列的趋势进行Mann-Kendall分析，发现气压变化趋势是增加的，近26年(1950—1975年)气压值上升了0.75～1.50 hPa。与前一时段用平均值比较其 t 值分别为2.23和2.40，已达95%置信水平。

说明近年来气压增加是非随机性的。

隋洪起等(2011)利用M-K法对1951—2010年大连市年和季平均气温、平均最高气温、平均最低气温进行突变分析。从平均气温M-K统计量曲线(图4.5.8)发现，时间顺序统计量序列曲线(图中粗黑虚线)明显上穿信度线，上升变化趋势显著，并且与逆序统计量曲线(图中细虚线)交点位于0.05的显著水平直线区间内，说明有趋势突变存在，1990年为突变点。

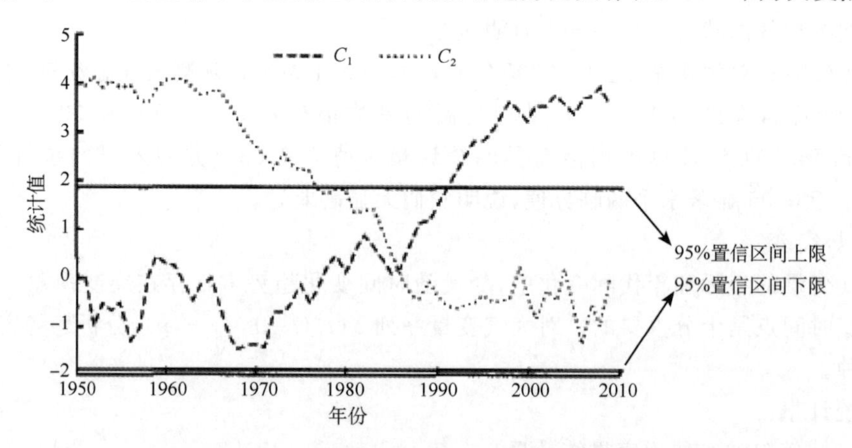

图4.5.8　大连平均气温M-K统计量变化曲线

宋燕等(2005)使用该方法对全球夏季气温进行突变分析，图4.5.9(a,b)分别是全球夏季1900—1950年和1951—1995年平均温度曲线的Mann-Kendall突变检验曲线。

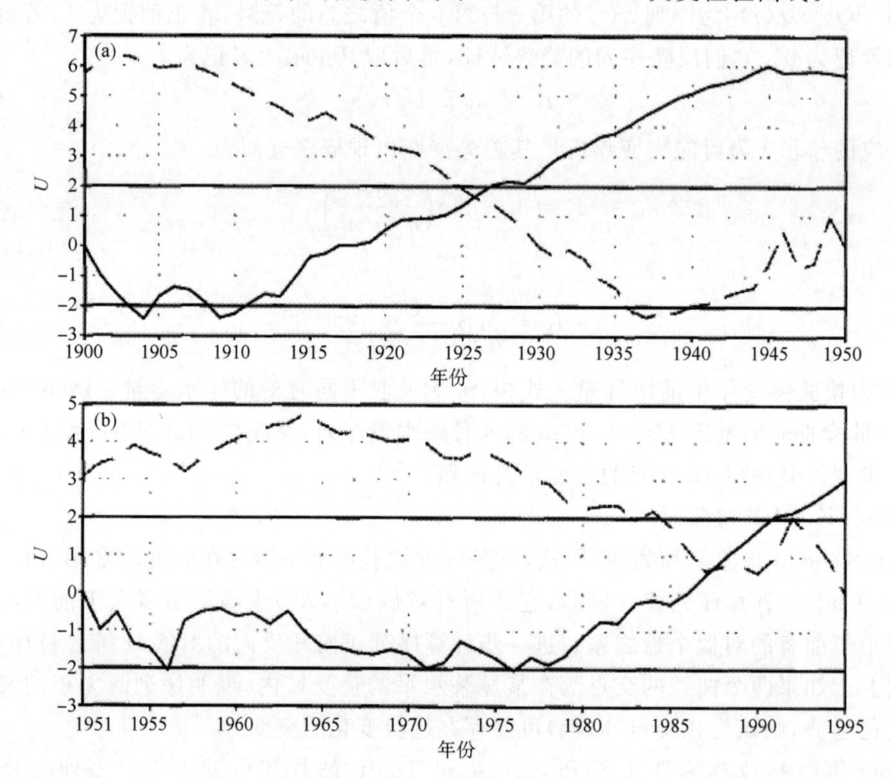

图4.5.9　(a)1900—1950年和(b)1951—1995年全球夏季平均温度的突变检验

(实线是正向U统计量，虚线是反向U统计量)

从图4.5.9a可以看到，大约在1926年左右两条曲线有一个交点，并且仅有一个交点落在95%置信区间内，可以判断是突变点。说明全球夏季温度场在20世纪20年代经历了一次显著的突然变暖过程。同样，图4.5.9b在1987年左右两条曲线也有一个交点，并且也仅有一个交点，说明在20世纪80年代也存在一次显著的全球突然变暖过程。

③累积距平统计量

使用累积距平统计量序列中的值也可以进行趋势突变的判别。在某年份的累积距平值变化曲线中，当曲线出现极大值（或极小值）时，所对应的年份前后两个时段累积距平持续性变化发生转折，从持续的正（或负）距平趋势变化为负（或正）距平趋势，该时刻可能是趋势突变年份。

潘军(2013)研究了深圳年平均气温的累积距平曲线（图4.5.10），发现1986年是累积负距平的最大年份，1986年以前的温度累积距平变化趋势是下降的，在1986年发生距平趋势的转折，1986年以后的累积距平曲线上升趋势非常明显，所以确定1986年是气温突变年份，然后根据这一突变年份对深圳1987年前后不同时期的温度资料进行城市热岛效应研究。

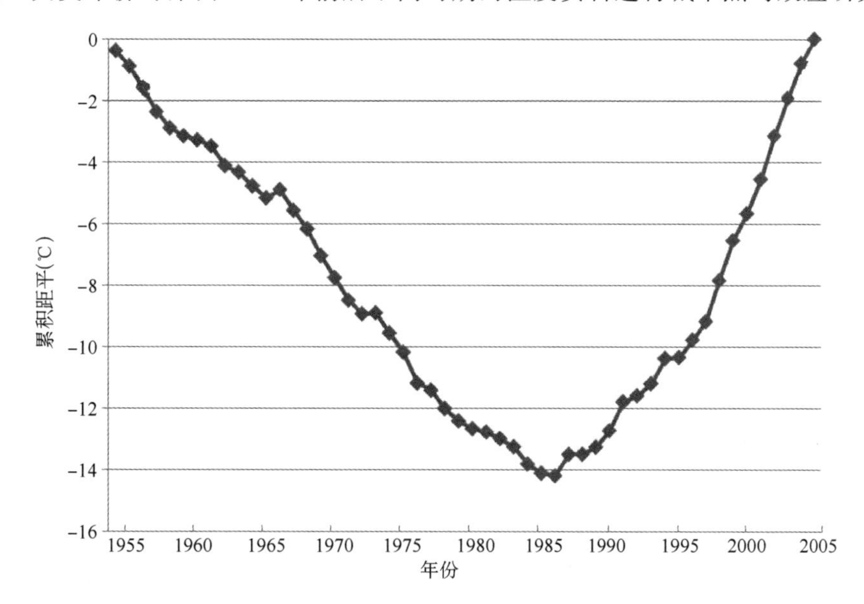

图4.5.10　深圳年平均温度累积距平曲线

④双相回归分析

对大气变量的年际变化长时间趋势序列分析，常常使用直线趋势法，但是序列不同时期往往有不同的直线变化趋势，为了诊断不同时期直线变化趋势的突变点，可以使用双相回归分析找序列的突变点。对时间序列$x(t)(t=1,\cdots,n)$，其双向回归模型可以表示为

$$x(t)=\begin{cases}a_0+b_0t+e_t & (t=1,\cdots,c)\\ a_1+b_1t+e_t & (t=c+1,\cdots,n)\end{cases} \tag{4.5.10}$$

式中，e_t为误差。设它是独立的且遵从平均值为0的正态分布。第一式表示突变点c前一时段的拟合直线，它反映该时段的线性趋势；第二式则反映后一时段的线性趋势。需要求c的最大或然估计值，其最大或然函数为

$$x(t)=a_0+b_0\,t+b(t-c)INDc(t)+e_t \tag{4.5.11}$$

其中

$$b = b_1 - b_0$$

$$INDc(i) = \begin{cases} 0 & (i \leqslant c) \\ 1 & (i > c) \end{cases}$$

对固定的 c 值上式为标准二元线性回归模型，其因子为 t 和 $(t-c)INDc(t)$。用最小二乘法容易求出回归系数 a_0、b_0 和 b。然后可求出另一时段斜率 b_1。对上述雷暴序列试验计算出各突变点的回归方程，并求出各方程的残差平方和，然后根据残差平方和最小来定出最大的突变点。对这一突变趋势是否显著还可以做检验。其统计量为

$$U = \frac{(S_0 - S)/3}{S/(N-4)} \tag{4.5.12}$$

它遵从分子自由度为 3，分母自由度为 $n-4$ 的 F 分布。式中，S_0 为使用样本所有资料的直线回归方程的残差平方和；S 为对应突变点的回归方程残差平方和。

Solow(1987)用这一模型分析了北半球气温 1858—1985 年序列是否存在突变，确定出最大的突变点为 1887 年。对这一突变趋势是否显著还可以做检验。对北半球气温序列资料求出 U 值为 1.88，在 0.05 显著水平下是不显著的。但是若假定突变点在序列中抽样是独立情况，统计量

$$U' = \frac{(S_0 - S)}{S/(n-3)} \approx 3U \tag{4.5.13}$$

它遵从分子自由度为 1，分母自由度为 $n-3$ 的 F 分布。在这种假定下 U' 值为 5.70。结果表明 1887 年的突变点是显著的。

4.6 变量变化的周期性

周期性是天气过程变化的重要特征之一，对气象要素序列所做的周期分析中，除规则的日和年变化外，常见的还有 5～7 天、14 天、30～60 天、两年、2～7 年、11 年、22 年和 35 年等准周期性。5～7 天的变化周期主要由大气内部结构的能量(如风的水平和垂直梯度)所产生。14 天的周期是大气环流指数循环，它的规律性不太强，可能是一种混沌现象。30～60 天是研究较多的大气低频振荡周期。这些周期主要是由大气内部动力机制所产生。准两年周期振荡(QBO)及 2～7 年的 ENSO 周期可能是海气相互作用的结果。11 年与 22 年周期被认为与太阳黑子和太阳磁活动周期有关。35 年周期又称吕布克周期，可能是海气系统与太阳活动综合调制的结果。

在气象要素时间序列的演变规律中，周期性有很强的表现，如年变化现象。但是还存在其他的周期变化，对一时间序列 $x(t)$，若存在间隔一段时间 T 后有 $x(t+T)=x(t)$ 成立，则可以称该时间序列存在以 T 为周期的变化。如果其关系近似成立，则可称为准周期波动。常见的周期变化是指序列呈规则的正弦波动和余弦波动，但是也可以是不规则的波动，当然这种不规则波动也可以看成由若干个规则波动叠加形成。检测出不同周期波动是气候成因分析的重要方面，如果序列中含有的主要振动与大型气候因子(如太阳活动或太阳、月亮共同作用或 ENSO 现象等)的振荡周期一致，则可认为它可能是局地气候变化的主要周期变化的影响因子。

大气变量序列的周期性随时间变化表现有不同形式，一般由多个不规则的振荡周期和规则振荡周期叠加而成，使用的检测序列隐含的周期振荡的方法有以下几种。

(1)方差分析

方差分析方法可以检测出时间序列演变的不同周期的不规则波动分量。把序列按不同周期长度分组，比较分组后不同组的组内方差与组间方差大小，然后用方差检验来确定序列可能存在的周期性。对大气变量序列 $x(t)(t=1,\cdots,n)$，设分组数为 k，使用统计量

$$F=\frac{\sum_{i=1}^{k}n_i(\overline{x}_i-\overline{x})^2/(k-1)}{\sum_{i=1}^{k}\sum_{j=1}^{n_i}(x_{ij}-\overline{x})^2/(n-k)} \tag{4.6.1}$$

它遵从分子自由度为 $k-1$，分母自由度为 $n-k$ 的 F 分布，第 i 组的样本容量为 n_i。式中，x_{ij} 为第 i 组的第 j 个样品数据。计算 F 值，最大值对应的各分组的平均值的周期变化序列，作为不规则波动分量的估计。对应周期是否显著，可以使用 F 检验进行显著性检验，也可以使用 Monte Carlo 显著性检验方法。

曲静等(2012)选取了西安市 1990—2009 年共 20 年的春季(3—5 月)降水量资料，采用方差分析法，按不同长度周期进行排列，求出 F 值并进行检验，得出春季总降水量变化。他们发现降水量以 6 年为主周期，8 年、7 年为校正周期，将所得的 3 个周期的稳定位相值叠加，可以很好地拟合出序列的时间变化特征。

使用方差分析还可以判断气象要素序列方差构成中年代际分量显著性，因为年、季平均气温和降水量是最基本的气候状态参数，如果它们具有显著的年代际变化分量，可以为短期气候预测提供背景。谢瑶瑶等(2011)使用南京 1951—2008 年的资料，对年和四季的气温、降水量序列中的年代际异常分量显著性做了严格的统计学分析，他们提取其中的 6 个时间振荡分量，其周期变化为 5.9～9.7 年，把它们合成为序列的年代际变化分量，记为 $x_s(t)$，原序列 $x(t)$ 减去年代际变化序列，即得到年际变化序列 $X_a(t)$。则统计量

$$F=\frac{\sum_{i=1}^{n}(x_{si}-\overline{x}_s)^2/2k}{\sum_{i=1}^{n}(x_{ai}-\overline{x}_a)^2/(n-1-2k)} \tag{4.6.2}$$

遵从分子自由度为 $2k$，分母自由度为 $n-1-2k$ 的 F 分布，k 为振荡分量数。检验的结果表明，除夏季外，年平均和其余三季的气温年代际分量均通过了显著性检验；降水则除冬季外，年平均和其余季节年代际分量均未通过显著性检验。

他们还使用 Monte Carlo 显著性检验方法进行了振荡周期的检验。他们对序列做随机排列得到 1000 个新序列，这种方法所得的新序列分布完全同于原序列。从每个新序列中分离出年代际变化分量，求得相应统计量 F，将 1000 个 F 值做升序排列，取 95 的百分位作为显著水平 0.05 的临界值，若实际序列的 F 值大于临界值，则认为是显著的。检验结果表明，气温的 Monte Carlo 检验结果完全同于 F 检验结果，相同率达到 10/10。降水的 Monte Carlo 检验结果与 F 检验略有偏差，相同率为 5/6，主要差在冬季。分析结果表明，气温、降水量序列中年代际变化分量的显著性存在明显差异，多数测站气温序列年代际分量显著，只有少数测站降水量序列的年代际分量显著。

(2)经验模态分解

经验模态分解(Empirical Mode Decomposition)方法(见附录 F),又称 EMD 分析。它能够从序列中逐级分离出本征模态函数(IMF)分量,这些分量能够揭示序列内在的多尺度周期振荡变化。

刘莉红等(2008)对我国年气温(1880—2005 年)序列进行经验模态分解。原序列大小涨落很不规则。但是,如果把原序列使用 EMD 方法进行分解,可以得到 5 个不规则周期振荡分量,记为 $C_1 \sim C_5$(图 4.6.1a～e),还可以分解出周期为无穷大的趋势项 C_6 分量(图 4.6.1f)。

从图 4.6.1 可见,C_1 反映气温序列涨落时间尺度最短(2.5～4 年)即最高频的分量。C_4 表现为 126 年间低—高—低—高的长时间变化,把近百年来气温的大体走势表现得很清楚。1940 年为波峰,1970 年为波谷。趋势项(图 4.6.1f)是单调上升的直线,表明原序列有明显的非平稳性,而且近百年来全国气温是总体上升的趋势。

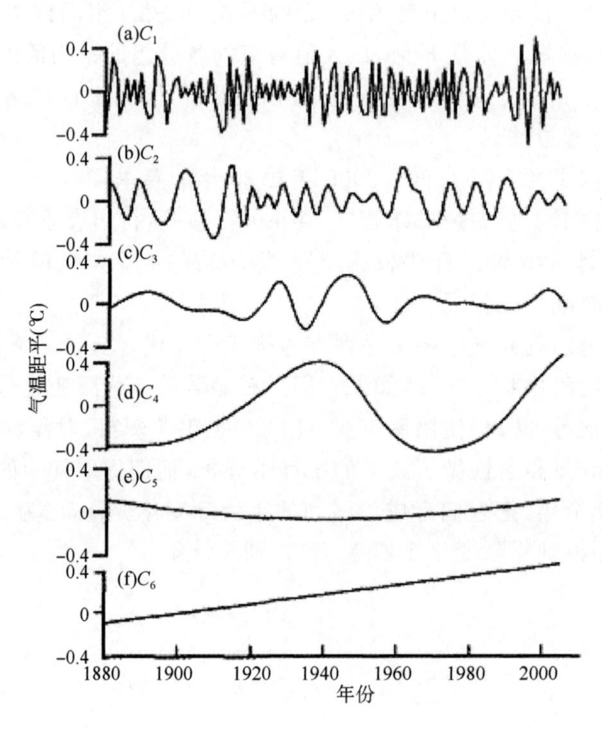

图 4.6.1 我国年气温(1880—2005 年)5 个 IMF 分量($C_1 \sim C_5$)和趋势项 C_6 的变化曲线

(3)离散功率谱分析

对大气变量距平时间序列 $x(t)(t=1,2,\cdots,n)$,可以看成由各种周期振荡的谐波组成,假设由 k 个规则谐波组成,各个波动的方差可以表示各种周期振荡的贡献。它们表示为

$$S_k^2 = \frac{1}{2}(a_k^2 + b_k^2) \tag{4.6.3}$$

其中

$$\begin{cases} a_k = \dfrac{2}{n}\displaystyle\sum_{t=1}^{n} x(t)\cos\dfrac{2\pi k}{n}(t-1) \\ b_k = \dfrac{2}{n}\displaystyle\sum_{t=1}^{n} x(t)\sin\dfrac{2\pi k}{n}(t-1) \end{cases} \tag{4.6.4}$$

各谐波方差也可以看成不同波数 k 的功率值。如果以波数为横轴，以 S_k^2 为纵坐标做图，该图又称为离散功率谱图。功率谱图的横轴通常也可以表示波数对应的振动周期值或频率值，以备周期和频率分析用。周期值与波数 k 的关系为

$$T_k = \frac{n}{k} \tag{4.6.5}$$

在离散功率谱图中，从曲线峰值可以确定哪个波数对应的振荡为序列变化的主要周期。但是，该主要周期是否显著，还需要做显著性检验。假设第 k 波方差贡献最大，检验时可以使用如下统计量：

$$F = \frac{\frac{1}{2}(a_k^2 + b_k^2)/2}{\left(s^2 - \frac{1}{2}a_k^2 - \frac{1}{2}b_k^2\right)/(n-2-1)} \tag{4.6.6}$$

遵从分子自由度为 2，分母自由度为 $n-2-1$ 的 F 分布，式中，s^2 为原序列方差。

黄嘉佑(1987)研究了我国月雨日频数年变化的谐波表现。发现我国大部分地区年内变化以单波为主，绝大部分台站第 1 波方差贡献都超过 30%，说明年内雨日只有一个极大的振幅值出现。但是，南方城市的雨日则表现有双波现象，表 4.6.1 给出了我国不同地区典型测站的 6 个谐波的方差贡献。

表 4.6.1　典型测站的谐波方差贡献(%)

波数	1	2	3	4	5	6
齐齐哈尔	69*	12	4	5	5	5
天津	68*	11	7	5	5	4
兰州	76*	7	5	4	4	4
昆明	78*	6	5	3	3	5
广州	60*	10	8	8	8	6
南京	32	16	12	13	14	13
乌鲁木齐	35	16	13	12	12	12

* 表示通过 0.05 水平显著性检验。

从表中可见，我国西南部雨日的 1 波变化有最强的表现，雨日的 2 波变化有较强的表现是在南京(长江流域地区)。他还比较了各地雨日第 1 波振幅多年平均值的空间分布，发现最大振幅地区是西南，其次是东北、华北和华南地区。位相的多年平均分布显示，雨日最大频数最早出现在中南地区，为 5—6 月，如南昌、芷江一带。出现在 7 月上半月的是东北、黄河上游和西南地区，出现在 7 月下半月的是华北、长江下游地区。

(4)谱分析

大气变量的时间变化常常用谱分析方法(见附录 G)进行分析，该方法可以检测出时间序列演变的连续变化不同周期分量。常用的谱分析方法有：

①功率谱

功率谱分析是从频域角度对时间序列进行分析。它用序列的落后相关系数求不同频率波动的功率，即

$$S(k) = \frac{B_k}{m}\left[r(0) + \sum_{\tau=1}^{m-1} r(\tau)\left(1 + \cos\frac{\pi\tau}{m}\right)\cos\frac{k\pi\tau}{m}\right] \quad (k = 0,1,\cdots,m) \tag{4.6.7}$$

式中，$r(\tau)$为序列落后 τ 时刻的自相关系数；B_k 为 1/2(当 k 取 0 和 m 时)和 1(当 k 取其余值

时);m 为取的最大落后步长。此式计算的功率谱称为标准化功率谱密度,以波数 k 为横轴,以标准化功率谱密度为纵轴做图,可得标准化功率谱密度图,简称为谱图或功率谱图。谱图中的横轴除使用波数外,一般还标出对应的周期或频率。由于标准化谱密度无单位,纵轴通常不标单位。若将式中的自相关系数改为自协方差,也可以得到相应的谱图,此谱图不是标准化的,因此谱图中的纵轴应带有功率单位(即大气变量单位的平方)。

在谱图中除绘出各周期振动的功率值外,通常还绘出两种显著检验的曲线(检验方法见附录 G)。一种是形如指数曲线,称为红噪声功率谱 95%置信区间上限,它是在序列落后 1 时刻的自相关系数值显著大于 0 时使用。另一种是与横轴平行的直线,称为白噪声功率谱 95%置信区间上限,它是在序列落后 1 时刻的自相关系数值小于 0 时使用。如果谱曲线的峰值超过红噪声(或白噪声)功率谱 95%置信区间上限,则认为对应的周期是显著的。

黄嘉佑等(1986)研究赤道太平洋海温场与太平洋副热带高压的关系时,发现海温和副高都具有 40 个月的振荡周期,它们均超过红噪声的 95%置信区间上限曲线(图 4.6.2)。

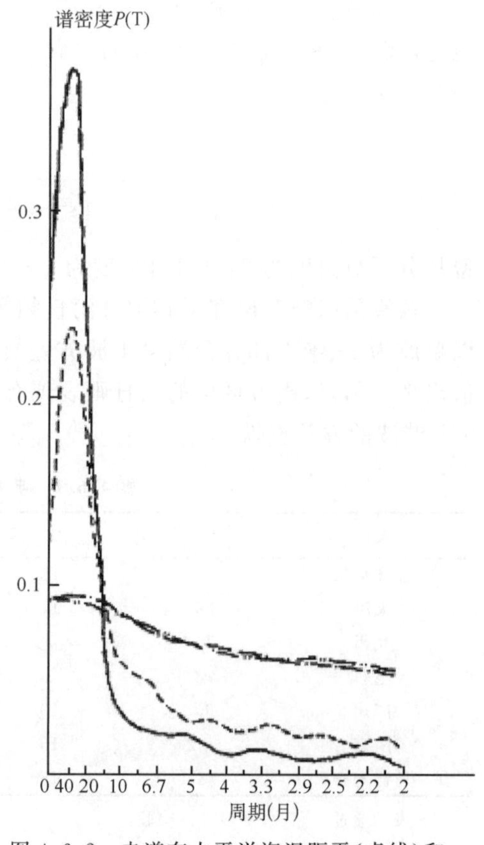

图 4.6.2　赤道东太平洋海温距平(虚线)和西太平洋副高(实线)时间序列的功率谱分析
(点划线表示红噪声谱 95%置信区间上限)

周静亚等(1987)研究夏季热带及副热带环流系统周期振荡与中国降水的关系时,使用功率谱和交叉谱分析方法。他们在印度中部选取 3 个测站的上述要素平均值以代表印度季风槽的状况。在 120°~145°E,20°~35°N 的范围内选取 7 个测站的要素平均值代表西太平洋副高脊伸向我国沿海及日本附近的活动,简称西太副高脊。在青藏高原东部 90°~105°E,30°~40°N,选取 5 个测站的要素平均值代表高原东部系统,简称青藏系统。另外,在印度半岛南端及太平洋上沿8°~10°N 纬圈选用了 7 个测站的资料进行计算,反映热带低纬环流的振荡特征。对中国东部取 15 个测站 6—8 月逐日降水量,反映中国雨带自长江以南移至华北的变化。他们使用功率谱分析发现:各系统周期振荡在年际间的差别主要表现在长周期段 1980 年西太平洋系统低层和 ITCZ 长周期振荡时间较短(20~26.7 天)。除尚可看出准季节内周振荡外,其他周期振荡很不明显。相应地,在当年西太平洋副高脊和 ITCZ 位置比较稳定和偏南,季节性南北位移少。印度槽则以 40 天和准双周振荡为主。青藏系统 500 hPa 层的振荡与印度相似,故青藏低层系统似乎与季风槽有密切联系或属同一系统。西太平洋上的副高系统振荡的年际变化大,而印度季风槽的年际变化小,多以 40 天为主。从低层气压振荡来看,西太平洋副高系统长周期较长的年份,印度季风槽的长周期则较短(26.7 天);而西太平洋副高系统变化周期较短(26.7 天)的年份,印度季风槽的周期振荡的周期则较长(40 天)。另外,在印度季风槽中,准双周振荡很明显;在副热带高压中,低层气压振荡与温度振荡不是很一致,高层气压振荡可受到低层温度振荡的调节,在

200 hPa 层，两种谱曲线趋于一致，这在青藏系统中尤为明显，可以看出高原加热作用的重要性，并具有稳定的周期变化。在青藏高原的天气系统中，具有稳定的准三周(20天)振荡周期。

李庆祥等(2012)研究北京冬季冷夜出现频率的时间序列演变规律性时，提出使用时间序列的分解模型，即

$$x(t) = T(t) + S(t) + E(t) \tag{4.6.8}$$

式中，$T(t)$为长期变化趋势项；$S(t)$为周期变化项；$E(t)$为随机项。随机项一般忽略。其中长期变化的趋势项使用二次多项式拟合，然后用原序列与长期趋势项序列之差的序列再进行谱分析，图 4.6.3 给出了差值序列的功率谱分布。

从图可见，序列中有 2 个周期是主要周期，它们均通过了 0.05 显著性检验，分别是 13.3 年和 2.1 年，说明北京冷夜出现频率除长期趋势变化外，还存在 13.3 年和 2.1 年的周期变化。序列的主要变化特征，可以由这两个周期序列叠加而成的序列来表现。进一步使用这 2 个主要周期的谐波对剩余序列进行拟合。原序列趋势项解释方差为 45.2%，周期项解释方差为 9.1%，这两项可以解释北京冷夜出现频率变化约 54.3%的方差，说明模型拟合效果较好。

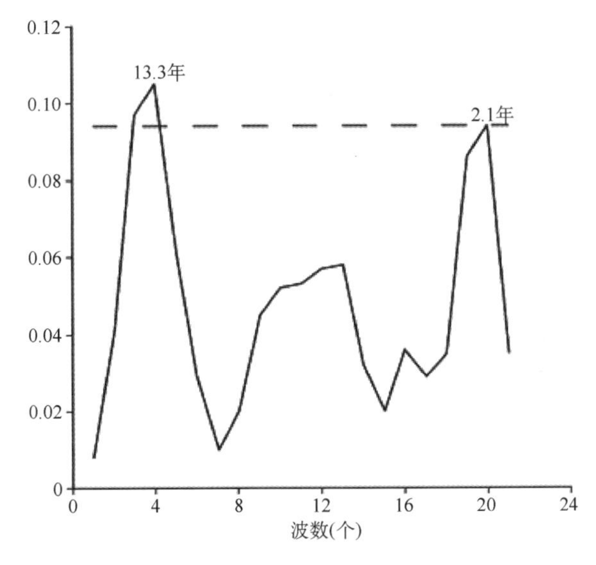

图 4.6.3　北京冬季冷夜出现频率的剩余序列的功率谱

(实线为功率谱，虚线为白噪声 95%的置信区间上限线)

②非整谱

在一般的功率谱分析方法(直接谱和间接谱)中不同周期功率的分辨只能在序列长度的最大周期范围内，而且分辨率高的谱段是在高频段。例如，如果对样本长度为 18 个候的降水量序列进行谱分析，仅能分辨 18 候以内的周期振荡，而且只有在 2～9 候，特别是在 2～4 候的周期振荡中有较高的分辨率。如果我们希望研究比它们低的低频振荡(周期在 8～12 候之间)的变化，那么在经典谱分析中，很难分析出这频率段的周期变化。非整谱方法(见附录 G)则可以解决这种困难，它除了能在序列长度范围内有任意高的分辨率外，还可以分析长于序列长度的周期的谱，即能分析出不是整波数的周期振荡频谱。

黄嘉佑等(1993)对黄河中下游地区(河南省)68 站夏季(6—8 月)逐候降水量样本(n=18

候)进行主分量分析,提取第 1 主分量作为代表,做非整谱分析,从每隔 3 候非整波周期振荡的方差贡献值的比较中,发现除高频振荡(周期小于 3 候)外,各年降水量变化均表现有较强的低频振荡特点。但振荡频带分布较宽,大致有两种类型。一种是常见的 40～60 天振荡,即周期为 8～12 候,可称为月际振荡,如 1983 年、1985 年和 1986 年。另一种是 15～24 候(75～120 天)的振荡,中心周期为 90 天,可称为季节振荡,如 1982 年、1984 年和 1985 年,表现不太明显的 1987 年也属于这一类型。说明黄河中下游地区夏季降水量存在较强的低频振荡现象,这种现象是一般谱分析无法分析到的。

杨秋明等(2012)对 2002 年 5—8 月长江下游地区逐日降水量时间序列做非整数波功率谱分析,图 4.6.4 给出了该地区逐日降水量时间序列的非整数波功率谱分析结果。

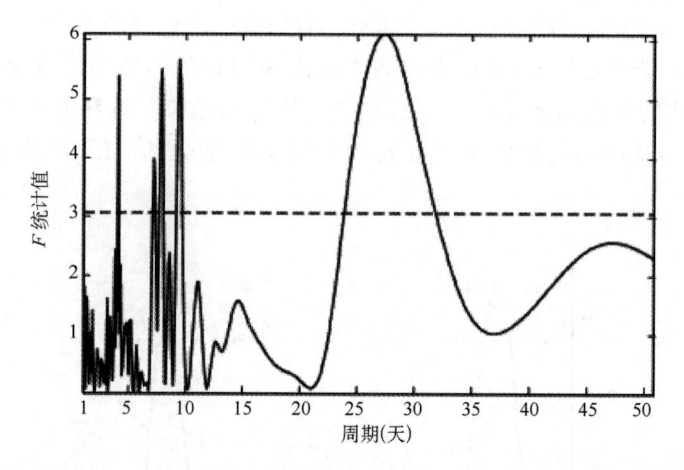

图 4.6.4　2002 年 5—8 月长江下游地区逐日降水量时间序列的非整数波功率谱分析

从图 4.6.4 可见,通过 0.05 显著水平的显著周期(非整数)是 4 天、7 天和 9 天的高频振荡和极显著的 27 天的低频振荡,其中 27 天周期是与强降水过程密切相关的降水季节内振荡,这种季节内振荡的强度与长江下游夏季强降水频数的正相关十分明显。因此,该年 5—8 月长江下游地区降水低频振荡是引起长江下游地区暴雨频繁发生的重要因子。

③最大熵谱

常用的最大熵谱(MEM)是一种非线性谱,它不同于普通的线性谱分析方法,它避免了数据周期性延伸的假定,也不需假设所得的记录长度以外的数据为 0(如 FFT 方法)。由它分析得到的谱有较高的分辨率,它可以记录长度较短的气象数据序列,用在精确周期确定中。

熵是信息论中用来衡量随机事件不肯定性程度的量。当随机变量的方差较大时,有较大的熵值。振动的熵值越大,表明其方差贡献越大。最大熵的功率谱计算式为

$$S_h(l)=\frac{\sigma_p^2}{\left(1-\sum_{k=1}^{p}b_k\cos\frac{l\pi k}{m}\right)^2+\left(\sum_{k=1}^{p}b_k\sin\frac{l\pi k}{m}\right)^2}\quad(l=0,1,\cdots,m)\qquad(4.6.9)$$

式中,σ_p 为预报误差均方差;p 为最小预报误差自回归方程阶数;b_k 为满足向前和向后预报误差最小的自回归方程系数;l 为波数;m 为取的最大落后步长。有人建议 m 取为 $\frac{n}{2}$,n 为序列样本容量。详细最大熵谱计算方法可见附录 G。

Currie(1988)使用最大熵谱方法研究了太阳黑子相对数序列的周期性,发现长的振荡周

期是10～11年和18.6年。它们是太阳黑子相对数和月亮潮汐周期。他用最大熵谱分析还发现，在北美、南美、南非、日本、朝鲜和我国华北地区的气温、气压和旱涝变化中均存在这种周期分量。

鱼京善等(2004)在黄河流域的年降水量周期分析中，为避免在最大熵谱分析的截止阶选取不当影响，提出对降水周期分为短、中、长3个时间尺度分别进行分析。具体分为10年、20年、50年和100年的时间尺度进行分析，这样可以使各时间尺度上的主要周期成分更加突出。由于分析中小于一年的周期成分多为季节性变化或者是数据噪声的影响，因此，在分析过程中还将起始时间设置为1年，以便把一年以下的周期成分给滤除。图4.6.5给出了郑州站10和20年范围内的最大熵谱图。从图可见，分析得到的周期有很高的分辨率。

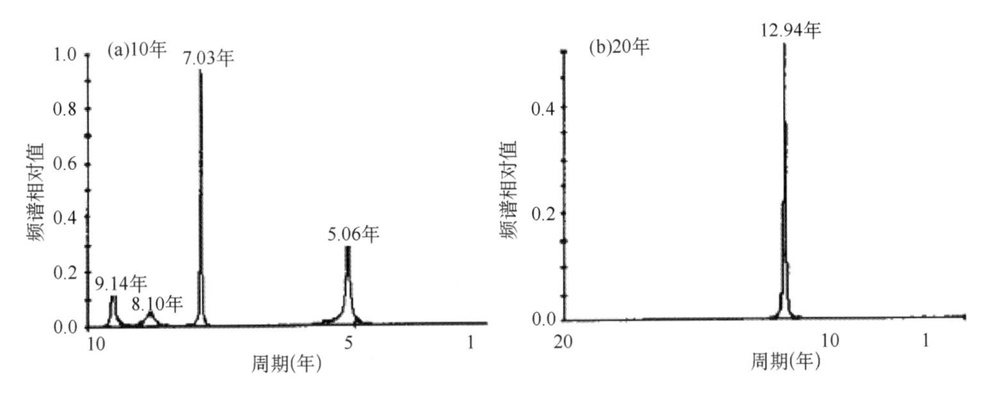

图4.6.5 郑州站降水量(a)10年和(b)20年范围内的最大熵谱图

④动力谱

不同时期的资料序列，其谱分析结果是不同的。因此，为了较好地做谱估计，有人建议用滑动样本来进行分析。一方面可以研究不同时期序列谱结构的变化；另一方面还可以将滑动后某频段的谱值做平均来估计序列的平均谱结构。Malcher(1987)把此种谱分析方法称为"动力谱"。他用最大熵谱方法以50年为时段滑动地对1781—1980年的欧洲台站气温序列进行分析，发现北欧气温的2～3年周期仅明显表现在18—19世纪，而11年左右的周期则在20世纪有明显表现。

黄嘉佑等(1984)对北京256年(1725—1980年)的年降水量资料用快速傅里叶方法做功率谱分析，发现除2～3年主要周期外还存在显著的5年、21年和36年左右的长周期振荡。他们还把该期间分为4段不同时期，分别考查降水量振荡周期的变化情况。发现1725—1788年，突出的显著周期是64年，1789—1852年仍然保持长周期变化十分明显的特征，这一期间较短的8.0年及2.5年周期也表现较前一时期明显些。在1853—1916年间，除长周期外，3.8年、3.6年和2.6年周期显得十分突出。到了近64年，短周期，如5.9年和2.5年周期则表现十分突出。说明随气候过程变化，该地区降水量的变化周期由以长周期为主转变为以短周期为主，反映近几十年气候变化比较剧烈的特征。

因此，在天气过程的周期分析中除周期本身是准周期性外还要注意周期随不同的气候阶段变化。因为气象要素受气候变化影响，因而在不同的时段所分析的周期是不同的，这种动力的非线性谱结构的变化，是大气变量时间变化的普遍特征。

⑤双谱

双谱分析是一种非线性谱分析方法(见附录 G)。Lau Ka-Ming 等(1983)使用双谱分析方法,从周期变化来解释 ENSO 现象的形成,他们认为年变化及准两年周期振荡(QBO)可能是引发机制,发现 QBO 与南方涛动(SO)有非线性关系(表现为与 SO 的平方关系)。计算降水量 EOF 第 1 分量序列不同周期的双谱,发现 25～30 个月与 50～60 个月周期振荡有很高的双凝聚。他们认为当海洋对大气表现为负的关系时,存在于海洋和大气中的 QBO 能产生 4 年的 ENSO 振荡。

⑥多窗口谱

多窗口谱分析也是一种非线性谱分析方法(见附录 G)。多窗口谱分析方法(Multi-Taper Method,简称 MTM)是一种低方差、高分辨的谱分析方法,尤其适合于短序列、高噪声背景下准周期信号的诊断分析。江志红等(2001)使用此法分析了近 150 年来全球温度的变化,发现北半球、全球年平均温度具有显著的 40～70 年的准周期低频振荡(图 4.6.6)。

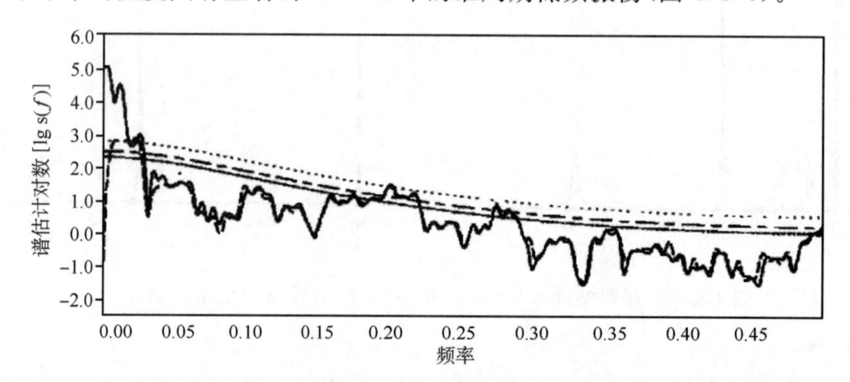

图 4.6.6　全球年平均表面温度序列的 MTM 谱估计及其相应的强红噪声临界谱

⑦奇异谱

奇异谱分析方法(Singular Spectrum Analysis,SSA)也是非线性谱分析方法(见附录 G)。在非线性动力学分析有广泛应用,它不需要波动正弦性的假定,其识别的波形信号(不一定是正弦波)是直接由实际序列确定的,而且对功率谱信号具有强化放大作用,适合于识别蕴含于非线性动力学系统中的弱信号,是一种有效的研究序列频域结构的分析工具。

朱蕾(2004)使用奇异谱分析方法对乌鲁木齐市各季度降水量进行周期分析。对变量序列,窗口长度取 15 年,计算延拓序列构成的资料协方差阵的特征值和对应的主分量(T-PC)。计算各季度降水量特征值的误差范围,提取误差最小的成对主分量(表 4.6.2)。对提取的主分量进行落后不同时间步长的自相关系数分析,选取最大相关系数对应的步长,确定显著周期(表 4.6.2)。

表 4.6.2　四季降水量奇异谱分析

季节	T-PC		特征值		相关系数	周期(年)	
春季	PC2	PC3	0.67	0.63	0.85	3.7	3.5
夏季	PC2	PC3	0.62	0.61	0.87	3.1	3.2
秋季	PC2	PC3	0.31	0.30	0.78	5.1	5.0
冬季	PC2	PC3	1.20	1.19	0.83	5.5	5.6

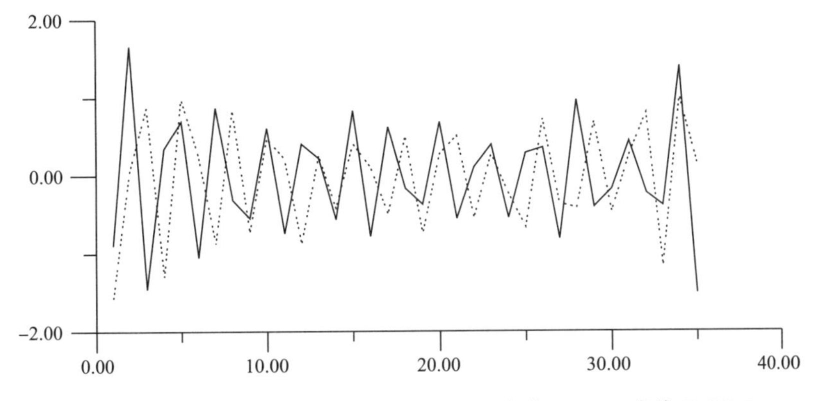

图 4.6.7　乌鲁木齐春季降水量成对 T-PC(实线 T-PC2,虚线 T-PC3)

图 4.6.7 为乌鲁木齐春季降水量的 T-PC2 和 T-PC3 的振荡变化曲线。它们的特征值接近相等,这一对 T-PC 约占总方差的 21.5%,表现出约 3.7 年和 3.5 年的周期,相应的 T-PC2 和 T-PC3 的滞后相关中亦存在较大的相关系数,在落后近 1 年时,相关系数最大为 0.85,表明这一对 T-PC 存在近 4 年左右的显著周期。

朱蕾还选取不同窗口长度对各季度降水量做奇异谱分析,得到各季降水量显著周期(表 4.6.3)。由表 4.6.3 可知,用奇异谱方法识别的周期相当一致地出现在 3～5 年,说明使用奇异谱方法提取的周期比较稳定。

表 4.6.3　不同窗口长度奇异谱分析出的各季降水量显著周期(年)

窗口长度(年)	春季	夏季	秋季	冬季
8	3.2	3.8	5.0	4.8
10	3.8	3.6	4.5	4.9
15	3.7	3.2	5.0	5.5

李庆祥等(2002)用奇异谱方法研究得出,华北地区的干湿变化存在 5～7 年周期,借此认为华北干湿变化和 ENSO 事件及太阳辐射周期性变化存在一定的相关关系。

(5)小波分析

小波又称子波(wavelet),小波分析亦称多分辨分析。小波分析又称小波变换,它基于放射群的不变性,即平移和伸缩的不变性,从而允许把一个信号分解为对时间和频率(空间和尺度)的贡献。小波变换对于数据信号处理十分有用,它具有分辨不同尺度的“显微镜”作用和分离信号在不同角度贡献的“偏振镜”作用。它可以用来确定变量时间序列中各种尺度扰动的相对强度,对应峰值处的尺度称为该序列主要周期变化的时间尺度。

用 1951—1980 年北京夏季降水量资料做小波过滤,进一步用谱分析得到它们的主要周期。表 4.6.4 列出以原序列的标准化功率谱曲线的无穷大与 3 个主要峰值对应的周期及小波过滤后,对不同尺度小波变换序列的功率谱值进行比较。从表中可见,原序列主要振荡的短周期(4 年和 2.5 年)经小波变换后过滤,只表现出 20 年以上的长周期振动,而且取的尺度越大,变换后的序列越趋于斜率为负的直线,即无穷大波长的功率贡献越来越大。

表 4.6.4 1951—1980 年北京夏季降水量小波过滤不同尺度(a)与主要周期标准化功率值

周期(年)	原序列	a=6	a=12	a=18	a=24
∞	0.055	0.322	0.401	0.404	0.411
20	0.103	0.522	0.487	0.485	0.491
4	0.135	0.000	0.004	0.004	0.003
2.5	0.115	0.000	0.002	0.002	0.001

用小波变换也可检验出序列的周期性。可首先对序列做标准化处理,再做小波变换,小波变换值有正有负,其值与正负距平对应。随伸缩尺度增加,小波变换值的尺度也增大,从而把各种尺度的成分分离出来。小波变换能将原序列按尺度进行较为客观的分解。傅里叶变换的结果是将序列分解成一系列谐波的叠加,而不管序列本身,分解中有利于高频分解,有足够的长度,各种相近的周期不容易分解。小波变换对各种尺度是公平的,它可分解出非周期性,它对原序列开了一个窗口,从不同尺度进行分析,能够揭示多时间尺度的不同结构。

吴进等(2011)对亚洲夏季风指数序列,取标准 Morlet 小波为母小波,进行小波分析(图 4.6.8),发现 1955—1980 年东亚季风指数变化的显著周期是 2~4 年,1980 年之后显著周期变为 4~6 年。

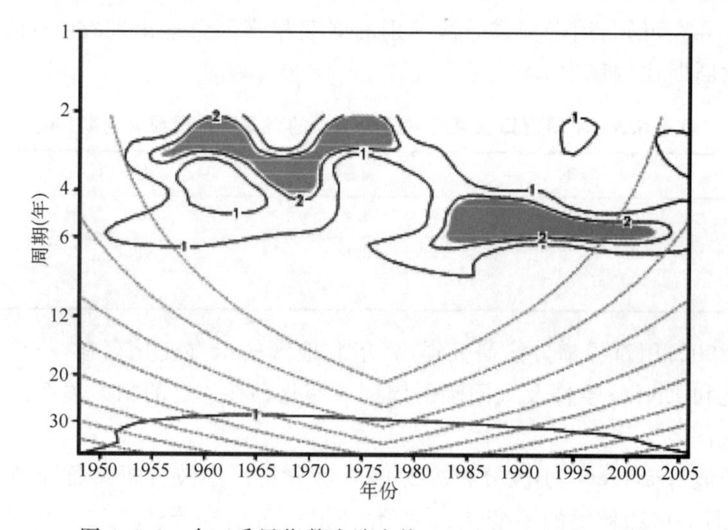

图 4.6.8 东亚季风指数小波变换(图中阴影区为显著区域)

邓伟涛等(2006)使用 Morlet 小波分析研究了冬季 AO 指数的时间变化特征。图 4.6.9 给出了冬季 AO 指数的 Morlet 小波分析的小波变换系数分布,图中小波变换系数绘成等值线分布。从图中可见,AO 指数变化均具有多尺度周期变化。主要存在准 18 年及准 9 年年代际变化周期,20 世纪 70 年代到 80 年代周期信号较强。在 80 年代中期以前 AO 指数还存在准 3 年周期,80 年代中期以后还存在准 4~5 年周期,但信号较弱。

徐利岗等(2009)对中国北方荒漠区 55 年降水量序列做 Morlet 小波变换,分别取不同的尺度参数 a 和时域参数 b 值计算小波变换的模平方和实部,并绘制成图 4.6.10。对时域系数实部变化过程进行分析,发现在 5 年和 32 年尺度上,2002 年以后降水周期呈现持续增强趋势,而 9 年和 14 年尺度下 2002 年增强趋势达到极点,2005 年后增强趋势减缓。

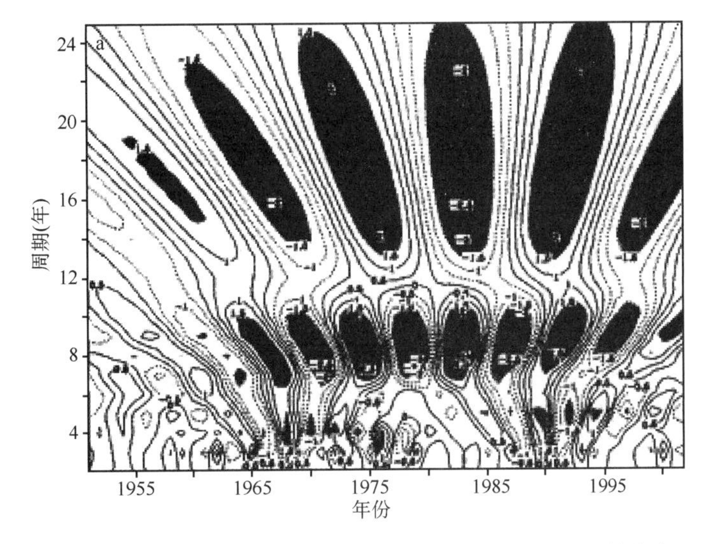

图 4.6.9　冬季 AO 指数 Morlet 小波分析的实数部分系数分布

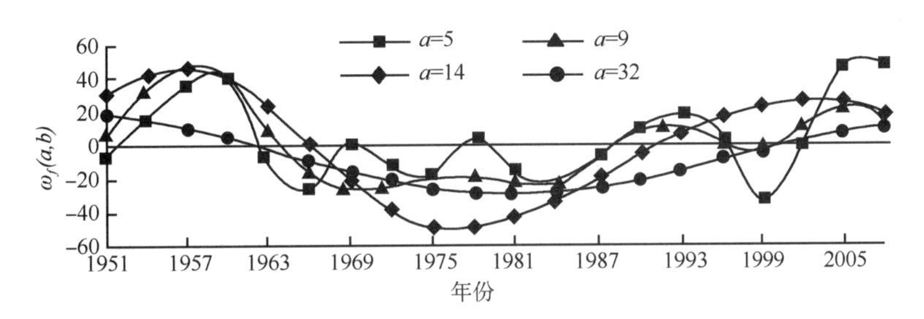

图 4.6.10　Morlet 小波变换系数实部变化过程

他们还把功率谱方法与小波分析得到的主要周期进行对比，对北方荒漠区降水量序列采用连续功率谱计算平均功率谱密度(图 4.6.11a)，发现存在 4.3 年、8.6 年和 14.2 年的主周期。小波方差变化过程(图 4.6.11b)显示该序列存在 5 年、准 9 年及准 14 年的主周期。两种方法得出的主周期近似，从而可以判定我国北方荒漠区降水确实存在 5 年、准 9 年及 14 年的周期。

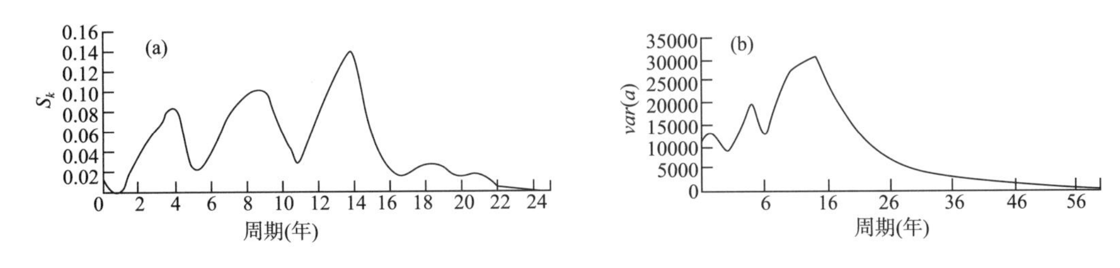

图 4.6.11　(a)功率谱分析和(b)小波方差图

李剑等(2005)对渤海海冰面积指数序列做小波分析(图 4.6.12)。他们绘制小波能量图时，还附加不同尺度的小波累积能量分布，以便更容易看出不同周期的小波方差贡献。

从图 4.6.12a 可以看出，渤海海冰的几个重冰年都是出现在 1980 年之前，而且冰情变化的幅度也很大，在 20 世纪 70 年代末以后冰情总体减弱，变化幅度趋于缓和。从小波能量谱图(图 4.6.12b)中可以进一步发现，渤海海冰变化存在年代际变化，对于不同的周期来说，年代际变化的表现是不同的，最为明显的是 6～8 年和 15 年左右的较长周期。这两种周期在整个时间段内尽管一直有清楚的表现，但是仍然可以发现，在 20 世纪 70 年代末以前表现相对更为明显，其小波功率贡献很大，而在 80 年代则迅速减弱。在短周期变化方面同样也存在 70 年代末的年代际突变现象，从图中还可以看到，渤海海冰变化在 90 年代之前还存在着 2～4 年的短周期，但是这种高频变化在 90 年代以后就消失了。可见，海冰的变化在 90 年代还可能出现一个年代际变化，但是由于 90 年代到现在，资料还很短，仍需要以后进一步验证。不过，上述周期的累积能量还未能够达到 0.05 的显著性检验(图 4.6.12c)。

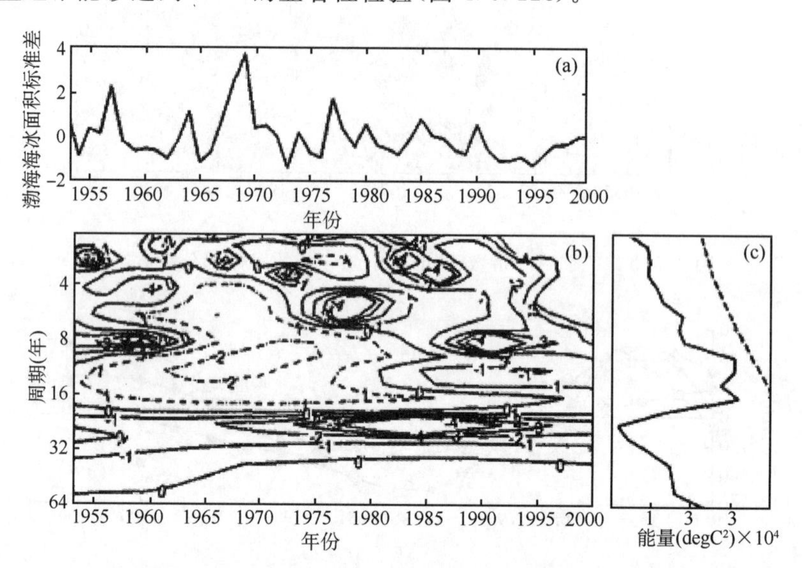

图 4.6.12　渤海海冰面积指数小波分析

(a)渤海海冰面积指数序列；(b)渤海海冰面积小波能量谱；(c)累积能量

在气候序列的频域分析中，Ghil 等(2002)认为小波分析与 SSA 分析方法有很多相似之处，小波分析中的尺度参数相当于 SSA 方法中的嵌入维数，在不同的时间尺度上，它们都能够揭示气候序列中的非线性振荡的频率分布。使用 SSA 方法能够揭示 ENSO 2～3 年振荡，SSA 与 MEM 方法结合还能够应用在气候序列的预测中。

4.7　两个变量变化的交叉周期性

相关系数很小的两个大气变量只能够说明总体没有密切关系，但是它们在某些周期振荡上却可能存在密切关系，对这种情况需要使用两个变量变化的交叉周期性的研究方法，来揭示两个变量在不同周期振荡中的关系密切程度，其研究方法有以下几种。

(1)交叉谱

两个大气变量时间序列在频率域之间的关系研究，常常使用交叉谱方法。交叉谱中度量两个序列的各种谱，有同位相的协谱和相差 90°的正交谱，还可以计算两个变量序列在不同周期振荡上的凝聚谱和落后位相谱(见附录 G)。

黄嘉佑(1981)用交叉谱等方法研究大气环流与我国东北夏季气温的关系，发现该地区第一主要因子序列和环流指数 W 型、E 型的年频数累积距平序列相关系数分别为－0.63 和

0.82。还进一步计算它们之间的协谱和凝聚谱，发现在低频段（大于 40 年周期）的关系上有极大值，其协方差贡献分别占原协方差的 62.3% 和 59.0%，相应频段上的凝聚高达 0.377 和 0.508。说明气温与大气环流在长周期（40 年以上）上有密切关系。

周静亚等（1987）研究了夏季热带及副热带环流系统周期振荡与中国降水的交叉周期性，分析了各系统周期振荡的位相关系，还进行了位相差谱和凝聚谱计算。发现在印度季风槽、西太副高脊和 ITCZ 这三个系统低层气压振荡之间，对于各类周期变化的顺序都是印度季风槽超前，西太副高脊其次，ITCZ 又次之。其中 40 天和准双周振荡可相差 1～2 天。对于 26.7 天的周期时间相差不多。就印度季风槽来看，40 天和准双周振荡皆为低层在先，但相差不多，近于同时。西太副高脊则为低层变化在前而高层滞后，这对 40 天周期比较明显，其他相差甚少。印度季风槽与青藏系统比较，季风槽是落后的。

黄嘉佑等（1986）研究赤道太平洋海温场与太平洋副热带高压的关系时，发现副高逐月变化曲线与赤道海温十分相似，但位相落后约 4 个月（落后相关系数在落后 4 个月时，达到最大值），计算它们的凝聚谱也发现它们在周期 40 个月上的凝聚高达 0.652（图 4.7.1），这个值大大超过 95% 的置信水平。而且通过位相落后谱发现，在这一周期上副高落后约 4.2 个月。

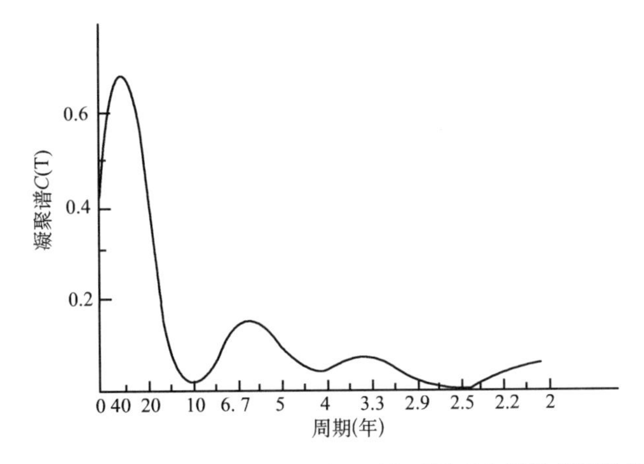

图 4.7.1　赤道太平洋海温距平和西太平洋副高指数的凝聚谱

黄嘉佑等（1994）研究大气环流对北京地区降水和谷物的影响时，用因子分析方法提取北京地区小麦气象产量的主要特征和代表序列，对该序列和北京地面气象要素序列的时间变化关系用交叉谱进行研究。发现它们在前年秋、冬季降水中，4～6 年周期振荡（中心周期为 4.5 年），与谷物产量有显著的相关。进一步计算各季度产量序列与大气环流的物理量之间的交叉谱，也发现副高西伸脊点、副高面积和副高强度在 4.5 年周期上有显著的凝聚值，从而证实"环流—降水—谷物"系统在 4.5 年周期振荡中存在密切关系。

（2）奇异交叉谱

奇异交叉谱分析（SCSA）是两个变量在时域和频域上，进行交叉周期性分析方法（见附录 G）。

丁裕国等（1999）把北半球 500 hPa 中纬度地区 1951 年 1 月—1993 年 12 月的月际序列作为左场序列，同期赤道太平洋海温作为右场序列，选取不同的落后时段 m，变成两个场的嵌入维数 m 的矩阵，然后进行奇异值分解（见附录 E）进行计算，提取其主要模态的时间变化序列。分析序列时间变化的结果表明，SCSA 识别的耦合振荡周期始终稳定于某些 m 值域内，其周期长度不变，它们分别是 40～44 个月、60～68 个月和 24～28 个月，基本上代表了准 3～4 年、准 5～6 年和准两年的 3 种时间尺度的振荡。而对两个时间序列仅做交叉谱分析，仅能够提取一个主要周期。

(3)小波交叉谱

小波交叉谱方法(见附录 G)也是研究两个变量在时域和频域交叉的周期性分析方法。由于两个小波变换中的参数 b 是随时间变化的，可以看成为时间序列，类似于连续交叉谱方法，可以计算小波交叉谱和凝聚谱。

李剑等(2005)使用交叉小波分析对大气环流与海冰的关系进行研究，在不同时期、不同周期振荡上，大气因子对海冰冰情的影响是存在差异的。他们发现在 20 世纪 70 年代以前，副高对海冰的影响主要表现为 22～24 年的低频影响(图 4.7.2)，但是到 80 年代以后，则主要表现为 11 年周期。反映了在这两个变量主要的太阳活动周期上，它们存在明显的交叉周期相关关系。

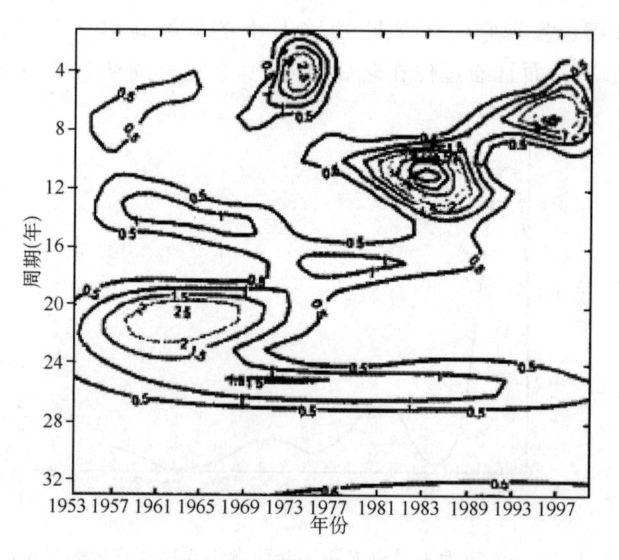

图 4.7.2 西太平洋副高与海冰交叉小波谱图

袁俊鹏等(2013)研究北半球环状模(NAM)指数与太平洋年代际振荡(PDO)指数、地表温度(ATM)、北美雪盖以及南极海冰涛动等外源强迫因子之间关系时，计算它们之间的小波凝聚谱，发现它们在 20 世纪 60 年代之前外源强迫因子与 NAM 在准 35 年尺度上关系密切；而在 1960 年之后，NAM 存在准 15 年振荡，而且该振荡与 ATM 和欧洲雪盖、南极海冰涛动等因素有关。

4.8 变量的时间变化滤波

为了研究变量时间变化过程中某些周期振荡，或者某些周期振荡随时间演变的特征，常常需要对变量时间序列进行滤波。

(1)低通滤波

对序列进行滑动平均的方法是低通滤波常用的方法。时间序列经过低通滤波后，其序列保留低频振荡的变化特征。

李艳等(2010)在研究重庆风速的气候变化特征时，使用 5 年滑动平均来分析该地区风速

的长期气候变化特征(图 4.8.1)。

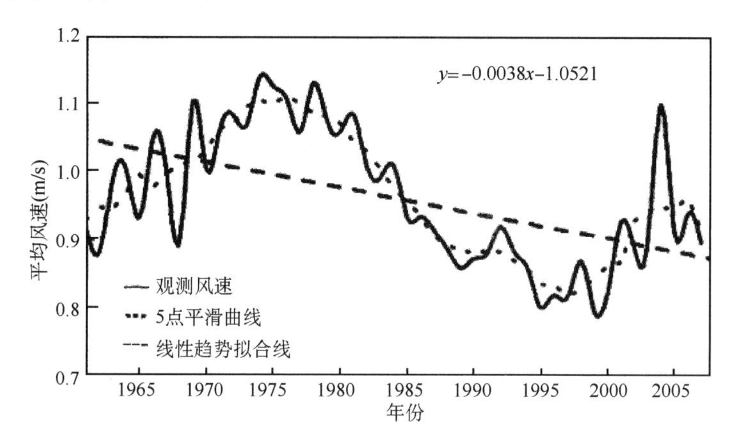

图 4.8.1　重庆地区平均风速的时间演变(实线为原始曲线,点线为滤波曲线)

从图可见,年平均风速表现出波动性的变化,极高值和极低值基本是隔数年交替出现,平均风速总体呈下降趋势,每 10 年的变化幅度为－0.038 m/s。其中 1961—1974 年平均风速呈增长趋势,在 1974 年达到最大值;1974—1999 年平均风速呈减弱趋势,在 1999 年达到最小值。

(2)带通滤波

带通滤波是提取某些周期段的振荡分量随时间演变的特征的方法(见附录 G)。

梁萍等(2008)使用 Butterworth 滤波器对江淮地区降水距平进行大气低频振荡(30～60 天周期)时间演变特征的分析。他们对比旱涝年份的降水低频变化特征,发现涝年(图 4.8.2a)存在较旱年(图 4.8.2b)更为明显的 30～60 天周期的低频振荡特征。

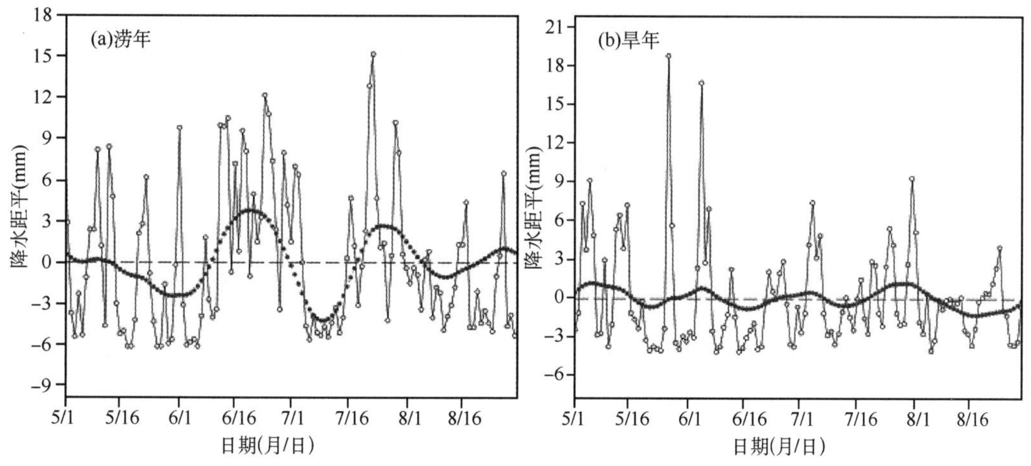

图 4.8.2　(a)涝年和(b)旱年江淮地区(27.5°～35°N,110°E 以东)降水距平(实线)及其经 30～60 天滤波的低频分量(虚线)

韦晋等(2006)利用观测资料,分别使用 Butterworth 带通滤波器(简称为 Bf)和 31 点低通滤波器(简称为 Pf)滤出天气尺度瞬变波,计算其方差分布后进行分析,比较两种滤波方法的效果。他们发现在中纬度冬季 500 hPa 位势高度场上纬向拉长的区域内,天气尺度瞬变位势高度方差的极大值可以代表该季节风暴轴的位置和强度。因此,主要分析 500 hPa 位势高度场冬季的滤波方差。从 Bf 和 Pf 滤出的 1982—1983 年(厄尔尼诺年)冬季高度场方差分布中发现有两个大值中心，一个在太平洋上空，中心值为 2200 gpm^2；另一个出现在大西洋上空，中心值为 4000 gpm^2。相比之下，两个最大值中心位置略有变化。表明 31 点低通滤波器的滤波效果优于 Butterworth 带通滤波器。

(3)高通滤波

高通滤波是提取某些高频的振荡分量随时间演变的特征的方法(见附录 G)。

李宏波等(2005)为揭示高原特大暴雨天气的强降水的次天气尺度的影响系统，采用 5 阶差分方案的高通滤波方法，对 6 月 16 日 08 时 500 hPa 和 700 hPa 高度场中的格点变量序列进行过滤。

从滤波后的图中发现，在中高纬度有一高原低槽区(滤波后的负值区)和云南东部、北部和青藏高原南部到云南西部为 3 个高压区(滤波后的正值区)，说明云南处于强辐合区内。在 700 hPa 上，云南东北部为强大的高压区，四川西部、云南北部为一低压环流，值得一提的是在强降水区域的东南部有一低值区，为这次暴雨提供了水汽源。

参考文献

邓伟涛，孙照渤. 2006. 冬季北极涛动与极涡的变化分析. 南京气象学院学报，**29**(5)：613-619.

丁裕国，江志红，施能，等. 1999. 奇异交叉谱分析及其在气候诊断中的应用. 大气科学，**23**(1)：91-100.

冯涛，付遵涛，毛江玉. 2010. 北京地区气候变量的多分形特征研究. 地球物理学报，**53**(9)：2037-2044.

何飞，廖铭超，韦继忠. 2011. 贺州自动站替换人工观测对资料连续性影响分析. 气象研究与应用，**32**(1)：55-57.

黄嘉佑. 1981. 东北地区夏季气温的因子分析. 长期预报文集. 北京：科学出版社：166-170.

黄嘉佑. 1987. 我国月降水频数的时空特征. 气象，**13**(1)：10-14.

黄嘉佑. 1989. 北京地区旱涝与太阳活动的关系分析，天地生综合研究进展. 北京：中国科学技术出版社：342-347.

黄嘉佑，戴利民. 1984. 北京 256 年降水量的功率谱分析//北方天气文集，(5)：108-114.

黄嘉佑，符长锋. 1993. 黄河中下游地区夏季逐候降水量的低频振荡特征. 大气科学，**17**(3)：379-383.

黄嘉佑，李麦村. 1986. 赤道太平洋海温场与太平洋副热带高压的关系的统计分析//第二次全国概率统计天气预报会议论文集：103-109.

黄嘉佑，刘小宁，李庆祥. 2004. 中国南方沿海地区城市热岛效应与人口的关系研究. 热带气象学报，**20**(6)：713-722.

黄嘉佑，张谭，颜明元. 1994. 北京地区“环流—降水—谷物”系统的短期振动研究. 应用气象学报，**5**(3)：290-296.

江剑民，Fraedrich K，邹耀仁. 2001. 多尺度突变现象的扫描式 t 检验及其相干性分析. 地球物理学报，**44**(1)：31-39.

江志红，常奋华，丁裕国. 2013. 基于马尔科夫链转移概率极限分布的降水过程持续性研究. 气象学报，**71**(2)：286-294.

江志红，屠其璞，施能. 2001. 多窗谱分析方法及其在全球变暖研究中的应用. 气象学报，**59**(4)：480-490.

雷晓云，陈惠源，张瑞民. 1998. 干旱地区地表水资源预测的多层递阶组合模型. 灌溉排水，**17**(4)：25-29.

李宏波，何萍. 2005. 一次低纬高原特大暴雨天气的诊断分析. 气象，**31**(3)：77-80.

李剑，黄嘉佑，刘钦政. 2005. 黄、渤海海冰长期变化特征分析. 海洋预报，**22**(2)：22-32.

李庆祥，黄嘉佑. 2012. 北京极端低温事件的长期变化特征. 高原气象，**31**(4)：1145-1150.

李庆祥，刘小宁，李小泉.2002.近半世纪华北干旱化趋势研究.自然灾害学报，**11**(3)：50-56.

李艳，耿丹，董新宁，等.2010.1961—2007年重庆风速的气候变化特征.大气科学学报，**33**(3)：336-340.

梁萍，陈隆勋，何金海.2008.江淮夏季典型旱涝年的水汽输送低频振荡特征.高原气象，**27**(增刊)：84-91.

林卓宏，梁斌，李荣标，等.2012.江门地区雷电灾害易损性研究.气象研究与应用，**33**(4)：86-90.

刘莉红，郑祖光，琚建华.2008.基于EMD方法的我国年气温和东部年降水量序列的振荡模态分析.高原气象，**27**(5)：1060-1065.

刘钦政，黄嘉佑，白珊，等.2004.渤海冬季海冰气候变异的成因分析.海洋学报，**26**(2)：11-19.

刘占明，陈子燊.2012.广东北江流域极端降水时空变化趋势分析.水资源研究，**1**：239-244.

么枕生，丁裕国.1990.气候统计.北京：气象出版社：954.

潘军.2013.深圳城市热岛效应及其与香港对比分析.北京：北京大学硕士论文.

曲静，王昱.2012.方差分析周期外推法在春季降水量预报中的应用.甘肃科学学报，**24**(2)：68-71.

司鹏，李庆祥，李伟，等.2010.城市化对深圳气温变化的贡献.大气科学学报，**33**(1)：110-116.

宋燕，季劲钧.2005.气候变暖的显著性检验以及温度场和降水场的时空分布特征.气候与环境研究，**10**(2)：157-165.

隋洪起，张彩凤，王秀萍，等.2011.1951—2010年大连市气温变化特征.气象与环境学报，**27**(5)：46-52.

王黎俊，银燕，郭三刚，等.2012.基于气候变化背景下的人工防雹效果统计检验：以青海省东部农业区为例.大气科学学报，**35**(5)：524-532.

王绍武，赵宗慈.1987.长期天气预报基础.上海：上海科学技术出版社.

韦晋，朱伟军.2006.天气尺度瞬变波滤波方案比较分析.南京气象学院学报，**29**(4)：549-554.

吴进，何金海，张祖强，等.2011.亚洲夏季风各子系统主要变率相互关系初析.热带气象学报，**27**(5)：619-625.

肖栋，李建平.2007.全球海表温度场中主要的年代际突变及其模态.大气科学，**31**(5)：839-854.

谢瑶瑶，李丽平，王盘兴，等.2011.中国气温和降水序列年代际分量的显著性检验.大气科学学报，**34**(4)：467-475.

辛渝，陈洪武，张广兴.2008.新疆年降水量的时空变化特征.高原气象，**27**(5)：993-1003.

徐利岗，周宏飞，梁川，等.2009.中国北方荒漠区降水多时间尺度变异性研究.水利学报，**40**(8)：1002-1011.

杨秋明，李熠，宋娟，等.2012.2002年夏季东亚地区环流20—30 d主振荡型延伸期预报研究.气象学报，**70**(5)：1045-1054.

鱼京善，王国强，刘昌明.2004.基于GIS系统和最大熵谱原理的降水周期分析方法.气象科学，**24**(3)：277-284.

袁俊鹏，曹杰.2013.北半球环状模周期变化和突变研究.地球物理学报，**56**(2)：409-421.

张利，吴涧，张武.2011.1955—2000年中国能见度变化趋势分析.兰州大学学报(自然科学版)，**47**(6)：46-55.

赵俊虎，王启光，支蓉，等.2012.中国极端温度的群发性研究.气象学报，**70**(2)：302-310.

周静亚，杨大升，黄嘉佑.1987.夏季热带及副热带环流系统周期振荡与中国降水的功率谱.热带气象学报，**2**(3)：195-203.

朱蕾.2004.乌鲁木齐市近50年降水的奇异谱分析.湖北气象，(3)：15-18.

宗海锋，张庆云，陈烈庭.2008.东亚太平洋遥相关型形成过程与ENSO盛期海温关系的研究.大气科学，**32**(2)：220-230.

Bardossy A，Caspary H J. 1990. Detection of climate change in Europe by analyzing European atmospheric circulation patterns from 1881 to 1989. *Thero Appl Climatol*，**42**：155-167.

Chen W Y. 1986. Stratification of linear correlations for wintertime seasonal prediction. *Long-range Forecasting Research Reports Series*. 6(II)，**2**(6)wmo/td，No. 87，689-693.

Cooper N S，Whysall K D B，Bigg G R. 1989. Recent decadal climate variations in the tropical Pacific. *J Climatol*，**9**：221-242.

Currie R G, O'Brien D P. 1988. Periodic 18. 6-year and cyclic 10 to 11 year signals in northeastern United States precipitation data. *J Climatol*, **8**:255-281.

Demaree G R. 1990. An indication of climatic change as seen from the rainfall data of a Mauritanian station. *Theor Appl Climatol*, **42**:139-147.

Ghil M, Allen M R, Dettinger M D, *et al*. 2002. Advanced spectral methods for climatic time series. *Rev Geophys*, **40**(1):1-41.

Gutzler D S, Mo K C. 1983. Autocorrelation of Northern Hemisphere geopotential heights. *Mon Wea Rev*, **111**: 155-164.

Katz R W. 1983. Statistical procedures for making inferences about precipitation changes simulated by an atmospheric general circulation model. *J Atmos Sci*, **40**:2193-2201.

Lau Ka-Ming, Chen P H. 1983. Short-term climate variability and atmospheric teleconnections from satellite-observed outgoing long-wave radiation. Part II: Lagged correlations. *J Atmos Sci*, **40**:2751-2767.

Malcher J. 1987. Homogeneity, spatial correlation and spectral variance analysis of long European and North American air temperature records. *Theor Appl Climatol*, **38**:157-166.

Mo C K, Van Loon H. 1985. Climatic trends in the Southern Hemisphere. *Atmos Sci*, **24**:777-789.

Rodionov S N. 2004. A sequential algorithm for testing climate regime shifts. *Geophysical Research Letters*, **31**. L09204, doi:10. 1029/2004 GL019448.

Rodionov S N. 2006. The problem of red noise in climate regime shift detection. *Geophysical Research Letters*, **33**. L12707, doi:10. 1029/2006 GL025904.

Singh S V, Kripalani R H. 1986. Application of extended empirical orthogonal analysis to interrelationships and sequential evolution of monsoon fields. *Mon Wea Rev*, **114**:1603-1610.

Solow A R. 1987. Testing for climate change: An application of the two-phase regression model. *J Climate and Appl Meteoro*, **26**:1401-1406.

Trenberth K E. 1984. Some effects of finite sample size and persistence on meteorological statistics. Part I: Autocorrelations. *Mon Wea Rev*, **112**:108-123.

Trenberth K E. 1985. Persistence of daily geopotential heights over the Southern Hemisphere. *Mon Wea Rev*, **113**:38-53.

Yamamoto R, Iwashima T, Sanga N K. 1986. An analysis of climatic jump. *J Met Soc*, *Japan*, **64**:273-280.

第5章　大气变量场基本特征

大气科学中，研究对象主要是地球大气圈层，其中的大气变量观测数据既有空间变化也有时间变化。对大气变量的瞬时空间分布研究是十分重要的，其空间分布图称为大气变量场，大气的瞬时状态通过变量场来描述。对变量场随时间变化的特征(例如，状态出现的频率、平均状态、变化幅度和分布状态的差异性等)的描述是大气变量场分析的重要内容。

5.1　大气变量场基本状态

(1)频率场

对于离散型大气变量，对应于天气现象，其平均状态是该现象出现频率的分布状态，可以使用频率场进行描述，频率是概率的估计，因此，在频率场中可以反映某种大气现象出现的可能性分布状况。大气变量场可以看成为多个格点(p)变量某时刻的取值，它们随时间变化，样本容量为n，对某时刻场中变量值记为$x(i,j)(i=1,p;j=1,n)$，变量的频率场定义为

$$f(i)=\frac{m(i)}{n}\quad(i=1,2,\cdots,p)\tag{5.1.1}$$

式中，$m(i)$表示大气某种现象在第i个站点中出现的次数；n表示样本容量，即观测总数。频率场的值仅随空间格点变化。

陈思蓉等(2009)对中国雷暴气候分布特征进行了研究，利用1951—2005年雷暴和冰雹观测资料，统计了中国743个站点的雷暴及冰雹发生日数，得到中国雷暴发生频率分布场。从中发现，中国雷暴发生频率较多的地区是华南和西南。

大气现象的空间分布状态，也可以使用频次进行描述。符娇兰等(2013)统计了中国北方冬半年气旋源地频次，得到了气旋源地频次空间分布场(图5.1.1)。

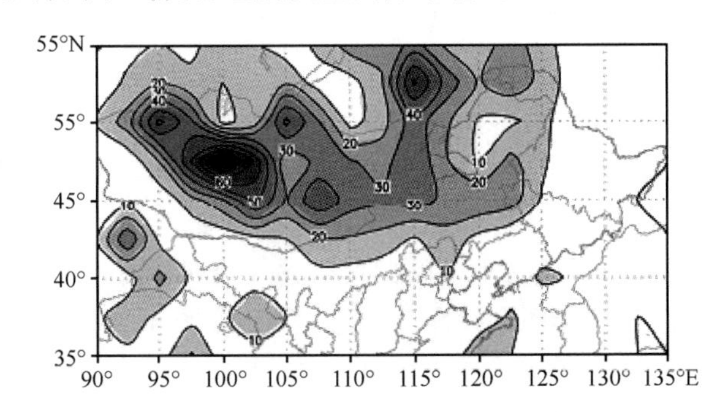

图5.1.1　1951—2010年中国北方冬半年气旋源地频次空间分布(单位:个)

(2)平均场

大气连续型变量空间分布的平均状态，常使用大气变量平均场来描述。对变量场$x(i,t)$，

其中包含 $i=1,2,\cdots,p$ 个网格点(或测站点),有 $t=1,2,\cdots,n$ 个时刻观测数据。其平均场计算按如下公式:

$$\bar{x}_i = \frac{1}{n}\sum_{t=1}^{n} x(i,t) \quad (i=1,2,\cdots,p) \tag{5.1.2}$$

对一般的多气象变量,例如,由多个网格点组成的高度场,一般高度变量遵从正态分布,其气候平均场有一定的代表性。由 p 个网格点组成的平均场可以使用向量表示为

$$\underset{p\times 1}{\bar{\boldsymbol{x}}} = \begin{pmatrix} \bar{x}_1 \\ \bar{x}_2 \\ \vdots \\ \bar{x}_p \end{pmatrix} \tag{5.1.3}$$

向量中每个元素是每个变量的平均值。多个大气变量的平均值组成的空间分布称为该变量的气候平均场。

大气变量的平均场描述了大气变量气候分布状态,能够揭示大气的空间分布特征。例如,谢坤等(2008)利用 ECMWF 再分析资料中的 1957—2002 年逐月风场和温度场资料,求出气候平均冬季 200 hPa 纬向风场和 600～300 hPa 厚度层大气经向温度梯度场(图 5.1.2)。

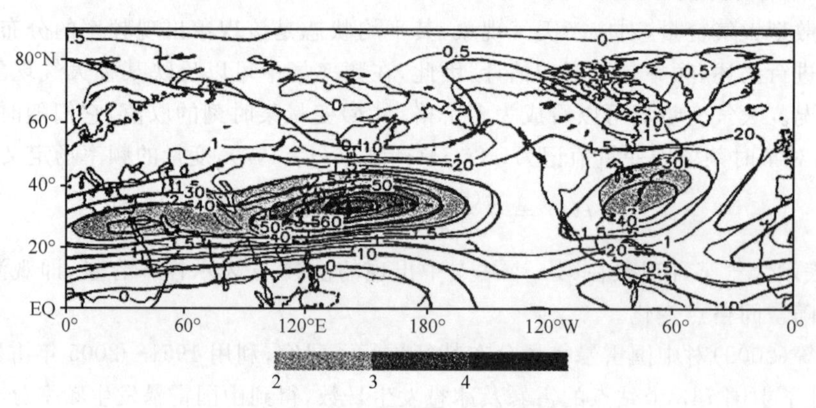

图 5.1.2 气候平均冬季 200 hPa 纬向风场(粗等值线,单位:m/s)和 600～300 hPa 厚度层大气经向温度梯度(阴影和细等值线,单位:K/2.5 个纬度)分布。点线是气候平均冬季 200 hPa 西风急流轴(只画出＞50 m/s 西风轴线,下同),＋号是气候平均冬季 200 hPa 西风急流中心位置。

从图 5.1.2 可见,东亚西风急流是整个北半球 3 个西风大值区当中最强盛的一支,东西向拉长的急流主体位于东亚—西太平洋上空,西风急流中心在(32.5°N,142.5°E)附近,中心强度超过 70 m/s。在中纬度地区,600～300 hPa 厚度层大气经向温度梯度分布与西风急流带分布几乎重合,温度梯度大值中心也基本与西风急流中心重合。温度梯度场可以反映急流带对温度的影响。因为中纬度纬向风场随高度的变化与大气经向温度梯度密切相关。冬季各等压面上的大气经向温度梯度,是相邻两个纬圈气温之差(南减北),因此,当此梯度为正时,表示南暖北冷,正值越大表明南北温度暖冷差异越显著,反之亦然。

(3)风变量的平均场

大气中的风或气流变量,可以看成复变量

$$X = u + \mathrm{i}v \tag{5.1.4}$$

式中，u 为纬向风速，为复变量实部；v 为经向风速，为复变量虚部。

对复变量求平均，即

$$\overline{X} = \overline{u} + \mathrm{i}\overline{v} \tag{5.1.5}$$

求风场中各格点的纬向风和经向风平均值，然后使用矢量表示复变量的平均值，可以得到平均风场(图 5.1.3)(梁红丽等，2004)。

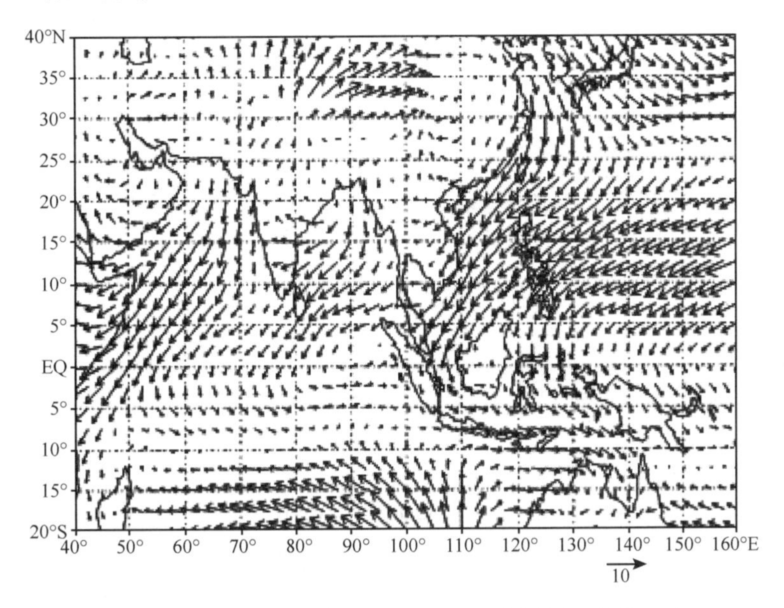

图 5.1.3 冬季孟加拉湾地区 1000 hPa 平均风场(单位：m/s)

(4)变量平均场的数量描述

为了比较不同时刻变量场的状态差异程度，需要描述某变量场的瞬时状态，可以使用所有网格点平均的方法，使用场的格点时空平均值来表征变量场的基本数量状态，即

$$\overline{x} = \frac{1}{n \times p} \sum_{t=1}^{n} \sum_{i=1}^{p} x(i,t) \tag{5.1.6}$$

如果以地球经纬度描述大气变量场，由于各纬圈长度不同，可以使用纬度余弦作为权重，进行加权平均，对 p 个纬圈其时空平均值为

$$\overline{x} = \frac{1}{n \times k} \sum_{t=1}^{n} \sum_{i=1}^{p} x(i,t)\cos\varphi(i), k = \sum_{i=1}^{p} \cos\varphi(i) \tag{5.1.7}$$

例如，Tang 等(2009)为了表现整个向外长波辐射全球的平均状态，使用纬度余弦作为权重定义向外长波辐射的强度指数 SI，作为度量辐射场强度的信号。

(5)变量的空间剖面场

Huang 等(2012)为了研究东亚季风系统的气候特征，对 1979—2003 年不同高度东亚地区(20°～45°N，100°～140°E)纬向风的各候进行空间和时间平均，以不同高度的平均值作为纵坐标，以候为横坐标做图，称为高度—时间剖面场(图 5.1.4)。从图可见，在 200 hPa 附近的西风急流有明显的年变化，最大值出现在 3—9 候和 66—72 候。

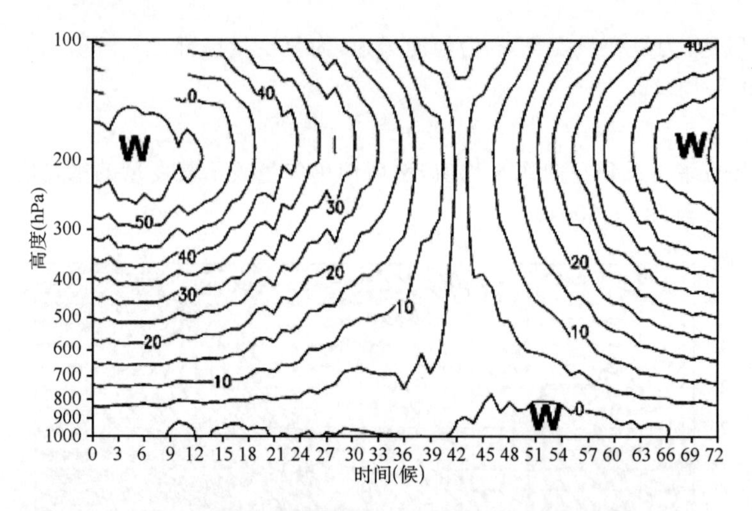

图 5.1.4 东亚地区各高度的平均纬向风随时间的变化(单位:m/s)

5.2 变量场的变化特征

(1)大气变量距平场

常常使用大气变量距平场来描述大气瞬时的异常状态,它能够反映变量异常的空间分布状态。可以使用距平数据矩阵来表示变量场随时间和空间的变化特征。即对 p 个格点 n 个时刻的大气变量场数据,可以用数据矩阵表征。变量场距平矩阵中的元素为

$$x_d(i,j) = x(i,j) - \overline{x}(i) \quad (i = 1,2,\cdots,p; j = 1,2,\cdots,n) \tag{5.2.1}$$

(2)大气变量标准差场

大气变量标准差场能够度量变量的气候变化特征,它是由场中各格点变量序列标准差所组成。标准差场表示为

$$s(i) = \sqrt{\frac{1}{n}\sum_{j=1}^{n}[x(i,j) - \overline{x}(i)]^2} \quad (i = 1,2,\cdots,p) \tag{5.2.2}$$

图 5.2.1 是 1950—2004 年北半球冬季 200 hPa 高度场标准差图(陈芳丽等,2009)。从图可见,北半球冬季 200 hPa 高度场变量变率较大的是北太平洋和北美地区。

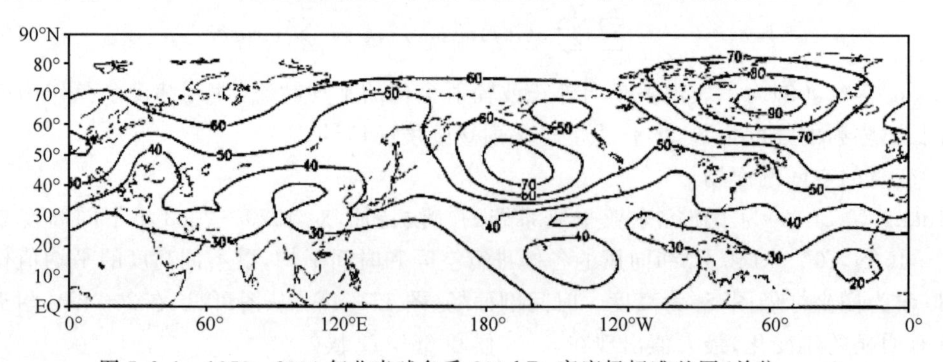

图 5.2.1 1950—2004 年北半球冬季 200 hPa 高度场标准差图(单位:gpm)

(3)风场的变化状态

大气中的风或气流变量 X,可以看成复变量,可以求风场中各格点的纬向风和经向风的距

平，即风场中某格点在某时刻 t 的距平为

$$X_d(t) = X(t) - \overline{X} = [u(t) - \overline{u}] + \mathrm{i}[v(t) - \overline{v}] \tag{5.2.3}$$

然后使用矢量表示复变量的距平值，可以得到某时刻 t 的距平矢量风场。

由于流线是表示某一瞬间气流运行状况，常常用箭头表示气流的流向，流线上处处都与相应点的风向相切。因此，可以通过风的平均场和距平场绘出流场的平均场和距平场。

在风场中某格点的风向量，其方差表示为

$$\begin{aligned} s^2 &= \frac{1}{n}X_dX_d^* = \frac{1}{n}\sum[(u-\overline{u})+\mathrm{i}(v-\overline{v})][(u-\overline{u})-\mathrm{i}(v-\overline{v})] \\ &= \frac{1}{n}\sum[(u-\overline{u})^2-\mathrm{i}(v-\overline{v})(u-\overline{u})+\mathrm{i}(v-\overline{v})(u-\overline{u})+(v-\overline{v})^2] \\ &= \frac{1}{n}\sum[(u-\overline{u})^2+(v-\overline{v})^2] \\ &= s_u^2 + s_v^2 \end{aligned} \tag{5.2.4}$$

式中，上标“ * ”表示复共轭。可见，某格点风的方差可以表示为该格点风变量 u 分量的方差与 v 分量的方差之和。因此，风场中的纬向风速与经向风速可以看成两个相互独立的随机变量进行处理。

风场中格点风的标准差表示为

$$\begin{aligned} s &= \sqrt{\frac{1}{n}X_dX_d^*} = \sqrt{\frac{1}{n}[(u-\overline{u})^2+(v-\overline{v})^2]} \\ &= \sqrt{s_u^2+s_v^2} \end{aligned} \tag{5.2.5}$$

因此，格点中风变量的标准差是纬向风速方差与经向风速方差之和的开方。

(4)大气变量变率场

气象中常常使用方差或标准差表示气候变率。高庆九等(2010)研究中国东部夏季气压气候变率时，对中国 194 站地表气压的方差进行了分析，图 5.2.2 给出了中国夏季气压方差分布，从图中可见，气压变化较大的区域为黑龙江北部、四川西北部、甘肃南部、广西一带及山东半岛一带，黑龙江北部方差变化最大。

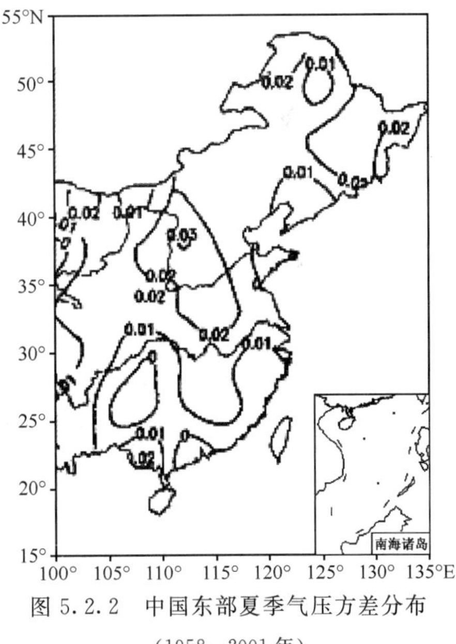

图 5.2.2　中国东部夏季气压方差分布
(1958—2001 年)

贺懿华等(2006)使用卫星云图黑体亮温 TBB 数据资料，研究南海地区大气对流活动。某一区域 TBB 标准差愈大、持续时间愈长，说明该区域对流活动异常变率的信号愈强，持续性愈好。他们分析夏半年代表月 7 月 TBB 标准差分布图(图 5.2.3)，发现南海地区 TBB 标准差为 5～6℃，标准差最大区域(7～9℃)出现在赤道东印度洋。

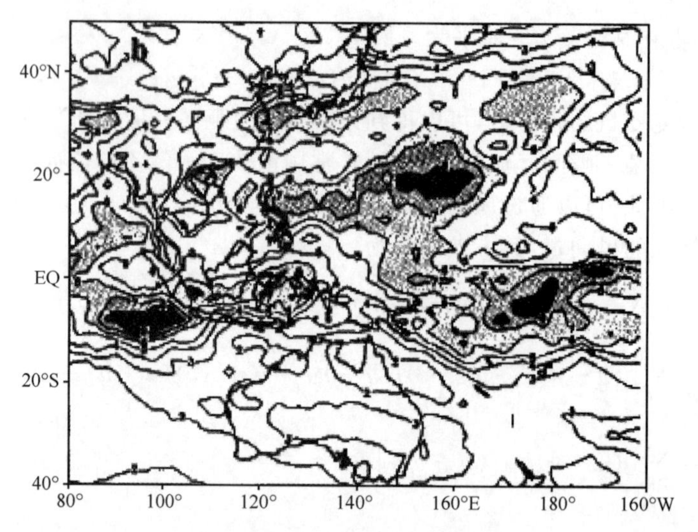

图 5.2.3　7月 TBB 标准差场
（等值线间隔：1℃；阴影区标准差≥6℃）

也有使用变异系数场作为度量大气变量场变化特征的，它表示为

$$cv(i)=\frac{s(i)}{\overline{x}(i)}\quad(i=1,2,\cdots,p)\tag{5.2.6}$$

变异系数场中各格点变量是该格点变量的变异系数，它是无单位统计量，便于不同格点之间进行比较。何丽烨等(2012)在研究中国西部积雪类型划分中，使用积雪日数的年标准差除以平均值所得的变异系数作为积雪的年际变率，给出了中国西部积雪类型分布(图 5.2.4)。定义不同的积雪类型：稳定积雪区的积雪年际变率低于 0.4 为一类型，其年平均积雪日数超过 60 天；年周期性不稳定积雪区的积雪年际变率为 0.4～1.0，其年平均积雪日数为 10～60 天；非年周期性不稳定积雪区有的年份出现积雪，有的年份不出现，其积雪年际变率为 1.0～3.0，年平均积雪日数为 0～10 天；积雪年际变率大于 3.0 为一类型，这一类型地区视为无积雪区。

5.3　变量的条件平均场

(1)合成分析

对大气变量场在某一条件下出现的平均状态分析是很重要的，其做法是把符合条件的变量场样品收集在一起，然后进行平均，得到的场称为条件合成场，它也是大气变量的条件平均场。

郭媛媛等(2012)在研究山西省夏季降水与赤道东太平洋海温关系时，把 Nino 区春季海温分为偏高和偏低两个条件，分别进行不同条件下的 850 hPa 流场合成(图 5.3.1 和图 5.3.2)。

从图 5.3.1 和图 5.3.2 可见，Nino 区春季海温偏高时，澳洲呈现为冷高压发展加强。赤道辐合带 ITCZ 为越赤道的东北信风转向为西北信风与澳大利亚东北侧的东南信风的辐合带，当海温偏低(冷水年)时，位置较偏南。西太平洋副热带高压在春季暖水时期，位置偏西偏南。在 Nino 区前期春季冷水时期，低层 850 hPa 高度出现有利于山西夏季降水的环流形势，即西太平洋副热带高压偏强、蒙古气旋发展。

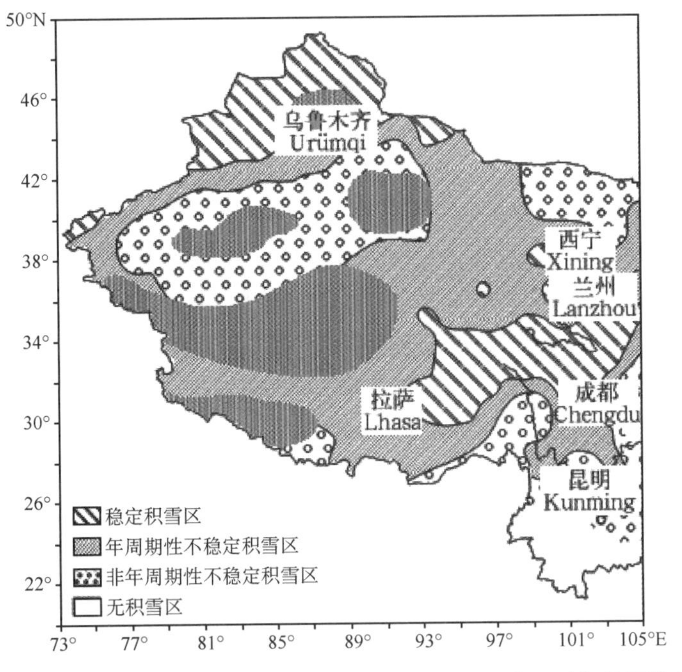

图 5.2.4　根据积雪年际变率划分的1960—2004年中国西部积雪类型

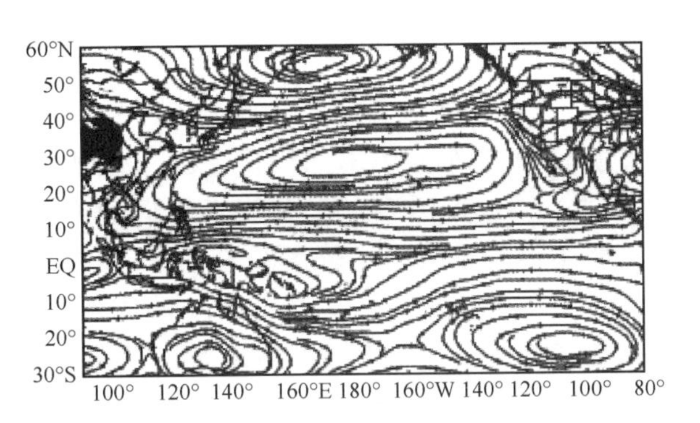

图 5.3.1　Nino 区春季海温偏高时 850 hPa 流场合成

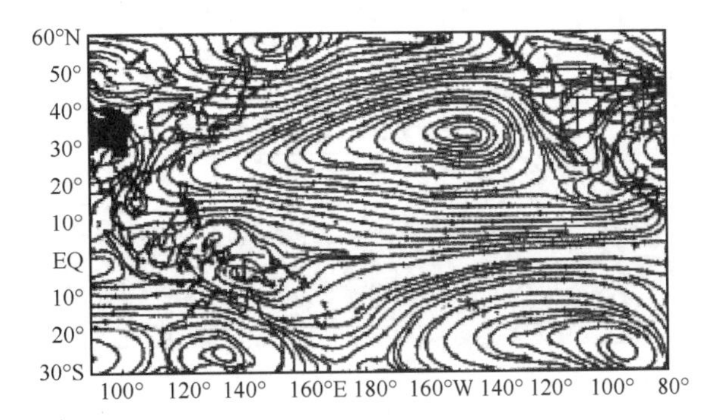

图 5.3.2　Nino 区春季海温偏低时 850 hPa 流场合成

由于某时刻大气变量距平场是反映大气变量场的异常状态，常常对某一条件下多个时刻的大气变量距平场进行平均，得到的平均场称为距平合成场。它可以度量大气的不同异常状态的平均态。

郭媛媛等(2012)把 Nino 区春季海温分为偏高和偏低两个条件，分别进行不同条件下的850 hPa 流场距平进行合成(图 5.3.3)。从图可见，在 Nino 区春季暖水时期，距平图上高压东部为气旋式距平环流，西部为反气旋式距平环流，副高主体减弱，西太平洋副高南侧东风较冷水时期风速弱，赤道东太平洋上空为一致的西风距平气流。我国江淮流域呈现明显的气旋式距平环流，Nino 区春季暖水时期，我国江淮气旋发展旺盛；而蒙古中部呈现为反气旋式距平环流，蒙古气旋减弱。而在 Nino 区春季冷水时期，距平图上副高西部为气旋式距平环流，东部为反气旋式距平环流，副高主体加强，西太平洋副高南侧东风较暖水时期风速强，赤道东太平洋上空为一致的东风距平气流。鄂霍次克海上空的气旋中心较暖水年明显加强，距平图上蒙古气旋加强发展。

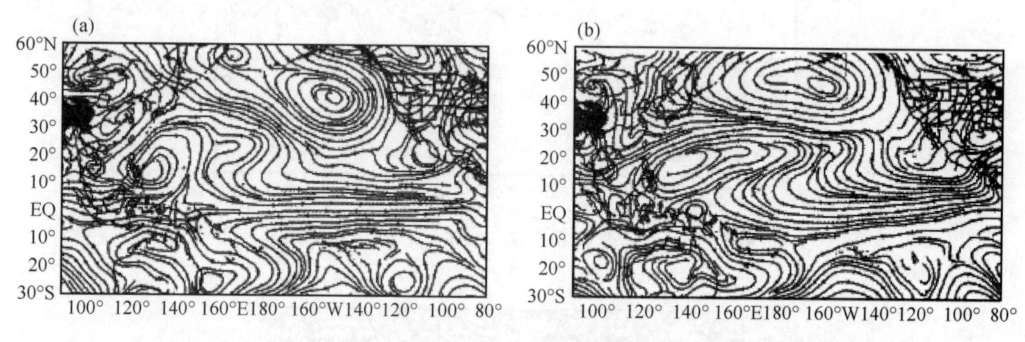

图 5.3.3　Nino 区春季海温(a)偏高和(b)偏低时 850 hPa 流场距平合成

李崇银等(2007)计算并绘制了在强弱不同的南海夏季风槽条件下，低层(850 hPa)流场的距平合成图(图 5.3.4)。从图中可以发现，强弱不同的南海夏季风槽对应的是截然不同的大气环流背景。在南海夏季风槽比较活跃的年份，在低层流场有气旋型环流异常出现在南海至西太平洋地区。由此，他们发现在南海夏季风槽强的年份，南海—西太平洋地区的低层辐合较一般年份偏强；与气候平均的季风槽位置相比，强年夏季风槽位置略为偏北。

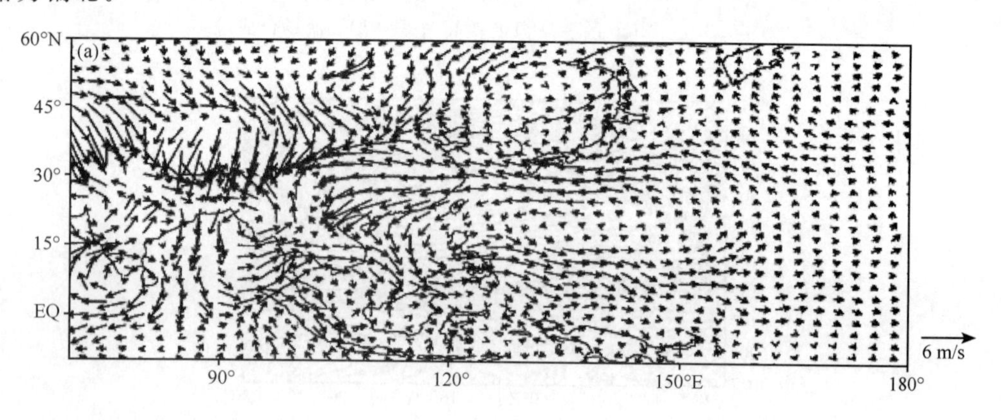

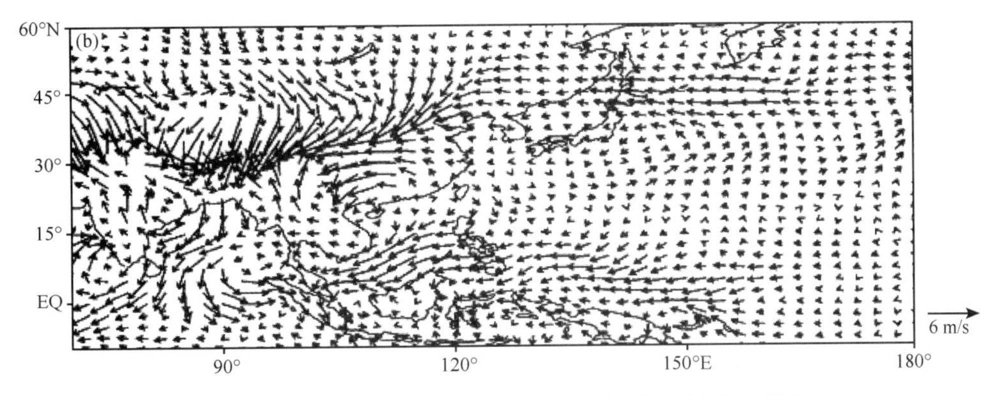

图 5.3.4　(a)强、(b)弱季风槽 850 hPa 距平流场的合成形势

利用一定条件下的距平风场合成图，可以分析不同条件下风向量场变化特征。严华生等(2007)通过距平风场合成图(图 5.3.5)发现，低西风指数年我国 500 hPa 上空贝加尔湖以东地区为正距平，渤海湾为负距平，该风场的距平配置形势，容易形成我国Ⅲ类雨带(主要多雨带位于长江流域或江南一带，淮河以北大部及东南沿海地区少雨)。

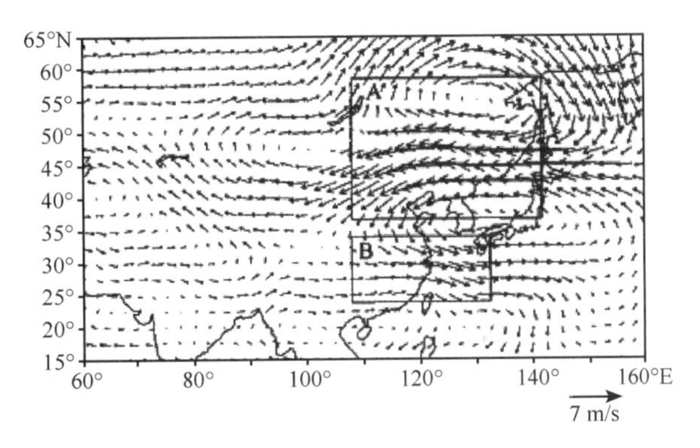

图 5.3.5　低指数年 500 hPa 风场距平合成图

韦道明等(2011)选取 22 次副高南部型的过程(持续 6 天以上脊线位于北纬 25°N 以南)和 11 次副高北部型过程(持续 6 天以上脊线位于北纬 35°N 以北)，图 5.3.6 为西太平洋副高(a)南部型和(b)北部型过程的 850 hPa 合成风场。

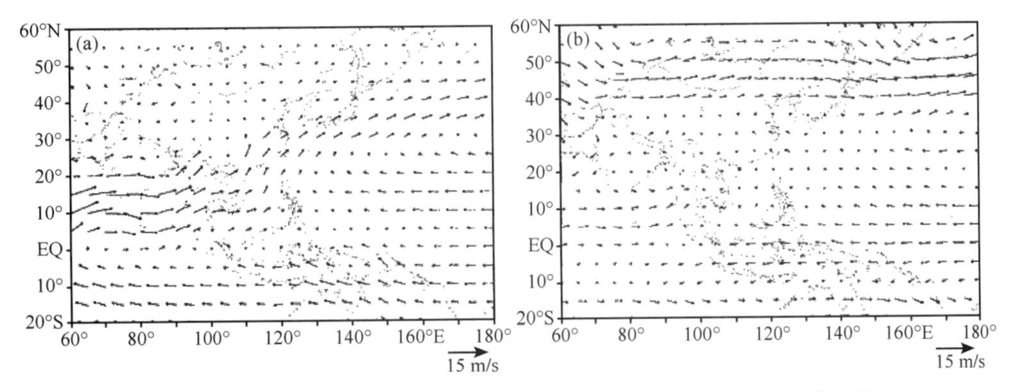

图 5.3.6　西太平洋副高(a)南部型和(b)北部型过程 850 hPa 合成风场

由图可见，南部型过程中西太平洋副高的范围大，势力强，环流形势稳定少变，基本维持在

偏南的位置，菲律宾和南海地区始终保持东南风；北部型过程中西太平洋副高的环流始终较弱，位置偏北偏东，在其过程的中间时段，台湾地区附近出现一个气旋性环流。在西太平洋副高南部型过程中，副高位置偏南、偏西，脊线位于 30°N 附近；我国东南部地区为副高西部控制，该地区及南海为强劲的西南季风。对应副高北部型过程，副高位置偏北、偏东，脊线位于 40°N 附近；台湾附近存在一个弱的气旋性环流，南海主要为偏西风。

(2)波列分析

变量距平场的合成场中，不同符号的距平区域分布可以反映大气变量空间波动不同位相的分布，常常作为大气变量场中波列分析的工具。

李崇银等(2007)对南海夏季风槽的年际变化和影响进行了研究。他们计算强、弱异常南海夏季风槽年 500 hPa 位势高度距平场的合成图，发现强、弱不同的南海夏季风槽年所对应的 500 hPa 高度异常有明显的不同。在强南海夏季风槽背景下，东亚地区从低纬到高纬，500 hPa 位势高度异常场呈“－＋－”的经向波列距平型。这与由南海经东亚、北太平洋到北美的 EAP 遥相关波列的特征十分类似。

韦道明等(2011)对夏季西太平洋副热带高压南北位置变动特征及其影响进行研究，挑选 7 月副高只出现南部型过程和只出现北部型过程的年份进行合成分析。发现副高南部型过程在 20°N 以南的热带太平洋地区对应有较弱的海温正距平，中纬度太平洋从西部沿海到东部沿海对应有明显的西南—东北波列式的负、正、负距平分布；高纬度对应有负的海温异常。而对于副高北部型过程，在热带中东太平洋对应有海温负异常，说明副高北部型过程可能与 La Nina 现象有一定联系；在热带太平洋中部对应的是正海温异常，而从 20°N 往北的太平洋上依次对应负、正、负的波列式海温距平(西北—东南向)(图 5.3.7)。

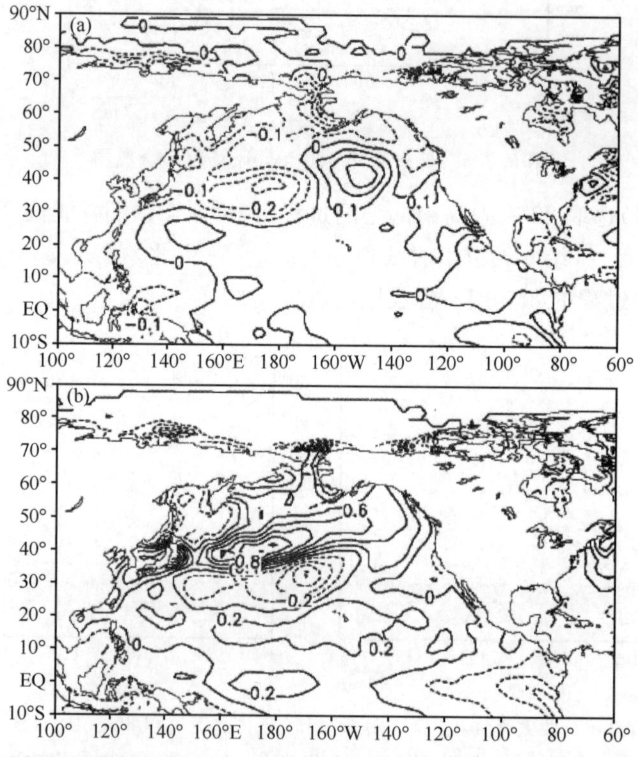

图 5.3.7　副高(a)南部型过程和(b)北部型过程所对应海温异常的合成结果(单位：℃)

5.4 变量信号场

(1)信号场的定义

在对短期天气过程与长期天气过程的关系研究中，不少气象学家认为大气的振动是由内部动力和缓慢外力之间复杂的相互作用产生的。系统内部由动力所产生的扰动的影响只能持续几天，对长期天气变化尺度而言，它们可看成为杂乱无章的噪声，称为自然变化（natural variability）或气候噪声（climate noise）。对长期天气过程，外力的影响是主要考虑部分。这种缓慢外力包括下垫面热状况和水汽的长期变化，这部分称为气候信号（climate signal）。

对变量场 $x(i,j)$，其中包含 $i=1,2,\cdots,p$ 个网格点（或测站点），$j=1,2,\cdots,n$ 个时刻观测数据。利用变量标准差场，可以得到变量的信号场，表示为

$$x_z(i,j)=[x(i,j)-\bar{x}(i)]/s(i)\quad(i=1,2,\cdots,p;j=1,2,\cdots,n)\tag{5.4.1}$$

式中，右边的分子表征格点变量对气候平均态的异常状态，是由外力因素产生的，代表因子的信号；分母是格点变量的平均变化幅度，代表变量自身产生的噪声。变量信号场实际上是变量标准化距平场。由于格点变量已经标准化，容易与场中其他格点变量进行比较。

(2)信号场的变化特征

黄嘉佑等(2002)为了提取 500 hPa 高度场的逐日异常变化特征，选取东亚地区 1973—1995 年共 23 年北半球 500 hPa 高度场 5—10 月的逐日资料，由于短期气候尺度一般是以月为单位，所以逐日高度场的变化以逐月多年平均和标准差场作为比较基础。对逐月高度场各个网格点进行标准化，即用每一格点上的高度值与同一格点上月多年平均值的差值反映气候信号，以该格点多年序列的标准差反映气候噪声，它们比值称为信噪比，简称为信号，它的大小反映高度场逐日变化中的气候异常情况，由各格点的信号值构成气候异常信号场，称为高度信号场。

利用 500 hPa 信号场可以诊断长江流域暴雨过程中逐日 500 hPa 高度场异常变化特征。以 1992 年 5 月 15—17 日的一次暴雨过程为例，过程总降水量为 86.9 mm。暴雨过程第一天降水量为 15.1 mm，从该日 500 hPa 高度场看到(图 5.4.1)，在贝加尔湖附近有横槽区南压，在华中北部地区(40°～50°N，110°～130°E)，形成低压区，与北抬的副高形成锋区，产生该地区的暴雨过程。但是，在这个过程中 500 hPa 高度场的高度变化方面，哪个地区变化最大，在气候背景上是否有异常的变化，这些问题需要用信号场来回答。

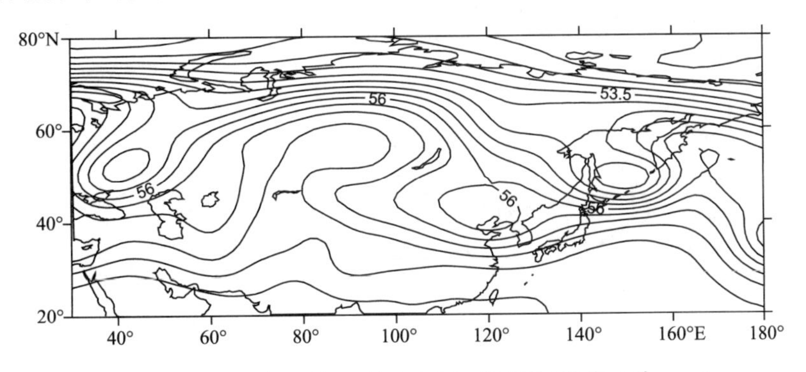

图 5.4.1 1992 年 5 月 15 日 500 hPa 高度场(单位：10^2 gpm)

在信号场上容易确定信号显著区域。因为根据格点信噪比的定义，格点变量遵从标准正态分布，如果信噪比的绝对值超过 1.96，则表示对应事件发生的概率小于 5%，则可以认为是显著异常事件发生。

从 1992 年 5 月 11 日信号场上发现，在(60°～80°N，100°～130°E)有范围很大的显著正异常区，说明 500 hPa 高度场的脊向北发展，在气候背景上是十分异常的。同时，在太平洋高纬的鄂霍次克海地区(70°～80°N，160°～180°E)有一范围很大的负异常区，其对应 500 hPa 高度场高度减少，引导冷空气进入华中地区。到 15 日，信号场(图 5.4.2)上可以看到正异常区南压 10 个纬距并西移到(50°～70°N，80°～100°E)，而负异常区发展到整个东亚高纬地区，形成东、西两个负异常区。正、负异常区交界有密集等值线。同时，正异常区南部出现弱的负异常区，在弱的负异常区南部又有弱的正异常区，形成"＋－＋"异常区的空间传播波列，反映异常区空间移动路径，暴雨就发生在弱的负异常区南部和弱的正异常区之间的长江中游地区。

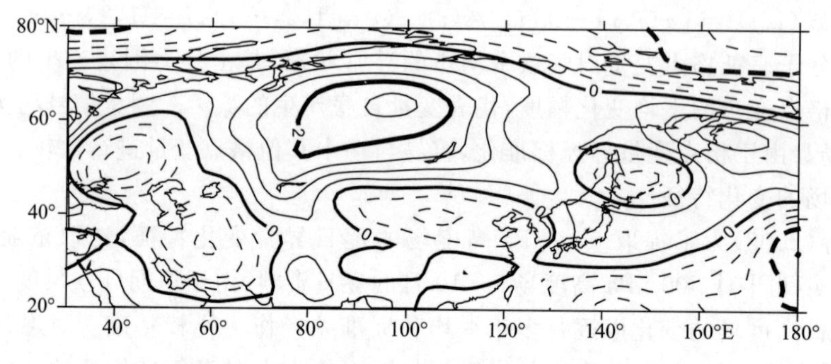

图 5.4.2 1992 年 5 月 15 日 500 hPa 信号场

从信号场的演变说明，长江中游地区暴雨过程的发生，前期信号异常的变化并不是该地区上空低槽锋区，而主要是高纬地区正、负异常区的变化，表明该次暴雨是由于高纬地区冷空气加强并南压到长江中游地区。值得指出是，这两个正、负异常区域在 3 天暴雨过程中位置基本保持不变。发现从暴雨发生日的前一天开始，4 天异常正区域基本维持在(60°～80°N，100°～130°E)地区，除在暴雨结束日区域面积缩小外，其余均保持面积基本不变。另外，在太平洋高纬地区(70°～80°N，160°～180°E)的负异常区在 14—16 日也保持不变。表明该地区的高度持续异常减少，到 17 日的信号场(图 5.4.3)上，贝加尔湖的正异常区缩小西退，暴雨过程结束。

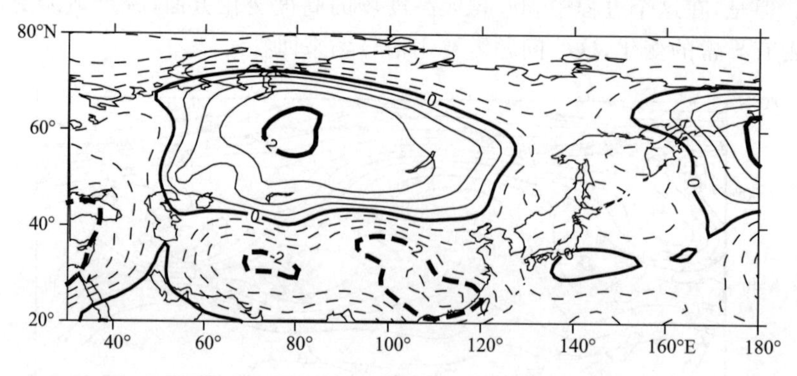

图 5.4.3 1992 年 5 月 17 日 500 hPa 信号场

余岸雄(2012)为了研究深圳机场雷暴发生的规律性,对雷暴日500 hPa高度场和信号场进行对比研究。从2008年6月13日的雷暴日高度场(图5.4.4 a)可见,此次雷暴天气是由东移的高空低槽所引发的,槽线位于112°E附近,宝安机场处于槽前的西南暖湿气流中;巴尔喀什湖西侧为一高压脊,脊前有短波槽下滑,使得冷空气侵入到华南地区,冷暖气流的交汇和槽前强烈的动力抬升,使得6月13日这天宝安机场上空出现了强的雷暴。而在当天500 hPa信号场中(图5.4.4b),由巴尔喀什湖西部向东南,形成自北向南的信号异常"+－+"的波列,反映来自巴湖的冷空气入侵华南地区。超过0.05显著水平的负强信号在广西、贵州一带,R值小于－2.0,说明当日高度场上该区域的槽区比常年有十分异常的表现,高度有异常的减低;而我国东北部至东西伯利亚地区为正的强信号中心,异常中心值大于2.0,说明在该地区高度场上的高压脊有异常的增强。值得指出的是,在信号场上80°～135°E,中国大陆到贝加尔湖地区广泛的负异常区和东亚沿岸的正异常区,形成了"西低东高"的天气型,这种异常信号的分布形势是该次雷暴天气的主要特征。

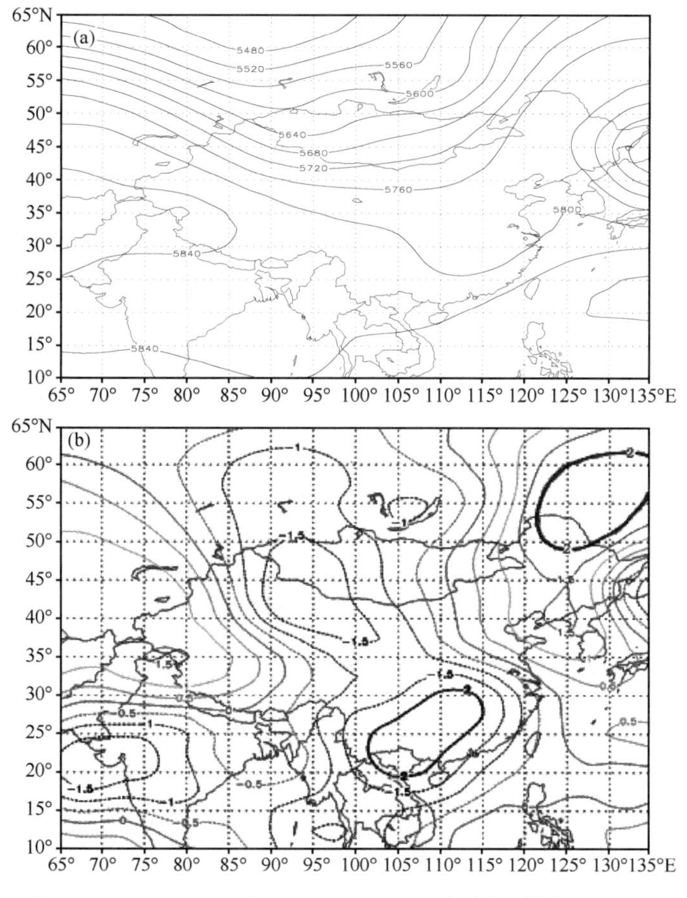

图5.4.4 2008年6月13日(a)500 hPa高度场(单位:gpm)和(b)500 hPa信号场(实线为正值,虚线为负值,粗线为异常区)

为了与没有雷暴发生的情况进行对比,他选取2008年6月9日宝安机场未出现雷暴天气的500 hPa高度场和信号场(图5.4.5)与6月13日进行比较,以进一步说明雷暴日信号场的异常特征。由图5.4.5a可见,6月9日500 hPa上贵州、广西为高空低槽控制,副热带高压位于华南以东的洋面上，中低纬地区呈现“西低东高”的环流形态，宝安机场处于槽前的西南气流控制之中。分析发现，6 月 9 日的天气形势与 6 月 13 日具有一定的相似性，可是为什么没有带来雷暴天气，仅从 500 hPa 的高度场分布很难给予解释，但从信号场上(图 5.4.5b)则可以得到较好的说明。从图 5.4.5b 可见，6 月 9 日，中国大陆主要为正异常区，贵州、广西一带有块面积较小的负异常区，65°E 附近的乌拉尔山和阿拉伯海地区为显著的负异常区，但整个中国大陆上空的信号场未通过显著性检验。与图 5.4.4b 比较可见，非雷暴日信号场的显著信号区分布较凌乱，面积较小，且在东亚地区没有显著正负信号区。

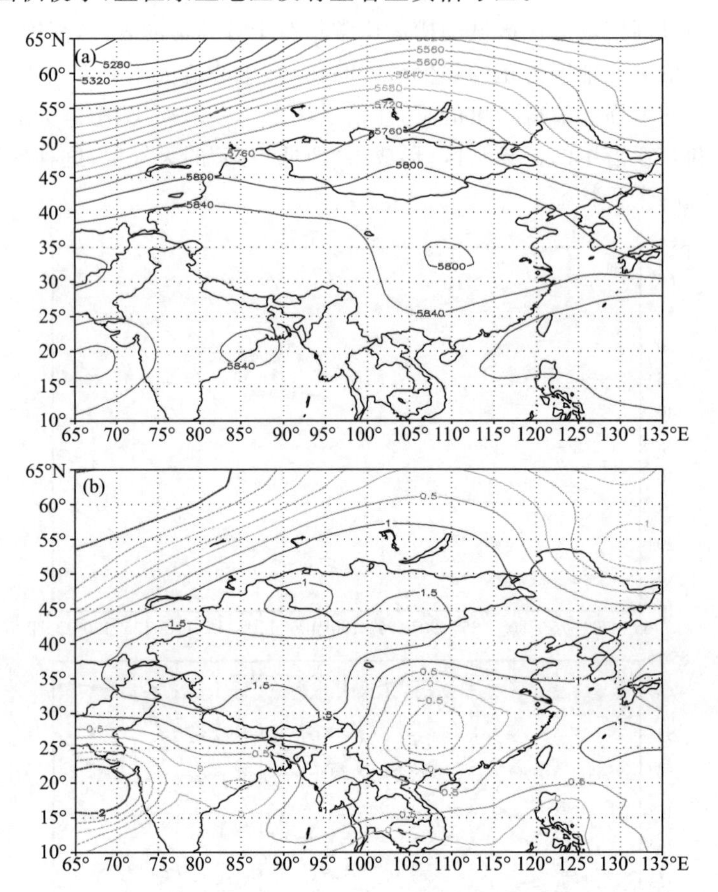

图 5.4.5　2008 年 6 月 9 日(a)500 hPa 高度场(单位:gpm)和(b)500 hPa 信号场(实线为正值，虚线为负值，粗线为异常区)

由此可见，信号场的分析着重强调了当天高度场对常年状态的变化性，信号场能够显示显著的信号区域，可以反映当天雷暴出现的高度场信号，雷暴日与非雷暴日在 500 hPa 信号场中异常信号显著区的出现及分布形势有明显不同，可以弥补传统天气分析的不足。

严小林等(2013)对海河流域严重干旱的 1997 年 7 月下旬的 500 hPa 信号场进行异常信号分析(图 5.4.6)。

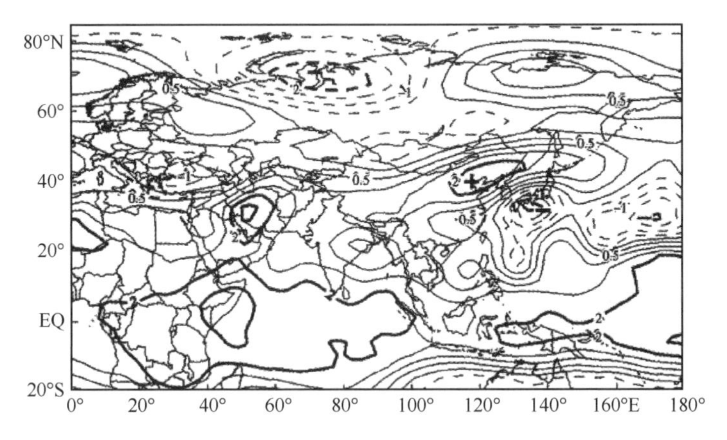

图 5.4.6　1997 年 7 月下旬的 500 hPa 信号场

从图 5.4.6 可见，在海河流域汛期严重干旱时期，亚欧中高纬度存在一个显著的负值区，几乎覆盖了整个东半球高纬地区，而处于中纬度地区的我国大陆中西部为宽广的正值区，在西太平洋上空存在一个显著负值区，形成"－＋－"的西北—东南走向的波列，高度场上在我国大陆和东部海面间形成了"西高东低"的态势，正是华北地区夏季干旱少雨的主要环流形势。

(3)信号场的合成场显著性检验

由于在信号场中格点变量是标准化变量，它们遵从标准正态分布，其数学期望为 $E(X)=0$，可以对合成场中各个观测点变量计算其平均值，然后使用平均值是否显著的检验公式(即公式(2.3.2))。例如，在样本容量为 30 时，计算 t 值约在 2.0 时，可以通过 0.05 的显著性检验。因此，在合成场中将格点平均值代人公式再求出 t 值，得到合成场的 t 值场，称为合成 t 值场。在 t 值场中可以绘出 2.0 的等值线，它所包围的区域是合成场的平均值的显著区域(显著水平约为 0.05)。

杨扬等(2005)选取长江中游地区暴雨 14 次过程，取每次过程持续 3 日 500 hPa 信号场，选取每次过程的第 1 日至第 3 日，每日对应有 14 个信号场，对它们分别求平均场，进行合成分析，然后把每个格点平均值代入公式(2.3.2)，再求出 t 值。图 5.4.7 给出过程第 1 日信号场的合成场中求得的 t 值场。从图中看到，14 次暴雨过程的第 1 日，在贝加尔湖附近均能够出现正异常区域，而在长江流域地区，则均出现显著的负异常区域。反映北方冷空气异常堆积与南方低压系统交汇，形成长江中游地区的多次暴雨过程的气候特征。

由于某格点的 t 值的正负号与标准化距平值一致，因此，合成 t 值场的正(负)值区可以反映大气变量的正(负)距平区。因此，合成 t 值场也能够反映大气变量的正(负)距平区的空间分布，t 值场中正(负)距平区中心连线，也反映大气变量空间波动的峰谷波动传播路线。图 5.4.7 中，贝加尔湖以北的 t 值正中心与长江中游负中心和我国南方的负中心连线，呈"－＋－"的经向距平型波列，反映了 500 hPa 场的距平的空间波动路径，与冷空气南下的路径十分一致。

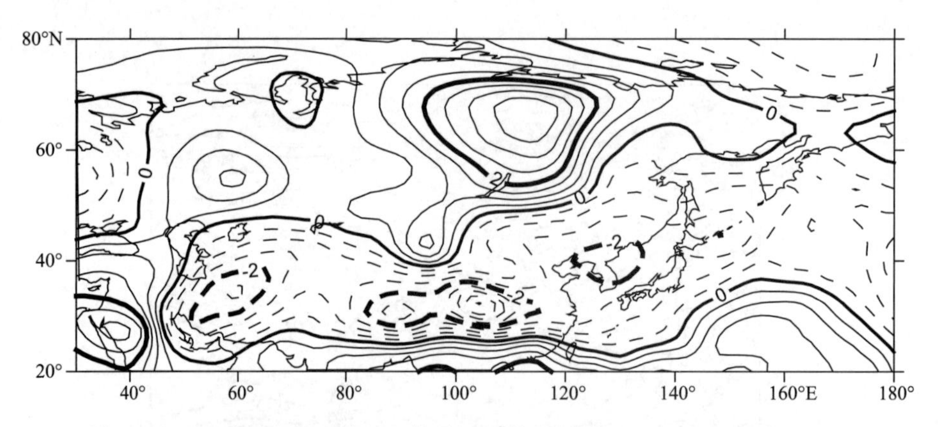

图 5.4.7　14 次暴雨过程第 1 日信号场的合成 t 值场（粗实线>2，粗虚线<−2）

5.5　条件差值场

在分析大气变量在两个不同条件下的合成场时，需要比较两个不同条件下平均场的状态差异，即在两个合成场差异中，哪个地区有较大的差异，差异程度有多大，在场中哪个地区差异最大，它们的差异是否显著，需要进一步做差异场分析。

陈思蓉等(2009)研究中国雷暴发生较多的年份与雷暴发生较少的年份的环流差异，使用两种情况的年份做合成分析，然后利用两个平均场的差值场(图 5.5.1)进行分析，发现雷暴多发年份，副热带高压减弱，中纬度阻塞高压增强，中国大部分地区 500 hPa 位势高度偏低。

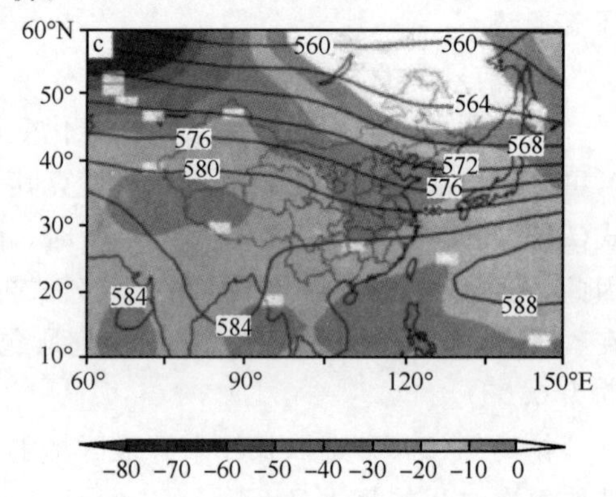

图 5.5.1　中国雷暴发生较多的年份与雷暴发生较少的年份的 500 hPa 差异场（阴影区域为差值显著区，等值线为气候平均值，单位：dagpm）

利用风向量差值场也可以进行流场分析。Yang 等(2013)利用沙尘暴频率高发年与低发年 200 hPa 的风向量差值图，来分析中国沙尘暴发生的成因。图 5.5.2 给出了中国春季沙尘暴频率高发年与低发年 200 hPa 的风向量差值图。从图可见，在沙尘暴频率高发年极地出现强大的反气旋环流，从贝加尔湖至中国北方地区存在大尺度气旋环流。

大气变量的差值场还可以进行显著性检验，以便确定场中哪些地区有显著性差异。检验时，对差异场中各个观测点变量进行两种情况下平均值的差异性检验(见附录 K)，然后使用阴影在差异图中显示出差异显著的区域。

例如，郭媛媛等(2012)对前期春季 500 hPa 位势高度进行涝年减旱年合成场的差值场(图 5.5.3)分析，计算各个网格点的 t 值，然后使用阴影表示显著区域。

从图中发现，里海西经乌拉尔山至贝加尔湖一带，高度场距平呈现为"－＋－"的分布特征。这种距平场分布特征进一步说明，春季乌拉尔山高压脊涝年较旱年增强，贝加尔湖高空槽涝年较旱年加深，是旱涝出现的主要环流特征。

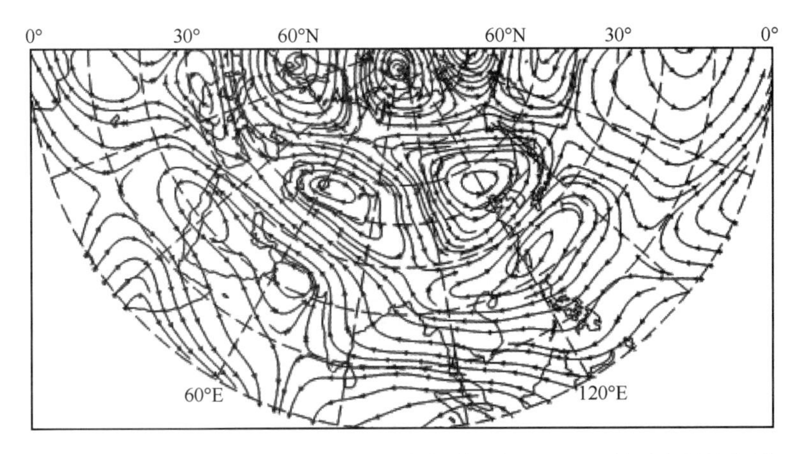

图 5.5.2　中国春季沙尘暴频率高发年与低发年 200 hPa 的风向量差值图

胡娟等(2012)讨论南半球西风指数变化与中国夏季降水的关系时，对中国 3 类雨型对应的高度场做合成分析，发现 3 类雨型对应的高度场之间有显著性差异，显著差异区主要位于高纬和中纬(图 5.5.4)。

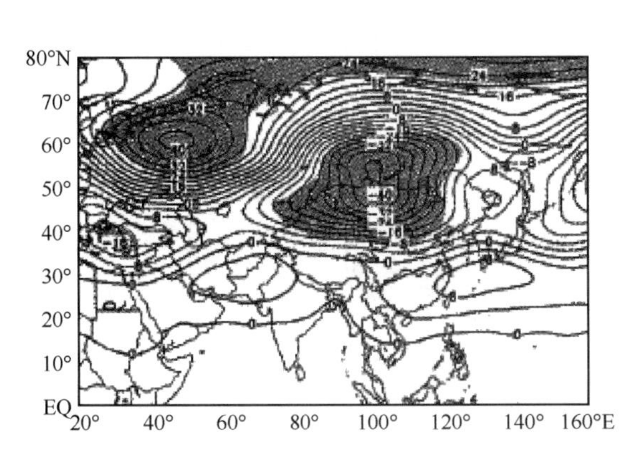

图 5.5.3　前期春季 500 hPa 位势高度涝年减旱年合成的差值场(阴影区为显著区域)

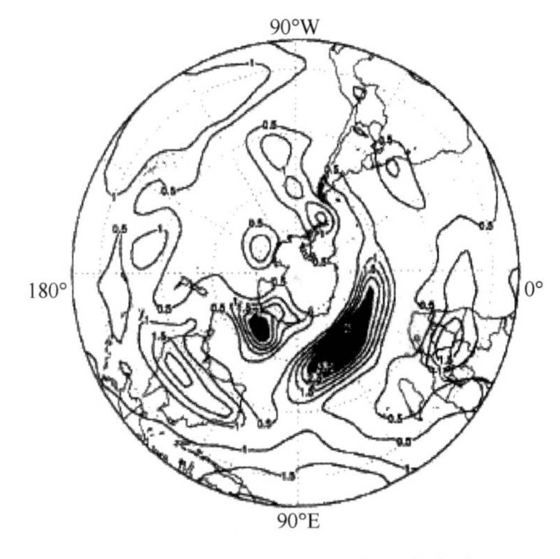

图 5.5.4　与 3 类雨型相对应的南半球 6—8 月 500 hPa 高度距平合成场的显著差异场(显著性检验，灰色区域为通过 0.10 显著性检验的区域，黑色区域为通过 0.05 及以上显著性检验的区域)

高庆九等(2010)分析中国东部夏季气压气候变率时，基于全球气候在 20 世纪 70 年代中期发生了一次突变，对我国 1958—2001 年的气压场做 1976 年前后的差异比较(图 5.5.5)。使用 t 值检验，发现有显著差异的是我国华北西部、西北东部以及长江以北部分地区。

此外，也可以通过提取两个变量场的代表序列，再计算它们之间的差异性，来反映两个变量场的差异。例如，胡娟等(2012)讨论南半球西风指数变化与中国夏季降水的关系时，根据 Rossby 西风指数公式，使用 500 hPa 南半球 35°S 与 55°S 的高度差值，计算 12 月—次年 2 月、6—8 月，180°E～180°W(间隔为 2.5°)共计 144 个格点上的西风指数。把通过检验的显著水平最高的区域定为南半球西风指数变化的关键区，发现 12 月—次年 2 月有两片区域通过 0.05 的显著性检验，分别位于 77.5°～122.5°W 和 2.5°～22.5°W(图 5.5.6)。

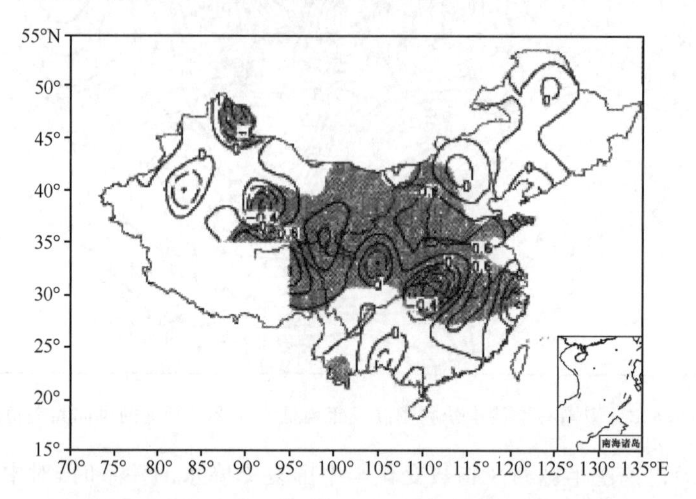

图 5.5.5　1977—2001 年与 1958—1976 年地表气压的差异
(单位:hPa,阴影表示通过 0.05 的显著性检验)

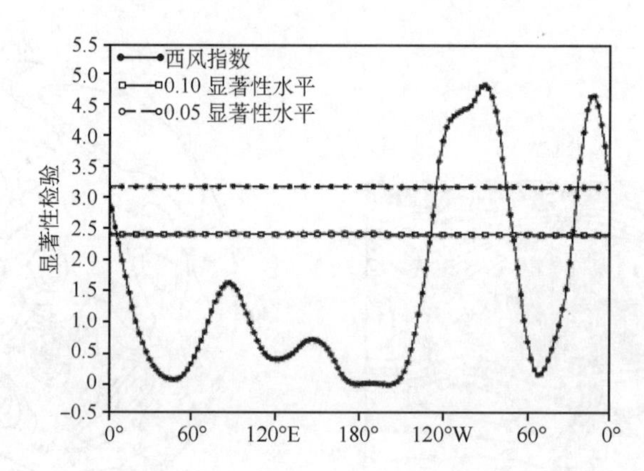

图 5.5.6　南半球 12 月—次年 2 月西风指数显著性检验

对于两个变量场是否存在差异,也可以使用 F 统计量进行检验(见附录 K)。施能等(2004)使用两个场的检验方法,对合成风场差值场进行 F 统计量检验。在计算两个场的平均值和方差时,是使用风向量平均值和方差与协方差计算,对强、弱印度季风年的 200 hPa、500 hPa风场差值图进行了统计检验(图 5.5.7)。

如果要计算两个场的样本差异性的 t 统计量,该计算式就变成某格点时间变化序列平均值的差异性的度量。对所有格点计算 t 值,可以得到两个场差异的 t 值分布场。在 t 值分布场中,可以看到哪个地区有显著差异。黄嘉佑等(2006)对我国冬季气温变化的趋向性进行研究。对冬季气温距平在不同的时段,和前、后冬的差异时段的平均值进行差异分析,使用 t 统计量计算中国 160 个测站上述时段气温距平平均值的差异,由于选取的两个时段是以 1980 年为分界年份,前一时段(1951—1979 年)样本容量为 $n=29$,后一时段(1980—2003 年)样本容量为 $m=24$。一般在样本容量为 30～50 时,t 值的绝对值若近似大于 2.0,在显著水平为 0.05 时,是显著的(图 5.5.8 和图 5.5.9)。

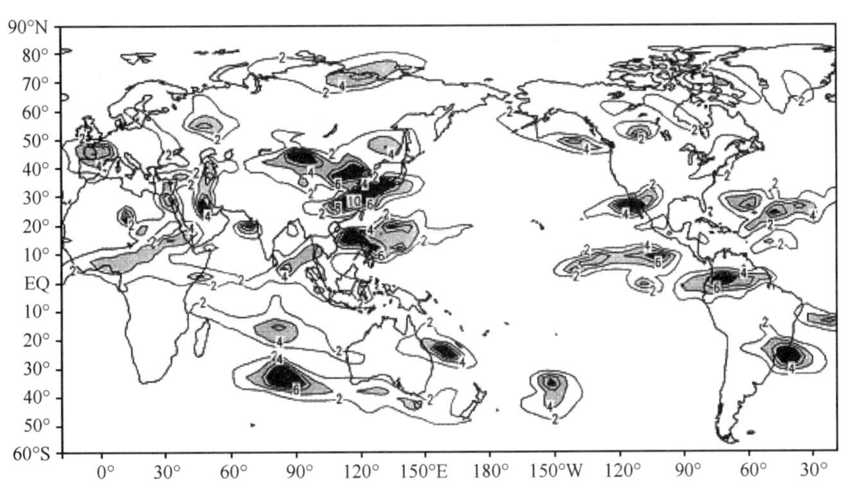

图 5.5.7　长江中下游夏季涝、旱年 500 hPa 全球风场差值图的统计量检验
（浅灰阴影和黑灰阴影分别为达到 0.05 和 0.01 显著性水平的显著区）

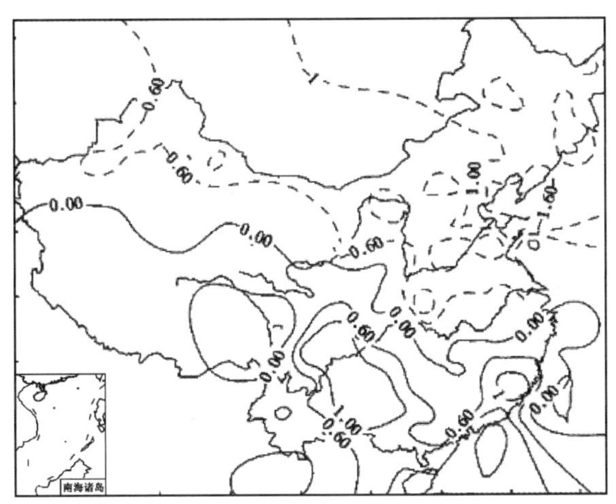

图 5.5.8　1951—1979 年中国前、后冬气温距平平均值差异统计量 t 值分布
（实线、虚线分别表示正、负值）

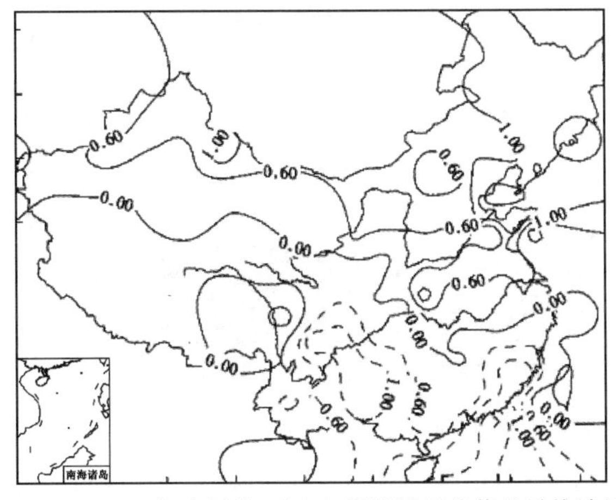

图 5.5.9　1980—2003 年中国前、后冬气温距平平均值差异统计量 t 值分布
（实线、虚线分别表示正、负值）

从图 5.5.8 可见，在 1980 年以前，中国黄淮流域以北的地区为负值区，以南则为正值区。在北方，由于气温距平是下降趋势，所以负值区反映后冬气温负距平的平均值的绝对值比前冬的要大。例如，北方地区最小值出现在营口，其值为－2.01，差异性达到 0.05 显著水平。在南方，由于气温距平是下降趋势，所以负值区反映后冬气温负距平的平均值的绝对值比前冬的要小，最大值出现在河源，其值为 2.05，其差异性也达到 0.05 显著水平。但是在 1980 年以后，冬季气温的趋向性分布形势发生了转变，从图 5.5.9 可见，在北方，由负值区变成正值区，由于气温距平是上升趋势，所以该区域反映后冬气温正距平的平均值比前冬的要大，例如，在北方，最大值出现在通化，其值为 2.07，差异性达到 0.05 的显著水平。在南方，则由正值区变成负值区，由于气温距平是上升趋势，所以负值区反映后冬气温正距平的平均值比前冬的要小，最小值出现在河源，其值为－2.22，大大超过 0.05 的显著水平。说明上述地区冬季气温存在趋势性突变。

5.6 外力影响特征

区域气候状态变化的原因是由于外力的影响。这种外力来自大气圈层大尺度的气候因子，如大气圈内（高层与底层、上游与下游）的相互作用。也可以考虑来自地球其他圈层的外力作用。这时需要研究某一海洋因子（如海温）对某地区气候要素（如降水量）的影响，其影响程度常常使用相关系数来描述，即研究时需要计算外力因子与大气变量场中各个格点（或测站）的相关系数。由场中各个格点的相关系数组成的场，称为变量的相关场。

（1）外因子相关场

考虑外因子对大气变量的影响，常常使用相关场进行研究。例如，郭媛媛等（2012）在研究太平洋地区的海温与山西省夏季降水量的相关性时，使用该海域海温与山西省 58 个台站 1960—2009 年的区域平均夏季（6—8 月）降水量资料，计算它们的相关系数，绘出相关图（图 5.6.1），图中阴影区为相关系数通过显著性检验的地区。从图中可以发现，从春季到夏季，赤道东太平洋海温与降水量存在显著的负相关，而且显著负相关区域随季节明显扩大。

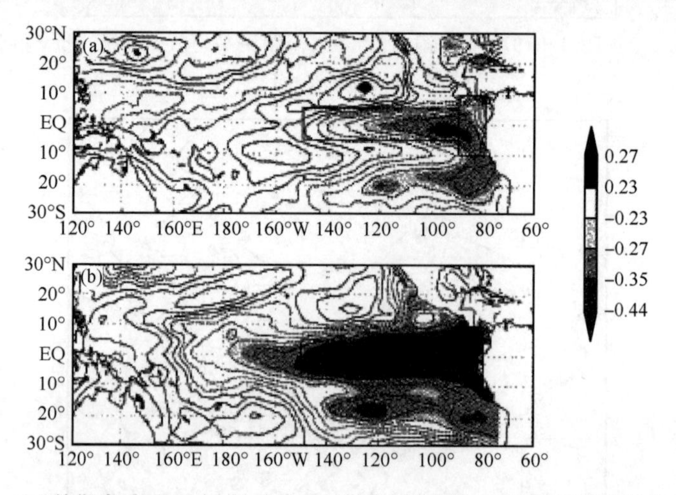

图 5.6.1 （a）前期春季及（b）同期夏季太平洋地区海温与山西夏季降水量的相关分布

利用相关场也可以从中提取出大气波列模式。例如，丁一汇等（2008）研究了印度克拉拉邦 6—9 月降水与亚洲季风区降水的相关分布（图 5.6.2），从图可见，各正负相关区中心连线

可以表现为大气波列,形成从印度西南部经孟加拉湾到中国长江流域和日本南部的西南—东北走向的波列,反映了两个变量相关状态的空间波动。

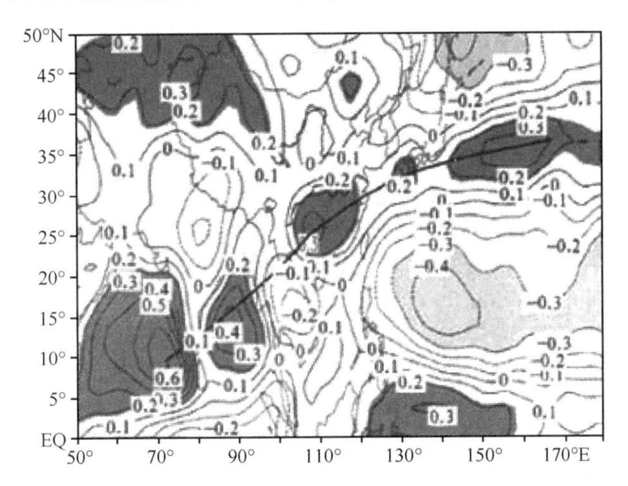

图 5.6.2 印度克拉拉邦 6—9 月降水与亚洲季风区 CMAP 降水的相关分布

(阴影区为超过 5%显著水平的高相关区域)

李崇银等(2007)计算了南海夏季风槽强度指数与上年冬季海温距平场的相关系数,其相关关系可以通过图 5.6.3 的相关场来表现。由图可以看到,从赤道东太平洋南美洲西岸一直延伸到赤道中太平洋,有很明显的负相关区的存在,并且通过了显著性检验;暖池区的海温距平与南海夏季风槽强度有显著的正相关。上述这种相关关系的分布意味着沃克环流是处于偏强(或偏弱)的状态,而异常的沃克环流会通过海气相互作用影响到其后的南海夏季风槽的强弱。也就是说,前冬赤道中东太平洋出现异常增温(降温)时,暖池区出现海温的负(正)异常,这种海温异常及其影响会持续到夏季,并造成南海夏季风槽的减弱(增强)。

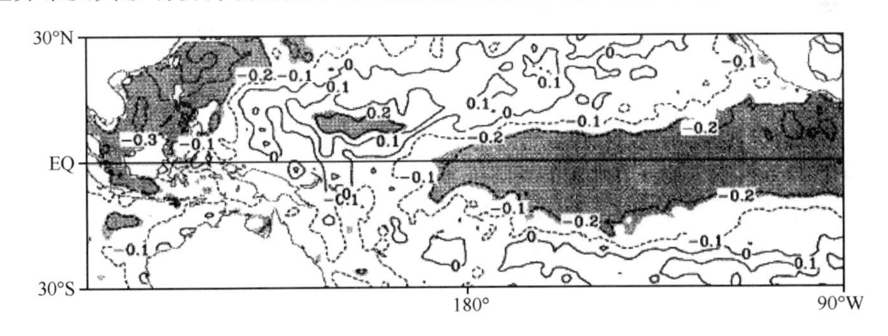

图 5.6.3 夏季风槽指数与前冬海温距平的相关系数分布

(2)相关场的显著性检验

在相关场中,常常绘出显著相关系数测站的范围,称为显著相关区。例如,由太平洋海温的相关场(图 5.6.1)中,可以了解哪个海域的海温变化对山西地区降水量有显著影响。在相关场中逐点进行相关系数检验完成后,自然有若干个格点上表现是显著的,它们组成为若干个显著的区域。但是,虽然在这些格点上的相关系数显著,是否可以认为这个相关场是显著的呢?显然,这要比较其显著区域的大小,即显著区域内包含的格点数占整个场的格点数的百分比,如果其比例很大,可以认为该相关场是显著的。然而,究竟比例为多少才能认为两种试验是有显著差异呢，这种检验问题可借助关于场的显著性检验方法来解决。

Liverzey 等(1983)以概率观点把含 N 个格点的相关场的检验看成 N 次掷硬币试验，即每个格点只有两种检验结果：通过和不通过检验的两个互斥事件，这实际是一个二项分布检验问题。设检验的显著水平为 0.05，那么对某一格点来说，成功地通过检验的概率为 $p=5\%$，不成功的概率为 $q=95\%$。根据二项分布，就可以计算出在 N 次试验中，有 M 次事件成功发生(即 M 个格点通过检验)的概率。例如，当场内总格点数 $N=30$ 时，有 4 点通过检验的概率为 0.045，有 5 点通过检验的概率为 0.016 等。这样一来，可以计算“至少有 4 点通过检验”事件的概率为小于 4 点所有事件之和，即概率等于 $0.045+0.016+\cdots\approx0.062$。从而就可以确定出相当于 0.05 水平下的临界点数。实际计算表明，在显著水平 0.05 下，该相关场至少要求略超过 4.24 点通过检验点数才能认为该相关场是显著的，即其显著区域面积为总场格点数的 14.1%(4.24/30)时，该场是显著的。如此计算，对总格点数为 $N=80$ 的场，显著区域临界面积为 10%，对 $N=500$ 的相关场为 7%等。

上述的检验是在各个格点独立抽样的前提下进行的。但是，实际气象场格点间存在空间的相关关系，这种空间关系又不像大气持续性那样可以用某种模式来模拟，它们的关系随要素和试验控制不同而不同，不可能有统一格式来解决场的非独立性检验问题。这时可以用蒙特卡洛法统计模拟实际显著区域百分比的经验概率分布，然后据实测的通过显著性点数进行比较，从而做出相关场的显著性检验。

Erickson(1983)计算了 700 hPa 高度场与气温场的相关场，得到含 102 个格点数的显著相关区，全场格点数为 528 个，显著区域面积的比例为 19.3%。而对格点数为 500 的场，显著区面积比例，在 95%置信水平下，应大于 7%。显然，该相关场是显著的。

朱平盛等(1998)计算山东省历年季降水量与全球平均 OLR 场各网格点的相关系数时，选取 5 组(每组 1000 个)随机数分别进行功率谱分析，将其中周期性表现最不明显的一组再等分成 10 组。然后，计算各组随机数与 1—12 月各网格点上月平均要素场资料的相关系数，由此构成 120 个相关场。最后，统计每个相关场中达到给定显著水平的点数，按照显著相关点数的频数分布，确定相关场的显著性判据。计算表明，当相关场中显著相关点数≥113 时，该场为通过 0.05 显著水平的显著相关场。

相关场的检验相当于判断变量场中格点变量的独立性问题，即判断场中有多少独立变量。场中变量的独立性检验，是变量场空间自由度的问题。Fraedrich 等(1995)提出对变量场的自由度的计算方法。在场中有 p 个变量时，变量场的自由度为

$$v=\frac{p^2}{\sum_{i=1}^{p}\lambda_i^2} \tag{5.6.1}$$

式中，λ 为变量场协方差矩阵的特征值。他们计算北半球 1000 hPa 观测场和数值模拟场的自由度，发现自由度的数目和天气气候学分型的数目一致，夏季的自由度比冬季大，表明夏季模式的可预报性低于冬季。计算表明，模拟场的自由度比观测场自由度大。

他们还逐月计算变量场的自由度，发现未做低通过滤的变量场，2 月的自由度最小，为 25，7 月最大，为 31。做低通过滤后，变量场自由度在 2 月和 7 月，分别减少为 15 和 22。

Bretherton 等(1999)进一步考虑变量时间的持续性，提出有效空间自由度的计算式：

$$N_{ef}^{*}=\frac{\left(\sum_{i=1}^{p}\lambda_i\right)^2}{\sum_{i=1}^{p}\lambda_i^2} \tag{5.6.2}$$

式中，λ 为变量场协方差矩阵的特征值。他们对 1946—1993 年北半球冬季 500 hPa 候平均高度场（格点数为 672）进行计算，其有效自由度为 19。

(3)风的相关场

一般大气变量是实变量，研究它们与风场的相关关系时，需要计算该变量与风场各格点复变量的协方差，某实变量 Y 与风 X 的协方差表示为

$$\begin{aligned}s_{xy}&=\frac{1}{n}X_{dx}y_d=\frac{1}{n}\sum[(u-\bar{u})+\mathrm{i}(v-\bar{v})](y-\hat{y})\\&=\frac{1}{n}\sum[(u-\bar{u})(y-\hat{y})+\mathrm{i}(v-\bar{v})(y-\hat{y})]=s_{uy}+\mathrm{i}s_{vy}\end{aligned} \tag{5.6.3}$$

可见，其协方差是复数，分别由纬向风协方差（实部）与经向风协方差（虚部）构成。

某实大气变量 Y 与风场中格点的相关系数为

$$\begin{aligned}r_{xy}&=\frac{1}{n}\sum X_{zx}y_z=\frac{1}{n}\sum\left[\left(\frac{u-\bar{u}}{s_u}\right)+\mathrm{i}\left(\frac{v-\bar{v}}{s_v}\right)\right]\left(\frac{y-\hat{y}}{s_y}\right)\\&=\frac{1}{n}\sum\left[\left(\frac{u-\bar{u}}{s_u}\right)\left(\frac{y-\hat{y}}{s_y}\right)+\mathrm{i}\left(\frac{v-\bar{v}}{s_v}\right)\left(\frac{y-\hat{y}}{s_y}\right)\right]=r_{uy}+\mathrm{i}r_{vy}\end{aligned} \tag{5.6.4}$$

可见，其相关系数也是复数。由此构成的关于实变量与风场的相关场，是分别由纬向风相关系数（实部）与经向风相关系数（虚部）构成的两个场。

Wu 等(2006)对东亚冬季季风系统（the East Asian winter monsoon(EAWM)）进行了研究。他们认为，东亚冬季季风与 850 hPa 经向风和纬向风有密切关系，分别计算 EAWM 指数与 850 hPa 经向风和纬向风的相关场（图 5.6.4）。从图可见，EAWM 指数与东亚地区的经向风场和纬向风场有密切关系。因此，对东亚季风系统的研究可以转化为对 850 hPa 风场的气候变化研究。

(4)外力回归场

与相关场类似，计算一个大气外力变量与另一个大气变量场各格点变量的回归方程，可以反映它们的程式关系的空间分布。最简单的回归方程关系是一元线性回归方程。因此，一般以各格点回归系数进行绘图，得到的场称为回归场。与相关场不同的是，回归场的等值线是有单位的，相关场各点变量均是标准化变量，而回归场的各点变量如果是原值变量，各点变量的方差是不同的。所以，回归场的分布形势与相关场不同。对回归场各点回归方程中的回归系数，也可以进行显著性检验，常常把通过显著性检验的点区域绘成阴影区，以表现其回归系数的显著性。

刘毓赟等(2012)研究了北半球冬季欧亚（EU）遥相关型的变化特征及其对我国气候的影响，选取最大降温中心出现的内蒙古东北部和东北南部 19 个测站，以及华南 30 个测站，计算它们的回归方程中的回归系数，得到冬季 EU 指数对我国 160 站气温的回归场（图 5.6.5）。由于指数和气温变量已经经过标准化处理，计算的一元回归方程的回归系数与相关系数是一致的，在回归场中正（负）区域，直接反映变量之间的相关关系。他们在回归场中发现，内蒙古东北部及东北南部地区冬季气温、华南冬季气温与冬季 EU 指数呈现反向变化的关系，当内蒙

古东北部及东北南部地区冬季气温、华南冬季气温为负的时候，冬季 EU 指数大多为正，反之冬季 EU 指数则大多为负。

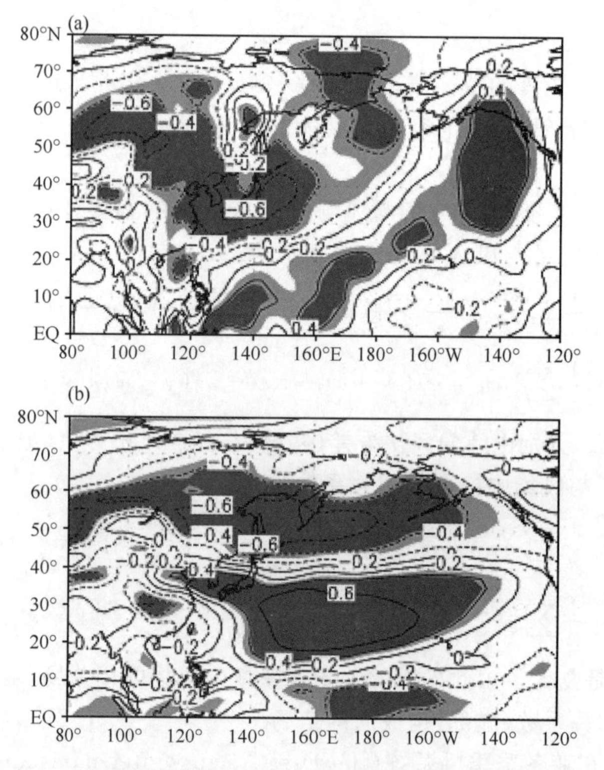

图 5.6.4　EAWM 指数与 850 hPa(a)经向风和(b)纬向风的相关场

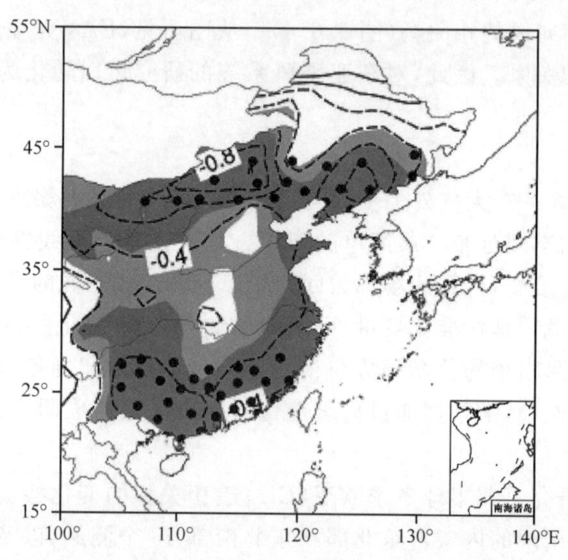

图 5.6.5　冬季 EU 指数与我国 160 站气温回归场

（等值线间隔 0.2℃，阴影区为通过 0.05 水平的显著性检验）

陈锐丹等(2012)在研究华南 6 月降水异常及其与东亚—太平洋(East Asia-Pacific，EAP)遥相关的关系时，将华南 6 月降水分为与 EAP 遥相关型相关的降水序列和与 EAP 独立的降

水序列。他们比较了两者所对应环流异常的异同，发现 6 月 EAP 指数与华南降水的相关系数为 0.35，尽管通过了 $\alpha=0.05$ 的显著性检验，但 EAP 指数的变化只能解释华南降水变化总方差的 10%左右，也就是说，华南降水变化的大部分方差是独立于 EAP 遥相关的。进一步把华南 6 月降水分为与 EAP 相关的降水序列和与 EAP 独立的降水序列。具体的做法是，先将降水对 EAP 指数做线性回归得到与 EAP 线性相关的降水序列（以下称为“EAP 降水”），然后用原始降水序列减去相关序列得到独立于 EAP 的降水序列（以下称为“非 EAP 降水”）。将两个序列各自进行标准化，再分别对位势高度场和风场进行回归，并比较两个序列对应的环流异常。图 5.6.6 是 500 hPa 位势高度对两个降水序列的回归场。

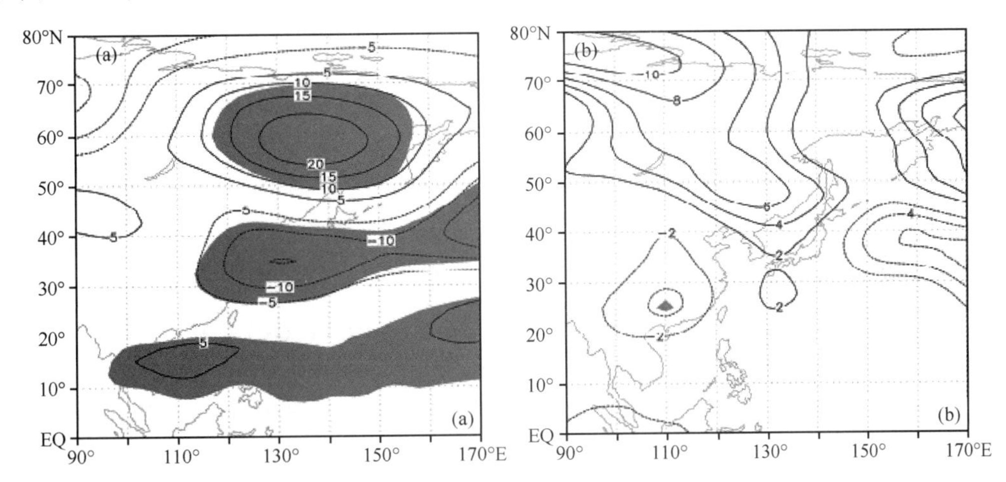

图 5.6.6　西太平洋—东亚 500 hPa 高度场对(a)EAP 和(b)非 EAP 降水的回归(单位：gpm)
(阴影区表示通过 $\alpha=0.05$ 的显著性检验)

从图 5.6.6a 的 EAP 回归场中可见，在 500 hPa 高度场有比较强的异常信号，降水偏多时，在西太平洋和东亚呈现出显著的“＋－＋”的分布，与 EAP 正异常型的分布相像，异常中心均能通过显著性检验。而在图 5.6.6b 对非 EAP 降水回归的 500 hPa 高度场上，异常信号较弱，只有华南地区上空有微弱的负异常中心能通过显著性检验，而且异常的整体分布与 EAP 相关型有明显的差异。表明，与 EAP 相关的降水异常对应着 EAP 相关型的环流异常分布特征，降水为正异常时，850 hPa 风场从低纬度到高纬度呈现“反气旋、气旋、反气旋”的异常分布。

参考文献

陈芳丽，黎伟标. 2009. 北半球大气遥相关型冬夏差异及其与温度场关系的探讨. 大气科学，**33**(3)：513-523.

陈锐丹，温之平，陆日宇，等. 2012. 华南 6 月降水异常及其与东亚—太平洋遥相关的关系. 大气科学，**36**(5)：974-984.

陈思蓉，朱伟军，周兵. 2009. 中国雷暴气候分布特征及变化趋势. 大气科学学报，**32**(5)：703-710.

丁一汇，刘芸芸. 2008. 亚洲—太平洋季风区的遥相关研究. 气象学报，**66**(5)：670-682.

符娇兰，董林，康志明. 2013. 影响我国北方冬半年气旋的气候特征及年际变率. 大气科学，**37**(3)：679-690.

高庆九，管兆勇，蔡佳熙. 2010. 中国东部夏季气压气候变率：测站资料与再分析资料的比较. 气候与环境研究，**15**(4)：492-503.

郭媛媛,李丽平,董春卿.2012.山西省夏季降水与赤道东太平洋海温关系初探.气象与环境科学,**35**(1):14-20.

何丽烨,李栋梁.2012.中国西部积雪类型划分.气象学报,**70**(6):1292-1301.

贺懿华,王晓玲,金琪.2006.南海热带对流季节内振荡对江淮流域旱涝影响的初步分析.热带气象学报,**22**(3):259-264.

胡娟,严华生.2012.南半球西风指数变化与中国夏季降水的关系.气候与环境研究,**17**(2):223-232.

黄嘉佑,胡永云.2006.我国冬季气温变化的趋向性研究.气象学报,**64**(5):641-621.

黄嘉佑,杨扬,周国良.2002.我国暴雨的500 hPa高度信号场分析.大气科学,**26**(2):221-229.

李崇银,潘静.2007.南海夏季风槽的年际变化和影响研究.大气科学,**31**(6):1049-1058.

梁红丽,肖子牛,晏红明.2004.孟加拉湾冬季风及其与亚洲夏季气候的关系.热带气象学报,**20**(5):537-547.

施能,顾骏强,黄先香,等.2004.合成风场的统计检验和蒙特卡洛检验.大气科学,**28**(6):950-956.

韦道明,李崇银,谭言科.2011.夏季西太平洋副热带高压南北位置变动特征及其影响.气候与环境研究,**16**(3):255-272.

谢坤,任雪娟,向洋.2008.冬季东亚—西太平洋西风急流基本结构及其异常的诊断分析.热带气象学报,**24**(2):156-162.

严华生,胡娟,范可,等.2007.近50年来夏季西风指数变化与中国夏季降水的关系.大气科学,**31**(4):717-726.

严小林,杨扬,黄嘉佑,等.2013.海河流域严重干旱500 hPa信号场异常信号分析.水文,**1**:27-31.

杨扬,周国良,戚建国,等.2005.长江中游地区暴雨过程的气候背景分析.水科学进展,**16**(4):546-552.

余岸雄,黄嘉佑,张焱,等.2012.利用信号场作深圳宝安机场的雷暴分类研究.科学技术与工程,**20**(31):8349-8354.

朱平盛,张苏平.1998.几个常用气象要素相关场显著性检验的统计模拟.气象,**24**(10):9-13.

Bretherton C S, Martin W, Valentin P D, *et al*. 1999. The effective number of spatial degrees of freedom of a time-varying field. *J Climate*, **12**:1990-2009.

Erickson C O. 1983. Hemispheric anomalies 700 mb height and sea level pressure related to mean summer temperatures over the States. *Mon Wea Rev*, **111**:545-561.

Fraedrich K, Ziehmann C, Sielmann F. 1995. Estimates of spatial degrees of freedom. *J Climate*, 8:361-369.

Huang Ronghui, Chen Jilong, Wang Lin, *et al*. 2012. Characteristics, processes, and causes of the spatio-temporal variabilities of the East Asian Monsoon System. *Advances in Atmospheric Sciences*, **29**(5):910-942.

Liverzey R E, Chen W Y. 1983. Statistical field significance and its determination by Monte Carlo techniques. *Mon Wea Rev*, **111**:46-59.

Tang Yanbing, Zhao Lu, Gao Kun. 2009. Correlation analysis of persistent heavy rainfall events in the vicinity of the Yangtze River Valley and Global Outgoing Longwave Radiation in the preceding month. *Advances in Atmospheric Sciences*, **26**(6):1169-1180.

Wu B, Zhang R, R D'Arrigo. 2006. Distinct modes of the East Asian winter monsoon. *Mon Wea Rev*, **134**:2165-2179.

Yang Yuanqin, Wang Jizhi, Niu Tao, *et al*. 2013. The variability of spring sand-dust storm frequency in Northeast Asia from 1980 to 2011. *Acta Meteor Sinica*, **27**(1): 119-127.

第 6 章　大气变量场中的相关性

大气变量场中不同地区是否存在相关的变化，其相关性表现如何，这种变量场内的空间相关性，与大气中的天气和气候系统活动有密切关系。变量场中的相关性研究，可以涉及不同高度、不同空间尺度的天气或气候系统，其时间尺度可以涉及日、月、年际和年代际等各种时间尺度。尤其是年际、年代际尺度的气候变率，它们的变化能够长期作用于农林渔工及生态系统等，对全球人民的生活有着重要的影响。从大气变量场中不同系统特征，以及系统相互关系的研究可以理解系统内部的复杂性及其规律，从而揭示大气中各种系统性质的稳定性条件，亦有助于开展极端天气和气候事件影响评估。大气变量场和地面气象要素场中的相关性主要表现在大气遥相关模态、高度场特征模态、大气涛动，以及地面要素场的各种时空特征模态上面，它们的研究和诊断方法如下。

6.1　遥相关

(1)单点相关场

在变量场中，某一格点大气变量与其他格点变量的相关系数，可以度量变量场中不同空间位置变量的相关关系，格点相关系数分布反映大气变量的互相关在场上的空间结构表现，此种相关场称为单点相关场。

陈辉等(1999)为了研究高度场内格点变量之间的相关性，以南海地区为基准点(20°N，110°E)，计算基于它的 500 hPa 单点相关场(图 6.1.1)。

从图中可见，正负相关区相间配置呈明显的波列分布。图中 30°～60°N 纬带从东亚到太平洋地区呈波列分布，这种高度场的波列分布与我国天气有直接的关系，也说明南海地区高度场发生变化时，会导致其以北中纬度带的波列产生。

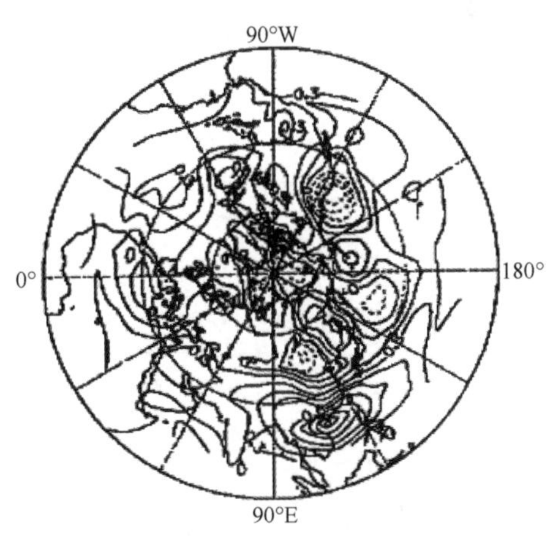

图 6.1.1　基准点(20°N，110°E) 500 hPa 的 6 月单点相关场

(2)遥相关型

在地理上相隔遥远的不同地区同一时间或不同时间气象要素变化之间存在有密切关系的现象，称为大气遥相关，它是气候系统空间结构特征研究的主要方法。在大气变化过程的相关性研究中，不同要素和不同地区的遥相关是很多气象学家所关注的。因为从这种遥相关中可以揭示全球大气环流及气象要素变化的空间相互联系。遥相关型指的是一种循环(再生)的、持续的大尺度气压及环流异常，这种环流异常可以出现在许多地理区域，被看成是一种低频(长时间尺度)变化的特定

模态。尽管典型的遥相关型通常持续几周到几个月，但是有时连续几年都有非常明显的表现。它们可以反映大气环流空间相互关联性，以及随年际变化和年代际变化的重要特征。

Wallace 等(1981)对北半球冬季 500 hPa 高度场及地面气压场做遥相关分析。他们计算要素场中某一网格点(i)与各个网格点(($j=1,2,\cdots,p$)，p 为场中格点数)的相关系数，即某格点(i)的单点相关图。所有格点相关图中的相关系数排列在一起可构成一个二维数组，即相关阵 $R=(r_{ij})(p\times p)$。他们定义格点(i)的遥相关性为

$$T_i = \left|\min_j(r_{ij})\right| \tag{6.1.1}$$

即在第 i 点相关图上选负相关系数值最小的值，作为该点的遥相关性的度量。因为负相关区一般不会出现在该格点附近，一定出现在该格点距离遥远的地域，从而反映其空间格点变量的遥联系。从相关图上可确定显著的负相关区。他们发现凡相关系数绝对值大于 0.75 的相关区有较大的重现性。因此，他们定义这种区为显著遥相关区。由于相关阵的对称性，必有 $r_{ij}=r_{ji}$。所以，遥相关区具有双极性，即在遥相关性最强的 j 点，以该点为基点，计算它与场中其他点的相关系数，也必然出现另一遥相关区，它必然出现在 i 点附近。这反映了气压场中大尺度的驻波振动现象。图 6.1.2 给出了其中两个单点相关图的两个模态。类似地，他们总结了全球范围的遥相关模式的五大类型。

①东大西洋模式(EA)，其特征指标为

$$EA=0.5Z(55°N,20°W)-0.25Z(25°N,25°W)-0.25Z(50°N,40°W)$$

式中，Z 为 500 hPa 标准化高度距平。括号内表示格点的纬度和经度位置。

②太平洋北美模式(PNA)，其特征指标为

$$PNA=0.25[Z(20°N,160°W)-Z(45°N,165°W)+Z(55°N,115°W)-Z(30°N,85°W)]$$

③西大西洋模式(WA)，其特征指标为

$$WA=0.5[Z(55°N,55°W)-Z(30°N,55°W)]$$

④西太平洋模式(WP)，其特征指标为

$$WP=0.5[Z(60°N,155°E)-Z(30°N,155°E)]$$

⑤欧亚模式(EP)，其特征指标为

$$EP=-0.25Z(55°N,20°E)+0.5Z(55°N,75°E)-0.25Z(40°N,145°E)$$

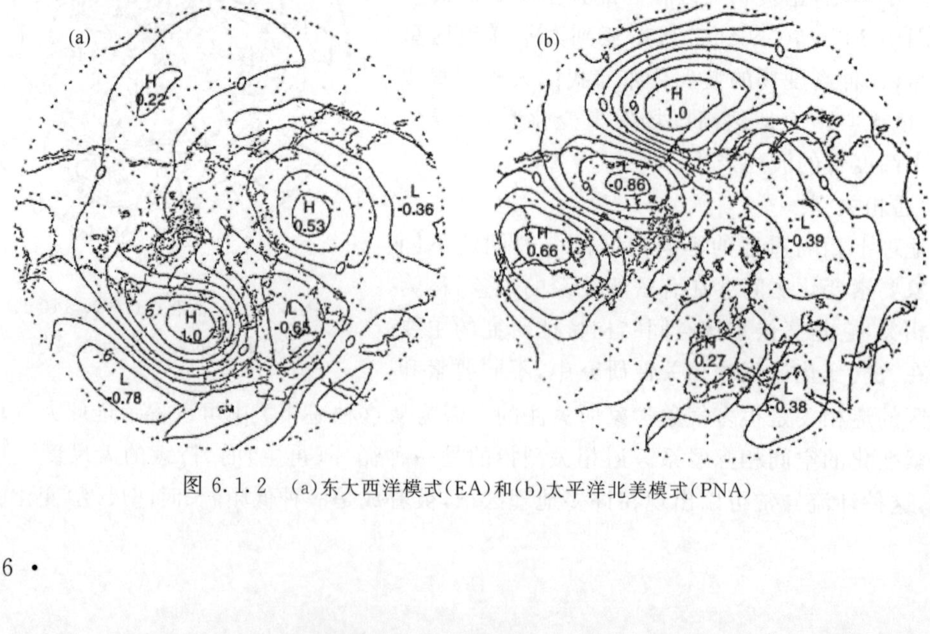

图 6.1.2 (a)东大西洋模式(EA)和(b)太平洋北美模式(PNA)

陈辉等(1999)对夏季(6 月)500 hPa 的高度场,以场中 576 个格点分别作为基准点,计算 576 个单点相关场,形成相关矩阵,提取出 7 个分别为两两对应且有较大负相关值的遥相关区。得到西大西洋型(WA),其遥相关性为－0.56;欧亚型(EU),其遥相关性为－0.52;东大西洋型(EA),其遥相关性为－0.44;西太平洋型(WP),其遥相关性为－0.50;孟加拉湾北太平洋型(BNP),其遥相关性为－0.63;黄河东亚型(HEA),其遥相关性为－0.53;东亚太平洋型(EAP),其遥相关性为－0.44。

Lau Ka-Ming 等(1983)用太平洋地区长波辐射资料来研究大气遥相关。他们把上述同时刻遥相关关系推广到不同时刻的遥相关。定义场内某一格点 x 落后 τ 时刻的大气遥相关性为

$$T_e(x,\tau)=\frac{1}{N(x,\tau)}\sum_{y}H[\,|r_{xy}(\tau)|-2\ SD(r_{xy}(\tau))]\,|r_{xy}(\tau)| \tag{6.1.2}$$

式中,H 为 Heaviside 阶梯函数,当其中变量大于 0 时取为 1,否则为 0。$r_{xy}(\tau)$为以 x 为基点与场内其他点 y 落后 τ 的交叉落后相关系数;$SD(r_{xy}(\tau))$表示交叉落后相关系数的标准差;$N(x,\tau)$为相关场内交叉落后相关系数绝对值大于其标准差的格点数。交叉落后相关系数的标准差为

$$SD(r_{xy}(\tau))=\sqrt{\frac{2}{(N-|\tau|)[1-\exp(-\lambda_x-\lambda_y)]}} \tag{6.1.3}$$

遥相关性表现在显著相关区内,即各格点相关系数绝对值的平均值上。事实上,这一度量不同时刻的大气遥相关性,与 Wallace 等(1981)所定义的是类似的。所不同的是:其一,它能反映不同时刻单点相关场的遥相关性。其二,它选择的显著相关系数是以大于其标准差的两倍为标准,显著性标准有所提高。他们计算太平洋地区遥相关性后发现,0 步长(即同时)遥相关性有最大值中心在赤道地区日期线附近,估计这地区可能是产生大气遥相关的源地。

上面的遥相关型是反映大气高度场内部相关的模态表现,也常常称为遥相关模态。

(3)距平波列模态

通过距平合成场中的波列分布,也可以分析遥相关型的模态。例如,李崇银等(2007)通过分析 500 hPa 高度场来揭示南海夏季风槽与中高纬地区,或北半球其他地区的遥相关关系。图 6.1.3 是强异常南海夏季风槽年 500 hPa 高度距平场的合成图,从图中可以看出,在强南海夏季风槽背景下,东亚地区从低纬到高纬,500 hPa 位势高度异常场呈"－＋－"的经向距平型。这与过去已有研究所得到的特征十分类似,即由南海经东亚、北太平洋到北美的 EAP 波列。

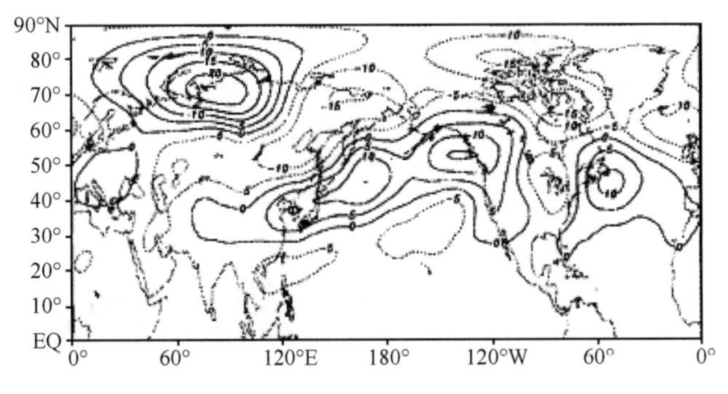

图 6.1.3　500 hPa 高度距平场合成图(单位:gpm)

陈芳丽等(2009)使用合成分析方法和 1950—2004 年北半球冬季 500 hPa 高度场资料,对 El Nino年与 La Nina 年冬季 500 hPa 高度的差值场进行合成(图 6.1.4),也得到 PNA 遥相关型的模态。

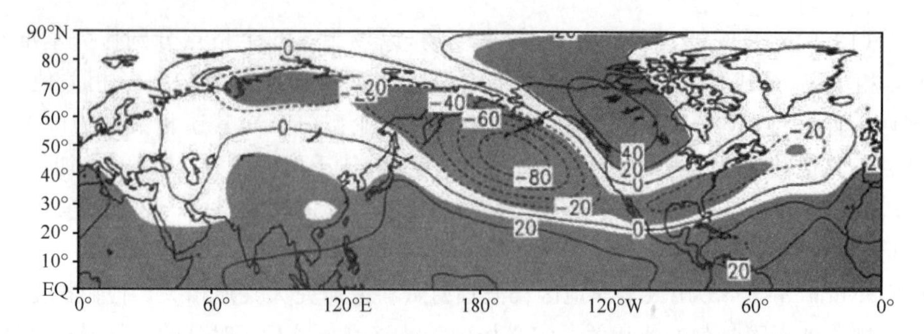

图 6.1.4　El Nino 年与 La Nina 年冬季 500 hPa 高度的差值合成图(单位:gpm)

(阴影表示超过 0.05 的显著水平)

(4)相关模态

大气遥相关模式也可以使用外变量相关场来表现。例如,李勇等(2006)研究太平洋西部遥相关型与赤道中东太平洋海温的关联性,计算 WP 遥相关型指数与同期高度场(850 hPa)相关场(图 6.1.5)。从图中可见,在太平洋西部有显著正相关区,与高纬欧亚地区的负显著相关区遥相对应,其相关模态与 WP 遥相关型相似。

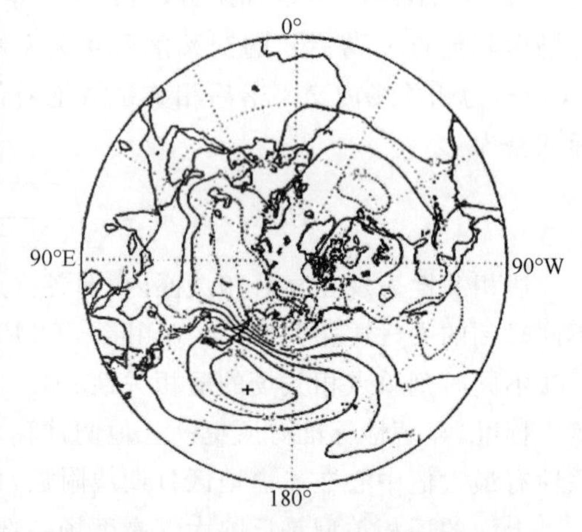

图 6.1.5　WP 指数同期高度场(850 hPa)相关图(图中实线表示正值,虚线表示负值;遥相关中心已用+标出)

丁一汇等(2008)计算克拉拉邦 6—9 月候平均降水与滞后其 3 候的长江流域降水相关场(图 6.1.6)。发现除了与长江流域降水存在显著的相关外,印度西海岸降水还和孟加拉湾、日本南部地区降水呈正相关分布,而和中南半岛、西太平洋地区降水呈负相关分布,形成从印度西海岸经孟加拉湾、南海再折向北经过中国长江流域,最后到达日本南部地区的遥相关型。此遥相关型正好与南海夏季风建立后源自南半球经索马里越过赤道后经亚洲低纬度折向中国东部大陆并伸向西北太平洋的大值水汽输送带的位置一致,说明此遥相关型可能与这条水汽输送带中的辐散辐合存在一定联系。

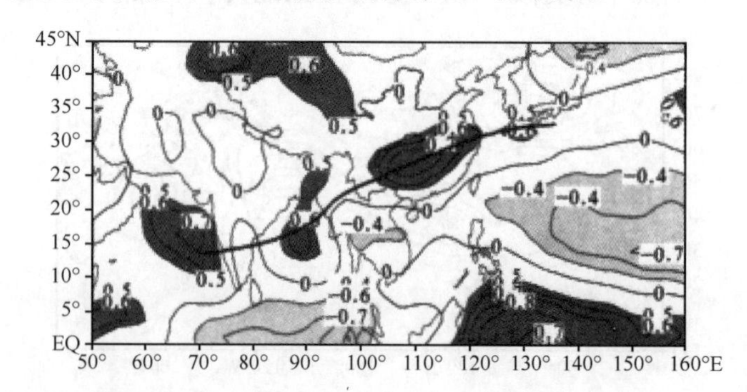

图 6.1.6　克拉拉邦 6—9 月候平均降水与东亚地区降水的滞后相关分布

(阴影区为超过 0.05 显著水平的高相关区域)

（5）回归模态

大气遥相关模态也可以使用变量回归场来表现。例如，李勇等（2006）研究太平洋西部遥相关型与赤道中东太平洋海温的关联性，使用偏相关计算方法，排除海温的信号以后，重新计算WP指数，并用其对500 hPa高度场做回归分析。从WP遥相关型指数对500 hPa高度回归场（图6.1.7）可以看到，西北太平洋地区南北方向存在两个符号相反的中心，是一种典型遥相关模式，与WP遥相关型十分相似。

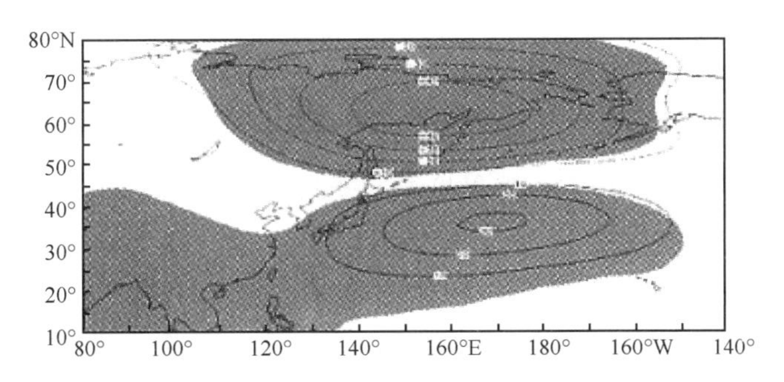

图6.1.7　WP指数对500 hPa高度回归场（阴影区域表示超过0.05显著水平）

许立言等（2012）研究欧亚大陆春季融雪量与东亚夏季风的可能联系，使用回归场方法进行研究。他们选取春季融雪量EOF第2模态标准化时间序列，对夏季850 hPa风场与500 hPa高度场，以及中国夏季降水场分别进行线性回归分析。图6.1.8为夏季500 hPa位势高度场的线性回归场。从图中可见，东亚地区由高纬至低纬地区，存在显著的回归系数“－＋－”的经向波列结构分布。可见欧亚春季融雪量异常能够较好地指示后期东亚夏季风的变化，其影响是通过东亚地区从高纬至低纬正、负相间的经向遥相关波列来实现的，进而改变中国夏季降水的分布。

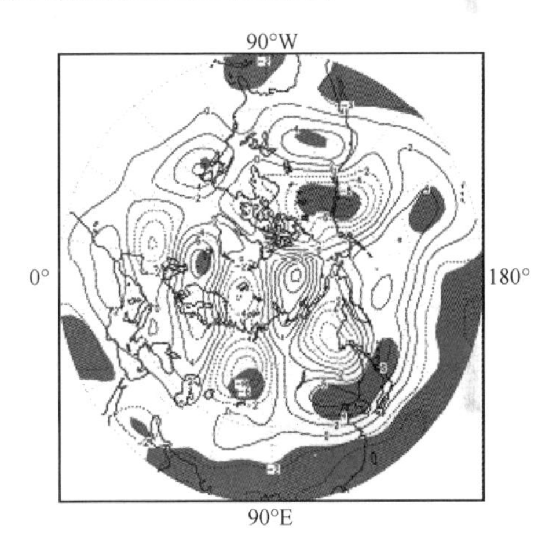

图6.1.8　融雪量EOF2标准化时间序列对夏季500 hPa位势高度场的线性回归（阴影表示超过0.1显著水平）

6.2　高度场时空特征模态

为了反映变量场内部格点变量之间的相关性的时空特征表现，常常使用统计学的多元分析技术提取其时空变化特征模态，其方法有以下几种。

（1）EOF模态

遥相关模式也可用经验正交函数（EOF）方法（见附录C），提取特征向量的空间模态来实现。Wallace等（1981）对北半球冬季500 hPa高度场，使用EOF方法提取特征向量，由特征向量场表现各遥相关模式。

Esbensen（1984）用EOF方法分析北半球700 hPa高度场的月际与年际的遥相关模式。他的年际模式似乎不同于Wallace等（1981）所做的500 hPa模式。他所谓的年际模式是对月平均高度场资料过滤掉年周期后所得的序列做分析。而月际模式是用原资料减去年际变化所得。他所得的模式除类似有WP、WA及PNA模式外还多发现一个以蒙古和朝鲜为中心的遥相关模态。

Nitta(1986)用1978—1983年逐月太平洋地区(40°S～50°N,90°E～180°)上空云量资料,通过EOF方法提取遥相关模式。他发现热带地区云量存在EN(El Nino)模式、南日本海SJ模式和北澳大利亚NA等模式。

由于经验正交函数(EOF)方法与主分量分析(PCA)方法和因子分析(FA)方法类似,因此,提取变量场的时刻特征模态,也可以使用它们对变量场内部相关性进行研究。但是,由于方法略有不同,对一个大气变量场由于数据资料处理不同,提取得到的空间模态和对应的时间系数是不同的。例如,对1月500 hPa场,选取空间范围(25°～85°N,10°E～180°～0°),用1951—2004年资料做因子分析,可以得到主因子第1荷载场(图6.2.1),图中中纬度地区是负荷载区,与高纬地区的正荷载区是相反位相的变化关系,它就是北极地区(AO)的遥相关型。

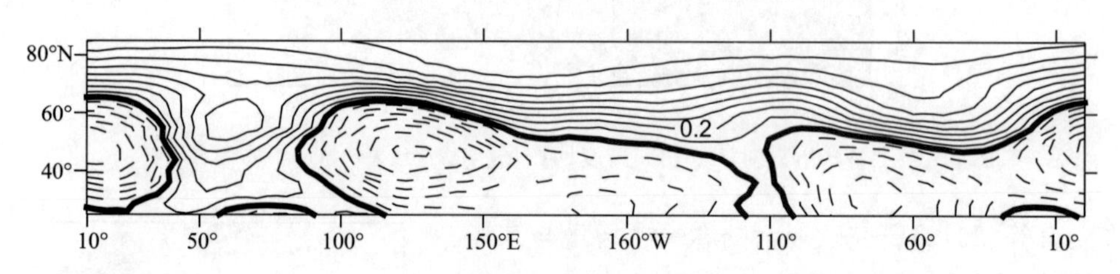

图6.2.1 1月500 hPa的PCA第1荷载场

(虚线为负值,实线为正值)

但是如果对相同的数据资料,使用原始500 hPa高度场进行EOF分解,其第1特征向量对应的空间模态则有所不同(图6.2.2)。从图6.2.2看见,没有任何正和负值区域,实际上是1月500 hPa高度场的气候平均场。如果使用传统EOF分解方法,即使用高度场的距平值进行分解,其第1特征向量对应的空间模态(图6.2.3)与使用1月500 hPa标准化高度场的因子分析得到的第1荷载场比较,其空间模态有所不同。在该空间模态中,大西洋地区的正、负区相反变化关系表现似乎更为明显些。

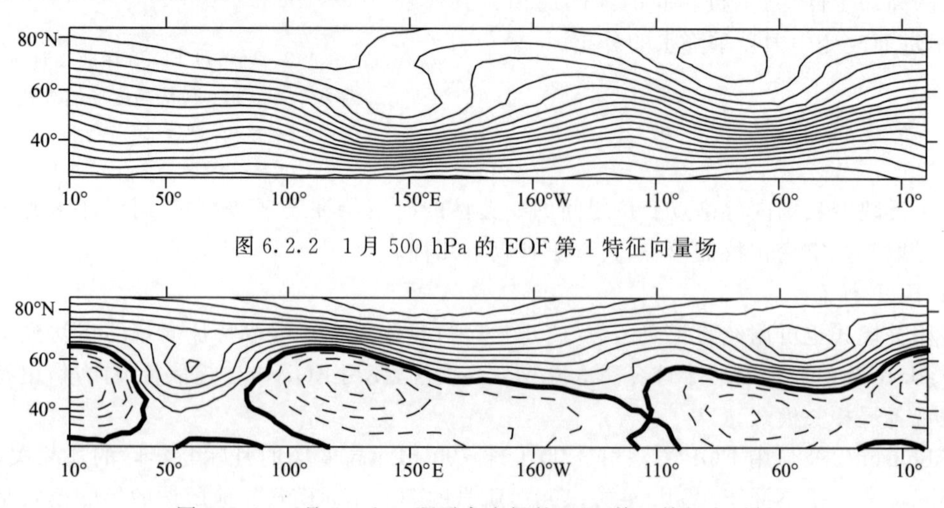

图6.2.2 1月500 hPa的EOF第1特征向量场

图6.2.3 1月500 hPa距平高度场的EOF第1特征向量场

(虚线为负值,实线为正值)

因此，使用 EOF 方法提取变量场的空间模态时，使用原始变量场、变量距平场和变量标准化场是有不同的结果的。

(2)REOF 模态

使用转动主分量(REOF)方法提取高度场的空间模态，称为 REOF 模态。

Barnston 等(1987)用旋转经验正交函数(REOF)对 700 hPa 北半球副热带月平均高度场距平进行分析，也能够揭示出欧亚大陆上空 EU 遥相关型的存在。他们认为，用转动主分量分析方法所提取的模式比用 EOF 方法有更好的稳定性。当然这种方法也比单点相关图所得到的模式稳定性更好。因为用单点相关图方法所得的模式往往仅强调某点的相关场，而参考点的选择多少是任意的。因为某一格点的序列随机性较大，由它为基础所产生的模式稳定性自然较差。另外，Richman(1986)曾经比较过 EOF 和转动主分量分析方法在模式提取上的稳定性，后者的模式要稳定得多。因此，他们对逐月北半球 700 hPa 资料用该方法进行分析。发现在冬半年的月主要模式有北大西洋涛动模式，该模式在格陵兰附近有强中心，与之相反的中心在大西洋上。另一模式是太平洋涛动，强中心在阿留申群岛，纬度在 40～50°N，经度为 170°W。另一中心在(50°N，105°～125°W)，约在美国与加拿大边界附近。此外，他们还发现西太平洋涛动、热带北半球、欧亚、东大西洋和东太平洋等模式。他们还讨论了夏季和转换月的模式。

Hsu 等(1985)也用转动主分量分析提取遥相关模式。他们用冬季北半球 1000 hPa 和 500 hPa 高度场资料进行转动主分量分析。提取的第 1 分量的模式中表现为北大西洋涛动模式。两个高度场所得的模式十分相似，只是高空的模式形势场略向西移。这一现象说明大气中存在强的正压性。第 2 分量的模式他们称为西伯利亚模式，海平面气压场的特征向量中心在西伯利亚高压的气候位置北边一点，其范围覆盖整个东北亚。在高空场的特征向量场上有多个中心，其中心连线为一大圆路径，由我国东北到美国西海岸，称为 Rossby 波列。第 3 特征向量场称为太平洋模式。在垂直结构上发现山脉西部和海洋上有较强的正压性。

刘毓赟等(2012)通过对热带外北半球冬季平均的 500 hPa 高度场区域(20°～90°N，0°～180°～0°)进行 REOF 分解，在做 REOF 的时候考虑了格点面积随纬度的变化，在 10 个 REOF 模态中的第 1 模态类似于太平洋北美遥相关型(PNA)；第 2 模态类似于北大西洋涛动。从 REOF 的第 6 模态中，得到与我国气候变化有关的类似欧亚遥相关型(EU)的模态，模态的空间分布

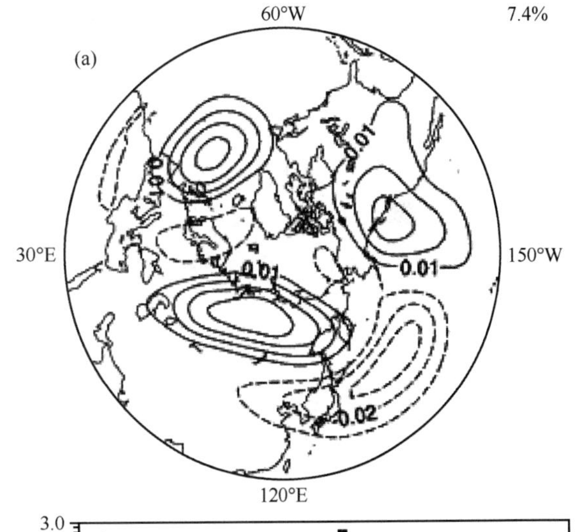

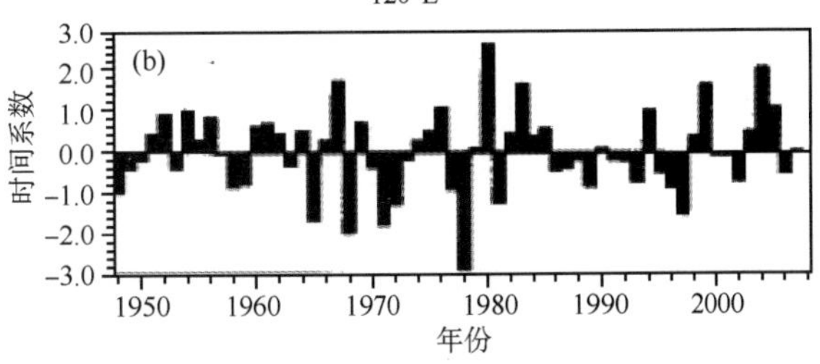

图 6.2.4　1948/1949—2008/2009 年热带外北半球(20°～90°N，0°～180°～0°)冬季平均的 500 hPa 高度场 REOF 分解第 6 模态及其时间系数：(a)空间模态；(b)时间系数

和时间变化的指数见图 6.2.4。他们把此模态对应的时间系数与使用单点相关场方法得到的欧亚遥相关型指数进行比较(图 6.2.5),发现它们十分相似,相关系数达到 0.7。说明使用 REOF 方法,也能够提取 500 hPa 高度场不同的遥相关型。

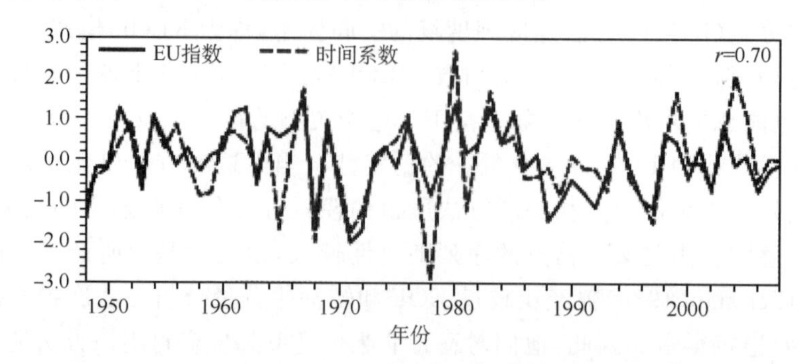

图 6.2.5　1948/1949—2008/2009 年冬季欧亚遥相关型指数

(实线)和 REOF-6 时间系数(虚线)

类似 EOF 模态分析,与 REOF 模态分析的类似方法还有 RPCA 方法,由于对变量场数据的处理方法有差别,它们所提取的空间模态结构也有所不同。

(3)DEOF 模态

由于大气变量序列存在持续性和空间变化的相关性,在做 EOF 时会影响提取模态的真实性。Dommenget(2007)提出引入扩散过程将一阶自回归模型拓展到二维(时空)空间:

$$\frac{\mathrm{d}}{\mathrm{d}t}\Phi = c_{\mathrm{damp}} \cdot \Phi + c_{\mathrm{diffuse}} \nabla^2 \Phi + f \tag{6.2.1}$$

式中,Φ 是气候要素;t 是时间;c_{damp} 是阻尼常数;c_{diffuse} 是扩散系数;f 是时间和空间上的白噪声。若 c_{damp} 和 c_{diffuse} 均不随空间变化,那么方程(6.2.1)表示的模型就是均匀外强迫 f 驱动的各向同性扩散过程,也是二维空间上的一阶自回归过程。他把此过程定义为大气过程的基本过程,并作为大气变量场 EOF 分析的原假设过程。

具备二维空间上的一阶自回归过程的变量 Φ 的协方差场为

$$\sum_{ij} = \sigma_i \sigma_j \mathrm{e}^{-d_{ij}/d_0} \tag{6.2.2}$$

式中,σ_i 是变量场 Φ 第 i 个空间点的标准差;d_{ij} 是第 i 和 j 个空间点之间的距离;d_0 是平均去相关长度。方程(6.2.1)和方程(6.2.2)表示的各向同性扩散过程即为气候要素 Φ 空间特征的零假设。

他还引入有效空间自由度 N_{eff} 表征多元变量在空间上的有效维度,它是估计区域空间变率复杂程度的统计量:

$$N_{\mathrm{eff}} = \frac{1}{\sum e_i^2} \left(\sum e_i = 1\right) \tag{6.2.3}$$

式中,e_i 是变量场 EOF 分析的特征值。N_{eff} 与独立的空间模态数量相对应。在计算中,研究区域面积的平方根与 N_{eff} 的比值可用来估计平均去相关长度 d_0 的初值。

将原假设过程做 EOF 分析,得到的特征向量 $\boldsymbol{E}_j^{null}$ 投影到原要素场 EOF 分析的特征向量 $\boldsymbol{E}_i^{obs}$ 上:

$$c_{ij} = \frac{\boldsymbol{E}_i^{obs} \boldsymbol{E}_j^{null}}{|\boldsymbol{E}_i^{obs}|\,|\boldsymbol{E}_j^{null}|} \tag{6.2.4}$$

式中，c_{ij} 是这两个空间型的相关系数。由原假设过程 EOF 分析的特征值 e_j^{null} 和 c_{ij} 则可计算出特征向量 $\boldsymbol{E}_i^{obs}$ 对原假设过程的解释方差 $s_i^{obsnull}$：

$$s_i^{obsnull} = \sum_{j=1}^{N} c_{ij}^2 s_j^{null} \tag{6.2.5}$$

原要素场 EOF 分析的特征向量 $\boldsymbol{E}_i^{obs}$ 对原变量场的解释方差为 $var_{obs}(\boldsymbol{D}^{obs})$，对零假设过程的解释方差为 $var_{null}(\boldsymbol{D}^{obs})$，可以选取一定数量的特征向量进行正交旋转，使得两者之差 Δ_{var} 达到最大：

$$\Delta_{var} = var_{obs}(\boldsymbol{D}^{obs}) - var_{null}(\boldsymbol{D}^{obs}) \tag{6.2.6}$$

此时 $\boldsymbol{D}^{obs}$ 称为确切的 EOF(Distinct EOFs(DEOFs))，相应的时间系数称为确切的主分量(Distinct PCs(DPCs))。其主要的 DEOF 模态是与原假设过程最不相似的空间分布，因此，可以作为真实的气候模态的估计。

他发现利用印度洋海温资料分析得到的 EOF-1 模态，与使用相同数据得到的原假设场的模态十分一致，因此，他认为印度洋海温变化存在各向同性扩散过程，影响 EOF 分析的确切性。他还使用北半球冬季海平面气压场的数据，分别求出原数据场、原假设场和确切的 EOF 模态。发现在原数据场 EOF-1 中存在的 AO 模态包含两个遥相关模态，分别类似于 NAO 和 PNA 模态，而确切的 DEOF-1 模态，解释方差达到 17%，模态的涛动形势只显示类似 NAO 的模态，即遥相关中心地区在大西洋地区，在该地区也表现有很大的解释方差。说明北半球冬季海平面气压场的 EOF 模态，确切表现的是 NAO 模态。

(4)ICA 模态

使用独立分量分析(Independent Component Analysis，ICA)也可以分离或提取变量场的主要时间变化特征，其时间变化部分是由相互独立的分量组成，分离出的新变量(分量)是非高斯的且相互独立。独立分量也可以称作源信号或因子，它们可以通过 ICA 相关方法分离或提取出来。提取的独立分量与变量场中的变量求相关系数，得到相应独立分量的相关场，就是对应的独立分量空间模态。

Philippon 等(2007)使用独立分量分析(ICA)技术，提取西非植被指数的主要模态。发现第 1 个模态(IC-1)描述了撒哈拉沙漠地区 8—10 月的植被变化，该模态变化与地区对流和降水有密切相关。第 2 个模态(IC-2)描绘了一个偶极子模式，它反映撒哈拉地区和几内亚在北方地区夏季对流和降水的变化的涛动关系。分析它们的独立分量表明，撒哈拉植被存在很强的季节变化特征，通常在 7 月初开始，展示了植被茂盛阶段，直到 11 月中旬进入衰老期，还具有较大的年际变化。6 种植物季节性变化强烈依赖雨量分布和数量，尤其是在 8 月下旬。

Hannachi 等(2009)使用 REOF 方法来求取变量场的独立分量，寻求最大化之间的独立的旋转矩阵的非线性转换，得到在时间域中的独立分量。发现 ICA 旋转能够增强海平面气压的 EOF 模态的解释能力。他们发现 NAO 模态包含一个 AO-like 模态和 Scandinavian-like 模态，它们相互是近似独立的关系。NAO 是一种内在的模态，与太平洋的模态无关。而 AO 模态可以认为主要是由阿留申低压控制的。对海温场使用 ICA 旋转，还能够发现落后 1 个月的显著热带遥相关模态。

(5)NLPCA 模态

利用神经网络和主分量分析结合，对大气变量场进行分解，得到的模态称为非线性 PCA

(NLPCA)模态,或非线性 EOF(NLEOF)模态。

Monahan(2001)对热带印度洋和太平洋的海温场和地面气压场进行非线性主分量分析(NLPCA)。他把传统的 EOF 分析中的变量资料阵分解,特征向量和主分量的求解问题利用神经网络方法变成对神经元的输入与输出问题,利用 5 层前馈型的神经网络,第 1 层(输入)和第 5 层(输出)中包含 M 个神经元,第 3 层(瓶颈层)包含 P 个神经元,第 2 层是编码层,第 4 层是解码层,包含 L 个神经元,使用随机数作为输入,进行训练迭代,调整连接层的神经元权重系数,按照正交性的要求,能够逐个求出前几个主分量及其空间模态。结果发现,非线性主分量对应的第 1 空间模态能够同时表现 El Nino 和 La Nina 的特征,而传统的第 1 主分量对应的模态则没有这种特征。

6.3 大气涛动

大气涛动(oscillation)是指大气长期过程空间遥相关的一种时间演变模式,最早是从研究地面气压场不同地点的气压随时间变化的演变关系发现的,通常表现在地面气压场上两个地区相同时间气压变化的相反关系,即当一个地区气压升高(降低)时,另一对应地区气压降低(升高)的现象。这种现象反映气压场中在局部地区范围内存在的驻波振荡现象,也称为跷跷板现象(seesaw),或称为大气振荡。Walker 等(1932)、Lamb 等(1987)、Keppenne 等(1992)提出了著名的三大涛动:北大西洋涛动(NAO)、北太平洋涛动(NPO)和南方涛动(SO);龚道溢等(1998)发现南半球中高纬度地区存在南极涛动(AAO);Thompson 等(1998)基于北半球大气环流的分析,发现了北极涛动(AO)。

反映空间大气涛动的时间演变特征使用涛动指数。一般涛动指数是取 EOF 分析得到的空间模态所对应的时间系数作为涛动强度的代表。

南方涛动(SO)是常见的大气涛动,它是指南太平洋与印度洋地区海平面气压有相反变化关系的一种现象,当其中一地气压高时另一地气压则低,反之亦然。最早由 Walker 在 20 年代中提出并加以研究(Walker 等,1932)。他提出用如下指数定义 SO:

$$\mathrm{SO}=\mathrm{Ps}+\mathrm{Ph}+\mathrm{Ri}+\mathrm{Fn}+0.7\mathrm{Pm}-\mathrm{Pb}-\mathrm{Pc}-\mathrm{Tm}-0.7\mathrm{Pd}-0.7\mathrm{Rc}$$

式中,P、R、F 和 T 分别表示气压、降水、径流量和气温,小写字母表示测站。当涛动强时,南美(Ps)、太平洋(Pi)及菲律宾(Pm)气压的系数为正,而印尼(Pb)、埃及(Pc)及澳大利亚(Pd)气压的系数为负。后来,用澳大利亚地区的 8 个站气压序列的 EOF-1 作为南方涛动强度指数,记为 SOI。

北太平洋涛动(NPO)是指北太平洋地区海平面气压场上南北方向的持续反相振动,定义为北太平洋区域海平面气压场经验正交函数分解的第 1 模态对应的时间系数(Yeh 等,2004)。它反映了阿留申低压和北太平洋副热带高压的年际变化相联系。表现为北太平洋上的阿留申低压与夏威夷高压同时增强或同时减弱的现象。当两个活动中心增强(减弱)时,活动中心之间的气压差增大(减小)。这时阿留申低压较常年偏东(西),夏威夷高压偏西(东),北太平洋中纬度西风增强(减弱)。NPO 的变化对北美洲西部的气候有很大影响。此外,阿留申低压与夏威夷高压的变化与南方涛动可能有一定联系;当南方涛动减弱(增强)时,赤道中、东太平洋海表温度要升高(降低),哈得来环流加强(减弱),有利于(不利于)西风动量由赤道向极地输送,使阿留申低压加深(填塞)。

北大西洋涛动(NAO)是英国气象学家Walker确定的全球三大大气涛动之一。北大西洋上两个大气活动中心(冰岛低压和亚速尔高压)的气压变化为明显负相关;当冰岛低压加深时,亚速尔高压加强,或冰岛低压填塞时,亚速尔高压减弱。两个活动中心之间的气压差作为北大西洋涛动指数,记为NOI。

陈烈庭等(1984)研究发现北太平洋东西部海平面气压也有涛动现象,他们称为北方涛动(NO)。他们还定义北太平洋东部船舶站N与马尼拉气压差为北方涛动指数。后来他们用1951—1980年北太平洋月平均海平面气压距平场做EOF分解,发现第1特征向量场高值区位于西太平洋低纬地区附近,与马尼拉站位于同一区域,对应的时间分量与马尼拉气压序列变化十分相似;第2特征向量场在东太平洋热带地区有高值区,与上述船舶站位置一致,其对应的时间分量与其变化序列亦相似。因此,他们改用两分量之差定义北方涛动指数。

北极涛动指数(AO),一般是取EOF分析得到的北半球热带外海平面气压经验正交函数分析的第1时间系数作为涛动强度的代表(范丽军等,2003)。但是,由于使用提取模态的方法不同,可以有各种不同的定义和计算方法。Huang等(2007)考虑到AO具有深厚的垂直结构,以中层大气作为代表,即选取500 hPa高度场作为计算北极涛动指数的基础。还考虑到北极涛动主要表现在中高纬地区,取北半球(20°~85°N,10°E~180°~0°)范围的500 hPa高度场。又考虑到北极涛动是反映中高纬度的重要气候信号,而且表现在冬季有最强的信号,选取1月500 hPa高度场EOF的第1特征向量所对应的时间序列,作为北极涛动的指数。

在北极涛动指数的计算中,考虑到高、低纬纬度距离的差异,还考虑到消除高、低纬高度变化幅度的差异,对高度场的格点变量进行标准化,然后进行主因子分析,得到的第1主因子称为中层大气环流的北极涛动指数,简称为北极涛动指数AO1。

又考虑到北极涛动的空间分布除主要表现在极地和北大西洋的相反变化关系外(北大西洋涛动NAO),还表现在极地和北太平洋的相反变化关系,为了突出主要的北极涛动表现,对上述得到的主因子进行因子转动,用得到的转动后第1主因子作为北极涛动指数,简称为北极涛动指数AO2。图6.3.1给出了两种不同定义的AO指数。

另外,考虑到高纬的高度的变化较大,使用高度的距平值来强调高纬变化的作用。因此,他们还使用高度距平场做经验正交函数分析,以场中变量交叉积矩阵的第1特征值对应的时间函数作为北极涛动指数,简称为北极涛动指数AO3。

北极涛动的3种指数变化的相似程度,使用它们两两的相关系数反映(表6.3.1),从表中可见,AO1和AO3有极高的相似度。

表6.3.1 北极涛动指数的相关阵

	指数1	指数2	指数3
指数1	1.000	0.311	0.991
指数2	0.311	1.000	0.307
指数3	0.991	0.307	1.000

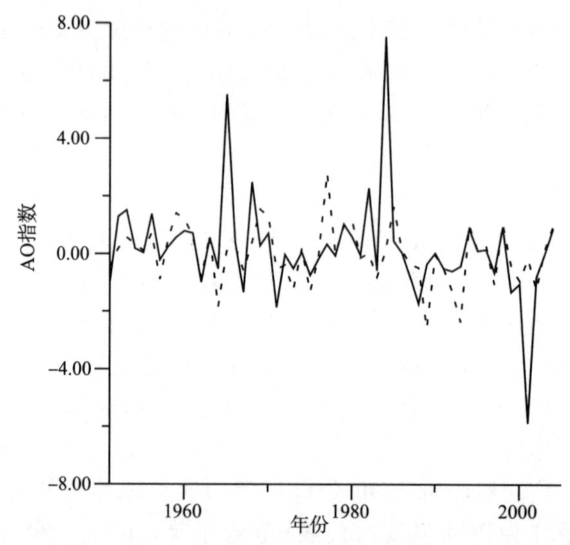

图 6.3.1　1 月 500 hPa 的 AO 指数(1951—2004 年)(虚线为 AO1,实线为 AO2)

与大气中的涛动类似,在海冰冰密度变化中也存在涛动现象,如南极海冰涛动。程彦杰等(2002)研究海冰涛动与 ENSO 的关系,他们对南极海冰密集度使用 EOF 分析,从首要模态中确定的海冰密集度变化的两个关键区,分别位于罗斯海外围 A 区(61°～63°S,138°～144°W)和别林斯高晋海 B 区(61°～63°S,60°～66°W)。把对各自区域做空间平均后的差值,并经标准化处理后的新序列,称为南极海冰涛动指数 ASOI。图 6.3.2 给出了近 30 年来 ASOI、SOI 和 Nino 3 区的海温变化序列。

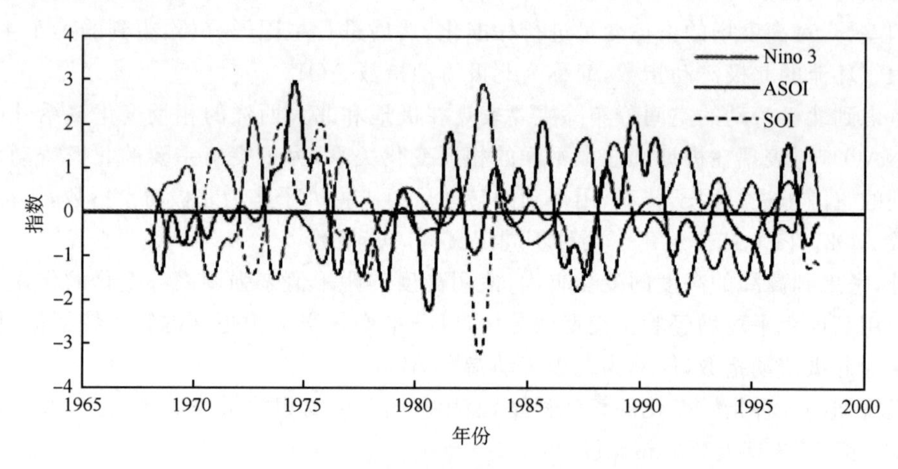

图 6.3.2　ASOI、SOI 和 Nino 3 区海温变化序列

从图中可见,ASOI 和 SOI 有正相关(相关系数为 0.44),而与 Nino 3 区海温呈显著的负相关(相关系数为−0.31),它们之间的相关均是显著的。

大气涛动实际上是大气变量场中遥相关模态的表现形式。曹杰等(2012)研究 20 世纪 70 年代末前后北半球冬季对流层遥相关的时空演变规律,应用相关分析、相关系数差异显著性检验,发现与 20 世纪 70 年代末前相比,20 世纪 70 年代末以来,PNA 遥相关型在空间分布上出现了一些变化。夏威夷附近的显著正相关强度、北美西海岸附近的显著负相关范围和强度、北美北部的显著正相关范围,以及墨西哥湾的显著负相关强度均有所增强或扩大。对相应的相

关系数差值进行检验(方法见附录 K),发现在北美西海岸的负相关范围和强度、北美北部的显著正相关范围,以及墨西哥湾的显著负相关强度的变化最为显著。此外,还发现欧亚(EUP)型、西太平洋(WP)型和西大西洋(WA)型遥相关空间分布和时间演变产生了较为显著的变化。空间分布的变化既体现在遥相关正、负异常中心的强度上,也体现在正、负异常的范围上。他们还使用线性趋势分析遥相关型的时间演变方面的变化,发现 PNA 和 WP 遥相关指数具有上升趋势,EUP 和 WA 遥相关指数具有下降趋势。

大气涛动模式中还有不同时间尺度的类型,有太平洋年代际涛动(PDO),也称为太平洋年代际振荡,是近年来揭示的一种年代际时间尺度上的气候变率强信号,人们利用近百年的海洋大气资料,分析了太平洋年代际变率的时空结构。研究表明,太平洋年代际信号和年际信号具有相似空间结构,即热带中东太平洋和北太平洋中纬度海温场异常符号相反,大气地面气压场异常表现为 PNA 结构;但两者的差别是,年际变率优势区位于热带太平洋,而年代际变率优势区位于中纬北太平洋,最大振幅在黑潮及其续流区及北太平洋风暴轴附近,且与 PNA 型年代际变化密切相关。该振荡现象较大突变发生在 1925 年和 1947 年。这表明北太平洋存在着年代际振荡现象。PDO 振荡模态随时间变化的特征使用 PDO 指数来表现,该指数定义为 20°N 以北北太平洋海温距平场 EOF 第一模态的标准化时间系数(杨修群等,2004)。

变量场中的波列也可以用来进行大气涛动现象的研究。Zhou 等(2012)研究冬季东太平洋波列对大气环流的影响机制时,使用相关分析研究冬季东太平洋波列指数与太平洋—北美遥相关指数的关系,由不同尺度(年尺度和 11 年尺度)的相关分析(图 6.3.3)发现,东太平洋波列实际上是太平洋—北美遥相关在低频振荡中的一个表现。他们还使用条件合成分析方法,研究不同波列强度下、不同高度场中太平洋—北美遥相关的双极性的表现。

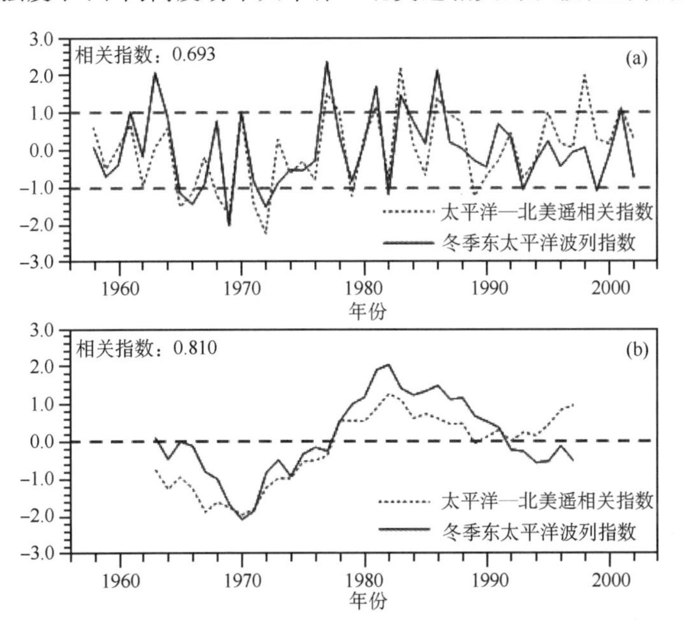

图 6.3.3　冬季东太平洋波列指数与太平洋—北美遥相关指数关系：
(a)两个指数曲线和(b)11 年滑动曲线

Jie 等(2013)研究了冬季阿留申低压和冰岛低压两个涛动之间的动力关联机制。他们计算不同时期阿留申低压和冰岛低压月指数之间的相关系数,发现在 12 月,1948—2009 年和 1995—2009 年存在显著的相关,相关系数分别为 −0.33 和 −0.55;而 1948—1972 年和 1973—1994 年则没有显著的相关。说明其大气涛动状态的关联性有年代际的变化。

他们进一步研究了东太平洋波列和平流层极涡强度与阿留申—冰岛涛动之间的关系。利用条件相关方法,发现它们和垂直传播的太平洋波列强度有密切反相关关系。从而得到大气涛动形成的动力机制,是太平洋波列经过平流层极涡的反射而形成的。

6.4 地面要素场时空特征模态

类似高空的大气变量场的分析方法,也可以对地面气象要素场中不同空间地点的变量场中的相关性进行研究。在某一地区内一些测站在某种气象要素上有较强的正相关,而这一地区的测站与另一地区的测站有反相关。这种相关性是天气过程在空间移动造成的影响,反映了天气过程的影响具有地域移动性的特征。分析这些地域性特征的空间分布模式对研究天气过程的地区移动性影响是十分重要的。

(1)单点相关场模态

要素场空间移动性的时空变化特征,可以使用单点相关场方法进行分析。例如,Sumner(1983)认为考查不同测站的降水量同时相关,可以表征某个地区的降水均匀性及其分布。他用相关分析方法,研究澳大利亚新南威尔士地区逐月日降水量的空间分布模式。发现南半球夏末(2 月)模式分布呈纬向状,他认为这种分布型是受热带扰动影响。南半球秋季和冬季(4—9 月)降水量正相关区缓慢向西移,是受大气长波系统影响。而 5 月和 9 月的降水模式则是受地形影响。

(2)EOF 模态

Diaz 等(1981)研究了美国冬季气温和降水场的空间模式,考查天气系统变化如何影响气温和降水的变化。他们首先对美国冬季气温和降水场分别做 EOF 分析。发现前两个特征向量场的距平分布形势为经向型,其尺度与大气长波系统相对应。

Beltrando(1990)提出用双模方差对东非洲地区的雨季降水做时间和空间分布特征进行分析。这种分析方法是经典 EOF 分析的一种变化。在某站 j,第 i 年雨季降水量可表示为

$$R_{ij} = \bar{R}_j + \sum_{k=1}^{q} a_{kj} b_{ki} + e_{ij} \tag{6.4.1}$$

如果把第 j 站的长期平均降水量移到等式左边。即有

$$R_{ij} - \bar{R}_j = \sum_{k=1}^{q} a_{kj} b_{ki} + e_{ij} \tag{6.4.2}$$

式(6.4.2)就是一般距平场的 EOF 分解表达式。式中,右边求和项为保留的前 q 个分量的拟合场部分,系数 a 为随空间变化的特征向量项,系数 b 为随时间变化项;第二项为残差场。残差分析中,他提出前几个主分量的选取方法,即 q 值的确定。他认为可以用残差场中所有变量的相关阵内所有元素均无显著相关为标准,然后对确定后前 q 个分量做斜交转动,最后根据转动后的荷载场确定降水气候分区的空间模态。

徐琼芳等(2011),用 EOF 方法对华中五省近 47 年(1959—2005 年)20 个测站总云量资料

进行分析，发现该地区云量变化的最主要特征主要包括两个方面。①年平均总云量第 1 模态（方差贡献为 60.3%）显示华中五省均为正值，反映了华中五省年平均总云量的变化为整体偏高或偏低。由南向北呈现出低—高—低的差异。中心位于河南省中部（图 6.4.1a）。其时间变化特征（图 6.4.1b）表现为振荡减小趋势，并有明显的年代际特征；1977 年以前，时间系数有不同程度的正异常，对应华中五省年平均总云量异常偏多；1978—1990 年时间系数在正负值间波动；1991 年之后时间系数为负值，对应华中五省年平均总云量异常偏少。②第 2 模态（方差贡献为 18.9%）（图 6.4.2），河南、湖北中北部、安徽中北部为负，其余地区均为正，显示大体以长江为界的南北反向变化。负距平的中心在河南省西北角，正距平的中心在江西省东南角。对应的时间系数，1964 年以前和 2001 年以后为负值，对应华中五省年平均总云量长江以南总云量异常偏少，长江以北异常偏多；1965—2000 年在正负值间波动，对应为华中五省年平均总云量长江以南或长江以北有时偏多，有时偏少。

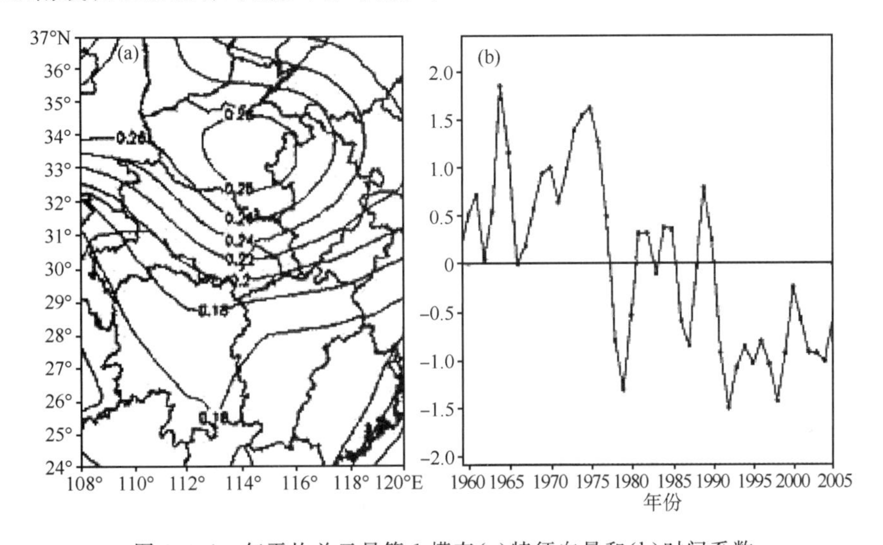

图 6.4.1　年平均总云量第 1 模态(a)特征向量和(b)时间系数

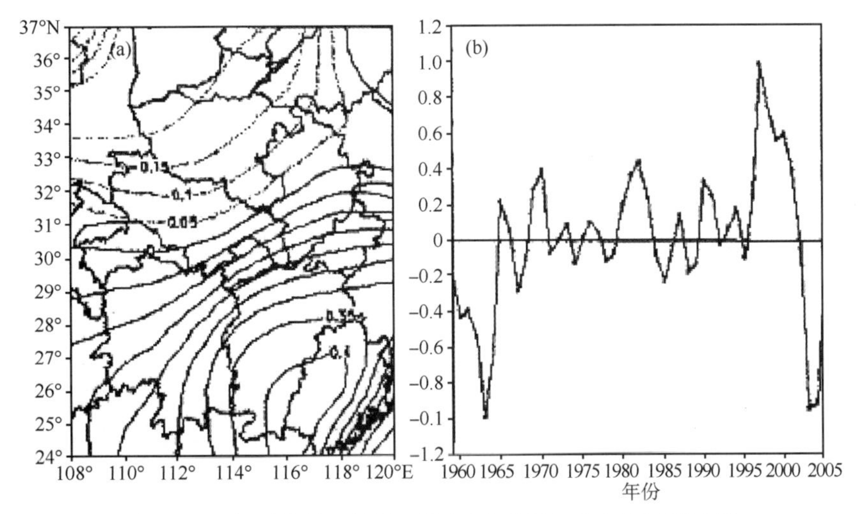

图 6.4.2　年平均总云量第 2 模态(a)特征向量和(b)时间系数

在提取变量场的时空特征模态中，如何诊断模态中部分空间区域的显著性是十分重要的问题。简茂球等(2007)对中国汛期月降水量年际异常型的研究中，对中国汛期(4—9 月)各月降水场分别做 EOF 分析，提取前 3 个模态的时间函数序列。为了进一步了解相邻月降水形态分布的细节情况，它们使用模态点方差贡献来度量中国各月降水场异常型的空间相关性。由于模态的解释方差只能反映整个模态对原始变量场的时空变化方差的可能解释部分，对于变量场每一格点对原始变量场的方差的可能解释部分，可以使用模态点方差贡献来度量，即使用模态对应的特征向量中对应该格点的分量平方值与特征值的乘积，再除以原始变量场该格点的方差，它可以描述各模态的方差贡献的详细空间分布，能提供模态中主要空间区域的气象变量变化的信息。

在提取变量场的时空特征模态中，如何确定哪几个模态是显著的问题是十分重要的。Overland等(1982)对白令海地区的气旋数目做 PCA 分析，提取其气候变化的时空特征。为了检验哪几个空间模态是显著的，他们提出一种所谓“N 规律”检验。把实测主分量的解释方差与用随机场做 PCA 分析所得的分量解释方差进行比较。当统计量

$$G_j = \frac{T_j}{U_j(95)} \tag{6.4.3}$$

大于 1.0 时认为对应的第 j 个分量是显著的。其中

$$T_j = \frac{\lambda_j}{\sum_{i=1}^{p}\lambda_i} \times 100 \tag{6.4.4}$$

式中，T_j 为第 j 个分量的解释方差的百分比；λ_j 为要素场中 p 个变量的协方差阵的第 j 个特征值；U_j 为随机场第 j 个分量的解释方差。随机场是由相同样本容量的 p 个独立随机变量组成，它们遵从标准正态分布。用蒙特卡洛法做大量的试验，可以求出第 j 个分量的解释方差的经验分布，然后决定显著水平 0.05 的否定域。$U_j(95)$表示此否定域的临界值。他们用不同的变量数(p)和样本容量(n)作为随机场，分别计算各种情况下的否定域。表 6.4.1 给出了这些否定域的临界值数值。

表 6.4.1　不同变量(p)及样本容量(n)的 $U_j(95)$值

p		n				
		20	60	100	200	1000
9	$j=1$	29.78	29.78	18.33	15.89	13.11
	$j=2$	22.00	17.33	15.67	14.33	12.44
	$j=3$	17.89	15.00	14.11	13.22	12.11
	$j=4$	14.67	13.22	12.78	12.33	11.67
	$j=5$	11.56	11.44	11.56	11.56	11.33
36	$j=1$	15.00	8.69	6.94	5.64	3.94
	$j=2$	12.67	7.58	6.47	5.14	3.78
	$j=3$	10.94	7.03	5.92	4.89	3.69
	$j=4$	9.83	6.47	5.56	4.69	3.58
	$j=5$	8.72	6.03	5.25	4.47	3.50

续表

p		n				
		20	60	100	200	1000
64	$j=1$	12.00	6.50	5.03	3.86	2.47
	$j=2$	10.69	5.89	4.61	3.58	2.38
	$j=3$	9.50	5.38	4.34	3.44	2.33
	$j=4$	8.78	5.08	4.19	3.28	2.27
	$j=5$	7.91	4.77	3.91	3.17	2.23
100	$j=1$	10.45	5.31	3.98	2.91	1.74
	$j=2$	9.29	4.81	3.72	2.75	1.69
	$j=3$	8.57	4.55	3.55	2.65	1.66
	$j=4$	7.95	4.30	3.39	2.56	1.62
	$j=5$	7.39	4.14	3.23	2.47	1.59

他们对 $p=56$，$n=23$ 的实际资料，计算统计量 G 前 5 个分量分别为：1.91、0.97、0.99、0.98 和 0.86，发现仅第一分量是显著的。值得指出的是，在具体检验时还应考虑主分量本身的每次观测是否独立，即使用表 6.4.1 中的 n 应是独立自由度，也即应该使用有效自由度代替。

North 等(1982)提出计算特征值误差范围进行主分量的显著性检验。特征值的误差范围为

$$e_j = \lambda_j \left(\frac{2}{n}\right)^{1/2} \tag{6.4.5}$$

式中，n 为样本容量，当相邻的特征值满足下面不等式

$$\lambda_j - \lambda_{j+1} \geqslant e_j \tag{6.4.6}$$

则第 j 个特征值对应的主分量是显著的。

田晨等(2011)对 500 hPa 场按照观测资料计算出观测变量场主分量的方差贡献率。利用随机数发生器产生正态分布的随机序列资料矩阵，对这一矩阵进行模拟经验正交函数计算，对模拟计算的特征值进行排序，这样的过程共重复 100 次，每次亦计算方差贡献，确定显著水平的否定域，计算临界值，发现夏季 500 hPa 场前 9 个主分量可以通过 0.05 显著水平。

(3)FA 模态

黄嘉佑(1981a)用因子分析方法(FA)寻找我国东北地区夏季气温的空间模式。他使用该地区 23 个站夏季(5—9 月)1881—1970 年气温距平资料。提取前两个主因子。它们的累积解释方差达 80%。利用两个主因子荷载为正交轴，把各站的荷载值点在图上，根据点的自然聚集区把所有站分成 3 类：黑龙江省北部海拉尔等 6 站为一类，黑龙江省南部和吉林省北部等 9 站为一类，吉林省东南、南部及辽宁省 8 站为一类。这 3 个区具有不同的气候变化特征。

黄嘉佑(1991)用因子分析方法研究我国夏季气温和降水场的空间模式。从所提取的空间模式中发现气温的解释方差较降水大，说明气温场的均匀性较好。比较而言，气温的空间模式多呈纬向分布而降水模式则多呈经向分布。气温的主要模式反映全国距平符号一致性，主要表现的地区在长江中下游。而降水的主要模式则显示地区的(距平变化符号)差异，长江中下

游地区与全国其他地区反相。

为了了解气温和降水场的空间模式随时间变化的代表性和稳定性，他把1951—1970年的气温及降水场作为基本样本(样本容量为20，记为N20)，然后在基本样本容量基础上，每次增加5年的样本(记为N25、N30)，分别做主分量分析。表6.4.2给出了3个不同样本分析得到的前3个主分量的解释方差。

表6.4.2　气温和降水场各分量的解释方差

样本	气温			降水		
	1	2	3	1	2	3
N20	0.309	0.186	0.103	0.133	0.119	0.105
N25	0.286	0.171	0.094	0.118	0.111	0.098
N30	0.289	0.148	0.110	0.115	0.102	0.090

从表中可见，空间模态所能够解释的方差在不同期间样本中变化不大，说明空间模态基本是稳定的。解释方差变化趋势是进入20世纪70年代以后，其空间模态的解释方差减少量突然增加。这意味着两个大气变量场的空间分布大范围的均匀性减少，而局地性增加。这一现象可能与20世纪70年代以后我国降水局地性暴雨出现频繁有关。

Ronberg等(1987)使用我国120个台站510年历史旱涝级别资料分别用主分量分析、聚类分析和转动因子分析等方法提取旱涝场的空间模式。他们还分别用93，47和29个台站点的分析结果进行比较。结果表明它们具有一定的相似性，特别在沿海地带，其空间模式主要呈纬向分布。从不同的分区方法比较，发现因子分析的模式似乎对台站点数的变化敏感些，但它的分区与天气过程有较好的配合，能较易被天气过程所解释。从因子分析中可以把模式所表现的区域性特征分为13个气候区域，它们被4个主要因子荷载场所表现。例如，第一因子荷载场的空间模式的中心在长江中下游和华北平原，这一模式反映东南季风和副高对这些地区旱涝的影响。第四因子模式以东北和西北为中心，反映西风带长波槽脊活动的影响，它们与西南和海南岛地区呈反相关系，后者与喜马拉雅山和南岭阻挡南来的印度洋水汽输送有关。第十因子模式反映西南气流影响，其显著表现地区在长江流域中游和华北东部。第十一因子模式反映冷空气、副高和西南季风的综合作用，表现为多中心分布模式，如新疆与东北同相，它们与西藏和西南地区反相。

Ogallo(1989)对东非雨季降水量场用转动主分量分析，提取前几个主分量的特征向量作为空间模态，为保证空间模式的代表性，他认为应保留那些有稳定性空间模式作为代表模态。他对资料(1922—1983年)分别选取5个不同期间的样本：①奇数年(1923，1925，…，1983)；②偶数年(1922，1924，…，1982)；③1922—1952年；④1953—1983年和⑤1922—1983年。然后对它们分别进行转动主分量分析。最后发现前三个分量有较好的稳定性。

提取气象要素场的空间模式方法有多种，它们常用主分量分析、正交转动主分量分析和斜交转动主分量分析等。但是到底哪一种方法提取的模式有较好的代表性或具有真实的物理意义，White等(1991)做了这方面的比较，他们比较不同方法所得到的荷载场(即空间模式)相似度。设由两种方法提取两荷载场A和B。则它们的相似度可用下式计算：

$$G(A,B)=\frac{\sum a_j b_j}{\sqrt{\sum a_j^2}\sqrt{\sum b_j^2}} \tag{6.4.7}$$

式中，$a_j(A)$ 与 $b_j(B)$ 分别为两荷载场中第 j 个格点或站点上的值，求和是在场中所有格点或站点中进行的。相似度的变化范围从＋1(完全相似)至－1(完全相反)。试验表明，相似度的值大于 0.98 时为最相似，在 0.98～0.92 时为较相似，在 0.92～0.82 时为基本相似，在 0.82～0.68 时为相似较差，在 0.68 以下为相似极差。比较发现，用斜交转动得到的模式有较好的稳定性，因而具有较强的物理含义。

(4)REOF 模态

刘智勇等(2013)利用旋转经验正交函数对广东省干湿状况进行时空特征分析。根据 REOF 方法可将广东省干旱分布特征划分为 4 个典型的空间异常型：南岭型、粤西型、粤东型和雷州半岛型。各空间型对应的旋转主成分序列分析结果表明，雨季各空间型都表现为统一的先变湿后变干趋势，而冬季除了雷州半岛型外则都表现为明显的变干趋势。

(5)对应分析模态

对地面要素场中不同测站变化的对应相关性，可以进行对应分析(方法见附录 D)。例如，对某测站的变量资料，如果把月看成变量场的空间点，也可以进行变量场的空间模态对应分析。黄嘉佑(1981b)取北京冬季(12 月至次年 2 月)月平均气温 1951—1976 年的资料，把 12 月、1 月、2 月看成空间点，其资料构成 $p=3,n=6$ 的二维资料阵，对各月气温距平值构成的矩阵进行对应分析。从相对权重比例阵中提取两个公共因子，以两个公共因子为轴，把逐年的气温荷载点在其中，又把 3 个空间点特征向量投影在其中，用相邻两个月向量的分角线作为分类界线，把逐年冬季气温变化分为 3 类：Ⅰ类，以 12 月出现正距平为特征，反映冬季由暖到冷的下降趋势；Ⅱ类，以 1 月气温为峰值，反映冬季气温变化为先升后降的特征；Ⅲ类，以 2 月为高值，冬季气温演变为上升趋势。

他还把对应分析的分类结果，与 $\cos\theta$ 平均权重串组法、距离系数平均权重串组法的结果进行比较，发现对应分析的分类结果均通过显著性检验，且有相应的天气意义。

6.5 风场时空特征模态

风是度量大气运动状态的变量，但是它与一般大气变量不同，它是有速度和方向的变量。如果研究风场内部格点变量之间的关系，则需要计算风场中不同格点变量之间的协方差与相关系数。将某两个格点(1 与 2)的纬向风记为 u_1 和 u_2，经向风记为 v_1 和 v_2，则其协方差表示为

$$
\begin{aligned}
s_{12} &= \frac{1}{n}X_{d1}X_{d2}^{*} \\
&= \frac{1}{n}\sum[(u_1-\bar{u}_1)+\mathrm{i}(v_1-\bar{v}_1)][(u_2-\bar{u}_2)-\mathrm{i}(v_2-\bar{v}_2)] \\
&= \frac{1}{n}\sum[(u_1-\bar{u}_1)(u_2-\bar{u}_2)-\mathrm{i}(u_1-\bar{u}_1)(v_2-\bar{v}_2) \\
&\quad +\mathrm{i}(u_2-\bar{u}_2)(v_1-\bar{v}_1)+(v_1-\bar{v}_1)(v_2-\bar{v}_2)] \\
&= (s_{u1u2}+s_{v1\,v2})+\mathrm{i}(s_{u2\,v1}-s_{u1\,v2})
\end{aligned}
\tag{6.5.1}
$$

相关系数表示为

$$
r_{12} = \frac{1}{n}X_{z1}X_{z2}^{*} = (r_{u1u2}+r_{v1\,v2})+\mathrm{i}(r_{u2\,v1}-r_{u1\,v2}) \tag{6.5.2}
$$

分别由两个格点纬向风与经向风的相关系数构成。

在风场格点的风的协方差矩阵和相关阵基础上，使用复向量 EOF 方法，即 CVEOF(Complex Vector Empirical Orthogonal Function)方法(参见附录 C)，提取风场的时空特征模态。

Wu 等(2006)对东亚冬季季风系统(EAWM)时空特征进行研究。他们认为过去使用 EOF 方法提取的风场模态是使用纬向与经向风速组合 EOF，其假设它们是独立的，组合后的模态方差贡献很低。他们认为应该使用 CVEOF 方法来提取风场模态。因为风场是一个向量场，可以使用复数来表示。对复变量场进行 EOF 分解，得到的是复特征向量和复主分量。

他们对 850 hPa 风场变化进行 CVEOF 分析，得到第 1 主分量的解释方差为 38%，可以解释风场变化的大部分。图 6.5.1 是 CVEOF 的第 1 特征向量场和第 1 主分量实部与虚部。

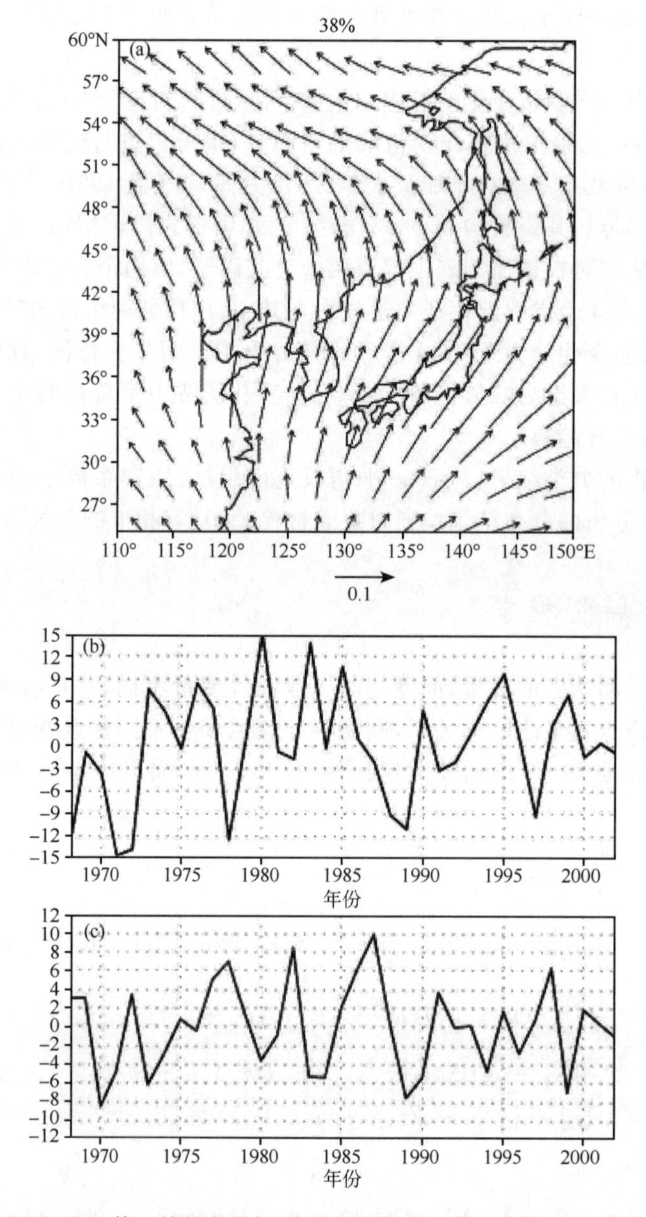

图 6.5.1 CVEOF(a)第 1 特征向量场(向北经向分量)，第 1 主分量(b)实部和(c)虚部

从图 6.5.1a 可见，CVEOF 的主要模态反映东亚季风的主要气候特征是经向风的风向特征。第 1 主分量实部(图 6.5.1b)和虚部(图 6.5.1c)，表现了东亚冬季季风很强的年代际变化特征。

从第 1 主分量实部(图 6.5.2a)和虚部(图 6.5.2b)与风场的回归场中可见，第 1 主分量实部主要反映经向风的变化特征，而虚部则主要反映纬向风的变化特征。

他们把第 1 主分量实部定义为第 1 模态(M1)的时间序列，虚部定义为第 2 模态(M2)的时间序列。从第 1 模态(M1)与 850 hPa 经向风场(图 6.5.2c)和纬向风场(图 6.5.2d)的回归场中可见，在东亚和西北太平洋(60°N)到赤道的广大地区与经向风有显著的负相关，在北太平洋地区与纬向风则有偶极子结构，其分布形势与冬季季风指数的回归风场十分相似。说明 CVEOF 的第 1 模态(M1)可以完全代表东亚季风指数。

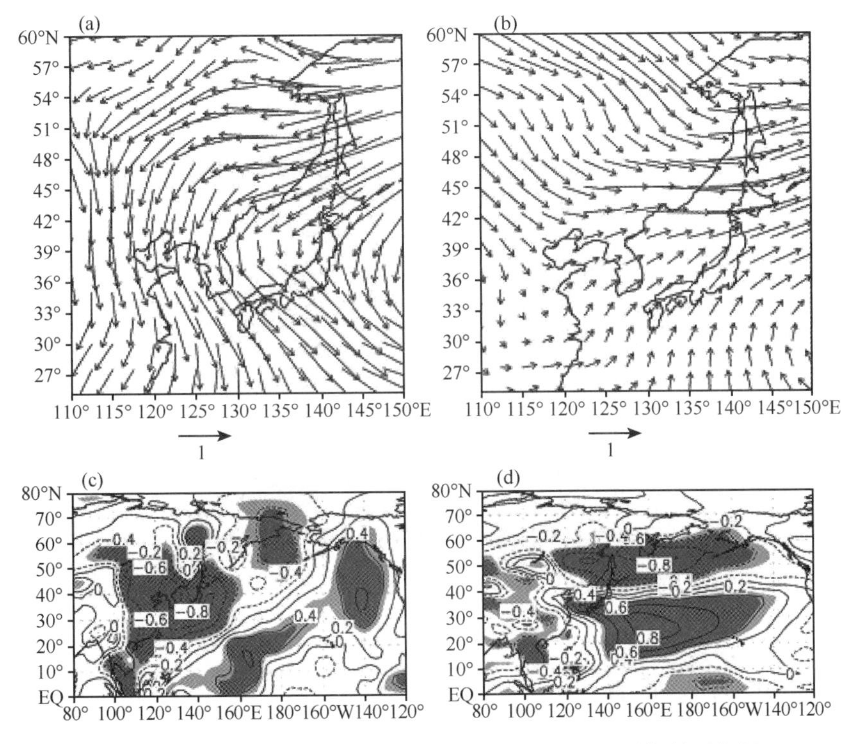

图 6.5.2　第 1 主分量(a)实部和(b)虚部对 850 hPa 风场的回归场；
M1 对 850 hPa(c)经向风场和(d)纬向风场的回归场

进一步计算 M1 和 M2 模态场，以及 M1+M2 模态场中的点方差贡献。图 6.5.3 给出了它们在场中的点方差贡献。从图 6.5.3a 可见，M1 模态场所有格点总方差贡献为 35%，有两个地区表现方差贡献较大：一个是西北太平洋至西伯利亚地区，另一个是中国东北至朝鲜半岛地区。它们是 M1 模态主要表现的地区。而图 6.5.3b 表现方差贡献较大地区是日本北部至西伯利亚地区，是 M2 模态主要表现的地区。两个模态方差贡献之和较大的地区则遍及东亚很大的地区。说明 850 hPa 风场 CVEOF 第 1 模态能够反映东亚冬季风场的主要气候变化特征。

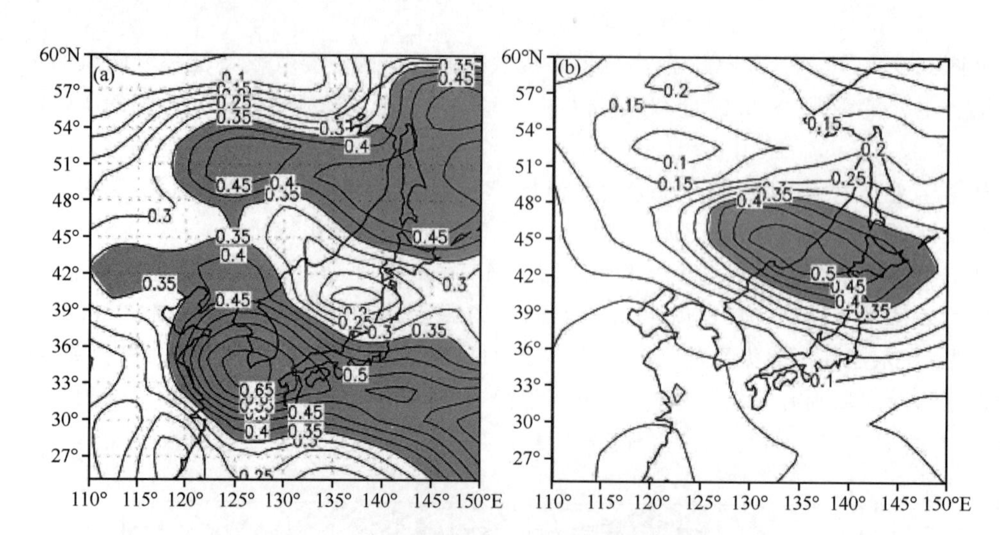

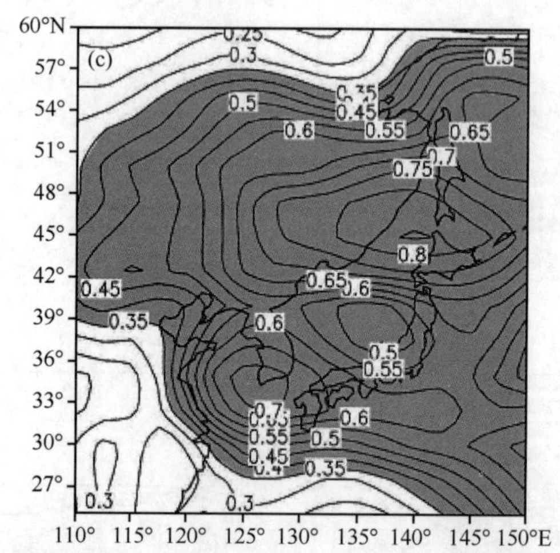

图 6.5.3 (a)M1 和(b)M2 模态场,以及(c)M1+M2 模态场中的点方差贡献

6.6 变量场中的关联性

(1)相关关联

大气变量场中空间的关联结构可以使用空间格点的相关系数进行研究,它随空间位置的变化可以反映大气变量的相互关系在场上的空间结构。例如,范丽军等(2003)研究北极涛动(AO)和南极涛动(AAO)的年变化特征,AO 和 AAO 具有明显的环状结构,分别计算1—12 月各月纬向平均的月平均 SLP 场逐年序列各纬度之间的交叉相关系数,并从中找出各半球最高负相关值以及相对应的两个纬度,然后研究它们随月的变化,可以很好地反映出 AO 和 AAO 的强度和涛动中心位置随季节的变化规律。图 6.6.1 是北半球和南半球纬向平均的月平均海平面气压场多年序列各纬度之间的最大负相关系数随月的变化曲线图,由图可以看出,在北半球,最大负相关系数在 1 月最大(绝对值大于 0.8),之后开始减小,到6 月达到最小值,然后又回升,到 8 月达到一个极大之后开始减小,到 9 月又达到一个极小值,随后逐渐增加直到下一个 1 月。这说明,冬季 AO 强度最大,纬向对称性最好;AO 在北

半球夏季也能表现出来，但是强度比冬季要弱得多；北半球春、秋季 AO 强度介于冬、夏季之间。

图 6.6.2 是北半球纬向平均的月平均 SLP 场各纬度之间最大负相关系数所对应的两个纬度随月的变化曲线图，从中可以看出，在 12 月—次年 4 月相对应的两个中心纬度位置以南，其中高纬度中心的纬度最南可到 60°N，较低纬度的中心可在 30°N 以南。而 5—11 月两个中心的位置较偏北，尤其在 6—10 月高纬度的中心几乎接近于 90°N。由此可见 AO 在 12 月—次年 4 月范围广，位置偏南；而在 6—10 月范围较小，位置偏北。

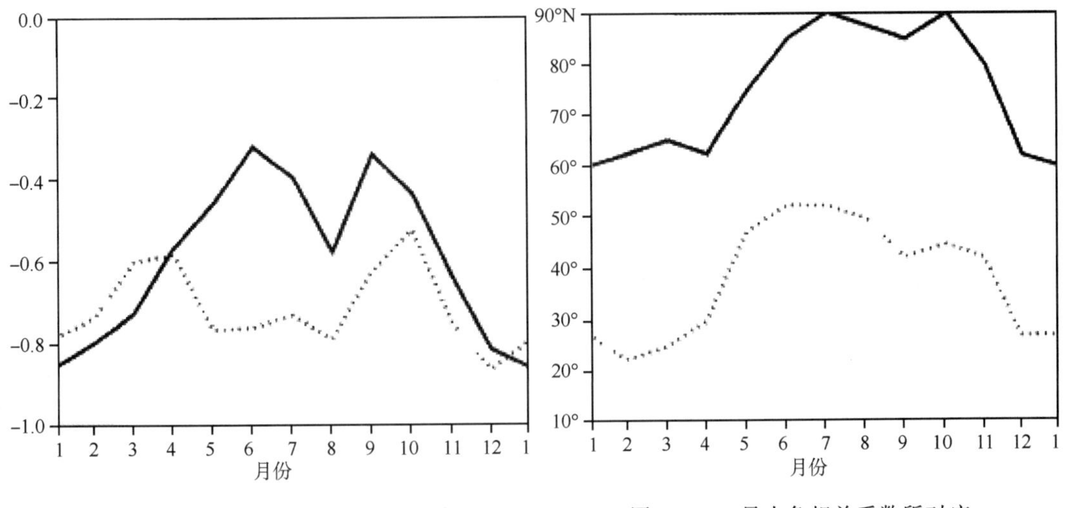

图 6.6.1　各纬度之间的最大负相关系数随月的变化曲线图
（实线为北半球；虚线为南半球）

图 6.6.2　最大负相关系数所对应的两个纬度随月的变化曲线图
（较高纬度为实线；较低纬度为虚线）

（2）网络关联性

大气变量场中的空间结构除用空间格点的相关性进行研究外，还可以使用网络关联性来研究气候系统的空间结构。Tsonis 等（2008）使用图论中的网络关联性来研究大气的遥相关。他们把大气变量场中格点看成网络中的节点，两个节点之间是否有关联，使用相关系数的绝对值大于 0.5 作为有关联的度量，如果某节点 i 与其他节点（不同经纬度 λ,φ）的 N 个节点有关联，则定义该节点 i 的关联性用有效关联节点数（N）与所有节点数面积权重的比率（频率）来表征，为

$$\tilde{c}_i = \sum_{j=1}^{N} \cos\lambda_j \Big/ \sum_{\lambda,\varphi} \cos\lambda \tag{6.6.1}$$

他们使用 1950—2004 年北半球冬季月平均 500 hPa 高度场的资料，计算出热带地区各格点的关联性十分高，且分布在热带地区，说明热带地区的关联性是局限在热带地区。但是计算副热带地区节点的关联性分布图，发现副热带地区的关联性分布在不同的地区，除地区附近外，还有高关联区出现在高纬地区。他们计算不同副热带地区的节点关联性，得到太平洋北美（PNA）和北大西洋（NAO）的网络关联性的遥相关模态。

还可以使用关联矩阵来研究气候系统的空间结构。对大气变量场(格点数为 p,时间样本容量为 n),其关联矩阵中元素为不同格点之间的相关系数,矩阵元素称为关联系数,定义为(Muller *et al.*,2005):

$$c_{ij} = \frac{1}{n}\sum_{t=1}^{n} x_i(t)x_j(t) \quad (i = 1,2,\cdots,p; j = i+1,\cdots,p) \tag{6.6.2}$$

式中,$x_i(t)$为变量场中格点的标准化变量。其矩阵元素虽然是相关系数,但该矩阵不是传统的相关阵。因为在矩阵中没有传统相关阵的第 1 行和第 1 列的元素。关联矩阵由场中任意两格点变量的关联系数构成,它能够表现矩阵中所有相关系数的频率分布可以表现整体的关联程度。

由于关联矩阵是实对称矩阵,因此,可以对此矩阵求其特征值和特征向量。即

$$\boldsymbol{C}\boldsymbol{v}_i = \lambda_i \boldsymbol{v}_i \quad (i=1,2,\cdots,p) \tag{6.6.3}$$

式中,λ 和 $\boldsymbol{v}$ 分别为 $\boldsymbol{C}$ 矩阵的特征值和特征向量。矩阵中格点相关的关联性可以由特征值所解释,用各特征值占总特征值的百分率来表征:

$$G_i = \frac{\lambda_i}{\sum_{i=1}^{p}\lambda_i} \quad (i = 1,2,\cdots,p) \tag{6.6.4}$$

封国林等(2009)认为,传统的遥相关型研究仅考虑空间相关关系的负相关,未考虑正相关,且多集中研究某一遥相关型,不能从整体上揭示气候系统的空间结构特征,他们利用 NCEP 资料(1948—2005 年格点逐日距平温度),应用关联矩阵理论,计算任意两格点温度序列的关联系数,进而构建温度关联矩阵 $\boldsymbol{C}$。为了比较矩阵的关联性,设一个随机关联阵,随机阵中元素是由格点的随机序列之间相关系数构成。他们通过分析温度关联矩阵 $\boldsymbol{C}$ 和随机关联矩阵置之间关联性的差异,来判断空间关联性是否显著。

考虑到气候变化的尺度特征,分别对温度序列做 5 d,10 d,…,30 d 尺度的滑动平均,进而研究各种不同尺度下格点温度之间的关联性。图 6.6.3 a～c 分别为随机关联矩阵、1 d和30 d尺度下,温度序列构建的关联矩阵的频率与关联系数值关系图。从图可见,随滑动平均尺度增加,其空间关联性的频率也增加,与随机空间关联性比较有明显的差别。

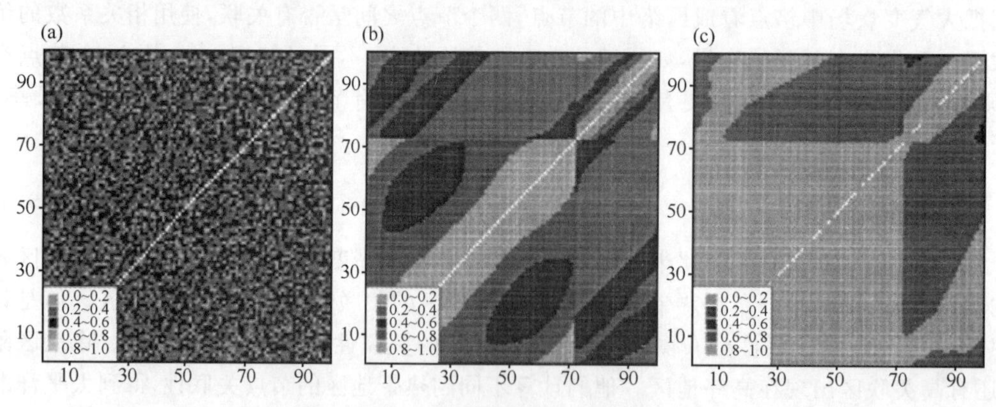

图 6.6.3　温度序列出现的频率与关联系数值关系图

(a)随机关联矩阵;(b)1 d;(c)15 d

从图可见，随机关联矩阵的排列杂乱无章，毫无规律可言，关联系数非常小，这说明格点随机序列之间几乎不存在任何有意义的联系。1 d 尺度下的关联矩阵则表现为由对角线开始关联系数向两侧递减，关联系数分布范围较广。30 d 尺度下的关联矩阵和 1 d 尺度的情况分布相似，但关联系数总体较大，关联一致性更好。

如果关联矩阵中变量是一定条件下（样本容量小于变量场的总样本容量）计算的关联系数，则关联矩阵中的元素就是相关矩。利用相关矩也可以进行空间模态的研究。Huang（1990）把我国夏季各地雨日与赤道东太平洋地区海温的相关矩构成一个随时间和空间分布的二维相关矩矩阵，进一步用主分量分析和转动主分量分析方法研究它们同时关系的相关矩的主要时空分布特征。

他计算赤道东太平洋地区海温与我国夏季各地雨日的同时相关场，从中发现，我国夏季各地雨日对赤道海温变化的响应，主要是正相关响应，但是，地区比较分散，最显著响应的地区是我国东北地区。

但是，对我国夏季各地雨日与赤道东太平洋地区海温的相关矩场进行主分量分析，得到的模态比相关场提供更多的信息。分析结果提取显著的前 3 个主分量，其解释方差分别为 24%、16%和 10%。从第 1 因子荷载图发现，相关矩响应除福建沿海外，几乎覆盖我国整个东部地区。说明我国东部地区对海温有很好的相关响应。第 2 因子荷载分布显示东北地区与长江流域是同相区，第 3 因子荷载分布显示华南沿海是响应区，说明它们是我国夏季雨日对海温响应的重要地区。这些分析结果比相关场能提供更多的非线性相关信息。

进一步用转动主分量分析方法研究它们同时关系的相关矩的主要时空分布特征。结果表明，我国大部分地区雨日对赤道东太平洋地区海温的响应，也存在较复杂的非线性关系，而且不同地区有不同地区的响应特点。在我国东部地区大致可分为 5 个各具不同响应特征的气候区域，它们分别是华北、东北、长江中下游、黄河上游和西南等地区。

6.7 变量场中气候分类

对变量场进行气候分类是气候变化研究的重要内容。常用的分类有空间分类和时间分类。空间分类是对变量场中不同区域的变量变化特征进行区分，称为气候区划。时间分类是根据变量场随时间演变特征进行分类，称为分型（天气型或气候型）。对变量场分类一般使用聚类分析的方法，其分类方法有以下几种。

（1）k-means 方法

大气变量场中气候区划的要求是，把不同地区变量有相同的时间变化特征的格点或站点进行归纳聚类。裴浩等（2009）基于内蒙古 47 个台站的逐候平均气温数据，使用 k-means 方法（见附录 D）进行了候平均气温变化趋势的聚类分析，使用 4 种确定最佳聚类数量的指数进行计算。结果表明，基于候平均气温差值的最佳聚类数量是 5 个（图 6.7.1），每个聚类内各台站的候平均气温变化趋势相似。

计算前（1964—1983 年）、后（1984—2003 年）两个 20 年的 73 候的气温平均值，然后计算两个 20 年各候的中值，进而获得各候两个 20 年之间的中值差。之所以使用中值，是因为它对特殊值的影响不敏感，可以更好地反映两个 20 年各自的平均状态。就一个聚类的整体特性而言，对两个 20 年的不同类别的候平均气温差值进行 t 检验，发现大多数候表现出升温，而且有些候是显著升温。只有少数候表现出降温,但没有显著降温。5 个聚类都在第 19 候(4 月 1—5 日)、第 31 候(5 月 31 日—6 月 4 日)、第 57 候(8 月 8—12 日)和第 72 候(12 月 22—26 日)出现显著升温(显著水平 $\alpha<0.01$)。

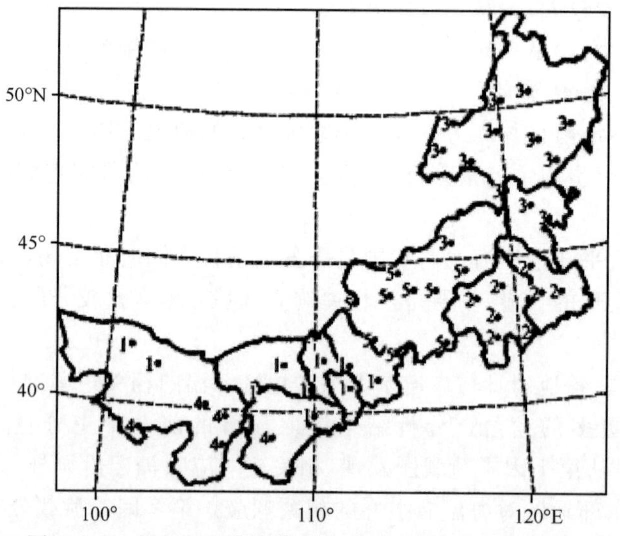

图 6.7.1 候气温变化聚类的空间分布图(数字表示类别)

(2)EOF 法

利用 EOF 法能将空间相关的地区减少到少数几个,并能客观地识别空间不同地区的变化特征型,也是一种聚类分析的方法。宗海锋等(2006)使用 EOF 方法,对中国东部梅雨期(6 月 11 日—7 月 10 日)降水量进行分析,得到前 3 个特征向量空间分布型的 3 个主模态,模态的方差贡献分别为 21.1%、12.6%和 9.0%。认为中国东部降水存在 3 种主要空间型:江南北部多雨型、长江流域多雨型和江淮平原多雨型。

(3)因子分析法

使用因子分析(FA)方法也可以进行变量场的分类。余岸雄等(2012)利用 500 hPa 信号场方法对深圳机场雷暴发生的信号场类型进行研究。对宝安机场夏季 314 个雷暴日当天的信号场进行主因子分析,前 5 个因子累积方差贡献率为 51%,以 5 个对应的信号场空间模态作为分类基础。其中,第 1 模态(图 6.7.2)的解释方差为 17%。信号场形势为:南亚到东亚大部地区为负值区,荷载绝对值大于 0.5 的地区出现在青藏高原到我国南海一带;贝加尔湖以东中高纬地区为正值区,其正值中心位于我国黑龙江与俄罗斯的交界地区,从东北到西南呈现"+-"或者相反的"-+"分布特征;当为"+-"分布时,在 500 hPa 高度场上,高原到南海地区多低值系统活动。

为了解释此信号场模态的天气意义,选取前此模态对应时间序列中最大正值所对应的雷暴日(2002 年 8 月 17 日)信号场作为模态的代表场。从 2002 年 8 月 17 日信号场(图 6.7.3)可见,其"+-+"的区域分布形势与图 6.7.2 荷载场的正负分布形势十分相似,说明该日的信号场分布形势是深圳机场雷暴日 500 hPa 信号场第 1 模态的代表形势。

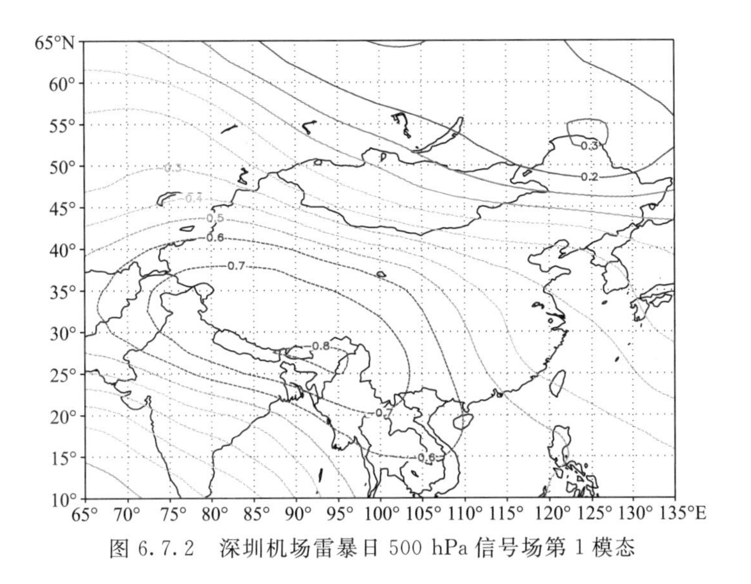

图 6.7.2　深圳机场雷暴日 500 hPa 信号场第 1 模态

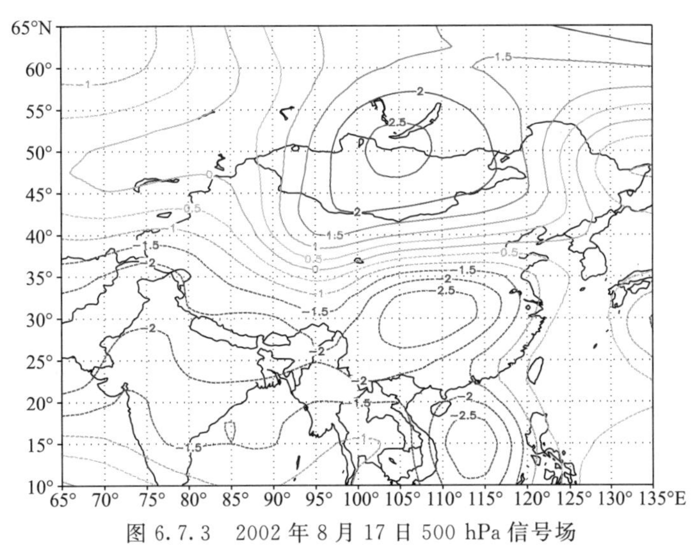

图 6.7.3　2002 年 8 月 17 日 500 hPa 信号场

从 2002 年 8 月 17 日 500 hPa 高度场、850 hPa 风场(图 6.7.4)可见，在低纬南海地区有一个热带气旋活动，中高纬贝加尔湖到蒙古境内则受高压脊的控制。从信号场上来看(图 6.7.4)，(40°～50°N，100°～110°E)为正异常大值区(信号值大于 2.5)，说明 500 hPa 高度场的脊向北发展，在气候背景上是异常的；在(25°～35°N，100°～115°E)有一范围很大的负异常区(信号值小于－2.5)，其对应 500 hPa 高度场减小，引导冷空气进入华南地区；同时，在南海地区也有一个负异常中心，对应着热带气旋的活动。当热带气旋进入宝安机场台风警戒区，即热带气旋移至 15°N 以北、120°E 以西时，深圳地区处于气旋外围气流中或热带气旋附近。此时，热带低压系统完整、云团范围大、降水时间长、雨量大，随着降水云团中的积雨云发展就会出现雷暴，此种天气型与台风登陆关系密切，对信号场的第 1 模态称为台风型模态。

计算典型雷暴日 500 hPa 高度场与其他春季雷暴日 500 hPa 高度场的相关系数，把相关系数大于 0.8 的归为同一类型雷暴天气。

对信号场的第 2～3 模态做上述类似分析，可以得到其他类型的雷暴天气。

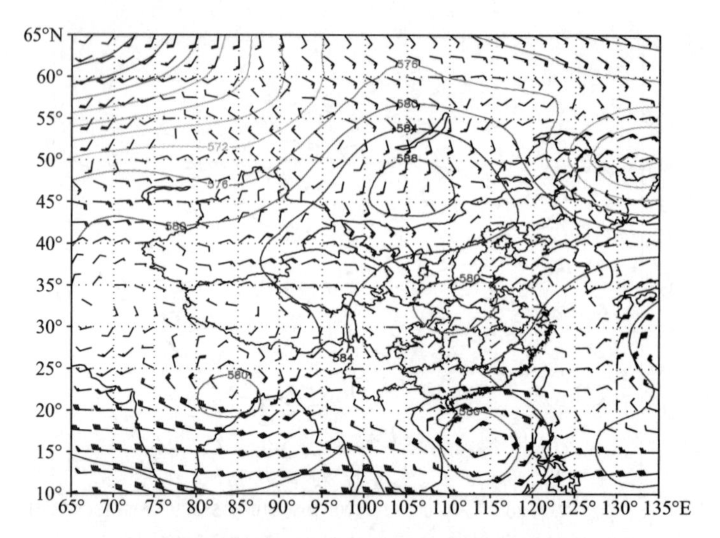

图 6.7.4　2002 年 8 月 17 日 500 hPa 高度场、850 hPa 风场

Ogallo(1989)对东非雨季降水量场用转动主分量分析，提取前几个主分量的特征向量作为空间模态，最后发现前 3 个分量有较好的稳定性。进一步用前两个特征向量为轴做图，从图中站点的聚类情况把该地区分成两个区域，它们各自具有不同的降水时空特征。

在气候区划中，还可以在 EOF 分析基础上，利用不同分量荷载值构成一个平面散布图，在图上根据格点的聚集形态做聚类。还可以用于局地气候模态和区划，例如，黄嘉佑(1981a)用因子分析寻找我国东北地区夏季气温的空间模态。他使用该地区 23 个站夏季(5—9 月)1881—1970 年气温距平资料。提取前两个主因子。他们的累积解释方差达 80%。利用两个主因子荷载为正交轴，把各站的荷载值点在图上，根据点的自然聚集区把所有站分成 3 类：黑龙江省北部海拉尔等 6 站为一类，黑龙江省南部和吉林省北部等 9 站为一类，吉林省东南、南部及辽宁省 8 站为一类。这 3 个区具有不同的气候变化特征。

李庆祥等(2013)使用广义极值分布(GEV)来模拟最低气温分布，取逐日最低气温资料，对环渤海地区夏季 33 站，以 10 年为一个气候阶段，取逐站 10 年气候阶段的暖夜气温样本，由于样本容量为统计大样本，可以较好地做广义极值分布(GEV)中统计量的矩估计。进一步求出暖夜气温分布的 3 个参数估计值。然后计算 1958—2009 年各测站每个 10 年气候阶段(滑动)样本的 3 个参数估计值，以每个 10 年中间年份作为该气候阶段的代表年份，得到以 1962—2004 年为代表年份，43 个气候阶段的广义极值分布(GEV)的 3 个参数(形状、尺度和位置)序列，简称为 3 个(分布)参数的“年际变化序列”。

使用因子分析对渤海湾 33 个站位置参数的年际变化特征进行分类，提取前 3 个公共因子，其累积方差贡献达到 91%，以第 1、第 2 因子荷载分别为横、纵轴，参考第 3 因子荷载值(在图中以圆圈大小表示)，各站散布显示在图上(图 6.7.5)。类别划分主要根据因子荷载的聚集范围，此外还考虑站点的人口。划分结果是：一类站群是在两个类别(A 和 B)以外的测站(图中散布在 A 和 B 以外的测站)。在此站群中，包含有高山站(泰山)和几个沿海小城市，它们受到城市化的影响较小。我们把它们称为“参考”站群，或称为“乡村”站群。其余的 27 个测站(两个大圆圈 A 和 B 围成的测站群)，归为另一类型，称为“城市”站群。其中，城市站群又划分

为两个不同类型的测站群：第 1 类站群，记为“A”站群，有 20 站，地理位置大部分在 38°N 以北的河北省和辽宁省，可以称为北部城市站群；余下归为第 2 类站群，记为“B”站群，有 7 站，地理位置大部分在 38°N 以南的山东省，可以称为南部站群。把“参考”站群作为城市站群热岛效应的参考站，参考站群的气温变化可以看成“自然”变化的代表。

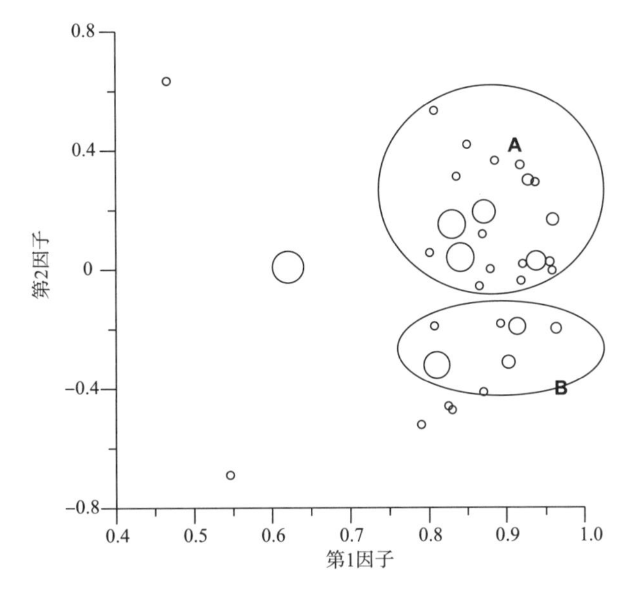

图 6.7.5　华北测站的位置参数前 3 个因子荷载散布图

（图中小圆圈大小是根据第 3 个因子荷载数值大小绘制）

然后根据各广义极值分布参数差值年际变化突变情况，以 1978 年作为分割点，研究两个不同时段上华北不同类型城市，其城市化对暖夜最低气温的影响。

(4)REOF 法

利用旋转经验正交函数(REOF)法也能将空间相关的地区减少到少数几个，并能客观地识别空间型。对变量场进行气候区划也可以使用转动因子分析，空间场上每一个空间点对应的变量只与一个主成分存在高相关。因此，用 REOF 法可以较客观地进行分区。黄嘉佑(1991)用转动因子分析研究我国夏季气温和降水场的空间模式。从所提取的空间模态中发现气温的解释方差较降水大，说明气温场的均匀性较好。比较而言，气温的空间模态多呈纬向分布，而降水模态则多呈经向分布。气温的主要模态反映全国距平符号一致性，但主要表现地区在长江中下游，而降水的主要模态则显示地区的(距平变化符号)差异，长江中下游地区与全国其他地区反相。对前 3 个主分量做极大方差转动可得到综合指标的 3 个地区特征。它们分别为长江中下游、华南和华北。说明这些地区的气温和降水的相关是密切的。事实上，各地同站的夏季气温与降水量的相关场中，负相关系数均超过显著水平并具有相似的空间分布模态。

刘占明等(2012)对广东北江流域极端降水场进行分区，他们对 18 个测站降水量 95% 百分位值使用转动 EOF 分析，把载荷值较高(大于 0.3，图 6.7.6a～c 中粗黑线所示)，且地域上连成一片作为分区标准，由此将流域划分为西北(A)、南部(B)、东北(C)3 个子区域(图 6.7.6d)。

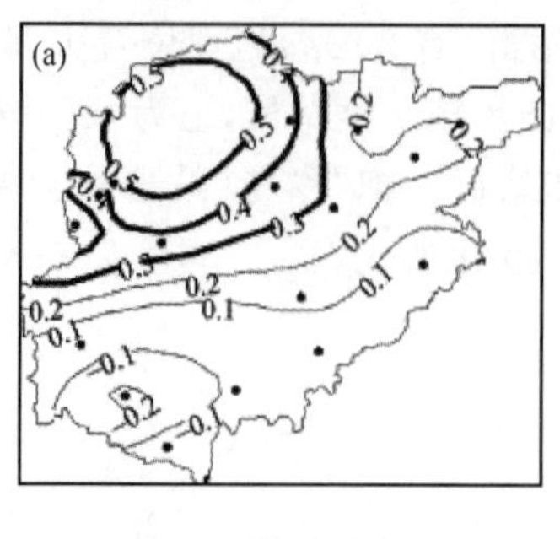

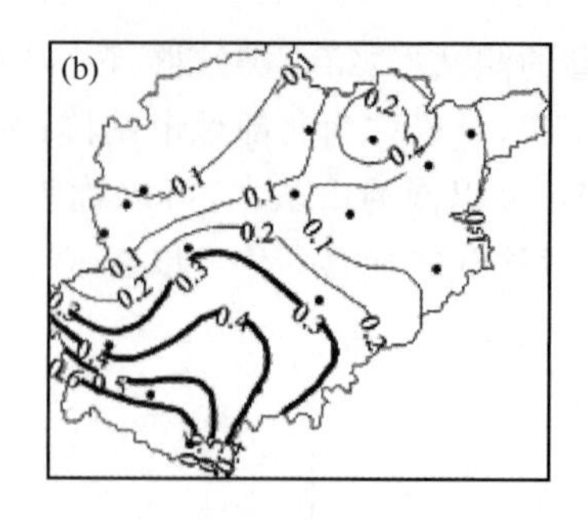

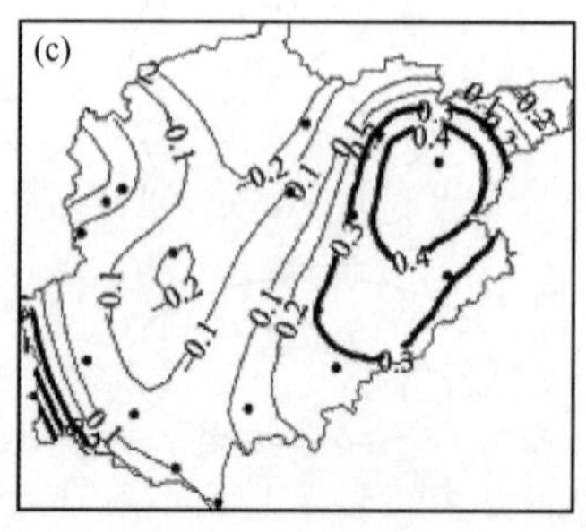

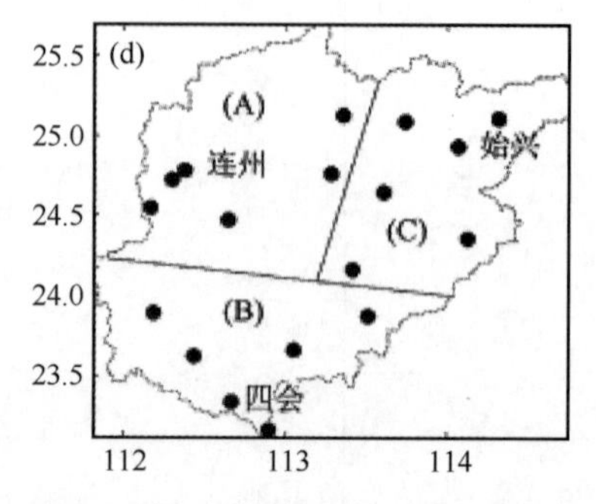

图 6.7.6 北江流域极端降水指标 REOF 前 3 个模态空间分布及分区结果
(a)第 1 模态;(b)第 2 模态;(c)第 3 模态;(d)流域分区

李进等(2012)对黄河地区 7 月平均水汽含量进行旋转经验正交函数分析,由前 4 个旋转载荷向量得到 4 个分区(图 6.7.7):1 区,北部干旱区;2 区,黄河中下游区,包括黄河中下游及华北地区;3 区,高原区;4 区,西北东部区。

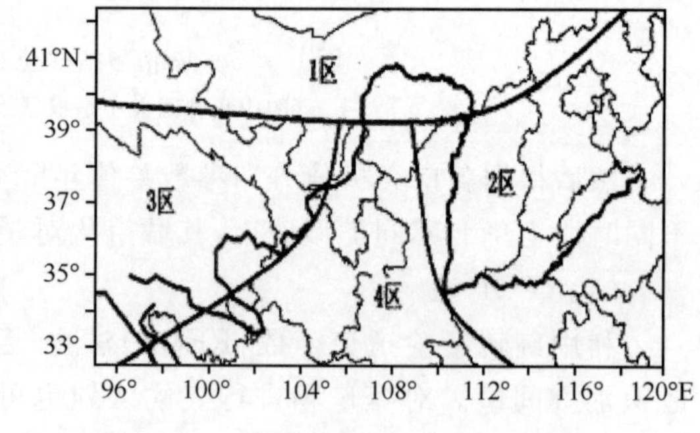

图 6.7.7 黄河流域 7 月水汽的分区

(5)统计聚类检验法

统计聚类检验(CAST)与旋转经验正交函数(REOF)结合方法,也能够进行变量场的聚类分析。

对 p 个格点的标准化变量场,样本容量为 n,设初步选取 m 个聚类区划,以某区的某格点中心点,计算两两格点或测站之间(x_i,x_j)的欧氏距离,为

$$d_{ij}=\sqrt{\sum_{k=1}^{n}(x_{ki}-x_{kj})^2}=\sqrt{2n(1-r_{ij})} \tag{6.7.1}$$

式中,r_{ij} 为两个格点之间相关系数。对应的距离系数随机变量遵从正态分布,其期望和方差为

$$\begin{cases}E(d_{ij})=\sqrt{2n(1-\rho_{ij})}\\ var(d_{ij})=1-\rho_{ij}\end{cases} \tag{6.7.2}$$

式中,ρ_{ij} 为两个格点总体相关系数。欧氏距离极大似然估计值可写为

$$\hat{d}_{ij}=\sum_{i<j}w_{ij}d_{ij}\Big/\sum_{i<j}w_{ij} \tag{6.7.3}$$

其中

$$w_{ij}=\frac{1}{var(d_{ij})}=\frac{1}{1-\rho_{ij}} \tag{6.7.4}$$

上面统计量构成一个新统计量为

$$\chi^2 = 2n\sum_{i<j} w_{ij}(c_{ij} - \hat{c})^2 \tag{6.7.5}$$

其中

$$c_{ij} = \frac{d_{ij}}{\sqrt{2n}} = \sqrt{1-r_{ij}} \tag{6.7.6}$$

$$\hat{c} = \sum_{i<j} w_{ij}c_{ij} / \sum_{i<j} w_{ij}$$

该统计量遵从自由度为 v 的 χ^2 分布。自由度为

$$v = \frac{1}{2}q(q-1) \tag{6.7.7}$$

式中,q 为该区的格点(或站)数。如果该统计量的计算值落在否定域,则认为该区划是显著的。根据变量场进行 REOF 分析得到各区域,以区域对应的转动主分量的最高荷载中心作为聚类分区的中心站点。

丁裕国等(2007)使用统计聚类检验与旋转经验正交函数或旋转主分量分析结合,对我国境内夏季极端高温进行气候区划,得到我国夏季极端高温的 12 个区域。

(6)自组织特征映射法

自组织特征映射方法(Self-Organizing Mapping 或 Self-Organizing Feature Mapping, SOM)是一种较为有效的神经网络聚类方法,可把一组样本按照相似性归成若干类,使得同一类样本之间尽可能最大程度地相似,而不同类间的样本最大程度地不同。SOM 通过有序的映射,将高维空间中样本数据间的复杂非线性统计关系转化为低维空间中的简单几何关系,同时保持主要数据间的重要拓扑关系,实现特征自动识别的聚类分析功能。

Johnson 等(2008)使用 SOM 方法研究北半球大气遥相关模态的连续性。在研究大气中的遥相关模态时,他们认为空间模态的表现是一种气候平均态。他们把模态定义为 n 维空间的向量 $\boldsymbol{m}$,是一个随机变量,常见的模态是模态集合的一个数学期望的表现,即

$$\overline{\boldsymbol{m}} = \int \boldsymbol{m}p(\boldsymbol{m})\mathrm{d}\boldsymbol{m} \tag{6.7.8}$$

式中,$p(\boldsymbol{m})$ 为随机变量的概率密度函数。

他们把研究的目标模态定义为模态核 $\boldsymbol{m}_c$,常规方法得到的模态是有限样本(样本容量为 k)中抽样的平均值,即

$$\overline{\boldsymbol{m}}(x,y) = \sum_{c}^{k} \boldsymbol{m}_c(x,y)p(\boldsymbol{m}_c) \tag{6.7.9}$$

在寻找与该模态的空间位置和强度不同的类型时,可以利用其代表模态 $\boldsymbol{m}^*$,利用某日的海平面气压场(或高度场)$\boldsymbol{z}$,选取最相似的模态场,用距离最小的方法确定为同一类,即

$$\| \boldsymbol{z} - \boldsymbol{m}_c^* \| = \min_i \{ \| \boldsymbol{z}_i - \boldsymbol{m}_c^* \| \} \tag{6.7.10}$$

运用自组织映射方法,可以得到不同的聚类。

另外,他们认为传统 EOF 所提取的模态实际上是平均态,它是不随时间变化的,但是,实际的遥相关模态随时间有空间位置和强度上的变化,模态有连续变化的特征。

为了论证上述的看法,他们使用 NCEP 资料,运用自组织映射方法,从冬季逐日的海平面气压场中,得到类 NAO 的 20 个聚类模态,每个模态在不同的年代中出现的频率不同。发现北大西洋涛动从 20 世纪 70 年代开始有年代际的东移现象,即从向西的 NAO 模态转变为向

东的模态。

6.8 变量场中的波动特征

气象中的高度场中某纬度的不同格点高度值存在波动传播的关联性。其格点序列对应的周期波动曲线表现为空间的波动，可以用频谱分析方法进行分析，此方法称为空间波谱分析。

(1)变量场的纬向谐波分析

大气波动是大气运动的重要形式之一，大气波动表现为在变量场中等值线的波动形式，其波动可以使用谐波分析，或称为波谱分析方法进行分析，按其空间尺度的不同可分为超长波、长波和短波，其中，超长波和长波在很大程度上调节着大气环流的低频变异，是气候预测的重要指标。在中高纬度地区，大气超长波1至3波约占大气环流纬向距平总方差的90%，超长波尺度的准地转运动对于大气超长波来说，研究其性质对中、长期天气预报具有重要意义。

Mitchum等(1990)用纬向谐波方法分析海平面气压场和风场年内单波的振幅和位相的空间分布特征，并研究其向西传播的规律性。

赵杰等(2010)利用1968—1996年共29年逐日的500 hPa位势高度场合成的平均场，反映气候平均态的1年365日的高度场，研究其日、月际变化。使用纬向谐波分析方法，对逐日高度场提取1～3波。发现1、2、3波的振幅均是冬季强于夏季，且季节差异较大，全球平均各分波的能量在很大程度上取决于北半球各分波的能量。南半球主要以1波为主，并且其季节变化不显著，夏秋季略强，2波、3波则振幅非常小，南北半球地区各分波振幅的季节变化均是呈现年周期。在低纬度地区，各分波的振幅都较小，但是季节变化很明显，冬夏季强春秋季弱，呈现出半年周期的变化规律。

陶云等(2007)使用北半球夏季逐月500 hPa高度场实测资料，利用具有双重筛选功能的二维空间谱分析方法，获得了能主要反映1998年北半球夏季逐月500 hPa高度场分布特征的3组空间波集，每组包含15个空间波。分别利用这3组空间谱函数，求出模拟高度场。分析发现，6月500 hPa高度场在中高纬地区的三脊三槽型，7月在中高纬地区的三脊三槽型，8月在中高纬地区的两脊两槽型，各月中高纬地区的槽、脊位置，副热带高压的位置和强度等，模拟场和实测场具有良好的一致性。各月模拟场已经解释了实测场97%以上的方差，复相关系数也均通过了0.01的显著性检验。表明这些空间谱函数可以描述形势和演变特征，可以用来研究1998年夏季年长江流域夏季降水异常的物理机制。

对不同气象要素场也可以进行波谱分析。王海燕等(2010)利用波谱方法，分析了湖北省1954年12月26日至1955年1月18日长持续低温雨雪天气过程的物理量波谱演变。图6.8.1给出了纬向谐波的2波与4波方差比时间变化图。

从图6.8.1中曲线变化来看，按方差比大小可以将其分成3个时间段：1954年12月16—23日、12月24日至次年1月22日和1月23—25日。然后做3个时段的北半球500 hPa高度场合成图，结果发现，第一时段的合成图中，贝加尔湖南部横槽加深，几乎与位于孟加拉湾上空的南支槽叠加，俄罗斯远东地区经我国东北地区到长江中下游为一长波槽区，贝加尔湖到咸海中高纬地区为一长波脊，东亚地区呈现一脊一槽形势，有利于引导高纬度冷空气连续不断东移南下影响我国南方地区。第二时段的合成图中，巴尔喀什湖地区长波槽发展，东亚地区一脊一槽形势被破坏。第三时段的合成图中，超长波2波为优势时，亚洲中高纬度地区建立阻塞形势

并稳定，低温雨雪天气维持；长波 4 波为优势时，贝加尔湖或巴尔喀什湖低槽发展，阻塞形势瓦解，低温雨雪天气结束。

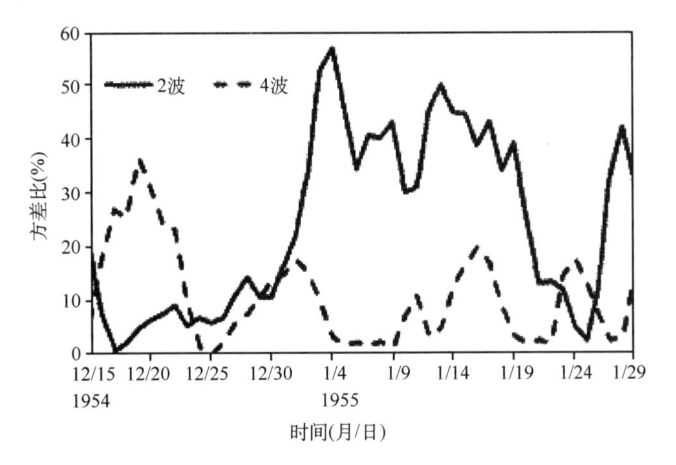

图 6.8.1　1954 年 12 月 15 日至 1955 年 1 月 29 日 40°N 纬向谐波方差比时间变化图

他们还使用谐波动能谱和角动量谱对低温雨雪过程进行分析，发现在低温雨雪过程开始前，高纬和低纬分别有纬向动能高值区，过程结束前，35°N 纬向扰动动能高值中心或北跳或南移。还发现 30°～35°N 的长波角动量先辐合，超长波角动量后辐合，过程开始后，35°～55°N 负的超长波角动量转为正值等规律性。

胡洛林等(2008)在研究南亚高压季节性演变与江淮梅雨期的相关中，利用纬向谐波分析方法，计算了 100 hPa 等压面上，30°N、35°N 和 40°N 的 3 个纬度带的角动量输送谱，主要分析长波以上(1～7 波)的波动角动量输送谱值。图 6.8.2 是 2004 年 7 月 5—15 日长波角动量输送谱值随日期的变化。

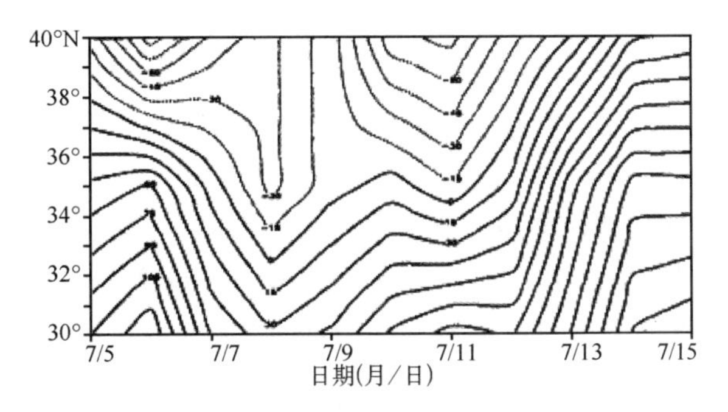

图 6.8.2　2004 年 7 月 5—15 日角动量输送谱(单位：erg/hPa)

从图 6.8.2 可见，30°～40°N 纬度带间具有较大的角动量输送的辐合过程特征，40°N 角动量为负值，即角动量向南输送，而 30°N 角动量为正值，即向北输送，在 30°～40°N 纬度带形成明显的角动量输送辐合区，而这一输送类型主要出现在 2004 年出梅后。从而归纳了南亚高压季节性东进、北移过程所具有的角动量输送谱的演变特征和类型，得到了具有相当共性的诊断结论。

邓淑梅等(2006)利用纬向谐波分析方法对平流层爆发性增温期间行星波的活动过程进行研究。他们对 18 个强爆发性增温过程中北半球冬季位势高度场进行谐波分析，将计算出的行星波1波(简称1波)和行星波2波(简称2波)的振幅的逐日变化与温度场和平均纬向风的逐日变化进行对比。结果表明,爆发性增温前期,1波都异常增幅,波振幅达到峰值之后的一段时间内发生爆发性增温。然而在增温过程中行星波2波的变化却有明显不同,可分为3种情况:①在增温前期,行星波2波很弱;在增温期间,行星波2波异常发展,伴随着极涡崩溃的形式是由偏心型向偶极型过渡。②在增温前期,行星波2波较强;在增温期间,行星波2波明显减弱,极涡的变化形式是远离极地,在极地外围活动,但不发生分裂。③在增温前期,行星波2波不太强;在增温期间,行星波2波有所发展,但始终强不过1波,极涡的变化是先偏离极地,然后发生不对称的变形。

廉毅等(2010)使用纬向谐波分析方法,对逐日高度场取超长波为1、2、3波的合成,长波为4、5、6波的合成。用带通滤波器,计算了500 hPa涡度场的30～60天的低频振荡。以多年平均场作为基本场,与此对应的异常场则为准地转扰动场,根据准地转位涡方程,计算瞬变涡动所导致的位势高度倾向场,以此表征瞬变涡动反馈强迫(简称瞬变强迫)场。分析表明,在东北冷涡异常多(少)年的5—6月,他们选择了6月东北冷涡异常多的1991年和异常少的2007年作为典型个例,分析沿45°N纬圈的高度场纬向谐波的演变特征。发现5月中旬至6月底,120°W以东的地区长波,自西向东呈"＋－＋"驻波特征,也就是北美大陆至北大西洋地区长波随时间近于无位相变化。6月在120°E经线上长波槽位相占优,为东北冷涡活动提供了正涡度源,长波的方差贡献可达40%。东北地区正(负)涡度位相占优,这与北太平洋超长波槽西退(东进)相对应。长波在北太平洋—北美—大西洋地区呈驻波型,与Rossby波能量传播匹配,有利于乌拉尔山附近的异常环流得以长时间维持。

吴幸毓等(2012)用风场傅里叶分析方案,分析了热带(30°S～30°N)850 hPa和200 hPa气候风场的谱结构。发现850 hPa风速0～4波的累积模方拟合率年均达90%,有较大的贡献,其中纬向平均0波分量最重要,它对模方贡献率年均达52%。全年以信风带为主,冬半球外热带才有弱西风出现。0波分量分布图可以清楚区分北、南半球两支信风,它们的季节变化和半球际差异明显表现为冬季或冬半球强而宽、轴线靠近赤道。

袁俊鹏等(2013)对热带印度洋和热带太平洋的海面温度距平场进行谱分析,并对各格点海面温度距平谱分析的结果进行平均。发现海面温度距平存在最显著的周期振荡,其相应的准周期为48个月,约为4年,对应波数为3;另一个显著周期为144个月,约为12年,对应波数为1。选取波数为1和3的频域,使用多维时间序列的交叉谱分析方法,对该频率段的海温场上海面温度演变的位相关系及其落后时间长度关系做进一步分析。波数取3时,计算得到海温场交叉谱矩阵的第一特征值的对应的时间系数序列,其方差贡献为60.9%,对应的海温协谱分布形势大致呈经向条状分布,115°E以西南海、热带印度洋的大范围为同位相区域,而以东至160°W以西为反位相区域。说明在该频率段中的海温,若热带东太平洋附近海域的海面温度距平为正距平(负距平),则西太平洋暖池附近海域的海面温度为负距平(正距平),同时,中国南海、热带印度洋的海面温度距平为正距平(负距平)。它们的演变特征可以看作是两个啮合在一块的一对齿轮组,当其中一个齿轮做顺时针(逆时针)运动时,另一个齿轮做逆时针(顺时针)运动。

(2)球谐波谱分析

把球面看成一个整体,研究变量场的空间波动结构,可以使用球谐波谱分析方法进行研究。袁运斌等(2003)利用球谐函数模型和2000年7月15日139个站的双频GPS观测数据,

计算了全球电离层电子总含量(TEC)，分析和讨论了目前利用 GPS 资料确定全球电离层 TEC 形态。

柳士俊等(2009)对大气电参量进行相关的数值计算及模拟中，采用球谐函数展开法，边界条件采用下边界为地表大气电势，上边界为电离层底部电势，得出了考虑雷暴活动的全球电模式的近地稳态解析解，所得结论与过去的理论分析结果和实验观测是一致的。

(3)空间滤波

大气系统在时间演变中存在空间多尺度系统及其相互作用。在不同尺度的影响系统中，有次天气尺度系统(如局地对流系统)，还有中尺度系统。在气象变量场上，天气尺度与次天气尺度系统叠加在一起，需要使用某种方法对其进行尺度分离，才能揭示不同天气尺度系统的时间演变特征。气象变量场的尺度分离是在这样的假设下进行的，即任一变量场由天气尺度运动及次天气尺度运动叠加而成，即

$$F = F_L + F_S + e \tag{6.8.1}$$

变量场的尺度分离表现为时间尺度分离和空间尺度分离。空间滤波是变量场的空间尺度分离。现在常用的尺度分离办法是使用低通滤波或带通滤波，能够将与次天气尺度系统对应的波长信号分离出来。

使用奇异谱(SSA)方法也可以进行大气变量场的尺度分离。魏凤英等(2003)使用奇异谱方法进行大气变量场的尺度分离。假设由变量时间序列的扩展资料阵，得到的交叉积矩阵有几个特征值满足成对差值很小的条件，则用对应特征向量和主分量进行重建成分，得到系统基本波动即天气尺度系统。然后再用相同的条件，对余下的特征向量和主分量进行重建，得到重建的次天气尺度系统。

他们对卫星观测亮温 1998 年 7 月 20 日观测场建立序列，该序列由 140 个格点数值构成，取 $m=40$ 作为嵌套空间维数。该日正值第一时段强暴雨过程即将开始，从原场(图 6.8.3)的虚线部分看出，长江流域的东、西部雨区与较强的对流云系所对应，在(28°～32°N，113°E)范围内有一对模糊可辨的偶极子系统。

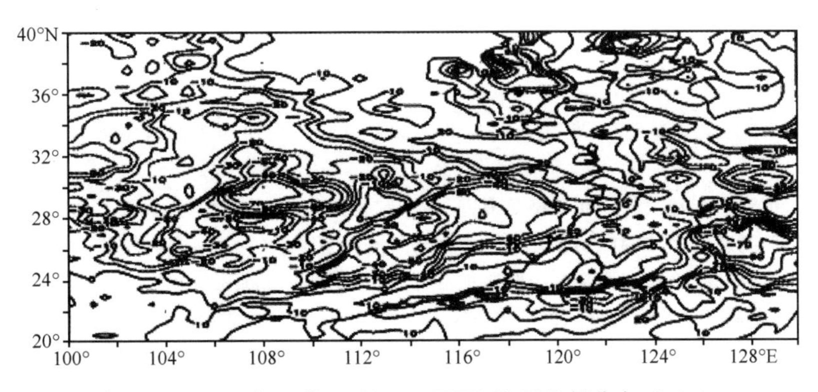

图 6.8.3　1988 年 7 月 20 日 1200UTC 的 TBB 场分布(单位:℃)

从奇异谱展开的特征值变化曲线的递减曲线斜率，确定第 12 个特征值为尺度分界，认为第 12 个以后的特征值对应的特征向量及其主分量是随机部分，即气象噪声。前 12 个特征值对应的特征向量及其主分量是非随机部分。用显著性检验，前 3 个特征向量及其主分量代表系统基本趋势波动，重建为天气尺度。次天气尺度系统由第 4 个至第 12 个特征向量重建而成。从奇异谱尺度分离后的天气尺度场(图 6.8.4)可见，原场中凌乱的扰动基本被滤掉，主要

保留了波长为40个网格距(约2000 km)的波。长江流域为明显的切变线上连续性云系的特征,它占总方差的59.9%。在次天气尺度场上(图6.8.5),主要是波长为4～10个网格距的波,场中偶极子系统比分离前清晰得多。次天气尺度场占总方差的31.0%。

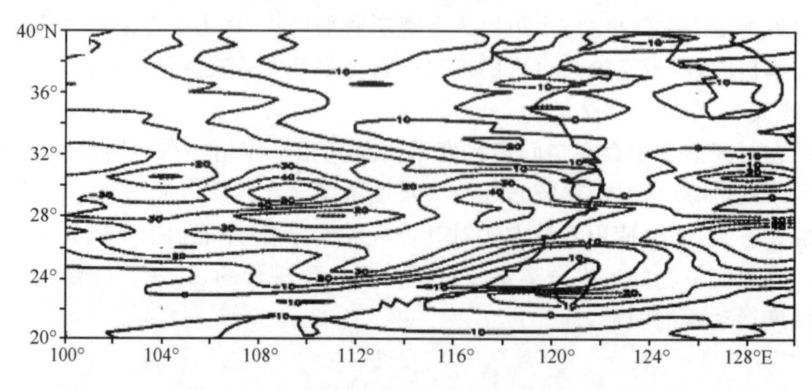

图6.8.4　奇异谱尺度分离后的天气尺度场

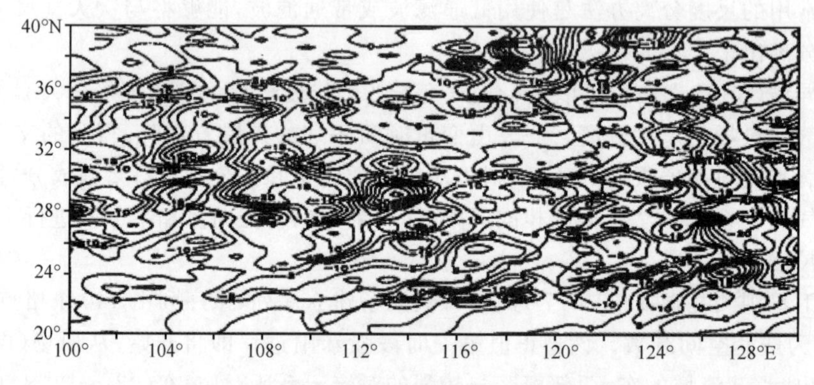

图6.8.5　奇异谱尺度分离后的次天气尺度场

参考文献

曹杰,李湘瑞,应俊.2012.20世纪70年代末前后北半球冬季对流层遥相关的时空演变研究.大气科学,**36**(2):283-296.

陈芳丽,黎伟标.2009.北半球大气遥相关型冬夏差异及其与温度场关系的探讨.大气科学,**33**(3):513-523.

陈辉,廖胜石.1999.初夏北半球500 hPa遥相关型特征及与我国降水的关系.高原气象,**22**(4):692-697.

陈烈庭,詹志强.1984.北太平洋东西部气压距平的遥相关.科学通报,**16**:990-994.

程彦杰,卞林根,陆龙骅.2002.南极海冰涛动与ENSO的关系.应用气象学报,**13**(6):711-717.

邓淑梅,陈月娟,陈权亮,等.2006.平流层爆发性增温期间行星波的活动.大气科学,**30**(6):1236-1248.

丁一汇,刘芸芸.2008.亚洲—太平洋季风区的遥相关研究.气象学报,**66**(5):670-682.

丁裕国,张耀存,刘吉峰.2007.一种新的气候分型区划方法.大气科学,**31**(1):129-136.

范丽军,李建平,韦志刚,等.2003.北极涛动和南极涛动的年变化特征.大气科学,**27**(3):419-424.

封国林,龚志强,周磊,等.2009.基于矩阵理论的全球温度资料的时空关联性研究.气象学报,**67**(2):307-320.

龚道溢,王绍武.1998.南极涛动.科学通报,**430**:296-301.

胡洛林,刘梅,濮梅娟,等.2008.梅汛期南亚高压活动的谱特征分析——角动量谱.气象科学,**28**(3):289-293.

黄嘉佑.1981a.东北地区夏季气温的因子分析,长期预报文集.北京:科学出版社:166-170.

黄嘉佑. 1981b. 北京气温的对应分析. 大气科学,**5**:207-213.

黄嘉佑. 1991. 我国夏季气温,降水场的时空特征分析. 大气科学,**15**:124-132.

简茂球,陈文,乔云亭,等. 2007. 中国汛期月降水量年际异常型的相关性分析. 热带气象学报,**23**(4):333-340.

李崇银,潘静. 2007. 南海夏季风槽的年际变化和影响研究. 大气科学,**31**(6): 1049-1058.

李进,李栋梁,张杰. 2012. 黄河流域水汽的区域分布及演变特征. 大气科学学报,**35**(2):240-248.

李庆祥,黄嘉佑. 2013. 城市化对环渤海地区夏季极端暖夜的影响. 气象学报,**71**(4):668-676.

李勇,陆日宇,何金海. 2006. 太平洋西部遥相关型与赤道中东太平洋海温的关联性和独立性. 自然科学进展,**16**(8):1051-1055.

廉毅,布和朝鲁,谢作威,等. 2010. 初夏东北冷涡活动异常与北半球环流低频变化. 大气科学,**34**(2):429-439 .

刘毓赟,陈文. 2012. 北半球冬季欧亚遥相关型的变化特征及其对我国气候的影响. 大气科学,**36**(2):423-432.

刘占明,陈子燊. 2012. 广东北江流域极端降水时空变化趋势分析. 水资源研究,**1**:239-244.

刘智勇,周平,彭资,等. 2013 基于旋转经验正交函数法的广东省干湿状况时空特征分析. 中山大学学报(自然科学版),**52**(5): 153-160.

柳士俊,周小刚. 2009. 考虑雷暴活动的全球近地稳态大气电场的精确数学解. 地球物理学报,**52**(6):1451-1456.

裴浩,Alex Cannon,Paul Whitfield,等. 2009. 近40年内蒙古候平均气温变化趋势. 应用气象学报,**20**(4):443-450.

陶云,赵荻,杨明. 2007. 1998年长江流域夏季降水异常的一个物理机制. 热带气象学报,**23**(1):41-46.

田晨,刘瑾,陈超. 2011. 500 hPa距平场的EOF显著性及遥相关分析. 安徽农业科学,**39**(4):2028-2032.

王海燕,李才媛,郭英莲,等. 2010. 基于波谱方法的湖北冬季两次长持续低温雨雪天气分析. 暴雨灾害,**29**(3):257-262.

魏凤英,朱福康. 2003. 一种分离暴雨过程天气尺度和次天气尺度特征的方法. 大气科学,**27**(2):191-202.

吴幸毓,王盘兴,周国华,等. 2012. 热带月平均风场谱结构的傅立叶分析1——气候风场分析. 热带气象学报,**28**(1):50-60.

徐琼芳,高庆九,阮文初. 2011. 用EOF方法分析华中五省近47年总云量变化分析. 气象研究与应用,**32**(增刊Ⅱ):185-189.

许立言,武炳义. 2012. 欧亚大陆春季融雪量与东亚夏季风的可能联系. 大气科学,**36**(6): 1180-1190.

杨修群,朱益民,谢倩,等. 2004,太平洋年代际振荡的研究进展. 大气科学,**28**(6): 979-992.

余岸雄,黄嘉佑,张焱,等. 2012. 利用信号场作深圳宝安机场的雷暴分类研究. 科学技术与工程,**20**(31):8349-8354.

袁俊鹏,曹杰. 2013. 北半球环状模周期变化和突变研究. 地球物理学报,**19**(1):409-421.

袁运斌,欧吉坤. 2003. 利用IGS的GPS资料确定全球电离层TEC的初步结果与分析. 自然科学进展,**13**(8):885-888.

赵杰,马浩. 2010. 气候态大气超长波的时空特征初探. 科协论坛(下半月),**5**:68-69.

宗海锋,张庆云,陈烈庭. 2006. 梅雨期中国东部降水的时空变化及其与大气环流海温的关系. 大气科学,**30**(6):1189-1197.

Barnston A G, Livezey R E. 1987. Classification, seaonality and persistence of low-frequency atmospheric circulation patterns. *Mon Wea Rev*, **115**:1083-1126.

Beltrando G. 1990. Space-time variability of rainfall in April and October-November over east Africa during the period 1932—1983. *Inter. J Climatol*, **10**:691-702.

Diaz H F, Flubright D C. 1981. Eigenvector analysis of seasonal temperature, precipitation and synoptic-scale frequency over the contingous Unite States. Part I: Spring, summer, fall, winter and annual. *Mon Wea Rev*, **109**:1267-1284.

Dommenget D. 2007. Evaluating EOF Modes against a Stochastic Null Hypothesis. *Climate Dynamics*,**28**:517-531.

Esbensen S K. 1984. A comparison of intermonthly and interannual teleconnections in the 700 mb geopotential height field during the Northern Hemisphere winter. *Mon Wea Rev*,**112**:2016-2032.

Hannachi S,Unkel N T,Trendafilov I T,*et al*. 2009. Independent Component Analysis of Climate Data: A New Look at EOF Rotation. *J Climate*,**22**:2797-2812.

Hsu Huang-Hsiung,Wallace J M. 1985. Vertical structure of winter-time teleconnection patterns. *J Atoms Sci*, **42**:1693-1710.

Huang Jiayou. 1990. Correlations between sea surface temperature in eastern equatorial Pacific and rain days over China in summer. *Advances in Atmospheric Sciences*,**7**(2):127-136.

Huang Jiayou,Tan Benkui,Suo Lingling,*et al*. 2007. Monthly changes in the influence of the arctic oscillation on surface air temperature over China. *Advances in Atmospheric Sciences*,**24**(5):799-807.

Jie Sun,Benkui Tan. 2013. Mechanism of the wintertime Aleutian Low-Icelandic Low seesaw. *Geophysical Research Letters*,**40**:4103-4108.

Johnson N C,Feldstein S B,Tremblay B. 2008. The continuum of Northern Hemisphere teleconnection patterns and a description of the NAO shift with the use of Self-Organizing Maps. *J Climate*,**21**:6354-6371.

Keppenne C K,Ghil M. 1992. Adaptive filtering and prediction of Southern Oscillation Index. *J Geophys Res*, **97**:20449-20454.

Lamb P J,Peppier R A. 1987. North Atlantic Oscillation:concept and application. *Bull Am Meteor Soc*,**68**: 1218-1225.

Lau Ka-Ming,Chen P H. 1983. Short-term climate variability and atmospheric teleconnections from satellite-observed outgoing long-wave radiation. Part II: Lagged correlations. *J Atmos Sci*,**40**:2751-2767.

Mitchum G T,Lukas R. 1990. Westward propagation of annunal sea level and wind signals in the Western Pacific Ocean. *J Climate*,**3**:1102-1110.

Monahan A H. 2001. Nonlinear principal component analysis: Tropical Indo-Pacific sea surface temperature and sea level pressure. *J Climate*,**14**:219-233.

Muller M,Baier G,Galka A,*et al*. 2005. Detection and Characterization of Changes of the Correlation Structure in Multivariate Time Series. *Phys Rew E*,**71**:046116.

Nitta T. 1986. Long-term variations of cloud amount in the western Pacific region. *J Met Soc Japan*,**64**: 373-390.

North G R,Bell T,Cahalan R,*et al*. 1982. Sampling errors in the estimation of empirical orthogonal function. *Mon Wea Rev*,**110**:699-706.

Ogallo L J. 1989. The spatial and temporal patterns of the east African seasonal rainfall derived from principal component analysis. *J Climatol*,**9**:145-167.

Overland J E,Preisendorfer R W. 1982. A significance test for principal component applied to a cyclone climatology. *Mon Wea Rev*,**110**:1-4.

Philippon N,Jarlan L,Martiny N,*et al*. 2007. Characterization of the interannual and intraseasonal variability of West African Vegetation between 1982 and 2002 by means of NOAA AVHRR NDVI data. *J Climate*,**20**: 1202-1218.

Richman M B. 1986. Review article,rotation of principal components. *J Climatol*,**6**:293-355.

Ronberg B,Wang Wei-Chyung. 1987. Climate patterns derived from Chinese proxy precipitation records: An evaluation of the station networks and statistical techniques. *J Climatol*,**7**:391-416.

Sumner G N. 1983. The spatial organization of daily rainfall in eastern New South Wales. *J Climatol*,**3**:

361-374.

Thompson D W J, Wallance J M. 1998. The Arctic oscillation signature in wintertime geopotential height and temperature fields. *Geophys Res Lett*, **25**:1297-1300.

Tsonis A A, Swanson K, Wang G. 2008. On the role of atmospheric teleconnections in climate. *J Climate*, **21**:2990-3001.

Walker G T, Bliss E W. 1932. World Weather. *Mem Roy Meteor Soc*, **4**:53-84.

Wallace J M, Gutzler D S. 1981. Teleconnections in the geopotential height field during the Northern Hemisphere winter. *Mon Wea Rev*, **109**:784-812.

White D, Richman M, Yrnal B. 1991. Climate regionalization and rotation of principal components. *Int J Climatol*, **11**:1-25.

Wu B, Zhang R, D'Arrigo R. 2006. Distinct modes of the East Asian winter monsoon. *Mon Wea Rev*, **134**:2165-2179.

Yeh S W, Kirtman B P. 2004. The North Pacific Oscillation-ENSO and internal atmospheric variability. *Geophys Res Lett*, **31**:L13206, doi:10.1029/2004 GL019983.

Zhou P T, Suo L L, Yuan J C, *et al*. 2012. The East Pacific wavetrain: Its variability and impact on the atmospheric circulation in the boreal winter. *Adv Atmos Sci*, **29**(3):471-483.

第7章　两个变量场的关系

在研究地球气候形成和变化中，气候系统是一个十分复杂的系统，它包含地球系统的五大圈层(冰、气、水、岩石和生物)。在这个气候系统变化中，它们相互制约，构成一个非常复杂的耦合系统。研究不同圈层及圈层内部不同变量场之间的相互关系，是全球气候变化信息综合分析研究的重要内容，使用变量场之间的差异性、相似性、相关性和耦合性等诊断方法对其进行研究。

7.1　两个变量场的差异性

度量两个变量场不同状态下的平均场的差异性，例如，对两个变量场(X 和 Y)，比较其在两个不同时段 n 和 m 中状态(平均值)之间的差异性，可以使用如下统计量：

$$t = \frac{\bar{x} - \hat{y}}{s\left(\frac{1}{n} + \frac{1}{m}\right)^{\frac{1}{2}}} \tag{7.1.1}$$

其中

$$s^2 = \frac{\sum_{i=1}^{n}(x_i - \bar{x})^2 + \sum_{i=1}^{m}(y_i - \hat{y})^2}{n + m - 2} \tag{7.1.2}$$

该统计量遵从自由度为 $n+m-2$ 的 t 分布。式中，s 为标准差的无偏估计量；$\bar{x}$ 和 $\hat{y}$ 为两个不同时段的样本平均值。

马玉坤等(2011)利用环渤海 35 个台站 1954—2002 年近 50 年逐日平均总云量和低云量的观测资料，统计研究区域内不同气象要素对少云、中等云量、多云的发生的影响。3 类不同云量出现的气象要素平均场之间是否有着显著的差异呢？如果有，那么这个要素平均场就可以作为预报判据，进而做出相应的预报结果；如果没有，那么将这个要素的平均场作为预报的判据是不合理的。因此，只要对 3 类样本平均场之间的差异做显著性检验就能清晰地看出哪些要素的平均场之间有显著的差异，进而可以将差异显著的要素平均场挑选出来，作为判据进行综合判别，从而做出相应的预报。

他们对锦州站计算出不同云量平均场和差异性统计量 t 相应数值，查得在 0.05 显著水平、自由度为 46 时的临界值 $t_\alpha = 2.015$，将大于此值的要素平均场挑选出来，作为预报判据。结果发现，少云和中等云量两种云量模型相关的各要素月平均场之间的差异，主要体现在风场的经向风分量(V)、垂直上升运动(W)及水汽通量散度(A)上，其差异性说明不同云量的形成对应着不同强弱程度的上升运动、经向风分量和南北水汽输送。图 7.1.1 显示了不同因子在不同云量状态下平均场在各月的显著性检验结果。从图中看出，影响云量形成的几个主要的因子对云量形成的影响也是不同的，显著性差异呈先上升后下降的趋势。在夏半年，不同云量所对应的因子场之间的差异明显比冬半年大，这是因为在夏半年，天气形势复杂多变，局地对

流频繁，云量也要比冬半年多，影响不同云量形成的各因子之间的差异也很容易反映出来；而在冬半年，天气形势较夏半年稳定，云量较夏半年少，影响不同云量形成的各因子之间的显著性差异较小。

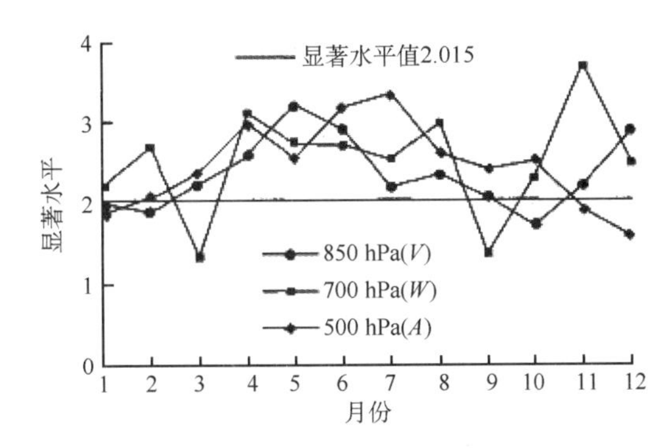

图 7.1.1　影响不同类型云量的因子月平均场差异的显著性检验

7.2　两个变量场的相似性指标

利用大气变量场做相似预报，能够考虑天气发展过程的三维结构特征，且兼顾大气本身的线性和非线性变化规律，是一种较实用的预报方法。相似预报原理，是对当前大气的物理状况和发展过程，与历史上相应时段内曾经出现过的大气的物理状况和发展过程进行比较，假如两个样本的天气形势和气象要素场是相似的，那么，它们的天气发展过程也相似。相似预报是以相似判据为基础，相似判据是寻找相似天气过程的关键，对相似预报的质量起着至关重要的作用。

度量两个变量场相似程度的相似性判据主要分两大类：距离系数和相似系数。几种常用的相似性判据有以下几种。

(1)场距平相关系数

对某个时刻的两个变量场(x 和 y)，其场距平相关系数为

$$R=\frac{\sum_{k=1}^{m}(x_k-\bar{x})(y_k-\hat{y})}{\sqrt{\sum_{k=1}^{m}(x_k-\bar{x})^2\sum_{k=1}^{m}(y_k-\hat{y})^2}} \tag{7.2.1}$$

式中，m 为两个场的格点数；$\bar{x}$ 和 $\hat{y}$ 为两个场的格点数据平均值。当两个变量场数据变化同相时，即场的形势相似，相关系数为正；当变化反相时，即场的形势为反相似，相关系数为负，两样本的位相差决定了相关系数的大小，所以相关系数判据是一个很好的形相似判据，能准确地刻画两个场的位相(流型)差异。

(2)相似系数

度量两个大气变量场之间的相似程度，可以使用如下的相似系数计算，对 X 和 Y 两个场，场中格点数为 m，则场的相似系数为

$$S=\frac{\sum_{k=1}^{m}x_k y_k}{\sqrt{\sum_{k=1}^{m}x_k^2\sum_{k=1}^{m}y_k^2}} \tag{7.2.2}$$

从相似系数的计算公式可以看出：如果把两个场 X 和 Y 看成 m 维空间的两个向量，则相似系数就是这两个向量夹角的余弦。和相关系数不同的是，相似系数的计算用的是因子的原值，其大小除了与两样本之间的位相有关，也与两样本之间的振幅有关，还与因子自身的大小、正负值有关。但是相似系数却不能把两样本之间的位相（流型）差异和振幅（能量）相似区分开，所以相似系数作为判据既无法准确刻画场之间的位相（流型）差异，又无法准确刻画样本间的振幅（能量）相似程度。

（3）海明距离

对两个场 X 和 Y，场中格点数为 m，度量它们之间的相似性也可以使用海明距离。它的计算式为

$$H=\sum_{k=1}^{m}|x_k-y_k| \tag{7.2.3}$$

海明距离也称为域块距离，它刻画了两个场所有格点间距离的总和，反映了两个场之间的总距离。然而对于波动振幅相同的两个场，它们之间的海明距离会随着位相差的不同而变化，并不总是为0，表明海明距离不仅与两个场的振幅差有关，也与它们之间的位相差有关，海明距离无法准确地刻画样本间的振幅（能量）差异，也无法准确刻画两个场间的位相（流型）差异。

（4）欧氏距离

度量两个场之间的差异性，可以使用欧氏距离来度量。它的计算式为

$$E=\sqrt{\sum_{k=1}^{m}(x_k-y_k)^2} \tag{7.2.4}$$

从欧氏距离的计算公式可以看出：如果把两个样本 X_i 和 X_j 看成 m 维空间的两个点，则欧氏距离就是这两个点之间的距离。欧氏距离与海明距离相比凸显了场在局部的较大差异，加大了局部较大差异的权重。欧氏距离和海明距离一样，也与两个样本的振幅差和位相差有关，也是既无法准确地刻画样本间的振幅（能量）差异，又无法准确地刻画样本间的位相（流型）差异。

（5）相似离度

$$C=\frac{1}{2}(s+d) \tag{7.2.5}$$

式中，$s=\frac{1}{m}\sum_{k=1}^{m}|(x_k-y_k)-(\bar{x}-\hat{y})|$；$d=\frac{1}{m}\sum_{k=1}^{m}|x_k-y_k|$。相似离度是度量两个场的一种相似判据（李开乐，1986），它反映了两个场之间形相似程度，称之为形系数。用 d 来反映两个场之间平均距离的差异程度，称为值系数。

（6）相似指数

$$SI_i=\begin{cases}10 & Df_i=0\\ 10-k & (k-1)\cdot D/4<Df_i\leqslant k\cdot D/4 \quad (k=1,2,3,4)\\ 6-k & (k+1)\cdot D/2<Df_i\leqslant (k+2)\cdot D/2 \quad (k=1,2)\\ 4-k & (3k+1)\cdot D/2<Df_i\leqslant (3k+4)\cdot D/2 \quad (k=1,2)\\ 1 & 5D<Df_i\leqslant 7D\\ 0 & 7D<Df_i\leqslant 10D\end{cases} \tag{7.2.6}$$

式中，i 为历史样本样品序号。相似指数 SI_i 不与判据 D 的均等区间成比例，使得少量与预报样本接近的若干历史样本获得高的 SI_i 值，大多数不甚相似的历史样本被赋予低 SI_i 值，使得

样本在相似程度上被分离(钟元,2003)。

判据 D 和 Df 的计算:假定某相似判据的关系式用 f 来表示,判据的最大值 $\max(f)$ 与最小值 $\min(f)$ 确定后,将其极差十等分:

$$D=[\max(f)-\min(f)]/10$$

判据的界限值(视相似判据的不同可能是极大值或极小值)用 C 表示,相似样本场 i 的判据值与界限值 C 的绝对距离用 Df_i 表示:

$$Df_i=|f_i-C| \tag{7.2.7}$$

7.3　两个风场相似性

把风作为向量处理,可以计算两个场风向量的相似系数。含纬向风和经向风两个场的相似系数是复数,为

$$S=\frac{\sum_{k=1}^{m}[(u_{xk}u_{yk}+v_{xk}v_{yk})]}{\sqrt{\sum_{k=1}^{m}(u_{xk}^2+v_{xk}^2)\cdot\sum_{k=1}^{m}(u_{yk}^2+v_{yk}^2)}}+\mathrm{i}\frac{\sum_{k=1}^{m}[(u_{yk}v_{xk}-u_{xk}v_{yk})]}{\sqrt{\sum_{k=1}^{m}(u_{xk}^2+v_{xk}^2)\cdot\sum_{k=1}^{m}(u_{yk}^2+v_{yk}^2)}} \tag{7.3.1}$$

式中,u_{xk} 和 u_{yk} 分别为 X 和 Y 场上第 k 个格点上的纬向风;v_{xk} 和 v_{yk} 分别为 X 和 Y 场上第 k 个格点上的经向风。

对两个风场相似性,也可以使用欧氏距离 E(见公式 7.2.4),但是风是向量,处理为复数,其风场距离的向量模平方和可以作为相似性的度量,其欧氏距离为

$$\begin{aligned}d&=\sum_{k=1}^{m}\|E\|^2\\&=\sum_{k=1}^{m}[(u_{xk}-u_{yk})+\mathrm{i}(v_{xk}-v_{yk})][(u_{xk}-u_{yk})-\mathrm{i}(v_{xk}-v_{yk})]\\&=\sum_{k=1}^{m}[(u_{xk}-u_{yk})^2+(v_{xk}-v_{yk})^2]=E_u+E_v\end{aligned} \tag{7.3.2}$$

由公式可见,两个风场的欧氏距离分别为纬向风距离与经向风距离之和。

Wang(1992)使用局地风相似系数来研究 El Nino 年份大气环流的风场异常,使用如下公式计算:

$$A=\frac{\sum_{i=I-I_0}^{I+I_0}\sum_{j=J-J_0}^{J+J_0}(u_{1ij}u_{2ij}+v_{1ij}v_{2ij})}{\left[\sum_{i=I-I_0}^{I+I_0}\sum_{j=J-J_0}^{J+J_0}(u_{1ij}^2+v_{1ij}^2)\right]^{1/2}\left[\sum_{i=I-I_0}^{I+I_0}\sum_{j=J-J_0}^{J+J_0}(u_{2ij}^2+v_{2ij}^2)\right]^{1/2}} \tag{7.3.3}$$

式中,u 和 v 分别表示纬向风和经向风距平;下标 1 和 2 分别表示两个不同区域;I_0 和 J_0 分别表示区域内包含的中心经度和纬度数。区域内包含的格点数是 $(2I_0+1)\times(2J_0+1)$。选取太平洋—印度洋地区 El Nino 年份与非 El Nino 年份比较,计算得到 1982 年 9 月—1983 年 8 月和 1980 年 9 月—1981 年 8 月的 850 hPa 秋季、冬季、春季和夏季的风场相似图。利用相似性发现环流异常随季节变化而加强;异常区域随季节由亚洲地区向赤道东太平洋移动。

7.4 两个变量场的关联性

(1)指数与相关场

两个变量场之间关联性的研究，常常把一个变量场变成一个指数，或者变成一个代表序列，即把变量场的相关作为变量场的代表序列与另一个变量场进行相关分析。

把一个变量场进行空间平均产生一个场的代表变量，是最常用的方法。例如，唐瑜等(2008)研究青藏高原地表感热与华北夏季降水的关系，求得华北区域平均夏季降水量序列，然后把它与青藏高原4月感热场进行相关分析，发现青藏高原北部和西北部的4月感热与华北平均夏季降水的负相关最显著，一个位于高原中部的安多、托托河和班戈的附近(−0.51)，另一个位于高原北部的冷湖附近(−0.45)。进一步又求出青藏高原关键区(位于高原的北部，即35°N以北地区)的4月感热代表序列，以此序列与华北地区夏季降水的关系进行相关分析，发现大的相关中心主要位于华北南部，即40°N以南地区。说明春季西北地区的感热状况对华北南部地区夏季降水有显著影响。

通常使用一个指数来代表一个地区的天气气候系统场，研究它对一个地区天气气候系统场的影响时，通过其代表系统的时间序列进行研究。例如，李崇银等(2007)计算南海夏季风槽强度指数与上年冬季太平洋海温关系时，使用该指数与太平洋海温距平场进行相关分析，其相关关系可以通过图7.4.1的相关场来表现。由图7.4.1可以看到，从赤道东太平洋南美洲西岸一直延伸到赤道中太平洋，有很明显的负相关区的存在，并且通过了显著性检验；暖池区的海温距平与南海夏季风槽强度有显著的正相关。上述这种相关关系的分布意味着沃克环流是处于偏强(或偏弱)的状态，而异常的沃克环流会通过海气相互作用影响到其后的南海夏季风槽的强弱。也就是说，前冬赤道中东太平洋出现异常增温(降温)时，暖池区出现海温的负(正)异常，这种海温异常及其影响会持续到夏季，并造成南海夏季风槽的减弱(增强)。

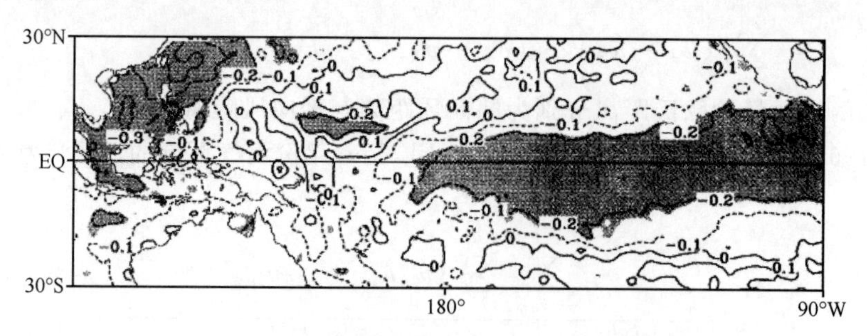

图7.4.1 夏季风槽指数与前冬海温距平的相关系数分布

对一个流域地区的变量场，也可以提取流域的物理量指数作为代表序列，与其他变量场进行分析。黄嘉佑等(1996)研究黄河流域水资源与大气环流关系中，对流域水资源场进行指标定义：

$$S = R - L - Z \pm \Delta V \tag{7.4.1}$$

式中，R为流域地区降水量；L为地区径流流出量；Z为蒸发量；ΔV为地下潜流和地下蓄水量变化量。

他们选取前年夏、秋、冬季和当年春季的 500 hPa 静力和动力物理量(高度、纬向风、经向风和动能)场,分别计算黄河流域水资源指标与各物理量场的相关场。表 7.4.1 给出了不同季节两个序列与各相关场的显著相关区占整个场的面积比例,以反映各物理量场对流域水资源的影响。

表 7.4.1　水资源与物理量场的显著相关区占整个场的面积比例(%)

物理量	高度	纬向风	经向风	动能	平均
夏季	11.9	8.8	7.3	8.1	9.0
秋季	13.9	10.6	14.7	15.1	13.6
冬季	22.6	5.1	8.2	5.4	10.3
春季	17.9	11.1	4.1	8.1	10.3
平均	16.6	8.9	8.6	9.2	10.8

从表 7.4.1 可见,4 个季度平均而言,水资源与各物理量场的相关均是显著的(显著相关区比例超过 7%)。在物理量场中,与高度和动能场有较高的显著度。在季度中,与前一年秋、冬季和春季的大气环流有较密切关系,说明前期大气环流与流域水资源有密切关系。

他们进一步研究水资源与前一年秋、冬季物理量相关场,发现它们有大致相同的分布形势,主要负相关区分布在乌拉尔山至太平洋的高纬地带(40°～70°N,60°～140°E),中心在(60°N,110°E),相关系数为－0.39。正相关区分布在南亚到太平洋狭长的低纬地带(10°～20°N,50°～160°E),中心在(10°N,150°E)附近,相关系数为 0.43。说明前一年秋季的中高纬西风带系统和副热带系统是影响黄河流域水资源的主要系统。

(2)EOF 相关场

变量场的指数是变量场的代表,即它应该代表变量场的主要变化特征。如果变量场中的变量之间差异很大,使用变量的平均值作为场的代表,由于场中变量变化差异性很大,其代表序列的代表性会很差,不能使用变量的平均序列来代表场的时间变化,这时可以使用主分量分析方法,提取变量场的主要代表序列作为变量场的代表序列。

黄嘉佑等(1994)研究大气环流对北京地区降水和谷物的影响,把北京 12 个郊区县的小麦气象产量作为一个变量场,场中有 12 个空间点,每个点有小麦气象产量逐年变化序列,对此变量场使用因子分析方法提取其主要气候特征,其公共因子作为场的代表序列,各公共因子对变量场的解释方差见表 7.4.2,从表可见,场的第 1 公共因子解释方差约 80%,能够代表该变量场时间变化的主要气候特征。但是,前 5 个公共因子中,哪个因子是显著的,需要进行显著性检验。他们使用如下标准:两个相邻的特征值之差,若大于其特征值乘上一个因子$(2/n)^{1/2}$,则认为该特征值对应的因子是显著的。检验发现,前两个公共因子是显著的。

表 7.4.2　公共因子的解释方差

公共因子	1	2	3	4	5
解释方差	0.757	0.087	0.042	0.035	0.027
特征值	9.084	1.048	0.501	0.420	0.320

从变量场第1因子荷载场发现，12个区县的荷载均为正值，说明北京小麦气象产量的变化有一致的变化特征；第2因子荷载场反映山区和半山区与平原区县有相反变化的特征，此特征反映地形对小麦产量的影响。显然，第1因子有最大的解释方差，其荷载值表现的一致性，表明它是由于大范围环流对北京地区气象产量的影响所致。研究此因子的变化，可以反映大气环流对谷物的影响。

由于西太平洋副热带高压系统是影响华北地区春季、夏季降水的主要气候系统，描述此系统有4个指数，即副高的北界、面积、强度和西伸脊点。计算小麦产量的第1因子与它们的相关系数，发现在4.5年周期上有较密切的关系。分别计算前一年秋季、冬季和当年春季，以及3个季节平均的副高的北界、面积、强度和西伸脊点与小麦第1公共因子在4.5年周期上的凝聚(表7.4.3)。发现秋季和冬季副高面积和强度对小麦产量有密切关系。在副高系统的长期气候影响上，即前年秋季、冬季和当年春季的3个季节平均来看，副高强度对小麦产量有较大的影响。

表7.4.3　3个季节的副高指数与小麦产量第1公共因子在4.5年周期上的凝聚

季节	北界	面积	强度	西伸脊点
秋季	0.41	0.56	0.38	0.18
冬季	0.49	0.51	0.61	0.32
春季	0.28	0.25	0.34	0.04
平均	0.43	0.44	0.58	0.17

提取变量场的代表序列时，还可以提取若干序列作为场的代表序列。例如，蒋金荣等(1989)对太阳辐射与西北太平洋副高的关系进行研究时，首先对西北太平洋地区的净太阳入射辐射场进行EOF分析，发现第1特征向量场无纬度变化，是反映太阳辐射的基本场，第2和第4特征向量场则表现有明显的纬向和经向的分布不均匀性。他们认为第1特征向量场的热力作用形成500 hPa基本场，第2特征向量场的分布是一种扰动加热，从而产生扰动位势高度场中的副高脊线变化。他们分析发现第2个时间函数正系数越大，副高脊线越偏南，这种关系在夏季尤为明显。第4个时间分量表现为明显的双峰型，峰点出现在春初(3月)和秋初(9月)，谷点出现在春末(5月)和冬初(12月)，其变化为半年周期，与副高东西进退关系较好，最好的关系为落后一个月。

颜明元等(1993)对北京地区12个区县的小麦产量场与北京前期气象要素场之间关系进行了研究。前年和当年多个气象要素作为因子场，它包含与小麦有关的前期气象要素(如气温、降水量、日照等)。他们把小麦趋势产量场做主分量分析，由于前4个主分量的解释方差已经超过92.1%，所以可以作为小麦趋势产量场的代表序列。

进一步通过相关分析来研究两个变量场之间关系，即计算前4个主分量时间序列与因子场中各变量的相关系数，选取通过显著性检验的变量作为影响小麦趋势产量的重要因子。结果发现，影响第1主分量的重要因子是入冬日期(0.56)、11月平均气温(0.51)、入冬前0～5℃间隔日数(0.48)和入冬以后到冬季结束的负积温(－0.48)；影响第2主分量的因子是9月降水量(0.40)和9—11月的累积降水量(0.36)；影响第3主分量的因子是3月下旬日照时数(－0.41)和4月下旬—5月中旬日照时数(－0.36)；影响第4主分量的因子是4月下旬最低气温(0.44)和6月11—15日平均气温(－0.31)。

由于代表小麦产量场的分量不同，4 个主分量的解释方差分别为 75.7%、8.7%、4.2%和 3.5%。因此，从相关分析可以得到结论：影响北京小麦产量最主要因子是前一年冬季的气温，其次是前一年秋季的降水，再次是春季的日照和春末夏初的气温。

简茂球等(2007)研究中国汛期月降水量年际异常型时，对中国汛期(4—9 月)各月降水场分别做 EOF 分析，提取前 3 个模态的时间函数序列作为每个月降水场的代表序列，通过计算它们之间的相关系数来研究不同模态之间的关系。为了强调相关密切程度的显著性和可靠性，只选取相关系数绝对值在 0.5 以上的结果。表 7.4.4 给出有高相关的不同模态之间的相关系数。从表中可见，5 月降水场的第 1 模态与 6 月第 2 模态，7 月降水场的第 1 模态与 8 月第 1 模态，以及 8 月降水场的第 2 模态与 9 月第 1 模态，有密切关系。说明汛期某月的降水分布形势能够影响下个月的降水分布。

表 7.4.4　有高相关的不同模态之间的相关系数

显著相关的主分量对	相关系数
5 月第 1 主分量与 6 月第 2 主分量	0.50
7 月第 1 主分量与 8 月第 1 主分量	0.53
8 月第 2 主分量与 9 月第 1 主分量	0.60

他们还根据 5 月第 1 模态和 6 月第 2 模态的主要极值区范围(指模态点方差贡献率≥25%的范围)的站点，分别求出 5 月和 6 月区域平均的实测年际尺度降水距平序列。发现 5 月东南降水异常型主要极值区范围(包含 22 个站)平均的实测降水距平曲线和第 1 模态还原的降水距平序列的变化是相当一致的，它们的相关系数高达 0.97。说明这样一个事实：在模态点方差百分比较大的极值区，该模态的主分量基本上反映了该极值区平均降水的时间变化特征。6 月长江中下游降水异常型的极值区(包含 11 个站)情况也非常相似，还原降水距平曲线和实测距平曲线有 0.95 的高相关。而上述两月实测降水距平序列的相关系数为 0.43，说明 5 月中国东南部降水异常和 6 月长江中下游至江南地区的降水异常，确实有非常显著的正相关性。

(3)强相关区

两个大气变量场的关联性，还可以使用累积相关分析方法进行度量。例如，黄嘉佑(1991)为了考查 500 hPa 高度场中东、西半球形势场对我国降水场的影响，选取 6—8 月逐月北半球 500 hPa 高度场(其中包含 257 个网格点)及我国 100 个测站同月降水进行相关分析。首先计算高度场中每一格点与降水场中每一测站之间的相关系数，并对每一相关系数做显著性检验，在 0.05 显著水平下其绝对值大于 0.33 为显著。

由于高度场上的每一格点均可得到一个 100 个点的相关场，可以逐月计算每个格点上出现的显著相关站点数，显然，只有对应于显著相关场的格点才可认为与降水场有强相关。把大于 10 个显著站点的格点所围成的区域称为高度场上的强相关区。表 7.4.5 给出了各月强相关区的分布情况。

从表 7.4.5 中可见，在我国上空高度场有较大范围强相关区出现。6 月，这一区域比我国范围大约大 20 个纬距，最强的中心位置在(30°N，120°E)，地面对应于我国杭州附近，其相关场内显著站点数达到 29 站，远远超过 0.05 的显著水平。7 月，高度场的强相关区仍维持在我国上空，其范围比 6 月还大，区域的中纬地区向东伸展到国际日期变更线，高纬地区向西扩大至 60°E，最强的中心位置比 6 月要偏南偏西。到了 8 月，这一强相关区范围有所缩小，最强的中心位置与7月纬度相同但位置偏东。强相关区位置的逐月变化反映随月由初夏到盛夏，影响我国降水系统由西风带转变为副热带和热带系统。尽管不同月高度场上的强相关区位置和范围大小略有差异，但它们有一些共同的特征，即它们均出现在我国的上空，说明大气的正压性在夏季有较强的表现，高空环流与地面降水有着密切的关系。在强相关区内大致上高纬为正相关，中纬为负相关，低纬为正相关，这也反映高度场高低纬高度的关系。

值得注意的是，在西半球大约与东半球强相关区对称的位置(相差约180°)附近也出现一范围略小的强相关区。它们在不同月上均有这一现象。这也可能反映大气的超长波的影响，如东西半球上的遥相关。

表7.4.5 500 hPa高度场上强相关区分布

月份		6	7	8
东半球	范围	10°～70°N 80°～140°E	10°～70°N 60°～180°E	20°～60°N 80°～130°E
	格点数	23	34	14
	中心	30°N,120°E	20°N,110°E	20°N,120°E
	站点数	29	26	19
西半球	范围	30°～50°N 70°～110°W	30°～50°N 70°～110°W	40°～70°N 70°～90°W
	格点数	7	8	6
	中心	40°N,90°W	40°N,90°W	40°N,70°W
	站点数	13	18	12

对于降水场，每个测站也有257个点的相关场与之对应。同理只有对应于显著相关场的格点才可认为与高度场有强相关。选取大于18个点的测站组成区域(根据水平为5%的相关场显著性检验)，称为降水场上的强相关区。

从强相关区分布可见，6月较强相关区出现在黄河流域地区，最强的站为黄河上游的岷县，其显著格点数为38点。7月强相关区出现在东北和长江流域，最强的站为长江下游的安庆地区，其显著格点数高达44点。8月强相关区出现在长江流域上游和青藏高原一带，在该区域最强的站为拉萨，其显著格点数为36点。但在8月最强的站并不出现在强相关区内，而是出现在单个测站，如上海和福州，显著格点数分别为39点和37点。说明在8月影响我国的天气系统比较多样，除西风带系统外，还有热带系统，如热带风暴等，故在沿海个别地区也能出现强相关点。从6至8月强相关区分布形势的变化可以发现，6月我国大陆大部分地区受西风带影响，强相关区多出现在我国西部和北部地区；7月受副热带高压的影响，强相关区移至长江流域地区；8月，影响地区仍维持在长江流域，且由于副热带高压向内陆的深入，影响地区扩大至青藏高原一带。

在高度场中，一般在高纬地区变量变化很大，为了强调高纬变量变化对相关的影响，Klein等(1986)提出可用合成相关图来反映要素场与高度场的相关密切程度及其分布形势。在这合成相关图中，各格点的值为要素场中某测站与高度场的对应格点相关系数乘该格点的标准差，即该点值为

$$r_{yh} \cdot \sigma_h = \frac{\mathrm{cov}(h,y)}{\sigma_y} \tag{7.4.2}$$

式中，y为要素场中某测站要素变量；r_{yh}为它与高度场某格点的相关系数；σ_h为该格点标准差；$\mathrm{cov}(h,y)$表示它们之间协方差；σ_y为测站要素标准差。在图上既能反映高度场与要素的相关情况，又能反映不同纬度高度距平的变化。当某格点上高度距平有较大值时，对应的合成值也有较大的协方差值。而且，在合成相关图上的符号与相关系数符号相同。合成相关图中正（负）值区表示要素与高度有正（负）相关。

合成相关图与流场成比例，也能反映流场的形状。因为对地转风方程有

$$\lambda \cdot v = \frac{\mathrm{d}h}{\mathrm{d}x} \tag{7.4.3}$$

式中，$\lambda=2(\omega/g)\sin\varphi$；$v$为经向地转风速；$h$为高度；$x$为东西向距离；$\omega$为地球角速度；$g$为重力加速度；$\varphi$为纬度。式(7.4.3)写为差分方程有

$$\lambda \cdot v = \frac{\mathrm{d}h}{\mathrm{d}x} = \frac{h_1 - h_2}{\Delta x} \tag{7.4.4}$$

变量y与风速相关系数表示为

$$r_{yv} = \frac{\sum(\Delta h_i/\Delta x_i)y_i}{n\sigma_v\sigma_y} \tag{7.4.5}$$

式中，n为样本容量。把风速关系代入关于风速与变量的合成相关图的计算式有

$$\begin{aligned} r_{yv} \cdot \sigma_v &= \frac{\sum(\Delta v_i/\Delta x_i)y_i}{n\sigma_v\sigma_y} \cdot \sigma_v \\ &= \frac{\sum \Delta v_i y_i}{n\sigma_y \Delta x_i} = \frac{\Delta(r_{yv}\sigma_v)}{\Delta x} \end{aligned} \tag{7.4.6}$$

类似地，也可导出要素与纬向地转风速的关系为

$$r_{yu} \cdot \sigma_u = \frac{\Delta(r_{yu}\sigma_u)}{\Delta y} \tag{7.4.7}$$

式(7.4.6)和式(7.4.7)表明，合成相关图上的经向（纬向）梯度反映风场与要素的相关密切程度。Klein等(1986)研究冬季欧亚大陆气温场与700 hPa高度场的合成相关图，发现在图上一般有两个中心。其一为极大的正相关中心，它出现在参考站的上空地区，说明环流场具有较强的正压性。另一负中心常出现在参考站的西北方向，说明存在上游天气系统的影响，即大尺度天气系统的平流影响。

(4)相关矩场

两个变量场之间的关系如何随时间变化，以及相关变化的模态研究，可以使用相关矩方法。所玲玲等(2008)研究北极涛动(AO)对我国冬季同期极端气温的影响，利用北极涛动指数作为北极地区高度场的代表序列，计算在不同条件下中国极端气温（最高和最低气温）场与北极涛动指数的相关矩场。通过相关矩场分析它们之间的关系随时间变化的情况。

在北极涛动指数和极端气温序列的相关矩场中，如果相关矩是正值地区，表示两个变量之间在该地区有同相变化关系，即在该年份两个变量间的关系是：气温变量为正标准化距平，北极涛动指数也是正标准化距平；反之亦然。如果相关矩是负值地区，表示在该地区变量之间有相反的标准化距平符号，即两个变量有反向变化的相关关系。相关矩的绝对值越大，表明在该年份两个变量间关系（同相或反相）越密切。

进一步对逐年变化的相关矩场做EOF分析。对1月最高气温与AO的相关矩场进行EOF分析，从图7.4.2可见，全国绝大部分气温为正值响应，分布形势呈经向，特征向量正值区出现在我国东部长江中下游、华北和河套地区，负值区出现在西藏高原地区，正值区数值较负值区大。特征向量分量与对应的时间函数相乘可得到相关矩场的估计值。当第1时间函数序列为正(负)值年份，特征向量场的正值区中相关矩估计值为正(负)时，则1月最高气温与北极涛动在该年份有正(反)方向的相关关系。从图7.4.2和图7.4.3可见，最强影响的年份是1977年，说明该年特征向量正值地区出现最大的正相关矩值，即1月最高气温与北极涛动指数在该年份存在较密切的正(方向)相关。实际上在该年1月，北极涛动指数有强的负标准化距平异常，其值达到涛动指数序列的最低值－2.736，那么，该年1月在我国东部长江中下游、华北和河套地区最高气温极值对北极涛动异常有强烈的正(方向)响应，即出现很低的负标准化距平值，其分布形势与当年最高气温实况场(图7.4.4)为反相似，即当年在我国东部长江中下游、华北和河套地区，有异常低温出现。

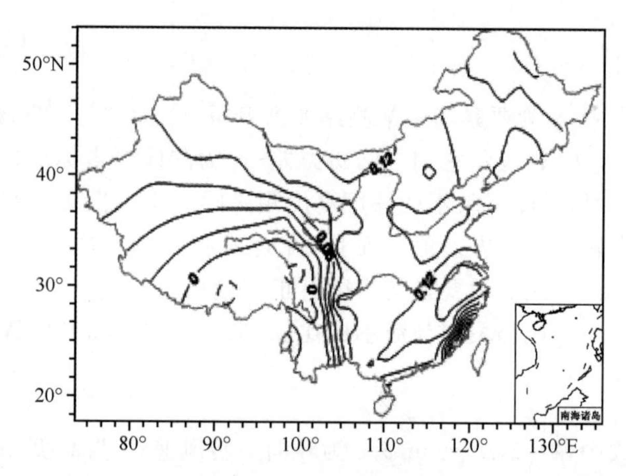

图7.4.2　1月最高气温与AO相关矩场第1特征向量场

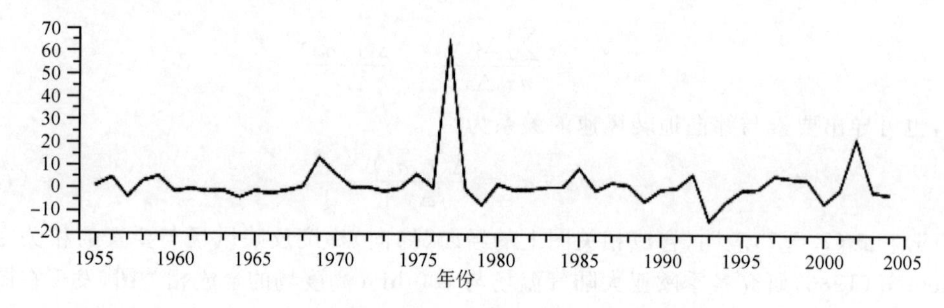

图7.4.3　1月最高气温与AO相关矩场第1时间函数序列

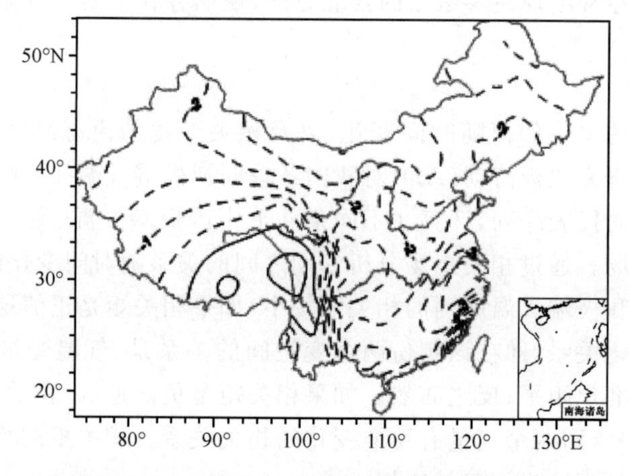

图7.4.4　1977年1月最高气温标准化距平场

为了与传统相关场分布比较，图7.4.5给出了1月最高气温与北极涛动指数传统的相关场，把它与相关矩场比较发现，相关场与相关矩场第1主要特征向量场分布虽然有些相似，但在地区分布上有很大不同。在相关场中，它反映的是两个变量的平均情况，显著正相关区在东北，相关系数大于0.50。而相关矩场的第1空间模态中大的正值区则主要表现在长江下游地区，即1977年，中国最高气温距平分布，其较小的负距平区表现在长江下游(图7.4.4)，与相关矩的第1空间模态十分相似，相关矩的特征向量场和时间函数一起则能够把逐年气候相关特征表现出来。而相关场则无法分析两个变量场详细的逐年相关特征。

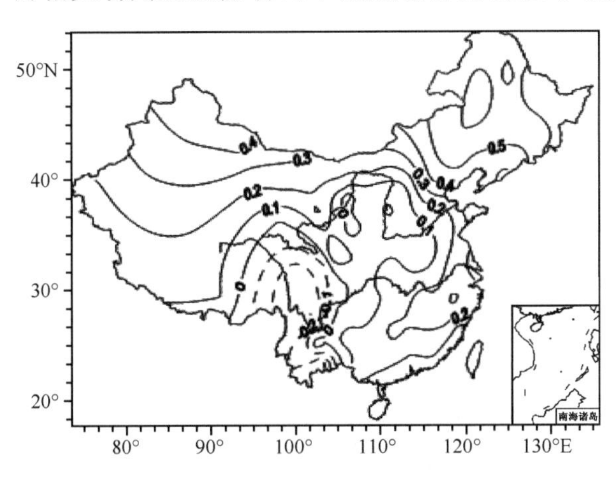

图7.4.5　1月最高气温与北极涛动指数的相关场

7.5　两个变量场的回归关系

(1)回归方程

两个变量场的关联性还可以使用回归方程进行分析。Huang(1991b)在分析中国夏季降水与北太平洋海温场之间关系时，使用降水场对海温场响应的回归模态来研究。他把中国夏季降水用EOF提取5个主要模态，把太平洋海温场使用因子分析划分为4个海区，以4个太平洋海区的海温为自变量，分别对5个降水模态的时间序列建立多元回归方程，计算5个回归方程的解释方差，分别为0.34、0.07、0.12、0.01和0.15。发现对第1个降水模态有最大的回归解释方差，从而确定太平洋海温对中国降水的影响结果表现为第1降水空间模态。

对于两个变量场的关系研究，考虑使用其中一个场的多个格点或测站，或者场中某个地区的变量，然后计算与另外一个变量场的复相关关系，这种复相关关系是通过多元回归方程的解释方差来描述。黄嘉佑(1991)使用这种方法研究500 hPa高度场中，东、西半球形势场对我国降水场的影响。用搜索回归选出4个因子，与降水场中每一测站建立多元回归方程，方程均能满足因子为显著的要求，同时在各个站上，回归方程的复相关系数的平方(即解释方差)均大大超过0.05的显著水平。6—8月100个站平均解释方差分别为0.44、0.42和0.41。表7.5.1给出了各月测站的回归方程中最高解释方差的情况。从表可见，选入的安阳、武汉和芷江3个测站的回归方程有较高的解释方差，在方程中选入的高度场4个因子(X_1、X_2、X_3和X_4)的回归系数及格点位置亦列在表中。从表中可见，它们大多数分布在我国地域上空，以及西半球大约相差 180°的地区，在 6 月和 7 月表现尤为明显。

表 7.5.1　各月最高回归方程解释方差的情况

月份	6	7	8
解释方差	0.74	0.60	0.65
站名	安阳	武汉	芷江
X_1	−19.4(40°N,100°E)	58.5(10°N,70°W)	11.4(40°N,170°E)
X_2	10.6(10°N,130°E)	12.5(20°N,130°E)	−40.0(20°N,10°E)
X_3	5.9(40°N,100°W)	−25.1(40°N,120°E)	12.3(70°N,0°E)
X_4	3.1(30°N,120°E)	30.5(30°N,100°W)	2.3(50°N,170°E)

把 6—8 月 100 个站的多元回归方程的解释方差(度量复相关程度)，分别点在图上，得到回归方程解释方差分布图。

把解释方差大于 0.50 所围成的地区用来表示高度场的强回归区，可以表示降水量场与高度场有较好的复相关关系。把各月强回归区综合绘在一个图上(图 7.5.1)，可以对不同月的强回归区的范围进行比较。

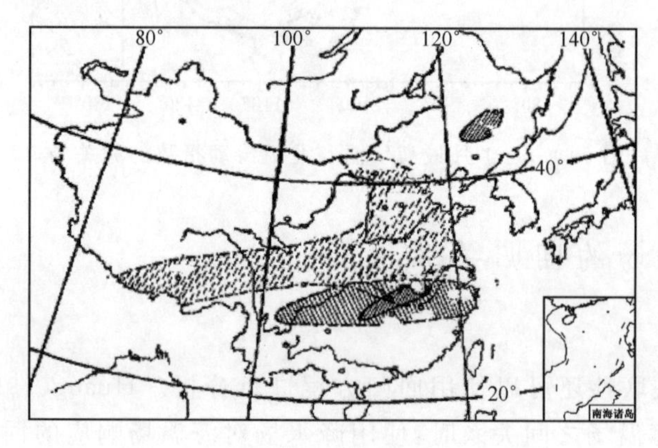

图 7.5.1　不同月的强回归区的比较

(6 月：斜虚线；7 月：斜点线；8 月：斜实线)

从图 7.5.1 可见，强回归区的区域大小逐月缩小，位置从北向南移。6—7 月，从青藏高原和黄河流域到华北有一片较大范围的强回归区。7 月，强回归区范围有所缩小，主要分布在长江中下游地区。到 8 月，强回归区大大缩小，有由两三站组成的区域，主要分布在东北和长江中游；也有由单站组成的，如上海。比较而言，6 月我国降水量场的解释方差较 7 月和 8 月要高，说明 6 月降水量场与高度场有较好的复相关关系，8 月两个场关系最不密切。

(2)风的回归场

对 1 个大气变量场选取其代表变量序列为实变量(x)对风场做回归，即对风场某格点(y)做回归，由于风速是复数，其回归的预报量也是复数，可以表示为

$$\hat{y} = b_0 + b_1 x$$

$$\begin{aligned}\hat{y}_R + \mathrm{i}\hat{y}_I &= \hat{u} + \mathrm{i}\hat{v} = (b_{R0} + \mathrm{i}b_{I0}) + (b_R + \mathrm{i}b_I)x \\ &= (b_{R0} + b_R x) + \mathrm{i}(b_{I0} + b_I x)\end{aligned} \tag{7.5.1}$$

式中，回归方程的变量符号下标“R”和“I”，分别表示相应复数变量的实部和虚部。从公式可见，实变量对风向量的回归，即分别用纬向风和经向风回归方程的复数表示：

$$\hat{y}_R = \hat{u} = b_{R0} + b_R x \tag{7.5.2}$$

$$\hat{y}_I = \hat{v} = b_{I0} + b_I x$$

回归系数可以通过纬向风和经向风的数据直接回归求出，即

$$b_R = \frac{s_{xu}}{s_x^2}, b_I = \frac{s_{xv}}{s_x^2} \tag{7.5.3}$$

由于风变量的回归系数是复数，因此，大气实变量(x)对风的回归场可以表示为向量场。Wu 等(2008)研究夏季东亚季风时，使用 850 hPa 月平均场和风场资料进行分析，他们提取风场的复 EOF-1，以它的实部和虚部时间函数作为代表变量，然后对风场做回归，得到回归场(图 7.5.2)，发现两个风回归场十分相似，均表现为西太平洋的气旋环流活动，对长江流域的降水产生影响。

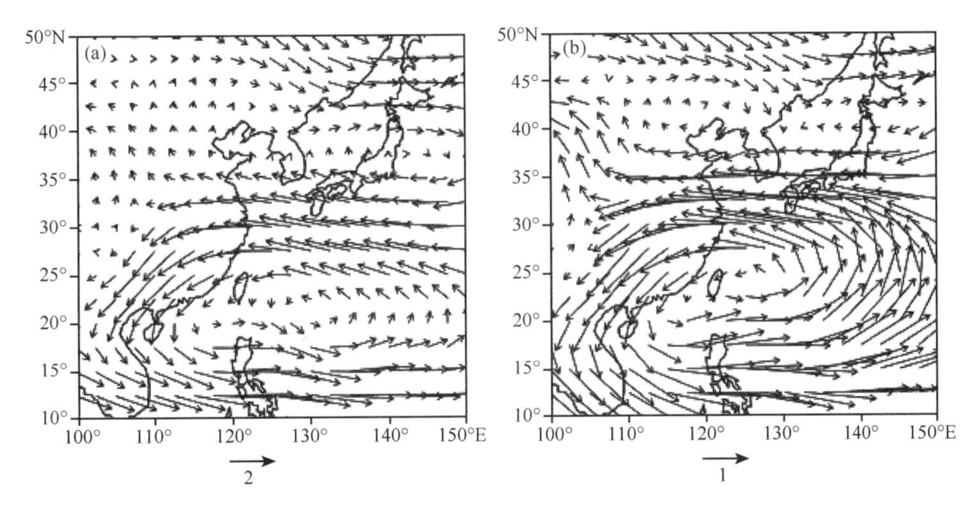

图 7.5.2　夏季 850 hPa 风场对第 1 主分量(a)实部和(b)虚部的回归(单位：m/s)

刘毓赟等(2012)研究冬季的欧亚环流与大气准定常波之间关联性，把代表环流场的遥相关型指数(EU)作为变量场的代表，对大气准定常波的水平分量场计算 EU 指数的回归场(图 7.5.3)。

从图上可见，在欧亚大陆上空存在非常明显的与 EU 相联系的准定常波的活动，波动活动的辐散区主要位于副热带北大西洋，在西伯利亚则是主要的辐合区。北大西洋上空的波动活动东传到欧洲西部后分为两支，一支向南传播到西非和中东地区，另一支向北传播到斯堪的纳维亚半岛后继续向东传播到西伯利亚地区。

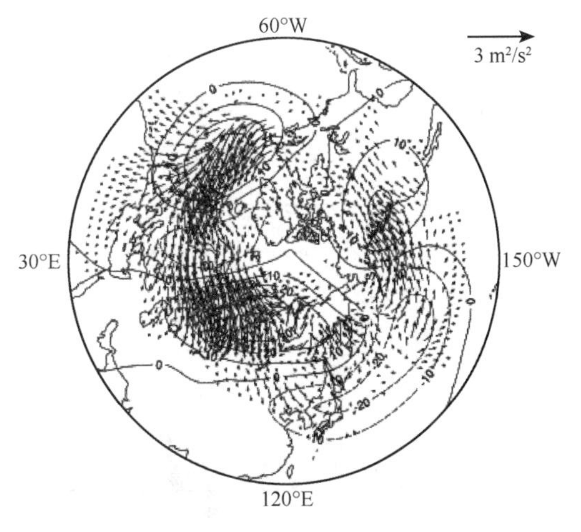

图 7.5.3　冬季 EU 指数回归的 500 hPa 大气准定常波的水平分量(矢量，单位：m^2/s^2)和高度场异常(等值线，单位：gpm)

7.6 两个变量场的耦合关系

研究两个场的耦合关系,可以使用如下分析方法。

(1)CCA 模态

典型相关分析 CCA(Canonical Correlation Analysis)方法(见附录 E)近年来被广泛地用于两个气候要素场分析中。随着观测资料的增多,以及近年来遥相关、ENSO、短期气候预测等研究的深入,CCA 多变量统计方法被越来越多地应用于气候研究中。CCA 方法则有利于识别两个场耦合的最优时间模态的提取,被用于诊断两个大气变量场之间的总体关系。

段旭等(1999)使用 CCA 方法研究云南 8 月低温与当年春季气温场之间的关系,选取 1951—1995 年共 45 年云南 32 个国家基本气象站 2—4 月和 8 月的月平均气温距平值作为所要研究的预报因子场和预报对象场,进行 CCA 计算,并绘制了气温场的典型相关分布图,然后分析了云南 8 月低温与当年春季气温场之间的关系,得出了一些有意义的结果。说明用场典型相关分析方法来研究两个变量场(预报因子场与预报对象场)是短期气候预测的一种思路和方法,可以合理地解释一些变量场在时间和空间上的相关性。

袁玉江等(2001)使用新疆地区北疆、东疆、南疆的气候场,与地表水资源场进行典型相关处理,分析了新疆气候对地表水资源影响的区域差异性。计算北疆的气候场与地表水资源场的典型相关系数,其前两个典型相关系数分别为 0.95 和 0.88,它们均通过显著性检验,说明北疆气候场对其地表水资源具有重要的影响。从第 1 对典型因子荷载的权重系数发现最主要的影响形式为:当阿尔泰山区群库勒、伊犁地区托海及新源、乌鲁木齐市天山山区小渠子、塔城北部山区卡浪古尔水文年降水偏多时,可造成阿勒泰、伊犁、昌吉、乌鲁木齐、塔城州(市)地表水资源偏丰,但由于阿尔泰前山带的阿勒泰站水文年降水偏少,加之阿勒泰地区温度代表站福海月平均温度偏高,导致阿勒泰山区及平原强烈蒸发。综上可见,CCA 方法能够详细分析气象要素如何对地区水资源产生影响。

郭世昌等(2013)研究了平均经圈环流(MMC)和哈得来(Hadley)环流强弱特征变化及其与臭氧变化的关系。对臭氧垂直经向剖面场与 MMC 场使用 CCA 分析方法,得到第 1 典型相关系数为 0.99,表明臭氧浓度场与 MMC 的关系密切。他们把南、北半球高度场的第 1 对典型载荷特征向量绘成典型相关场图(图 7.6.1),进一步分析南、北半球环流场的相互关系。

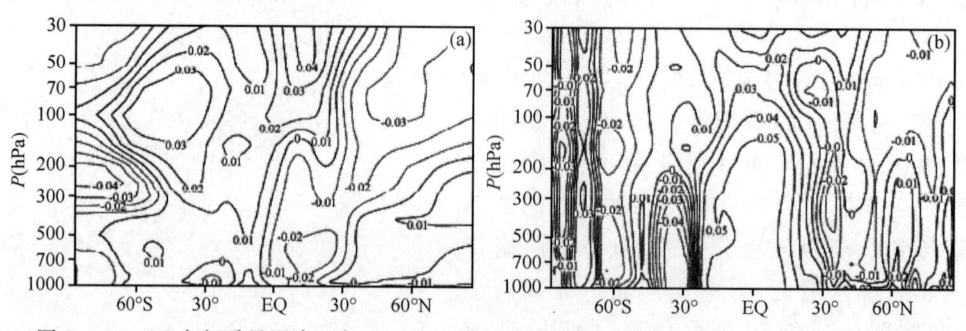

图 7.6.1 (a)臭氧质量混合比与(b)MMC 质量流函数垂直经向剖面的第 1 对典型相关场

由图 7.6.1a 可见,在南半球 300 hPa 以上的相关系数较高。其中,中低纬地区为正相关,中高纬地区为负相关。而北半球除在中高纬的对流层有较弱的正相关区外,其余地区表现为

负相关。图 7.6.1b 为第 1 对典型相关场的 MMC 场，在低纬对流层地区出现典型载荷场的大值中心，这正好是哈得来环流所在的位置，在南半球 30°S 附近的对流层地区存在典型载荷特征向量的次大值中心，这恰是南半球的费雷尔环流所在区域。

典型相关分析方法可以作为筛选因子的方法，逐步提取优选因子场再进行典型相关分析。黄嘉佑等(2000)研究长江上游三峡地区夏季汛期(6—8 月)降水场之间关系时，使用典型相关分析方法逐步筛选因子，建立最优的因子场。他们选取前一年 12 个月 74 个环流特征量作为初选因子，共有 888 个变量因子，使用降水场的第 1 主分量作为代表序列，计算初选因子与代表序列的相关系数，以通过显著性检验初步筛选因子，得到 45 个因子，组成因子场，与降水量做典型相关分析。

然后计算两个变量场的第 1 典型相关系数(为 0.88，通过 0.05 水平的显著性检验)。在环流特征量的第 1 因子荷载场中，根据因子荷载值是否通过显著性检验作为保留的标准，进一步对因子场进行筛选，结果保留 18 个因子，组成新因子场，计算两个新变量场的第 1 典型相关系数，发现仍然为 0.88，说明筛选的因子可以代表原因子场的相关特征。

他们认为，要研究前期环流特征量某个典型相关因子对降水场的影响程度，可以通过计算降水场所有变量的因子荷载平方值之和(HSS)来反映。表 7.6.1 给出了降水场各典型相关因子荷载平方值之和的分布。从表中可见，第 1 典型因子在相关关系中有最大的方差贡献，其次是第 4 和第 5 典型因子。

表 7.6.1　降水场典型相关因子荷载平方值之和(HSS)

因子	1	2	3	4	5	6	7	8	9	10
HSS	3.87	1.15	1.10	1.82	1.73	1.65	1.15	1.34	0.86	1.37

典型因子荷载大小能反映第 1 典型因子与因子场各变量的相关密切程度，从中可以发现最密切的相关因子是哪个。从第 1 典型因子的因子场的因子荷载中发现，密切的因子是前年 4 月的北半球副高面积指数(－0.67)、9 月太平洋副高面积指数(－0.57)、4 月北非副高面积指数(－0.56)和 5 月印度副高面积指数(－0.54)。可见，影响三峡地区旱涝的环流系统是副热带高压。从第 4 因子的因子荷载中发现，前年 9 月太平洋区极涡面积指数有重要影响，说明极涡是该地区降水的第 2 重要因子。从第 5 因子的因子荷载中发现，前年 5 月北美大西洋副高强度指数有重要影响，说明副高仍然是该地区降水的重要因子。

(2)EOF-CCA 模态

先使用 EOF 方法分别提取两个变量场的主要特征，然后对两个场的模态时间序列组成新变量场，再进行 CCA 分析，称为 EOF-CCA 方法。郑冬梅等(2009)研究印—太联合模对我国夏季降水的影响，并探讨联合模与副高的关系。将与印度洋西部和热带太平洋中东部热含量异常同相，与印度洋东部和太平洋西部热含量异常反相的模态称为热带印度洋—太平洋热力异常联合模，并根据第 1 特征向量场的空间分布所给出的热含量振荡最显著区来确定该热力异常联合模指数。对我国 160 个台站的降水场进行 EOF 分解，提取前 33 个主分量(累计方差≥95%)组成新的变量场，并对 1955—2003 年夏季(6—8 月)的新变量场与由前期 6 月—同期 8 月的联合模指数逐月做典型相关分析，并对所得到的典型相关系数逐个进行统计检验。从典型相关系数中发现，联合模与夏季降水有超前一年到半年的相关性，并且以超前半年的相关性为最佳。

图 7.6.2 为冬季联合模与次年夏季降水典型因子荷载场的空间分布，从图中可以看到，联

合模对我国夏季降水影响的关键区在四川、长江流域、华北和江南地区。其中，在四川、长江流域和华北南部为正相关，而在华北北部和江南大部分地区为负相关。这表明当冬季联合模为正(负)异常时，次年夏季我国四川、长江流域和华北南部降水将偏多(少)，而华北北部及江南大部分地区降水将偏少(多)。

张容焱等(2009)研究大气环流和太平洋海温场与福建春季降水场的关系，为了寻找影响降水场的前期大气环流和太平洋海温场，使用 BP-CCA 方法对前期的任意两个变量场进行分析。为了分析 1961—2005 年 500 hPa 高度场和北太平洋海温场与福建春季降水量场之间的关系，取福建省 4 个气象台站 3—4 月降水量为研究对象场，取西太平洋副高面积指数、强度指数等 19 项环流特征量作为 500 hPa 高度场的代表场，又选取描述太平洋海温的亲潮区指数、西风漂流区指数等关键地区海温指数作为海温场的代表场。其密切相关程度使用第 1 对典型相关系数作为度量，由于对典型相关系数的检验是通过 χ^2 检验来实现的，他们直接计算 χ^2 值来代替典型相关系数检验(见图 7.6.2)，找到通过 0.05 显著水平的 χ^2 值作为两个场是否显著的判据。他们计算春季降水与前期海温场、500 hPa 高度场的第 1 典型相关图(图略)。发现 7 月的海温场与福建降水场有最密切的相关，其相关是显著的。500 hPa 高度场前一年 5 月相关最大，但未达到 0.05 显著水平。

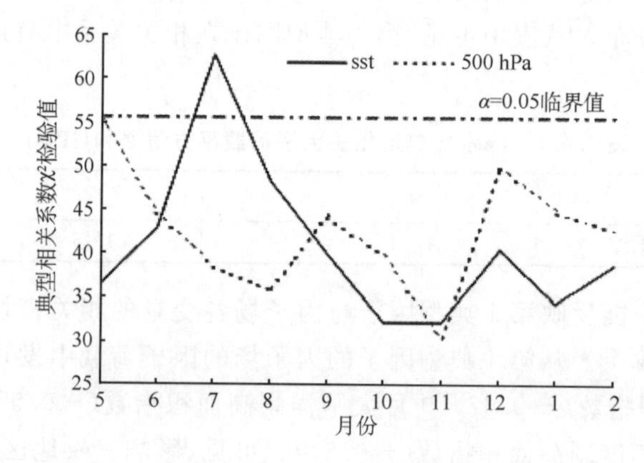

图 7.6.2　春季降水与前期海温场、500 hPa 高度场的第 1 典型相关的 χ^2 值变化

要进一步了解海温场中哪个地区对福建春季降水量影响最大，以及海温影响福建的哪个地区，可以利用第 1 对典型相关因子的变量系数分布图(图略)来揭示两个场的最大相关的耦合场分布。

为了寻找影响降水的重要因子场，他们从 500 hPa场中取 74 个环流特征量，计算第 1 典型因子与它们的相关系数，从中选取相关密切的 19 个环流特征量组成新的大气环流场。又从海温场中选取亲潮区、西风漂流区、黑潮区和Nino区的 3 个指数代表海温关键区，组成新的海温场，进一步计算前期新的环流场和关键区海温场，与降水场的典型相关系数的 χ^2 值(图 7.6.3)。

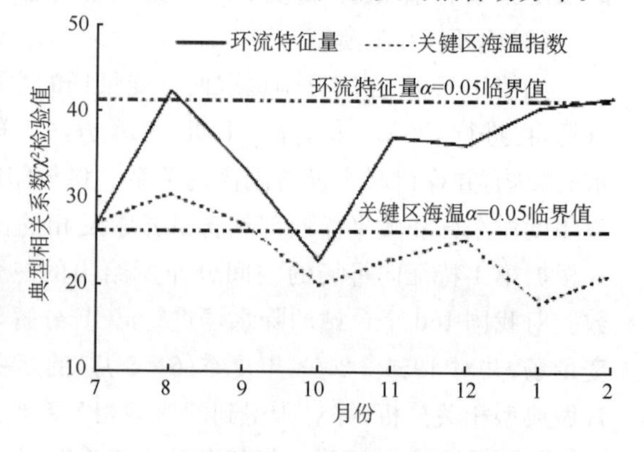

图 7.6.3　春季降水与前期关键区海温场、环流特征量场的第 1 典型相关 χ^2 值变化

从图可见，典型相关系数通过显著性检验的情况有所改善，8 月和 2 月的环流特征量和

7—9月海温代表序列场通过显著性检验。

从第1典型相关因子荷载分布可以进一步分析前期8月和2月的环流特征量场影响福建哪个地区的降水(图7.6.4),发现主要影响福建中、东南部地区的降水。

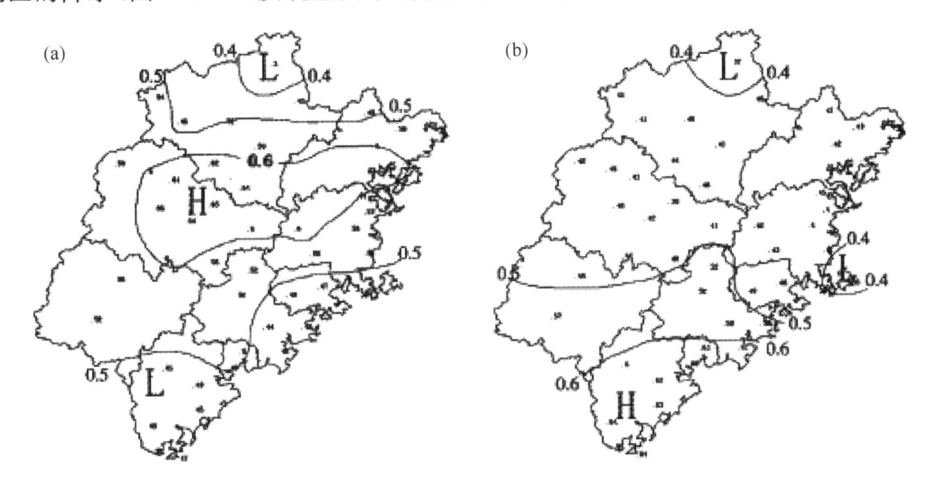

图7.6.4 (a)前一年8月和(b)当年2月的19项环流特征因子第1典型相关变量与春季降水场的相关系数分布图

(3)SVD模态

奇异值分解SVD(Singular Value Decomposition)方法也是对两个变量场总体进行耦合结构的统计分析方法之一(见附录E),它能够对两个数据场的交叉相关系数阵进行奇异值分解,得到的结果中空间场部分最大程度地解释了两个变量场的协方差结构。

苏绍基等(1999)利用奇异值分解法分析了云南30个站10年(1982—1991年)的3月气温值与青藏高原、四川一带20个站同年11—12月平均土壤热流量的相关关系,对贡献最大的第1个奇异向量进行分析。具体是用云南3月气温序列为左气象场,以同年青藏高原、四川的冬季(11—12月)的平均土壤热流量序列为右气象场进行SVD分解。计算出第1模态的平方协方差贡献百分率、响应的模态相关系数等数据,研究第1模态能否反映这两个场的主要相关特征,平方协方差贡献百分率为85.3%。并绘制了第1模态气温场和土壤热流量场同性相关分布,从而判断高相关区的位置。

李跃清(2000)应用奇异值分解技术,研究了青藏高原上空100 hPa高度场与高原东侧地区夏季降水场的时空结构及相互关系。检验异性相关场和同性相关场中各点,选取通过显著性检验的各点构成显著相关区,代表这两个场相互影响的关键区。另外,左、右奇异向量代表了自身场的分布特征。选取青藏高原上空100 hPa高度场为左场,高原东侧地区降水场为右场,左、右场时间序列长度为1961—1994年共34年。对高度场和降水场距平标准化处理后,进行时滞耦合SVD分析研究。结果表明,青藏高原上空100 hPa高度场与高原东侧地区降水场具有密切的时空相关,尤其是第1模态协方差贡献最大,相关超过0.1%的显著水平(临界相关系数$r=0.54$)。研究结果发现,第1模态代表了两场间的主要耦合特征,具有高度的时空相关。两场第1模态的时间系数变化趋势非常一致,相关达0.67,具有明显的非同步联系。右场高原东侧地区夏季降水场的第一模态时间系数与左场前期1—4月青藏高原100 hPa高度场的异类相关中,很多区域都有较好的相关关系。前期10—12月和1—4月青藏高原上空

100 hPa 高度场与高原东侧地区 6—8 月降水场有显著的联系，前期高度场变化引起后期南亚高压异常，导致高原东侧地区旱涝灾害；高原东侧地区严重干旱(洪涝)年，其上空 100 hPa 高度场为负(正)距平控制；高度场与降水场的这种非同步联系、时空相关显著、时间间隔长、物理意义明确，是高原东侧地区夏季旱涝异常的一种预测信号。

吴洪宝等(2001)使用 NCEP/NCAR 再分析资料，用奇异值分解法分析了冬季欧亚地区 500 hPa 高度距平场与下表面温度距平场间的大尺度相关空间型，并讨论了相关的空间结构以及 SVD 空间型与 500 hPa 遥相关的关系。结果表明，两个场整体相关程度远高于随机水平，得到 4 对显著的耦合空间型，阐述了两个场距平之间的配合是受静力平衡关系支配的。秋季的表面温度异常能给出冬季中低纬 500 hPa 高度距平符号的信息。

宗海锋等(2008)使用 SVD 方法研究中国梅雨期降水场与前期冬季太平洋海温场的耦合关系。中国梅雨期降水与前期冬季太平洋海温的 SVD 第 1 模态对应的时间系数。其解释协方差贡献为 33%。两个场的时间系数的相关系数为 0.79，超过 0.1% 的显著水平。两个场之间不仅年际变化关系密切，而且在 20 世纪 70 年代末都存在一个年代际“突变”现象。发现海温的异质相关型与 El Nino 盛期的海温距平分布非常相似：赤道中东太平洋为很强的正相关，印度洋、黑潮区为相对较弱的正相关；热带西太平洋暖池区为负相关，并分别向东南、东北方向伸展到南、北太平洋中部。梅雨期降水的异质相关图(图略)中，强正相关位于长江及其以南地区，黄河河套、华北北部和内蒙古东北部一线，以及新疆北部为相对弱的正相关。负相关主要出现在黄淮、东南沿海和西南地区。由于它与海温的时间序列是正相关关系，所以这一模态的分布特征表明，前期冬季出现 El Nino 盛期的海温距平分布型时，次年的梅雨期在长江及其以南地区，内蒙古中、东部和新疆北部降水可能偏多，而黄淮、东南沿海及西南地区降水可能偏少。La Nina 盛期之后情况相反。

在两个变量场耦合关系的 SVD 分析方法中，变量场可以不是单一的变量场，它可以由不同的大气变量组成为新的变量场。黄嘉佑等(2004)利用 1951—2001 年各月有关极涡的 12 个气候指数资料和有关副高的 45 个气候指数资料，分别构成极涡和副高两个大气变量场，它们的变化分别反映极地冷空气和南方水汽输送的活动，它们不是由规则经纬度网格格点所构成的规则场，而是由极涡和副高的年内季节变化指数构成，通过 SVD 方法研究它们对我国夏季降水的影响。

他们考察前一年冬季和当年春季极涡(代表冷空气活动)对我国夏季降水的影响。以 1951—2001 年共 51 年的每个季节 12 个极涡指数的场作为 SVD 的左要素场，以全国 160 个站点 1951—2001 年共 51 年夏季(6—8 月)降水总量作为右要素场，进行 SVD 分析，进一步将这 51 年资料划分为 20 世纪 70 年代、90 年代两个时间段，分别进行奇异值分解，以研究它们关系的年代际变化。

计算表明，冬季前 3 个模态对平方协方差贡献百分比率(SCF)分别为 0.36、0.20 和 0.14。春季前 3 个模态对平方协方差贡献百分比率(SCF)分别为 0.31、0.22 和 0.13。由于第 1 模态对平方协方差的贡献是最主要的，所以它能够反映不同季节冷空气活动对降水的影响。比较发现，春季极涡对夏季降水的影响不如冬季极涡的影响显著，这表明夏季降水受前期冬季的极涡影响要比前期春季极涡的影响更强烈些。

利用耦合模态的异性相关系数场，可以进一步分析哪个极涡指数对降水有重要影响。通过研究冬季和春季极涡指数场与夏季降水量 SVD 分析的第 1 耦合模态的异性相关关系，从相

关系数绝对值的大小，可以确定场中哪个环流特征量指数有较大的作用。计算发现，北半球极涡面积指数(－0.72)和大西洋欧洲区极涡面积指数(－0.63)是重要因子。又通过同性相关场的相关系数分布，可以确定当冬季北半球极涡面积指数和大西洋欧洲区极涡面积大时，我国东部沿海、新疆、青海等区域降水量为正距平，而长江流域以南和东北三省大部分负相关地区的降水量为负距平，反之亦然。

(4)遥相关模态

两个变量场的耦合关系还表现为一种空间关系的模态，又称为两个场的遥相关模态。例如，宗海锋等(2008)在研究遥相关型形成过程与ENSO盛期的海温关系中，使用SVD方法提取两个场的相关特征值。从梅雨期降水与同期500 hPa位势高度场的SVD第1模态异质相关分布图(图略)中，发现东亚地区从低纬到中高纬呈"＋－＋"变化的模态，这与东亚—太平洋(EAP)遥相关型分布是相似的。低纬的正相关区对应西太平洋副热带高压，中部的负相关区对应着梅雨槽，而高纬的正相关区则反映鄂霍次克海阻高，它们也反映两个大气变量场的空间相关分布形势。

丁一汇等(2008)也使用SVD方法提取遥相关模式，对印度夏季风爆发时500 hPa高度场与长江流域入梅时500 hPa高度场做SVD分解，得到印度季风和东亚季风之间相互影响的典型空间分布型(图7.6.5为第1模态的左、右异类相关场空间分布)，其中，第1模态方差贡献为94.36%，远远高于其他模态；两个场的相关系数为0.742，相关显著。表明在印度夏季风爆发期间，印度季风区与东亚季风区的环流之间的确存在较为密切的相关；其中，左场方差贡献为60%，而右场方差贡献为32%，只有左场的一半左右，说明两个场的耦合变化型在印度季风区中占较大比例，这是因为东亚季风的变化具有比印度季风更加复杂的特征。SVD的第1模态空间分布型反映了印度季风区与东亚季风区呈现整体一致的正相关，印度半岛上空高度场的变化对长江流域梅雨影响显著，而长江流域及以南地区高度场的变化跟印度夏季风的爆发紧密联系。通过以上对两地区的时间序列及空间分布的分析，说明印度夏季风的爆发与中国长江流域梅雨的开始存在着显著的遥相关关系。

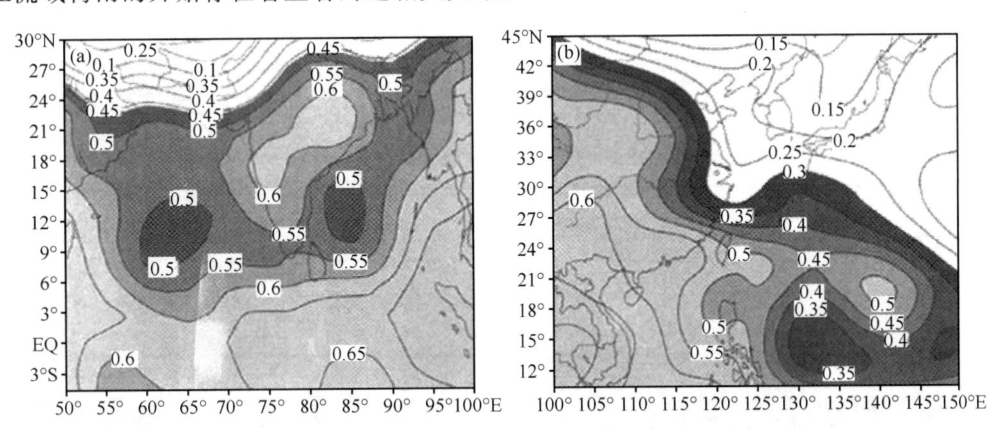

图7.6.5　印度夏季风与东亚季风区的500 hPa高度场的SVD分布

(a.第1模态的左异类相关图，b.第1模态的右异类相关图；阴影区为达到0.05显著水平的高相关区)

(5)ESVD模态

揭示两个变量场的相关模态如何随时间演变的变化特征，可以使用扩展的奇异值分解(ESVD)分析方法(见附录E)，它能够有效地揭示一个要素场出现某种异常型时，另一个要素场在该型的影响下随时间演变的特征。

宗海锋等(2008)研究遥相关型形成过程与ENSO盛期的海温关系，从梅雨期降水与前冬太平洋海温SVD第1模态异质相关分布型(图7.6.6a)与厄尔尼诺盛期的海温距平分布非常相似，这说明冬季厄尔尼诺盛期海温场可能会激发出夏季东亚—太平洋(EAP)型。然而，长江流域中下游在空间上与赤道中东太平洋相距遥远，在时间上又隔了一个季节，它们之间在时空上是如何联系的？他们使用ESVD方法做进一步分析，把12月—次年6月500 hPa高度场组成一个新的综合场作为左场，海温场作为右场，进行SVD分析。

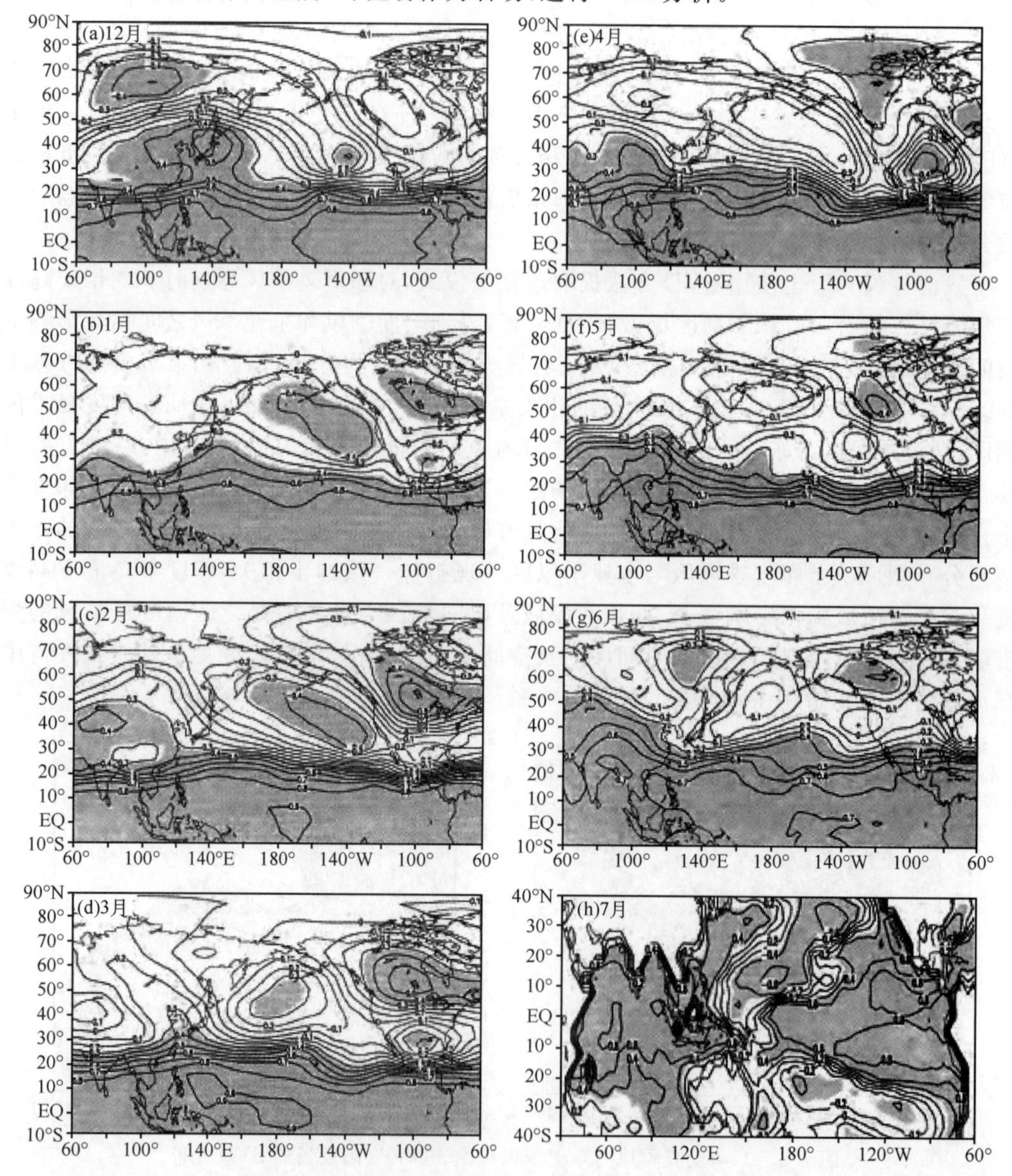

图7.6.6　12月—次年6月500 hPa位势高度场(a～g)与冬季海温场(h)扩展第1模态异质相关系数分布图

新的500 hPa高度场与前期冬季海温场的ESVD第1模态异质相关分布，其解释协方差平方分数为0.82。它们的时间系数的年际变化和年代际突变趋势非常一致，相关系数高达

0.94，超过了 0.1 显著性水平。这说明两个场有很高的耦合度。从图 7.6.6h 可见，海温场的分布是典型的厄尔尼诺盛期的分布型式。因此，图 7.6.6a～g 表明的是与 ENSO 盛期的海温型相关的 12 月—次年 6 月 500 hPa 高度场的演变特征。可以清楚地看到，从 12 月到次年 6 月 500 hPa 位势高度场在热带地区整个印度洋—太平洋范围海温始终偏高，西太平洋副热带高压一直偏强。而中高纬度地区的环流也表现有很强的持续性和一定的变化规律。12 月—次年 1 月，亚洲西太平洋地区，东亚大槽和贝加尔湖西侧的小脊偏弱，盛行纬向环流，冷空气活动路径偏北、偏东，东亚冬季风偏弱。而东太平洋—北美地区，随着阿留申低压加深，太平洋中纬中、东部西风带增强并向南移，PNA 遥相关型异常发展。2—3 月，随着中亚中部出现弱脊，东亚大槽有所加深，但位置较常年偏东。这表明虽环流经向度有所加强，但东亚冷空气活动偏东，冬季风仍偏弱。而东太平洋的 PNA 遥相关型此时达最强，北美西岸高压脊向极地伸展，使极涡减弱。4—5 月，阿拉斯加阻塞形势随着北太平洋一个个长波槽的切断过程而有向西伸展的趋势，导致在东北亚以北的北冰洋地区高度明显增加，使东亚—西太平洋地区从低纬到极地形成“＋－＋”的相关分布。6 月，极地高压脊向西伸展与东北亚正在发展的高压脊叠加，形成鄂霍次克海阻高，EAP 遥相关型的分布形势形成。证明 ENSO 盛期冬季海温在时空上是导致 EAP 遥相关型形成的重要因子。

(6)CSVD 模态

在某外力条件下，研究两个变量场之间的耦合关系，可以使用条件 SVD 方法，即 CSVD 方法，又称为条件奇异值分解(Conditional Singular Value Decomposition)，或称为条件极大协方差分析(Conditional Maximum Covariance Analysis，CMCA)。

对一个变量场中格点 i 变量 $x(i,t)(i=1,\cdots,p)$ 和另外一个变量场格点 i 变量 $y(i,t)(i=1,\cdots,q)$，要研究去掉某一信号 $z(t)$ 的影响，可以先去掉变量场本身含有的一些信号，然后再做 SVD 分析，即做“有条件”的 SVD 分析。去掉某一信号 $z(t)$ 的影响，可以使用下式进行计算：

$$
\begin{aligned}
x^*(i,t) &= x(i,t) - z(t) \cdot s_{xz}/s_z^2 \\
y^*(i,t) &= y(i,t) - z(t) \cdot s_{yz}/s_z^2
\end{aligned}
\tag{7.6.1}
$$

式中，s_{xz} 为信号 $z(t)$ 与变量 $x(i,t)$ 的协方差；s_{yz} 为信号 $z(t)$ 与变量 $y(i,t)$ 的协方差；s_z^2 为信号 $z(t)$ 的方差。实际上，与信号 $z(t)$ 相乘的部分就是两个场中格点变量对信号变量的回归系数，减去这部分后，两个变量场均能够去掉该信号的影响。然后对新变量组成的两个场 X^* 和 Y^* 场再进行奇异值分解，就是去掉该信号影响的条件奇异值分解。

An(2003)使用 1950—1998 年热带地区月平均海温场和纬向风场资料，去掉 El Nino 的影响(以 Nino 3 区海温序列作为 z 变量)后，进行 SVD 分析得到海温场与风场耦合关系的第 1 模态(图 7.6.7)。

从图 7.6.7a 可见，海温场模态与一般的 El Nino 的典型海温场有很大的差异。说明去掉 El Nino 的影响，能够突出印度洋海温的偶极子的模态特征。

CSVD 方法也可以称为联合奇异值分解(Confederate Singular Value Decomposition)，简称联合 SVD 分析。该方法是把多个变量场综合在一起，再与另外一个变量场进行 SVD 分解。

黄嘉佑等(2004)研究极涡和副高对我国夏季降水的影响时，把极涡与副高指数综合成一个新变量场，反映北方冷空气和南方水汽输送共同的作用，研究它们对我国夏季 6—8 月降水的影响。对它们进行 CSVD 分析，得到极涡和副高综合联合变量场第 1 耦合模态异性相关的空间分布模态有更大的协方差贡献，说明对我国夏季降水的影响，联合场的模态要比分别研究它们各自(极涡和副高)场的影响所得模态的代表性更好。在综合新变量场中,从耦合模态异性相关系数上面发现,北半球副高强度指数、北半球副高面积指数和印度副高强度指数对我国夏季降水的影响最为显著,而极涡指数的影响要小得多。说明对我国夏季降水副高是主要影响因子。

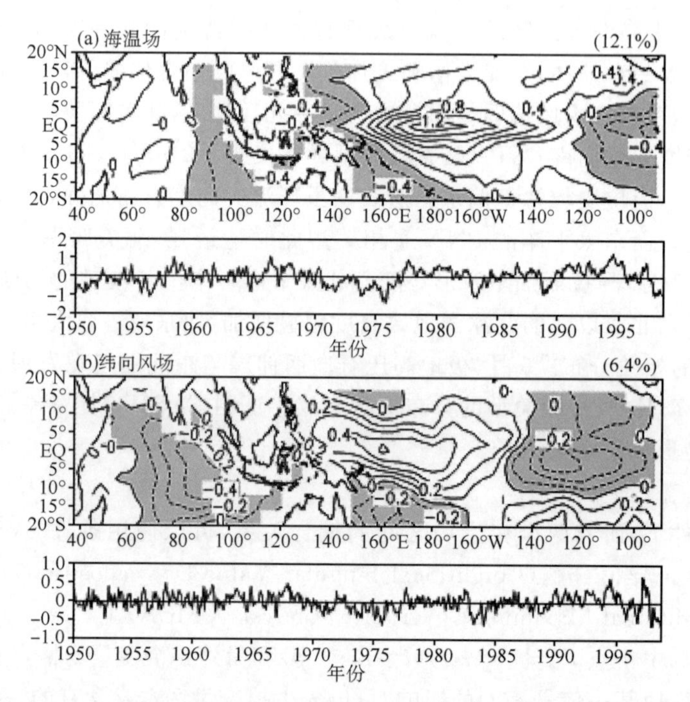

图 7.6.7 (a)热带海温场与(b)纬向风场 CSVD 第 1 左、右场模态及对应的时间系数

(7)PLS 模态

偏最小二乘分析方法(Partial Least Squares,PLS),也可以对两个场的耦合关系进行分析。Huang 等(2007)研究冬季大气环流对我国气温影响时,把 1 月北半球 20°~85°N,10°E~180°~0°范围的 500 hPa 高度场作为大气环流代表场,提取场的第 1 主因子作为代表,称为北极涛动(AO)指数,与我国同期气温场(自变量场)进行 PSL 分析。得到偏最小二乘回归的第 1 主分量,此主分量对北极涛动的拟合程度,即解释方差(拟合率),可以作为整个气温场对 500 hPa高度场的响应程度的度量。计算表明,我国 1 月气温场对北极涛动指数的响应程度为 30%。

他们把 PLS 第 1 模态作为气温场对大气环流响应的最主要模态,其响应的分布形势见图 7.6.8。从图 7.6.8 可见,响应较大的地区除华南南部外,主要出现在我国东部沿海大部分省份。由于自变量场的第 1 主分量与北极涛动指数有负相关(−0.08),因此,这种响应是负响应模态,我国大部分气温距平对北极指数是负响应。即当北极涛动指数异常正距平的年份时,我国东部沿海大部分省份可以产生气温为负距平的响应。例如,1977 年,当强的正 AO 指数异常出现时,范围很大的很强气温负距平区出现在我国东部地区。

把气温场的第 2 次主分量对应的气温变量荷载向量场,称为 1 月气温场对北极涛动的响应第 2 模态,其响应的分布形势由图 7.6.9 给出。从图可见,东北和全国大部分地区响应的荷载符号相反。由于自变量场第 2 次主分量与北极涛动指数有负相关,因此,这种响应模态是负

响应模态,即我国大部分地区气温距平对 AO 指数是正响应,而东北地区为负响应。这种模态是表现我国气温场对北极涛动的另一响应模态。

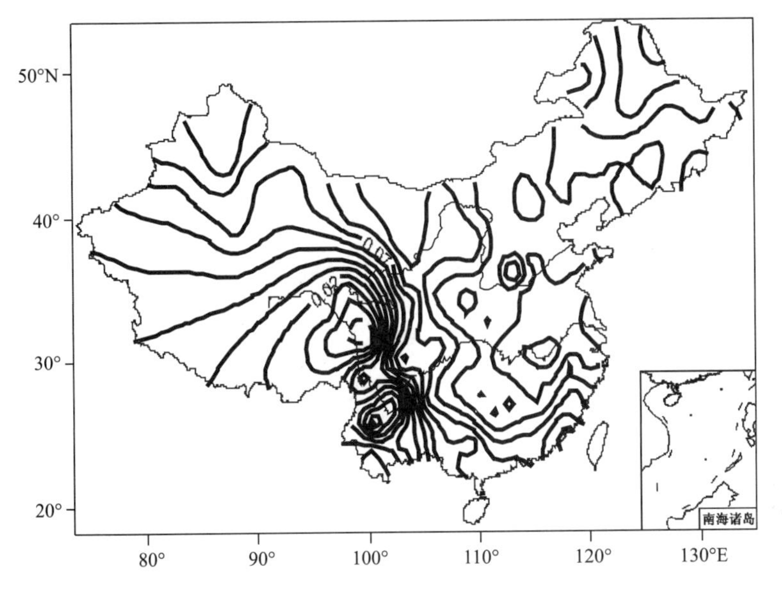

图 7.6.8　1 月气温对北极涛动指数响应第 1 模态

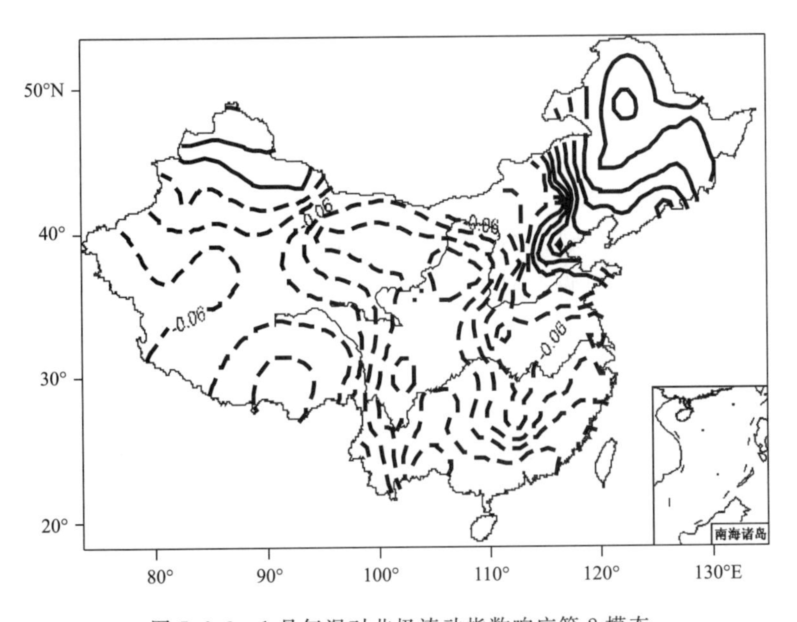

图 7.6.9　1 月气温对北极涛动指数响应第 2 模态

类似地,我们把气温场的第 3 次主分量对应的荷载向量场,称为对北极涛动的响应第 3 模态,其响应的分布形势由图 7.6.10 给出。从图可见,响应的荷载符号分布形势是"＋－＋－"的分布,分别对应东北北部的正值区域,东北、华北和长江下游的负值区域,西北、长江上游的正值区域和华南、西南的负值区域。由于自变量第 3 次主分量与北极涛动指数有负相关,因此,这种响应模态仍然是负响应模态。

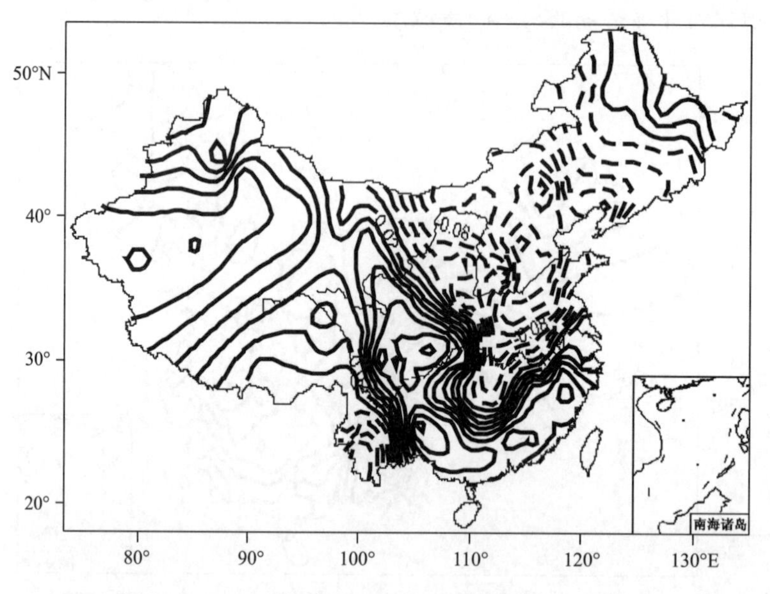

图 7.6.10 1月气温对北极涛动指数响应第 3 模态

上述的气温场对北极涛动指数响应的 3 种模态是相互独立的，它们能够反映气温场响应的 3 种不同的分布形势特征。由于北极涛动在对流层低层和高层都可激发类似 EU 遥相关型的异常，通过影响西伯利亚高压和东亚大槽影响华北地区气温。强(弱)涛动年大气环流具有弱(强)东亚冬季风特征，西伯利亚高压减弱(增强)，亚洲大陆地面东北风减弱(增强)，高空东亚大槽减弱(增强)。当冷空气从西伯利亚南下时，冷空气影响不仅表现在东北、华北地区，还应该影响我国东部地区(即图 7.6.8 的气温响应第 1 模态)。由于冷空气入侵路径不同，在冷空气势力较弱时，只能影响东北、华北地区(即图 7.6.9 的气温响应第 2 模态)。在冷空气势力较强，且偏西时，可以影响华北和华中地区(即图 7.6.10 的气温响应第 3 模态)。

当然，使用某大气变量场与另外一个大气变量场，也能够进行大气变量场的响应分析。例如，可以计算北极涛动指数与气温相关场(图 7.6.11)。在相关场中，表现的是全部气温测站(自变量)与北极涛动指数的线性关系，大部分地区是负相关，显著相关区域(超过 0.05 显著水平，即相关系数的绝对值大于 0.30)出现在东北地区。而从图 7.6.8 的气温场对北极涛动的最主要的响应模态上看，我国大部分也是负响应，但是最明显的响应地区是我国东部地区。

比较图 7.6.11 与图 7.6.8，发现它们分布形势有相似之处。说明一般相关场中仅能够揭示气温对北极涛动的主要响应特征，即冷空气入侵的东部路径。而使用偏最小二乘方法，还可以揭示冷空气入侵我国的其他路径。使用偏最小二乘方法的 3 种气温响应模态比单纯的相关场所能够解释的情况要丰富得多。

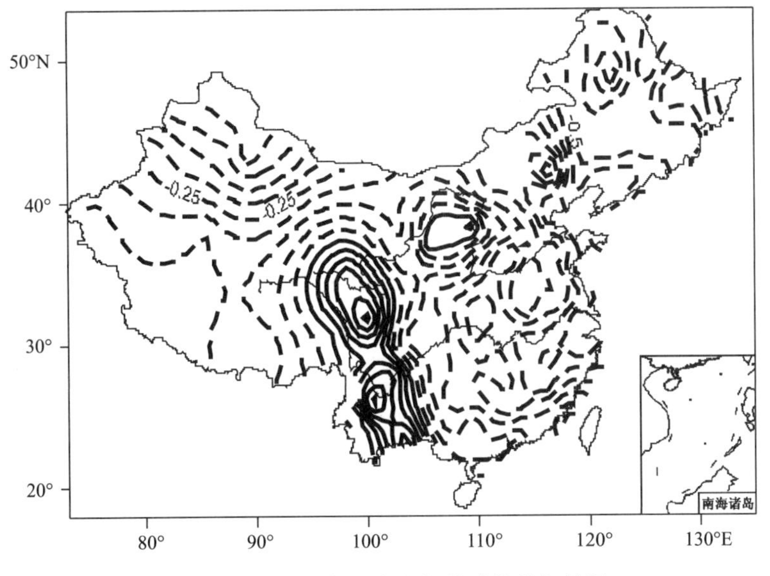

图 7.6.11 1月气温与北极涛动指数相关场

参考文献

丁一汇,刘芸芸.2008.亚洲—太平洋季风区的遥相关研究.气象学报,**66**(5):670-681.

段旭,严华生,董谢琼.1999.云南8月气温与春季气温场的典型相关分析.高原气象,**18**(2):192-197.

郭世昌,戴敏,杨沛琼,等.2013.全球平均经圈环流的基本特征及其与臭氧关系研究.大气科学,**37**(1):36-42.

黄嘉佑.1991.夏季逐月500 hPa高度场与我国降水的关系分析.水科学进展,**2**:50-57.

黄嘉佑,黄茂怡.2000.主分量逐步筛选因子典型相关分析及其预报试验.应用气象学报,**11**(增刊):72-78.

黄嘉佑,刘舸,赵昕奕.2004.副高、极涡因子对我国夏季降水的影响.大气科学,**28**(4):517-526.

黄嘉佑,张镡.1996.黄河流域旱涝与水资源分析.大气科学,**20**(6):673-678.

黄嘉佑,张镡,颜明元.1994.北京地区"环流—降水—谷物"系统的短期振动研究.应用气象学报,**5**:290-296.

简茂球,陈文,乔云亭,等.2007.中国汛期月降水量年际异常型的相关性分析.热带气象学报,**23**(4):333-340.

蒋金荣,王宁邦.1989.太阳辐射与西北太平洋副高季节性移动关系的研究.热带气象,**5**:289-294.

李崇银,潘静.2007.南海夏季风槽的年际变化和影响研究.大气科学,**31**(6):1049-1058.

李开乐.1986.相似离度及其使用技术.气象学报,**44**(2):174-183.

李跃清.2000.青藏高原上空环流变化与其东侧旱涝异常分析.大气科学,**24**(4):470-476.

刘毓赟,陈文.2012.北半球冬季欧亚遥相关型的变化特征及其对我国气候的影响.大气科学,**36**(2):423-432.

马玉坤,赵中军,王玉国,等.2011.环渤海地区云量的动力过程相似预报方法.兰州大学学报(自然科学版),**47**(4):38-43.

苏绍基,张慧君.1999.云南3月低温与青藏高原、四川的土壤热流量的奇异值分解.云南大学学报,**21**(5):349-352.

所玲玲,黄嘉佑,谭本魁.2008.北极涛动对我国冬季同期极端气温的影响研究.热带气象学报,**24**(2):163-168.

唐瑜,余锦华.2008.青藏高原地表感热与华北夏季降水的相关分析.气象科学,**28**(2):201-204

吴洪宝,庞昕.2001.冬季亚欧500 hPa高度与下表面温度异常的大尺度相关型.南京气象学院学报,**24**(2):214-219.

颜明元，黄嘉佑，郑大玮. 1993. 旱冬灾害对小麦产量的影响与防御. 北京农业科学，**11**(2)：13-16.

袁玉江，桑修诚，龚原. 2001. 新疆气候对地表水资源影响的区域差异性初探. 应用气象学报，**12**(2)：210-217.

张容焱，沈新勇，邓自旺，等. 2009. 基于BP—CCA法的福建春季降水因子分析. 气象科学，**29**(4)：513-518.

郑冬梅，张启龙. 2009. 热带印度洋—太平洋热力异常联合模对我国夏季降水的影响. 热带气象学报，**25**(5)：581-588.

宗海锋，张庆云，陈烈庭. 2008. 东亚太平洋遥相关型形成过程与ENSO盛期海温关系的研究. 大气科学，**32**(2)：220-230.

An S I. 2003. Conditional maximum covariance analysis and its application to the tropical Indian Ocean SST and surface wind stress anomalies. *J Climate*, **16**: 2932-2938.

Huang Jiayou. 1991a. Analysis of temporal and spatial characteristics of temperature and precipitation field in summer over China. *Chinese Journal of Atmospheric Sciences*, **15**: 318-327.

Huang Jiayou. 1991b. Responses of summer rainfall over China to anomalies of sea surface temperature in the North Pacific. *Acta Meteorologica Sinica*, **5**: 79-89.

Huang Jiayou, Tan Benkui, Suo Lingling, *et al*. 2007. Monthly Changes in the Influence of the Arctic Oscillation on Surface Air Temperature over China. *Advances in Atmospheric Sciences*, **24**(5): 799-807.

Klein W H, Bloom H J. 1986. Simulaneous relationships between monthly precipitation amount and 700 mb heights over the United States during winter. *Long-range Forecasting Research Reports Series*. No. 6, Vol. II, WMO/TD No. **87**: 750-759.

Wang Bin. 1992. The vertical structure and development of the ENSO anomaly mode during 1979-1989. *Journal of the Atmospheric Sciences*, **49**(8): 698-712.

Wu B, Zhang R, Ding Y, *et al*. 2008. Distinct modes of the East Asian summer monsoon. *J Climate*, **21**: 1122-1138.

第 8 章　多个变量场耦合分析

在地球系统的变化中，常常要研究多个大气变量场之间的相互关系，要了解某一大气变量场如何随多个时刻，或者在某一时刻多个变量场之间的空间和时间的变化关系，需要进行多个大气变量场的综合和耦合分析。而且，在变量场随时间演变中，也可以看成由多个变量场组成的，通过对它们进行耦合分析，了解变量场随时间演变的主要特征。

8.1　多变量场的综合模态

根据变量之间的物理关联，可以把多变量场进行综合，使用主分量分析方法提取其综合模态。Diaz 等(1981)研究美国冬季气温场和降水场的综合空间模式时，把气温场和降水量场的资料阵合起来作为一个矩阵进行退化值分解。设两个场的格点数为 p，样本容量为 n，则合并后的资料阵 $\boldsymbol{X}$ 为 $(m\times n)(m=2p)$ 矩阵。它可分解为

$$\boldsymbol{X}=\boldsymbol{U}'\boldsymbol{\Lambda}^{1/2}\boldsymbol{V} \tag{8.1.1}$$

式中，$\boldsymbol{U}(m\times n)$ 为由 n 个左特征向量为列向量组成的矩阵；$\boldsymbol{\Lambda}(n\times n)$ 为由 n 个特征值的平方组成的对角阵；$\boldsymbol{V}(n\times n)$ 为右特征向量组成的矩阵；“$'$”表示矩阵的转置。由这些特征向量组成的矩阵均为正交阵，它们可以从资料阵的不同交叉积矩阵中求得。因为

$$\begin{aligned}\boldsymbol{X}\boldsymbol{X}'&=\boldsymbol{U}'\boldsymbol{\Lambda}^{1/2}\boldsymbol{V}\boldsymbol{V}'\boldsymbol{\Lambda}^{1/2}\boldsymbol{U}\\&=\boldsymbol{U}'\boldsymbol{\Lambda}^{\frac{1}{2}}\boldsymbol{I}\boldsymbol{\Lambda}^{\frac{1}{2}}\boldsymbol{U}=\boldsymbol{U}'\boldsymbol{\Lambda}\boldsymbol{U}\end{aligned} \tag{8.1.2}$$

$$\begin{aligned}\boldsymbol{X}'\boldsymbol{X}&=\boldsymbol{V}'\boldsymbol{\Lambda}^{1/2}\boldsymbol{U}\boldsymbol{U}'\boldsymbol{\Lambda}^{1/2}\boldsymbol{V}\\&=\boldsymbol{V}'\boldsymbol{\Lambda}\boldsymbol{V}\end{aligned} \tag{8.1.3}$$

从上两式可见，$\boldsymbol{U}$ 为 $\boldsymbol{X}\boldsymbol{X}'$ 的特征向量阵；$\boldsymbol{\Lambda}$ 为其特征值组成的对角阵；$\boldsymbol{V}$ 为 $\boldsymbol{X}'\boldsymbol{X}$ 的特征向量阵；$\boldsymbol{\Lambda}$ 也是它的特征值阵。因此，分别把 $\boldsymbol{U}$ 和 $\boldsymbol{V}$ 矩阵中的列向量，称为左和右退化向量，它们分别表征综合变量的空间特征和时间特征。如果取前 $s(<n)$ 个特征值及其对应的特征向量则可得资料阵的估计阵为

$$\underset{(m\times n)}{\hat{\boldsymbol{X}}}=\underset{(m\times s)}{\boldsymbol{U}'}\underset{(s\times s)}{\boldsymbol{\Lambda}^{1/2}}\underset{(s\times n)}{\boldsymbol{V}} \tag{8.1.4}$$

由于资料阵是由两个要素场组合而成，所以上式可写为分块矩阵。即

$$\underset{(m\times n)}{\begin{pmatrix}\hat{\boldsymbol{X}}_1\\\hat{\boldsymbol{X}}_2\end{pmatrix}}=\underset{(m\times s)}{\begin{pmatrix}\boldsymbol{U}_1\\\boldsymbol{U}_2\end{pmatrix}}\underset{(s\times s)}{\boldsymbol{\Lambda}}^{1/2}\underset{(s\times n)}{\boldsymbol{V}} \tag{8.1.5}$$

式中，$\hat{\boldsymbol{X}}_1(m\times n)$ 和 $\hat{\boldsymbol{X}}_2(m\times n)$ 分别为气温场和降水场的资料阵；$\boldsymbol{U}_1(m\times s)$ 和 $\boldsymbol{U}_2(m\times s)$ 分别为 $\boldsymbol{U}$ 阵中前 m 个和后 m 个行向量所组成的阵，其 s 列的特征向量分别表现气温场和降水场的综合空间模态特征。其对应时间函数序列的解释方差可用相应的特征值计算，即第 k 个特征向量的解释方差为

$$G_k = \frac{\sum_{i=1}^{p} \lambda_k u_{ik}^2}{S} \tag{8.1.6}$$

式中，λ_k 表示第 k 个特征值；u_{ik} 表示对应的特征向量第 i 个格点值；S 表示资料阵中所有变量的总方差。他们对这两个矩阵的特征向量进行分析后发现，气温的第 1 特征向量场模态的解释方差(38%)比降水的(17%)要高，说明气温在组合场中的代表性比降水好。

黄嘉佑(1991)在研究气温场与降水场的相互关系时，还使用它们两个场的综合场，即

$$\boldsymbol{TR} = \boldsymbol{T} - \boldsymbol{R} \tag{8.1.7}$$

式中，$\boldsymbol{T}$ 及 $\boldsymbol{R}$ 分别为夏季逐年标准化气温和降水量场构成的矩阵。在综合场中格点的新变量的值可以反映气温与降水的标准化距平差异程度，当 $\boldsymbol{TR}$ 为大的正值时，反映该地区高温干旱状态，反之则为低温潮湿状态。以 $\boldsymbol{TR}$ 值为资料阵做主分量分析，各分量解释方差介于气温与降水量的分量相应值之间。其第 1 分量对应的空间模式与气温和降水的主要模式十分相似。对主分量进行谱分析发现，在前 3 个主分量时间序列中，均存在显著的 2～3 年周期。实际上，计算气温与降水场的前 3 个主分量的交叉谱，也发现它们在 2～3 年周期上有较高的凝聚。说明两个场的综合场也可以反映它们各自场的变化特征。

他还使用转动主分量分析方法从原主分量中求出转动主因子，然后利用分析得到的空间模态对综合变量场的主要特征进行物理解释。对综合场前 3 个主分量做极大方差转动可得到综合场的空间模态。气温和降水综合指标的显著区域分别为长江中下游、华南和华北。说明这些地区的气温和降水的相关是密切的。这些地区也是我国夏季雨带主要出现的地区。

Barnett 等(1978)把 700 hPa、1000～700 hPa 厚度、北美气温和降水量、欧洲气温和降水量、大西洋海温和太平洋海温等 8 个变量场，作为影响美国气候系统的因子综合场，对 8 个变量场分别进行 EOF 分析，一共提取 77 个显著的空间模态及其对应的主分量。进一步把 77 个主分量按权重组合为一个新变量，称为气候状态向量，定义为

$$Y(z,t) = f_i(j,t)w_i(j) \quad (i = 1,2,\cdots,k(j); j = 1,2,\cdots,8) \tag{8.1.8}$$

其中

$$w_i(j) = \frac{\lambda_{ci}(j)}{\sum_{i=1}^{k(j)} \lambda_{ci}(j)} \quad (i = 1,2,\cdots,k(j); j = 1,2,\cdots,8) \tag{8.1.9}$$

为组合权重。式中，j 表示场的序号；$k(j)$ 表示第 j 个场取得的显著主分量数目；$\lambda_{ci}(j)$ 表示第 j 个场的交叉积矩阵的第 c 个特征值。$f_i(j,t)$ 为第 j 个变量场中第 i 个区域在时刻 t 的主分量，由 8 个场的主分量显著区域一共组成有 $z=56$ 个区域。他们又进一步把 56 个区域的不同时刻资料组成一个新的综合场 Y，称为气候状态向量场。又进一步进行 EOF 分析，得到的冬季气候状态向量的第 1 特征向量场，是综合场的主要模态，反映太平洋海温场与 700 hPa 场是同相变化，关系密切，是太平洋遥相关型的出现地区，当太平洋西海岸的气压(或海温)是正距平时，美国东南地区有反相的距平响应。

8.2 风场综合模态

把不同高度的风场综合在一起，分析不同高度的风向、风速的共同变化特征，可以把风场作为向量场进行 CV-EOF 分析，然后再综合进行垂直方向的风变化特征分析。

张东凌等(2007)对 ENSO 循环使用三度空间矢量方法,进行动力统计分析。他们选取各年 1 月 1000、850、700、500、300、200、50 hPa 等 7 个标准等压面上的月平均风场资料,资料年份为 1948—2003 年,共 56 年。

由于高低空风速相差较大,直接对风场进行 EOF 分析会有很大问题。但高低空的动能密度则是同量级的,为此他们不直接分析风矢 **V**,而使用空气的密度的开方与风矢乘积来代替。

对 1 月各年这 7 个标准等压面上的月平均风场,求其 56 年的平均值,再求其对该平均值的偏差,称该偏差为偏差风场。它们反映了各年 1 月平均风场的异常。因为偏差风场是一个二维矢量,故可将这 7 个标准等压面上的偏差风场作为一个整体,进行三度空间上的矢量 EOF 分析。众所周知,复数可描写矢量(对风矢,其风速、风向可分别用复数的模和辐角来表示),故对矢量的 EOF 分析即可利用复 EOF 分析来进行,这样所得各 EOF 模态的空间场和时间展开系数则均为复数。前者的模和辐角分别表示该模态偏差风场的风速大小和风向,而后者的模和辐角则分别表示 1948—2003 年这 56 年中该模态偏差风场风速、风向随时间的变化特征。因每个 EOF 模态的空间场均对应有自己的时间系数,这样分析得到的同一 EOF 模态的偏差风场在上述三度空间中其风速和风向就有相同的时间系数,其分析过程就是三度空间矢量 EOF 分析。

图 8.2.1 给出了该偏差风场在 200 hPa 和 850 hPa 上第 1 模态的空间场分布。在高层 200 hPa 上(图 8.2.1a),该模态最主要的偏差风场系统是:在 150°W 和 15°W 附近分别有气旋中心和反气旋中心;在赤道附近的中太平洋上盛行西风;在赤道中、东太平洋和赤道西太平洋分别有明显的辐散区和辐合区。而在低层 850 hPa 上(图 8.2.1b),该模态在赤道西、中太平洋有一支东风,在赤道印度洋则有西风,相应于上述 200 hPa 的辐散区和辐台区,则为明显的辐合区和辐散区,即散度符号发生了反转。

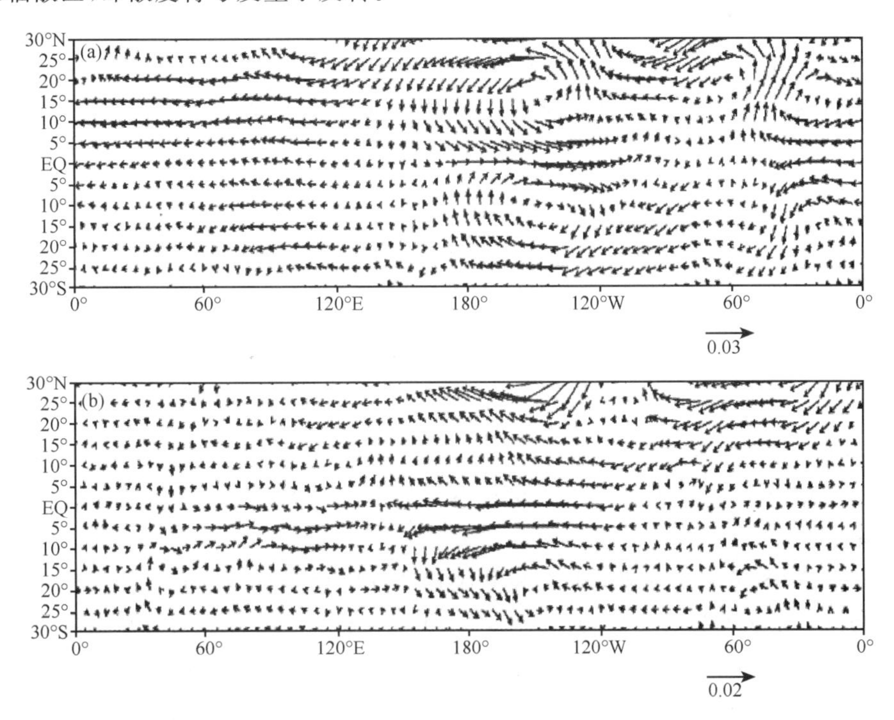

图 8.2.1　(a)200 hPa 和(b)850 hPa 偏差风场第 1 模态的空间结构

通过三度空间的风场向量EOF分析的第1模态(图8.2.1)高低层的偏差风场与偏差风辐合、辐散区的配置可见,在整个赤道太平洋对流层中存在一个纬向的偏差风垂直环流圈,其上升支位于西太平洋暖池区。下沉支位于东太平洋El Nino现象的海温异常区;低层有东风异常,高层有西风异常。该模态偏差风的垂直环流圈反映了沃克(Walker)环流圈的异常。显然,赤道东、西太平洋SST的差异是驱动该环流圈的原因。

8.3 多变量场模态

把多个变量场综合在一起,提取其共同的时刻变化特征的方法,可以使用多变量场EOF分析,即MV-EOF方法。

在提取多个要素场的时空模态中,Weare(1990)还提出可用四维EOF方法提取4个要素场的综合场时空演变特征。他在分析UCLA大气环流气候模拟24个月的潜热释放的时空特征时,取该物理量在这一期间四维(纬度、经度、高度和时间)资料阵,首先把纬度—经度—时间作为一维,高度为另一维构成二维资料阵。对此矩阵可进行传统EOF分析,把它们分离为二维的经验正交函数。对其中纬度—经度—时间的函数再构成含经度—时间和纬度的二维矩阵。然后再一次进行EOF分析。对分离出的经度—时间经验正交函数再做EOF分析。最后完成四维EOF分析。然后对各维的模式与观测场进行对比分析,发现它们有十分一致的变化特征。

Wang(1992)在研究ENSO模态的垂直结构和变化规律时,使用多维EOF分析,他把它称为MV-EOF。他对海表海温场(SST)、海平面气压场(PS)、海表纬向风场(US)、经向风场(VS)、850 hPa纬向风场(U850)、200 hPa纬向风场(U200)和向外长波辐射场(OLR)等7个月平均变量场进行MV-EOF分析。资料取1971年1月—1989年12月逐月平均值,空间点变量是赤道地区5°N~5°S范围内,由40°E~80°W以10°经纬度间隔范围方块的平均值组合为新变量场资料阵,对所有变量进行标准化处理,以便不同变量可以统一处理,对此标准化矩阵进行传统EOF分析,求出7个场的EOF-1和EOF-2分模态场。各变量场的解释方差百分率列在表8.3.1中。

表8.3.1 MV-EOF中各变量场模态的解释方差(%)

	SST	PS	US	U850	OLR	U200	VS	平均
E1	69	57	48	59	61	41	18	50
E2	6	8	21	18	20	14	34	17
E1+E2	75	65	69	77	81	55	52	67

从表中可见,在E1的模态中,SST的模态有最大的解释方差,说明在海气相互作用中,海洋起重要影响。

Wang等(2008)在研究东亚季风的垂直结构和变化规律时,对850 hPa和200 hPa风、海平面气压与降水量场的综合变量场,进行MV-EOF分析。图8.3.1为850风与降水量场综合变量场的MV-EOF第1和第2空间模态。第1个MV-EOF模态(图8.3.1a)显示为北—南偶极子型距平分布形势,当中国南海北部和菲律宾海降水少时,中国长江流域到日本南部的区域降水则增加。850 hPa的突出特点是异常高压使得西南风盛行,从中国南部到长江中下游地

区,降水呈增加的形势。第 2 个 MV-EOF 模态的空间分布(图 8.3.1b)显示另一个偶极子模式,即华南降水和中国北方和东北地区距平符号相反。同时,850 hPa 高空反气旋异常占据中国北部(图 8.3.1b),表明季风减弱,尤其是在中国北部。

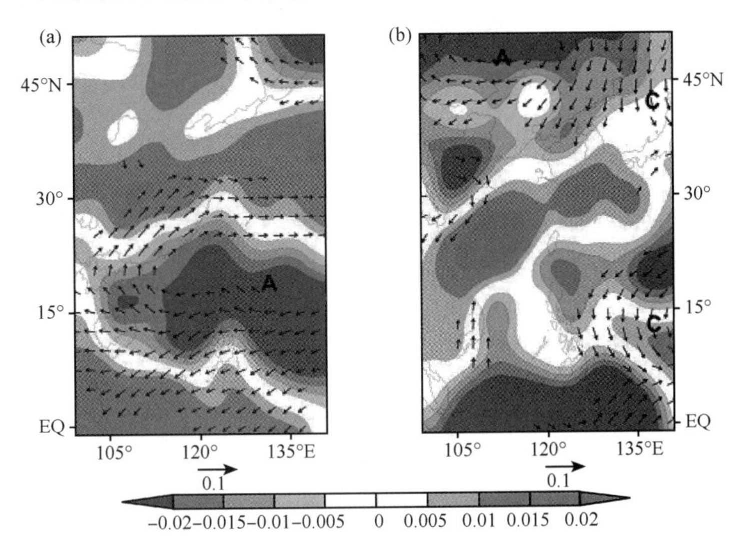

图 8.3.1 东亚夏季 850 hPa 风场与降水量场综合变量场的 MV-EOF(a)第 1 和(b)第 2 空间模态
(图中 **A** 表示反气旋,**C** 表示气旋)

8.4 变量场时间演变模态

如果把不同季的气象要素也看成大气变量,则不同季的气象要素场也是多个大气变量场。对多个季气象要素场进行综合分析的方法,可以使用季节经验正交分解,即 S-EOF 方法。

Wang 等(2005)提出使用季节经验正交函数(S-EOF)方法,分析大气变量场的季节变化规律。他们把前一年冬季和当年春、夏、秋的 4 个季节演变过程综合在一起,选取它们逐年变化的海温场资料,形成新的资料阵,然后进行 EOF 分解。得到前两个通过显著性检验的 S-EOF1 和 S-EOF2 模态,解释方差分别为 23.9%和 14.6%。图 8.4.1 给出了四季的 S-EOF 两个模态。从图 8.4.1a 可见,低频的 ENSO 随季节并不会有太大的变化,赤道东太平洋海温正异常占主导地位,海温暖异常区有随季节向南北扩展的趋势。第 2 个 S-EOF 模态则表现为赤道中—东太平洋上准两年的 ENSO 模态,即秋季东印度洋的增暖达到极大值,到冬季迅速减弱,海温正异常区有从西太平洋向东北方向传播的趋势。

刘华(2011)使用 S-EOF 方法分析中国降水的季节变化气候特征。他使用 1951—1999 年中国 160 站 12 个月降水场资料,把 12 个月分为 4 个季节,做 S-EOF 分析。得到我国降水的 S-EOF 第 1 模态的方差贡献百分率为 11.2%。发现第 1 模态的春季降水的雨型是南北分布型,以黄河的下游来划分,黄河以北是雨少(多)区域,黄河以南是多(少)雨区域,长江以南的华南地区与黄河以南地区同相。夏季降水的雨型是春季雨带向北推进的结果,形成大范围的降水异常区,这一模态降水主要表现在江淮地带。秋季降水的雨型是西北—东南分布型。冬季降水的雨型,东北、新疆、西南和华北地区是负值,其余均为正值,在冬季,全国降水全面减弱。

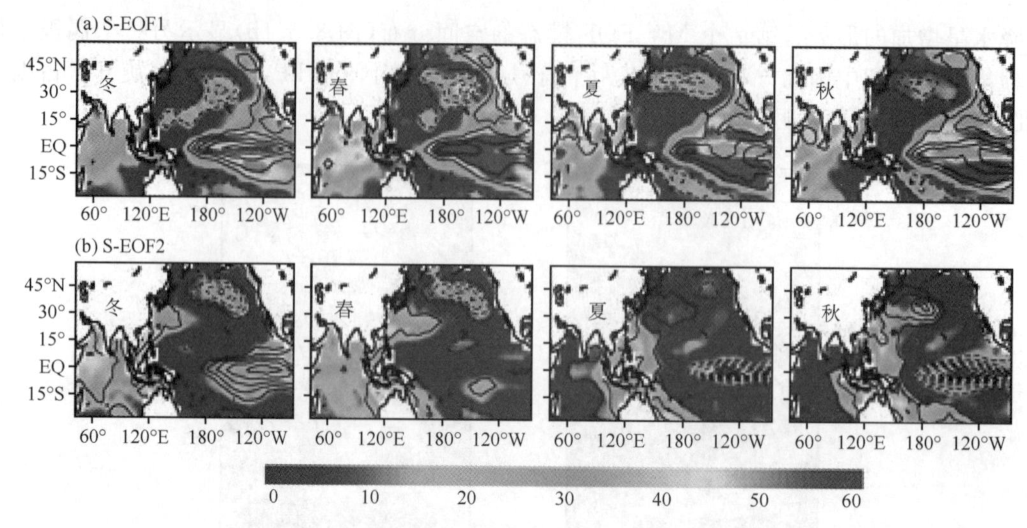

图 8.4.1 海温距平(a)S-EOF1 和(b)S-EOF2 的空间模态(冬季、春季、夏季和秋季)

8.5 联合耦合模态

在一定的条件下把多个变量场联合组成新的变量场,与另外一个变量场进行 SVD 耦合分析,称为联合条件奇异值分解(联合 CSVD)方法。

由于在研究两个变量场的耦合时只单独对两个标量场进行 SVD 分析,例如,研究海温 SST 场与海面风场之间关系时,常常分别对 SST 与纬向风或经向风之间进行奇异值分解。但实际上经向风与纬向风的量级差异大,分别进行 SVD 分解的结果不能全面反映海温与风场的关系。因此,只有考虑把风场中纬向风场、经向风场组成为一个新变量场,然后与 SST 场之间耦合,进行 CSVD 分析,才能更真实地反映海温场与海面风场之间的相互作用。

黄菲等(2007)使用 CSVD 方法分析了南海强季风特性的海气耦合模态的时空分布特征。他们计算了不同季节南海 SST 和海面风场 CSVD 的前 3 个模态所占的方差贡献及各模态相关系数。前 3 个模态的累积方差贡献均超过 97%,表明这 3 个模态足以表征南海海气耦合的特征和信息,且在冬季累积协方差贡献最大。模态间的相关性分析表明,各个季节前 3 个模态的相关系数均超过 0.01 水平的显著性检验,南海海气耦合的最显著模态在冬季相关性最高,而夏、秋季节相对较低,表明南海的海气相互作用在冬季最为显著。图 8.5.1 给出了冬季和春季 SST 和海面风场之间 CSVD 的同性相关场的分布。

从图 8.5.1 可见,南海夏季风爆发前的冬季和春季,SST 的空间分布均表现为沿南海深海海盆地形东北—西南走向的椭圆形海盆模态,最大正相关中心位于南海中部。相应的海面风场为在南海上空的西太平洋副热带高压西侧的风场结构,即在南海南部主要以南风和东南风异常为主,而北部为西南风异常,构成半个反气旋式环流异常,这种以南风异常为主的风场结构,使气候平均盛行的背景东北季风减弱,进而减弱了海面向上的蒸发量,使 SST 异常增暖,暖的 SST 对大气的异常加热又会在低空大气产生南风异常,这样便构成了 SST—蒸发—风正反馈机制。

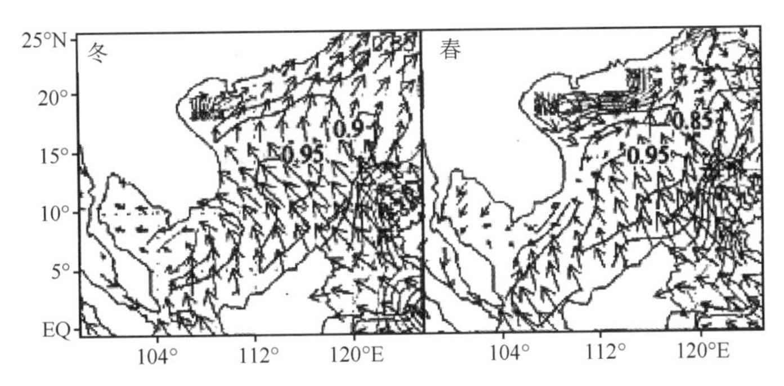

图 8.5.1　第1模态南海冬、春季节 SST 和海面风场之间 CSVD 的同类相关场的分布

图 8.5.2 给出了第1模态南海冬、春季节 SST 和海面风场之间 CSVD 的异类相关场的分布。从图可见，冬、春季节的异类相关只比同类相关场减弱约 20%，表明冬季风期间南海的海气相互作用要更强烈些。冬季的 SST 的显著耦合相关区分成了两个大值中心，一个位于东沙群岛南部，另一个位于越南南岸东侧，而春季的最大正相关区也向西北方有所偏移，冬、春季节的 SST 最大正相关区都较同类相关场中向南海西北侧偏移，反映了冬季风（东北风）作用下海洋上层 EKMAN 输送的效应。

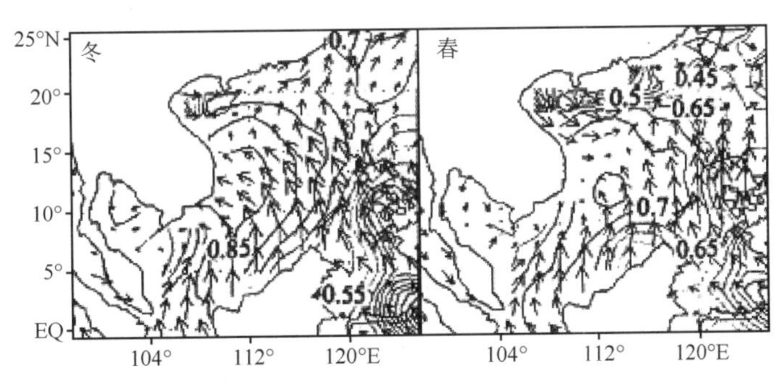

图 8.5.2　第1模态南海冬、春季 SST 和海面风场之间 CSVD 的异类相关场的分布

梁肇宁等（2006）在研究印度洋海温异常和南海夏季风建立迟早的关系时，把风场的两个风分量组成一个新变量场与海温场进行联合 CSVD 分析。但是在分析时遇到困难：在进行 SVD 矩阵分解之前，如果把右场设为风向量场，场中的两个纬向、经向风分量 U、V，分别要与左标量场（海温场）做交叉协方差计算，由于 U、V 的量级不一致，如果 U、V 都只用距平资料，那么 U、V 场与左场的协方差必定有一个较大，较大的占去了右场与左场总协方差至少一半以上，则经 SVD 分析得到的前几个模态集中反映的总协方差很可能只是较大量级的场的信息，而较小量级的场的信息因其与左场的协方差小而在前几个模态中得不到反映。因此，他们提出必须先将 U、V 场标准化，使得 U、V 场的信息在前几个模态中皆能够得到公正的反映。

考虑到大气对海温的响应有一定的滞后性，他们选取初春（3—4 月）的印度洋海表温度场作为联合 SVD 的左场，同时选取能表现季风建立特征的 5 月高低层大气环流场（包括 200 hPa 和 850 hPa 二维风场及 500 hPa 高度场）作为联合 SVD 的右场。进行海温场和风场、高度场的联合 SVD 分析。图 8.5.3 给出了印度洋初春（3—4 月）海表温度和 5 月 850 hPa 风场的联合 SVD 分析第1模态。

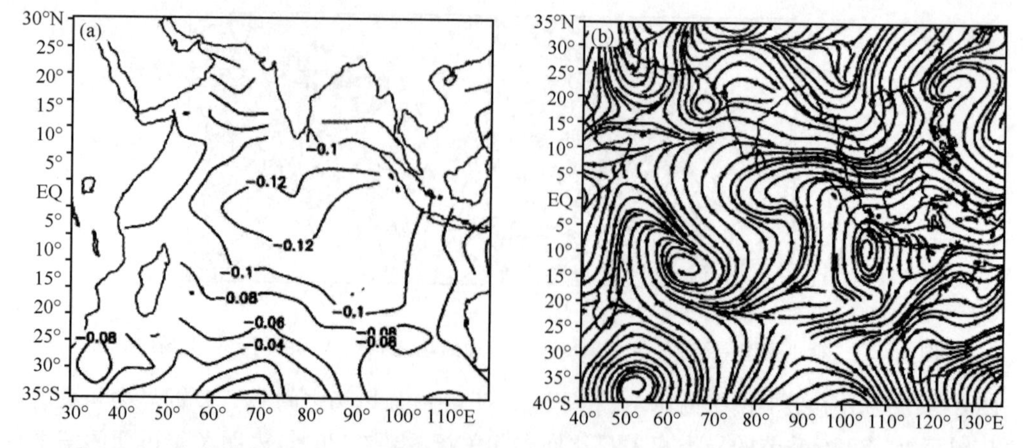

图 8.5.3　印度洋初春(3—4 月)海表温度和 5 月 850 hPa 风场的联合 SVD 分析第 1 模态

(a)海温场;(b)850 hPa 风场

从图 8.5.3a 可见,印度洋海温场(左场)第 1 模态是一个全区一致为负的分布型,其大值区主要位于热带印度洋近赤道中心地区。在前期海温分布型的影响下,5 月850 hPa耦合流场(图 8.5.3b)与海温的关系的气候特征是:在马达加斯加以东地区有一距平反气旋环流,由此距平反气旋气流衍生的东南和偏南距平气流在越过赤道后,转为强劲的距平偏西气流,经大陆桥和中南半岛南端直接挺进南海,印缅槽位置偏东,南海全区域均受强西南风和偏南风距平气流控制。同时,在菲律宾以东 140°E 附近的洋面上也形成一个有利于对流发展的距平气旋性环流。

由于印度洋与大气环流场的耦合特征在很大程度上受到太平洋 ENSO 的影响,为了找出印度洋自身的局地变化特征对大气环流场的影响,他们把 ENSO 的影响去除,即在计算 ENSO 信号和左、右场的协方差时,用的是超前和滞后的协方差,目的在于完全去除原始资料中 ENSO 信号的影响。其关系的第 1 模态对应的左、右场空间分布及其时间系数由图 8.5.4 给出。从图可见,在去掉 ENSO 的影响后,印度洋海表温度场与大气环流场耦合的主要特征还是表现为全区一致型,说明即使去除了 ENSO 的影响,全区一致型的年代际海温增暖分布仍然是印度洋海温本身所具有的主要特征。其大值区的位置与没有去掉 ENSO 影响时相比,除了在热带东印度洋地区有极大值区以外,在东南印度洋区域也存在极大值区。但是存在差异:在 850 hPa 耦合图(图 8.5.4b)上,印度半岛及其北部地区是一个槽区,印度半岛南侧形成与海温低值区相对应的距平反气旋环流,控制南海的强劲西南距平气流主要来自东移并加深的印缅槽。而有 ENSO 影响时,南海区域一般盛行偏东南距平气流,与夏季风的建立也有比较好的关系。

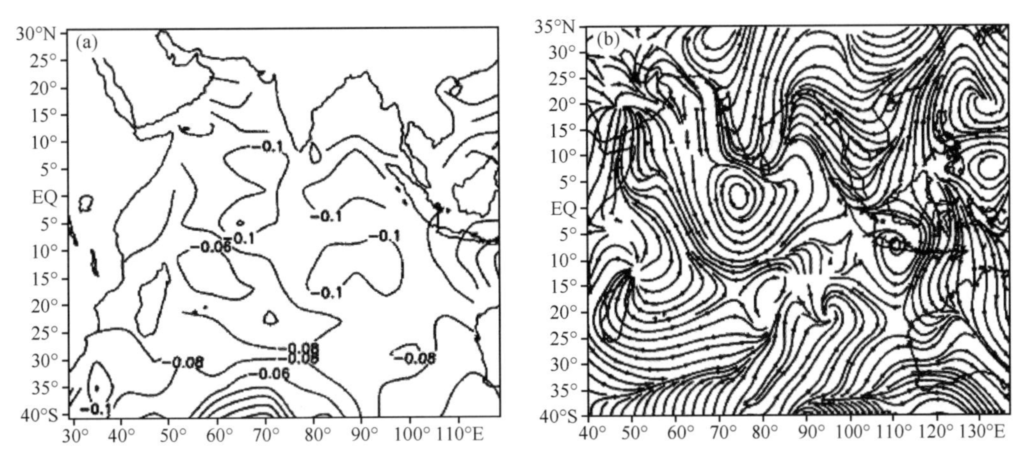

图 8.5.4　初春(3—4 月)印度洋海表温度和 5 月 850 hPa 风场的联合 CSVD 分析第 1 模态
(a)海温场;(b)850 hPa 风场

参考文献

黄菲,董静舒,黄少妮,等. 2012. 1990 年代中期南海季风系统年代际转型模态的时空特征. 热带气象学报,**28**(6):938-944.

黄嘉佑. 1991. 我国夏季气温、降水场的时空特征分析. 大气科学,**15**(3):124-132.

梁肇宁,温之平,吴丽姬. 2006. 印度洋海温异常和南海夏季风建立迟早的关系 Ⅰ. 耦合分析. 大气科学,**30**(4):619-634.

刘华. 2011. 1951—1999 年中国降水和气温的 SEOF 分析. 安徽农业科学,**39**(19):11775-11777.

张东凌,曾庆存. 2007. 大气环流中 ENSO 循环的动力统计分析. 自然科学进展,**17**(10):1401-1409.

Barnett T P,Preisendorfer R W. 1978. Multifield analog prediction of short-term climate fluctuations using a climate state vector. *J Atmos Sci*,**35**(10): 1771-1787.

Diaz H F,Flubright D C. 1981. Eigenvector analysis of seasonal temperature,precipitation and synoptic-scale frequency over the contingous Unite States. Part I: Spring,summer,fall,winter and annual. *Mon Wea Rev*,**109**:1267-1284.

Wang B,An S I. 2005. A method for detecting season-dependent modes of climate variability:S-EOF analysis. *Geophys Res Lett*,**32**:L15710.

Wang Bin. 1992. The vertical structure and development of the ENSO anomaly mode during 1979—1989. *J Atmos Sci*,**49**(8): 698-712.

Wang Bin,Wu Zhiwei,Li Jianping,*et al*. 2008. How to Measure the Strength of the East Asian Summer Monsoon. *J Climate*,**21**(17):4449-4463.

Weare B C. 1990. Four-dimensional empirical orthogonal analysis of climate variables. *Inter J Climatol*,**10**:313-319.

第9章　变量场的时间演变特征

大气变量场的变化具有空间和时间演变特征，其时间演变特征是气候变化研究的重要内容。变量场的时间演变表现为随时间变化和频率变化的特征，时间演变特征有趋势分析、突变分析和周期分析等。变量场演变的频域分析是研究大气变化的周期性的主要方法。

9.1　变量场的趋势分析

(1)持续性分析

持续性是变量变化的主要特征，对变量场的持续性分析，可以通过场中格点变量的持续性分析后，再从空间进行不同站点比较，来揭示场的持续性演变特征。持续性一般是使用线性回归方程中的线性趋势，即方程中直线斜率来表征。

Angell(1988)发现1958—1987年间平流层温度有明显下降，下降率为0.62 ℃/10a，最为显著的地区是南极上空，其下降率达2.04 ℃/10a。他认为这是由太阳活动和准两年振荡所造成。

高庆九等(2010)在研究中国东部夏季气压气候变率中，对中国194站地表气压(0P)分析直线趋势变化，结果发现，我国东北、华北及华中地区气压有升高趋势，四川、云贵及华南小部分地区有减小趋势；我国气压有升高趋势，且这种趋势十分显著，以内蒙古为中心，沿105°E自北向南有一大值带，气压升高的趋势沿着这个带分别自东北向西南和自西北向东南逐渐减小。

徐利岗等(2009)对我国北方荒漠区降水距平年代际变化持续性进行研究，使用不同年代来计算区内各测站的趋势系数，然后绘出不同年代的直线趋势系数场，把趋势系数分为4个区间，在场内进行4种不同类型的趋势比较(图9.1.1)。

20世纪60年代(图9.1.1a)，年增幅较大的地区多集中在荒漠区东部内蒙古高原地区，中部河套平原及河西走廊地区降水增幅较小或呈小幅负增长，而在新疆北部则有较大幅度的减少，南疆及青藏高原北缘地区呈小幅减少。70年代(图9.1.1b)，年增幅度较大的区域开始向中部移动，内蒙古高原东部地区出现降水高减幅区域，北疆高减幅区域减少，说明降水趋势由东向西出现增大趋势。80年代(图9.1.1c)，高增幅区域继续西移，北方荒漠区西部新疆、青海等地降水均有小幅增加，内蒙古高原高减幅地域继续扩大。90年代(图9.1.1d)，年增(减)幅较大的情况均出现在内蒙古高原中西部，北疆降水继续大幅增加，南疆部分地区却有小幅减少迹象。2000—2005年(图9.1.1e)，降水变化更趋多样化，高减幅全部集中于内蒙古中东部草原、荒漠及沙地区域，河套地区、河西走廊及北疆均有高幅增加趋势，南疆则有更多地区出现小幅减少趋势。

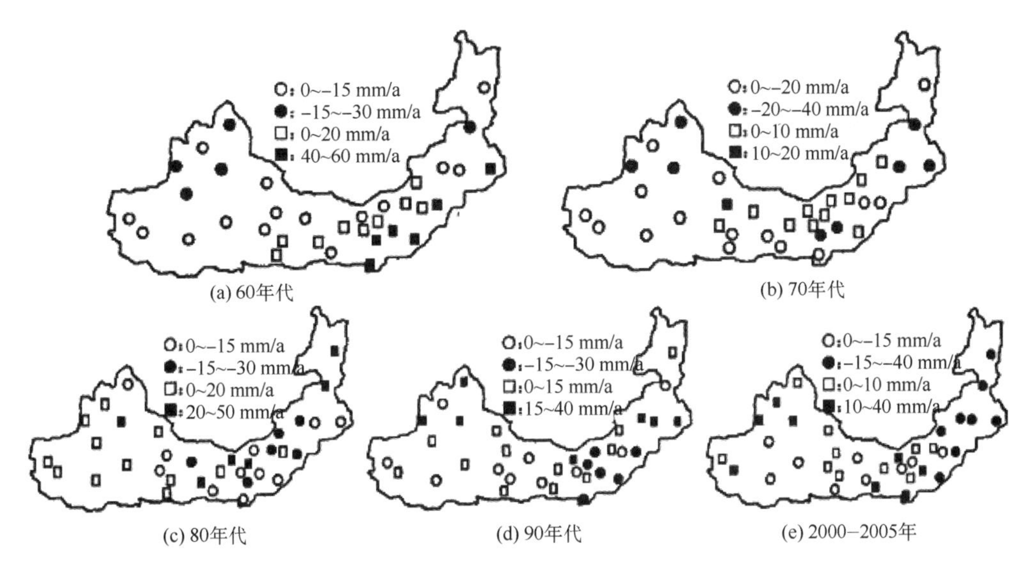

图 9.1.1　中国北方荒漠区降水距平不同年代际变化趋势

(2)非参数趋势分析

辛渝等(2008)在研究新疆年降水量的时间变化特征中,使用宏观趋势检验中的 Kendall-τ 显著性检验方法,对各站趋势以不同显著性水平分成 4 种类型:不显著(低于 0.1 显著水平)、0.1～0.05、0.05～0.01 和高于 0.01 进行比较分析(图 9.1.2)。发现趋势显著区域主要在新疆偏西偏北一带,而且大多能连成片,特别是沿天山一带绝大多数测站增加趋势十分显著,Kendall-τ 检验的显著水平达 0.01 以上。

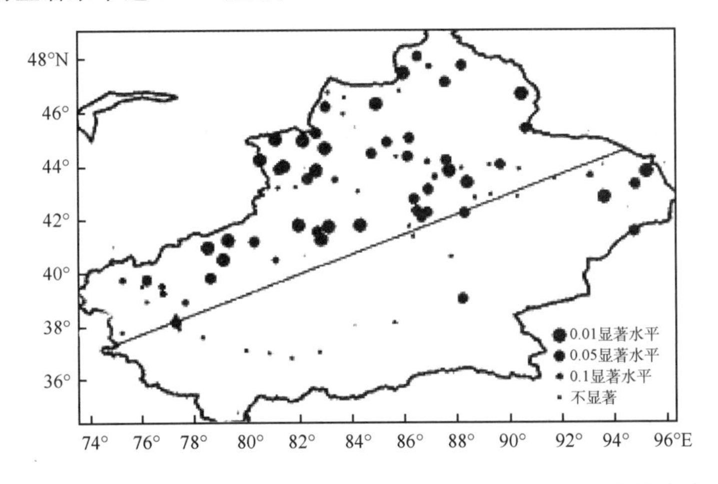

图 9.1.2　新疆气象测站年降水量变化趋势的 Kendall-τ 显著性检验

(3)长程持续性

对变量场的长期持续性研究是持续性研究内容之一。袁乃明(2013)使用去趋势的涨落分析(Detrended Fluctuation Analysis,DFA)(方法见附录 F)对中国气温变率进行长程持续性研究。使用 1951—2004 年日最高温、最低温及平均温资料进行去趋势的涨落分析,发现所有 164 个站的气温序列,无论是最高温、最低温,还是平均温序列,都呈现长程持续性的特征。综合所有 164 个站,我国日最低温序列的标度指数平均值相对较高,为 0.69,即有较高的长程持续性。而日最高温、平均温序列的标度指数平均值则相对较低,分别为 0.66 和 0.67。根据 3 种气温序列的标度指数值,发现中国长程持续性表现出 4 个较为明显的空间分布特征:北方气温序列的长程持续性总体强于南方;东南沿海岸线地区气温序列的长程持续性相对同纬度其他地区较强;华北、中原地区气温序列的长程持续性强度随着离海洋的距离变远而变小;云南高原地区气温序列长程持续性相对同纬度其他地区较强。

(4)符号相关法

符号相关法也是研究大气变量场持续性的一种方法。王绍武等(1987)曾分别计算大西洋、太平洋月平均海温场、500 hPa 高度场和 1000～500 hPa 厚度场,向前 12 个月和向后 18 个月的交叉落后符号相关系数。把连续变量的距平为正号作为一个事件,距平为负号作为另一个事件,其符号相关系数计算式为

$$\rho=\frac{N(+)-N(-)}{N} \tag{9.1.1}$$

式中,$N(+)$及 $N(-)$分别表示落后月的距平要素场上距平符号相同和相反的格点数;N 为总格点数($N=N(+)+N(-)$),这一系数又称相似性系数。然后对上述 4 种要素场分别分月找相似,例如,从各年 1 月的距平场中找出最相似的几年。相似的标准是两年场的符号相关系数大于 0.31(对大气环流场)、0.41(对太平洋海温场)和 0.78(对大西洋海温场)。然后计算每一相似年与下一个月的要素场的符号相关系数。由于符号相关系数仅比较距平符号的格点数,因此,对选取的相似年的符号相关系数还可以进行再平均。如此计算向前、向后各月的符号相关系数平均值作为表征向前、向后各月的持续性度量,若相关系数高,则表明持续性高。

9.2 变量场的平均序列演变特征

把变量场所有格点变量进行平均后可以作为场的代表时间序列进行趋势分析。

(1)趋势分析

牛晓瑞等(2012)对新疆夏季低云量长期变化的趋势进行分析。他们用新疆 51 个观测站 1961—2005 年低云量资料,进行区域平均,得到代表新疆地区夏季低云量的时间变化序列。他们对夏季低云量序列采用了九点二项系数平滑,有效地去掉了高频变化,较好地反映了该地区夏季低云量长期变化特征。从图 9.2.1 可以看出,1961—2005 年新疆夏季低云量变化主要分为 3 个增长时期和 3 个减少时期。减少时期主要是 20 世纪 60 年代初至 70 年代前期、80 年代初期和 90 年代初。

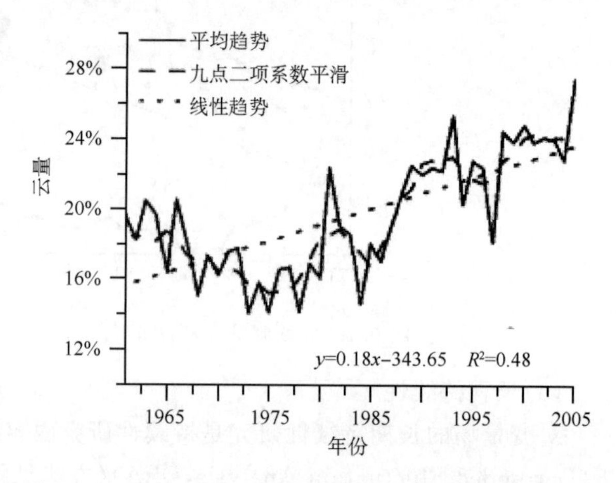

图 9.2.1 1961—2005 年新疆夏季低云量的趋势分析曲线

就持续时间来说,第一个持续时间较长,约 15 年,而其他两个时段持续时间不超过 5 年。增长期分别为 20 世纪 70 年代中后期、80 年代中后期及 90 年代后几年,3 个增长期持续时间

大约都是 5 年，其中以 80 年代中后期增长最为迅速，以平均 0.1/年的速度增加。

(2)累积距平分析

累积距平曲线方法也可以研究大气变量场的趋势演变特征。例如，郭渠等(2008)使用累积距平曲线方法来研究我国西北地区气候变化与北极涛动的关系，他们把我国西北地区区域的降水和气温场进行空间平均，得到区域的平均降水和气温代表序列，利用它们与北极涛动指数(AOI)序列的累积距平曲线进行比较(图 9.2.2)。

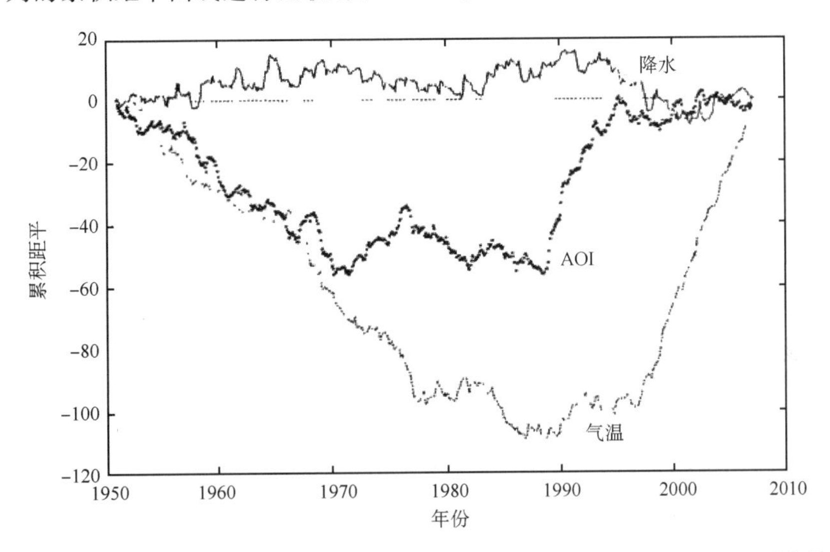

图 9.2.2　1951 年 1 月—2006 年 12 月 AOI、西北地区降水和气温的累积距平曲线

从图 9.2.2 可见，北极涛动指数在 1969 年以前处于低指数时期，以负距平为主；20 世纪 70—80 年代存在明显的波动：1987 年以后 AO 显著增强，以正位相为主，最近 20 多年来仍处于高指数期；在 1969 年和 1987 年前后 AO 存在明显的气候突变。西北地区降水累积距平曲线存在明显的年代际趋势变化特征，80 年代末以来，西北地区西部降水明显增多，而西北地区东部降水量持续偏少，干旱连年发生。西北地区气温变化在 1987 年前后发生突变，20 世纪 50—70 年代为偏冷期，1987 年以后以正距平为主，处于明显的气候暖期。

(3)突变分析

牛晓瑞等(2012)对新疆地区平均夏季低云量长期变化的突变特征进行分析，使用滑动 t 检验来诊断新疆夏季低云量的突变年份。图 9.2.3 显示新疆夏季低云量平均值在 1987 年左右发生突变，并通过显著水平 0.05 水平的显著性检验，与累积距平曲线发生转折的年份相同。由于滑动 t 检验在选取子序列时具有较强的人为性，为了避免任意选择子序列造成突变点的漂移，需要反复变动子序列长度进行试验比较。他们还试验了其他子序列的 t 检验，发现在 1987 年均显示有突变发生。

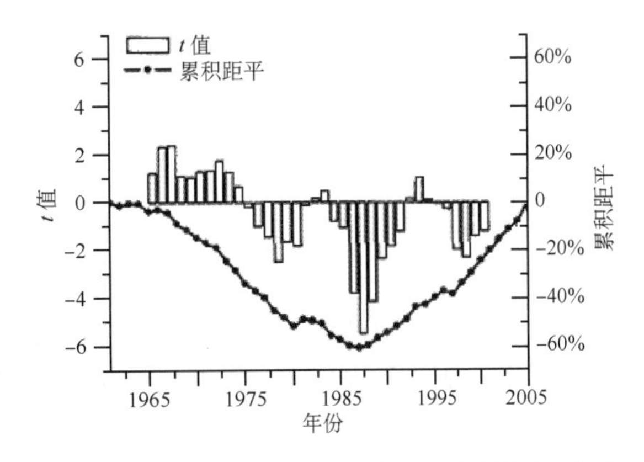

图 9.2.3　1961—2005 年新疆夏季低云量的滑动 t 检验

9.3 变量场的时间演变特征提取

(1)滑动平均曲线

谢坤等(2008)研究冬季东亚—西太平洋西风急流基本结构及其异常时,对 45 年冬季 200 hPa风场进行 EOF 分解,其中第 1 模态解释方差为 35%,是东亚—西太平洋西风急流模态的主要表现模态,其空间模态分布形势是:在日界线以东的热带到中高纬,纬向风异常型呈"－＋－"的波列分布,中纬度西风异常,即急流主要发生在日界线以东的太平洋上空(图 9.3.1a)。

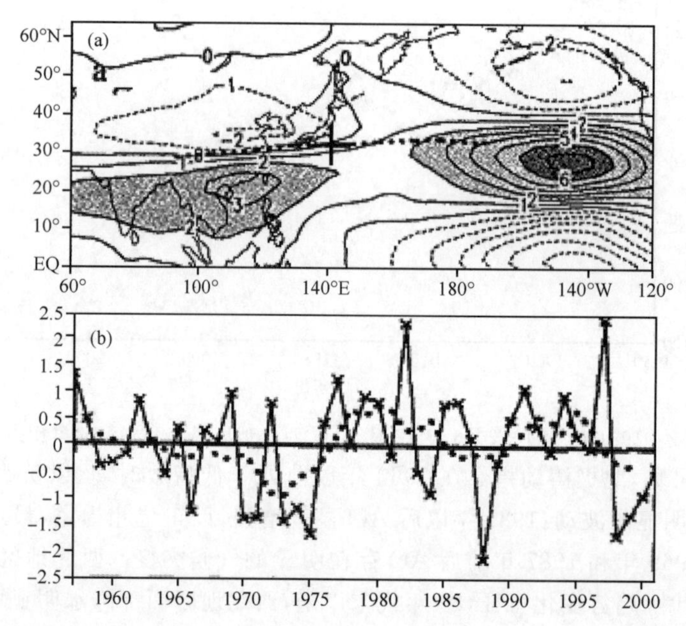

图 9.3.1 冬季 200 hPa 纬向风场 EOF 分解的(a)第 1 模态空间型(空间型等值线值是 100 倍后的结果)和(b)标准化后的时间系数(点线是 5 点滑动平均线,粗直线是线性变化趋势线)

进一步使用第 1 模态的时间函数作为变量场的代表时间序列(图 9.3.1b),对此时间序列进行 5 点滑动平均,其滑动曲线的演变可以反映该变量场主要的时间演变趋势,从图 9.3.1b 可见,1965—1977 年日界线以东的热带外太平洋上空西风比 1978—1985 年偏弱,近 20 年来,北太平洋上空西风急流有增强趋势。

(2)多项式曲线

伍红雨等(2011)对华南地区雨日的气候变化特征进行分析。他们利用华南 110 个测站 1961—2008 年逐日降水资料,提取年雨日场数 EOF 分解的第 1 时间系数作为该变量场的时间演变特征的代表序列。图 9.3.2 给出该时间序列的逐年变化趋势。从图中时间序列提取多项式曲线反映其长期变化趋势,从其演变可见,华南雨日存在明显的年代际波动变化特征,20 世纪 60 年代、80 年代及 2000 年以来处于少雨日时段,70 年代、90 年代则处于多雨日时段。

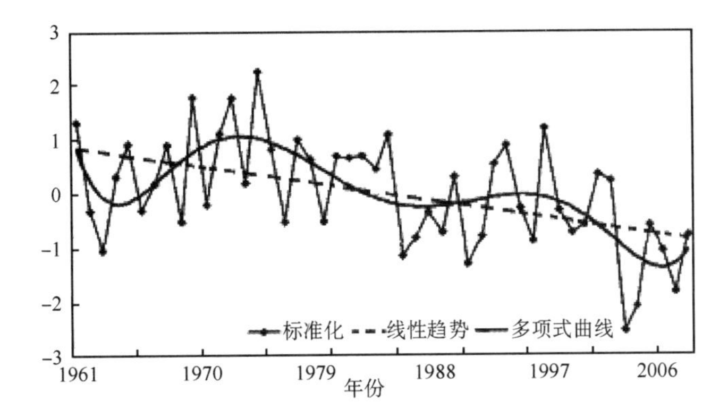

图 9.3.2　华南年雨日场数 EOF 分解的第 1 时间系数变化

(3)月际变化分析

把月气象要素看成变量场中的一个格点变量，不同月气象要素时间变化数据就可以组成一个月际变化的变量场，其空间格点变量是月变量，年份变化是时间演变。然后使用 EOF 方法可以提取场的主要变化模态，来反映随不同月的时间演变特征。

黄嘉佑等(2006)对我国冬季气温变化的趋向性研究中，把当年 10 月至次年 3 月总共 6 个月气温变量作为场，研究我国冬半年逐月气温变化规律性。为了消除气温年变化影响，在分析之前对气温逐月的序列做标准化处理，使得各月的平均值均为 0，标准差为 1，以便不同月相互比较其气候异常状态。例如，选取南方的代表站河源，使用 1951—2003 年气温资料分别做主分量分析，前 3 个主分量累积解释方差分别是 35%、55%和 70%。说明它们可以解释全部变化方差的 70%左右，可以作为冬半年气温变化的主要特征。表 9.3.1 给出河源站冬半年气温场的前 3 个主分量在 6 个月的荷载。

表 9.3.1　河源站冬半年气温场的前 3 个主分量在 6 个月上的荷载

	10 月	11 月	12 月	1 月	2 月	3 月
第 1 分量	0.69	0.74	0.46	0.69	0.52	0.31
第 2 分量	0.41	0.23	−0.25	0.23	−0.49	−0.79
第 3 分量	0.24	−0.14	−0.78	0.06	0.46	0.07

进一步通过因子荷载的变化来反映气温随不同月的演变特征。从表中可见，第 1 个气候特征表现为冬半年 6 个月气温变化均为同相，即当 10 月气温偏暖时，常常冬季的其他月也偏暖，反之亦然。第 2 个气候特征是 12 月与次年 2—3 月气温变化是同相的，而与其他月反相，即当 10—11 月气温偏暖时，12 月与次年 2—3 月气温则偏冷，反之亦然。第 3 个气候特征是 11—12 月与其他月气温变化反相，即当 11—12 月气温偏暖时，其他月气温则偏冷，反之亦然。

这种冬半年的气温演变特征也可以通过冬半年气温场的 EOF 时间序列来表现，即对冬半年气温场的主分量的年际变化进行分析，从第 1 主分量逐年变化曲线(图 9.3.3)看出，气温变化趋势略有上升，但是趋势不明显。说明全球变暖在中国南方表现不明显。在趋势变化上有一个转折，在 1980 年以前气温趋势表现不明显，在 1980 年以后呈现较明显的下降趋势。第 2 主分量能够反映全球变暖的影响，气温变化有上升趋势(图 9.3.4)。无论第 1 或第 2 主分量，其气温变化特征均表现有年代际的变化，其突变年份发生在 1980 年。

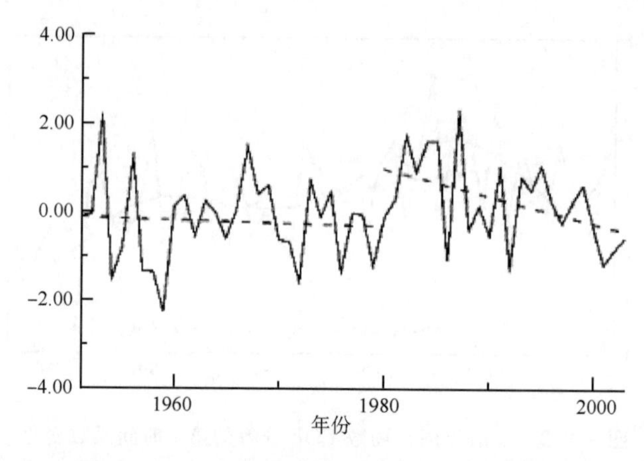

图 9.3.3　河源冬半年气温第 1 主分量逐年变化

(4)最优分割法

用最优分割法做变量场时间演变的分段趋势分析。例如,黄嘉佑(1981)为研究我国东北夏季气温的趋势变化,用 1881—1970 年资料对该地区提取主要因子序列后用这种方法对第 1 因子序列做分割,结果分成 3 段:1881—1917 年、1918—1951 年和 1952—1970 年。第 1 时段序列平均值为负距平值,第二段为正距平值,第三段接近于 0。说明在 1917 年以前气温是下降的,其后为上升阶段。其累积距平曲线也发现在 1917 年,为最小值。说明这一趋势分析结果是一致的。这种变化趋势与北半球气温的变化趋势是一致的,即在 20 世纪 20 年代有一趋势上的突变。

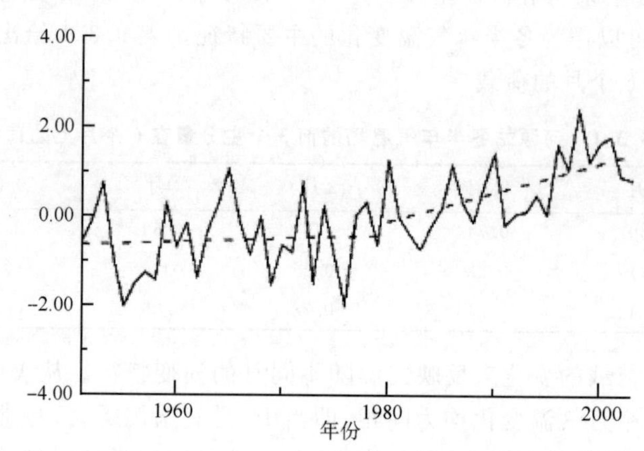

图 9.3.4　河源冬半年气温第 2 主分量逐年变化

(5)差异性比较

对于两个变量场的不同时段变化的差异性比较,可以分析气候变化的阶段性的特征。

吕雅琼等(2005)使用 CEOF 方法对比分析 2001 年及 2003 年青藏高原附近地区大气热源(汇)的分布和变化特征,使用这两年的 4 月 1 日到 10 月 1 日共 184 天的热源(汇)场的资料场。图 9.3.5 给出了 2001 年及 2003 年热源(汇)场 CEOF 分析的第 1 特征向量的空间振幅和时间变化系数振幅。

从图 9.3.5 可见,这两年热源(汇)第 1 特征向量的空间振幅分布高值区域相似,在青藏高原南侧到孟加拉湾北部和阿拉伯海东部到印度半岛西侧各有一个高值中心,但强度有明显不

同。2001年夏季孟加拉湾地区的热源强度变化明显比阿拉伯海地区强。2003年夏季孟加拉湾地区的热源强度变化显然没有阿拉伯海地区强。从空间振幅的时间变化系数振幅图上也可以看到，2001年和2003年两年青藏高原南侧到孟加拉湾北部和阿拉伯海东部到印度半岛西侧热源变化的差异。2001年5月中旬前高原及其南侧的热源一直相对较强，而在2003年5月中旬以前却是一个热源相对弱的时间。2003年5月下旬到6月下旬，时间系数振幅突然增加，到6月中旬达最大，5月下旬到6月下旬一直维持当年时间系数振幅的大值；而在2001年，虽然也在6月中旬初达当年最大值，但6月中旬后期却突然减小。在5月下旬到6月下旬期间，2003年和2001年高原及其南侧的热源变化趋势是相反的。

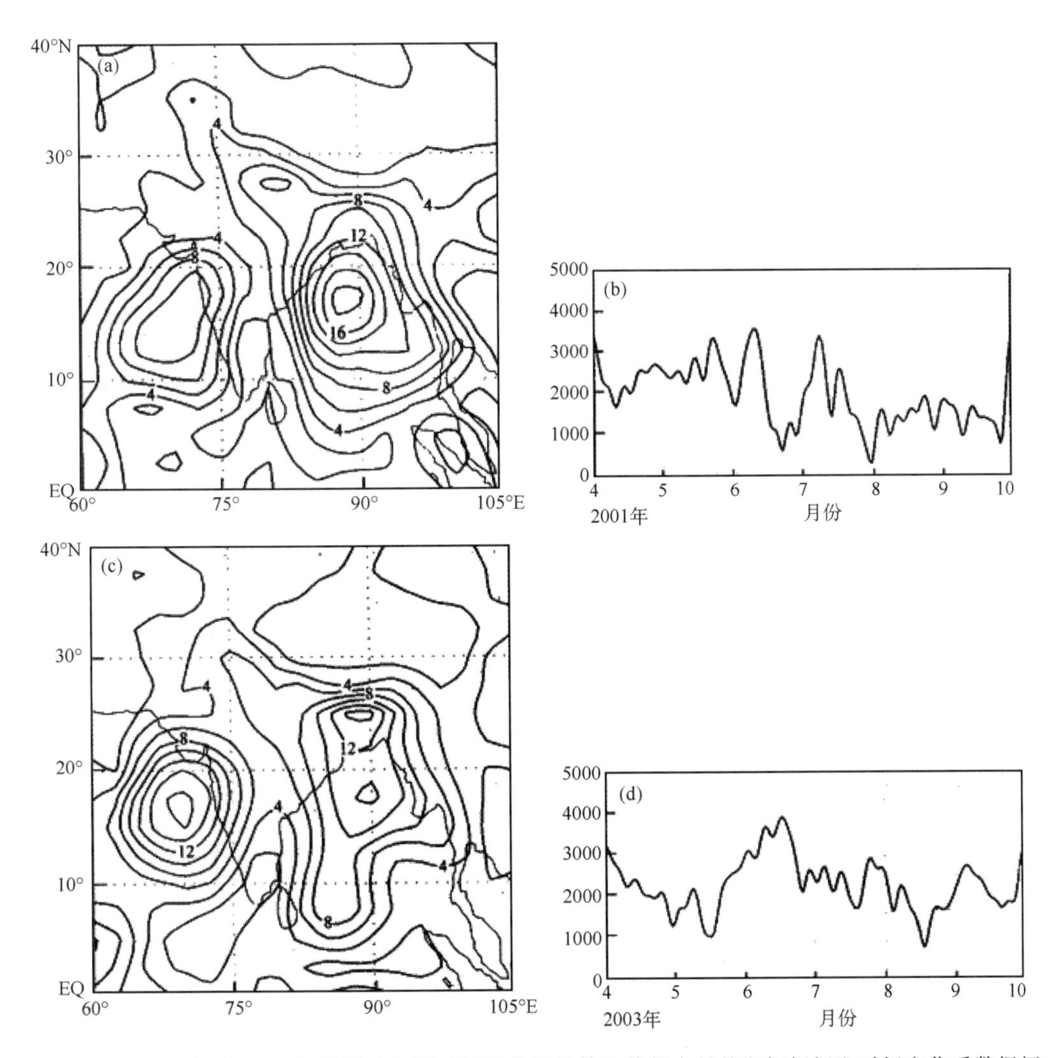

图9.3.5　2001年及2003年热源(汇)场CEOF分析的第1特征向量的空间振幅和时间变化系数振幅
(a)2001年空间振幅；(b)2001年时间变化系数振幅；(c)2003年空间振幅；(d)2003年时间变化系数振幅

图9.3.6给出了热源(汇)的第1特征向量的空间位相分布在两个年份的差异。

从图9.3.6可见，第1特征向量的空间位相上在两个年份的表现是不同的。在2001年，印度半岛中部是晚位相中心，其四周的位相都相对较早，位相差近180°，因此，印度半岛大部与其周围的大气热源(汇)有近似相反的变化趋势；而在2003年情况则有所不同，印度半岛与其两侧的阿拉伯海和孟加拉湾北部仅是一个相对高晚位相区，其西北部和南端是晚位相中心，高原南部和赤道附近的洋面上是早位相区。因此，2003 年的大气热源(汇)变化趋势与 2001 年有明显的不同。2001 年及 2003 年夏季青藏高原及其附近地区大气热源(汇)的这些差异可能正是影响我国江淮地区严重干旱或洪涝的原因之一。

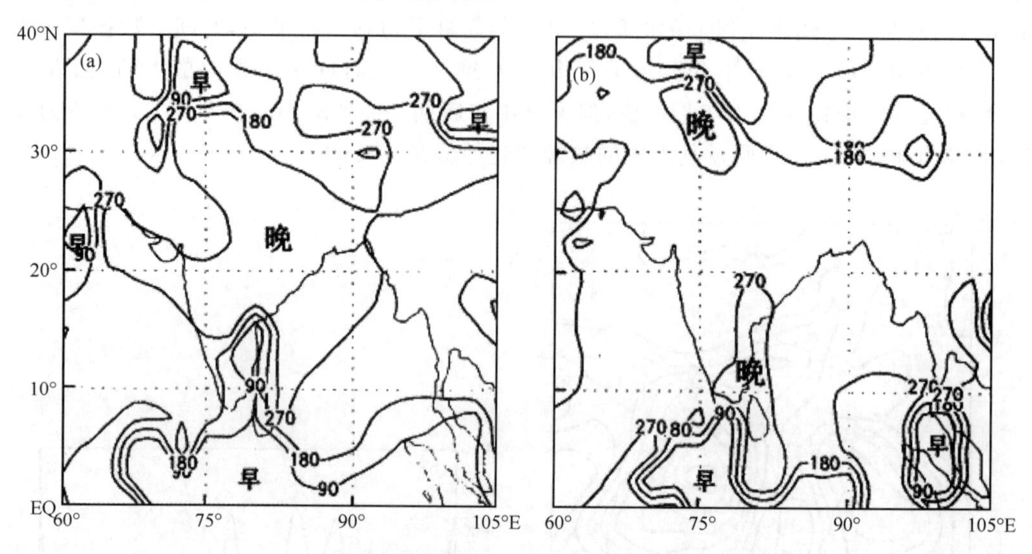

图 9.3.6 热源(汇)的第 1 特征向量的空间位相分布

(a)2001 年;(b)2003 年

9.4 变量场的周期变化特征

(1)功率谱分析

大气变量场的周期变化特征，常常使用与场的空间模态所对应的时间序列作为代表，使用功率谱方法对序列进行周期分析。例如，黄嘉佑(1991)用因子分析方法提取我国夏季气温和降水场的空间模式和对应的主分量序列，对两个变量场的前 3 个主分量序列进行功率谱分析。提取中考虑不同时段长度变量场可能有不同的周期变化特征，因此，以不同样本容量分别进行 EOF 分析，提取其时间变化代表序列。把 1951—1970 年的气温及降水场作为基本样本(记为 N20)，然后每次增加 5 年的样本(记为 N25、N30)。表 9.4.1 给出了变量场取不同样本容量，用功率谱方法分析得到的主要显著周期。

表 9.4.1 各分量的主要显著周期

		气温			降水		
分量		1	2	3	1	2	3
周期(年)	N20	6.7	2.9	20.0	10.0	2.9	2.5
	N25	6.7	2.9	20.0	3.3	2.9	6.7
	N30	6.7	3.3	2.5	2.9	2.9	6.7

从表中可见，第 1 主分量是反映变量场的大空间尺度变化特征，它的周期性在气温场中比较稳定，维持在 6.7 年的变化特征，而降水场则有较大的变化，其周期性在 20 世纪 70 年

代以前由长周期(10年)转变为短周期(2～3年),意味着80年代的降水场有短期数年的变化。

朱艳峰等(2003)对中国气候异常变化的ENSO准四年循环周期进行研究。他们对中国地区160个测站月降水和气温的标准化距平序列进行功率谱分析,证实QBO(准两年周期振荡)和QFO(准四年周期振荡)两种周期的存在。因为ENSO循环的主周期是准四年,进一步对降水和气温的准四年周期变化进行分析。对Nino 3区海温指数的谱分析表明其谱峰位于40个月附近,因此,以40个月代表QFO周期,绘制了降水和气温对应于QFO谱密度的分布。降水QFO的谱密度分布,其大值区主要位于长江中下游以南的江南北部地区,长江上游的川滇部分地区谱密度值也较大。对气温也做类似分析,发现其谱峰位于40个月的地区,主要在东北、西北东部及华北的部分地区,以及云贵和长江上游的青海地区。

(2)小波分析

变量场的时间演变,可以使用小波分析方法提取其周期随时间演变的特征。牛晓瑞等(2012)对新疆夏季低云量场的代表序列的周期变化特征使用小波分析方法进行分析。图9.4.1清楚地显示了夏季低云量在1961—2005年的年际及年代际变化特征。新疆夏季低云量主要包含了2～3年和准6年的年际变化及准11年的年代际变化。2～3年周期振荡在20世纪60年代和90年代中期较强,其他时段较弱,而准6年振荡在70年代后期至80年代中期较强,80年代后准11年周期表现迅速增强。

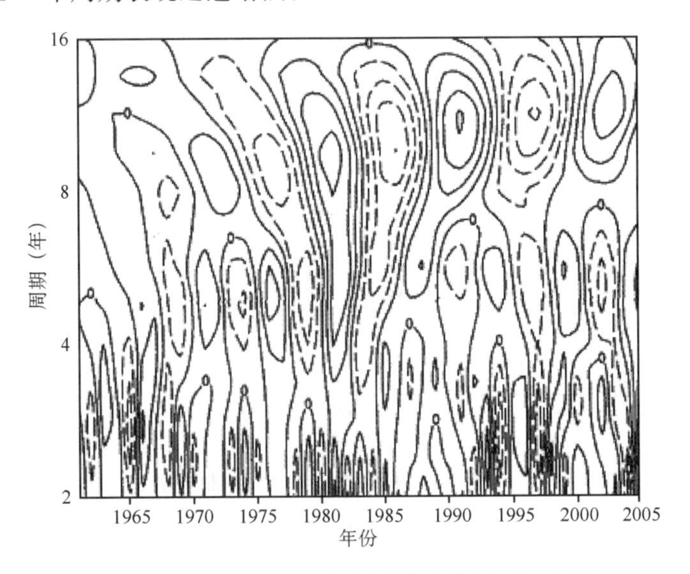

图9.4.1 1961—2005年新疆夏季低云量Morlet小波变换

(实线和虚线分别为正值和负值)

伍红雨等(2011)对华南地区雨日的气候变化特征进行分析。他们利用华南110个测站1961—2008年逐日降水资料,提取年雨日场数EOF分解的第1时间系数作为该变量场的时间演变特征的代表序列。图9.4.2给出了该时间序列的小波功率谱分析。

从图9.4.2可见,在功率谱红噪声检验的95%置信线(虚线)内的区域为小波功率谱高值区。在过去48年,华南年雨日具有2～3年、3～5年两个显著周期,其中20世纪60年代中期至70年代具有显著的2～3年周期,90年代后,3～5年周期最显著。

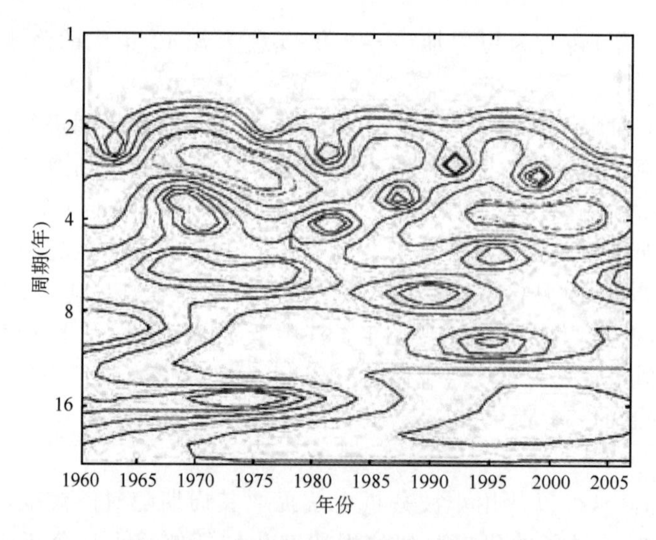

图 9.4.2 华南年雨日的小波功率谱分析

（虚线为功率谱红噪声检验的95%置信区间上限线）

(3)奇异谱分析

对于变量场提取的代表时间序列，可以使用奇异谱方法进行变量场的周期变化分析。朱艳峰等(2003)为了考察上述各分区降水和气温的周期变化情况，他们进一步对降水和气温场进行 REOF 分析，提取前几个主因子对应的时间系数分别进行奇异谱(SSA)分析。其中，降水的第 4 旋转因子的模态中高荷载值位于长江中下游的江南北部，与中国 160 站降水的 QFO 的谱密度分布的长江中下游地区一致。其时间系数存在准四年的周期振荡信号，它们的重建分量见图 9.4.3。从图中可以看出该周期变化的振幅随时间演变的特征。

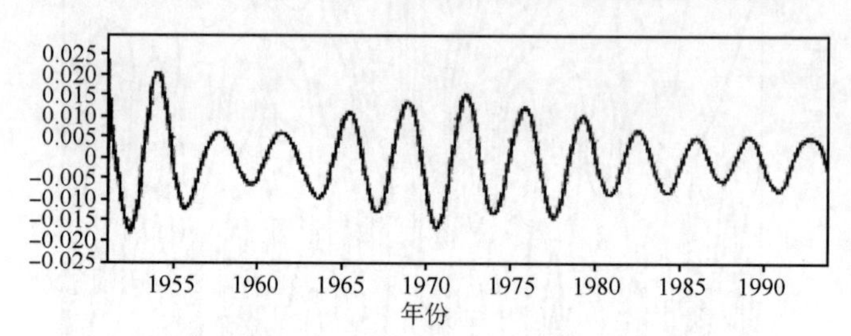

图 9.4.3 REOF 分析中降水的第 4 荷载因子对应的

时间系数 SSA 分析准四年变化的重建分量

(4)滤波分析

对变量场的时间序列进行时间尺度分离分析不同周期的演变规律性，可以使用滤波方法。张菡等(2008)为了研究江淮流域旱涝的成因，取旱年(2001 年)和涝年(2003 年)的大气热源(汇)差异进行比较分析，用 Butterworth 带通滤波器对原始热源(汇)场进行带通滤波，得到两个年份 6 月 21 日—7 月 22 日期间的 30～60 天的大气热源(汇)的低频分量(图 9.4.4)。然后分析两年夏季东亚各区域大气热源(汇)及其低频变化特征、传播特征和传播差异。发现在旱年热源呈连续带状分布，而涝年热源中心分布零散且位置显著东移，热源(汇)强度比旱年减弱；旱涝年的低频分量的平均分布有明显差异，且旱年低频分量强度远大于涝年；旱年低频振荡北传播范围仅到 20°N 的华南至江南地区，而涝年低频振荡多数可达 30°N 以北的江淮流

域；旱年低频分量纬向传播均为自西向东，而涝年在 6—8 月为自东向西。

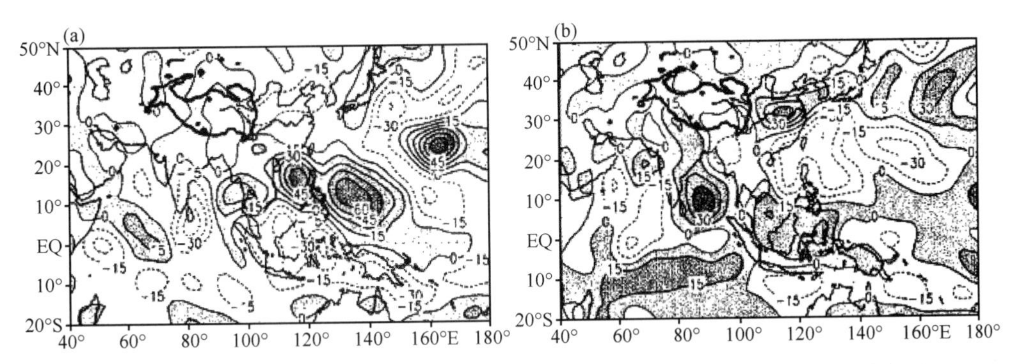

图 9.4.4　(a)2001 年和(b)2003 年 6 月 21 日—7 月 20 日热源低频分量平均分布图

（单位：W/m²；等值线间距：15；阴影区大于 0 表示低频热源区，反之则是低频热汇区）

李莹等(2009)在天气尺度为 2.5～6.0 天的定义下，使用对称滤波器对天气尺度瞬变波动进行分析。他们认为使用对称滤波器对天气尺度瞬变波动的滤波性能优于 Butterworth 带通滤波器。针对逐日观测资料，对称滤波器在研究天气尺度瞬变波动问题时取截断参数、滑动区间 $m=15$ 为相对最优。在此截断参数条件下，正弦截断对称滤波器的滤波性能又优于梯形截断对称滤波器，两者均优于 Butterworth 带通滤波器，这种优势在风暴轴偏强的厄尔尼诺年体现得更为明显。

贺懿华等(2006)为了研究江淮流域旱涝年南海地区辐射亮温(TBB)的季节内振荡特征，他们对 1991 年、1998 年(涝年)和 1985 年(旱年)全年逐候 TBB 距平场进行 10～20 天和 30～60 天的带通滤波，分离出时间变化的低频振荡部分。图 9.4.5 给出了 1998 年 5—8 月沿 110°～120°E 经 30～60 天滤波的 TBB 时间—纬度剖面图。从图可以看出，南海中北部(振荡中心在 15°N 附近)和江南北部(振荡中心在 26°～28°N)存在两条明显的低频对流云带。

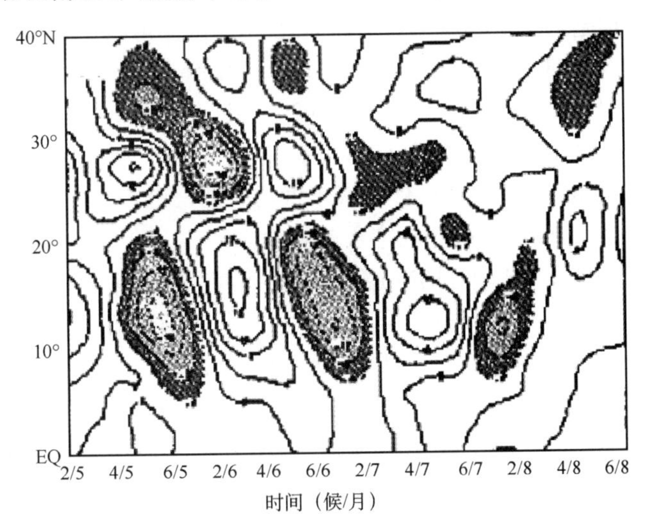

图 9.4.5　1998 年 5—8 月沿 110°～120°E 的 30～60 天振荡 TBB 时间—纬度剖面图(等值线间隔：4℃；实线为正；阴影区 TBB≤－4℃)

此外，他们还对 1998 年(涝年)经 30～60 天滤波的 TBB 时间序列进行了分析，发现 5 月第 5 候至 6 月第 2 候南海地区低频 TBB 从－12.9℃(波谷)到 14.2℃(波峰)，振幅为 27.1℃，超前 30°N 副热带地区两个候(图 9.4.6)。说明南海地区 TBB 季节内振荡有向北传播的特征。

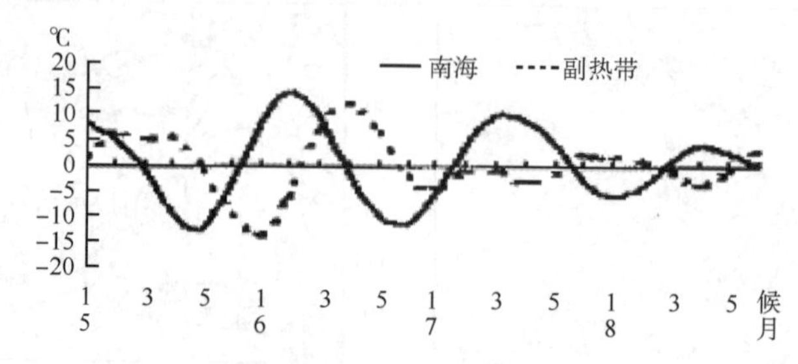

图 9.4.6 1998 年 5—8 月南海地区和 30°N 副热带地区 30～60 天振荡的滤波曲线

(5)CEOF 方法

对变量场整体研究其周期变化规律性,可以使用 CEOF 方法。

Trenberth 等(1984)用 CEOF 方法研究北半球海平面气压场的准两年周期振荡(QBO)的表现。他们用提取的前几个复主分量及复特征向量分别恢复气压场。通过对恢复场的几个主要特征随时间变化的特征进行研究,揭示 QBO 与北大西洋涛动、北太平洋北美涛动及南方涛动的密切关系。

Kawamura(1988)用 CEOF 分析印度洋和太平洋上空 700 hPa 纬向风资料 QBO 分量的振幅和位相的时空分布。发现该分量的主要模式振幅中心在赤道地区 150°～160°E 附近,波动从印度洋向东传播。

Barnett 等(1983)发现对太平洋地区风场做 QBO 过滤后,CEOF 的第 1 空间模式与赤道东太平洋海温变化有很大的相似性,其对应的空间模式与 Lau Ka-ming 的全球降水的双极模式十分相似,位相模式反映风场的变化是向东传播的,这与 ENSO 期间暖海温的向东传播有密切关系。因此,他猜测 QBO 周期是 ENSO 周期形成的原因之一,印度洋可能是 ENSO 的一个发源地。

黄嘉佑(1988)使用 1951—1980 年我国东部 35 站地面月降水资料做主分量分析。然后进一步对前 8 个分量做功率谱分析。发现第 1 和第 5 分量存在显著的准两年振荡周期。由于第 1 分量是代表该地区降水变化的主要特征,因此,表明准两年周期振荡是我国降水长期变化的一种主要现象。在其余的主分量中,尽管准两年振荡周期没有占主要优势,但在这一周期段上(22.5～36.0 个月)比较其他周期振动功率贡献要大。

进一步对序列做中心为 26 个月的带通滤波,对滤波后的月降水量场用 CEOF 分析,他计算了我国降水量准两年周期振荡分量的第 1 分量空间分布函数的模式。发现我国降水量准两年周期振荡的主要表现地区为华北和长江中下游,这些分布形势与降水量场的第 1 和第 5 主分量与场中降水量序列的相关场分布极为相似,说明 CEOF 提取的气候特征能反映降水量时空变化的主要特征。从模态的位相函数分布图发现,降水 QBO 模态空间传播特征是自西南向东北传播。这在降水量场的传统 EOF 分析中,是不能揭示其空间传播特征的。

(6)LEV 谱

使用多锥度方法—奇异值分解(MTM-SVD)统计诊断方法,可以得到序列的主要周期,称为 LEV 谱,从中能够诊断出变量场的周期变化特征。张婷等(2011)用该方法分析了华南地区 71 个测站 4—9 月汛期降水的 LEV 谱(图 9.4.7)。发现华南汛期降水具有 30～60 天低频振荡和 5～7 天的振荡特征。

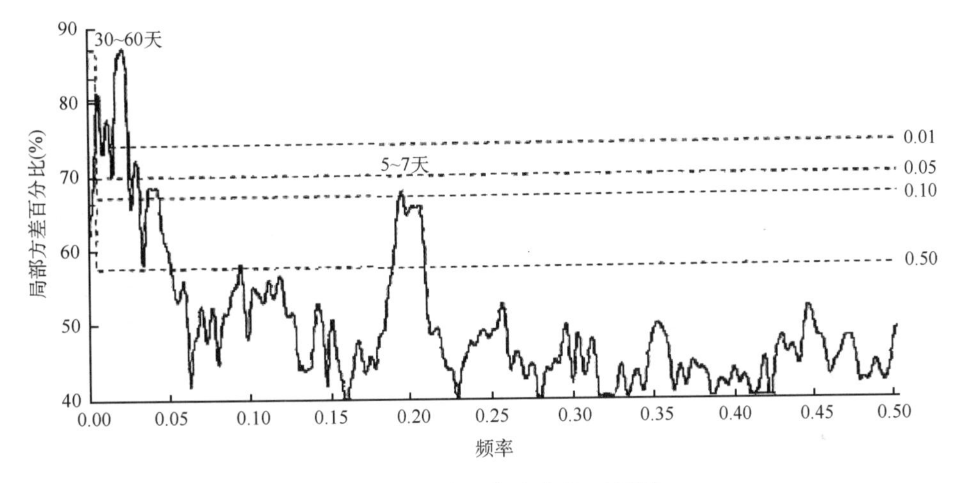

图 9.4.7　华南汛期降水的 LEV 谱

9.5　变量场时间演变模态

(1)EEOF 模态

把变量随时间变化过程中的每个时刻组成新变量场,分析它们随时间的变化特征。如果把月或季气象要素也看成大气变量,则月或季气象要素场也是大气变量场,对多个月或季气象要素场进行综合分析,可以使用扩展经验正交分解,即 EEOF 方法。

Weare 等(1982)研究北半球 300 hPa 相对涡度场和北太平洋海温场的持续性时使用 EEOF 方法进行分析。他们用 $t,t+1$ 和 $t+2$ 的月相对涡度场资料组成新资料阵,做 EEOF 分析,发现第 1 特征向量的 3 个模式场能解释总方差的 14%,并有相似的分布型式,但高值区(太平洋和北美地区)有随时间向西移的趋势。他们认为这一现象与 Rossby 波后退现象是一致的。他们还用 1957—1976 年 $t,t+3$ 和 $t+6$ 北太平洋月平均海温场做类似分析,发现第 1 特征向量的 3 个模式场分布形势基本一致,正值区在赤道东太平洋地区,其持续性十分明显,与厄尔尼诺现象一致,充分表现了海温场的持续性特征。第 2 特征向量的 3 个模式场则有较大的不同,正值中心从赤道太平洋中部地区向南美秘鲁地区东移。这一变化形势与厄尔尼诺现象发展模式是一致的。说明这一模式反映了海温场的另一变化特征。

杜华栋等(2006)使用 EEOF 研究了赤道太平洋次表层海温距平场的时间演变规律及其与厄尔尼诺的关系。对赤道太平洋次表海温距平(SOTA)场进行 EEOF 分解,发现第 1 特征向量表现为 El Nino 的模态,它反映了 El Nino 的发生、持续、消亡的整个过程,他们把计算得到的第 1 个特征向量分成 20 个不同时间滞后的分特征向量场。图 9.5.1 给出其中 4 幅图,滞后时间依次为 1、7、14、19 个月。从图 9.5.1a 可见,整个赤道太平洋次表层沿温跃层几乎被一个倾斜的正值区所覆盖,其正中心在 100～160 m 处。在时滞 7 个月时(图 9.5.1b),正值区向上层发展,中心沿跃层倾斜向东传,到达次表层 80 m 以上,中心最大值增加,同时赤道西太平洋暖池区(130°～180°E)100～200 m 深度出现负值区并逐渐增强,且沿跃层向东发展迫使正值向东退缩。在时滞 14 个月时(图 9.5.1c),西部的负值区继续发展,150°W 以西 100 m 以下都被负值区占据,而东部正区退到中东太平洋(180°E～80°W)海面及 100 m 以上的次表层,且正值区强度减弱。在时滞 19 个月时(图 9.5.1d),负值区达到最大,占据着赤道太平洋次表层大部分区域，东边界达到120°W，而中东太平洋海表及浅层仍然有小块弱的正值区。这一空间模态的时间变化过程能够反映El Nino期间海温正负距平区域变化的主要特征。

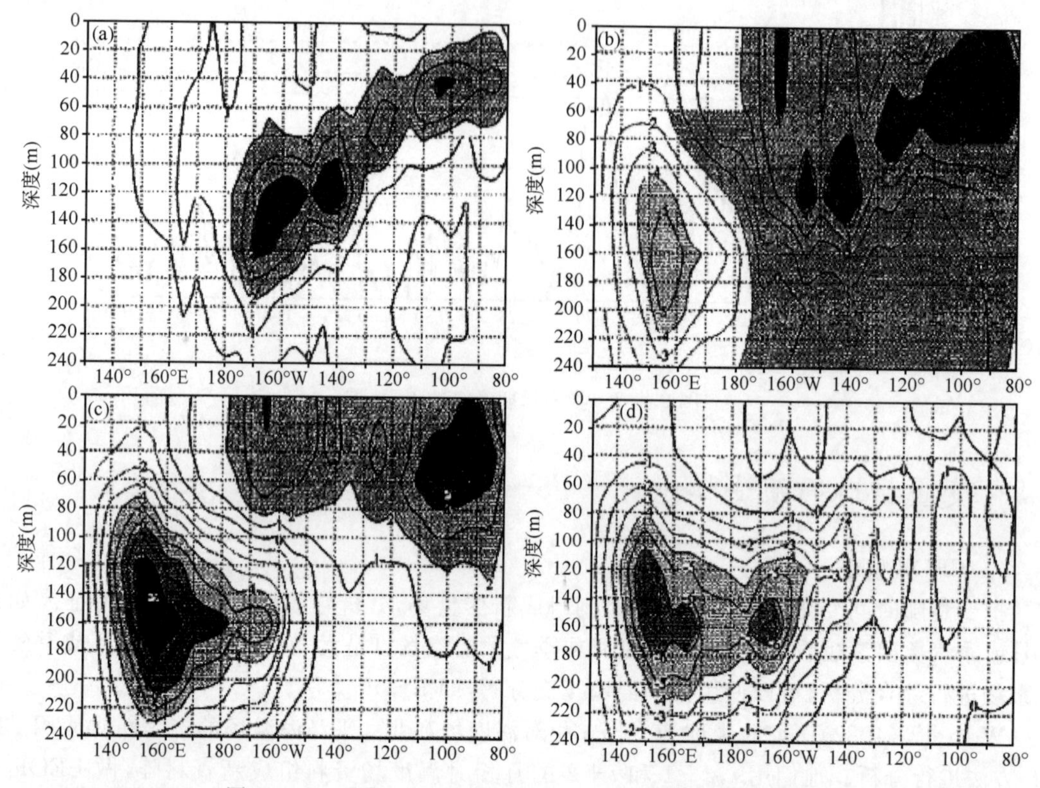

图9.5.1 时滞(a)1、(b)7、(c)14、(d)19个月的特征向量场

他们还计算了对应的时间系数(第1主分量)与Nino 3指数，发现它们有很好的同时相关关系(相关系数为0.77)。第2特征向量是反映西太平洋暖池的模态，它反映了西太平洋暖池从暖位相到冷位相(同时东太平洋从冷位相到暖位相)的过程，第2主分量与滞后6～10个月的Nino3指数有很好的相关性。这两个主分量不但有助于了解赤道太平洋海温异常的过程，而且为厄尔尼诺的预报提供了重要线索。

Roundy等(2009)提出使用波数—频率和EEOF组合方法研究热带对流模态的发展和传播。他们利用热带地区向外长波辐射(OLR)资料，首先使用过滤方法，提取大气中存在的超长波(Rossby波，记为ER)、季节内振荡(MJO)、Kelvin波和短期2～10天的4种波动资料，用落后不同天数构成扩展资料矩阵，进行EEOF分析，提取其对应4种波动的主要模态对应的时间序列作为指数。利用前两个主要模态对应的PC1和PC2构成二维相空间，描述MJO随时间演变和空间传播的特征。

(2)周期空间模态

把某周期变化的时间演变看成空间场变量，然后进行空间模态提取，可以得到周期空间模态。黄嘉佑(1990)为研究太阳活动是否与北京地区旱涝有关，对北京地区年旱涝指数序列(1869—1987年)做功率谱分析，结果表明存在2.6年和22年显著周期，说明它存在与太阳磁周期一致的时间变化尺度。他定义一个年旱涝指数来度量年度的湿润度。把逐年旱涝指数按22年太阳磁周期排列，把排列表作为旱涝变量场的二维矩阵，做EOF分析，提取第 1 特征向量作为对应太阳活动磁周期的北京旱涝变化的主要特征。其中，特征向量中 22 个分量作为 22 年太阳活动影响旱涝变化的特征。分析发现在第 1 主要特征中，磁周的单周增强段和双周减弱段与中部时段有反相变化关系，即当前者为旱(涝)时后者易出现涝(旱)。第 2 特征具有 11 年和 5～6 年的波动，说明北京地区的旱涝变化与太阳活动有密切关系。

把年内季节变化作为新变量场，用谐波分析方法提取大气变量年内季节变化及其空间分布的气候特征。黄嘉佑(1987)研究了我国月雨日频数年变化的谐波表现，发现我国大部分地区年内变化以单波为主，绝大部分台站第 1 波方差贡献都超过 30%，说明年内只有一个极大的振幅值出现。进一步把各地单波振幅随时间变化序列构成二维矩阵，然后用转动因子分析，提取其前 6 个主分量的空间分布模式，得到地区内大致相似的 6 个主要地区分布模式，它们分别为内蒙古华北区、华南沿海区、新疆河套区、新疆与东北区、长江中下游区和西南华南区等。

黄嘉佑等(1993)选取黄河中下游地区(河南省)68 站夏季(6—8 月)逐候降水量为分析的对象。取各年 68 站夏季 18 个候的标准化资料构成一矩阵。对年资料阵分别提取其时间主分量。然后寻找各年主分量振荡的主要周期，使用非整波求功率谱。因为在一般的功率谱分析方法(直接谱和间接谱)中，谱的高分辨率只能在序列长度范围内。如对 18 候的降水序列，仅能分辨 18 候以内的振荡，而且只有 2～9 候，特别是 2～4 候的振荡有较高的分辨率。然而这种高分辨率的频段不是所着重研究的振荡。而非整波求功率谱方法除了能在序列长度范围内有任意高的分辨率外，还可以分析长于序列长度的谱，即能分析出小于等于 18 候的季节间振荡频谱。

结果发现第 1 主分量有较大的解释方差，达 25%以上，且其量值与第 2 主分量差异较大，是显著的主分量。因此，第 1 主分量可作为该地区降水量变化的主要代表。

由于第 1 主分量的荷载场是反映它与该区各站的相关场，取大于 0.47 范围内为显著正相关区，显著区分布在中下游河段的两侧，其地理位置在(32°～36°N，110°～115°E)范围内。各年显著相关区位置变化不大，大小略有不同。1982 年、1984 年和 1987 年有较大的面积。各年第 1 主分量与全部区域 68 站平均降水量的相关系数超过 0.90，表明这一序列可以代表该地区降水量的主要变化特征。

对各年第 1 主分量序列用非整波技术做谱分析。为研究它在低频振荡上的表现，试验周期变化范围选取 3～30 候(15～150 天)。表 9.5.1 给出了周期每隔 3 候非整波振荡的方差贡献值。从表中可见，除高频振荡(周期小于 3 候)外，各年降水量变化均表现有较强的低频振荡特点。但振荡频带分布较宽，大致有两种类型。一种是常见的 40～60 天振荡，即周期为 8～12 候，可称为月际振荡，如 1983 年、1985 年和 1986 年。另一种变化周期在 15～24 候(75～120 天)的振荡，中心周期为 90 天，可称为季节振荡。其中，1982 年、1984 年和 1985 年主要表现为季节振荡，表现不太明显的 1987 年也属于这一类型。

表 9.5.1　各年第 1 主分量非整波功率谱

周期(候)	1982 年	1983 年	1984 年	1985 年	1986 年	1987 年
3	0.040	0.014	0.245	0.037	0.231	0.044
6	0.015	0.027	0.094	0.017	0.038	0.102
9	0.099	0.117	0.014	0.193	0.119	0.073
12	0.305	0.037	0.116	0.235	0.035	0.088

续表

周期(候)	1982年	1983年	1984年	1985年	1986年	1987年
15	0.523	0.084	0.182	0.223	0.071	0.065
18	0.571	0.109	0.179	0.266	0.103	0.064
21	0.555	0.123	0.178	0.312	0.115	0.088
24	0.558	0.111	0.147	0.354	0.121	0.094
27	0.461	0.082	0.105	0.328	0.099	0.085
30	0.362	0.071	0.090	0.282	0.079	0.082

为寻找近几年降水序列频谱分布的共同特征，把6年非整波功率谱构成一频谱场矩阵，进一步做主分量分析。提取的前3个频谱主分量的解释方差分别为44.8%、31.9%和11.9%。它们的累计解释方差已占总方差的88.6%，可用它们作为频谱分布的主要特征。由于各主分量相互是正交的，3个主分量对应于3种不同类型的分布(图9.5.2)。各型显著表现的年份可用荷载(即主分量与各年频谱分布序列的相关系数)大小来确定，凡大于0.47为显著。表9.5.2列出了频谱场的前3个模态在各年中的荷载。

从图9.5.2可见，频谱第1分量较大的正值分布在周期18候以上的振荡上，峰值在24候(120天)。这一降水频谱场的振荡型的特征属于长周期季节间的振荡。从表9.5.2发现，此型表现显著的年份为1982年、1983年、1985年及1987年。由于第1分量具有最大的解释方差，所以这一型为该区降水的主要振荡型。第二种类型对应是频谱场的第2分量。此型表现突出的峰值为3候和18候(15天和90天)，可称为高频与低频季节振荡混合型，此型显著表现在1982年、1984年及1986年。第三种为低频振荡型，频峰在6候和12候，它对应于常见的30～60天低频振荡，其显著表现的年份是1982年、1984年及1987年。

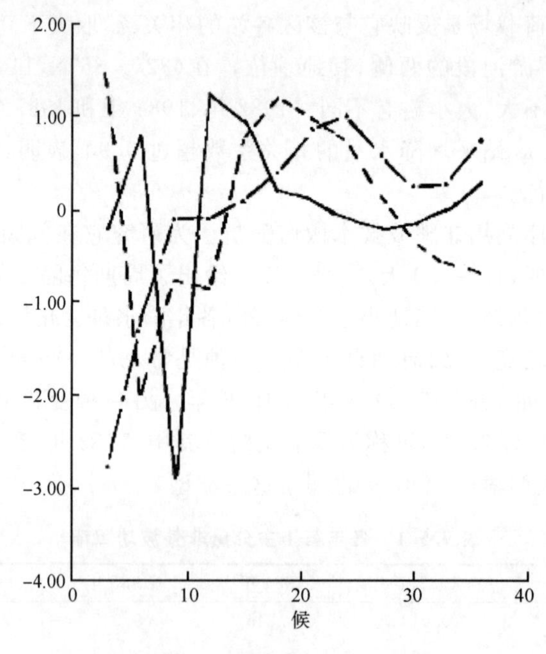

图9.5.2　频谱场前3个主分量

(实点线为第1主分量，虚线为第2主分量，实线为第3主分量)

表 9.5.2　频谱场前 3 个模态场荷载

年份	1	2	3
1982	0.776	0.544	0.277
1983	0.814	0.256	−0.411
1984	−0.312	0.768	0.502
1985	0.904	0.297	−0.039
1986	−0.477	0.690	−0.416
1987	0.533	−0.629	0.211

从以上分析可见，低频振荡的两种类型在不同年份的表现是不同的，交替变化时间为2～3年(表 9.5.2)。如长周期季节间振荡型和高低频混合型，显著表现的间隔年份约为 2 年。季内低频振荡型表现的间隔年亦为 2～3 年。它们均表现为准两年振荡。值得指出的是，与常见的低频振荡相应的振荡型的年变化与赤道地区纬向风变化的两年振荡有较好的对应关系。据赤道地区 Canton 岛高空纬向风的资料，1982 年、1984 年和 1987 年分别为东风相，与表 9.5.2 频谱第 3 分量的正荷载值的年份对应。低频振荡表现的年变化还与黄河中下游地区的旱涝有较好的关系。表 9.5.3 给出了不同东风、西风相年份该区 68 站平均月降水量及夏季降水量的值。从表中可见，凡低频振荡表现较强的年份该区夏季降水偏多，反之则偏少。偏多年份夏季各月降水均偏多，与常年降水量月变化相同，但其中以 8 月增加尤为明显。

表 9.5.3　黄河中下游地区的平均月降水量(mm)年变化

	东风相				西风相			
	1982 年	1984 年	1987 年	平均	1983 年	1985 年	1986 年	平均
6 月	9.6	23.2	27.0	19.9	18.0	8.0	12.1	12.7
7 月	53.6	46.2	22.6	40.8	31.8	23.5	20.8	25.4
8 月	55.4	32.6	28.2	38.7	24.1	19.9	14.5	19.5
6—8 月	166.2	97.8	84.6	116.2	72.3	59.7	43.5	58.5

9.6　风场的时间演变特征

对风场的时间演变特征，可以使用向量 EOF 分析方法提取其主要变化特征。张东凌等(2007)对 ENSO 循环使用三度空间矢量方法，进行动力统计分析。他们选取各年 1 月 1000、850、700、500、300、200 和 50 hPa 等 7 个标准等压面上的月平均风场资料和温度资料，资料年份为 1948—2003 年，共 56 年。

由于高、低空风速相差较大，直接对风场进行 EOF 分析会有很大问题。但高、低空的动能密度则是同量级的，为此他们不直接分析风矢 **V**，而使用空气的密度的开方与风矢乘积来代替。

将经过资料处理后的 1 月各年这 7 个标准等压面上的月平均风场分别求其 56 年的平均值并再求其对该平均值的偏差，称该偏差为偏差风场。它们反映了各年 1 月平均风场的异常。因为偏差风场是一个二维矢量，故可将这 7 个标准等压面上的偏差风场作为一个整体，进行三度空间上的矢量 EOF 分析。众所周知，复数可描写矢量。图 9.6.1 给出了第 1 模态时间系数的模和辐角。由图 9.6.1b 可见，第 1 模态时间系数的辐角分别存在 0°和正负 180°两个基本态。当处前者时，偏差风场风向与第 1 模态的空间场风向相同，而处后者则风向相反。图 9.6.1 还分别用▲和△标出了 El Nino 现象和 La Nina 现象出现的年份。因同一模态的空间场具有相同的时间系数，故高、低层该模态的风场是同步变化的。

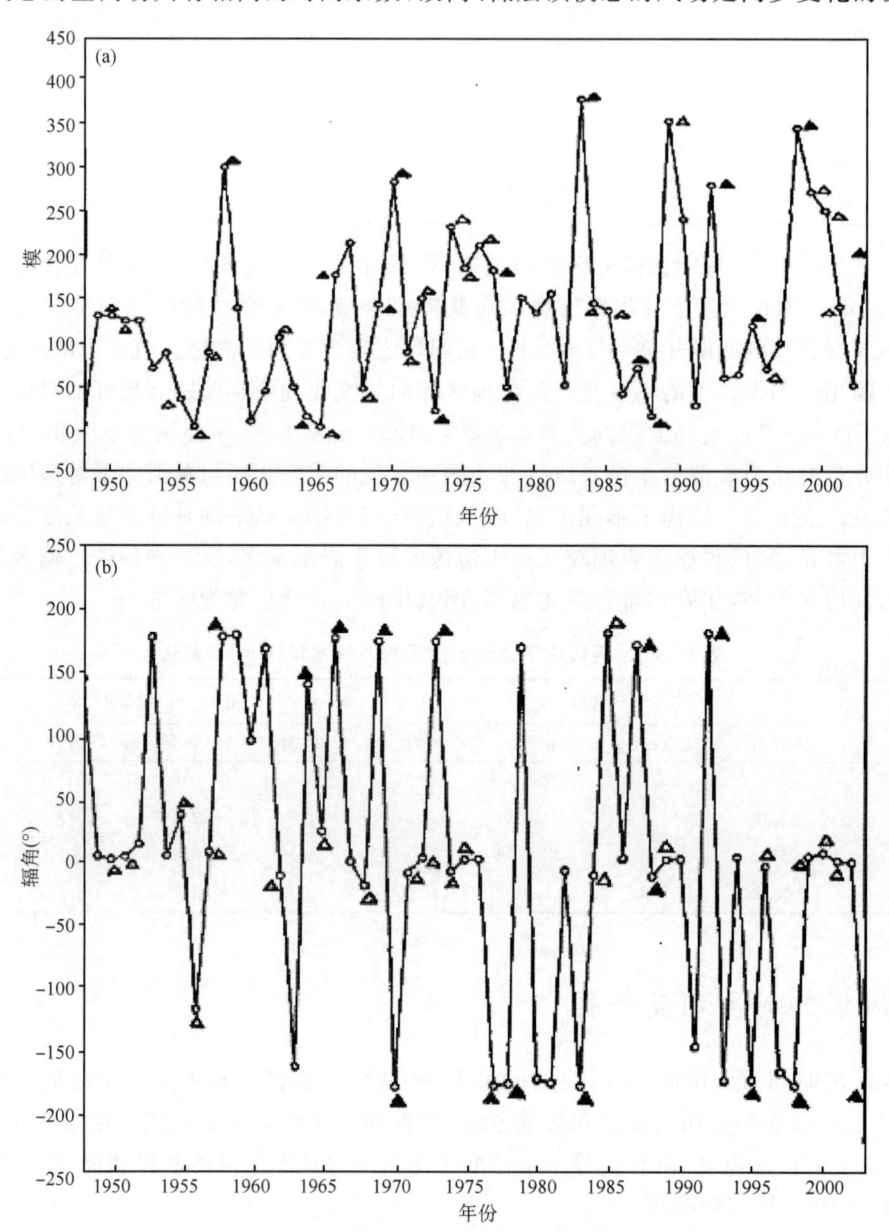

图 9.6.1 偏差风场第 1 模态时间系数的(a)模和(b)辐角
(▲为 El Nino 年，△为 La Nino 年)

从图 9.6.1a 可见，该时间系数的模存在 3～7 年的振荡现象，年际变化明显，其尖峰除个别年份外均对应着 El Nino 年。在图 9.6.1b 上，绝大多数 El Nino 现象发生的年份其辐角均处于正或负 180°的基本态，这表明当出现 El Nino 现象时，其风向与第 1 模态空间场风向的分布正好相反。此外，分析图 9.6.1a 上折线尖峰处个别不为 El Nino 年的个例，可见其辐角处

于 0°的基本态，即此时风向与第 1 模态的空间场相同。

卢姁等(2013)采用向量 EOF 法，对春季北太平洋关键海域的上层洋流场做分析，用以考察上层流场的年际和年代际变化，图 9.6.2 给出了第 1 模态偏差流场时间系数的模和辐角。

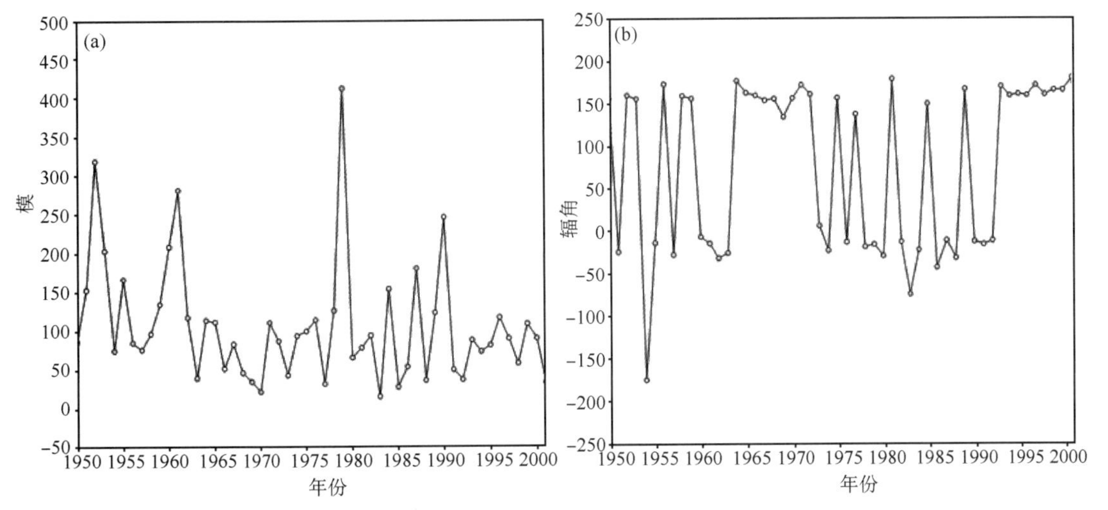

图 9.6.2　次表层海洋流场复 EOF 第 1 模态偏差流场时间系数的(a)模和(b)辐角

从图 9.6.2a 可见，其模的年代际变化很明显，1979 年有一个突变，其前后变化很明显，1963 年以前，模值大，1964 年到 20 世纪 70 年代末，模值小，1980—1990 年，模值较大，1991 年以后，模值又较小。与华北降水的年际、年代际变化十分相似。说明海洋流场与华北夏季降水有密切关系。

他们进一步对时间系数的模和辐角做小波分析，图 9.6.3 给出了第 1 模态时间系数模和辐角的小波全谱。

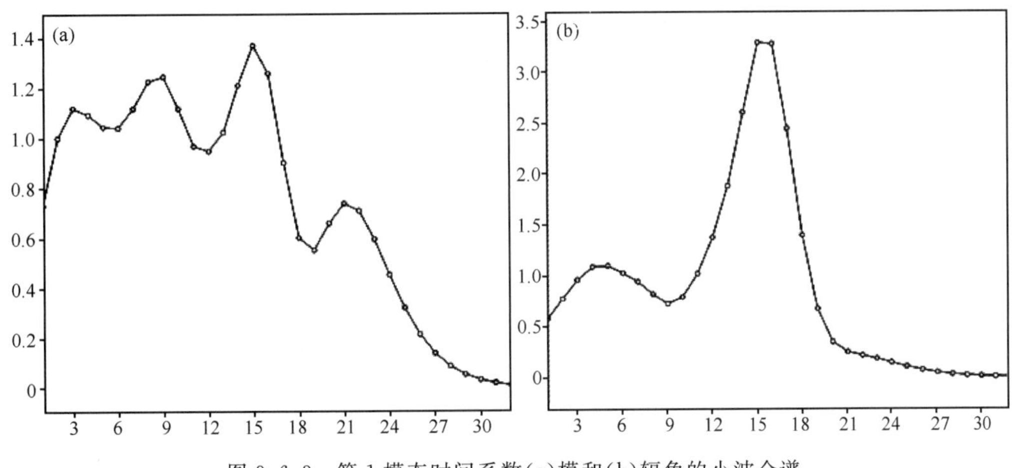

图 9.6.3　第 1 模态时间系数(a)模和(b)辐角的小波全谱

由图可见，其模有 3 年和 8～9 年的年际变化周期，15 年和 21 年的年代际变化周期；其辐角有 4～5 年的年际变化周期，15～16 年的年代际变化周期，且年代际变化明显。由上可知，北太平洋年代际涛动(PDO)在关键海域春季的年代际(15～16 年、21 年)变化上有所反映，而 ENSO 则在年际(3 年、4～5 年)变化上有所反映。这表明太平洋海洋环流年际变化参与了 ENSO 循环，太平洋年代际变化周期相似;在年代际尺度确定时,辐角的两个状态较好地对应于华北夏季降水的多寡;海洋西边界附近海水流动的异常是风应力异常所致,其性质属海洋 Rossby 波。

9.7 多变量场时间演变特征

(1)MV-EOF 分析

对多个变量场的综合场的时间演变特征,可以使用 MV-EOF 方法进行分析。Lee 等(2013)对亚洲季风区域的北方夏季季节振荡机制进行研究,把该地区的(10°S~40°N,40°~160°E)逐日长波辐射(OLR)距平场和 850 hPa 纬向风场(U850)进行 MV-EOF 分析,得到两种实时指数,即 MV-EOF 前两个主分量,其中第 1 分量由前两个主分量综合代表,它代表典型的向北传播的变化特征,此特征与 MJO 的准 30~60 天周期振荡向东传播特征相似。第 2 分量定义为 MV-EOF 第 3 和第 4 两个主分量,它反映季风爆发的前期,10~30 天周期振荡向北或向西北传播的特征。

Wang(1992)在研究 ENSO 模态的垂直结构和变化规律时,使用多维 EOF 分析,他把它称为 MV-EOF。他对海表海温场(SST)、海平面气压场(PS)、海表纬向风场(US)、经向风场(VS)、850 hPa 纬向风场(U850)、200 hPa 纬向风场(U200)和向外长波辐射场(OLR)等 7 个月平均变量场进行 MV-EOF 分析。在 7 个变量的综合模态中的时间系数,主要反映 SST 的月际和年际的气候变化特征。

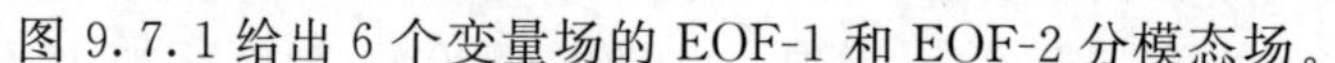

图 9.7.1 给出 6 个变量场的 EOF-1 和 EOF-2 分模态场。

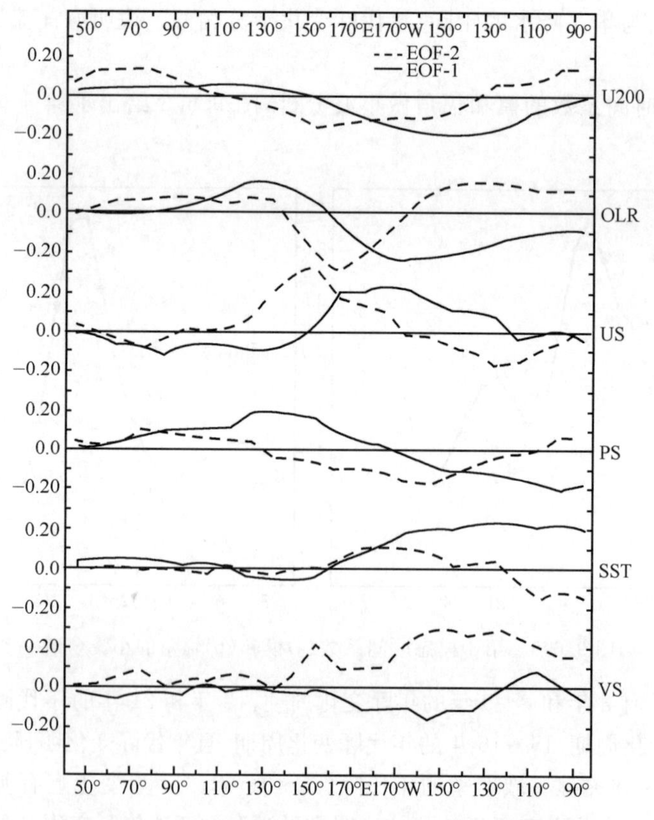

图 9.7.1 6 个变量场的 EOF-1 和 EOF-2 分模态场

从图9.7.1可见,各变量无论EOF-1和EOF-2都显示东太平洋与西太平洋变量变化的相反关系,例如,在海温场(SST)中,东太平洋与西太平洋的海温变化的相反关系,转折点约在125°W,在印度洋上,也与东太平洋同相出现,但是强度要弱得多;在VS场中,越赤道的东南季风在100～150°W有很强的正位相;在OLR场中,在165°E上有很强的正位相。在对应的时间函数变化上(图9.7.2),可以看到时间序列TC1的波峰与ENSO事件出现的年份对应十分吻合,它与传统的ENSO指数相关高达0.96,因此TC1是可以反映ENSO的主要气候变化特征。而TC2变化的波峰要比ENSO指数落后8～10个月,在落后10个月时,两个时间序列落后相关系数高达0.50,可能反映东西太平洋海温异常的反相关系和传播规律。

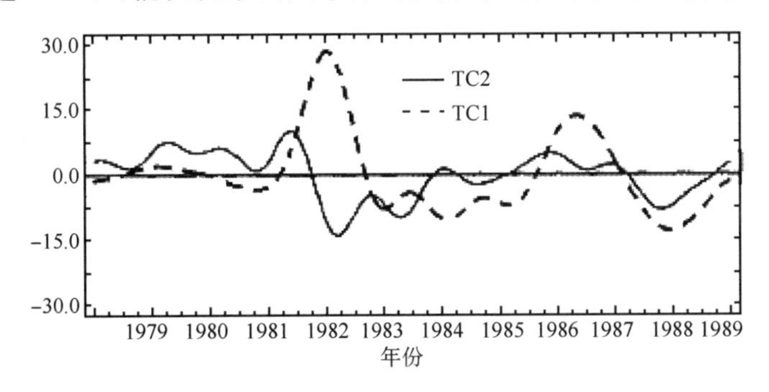

图9.7.2 MV-EOF的时间函数TC1和TC2

(2)S-EOF方法

对变量不同季节场进行时间演变特征分析,可以使用S-EOF方法。

Wang等(2005)提出使用季节经验正交函数(S-EOF)方法,分析大气变量场的季节变化规律。他们把前一年冬季和当年春、夏、秋4个季节逐年变化的海温场资料综合在一起,形成新的资料阵,然后进行EOF分解。得到前两个通过显著性检验的S-EOF1和S-EOF2模态,它们的解释方差分别为23.9%和14.6%,图9.7.3给出S-EOF两个模态对应的主分量PC1和PC2,以及功率谱图。从第1模态主分量的时间序列中,可以看到El Nino和La Nina对应的年份,进一步对它进行谱分析,发现有4～6年的周期的谱峰存在。由于其周期属于ENSO现象的低频振荡的周期段,他们把S-EOF1称为LF-ENSO模态。从第2模态主分量的时间序列中,可以看到短周期振荡,进一步对它进行谱分析,发现有2～3年的周期的谱峰存在。由于其周期属于ENSO现象的准两年振荡的周期段,他们把S-EOF2称为QB-ENSO模态。

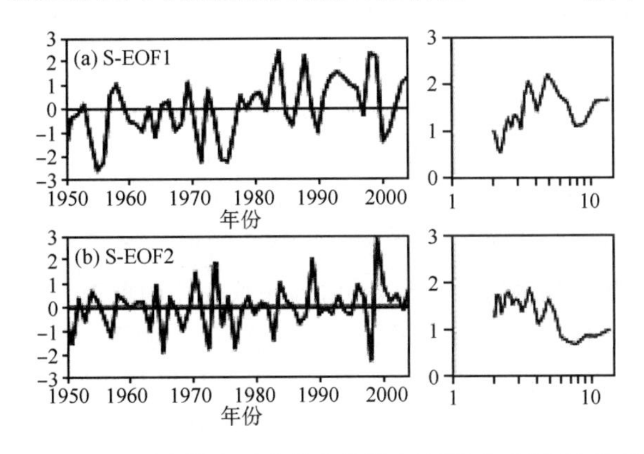

图9.7.3 S-EOF两个模态对应的主分量(a)PC1和(b)PC2及功率谱图

从 S-EOF1 各季节的空间模态中，发现海温季节变化的主要特征：印度洋偶极子随季节迅速增强，到秋季达到极大值，然后迅速减弱变成单极子。对 QB-ENSO 模态，季节变化则主要表现在太平洋的海温上面，增强的海温距平变化由西太平洋开始，向东传播到热带东太平洋地区。

刘华(2011)使用 S-EOF 方法分析中国降水的季节变化气候特征。他使用 1951—1999 年中国 160 站 12 个月降水场资料，把 12 个月分为 4 个季节，做 S-EOF 分析。我国降水的 S-EOF 第 1 模态的方差贡献百分率为 11.2%。第 1 模态的春季降水的雨型是南北分布型，夏季降水的雨型主要表现在江淮地带。秋季降水的雨型是西北—东南分布型。冬季降水的雨型是全国降水全面减弱。其对应时间函数作为变量场的时间演变代表(图 9.7.4)，此模态总体时间变化特征是，20 世纪 60—70 年代我国降水略有减少，70 年代后降水是增多的趋势，80 代后降水又是减少的趋势。

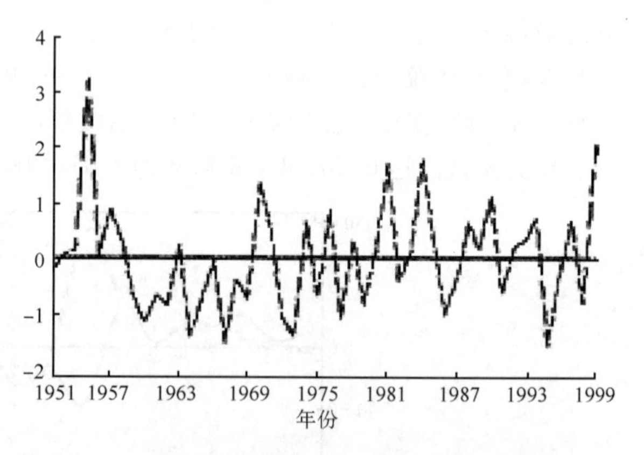

图 9.7.4　降水量 S-EOF 分析的第 1 模态时间序列

黄菲等(2012)也使用 S-EOF 分析方法，对印度洋—太平洋海表温度年际变化的联合模态进行研究。他们利用 1870—2004 年的月平均海表面温度(SST)资料，去除了全球增暖趋势后的印度洋—太平洋海表温度异常(SSTA)做季节经验正交函数分解，计算了前 8 个 S-EOF 模态解释的方差贡献(图 9.7.5)。

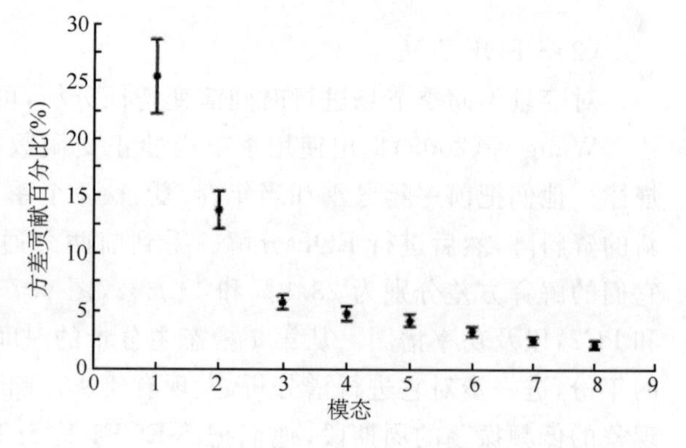

图 9.7.5　前 8 个 S-EOF 模态解释的方差

从图可见，前 8 个模态的总方差贡献为 61.7%，第 1、第 2 个模态的方差贡献分别为 25.4%和 13.7%，按照 North 等(1982)的判断法则，根据误差棒长短可以判断：第 1 和第 2 模态有显著差别，第 2 和第 3 模态也可以相互区别，但是第 3 模态以上的模态都不能相互区别。

对第 1 和第 2 模态的时间序列进行谱分析(图 9.7.6)。发现谱峰在 5.7 年，是 ENSO 事件的典型周期。而且在模态的时间变化曲线中还可以看到 1942/1943 年的冷跃变和 1976/1977 年的暖跃变，与 ENSO 事件吻合。该时间系数与 Nino 3.4 指数的相关系数达到了 0.84，超过 0.01 显著水平。因此，确定第 1 主模态是 ENSO 的低频模，该模态在 4 个季节中太平洋与印度洋海盆的因子荷载表现为符号一致，是海温一致变化的模态。

S-EOF 的第 2 模态时间系数的功率谱(图 9.7.7)，显示除了 2.4 年还有 5.7 年的周期，这可能是印度洋季风的准两年振荡或者印—澳季风区对流层两年振荡与 ENSO 相耦合，使准两年的振荡更突出。表现为太平洋上准两年的 ENSO 位相转换模与印度洋偶极子模的联合模态。

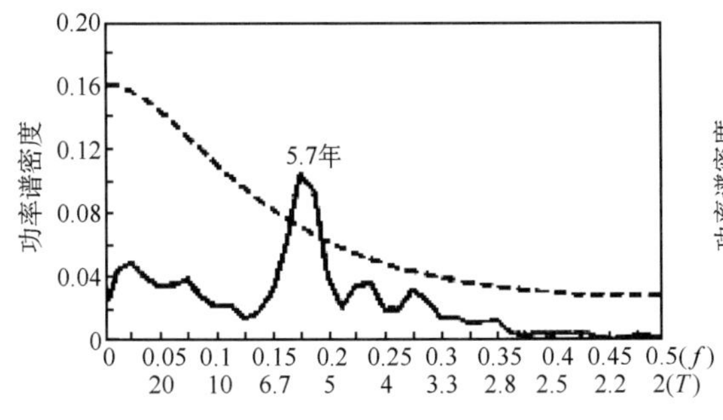

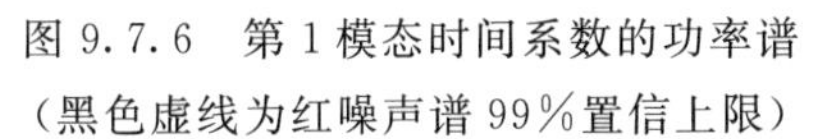

图 9.7.6　第 1 模态时间系数的功率谱
（黑色虚线为红噪声谱 99%置信上限）

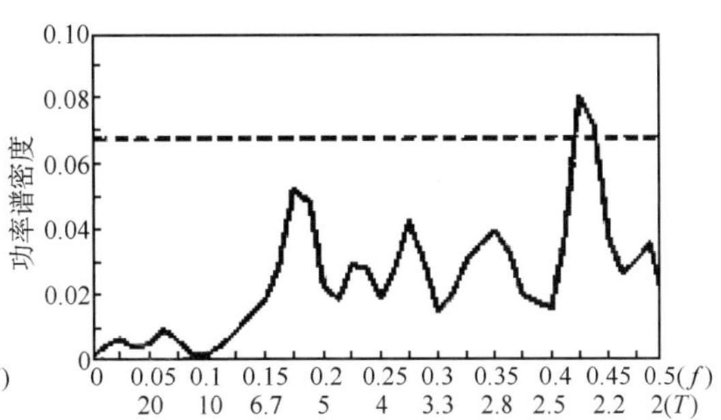

图 9.7.7　第 2 模态时间系数的功率谱
（黑色虚线为白噪声谱 99%置信上限）

计算第 2 个联合模态的时间系数与印度洋—太平洋 SSTA 和 850 hPa 风场异常的 4 个季节回归场的分布，表明冬季时赤道中东太平洋对应着 ENSO 暖位相的 SSTA 正异常，春季时东太平洋开始出现 SSTA 且强度增大，呈现了 1 个完整的 El Nino 向 La Nina 转变的过程。说明 ENSO 的位相转换发生于春季，与季风的异常转换有关，印度洋上出现异常的气旋性环流，叠加在印度洋夏季风上，增大东西印度洋的温差，在秋季出现西低东高的偶极子型海温分布，印度洋夏季风和这个模态的产生发展有很大的联系。

黄菲等(2012)对 20 世纪 90 年代中期南海季风系统年代际转型模态进行分析，还把 MV-EOF 与 S-EOF 方法结合，称为季节联合经验正交分解(MV-SEOF)方法，以季节排列顺序，把一年的夏季(6—8 月)到次年的春季(3—5 月)，作为一个"季风年"，对南海的 850 hPa 风场、降水场和 SST 场资料进行量纲归一化处理之后，一起作为一个变量场，然后进行 S-EOF 分析。其第 1 模态方差贡献为 26.6%，对应的时间序列以 20 世纪 90 年代中期为转折点，其前后的时间序列呈反位相变化，在之前主要为负值，而之后则主要处于一个正值附近的振荡，是个明显的年代际转型模态。以 1990—1999 年 10 年作为分界点，对这一时间序列的前后两段进行显著性差异 t 检验，发现当以 1994 年为分界点时，显著性差异最大(t 值为 5.13)。对应空间分布，降水场和对流层低层风场呈现出夏季与随后 3 个季节的反位相变化，即 90 年代中期之前，南海夏季低空风场为气旋式异常且湿润多雨，随后 3 季干旱，从夏季的气旋式异常逐渐过渡为冬季和春季的反气旋式异常。90 年代中期之后，南海夏季异常干旱并伴有对流层低层反气旋式环流异常，随后的 3 个季节湿润多雨，对流较强。

(3)CSEOF 方法

循环平稳经验正交函数分解(Cyclostationary-EOF，CSEOF)，与 EOF 方法形式相似，然而，它与传统的 EOF 分解法得到的结果有所不同。其最主要的区别在于，其空间模态是不独立于时间变量的，也就是说，变量场的空间模态是随时间变化的，且这种时间变化限制在一个嵌套周期内，CSEOF 分解法最大的优点是可以体现一个变量场叠加在长周期变化背景下的短周期变化。在循环变化的大气现象中，使用 CSEOF 分解法进行分析被认为是在若干的 EOF 分析方法中最好的(Kim *et al.*，1999)。

吴晓芬等(2011)利用循环平稳经验正交函数分解方法，研究热带西太平洋海域上层(0～700 m)海洋热含量的时空变化特征。

他们分析发现，1 月上层海洋热含量 CSEOF-1 模态空间结构大致呈东—西向的反位相振荡模态，最大变异中心在热带西太平洋地区。该模态对应的时间序列具有准两年振荡的特征，与 ENSO

事件的发生有着非常密切的联系(图 9.7.8)。

(4)POP 分析

POP 称为主振荡模态分析,用主振荡模态分析方法也可以提取变量场随时间变化的主要模态。杨秋明(1998)研究西太平洋热带地区 200 hPa 纬向风低频振荡的变化规律时,首先对风场进行 Butterworth 滤波器进行 30～50 天带通滤波,得到 200 hPa 纬向风低频风场,对风场进行主分量分析(PCA),取方差贡献大于 75%的前 5 个主分量构成新变量场序列,使用主振荡模态进行分析。得到一对复特征值和对应方差贡献为最大(21.2%)的模态(POP-1)和时间系数。

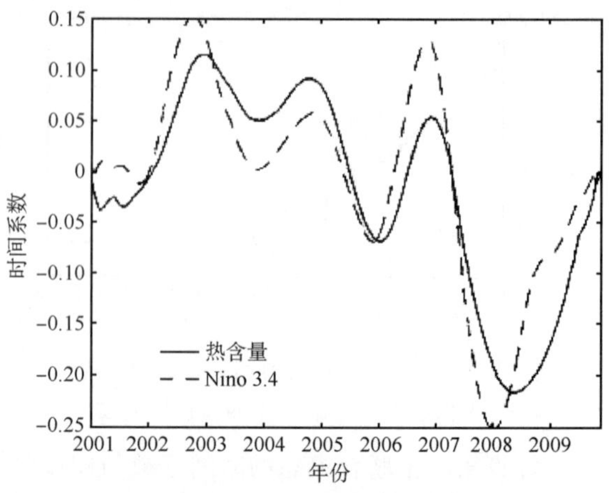

图 9.7.8 热含量 CSEOF-1 型时间系数与 Nino 3.4 指数的年际变化

虚部模态呈现以赤道为对称轴的南北半球热带地区的反相变化特征;而实部模态则表现为赤道地区是一显著负值带状区域,在赤道两侧是弱的正值带,并且日本南部洋面还有一个负值中心,结合时间系数演变可知系统循环过程按"实部—负虚部—负实部—虚部"次序周而复始,传播周期是 43.4 天(见图 9.7.9)。

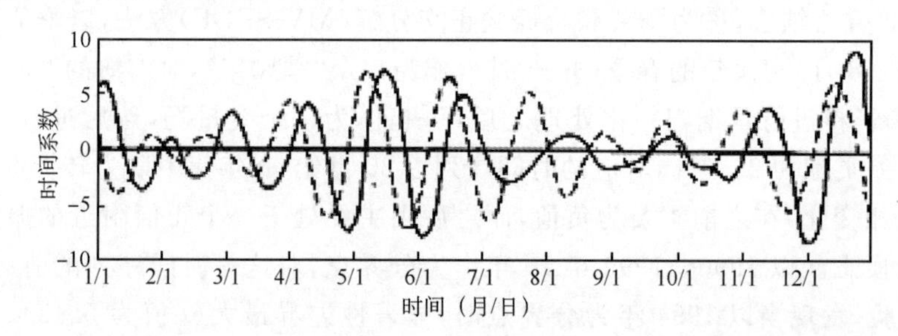

图 9.7.9 西太平洋热带地区 200 hPa 30～50 天振荡低频纬向风场第 1 主振荡型(POP-1)

(a)实部;(b)虚部;(c)时间系数(实线表示实部,虚线表示虚部)

9.8 周期变化外力成因

变量场周期变化外力成因分析,可以通过寻找与其周期变化特征相同的外力因子。因为如果外力因子与该变量场有相同的周期变化特征,则说明变量场的变化主要是受外力因子的影响。其分析方法有以下几种。

(1)交叉谱

研究变量场中不同地区变量之间的变化关系,可以使用交叉谱方法。陶云等(2003)用交叉谱分析方法,计算云南地区 18 个测站中任意两测站的 153 个凝聚谱,发现凝聚谱平均值在波数为 4 波时有最大值,且通过显著性检验。说明云南 5 月雨量存在准 4.5 年的显著耦合振荡周期。对该周期段云南地区降水场对应的交叉谱矩阵进行特征值和特征向量分析,发现用前 3 个相应协谱和正交谱的空间模态(特征向量),就可反映云南 5 月雨量场在该耦合振荡周期上的大部分空间分布信息。例如,从协谱和落后长度谱的第 1 特征场(图 9.8.1)上发现,在该周期中降水量

有很强的相同变化关系，表现在云南西部和北部，基本呈现西—东的传播变化型。

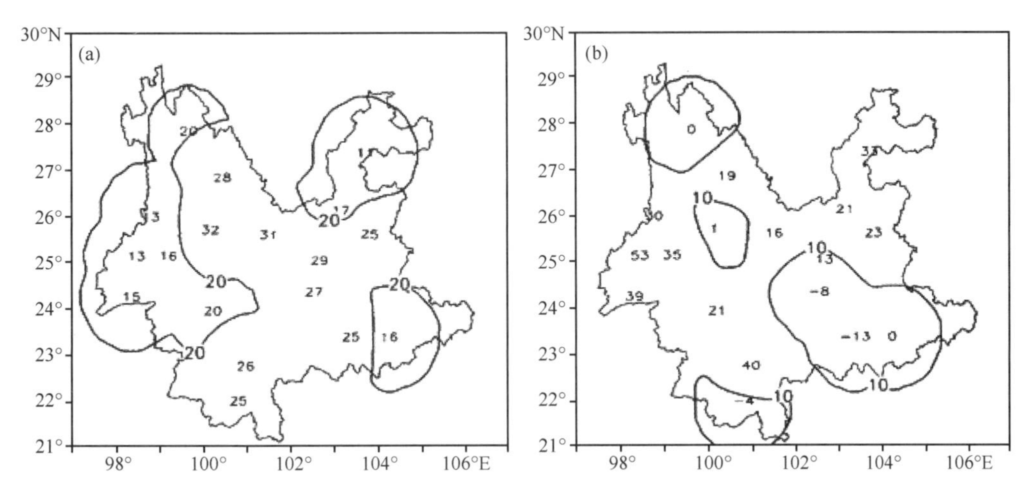

图 9.8.1 协谱和落后长度谱的第1特征场

(a)协谱($\times10^{-2}$)；(b)落后长度谱($\times10^{-2}$a)

(2)小波交叉谱

使用交叉小波谱方法，可以研究大气变量场与其他因子的时间变化周期波动关系，其关系密切程度用凝聚谱表征，其时间落后关系用位相谱表征。郭渠等(2008)使用该方法研究我国西北地区气候变化与北极涛动的关系，把西北地区气温场和降水量场分别做区域平均，作为两

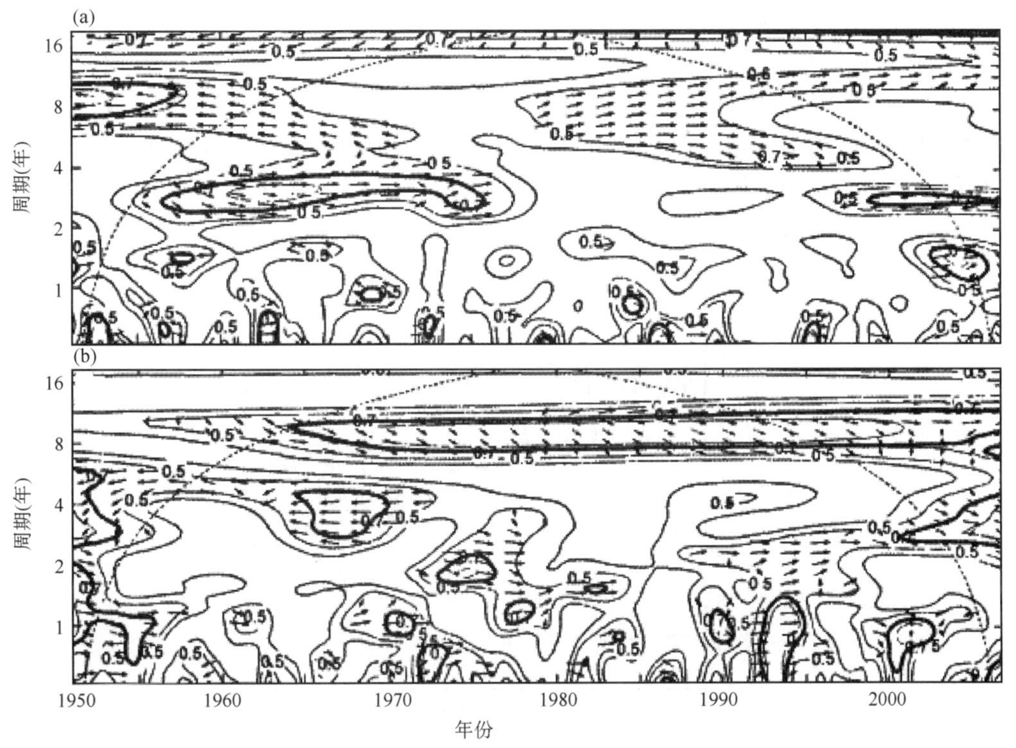

图 9.8.2 1951年1月—2006年12月西北(a)降水和(b)气温与北极涛动的交叉小波凝聚谱和位相谱(粗黑实线表示通过显著水平为0.05的显著性检验)

个场的时间代表序列，然后分别与北极涛动指数做交叉小波分析。图 9.8.2 给出了它们的交叉小波凝聚谱和位相谱。图中箭头表示两者之间的位相差，箭头向右表示两者位相差为 90°，两者为正相关；箭头向左表示位相差为 −90°，两者呈反相关；位相差为 30°时对应滞后（或超前）时间为一个月。

从图 9.8.2a 可见，西北地区降水变化与 AO 之间的显著相关主要表现在准 3 年尺度共振周期上，时域中 1956—1975 年和 1999—2006 年两者凝聚性较高；1956—1975 年西北地区降水变化位相比 AO 位相落后 90°，而在 1999—2006 年则提前 90°左右，说明 1987 年以后的 AO 突变对西北地区发生“由干变湿”的转变具有重要影响。

图 9.8.2b 表明，西北地区气温变化与 AO 的相关更为显著，表现为准 2 年、3～5 年和 8～11 年尺度的显著共振周期，而且年代尺度相关的凝聚性明显大于年际尺度相关。时域中除了出现在 1964—1970 年期间的 3～5 年尺度相关振荡，西北气温变化位相提前 90°左右以外，出现在 1973—1975 年的准两年相关振荡和几乎贯穿于整个时域的 8～11 年共振周期都表现为基本一致的正相关，西北气温变化位相落后于 AO 位相 90°～120°，说明 AO 年代际变化引起欧亚纬向环流异常是导致河北地区气温变化的主要原因之一。

上面分析说明，使用交叉小波谱可以反映 AO、西北地区降水和气温多年变化的时频特征和多尺度相关特征，能够反映时域和频率域上它们互相关结构的主要信息，揭示相关性相对于频率的依赖关系及其存在时域中的分布特征。

(3)多个变量场的时间变化模态

梁肇宁等(2006)在研究印度洋海温异常和南海夏季风建立迟早的关系时，把风场的两个风分量组成一个新变量场与海温场进行联合 CSVD 分析。考虑到大气对海温的响应有一定的滞后性，他们选取初春(3—4 月)的印度洋海表温度场作为联合 SVD 的左场，同时选取能表现季风建立特征的 5 月高、低层大气环流场(包括 200 hPa 和 850 hPa 二维风场及 500 hPa 高度场)作为联合 SVD 的右场。做海温场和风场、高度场的联合 SVD 分析，提取的模态时间系数序列能够反映多个变量场关系的时间演变特征。图 9.8.3 给出了印度洋初春(3—4 月)海表温度和 850 hPa 风场的联合 SVD 分析第 1 模态的时间系数。

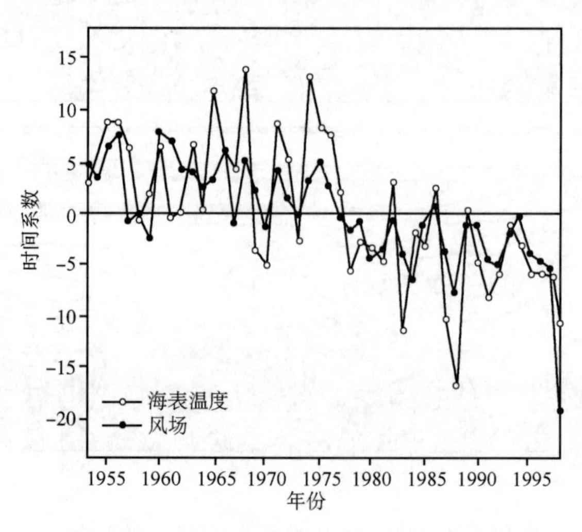

图 9.8.3 印度洋初春(3—4 月)海表温度和 850 hPa 风场的联合 SVD 分析第 1 模态时间系数

从图 9.8.3 可见，左、右场时间变化的走势基本一致，并且均在 1976 年和 1977 年前后有明显的年代际特征。具体表现为 1976 年及以前 3—4 月印度洋海温总体偏低，且 5 月有利于南海夏季风建立的环流形势较明显(时间系数为正)，而在 1976 年及以后 3—4 月印度洋海温则总体偏高，且 5 月不利于南海夏季风建立的环流形势较明显(时间系数为负)。

参考文献

杜华栋，李婧. 2006. 赤道太平洋次表层海温距平的 EEOF 分析及与厄尔尼诺的关系. 海洋预报，**23**(4)：21-27.

高庆九，管兆勇，蔡佳熙. 2010. 中国东部夏季气压气候变率：测站资料与再分析资料的比较. 气候与环境研究，**15**(4)：491-503.

郭渠. 孙卫国，程炳岩，等. 2008. 我国两北地区气候变化与北极涛动的交叉小波分析. 南京气象学院学报，**31**(6)：811-818.

贺懿华，王晓玲，金琪. 2006. 南海热带对流季节内振荡对江淮流域旱涝影响的初步分析. 热带气象学报，**22**(3)：259-264.

黄菲，董静舒，黄少妮，等. 2012. 1990 年代中期南海季风系统年代际转型模态的时空特征. 热带气象学报，**28**(6)：938-944.

黄菲，王宏，戴平. 2007. 南海季风型海—气耦合模态的时空特征及其与中国夏季降水的关系. 中国海洋大学学报，**37**(3)：351-356.

黄嘉佑. 1981. 东北地区夏季气温的因子分析//长期预报文集. 北京：科学出版社：166-170.

黄嘉佑. 1987. 我国月降水频数的时空特征. 气象，**13**(1)：10-14.

黄嘉佑. 1988. 准两年周期振荡在我国降水中的表现. 大气科学，**12**(3)：267-273.

黄嘉佑. 1990. 北京地区旱涝变化规律及其试验. 地理学报，**45**(1)：102-109.

黄嘉佑. 1991. 我国夏季气温，降水场的时空特征分析. 大气科学，**15**(3)：124-132.

黄嘉佑，符长锋. 1993. 黄河中下游地区夏季逐候降水量的低频振荡特征. 大气科学，**17**(3)：379-383.

黄嘉佑，胡永云. 2006. 我国冬季气温变化的趋向性研究. 气象学报，**64**(5)： 641-621.

李莹，朱伟军. 2009. 不同数字滤波方法在风暴轴研究中的性能比较. 大气科学学报，**32**(4)：565-573.

梁肇宁，温之平，吴丽姬. 2006. 印度洋海温异常和南海夏季风建立迟早的关系 Ⅰ. 耦合分析. 大气科学，**30**(4)：619-634.

刘华. 2011. 1951—1999 年中国降水和气温的 SEOF 分析. 安徽农业科学，**39**(19)：11775-11777.

卢姁，汪鹏，马佳，等. 2013. 春季北太平洋关键海域流场异常分析及其与夏季华北降水关系初探. 气候变化研究快报，**2**：15-19.

吕雅琼，巩远发. 2005. 2001 及 2003 年夏季青藏高原及附近大气源(汇)的变化特征. 高原气象，**25**(2)：195-202.

牛晓瑞，毛淑瑜，李杉. 2012. 1961—2005 年新疆夏季低云量长期变化特征及影响因素分析. 气候与环境研究，**17**(1)：59-67.

陶云，朱天禄，2003. 多维时间序列交叉谱分析在降水场诊断中的应用. 气候与环境研究，**8**(4)：503-509.

王绍武，赵宗慈. 1987. 长期天气预报基础. 上海：上海科学技术出版社.

吴晓芬，许建平，张启龙，等. 2011. 热带西太平洋海域上层海洋热含量的 CSEOF 分析. 热带海洋学报，**30**(6)：37-46.

伍红雨，杜尧东，陈桢华，等. 2011. 华南雨日、雨强的气候变化. 热带气象学报，**27**(6)： 877-888.

谢坤，任雪娟，向洋. 2008. 冬季东亚—西太平洋西风急流基本结构及其异常的诊断分析. 热带气象学报，**24**(2)：156-162.

辛渝，陈洪武，张广兴. 2008. 新疆年降水量的时空变化特征. 高原气象，**27**(5)：993-1003.

徐利岗，周宏飞，梁川，等. 2009. 中国北方荒漠区降水多时间尺度变异性研究. 水利学报，**40**(8)：1002-1011.

杨秋明. 1998. 西太平洋热带地区环流低频变化的主振荡型预测试验. 应用气象学报，**9**(3)：345-351.

袁乃明. 2013. 气候变率的长程持续性研究. 北京：北京大学博士生毕业论文.

张东凌，曾庆存. 2007. 大气环流中 ENSO 循环的动力统计分析. 自然科学进展，**17**(10)：1401-1409.

张菡，段建杨. 2008. 夏季亚洲季风区典型旱涝年大气热源(汇)的变化特征. 成都信息工程学院学报，**23**(4)：1671-1742.

张婷，魏凤英，韩雪. 2011. 华南汛期降水与南半球关键系统低频演变特征. 应用气象学报，**22**(3)：265-274.

朱艳峰，陈隆勋，宇如聪. 2003. 中国气候异常变化与 ENSO 准四年循环的联系分析. 热带气象学报，**19**(4)：345-356.

Angell J K. 1988. Variations and trends in tropospheric and stratospheric global temperatures, 1958-87. *J Climate*, **1**: 1296-1313.

Barnett T P, Sommerville R C J. 1983. Advances in short-term climate prediction. *Rev Geophys*, **21**: 1096-1102.

Kawamura R. 1988. Quasi-Biennial Oscillation modes appearing in the tropical sea water temperature and 700 mb zonal wind. *J Met Soc Japan*, **66**: 955-965.

Kim K Y, Wu Q. 1999. A comparison study of EOF techniques: Analysis of nonstationary data with periodic statistics. *J Climate*, **12**: 185-199.

Lee J Y, Wang Bin, Wheeler M C, *et al*. 2013. Real-time multivariate indices for the boreal summer intraseasonal oscillation over the Asian summer monsoon region. *Clim Dyn*, **40**: 493-509.

North G R, Bell T, Cahalan R, *et al*. 1982. Sampling errors in the estimation of empirical orthogonal function. *Mon Wea Rev*, **110**: 699-706.

Roundy P E, Schreck C J. 2009. A combined wave-number-frequency and time-extended EOF approach for tracking the progress of modes of large-scale organized tropical convection. *Quart J Roy Meteor Soc*, **135**: 161-173.

Trenberth K E, Shin W-T K. 1984. Quasi-biennial fluctuations in sea level pressures over the Northern Hemisphere. *Mon Wea Rev*, **112**: 761-777.

Wang B. 1992. The vertical structure and development of the ENSO anomaly mode during 1979-1989. *Journal of the Atmospheric Sciences*, **49**(8): 698-712.

Wang B. An S I. 2005. A method for detecting season-dependent modes of climate variability: S-EOF analysis. *Geophys Res Lett*, **32**, L15710. doi: 10. 1029/2005 GL022709.

Weare B C, Nasstron J S. 1982. Example of extended empirical orthogonal function analysis. *Mon Wea Rev*, **110**: 481-485.

第10章 大气变量的预报

气象预报预测系统是气象工作的立业之本。气象预报预测业务包括天气、气候、气候变化、生态与农业气象、大气成分、人工影响天气、空间天气、雷电等多条轨道的检测分析、预报预测、评估及其应用等相关业务。做好灾害性、关键性、转折性重大天气预报和旱涝趋势气候预测。做到多样化、精细化、无缝隙气象预报预测。制作航空和交通气象预报,流域面雨量、流量和水位等水文气象预报,海上台风、大风、海雾、海浪、风暴潮等海洋气象预报,疾病、生活指数等健康气象预报,空气质量、花粉浓度、日照等环境预报,酸雨、沙尘浓度、臭氧等大气成分预报,滚动气候预测产品、气候变化及其影响预估、农业气象灾害预报、森林火灾和病虫害气象条件预报,空间天气预警,等等。

研究天气和气候预测,通常有3类方法。一类是实验室模拟或现场观测实验方法。直接实验是物理学上通用的方法,可用来检验假设或评价因果关系等,是一种重要的研究手段。野外现场观测,可以获取许多重要数据,是研究未来状态预报不可缺少的方法,但鉴于时空尺度和问题的复杂性,有很大的局限性。另一类是历史相似或类比法,即在历史上寻求气候在时间或空间上的相似作为未来的佐证,这种方法可提供许多有价值的信息,有时甚至是唯一的信息,如某些灾害的分布,在当前使用数学模式仍难以获取。当然,完全的相似是不可能的,过去曾经出现过的情况,未来不一定出现。有些定性预测是根据特殊的科学研究对现象发展前景、未来情况做出的判断,或根据因果和逻辑做出推断等。第三类是在计算机上进行的数值模拟和预测的方法,这是当前最有前途、进展最为迅速的方法,是统计—天气—动力的方法,是建立在天气气候学为背景的非动态的经验或统计关系基础上的数学模型。

10.1 外因子预报模型

把大气变量的演变认为是由外力因子作用所产生的,即利用外力因子与大气变量之间的关系建立预报模型,称为外因子预报模型,其数学模型如下。

(1)回归预报模型

对未来状态的预报,即建立某个大气变量的预报模型,最常见的是回归模型,使用的方法是回归分析。把预报对象的变量称为预报量,或称为依变量。把影响预报对象的变量称为因子,或称为影响因子,或称为自变量。把未来因子状态值代入回归方程,计算得到未来的预报量估计值,称为预报值。选取因子是多个与预报量有关的因子,把若干因子与预报量的相互关系用回归方程表现。

对单个测站的单个气象要素预报,使用单个变量回归预报模型,即回归方程中的预报量的单变量。

吴善材等(2009)使用回归方程加订正调整的方法对开平市高温天气(单个变量)进行预

报。他们考虑到温度变化是通过与外界的热交换而产生,太阳的短波辐射和地面的长波辐射是热交换产生正变化的主要能量来源。他们选定高温当日日照时数及14时地温这两个因子来代表,选择影响高温的气象要素(日最高气温、气温、相对湿度、日照时数、露点温度差、等容冷却至0℃后的气压,以及地温等7个因子),用2005年、2006年6—9月的逐日数据建立回归方程。

该方程复相关系数达到0.95,有较高的解释开平高温的变化方差。但是,在这时段31天高温日中,该回归方程仅报出26天,空报11天,漏报5天,空报率与漏报率都较高。他们提出对预报结果与其他气象要素预报相互结合,进行订正和调整,以改善预报效果。回归方程预报值若未能满足以下3个条件中的任何1个,则进行剔除:①方程预报值>33℃;②14时气压除以气温<32;③晴雨预报24 h降雨量<1.0 mm。经以上条件过滤后,预报效果有所改善:≥35℃的准确率提高到38.6%,≥34℃的准确率提高到67.1%,≥33.5℃的准确率提高到78.6%,漏报率则减少为5.7%。

由于缺乏土壤湿度观测资料,使得人们无法了解土壤湿度和区域气候变化的关系,彭小燕等(2007)针对农业生产需要,使用前一日、前两日、前三日和前四日降水量作为因子,建立回归模型来预测初始土壤湿度。试验表明,对蒋集站预报效果,平均相对误差为5.49%,总和平均相对误差为5.40%。利用预报与实况值的比较曲线来表示方程的预报效果(图10.1.1),发现利用该模型预报得到的土壤湿度精度很高,可以作为一种实用的预报方法。

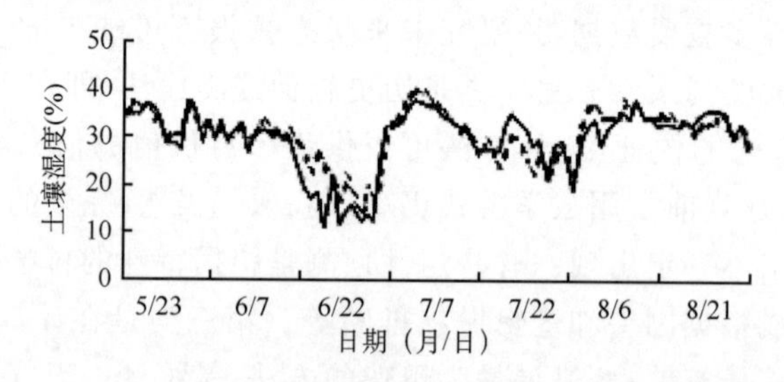

图10.1.1　蒋集土壤湿度模拟(实线为实测值、虚线为拟合值)

(2)逐步回归预报模型

使用逐步回归方法,选取因子建立预报模型是回归模型预报常见的方法。牛保山等(1993)利用逐步回归方法做河南省商水县4月降水量预报。还提出按预报效果最好的标准来选取预报因子的方法,即使用双评分准则(CSC)。利用此法来筛选预报因子。在方程中变量引进、剔除中总的原则是使预报方程对历次的回报CSC值最大。

他们选取上一年本站前期月平均气象要素7个因子作为备选因子。对一般逐步回归方法得到的回归方程中保留两个因子,而CSC方法方程中保留因子有3个,其中仅1个因子(前年7月西太平洋副热带高压西伸脊点经度位置)是共同的。

(3)最佳子集回归预报模型

由于一般的回归分析方法建立的预报模型中的回归方程,并不一定是最佳的,因此,要寻找最佳的因子组成回归方程,称为最佳子集回归方法。严华生等(2004)研究前期高度场和海温场变化对我国汛期降水的影响时,使用前一年北半球500 hPa逐月高度场(含576个格点变量)和北太平洋海温场(含286个格点变量),取连续4个单位时间的资料作为预报因子,组成因子场,预报因子集共有3448个预报因子。我国夏季降水量场(含160个测站

变量)组成预报量场。试验发现,3个预报因子的回归方程含的预报信息已达到80%左右,已能说明对预报量有较好的方程解释。另外,若选用更多的变量,后面增加的变量对预报方程的贡献影响作用越来越小,且自由度增大,预报效果不稳定,还有可能出现样本拟合好而外推预报差的现象。为了抓住关键时段的前几个主要预报因子,他们只取4个月尺度时段和3个因子。

他们使用3个因子最佳子集回归求最大复相关系数,确定最后的回归方程。具体计算步骤:①就每个站而言,任取3个因子建立回归方程,计算复相关系数。②穷尽一切可能的因子组合,对每个测站可建立约6.83×10^9个方程,从中挑选复相关系数最大的回归方程,它表示了把高度场和海温场同时作为预报因子共同提供的最大可能拟合预报能力。结果发现:前期两个场共同作为预报因子比把其中某场单独作为预报因子的相关要好,并且存在着较好的"隔多季度相关"现象。预报因子具有实际预报意义的最佳时段为上一年的6—9月。影响我国汛期降水的最佳预报因子主要集中于高度场和海温场具有重要天气气候意义的关键区域。降水可预报性在北方和长江以南均较好。

(4)非线性回归模型

由于大气变量之间关系是十分复杂的,可以用非线性关系来描述,即建立非线性回归模型。例如,陈静(2007)做洛阳机场连续性大雾(能见度)的预报,使用非线性回归模型,她选取温度变化、湿度、层结因子和风速等9个因子,建立非线性回归方程。引入了幂函数、指数函数、负指数函数和对数函数4种非线性关系,这些非线性函数经过适当的变换后可化为线性函数,从而把非线性回归的问题转化为线性回归处理。为了使所有函数关系在数学上有意义,即幂函数、指数函数和对数函数要求自变量取值大于0,首先将自变量进行极差标准化处理,即

$$x'_i=\frac{x_i-\min\limits_{1\leqslant i\leqslant N}\{x_i\}}{\max\limits_{1\leqslant i\leqslant N}\{x_i\}-\min\limits_{1\leqslant i\leqslant N}\{x_i\}}\quad(i=1,2,3,\cdots,N)\tag{10.1.1}$$

并且当$x_i=\min\{x_i\}$时,令$x'_i=0.0001$,这样经过极差标准化变换以后,所有的自变量在数学上都能达到非线性函数定义域的要求。然后分别计算每个预报因子与5种不同函数(线性和非线性)线性化新变量之间的相关系数,按5种相关系数绝对值大小确定选取的因子,以及因子与预报量的函数关系(表10.1.1)。

表10.1.1 各预报因子与不同形式函数之间的相关系数

相关系数	X_1	X_2	X_3	X_4	X_5	X_6	X_7	X_8	X_9
$f(x)$	0.0610	0.1961	−0.0619	0.0171	−0.6047	−0.4035	−0.0121	0.1125	0.0779
$f(x^b)$	−0.1121	0.3372	−0.1240	−0.1015	−0.3840	−0.2060	−0.0047	−0.0185	0.0127
$f(e^{bx})$	−0.0403	0.1307	−0.0723	−0.0479	−0.5400	−0.4578	−0.0821	0.0367	−0.0375
$f(e^{b/x})$	0.0803	−0.3777	0.0805	0.1066	0.3239	0.0801	0.0104	0.0348	0.0049
$f(\lg x)$	−0.0993	0.3493	−0.1522	0.0054	−0.4486	−0.2126	0.1107	0.1578	0.1514
$\max\|R\|$	0.1121	0.3777	0.1522	0.1066	0.6047	0.4578	0.1107	0.1578	0.1514
最优函数关系	$f(x^b)$	$f(e^{b/x})$	$f(\lg x)$	$f(e^{b/x})$	$f(x)$	$f(e^{bx})$	$f(\lg x)$	$f(\lg x)$	$f(\lg x)$
所属类型	2	4	5	4	1	3	5	5	5

图 10.1.2 描述了自变量与因变量线性和非线性关系下不同的相关系数,图中实线是非线性关系的相关系数,虚线是线性关系的相关系数。

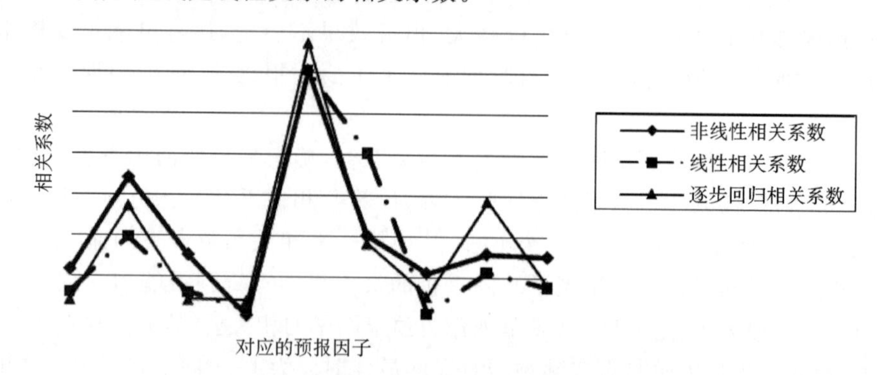

图 10.1.2　不同关系下的预报量和自变量相关系数

从图 10.1.2 中看到:首先,对于所有自变量,线性关系下预报因子与预报量的相关系数绝对值高的变量在非线性关系下相关系数仍然为高值,低值亦然。两种关系下各个相关系数的变化起伏趋势非常一致。其次,自变量与预报量之间假设为非线性关系以后(除第 5 个因子与因变量仍是线性关系较好,相关系数不变外),每个因子与预报量的相关系数都有比较明显的提高,尤其是第 4 个和第 7 个因子与预报量的相关系数绝对值分别由 0.0121、0.0171 提高到了 0.1121、0.1107。说明预报因子与预报量的关系(能见度)除第 5 个因子(湿度因子)与预报量为线性关系外,非线性关系为因子和预报量之间相对密切的关系,尤其对于第 2 个因子(850 hPa和925 hPa之间的逆温)、第 4 个因子(风速因子)、第 7 个因子(湿度因子,925 hPa 温度露点差),它们与能见度距离之间的线性关系较差,非线性关系(分别为幂函数、幂指数和对数函数)比线性关系要密切。

然后利用分级后的能见度序列与预报因子序列通过最优化方法求得最优函数关系对应的系数 a 和 b,然后利用对应的函数关系(线性或非线性)重新构造自变量序列,最后建立非线性回归方程。

非线性回归模型的预报中,还有门限回归模型,它是以不同阈值或时间段的范围,分别建立预报因子与预报量的回归模型。门限回归模型是能有效地描述非线性振动现象,解析各种类型的稳定循环,能反映类似共振、跳跃的突变功能的非线性回归模型。彭端等(2005)用门限自回归模型和混合门限回归模型对广东省中西部的冬春季平均气温做预测。他们选取北半球 500 hPa 高度场和太平洋海温场分区、分季节的多个气候背景场的前若干个主分量作为因子,这些因子包含着气候背景场的主要信息,通过对预报量和预报因子群的相关筛选,选取相关系数最大的因子建立混合门限非线性回归模型。结果表明,混合门限回归模型优于门限自回归模型,前者能较好地拟合冬春气温序列,预报效果较理想。

(5)预报残差最小的逐步回归预报模型

选择预测效果最好的标准来建立回归预报模型,能够改善大气变量预报效果。黄嘉佑等(1990)对黄河上游旱涝进行预测,使用预报残差最小的逐步回归方法做预测。他们提出的逐步回归方法以每步只引入一个因子为主要计算方案。该方案可以避免计算一开始就需要占据机器较多的单元。计算待选因子的残差平方和,取其最小者所对应的因子作为可选入方程的因子。下次选入的因子,以上次预报量的残差为预报对象,再建立一元回归方程,如此逐步进

行。选入因子个数可用相关系数绝对值大小控制或人为控制。最后建立以常规的多元回归方法对选入的所有因子建立回归方程。

他们使用这一方法对黄河上游地区旱涝预测进行试验。取兰州以上流域6—9月降水量为预报量。选取6个因子：x_1，当年1月欧亚纬向环流指数；x_2，上年10月欧亚经向环流指数；x_3，当年1月西太平洋副高面积指数；x_4，当年1月西太平洋副高平均脊线位置；x_5，当年1月东亚槽位置(经度)；x_6，当年1月极涡位置(经度)。选取1953—1982年的资料作为依赖样本(用该样本建立统计预报模型)。又取1983—1988年的资料作为独立样本(使用该样本作为试报检查用)。检验预报效果的优劣用独立样本中的均方误来衡量。

使用该法逐步选取的因子为x_2、x_3、x_5和x_4，而使用传统的逐步回归方法选入的因子顺序不同，为x_2、x_3、x_6及x_1。用它在独立样本中进行试报，结果均方误为58.6。与传统的逐步回归预报效果(均方误为61.5)比较，有所改进。残差回归独立预报1988年降水量距平为－12.39 mm，而传统逐步回归预报距平为10.71 mm，实况是－56.31mm。

(6)鲁棒回归模型

施能等(1992)将鲁棒回归方法应用于长江中下游降水预报，他们认为预报因子存在共线性和突出值，使得在建立回归模型时，模型不稳健，提出使用稳健回归的反复加权最小二乘迭代解法，求解回归模型中的系数。得到的回归方程的残差绝对值之和比传统最小二乘法小，收敛速度快。独立与非独立样本资料的检验表明，鲁棒回归分析效果要好于最小二乘法。

(7)逐步判别预报模型

曹杰等(2001)在遵循Fisher判别准则的基础上，提出了一种二级逐步判别的新方法。根据判别分析方法，再给定因子引进和剔除的临界值，并应用矩阵求解求逆方法，则可建立基于Fisher判别准则的二级判别函数。根据组间方差与组内方差比值最大的原则，检查所建立判别函数中变量的贡献是否显著作为因子引进(或剔除)标准，进而获得判别临界值。他们应用此法于云南省5月雨量的预报中，平均外推预报准确率为80%，理论分析和实际应用结果表明，此新方法具有理想的历史回报率和良好的外推预报能力。

(8)神经网络预报模型

神经网络又称人工神经网络(Artificial Neural Network，ANN)，是数据训练拟合的方法，对一个非线性的气候动态系统，通过对样本的学习建立记忆，然后将未知模式判决为其最接近的记忆。神经网络具有自组织、自学习能力、非线性容错性、并行结构、并行处理信息等特点。

常用的动态BP神经网络，即误差反向传播(backproragation)算法，它含有输入层、输出层及处于输入输出层之间的中间层。中间层有单层或多层，由于它们和外界没有直接的联系，故也称为隐层，在隐层中的神经元也称隐单元。隐层虽然和外界不连接，但是它们的状态会影响输入输出之间的关系。也就是说，改变隐层的权系数，可以改变整个多层神经网络的性能。对于输入信息，要先向前传播到隐含层节点，经过各单元中特性为Sigmoid型的激活函数(又称作用函数、转换函数或影射函数等)，其形式为

$$f(u)=1/(1+e^{-u}) \tag{10.1.2}$$

通过运算后，把隐含层节点的输出信息传播到输出节点，最后给出结果。网络的学习过程由正向和反向传播两部分组成。在正向传播过程中，每一层神经元的状态只影响下一层神经元。若输出层不能得到期望输出，则转入反向传播过程，同时将误差沿原来的连接通路返回，就是实际输出值与期望输出值之间有误差，那么转入反向传播过程，将误差信号沿原来的连接通路

返回，通过修改各层神经元的连接权值，逐次的向输入层传播去进行计算，再经过正向传播过程，这两个过程的反复运用，使得误差信号最小。实际上误差达到人们所希望的要求时，网络的学习过程就结束。

陈勇伟等(2013)使用神经网络较好地解决了雷电潜势预报中常见的非线性问题，他们通过计算南京地区2008年6—8月46个对流参数与雷电发生的相关系数，选取了与雷电发生关系较好的7个对流参数作为BP神经网络的输入因子。利用2008年的资料所建立的BP神经网络模型，预报了南京地区2009年6—8月的雷暴活动潜势，结合实际雷暴发生情况，得到此模型的POD为80.9%、FAR为9.5%、CSI为74.5%、PDFD为2.9%、FOM为19.1%。表明该BP模型预报准确率较高，性能稳定，有较好的推广价值。

10.2 持续性预报模型

(1)最优气候值方法

利用气候要素的持续性做预报的方法是最优气候值法。它也是最简单的预报方法。该方法预报原理是认为大气变量长期的气候态是持续的，可以使用气候平均态来预测大气未来状态。这种预报方法称为最优气候值方法。

最优气候值指使用最近k年的值的平均作为下一年的预报值，其中k是根据对下一年取得最佳预测效果而定的，因为气候值不是稳定的。一般k值取1～30年不等，认为30年是一段相当长的时间，可以达到统计学上的大样本要求。

郭勇苍等(2000)使用该方法做预报试验，分别对中国160个测站使用1951—1998年气温和降水量资料，样本容量为$n=48$，对站点的各月和四季的数据做最优气候值方法的预报。以30年为基础样本，大气变量x的气候值的预报值计算式为

$$\overline{x}(i,k)=\frac{1}{k}\sum_{j=1}^{k}x_{i-j}\quad(i=31,32,\cdots,n;k=1,2,\cdots,30)\tag{10.2.1}$$

在取某k值下，可以得到变量预报值序列(样本容量为$n=30$)，它与相同年份的观测值序列计算得到的相关系数记为cor(k)，该系数值越大，表明预报效果越好。cor(k)取最大时的k值，被选为最优气候值的平均年份数。

预报试验表明，无论是降水还是气温的k值在全国几乎所有站点都小于30。气温的最优气候值预报性能要好于降水。气温在月尺度预报中以2月预报效果最好，在季尺度上则以冬季的预报为最好。

(2)马尔科夫链

按照研究问题把变量变化划分成若干状态，构成级别时间序列，用马尔科夫链转移概率，可以建立状态持续性的演变预测模型。曲静(2011)在研究西安春季首场透雨演变规律时，使用春季首场透雨标准确定其出现日期，按照研究问题序列的长短和实际情况将其划分为6个状态，以3—5月6个旬作为状态，以1959—2010年每一年的春季首场透雨出现日期所对应的哪个旬来确定哪个状态，由各年所处的马尔科夫链的状态计算各种滞时的状态转移概率矩阵。计算要预测年的前1～5步(年)的转移概率，然后把要预测年的6种状态转移概率进行平均，哪两个状态平均转移概率最大，则可以作为预测年的状态。对2009年和2010年的预测进行检验，西安春季首场透雨的出现时间与实况相符，有较好的预测效果。

10.3　周期模式预报模型

(1)不规则波型

周期模式预报模型是利用变量的周期变化规律进行预报的方法，黄嘉佑(1990)使用此方法对北京旱涝状态进行未来时刻的预报。在一般变量周期变化中，常常使用傅里叶变换来描述。但是，大气变量的实际变化不可能用规则的正弦波和余弦波描述，而一般表现为不规则的波动。

为了得到北京旱涝变化的不规则波型变化，按方差分析和谱分析方法检测到该序列主要显著周期为 5 年周期，然后把原序列按 5 年周期，年数为列数排成一个二维数组矩阵，其行数等于最大的周期排列序号。当序列长度不正好等于 5 周期年数的整数倍时，相应最后一行中空出的元素用该列已有元素的平均值代替，使得数组矩阵中的元素充满实值。对该数组矩阵可用经验正交函数方法进行分解，得到的特征向量即为 5 年周期的主要模式。取前 3 个较大的特征值所对应的特征向量组成 5 周期的 3 个周期模态，分别记为 5 年波型 1、2 和 3。根据主分量解释方差，可以发现其中第 1 波型可代表实际 5 年波型个例的 34.5%；第 2 波型可代表 27.8%的个例；第 3 波型可代表 20.7%的个例。这 3 个波型基本上反映了序列实际存在波型变化规律。提取的主要周期模式能客观反映序列的实际周期变化，其代表意义要比传统的方差分析所提取的周期波型好。

进一步用 5 年周期的 3 个周期模态可分别构成 3 个波型的 5 年周期序列，以它们为因子，用原旱涝指标序列作为因变量，用回归分析方法求出拟合序列作为 5 年周期综合序列。原序列减去 5 年周期综合序列，对得到的残差序列按方差分析和谱分析方法检测到显著的 22 年周期。重复上述过程，可以得到关于 22 年周期的 3 个周期模态，最后得到关于 22 年的综合序列。利用回归方程做预报，称为周期模式Ⅰ预测方程。

以 6 个周期模态序列作为因子，以旱涝指标作为因变量，建立预测回归方程，称为周期模式Ⅰ预测方程。由两个周期的综合序列作为因子，以旱涝指标作为因变量，建立回归方程，称为周期模式Ⅱ预测方程。利用回归方程，可以做未来旱涝状态的预测。为了比较，本书用传统方差分析及周期模式方法做试验。用 1869—1978 年 110 年北京旱涝指数序列为依赖群本，对 1979—1987 年做 9 年独立样本试报试验。预测效果用均方误差及准确率来衡量。表 10.3.1 给出了周期模式与方差分析预测均方误差及准确率。从表中可见，周期模式有较好的预报效果。

表 10.3.1　不同方法独立样本预测效果

方法	均方误差	准确率
方差分析	1.403	0.22
周期模式Ⅰ	1.000	0.44
周期模式Ⅱ	0.999	0.44

陈创买等(2007)使用方差分析方法研究广东省河源市 52 年月降水量的正规化周期回归预测中，在寻找序列变化主要周期时，即对不同周期长度的数据排列，构造组间方差和组内方差，并且确定分子和分母自由度的值，按实际需要计算出若干试验周期的 F 统计量。然后以

统计量最大作为挑选可能显著周期的准则，从中找出一个最大值来进行 F 检验，在显著水平下，若计算的 F 值大于临界值时(查 F 分布表)，判定周期为显著。他们认为由于 F 统计量的临界值是在两个自由度条件下确定的，其检验的结果是不唯一的，不一定是最大值，应该考虑显著性检验通过的周期方差贡献中，以方差贡献最大来确定为显著周期。结果表明，他们使用此法选取 6 个周期进行周期叠加预报河源市降水量，有较好的效果。

(2)均生函数模型

张珍(2009)利用均生函数提取的不规则周期序列，对河南省焦作的夏季降水及高温日数进行预报。为了建立预报效果更好的模型，还对原序列做差分变换并计算相应的均生函数。将原序列得到的均生函数序列作为第 1 个因子序列，将一阶差分序列和二阶差分序列的均生函数分别作为第 2 和第 3 因子序列。在原序列起始值和一阶差分序列均生函数延拓序列的基础上，进一步建立累加延拓序列得到第 4 个因子序列。将它们作为自变量，采用逐步回归分析法建立均生函数回归预报方程。

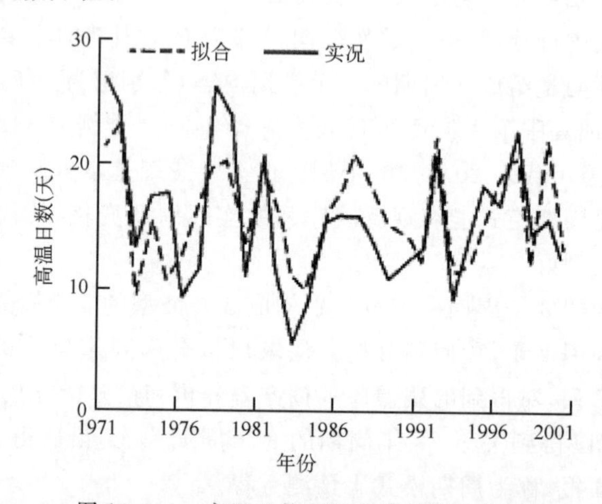

图 10.3.1　高温日数实况和模型拟合曲线

对高温日数预报，结果表明历史拟合情况良好(图 10.3.1)。独立预报，2003 年、2004 年、2006 年、2008 年预测≥35℃的高温日数分别为 14、20、9、10 天，实测值分别为 13、16、14、13 天，实际情况和预测趋势非常接近。

(3)奇异谱预报模型

对大气变量时间演变序列，可以利用奇异谱分析方法提取其主要周期变化特征进行预报。黄嘉佑等(2000a)使用该方法对宜昌地区做汛期降水的奇异谱预报试验，发现在前 5 个分量中落后步长在 6～8 年有较大的累计解释方差突变。进一步对 5～8 年窗口步长的前 5 个主分量做谱分析，发现在 6～8 年的窗口步长中前 2 个主分量具有 6～8 年的主要周期振荡，而在第 3 至第 5 个主分量中则表现有 2～5 年的短周期振荡。用 2～20 年窗口步长的窗口试验表明，在各窗口上的前 2 个主分量均表现有 7 年左右的主要周期振荡。

进一步用 7 年落后窗口构成二维矩阵，再进行奇异谱分析，发现前 5 个分量的累计解释方差有较大的突变，确定前 5 个分量为显著分量，取此 5 个主分量及对应特征向量拟合成模拟序列，此序列反映对应主周期(窗口长度)过滤后的序列。对模拟序列做功率谱分析，得到 7.3 年的主要周期和 2.2 年的次要周期。对该序列做自回归(AR)模型并外推预报，取落后阶数为 8 年，做跳点连续预报至 7 年。对独立样本做 10 年独立预报试验，距平符合率能够达到 90%。

而对原序列，使用一般的自回归模型做10年独立预报试验，距平符合率仅能够达到70%。

张印等(2000)也使用奇异谱分析方法对三峡地区16个站的月季降水预报进行试验，选取该地区16个站从1951年1月至1996年12月的逐月资料建模，发现主分量个数为15，窗口长度为60个月时，三峡地区的预报效果较好。然后以此模型对1997年1月至1999年12月的36个月做独立预报试验。贵阳、榕江和宜昌及位于区域西北部的成都、南充、绵阳的符号正确的月数都大于24个月，其中贵阳达到了29个月，有较好的预报效果。

朱红蕊等(2010)用奇异谱分析与自回归预报模型相结合的方法，对热带地区大气季节内振荡(MJO)指数向量做自适应滤波意义下的预报试验。他们用近赤道地区(15°S～15°N) 850 hPa、200 hPa平均纬向风及向外长波辐射资料场做联合EOF分析，取前两个主分量时间序列组成MJO指数向量，两个分量分别记为RMM1和RMM2。RMM1和RMM2相差1/4位相，时间变化尺度为30～80天。

对RMM1和RMM2做奇异谱分析，对两个分量提取奇异谱分量，得到重建分量序列并进行合成，所得到的新时间序列实质上等价于用一种低通滤波器对原序列做低通滤波。进一步用自回归模型进行预报。结果表明，通过对MJO原始序列进行SSA的分解重建，无论采用对重建的分量序列进行AR(P)建模的方案，还是利用对重建合成序列进行AR(P)建模的方案，均可得到两周以上的MJO指数预报能力，其提前20天指数预报值与实况之间平均相关系数达到0.5，与直接对MJO原始序列进行AR建模相比较，该方法有较高的预报技巧和超前的预报能力，预报效果也较稳定。

10.4　时间外延预报模型

(1)自回归模型

利用自回归模型(AR)可以做未来时刻的外延预报。么枕生(1985)用AR模式对北京568年(1407—1974年)历史旱涝记录变换的湿涝(干旱)游程记录进行了拟合和预报。结果表明，用AR模式建立的游程预报方程用于预报两年长度以下的游程转折点，在适当情况下是相当精确的，对于3年长度以上的游程，预报精确度较差。李翠华等(1990)进行改进，应用自激励门限自回归模式对旱涝游程序列做模拟和预报。选取样本大小和门限值的不同序列进行试验，得到若干个门限自回归模式，对于1930—1980年25个游程记录的预报效果很好，预报准确性比AR模式建立的游程预报方程有明显提高。用AR模式只能预报两年长度以下的游程转折点，而用门限自回归模式还能较准确地预报出3年长度以上的游程转折点。

(2)ARMA预报模型

利用自回归滑动平均模型(ARMA)可以做未来时刻的外延预报。Chu等(1987)用时间序列的ARMA模式做南方涛动指数预报。试验表明，用月序列做下一个月预报时，其解释方差可达44%，提前一个月做预报其解释方差仍能达35%。用季序列做下季度预报，其解释方差还要高，可达53%，提前一季的预报解释方差为31%。但试验提前多个月或多个季的预报时，可预报性迅速下降。说明用时间序列持续性做预报时，可预报的时效并不太长。

(3)多层递阶模型

平稳时间序列分析是做时间序列预报的一种经典统计方法，它又称为自回归预报。但是这种方法应用的前提条件是序列必须为平稳的，这种要求在气象序列中很难达到。另一方面，所建立的自回归预报方程中,系数是固定不变的,不能适应多变的天气现象演变规律。针对这种模型的缺点,把模型中的系数处理为动态变化,并进行系数的预报,考虑自回归方程中系数的时变性,推导出求时变系数的公式,此方法称为多层递阶方法。这种方法用于气象预报中取得了较好的效果(吴钟浚等,1989)。

(4)神经网络预报模型

用神经网络预测时间序列时,样本数据对于网络权值的影响应是不等的,与预测对象时间上较近的样本对于网络权值的影响应较大,相应的与预测对象时间上较远的样本对于网络权值的影响较小,因此,它能比较好地解决季节性或周期性时间序列问题。

巫红星等(2008)利用神经网络建立时间序列的预报模型。数学模型如下:设一时间序列$X=(X_1,X_2,\cdots,X_n)$,是以s(s为一个周期内时间序列个数)为周期的季节性时间序列,模型认为未来的一个序列X_t值是和历史$d\times s$个值之间存在某种函数关系,描述为$X_t=F(X_{t-1},X_{t-2},\cdots,X_{t-d\times s+1})$。用3层神经网络来拟合这个周期函数$F(\cdot)$,并预测未来的$X_t$值。输入层将时间序列$X_{t-1},X_{t-2},\cdots,X_{t-d\times s+1}$,作为整个神经网络的输入,以$X_t$作为网络的期望输出。规定$k$个学习样本$P_1=(X_1,X_2,\cdots,X_{d\times s})$,$P_2=(X_2,X_3,\cdots,X_{t-d\times s+1})$,$\cdots$,$P_k=(X_k,X_{k+1},\cdots,X_{d\times s+k-1})$,对应的$k$个教师样本$T_1=(X_{d\times s+1})$,$T_2=(X_{d\times s+2})$,$\cdots$,$T_k=(X_{d\times s+k})$,学习的目的是用$k$个学习样本,对应的网络输出是$Y_1,Y_2,\cdots,Y_k$,与相应的教师样本$T_1,T_2,\cdots,T_k$之间的误差来修正权值和闭值。使$Y_i$与期望输出$T_i$之间误差尽可能接近,即网络输出层的误差平方和达到最小。

他们用库车县1997—2007年四季的平均气温值作为样本数据进行训练,其训练精度和拟合度都达到很高的标准,用该模型预测了库车县2008年的气温。通过实例,证明这个模型在气象预测领域有一定的实用价值。

(5)遗传算法

遗传算法(Genetic Algorithm,GA)是一种全局优化搜索算法,将问题的求解表示成染色体将它们置于问题的环境中去,根据适者生存的原则,从中选择出适应环境的染色体,对之进行复制、交换和变异3种遗传操作,从而产生新一代更适应环境的染色体群,这样一代一代不断进化,最后收敛到一个最适应环境的个体上,求得问题的最优解,它能够避开局部极小点,而且在进化过程中也无须提供所要解决问题的梯度信息,常被应用于气候变量时间序列预测和预测模型中的参数优化等。

李宏伟等(2010)使用一种改进遗传算法(GA)和BP算法结合的神经网络模型优化方案。根据神经网络层的初始权值、阈值结合生成的网络确定初始群体的适应度大小,适应度使用个体码串解码后的权值阈值,与每个样本实际输出距离函数来定义。然后根据适应度对个体进行归一化的优先的选择,自适应交叉、变异,形成下一代种群。编码再将每个个体解码为网络的权值、阈值,对所有训练样本运行网络,获得每个个体对应的输出,计算出整个样本集的均方误差,确定每个个体适应度值。如此训练迭代,一直到种群中达到最大进化代数为止。

将GA优化后的权值作为BP算法的初始权值和阈值代入神经网络进行训练,根据BP算法的训练函数调节权值、阈值,直至网络的性能指标均方误差达到预先设定的期望指标。他们使用此方法对大庆市2000年到2004年6月降雨量进行预测,预测误差平均为39.13%,取得较好的预测效果。

10.5　大气变量场的预报

对于大气变量场的预报，常常把变量场转化为单个变量序列，然后使用单个变量的预报方法进行预报。预报方法有以下几种。

(1)区域平均变量序列预报

郑小华等(2008)用陕西省秋、冬季的降水量场与4—10月降水量场进行相关分析。他们对全省3个区域的测站，以空间平均方法，得到区域的前期平均降水量与后期平均降水量序列，作为因子场和预报场序列，建立它们的非线性回归关系，得到全省3个区域降水场非线性相关图(图10.5.1)。然后建立预测模式，预测4—10月陕西省降水量的分布。

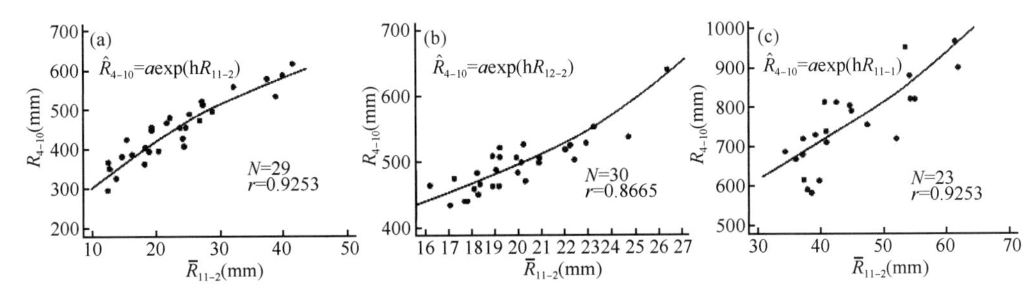

图10.5.1　全省3个区域降水场相关图

(a)陕北；(b)关中；(c)陕南

(2)EOF预报

对于大气变量场的预报，也可以用EOF方法提取变量场的主要变化特征，把变量场转化为主要特征代表的序列，然后使用单个变量的预报方法进行预报，把预报结果在变量场中进行恢复，最后得到变量场的预报。

章毅之(2006)为建立江淮地区降水场的预报模型，首先对各地区测站降水量序列进行标准化处理，同时为了消除资料的季节变化，对资料进行3个月的滑动平均。然后将江淮地区的降水场进行自然正交(EOF)展开，得到其空间分布型。最后对各个分布型对应的时间系数建模，进行降水的预测。对1951—1990年逐月降水量序列进行EOF展开后，发现用前3个模态就能够很好地描述月降水量变化的基本时空结构特征。

他进一步对降水场前3个主成分分别做SSA分析。选取前10个典型波形向量所对应的相应主分量做合成序列，重建序列清晰地显示出了各序列中被分解的波型信号随着时间的变化。重建序列实际上把噪声过滤掉，突出序列的变化特征。

分别以对应于TPCI-10的重建分量序列，建立AR模型。经用FPE准则对各RCs分量选取最佳阶数p，建立最后预报模型。结果表明，对降水场的3个主成分，大多数RCs序列符合AR(2)模型，且拟合效果相当好(图10.5.2)。由于模型简单，序列本身的信号单一，不受强噪声的干扰，从而给模型外推预测提供了基础。

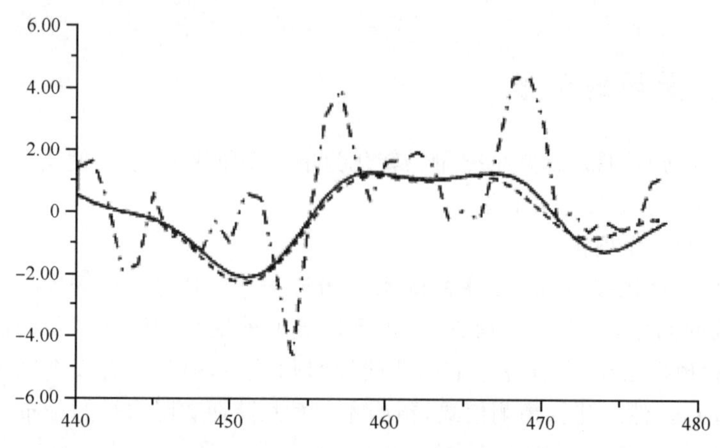

图 10.5.2　降水场第 1 主成分第 440～478 个月预报值(实线)、重建合成序列(虚线)及实况(点划线)

实际上,影响大气变量场变化的因素决不会仅仅是单一的因子场。可以考虑使用多个因子场进行预报。例如,陈创买等(2009)利用多个因子场做广东地区降水预报。他们把要预测对象(降水)场看作一个整体,进行主分量分析,把逐个主分量作为预报量,与其他影响因子建立预报模型,对未来时刻做出预报,假定空间函数在未来时刻也不随时间变化,主分量的预测值与空间函数乘积可以得到降水未来时刻的预报场。

预测场取广东 1954—2005 年 48 个站月降水量场为预报场,用 1954—2002 年作为依赖样本建模,2003—2005 年作为独立样本用于试报。多个因子场取自:月平均太平洋海温场、北半球 500 hPa 高度场和全球海平面气压场上面的子区域,形成 322 个因子场。对它们进行主分量分析,各取其前 8 个主分量作为预测因子。然后使用相关分析,从因子场中选出 70 个高相关因子供逐步回归使用,对降水场的主分量做逐步回归,建立预报模型。对汛期降水的预测结果按中国气象局评分公式进行评分,3 种预报评级的得分分别为:89.0%、94.4%和 91.3%。

(3)时间变化预报模型

利用变量场的时间变化规律进行预报,是变量场预报的重要方法。

用扩展经验正交函数(EEOF)提取随时间变化的特征,也可以进行未来时刻的预报。例如,谢炯光(1995)对广东省 5 月降水量和前汛期季节(4—6 月)降水量用扩展经验正交函数进行分析,研制 5 月广东省降水分布趋势预测。他取 1 月、2 月、4—6 月连续 3 个降水场的分布扩展为变量场(前两个为因子变量场,后一个为预报量场),将 3 个变量场资料连接起来,构成扩展矩阵。把 2 月、3 月的各个特征向量场和平均环流形势场相对照进行分析,找出最相似的降水特征向量场和 500 hPa 环流的连续演变特征。其对应的 5 月降水特征向量场的分布就是要预报的降水量场的分布特征。

他进一步利用所求得的 EEOF 第 1 特征向量所对应的 2 月、3 月的标准化时间系数作二维坐标点聚图(图 10.5.3),图中横坐标为 2 月第 1 特征向量所对应的时间系数,纵坐标为 3 月第 1 特征向量所对应的时间系数,图中点子为历年 5 月的降水距平百分率。做预报时,根据已出现月的降水距平值,可算出做预测所需要的两个时间系数值,点在点聚图上面,以它落在哪个区域即可做出 5 月的降水量总趋势预报。

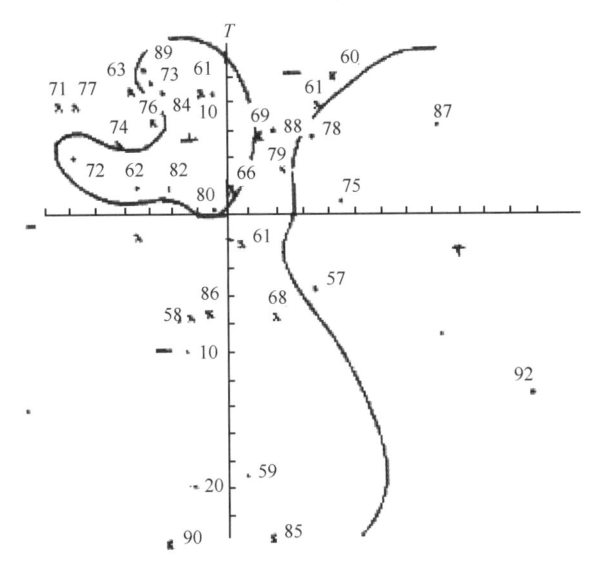

图 10.5.3 广东省 5 月降水总趋势点聚图

取各月的特征向量场和对应的时间权重系数，分析各场的天气学意义及前后承替的相互关系，用前期出现的特征向量场的特征来预测后期的降水场分布趋势。

Barnett 等(1983)研究欧亚地区季节气温场预报，使用周期—落后—多因子线性回归预报模型。对预报长度 q，其预报量表示为

$$\hat{y}(t+q)=\sum_{i=1}^{m}\sum_{l=1}^{m'}D(i+l)x_i(t-l) \tag{10.5.1}$$

式中，$D(i+l)$ 为周期变化系数。它可以被不同波数正余弦波叠加所表现，它反映预报量与因子关系周期性变化。进一步对因子群用 EOF 方法提取其主分量作为因子群的综合指标。加上系数化为正余弦波叠加的线性形式构成新的线性回归方程。用传统的最小二乘法可解出回归系数。根据此方程可做未来时刻预报量的预报。

(4)相似预报

Liverzey 等(1988)用相似法做美国冬季气温预报。他们把影响冬季气温的前期气象 n 个因子看成一个 n 维空间中的气候状态向量(CSV)。这些因子有高度场(700 hPa)、厚度场(1000～700 hPa)、热带及副热带地区的海温场、全美地面气温场和反映南方涛动的 Easter 和 Rapa 岛气压和指数(E+P)。对于场的资料先对它们进行转动主分量分析，提取其转动主分量(RPC)作为场的代表序列。他们分别提取 6 个高度场、6 个厚度场、5 个海温场和 5 个气温场的 RPC 作为因子。对这些因子在综合之前给予权重，其权重大小与它们的解释方差相当，然后加上南方涛动指数，对这一因子群进一步做 EOF 分析，然后再权重化。最后选取若干代表序列作为最后因子，产生出前期各季的气候状态向量(CSV)。

用前期各季的 CSV 与要预报的冬季气温 CSV 进行欧氏距离计算，其计算式为

$$d^2(t_0-12m-3)=\sum_{i=1}^{n}\left[a_i(t_0-3)-a_i^2(t_0-12m-3)\right] \tag{10.5.2}$$

式中，a_i 为气候状态向量中第 i 个分量；m 为所取的前期资料年份，总数为 $N(m=1,\cdots,N)$；t_0 为起报季。上式表示计算起报季(冬季)的前一季与以前各季的 CSV 之间的距离。距离值越小表示越相似。预报中还可以找反相似的 CSV。他们定义反相似距离为

$$d^2[-(t_0-12m-3)]=\sum_{i=1}^{n}[a_i(t_0-3)+a_i^2(t_0-12m-3)] \quad (10.5.3)$$

当然其反相似性以反相似距离越大越好。进一步把相似与反相似距离排列为

$$d_{\min}^2 \leqslant d_1^2 \leqslant d_2^2 \cdots \leqslant d_N^2 = d_{\max}^2 \quad (10.5.4)$$

从中选取 L 个好的相似季。然后把冬季气温分三级(冷、正常和暖)计算第 j 站第 $i(i=1,2,3)$ 级出现的条件概率。计算式为

$$P_j(i)=w_1P_{1j}(i)+w_2P_{2j}(i)+\cdots+w_LP_{Lj}(i) \quad (10.5.5)$$

式中,$P_j(i)(i=1,L)$为 0,1 值,如在该站上下一季出现气温为 i 级时取为 1,否则为 0。其权重计算式为

$$w_i=\left(\frac{1}{d_1^2}+\frac{1}{d_2^2}+\cdots+\frac{1}{d_L^2}\right)\Big/d_i \quad (10.5.6)$$

当第 i 级概率最大时,对应的气温级别 i 即为预报级别。

(5)CCA 预报模型

由于活跃在短期气候时间尺度上的信号往往有着相对较为广阔的空间尺度(如遥相关),将预报量场视为一个整体,更容易把与因子场有关的预报量场的大尺度变率模态从各预报量的序列中分离出来。但与此同时,正因为把预报场和因子场作为一个整体,使得仅与单个预报量有关的变率被当作噪声剔除出去。利用两个变量场之间的关系,建立典型相关(CCA)预报模型。

黄茂怡等(2000)认为影响降水的因素十分复杂,因此,在建模过程中没有使用单一大气变量场的资料,而是用前一年 12 个月的 74 个环流特征量作为因子场。把降水场 160 个站划分为 6 个区域,即东北、华北、黄河流域、长江流域、华南和新疆,并分区做出预报。这样做的原因是:其一,我国地跨温带和热带地区,影响我国降水场的天气系统很多,很难有共同的环流因子;其二,我国站点分布不均匀,大部分站点集中于东部地区,在提取模式时,容易被突出在前几个分量中,结果压制其他站点(如西部)的表现。他们使用 CCA 方法进行降水场预报。在试验中,对所建模型进行独立样本试验,经过对均方根误差和符号符合率的综合考察,发现当预报场和因子场取 8 个主分量时,有最好的预报效果。

黄嘉佑等(2000a)在使用典型相关分析对三峡地区降水量预报中,提出使用主分量与 CCA 结合的逐步筛选因子方法,在该方法中,不同对的典型相关因子反映两个场不同的主要相关结构特征,不同的典型相关因子对总体相关的贡献是不同的,它们可以通过典型相关系数来表现。也可以通过前几个大数值典型相关系数对应的典型相关因子来分析两个场的相关结构的主要特征。典型相关由于仅保全两个场的主要相关结构的特征,所建立的相关关系显然比两个变量场的回归分析要稳定,有可能得到较好的预测效果。

他们取长江上游三峡地区夏季汛期(6—8 月)做预报试验。预报场是由 18 个站构成。选取前一年 12 个月的 74 个环流因子(888 个)组成因子场。首先对预报量场做主分量分析,发现第 8 站(酉阳)为地区降水量变化最有代表性的测站(它与第 1 主分量相关系数为 0.84),以此站的降水量序列为基本序列,计算它与 888 个待选因子序列的相关系数,粗选出 45 个与三峡地区相关显著的因子作为典型相关的因子场。选取 10 个典型相关因子,其第 1 典型相关系数为 0.88。计算 40 年的距平符号符合率的平均值为 58%。进一步在典型相关因子的荷载中,对因子进行筛选,用临界荷载绝对值大于 0.30 为标准,最后选取出 18 个因子,得到的第 1

典型相关系数并未下降仍为0.88，但40年的距平符号符合率的平均值有较大的提高，为73%。从所筛选得到的因子，发现与副高有关的因子是影响三峡地区极其重要的环流因子。

选不同的主分量对应的因子，用这些因子构成新的因子场，在类似条件下对1998年汛期降水量的独立预测效果进行检验。发现在6—8个因子上的预报有较好的效果，距平符号符合率可以达到70%以上。进一步选用个8主分量进行计算，每个主分量选6个因子，组成48个因子的因子场，经过两次筛选最后得到10个因子建立的预报模型，距平符号符合率可以达到81%。

胡桂芳等(2000)使用EOF-CCA方法对山东季降水进行预测试验，他们把有限的资料序列分作两部分，前一部分(1951—1992年)用于建模，后一部分(1993—1999年)用于预报验证。预报因子场选用前期8个月至2个月500 hPa高度场。试验的高度场取两个场，一个是前期北半球(10°～80°N)576个格点(简称M576)，另一个是东亚(20°～60°N，60°～140°E)共81个格点(简称M81)，选用前13个主分量作为预报因子场，其方差贡献占总方差的75%(M576)或90%(M81)以上。

实际预报时，选择拟合、预报效果均优的建模方案作为最终预测方案。春、夏、秋季采用M81方案，冬季采用M576方案。预报效果除春季外，其他季节逐站预报的预测评分都在75分以上，均高于历史区域平均值。技巧评分在40分以上，远高于气候概率预报，如1996年春季。从图10.5.4可见，自西向东降水距平百分率呈增加趋势，预报值的中心及分布趋势与实况基本一致，预报距平的同号率为11/19，预测评分为95.2，气候一级异常(降水距平百分率绝对值≥50)的预报评分为50，二级异常(降水距平百分率绝对值≥20)的预报评分为90。表明有较好的预报效果。

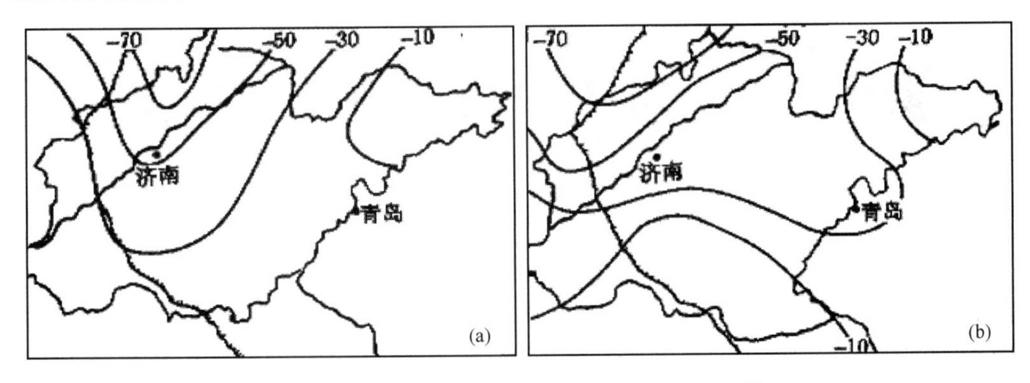

图10.5.4　1996年春季降水场(a)实况和(b)预报

用CCA方法做预测，还发展为“集合的典型相关预测模型”(集合典型相关分析方法(简称为E-CCA))，它是美国NASA宇航局研制的短期气候预测方法。这种新方法考虑不同海域的海表温度各自对区域气候的影响权重综合做出预测，每个预测都是基于对两个连续场进行EOF分解的典型相关分析，而且该方法引进了集成预测的概念，集成预测的最优权重主要取决于每个预测场的均方误差，均方误差愈小，权重愈大。为了减少较高纬度的资料带来的噪声，程序中还考虑了面积因子。新的方法大大提高了各季降水的可预测性。王蕾等(2004)用此法研究全球海温场对中国降水的影响，他们对全球春季海温场与中国夏季降水场做E-CCA预报。预测过程中的具体做法是：每次模式预测方程的建立，使用独立样品交叉检验方法，即由所有可用资料中去掉第i年的资料，然后用保留的第i年的因子资料作为因子场观测值进行预测，而保留的第 i 年的预测对象资料作为实况。重复以上过程，使 i 取遍所有可能的值，通过计算预测场和实况场的相关系数和预测技巧的 Heidke 评分，来衡量预测的效果，结果发现取 15 个典型因子有最好的预报效果。

进一步利用集合的典型相关预测模式，用 1951—1998 年春季海温场和中国夏季降水场资料，取 15 对典型因子，分别对中国 1998 年、1999 年和 2000 年这几个典型年的夏季降水场进行回报试验。图 10.5.5 给出了 1951—1998 年逐年独立交叉检验的场相关系数和预报技巧评分。从图 10.5.5a 可见，有 25 年两场的场相关系数大于 0.4，最大的相关系数为 0.64，说明回报场和观测场是非常相似的，表明预测模型有很好的预测能力。预测技巧评分是使用两级评分，评分值均为正，最大评分值为 0.64，说明预测场和观测场的同号率是很高的。

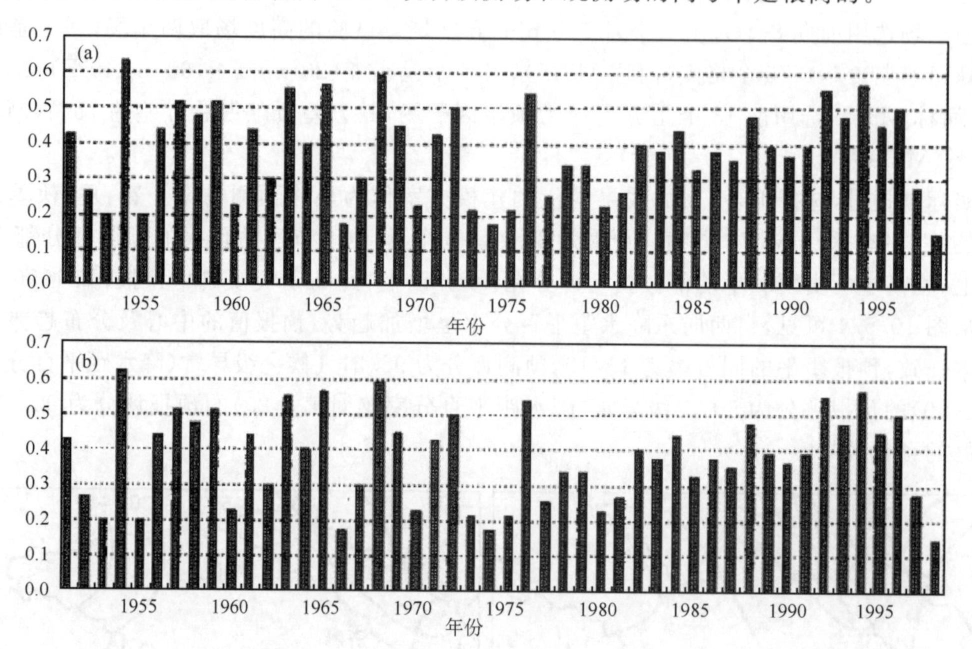

图 10.5.5　1951—1998 年春季海温对中国夏季降水的(a)场相关系数和(b)预报技巧评分

贺晓霞等(2008)选取月平均海表温度场、北半球 500 hPa 高度场、亚欧大陆表面温度场作为预测因子场，采用集合典型相关分析方法预测东南夏季干旱指数场。集合中的每个成员是等权重的。在超级集合平均中，集合平均与集合成员之间使用回归方程进行集成。该方法优于单因子场典型相关分析预测方法，其中采用超级集合平均法又比等权集合平均法具有更高的预测技巧。

(6)SVD 预报

利用 SVD 方法，分析预报变量场与因子场之间关系，然后建立预报模型，也可以做变量场的预报。杨青等(2005)利用 SVD 方法做前冬海温场和东北地区夏季气温场 1961—1997 年(样本数=37)的奇异值分解，取具有大部分方差贡献的前 4 对耦合向量的空间分布特征，求出前冬海温场(左场)对应的时间系数，与右场(气温场)前 4 个空间向量对应的时间系数建立回归方程，代入前冬海温场(左场)未来时刻的数值，可以得到右场(气温场)前 4 个空间向量对应时间系数的未来时刻值，使用右场(气温场)前 4 个空间向量与预报的时间系数，最后得到当年夏季平均气温空间分布的预报值。对 1998—2002 年共 5 个年份进行了试报。从全区域的中

国气象局6级评分结果看,5年预报评分都高于75%,平均评分为92.7%。

(7)PLS预报

偏最小二乘法(Partial Least-Squares,PLS)是最小二乘法的一种拓展,适合在样本容量小于变量个数的情况下进行回归建模,可以实现多种多元统计分析方法的综合应用。可以把建模类型的预测分析与非模型式数据内涵分析有机结合。它也可以利用预报变量场与因子场之间的关系,建立预报场的预报模型。

蒋国兴(2007)以广西88个站冬季(12月、1月、2月)3个月各月平均气温场作为预报对象,以1958—2000年的500 hPa、100 hPa月平均高度场及北太平洋月平均海表温度场作为预报因子场,进行预报建模。在建模过程中,并不是直接针对某一个站点建立一个预报方程。采用EOF降维方法,将广西88个站1959—2000年12月、1月、2月各月月平均气温距平场,分解成时间函数(主成分)和空间函数(特征向量),提取88个站点各月月平均气温距平场的前3个时间系数作为预报变量。

预报建模的具体计算归结为:①对广西88个站1959—2000年冬季(12月、1月、2月)各月平均气温距平场做EOF分解。用前3个特征向量对应的时间系数作为预报分量。②分别计算各月3个预报分量与因子格点场的相关系数,把相关系数在0.4以上的区域作为初选预报因子,并做标准化处理。③分别用9组初选预报因子对9个预报分量进行偏最小二乘回归计算,提取初选因子中对预报量具有最佳解释能力的信息,构成新的9组综合预报因子。④用9组综合预报因子分别对9个预报分量建立预报方程,并用方程进行预报,即预报广西冬季各月平均气温距平场的前3个特征向量对应的时间系数。⑤用预测出的时间系数与相应的特征向量相乘,得到广西冬季各月平均气温距平预报场,即88个站的月平均气温距平预报值。

在预报建模过程中发现,PLS一般提取3～5个主成分,就可包含75%以上的自变量变异信息和50%左右的因变量信息,不仅能较好地概括自变量系统信息,同时也能很好地解释因变量信息。建模完成后,对2001—2005年5年独立样本进行预报试验,以中国气象局下发的"短期气候预测质量评定暂行办法"对预报结果进行客观评分计算,其中12月、1月和2月的预报结果评分分别为75.8、84.7和72.6分,3个月平均得分为77.7分。预报效果比较令人满意。他还在同样条件下用逐步回归方法进行预报建模对比试验,结果发现,广西88个站冬季3个月预报评分为12月62.8分、1月73.6分、2月66.9分,3个月平均得分为68.8分。对比两种方法预报结果来看,PLS方法预报效果明显优于逐步回归方法。

(8)POP预报

将变量场随时间变化过程看成一阶马尔科夫过程,建立一阶自回归方程并以其自回归系数阵的特征向量为基础进行正交展开的方法,提取主振荡模态(POP)随时间变化的主要特征,然后进行预报。段安民等(1998)使用此方法在对全球热带海表温度异常进行主振荡型(POP)分析的基础上,综合考虑大尺度海洋运动状况和长期预报的特征,引入了相位划分预报方案,将典型POP模态进行相位划分。

根据主振荡成分解释原方差百分比的大小和稳定性,得到理想的复共轭特征向量和实特征向量的空间分布等模态,它们分别描述主要的西传型、东传型和驻波型振荡。然后确定资料时段内每个月处于各个振荡型的相位,进而求得各型、各相位的实际海表温度异常合成图,按实际的相位承替规律及合成图做预报,并综合考虑它们的相位承替规律预报海表温度异常未来发展趋势。独立样本事后预报结果证实相位划分预报方案能提供较好的预报信息。

(9)EEOF 预报

利用变量场(气象要素场)的连续演变来决定未来将出现的降水场分布趋势,即是从动态的观点来分析,考虑长期天气过程的演变规律性。这种变量场的演变规律可以使用扩展经验正交函数(EEOF)方法提取变量场的演变特征。谢炯光(1995)在研究广东省月、季降水场预测中,应用扩展经验正交函数提取 1 月、2 月、4—6 月连续 3 个降水场(前两个为因子变量场,后一个为预报量场)和北半球 500 hPa 环流场的时间函数和空间模态,利用前冬出现的环流形势和降水场的对应关系,做出未来 4—6 月广东降水场距平分布形势的预测。

(10)神经网络预报

Hsieh 等(1998)认为,神经网络与其他大气变量场预测方法结合,可以建立对大气变量场的各种非线性预测模型,例如,有与典型相关方法结合的 NLCCA 模型、与奇异值分解结合的 NLSVD 模型等。他们认为神经网络在变量场的预报中,可以有效调整资料数据的适应能力。

赵利刚(2010)对浙江省汛期降水量场做预测时,利用扩展经验正交函数分析(EEOF)的方法对北半球 1 月高度场和太平洋的前期 12 月、1 月、2 月海温场分别进行分析,对每个因子场提取其一定量的主分量的时间系数,作为人工神经网络模型的输入因子。他认为这样可以克服网络模型的一些障碍。因为对于短样本资料来说,神经网络模型有太多的自由参数。这样很容易引起计算过程的病态问题,即拟合的时候效果好,但是预报时效果就出现震荡不稳定,或者对个体预报效果显著,但对整体的网络没有很大的帮助。因此,他提出首先用 EEOF 来提取主分量的时间系数作为预报因子,这样就会在一定程度上克服以上可能出现的计算障碍,减少网络模型的输入节点数。

他通过 EEOF 对影响降水的北半球高度场,以及北太平洋海温场进行分析。提取时间系数,运用径向基函数网络进行训练和逼近,并对 1996 年进行试报,技巧评分为正值。他认为神经网络与其他方法结合,是短期气候预测中一种不错的方法。

10.6 潜在可预报性

(1)可预报性的度量——信噪比

在数值天气预报中,大气可预报性问题是一个重要的研究课题,有的是从可预报时间进行探讨,长期天气过程的可预报性大多是从天气变化稳定性进行探讨,即探讨能否做预报问题。短期天气过程与长期天气过程的关系及长期天气过程的可预报性问题是气象学者十分关心的研究课题。不少气象学家认为,大气的振动是由内部动力和缓慢外力之间复杂的相互作用产生的。系统内部由动力所产生的扰动的影响只能持续几天,对长期天气变化尺度而言,它们可看成杂乱无章的噪声,称为自然变化(natural variability)或气候噪声(climate noise)。当然,这种称呼是相对而言的。从短期预报来说,这部分由动力所产生的变化是主要的预报对象,它们可以用数值模式进行预报。但对长期天气过程来说,它又可看成随机噪声部分。对长期天气过程,外力的影响是主要考虑部分。这种缓慢外力来自下垫面状况变化,如土壤湿度、火山爆发、海温、海冰及雪盖等大气边界外力。它们的缓慢变化对大气长期变化有决定性的影响,这部分称为气候信号(climate signal)。对上述两部分的描述和比较是大气长期过程可预报性研究的重要内容。

Leith(1973)曾提出用气候的信噪比来度量长期天气过程的可预报性。这一比值定义为

$$r_1 = \frac{\Delta\langle X\rangle}{\sigma(X)} \tag{10.6.1}$$

式中,$\Delta\langle X\rangle$表示两个气候平均状态的总体偏差;$\sigma(X)$表示气候状态的总体均方差。设气候状态X,它可分解为

$$X = \langle X\rangle + X' \tag{10.6.2}$$

式中,$\langle X\rangle$为气候状态总体平均值,$\langle\rangle$表示总体平均;X'为偏差。两气候状态X_1与X_2之差表示为

$$\Delta X = X_2 - X_1 = \Delta\langle X\rangle + \Delta X' \tag{10.6.3}$$

它反映了两气候状态的差异程度。如果气候总体无任何差异,那么上式仅反映气候状态的变化($\Delta X'$),即气候信号。如果它比总体均方差(即气候噪声)大,则表示气候变化有显著差异。即当r_1的绝对值大于1时有可预报性。后来Hayashi(1982)对这一信噪比做了改进。他假定两气候状态的总体是不同的,那么噪声的均方差应为两气候态差值的均方差$\sigma(\Delta X)$。他定义新的信噪比为

$$r_2 = \frac{\Delta\langle X\rangle}{\sigma(\Delta X)} \tag{10.6.4}$$

但两气候态差值的方差

$$\sigma^2(\Delta X) = \sigma^2(X_2) + \sigma^2(X_1) + \mathrm{cov}(X_1, X_2) \tag{10.6.5}$$

式中,$\mathrm{cov}(X_1, X_2)$表示两气候态的协方差。设两气候态变化无任何关系时其协方差为0,并设两变量气候态有相同的方差,则有

$$\sigma^2(\Delta X) = 2\sigma^2(X_1) \tag{10.6.6}$$

因此,上述两种定义的信噪比有如下关系:

$$r_2 = \frac{r_1}{\sqrt{2}} \tag{10.6.7}$$

信噪比是否显著,还可使用显著性检验方法进行检验。

黄嘉佑(1990)用信噪比方法研究不同强度海温距平异常下我国降水的可预报性。他使用类似(10.6.1)式定义海温变量的信噪比为

$$r_3 = \frac{\bar{R}_a - \bar{R}}{s/\sqrt{n-1}} \tag{10.6.8}$$

式中,分子表示在海温异常(偏冷或偏暖、极冷或极暖)条件下,我国某测站降水量平均值(代表异常气候状态)与所有样品降水量平均值(代表正常气候状态)之差;分母为异常状态下的样本平均值的标准差。以r_3绝对值大于1.0为有可预报性,结果发现,我国夏季降水对同期赤道东太平洋的异常(极冷和极暖)海温有强的可预报性响应,在海温偏冷月,我国降水量异常偏多,主要地区表现在华北、东南沿海及西南部分地区,而东北和河套地区则偏少。在海温极冷月,降水量偏多主要分布在华北地区,东南及西南地区降水则偏少。

Madden等(1982)对北美大陆的月尺度降水可预报性进行讨论。他们把降水可预报性度量用信噪比的方差形式:

$$F = \frac{\sigma^2(a)}{\sigma^2(n)} \tag{10.6.9}$$

式中,分子表示年际变化方差;分母表示气候噪声方差。它可用月内雨量平均变化的方差来度

量，即分母部分的方差可用下式估计：

$$\sigma^2(n)=\frac{1}{T}\left[P\sigma^2+P(1-P)\frac{1+d}{1-d}\mu^2\right] \tag{10.6.10}$$

式中，T 为样本容量；σ 为有雨日雨量的均方差；P 为雨日出现的无条件概率；μ 为有雨日的雨量均值；d 称为持续性参数，它表示为

$$d=P_{11}-P_{01} \tag{10.6.11}$$

式中，P_{11}为前一天有雨第二天也有雨的概率；P_{01}为前一天无雨第二天有雨的概率。他们认为，计算值 F 小于 1 时降水无长期预报性。他们对北美大陆月降水量场的 F 值分布，发现 1 月的降水可预报性范围比 7 月要大。

赵晓川等(2008)使用低频白噪声延伸法估计了中国季降水量的气候噪声方差和潜在可预报性。由于资料数据要求逐日资料满足平稳性，要首先移去逐日降水资料中的年循环。先对逐日降水资料的每日求多年平均得到多年平均逐日序列，然后对它做平滑处理，即对多年平均逐日序列做一次低通滤波，得到平滑的表示年循环的逐日序列。再用各年的原始逐日降水资料序列减去年循环逐日序列所得即为移去年循环的逐日降水资料。他们认为季降水量的年际变化由气候信号和噪声组成，信噪比定义为

$$F=\frac{\hat{\sigma}_M^2}{\hat{\sigma}_N^2} \tag{10.6.12}$$

式中，分子为季降水量的年际变化气候信号，是年际方差的无偏估计；分母是气候噪声方差估计。对 J 年逐日降水量 $x_{ij}(i=1,\cdots,N;j=1,\cdots,J)$，$N$ 为季节日数，其计算式分别为

$$\hat{\sigma}_M^2=\frac{1}{J-1}\sum_{j=1}^{J}\overline{x}_j^2 \tag{10.6.13}$$

$$\hat{\sigma}_N^2=\frac{T_0}{N-T_0}\cdot\frac{1}{JN}\sum_{j=1}^{J}\sum_{i=1}^{N}(x_{ij}-\overline{x}_j)^2 \tag{10.6.14}$$

其中

$$\overline{x}_j=\frac{1}{N}\sum_{i=1}^{N}x_{ij}$$

$$T_0=1+2\sum_{i=1}^{N}\left(1-\frac{L}{N}\right)r_L$$

为季节平均降水量和特征时间尺度。F 统计量遵从分子自由度为 $J-1$，分母自由度为 $J(N_{eff}-1)$的 F 分布。$N_{eff}=N/T_0$，为有效自由度。信噪比 F 大于 1 的区域表明有气候信号存在，大于 2 的区域表明信号方差大于噪声方差，即外部强迫引起的年变率大于天气振荡引起的年际变率。计算结果表明，中国季降水量的气候噪声方差由南向北、由沿海向内陆逐渐减小，且有明显的季节变化，夏季最高，其次是春、秋季，冬季最小，而且内陆的季节变化比东南沿海的季节变化显著。季降水量的潜在可预报性有较大的季节和区域差异，但总体来说，全国大部分地区的季降水量是潜在可预报的。

李忠贤等(2011)利用大气环流模式，并采用方差分析方法，研究了观测海温强迫下东亚夏季大气环流的潜在可预报性。发现夏季东亚地区的潜在可预报性总体偏低，基本小于 0.6，在中国区域，潜在可预报性呈现东南部高和西北低的特征。

除使用信噪比来度量可预报性外，还可以使用互信息法和 Cao 方法来度量。于江龙等(2011)利用相空间重构的参数确定方法——互信息法和 Cao 方法来分析研究海表温度异常

(SSTA)序列的可预报性。

他们使用混沌时间序列的相空间重构普遍采用坐标延迟的方法。坐标延迟法是通过一维时间序列$\{X_t\}$的不同延迟时间 r 来构造 m 维相空间矢量：

$$X(i) = (x(i), x(i+\tau), \cdots, x(i+(m-1)\tau)) \tag{10.6.15}$$

延迟时间 r 和嵌入维数 m 是其中两个重要参数。他们使用互信息法来确定嵌入维数 m。即使用向量中两个延迟时刻$(x(i), x(i+\tau))$状态的互信息 $I(\tau)$。它的大小代表了在已知系统 $x(t)$的情况下，另一系统 $x(t+\tau)$的确定性大小，当它为 0 时，表示 $x(t+\tau)$完全不可预测，即系统 $x(t)$与另一系统 $x(t+\tau)$完全不相关。当它为极小值时，表示系统 $x(t)$与另一系统 $x(t+\tau)$有最大可能的不相关。因此，重构时，使用 $I(\tau)$的第一个极小值作为最优延迟时间。对于离散系统，延迟时间通常取为 1。对于连续系统，延迟时间一般大于 1。

Cao 方法其实是对伪最邻近点法的改进。在 d 维相空间中，每个相点矢量 $X(i)$都有一个某距离内的最邻近点 $X_N(i)$。计算：

$$E_2(m) = \frac{E^*(m+1)}{E^*(m)} \tag{10.6.16}$$

其中

$$E^*(m) = \frac{1}{N-m\tau}\sum_{i=1}^{N-m\tau} |X(i+m\tau) - X_N(i+m\tau)|$$

对于随机序列，序列数据间没有相关性，$E_2(m)$为 1；对于确定性序列，相关关系依赖于嵌入维 m 的变化。因此，总存在一些 m 值使得 $E_2(m)$不等于 1。$E_2(m)$离 1 的远近程度和起伏程度可以作为信号中确定性成分的度量。噪声的幅度越大，$E_2(m)$越接近 1，且波动范围越来越小，序列表现出的随机性就越强。

他们对实际海温序列分析表明，海温异常序列的随机性比海杂波强，赤道东太平洋海温序列的确定性较赤道西太平洋的强。

(2)时空尺度的影响

长期天气过程的可预报性与大气运动的时间尺度和空间尺度有密切关系。Trenberth (1984)分析南方涛动的可预报性时曾比较过不同时间尺度可预报性的差异。他定义南方涛动的信噪比，并用达尔文(D)与塔西提(T)两站气压变量组合方差比来表示。这两站线性组合方差可表示为

$$\sigma^2(\alpha T \pm \beta D) = \alpha^2\sigma^2(T) + \beta^2\sigma^2(D) \pm 2\alpha\beta r\sigma(T)\sigma(D) \tag{10.6.17}$$

式中，$\sigma(T)$和 $\sigma(D)$分别为两站的均方差；α、β 为两变量线性组合系数；r 为它们的相关系数。选择适当的系数值使南方涛动信号能最好地反映出来。经验正交函数分析得到最优值的系数为

$$\alpha = \frac{1}{\sigma(T)\sqrt{2}}, \beta = \frac{1}{\sigma(D)\sqrt{2}} \tag{10.6.18}$$

对达尔文(D)与塔西提(T)变量经过标准化处理，记为 T_z 和 D_z，表示为距平标准化变量，把$\sqrt{2}$作为尺度因子忽略掉，则最优组合方差为

$$\sigma^2(\alpha T \pm \beta D) = \alpha^2\sigma^2(T_z \pm D_z) = 2(1 \pm r) \tag{10.6.19}$$

因为两变量相关系数为负，两变量之差的方差比两变量之和的方差大。又由于 $T_z - D_z$ 和 $T_z + D_z$ 不相关，它们可以分别作为南方涛动的信号与噪声的度量。因此，定义南方涛动的

信噪比为

$$SO = \sqrt{\frac{1-r}{1+r}} \tag{10.6.20}$$

利用平均值的方差与原变量方差的关系可求出上面两组合变量的平均值方差为

$$\sigma^2(\overline{T}_z \pm \overline{D}_z) = \sigma^2(T_z \pm D_z) \cdot \frac{T_0(\pm)}{N} \tag{10.6.21}$$

式中，$T_0(\pm)$为两变量和与差的特征时间尺度；N为样本容量。则关于平均值变量的南方涛动信噪方差比可写成

$$SO = \sqrt{\frac{\sigma^2(T_z - D_z) \cdot T_0(-)}{\sigma^2(T_z + D_z) \cdot T_0(+)}} \tag{10.6.22}$$

表 10.6.1 给出了不同时间尺度南方涛动可预报性比较。从表中可见，当时间尺度增加时，其可预报性也增加。

表 10.6.1　不同时间尺度南方涛动可预报性比较

尺度	相关系数	样本容量	有效自由度	信噪比
月	−0.35	576	335	1.44
季	−0.59	192	136	1.97
年	−0.79	48	48	2.94

不同空间尺度天气系统是否有不同的可预报性，对这个问题 Paegle(1982)做了研究。他对冬季 500 hPa 环流形势场用 EOF 分析不同空间尺度的环流特征。对应大的特征值的特征向量场反映大尺度的环流特征，对应小的特征值的特征向量场反映小尺度的环流特征。它们所对应的时间分量是描述这种特征的时间变化。因此，通过对不同的时间分量分析它们的信噪方差比就可以分析不同空间尺度环流的可预报性。对第 j 个分量的总方差可分解为

$$\sigma^2 = \frac{M(N-1)\sigma_{je}^2}{MN} + \frac{M(N-1)\sigma_{jz}^2}{MN} = A + B \tag{10.6.23}$$

式中，A 反映该分量的季内变化，是噪声部分；M 为所取资料的年数；N 为年内冬季样本容量。第 j 个分量的噪声方差为

$$\sigma_{je}^2 = \frac{1}{M(N-1)} \sum_k \sum_i [Q_{ik}(j) - Q_{\cdot k}(j)]^2 \tag{10.6.24}$$

式中，$Q_{ik}(j)$为第 j 分量第 k 年冬季第 i 个样品值；$Q_{\cdot k}(j)$为该分量在季节样本中的平均值。

式(10.6.23)中 B 反映信号部分方差，它反映该分量的年间变化方差，表示为

$$\sigma_{jz}^2 = \frac{1}{M-1} \sum_k [Q_{\cdot k}(j) - Q_{\cdot\cdot}(j)]^2 \tag{10.6.25}$$

式中，$Q_{\cdot\cdot}(j)$为所有样品分量总平均值。它也可以作为平均值的方差估计，它与样本的方差比可以计算出特征时间尺度 T_0。表 10.6.2 给出了他所计算的 500 hPa 高度场前 5 个分量的信噪方差比和特征时间尺度。

表 10.6.2　500 hPa 高度场主分量的信噪方差比和特征时间尺度

分量	1	2	3	4	5
B/A	0.14	0.12	0.12	0.08	0.08
T_0	12.8	12.7	11.0	8.8	8.2

从表 10.6.2 中可见，空间尺度越大的环流系统，其可预报性越大，对应的特征时间尺度也越长。

(3)因子变量的可预报性

利用因子变量与预报量的相互关系也可以做预报量可预报性的估计。在两个变量的情况下，预报量 Y 与因子 X 有回归方程

$$Y = a + bX \tag{10.6.26}$$

其平均值也有

$$\overline{Y} = a + b\overline{X} \tag{10.6.27}$$

对 Y 而言，其信噪比可表示为

$$\frac{\Delta Y}{\sigma_e} = \frac{Y - \overline{Y}}{\sqrt{\sigma_y(1 - r_{y \cdot x}^2)}} \tag{10.6.28}$$

式中，$r_{y.x}$ 表示 Y 与 X 的相关系数；σ_y 为 Y 的均方差。但

$$Y - \overline{Y} = b(X - \overline{X}) = r_{y \cdot x}\frac{\sigma_y(X - \overline{X})}{\sigma_x} \tag{10.6.29}$$

式中，σ_x 为 X 的均方差。把上式代入(10.6.28)式，有

$$\frac{\Delta Y}{\sigma_e} = \frac{r_{y \cdot x}}{\sqrt{\sigma_y(1 - r_{y \cdot x}^2)}} \cdot \frac{X - \overline{X}}{\sigma_x} \tag{10.6.30}$$

上式表明，预报量 Y 的信噪比大小依赖于它与 X 的相关系数、X 的距平值与 X 的均方差。上式还表明，用因子变量可以对预报量做可预报性估计。这种可预报性大小决定于它们之间关系的密切程度和另一变量的变化幅度。

基于类似考虑，用多个因子做预报时，可以用度量它们之间关系密切程度的复相关系数来表征其可预报性。Walsh 等(1981)在做美国季气温预报时用北太平洋地区海温场作为因子，用它们回归方程的解释方差 ρ(即复相关系数的平方)来度量其可预报性。但是，复相关系数不能反映进入方程中因子个数的影响。因此，他们提出用 $2\rho_0 - \rho$ 来衡量，并称为有用可预报性。式中，ρ_0 为调整复相关系数的平方，它与 ρ 的关系为

$$\rho_0 = 1 - \left(\frac{N-1}{N-M-1}\right) \cdot (1 - \rho) \tag{10.6.31}$$

当因子与预报量完全相关时，$\rho = 1.0$，$\rho_0 = 1.0$，这时有用可预报性为 1.0；当因子与预报量完全无关时，这时有用可预报性为 0 或负值。他们计算美国各地的可预报性后发现，用 12 月北太平洋海温做美国下一年 1—3 月季气温预报有较高的可预报性，显著地区在美国东南部。

利用同期 500 hPa 高度场能否做我国降水场的预报，这个问题取决于它们之间是否有密切的关系，即是否有可预报性。如果可预报性存在的话，那么一旦长期动力模式投入业务使用时则可做出我国降水场的预报。黄嘉佑(1991)用高度场做我国降水可预报性研究。表 10.6.3 给出了夏季(6—8 月)逐月我国测站中降水与格点高度变量相关系数的情况。从表中可见，如用高度场单个格点变量作为因子，以降水量为预报量建立回归方程，用它们做我国

100个测站逐站降水预报，可预报性用回归方程的解释方差来度量。结果发现，方程最高的解释方差可达0.53(即最大相关系数的平方)，最低的为0.11。回归方程解释方差的可预报性程度还可用传统的回归方程显著性检验来做检验，结果发现，最低的解释方差亦能达到显著性标准(0.05显著水平)。这表明用500 hPa高度场可以做同期我国降水场预报，其潜在可预报性较高。

表10.6.3　我国测站中绝对值最大和最小相关系数

月份	6	7	8
最大	−0.73	0.69	0.64
站名	安阳	宜昌	成都
最小	0.37	0.33	0.39
站名	格尔木	西宁	海拉尔

为了较好地做同期我国降水场预报，应使用多个格点变量的回归方程。试验表明，用搜索回归选4个因子的方程均能满足因子显著性要求。因此，均以4个因子建立各测站的回归方程。结果发现，在各个站上回归方程的复相关系数的平方(即解释方差)均大大地超过0.05的显著水平。6月、7月和8月100个站平均解释方差分别为0.44、0.42和0.41。从进入方程中网格点位置分布可见，它们大多分布在我国地域上空及西半球大约相差180°的地区，在6月、7月表现尤为明显。

比较而言，6月我国降水的可预报性较7月和8月要好。可预报性较高的区域可用解释方差大于0.50所围成的地区来表示，因为该地区内测站的大部分方差能被高度场所解释，并称该区域为可预报性较高区。

可预报性较高的区域大小随夏季月逐月缩小，位置从北向南移。6月，从青藏高原和黄河流域到华北有一片较大范围的高可预报性区。7月，高可预报性区范围有所缩小，主要分布在长江流域中下游地区。8月，高可预报性区大大缩小，有由两三站组成的区域，主要分布在东北和长江中游。

Huang(1991)用类似的方法利用同期北太平洋海温场做我国夏季(6、7、8月)降水场可预报性研究。把北太平洋海区分为4个区域，分别以不同海区的区域平均海温作为因子研究我国各地降水量的可预报性。结果发现，在海温场中对我国降水有较高的可预报性的地区并不是赤道东太平洋地区，而是中纬度东太平洋地区。

Privalsky(1983)用时间序列的ARMA(p,q)模型来讨论大气变量的可预报性。他定义两个可预报性判据。其一为相对预报误差：

$$d(1)=\frac{D(1)}{\sigma^2} \tag{10.6.32}$$

式中，$D(1)$为所选择模型提前一年的预报误差；σ为序列均方差。其二为统计预报限度，定义为

$$\rho(\tau)=\sqrt{1-d(\tau)} \tag{10.6.33}$$

式中，$d(\tau)$类似(10.6.32)式的定义，只不过步长改为τ，这一统计量相当于ARMA做预报的解释方差的开方值，预报效果越好，这一统计量之值就越大，表明可预报性越高。他们试验表明，达到可预报性限度的值约为0.45，相当于要求模型的解释方差大于0.80才有使用价值。

利用此可预报性统计量，他们计算了北半球年平均气温序列在各地的可预报性。结果发现，大部分台站可用马尔科夫过程来描述。但用这一模型可预报性较差。一阶马尔科夫过程只适合于低纬地区。空间平均(即纬圈平均)得到的较高阶 ARMA 模型有较高的可预报性，其往外预报年数为 4～5 年。

另外，还可以利用因子变量与预报量的不同时间关系做可预报性研究。Lau 等(1983)用两变量交叉落后相关系数来定义要素场内某格点 x 被另一格点 y 所解释的可预报性：

$$P_{xy}(\tau)=d_{xy}(\tau)/d_{yy}(0) \tag{10.6.34}$$

式中，$d_{xy}(\tau)$和 $d_{yy}(0)$分别为两变量和单变量 y 的标准化交叉落后相关系数与其对应的相关系数标准差的乘积。即

$$d_{xy}(\tau)=\sqrt{\frac{2}{(N-|\tau|)\{1-\exp[-(\lambda_x+\lambda_y)]\}}}\cdot r_{xy}(\tau) \tag{10.6.35}$$

式中，$r_{xy}(\tau)$为落后 τ 时刻交叉落后相关系数；λ_x 和 λ_y 为对应序列一阶马尔科夫过程持续性系数。

10.7 预报的稳定性

预报效果的好坏与对未来时刻预报是否稳定有密切关系，因为通过统计总结的规律性，在未来时刻的大气变量变化中是否保持不变，是预报是否有效的重要问题。影响预报效果的稳定性的因素有如下几个方面。

(1)预报模型中的因子选择

在大气变量预报中，考虑天气现象产生的因果关系，即由外力影响产生的天气和动力过程影响，常常使用外因子进行预报，所以因子选择十分重要。要做好大气变量的预报，必须选取与预报对象的大气变量有密切关系且具有天气或气候意义的预报因子，即它们必须确实是对预报量有影响的因子。例如，Parthasarathy 等(1991)做印度 6—9 月季风雨量的预报时，根据影响该地区降水的前期天气系统的演变寻找因子。他们发现 5 月 200 hPa 经向风指数对降水量有极大的指示意义。从 1964—1988 年的样本中其相关系数高达－0.72。经取 21 和 15 年滑动窗计算其滑动相关系数，也发现它们关系是十分稳定的。因此，选取它为回归方程第 1 因子。第 2 因子为 4 月 500 hPa 形势场上 75°E 上副高脊线的北界纬度。该因子反映印度上空对流层中层季节变化强度。第 3 因子为孟买(Bombay)(19°N，73°E)春季与前冬的海平面气压差，这一因子反映印度西部热低压强度的季节变化趋势。第 4 因子为澳大利亚达尔文站(12°S，131°E)的春季与前冬海平面气压差，它反映南方涛动的季节变化趋势。第 5 因子为塔西提(18°S，150°W)与达尔文的气压差从冬季到春季的变化趋势，它反映沃克环流强度变化。季风雨量与余下 4 个因子相关系数分别为 0.59、－0.59、－0.65 和 0.61。用它们做预报有较好的效果。

为了寻找在独立样本中有稳定性的预报效果，可用刀切法寻找进入回归方程的好因子。黄嘉佑等(1990)使用预报残差最小的方法选取因子。用样本(样本容量为 n)中去掉第 $i(i=1,2,\cdots,n)$个样品后的样本(即容量为 $n-1$ 的样本)建立回归方程，做第 i 个样品的预报，此时该样品预报量观测值与预报估计值之差称为预报残差，此残差可用因子和预报量的实测值计算得到，计算待选因子的预报残差平方和，取其最小者所对应的因子作为可选

入的因子。下次选入的因子以上次残差为预报对象，如此逐步进行。使用这一方法对黄河上游地区做旱涝预测试验。取兰州以上流域6—9月降水量为预报量。因子选取6个，选取1953—1982年的资料作为依赖样本(即用该样本建立统计预报模型)。又取1983—1988年的资料作为独立样本(即使用该样本作为试报检查用)。检验预报稳定性的优劣用独立样本中的均方误来衡量，用它在独立样本中进行试报，与传统的逐步回归比较，其预报效果有所改进。

(2)预报量的稳定性

大部分水文或气象预报的对象是使用单个测站的月或季降水总量。而降水量的测量值的代表性和稳定性是值得研究的。月平均气温值可以代表测站附近相当大面积地区的气候特征，但降水量不具有这种代表性的特征。因为月降水量的测量是雨量筒截口面积范围内月内各次降水量之和。由于降水的局地性它不可能代表测站附近地区降水平均特征，加上测量时受到风、蒸发和其他因素影响，这个气象要素无论是在代表性上或稳定性上比气温等其他要素都差。这种特点会影响到预报它而发生寻找预报因子的困难，或者即使找到某些适当的因子，但由于预报量本身不稳定，使用此关系做预报的效果很差。

在水文气象长期预报中有的用河流径流量偏多或偏少作为旱涝的预报对象，它的优点是可以代表该测站上游地区水量丰歉的累积气候特征，有区域代表性意义。但是由于人类活动，如修建各种类型水库和排灌设施，人为的水的截留和排放使下游的径流量与区域的水量丰歉的关系稳定性受到很大的影响，其代表性也存在问题。

针对上述问题，不少研究工作采用区域平均降水量作为预报量，以便克服单站降水量代表性差的缺点。例如，吴波(1985)研究华北平原和罗绍华等(1985)做长江中下游地区的降水长期变化与其他物理因子之间关系的研究时，均取区域内所有测站的平均降水量作为研究对象。此外，采用降水量分级的方法也能部分消除降水量不稳定因素的影响。因为降水量分级后，在某级中允许降水量变化在一定范围之间，从而可消除某些局地降水所带来的差别。所以分级的旱涝划分有一定的区域代表性。

近年来，不少研究使用提取区域范围内所有测站降水量的主分量作为代表性序列，这也是消除降水量局地不稳定影响的一种方法。例如，Lyons(1982)用EOF方法提取美国夏威夷地区降水量的主要代表性序列，然后研究此序列与太阳活动和厄尔尼诺现象之间的关系，取得了较好的预报效果。

(3)预报模型的稳定性

预报模型的稳定性，是指模型除保证在依赖样本中预报误差保持稳定外，还应在独立样本中保持稳定。例如，Bhalme等(1986)做印度7—9月降水量预报中建立含5个因子的回归方程，检查表明有较好的预报效果。但其中1972年和1980年的预报效果不十分理想，尤其1980年的预报距平值与实测相反。事实上，用刀切法(刀切法研究统计样本中去掉一个或一组样本后模型中的统计量改变情况)计算逐个样品剔除后的回归方程，发现在这两年有较大的突变(表10.7.1)。从表中可见，第3和第5个因子的回归系数变化尤为明显，说明这两年的回归解释方差与其他年份有较大的差异。

表 10.7.1 印度降水量用刀切法求得的回归方程的参数逐年变化

年份	b_0	b_1	b_2	b_3	b_4	b_5	R
1971	6526.0	−6.67	0.77	−2.60	−0.75	5.28	0.944
1972	7782.6	−8.18	0.55	−1.45	−0.31	2.53	0.941
1973	8290.5	−8.60	0.79	−2.60	−0.61	3.83	0.943
1974	7459.6	−7.51	0.66	−2.56	−0.66	3.67	0.938
1975	7215.1	−7.38	0.59	−2.46	−0.52	3.99	0.927
1976	7664.8	−7.82	0.65	−2.47	−0.58	3.72	0.937
1977	7499.2	−7.78	0.71	−2.26	−0.56	4.01	0.946
1978	7835.4	−7.50	0.54	−2.18	−0.81	3.34	0.948
1979	7586.7	−7.75	0.67	−2.51	−0.59	3.47	0.929
1980	8725.4	−8.57	0.74	−4.79	−0.83	3.51	0.980

（*）$b_i(i=1,5)$为5个因子的回归系数，R为回归方程的复相关系数，b_0为回归方程的截距项。

(4)正态性

在回归分析中变量的假定常常为正态分布。无论在预报区间估计和显著性检验上均使用这一假定。但是，大气变量中的降水量并不很好地遵从正态分布，使用它作为预报对象会带来一定的偏差。其原因在使用回归方程预报中，预报值是回归方程的期望值。如果预报量为正态分布，期望值自然是出现概率较大的值，与均值是一致的，它的取值与大多数的正态分布因子有较好的配合，预报时容易达到稳定性要求。

另一方面，还可以考虑分布参数在不同气候时期是否稳定进行比较。对北京季节降水量，以30年为一气候段，对1870—1988年资料滑动地取91组样本，分别计算每组样本的正态分布和Gamma分布的参数。为度量各参数变化大小使用变异系数(用91组中的参数平均值除其标准差所定义)，发现大部分季节降水量Gamma分布的参数均有较小的变异系数。即使在春季两种分布的参数有差不多的变异系数值，但Gamma分布两参数变异系数之和也比正态分布的要小。说明季节降水量使用Gamma分布比较合适，其稳定性也较好。

Klein等(1987)研究用700 hPa月平均高度场做美国60个气候区域的降水量回归预报时，为克服降水量的非正态性做降水量的多种函数变换，如对降水量求中值的偏差值、开平方、开立方、取自然对数等。然后比较不同的预报量处理的回归预报效果。发现对降水量做开平方与开立方的处理有较好的效果，它们在60个区的回归方程平均解释方差均为40.8%，进入方程的格点数为2.8个。他们对降水量进行分级做正态变换也做了分不同级别数的比较性研究，即进一步对降水量级用Gamma分布求其概率值，以不同概率值(%)为分界点划分不同级别，然后进行类似比较。表10.7.2给出了60个区的平均回归解释方差和进入方程格点数的情况。从表中可见，尽管解释方差较函数变换略有下降，但进入方程格点数较少，因而有较好的预报效果。而且还可看到，不同的级别数划分并不会对回归效果产生较大的影响。说明用Gamma分布的概率做分级处理比做降水量的函数变换有较好的效果。

表 10.7.2 不同级别划分的回归效果比较

分级数	分界点(%)	解释方差(%)	平均格点数
3	30,70	36.8	2.6
9	10,20,…,80,90	40.6	2.6
17	10,15,…,85,90	41.0	2.6
19	5,10,…,90,95	41.5	2.7
21	1,5,10,…,95,99	41.6	2.6

黄嘉佑等(2003)分析三峡地区降水量序列的正态性对预报效果的影响时,对降水量常见的各种变换进行试验性研究。试验包括单站降水量、降水量的平方根、立方根和Gamma分布概率值等非线性变换,以及级别变换。研究区域多站平均降水量、区域降水量的主分量、区域降水量非线性变换后的主分量和区域降水量级别变换后的主分量等序列。研究发现,三峡地区单站降水量的各种变换不改变序列原始谱结构,仅影响概率分布的偏度和峰度,使其较好地遵从正态分布。

对降水量进行几种变换,有原始值、平方根、立方根、Gamma、分5级、秩变换和Z指数等变换,使用CCA方法进行三峡地区夏季降水量预报试验。因子场是10个半年尺度西太平洋副热带高压指数。独立样本选取1992—2001年,试验结果表明,与没有做变量变换相比较,降水量的变换可以提供较高的预报准确率。其中,把降水量以Gamma分布按概率值划分为5级的变换有最好的预报效果,其预报的稳定性也较好。

(5)样本容量的影响

一般的统计常要求样本容量越大越好,因为样本容量越大对总体参数的估计就越准确。但气象要素的变化不是固定不变的,它随气候背景变化而变化。因此,最好选取气候背景少变的时间段作为最佳的预报样本容量。Hastenrath(1988)对印度降水预报的非线性回归方程做过试验。分别用不同样本容量做预报,结果发现,用20年的样本做预报有最好的效果。Mooley等(1988)在研究印度降水与700 hPa的关系时也发现,它们的相关系数在20～25年的样本容量中有较好的稳定性。

黄嘉佑等(1990)在用预报残差最小的逐步回归方法做黄河上游旱涝预测中,分别用1983—1988年每年作为一个独立样本,以它们以前的15、20、25及30年分别作为依赖样本。把各年的试报进行预报效果综合,求其均方误差。结果发现,样本容量为20及30时,所得的均方误差较小。试验还表明,样本容量为20～30时有较好的效果,且预报方程也比较稳定。表10.7.3给出了样本容量为20时,1983—1988年逐年预报方程中的回归系数、预报量观测距平值(y_d)、预报距平值(y_d^*)及误差(e)的情况。系数的变化性可用6年独立样本预报值的标准差来反映(相应值列在表中最下一行)。从表中数字的变化可见,变化的幅度是很小的,其中最小的是b_1,标准差仅为0.03,最大的为b_3。但从逐年预报的回归系数来看,仅1983年的b_3突出地异于其他年份,其余各年均相当稳定。另外,从各年预报误差来看,也是比较稳定的,除1983年误差较大外,其余各年均有较好的效果,6年中除1987年距平符号报错外,其余各年均预报(符号)正确。用最后一个回归方程做1989年预报,预报为正距平,与实况符合。

表 10.7.3　样本容量为 20 时的预报

年份	b_5	b_2	b_3	b_1	y_d	y_d^*	e
1983	2.91	−4.20	3.06	0.82	17.2	93.0	−75.8
1984	3.40	−4.25	1.42	0.86	13.8	3.8	10.0
1985	3.11	−4.39	1.53	0.85	3.1	35.0	−31.9
1986	3.14	−3.38	1.07	0.82	−37.1	−55.2	18.1
1987	3.13	−3.35	1.62	0.80	−61.1	3.1	−64.2
1988	2.78	−3.63	1.11	0.78	−51.9	−39.1	−12.8
平均	3.08	−3.87	1.64	0.82			−26.1
标准差	0.20	0.43	0.67	0.03			35.1

10.8　预报效果评价

天气预报和气候预测检验随着气象业务预报而产生，很多气象学者提出了很多评价大气变量预报效果评分方法。预报评价主要包括以下 3 个方面：一是对一次预报效果的评价；二是对预报技术进行评分；三是从多次预报中综合评价。

考查一个预报模式的好坏或比较不同模式预报效果，要对预报模式多次预报值与同期的观测值比较它们的差异，要使用某种评价与评分方法。通常要求这种评价与评分方法不能对预报量有所影响，还不能被人为改变，它必须是客观的和严格的，还必须提供关于检查的有用信息。由于不同的要求和对象，这种评价与评分方法也是多种多样的。

从目的上大致可分为两种：其一是用某种统计量大小作为对预报准确程度的评价，另一种用百分比或小于 1 的数作为对预报准确程度的评分。

评价与评分方法根据预报量变量是离散型和连续型分为两类，此外还有多个预报结果和变量场预报的评分。

(1)离散型变量预报评分

对离散型变量的预报评分，如检验天气分类事件的预报，常用列联表进行评分。例如，对分两类(预报对象出现或不出现)的预报有列联表 10.8.1(Doswell *et al.*，1990)。

表 10.8.1　两类预报列联表

	预报出现	预报不出现	合计
观测出现	X	Y	$n_{1.}$
观测不出现	Z	W	$n_{2.}$
合计	$n_{.1}$	$n_{.2}$	N

预报试验总次数为 $N=X+Y+Z+W$，预报准确率为

$$p=(X+W)/N \tag{10.8.1}$$

击中率为

$$FOH=X/(X+Z) \tag{10.8.2}$$

空报率(也称正确拒绝率)为

$$FAR=Z/(X+Z) \tag{10.8.3}$$

漏报率为

$$DFR = Y/(Y + W) \tag{10.8.4}$$

探测率为

$$POD = X/(X + Y) \tag{10.8.5}$$

评价预报效果的指标，还有临界成功指数 CSI(Schaefer，1990)，它定义为

$$\text{CSI} = [(POD)^{-1} + (1 - FAR)^{-1} - 1]$$

还有修正 CSI 的评分指数，记为

$$GS = (XW - YZ)/[(Y + Z)N + (XW - YZ)] \tag{10.8.6}$$

真正技术统计量(Doswell *et al.*，1990)，它被定义为对随机预报差矩阵之迹比，即

$$TSS = \text{tr}(R)/\text{tr}(R^*) \tag{10.8.7}$$

其中

$$R = B - E$$
$$R^* = B^* - E$$

式中，B 为列联表中元素组成的矩阵；B^* 为对角阵，其元素为对应 N 阵中列的元素之和。例如，表 10.8.1 的列联表中，B^* 对角阵中第一行第一列和第二行第二列元素分别为

$$n_{.1} = X + Z$$
$$n_{.2} = Y + W$$

E 为期望矩阵，其中元素为

$$E_{ij} = \frac{n_{i.} n_{.j}}{N} \tag{10.8.8}$$

式中，$n_{i.}$ 表示 B 阵元素各行之和，即对列联表有

$$n_{1.} = X + Y$$
$$n_{2.} = Z + W$$

它们是在假定观测与预报无关时两事件同时发生的频数。因此，E 阵的元素是反映随机预报的期望状态。把列联表中元素代入有

$$\begin{aligned}\text{tr}(R) &= [X - (n_{1.})(n_{.1})/N] + [W - (n_{2.})(n_{.2})/N] \\ &= N(X + W) - [(n_{1.})(n_{.1}) + (n_{2.})(n_{.2})]/N\end{aligned}$$

$$\text{tr}(R^*) = [n_{.1} - (n_{1.})(n_{.1})/N] + [n_{.2} - (n_{2.})(n_{.2})/N]$$

在随机预报情况下有 $n_{1.} = n_{.1}$，$n_{2.} = n_{.2}$。则

$$\text{tr}(R^*) = [N(n_{.1} + n_{.2}) - (n_{.1})(n_{.1}) + (n_{.2})(n_{.2})]/N$$

利用

$$N = n_{.1} + n_{.2} = n_{1.} + n_{2.}$$

和

$$(n_{.1})^2 + (n_{.2})^2 = (n_{.1} + n_{.2})^2 - 2(n_{.1})(n_{.2}) = N - 2(n_{.1})(n_{.2})$$

有

$$\text{tr}(R^*) = 2(n_{.1})(n_{.2})/N = 2(X + Z)(Y + W)/N$$

对 tr(R)中各项展开并整理后得

$$\text{tr}(R) = [XW - YZ]/N$$

代入 TSS 表达式得

$$TSS = (XW - YZ)/[(X+Z)(Y+W)] \tag{10.8.9}$$

又由于

$$\begin{aligned} XW - YZ &= X(n_{.2} - Y) - Y(n_{.1} - X) \\ &= Xn_{.2} - XY - Yn_{.1} + XY \\ &= Xn_{.2} - Yn_{.1} = X(Y+W) - Y(X+Z) \end{aligned}$$

则

$$TSS = X/(X+Z) - Y/(Y+W) = POD - DFR$$

可见，真正技术统计量是反映探测率与漏报率之差，若前者比后者大，则反映预报有技术性。对于分多类预报检验也可做类似的推广。

与列联表有关的技术评分还有常用的 Heidke 评分，表示为

$$H = (F - E)/(N - E) \tag{10.8.10}$$

以此来度量方法技术性程度。E 为盲目(即随机)或持续性预报成功次数。当与气候预报比较时，E 的计算公式是

$$E = \sum_{i=1}^{k} n_i p_i \tag{10.8.11}$$

式中，k 为预报量分级数；n_i 表示第 i 级的频数；p_i 为对应该级出现的频率作为概率的估计。计算时，如果是与气候比较，各级出现概率使用气候概率来估计。如果与盲目预报比较，各级出现概率使用均匀分布来估计。即

$$E = \sum_{i=1}^{k} \frac{n_{i.} n_{j.}}{n} \tag{10.8.12}$$

对 10.8.1 的列联表，气候概率预报时，有

$$E = [(X+Y)(X+Y) + (Z+W)(Z+W)]/N \tag{10.8.13}$$

当与盲目预报比较时，各级出现概率使用均匀分布来估计，即得到

$$E = [(Z+W)(Y+W) + (X+Y)(X+Z)]/N \tag{10.8.14}$$

对于技术是否显著，可以用 χ^2 检验方法对列联表进行检验。

异常级的 TS 评分。评估预报异常级(达到二级或一级异常的测站)的能力，用下式表示：

$$TS = \frac{N_A}{N_A + N_B + N_C} \tag{10.8.15}$$

式中，N_A 为预报正确站(次数)；N_B 为空报站(次数)；N_C 为漏报站(次数)。

在预报效果评分中，也可以使用如下的 TS 评分指标(周丽等，2002)

$$TS = \frac{N_c}{N_0 + N_f - N_C} \tag{10.8.16}$$

式中，N_c 为预报正确站(次数)；N_0 为实况站(次数)；N_f 为预报站(次数)。

还有一种技术评分统计量为

$$S = (H - E)/M \tag{10.8.17}$$

式中，M 为预报某类型的总试验次数；H 为预报正确的次数；E 为该类出现的期望数。该统计量还可进一步表示为各类评分值之和。例如，做降水 3 种类型(偏多(A)、正常(N)和偏少(B))的预报时可把评分统计量分解为

$$S = S(A) + S(N) + S(B) \tag{10.8.18}$$

其中每一项按公式计算出技术评分值，然后 3 项相加即得总评分值。

关于评分的统计量也有多种。还有使用事件出现的概率进行评分的。例如,对降水概率的检验统计量常用有 Brier 评分:

$$BS = \frac{1}{m}\sum_{i=1}^{m}(f_i - o_i)^2 \tag{10.8.19}$$

式中,f_i 为降水预报概率;o_i 为观测降水(有降水为 1,否则为 0)。当预报正确时评分值为 0,预报完全错误时为 1。它实际上是在 0,1 事件上的预报均方误差,其值越小表明预报效果越好。

如果把气候预报作为评分标准,那么可以得到预报的 BSS 评分(柯宗建等,2009):

$$BSS = 1 - \frac{BS}{BS_{ref}} = 1 - \frac{BS}{P_c(1-P_c)} \tag{10.8.20}$$

式中,BS_{ref} 为气候状态;P_c 为气候概率。

考虑不同类型的事件概率评分,还可以使用概率空间误差度的评分方法。Ward 等(1991)把降水量分成 5 级的不同类型,进行评分时使用概率空间误差度:

$$RPS = 1 - \frac{\sum(P_i - V_i)^2}{\sum[C_i(1-C_i)]} \tag{10.8.21}$$

式中,P_i 和 V_i 分别为第 i 级降水事件的预报和观测的累积概率;C_i 为第 i 级降水事件的气候累积概率。上式右边的第 2 项中,分子是所有降水类型预报和观测的累积概率差值之和,反映降水预报的准确度;其分母是所有降水类型的气候与其他类型同时出现的累积概率乘积之和,反映气候平均状态,其比值越小,反映预报效果越好。当各降水类型的观测概率、预报概率相等,并等于气候概率时,其评分统计量称为气候评分,记为 PRSC;当各降水类型的观测概率、预报概率相等,并等于 1 时,其评分统计量称为完全预报评分,记为 PRSP;实际评分统计量使用如下公式计算

$$RPSO = \frac{\sum(RPS - RPSC)}{\sum(RPSP - RPSC)} \times 100\% \tag{10.8.22}$$

还可以同时考虑预报概率和评分的情况进行综合,设计一个综合评分统计量。即考虑以各类型降水的预报概率 p_i 为权重,与各类型降水评分值构成的评分矩阵中的元素 s_{ij} 相乘,可以得到各类(j)降水的综合评分。其计算公式为

$$S_j = \sum_i p_i s_{ij} \tag{10.8.23}$$

预报评分是大气变量场的预报场与实况场差异性的度量。预报评分 P 是由原国家气象中心长期科一直使用的评分方法修改而成。在距平符号预报准确百分率的基础上加上异常级加权得分构成,它表示在预报区域内预报的总得分,用下式表示(陈桂英等,1998):

$$P = \frac{N_0 + f_1 \times n_1 + f_2 \times n_2}{N + f_1 \times n_1 + f_2 \times n_2} \times 100 \tag{10.8.24}$$

式中,N_0 为距平符号报对的及预报和实况虽距平符号不同但都属正常级(各级标准见表 10.8.2)的站数;N 为参加评分范围内的总站数;n_1 和 n_2 分别为一级异常报对和二级异常报对的站数和权重系数。一级和二级异常的权重系数 $f_i = 1/P_i$,P_i 为一级和二级异常出现的频率(气候概率)。为方便起见,在实际使用时取月或季平均的整数值作为固定权重系数,即一级和二级异常的权重系数,在月尺度预报分别取 2 和 1,季节预报分别取 5 和 2。

表 10.8.2　平均气温距平、降水距平百分率分级标准

	正常级	二级异常	一级异常
平均气温距平的绝对值(℃)	<0.5	≥0.5	≥1.0
降水距平百分率的绝对值(%)	≤15	≥20	≥50

由于气候差异，不同地区、不同季节的温度、降水气候概率会有所不同，为方便起见，定义随机预报的准确率 $F=(P_1 P_1+P_2 P_2)/(P_1+P_2)$。气候预报(定义为零距平预报)的准确率用相应月或季出现正距平的气候概率来表示。实际使用时，他们提出平均气温月或季的随机预报的概率使用 0.5，降水距平百分率使用 0.51。气候预报的期望概率，平均气温月或季使用 0.54，降水距平百分率月和季分别使用 0.41 和 0.45。

预报效果还有使用双评分准则(CSC)，例如，对多元回归预报模型使用的评分标准是

$$S_1 = n\left(1-\frac{Q_M}{Q_C}\right) \tag{10.8.25}$$

其中

$$Q_M = \sum_{t=1}^{n}(y_t-\hat{y}_t)^2$$

$$Q_C = \sum_{t=1}^{n}(y_t-\hat{y}_t)^2$$

分别是预报模型和气候预报的残差平方和，反映模型的预报能力。当模型中方程引入的因子个数为 p 时，评分统计量 S_1 遵从自由度为 p 的 χ^2 分布。

预报效果评分时，除考虑预报模型的预报误差外，还对预报的变化趋势是否报对进行度量。对预报量或(变量实况)序列 $y(t)$，可以根据其变化趋势变量来定义预报趋势的级别。趋势变量定义为

$$u = \frac{1}{n-1}\sum_{t=2}^{n}|y_t-y_{t-1}| \tag{10.8.26}$$

例如，当预报趋势分为 3 级(正趋势、无趋势和负趋势)时，分级准则是：在 t 时刻序列的值大于 u 为 A 级；小于 $-u$ 为 C 级，介乎它们之间为 B 级。预报分级与实况分级组成列联表。另外一个关于预报趋势评分标准是

$$S_2 = 2I = 2\Big[\sum_{i=1}^{k}\sum_{j=1}^{k}n_{ij}\ln n_{ij}+n\ln n-\big(\sum_{i=1}^{k}n_{i\cdot}\ln n_{i\cdot}+\sum_{j=1}^{k}n_{\cdot j}\ln n_{\cdot j}\big)\Big] \tag{10.8.27}$$

式中，I 为信息判别统计量；k 为趋势分级数。该评分统计量遵从自由度为 $(k-1)^2$ 的 χ^2 分布。

双评分准则(CSC)的最后评分统计量为

$$CSC = S_1+S_2 \tag{10.8.28}$$

该评分统计量遵从自由度为 $p(k-1)^2$ 的 χ^2 分布。

(2)连续型变量预报评分

统计量的评分对于连续型预报量(如温度)，多次预报得到的预报容量为 n，预报值对应的变量记为 y，观测值对应的变量记为 x。使用的预报检验统计量常见的有

$$A = \frac{1}{n}\sum_{i=1}^{n}|y_i-x_i| \tag{10.8.29}$$

$$B = \sqrt{\frac{1}{n}\sum_{i=1}^{n}(y_i-x_i)^2} \tag{10.8.30}$$

$$C = \frac{1}{n}\sum_{i=1}^{n}(y_i - x_i) \tag{10.8.31}$$

式中，A 表示预报与实况的平均绝对误差；B 为它们的均方误差；C 是它们的平均。它们从不同角度度量预报值与实况值的误差。A 反映不计符号它们偏差平均状况，B 是消除差值的偏差平均状况。符号反映它们的相似程度，C 反映预报值平均而言比实况偏高（正值）还是偏低（负值）。其中，统计量 B 是最常用的，它常用在预报效果的评价中，也称为均方误差(RSME)。作为检验预报效果的指标还有平均相对误差(MRE)：

$$MRE = \frac{1}{n}\sum_{i=1}^{n}\left|\frac{x_i - y_i}{x_i}\right| \tag{10.8.32}$$

除上述几个指标外还有度量预报偏度的指标：

$$D = \frac{1}{n}\sum_{i=1}^{n}\frac{x_i}{y_i} \tag{10.8.33}$$

例如，在温度预报中当它大于1时表示有暖偏度，反之有冷偏度。

还有使用预报平均误差百分率作为预报效果的评分：

$$E = \frac{\hat{y} - \bar{x}}{\hat{y}} \times 100\% \tag{10.8.34}$$

它反映预报检验样本中的观测和预报平均值的差异状况，用来衡量总的预报偏度情况，它如果是负值，表示预报平均状况是负偏，反之亦然。由于该统计量是无量纲，用此指标可做同一要素不同地点的预报效果相互比较。

Ward 等(1991)提出概率空间的线性误差作为连续性变量的预报评分的度量，定义：

$$S = 1 - a = 1 - |P_F - P_O| \tag{10.8.35}$$

式中，P_F 和 P_O 分别为预报值和观测值对应的标准正态分布函数值，它们可以反映预报值出现的可能性的差异；a 是度量它们差值的偏差程度。S 在 0～1 之间变化。

如果考虑与随机预报比较，其评分统计量变成

$$S' = S - C_a = S - [1.5(P_F - P_F^2 + 0.5)(P_O - P_O^2 + 0.5)] \tag{10.8.36}$$

式中，C_a 为随机预报的评分统计量。

(3)多个预报结果的评分

对多个预报结果或多次预报的评分，常常使用 Talagrand 分布评分法。它是用来检验预报值和检验值是否都是来自相同的概率分布。一个好的预报系统的标准应该是每次预报以相同的概率发生。预报的概率分布由预报的频率分布代替，频率分布图就是 Talagrand 直方图。从图中分布状态进行判别，如果呈均匀分布，则表明每次预报得到的平均频率分布是合理的。还可以使用各次预报综合的频率标准差来度量预报好坏，标准差越小越好，若等于0，表明预报最完美，可信度最高(王太微等，2007)。

如果对多个测站进行预报效果评分，这时可以使用相对作用特征(Relative Operating Characteristic，ROC)法进行评分。它是信号探测理论在数值天气预报中的一种应用，常常用于对二分类要素序列进行检验。用 X 表示预报准确的测站数；f 表示命中率；Y 表示漏报站数；Z 表示空报站数；g 表示假警报率；W 表示正确否定。命中率和假警报率的公式如下：

$$f = X/(X + Y) \tag{10.8.37}$$

$$g = Z/(Z + W) \tag{10.8.38}$$

用一系列不同的概率作为预报对象发生的概率临界值，可得一系列不同的命中率和假警

报率，由命中率和假警报率可在笛卡尔坐标上绘成一曲线，这曲线称为ROC曲线。ROC曲线反映的也是某个量级降水的概率预报状况。在ROC曲线中，坐标(0,0)和(1,1)两点直线（对角线）是概率预报中是否有技巧的分界线。当ROC面积>0.5时，表示要素场预报概率有正的预报技巧。

评价多个预报的预报能力，也可以使用效率系数(NE)来评分。效率系数也叫确定性系数，计算公式为（刘永和等，2013）：

$$NE = 1 - \frac{\sum_{i=1}^{n}(Q_{o,i} - Q_{p,i})^2}{\sum_{i=1}^{n}(Q_{o,i} - \bar{Q})^2} \tag{10.8.39}$$

式中，$Q_{p,i}$为第i次预报值；$Q_{o,i}$为对应时刻的第i次观测值；$\bar{Q}$为n次预报试验对应的观测值平均值。NE越接近1，表示预报效率越高。

对预报序列F_i和观测序列$O_i(i=1,n)$，Ward等(1991)提出使用标准相关系数来评分，即评分统计量为

$$r = \frac{\sum(F_i - \bar{F})(O_i - \bar{O})}{\sum(F_i - \bar{F})^2\sum(O_i - \bar{O})^2} \tag{10.8.40}$$

但是预报的异常值，可以使用观测平均值的异常，其对应的评分统计量为

$$r_a = \frac{\sum(F_i - \bar{O})(O_i - \bar{O})}{\sum(F_i - \bar{O})^2\sum(O_i - \bar{O})^2} \tag{10.8.41}$$

其比值作为新评分统计量：

$$\frac{r}{r_a} = \left(1 + \frac{BIAS^2}{\sigma_F^2}\right)^{0.5} \tag{10.8.42}$$

式中，$BIAS$为预报序列与观测序列平均值之差；σ_F为预报序列的标准差。

他们还使用均方误差度量预报偏差的平均状况，即

$$RMS = \left[\frac{\sum(F_i - O_i)^2}{n}\right]^{0.5} \tag{10.8.43}$$

它与$BIAS$有如下关系：

$$RMS = [\sigma_F^2 + \sigma_O^2 - 2\sigma_F\sigma_O r_a + BIAS^2]^{0.5} \tag{10.8.44}$$

式中，σ_F和σ_O分别为预报和观测序列的标准差。

上述对预报效果的评分或评价仅考查预报的准确性，并未考虑技术上的优劣。如果考虑到技术上的评分称为技术评分。这种评分统计量往往把预报结果与持续性预报或气候预报比较。例如，若记预报方差为

$$DY = \frac{1}{n}\sum_{i=1}^{n}(f_i - o_i)^2 \tag{10.8.45}$$

记观测方差为

$$DO = \frac{1}{n}\sum_{i=1}^{n}(o_i - \bar{o})^2 \tag{10.8.46}$$

则与气候平均预报比较的技术评分可定义为

$$SS = 1 - (DY/DO) \tag{10.8.47}$$

当预报完全正确时，其值为 1.0；当预报方差与观测方差一致时，表示无技术可言，其值为 0；若预报效果比气候预报还差时，其值为负。把预报方差的预报值与观测值的差的平方表示为

$$
\begin{aligned}
(f_i - o_i)^2 &= [(f_i - \bar{f} + \bar{f}) - (o_i - \bar{o} + \bar{o})]^2 \\
&= [(f_{di} - o_{di}) + (\bar{f} - \bar{o})]^2 \\
&= (f_{di} - o_{di})^2 + (\bar{f} - \bar{o})^2 + 2(f_{di} - o_{di})(\bar{f} - \bar{o})
\end{aligned}
\tag{10.8.48}
$$

式中，f_{di} 和 O_{di} 分别为预报和观测的距平值。把上式代入预报方差的式子，则技术评分可以表示为：

$$SS = r^2 - \left(r - \frac{s_f}{s_o}\right)^2 - \left(\frac{\bar{f} - \bar{o}}{s_o}\right)^2 \tag{10.8.49}$$

式中，r、s_f 和 s_o 分别为预报与观测的相关系数和预报与观测的标准差。右边第 1 项反映预报与观测相关的密切程度。第 2、第 3 项分别称为条件及无条件偏度，它们均是非负的，由于预报与观测的相关系数平方反映预报与观测的回归方差，因而它们反映了对这种回归方差的修正。Stewart(1990)把它们称为回归偏度，或称为预报中的潜在技术。当这部分修正量较小时，即技术评分为正值时，说明有潜在技术。

评分指标中除可以度量预报对象的准确率之外还可以度量不同方法使用的准确性。例如，Murphy 等(1989)提出用如下评分来度量预报方法的准确性：

$$SS = \frac{MSE_r - MSE_m}{MSE_r} \tag{10.8.50}$$

式中，MSE 表示预报试验样本中的均方误差；m 表示试验时所使用的方法；r 表示参考方法(它可以是随机预报或气候持续性预报等)。显然，只有使用的预报方法得到的预报均方误差比参考方法的要小(即 SS 为正值)时才能体现预报有技术性。

对于多类别的多次预报的评分指标，还有使用秩概率技术评分(Ranked Probability Skill Score，RPSS)(Barnston *et al.*，2010)。它定义为

$$RPSS = 1 - \frac{RPS_f}{RPS_c} \tag{10.8.51}$$

式中，RPS_f 和 RPS_c 分别表示预报和参考的秩概率评分(RPS)：

$$RPS = \frac{1}{n}\left[\sum_{i=1}^{n}\left(\sum_{g=1}^{k} p_{gi} - \sum_{i=1}^{g} o_{gi}\right)^2\right] \tag{10.8.52}$$

式中，p_{gi} 和 o_{gi} 分别表示第 g 类别第 i 次的预报概率和实际观测值(出现相同类别为 1，否则为 0)；k 为要素类别数；n 为预报试验总次数。它用来度量预报概率的累积误差，当 $RPSS$ 为正数值时，表示有较好的预报技术。

(4)变量场预报效果评分

变量的预报场与实况场之间的接近程度也可以作为预报效果的评分，它们的相似程度可以使用空间相关系数来度量，也称为距平相关系数(ACC)。把两个场的空间格点看成时间序列，计算其相关系数，即得到空间相关系数。

类似地，对两个场的格点序列差异性进行度量，即均方根误差(RMSE)作为预报场与实况场接近程度的度量。类似两个变量差异性的定义，可以定义第 j 个纬圈上的均方根误差为(任宏利，2007)

$$RMSE(j) = \sqrt{\frac{1}{n_j}\sum_{i=1}^{n_j}[F(i,j) - A(i,j)]^2} \tag{10.8.53}$$

式中，$F(i,j)$ 和 $A(i,j)$ 分别为第 i 次预报值和观测值。考虑纬度订正后，总的均方根误差定义为

$$RMSE = \frac{1}{k}\sum_{j=1}^{n} RMSE(j)\cos\theta_j$$

$$k = \sum_{j=1}^{n}\cos\theta_j \tag{10.8.54}$$

$RMSE$ 越小，表示模式的预报效果越好，只有当预报值与实况完全一致时才等于 0。

对于变量场预报还可以使用距平符号相关性，它定义为

$$rs = \frac{m_0 - m_1}{m} \tag{10.8.55}$$

式中，m_0 和 m_1 分别表示两个场距平符号相同和相反的格点数。该指标在 0～1 之间变化，反映两个场距平符号的相似性。

由于降水的局地性，降水变量场的检验难点，主要是对降水量场的预报进行检验，检验内容通常需要包括降水中心和降水主体两方面，降水中心又分别需要从中心强度和中心位置两方面进行检验，降水主体则细分为主体强度、落区、范围和移速四部分。例如，可以设计的检验标准：预报的降水中心、主体强度与实况降水中心、主体量级吻合为预报一致，否则为偏强或偏弱；预报的降水中心、主体位置与实况降水中心及主体位置相差在两个经纬度范围内为基本一致；模式预报降水区域与实况雨带范围大体相同为一致；预报的雨带落区与实况是否存在偏差，来判定降水预报在时效性上是否存在偏前或偏后的预报偏差。

崔锦等(2009)按照上述检验标准，对中国东北地区 2007 年秋、冬季内，除个别站点出现少量降水外的全部降水过程进行天气学检验。从检验结果可以发现，在降水中心预报上，3 个时段降水中心强度一致率均低于 50%，中心强度预报偏大率仅 24～36 h 时段内与一致率持平，其他两个时段均超过一致率，中心强度明显易偏强，而降水中心位置预报较好，3 个时段预报一致率达到 68%以上，且预报一致率随预报时效延长而增加。

可以使用所有测站预报与观测 TS 评分指标平均方法，来度量变量场的预报效果。王雨等(2013)求取一段时间降水检验结果平均的方案，是使用多日降水 TS 评分的直接平均的方法。但是在计算平均时有两种平均方法，一种是对每个测站计算 TS 评分，然后做所有测站的 TS 平均；另一种是把每个测站的评分列联表各项目数据相加，然后做所有测站项目数据平均，最后根据数据平均的列联表计算 TS 评分值。他们把第一种计算方案称为原方案，把后一种计算方案称为新方案，分别使用两种计算方案进行比较。

他们根据对较小概率出现的降水事件，在评价指标中所占权重有所不同，新方案倾向给大范围降水以更高的权重，而原方案不论降水范围大小权重一样。新方案 TS 评分与原方案的评价结果基本类似，但两种方案预报偏差的差别非常大，大雨以上降水很可能在原方案预报偏差偏大，而新方案预报偏差偏小。这种现象在北方降水的评价上较多见。这与北方强降水概率偏小、统计不确定性更明显有关。

对变量场的预报检验，还可以把变量出现的概率和评分关联在一起进行考虑。Rodwell 等(2010)认为降水场的检验评分应该考虑不同的降水级别，对场中不同的气候区域在一段时

间进行预报的评分，还要考虑抽样的误差。他们提出一个降水检验新方法 SEEPS(Stable Equitable Error in Probability Space)，它利用降水气候概率，在概率空间中把降水分为“干”、“小雨”、“大雨”3 类，其中设定“小雨”概率为“大雨”概率的两倍。由此，SEEPS 将降水检验评分表达为两个矩阵的标量积：一个 3×3 列联表矩阵，为降水观测与预报的二维离散概率分布，代表了概率空间中的降水预报特征；另一个为基于降水概率的 3×3 误差评分矩阵，代表了误差评分特征。降水预报特征体现了概率空间中的模式(或预报员)预报性能；误差评分特征表现了在一定降水概率下，SEEPS 评分对概率空间中不同预报误差的“惩罚”。SEEPS 将检验评分分为“预报”与“评分”这两部分，因而可以分析预报 SEEPS 评分高低的成因。SEEPS 在不同降水概率下具有不同的误差评分特征，使其能够自动适应不同的降水气候，自动适应不同降水概率，使不同气候区域或降水季节的站点降水预报 SEEPS 误差评分的融合变得更合理，SEEPS 区域平均和时间平均更有意义。

参考文献

曹杰，田永丽，陶云. 2001. 基于 Fisher 判别准则的逐步判别方法及其应用. 气象科学，**21**(2)：186-192.

陈创买，周文，林爱兰. 2009. 气候场的主分量逐步回归预测模型及应用. 热带气象学报，**25**(2)：196-204.

陈创买，周文. 2007. 关于因子显著性问题的 F—信度检验法. 热带气象学报，**23**(6)：679-682.

陈桂英，赵振国. 1998. 短期气候预测评估方法和业务初估. 应用气象学报，**9**(2)：178-185.

陈静. 2007. 洛阳地区连续性大雾的统计特征以及影响因子的作用探讨. 北京：北京大学硕士毕业论文.

陈勇伟，郑涛，王汉堃，等. 2013. 基于 BP 神经网络模型的雷电潜势预报. 干旱气象，**31**(3)：595-601.

崔锦，周晓珊，张爱忠，等. 2009. 天气学检验在东北区域数值模式秋冬季降水预报中的应用. 气象与环境学报，**25**(4)：17-21

段安民，吴洪宝. 1998. 全球热带海表温度异常的 POP 预报模型. 南京气象学院学报，**21**(3)：346-353.

郭勇苍，黄嘉佑，黄茂怡. 2000. 最优气候值方法在中国的应用. 应用气象学报，**11**(增刊)：87-92.

贺晓霞，吴洪宝，陈小兰. 2008. 我国东南夏季干旱指数的 ECC 预测方法. 南京气象学院学报，**31**(1)：10-17.

胡桂芳，张苏平，谢考宪. 2000. EOF-CCA 模型在山东季降水预测中的应用. 气象，**26**(7)：12-16.

黄嘉佑. 1990. 北京地区旱涝变化规律及其试验. 地理学报，**45**：102-109.

黄嘉佑. 1991. 夏季逐月 500 hPa 高度场与我国降水的关系分析. 水科学进展，**2**：50-57.

黄嘉佑，黄茂怡. 2000a. 汛期降水的奇异谱分析及预报试验. 应用气象学报，**11**(增刊)：58-63.

黄嘉佑，黄茂怡. 2000b. 主分量逐步筛选因子典型相关分析及其预报试验. 应用气象学报，**11**(增刊)：72-78.

黄嘉佑，黄茂怡，张印，等. 2003. 中国三峡地区汛期降水量的正态性研究. 气象学报，**61**(1)：122-127.

黄嘉佑，王云漳. 1990. 用预报残差最小的逐步回归方法作黄河上游旱涝预测试验. 高原气象，**9**：439-442.

黄茂怡，黄嘉佑. 2000. CCA 对中国夏季降水场的预报试验和诊断结果. 应用气象学报，**11**(增刊)：31-39.

蒋国兴. 2007. 偏最小二乘回归方法(PLS)在短期气候预测中的应用研究. 南京：南京信息工程大学硕士学位论文.

柯宗建，张培群，董文杰，等. 2009. 最优子集回归方法在季节气候预测中的应用. 大气科学，**33**(5)：994-1002.

李翠华，么枕生. 1990. 应用自激励门限自回归模式对旱涝游程序列的模拟和预报. 气象学报，**48**(1)：55-62.

李宏伟，杨国为，王晓艳. 2010. 基于改进遗传算法的 BP 网络在降雨量预测中的应用. 青岛大学学报(工程技术版)，**25**(1)：10-14.

李忠贤，陈海山，曾刚，等. 2011. 海温强迫下的东亚夏季大气环流潜在可预报性特征. 大气科学学报，**34**(3)：281-287.

刘永和，严中伟，冯锦明，等. 2013. 基于TIGGE资料的沂沭河流域6小时降水集合预报能力分析. 大气科学，**37**(3)：539-551.

罗绍华，金祖辉，陈烈庭. 1985. 印度洋和南海海温与长江中下游夏季降水的相关分析. 大气科学，**9**(3)：314-320.

么枕生. 1985. 应用转折点与游程的气候分析与预报. 地理研究，**5**(3)：1-11.

牛保山，曹鸿兴，刘生长. 1993. 双评分准则逐步回归法. 气象，**19**(8)：18-21.

彭端，温坚培，周静，等. 2005. 门限回归模型预测粤中西部冬春气温. 中山大学学报(自然科学版)，**44**(增刊2)：262-265.

彭小燕，刘晶淼，丁裕国. 2007. 湿润气候区无资料站点土壤湿度插补及预报试验. 气象科学，**27**(4)：400-406.

曲静. 2011. 基于马尔科夫链的西安春季首场透雨预测方法研究. 安徽农业科学，**39**(24)：14938-14939，1503.

任宏利. 2007. 动力相似预报的策略和方法. 兰州：兰州大学博士学位论文.

施能，王建新. 1992. 稳健回归的反复加权最小二乘迭代解法及其应用. 应用气象学报，**3**(3)：353-358.

王蕾，张人禾，黄嘉佑. 2004. 春季海温对中国夏季降水影响的诊断研究和预测试验. 气象学报，**62**(6)：851-859.

王太微，陈德辉. 2007. 数值预报发展的新方向—集合数值预报. 气象研究与应用，**28**(1)：6-24.

王雨，公颖，陈法敬，等. 2013. 区域业务模式6 h降水预报检验方案比较. 应用气象学报，**24**(2)：171-178

巫红星，黄文君. 2008. 基于时间序列动态神经网络模型的气象预测. 沙漠与绿洲气象，**2**(3)：44-47.

吴波. 1985. 冬季海温—春季副高—夏季旱涝的季度效应. 气象学报，**43**(2)：221-229.

吴善材，王成. 2009. 回归方程在开平市高温天气预报中的应用. 广东气象，**31**(2)：38-39.

吴钟浚，姚嘉玲. 1989. 多层递阶方法在中期天气预报中的应用. 热带气象，**5**(4)：378-382.

谢炯光. 1995. 扩展经验正交函数(EEOF)及其在月、季降水预测中的应用. 大气科学，**19**(4)：481-486.

严华生，严小冬. 2004. 前期高度场和海温场变化对我国汛期降水的影响. 大气科学，**28**(3)：405-414

杨青，廉毅，何金海. 2005. 利用奇异值分解方法预测东北地区夏季气温. 气象，**31**(3)：31-35.

于江龙，彭跃华. 2011. 应用互信息法和Cao方法探讨ENSO的可预报性. 气象科技，**39**(1)：9-12.

张印，朱蕾，黄茂怡，等. 2000. 奇异谱分析方法对三峡地区的月季降水预报试验及其结果分析. 湖北气象，(3)：42-45.

张珍. 2009. 利用均生函数预测焦作夏季降水及高温日数. 气象与环境科学，**32**(增刊)：203-205.

章毅之. 2006. 基于奇异谱分析的江淮降水场预测模型研究. 气象与减灾研究，**29**(1)：34-37.

赵利刚. 2010. 浙江省汛期降水量场的时空分布与神经网络模型分析. 科技通报，**26**(1)：26-31.

赵晓川，吴洪宝，何浪. 2008. 中国季降水量的气候噪声和潜在可预报性估计. 南京气象学院学报，**31**(6)：819-827.

郑小华，栗珂，屈振江. 2008. 陕西4—10月降水量场预测研究. 气象科学，**28**(5)：502-507.

周丽，张光智. 2002. 气候平均倾向边界的RegCM2区域气候模式应用与评估. 气象科技，**30**(1)：19-23.

朱红蕊，江志红，张勤，等. 2010. 基于SSA-AR方法的MJO指数预报模型试验. 热带气象学报，**26**(3)：371-378.

Barnett T P，Sommerville R C J. 1983. Advances in short-term climate prediction. *Rev Geophys*，**21**：1096-1102.

Barnston A G，Li S，Mason S J，*et al*. 2010. Verification of the first 11 years of IRI's seasonal climate forecasts. *Journal of Applied Meteorology and Climatology*，**49**(3)：493-520.

Bhalme H N，Jodhav S K，Mooley D A，*et al*. 1986. Forecasting of monsoon performance over India. *J Climatol*，**6**：347-354.

Chu P S，Katz R W. 1985. Modeling and forecasting the Southern Oscillation：A time-domain approach. *Mon Wea Rev*，**113**：1876-1888.

Doswell C A，Davies-Jones R，Keler D L. 1990. On summary measures of skill in rate event forecasting based on contingency tables. *Wea Forecasting*, **5**:576-585.

Hastenrath S. 1988. Prediction of Indian monsoon rainfall: Further exploration. *J Climate*, **1**:298-304.

Hayashi Y. 1982. Confidence intervalues of a climatic signal. *J Atmos Sci*, **39**:1895-1905.

Hsieh W W, Benyang T. 1998. Applying Neural Network Models to Prediction and Data Analysis in Meteorology and Oceanography. *Bull Amer Meteor Soc*, **79**:1855-1870.

Huang Jiayou. 1991. Responses of summer rainfall over China to anomalies of sea surface temperature in the North Pacific. *Acta Meteorologica Sinica*, **5**:79-89.

Klein W H, Bloom H J. 1987. Specification of monthly precipitation over the United States from the surrounding 700 mb height field. *Mon Wea Rev*, **115**:2118-2132.

Lau Ka-Ming, Chen P H. 1983. Short-term climate variability and atmospheric teleconnections from satellite-observed outgoing long-wave radiation. Part II: Lagged correlations. *J Atmos Sci*, **40**:2751-2767.

Leith C E. 1973. The standard error of time-average estimates of climatic means. *J Appl Meteor*, **12**:1066-1075.

Liverzey R E, Barnston A G. 1988. An operational multifield analog/antianalog prediction system for United States seasonal temperature 1. System design and winter experiments. *J Geophys Res*, **93**:10953-10974.

Lyons S W. 1982. Empirical orthogonal function analysis of Hawaiian rainfall. *J Appl Meteor*, **21**:1713-1729.

Madden R A, Shea D J. 1982. Potential long-range predictability of precipitation over North America *Proceedings of the Seventh Annual Climate Diagnostics Workshop*, National Center for Atmospheric Research, U. S. Department of Commerce:423-426.

Mooley D A, Paolino D A. 1988. Relationship of the Indian monsoon rainfall to the Northern Hemispheric 700 mb height tendency. *J Climatol*, **8**:499-509.

Murphy A H, Epstein E S. 1989. Skill scores and correlation coefficients in model verification. *Mon Wea Rev*, **92**:449-464.

Paegle J N, Haslam R B. 1982. Statistical prediction of 500 mb height field using eigenvectors. *J Appl Meteoro*, **21**:127-138.

Parthasarathy B, Kumer K R, Deshpande V R. 1991. Indian summer monsoon rainfall and 200-mbar meridional wind index: Application for long-range prediction. *Int J Climatol*, **11**:165-176.

Privalsky V E. 1983. Statistical predictability and spectra of air temperature over the Northern Hemisphere. *Tellus*, **35**:51-59.

Rodwell M J, Richardson D S, Hewson T D, *et al*. 2010. A new equitable score suitable for verifying precipitation in numerical weather prediction. *Quart J Roy Meteor Soc*, **136**:1344-1363.

Schaefer J T. 1990. The critical succes index as an indicator of warning skill. *Wea Forecating*, **5**:570-585.

Stewart T R. 1990. A decomposition of the correlation coefficient and its use in analyzing forecasting skill. *Wea Forecasting*, **5**:661-666.

Trenberth K E. 1984. Some effects of finite sample size and persistence on meteorological statistics. Part II: Potential predictability. *Mon Wea Rev*, **112**:108-123.

Walsh J E, M B. Richman. 1981. Seasonality in the associations between surface temperatures over the United States and the North Pacific Ocean. *Mon Wea Rev*, **109**:767-783.

Ward M N, Folland C K. 1991. Prediction of seasonal rainfall in the north Nordeste of Brazil using eigenvectors of sea-surface temperature. *Int J Climatol*, **11**: 711-743.

第11章　大气变量动力统计预报

大气变量定量的预测常常使用数学的方法，这种预测方法以客观、定量为主要特点。在预测方法上，早期受资料的限制和对气候系统认识的局限性，用简单的统计方法进行气候预测，但是气候系统各成员有着相互作用和物理联系，利用统计方法做气候诊断，以及在此基础上选择的先兆信号作为预测因子和统计方法相结合，成为气候预测业务的主要预测方法。随着数值预报模式的应用，动力与统计方法结合的预测方法称为气象业务预报的主流方法。数值预报模式侧重物理过程的动力系统研究，建立描述系统变化的物理微分方程，常称为动力系统。线性动力系统的预测是在牛顿定律的基础上发展的，是依赖微分方程系统和初值，利用初值通过微分方程求解，决定出未来要素的值，是决定性的预测方法。概率统计预测虽然也是客观的数值预测，但是，它是概率意义上的预测方法。概率统计观点认为，某一时刻的大气状态是不可预测的，它的数据的取得是随机的，但是大量的个体综合行为是有规律性的，存在稳定的概率分布，某一状态可以用出现的概率来预测，因而预测是统计的，其预测值是概率意义上的数值，此值与实际值不是一一对应，而是概率对应，或多值对应。例如，回归方程预测要素的数值，并不是预测个体的数值(如数值预报的决定性数值)，而是群体的数学期望值，它是群体的一个代表值。这个数是群体随机取值的综合值，不是个体的预测值。目前世界各国发布的概率降水预报正是这种观点的体现，它把大气中的降水看成随机事件，它的出现只能用概率来描述。把大气变量变化的偶然性与必然性、随机性与决定性有机结合在一起，就是大气变量的动力统计预报。

11.1　数值预报产品释用

(1)MOS与PP方法

MOS(Model Output Statistics，模式输出统计量)方法是解决统计动力数值预报中局地气象要素预报的方法之一。它是由Glahn等(1972)提出的。这一方法是利用数值预报模式中输出的各种动力统计量，建立与局地地面气象要素的统计关系模式进行预报。因为在数值预报中主要解决的问题是大尺度环流形势场的预报，它不可能也没有必要去考虑局地范围小尺度天气系统更何况是局地的气象要素预报。尽管在某些数值模式中也开始研究要素预报(如降水)的预报，但也是大范围的，而且效果还不甚理想。即使有些细网格较小范围的模式(区域气候模式)，由于局地地形千差万别，地面气象要素又易受地面各种生态环境的影响，这种模式很难做到地面要素的准确预报，而且各地的不同气象要素的预报也不可能是一个数值预报模式所能解决的。所以把大范围数值模式预报与局地气象要素预报分开来考虑是必要的。这种预报方法目前已被世界大多数国家所采用。这种方法还具有客观、定量和自动化等优点。例如，在美国日常短期预报服务使用的是一种AFOS(Automation of Field Operations and Services)系统，即自动业务操作与服务系统。这套系统从气象资料取得到做出预报甚至对外发布等一系列过程全部实现自动化。它可以对未来1～2天的降水概率(PoP)、降水量类型(QPF)、雷暴出现概率(TSTM)、降水类型概率(PoPT)、大雪出现概率(PoSH)、最高最低温度(MX/MN)、平均温度(TEMP)、露点温度(DEWPT)、风(WIND)、云量(CLDS)、云高(CIG)、能见度(VIS)、云高与能见度最大可能出现类型(C/V)及天空能见度障碍物类型(OBVIS)等气象要素和天气现象做出预报。此外,利用这种方法还可做局地龙卷和冰雹等特殊天气预报。随着我国数值预报业务工作的开展,MOS方法也正在我国各台站使用,成为日常预报的主要方法之一。

最早的统计动力数值预报方法是由Klein等(1959)提出的,称为完全预报方法,又称PP(Perfect Prognosis)方法。它是利用今天的观测要素、环流形势场作为因子与同一时间的地面气象要素建立统计关系模式,然后在预报时,利用明天数值预报图来代替环流形势场,根据所建立的统计关系模式做出气象要素预报。由于因子与预报量的关系是同时的,它们之间隐含着较为明确的天气动力关系,容易建立较稳定的统计关系。这种方法与MOS方法不同点是在因子的选取上,PP方法是在同时观测场上选取,而MOS方法则在数值预报输出场上选取。它与经典的统计方法也不同,经典统计方法是自包含的,即仅需要初始条件(观测值或天气图的分析值),直接从今天的观测资料做明天的天气预报。它们之间的差异可见示意图11.1.1。

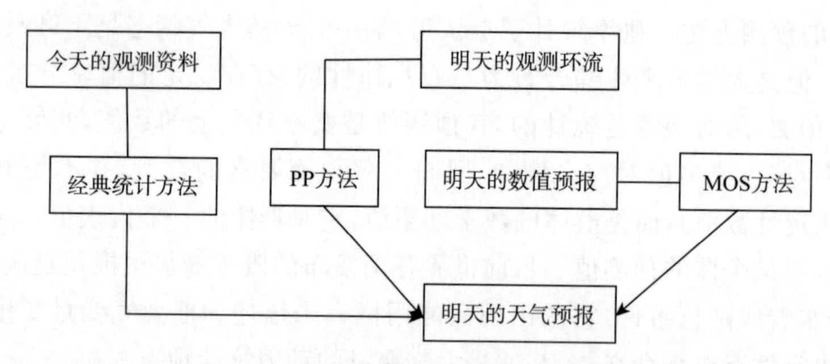

图11.1.1　不同预报方法的比较示意图

完全预报方法的优点是可以使用长期积累的历史环流资料。但是,由于它在预报时,是使用数值预报图来模拟观测环流场,而数值预报本身有其固有的误差和不稳定性。因而在使用这一方法时除了包含在建立统计方程时带来的拟合误差外,还包含数值预报模式的误差。而MOS方法则因直接使用数值预报模式所输出的统计量作为因子,数值预报误差及局地气候影响等因素,自动统一到建立统计方程的拟合误差中,从而减少了误差源。而且,MOS方法还可引进很多在PP方法中无法从天气形势场中得到的中间过程物理数据。因而就预报效果来说,MOS方法要比PP方法好。

虽然,目前许多国家在日常短、中期天气预报中多使用MOS方法。但是,PP方法并没有被淘汰。因为MOS方法要求有较大容量的样本来建立统计方程,这些资料取自数值模式的产品输出,而数值模式建立和投入使用的年代并不长,加上模式不断更新,因子和方程的稳定性也受到限制。针对这种情况,利用较长的历史环流资料的PP方法仍有使用价值。从提高预报准确率角度而言,加进一些前期时刻的地面或高空观测资料,即把上述的经典统计方法,PP方法和MOS方法结合在一起建立预报方程会取得较好的效果。

(2)MOS预报模型的因子

在MOS预报中,预报模型的因子选择对预报效果有重要影响。路爽等(2006)在开展沈

阳市降水概率预报服务系统研究中,根据天气学原理和预报员的多年预报经验,选择对沈阳市降水有较大影响的因子。考虑冬、春和秋季天气系统移动较快,浅薄系统对降水的作用不大。因此,选择高空500 hPa的系统作为因子,符合天气型的,在天气系统影响关键区内有影响系统的记为1,不符合天气型的记为0;对应地面有影响系统的记为1,无影响系统的记为0。夏季中、低层的天气系统就可以产生降水。选择500、700、850 hPa的天气系统分别作为独立因子,对于日本数值预报传真图上因子的确定原则:沈阳上空物理量的预报有利于降水的记为1,不利于降水的记为0。对以上4种MOS预报的结果进行0,1化处理后,再用概率回归方法得到降水概率值。

对预报效果进行检验,TS评分结果表明:MOS预报的降水准确率高于日本数值预报,MOS集成预报的结果在各种MOS预报结果平均偏上的水平。概率预报的Brier评分结果表明:在MOS综合基础上的概率回归(REEP)方法得出的概率预报结果较为理想。

李生艳等(2008)利用2003—2005年欧洲中心(ECMWF)数值预报产品地面气压场、850 hPa温度场、700 hPa相对湿度场、500 hPa高度场和常规资料,应用MOS预报方法和多元线性回归技术,研究建立了广西90个站1～7天的最高、最低温度预报方程。

由于预报因子往往取自模式输出的物理量场,在场中格点变量变化大致相同,变量的变化存在高度相关的情形,可以使用岭回归分析方法,建立模式输出的预报模型。徐琳娜等(2006)用数值预报输出产品,资料处理使用PP方法,预报模型使用卡尔曼滤波、最优子集回归和岭回归3种统计方法进行数值模式的统计释用研究,对四川省温江、宜宾、内江、达县5—6月的温度预报进行了探讨。结果表明:在样本完全相同的情况下,3种预报方法效果相当,但从运行速度来看,岭回归最快,卡尔曼滤波其次,最优子集回归最慢;在预报方法相同而样本长度不同的情况下,样本长度为60天的预报效果较好。他们认为岭回归预报方法更具有使用价值。

王在文等(2012)利用北京市气象局中尺度业务模式(MM5 V3)12:00(世界时)起始数值预报产品和观测资料,制作北京15个奥运场馆站点6～48小时逐3小时的气象要素释用产品时,用支持向量机非线性回归方法制作预报。他们认为对某些预报量与预报因子之间相关性不显著的要素,如风、比湿等,采用支持向量机非线性回归技术较多元回归的MOS方法更具优势。

研究过程中主要采用统计学方法,为能更全面、准确地选取因子,对资料进行预研究,将ECMWF输出的各要素场与同期全区90个站12个月极端气温求相关,通过对这些场的分析,找出相关较大的要素及其关键影响区。这些因子基本包含了各个季节影响广西温度变化的因素,如反映850 hPa锋区强度及位置、地面锋面位置及冷高压强度、高空环流形势、副高强度、南支及孟湾系统的影响等。按月划分,分别建立各月各预报时效24～168小时的因子样本库,样本长度一般为84～93。在最后得到的MOS预报方程中,因子总数一般控制在10个左右,方程均通过显著水平0.01显著性检验,试报检验效果较好。

在动力统计预报模型中,组合因子的类型可有各种形式。例如,李法然等(1986)提出根据天气动力理论及预报员的经验对因子进行组合。他们把城市位置附近的形势场的网格点按二维矩阵编号,然后做因子组合。例如,有反映环流背景东高西低的因子,或用某一区域或一行上格点总和来反映副高强度变化,用两个纬度高度差反映北(南)支气流的强度。还使用动力统计量,如不同纬度的高度场水平梯度$\triangle H$来反映风力大小。用涡度组合反映涡度的南北梯度大小。他们认为一些非线性因子也能够反映一定的物理意义。如使用指数函数反映垂直速度与降水量关系:当有下沉气流上升速度很小时不可能有降水,当上升速度增加到某一值后,降水量也不会线性增加。这种函数正好描述这种过程。又如涡度值，普遍认为难于被用来做MOS预报。但用指数函数对涡度变换后，也发现它与降水量有这种函数关系。实例计算表明，经变换后涡度与降水量的相关系数由原来的0.26上升至0.56。说明它们较好地反映了输出统计量与降水的非线性关系。

因子的选择问题是关系预报模型的预报效果。黄嘉佑等(1993a)对数值预报输出的多个变量场的大量预报因子群进行不同方案的因子选择试验研究。选取河南黄河三花地区汛期降水为预报对象，取同期前一天14个MOS输出物理场资料。为了消除单站逐日降水的不稳定性，逐日将该区所有站降水量求平均，由此得该区降水量序列。这一序列作为预报对象，用上述各物理场各网格点作为因子，建立REEP降水概率预报方程。预报量的0,1值以平均值(4.3 mm)为分界值。

在建立预报方程中需对上述14个物理场1386个因子进行筛选。一般因子的筛选是以因子与预报量的线性相关系数是否显著(显著水平常用0.05)作为选择的标准。但由于气象要素之间关系的复杂性，仅考虑它们之间的线性关系是不够的，还应考虑其非线性关系。因此，选择因子时，应选取线性和非线性相关系数显著的因子。预报量 y 与因子 x 的线性和非线性相关关系常有线性、幂指数、自然指数和对数等4种类型。为预报需要，除考虑预报量与因子的相关关系密切程度外，还应考查因子的预报能力。这种预报能力与预报量和因子的关系稳定性有关。其关系稳定性可用它们的线性和非线性相关系数变化情况来表现。设所取的样本容量为 N，若选取 $m+1$ 个不同容量的样本，如分别选取其中的 $N,N-1,N-2,\cdots,N-m$ 样本容量的样本，计算它们之间的相关系数。以因子相关系数的变异系数作为度量，并称为因子的预报稳定性。显然，当某一因子与预报量的相关系数的变化系数有较小值且它与预报量有较高的相关系数时，则这一因子为预报能力较强的因子。计算时(取 $m=5$)比较不同类型因子预报能力，取其中最强者为入选因子。他们用这种方法对14个物理场上的因子进行筛选。待选因子群可以是各物理场中单个格点，也可以是由各场格点综合而成的新因子。

为了克服对所有物理场做考虑时因子数量太大而产生的困难，他们采取对逐个物理场上的因子用逐步回归方法进行筛选。这种方法既可保证所选择的因子与预报量有密切关系，它们之间关系又较小，从而能作为该物理场的代表性好的因子(对预报量而言)。又考虑到实际因子与预报量的显著相关系数个数不是很多，他们选取15个预报能力较强的因子作为粗选，建立每个场的待选因子群。然后用逐步回归进行第一次筛选。最后再把各场中的代表性好的因子集中在一起用逐步回归进行第二次筛选，从而建立最后的降水概率预报方程。又考虑到单个网格点作为因子时仅能反映物理场中该点物理因素的作用，其天气意义是十分有限的。而且单个格点的序列随机性较大，易受其他随机因素影响，与预报量的关系不容易保持稳定。进一步使用主分量分析方法提取各个物理场的主要分量作为场的综合因子，来反映场的主要变化特征，而且它们之间是相互正交，完全能满足场的代表性要求。对14个物理场的140个综合因子做与上述筛选方法类似的逐步回归建立预报方程，并称为主分量逐步回归筛选方案。

为了寻找场内局地范围的特征，并提取该范围综合因子，他们使用转动主分量分析方法对原主分量进行转动，得到的转动主分量作为新的场综合因子。用它们做类似的筛选，并称为转动主分量逐步回归筛选方案，其预报方程的解释方差比主分量逐步回归筛选方案有所提高。独立样本预报检验结果(报对12天)表明预报效果有所提高。试验表明，组合因子及因子的标准化处理在MOS预报中有较好的预报效果。

利用 EOF 和 CCA 方法进行因子综合是因子综合的常用方法之一。黄立文等(1997)结合中期数值预报产品的释用，利用形势场做中期路径预报，使用 EOF 和 CCA 两种方法提取形势场的有用信息，应用于台风路径 MOS 预报的研究。

他们从 500 hPa 高度场提取影响台风移动的天气信息，采用两种分析方法。一种是使用经验正交函数分析，把 500 hPa 高度场的信息浓缩到前几个主成分(时间权重系数)上作为预报因子，称为 EOF 因子；另一种方法是使用典型相关分析，利用高度场和台风各时次的位置两组变量，提取两组变量整体相关的主要信息，即典型变量作为预报因子，称为 CCA 因子，这些 EOF 或 CCA 因子表示了不同的天气强迫，称之为天气学因子。

进一步分别以 EOF 因子和 CCA 因子作为待选因子，采用逐步回归方法建立 24～120 小时台风路径预报方程，由于建立方程时，台风路径与部分天气学因子的关系为同时关系，因此预报时是代人 500 hPa 数值预报高度场的 EOF 因子或 CCA 因子。

图 11.1.2a～d 分别是 00 h 的 500 hPa 高度场的第 2、第 6 个特征向量和 96 h 的高度场的第 1、第 6 个特征向量，图 11.1.2a 反映了夏季最常见的 500 hPa 形势场，日本岛上空的负中心对应副高中心。沿 20°N 出现的闭合中心是样本中台风的初始位置；在图 11.1.2b 中，有两个明显的正、负相关中心，右边为副高中心，左边为相对的低值区，它反映了台风前 96 小时500 hPa位势东高西低的配置。在图 11.1.2c 中，南海区域北面为平直西风(或东风)气流。图 11.1.2d 反映了该区域中位势中间高、南北低(相对于副高形势)的型式。显然，这些 EOF 因子代表了夏季常见的天气形势，它们可看作是对台风路径起作用的天气强迫因子。

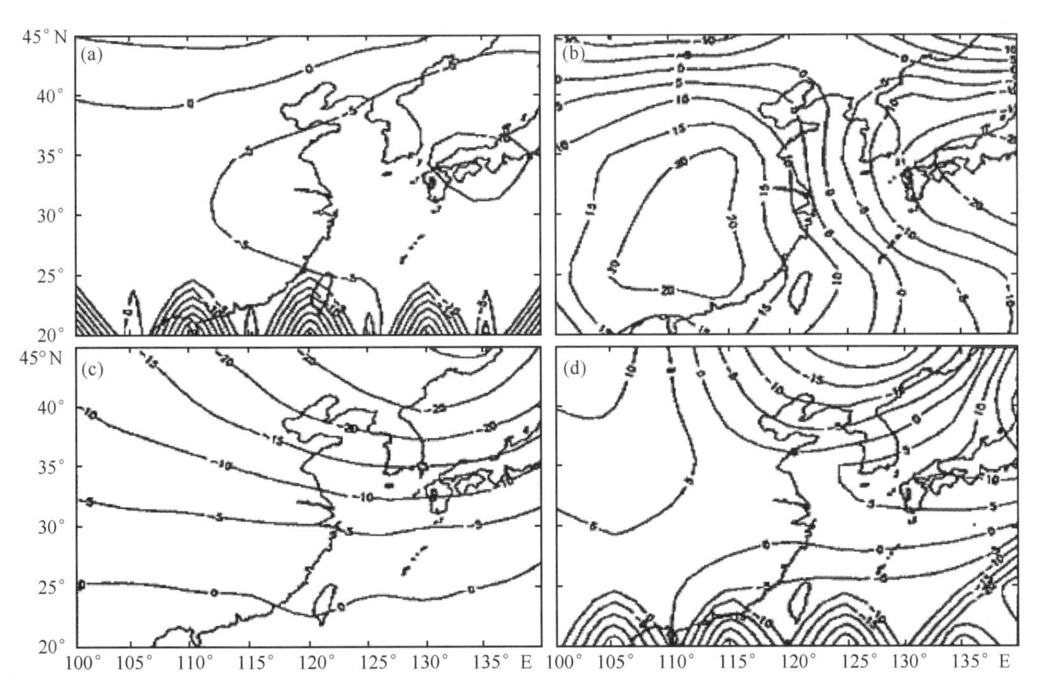

图 11.1.2　500 hPa EOF 因子对应的特征向量

(a)00 h 第 2 个特征向量；(b)00 h 第 6 个特征向量

(c)96 h 第 1 个特征向量；(d)96 h 第 6 个特征向量

图 11.1.3a 是 00 h 的 500 hPa 高度场的 CCA 第 1 典型变量权重系数分布，由图可见，东南—西北走向一带是一片负值区，并有两个负中心，这说明台风移动与该区 00 h 的 500 hPa 高度场呈负相关，负中心反映了副热带高压脊西伸的活动位置。图 11.1.3b 是 00 h 的 500 hPa 高度场的第 2 典型变量权重系数分布，沿 25°N 一带，出现交替的正、负中心，反映了台风移动和副高活动正、负相关的位置。图 11.1.3c 是 96 h 的 500 hPa 高度场的第 1 典型变量权重系数分布，它反映了 96 h 副高西伸位置和台风移动的关系。图 11.1.3d 反映了 96 小时变高场权重分布与台风移动的关系。可见，在 96 小时台风位移预报中起重要作用的 CCA 因子有清楚的天气学意义。

试验预报结果表明，用 CCA 方法不仅对原变量场降维大，而且由于它直接提取与台风路径最大相关的高空天气整体信息，因而，能更有效地减小误差(特别对于中期)。用 EOF 因子刻画了常见的主要天气型，但它并不是从与台风路径的最大相关中提取天气信息。因此，在应用于台风路径预报中组合天气学因子时，其效果比没有用 CCA 方法好。

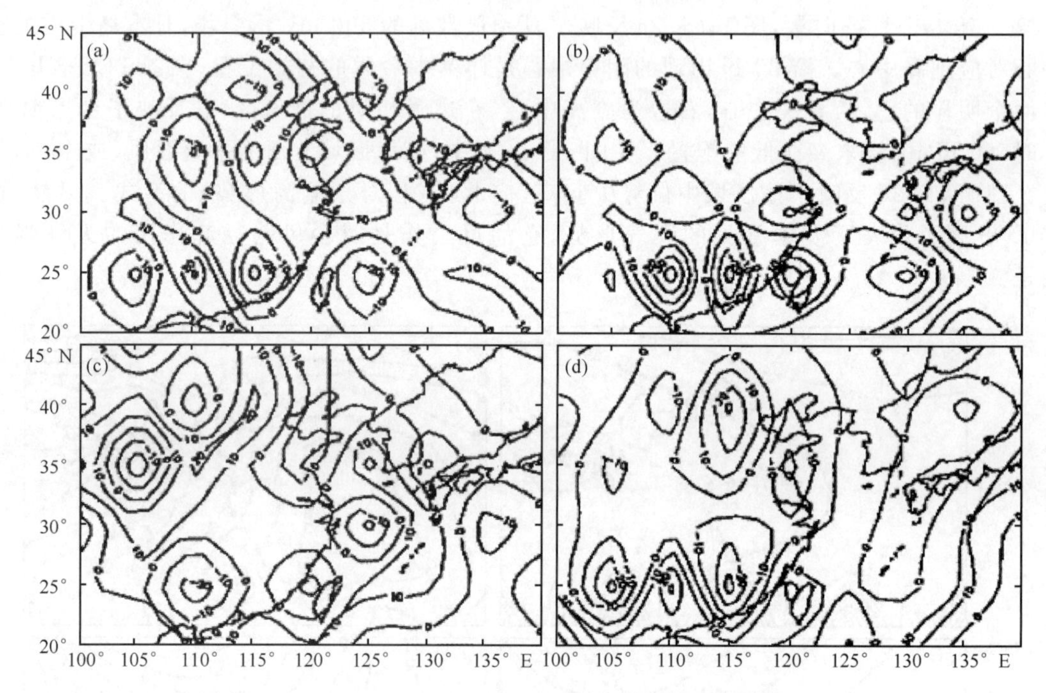

图 11.1.3　500 hPa CCA 因子对应的典型变量权重系数

(a)00 h 第 1 典型变量权重系数；(b)00 h 第 2 典型变量权重系数

(c)96 h 第 1 典型变量权重系数；(d)96 h 第 2 典型变量权重系数

(3)MOS 预报模型的优化

在 MOS 预报中，选择合适的统计方法对预报模型进行优化，可以提高预报的准确度。

符长锋等(1992)提出对无降水样本进行消空处理，可以提高降水概率预报。他们从有限区细网格模式输出的格点资料和天气动力诊断分析场中筛选因子，以建立无降水样本的消空判别方程。

为了使预报量较好地满足正态性要求，消除那些无降水日和弱降水日，重新建立模型的依赖样本。在建立判别方程中，对各种线性和非线性因子进行筛选。试验表明，90%以上的入选因子的函数类型是非线性的，非线性因子的相关系数通常比线性相关系数提高较多，取得较好的预报效果。

在经非线性因子的判别方程消空处理后的样本中，各自然片（分区）降水频数均可达到正态和准正态分布。以三花片为例，图 11.1.4 是无降水样本消空处理前、后片雨级的频数分布曲线。从图可见，因无降水和弱降水样本基本消除，片雨级频数由非正态分布变为正态分布。由于片雨级的正态性改善，使得降水预报效果有所提高。

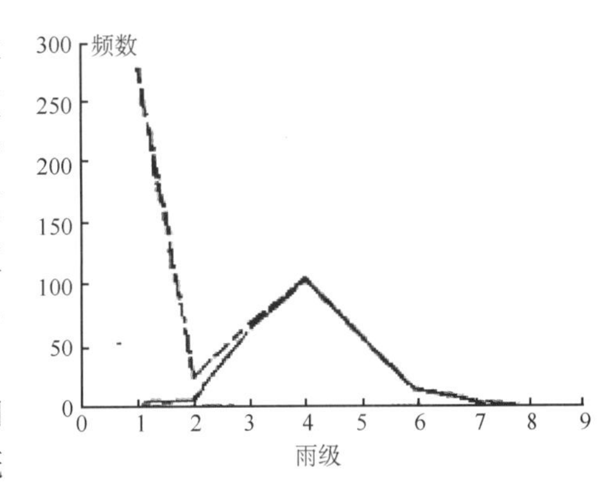

图 11.1.4 无降水样本消空处理前（虚线）、后（实线）三花片雨级的频数分布曲线

钟元等（2000）对浙江省 11 个城市 4—6 月汛期大—暴雨进行降水概率预报，由于大—暴雨是小概率事件，用线性相关与事件概率回归估计（REEP）的方法构造预报模型十分困难。他们提出使用条件分级逐步预报的方法，统计在有降水条件下的中雨事件的概率，及有中雨条件下的大—暴雨事件的概率。发现在有降水条件下的中雨事件概率及有中雨条件下的大—暴雨事件概率都不属小概率事件，可以使用事件概率回归估计（REEP）的方法，分别建立在不同条件下的大—暴雨的预报模型。

邵明轩等（2003）提出用非线性多因子动态组合方法来做降水概率预报。他们对逐时段定点降水 0～1 的离散变量进行预报，用实际降水量和低层相对湿度，以阶梯函数形式组合成一个连续的降水可能函数，此函数是一个连续型变量。在如何考虑预报因子和降水可能函数的非线性问题时，使用权重和卡尔曼滤波方法，设计了一个新的确定因子权重的动态方法来预报降水可能函数。

在 MOS 预报中的预报方程，不同季节是不同的，如何按季节划分建立最优的预报模型是十分重要的问题。车钦等（2011）研究了极端温度 MOS 预报中的季节划分问题，他们所用资料包括 2003—2009 年 T213 模式输出的基本物理量和诊断量预报场资料，对华北地区 154 个测站日最高、最低温度建立 MOS 预报方程，提出一种新的 MOS 温度预报方程季节划分方式，分别为早春晚秋类（2 月 11 日—3 月 10 日和 11 月 5 日—12 月 4 日）、夏季类（5 月 1 日—9 月 30 日）、晚春早秋类（3 月 21 日—4 月 30 日和 10 月 1 日—11 月 4 日）、冬季类（12 月 5 日—次年 2 月 10 日）。检验结果表明，利用新分类方法制作的极端温度 MOS 预报的整体效果好于传统的季节划分得到的 MOS 极端温度预报效果。

赵云武等（2011）基于 MEOFIS 平台开展了苏州本地化释用和气温检验。该平台利用 T639 模式输出资料结合苏州历史实况资料建立预报方程，提供完整的长时效的数据。模式资料的准备采用了中国气象局外网下发的 T639 模式实时预报场，利用其 2007—2010 年 4 年资料建立预报方程。得到了具有精细化指导作用的要素预报产品，时间分辨率为 3 小时，空间分辨率达乡镇级。但是，对预报误差分析表明，如果相邻两天的日最高、最低气温起伏剧烈，对应时段内 MEOFIS 的预报误差则较大。他们进一步利用集合经验正交分解（EEMD）方法，对逐 3 小时气温预报进行滤波。例如，使用 EEMD 方法对在 2011 年 7 月的 25～48 小时时效内逐 3 小时温度预报误差进行滤波（图 11.1.5）。

从图 11.1.5 可见，滤出较明显的两个波：第一波为温度预报误差，7 月前期预报值小于实况值，而在 7 月后期预报值略大于实况值。而第二波则为典型的双周振荡，这与大尺度 Rossby 波的周期正好一致，说明大气环流的大尺度调整会直接影响模式预报的误差。经过两次滤波处理后,数据点再无明显周期,可认为滤波结束。类似地,处理其他方程预报误差也发现,预报误差仍具有一波和二波的显著周期,通过滤波后可使气温预报准确率提高。

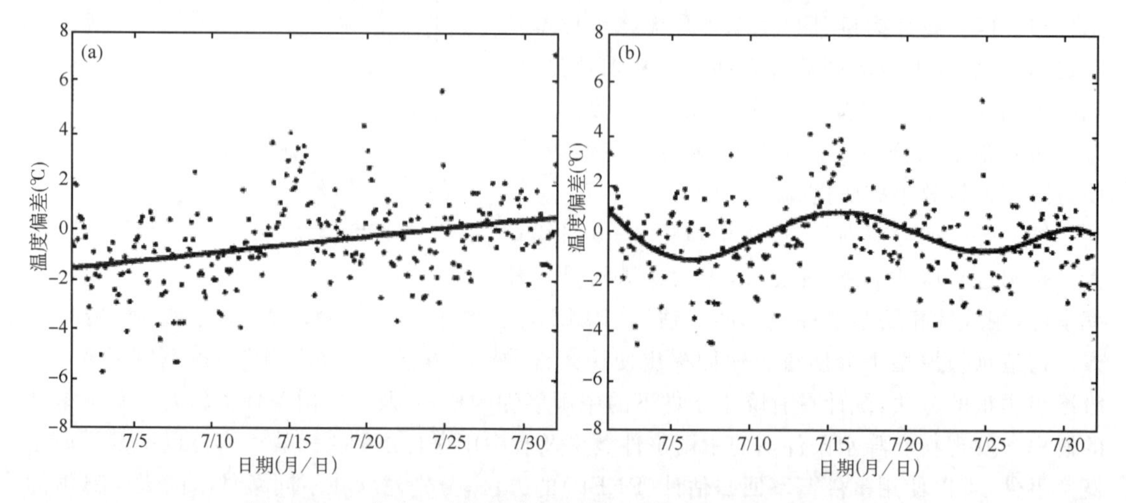

图 11.1.5 集合经验正交分解法对 MEOFIS 在 2011 年 7 月的 25~48 小时时效内逐 3 小时温度预报误差滤波(a)第一波;(b)第二波

钟元等(2009)应用台风初始参数、历史过程的天气形势场和物理量场及数值预报产品,构造预报区域内当前时刻至未来时刻环境要素场的多元客观相似判据,对台风过程的雨量做相似预报。

他们认为以往的相似仅取一个时刻的相似,是静态相似,不能反映事件演变的过程,提出动态相似,即过程相似。取预报时刻($t=0$)和预报时刻前 6 小时和前 12 小时的台风参数,判别因子环境场是否存在动态相似,环境场预报样本取数值预报天气形势场,环境场历史样本取天气形势实况场。对于大尺度天气形势,环境场的相似区域取台风周围的中层高度场和高层流场,过程相似的环境场取以台风为中心的 $10°\times10°$ 范围的低层环流场、中层引导场、垂直运动和水汽输送等环境场。

环境场的空间相似程度使用两个场的系数计算,为了避免不易凸显形势场的相似特征,先分别求每个纬圈方向标准化的相似系数和每个经圈方向标准化的相似系数,再对所有纬圈的相似系数按纬圈数平均得到场的纬向相似系数,类似地,求出经向相似系数,它们之和定义为空间平面相似系数。

历史样本与预报样本之间空间平面场的差异性,使用欧氏距离评估空间平面场距离的相似。对空间某个固定点要素值的历史样本与预报样本的差异性,使用距离来表征它们在性质上的差异,用距离或绝对距离判定空间点要素值的相似。

当应用多种因子构造相似判据时,由于诸多相似判据的量纲和值域都不一致而难以对它们进行综合评估。他们使用相似频率分布进行综合,利用分段函数构成非线性分布函数,其作用增大了相似样本的权重,减小了不相似样本的权重,有利于历史样本在相似程度上的分离和进行较佳相似。

最后根据关键因素及目前可以得到的数值天气预报产品,选取 15 个因子,构造 28 个相似判据。每个样本的台风参数是:时间、位置、中心气压和中心最大风速,计算非线性的相似指数,综合评估历史台风样本与预报台风在多元判据下的连续动态相似程度,以此找到相似样

本。应用相似样本的历史雨量记录进行相似指数的权重综合，得到台风未来雨量的定点、定量预报值。预报试验表明该方法具有一定的预报技巧。

毛卫星等(2005)利用1975—2004年500 hPa高度场和850 hPa温度场资料，分别使用纬向谐波分析方法，计算出北、南不同纬带超长波和长波合成波，作为预报基本资料库。每天预报时，首先将接收到的ECMWF前3天和当天00时分析场及24～72小时的预报场资料进行谐波分析计算，然后将这7天的谐波分析与历史上的连续过程资料进行比较，计算相似离度指数，动态地寻找相似过程，最后依据预报日和相似日之间计算的相似离度值确定最佳相似日。而后，依据所得到的最佳相似日，从事先建立的逐日风向风速数据库中提取该相似日(08、20时)及其后5天的全国各地风向风速资料作为预报日未来12～120小时每隔12小时的风要素预报。

11.2 随机气候模式

使用随机观点对气候系统的变化进行解释，是气候学动力统计结合的另一种表现。

(1)随机气候模型概念

在大气的气候变化过程中，除系统相互作用外，随机因素的影响是不可忽视的。因为在大气系统气候变化过程中，除了主要的控制变化的物理过程外，还存在其他次要因素的影响，它们可以把其他次要因素看成一种随机外力的激发作用，从而把这一过程看成一种随机过程。

20世纪70年代末由Hasselmann(1976)提出的随机气候模式，就是从气候系统内不同时间尺度过程的相互作用角度出发建立起来的一种理论模式。他把大气长时期缓慢的气候状态变化和短期的天气变化统一考虑在一个预报方程中，系统中的瞬时状态可描述为一个向量$\mathbf{Z}=(z_1,z_2,\cdots)$，其中某一分量$z_i$的预报方程可表示为

$$\frac{\mathrm{d}z_i}{\mathrm{d}t}=w_i(\mathbf{Z},t) \tag{11.2.1}$$

式中，w_i为$\mathbf{Z}$的非线性函数。在系统中可包含有两个不同时间变化尺度的子系统，其一是迅速变化的天气系统X，它的时间变化尺度为几天。另一个为缓慢变化的气候系统，记为Y，它的变化尺度为几个月、几年甚至更长时间。由于存在两个不同时间尺度的子系统，故(11.2.1)式的预报方程可分离地写为

$$\frac{\mathrm{d}X_i}{\mathrm{d}t}=u_i(X,Y,t) \tag{11.2.2}$$

$$\frac{\mathrm{d}Y_i}{\mathrm{d}t}=v_i(X,Y,t) \tag{11.2.3}$$

其中，(11.2.2)式就是目前短期数值预报的基本模式。在该方程中，气候状态Y可看成定常状态。对于长期天气预报或气候变化的研究主要兴趣在(11.2.3)式。对该式分离去除气候平均状态后，气候变化部分就可写为

$$\frac{\mathrm{d}y}{\mathrm{d}t}=v(t) \tag{11.2.4}$$

式中，$v(t)$是仅依赖于短期大气状态X的变化及气候平均状态的函数。

这一模式简化结果就和一般的流体粒子运动方程完全类似。把短期大气变化作为随机输入，以缓慢的气候变化作为输出，这就是随机步行过程或马尔科夫过程。其结果产生的气候状

态的概率分布和矩特征就完全可由 Fokker-Planck 方程所描述，或者用气候状态的变化方程描述为

$$\frac{dy}{dt}=-\lambda y+f \tag{11.2.5}$$

式中，$\lambda>0$ 称为气候反馈系数。

Wright(1979)提出另外一种随机气候模型。他认为模拟局地气候振动必须具备下面几个条件：①一些相关变量必须反映气候变量，这些变量是需要研究或做出预报的。例如，大气中的环流系统、局地气温和降水；②必须包含随机输入，它反映不可预报的参数化部分。因而模型本身不是决定性的。需用不同的随机序列对模型做多次试验，最后从多个结果中得到概率性的预报；③模型必须准确地反映相关变量的反馈关系；④模型必须尽可能地简单，且具有物理意义。

一个气候变量 V(可以是局地海温、冰盖或环流系统)受其他变量 $E1,E2,\cdots,En$(总称为 E)所影响。则其变化可写为

$$dV/dt=\alpha 1(V,E)+\alpha 2(V,E)+\alpha 3(V,E) \tag{11.2.6}$$

式中，$\alpha 1$ 为平流；$\alpha 2$ 为辐射；$\alpha 3$ 为传导等作用。上式可综合写为

$$dV/dt=\beta(V)+\theta(V,E)+\chi(E) \tag{11.2.7}$$

式中，β、θ、χ 分别表示单变量及相互作用函数。他认为可以根据所研究的对象加上随机外力建立相应的随机气候模式。

在气候系统内部，不同圈层之间的相互作用也可以使用随机观点进行描述。Saltzman(1982)在研究海冰—海洋—大气圈层相互作用，以及 CO_2 的影响反馈机制时，提出建立气候系统的动力模式，除考虑系统的物理过程和外力作用外，还必须考虑随机外力的影响。

海气的相互作用是由海洋及大气两个系统内部各种因素和随机因子相互作用的综合结果，在这一过程中存在它们自身的或相互之间的多种反馈过程，这些过程又是相互调整、相互制约的。它们之间的相互作用首先可以想到的是热交换，如蒸发、凝结热、感热输送等。从长期或气候角度来说，主要是海洋的热力不均匀。大气中的超长波受到下垫面不均匀热源的加热作用后，它的某些性质将改变，如改变槽脊的地理位置，从而改变气流方向，影响天气尺度波的发生频率和强度。另一方面，天气尺度的扰动的积累也影响大气的超长波和海温的变化，使大气和海洋的气候平均状态发生变化。

根据这种观点，李麦村等(1984)选取大气温度 T 作为大气超长波的代表。这是因为在气候变化的讨论中有关大气温度的研究较多，而且大气平均层(500 hPa)的位势高度与大气温度有一定的关系，所以用气温可代替大气流场。对大气加热的热源可看成是海温、气温及其他变量(如风速、云量、相对湿度等)的函数。在海气系统中，在热交换到达平衡态时，系统将有同一温度，这时各系统的气候平均值是一致的，且等于气候平衡态之值。因此，对热源在系统气候平衡态上可以得到关于海气系统随机气候模式，其海气变量系统的耦合微分方程为

$$\begin{cases}\dfrac{dT_d}{dt}=-\lambda_2 T_d+\lambda_1 T_{ds}+W_1(t)\\[2ex]\dfrac{dT_{ds}}{dt}=-\lambda_3 T_d+\lambda_4 T_{ds}+W_2(t)\end{cases} \tag{11.2.8}$$

式中，T_d 和 T_{ds} 分别为气温和海温距平；$\lambda_i(i=1,2,3,4)$是与平衡态下海温、气温和其他大气及海洋变量有关的量，又称为反馈系数；W_1 和 W_2 分别为大气系统和海洋系统与热源有关的

随机外力。

黄嘉佑(1988)利用海气系统随机气候模式，把大气中天气过程当成随机外力并建立关于海温气候变化的随机动力模式。认为在海气交互的系统中，其随机外力是相同的。即

$$W_1(t)=W_2(t)=W(t)$$

对海温做二次微分，然后把气温变化的微分代入，有

$$\frac{\mathrm{d}^2T_{ds}}{\mathrm{d}t^2}+(\lambda_2+\lambda_3)\frac{\mathrm{d}T_{ds}}{\mathrm{d}t}+(\lambda_2\lambda_3-\lambda_1\lambda_4)T_{ds}=\frac{\mathrm{d}W(t)}{\mathrm{d}t}+(\lambda_2+\lambda_4)W(t) \tag{11.2.9}$$

利用差分代替(11.2.9)式中的微分，即使用

$$\frac{\mathrm{d}T_{ds}}{\mathrm{d}t}\cong T_{ds}(t)-T_{ds}(t-1)$$

代入得到

$$\frac{\mathrm{d}^2T_{ds}}{\mathrm{d}t^2}\cong T_{ds}(t)-2T_{ds}(t-1)+T_{ds}(t-2) \tag{11.2.10}$$

再差分化，则(11.2.10)式变为描写不同时刻的海温距平差分方程

$$T_{ds}(t)-\varphi_1T_{ds}(t-1)-\varphi_2T_{ds}(t-2)=\theta_1W(t)-\theta_2W(t-1) \tag{11.2.11}$$

其中

$$\varphi_1=\frac{2+\lambda_2+\lambda_3-\lambda_2\lambda_3+\lambda_1\lambda_4}{1+\lambda_2+\lambda_3}$$

$$\varphi_2=\frac{1}{1+\lambda_2+\lambda_3}$$

$$\theta_1=\frac{1}{1+\lambda_2+\lambda_3}$$

$$\theta_2=\frac{\lambda_4-\lambda_2}{1+\lambda_2+\lambda_3}$$

若令随机白噪声

$$w(t)=\theta_1W(t)$$

(11.2.11)式还可写为

$$T_{ds}(t)=\varphi_1T_{ds}(t-1)+\varphi_2T_{ds}(t-2)-\theta w(t-1)+w(t) \tag{11.2.12}$$

其中

$$\theta=\frac{\theta_1}{\theta_2}=1-\lambda_4-\lambda_2$$

上式即为统计学中的自回归滑动模型 ARMA(2,1)。

(2)随机气候模型的预报

使用观测资料把随机气候模型的微分变成差分形式，加上随机外力，可以实现大气变量的预报。

黄嘉佑(1995)把随机气候变化方程推广到整个大气变量场，即把变量场看成大气状态向量，变量场的变化方程写为

$$\frac{\mathrm{d}\boldsymbol{y}}{\mathrm{d}t}=-C\boldsymbol{y}+\boldsymbol{f} \tag{11.2.13}$$

式中，C 为反馈系数矩阵；$\boldsymbol{f}$ 为随机外力向量。写成差分形式为

$$\frac{\boldsymbol{y}(t+\Delta t)-\boldsymbol{y}(t)}{\Delta t}=-C\boldsymbol{y}+\boldsymbol{f} \tag{11.2.14}$$

令 $\Delta t=1$，上式变为

$$\boldsymbol{y}(t+1)-\boldsymbol{y}(t)=-C\boldsymbol{y}(t)+\boldsymbol{f} \tag{11.2.15}$$

对变量场 X，令 $B=-C,X=Y$，对变量场中 p 个格点变量，可以得到如下差分方程组：

$$\begin{cases}x_1(t+1)-x_1(t)=b_{11}x_1(t)+b_{12}x_2(t)+\cdots+b_{1p}x_p(t)+f_1\\x_2(t+1)-x_2(t)=b_{11}x_1(t)+b_{12}x_2(t)+\cdots+b_{1p}x_p(t)+f_2\\\cdots\\x_p(t+1)-x_p(t)=b_{11}x_1(t)+b_{12}x_2(t)+\cdots+b_{1p}x_p(t)+f_p\end{cases} \tag{11.2.16}$$

或者变换为如下的方程：

$$\boldsymbol{y}(t+1)=(I-C)\boldsymbol{y}+\boldsymbol{f} \tag{11.2.17}$$

对变量场 X，令 $B=I-C,X=Y$，对变量场中格点的变量，可以得到如下差分方程组：

$$\begin{cases}x_1(t+1)=b_{11}x_1(t)+b_{12}x_2(t)+\cdots+b_{1p}x_p(t)+f_1\\x_2(t+1)=b_{11}x_1(t)+b_{12}x_2(t)+\cdots+b_{1p}x_p(t)+f_2\\\cdots\\x_p(t+1)=b_{11}x_1(t)+b_{12}x_2(t)+\cdots+b_{1p}x_p(t)+f_p\end{cases} \tag{11.2.18}$$

上面两种差分方程形式中，如果把等式左边看成预报量，变量场中格点变量为因变量，那么，上面的差分方程就是一般的多元线性回归方程，其反馈系数矩阵元素可以通过回归分析方法确定，从而做出未来时刻的变量场预报。对两种差分方程中预报量作为预报场，把方程组右边变量组组成因子场，使用 CCA 方法做副高系统的预报试验，分别记为预报模型 M1 和 M2。试验结果表明，M2 预报模型比 M1 预报效果好，落后步长为 1 个月的预报有较高的可预报性。

使用海气相互作用的气候模型，利用差分方法，把模型变成海温变化的随机模型，使用海温观测资料，可以实现海温的长期预报。黄嘉佑(1988)利用赤道太平洋 Nino 区的实测的海温时间序列，通过谱分析，估计海气相互作用系统的反馈系数，然后用白噪声的递推估计的条件期望方法可做出任一时刻海温距平的预报值。

他进一步考虑到季节变化对气候系统的影响，把非线性周期变化项加到海气耦合随机动力模式中，以反映系统的季节变化。把海气相互作用原模式(11.2.8)变为

$$\begin{cases}\dfrac{\mathrm{d}T_d}{\mathrm{d}t}=-\lambda_2T_d+\lambda_1T_{ds}-\lambda_5T_{ds}\sin(\omega_1t+\varphi_1)+W_1(t)\\\dfrac{\mathrm{d}T_{ds}}{\mathrm{d}t}=-\lambda_3T_d+\lambda_4T_{ds}-\lambda_6T_{ds}\sin(\omega_2t+\varphi_2)+W_2(t)\end{cases} \tag{11.2.19}$$

式中，$\lambda_5>0,\lambda_6>0$ 为非线性周期外力影响项的反馈系数。利用差分形式，整理得到海温随机预报模型：

$$T_{ds}(t)=\varphi_1T_{ds}(t-1)+\varphi_2T_{ds}(t-2)-\theta_1W'(t-1)+W'(t) \tag{11.2.20}$$

其中

$$\varphi_1=\frac{2+\beta+\gamma}{1+\beta}$$

$$\varphi_2=-\frac{1}{1+\beta}$$

$$\theta_1=1-\lambda_4+\lambda_2$$

$$W'=W/(1+\lambda'_3+\lambda'_2)$$

(11.2.20)式为自回归滑动模型 ARMA(2,1)。对赤道东太平洋地区平均海温序列做模拟试验表明,在海气系统中加入周期性外力的影响能进一步改善海温的模拟效果,所得的模拟序列对实测序列的解释方差接近70%。试验还表明,周期性外力的加入使大气系统自身负反馈作用增加,有利于海温负异常振幅加大,当周期性外力加入使海洋系统自身负反馈作用减弱时,则有利于海温正异常振幅加大。

王莉等(1999)使用实际观测(1951—1996年)逐月赤道太平洋海温 Nino 区实测的海温时间序列,来估计海温 ARMA(2,1)模型的参数,得到如下预报方程:

$$T_{ds}(t) = 1.71T_{ds}(t-1) - 0.75T_{ds}(t-2) - 0.91(t-1) + w(t)$$

对1951—1996年赤道太平洋地区逐月海温做预报估计,估计值序列与实况序列相关系数为0.83,平均预报误差为0.56℃。

他们进一步认为预报模型即 ARMA(2,1)应该随时间变化,然后利用卡尔曼滤波对模型中时间变化做逐月估计。用1951年1月—1980年12月的海温观测距平资料,得到滤波收敛 ARMA(2,1)模型参数的估计值为1.163、−0.555、−1.100。以此为基础将之用于1981—1996年16年间独立样本的海温距平逐月预报,12个月平均预报值与观测值的相关系数达0.92,有较好的效果。

对于大气变量场的预报,也可以利用随机气候模型实现预报。黄嘉佑等(1993b;1993c)考虑某一区域内的海气相互作用,忽略边界热交换并仅考虑区内不同位置的内部相互作用,设在该区域内气温场有 m 个网格点,海温场有 n 个网格点,则在气温场某一格点上大气的热量变化显然和 m 个网格点上的气温及 n 个网格点上的海温有密切关系。当然,它也与大气中的随机因素有关。

气温场中第 i 个格点第 t 时刻的变化存在海气相互作用,参考海气随机模型,其变化微分方程有

$$\frac{\mathrm{d}T_d(i,t)}{\mathrm{d}t} = \sum_{j=1}^{m}\lambda_1(j)T_d(j,t) + \sum_{j=1}^{n}\lambda_2(j)T_{ds}(j,t) + W_1(i,t) \tag{11.2.21}$$

式中,W_1 为大气系统中随机外力;$\lambda_1(j)(j=1,\cdots,n)$ 和 $\lambda_2(j)(j=1,\cdots,m)$ 分别为大气与海洋系统海气反馈系数。

类似地,海温场中第 i 个格点第 t 时刻的变化也存在海气相互作用,其变化微分方程也有

$$\frac{\mathrm{d}T_{ds}(i,t)}{\mathrm{d}t} = \sum_{j=1}^{m}\lambda_3(j)T_d(j,t) + \sum_{j=1}^{n}\lambda_4(j)T_{ds}(j,t) + W_2(i,t) \tag{11.2.22}$$

式中,W_2 为大气系统中随机外力;$\lambda_1(j)(j=1,\cdots,n)$ 和 $\lambda_2(j)(j=1,\cdots,m)$ 分别为大气与海洋系统海气反馈系数。

在海气的相互作用过程中,大气活动的特征一般是由高度形势场来表现的。因500 hPa 高度场接近对流无辐散层,与大气系统气温有密切关系。上面气温变量微分模型可以转换为高度场的微分方程式:

$$\frac{\mathrm{d}H_d(i,t)}{\mathrm{d}t} = \sum_{j=1}^{m}\lambda_1(j)H_d(j,t) + \sum_{j=1}^{n}\lambda_2(j)T_{ds}(j,t) + W_1(i,t) \tag{11.2.23}$$

(11.2.22)式和(11.2.23)式构成关于在一个区域内海洋与位势高度的耦合随机微分方程组。它们实际表现的是多变量系统的微分方程。若把 m 和 n 个格点的高度场和海温场的变量综合记为 $X_i(i=1,2,\cdots,p)$,其中 $p(p=m+n)$ 为总变量数。则(11.2.22)式和(11.2.23)式可改写为

$$\begin{cases}\frac{\mathrm{d}x_1}{\mathrm{d}t}=b_{11}x_1+b_{12}x_2+\cdots+b_{1p}x_p+w_1\\ \frac{\mathrm{d}x_2}{\mathrm{d}t}=b_{21}x_1+b_{22}x_2+\cdots+b_{2p}x_p+w_2\\ \qquad\vdots\qquad\qquad\qquad\vdots\\ \frac{\mathrm{d}x_p}{\mathrm{d}t}=b_{p1}x_1+b_{p2}x_2+\cdots+b_{pp}x_p+w_p\end{cases}\tag{11.2.24}$$

式中,b_{ij}为反馈系数;$w_i(i=1,2,\cdots,p)$为不同变量对应的随机外力。

反馈系数元素可以通过(11.2.24)式对应的差分方程组使用回归分析方法确定。因为其差分方程组为

$$\begin{cases}x_1(t)-x_1(t-1)=b_{11}x_1(t)+b_{12}x_2(t)+\cdots+b_{1p}x_p(t)+w_1\\ x_2(t)-x_2(t-1)=b_{11}x_1(t)+b_{12}x_2(t)+\cdots+b_{1p}x_p(t)+w_2\\ \qquad\vdots\qquad\qquad\qquad\qquad\vdots\\ x_p(t)-x_p(t-1)=b_{11}x_1(t)+b_{12}x_2(t)+\cdots+b_{1p}x_p(t)+w_p\end{cases}\tag{11.2.25}$$

在方程组中每一个格点变量方程实际上是一个多元回归方程,方程中反馈系数可以通过格点变量时间序列求出。

根据实际高度场和海温场资料,可以求出两个场中变量未来时刻的预报值。

当假定(11.2.25)式中外力均为0时,上式为多变量的常微分方程组,可把其特解写为如下形式:

$$x_i=v_i\mathrm{e}^{\lambda t}\quad(i=1,2,\cdots,p)\tag{11.2.26}$$

将解代入(11.2.25)式得如下线性方程组:

$$\begin{cases}(b_{11}-\lambda)v_1+b_{12}v_2+\cdots+b_{1p}v_p=0\\ b_{21}v_1+(b_{22}-\lambda)v_2+\cdots+b_{2p}v_p=0\\ \qquad\vdots\qquad\qquad\qquad\vdots\\ b_{p1}v_1+b_{p2}v_2+\cdots+(b_{pp}-\lambda)v_p=0\end{cases}\tag{11.2.27}$$

若令

$$\boldsymbol{S}=\begin{pmatrix}b_{11}&b_{12}&\cdots&b_{1p}\\ b_{21}&b_{22}&\cdots&b_{2p}\\ \vdots&\vdots&&\vdots\\ b_{p1}&b_{p2}&\cdots&b_{pp}\end{pmatrix},\boldsymbol{V}=\begin{pmatrix}v_1\\ v_2\\ \vdots\\ v_p\end{pmatrix}$$

则可写为矩阵方程:

$$(\boldsymbol{S}-\lambda\boldsymbol{I})\boldsymbol{V}=0\tag{11.2.28}$$

上式为关于反馈系数矩阵$\boldsymbol{S}$的特征方程,其中$\boldsymbol{\lambda}$为特征值,$\boldsymbol{V}$为特征向量。若$\boldsymbol{S}$为满秩,则关于式(11.2.28)的解可有p个,它们分别为$\boldsymbol{S}$阵的p个特征值和特征向量组成的形如(11.2.27)式的解。显然,当特征值为负值时,变量有趋于平衡态的变化趋势,否则则远离平衡态。其变化速度取决于特征向量的值的大小。如果特征值为复数时,系统有周期振荡的表现。

利用上面导出的关于一个区域内海洋和位势高度的相互作用随机动力模式,将微分方程组变为差分方程组可以做500 hPa高度场的长期预报。令差分时间间隔为单位时间,则在$t+1$时刻上某点高度距平衡态的偏差值可表示为

$$H_i(t+1)=H_i(t)+\sum_{j=1}^{m}\beta_{1ij}H_j(t)+\sum_{j=1}^{n}\beta_{2ij}T_{sj}(t)+\varepsilon_{1i}w \quad (i=1,2,\cdots,m) \tag{11.2.29}$$

式中，H 为 500 hPa 高度距平场，包含 m 个格点变量；T_s 为海温距平场，包含 n 个格点变量；β 为海气系统的反馈系数；ε_1 和 ε_2 为高度场和海温场的随机外力振幅，并假定它们不随格点位置变化；w 为白噪声。利用上式则可用前一时刻海温场和高度场做下一时刻的预报。类似地，关于海温的距平变化方程写为

$$T_{si}(t+1)=T_{is}(t)+\sum_{j=1}^{m}\beta_{3ij}H_j(t)+\sum_{j=1}^{n}\beta_{4ij}T_{sj}(t)+\varepsilon_{2i}w \quad (i=1,2,\cdots,n) \tag{11.2.30}$$

实现预报的困难在于对反馈系数值的估计。一种途径是考虑各点的海气相互作用的细微过程，用观测的数据计算其反馈系数。但由于实际测量的困难，这一途径几乎难于实现。

考虑到反馈系数是随时间变化的，可以采取用不同月做出分月的反馈系数估计，并认为月内它们是不变的。对差分方程组稍做变化有

$$H_i(t+1)-H_i(t)=\sum_{j=1}^{m}\beta_{1ij}H_j(t)+\sum_{j=1}^{n}\beta_{2ij}T_{sj}(t)+\varepsilon_{1i}w \quad (i=1,2,\cdots,m) \tag{11.2.31}$$

和

$$T_{si}(t+1)-T_{is}(t)=\sum_{j=1}^{m}\beta_{3ij}H_j(t)+\sum_{j=1}^{n}\beta_{4ij}T_{sj}(t)+\varepsilon_{2i}w \quad (i=1,2,\cdots,n) \tag{11.2.32}$$

如果把某一月方程式等号左边看成一个新变量，则每一个方程均可看成对某一新变量的回归方程，方程中含 $m+n$ 个因子，方程中的回归系数就是反馈系数，方程右边第 3 项就是误差项。使用 1951—1980 年 2—6 月两个场标准化距平值的资料并利用最小二乘法可做出 3—6 月的反馈系数估计。从各月高度场各格点的回归方程拟合方差来看，它们均能达到 0.05 以上显著水平。海温场的拟合方差略小些，不过仍能达到 0.10 显著水平左右。说明使用上面的回归方程能描述月际的高度场或海温场的变化。

从统计方法中得到上面方程组的反馈系数估计，原则上可用差分方程进行逐日积分计算，但实际计算过程是发散的。可以使用逐日的反馈系数估计，用适当的比例常数，如 $1/c$，乘以月反馈系数作为逐日的反馈系数的估计，c 值可用实验方法确定。确定原则为使得各月反馈系数矩阵最大的特征值实部的值尽可能地小，且保持稳定。

确定适当的比例常数后，即可对逐日的反馈系数做出估计，然后以步长为 1 天进行逐日积分计算，取西太平洋地区 2 月的月平均 500 hPa 高度场作为 2 月 15 日高度场的初始场，积分 120 天则可得到 6 月 15 日的预报场，即 6 月 500 hPa 月平均高度场的预报场。预报的试验在独立样本(1981—1986 年)中进行。把各月高度场与海温场各格点的回归方程的误差项看成作用在各格点上的随机外力，相应的外力振幅可用回归方程的残差均方差来估计。考虑到逐日的随机外力振幅比月的要小，以 0.01 作为比例常数乘月的各点随机外力振幅得到逐日的随机外力振幅估计。随机外力取正态白噪声(平均值为 0，方差为 1)。预报试验结果表明，当考虑随机外力情况下，预报场与观测场的相似性比原先的要好。说明次要因素的随机作用在海

气相互作用中是不可忽视的，随机动力预报要比纯随机和持续性预报要好。

为了考察季节间震荡(MJO)是否是引起 ENSO 春季预报障碍的原因，Peng 等(2012)对 Zebiak-Cane 模式，引入 MJO 预报模型的随机外力，定义外力为

$$\tau^{(x)}(t) = A[R(t) + 2R(t-\Delta t) + R(t-2\Delta t)] \cdot \cos(\omega_0 t + t_0) \frac{\exp\left[-\left(\frac{y}{10}\right)^2\right]}{\exp\left[-\left(\frac{x-x_0}{10}\right)^2\right]} \tag{11.2.33}$$

式中，R 为标准化随机变量(期望为 0，方差为 1)；t_0 为遵从均匀分布的随机变量，它变化范围是 0～2π。ω_0 取 2π/40 天，x_0 取 146°E，振幅 A 取 0.015 N · m^{-2}，时间间隔取 10 天，此随机外力作用在西太平洋地区。由此随机外力产生初值误差，随机模式误差，引起 El Nino 预报误差。试验结果表明，随机外力能够产生显著的春季预报障碍。

吉进喜等(2010)对赤道太平洋、印度洋和大西洋地区周平均海温场，以 EOF 分解方法为基础，提取第 1 模态的时间系数，建立 AR(2)模型，并对此模型参数进行了改进，作为卡尔曼滤波的状态方程。然后用卡尔曼滤波方法对时间权重系数进行了滤波预测，再通过预报值建立海表温度场的预报。

进一步考虑到海温变化的随机性，在卡尔曼滤波技术预测海温中，即在每一步预测时，引入了近似表达海温变率的随机扰动，不确定随机量的引入，更加形象地描述了海温异常，但同时必然带来预报结果的不确定性。为了消除预测效果的不确定性，借鉴集合预报的思想，通过生成不同的随机量，利用海表温度预测模型预测海温，最后将各个预测海温做等权平均，得到海温的最佳预测场。这样做可以滤掉预报中不确定随机扰动对结果的影响，从而提高预报质量。

试验中引入集合预报的思想对 SST 预测结果进行了重构，并与实况资料进行了相关性分析。以太平洋、印度洋、大西洋三大洋的热带海域为个例进行了预测试验。试验结果表明，预测效果较好，相关系数平均达到了 0.98 以上，而残差方差在 0.5 以内。

11.3 动力系统的可预报性

描述长期和气候过程的动力系统是否能够预报，其可预报性如何，是一个重要的研究问题。

郑志海等(2010)认为大气系统的混沌特征使得预报误差不可避免的快速增长和模式误差的稳定增长，因此在预报中，客观存在可预报的分量。预报中应区分哪些特征是可预报的，哪些特征是不可预报的，并针对可预报分量和混沌分量采取不同的预报方案和策略。

数值天气预报是作为初值问题提出的，它的中心问题是已知大气在一个时刻的观测值求解一般形式的流体动力学方程，即由已知的初始时刻的大气状态预报未来时刻的大气状态，大气变量的初始场作为近似真实的观测场，如果在初始场上加一个小扰动，则在未来时刻有一个预报增量。初始场可以看成一个由格点变量组成的向量，根据奇异向量分解理论可知，对任意向量，存在两个正交矩阵 $\boldsymbol{U}$ 和 $\boldsymbol{V}$，把叠加在初始场上的一个小扰动作为向量，使用奇异向量在标准正交基上进行分解。其较小奇异值对应的初始向量，方向上增长较小，表明初始误差在该方向上在预报时段内误差增长很小，即对初值不敏感，这正是可预报的稳定分量。在确定误差

增长的最大容许倍数后，就可确定出可预报的 P 个分量。最大容许倍数就是特征值的平方，确定一个阈值，当小于某个阈值时，则可认为前 P 个分量是可以预报的，剩下的分量就不可预报。P 个可预报变量的解释方差，他们称为该气象场的该子空间的可预报度。

郑飞等(2009)采用“将随机误差直接加入模式方程右端”的方法，利用一阶马尔科夫随机模式模拟模式误差，研究 ENSO 的可预报性问题。他们利用一个 ENSO(El Nino-Southern Oscillation)集合预报系统，通过 4 组 14 年的(单一或集合)回报试验(试验方案按照是否在预报过程中考虑了初始或模式随机误差扰动进行划分)，分别从确定性预报和概率预报角度，检验和探讨了随机初始误差扰动和模式误差扰动对 ENSO 集合预报水平的影响。该试验主要体现了模式物理过程不确定性的随机模式误差扰动，能够在整个 12 个月预报过程有效地提高集合预报系统的预报水平，但是对该系统而言，随机初始误差扰动对预报水平的影响相对较小。

Deque(1988)讨论用 ECMWF 模式做北半球冬季 500 hPa 场的 10 天可预报性时提出可用贡献较大的主分量估计可预报性。贡献较大的主分量能很好地被 EC 模式所预报。对于某个主分量其最大的可预报性，可以用观测值分量与预报分量差值的均方误来度量。他用 1979—1985 年的样本做计算进行比较。发现用 10～15 个分量预报 10 天平均误差相差不大，其误差值变化为 0.67～0.80，说明其方法是稳定的。第 1 分量 10 天预报的均方误为 1.03，落后 10 天的自相关系数为 0.02，其可预报性并不高。而经转动后的第 1 主分量，其对应的特征向量场与未转动的第 3 分量的特征向量场相似，其预报均方误为 0.80。说明转动后的分量可预报性有所提高。

Leung 等(1990)提出用熵和信息传递来讨论长期和气候过程的可预报性。熵能定量地表示人们对气候系统状态了解的不确定性。假设气候系统是由一系列相互排斥的状态 A_1，$A_2,\cdots,A_n$ 组成的完备系统，各状态的概率为 $P(A_i)(i=1,\cdots,n)$，则气候系统的熵定义为

$$H(A)=-\sum_{i=1}^{n}P(A_i)\log P(A_i) \tag{11.3.1}$$

它反映整个系统的性质。当状态出现概率相等时，熵值达到最大，其系统的不确定性也最大。若 B 系统由状态 $B_1,B_2,\cdots,B_m$ 所组成，则两系统同时出现的熵为

$$H(AB)=-\sum_{i=1}^{n}\sum_{j=1}^{m}P(A_iB_j)\log P(A_iB_j) \tag{11.3.2}$$

式中，$P(A_iB_j)$为状态(A_iB_j)的概率。如果 A、B 系统是独立的话，则它们同时出现的熵等于各自熵的和。把在两系统中的信息传递表示为

$$I(AB)=-\sum_{i=1}^{n}\sum_{j=1}^{m}P(A_iB_j)\log P[(B_j\mid A_i)/P(B_j)] \tag{11.3.3}$$

式中，$P(B_j\mid A_i)$为在 A_i 条件下状态 B_j 出现的概率。它表达了 A、B 系统之间的关系，如果已知 A 系统，那么就可得到 B 系统的信息，反之亦然。很明显，如果 A 和 B 是相关的，它们通过条件概率发生联系。如果它们无关，则从 A 中不能得到关于 B 的任何信息。

他们利用热平衡气候模式导出关于初始温度距平场 T_0 到某一时间 t 的温度距平场 T 的信息传递为

$$I(T,T_0)=-(1/2)\log[1-\exp(-2t/\tau)] \tag{11.3.4}$$

式中，τ 为温度场球谐模振幅的张弛时间。从上式可见，全球温度距平场的信息传递在 2～3

倍张弛时间中迅速减少到0。因此,其可预报性时间就是不同尺度的系统的张弛时间。

在可预报性研究中,用混沌理论进行研究是一个新进展。Fraedrich(1988)用这一理论探讨ENSO现象的可预报性,发现其可预报时间为1.5年。

杨培才等(1990)也用混沌理论讨论ENSO的可预报性。他们除了使用二阶熵度量系统的平均可预报性外,还用最大Lyapunov指数表征最大可预报性。他们计算近50余年逐月南方涛动指数(达尔文与塔西提两站气压差)序列的平均可预报性和最大可预报性时间尺度,结果分别为11个月和32个月。并发现对序列做适当的滤波处理可延长其可预报时间。

史珍等(2012)根据非线性局部Lyapunov指数方法,以Logistic映射和Lorenz系统的试验数据序列为例,研究了在初始误差存在的情况下,随机误差对混沌系统可预报性的影响。他们对原始试验数据序列,添加均值为0,不同标准差的高斯白噪声,研究不同情况下,Logistic映射的误差平均相对增长随时间的变化情况。结果表明,初始误差和随机误差对可预报期限影响所起的作用大小主要取决于两者的相对大小。当初始误差远大于随机误差时,系统的可预报期限主要由初始误差决定,可以不考虑随机误差对预报模式可预报性的影响;反之,当随机误差远大于初始误差时,系统的可预报期限主要由随机误差决定;当初始误差和随机误差量级相当时,两者都对系统的可预报期限起重要作用。在随机误差较小的情况下,对系统可预报期限的估计相对准确,但在随机误差较大的情况下,可预报期限的估计误差也较大。

11.4 集合预报

目前的中短期天气预报大多数使用数值预报,这种预报方法以流体动力学为基础,能做出天气形势场的预报,动力方法是用微分方程的确定论来描述的,是一种"一一对应"的描述。即一组确定的初值对应于未来的一种确定的演变。数值预报的问题实际是大气未来状态的预测。如果把大气状态看成为p维相空间中的一点,这点称为相点,是相空间向量$\boldsymbol{\beta}$的端点。在$t=t_0$时的向量为$\boldsymbol{\beta}_0$,它就是数值预报中的初始场。从随机观点来看,由于观测误差及其他因素影响,$\boldsymbol{\beta}_0$的严格确定是不可能的,他们仅能对它的真正状态做一估计。因此,相点某个时刻的状态是随机的,该时刻的大气状态是无数相点的一个综合体(ensemble)。一次观测是在这一综合体中的一次抽样,天气预报的问题就是预报相点的轨迹。但是,目前数值天气预报用的初值是非常不准确的。从不准确的初始场做数值天气预报,是造成预报不准确的一个重要原因。集合预报突破了这一传统的概念,认为大气的初值是不确定的,由于观测误差和资料处理、同化分析中引入的误差,所得到的作为数值预报模式初值的初始场总是含有不确定性,而数值预报模式的方程组是高度非线性系统,对初值的误差具有较强的敏感性,预报时间越长误差就成倍增长。因此,某一初值状态下该模式的数值预报的解可能是错的。为了找出所有可能的解,首先就要估算出初值中误差分布的可能范围,根据这一范围就可能给出一个初值集合,从而得到一个相应的预报结果的集合。目前,国际上先进国家与地区均在1992年先后建立了集合预报系统(Ensemble Prediction System,EPS)。

根据上述理论,如仅考虑初始场的随机性,用蒙特卡洛法对初始场做随机抽样,对每次抽样的初始场做传统的动力预报,得到该次抽样的预报场,然后将各次抽样预报场综合估计其期望场,把期望场作为最终的预报场。这一方法称为集合(或综合,即ensemble)预报,也称它为蒙特卡洛预报(MCF)。如果把原来单一初始场的预报过程称为普通动力预报(ODF),其预报

的结果可表示为

$$\overline{X} = \frac{1}{m}\sum_{i=1}^{m} X_i \tag{11.4.1}$$

式中，X_i 表示集合预报中第 i 次预报；m 为综合的总试验次数。第 i 次随机试验结果表示为

$$X_i = X(t;0,X_o(0)+Z_i) \tag{11.4.2}$$

式中，Z_i 为随机向量（或称随机扰动场）。Seidman（1981）用3层大气环流模式（GCM）所做的实际试验表明，在15～30天的气温长期预报中集合预报的均方误差比普通单个数值预报下降了大约2℃，而且试验次数在8次左右已达到相当满意的程度。

但是集合预报中的抽样是基于对初始场的概率分布的估计上，这种估计由于样本容量的稀少而十分困难。这种方法得到的预报集合成员之间的离散度较小，并且需要大量的计算机，而且不能保证初始大气的扰动结构与真实大气相同。后来，Hoffman等（1983）对初始场的选择做了改进，利用随机过程的各态历经性——把时间平均代替总体平均的思想，选择前期不同时刻的初始场作为集合预报的初始场的抽样，然后把各次试验结果取平均作为最后预报。他们把这一方法称为滞后平均预报（LAF），其第 i 次预报结果可表示为

$$X_i = X(t;t_i,X_o(t_i)) \tag{11.4.3}$$

式中，t_i 为前期时刻，即 $t_i=-(i-1)\tau(i=1,2,\cdots,m)$，$m$ 为试验次数，τ 为观测点时间间隔。他们的试验结果表明，LAF方法在预报效果上比MCF方法要好。

LAF方法与其他的扰动方法不同，没有小扰动的生成。基本方法是取相距6小时或12小时（取样时间由研究者自己来定）的数据同化循环相继产生的分析场作为集合预报的一组初始场，分别对模式积分，最后取相同时刻预报结果的平均值。其后，在时间滞后法的基础上，发展了SLAF法，就是通过改变成员之间的权重，或把大的误差压缩到一个合理的尺度来得到预报的结果。但LAF和SLAF都受到取样时间长度的限制，并且前面起报的成员也会影响到最后的预报结果。

目前，集合预报大多应用BGM法，即增长模繁殖法（Breeding of Growing Modes），这种方法的基本步骤（王太微等，2007）是：①给分析场加上或减去一个大小已知的随机扰动；②用相同的非线性模式积分未扰动分析场和扰动分析场；③在固定的时间间隔（一般是6小时），从扰动预报中减去未扰动预报；④将差别进行尺度化调整，使其与初始时刻引入的随机扰动有相同的量级；⑤将得到的扰动加到新的分析场中。重复以上的过程，找到最快增长模，这样获得的扰动场的增长率要比蒙特卡洛方法好，并且计算量小。BGM方法忽略了误差增长率及误差中短期不增长的部分，而且对于扰动振幅的确定也是一个难点，但这种方法原理简单易于实现。

根据欧洲中期天气预报中心的研究，初始扰动的产生方法还有奇异向量法，即切线性和伴随模式。利用最大奇异值对应的奇异向量增长最快的扰动原理，求取线性切模式的奇异值和奇异向量就是求线性和伴随模式乘积的特征值和特征向量（皇甫雪官，2002）。

集合预报系统也是一种概率预报系统（PPS）。PPS并不预报某种条件下的大气状态，而是预报大气状态（事件）发生的概率分布。皇甫雪官（2002）对国家气象中心集合数值预报进行检验评价。他把中国国家气象中心在2007年4月的集合预报，每隔5天利用谱模式T63L16做一次集合预报，初始扰动采用3天的时间滞后法（LAF），共12个10天预报成员，继而在1999年夏天采用奇异向量法（SV）生成初值扰动，共32个成员，利用谱模式T106L19做32个

10天的准业务预报。其预报产品有10天的500 hPa等压面上的集合平均高度场预报，850 hPa等压面上的集合平均温度场预报，10天的5个等级(1、10、25、50、100 mm)降水概率分布预报，4个等级的850 hPa等压面上温度距平概率分布10天预报，以及850 hPa等压面上集合平均的风向风速场的10天预报等预报。结果发现，相对于集合预报平均场的离散度要比相对于控制预报(确定性预报)的离散度要小，即集合预报的可信度高，并且集合预报平均要优于日常的单一初值的控制预报；奇异向量法初值扰动的高度场集合预报要优于时间滞后法的集合预报。

曾庆存等(2003)研制出一种"距平初值形成方案"，使用多个实测变量距平场作为初值场，用初始时刻及以前实测海表温度距平分布(即只用观测到的SSTA，而非SST)。图11.4.1分别给出了以1998年11、12月和1999年1、2、3月1日为初值的预报及其集合预报结果。从图可见，集合预报有较好的预报效果。

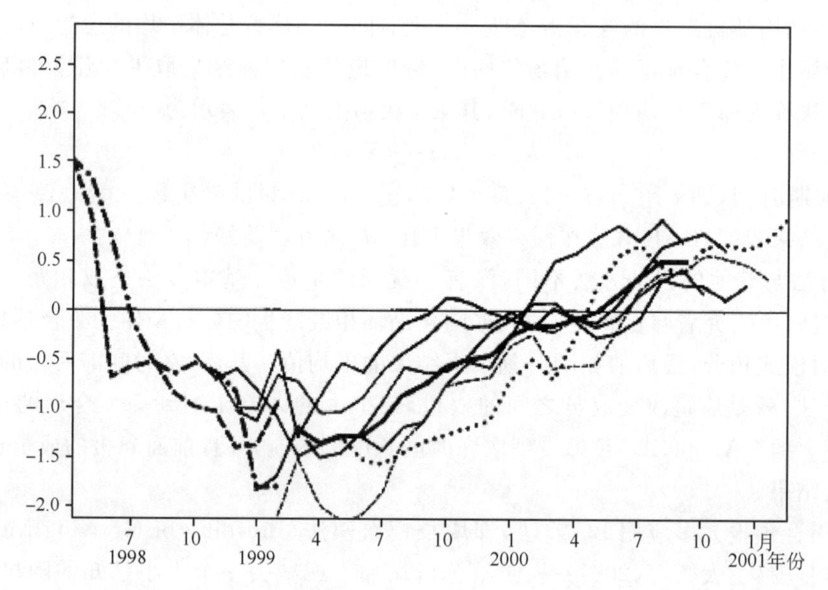

图11.4.1　以1998年11、12月和1999年1、2、3月1日为初值的预报及其集合预报

(粗虚线：观测；点虚线：初始化结果；粗实线：集合预测结果；其他细线分别为不同初值预测结果)

上面介绍的集合预报方法只是针对一个模式的，改变其中的某些参数化方案可能会对模式的整体有负面的影响。为了避免这个问题，人们想到了另一个提高预报技巧的方法，就是多初值、多模式法，它的主要思想是将不同预报系统的初值交叉应用、将不同预报系统的结果集合。Harrison(1999)的研究表明，一个基于多模式的集合系统的预报技巧要好于单个模式。Evans等(2000)用欧洲中心和英国气象局的两种模式来构造集合，预报结果比其中任何一个模式都好。因此，多模式集合预报在过去几年时间里迅速成为大气科学领域的研究热点之一。Hagedorn等(2005)通过研究，指出多模式集合平均(EM)的概率评分比单模式明显存在优势。多元线性回归(MLR)方法的运用为多模式集合预报的发展提供了新的思路，与此同时，关于多元线性回归方法是否能提高多模式集合的预报技巧也成为颇具争议的问题。Doblas-Reyes等(2005)指出，多元线性回归方法在多模式集合中的表现取决于是否有足够的训练时间及模式之间的独立性。

李芳等(2011)对我国东部夏季降水使用欧洲多个季节与年际气候模式系统进行集合预报

试验。对于预报效果的检验是把预报结果与实况气候状态与预报状态进行概率分布函数比较，最佳集合的方法有4种：等权重(EE)；校正EE(Cali-EE)；多元回归(MLR)；贝叶斯(Bayes)。

EE方法是认为降水预报场中格点变量是随机变量Y，它遵从正态分布，其分布函数的两个参数(期望和方差)用预报样本的平均值和方差来代替。

Cali-EE是使用观测实况资料对EE方法进行校正，使用如下校正公式：

$$X_{1it} = \bar{O} + (X_{it} - \bar{X}_i)\left(\frac{S_O}{S_X}\right)_i \tag{11.4.4}$$

式中，$X_{it}(i=1,\cdots,m)$为在t年集合预报中样本中的样品个体预报值；O表示对应t年的观测值；S_X为t年预报样本的样本标准差；S_O为t年观测样本的样本标准差。

MLR方法也认为降水预报场中格点变量是随机变量Y，在t年预报值遵从正态分布，表示为

$$Y_t \sim N(a + b_1 X_{1t} + b_2 X_{2t} + \cdots + b_m X_{mt}, c + d(S_X^2)_t) \tag{11.4.5}$$

它的期望与$m(m=45)$次预报有线性回归关系，它的方差与回归方程的残差方差有线性关系，其关系方程系数为c和d。

Bayes方法需要建立先验集合预报值的概率密度函数，根据Bayes公式，假定先验预报值的概率密度函数为正态分布，它与$m(m=45)$次预报出现有关，表示为

$$Y_t \mid \bar{X}_t \sim N(u_t, S_t^2) \tag{11.4.6}$$

其期望与方差有如下关系：

$$\begin{cases} \dfrac{1}{S_t^2} = \dfrac{1}{S_O^2} + \dfrac{a^2}{\gamma V_t} \\ \dfrac{u_t}{S_t^2} = \dfrac{\bar{O}}{S_O^2} + \dfrac{a^2}{\gamma V_t}\left(\dfrac{\bar{X}_t - b}{a}\right) \end{cases} \tag{11.4.7}$$

式中，X_t为集合预报中的个体；V_t为预报样本预报值变量的方差；γ为回归方程残差方程的权重；参数a和b为O_t的实况变量分布中参数，它也遵从正态分布：

$$O_t \sim N(ao_t + b, \gamma V_t)$$

式中，参数a和b在观测的训练样本回归方程中确定，根据Bayes公式可以得到后验的预报概率分布。

试验集合预报结果表明，不同方法在不同地区有不同的预报效果，Bayes方法在中国东南地区，Cali-EE方法在长江流域和淮河流域，而MLR在华北地区有较好的预报效果。在中国东部，总体比较不同方法降水集合预报，发现Bayes方法有最好的预报效果。

在多数值模式的集合预报中，当预测的数量不是小样本时，多模式的预报量之间会存在高度相关，这种情况会导致多模式回归模型的过度拟合。DelSole(2007)提出将贝叶斯估计、约束最小二乘法和多模式预报事件的先验概率的解决方案，应用到标准岭回归中，还将双组合交叉验证用于选择最佳的岭参数估计和预测误差估计。他使用此方法对欧洲多模式预测系统(DEMETER)，进行季节性年际预测汛期温度试验，结果表明，与传统回归模型预报比较，在几个地区的季节预报效果有明显的提高。

11.5　降尺度预报

对于预测未来全球大尺度天气变化，数值预报模式是目前最重要也是最可行的方法，数值

模式能相当好地模拟出大尺度最重要的平均特征，特别是能较好地模拟高层大气场、近地面温度和大气环流，但是由于目前数值模式输出的空间分辨率较低，缺少区域信息，很难对区域气象要素做出精确的预测，由于提高数值模式的空间分辨率需要的计算量很大，降尺度法是更为可选的方法。

降尺度法是基于这样一种观点，即区域气候变化情景受大尺度（如大陆尺度、行星尺度）系统所控制，同时也受到区域尺度的因子的调制。因此，应采用降尺度方法把大尺度、低分辨率的数值模式输出信息转化为区域尺度的地面气候变化信息（如气温、降水），从而弥补数值模式对区域气候预测的局限。在多模式集合预报迅速发展的同时，统计降尺度方法在近年来也得到了迅速的发展。

区域气候模式能够预估区域未来气候变化情景，它的优点就是物理意义明确，能应用于任何地方而不受观测资料的影响，也可应用于不同的分辨率。但它的缺点就是计算量大、费机时；区域模式的性能受模式边界条件的影响很大，区域耦合模式在应用于不同的区域时需要重新调整参数。而统计降尺度法和动力与统计相结合的降尺度法恰好能弥补动力降尺度法的不足。统计降尺度的思想是利用多年的观测资料建立大尺度气候状况和区域气候要素之间的统计关系，并用独立的观测来检验这种关系，然后利用这种统计关系与模式输出的大尺度气候信息对未来的气候进行预测。

范丽军等(2007)认为大部分海气耦合气候模式(AOGCM)的空间分辨率还较低，很难对区域尺度的气候变化情景做合理的预测。他们采用统计降尺度方法对1月和7月华北地区49个气象观测站的未来月平均温度变化情景进行预估。

他们使用1961—2000年的NCEP再分析资料和华北地区49个台站的观测资料，采用的统计降尺度方法是主分量分析与逐步回归分析相结合的多元线性回归模型。

为了了解华北地区大尺度气候的主要模态，使用3个大尺度预报因子：850 hPa温度场(T)、海平面气压场与850 hPa温度场的联合场($S+T$)、850 hPa位势高度场与850 hPa温度场的联合场($H+T$)。为了降低输入回归方程的因子的数目，PCA方法被采用。1月3个大尺度预报因子的前10个主分量的累计解释方差分别为98.9%、97.3%和97.99%，可见使用降尺度PCA的10个因子，可以代替大尺度大气变量场所有格点变量因子。7月大尺度预报因子的前10个主分量的累计解释方差略低于1月，但是也能够达到95%以上。这些代表因子与华北地区气温相关系数，平均可达0.80以上，说明它们有密切相关关系(图11.5.1)。

由于$S+T$和$H+T$大尺度预报因子分别为华北地区1月和7月大多数站点最优的预报因子，因此把1月的$S+T$和7月的$H+T$作为预报因子，进行逐步回归，建立月平均温度的统计降尺度模型，然后把建立的统计降尺度模型应用于HadCM3 SRES A2和B2两种排放情景，从而生成各个台站1950—2009年1月和7月的温度变化情景。结果表明，在当前气候条件下，无论1月还是7月，统计降尺度方法模拟的温度与观测的温度有很好的一致性，大多数的站点都存在温度的明显上升趋势，同时7月的上升趋势与1月相比偏低。

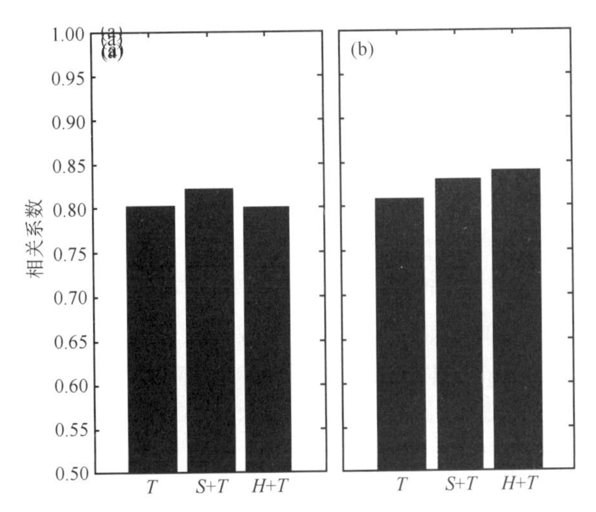

图 11.5.1　3 个大尺度预报因子的统计降尺度模式交叉检验的相关系数区域平均分布图：(a)1 月；(b)7 月

降尺度方法是利用多年的观测资料建立大尺度系统（主要是大气环流）和区域气候要素之间的统计关系模型，来预估和预测区域未来的气候变化。在模型中，选取有效的因子是关键。郎咸梅(2012)对冬季降水预报中，认为冬季降水既与前期气候因子有关，又受同期大气环流的影响。从实时预测的角度出发，综合考虑前期预测因子的观测信息和具有数值可预测性的同期气候因子的数值模式结果。使用相关分析发现，前期季节性南极涛动和北极涛动信号都出现在秋季，而且，除东北北部以外，都是超前一个季节的秋季南极涛动和北极涛动信号与冬季降水的相关性最强，把它们作为预测模型中的一个前期预测因子。又通过 20 年滑动相关分析发现，前期 500 hPa 位势高度场与后期目标区域平均冬季降水都存在着持续且显著的相关，前期对流层中层 500 hPa 位势高度场异常的信号中，既有超前一年的南半球中高纬度地区异常信息，又有超前半年的赤道中东太平洋及欧亚大陆北部的异常信息。选定前期和同期气候预测因子，采用多元线性回归分析方法，分别使用单纯前期气候预测因子和兼顾前期及同期气候预测因子建立预测模型，并分析两种预测模型预测效果的差异。结果表明，同时兼顾前期和同期气候预测因子的共同作用，距平相关系数和距平同号率普遍增大，均方根误差和平均绝对误差都减小。这既表明预测模型中前期气候预测因子具有显著的预测意义，也充分说明了同期气候异常信号非常重要。使用全球大气环流模式 IAP9L-AGCM 模式的预报结果作为同期气候预测因子代入回归预测模型，1982—2008 年交叉检验结果与实况的距平相关系数和距平同号率分别为 0.69 和 78%，取得了较好的预报效果。

魏凤英等(2010a)对大气环流提取降尺度因子，研究它们对中国东部夏季降水的作用。他们认为 500 hPa 高度场是中层大气环流场的代表，也是一般气候数值模式输出的主要高度场之一，可以作为大气环流降尺度的因子。在大尺度的环流因子中，主要有两种类型的因子，一种是直接利用高度场的网格点的高度值；另一种是利用网格点的高度值构成具有天气气候学意义的区域天气系统指标，称为环流特征量，它们是间接利用高度场网格点的高度值组成的区域综合因子，这些环流特征量的组成过程实际上是一种大气环流降尺度的过程，这种因子也是中国气候变化诊断研究中最常使用的因子，使用方便，可以用于统计降尺度预测模型。

他们使用偏最小二乘回归方法，利用北半球 72 个环流特征量，建立关于我国东部夏季降水量的预测模型。然后在每年降水量场预报中，各月提取最佳次数的主分量的因子荷载 p_i 中荷载绝对值最大的环流因子，定义为预报模型中与预报场最佳回归关系中贡献较大的环流因子，然后在逐年的交叉检验的独立样本中，找出预报模型中在某选择次数和所有独立预报年份中出现的频率顺次最大的环流因子，这些因子被认为是对预报场影响最重要的因子。

表 11.5.1 列出了频率前 3 个顺次最大的环流因子，从表可见，在 6 月，北半球副高脊线、欧亚纬向环流指数和北半球副高面积等因子起重要作用。随着初夏副高系统的北进，我国雨带出现在长江以南，此时，全球大尺度副高系统因子起主要作用。进入 7 月，北非和北美的副高等因子起重要作用。随着副高北上，我国雨带出现在长江与淮河一带，其影响因子是来自西半球的副高系统。到 8 月，全球的和西太平洋副高脊线和北界等因子起重要作用。随着副高北上，我国雨带出现在长江与淮河一带，其影响因子是来自西太平洋的副高系统。值得指出的是，影响整个夏季降水的环流因子是副高系统。

表 11.5.1　基本预报模型中出现的频率最大的环流因子

月	顺序号	频率(%)	因子序号	名称
6 月	1	50	23	北半球副高脊线
	2	40	61	欧亚纬向环流指数
	3	37	1	北半球副高面积指数
7 月	1	35	24	北非副高脊线
	2	35	29	北美副高脊线
	3	33	32	北美大西洋副高脊线
8 月	1	49	23	北半球副高脊线
	2	46	45	西太平洋副高西伸脊点
	3	43	44	太平洋副高北界

进一步从出现频率顺次最大的前 60 个环流因子中，进行因子筛选，再选择其中若干个重要因子参加到预测模型中。经过筛选后的因子集在各个月的预报模型中，表现最突出的因子仍然是北半球或者东半球副高系统。而且，除北半球的大尺度副高系统的作用外，东亚地区局地副高系统也起十分重要的作用。特别是西太平洋副高强度和面积指数，在夏季降水的预报中均起重要作用。

对夏季降水降尺度预测试验表明，使用偏最小二乘方法建立的最佳预测模型比传统的逐步回归预测模型有更好的预测效果。

他们还试验了另外一种统计降尺度法，由于区域气候变化情景受大尺度气候所控制，同时也受到区域尺度的因子的调制，把大尺度、低分辨率的数值模式输出信息转化为区域尺度的地面气候变化信息。但是，大尺度如何降尺度为区域能够应用的尺度是降尺度有效性的关键问题之一。

魏凤英等(2010b)认为北半球 500 hPa 高度场仅反映大尺度的一般大气环流信息，未能突出区域次尺度的信息，他们把北半球 500 hPa 高度场分成 3 种降尺度区域：东半球(0°～180°E)；西半球(180°E～0°)；东亚地区。其中，东亚地区又进一步划分为 4 个不同区域：30°E～180°，40°E～180°，50°E～180°和 60°E～180°。东亚地区的环流场可以反映西太平洋副高、阻塞高压、印度副高、南海副高、亚洲区极涡、东亚槽和印缅槽等天气系统的活动。

使用上述不同的降尺度区域作为因子场，以我国东部夏季降水距平百分率场为预报变量

场，使用偏最小二乘回归方法进行降尺度预测模型的建模，分别对我国东部夏季降水距平百分率场进行(6—8月)逐月预报试验。

为了检验预报的总体效果，他们使用交叉检验方法，在资料样本(1951—2007年)的57个样本容量中，先选择1年为独立样本，用其余56年资料作为依赖样本，建立统计降尺度模型后，并对所选择的独立样本进行估计，这个过程重复57次，直到所有样本都被选择。最后以所有交叉检验得到的预报场与实况场的同号率和相关系数的平均值，来反映因子场的可预测性。交叉试验后所产生的评分统计量的平均值，可以进一步进行显著性检验，使用平均值的 t 检验。对距平符号试验，随机试验的同号率的期望值为0.5，对两个场相关系数的随机试验，期望值为0.0。由于预报的交叉试验次数在60附近，所以，当统计量 t 的计算值超过2.0时，可以认为评分统计量的平均值在0.05显著水平时是显著的。

表11.5.2给出了东亚地区不同降尺度区域预报的交叉检验指标的平均值。从表中可见，在7月有较好的预报效果，该月的 t 值变化不大，也可以反映预报的稳定性。从整个夏季看，考虑到交叉检验指标的平均值，选取东亚地区(40°E～180°)为预报的降尺度区域较好。

表11.5.2 东亚地区不同降尺度区域预报的交叉检验指标的平均值

区域	40°E～180°			50°E～180°			60°E～180°		
月	6	7	8	6	7	8	6	7	8
同号率(%)	54	58	53	55	58	53	55	57	53
t 值	3.9	8.0	2.7	3.9	8.0	2.3	3.9	6.2	2.8
夏季 t 值平均	4.9			4.7			4.3		

另外，为了检验预报模型使用哪种样本容量为最佳样本，需要进行独立外延预测的检验，即用观测得到某时期(年份)的资料建立预测模型，对未来时刻(年份)做出预报。用7月的预报模型做试验。例如，预报容量为20时，首先用1951—1970年的资料建立预测模型，以1971年的7月因子场代入，预测1971年我国东部降水量距平百分率场，计算与实测的各月降水量距平百分率场比较的预测场和实况场符号同号率和相关系数。然后，使用1952—1971年的资料建立预测模型，以1972年的因子场代入预测1972年我国东部降水量距平场。如此进行，直到使用1957—1976年的资料建立预测模型，得到2007年的预测距平符号同号率和ACC。共进行37年的预报检验试验，再计算独立预报的样本平均值和相对应的 t 值，并做显著性检验。然后增加样本容量为21，预测36年，如此进行，增加样本容量，直到使用样本容量为53，预测3年。试验结果见图11.5.2。

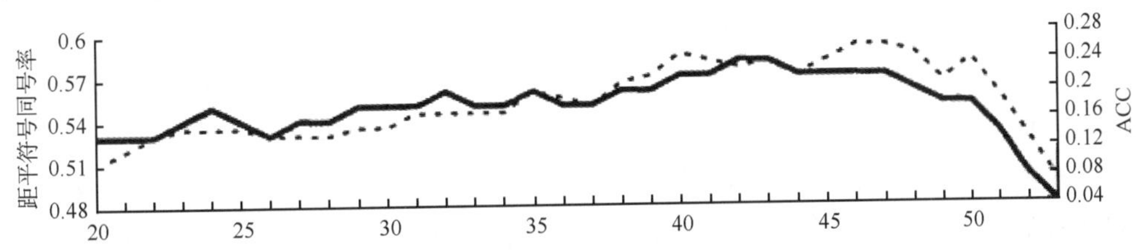

图11.5.2 东亚40°E～180°地区因子场预测我国东部7月降水量的距平符号同号率(粗线，单位为%)和ACC(虚线)平均值随独立外延样本容量的变化(横坐标为样本容量)

以CGCM模式历年6—8月1951—2000年输出的500 hPa高度场作为预测时的因子场，代入由偏最小二乘方法建立的东亚40°E～180°的地区因子场预测模型，使用样本容量43，各月选取分量数分别为$s=5$、7、4，进行同月的降尺度我国东部降水量距平百分率预测和检验的试验。例如，使用1951—1993年的CGCM模式输出资料建立预测模型，以1994年的CGCM模式输出的6—8月因子场代入，预测1994年我国东部降水量距平场，计算与实测的各月我国东部降水量距平场比较的预测距平符号同号率，6—8月分别达到43%、57%、54%。然后再使用1951—1993年的CGCM模式输出资料建立预测模型，对1995年做独立样本预报，6—8月降水场的距平符号同号率分别达到60%、51%、59%。类似地，做1956—2000年降水场预报，7年独立预报结果，6—8月降水场的距平符号同号率平均值，分别达到53%、51%、52%。说明模式输出的因子场有一定的预测能力。

预报中还可以将变量场使用滤波方法，提取环流场的波动信息进行降尺度，然后用主振荡模态分析方法做降尺度的动力延伸预报。杨秋明等(2012)使用此方法对夏季东亚地区环流20～30天主振荡型进行延伸期预报。根据长江下游地区20～30天低频降水与低频经向风场有显著的相关空间分布形势，发现850 hPa经向风低频场是影响降水的主要变量场。进一步对850 hPa经向风低频场随时间的变化进行POP分析。由于主振荡型(空间分布，即复特征向量)与样本序列长度有关，他们用限定记忆法保持子序列预报容量不变，滑动进行独立样本预测试验。对振荡传播较显著的初夏和盛夏共做135次预报。预报试验表明，提前20天预报的相关预报技巧在0.5以上，能够较好地预报2002年夏季3次强降水过程对应的经向风的低频变化过程。

柯宗建等(2009)使用多模式集合预报方法对中国区域的季节降水进行降尺度预报。在中国区域季节降水预报中，分别采用多模式集合平均(EM)、多元线性回归(MLR)及最优子集回归(OSR)降尺度3种方法。

具体做法是：①任意取出一年的资料，把剩余年份作为训练阶段，分别计算训练期间中国区域每一个格点的观测降水与全球区域温度、海平面气压及500 hPa高度场模拟值与观测值的相关系数。②选取这3个气象变量模拟场及观测场与观测降水的相关系数均通过0.05显著水平的检验所对应的格点。③判断所选取的格点上是否有多于一个参数(温度、海平面气压及500 hPa高度场)通过显著性检验，当参数多于一个时，选取其相关系数绝对值最大所对应参数的模拟值作为预报因子。④判断中国区域每个格点所对应预报因子(模拟值)的相关系数，取绝对值最大的前10个作为预报因子，当通过显著性检验的因子个数不足10个时，以实际通过检验的个数为准。⑤针对中国区域的每个格点，利用最优子集回归方法进行降水预报。⑥采用交叉检验法，重复步骤①～⑤。

图11.5.3给出了几种不同方法的预报效果。从图可见，最优子集回归(OSR)降尺度方法有较好的预报效果。

研究表明，多个单模式在中国区域对季节降水的模拟性能普遍较差，多元线性回归(MLR)集合的预报技巧不如集合平均，利用最佳子集回归方法进行降尺度预报可以极大改善中国区域季节降水的预报技巧。

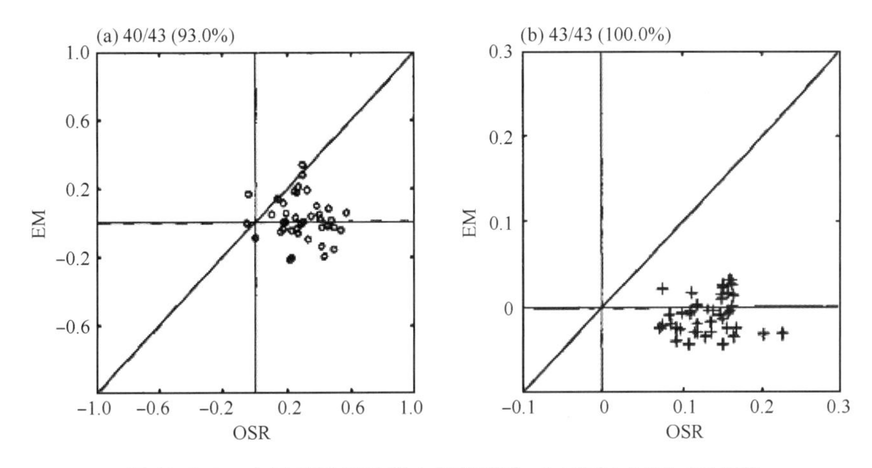

图 11.5.3　中国区域夏季降水预报评分：(a)空间 ACC；(b)BSS

（图形上方的百分比表示 OSR 预报优于 EM 集合所占的比例，分母表示总年份）

Kang 等(2011)利用多模式优选因子的方法做单站降水量的降尺度预报。他们使用 8 个 GCM 模式，从每个模式的全球环流预报场中选出最优预报因子。利用预报环流场和预报量的样本中，建立如下回归预报方程：

$$Y(t) = \alpha X_p(t) + e \tag{11.5.1}$$

式中，$Y(t)$为 t 时刻的预报量；$X_p(t)$为模式预报最优窗口预报投影，它定义为

$$X_p(t) = \sum_{i,j} \text{cor}(i,j) \times x(i,j,t) \tag{11.5.2}$$

式中，$x(i,j,t)$为模式环流预报场中 t 时刻格点预报值；$\text{cor}(i,j)$为该格点与预报量的相关系数。选取的格点原则是，从每个模式中的全球环流场，以滑动窗口 15°(经度)×10°(纬度)计算格点相关系数值之和达到最大，每个模式选取一个最优格点，最后由 8 个最优相关格点得到的最优窗口预报投影，然后进行综合并预报。

他们对北京 8 月降水量进行预报，利用 1983—2003 年 8 个模式的预报环流场和北京降水量的样本建立回归预报方程，并进行依赖和独立样本(2004—2007 年)的交叉检验。计算出逐年观测和预报序列的相关系数为 0.71，而使用模式直接预报与观测序列的相关系数仅为 0.04。说明使用降尺度方法有较好的预报效果。

李子祥等(2011)在数值模式中，未来情景使用 12 个数值模式和 3 个 CO_2 加入进行预估作为因子背景，对香港极端降水(大于 100 mm)做 21 世纪降尺度预估。首先对预报量(逐日降水量)做 0～1 化处理，然后使用事件概率回归方法和多元逐步 logit 回归模型。当模型中有降水量因子时，为了克服其偏倚性，使用 1/4 次方的变换，使得它变成正态变量。

做统计降尺度回归检验，结果发现极端降水有增加趋势，1980—1999 年增加 3.5 天，2090—2099 年预估增加 5.3 天。

11.6　数值预报的统计订正

改善数值模式的确定性预报，除了改进单一初值做预报引进集合预报，使用降尺度进行预报之外，还可以用统计方法对数值模式和预报误差进行订正。

Zeng 等(1994)提出了一系列关于模式误差订正方案的设想，除扣除模式预先系统误差

外，对气候数值模式中海气相互作用项进行订正。具体做法是：把由模拟得到的大气变量场减去模拟统计平均场（气候场或海温气候场）作为距平的预测值，加到实测的气候或海温气候场上，作为变量场的预报值。

使用提取模态的统计分析方法，可以提取预报场比较稳定的预报分量，然后进行数值预报模式的预报场订正，也是改善模式预报效果的途径之一。李芳等（2005）使用 IAP9 L-AGCM 模式做预报试验，集合预报时段为 1984—2003 共 20 年，预报试验取每年的 4 月 21—30 日作初始场，积分到当年的 8 月 31 日。由于每年初始场有 10 个，故有每年东亚地区夏季降水预报场 10 个样本，再取其算术平均作为该年的集合降水模拟场。他们使用两种订正方案：EOF 和 SVD 订正。

EOF 订正方案是对降水预报场 10 个样本做 EOF 分解，提取其具有显著的主成分作为因子，建立其与对应的观测降水场的回归方程，然后利用未来预报的降水场，通过建立的回归方程，做出未来时刻的降水场预报。订正后东亚季风区模式降水距平场与观测场最高的相关系数达到 0.63（1998 年）。

SVD 订正方案是对降水预报场 10 个样本与观测场做 SVD 分解，提取预报场的时间系数作为因子，建立其与对应的观测降水场的回归方程，然后利用未来预报的降水场，通过建立的回归方程，做出未来时刻的降水场预报。订正后东亚季风区模式降水距平场与观测场最高的相关系数达到 0.55（1984 年）。

订正试验结果表明，两种方案在空间相似性的订正上效果相当，对模式预报效果改进明显，约 70%的年份预报的效果得到改进；但对于降水距平强度的订正上，基于 EOF 的订正方案明显优于基于 SVD 的订正方案。

刘科峰等（2006）用经验正交分解和卡尔曼（Kalman）滤波相结合的方法，建立了夏季 500 hPa 位势高度场数值预报误差修正模型，以改进副高数值预报效果，提高副高预报准确率。他们首先用经验正交分解（EOF）方法将 T106 数值预报 500 hPa 位势高度场分解为彼此正交的空间结构模态和相应的时间系数的线性组合。随后选取前 15 个模态的时间系数（其方差贡献为 98.7%）序列，分别建立了各自的 Kalman 滤波模型，最后用优化出的时间系数与相应的空间结构场进行 EOF 重构，进而得到修正后的副高位势预报场。修正后的位势场与原始的数值预报场的对比结果表明，该修正模型可对副高数值预报误差进行有效修正，优化后的预报效果较原始数值预报场有明显改进和提高。

谭桂容等（2012）利用 DEMETER 多模式集合研究计划中 Météo France 模式的预报资料集，针对模式预测较差的模态分别运用最优子集回归修正方案和回归—相似相结合的修正方案对其进行订正。

他们以 44 年（1958—2001 年）资料中的前（1958—1991 年）冬季 500 hPa 高度观测场进行 EOF 分解，得到其相应的空间模态及对应的时间系数，并以此组空间模态为基底，将 44 年模式预测场投影到上述空间模态上，得到模式预测场相关的时间系数。然后分析观测与模式对应模态的时间系数之间的关系，寻求对模式预测时间系数的订正来提高预测效果。

他们以前 34 年观测场 EOF 分解的前 10 个模态，针对各个模态的时间系数，分析观测和对应的模式预测场时间系数的统计关系，建立最优子集回归订正模型。然后以预测年的每个模态的时间系数为标准，对于模式预测较差的模态，把基于最优子集回归订正的预报值最为接近的 5 年作为相似年，取 5 个相似年的观测场的时间系数的平均值作为该年该模态相似预测

的时间系数，以每年最优子集回归得到的模态预测时间系数为标准选取相似年，把1958—1991年中相似年份的观测场作为相应的预测值。首先计算得到作为相似标准的时间系数值，对1958—1991年的模态时间系数进行交叉检验，即在计算时将预测年份的观测场剔除，利用剩余33年的观测场和模式预测场建立回归方程并计算得到预测年的结果。对1992—2001年模态时间系数的预测则采用1958—1991年资料最优子集回归方法，建立回归方程。以模态时间系数之差的绝对值最小的5个年份作为预测年的相似年，并取相似年对应的观测场模态时间系数的平均作为预测年模态时间系数的订正值。1992—2001年模式独立预测试验，预测场与观测场之间距平相关系数(ACC)的10年平均值为0.13，而在最优子集回归基础上再经相似订正的ACC为0.23，ACC由0.13提高到0.23，平均每年提高了0.1。可见，该动力—统计的订正方法能够比较显著地改进模式的预报效果。

秦正坤等(2011)利用中国科学院大气物理研究所第2代短期气候数值预测系统，做1980—1999年共20年的集合回报试验，使用经验正交函数和奇异值分解的方法进行模式误差订正。

经验正交函数订正方法是：对于任意一个观测时间系数，利用所有预测模态的时间系数进行多元线性回归，然后将预测年的预测结果投影到已有模态上，可得该年预测值EOF分解时间系数，利用建立的回归方程，可得新一年观测值EOF分解时间系数估计值，结合已有的观测值EOF分解模态，则可以得到预测年订正后的预测结果。

奇异值分解订正方法是：假定已有n年预测和观测结果，首先将已有的预测场作为左场，观测场作为右场进行SVD分析，由于SVD分解所得的是观测场和预测场的高相关模态，因此左、右场各模态对应的时间系数之间存在高的相关性，利用这样的特点，可以用一元线性回归得到观测场和预测场各对应模态时间系数之间的线性回归方程，对于第$n+1$年预测结果，通过投影到已有的预测模态上，得到各模态新一年时间系数，利用已经建立的预测和观测的时间系数线性关系和观测SVD分解模态，可以得到第$n+1$年数值模式的订正结果。

20年订正试验发现，两种方法均能够提高预报效果。两种订正方法多年的ACC提高效果比较，表明SVD订正方法效果更为稳定。

徐振亚等(2012)针对日最高温度，使用优选格点差值回归法对山东省(14站)和云南省(21站)进行降尺度预报。对模式预报结果进行订正法和降尺度相互结合的途径，也是改进数值预报的方法。其改进思路是：用预报场的格点预报值与观测站的实际观测值建立预报模型，当得到未来时刻数值预报结果时，就可以代入已经建立起来的预报模型，实现对测站的变量预报，这也一种降尺度预报问题。把需要降尺度的台站定义为基本站，大尺度数值预报场中在基本站附近的格点资料插值到基本站，则完成降尺度的过程。其方法如下：

当将所有相邻格点资料都参与插值时，由于各格点资料与所关注台站资料的相关性存在较大差异，相关性差的格点资料必将影响到插值结果；而且，单纯的插值技术是不能有效地从模式的大尺度格点数据降尺度到所需站点上的。需要优选邻近的相关好的格点变量，可以将基本站与格点之间距离(D)，取大于2倍的大尺度资料所对应的网格分辨率空间距离，使得基本站所得到的相邻格点数一般大于10个(图11.6.1)。

计算基站与N个相邻格点之间逐日要素序列的相关系数，把N个相关系数由降序顺序排列6等分，依次得到5个分割点的5个部分格点，求出各个部分格点的平均相关系数。最后选取满足相关系数0.3～0.7的格点变量，取夏季日为样本，建立对基本站变量的多元线性回归方程，作为基本站的预报模型。

在用多元线性回归方法做数据预报时，预报变量序列的方差通常远小于实际观测变量序列的方差，需要进一步对模拟数据进行方差放大。设预报序列变量为 y，其方差放大值修正值 y_r 计算如下：

$$y_r = \hat{y} + \frac{s(o)}{s(y)}(y - \hat{y}) \tag{11.6.1}$$

式中，$s(y)$ 和 $s(o)$ 分别为预报序列变量和实际观测变量序列的标准差。7 月山东省预报试验表明，降尺度预报的日最高温度预报误差达到要求。

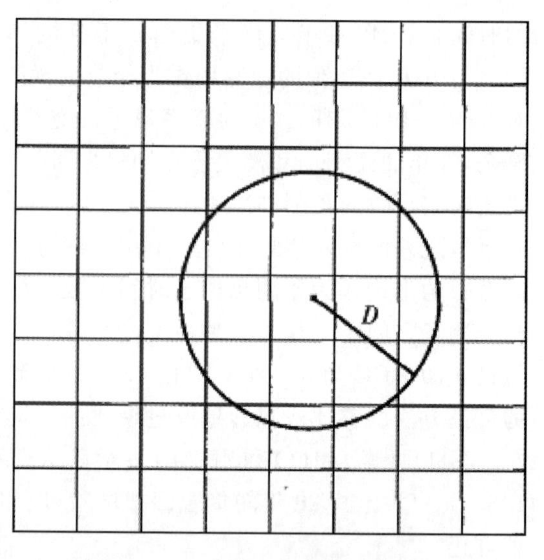

图 11.6.1 相邻格点选取示意图

刘科峰等(2007)利用 T106 数值预报产品资料，使用支持向量机和卡尔曼滤波相结合的方法来进行夏季西太平洋副热带高压数值预报的误差修正与预报优化。试验结果表明，该方法模型的预报优化效果优于单纯的神经网络修正模型和卡尔曼滤波修正模型的优化效果。

降尺度技术和模式结果后处理技术是动力—统计结合的改善模式预报方法。任宏利等(2007)提出了适用于动力季节预测的相似误差订正方法。

在相似动力模式中，可以将当前的预报场看成历史相似加上一个小扰动，

$$\begin{cases} \dfrac{\partial \tilde{\psi}}{\partial t} + L(\tilde{\psi}) = E(\tilde{\psi}) \\ \tilde{\psi}(x,0) = \tilde{\psi}_0(x) \end{cases} \tag{11.6.2}$$

式中，E 为模式的误差算子。式(11.6.2)结合式(11.6.1)经过一系列变换，得到模式预结果为

$$\hat{P}(\psi_0) = P(\psi_0) + \check{P}(\tilde{\psi}_j) - P(\tilde{\psi}_j) \tag{11.6.3}$$

式中，$\hat{P}(\psi_0)$ 为进行误差项相似估计的情况下所得到的预报结果；$P(\psi_0)$ 为数值预报模式对当前初值 ψ_0 的预报结果；$\check{P}(\tilde{\psi}_j)$ 为历史相似对应的实况；$P(\tilde{\psi}_j)$ 为历史相似初值的预报结果。该方程的本质是引入历史相似对应的预报误差信息来估计当前的预报误差，即式(11.6.3)右端的 $\check{P}(\tilde{\psi}_j) - P(\tilde{\psi}_j)$，从而减小数值模式误差，将数值模式预报问题转化为预报误差的估计问题。

在相似预报中，一般选取 4 个历史相似初值，使用权重欧氏距离作为历史相似初值的度量(Xiong *et al.*，2011)：

$$AI = \left[\frac{\sum_{i=1}^{p} w_i (\psi_{ik} - \psi_{i0})^2}{\sum_{i=1}^{p} w_i} \right] \tag{11.6.4}$$

式中，ψ_{ik} 和 ψ_{i0} 分别表示历史第 k 时刻变量场和预报初值场的第 i 个格点值；p 为场的格点数；权重可以根据预报重点地域进行加权调整。

最后对 4 个历史相似场使用考虑权重的加权平均进行初值场的估计：

$$\hat{E}(\psi_0) = \sum_{j=1}^{4} b_j \hat{E}(\tilde{\psi}_j) \Big/ \sum_{j=1}^{4} b_j \tag{11.6.5}$$

进一步利用相似初值场做动力系统预报。

郑志海等(2010)认为相似动力方法的困难在于相似场的选取，由于数值预报模式的变量场自由度巨大，要对这么大自由度变量在历史上找到很好的相似，在现有历史资料条件下很困难。一般使用500 hPa高度场来判别相似，但仅用一层资料不能很好地代表初值所处状态。同时，随着预报时间的增加，中小尺度的分量已不可预报，选取相似时仍保留该部分信息会对可预报分量产生干扰。已有研究表明，强迫耗散的非线性系统的长期行为会收缩到一个有限的自由度较少的吸引子上，初值在支撑低维气候吸引子的基上投影的自由度就会大大缩小，同时还能有效消除小尺度高频分量。

他们提出压缩自由度的初始场相似判别方法。他们对模式变量在6～15天预报时段内30年(1971—2000年)的各层逐日谱系数距平场进行EOF分解，取若干主分量累积方差贡献率达到80%时的特征向量个数，而把其余的特征向量认为是随机误差造成的。取各主分量的解释方差作为主分量的权重，分别计算出每个变量的相似指数，取其平均为整个初始场的相似指数。基于该方案分析初值相似程度与其误差演变之间的关系，发现误差的相似程度与初值的相似程度成正比，相似初值提供的预报误差信息很接近于实际的预报误差，证实了相似动力方法的有效性。

对预报误差进行订正也有使用谱逼近方法的。谱逼近的思想是假设模式的模拟结果存在误差，为减少模拟误差，在模式预报场上加上一个修正项，该修正项主要针对模式模拟的大气环流偏差较大的现象，将强迫场与模式预报场的差值进行滤波，保留大尺度的波动。然后按照一定的权重，把这部分大尺度波动加到模式的预报场上。其原则是加入尽量小的修正项，得到最为理想的模拟效果。曾先锋等(2012)使用谱逼近方法对区域气候模式性能进行改进。他们首先对风场进行谱逼近，模式的预报风场按经纬方向做傅里叶展开，选择保留南北方向6个波和东西方向8个波。模式预报风场和强迫场必然存在着偏差，区域气候模式的模拟偏差主要体现在环流大尺度偏差上，把这一大尺度偏差场滤波后再乘上一个强度系数，所得结果作为预报修正项。将修正项与模式预报场之和作为下一步的初始场。对于垂直方向上的风场，短波部分主要来自区域气候模式的预报结果，长波部分则在区域气候模式预报的长波基础上，再加入模式与强迫场差值滤波后的部分结果，预报试验表明，明显改进了模式对于降水的模拟。

参考文献

车钦，赵声蓉，范广洲.2011.华北地区极端温度MOS预报的季节划分.应用气象学报，**22**(4)：429-436

范丽军，符淙斌，陈德亮.2007.统计降尺度法对华北地区未来区域气温变化情景的预估.大气科学，**31**(5)：887-897.

符长锋，黄嘉佑.1992.MOS预报中降水量的正态化处理.气象，**18**(6)：26-30.

皇甫雪官.2002.国家气象中心集合数值预报检验评价.应用气象学报，**13**(1)：29-36.

黄嘉佑.1988.赤道东太平洋地区海温的随机模拟.热带气象，**4**(4)：289-296.

黄嘉佑.1995.用典型相关分析作副高的统计动力预报模式可预报性研究.大气科学，**19**(2)：149-155.

黄嘉佑，符长锋.1993a.黄河三花地区汛期逐日降水MOS预报的因子选择试验.气象学报，**51**(2)：232-236.

黄嘉佑，何燕萍.1993b.随机动力气候模式的预报试验.大气科学，**17**(增刊)：29-36.

黄嘉佑，宋玉梅，王绍武.1993c.区域随机动力统计气候模式及其预报试验.气象学报，**51**(3)：326-335.

黄立文，胡基福，常美桂.1997.EOF和CCA方法在台风路径预报试验的比较.热带气象学报，**13**(2)：112-124.

吉进喜，张立凤，郭渊. 2010. Kalman 滤波技术在海表温度预测中的应用. 海洋预报，**27**(3)：53-58.

柯宗建，张培群，董文杰，等. 2009. 最优子集回归方法在季节气候预测中的应用. 大气科学，**33**(5)：994-1002.

郎咸梅. 2012. 中国东部冬季降水的动力结合统计预测方法研究. 气象学报，**70**(2)：174-182.

李法然，杨育强，汤兆涛，等. 1986. MOS 预报业务化试验中若干技术问题的处理. 气象，**12**(10)：6-10.

李芳，林中达，左瑞亭，等. 2005. 基于经验正交函数和奇异值分解对东亚季风区跨季度夏季降水距平的订正方法. 气候与环境研究，**10**(3)：658-668.

李麦村，黄嘉佑. 1984. 海温准两年和准三年振荡的随机气候模型. 气象学报，**42**(2)：168-176.

李生艳，高安宁. 2008. 广西中短期极端温度客观预报方法研究. 气象研究与应用，**29**(2)：30-45.

刘科峰，张韧，徐海斌，等. 2007. 支持向量机与卡尔曼滤波集合的西太平洋副热带高压数值预报误差修正. 气象学报，**65**(3)：450-457.

刘科峰，张韧，姚跃，等. 2006. EOF 分解与 Kalman 滤波相结合的副高位势场数值预报优化. 解放军理工大学学报(自然科学版)，**7**(3)：291-296.

路爽，廖国进，李喜有，等. 2006. 沈阳市降水概率预报服务系统. 气象与环境学报，**22**(1)：68-71.

毛卫星，许晨海，何立富，等. 2005. 多时次多尺度波谱相似预报风要素. 气象，**31**(10)：28-31.

秦正坤，林朝晖，陈红，等. 2011. 基于 EOF/SVD 的短期气候预测误差订正方法及其应用. 气象学报，**69**(2)：289-296.

任宏利，丑纪范. 2007. 动力相似预报的策略和方法研究. 中国科学(D 辑)，**37**(8)：1101-1109.

邵明轩，刘凤辉，程维中，等. 2003. 用非线性多因子动态组合方法作降水概率预报. 气象科技，**31**(4)：206-210.

史珍，丁瑞强，李建平. 2012. 随机误差对混沌系统可预报性的影响. 大气科学，**36**(3)：458-471.

谭桂容，段浩，任宏利. 2012. 中高纬度地区 500 hPa 高度动力预测统计订正. 应用气象学报，**23**(3)：304-311.

王莉，黄嘉佑. 1999. Kalman 滤波的试验应用研究. 应用气象学报，**27**(3)：276-282.

王太微，陈德辉. 2007. 数值预报发展的新方向—集合数值预报. 气象研究与应用，**28**(1)：6-24.

王在文，郑祚芳，陈敏，等. 2012. 支持向量机非线性回归方法的气象要素预报. 应用气象学报，**23**(5)：562-570.

魏凤英，黄嘉佑. 2010a. 大气环流降尺度因子在中国东部夏季降水预测中的作用. 大气科学，**34**(1)：202-212.

魏凤英，黄嘉佑. 2010b. 我国东部夏季降水量统计降尺度的可预测性研究. 热带气象学报，**26**(4)：483-490.

徐琳娜，冯汉中. 2006. 基于数值预报产品的温度释用方法比较. 四川气象，**26**(2)：4-14.

徐振亚，任福民，杨修群，等. 2012. 日最高温度统计降尺度方法的比较研究. 气象科学，**32**(4)：395-402.

杨培才，陈烈庭. 1990. 厄尔尼诺/南方涛动的可预报性. 大气科学，**14**(1)：64-71.

杨秋明，李熠，宋娟，等. 2012. 2002 年夏季东亚地区环流 20—30 d 主振荡型延伸期预报研究. 气象学报，**70**(5)：1045-1054.

曾庆存，林朝晖，周广庆. 2003. 跨季度动力气候预测系统 IAP DCP-II. 大气科学，**27**(3)：289-303.

曾先锋，周天军. 2012. 谱逼近方法对区域气候模式性能的改进：不同权重函数的影响. 气象学报，**70**(5)：1084-1097

赵云武，祁杰，杨福兴，等. 2011. MEOFIS 平台的苏州本地化释用和气温检验. 气象科学，**31**(增刊)：139-144.

郑飞，王慧，朱江. 2009. 初始误差和模式误差对 ENSO 集合预报的影响. 科学通报，**54**(16)：2395-2401.

郑志海，封国林，丑纪范，等. 2010. 数值预报中自由度的压缩及误差相似性规律. 应用气象学报，**21**(2)：139-148.

钟元，潘劲松，朱红，等. 2009. 一种台风过程雨量的相似预报方法. 热带气象学报，**25**(6)：681-689.

钟元，吴钟浚，李泓，等. 2000. 汛期大—暴雨的降水概率预报模式. 气象，**26**(3)：6-11.

DelSole T. 2007. A Bayesian framework for multimodel regression. *Journal of Climate*，**20**：2810-2826.

Deque M. 1988. 10-day predictability of the northern hemisphere winter 500-mb height by the ECMWF operational model. *Tellus*，**40**A：26-36.

Doblas-Reyes F J，Hagedom R，Palmer T N. 2005. The rationale behind the success of multi-model ensembles in

seasonal forecasting—II Calibration and combination. *Tellus*, **57**A:234-252.

Evans R E, Harrson M S J, Graham R. 2000. Joint medium-range ensemble from The Met. Office and ECMWF systems. *Mon Wea Rev*, **128**:3104-3127.

Fraedrich K. 1988. El Nino/Southern Oscillation predictability. *Mon Wea Rev*, **116**:1001-1012.

Glahn H R, Lowry D A. 1972. The use of Model Output Statistics(MOS) in objective weather forecasting. *J Appl Meteor*, **11**:1203-1211.

Hagedorn R, Doblas-Reyes F J, Palmer T N. 2005. The rationale behind the success of muli-model ensembles in seasonal forecasting. Basic concept. *Tellus*, **57**A:219-233.

Harrison M S. 1999. Analysis and model dependencies in medium range forecast: two transplant case studies. *Quart J Roy Meteor Soc*, **126**:711-724.

Hasselmann K. 1976. Stochastic climate models. *Tellus*, **28**:473-485.

Hoffman R N, Kalnay E. 1983. Lagged average forecasting, an alternative to Monte Calro forecasting. *Tellus*, 35 A:100-118.

Kang Hongwen, Zhu Congwen, Zuo Zhiyan, *et al*. 2011. Statistical downscaling of pattern projection using multi-model output variables as predictors. *Acta Meteor Sinica*, **25**(3):293-302.

Klein W H, Lewis B M, Enger I. 1959. Objective prediction of five-day mean temperatures during winter. *J Meteor*, **16**:672-682.

Lee Tsz-cheung, Chan Kin-yu, Chan Ho-sun, *et al*. 2011. Projections of extreme rainfall in Hong Kong in the 21 st century. *Acta Meteor Sinica*, **25**(6): 691-709.

Leung L Y, North G R. 1990. Information theory and climate prediction. *J Climate*, **3**:5-14.

Peng Yuehua, Duan Wansuo, Xiang Jie. 2012. Can the uncertainties of Madden-Jullian Oscillation cause a significant "spring predictability barrier" for ENSO events? *Acta Meteor Sinica*, **26**(5): 566-578.

Saltzman B. 1982. Stochastically driven climatic fluctuations in the sea-ice, ocean temperature, CO_2 feedback system. *Tellus*, **34**:97-112.

Seidman A N. 1981. Averaging techniques in long-range weather forecasting, *Mon Wea Rev*, **109**:1367-1379.

Wright P B. 1979. A simple model for simulating regional short-term climate changes. *Mon Wea Rev*, **107**:1567-1580.

Xiong Kaiguo, Feng Guolin, Huang Jianping, *et al*. 2011. Analogue-dynamical prediction of monsoon precipitation in Northeast China based on dynamic and optimal configuration of multiple predictors. *Acta Meteor Sinica*, **25**(3):316-326.

Zeng Qingcun, Zhang Banglin, Yuan Chongguang, *et al*. 1994. A Note on Some Methods Suitable for Verifying and Correcting the Prediction of Climatic Anomaly. *Adv Atmos Sci*, **11**(2):121-127.

第12章 气象数据修正、插补和融合

气候分析结论的可靠性依赖于气候数据集的质量。气象资料观测至今已有200多年的历史，长期的观测数据在取得过程中各种人为和非人为因素均可能对气象资料的质量产生影响。因此，在使用气象资料进行天气气候监测、诊断分析、预报预测、评估服务等之前，首先必须对气象资料的质量状况进行评估和分析，对存在问题的资料进行控制与处理。气象资料质量控制与评估是一个系统工程，基本涵盖了各类气象资料和产品，它是气象资料处理的第一环节；气候资料处理和气候数据集研制工作中最为核心的技术问题就是其均一性问题。由于受到台站迁址、仪器变更、观测时次及计算方法变化、城市化等影响，部分长期气候观测记录序列存在明显的非均一性，直接影响到气候和气候变化的研究和应用；另外，由于种种原因，气象数据还存在各种缺测，为了使用方便，需要根据一定的统计规律，采用统计或者分析方法，尽可能对缺测数据（或序列）进行插补（延长）；其次，站点气象观测是不连续的，测站密度不可能无限制的增加，大气变量场空间上也需要进行网格化处理等，气象空间场空白地区的气象数据需要进行插值。因此，对于实际的气象观测数据，要使之成为可以直接应用的数据集产品之前，仍然有必要进行系统的整理、整编、订正、恢复和插补。另外，气象中存在各种类型和不同时刻的数据集，需要对它们进行数据融合、同化及再分析。有关上述方面的数据整理的方法如下。

12.1 气象资料数据的质量评估与控制

对不同气象要素质量控制的步骤和内容有所区别，但大致来说，气象资料质量控制应该包括3个环节的内容：①观测环节。这个环节的数据质量控制（或保障）是最为关键的，因为只有观测环节的质量把关，才能保证气象观测数据源头的质量可靠，如果达不到这个要求，后端的很多控制也无能为力，因为观测是不可重复的，很多问题一旦出现了，就没有根本的办法弥补。②资料环节。这一环节必须进行系统的质量控制，因为它是气象资料到用户手中的最后一道环节，如果不做系统的检查评估，用户用到的就可能是没有质量把握的数据产品，因此，这一环节的质量控制和评估要求最高。③用户环节。很多人认为用户不需要对数据做质量控制和保障，这也是不对的，每个用户对气象资料的需求是有差异的，只有自己才知道最想用什么数据，因此，在这个意义上，质量控制和保障也是资料应用的一部分。

从质量控制的方法和内容上讲，主要包括以下几个方面。

(1)对气象数据的逻辑性质量检验和控制

对气象数据的准确性首先需要进行基本逻辑检验。基本逻辑检验主要有下面几步：①站点信息检查。检验区站号是否正确，即检验区站号中是否包含字符，是否在中国的范围内，区站号本身是否正确。②检验资料年份顺序是否正确。即检验是否有年份颠倒，年份重复的现象。③数据重复性检查。即检验资料中重复出现的台站资料。④允许值检查。即资料不能超

出其观测最大(小)允许出现值。实际操作中常常借助一些现有的控制参数,如平均、最高、最低温度对比极值表(WMO(2002)或者国际著名数据中心给出的)进行极值检验;另外,如仪器观测范围等也可以作为气象资料允许值检查的内容。⑤内部一致性逻辑检验。比较平均值、最大值、最小值的大小关系,检查是否出现最大值小于平均值和最小值。

(2) 空间一致性检验

在大气变量资料中,极端值和错误值极易混淆,会影响极端值的研究结果。根据一般的气象要素在空间分布上具有邻近站点相似性的普遍规律(部分局地性观测除外),可以进行变量场的空间(或对高空资料的水平一致性)一致性检验,以提高该资料的可靠程度。

不同要素、站网的空间一致性检查的方法不同,基本的思路是通过空间插值拟合一个数据曲面,然后根据实际观测值与拟合值之间的差异来判断观测值的合理性。数据集制作者可以根据其需要和目的,设计空间一致性检查的项目,选取不同的方法进行。在中国均一性气温数据集 1.0 版本(Li *et al.*,2009)中,采用如下方法。

对逐日最高气温,将所有落在以检验站为中心、250 km 为半径的圆内的台站定义为邻站,站站之间距离计算公式为

$$d(A_1\ A_2) = R\arccos[\sin\varphi_1 \sin\varphi_2 + \cos\varphi_1 \cos\varphi_2 \cos(\theta_1 - \theta_2)] \tag{12.1.1}$$

式中,θ_1、φ_1 为 A_1 点经度、纬度;θ_2、φ_2 为 A_2 点经度、纬度;R 为地球半径,这里取平均值 6371 km。选取离本站最近的 5 个站为参考站。该站最高气温逐日序列为 $T_{\max j}$($j=1,\cdots,n$,n 为序列的样本长度),其标准化序列为 H_j,参考站最高气温的标准化序列为 R_{ji}($j=1,\cdots,n$;$i=1,\cdots,5$)。考虑到逐日资料更大不稳定性,在利用相同要素空间一致性检验的同时,还进行了相关要素之间的一致性检验,即利用该站最低气温 $T_{\min j}$ 和平均气温 $T_{\text{ave}j}$ 与 $T_{\max j}$ 存在一致性的特点进行检验,其相应的标准化序列分别记为 L_j 和 A_j($j=1,\cdots,n$,n 为序列的样本长度)。

相同要素空间一致性的检查条件为

$$N_1 = \sum_{i=1}^{5} k_i, k_i = \begin{cases} 1, H_j R_{ji} > 0 \\ 0, H_j R_{ji} < 0 \end{cases}$$

$$N_2 = \sum_{i=1}^{5} k_i S_i, S_i = \begin{cases} 1, H_j + 2 \geqslant R_{ji} \geqslant H_j - 2 \\ 0, \text{其他} \end{cases} \tag{12.1.2}$$

相关要素之间的一致性检查条件为

$$N_3 = \begin{cases} 1, H_j L_j > 0 \\ 0, H_j L_j < 0 \end{cases}$$

$$N_4 = \begin{cases} 1, H_j A_j > 0 \\ 0, H_j A_j < 0 \end{cases} \tag{12.1.3}$$

通常把超过 2 倍标准差的值称为异常,可以采取如表 12.1.1 所示的方法剔除错误值。

表 12.1.1　空间一致性质量控制判断条件

	参考站个数	相关要素 L	相关要素 A	判断为错误值条件
1	0	0	0	$\lvert H \rvert \geqslant 3$
2	0	1	0	$3 > \lvert H \rvert \geqslant 2$ 时,$N_3=0$ $\lvert H \rvert \geqslant 3$ 时,$N_3=0$ 且非 $H+2 \geqslant L \geqslant H-2$

续表

	参考站个数	相关要素 L	相关要素 A	判断为错误值条件
3	0	0	1	$3>\|H\|\geqslant 2$ 时，$N_4=0$ $\|H\|\geqslant 3$ 时，$N_4=0$ 且非 $H+2\geqslant A\geqslant H-2$
4	0	1	1	$3>\|H\|\geqslant 2$ 时，$N_3=N_4=0$ $\|H\|\geqslant 3$ 时，$N_3=N_4=0$ 且非 $H+2\geqslant (L,A)\geqslant H-2$
5	1	0	0	$3>\|H\|\geqslant 2$ 时，$N_1=0$ $\|H\|\geqslant 3$ 时，$N_2=0$
6	1	1	0	$3>\|H\|\geqslant 2$ 时，$N_1=0$ 且 $N_3=0$ $\|H\|\geqslant 3$ 时，$N_2=0$ 且 $N_3=0$
7	1	0	1	$3>\|H\|\geqslant 2$ 时，$N_1=0$ 且 $N_4=0$ $\|H\|\geqslant 3$ 时，$N_2=0$ 且 $N_4=0$
8	1	1	1	$3>\|H\|\geqslant 2$ 时，$N_1=0$ 且 $N_3=N_4=0$ $\|H\|\geqslant 3$ 时，$N_2=0$ 且 $N_3=N_4=0$
9	2	0	0	$3>\|H\|\geqslant 2$ 时，$N_1\leqslant 1$ $\|H\|\geqslant 3$ 时，$N_2\leqslant 1$
10	2	1	0	$3>\|H\|\geqslant 2$ 时，$N_1\leqslant 1$ 且 $N_3=0$ $\|H\|\geqslant 3$ 时，$N_2\leqslant 1$ 且 $N_3=0$
11	2	0	1	$3>\|H\|\geqslant 2$ 时，$N_1\leqslant 1$ 且 $N_4=0$ $\|H\|\geqslant 3$ 时，$N_2\leqslant 1$ 且 $N_4=0$
12	2	1	1	$3>\|H\|\geqslant 2$ 时，$N_1\leqslant 1$ 且 $N_3=N_4=0$ $\|H\|\geqslant 3$ 时，$N_2\leqslant 1$ 且 $N_3=N_4=0$
13	≥3	0	0	$3>\|H\|\geqslant 2$ 时，$N_1\leqslant 2$ $\|H\|\geqslant 3$ 时，$N_2\leqslant 2$
14	≥3	1	0	$3>\|H\|\geqslant 2$ 时，$N_1\leqslant 2$ 且 $N_3=0$ $\|H\|\geqslant 3$ 时，$N_2\leqslant 2$ 且 $N_3=0$
15	≥3	0	1	$3>\|H\|\geqslant 2$ 时，$N_1\leqslant 2$ 且 $N_4=0$ $\|H\|\geqslant 3$ 时，$N_2\leqslant 2$ 且 $N_4=0$
16	≥3	1	1	$3>\|H\|\geqslant 2$ 时，$N_1\leqslant 2$ 且 $N_3=N_4=0$ $\|H\|\geqslant 3$ 时，$N_2\leqslant 2$ 且 $N_3=N_4=0$

对月平均气温序列的质量控制，同样包括了时间域和空间域的检查，其中时间域检查采用双权重平均值与标准差检验法。当 $|x_i-\overline{x}_{bi}|>2.5s_{bi}$ 时，x_i 被标为可疑值。其中，$\overline{x}_{bi}$，s_{bi} 为双权重平均值和标准差。

空间域检验可以采用距平比较法，其距平公式为

$$x_{di}(j)=x_{i,j}-\overline{x}_{bi}(j) \tag{12.1.4}$$

式中，i 与被检可疑值的序列号相同；j 代表空间检验邻近站。

当所选邻近站满足 $|x_{di}(j)|>s_{bi}(j)$，且所选邻近站距平方向与被检站相同时，认为该可疑值通过空间检验，基本正确，否则判断该可疑值未通过空间质量检验。式中，$s_{bi}(j)$ 为邻近站序列的标准差。

(3)要素(层次)间的内部一致性检查

一般来说,相关的气象要素之间存在一定的关系,如前面逻辑检查中指出的气温资料的几个要素(平均气温、最高气温、最低气温)必须满足一定的大小关系,这是显而易见的,从逻辑性的判断基本可以知道其正确和错误与否,但更多要素间的内部一致性必须根据大气运动规律判断才能知道,如探空资料的各层次之间的要素相互关系,往往需要进行层次(要素)间的内部一致性检查,如气温的超绝热递减率检查,即基于实际大气温度的垂直递减率一般不超过干绝热递减率原则,用下层规定层的气压、温度和超绝热温度订正值计算上层可能的最低温度。另外,如大气静力学检查是高空探空资料质量控制的核心,其核心思想是以能否在一定的厚度偏差范围内,用温、压、湿记录还原台站观测时对相邻标准等压面之间气层厚度的计算作为判据,来检查规定层的温度和位势高度记录是否正确(Collins *et al.*,2001)。这些步骤计算相对较为复杂,这里不一一列举。

经过上述这几步后,气象资料中一般性的错误将被检查出来,可以作为数据集产品的"原材料",但作为气候数据集产品,更为重要的是要确保站点数据序列的均一性。只有满足了气候序列的均一性,利用这些数据集所计算的不同要素(变量)的气候变化趋势才合理,并能真实反映气候的年际、年代际变化特征。

12.2　气象资料数据的均一性处理

气候资料处理和气候数据集研制工作中,最为核心的技术问题就是其均一性问题。气候资料的均一性问题直接影响到气候和气候变化的研究和应用。

中国长期的气候观测序列由于受到台站迁址、仪器变更、观测时次及计算方法变化、城市化等影响,造成了部分观测数据记录的非均一性。例如,如果一个气象站从山顶位置迁址至海拔高度下降 300 m 的谷底,则在大多数情况下,温度数据将突然升高。但是这种观测到的升温主要不是由于气候变化所造成的。这种数据非均一性不仅直接影响到了中国气候分析结论的准确性,而且会对全国及区域气候序列长期趋势和极端气候事件的估计造成偏差,甚至在某些局地尺度歪曲了真实的变化。同时也影响了气候业务的质量和预报水平的提高。

气象资料数据的均一化处理一般分为如下步骤。

(1)构造参照序列

在均一性检验工作中,可以利用邻近台站的资料或者利用台站资料构造一个参考序列。建立参考台站的时间序列的方法是非常重要的,需要对站网和调整方法有充分了解,这主要是因为通常情况下我们不能提前估计台站序列的均一性对于参考序列的作用。在一些情况下,可以利用元数据来判断哪些邻近台站在特定时段内是均一的。Potter(1981)建立了一个 19 个站的邻站网的参考序列,对观测时间相同的其他 18 个站的平均作为每一个待检台站的参考序列。但是,邻站数据需要经过均一性检验,去除那些含有非均一性的台站后,才能建立邻站的参考序列。

建立参考序列时,首先是找寻相关性最好的邻近台站,对第一差异序列做相关分析。例如,温度计的改变将只改变第一差异序列中一年的值,而对于原始数据,这样的变化将改变所有后面的年份。第二是建立第一差异参考序列的最小化技术是计算不包括待检年份数据的相关系数。这样,如果某一年待检序列的第一差异值因为不连续而过异常的话,当年的第一差异参考序列值的确定将完全不受该不连续点的影响。在建立每年的第一差异值时，采取一种多元随机块置换检验(MRBP)，利用周围5个最高相关的台站的资料准确地模拟待检序列，以至于由于随机性导致的相似性的可能性小于0.01；另一个减少参考序列的非均一性方法——Peterson和Easterling技术，利用5个最高相关的中心的3个值来构造第一个差异序列的资料点。当然别的一些技术，如PCA，也可以产生非常好的参考序列。当邻近台站资料在许多均一性调整途径之中时，且那些资料都不够好的时候，就要进行多次调整。

Peterson等(1994)利用一级差分方法，首先选定待检验站i序列周围地区若干个与待检验序列相关高、距离近的台站j作为参考台站，然后将各站序列利用一级差分模式转换后再求算术平均：

$$D_{ij} = T_{ij} - T_{i-1j}$$

$$R_i = \sum_{j=1}^{r} D_{ij} + \sum_{j=1}^{r} x_{ij} \quad (i = 1,2,\cdots; r = 3,4,5) \tag{12.2.1}$$

这样，求每个待检台站序列参考序列就转化为求所有选定的参考台站序列的平均序列，得到的平均一级差分序列再按上式反算，得到待检验序列的参考序列。这样做的好处有：可以减少邻近区域内序列的长度不一致对平均序列的影响；降低区域内个别序列出现奇异值对平均序列的影响；尽可能利用更多的站点数据。为了保证周围参考台站选取的合理性，还应用了一种非参数的多元块排列检验方法(MRBP)对参考台站的序列进行检验。

选取参考序列的另一个思路是，采用相关的气候要素或者资料序列作为参考序列。但值得说明的是，这种做法的效果一般不如前面的相同要素好，因为相关要素毕竟和要检验的序列存在一定的差别，但一些特殊的气候要素尤其是探空资料，站点密度较小，选取和待检验序列存在高相关的邻近站较为困难，这种相关序列作为参照就具有一定的参考意义。例如，鞠晓慧等(2006)采用日照时数作为总辐射要素的参照序列，主要是考虑日照时数和辐射的高相关性，以及日照时数观测网络的高密度；翟盘茂(1997)、郭艳君等(2009)、陈哲等(2013)分别采用了昼、夜观测序列互为参照，以及采用大气再分析作为探空资料的参考序列进行均一性检验和订正。

(2)序列的断点检验

检验序列的均一性是比较参考序列和待检序列的差异性，如果存在差异，则待检序列出现断点。断点检验方法主要有以下几种。

①Craddock检验。Craddock检验根据下列公式计算了参考序列和待检序列的正态化差异序列：

$$s_i = s_{i-1} + a_i \cdot \frac{bm}{am} - b_i \tag{12.2.2}$$

式中，a是均一性的参考序列；b是待检变量序列；am和bm是整个序列的平均值。如果检验的气候元素变为0(或者接近0)，它必须用一个附加常数来转换，以避免被0除。对于温度，则可以通过用绝对温标K代替摄氏度。

②t检验。通常t检验也被用于检验均一性，用来判断序列的断点。刘学锋等(2005)为了确定台站气温序列是否均一，应用累积距平法、连续t检验法，对河北地区55个站确定为被检验站和参考站，因为它们距离较近，地理环境相似，有较高的相关。如果不连续点附近存在明显的站址迁移、仪器换型、观测方法改变及计算方法改变等记录，那么该不连续点被认为是不

合理的，并做订正。利用被检验站与参考站序列差值的平均值序列，进行订正。

③Potter 方法。Potter(1981)应用这种技术对待检台站序列的降水比率序列和复合的参考序列进行了检查。Potter 方法是对原假设(即整个序列具有相同的双变量正态分布)和可变假设(即检验年份之前、后具有不同的分布)之间的最大似然比率的显著性检验，这种双变量检验和流量对照曲线分析非常相似。一部分检验统计取决于时间序列的所有点，而另一部分仅取决于有问题的点之前的点，统计量的最大值点的次年即为台站时间序列的均值不连续点。Plummer 等(1995)利用 Potter 方法来形成一个对每个资料值的检验统计和对资料值的最大可能抵消或调整的评估。

④SNHT 方法。Alexandersson(1986)发展了广泛应用的标准正态检验(SNHT)方法。现在用这种方法不仅可以检验不止一个断点的情况和除了跳点以外对趋势的均一性检验外，还包括了方差的变化情况。像 Potter 方法一样，SNTH 方法也是一种最大似然检验方法。这个检验是针对待检序列和参考序列的比率或差值序列的。首先序列被正态化，在最简单的形式下，SNTH 统计检验量是 T_v 的最大值。

$$T_v = v(\overline{z_1})^2 + (n-v)(\overline{z_2})^2 \qquad (12.2.3)$$

式中，$\overline{z_1}$是序列时刻 1 到 v 的平均值；$\overline{z_2}$是 $v+1$ 到 n 的平均。

司鹏等(2010)利用标准正态检验方法(SNHT)，结合各台站迁移数据，对深圳及其临近台站(距离最近的 10 个)1967—2005 年地面观测最低、最高气温资料进行均一性分析。图 12.2.1 给出了惠东(59492)年平均最高、最低气温差值序列(待检序列与利用周围站点序列构建的该站的参考序列的差值)，从图中可以看出，1994 年以后的差值突然变小，而且 SNHT 检验结果中也发现在 1994 年出现了显著的间断点，同时历史沿革资料显示，该站在 1994 年发生站址迁移。

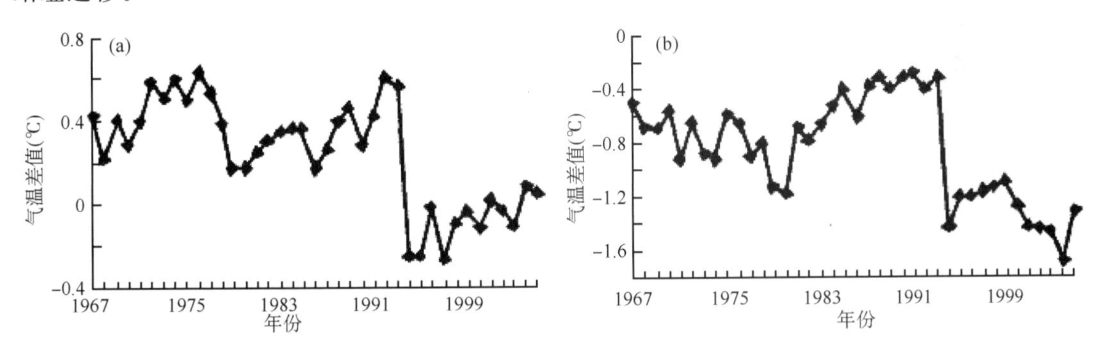

图 12.2.1　惠东(59492)年平均(a)最高、(b)最低气温差值序列

⑤双相回归。Solow(1987)描述了一种通过在一个双位相回归中确定变点来检验时间序列的趋势变化的技术，被检验的年前、后的回归线强迫在该点会合。因为仪器变化可能导致跳跃点，Easterling 等(1995)发展了这一技术，之后称为 E-P 技术，使得回归线不强迫在该点会合，而被检验年份的前、后的差异序列(待检—参考)都用线性回归来拟合。利用这个检验对所有年的时间序列进行重复(每一段至少 5 年)，最小残差平方和的年份被认为是潜在不连续的年份，同时也计算整个时间序列的单独回归的残差平方和。利用两个残差平方和的最大似然比例统计和 t 检验不连续点前后序列的平均值差异，以此来检验两个位相的回归拟合的显著性。

如果不连续认为是显著的，时间序列在该年被分为两部分，每一小段做同样地检验。这种进一步划分延续到时间序列没有不连续点或者序列长度太短为止（小于 10 年）。每一个确定的不连续点用一个多响应置换程序（Mielke，1991）进一步检验，MRPP 检验是无参数的，比较每一组成员之间的欧氏距离和两组中所有成员之间的距离，返回一个这样的可能性，即由随机性产生的两个组区别更大。这两组在不连续点的每一边是 12 年窗口，这个窗在第二个潜在不连续点处被截断。如果不连续达到 0.05 的显著水平，则认为是真正的不连续。应用到不连续点之前的所有资料点的调整值就是台站和参考台站的差值序列的两个窗的平均值之差。

⑥序列均一性的多元分析（MASH）。该方法由匈牙利气象局的 Szentimrey（1999）提出，可能的断点或者转折点可能被检测出来，然后通过相同气候区域相互比较进行调整。待检序列是从所有可得到的序列中选出来的，其余的序列就成了参考序列，这些众多序列的作用在程序中一步步改变。针对不同气候要素，应用加法或者乘法模式，乘法模式也可以通过取对数转化为加法模式。

差异序列是由待检序列和权重参考序列构成的，最佳的权重是由最小化差异序列的方差来决定的。为了增加统计检验的效率，假设待检序列就是所有差异序列中唯一的普通序列，在所有差异序列中检测到的断点就认为是待检序列中的断点。

新发展的一种多元断点检验程序考虑了显著性和效率。显著性和效率分别根据与两类不连续点有关的常规统计公式量化计算。这个检验不仅得到评估的断点和转折值，还得到相应的显著性间隔。可以利用这些点和间隔评估对序列做出调整。

⑦等级顺序变点检验。这种检验利用的统计量在每一点都计算了基于从开始到有问题的点等级之和。首先是判断时间序列中每一点的等级，然后形成一个等级的和的序列（SR_i）；下一步对长度为 n 的序列计算一个调整和（SA_i）：$SA_i=|2SR_i-i\times(n+1)|$。除了最后一个点，$SA_i$ 的最大值被认为是可能不连续点。如果记为 x，则统计量 z：

$$z=\frac{[SR_x-x(n+1)/2+d]}{[x(n-x)(n+1)/12]^{0.5}} \tag{12.2.4}$$

式中，d 为一个经验值，如 $SR_x=x(n+1)/2$ 则 $d=0$；如 $SR_x<x(n+1)/2$ 则 $d=0.5$；如 $SR_x>x(n+1)/2$ 则 $d=-0.5$。如果 $x>10$ 并且 $(n-x)>10$，即不连续点前后至少有 10 年资料，那么利用一个正态概率表的双尾检验可以评估统计量的显著性。

⑧Caussinus-Mestre 技术。Caussinus-Mestre 方法同时集检验未知数量的多断点和构造均一的参考序列于一体。它是基于这样两个前提：两个断点之间的时间序列是均一的；这些均一的子序列可以用作参考序列。单个序列在相同的气候区域同别的序列比较以产生差值（温度、气压）或者比值（降水）序列，然后检验这些差值或比值序列的不连续性。当一个检验的断点在整个待检站和周围站比较的过程中都保持不变时，这个断点就认为存在于待检台站的时间序列当中。

⑨多元线性回归。加拿大的 Vincent（1998）发展了一个基于多元线性回归的新方法来检验温度序列中的跳跃和趋势。这个技术应用一个回归模型来确定被检验的序列是否均一、有一个趋势、一个单独的跳跃或者（在跳跃点前和/或后）趋势。这里，非独立的变量是待检台站序列，独立变量是许多周围台站的序列。额外的独立变量用来描述或衡量存在于检验序列中的趋势或跳跃。为了确定跳跃点的位置，在不同时间位置应用第三个模式，提供了最小残差平

方和的位置点，它代表检验时间序列中最可能跳跃点的位置。

⑩PMT、PMFT 及后续修改完善方法。加拿大环境部 Wang 等(2007；2008a；2008b)对 SNHT 方法、TPR 方法等应用效果上较好的统计方法引入了惩罚因子，经验性地考虑了序列的滞后一阶自相关导致的统计量检验偏差，并嵌入了多元线性回归方法，发展了一个序列均一性检验系统，该系统发布后，得到了很多技术人员的欢迎和试用，并提出了很多修改意见和建议，目前该软件仍在不断的完善当中。由于其在统计上的合理性，以及其软件的完整性，该软件系统目前得到了世界各国相关专家的借鉴和应用。我国的气候资料工作者也以此为工具，对中国月、日尺度的气候序列进行了检验与订正试验，取得了较好的效果。

⑪其他方法。近年来，国际、国内许多研究专家发展和研究了很多种气候资料均一性研究的实验方法和方案，如 Yan 等(2010)发展了用小波技术进行气候资料均一性检验。

黄嘉佑等(2007)提出使用偏最小二乘回归方法进行序列非均一性和区域气候突变诊断。他们从三峡地区内江站夏季气温时间变化曲线上，发现 20 世纪 70 年代初和 80 年代，气温变化似乎存在较强烈的由低温到高温再由高温到低温的最大变化。但是这些变化是否是由于序列非均一性影响，需要进一步分析。

选取与内江关系较密切的 4 个邻站(恩施、达县、重庆、南充)，作为参考站。如果没有局地环境变化的影响，内江站与邻站随时间变化的关系应该保持不变，其关系可以用以内江为因变量，其余 4 站为自变量做回归方程，其方程的各变量的回归系数和方程的解释方差也应该保持不变。以 10 年为一个时期，考察 10 年尺度的年代际变化中关于内江的回归方程的变化。具体采用滑动 10 年时段，对相邻时段两个回归方程中回归系数均方误差进行比较。图 12.2.2 给出了滑动年份(点)前、后两个相邻时段回归系数均方误差的时间变化曲线。

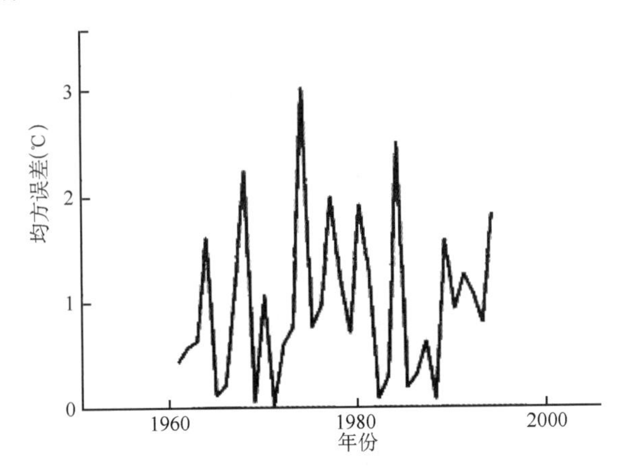

图 12.2.2　1960—1994 年回归系数均方误差随滑动(尺度 10 年)点的时间变化曲线

从图 12.2.2 可见，回归系数均方误差最大值出现在 1974 年，次大值出现在 1984 年，可以诊断出内江序列局地气温变化在 20 世纪 70 年代和 80 年代初有与邻站不同的非均一性表现。

进一步使用偏最小二乘回归方法进行区域气候突变诊断。取偏最小二乘回归的第一次主分量做内江气温变量的回归。图 12.2.3 给出了滑动年份前、后两个相邻时段偏最小二乘回归方程中，主分量自变量场荷载和依变量主分量方程均方误差的变化曲线。

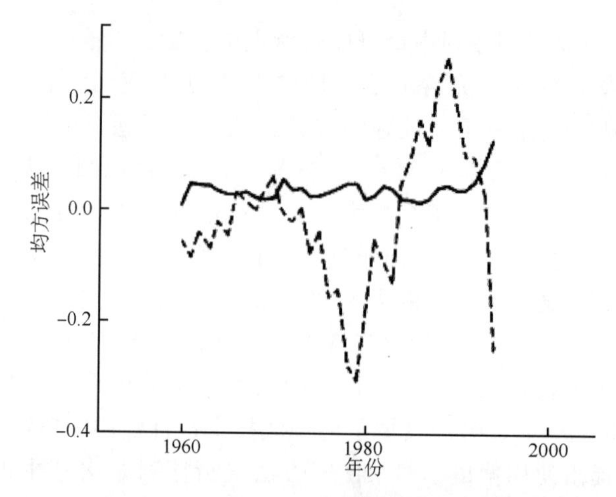

图 12.2.3 1960—1994 年自变量场荷载(实线)和依变量主分量方程(虚线)均方误差随滑动(尺度 10 年)点的时间变化曲线

从图 12.2.3 可见,自变量荷载均方误差和依变量主分量方程均方误差在 1971 年附近有共同的突变点,依变量主分量方程另一个突变点在 1989 年。印证了 20 世纪 70 年代和 80 年代内江站存在非均一性。

(3)非均一序列的订正

从序列检验得出的断点一般都认为是"可能不连续点",但由于方法的选取,以及显著水平的选取,这种"可能不连续点"会存在很大的差别。应该说明的是,并不是每个"可能不连续点"都需要进行订正,我们一般的做法是只对那些经过充分证明为真实的不连续点进行订正,这种验证的过程也往往依赖于元数据,或者细致的分析对比。订正就是将检测出的断点或不连续点去除,使包含不连续点的时间序列变得"相对均一"。通过订正,使台站迁移、仪器换型、观测方法改变、计算方法变化甚至台站周围环境的变化对资料均一性的影响尽可能减少到最小。

目前,序列订正有多种思路。一种是传统的订正思路,即从年序列的订正值推断月序列的订正值,进而推断出月以下尺度序列的订正值,步骤如下。

假设 a 是检测出的不连续点,Z 为差值序列,则根据不连续点的物理意义,对于年均序列,

$$\begin{cases} Zi \in \boldsymbol{N}(\mu_1, \sigma), i \in \{1, \cdots, a\} \\ Zi \in \boldsymbol{N}(\mu_2, \sigma), i \in \{a+1, \cdots, n\} \end{cases} \tag{12.2.5}$$

$\mu_2 - \mu_1$ 即为计算所得的订正补偿值,则将该补偿值加到序列中不连续点 a 之前的序列片断中,然后根据逐年逐月待检序列和参考序列的差值的线性关系,将该补偿值应用到各月序列中,得出逐月订正值。

日值订正方法由 Vincent 等(2002)提出,该思路为很多专家采用,是一个较客观的订正途径。其基本思路:根据月值的订正值客观地选取"目标"值作为该月的中间日期的订正值,然后对 12 个月的中间订正值进行线性差分,差分到日值,成为日值的订正值,而日值订正值的按月平均等于月订正值。

"目标"值与月订正值之间的关系可以通过下式表达:

$$\boldsymbol{T} = \boldsymbol{A}^{-1}\boldsymbol{M} \tag{12.2.6}$$

式中，$\boldsymbol{T}$ 为 12×1 的矩阵，即目标值矩阵；$\boldsymbol{M}$ 为月订正值构成的 12×1 矩阵；$\boldsymbol{A}$ 为 12×12 斜三角矩阵：

$$\mathbf{A}=\begin{pmatrix} 7/8 & 1/8 & & & \\ 1/8 & 6/8 & 1/8 & & \\ & . & . & . & \\ & & 1/8 & 6/8 & 1/8 \\ & & & 1/8 & 7/8 \end{pmatrix} \tag{12.2.7}$$

将从上式中得到的目标值 $\boldsymbol{T}$ 作为各月中间日期的订正值，然后对其进行线性差分，进而得到该月各日的订正值。在此过程中，日值订正的平均值等于月订正值。图 12.2.4 给出了气温的月订正值（柱体）和日订正值（细实线）示意图。

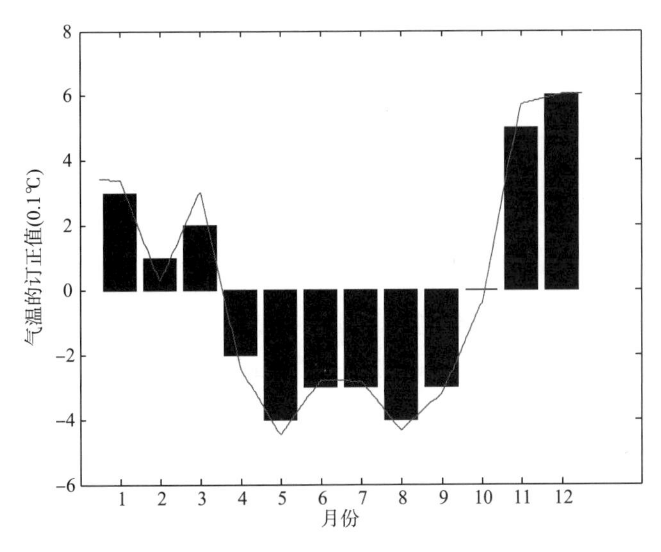

图 12.2.4　气温的月订正值（柱体）和日订正值（细实线）示意图

另一种订正思路是基于各气象变量的逐日天气波动的概率分布。例如，Trewin 等（1996）发展了百分位匹配方法，即使得不连续点前、后的概率分布的百分位互相匹配，这个方法也可以用于逐日资料均一化中（Trewin，2013）；Della-Marta 等（2006）也提出了一种类似方法，采用一种非线性模型估计高相关性的参考站点和目标站点的关系，并指出如果参考序列足够好，这种订正方法可以得到均值、方差和斜度上均可靠的订正；Brandsma 等（2006）提出了一种"最近邻近站重抽样"技术，通过改变日以下尺度时间和频率去除非气候的转折；Yan 等（2008）应用小波分析方法订正逐日序列；Wang（2008a；2008b）和 Wang 等（2007；2010）所发展的 QM（Quantile Matching）订正方法，基本思想是基于序列的百分位数分布的连续性对序列进行订正，这种订正可以直接延伸到月、日序列，另外，这种订正思路还可以独立于检验站点序列的参考序列。相比较而言，这种订正方法较为直观，效果也较为合理。因此，QM 订正方法在全球数据集研制及部分偏远台站序列的订正工作，具有明显的优势，正因为此，它得到了越来越多的应用（Vincent *et al.*，2012；Xu *et al.*，2013；Wang *et al.*，2013）。

月以上尺度气候序列也可以使用回归订正法，进行序列均一化处理。马凤莲等（2009）按照标准差判别奇异值的质量控制方案，对承德站月平均气温和 40 cm 地温数据资料进行了质量控制审查，发现承德市观测站在 2000 年迁站后，平均气温出现较大变化。选用距承德市气象站最近的，且两站气温间有着较高相关系数的承德县站作为参考站，以迁站前的数据建立承德市观测站与县站的回归方程，将县站 2000 年 1 月以后的逐月平均气温资料代入方程，用回归订正法对承德市站进行了迁站后的均一化处理，消除了迁站因素影响。

气候资料均一化和概率统计、诊断检测分析所不同的是它很难做到唯一性。不同的个人、不同的技术、不同的方案得出的气候序列均一性是存在一定差异的，因此，我们很难说某某数据集、某某序列是百分之百的准确和正确。一般我们在对一个序列、一个数据集进行均一化时，往往带着某种目的进行，例如，我们要检测某个局地气候变化趋势，或者年代际变化等等，此时，均一化就以达到该目的为主要动机，如果订正序列、数据集在描述我们所关心的线性趋势或年代际变化较为合理时，我们就可以认为，对该序列、数据集的均一性基本达到了目的，结论是合理的。因此，作为均一化的最后一步，一定是研究者根据其研究目的进行效果检验与评估，如果这个效果达到了，即使整个过程不够完美，该订正也基本达到了目标，反之，必须重新认真加以审查、修正。

12.3 城市化对气候序列均一性的影响

城市化对于气象台站气候要素观测记录具有明显影响。高密度人口居住区域特别是城市化进程的不断发展，形成了城市复杂多样的地表覆盖布局，这种特殊的土地利用格局对局地气候也可产生显著影响。由于城市地面的大部分已由植被变为由混凝土或沥青构成的道路面和屋顶面，受不透水下垫面独特热力特性的影响，在城市形成了特有的局地气候——城市气候。随着城市的发展、城市面积的扩大，城市热岛等城市气候效应不断增强。

度量城市热岛效应的方法主要有以下几种。

(1)平均差值法

有使用气温距平差来度量城市热岛效应的。城市站与参照站的气温距平差大于 0.2℃定义为城市热岛效应(曾侠等，2006)。

李兴荣等(2008)在研究北京秋季城市热岛效应中，以海淀站的地面气温代表城区气温，记为 Tu。另外，考虑到顺义和大兴两站分别在海淀站的南、北郊区，且三者海拔高度相当，以这两站的算术平均气温代表郊区气温，记为 Ts。热岛强度定义为 $Tu\text{-}s = Tu - Ts$。研究发现，北京秋季 10 月 4 个时次多年平均热岛，02 时最强，20 时次强，14 时最弱，08 时次弱。夜间城市热岛要强于白天。白天向夜间过渡，热岛加强；夜间向白天过渡，热岛减弱。

(2)趋势比较法

Li 等(2004)利用经均一化订正的 1954—2001 年的地面实测气温资料，运用旋转经验正交展开法，将中国分为五大区域，通过比较各气候区中城市—乡村台站年平均气温距平序列的趋势差异，发现 50 年来城市热岛使得我国地面年平均气温增暖不到 0.06℃。

Zhou 等(2004)选取城市化最为明显的中国华南区域，用 NCEP/DOE 再分析数据(1979—1998 年)和地面观测序列的趋势进行了对比，这种差别即城市化(含土地利用)的贡献，其结果是 0.05 ℃/10a，这个结果看起来比原来的研究结论有所增加，但实际上同该地区总

的增暖趋势(0.45 ℃/10a)比较起来,仍只占到11%左右。

余辉等(1995)利用实际观测资料对比分析了城市化对气温长期演变趋势的影响,研究发现,所考察的几个城市在近几十年来的温度,无论是冬季还是全年平均增温均比周围站点显著。从北京地区温度变化速率分布情况也可清楚地看到,市区最近40年的平均气温变化速率比周围郊区各站明显偏大,表明城市热岛效应有不断增强的趋势。

在以往的城市化分析中,大多着眼于用单个城市中心与郊区气温的直线趋势差值来确定城市热岛强度,认为影响城市气温变化主要因素有两个,一是来自大气环流,二是来自人类城市化活动(包括建筑物及建筑材料的热力特性、热储存等的变化,以及建筑物的摩擦阻力和通风量的变化等)。而乡村站的人口变化相对城市人口变化小很多,可以不考虑人类活动的影响,它的变化仅受地区大气环流的影响。城市中心与郊区气温的直线趋势差值,仅反映城市人类活动的影响。但是,用此定义的热岛强度存在一定问题,一方面大多数城市站一般不在城市中心,并非真正意义上的城市站,很难反映城市中心的热岛效应;另一方面,即使是比较偏远的乡村站,也大多位于城镇中,不可避免地受到人类城镇化的影响。马凤莲等(2009)提出用测站40 cm深度的地温做参考序列,代替郊区乡村站气温序列。因为地下土壤温度比郊区乡村站气温更少受到人类活动的影响。气温的变化趋势与地温的变化趋势差异见图12.3.1。

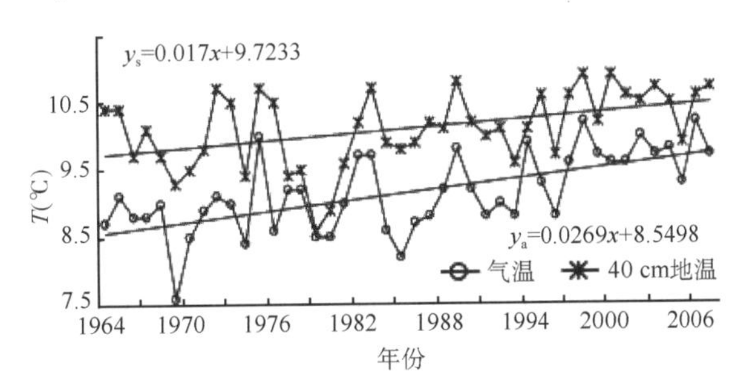

图12.3.1 承德市1964—2007年平均气温和40 cm地温的年际变化

从图12.3.1看到,年平均气温和40 cm地温近44年来均呈线性上升趋势,由于受到地面人类活动和大气环流的影响,气温的上升趋势要明显大于40 cm地温的上升趋势。平均气温的变化趋势为每10年上升0.27℃,略大于全国平均值(0.25 ℃/10a),40 cm地温的变化趋势为平均每10年上升0.17℃。

进一步定义本站平均气温增温速率减去40 cm深层地温变化速率为热岛增温率,称为城市热岛强度,并用趋势分析方法找出热岛强度分布特征。即用40 cm地温的变化代表气候的自然变化,那么气温的实际变化趋势减去40 cm地温的变化趋势即为城市化对气温的影响部分,发现城市化对年平均气温的影响达0.10 ℃/10a,这个结果接近于华北地区的平均值(0.11 ℃/10a)。

李庆祥等(2009)提出一种基于气温日较差的新的热岛强度指标。研究结果表明,1980年以后,无论大、小城市,城市化的热岛影响均有所加强。大城市年热岛强度10年增加0.20～0.34℃,小城市增加0.14～0.20℃。大城市的热岛强度无论季节或年增加幅度均比小城市大,特别是冬、秋季。

司鹏等(2010)提出分别对1967—2005年、1979—2005年两个时段的城市化进行研究。

方法一,利用深圳实测气温距平序列与对应的背景(NCEP资料,记为R-2)气候距平序列的线性趋势差值来表示城市热岛。方法二,用深圳实测气温资料与R-2背景气候距平序列的线性趋势差值来代表1979年以来的城市化的影响。

建立区域平均距平序列的方法是将经过均一性检验后的5个邻近台站的年(月、季节)平均温度序列做主分量分析,以展开后的第1主成分的荷载作为权重系数,对所有邻近台站的温度序列进行加权平均,得到背景气候序列;R-2背景气候序列的构造,则是通过反距离加权插值法,把R-2地面气温数据中位于深圳站周围的4个格点上的数据反插到对应位置处,得到R-2背景气候序列。

在气候要素的趋势变化分析中,单从散点图中很难了解到线性影响的特点,但是如果叠合平滑点的波动曲线就能够明显准确地揭示变化趋势。因此,他们对近40年来深圳及其背景气候的气温距平变化曲线进行lowess平滑,即鲁棒局部权重回归,它是一种非参数回归方法,不拘泥于任何理论上的数学函数,用来平滑等间距(或非等间距)分布的时间序列或散点图,能够在鲁棒拟合过程中有效地避免异常值对平滑曲线的歪曲,可以很好地描述变量之间关系的细微变化。

图12.3.2为1967年以来深圳与背景气候年平均温度距平序列变化曲线。

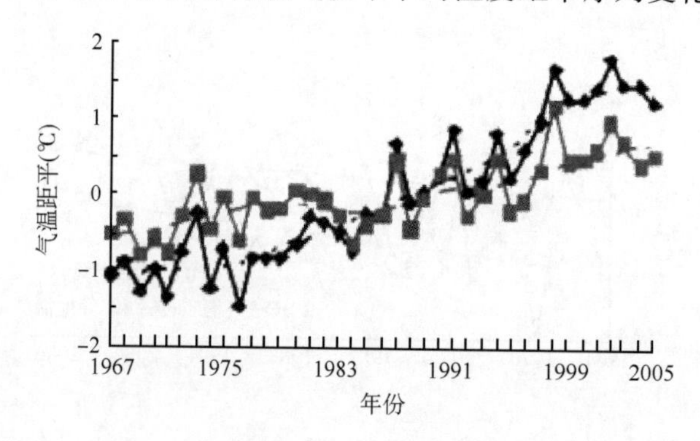

图12.3.2　1967—2005年深圳最低气温实测与背景距平序列变化曲线

(背景:方块线;深圳:三角线;深圳平滑:短虚线;背景平滑:长虚线)

从图12.3.2可见,深圳地区经历了显著的气温增暖。拟合的lowess平滑曲线显示,深圳站的年平均最低气温与其最高气温相比有较大的上升趋势,与之相反的是,背景气候上升趋势不明显。计算标准化趋势系数,实测序列为0.94,R-2序列为0.25,差值为0.70,热岛效应贡献率达到74%。说明近40年的气温增暖过程中很大程度可以归结为城市热岛的影响,并且主要发生在20世纪80年代中后期。

刘学锋等(2005)对河北省地区台站气温进行EOF分析,认为空间函数第2特征向量指示了城市热岛效应或土地利用对局地温度的影响。将年和季节平均温度EOF第2特征向量负值的站,同时参考城市人口数量在10^5以下,定义为乡村站,人口数量在10^5以上为城市站,人口数量在5×10^5以上为大中城市站。

他们还定义各类台站平均温度变化速率之差为其区域热岛增温率。热岛增温率在其总增温率所占的百分比为热岛贡献率。计算发现,大中城市站、城市站和乡村站年平均增温率分别为0.387、0.355和0.349 ℃/10a。热岛增温对大气增温的影响相对较大,在各种类型台站的

年增温变化中，40％左右是由热岛增温效应造成的。

黄嘉佑等(2004b)对中国南方沿海地区城市的热岛效应进行研究时，为了求出不同人口类型城市气温的气候自然变化趋势，对该地区不同人口类型城市气温变化做主分量分析，提取出第1主分量，认为此主分量可以消除该地区台站之间的局地地理位置等差异，保留该地区综合气温变化特征，能够反映气候自然变化和热岛效应的影响。该分量可以代表热岛效应不明显的气温变化，然后选取与此分量有密切关系(有显著的相关系数)的高空环流因子，即影响局地气温变化的高空环流因子，它们不受地面各种热岛和局地因素影响。然后用回归分析方法找到与局地气温有关的环流因子，综合形成反映自然变化的序列，称为气温的自然变化序列。那么，用该类型城市1951—2001年的气温变化趋势减去气温的自然变化趋势，它们的差值能够反映该类型城市的热岛效应。

李庆祥等(2013)和Li等(2014)采用广义极值分布(GEV)拟合了城市化对环渤海地区极端气温的影响信号。首先采用GEV分布拟合了近50年该地区的夏季极端暖夜气温(每年最高的3个值)和冬季极端冷夜气温(每年最低的3个值)，基于其位置参数较好地反映了其时间变化的特点，结合城市人口和参数荷载的系统聚类方法划分了不同类型城市站点和参考站点，分析了城市化对极端温度的影响。其结论表明，虽然城市化对平均气温变化的影响并不明显，但对于极端气温变化的影响则有可能达到非常明显的影响，因此，城市化对于气象资料的影响是非常复杂的，不能简单地同等处理。

12.4　资料恢复与插补

长期以来，我国在历史气候资料的质量控制和保障方面开展得尚不够，导致在气候应用或者气候变化研究中产生一些明显偏差和错误。另一方面，1949年以前的气象观测受到战争影响，存在很多年份的缺测资料。例如，北京站历史资料中缺测资料十分严重，在1949年前的110年资料中，缺测资料年数占1/3，有34年的不同月有缺测资料。需要对缺测资料进行恢复，才能保证资料的连续性。资料恢复的方法主要有以下几种。

(1)内插法

对于缺测资料的恢复，常使用邻站未缺测资料进行比较其差值，利用差值进行恢复。或者利用相邻年份资料做线性内插来恢复。但是，对于一大片区域测站资料均存在缺测情况时，使用该法有很大困难，因为相邻测站的资料往往也同时缺测。

(2)回归方程法

对于缺乏邻站资料进行缺测资料的恢复，可以利用气象要素自身前、后期(年份)演变关系(回归方程)做缺测资料的恢复。

黄嘉佑(1995)认为，气象要素前期信息的形成也包含着与之同一时期外界因素相互作用的结果，前期的要素已经包含外界因素的影响，同样对后期要素的变化产生影响。他对单月序列使用自回归、选阶自回归、逐步回归和预测残差最小逐步回归等6种方案进行恢复试验。

由于1951—1990年有完整的准确观测资料，把其中某一年份某月气温资料假定为缺测资料，用上述方案进行恢复。对于某个月的气温预报，前期因子可以取前期不同年份的各月气温，选取的因子不限于同一月，而是前期不同月的气温变量，使用多元回归方程筛选因子个数的试验以前期 1～10 年为试验范围，以 20～40 年为试验样本，方程中因子个数取 1～10 做试验。结果发现，预测残差最小逐步回归的恢复方案仍有最小的预报误差，误差平均约为 1.0℃，最优时可达 0.6℃，容量为 20 年的样本有最小的预报误差。用预测残差最小逐步回归方案对 1841—1950 年的缺测气温资料进行恢复，恢复后的资料多年变化特点与实测资料及气温级别资料十分相似。

还可以利用同一测站不同要素之间（回归）的关系进行缺测资料恢复。黄嘉佑（1996）把北京月降水量的变化看成是受局地气温和降水的影响。对于某个月的降水量预报，前期因子可以取前期不同年份的各月气温和降水量，选取的因子不限于同一月，而是前期不同月的气温和降水量变量。对某月的降水量，可以看成前期不同年份和不同月的气象要素的影响，即认为某年某月的降水量是受前期 p 年、12 个月的月降水量和气温的影响，可使用该降水量的无缺测序列作为预报量，建立与前期气温和降水量作为预报因子的回归模型。

由于回归模型适合正态变量使用，而月降水量不遵从正态分布，用回归方程预测不容易取得降水量恢复的理想效果，先对降水量进行正态化的非线性变换，然后进行变量关系的研究。

又考虑到气候阶段为 30～40 年，1980 年附近是大气环流突变的年份，所以，选取 1941—1980 年资料比较完整，可以作为建模的基本资料集。使用残差最小的逐步回归筛选因子。试验结果表明，加入气温因子的恢复方案有较小的预测误差和较好的恢复效果。预报试验年的各月标准化降水量的平均均方误差仅为 0.0843。

使用预测残差最小逐步回归方案，对 1841—1950 年缺测降水量资料进行恢复。把恢复后与恢复前的降水量资料阵分别做 EOF 分解，比较它们的不同主分量解释方差递减率。比较表明，它们有较大的相似性，说明降水量恢复有较好的效果。

（3）判别方程法

可以利用邻站气象要素演变关系（判别方程）做缺测资料的恢复。黄嘉佑等（2004a）对东北地区及全国其他气候地区用逐步判别方法进行缺测资料恢复试验。

由于判别分析仅对恢复对象做分类判别，恢复时考虑到平均值是最大似然估计量，比中值好些，因此，把恢复的类别样本平均值作为类别的恢复值。考虑到分类后恢复的平均值代表性以类内变化越小越好，试验表明，用 Gamma 分布的概率划分，分成 5 类有较好的效果。

东北地区内所有站点的试验表明，使用双重检验，通过引入和筛选因子利用逐步回归和判别分析进行缺测资料恢复试验，发现逐步判别分析方法比逐步回归分析方法恢复效果好些。

（4）EOF 法

可以利用 EOF 方法提取有关变量场的主要变化信息，与缺测资料的大气变量建立关系进行缺测资料的恢复。黄嘉佑等（1984）利用我国气温、降水场做恢复东半球夏季大气环流场的试验，研究发现 500 hPa 高度场与我国气温和降水场有密切关系。因此，恢复方案：把要恢复的地区（北半球中的东半部）的 500 hPa 高度场 1951—1980 年资料阵做 EOF 展开，取解释方差超过 85%的前 10 个特征值对应的时间函数作为预报量，取我国气温和降水场中变量为因

子,建立回归方程,进行环流场缺测资料的恢复。

首先利用1951—1980年的资料,假设某年份环流场缺测,利用降水场和气温场对环流场进行恢复试验。夏季环流恢复试验,得到的恢复场与实测场的平均相似系数达到0.81(气温)和0.87(降水)。对一些气候异常年份,如长江流域大水年(1954年和1980年),恢复环流场的相似系数达到0.90以上,相似系数最高的是1972年,能够达到0.94(图12.4.1)。

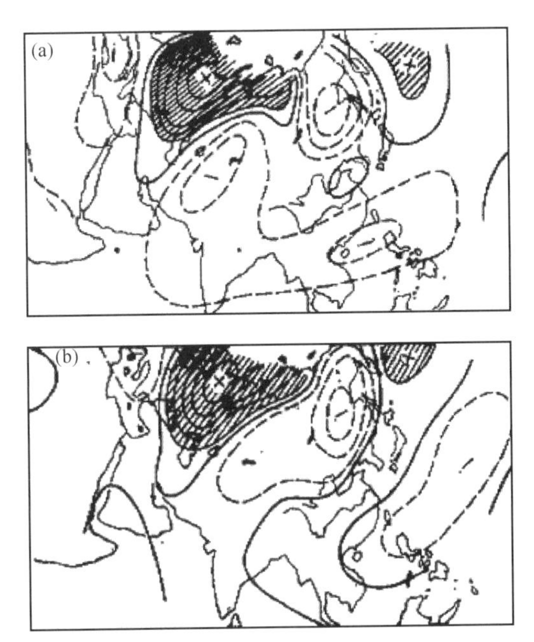

图12.4.1 1972年夏季500 hPa距平场:(a)实况;(b)恢复

李庆祥等(2000)使用EOF方法对近百年北半球陆面的部分缺测的降水场进行恢复。将北半球格点场划分成3个子场,其中子场1认为是完备资料场(共512个格点,资料年份为1900—1996年),以它为基础,分别对子场2(27个格点,缺测年份为1906—1921年)和子场3(44个格点,缺测年份为1922—1951年)进行插补恢复。

将子场1和2的共同资料年份(1921—1996年)分别做EOF展开,建立两个场的主成分(时间系数)之间关系的回归方程,然后利用子场1在1906—1921年的EOF展开的主成分,得到子场2的主成分估计值,与子场2的空间函数结合,即可得到子场2的1906—1921年降水量恢复值。类似地,对子场3进行降水量恢复。

上述资料在做插补时假设了空间函数是稳定不变的,事实上,上述资料插补是否有意义取决于展开的特征向量稳定性问题,其实质就是检验不同样本条件下所获得的协方差阵及其特征根是否在统计意义上具有显著差异。他们提出使用两个场EOF展开的特征向量之间相关系数来度量空间函数是否相似。他们计算了基本场和恢复场年降水量场20年滑动展开的第1特征向量的相关系数,超过0.01显著水平。还计算了各月的其他特征向量相关系数,结果发现均是显著的,这表明资料插补结果是较为可信的。

张邦林等(1993)设计了一种恢复夏季大气环流场的EOF迭代方案。利用1951—1984年共34年中国160站(m_1)夏季平均降水距平场资料和1966—1984年共19年的北半球夏季平场高度距平场 288 个格点(m_2)资料作为基本样本，需要恢复 1951—1965 年共 15 年(n_1)北半球 500 hPa 夏季高度距平场的资料。记降水距平场资料矩阵为 $\boldsymbol{F}_1$，高度距平场为 $\boldsymbol{F}_2$，它们共同组成由 4 个矩阵构成的一个分块资料阵：

$$\underset{n\times m}{\boldsymbol{F}} = \begin{pmatrix} \underset{n_1\times m_1}{\boldsymbol{F}_{11}} & \underset{n_1\times m_2}{\boldsymbol{O}} \\ \underset{n_2\times m_1}{\boldsymbol{F}_{21}} & \underset{n_2\times m_2}{\boldsymbol{F}_{22}} \end{pmatrix} \tag{12.4.1}$$

式中，资料样本容量 $n=n_1+n_2=15+19$，$m=m_1+m_2=160+288$；$\boldsymbol{O}$ 为高度场缺测资料阵。开始进行场的 EOF 迭代试验。开始迭代时 $\boldsymbol{O}$ 矩阵中元素初值取为 0，对 $\boldsymbol{F}$ 矩阵进行 EOF 分解，取前若干主分量和模态可以得到恢复场，然后用恢复场代替原矩阵 $\boldsymbol{F}$，继续进行 EOF 分解，可以得到第 2 次恢复场，如此迭代，以恢复场与实测场的差值均方误差和距平相关系数作为恢复效果的度量标准，以误差达到某标准为止。

恢复试验结果表明，北半球高度场区域 15 年的恢复场与实况场平均符号相关系数达 0.53，效果较好。

(5)CCA 法

利用两个变量场之间的最优关系(典型相关)，也可以进行缺测资料的恢复。Fritts(1971)利用 CCA 方法建立树木年轮资料与海平面气压场之间的回归方程，以此来恢复北美西部 1700—1899 年的海平面气压资料；Guiot(1985)把 CCA 与数字滤波、交叉谱分析、主分量分析结合起来，提出一种新的用于古气候重建和缺测资料插补的插值方法，称其为谱典型相关技术，并用该方法对 1400—1850 年法国 Marseille 的 6—7 月气温进行了恢复重建。

(6)SVD 法

利用两个大气变量场的相互关系，可以使用 SVD 方法对其中一个大气变量缺测资料进行恢复。张永领等(2006)基于 SVD 的迭代方法，对气象场序列缺测记录进行插补延长。对两个大气变量场，设 $\boldsymbol{X}$ 为左场资料阵，它内含有缺测资料，缺测资料是 p_1+1 到 p 行，构成缺测分块矩阵 $\boldsymbol{O}$，表示为

$$\underset{p\times n}{\boldsymbol{X}} = \begin{pmatrix} \underset{p_1\times n_1}{\boldsymbol{X}_{11}} & \underset{p_1\times(n-n_1)}{\boldsymbol{X}_{12}} \\ \underset{(p-p_1)\times n_1}{\boldsymbol{X}_{21}} & \underset{(p-p_1)\times(n-n_1)}{\boldsymbol{O}} \end{pmatrix} \tag{12.4.2}$$

$\boldsymbol{Y}$ 为右场资料阵，为无缺测资料阵，也用分块矩阵构成，表示为

$$\underset{q\times n}{\boldsymbol{Y}} = \begin{pmatrix} \underset{p_1\times n_1}{\boldsymbol{Y}_{11}} & \underset{p_1\times(n-n_1)}{\boldsymbol{Y}_{12}} \end{pmatrix} \tag{12.4.3}$$

对缺测资料阵中元素设任意初值，从而求得到它们的协方差矩阵，进行 0 步 SVD 分解，利用得到的左场时间权重系数矩阵，可以重建左场，得到对应初值的 0 步左场估计矩阵。将 0 步得到的左场中 $\boldsymbol{O}$ 矩阵元素作为缺测值矩阵新估计值，进行 1 步 SVD 分解，利用得到的左场时间权重系数矩阵，可以重建左场，得到对应初值的 1 步左场估计矩阵。如此逐步迭代，直到 $\boldsymbol{O}$ 矩阵元素差值小于某误差要求为止。

对长江流域 20 个测站 1 月气温做插补试验，平均均方误差为 0.25，插补精度明显优于迭代 EOF，插补效果良好且性能稳定；而且插补站数所占比例越小效果越好。此研究表明，基于

SVD 迭代的插补方法是一种非常有效的插补途径。

(7)偏最小二乘法

利用偏最小二乘法，使用两个变量场的关系，也可以对其中的部分缺测资料的变量场进行缺测资料恢复。李庆祥等(2008)利用偏最小二乘法，对上海最高气温 1924—2001 年的缺测资料进行了恢复试验。

在用邻站对上海站最高气温做多元回归分析中，由于同一地区测站有密切相关，在求回归方程和判别方程时会出现病态，使得方程不稳定，会影响恢复资料的效果，偏最小二乘回归方法可以克服这方面的缺点。利用其中的主分量回归方程，对缺测值进行恢复。恢复过程为每次仅恢复某月、某测站、某年份的缺测资料，恢复后的估计值作为观测值使用，再进行其他缺测资料的恢复，如此反复地进行，以近期资料开始，逐步向前期资料延拓。这样做的目的是为了与后续的观测资料直接连接。

在对上海站某月某年份的缺测资料，使用相同月的邻站与上海目标站的非缺测资料集，以邻站资料集作为自变量场，以上海站为因变量场，选取因变量场中解释方差较大的前几个主分量建立预测方程。一般在对包含缺测年份的和去掉缺测年份的资料集进行主分量分析过程中，荷载向量变化不大。因此，对因变量缺测做估计时，考虑在求自变量矩阵过程中，空间函数变化在预报容量增加一个年份资料时变化不大，从而可以根据缺测年份的自变量向量求出缺测年份的主分量的估计值，从而得到缺测年份和月的恢复值。

他们分别用回归分析法、判别分析法和偏最小二乘法，对上海站相应期间缺测资料进行逐年逐月的恢复试验的比较，并利用交叉检验的均方误差作为恢复效果的评判。结果表明，使用偏最小二乘法有较好的恢复效果。

12.5　大气变量场的空间插值

在数值模式中直接使用观测场作为初值场，常常与真实大气场存在误差，解决“内部误差”的一种方法是客观分析方法，即客观地重新构造要素的空间分布场，最优地表示瞬间状态，并给出规则网格点上的气象要素值。其规则网格点上的气象要素值，是应用不规则分布的测站上要素的观测资料进行网格插值得到的。另外，由于气候数值模式研究需要，常常需要把不规则的气候变量场变成规则网格的变量场。上述的气象问题可以归结为变量场网格化问题。解决这一问题的方法主要有以下几种。

(1)趋势面法

趋势面法是网格化方法早期的方法，在客观分析中常用，是一种多项式方法，即用 m 次曲面方程：

$$\hat{Z} = \sum_{ij} c_{ij} x^i y^j \quad (i + j \leqslant m) \tag{12.5.1}$$

做网格点 Z 的估计，估计值可用最小二乘法确定方程系数后求得。式中，x、y 为邻近格点之值，c_{ij} 为系数。例如，Hamilton 等(1988)做气象要素月平均气候场的某网格点(a,b)插值时使用如下插值公式

$$Q = \sum_i [P(X_i, Y_i) - Z_i]^2 \, W[(X_i - a)^2 + (Y_i - b)^2] \tag{12.5.2}$$

其中

$$P(X,Y) = c_{00} + c_{10}X + c_{01}Y + c_{20}X^2 + c_{02}Y^2$$

为具体的曲面函数。式中，a、b 为目标网格点的二维直角坐标系中横和纵坐标；Z_i 为邻近格点(i)之观测值；X_i、Y_i 为邻近格点横和纵坐标之值；W 为权重函数，它随目标点与邻近格点距离增加而减少。目标点与邻近格点距离记为

$$d^2 = (X_i - a)^2 + (Y_i - b)^2 \tag{12.5.3}$$

权重函数可取为

$$W(d^2) = \frac{\exp(-ad^2)}{\varepsilon + ad^2} \tag{12.5.4}$$

式中，α 为修正距离的尺度系数；ε 为取很小值的常数，以便保证当距离为 0 时权重函数不至于溢出。对于实际有经、纬度的网格点而言，其距离(取弧度)可用下式计算：

$$\cos(d^2) = \sin(\varphi_i)\sin(\varphi_g) + \cos(\varphi_i)\cos(\varphi_g) + \cos(\lambda_i - \lambda_g) \tag{12.5.5}$$

式中，φ_i、λ_i、φ_g 和 λ_g 分别为邻近格点和目标点的纬、经度。曲面函数中的系数 c_{ij} 可利用使 Q 值最小的最小二乘法定出。

为了得到垂直方向相互适应的要素场，多项式方法还可以发展为三维客观分析。客观分析还有逐次订正法，即对事先给出的预备场利用测站资料，根据与距离有关的权重进行逐次订正。

(2)回归方程法

网格化中也有用回归分析方法(Hembree，1983)，把某格点的随时间变化序列组的向量 $\boldsymbol{y}$ 可表示为邻近网格点资料阵 $\boldsymbol{X}$ 的回归方程：

$$\boldsymbol{y} = \boldsymbol{Xb} + \boldsymbol{e} \tag{12.5.6}$$

式中，$\boldsymbol{b}$ 为回归系数向量；$\boldsymbol{e}$ 为残差向量。回归系数向量可用最小二乘法确定。

原则上对每个网格点都应建立一个方程，但如此做法十分费时，因而在计算中常引入结构函数。把网格点与邻近测站的距离相关结构转化为相关系数随距离变化的模式，并假定大气相关结构各向同性，从而建立对测站相关阵和测站与网格点相关向量的计算。上述方法要求对每一网格点周围选取足够多的测站，至少要选 6 个站，对资料稀少的海洋地区则很困难。近年来，这一分析方法已由单一时刻常规资料的分析发展到包含不同时刻非常规资料的分析，并且已不再是单纯给数值预报模式提出格点上的内插要素值，而是如何建立一个与预报模式在物理上相互适应的初始场，把四维资料同化和预报模式的初值形成作为一个统一整体来处理。所给出的不单是离散格点上的值，还可以用一组具有波状特征的数学函数来描述大气状态，包含了运动场和质量场之间的物理关系。

Dey 等(1985)给出如下全球范围资料同化系统。在这一系统中使用最优(多元)插值分析方法，既考虑观测场又考虑预报场相互适应，对分析场中某一网格点(k)的要素(高度、风速等)分析值(Z_{ak})可表示为

$$Z_{ak} = Z_{gk} + \boldsymbol{p}(\boldsymbol{x}_0 - \boldsymbol{x}_g) \tag{12.5.7}$$

式中，Z_{gk} 为该格点(k)的猜测值(一开始时)或 6 小时预报值；$\boldsymbol{p}$ 为权重向量；$\boldsymbol{x}_0$ 为该格点附近格点观测向量；$\boldsymbol{x}_g$ 为分析向量。上式中只有权重向量是未知的，它可用最小二乘法定出。

赵传燕等(2008)对陇西祖厉河流域降水场的网格化插值中，使用回归方程法。他们利用

气象站点的地理坐标和高程数据，结合其他的影响因子，如坡向、坡度等，对大气变量(一般是降水量和气温)建立多元回归模型。这种方法的优点在于：估算的大气变量不依赖于估算点周围区域气象站点的密集程度，可以直接根据地形参数求出变量估计值。使用降水场格点变量与观测点位置、海拔高度因子间的关系，模拟降水信息的空间变化规律。对某格点 i，降水量估值模型可表示为

$$P_i = b_0 + b_1\lambda_i + b_2\varphi_i + b_3h_i \tag{12.5.8}$$

式中，λ_i 和 φ_i 分别为观测站点的经度和纬度；h_i 为观测站的海拔高度；b_i 为回归系数。对 45 个站点 1971—2000 年 30 年月平均降水数据与经度、纬度、海拔高度进行相关分析，发现在 7—10 月，经度与降水有明显正相关，随着经度的增加，降水增加，即由西向东降水增加，其他月经度对降水的影响不明显；降水与海拔高度呈显著正相关，随着海拔高度的增加降水增加；降水与纬度的关系呈显著负相关。

他们还使用趋势面方法，分析降水和气象站点的空间位置的线性和非线性关系，构造不同维的趋势面，建立不同的函数关系。以估值与实测值的平均均方误差来度量，对几种插值方法进行比较，发现在祖厉河流域趋势面方法效果最好，其次是多元回归方法。

徐成东等(2008)使用线性加权回归模型，对高原山地区域的降水量进行空间插值。权重使用距离的函数，距离权重的确定如下：

$$w_i = \frac{\dfrac{1}{(d_i)^p}}{\sum\limits_{i=1}^{n}\dfrac{1}{(d_i)^p}} \tag{12.5.9}$$

式中，w_i 为第 i 个观测站点的权重；d_i 为第 i 个观测站点到预测点的距离；p 为距离的幂指数，按试验确定。选择的因子是地形因素，除高程因子之外还包括坡度、坡向、下垫面类型、离水体的距离等。

(3)反距离加权平均

反距离加权平均法又名空间滑动平均法，它是根据近邻点的平均值估计未知点的方法，该方法基于地理学第一定律——相似相近原理，即根据样本点周围数值随着其到样本点距离的变化而变化，根据距离衰减规律，对样本点的空间距离进行加权，以未采样点距离最近的若干个点对未采样点值的贡献最大，其贡献与距离成反比。对于山区或者降水站点不是很密集的地区，反距离加权法有助于提高所估计数据的精度。其估值可表示为

$$Z^*(x_0) = \sum_{i=1}^{n}\frac{1}{(D_i)^k}Z(x_i) \Big/ \sum_{i=1}^{n}\frac{1}{(D_i)^k} \tag{12.5.10}$$

式中，$Z^*(x_0)$为待估值，x_0 为观测的待估值点；$Z(x_i)$为区域内位于 x_i 的观测值；D_i 是样本点之间的距离；n 为参与插值的样本点的个数；k 为距离的幂次。根据 Chen 等(2010)的研究，k 的取值为 1～4 对插值结果的影响较为有限，通常取 $k=1$ 进行插值。

李庆祥(2011)采用反距离加权平均的方法将中国气温和降水量站点资料插值为 5°×5°的网格点资料。计算各个网格点降水量序列和原属该网格内的台站序列的相关性，发现相关系数超过 0.5 的地区几乎覆盖了全国，相关相对小的区域出现在西南地区，但一般也在 0.3～0.5。因此，可以看出，利用反距离权重平均方法得到的格点数据是比较忠实于站点数据集的。全国降水量平均的相关系数为 0.67。

网格内站点距平值的平均并不一定精确等于网格内真实温度距平值的空间平均，这个误差就是抽样误差，它依赖于网格内台站的个数、台站的位置和网格内真实的气候变化。根据Kagan(1966)和Yevjevich(1972)的研究，区域内(n个台站)平均序列的标准差(SE)不仅与单个台站序列的标准差有关，而且与区域内平均的站点间相关系数有关。其序列变化的方差计算：

$$SE^2 = \frac{\overline{s^2}\,\bar{r}(1-\bar{r})}{1+(n-1)\bar{r}} \tag{12.5.11}$$

对网格温度序列的抽样误差进行估计，需要对站点方差、区域内平均的站点间相关系数 $\bar{r}$ 和区域内台站数 n 进行估计。$\overline{s^2}$ 是参考气候期内所有台站降水序列方差的平均，由于台站数并不是一个常量，只是参考气候期内的平均值，比较可取的方法是用格点温度序列的方差来估计网格内站点方差的平均值，这样就忽略了站点密度和位置随时间变化产生的误差。

对于有多个站点的网格，$\bar{r}$通过站点数据估算；但网格内站点较少时，这样得到的$\bar{r}$值不可信，对只有一个台站的陆面格点或洋面网格更不能采用这种方法，而且网格内不同的站点分布会产生偏差。因此，利用降水相关性衰减长度理论来估计$\bar{r}$。

$$r = \mathrm{e}^{-x/x_0} \tag{12.5.12}$$

式中，r 为相邻格点的相关系数；x 为网格中心点之间的距离；x_0 为相关性衰减长度特征量，对(12.5.12)式逐步迭代直至均方根误差最小，计算出 x_0 值。利用(12.5.13)式对距离 x 求积分就可以估计逐个网格的$\bar{r}$。

$$\bar{r} = \frac{x_0}{x}(1-\mathrm{e}^{-x/x_0}) \tag{12.5.13}$$

图 12.5.1 给出了中国逐个格点年降水量序列与相关性衰减区域内格点间距离与相关系数的分布。从图可见，相关性随距离有明显指数下降趋势。

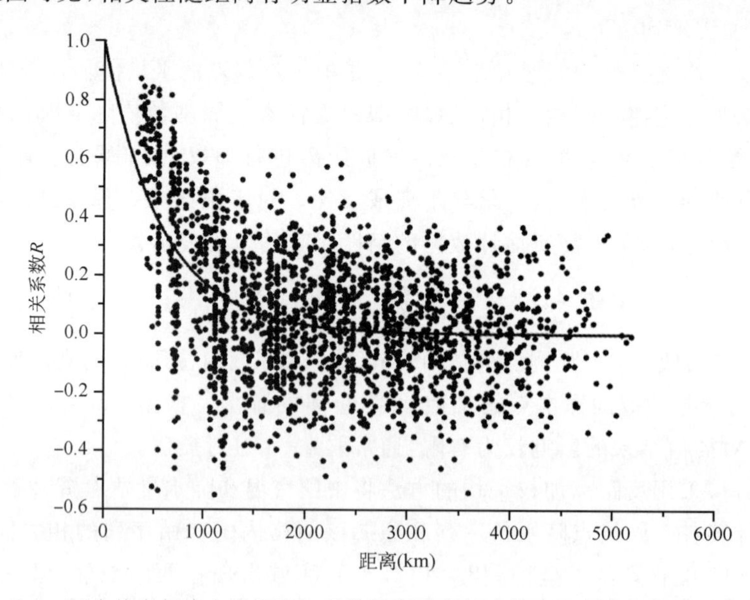

图 12.5.1 逐个格点年降水量序列与相关性衰减区域内格点间距离与相关系数的分布

整个区域平均的抽样误差可以通过下式计算：

$$S\overline{E}^2 = \sum_{i=1}^{N_g} SE_i^2 \cos\varphi_i / \sum_{i=1}^{N_g} \cos\varphi_i \tag{12.5.14}$$

式中，N_g 为网格区域纬度范围；φ_i 为纬度。图 12.5.2 给出了中国大陆地区降水序列的抽样误差变化曲线，从图中可以看出，抽样误差随着时间（站点数）增加而迅速减小。1960 年之后站点数基本不变，抽样误差也基本保持在 0.5％以下。

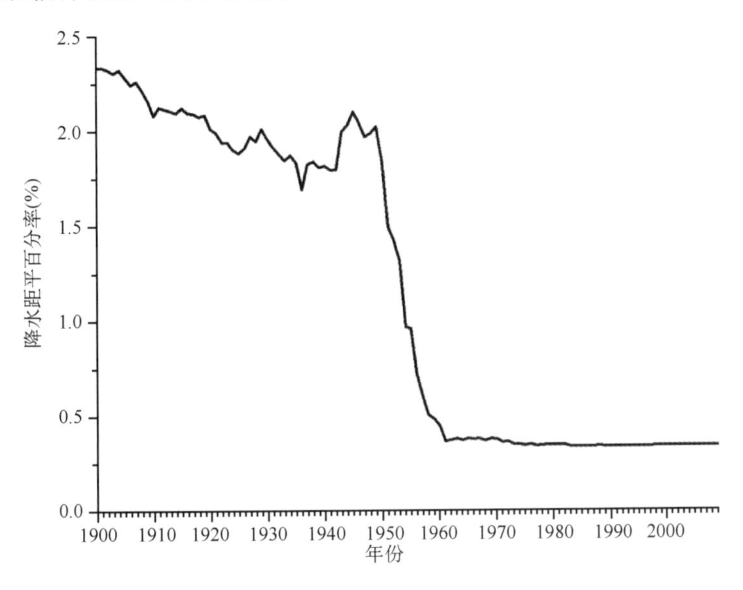

图 12.5.2　中国地区降水序列的抽样误差变化

（4）双线性与非线性插值法

如果要利用网格点的数值模拟值对变量场中某测站的值进行估计，以便与测站实测值比较时，还可以通过变量分析场中邻近 4 个网格点的值，利用双线性插值方法进行插值得到。其方法是：假如我们想得到未知函数 f 在点 $P(x,y)$ 的值，假设我们已知函数 f 在 $Q_{11}=(x_1,y_1)$、$Q_{12}=(x_1,y_2)$、$Q_{21}=(x_2,y_1)$ 及 $Q_{22}=(x_2,y_2)$ 4 个邻近点的值 $f(Q_{11})$、$f(Q_{12})$、$f(Q_{21})$ 及 $f(Q_{21})$。此 4 个点分别处在 x 方向两个点，y 方向两个点（图 12.5.3）。首先在 x 方向进行线性插值，得到关于点 $R_1=(x,y_1)$ 和 $R_2=(x,y_2)$ 上面的线性插值函数：

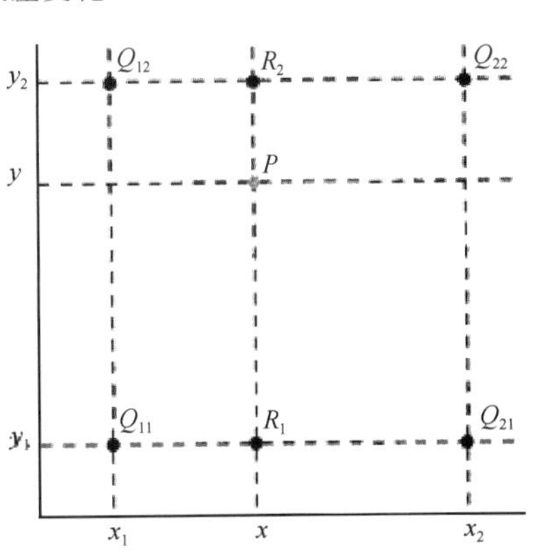

图 12.5.3　双线性插值示意图

$$f(R_1) = \frac{(x_2 - x)}{(x_2 - x_1)} f(Q_{11}) + \frac{(x - x_1)}{(x_2 - x_1)} f(Q_{21}) \tag{12.5.15}$$

$$f(R_2) = \frac{(x_2 - x)}{(x_2 - x_1)} f(Q_{12}) + \frac{(x - x_1)}{(x_2 - x_1)} f(Q_{22}) \tag{12.5.16}$$

然后在 y 方向进行线性插值，得到点 $P(x,y)$ 的值：

$$f(P) = \frac{(y_2 - y)}{(y_2 - y_1)} f(R_1) + \frac{(y - x_1)}{(y_2 - y_1)} f(R_2) \tag{12.5.17}$$

如果气象要素空间的关系不是线性变化的，使用线性插值会产生较大的误差，可以采用二次拉格朗日(Lagrange)多项式插值方法进行插值。其方法是：已知在点 x_0、x_1、x_2 的值为 y_0、y_1、y_2，要求多项式 $L(x)$，使得 $y_0=L(x_0)$、$y_1=L(x_1)$、$y_2=L(x_2)$，L 是 x 的二次函数，称为二次插值多项式，其表达式为

$$L(x)=y_0l_0(x)+y_1l_1(x)+y_2l_2(x) \tag{12.5.18}$$

其中

$$l_0(x)=(x-x_1)(x-x_2)/[(x_0-x_1)(x_0-x_2)]$$
$$l_1(x)=(x-x_0)(x-x_2)/[(x_1-x_0)(x_1-x_2)]$$
$$l_2(x)=(x-x_1)(x-x_0)/[(x_2-x_1)(x_2-x_0)]$$

对变量场中某测站的值，可以通过分析场中邻近的 3 个网格点的值进行插值得到。

袁松等(2012)对 NCEP 的模式再分析资料与实际探空资料进行对比分析中，考虑到气象要素在垂直方向上不是线性变化的，线性插值的误差较大，因此，采用二次拉格朗日多项式插值方法进行插值，在水平方向上，使用水平的双线性插值，从而得到与每一个探空数据对应空间位置的 NCEP 再分析资料气象要素的值，计算了两者在温度、湿度、纬向风、经向风 4 种气象要素的绝对差值。研究结果表明，探空资料和 NCEP 资料中 4 种气象要素的绝对差值随地点、高度和季节变化较小，在 0.5～8 km 大气层内，温度相差 0.5～1.0℃，相对湿度相差 5%～15%，纬向风和经向风分别相差 1～3 m/s 和 1～4 m/s。插值误差较小。

(5)样条插值法

样条(Spline)插值法利用最小表面曲率的数学表达式，模拟生成通过一系列样点的光滑曲面。样条插值法适用对大量样点进行插值计算，同时要求获得平滑表面的情况。用于插值的输入点越多，生成的表面也就越平滑。同时，如果点数的值越大，处理输出栅格所需的时间就越长。具体插值时，把进行插值计算的曲线的区间划分成很小区间，在每一个小子区间上用较高次多项式进行分段插值，即可得到较光滑的插值。

李军等(2006)运用样条插值法对中国 623 个气象站 1961—2000 年 40 年的逐月平均气温进行了空间插值。对待估计的气温栅格值点 Z 的插值公式为

$$z=\sum_{i=1}^{n}A_i d_i^2 \log d_i+a+bx+cy \tag{12.5.19}$$

式中，d_i 为待估计的栅格点到第 i 个邻近测站的距离；n 为选择邻近测站数。右端第 1 项为基础函数，后 3 项为气温趋势面函数，其中的 x 和 y 为插值点的地理坐标。方程的系数由最小二乘法求出。插值的精度比传统方法有较明显的提高。

(6)克里格法

克里格(Kriging)法主要研究空间分布数据的结构性与随机性、空间相关性与依赖性、空间格局与变异，还可以对空间数据进行最优无偏内插估计(魏凤英等 2002)。

变量场 Z 区域化变量的空间结构随空间点 x 的变化由平均值、变异部分相关误差和随机误差构成，表示为

$$Z(x)=\mu+\varepsilon'(x)+\varepsilon \tag{12.5.20}$$

引入变异函数

$$r(h)=\frac{1}{2N(h)}\sum_{i=1}^{N(h)}[Z(x_i)-Z(x_i+h)]^2 \tag{12.5.21}$$

式中，$N(h)$为间隔距离h时成对的样本点数目。变异函数是描述区域化变量的随机性和结构的。以h为横坐标，$r(h)$为纵坐标，绘出变异函数曲线图，可以直观展示区域化变量的空间变异性。

对任意待估计站点x_0，取待估测站作为n个测站观测值，进行线性组合估计：

$$Z(x_0)=\sum_{i=1}^{n}w_iZ(x_i) \tag{12.5.22}$$

式中，w为权重系数，权重由样本点间的变异函数确定：

$$\sum_{j=1}^{n}w_ic(x_i,x_j)+d=c(x_i,x_0),\sum_{i=1}^{n}w_i=1 \tag{12.5.23}$$

式中，$c(x_i,x_j)$为样本点之间的变异函数；$c(x_i,x_0)$为样本点与待估计点之间的变异函数；d为极小化处理时的拉格朗日乘子。

张莉莉等(2012)应用普通克里格插值法(OK)、反距离权重插值法(IDW)、样条插值法(Spline)及多元线性回归插值法(MLR)对海南岛18个长期气象观测站1979—2008年年均气温、年降水量、年日照时数及年积温进行空间栅格化，并进行结果对比分析。通过对交叉检验的平均误差和均方误差分析表明，MLR插值精度最高，样条插值法插值精度最低，普通克里格与反距离权重插值法插值精度接近。

12.6　气象数据融合、同化及再分析

从19世纪器测时代开始，温、压、湿、风几个基本要素观测了200多年的时间，一直到20世纪后半段卫星资料的出现，气象数据量出现了明显的增长，发展到今天，一个天、地、空一体的观测系统已经基本成型，多种气候数值模型也产生了巨大的气候数据、产品，资料量出现了巨大的飞跃，并且，这种飞跃还远远没有停止。据预测，气候数据量将从2010年左右的不到10 PB发展到2030年左右的350 PB，这个增长包括了卫星、雷达数据，气候模型模拟数据，定点观测数据(代用资料)等等。气象数据进入了名副其实的“大数据”时代。这其中，多种基于主动或被动传感器的不同波长的空基观测也提供了大量的地球物理或气象变量信息。这样，如何利用这些种类繁多的大体量的数据信息，使之成为天气和气候研究，特别是监测和预报有效的信息，则是一个非常复杂和前沿的课题。

近10多年来，我国气象观测的现代化水平获得了空前提高，初步建立了地基、空基和天基相结合，门类比较齐全，布局基本合理的综合气象观测系统。但是，与观测系统的高速发展形成对比的是，我国观测资料的应用水平并没有随着观测系统的发展而得到快速提高，其主要原因是观测资料本身的质量并不能满足应用的需求，同时缺乏基于观测资料之上的各类用户可直接使用的初加工产品。例如，21世纪我国建立的30000多个区域自动气象站的高密度观测资料由于存在部分缺测、错误等质量问题，使得用户不能很好地使用该资料；我国158部新一代天气雷达观测网获得的基数据由于质量控制问题没有得到很好解决，导致不能在数值天气预报模式中发挥应有的作用。以降水为例，自动站资料多位于东部地

区，西部站点稀少，广大无人地区更是无法实现地面观测，而利用红外和微波观测可获取全球范围大尺度的降水估计（Huffman *et al.*，1995；Xie *et al.*，1995），国内也已开展了大量的卫星反演降水方法研究（Lu *et al.*，2004；Xie *et al.*，2011；潘旸等，2012；廖捷等，2013）；但这些单要素资料主要都是基于一些数学统计方法而获取的，不能完全反映出气候变化的动力学特征和物理意义。因此，高质量、高分辨率、长期而连续的全球观测资料的匮乏是我们深入理解和认识气候变化的成因及其演变规律所面临的最大困难和挑战，也是大气科学研究进展道路上的最大"绊脚石"。

随着计算机技术的飞速发展和全球观测系统的逐步完善，资料同化技术在数值天气预报（NWP）业务中得到了广泛使用和飞速发展（Kalnay，2005）。资料同化就是利用客观分析方法把观测资料与数值系统地对各类资料进行融合处理，并推进其在实时业务和研究工作中的应用，结合天气预报模式的数据同化系统被广泛应用于数据融合，形成了多种实时气象资料融合系统，对预报产品进行融合，为下一时段的预报提供最优的初始条件（Bengtsson *et al.*，1988）。国际先进业务数值预报中心未来几年的全球资料同化技术发展，采用变分与集合混合的新同化技术更加明确，遥感资料得到更广泛的使用，特别是云区卫星遥感资料的有效应用成为重点。20 世纪 80 年代后期，科学家们更是提出了利用 NWP 中的资料同化技术来恢复长期历史气候记录的新方法，这就是所谓的大气资料"再分析"。大气资料"再分析"也就是一种利用最完善的数据同化系统，把各种类型与来源的观测资料与短期数值天气预报产品进行重新融合和最优集成的过程。

由于观测资料本身受到时空代表性有限、分辨率不足、时空覆盖范围有限及不同观测资料之间的系统偏差等问题的限制，仍然不能完全满足现代气候业务和科研工作的需求。因此，在观测资料基础上进行多源资料的融合分析及利用数值模式进行资料的同化分析与再分析，以获得质量可靠、空间覆盖完整、分辨率高的气象数据产品，是各国气象界的普遍做法。基于各种观测资料研制的资料分析产品已经成为全球气候科研和业务工作的基础数据，这些气象资料的分析和再分析产品获得的使用率和应用效益甚至远远超过观测资料本身。从 20 世纪 90 年代中期开始，美国、欧盟和日本等先后组织和实施了一系列全球大气资料再分析计划。目前，已经完成的全球大气资料再分析主要有：美国国家环境预测中心（NCEP）和大气研究中心（NCAR）的 40 年（1957—1996）NCEP/NCAR 全球大气再分析资料计划（NCEP1，Kalnay *et al.*，1996），以及 NCEP 与美国能源部（DOE）的 NCEP/DOE 全球大气再分析资料计划（NCEP2，Kanamitsu *et al.*，2002）；欧洲中期数值预报中心（ECMWF）的 15 年（1979—1993 年）全球大气再分析资料计划（ERA15）和 45 年（1957—2002 年）全球大气再分析资料计划（ERA40，Uppala *et al.*，2005）以及 ECMWF 新一代的再分析资料（ERA-Interim，Dee *et al.*，2011）；日本气象厅（JMA）和电力中央研究所（CRIEP）联合组织实施的 25 年（1979—2004 年）全球大气再分析资料计划（JRA25，Onogi *et al.*，2007）；美国 NASA 牵头的 MERRA 再分析数据（Rienecker *et al.*，2011）；美国科罗拉多大学联合英国气象局 Hadley 中心，仅仅同化了重处理的 100 年地面气压历史数据，用月平均海温驱动 NOAA/NCEP 环境模拟中心的大气陆面耦合的业务预报模式，首次实现了 100 年尺度的大气再分析（Compo *et al.*，2011）。最近几年，JMA、ECMWF 等也正在研发更长时间尺度的新一代再分析资料（JRA-55、ERA_Clim 等）。新一代的再分析数据集建设中，水平和空间分辨率越来越高，同化系统更先进，能够被同

化的观测资料更多。此外，大量的更高分辨率的区域再分析数据集产品也不断涌现，为各个国家、区域的气候变化研究与服务提供了相应的数据产品。

参考文献

陈哲，吴茜，熊安元，等. 2013. 中国探空位势高度资料的非均一性问题的检验与订正. 气象，**39**(10)：1337-1343.

郭艳君，李庆祥，丁一汇. 2009. 探空资料中的人为误差对中国温度长期变化趋势的影响. 大气科学，**33**(6)：1309-1318.

黄嘉佑. 1995. 北京地区地面气温可预报性及缺测资料恢复的研究. 气象学报，**53**(2)：211-216.

黄嘉佑. 1996. 北京降水缺测资料恢复的研究. 气象，**22**(7)：6-11.

黄嘉佑，李庆祥. 2007. 一种诊断序列非均一性的新方法. 高原气象，**26**(1)：62-66.

黄嘉佑，刘小宁，李庆祥. 2004a. 夏季降水量与气温资料的恢复试验. 应用气象学报，**15**(2)：200-206.

黄嘉佑，刘小宁，李庆祥. 2004b. 中国南方沿海地区城市热岛效应与人口的关系研究. 热带气象学报，**20**(6)：713-722.

黄嘉佑，王绍武. 1984. 利用我国气温、降水场作恢复东半球夏季大气环流场的试验. 大气科学，**8**(3)：252-259.

鞠晓慧，屠其璞，李庆祥. 2006. 我国太阳总辐射月总量资料的均一性检验及订正. 南京气象学院学报，**29**(3)：336-341.

李军，游松财，黄敬峰. 2006. 中国 1961—2000 年月平均气温空间插值方法与空间分布. 生态环境，**15**(1)：109-114.

李庆祥，黄嘉佑，董文杰. 2009. 基于气温日较差的城市热岛强度指标初探. 大气科学学报. **32**(4)：530-535.

李庆祥，黄嘉佑，鞠晓慧. 2008. 上海地区最高气温资料的恢复试验. 热带气象学报，**24**(4)：349-353.

李庆祥，黄嘉佑. 2013. 城市化对环渤海夏季极端暖夜的影响. 气象学报，**71**(4)：668-676

李庆祥，屠其璞. 2000. 近百年北半球陆面降水资料的插补及初步分析. 南京气象学院学报，**23**(4)：528-535.

李庆祥. 2011. 气候资料均一性研究导论. 北京：气象出版社.

李兴荣，胡非，舒文军，等. 2008. 北京秋季城市热岛效应及其气象影响因子. 气候与环境研究，**13**(3)：291-299.

廖捷，徐宾，张洪政. 2013. 地面站点观测降水资料与 CMORPH 卫星反演降水产品融合的试验效果评估. 热带气象学报，**29**(6)：211-218.

刘学锋，于长文，任国玉. 2005. 河北省城市热岛强度变化对区域地表平均气温序列的影响. 气候与环境研究，**10**(4)：763-770.

马凤莲，黄嘉佑，李庆祥，等. 2009. 承德市的城市化对气温影响的研究. 北京大学学报(自然科学版)，**45**(4)：701-706.

潘旸，沈艳，宇婧婧，等. 2012. 基于 OI 方法分析的中国区域地面观测与卫星反演小时降水融合试验. 气象学报，**70**(6)：1381-1389.

司鹏，李庆祥，李伟，等. 2010. 城市化对深圳气温变化的贡献. 大气科学学报. **33**(1)：110-116.

魏凤英，曹鸿兴. 2002. 地统计学分析技术及其在气象中的适用性. 气象，**28**(12)：3-5.

徐成东，孔云峰，仝文伟. 2008. 线性加权回归模型的高原山地区域降水空间插值研究. 地球信息科学，**10**(1)：14-19.

余辉，罗哲贤. 1995. 气温长期演变趋势中城市化的可能影响. 南京气象学院学报，**18**(3)：450-454.

袁松，程华，王东勇，等. 2012. 模式再分析与实际探空资料的对比分析. 气象科学，**32**(1)：62-67.

曾侠，钱光明，陈特固，等. 2006. 广东省沿海城市热岛特征分析. 气象，**32**(11)：94-97.

翟盘茂. 1997. 中国历史探空资料中的一些过失误差及偏差问题. 气象学报, **55**(5):564-572.

张邦林,丑纪范,孙照渤. 1993. EOF迭代方案恢复夏季大气环流场的试验. 大气科学, **17**(6):673-678.

张莉莉,陶忠良,张京红. 2012. 基于GIS海南岛气象要素空间插值法比较分析. 热带农业科学, **32**(4):57-61.

张永领,丁裕国,高全洲,等. 2006. 一种基于SVD的迭代方法及其用于气候资料场的插补试验. 大气科学, **30**(3):526-532.

赵传燕,冯兆东,南忠仁. 2008. 陇西祖厉河流域降水插值方法的对比分析. 高原气象, **27**(1):208-214.

Alexandersson H. 1986. A Homogeneity test applied to precipitation data. *J Climatol*, **6**:661-675.

Bengtsson L, Shukla J. 1988. Intergration of space and in situ observations to study global climate change. *Bull Am Meteor Soc*, **69**:1130-1143.

Brandsma T, Können G P. 2006. Application of nearest-neighbor resampling techniques for homogenizing temperature records on a daily to sub-daily level. *Int J Climatol*, **26**:75-89.

Chen D, Ou T, Gong L, *et al*. 2010. Spatial interpolation of daily precipitation in China: 1951—2005. *Adv Atmos Sci*, **27**(6): 1221-1232.

Collins W G, Gandin L S. 2001. Comprehensive hydrostatic quality control at national meteorological center. *Monthly Weather Review*, **118**:2752-2767.

Compo G P, Whitaker J S, Sardeshmukh P D, *et al*. 2011. The Twentieth Century Reanalysis Project. *Quart J Roy Meteor Soc*, **137**: 1-28.

Dee D, Uppala S M, Simmons A J, *et al*. 2011. The ERA-Interim reanalysis: Configuration and performance of the data assimilation system. *Quart J Roy Meteor Soc*, **137**:553-597.

Della-Marta P M, Wanner H. 2006. A method of homogenizing the extremes and means of daily temperature measurements. *J Climate*, **19**:4179-4197.

Dey C H, Morone L L. 1985. Evolution of the National Meteorological Center global data assimilation system: January 1982-December 1983. *Mon Wea Rev*, **113**:304-318.

Easterling D R, Peterson T C. 1995. A new method for detecting and adjusting for undocumented discontinuities in climatological time series. *International Journal of Climatology*, **15**:369-377.

Fritts H C. 1971. Multivariate techniques for calibrating time series used to reconstruct anomalies in paleoclimate. *International Symposium on Probability and Statistics in Atmos Sci*:59-61.

Guiot J. 1985. The extrapolation of recent climatological series with spectral canonical regression. *J Climatol*, **5**:325-335.

Hamilton J E M, Lennon PO′Donnell B. 1988. Objective analysis of monthly climatological fields of temperature, sunshine, rainfall percentage and rainfall amount. *J Climatol*, **8**:109-124.

Hembree L A. 1983. Optimum interpolation objective analysis structure function estimation. *Preprints 8 th Conf. on Probability and Statistics in Atmos Sci*, Amer Met Soc:16-19.

Huffman G J, Adler R F, Rudolf B R, *et al*. 1995. Global precipitation estimates based on a technique for combining satellite-based estimates, rain gauge analysis, and nwp model precipitation information. *J Climate*, **8**(5): 1284-1295.

Kagan R L. 1966. *An Evaluation of the Representativeness of Precipitation Data (in Russian)*. Gidrometeoizdat, 191.

Kalnay E, Kanamitsu M, Kistler R, *et al*. 1996. The NCEP/NCAR 40-year reanalysis project. *Bull Amer Meteor Soc*, **77**(3):437-472.

Kalnay E. 2005. 蒲朝霞,杨福全,邓北胜,等,译. 大气模式、资料同化和可预报性. 北京:气象出版社.

Kanamitsu M, Ebisuzaki W, Woollen J, *et al*. 2002. NCEP-DOE AMIP-II Reanalysis(R-2). *Bull Amer Met Soc*,

83:1631-1643.

Li Q X,Zhang H Z,Liu X N,*et al*. 2004. Urban heat island effect on annual mean temperature during the last 50 years in China. *Theor Appl Climatol*,**79**(3-4):165-174.

Li Q,Huang J,Jiang Z,*et al*. 2014. Detection of urbanization signals in extreme winter minimum temperature changes over Northern China. *Climatic Change*,**122**(4):595-608.

Li Q,Zhang H,Chen J,*et al*. 2009. A mainland China homogenized historical temperature dataset of 1951-2004. *Bull Am Meteorol Soc*,**90**(8):1062-1065.

Lu N,You R,Zhang W J. 2004. A fusing technique with satellite precipitation estimate and raingauge data. *Acta Meteorolog Sinica*,**18**(2):141-146.

Mielke P W. 1991. The application of multivariate permutation methods based on distance functions in the earth sciences. *Earth-Sci Rev*,**31**:55-71.

Onogi,K. and co-authors. 2007. The JRA-25 Reanalysis. *J Met Soc Japan*,**85**:369-432.

Peterson T C,Easterling D R. 1994. Creation of homogeneous composite climatological references series. *Int J Climat*,**14**:671-679.

Plummer N,Lin Z,Torok S. 1995. Trends in the diurnal temperature range over Australia since 1951. *Atmos Res*,**37**:79-86.

Potter K W. 1981. Illustration of a new test for detecting a shift in mean in precipitation series. *Mon Wea Rev*, **109**:2040-2045.

Rienecker M M,Suarez M J,Gelaro R,*et al*. 2011. MERRA:NASA'S modern-era retrospective analysis for research and application. *J Climate*,**24**:3624-3648.

Solow A. 1987. Testing for climatic change: an application of the two-phase regression model. *J Appl Meteorol*,**26**:1401-1405.

Szentimrey T. 1999. Multiple Analysis of Series for Homogenization(MASH). *Proceedings of the Second Seminar for Homogenization of Surface Climatological Data*, Budapest, Hungary; WMO, WCDMP-No. **41**: 27-46.

Trewin B C,Trevitt A C F. 1996. The development of composite temperature records. *Int J Climatol*,**16**:1227-1242.

Trewin B C. 2013. A daily homogenized temperature data set for Australia. *Int J Climatol*,**33**:1510-1529.

Uppala S M,KAllberg P W,Simmons A J,*et al*. 2005. The ERA-40 re-analysis. *QJRMS*,**131**B:2961-3012.

Vincent L A,Zhang X,Bonsal B R,*et al*. 2002. Homogenization of daily temperature over Canada. *J Climate*, **15**:1322-1334.

Vincent L. 1998. A Technique for the identification of inhomogeneities in Canadian temperature series. *Journal of Climate*,**11**:1094-1104.

Wang X L,Chen H,Wu Y,*et al*. 2010. New techniques for detection and adjustment of shifts in daily precipitation data series. *J Appl Meteor Climatol*,**49**:2416-2436.

Wang X L,Feng Y,Vincent L A. 2013. Observed changes in one in-20 year extremes of Canadian surface air temperatures. *Atmos. -Ocean*,**52**(3):222.

Wang X L,Wen Q H,Wu Y. 2007. Penalized maximal t test for detecting undocumented mean change in climate data series. *J Appl Meteor Climatol*,**46**(6):916-931.

Wang X L. 2008a. Accounting for autocorrelation in detecting mean-shifts in climate data series using the penalized maximal t or F test. *J Appl Meteor Climatol*,**47**:2423-2444.

Wang X L. 2008b. Penalized maximal F-test for detecting undocumented mean-shifts without trend-change. *J*

Atmos Oceanic Tech, **25**(3):368-384.

WMO. 2002. WMO Technical Document 1125, GCOS-76.

Xie P, Arkin P A. An Intercomparison of gauge observations and satellite estimates of monthly precipitation. *J Appl Meteor*, 1995, **34**(5): 1143-1160.

Xie P, Xiong A. 2011. A conceptual model for constructing high-resolution gauge-satellite merged precipitation analyses. *J Geophys Res*, **116**, D21106, doi:10.1029/2011JD016118.

Xu W, Li Q, Wang X L, *et al*. 2013. Homogenization of Chinese daily surface air temperatures and analysis of trends in the extreme temperature indices. *J Geophys Res* (*Atmos*), **118**(17):9708-9720.

Yan Z W, Jones P D. 2008. Detecting inhomogeneity in daily climate series using wavelet analysis. *Adv Atmos Sci*, **25**:157-163.

Yan Z, Li Z, Li Q, Jones P D. 2010. Effects of site-change and urbanisation in the Beijing temperature series 1977—2006. *International Journal of Climatology*. **30**(8):1226-1234.

Yevjevich V. 1972. *Probability and Statistics in Hydrology*. Water Resources Publications:302.

Zhou L M, Dickinson R E, Tian Y H, *et al*. 2004. Evidence for a significant urbanization effect on climate in China. *PNAS*, **101**(26):9540-9544.

附录 A　回归分析

在气象数据分析中，需要利用外力因子建立与预报量之间的关系模型，进行分析与预报，此模型称为回归预报模型，常用的预报模型有单个因子的线性回归、单个因子的非线性回归、多因子线性回归、逐步回归、事件概率回归、logit 回归、最佳子集回归、预报残差最小逐步回归、权重回归，以及回归方法的扩展方法，例如，卡尔曼滤波回归、岭回归、贝叶斯回归和支持向量机回归等。

A1　单个因子的回归模型

利用单个因子对大气变量之间的关系进行分析，通常要建立单个因子的回归模型(linear regression)，其方法原理和具体内容如下。

(1)一元线性回归方程

建立一个因子与预报量之间的回归模型，最简单是假设因子(x)与预报量(y)之间的关系是线性关系，建立一元线性回归方程。它表示为

$$\hat{y} = b_0 + bx \tag{A1.1}$$

式中，$\hat{y}$ 称为预报量 y 的估计变量。回归方程中系数 b_0 称为截距，系数 b 称为斜率。对因子变量 x 和预报量变量 y 的样本(样本容量为 n)数据，回归方程可以表示为

$$\hat{y}_i = b_0 + bx_i \quad (i = 1,2,\cdots,n) \tag{A1.2}$$

利用最小二乘法可以得到回归系数计算值：

$$\begin{cases} b = \dfrac{s_{xy}}{s_x^2} \\ b_0 = \hat{y} - b\overline{x} \end{cases} \tag{A1.3}$$

其中，协方差 S_{xy} 的表达式为

$$s_{xy} = \frac{1}{n}\sum_{i=1}^{n}(x_i - \overline{x})(y_i - \hat{y}) \tag{A1.4}$$

因子变量方差为

$$s_x^2 = \frac{1}{n}\sum_{i=1}^{n}(x_i - \overline{x})^2 \tag{A1.5}$$

式中，$\overline{x}$ 和 $\hat{y}$ 为因子和预报量变量的平均值。

如果预报量和因子均为距平变量，即

$$x_d = x - \overline{x}, y_d = y - \hat{y}$$

可以得到距平变量的回归方程为

$$\hat{y}_d = bx_d \tag{A1.6}$$

距平变量样本数据的回归方程为

$$\hat{y}_{di} = bx_{di} \quad (i = 1,2,\cdots,n) \tag{A1.7}$$

距平变量回归方程没有截距项，表现更为简单。预报量的预报值是距平值，常常作为大气变量异常状态的预报。

如果预报量和因子均为标准化变量，即

$$x_z = \frac{x - \bar{x}}{s_x}, y_z = \frac{y - \hat{y}}{s_y}$$

s_x 和 s_y 为因子和预报量变量的标准差。可以得到标准化变量的回归方程：

$$\hat{y}_z = r_{xy}x_z \tag{A1.8}$$

式中，$\hat{y}_z$为标准化预报量的预报变量；x_z 为标准化因子变量；r_{xy} 为相关系数，它定义为

$$r_{xy} = \frac{1}{n}\sum_{i=1}^{n} x_{zi}y_{zi} \tag{A1.9}$$

标准化变量样本数据的回归方程为

$$\hat{y}_{zi} = rx_{zi} \quad (i = 1,2,\cdots,n) \tag{A1.10}$$

标准化变量回归方程没有截距项，其斜率系数就是两个变量的相关系数。即可以利用两个变量的相关系数，直接建立它们的回归方程。然后通过相关系数与回归系数关系式：

$$b = r_{xy} \cdot \frac{s_y}{s_x} \tag{A1.11}$$

求出距平变量的回归系数。然后方程可以转化为距平变量的回归方程，再利用(A1.3)式求出截距。

回归系数是度量两个变量回归关系的程度，它与两个变量的相关系数有关，但是它不同于相关系数，它是有量纲的，与两个变量的单位有关。它仅在两个变量均为标准化变量时，是无量纲的。这时回归系数就是相关系数。

单变量回归方程计算步骤：

①对预报量 y 和因子变量 x 序列，分别求其平均值和标准差；

②计算两个变量的相关系数；

③代入(A1.11)式计算方程斜率，回归系数 b；

④代入(A1.3)式计算方程截距，回归系数 b_0。

一元回归方程也常用来表征大气变量时间变化的趋势，这时回归方程中以时间(t)为自变量，以大气变量为因变量(y)，其拟合直线即为变量序列的直线变化趋势。表示为

$$\hat{y}_t = b_0 + bt$$

求出直线趋势的方程中系数，使用该系数可以度量大气变量随时间变化的速率。

(2)单个因子的非线性回归模型

大气变量之间关系是十分复杂的，常常不是理想的线性关系。可以试验用非线性关系来描述。用非线性回归(nonlinear regression)方法确定自变量对因变量(预报量)的拟合回归方程。其关系可用非线性函数拟合。常用的几种关于依变量 y 与自变量 x 的非线性函数类型有线性、幂指数、自然指数、对数和双曲等五 5 类型，函数形式见表 A1.1，函数中的参数 a、b 可用线性化方法确定，即把变量非线性函数数值化为新变量，则非线性回归方程变成线性方程。

表 A1.1 依变量 y 与自变量 x 的非线性函数类型

类型	1	2	3	4	5
函数关系	$y=a+bx$	$y=ax^b$	$y=ae^{bx}$	$y=a+b\ln x$	$y=a+b\frac{1}{x}$

例如,对第 2 类型非线性函数,即

$$y = ax^b \tag{A1.12}$$

对方程两边取对数,有

$$\ln y = \ln a + b\ln x \tag{A1.13}$$

令

$$y' = \ln y,\quad b_0 = \ln a,\quad x' = \ln x \tag{A1.14}$$

则得到常规一元线性回归方程:

$$\hat{y} = b_0 + bx' \tag{A1.15}$$

可以求出回归系数后,代入(A1.2)式,求出非线性方程的系数。

对其他非线性回归模型,类似地进行线性化。例如:

$$y = ae^{bx} \rightarrow \ln y = \ln a + bx$$

$$y = ax^b \rightarrow \ln y = \ln a + b\ln x$$

$$y = \frac{ax}{b+x} \rightarrow \frac{1}{y} = \frac{1}{a} + \frac{b}{a}\frac{1}{x}$$

$$y = \frac{a}{b+x} \rightarrow \frac{1}{y} = \frac{1}{a} + \frac{b}{a}x$$

对二元非线性回归模型,类似地也可以进行线性化。例如:

$$y = \frac{1}{1+ax_1^b e^{cx_2}} \rightarrow \ln(y^{-1}-1) = \ln a + b\ln x_1 + cx_2$$

(3)回归问题的方差分析

从(A1.1)回归方程中可以看到,用预报因子 x 预报 y 仅是对预报量 y 的一个估计,毕竟实际的 y 与估计的 $\hat{y}$ 值还是有差别的,它们之间的差值记为 e。如何评价这种预报关系的好坏,即如何衡量所建立的回归方程的优劣,可以使用各个变量的变化幅度来度量,即使用预报因子 x、预报量 y 和差值变量 e 的方差来度量,它们之间关系是

$$s_y^2 = s_{\hat{y}}^2 + s_e^2 \tag{A1.16}$$

上式表明,预报量的方差可以表示成回归估计值的方差和误差方差之和。回归估计值的方差又称为回归方差,误差方差又称为残差方差。

上面方差分析表明,预报量 y 的变化可以看成由前期因子 x 的变化所引起,同时加上随机因素 e 变化的影响,这种前期因子 x 的变化影响可以归为一种简单的线性关系,这部分关系的变化可以用回归方差的大小来衡量。显然,如果回归方差大,则表明用这种线性关系来解释 y 与 x 的关系比较符合实际情况,这种回归模型就比较好。否则,说明这时的回归模型或者回归方程比较差。

有时为了简略,对(A1.16)式两边各乘以 n,则变成研究各变量离差平方和的关系:

$$S_{yy} = U + Q \tag{A1.17}$$

其中

$$U=\sum_{i=1}^{n}(\hat{y}_i-\bar{y})^2, Q=\sum_{i=1}^{n}(y_i-\hat{y}_i)^2$$

分别称为回归平方和及残差平方和，而

$$S_{yy}=\sum_{i=1}^{n}(y_i-\bar{y})^2$$

称为总离差平方和。(A1.17)式亦称为总离差平方和分解式。

从回归中的方差分析可知，用线性组合来反映预报因子与预报量之间的关系其优劣程度取决于回归方差的大小。据(A1.16)式，回归方差不可能大于预报量的方差，因此，为了能与其他回归问题比较起见，可以用它们的比值来衡量方程的拟合效果，即

$$\frac{s_{\hat{y}}^2}{s_y^2}=\frac{\dfrac{1}{n}\sum_{i=1}^{n}(\hat{y}_i-\bar{y})^2}{\dfrac{1}{n}\sum_{i=1}^{n}(y_i-\bar{y})^2}=\frac{U}{S_{yy}}=r_{xy}^2 \tag{A1.18}$$

即除使用方差比较来度量回归方程的拟合程度外，使用相关系数的平方值也可以度量一元线性回归方程的拟合程度。

(4)回归方程的显著性检验

回归方程是否可以使用在实际预报中，还需要进行方程的显著性检验。

从回归中的方差分析可知，当预报量方差不变时，回归方差愈大，残差方差愈大。那么，我们就可以用它们之比值来衡量回归方程的效果好坏。

事实上，可以证明在原假设总体回归系数为0的条件下，统计量

$$F=\frac{\dfrac{U}{1}}{\dfrac{Q}{(n-2)}} \tag{A1.19}$$

遵从分子自由度为1，分母自由度为$n-2$的F分布。

对(A1.19)式，还可表示为回归方差与残差方差的比值，即

$$F=\frac{\dfrac{s_{\hat{y}}^2}{1}}{\dfrac{s_e^2}{(n-2)}} \tag{A1.20}$$

或者利用(A1.18)式的关系，通过相关系数来表示，即

$$F=\frac{r^2}{(1-r^2)/(n-2)} \tag{A1.21}$$

该统计量遵从分子自由度为1，分母自由度为$n-2$的F分布。

(5)回归系数的显著性检验

回归方程中的回归系数，也可以对其进行显著性检验，即对回归方程的因子的总体回归系数β进行检验，原假设$H_0:\beta=0$，这时统计量

$$Z=\frac{b-\beta}{\dfrac{\sigma}{\sqrt{\sum_{i=1}^{n}(x_i-\bar{x})^2}}} \tag{A1.22}$$

遵从标准正态$N(0,1)$分布，对其方差σ^2用无偏估计量估计有

$$\hat{\sigma}^2 = \frac{1}{n-2}\sum_{i=1}^{n}(y_i - \hat{y}_i)^2 = \frac{1}{n-2}Q \tag{A1.23}$$

则统计量

$$t = \frac{\frac{b}{\sqrt{c}}}{\sqrt{\frac{Q}{n-2}}} \tag{A1.24}$$

遵从自由度为 $n-2$ 的 t 分布，式中，Q 为残差平方和，c 的表达式为

$$c = \left[\sum_{i=1}^{n}(x_i - \bar{x})^2\right]^{-1}$$

或者据 F 分布与 t 分布关系，统计量

$$F = \frac{\frac{b^2}{c}}{\frac{Q}{n-2}} \tag{A1.25}$$

遵从分子自由度为 1，分母自由度为 $n-2$ 的 F 分布。由于回归平方和

$$\begin{aligned} U &= \sum_{i=1}^{n}(\hat{y}_i - \hat{y})^2 \\ &= \sum_{i=1}^{n}(b_0 + bx_i - b_0 - b\bar{x})^2 = b^2\sum_{i=1}^{n}(x_i - \bar{x})^2 = \frac{b^2}{c} \end{aligned}$$

这就说明(A1.25)式与(A1.20)式是完全一致的。它在检验单个变量在回归方程中的作用时更为常用。

A2 多因子线性回归模型

在气象问题分析预报中，通常寻找与预报量线性关系很好的单个因子是很困难的，而且实际上某个气象要素的变化是和前期多个因子有关，因而大部分气象统计预报中的回归分析都是用多元线性回归(Multiple Linear Regression，MLR)技术进行。所谓多元回归是对某一预报量 y，研究多个因子与它的定量统计关系。例如，共选取 p 个因子，记为 $x_1, x_2, \cdots, x_p$。在多元回归中，我们又着重讨论较为简单的多元线性回归问题，因为许多的多元非线性问题都可以化为多元线性回归来处理。多元线性回归分析的原理与一元线性回归分析完全相同，其方法如下。

(1)回归方程中系数的确定

和 A1 讨论类似，在样本容量为 n 的 y 预报量和因子变量的实测值中，满足线性回归方程

$$\hat{y}_i = b_0 + b_1 x_{i1} + b_2 x_{i2} + \cdots + b_p x_{ip} \quad (i = 1,2,\cdots,n) \tag{A2.1}$$

的要求的回归系数 $b_0, b_1, \cdots, b_p$ 应是使全部的预报量观测值与回归估计值的差值平方和达到最小。即满足

$$Q = \sum_{i=1}^{n}(y_i - \hat{y}_i)^2 \longrightarrow \text{最小} \tag{A2.2}$$

对一组样本资料，预报值的估计可看成一个向量，记为

$$\hat{\boldsymbol{y}} = \begin{pmatrix} \hat{y}_1 \\ \hat{y}_2 \\ \vdots \\ \hat{y}_n \end{pmatrix}$$

满足(A2.1)式的回归方程，亦可写成矩阵形式为

$$\hat{\boldsymbol{y}} = \boldsymbol{X}\boldsymbol{b} \tag{A2.3}$$

式中，$\boldsymbol{X}$ 为因子矩阵，阵中多引入一个常数变量 x_0，其数值均为 1，即

$$\boldsymbol{X} = \begin{pmatrix} 1 & x_{11} & x_{12} & \cdots & x_p \\ 1 & x_{21} & x_{22} & \cdots & x_{2p} \\ \vdots & \vdots & \vdots & & \vdots \\ 1 & x_{n1} & x_{n2} & \cdots & x_{np} \end{pmatrix} \tag{A2.4}$$

$\boldsymbol{b}$ 为回归系数向量，即

$$\boldsymbol{b} = \begin{pmatrix} b_0 \\ b_1 \\ \vdots \\ b_p \end{pmatrix}$$

那么，预报量观测向量与回归估计向量之差的内积就是它们的分量的差值平方和，即

$$Q = (\boldsymbol{y} - \hat{\boldsymbol{y}})'(\boldsymbol{y} - \hat{\boldsymbol{y}}) = (\boldsymbol{y} - \boldsymbol{X}\boldsymbol{b})'(\boldsymbol{y} - \boldsymbol{X}\boldsymbol{b}) = \boldsymbol{y}'\boldsymbol{y} - \boldsymbol{b}'\boldsymbol{X}'\boldsymbol{y} - \boldsymbol{y}'\boldsymbol{X}\boldsymbol{b} + \boldsymbol{b}'\boldsymbol{X}'\boldsymbol{X}\boldsymbol{b}$$

Q 实际是 $b_0, b_1, \cdots, b_p$ 的非负二次式，所以最小值一定存在，根据微分学中求极值原理，有

$$\frac{\partial Q}{\partial \boldsymbol{b}} = \frac{\partial(\boldsymbol{y}'\boldsymbol{y})}{\partial \boldsymbol{b}} - \frac{\partial(\boldsymbol{b}'\boldsymbol{X}'\boldsymbol{y})}{\partial \boldsymbol{b}} - \frac{\partial(\boldsymbol{y}'\boldsymbol{X}\boldsymbol{b})}{\partial \boldsymbol{b}} + \frac{\partial(\boldsymbol{b}'\boldsymbol{X}'\boldsymbol{X}\boldsymbol{b})}{\partial \boldsymbol{b}} = 0$$

上式第一项因为 $\boldsymbol{y}'\boldsymbol{y}$ 不是 $\boldsymbol{b}$ 的函数，是偏微分为 0 的向量；第二、三项由于 $\boldsymbol{X}'\boldsymbol{y}$ 是 $(p+1)\times 1$ 的向量，故有

$$\frac{\partial(\boldsymbol{b}'\boldsymbol{X}'\boldsymbol{y})}{\partial \boldsymbol{b}} = \boldsymbol{X}'\boldsymbol{y} \text{ 或 } \frac{\partial(\boldsymbol{y}'\boldsymbol{X}\boldsymbol{b})}{\partial \boldsymbol{b}} = \boldsymbol{X}'\boldsymbol{y}$$

式中第四项 $\frac{\partial(\boldsymbol{b}'\boldsymbol{X}'\boldsymbol{X}\boldsymbol{b})}{\partial \boldsymbol{b}} = 2\boldsymbol{X}'\boldsymbol{X}\boldsymbol{b}$，所以 $\frac{\partial Q}{\partial \boldsymbol{b}} = 2\boldsymbol{X}'\boldsymbol{X}\boldsymbol{b} - 2\boldsymbol{X}'\boldsymbol{y} = 0$，即得

$$\boldsymbol{X}'\boldsymbol{X}\boldsymbol{b} = \boldsymbol{X}'\boldsymbol{y} \tag{A2.5}$$

(A2.5)式称为求回归系数的标准方程组的矩阵形式。

求回归系数还可以用逆矩阵法，在矩阵 $\boldsymbol{X}'\boldsymbol{X}$ 满秩(即有逆存在)条件下，(A2.5)式可表为

$$\boldsymbol{b} = (\boldsymbol{X}'\boldsymbol{X})^{-1}\boldsymbol{X}'\boldsymbol{y} \tag{A2.6}$$

利用该公式可以求得多元回归方程中的回归系数。

(2)多元线性回归模型的其他形式

从(A2.1)式求回归系数标准方程组中的第一个方程可以导出：

$$b_0 = \hat{y} - b_1\overline{x}_1 - b_2\overline{x}_2 - \cdots - b_p\overline{x}_0 \tag{A2.7}$$

代入回归方程(A2.1)式，则得

$$\hat{y} - \hat{y} = b_1(x_1 - \overline{x}_1) + b_2(x_2 - \overline{x}_2) + \cdots + b_p(x_p - \overline{x}_p)$$

如果令

$$\hat{y}_d = \hat{y} - \bar{\hat{y}}$$
$$x_{d1} = x_1 - \bar{x}_1$$
$$\vdots$$
$$x_{dp} = x_p - \bar{x}_p$$

上式变为

$$\hat{y}_d = b_1 x_{d1} + b_2 x_{d2} + \cdots + b_p x_{dp} \tag{A2.8}$$

(A2.8)式称为距平变量的多元线性回归方程，在这个方程中变量用的是距平值。

对一组样本容量为 n 的多个距平变量数据，可类似写成回归方程的矩阵形式有：

$$\hat{\boldsymbol{y}}_d = \boldsymbol{X}_d \boldsymbol{b} \tag{A2.9}$$

其中

$$\hat{\boldsymbol{y}}_d = \begin{pmatrix} \hat{y}_{d1} \\ \vdots \\ \hat{y}_{dn} \end{pmatrix}, \boldsymbol{b} = \begin{pmatrix} b_1 \\ \vdots \\ b_p \end{pmatrix}, \boldsymbol{X}_d = \begin{pmatrix} x_{d11} & x_{d12} & \cdots & x_{d1p} \\ x_{d21} & x_{d22} & \cdots & x_{d2p} \\ \vdots & \vdots & & \vdots \\ x_{dn1} & x_{dn2} & \cdots & x_{dnp} \end{pmatrix}$$

气象上为消除季节变化的差别或地点的差别，经常使用距平变量来研究问题，所以形如(A2.8)式的回归方程更为常用。

(3)回归系数的确定

如何从距平变量的距平观测值求出回归方程的回归系数呢，同样可以用最小二乘法，类似地导出求回归系数的标准方程组。它的矩阵形式为

$$\boldsymbol{X}'_d \boldsymbol{X}_d \boldsymbol{b} = \boldsymbol{X}'_d \boldsymbol{y}_d \tag{A2.10}$$

对上式两边乘 $1/n$，有

$$\boldsymbol{S}\boldsymbol{b} = \boldsymbol{s}_{xy} \tag{A2.11}$$

其中

$$\boldsymbol{S} = \frac{1}{n}\boldsymbol{X}'_d \boldsymbol{X}_d, \boldsymbol{s}_{sy} = \begin{pmatrix} s_{1y} \\ \vdots \\ s_{py} \end{pmatrix}$$

通常称 $\boldsymbol{S}$ 为因子协方差阵，阵中元素由 p 个因子变量的协方差构成，其中第 k 个和第 l 个变量的协方差可以使用下面计算式：

$$s_{kl} = \frac{1}{n}\sum_{i=1}^{n}(x_{ki} - \bar{x}_k)(x_{li} - \bar{x}_l) \tag{A2.12}$$

如果把变量变成标准化变量，即对(A2.7)式的距平变量多元线性回归方程，两边除以预报量 y 的标准差 s_y 就得到

$$\begin{aligned}\frac{\hat{y} - \bar{\hat{y}}}{s_y} &= b_1 \frac{x_1 - \bar{x}_1}{s_y} + b_2 \frac{x_2 - \bar{x}_2}{s_y} + \cdots + b_p \frac{x_p - \bar{x}_p}{s_y} \\ &= b_1 \frac{s_1}{s_y} \cdot \frac{x_1 - \bar{x}_1}{s_1} + b_2 \frac{s_2}{s_y} \cdot \frac{x_2 - \bar{x}_2}{s_2} + \cdots + b_p \frac{s_p}{s_y} \cdot \frac{x_p - \bar{x}_p}{s_p}\end{aligned}$$

式中，$s_1, s_2, \cdots, s_p$ 分别为 p 个因子的标准差。若令

$$\begin{cases} \hat{y}_z = \dfrac{\hat{y} - \bar{y}}{s_y} \\ x_{zk} = \dfrac{x_k - \bar{x}_k}{s_k} \quad (k = 1, 2, \cdots, p) \\ b_{zk} = b_k \dfrac{s_k}{s_y} \quad (k = 1, 2, \cdots, p) \end{cases} \tag{A2.13}$$

则可化为标准化变量的多元线性回归方程：

$$\hat{y}_z = b_{z1} x_{z1} + b_{z2} x_{z2} + \cdots + b_{zp} x_{zp} \tag{A2.14}$$

对一组样本容量为 n 的多变量数据，可类似写成标准化变量回归方程矩阵形式：

$$\hat{\boldsymbol{y}}_z = \boldsymbol{X}_z \boldsymbol{b}_z \tag{A2.15}$$

式中，$\boldsymbol{X}_z$ 为由 p 个变量的标准化值构成，称为标准化因子阵；$\boldsymbol{b}_z$ 为回归系数向量，其中第 k 个分量为 b_{zk}。

相应可用最小二乘法导出求标准化回归系数向量的标准方程组的矩阵方程为

$$\boldsymbol{X}'_z \boldsymbol{X}_z \boldsymbol{b}_z = \boldsymbol{X}'_z \boldsymbol{y}_z \tag{A2.16}$$

或

$$\boldsymbol{R} \boldsymbol{b}_z = \boldsymbol{r}_{xy} \tag{A2.17}$$

其中

$$\boldsymbol{R} = \frac{1}{n} \boldsymbol{X}'_z \boldsymbol{X}_z, \boldsymbol{r}_{xy} = \begin{pmatrix} r_{1y} \\ r_{2y} \\ \vdots \\ r_{py} \end{pmatrix} = \frac{1}{n} \boldsymbol{X}'_z \boldsymbol{y}_z$$

矩阵 $\boldsymbol{R}$ 称为 p 个因子的相关阵。

回归系数向量 $\boldsymbol{b}$ 和 $\boldsymbol{b}_z$ 可以通过线性方程组求解的方法求出。然后可以得到距平或标准化变量形式的回归方程，再通过(A2.7)求出原始变量形式的回归系数，从而得到原始变量形式的回归方程。

(4)多元回归方程的方差分析

多元回归方程的预报量方差和回归方程的残差方差与一元回归方程定义相同。但是，回归方差由于变量增加而不同。它的计算公式为

$$\begin{aligned} s_{\hat{y}}^2 &= \frac{1}{n} U = \frac{1}{n} \hat{y}'_d \hat{y}_d \\ &= \frac{1}{n} \hat{y}'_d y_d = \frac{1}{n} (X_d b)' y_d = \frac{1}{n} b' X'_d y_d = b' s_{xy} = \sum_{k=1}^{P} b_k s_{ky} \end{aligned} \tag{A2.18}$$

它与预报量方差的比值可以作为回归方程拟合程度的度量。此比值与复相关系数有密切关系。

衡量一个变量(预报量 y)与多个变量(因子 $x_1, \cdots, x_p$)之间的线性关系程度的量称为复相关系数，因为变量之间的关系可归结为一个多元线性回归方程，所以复相关系数是衡量预报量 y 与估计量 $\hat{y}$ 之间线性相关程度的量，通常记为 R，即

$$R = \frac{\sum_{i=1}^{n} (y_i - \bar{y})(\hat{y}_i - \bar{y})}{\sqrt{\sum_{i=1}^{n} (y_i - \bar{y})^2 \sum_{i=1}^{n} (\hat{y}_i - \bar{y})^2}} \tag{A2.19}$$

写成向量形式为

$$R = \frac{\hat{\mathbf{y}}'_d \mathbf{y}_d}{\sqrt{(\mathbf{y}'_d \mathbf{y}_d)(\hat{\mathbf{y}}'_d \hat{\mathbf{y}}_d)}}$$

据(A2.18)式复相关系数还可表示为

$$R = \frac{\hat{\mathbf{y}}'_d \hat{\mathbf{y}}_d}{\sqrt{(\mathbf{y}'_d \mathbf{y}_d)(\hat{\mathbf{y}}'_d \hat{\mathbf{y}}_d)}} = \sqrt{\frac{U}{S_{yy}}} \tag{A2.20}$$

即

$$R^2 = \frac{U}{S_{yy}} \tag{A2.21}$$

上式反映了回归平方和、总离差平方和与复相关系数的关系。从这一关系也可进一步了解复相关系数实际是衡量 p 个因子对预报量的线性解释方差的百分率。由于 $U \leqslant S_{yy}$，故 R^2 的变化在 0～1 之间。由于它能够判别回归方程的拟合程度，又称回归方程的判决系数。

复相关系数也可表示成与总方差和残差平方和的关系：

$$R^2 = 1 - \frac{Q}{S_{yy}} \tag{A2.22}$$

实际上，复相关系数的计算可以通过 p 个变量的回归方程的回归平方和(SSR)，以及总平方和(SSE)来计算。即

$$R^2 = \frac{SSR}{SST} \tag{A2.23}$$

其中

$$SSR = \sum_{i=1}^{n} (\hat{y}_i - \hat{y})^2, SSE = \sum_{i=1}^{n} (y_i - \hat{y}_i)^2$$

具体计算时，复相关系数可以通过回归系数和因变量与 p 个自变量的协方差计算。即

$$R^2 = \frac{s_U^2}{s_y^2} = \frac{\sum_{k=1}^{p} b_k s_{ky}}{s_y^2} \tag{A2.24}$$

式中，s_U^2 为回归方差，它可以通过回归系数和因变量与预报量的协方差计算得到。类似地，当变量均为标准化变量时，因变量对 p 个自变量的回归方程的复相关系数可以通过回归系数和因变量与 p 个自变量的相关系数计算。即

$$R^2 = \sum_{k=1}^{p} b_{zk} r_{ky} \tag{A2.25}$$

在判决方程中某个因子在方程中的作用时，使用变量的方差贡献来度量，即方程中第 k 个变量在回归方差中的方差贡献为

$$R^2(k) = b_{zk} r_{ky} \tag{A2.26}$$

为了较好地估计总体的回归方差和预报量方差，通常用无偏估计量来估计它们。下面介绍如何求它们的无偏估计量。对于残差平方和，多元回归方程的残差方差的无偏估计量：

$$\hat{\sigma}^2 = \frac{Q}{n - p - 1} \tag{A2.27}$$

而预报量 y 的方差的无偏估计量为

$$\hat{\sigma}_y^2 = \frac{S_{yy}}{n - 1} \tag{A2.28}$$

把上述无偏估计量代入复相关系数表达式(A2.23)得到的复相关系数称为调整复相关系数,即

$$R_a^2 = 1 - \frac{\hat{\sigma}_e^2}{\hat{\sigma}_y^2} = 1 - \frac{\dfrac{Q}{n-p-1}}{\dfrac{S_{yy}}{n-1}} = 1 - \left(\frac{n-1}{n-p-1}\right)(1-R^2) \tag{A2.29}$$

由上面关系式可知,调整复相关系数实际上是对总体复相关系数的估计,也是对总体回归关系的解释方差的一种估计。它又称回归方程的修正判决系数。

(5)回归方程的显著性检验

对一个回归方程,我们除了要了解如何建立它们,即求出方程中各个预报因子的回归系数、确定预报因子与预报量之间的关系外,还要进一步分析回归方程是否显著。

回归方程显著性检验的主要思想是检验预报因子与预报量是否确有线性关系。因为事先我们并不能断定预报量与 p 个因子之间确有线性关系,在求出线性回归方程后,还需要对它进行统计检验。

如果变量 $x_1, x_2, \cdots, x_p$ 与预报量 y 之间无线性关系,则总体多元回归模型中的回归系数 $\beta_1, \beta_2, \cdots, \beta_p$ 均应为0,即归结为要检验假设:

$$H_0: \beta_1 = \beta_2 = \cdots = \beta_p = 0$$

是否成立。和一元线性回归类似,可以通过比较回归平方和与残差平方和来实现。

在满足矩阵 X 满秩和假设 H_0 成立的条件下,可以证明统计量 U/σ^2 遵从自由度为 p 的 χ^2 分布,而统计量 Q/σ^2 遵从自由度为 $n-p-1$ 的 χ^2 分布。U 与 Q 相互独立,从而统计量

$$F = \frac{\dfrac{U}{p}}{\dfrac{Q}{n-p-1}} \tag{A2.30}$$

遵从分子自由度为 p,分母自由度为 $n-p-1$ 的 F 分布。容易看到,对上式稍作变化得

$$F = \frac{\dfrac{\dfrac{U}{S_{11}}}{p}}{\dfrac{\dfrac{Q}{S_{yy}}}{n-p-1}} = \frac{\dfrac{R^2}{p}}{\dfrac{1-R^2}{n-p-1}} \tag{A2.31}$$

因此,可以根据(A2.31)式,利用复相关系数做回归方程的检验。

在显著水平 α 下,根据一次抽样得到的样本计算值 $F > F_\alpha$,则否定假设,即认为回归方程是显著的。

(6)多元回归方程建模步骤

第一步,确定预报量并选择恰当的 p 个预报因子变量。

第二步,根据数据计算回归系数标准方程组所包含的有关统计量(因子的交叉积、矩阵、协方差阵或相关阵,以及因子与预报量交叉积向量、协方差向量或相关系数向量等)。

第三步,根据线性方程组解出回归系数向量。

第四步,建立多元回归方程并进行统计显著性检验。

回归系数向量求解可以使用增广矩阵求解求逆方法,即将如下的增广矩阵

$$\underset{p\times(p+1)}{\mathbf{A}}=\begin{pmatrix} s_{11} & s_{12} & \cdots & s_{1p} & s_{1y} \\ s_{21} & s_{22} & \cdots & s_{2p} & s_{2y} \\ \vdots & \vdots & & \vdots & \vdots \\ s_{p1} & s_{p2} & \cdots & s_{pp} & s_{py} \end{pmatrix}$$

作为一开始的0步出发矩阵。然后逐步进行列消去的计算。第 $l+1$ 步消去第 k 列的计算公式如下：

$$a_{ij}^{(l+1)}=\begin{cases}\dfrac{a_{kj}^{(l)}}{a_{kk}^{(l)}} & (i=k) \\ a_{ij}^{(l)}-\dfrac{a_{kj}^{(l)}a_{ik}^{(l)}}{a_{kk}^{(l)}} & (i\neq k)\end{cases} \tag{A2.32}$$

式中，元素 a 为增广矩阵 A 中的元素。求解过程与消去列的顺序无关。当前 p 列消去完成后，最后一列就是回归系数的解。

A3　逐步回归模型

在气象预报中，对预报量的预报常常需要从可能影响预报 y 的许多因素中挑选一批关系较好的作为预报因子，应用多元线性回归的方法建立回归方程来做预报。但是，如何才能保证在已选定的一批因子中得到“最优”的回归方程，逐步回归(stepwise regression)分析方法是一种常用的方法。

(1)逐步回归原理

在多元线性回归方程建立过程中，尽管最后都做了方程的统计检验，但是并不意味着在 p 个因子中，每个因子对预报量 y 的影响都是重要的，这就需要我们对每个因子进行考察。如果某个因子 x_k 对预报量 y 的作用不显著，那么在多元线性回归模型中，它的回归系数 b_k 就可能近似为0，因此，只需要检验某一因子 x_k 是否显著等价于检验假设

$$H_0:\beta_k=0$$

检验的统计量为

$$F=\frac{\dfrac{b_k^2}{c_{kk}}}{\dfrac{Q}{n-p-1}} \tag{A3.1}$$

它遵从分子自由度为1，分母自由度为 $n-p-1$ 的 F 分布。式中，c_{kk} 为矩阵 $\boldsymbol{C}=(\boldsymbol{X}'\boldsymbol{X})^{-1}$ 中对角线上第 k 个元素。统计量中的分子称为第 k 个因子变量的方差贡献，即定义为

$$v_k=\frac{b_k^2}{c_{kk}} \tag{A3.2}$$

利用因子的方差贡献大小对待选的因子进行逐步筛选，组成回归方程，其步骤如下：

①根据(A3.2)式所有可供选择的变量中选出方差贡献最大者，且该因子回归系数通过显著性检验，组成一元回归方程，其方程在所有单个变量组成的方程中，有最大的回归平方和。

②从未选的因子中再选一个方差贡献最大的因子，且该因子回归系数通过显著性检验，使之与已选入方程中的因子组成二元回归方程，其方程在所有两个变量组成的方程中，有最大的回归平方和。

③对选入方程的第 m 个因子也一样，使之与已知因子组成的 m 元回归方程比其他量与已知量组成的回归方程有更大的回归平方和。当然，每个变量必须通过显著性检验。

④在引入一个新因子后，要对前面已引进因子进行逐个检验，将方差贡献变得不显著的因子去掉。直到无引入也无剔除为止。

(2)双重筛选逐步回归计算过程

对方程中的因子变量进行引进和剔除步骤的逐步回归过程，称为双重筛选逐步回归。具体计算通常使用标准化回归方程，其计算过程如下。

第一步，建立初始矩阵。

建立标准化变量的多元回归方程正规方程组，在 p 个因子相关阵基础上面扩展一列，该列为 p 个变量与预报量的相关系数向量，并组成一个新的增广的对称阵，记为

$$\underset{(p+1)\times(p+1)}{\boldsymbol{R}^{(0)}} = \begin{bmatrix} r_{11} & \cdots & r_{1p} & r_{1y} \\ r_{21} & \cdots & r_{2p} & r_{2y} \\ \vdots & & \vdots & \vdots \\ r_{y1} & \cdots & r_{yp} & r_{yy} \end{bmatrix} \tag{A3.3}$$

矩阵 $\boldsymbol{R}$ 右上面的“(0)”表示第 0 步，其矩阵中元素也类似表示。

对矩阵某列进行逐步消去求逆运算，其矩阵右端列对应元素就是解，即对应变量的回归系数。

按消去求逆的性质有

$$b_{zk}^{(1)} = r_{ky}^{(0)} = \frac{r_{ky}^{(0)}}{r_{kk}^{(0)}} \qquad (k = 1,2,\cdots,p) \tag{A3.4}$$

第二步，引入因子变量。

计算各因子变量方差贡献：

$$V_k^{(1)} = \frac{[r_{ky}^{(0)}]^2}{r_{kk}^{(0)}} \qquad (k = 1,2,\cdots,p) \tag{A3.5}$$

对第 k 个因子做统计检验时可用统计量

$$F = \frac{V_k^{(1)}}{\dfrac{r_{yy}^{(0)} - V_k^{(1)}}{n-1-1}} \tag{A3.6}$$

做 F 检验。实际检验仅检验其中的最大者，这里可以假定 $V_{\max}^{(1)} = V_k^{(1)}$。如果检验显著，则可将第 k 个因子引入方程。这时，相当于对 $\boldsymbol{R}^{(0)}$ 阵中第 k 列进行消去，变为 $\boldsymbol{R}^{(1)}$，则 $r_{ky}^{(1)}$ 即为引入该因子时的标准回归系数。

第三步，继续因子变量的引入。

利用消去求逆的性质，在计算 p 个因子的方差贡献时不需要先求出各标准回归系数，而可以直接利用原来做消去时的矩阵 $\boldsymbol{R}^{(0)}$ 中的元素来实现，这样可大大简化过程的计算量。实际上，在以后各步中，对于引进的因子，考察它们的方差贡献大小，均可用类似公式计算。假定在前 l 步中已引入 l 个因子后，考虑 $p-l$ 个未引入的因子中的方差贡献时，计算第 k 个因子方差贡献的公式为

$$V_k^{(l+1)} = \frac{[r_{ky}^{(l)}]^2}{r_{kk}^{(l)}} \tag{A3.7}$$

对余下的 $p-1$ 个因子计算方差贡献可使用(A3.7)式。计算时可利用前 l 步消去求逆的结果,即用 $\boldsymbol{R}^{(0)}$ 做 l 次消去求逆变成 $\boldsymbol{R}^{(l)}$ 矩阵后阵中的元素。其中如果发现第 k 个因子方差贡献是最大的,即 $V_{\max}=V_k^{(l+1)}$,则用它进一步做下面的显著性检验。这时利用统计量

$$F=\frac{V_k^{(l+1)}}{\dfrac{Q^{(l+1)}}{n-(l+1)-1}} \tag{A3.8}$$

则可得计算 $Q^{(l+1)}$ 的公式为

$$Q^{(l+1)}=Q^{(l)}-V_k^{(l+1)} \tag{A3.9}$$

其中

$$Q^{(l)}=r_{yy}^{(l)} \tag{A3.10}$$

使用下面的统计量进行检验,即

$$F=\frac{v_k^{(l+1)}}{\dfrac{r_{yy}^{(l)}-V_k^{(l+1)}}{n-(l+1)-1}} \tag{A3.11}$$

遵从分子自由度为1,分母自由度为 $n-(l+1)-1$ 的 F 分布。

因此,在引进的步骤中,是在未选入方程的因子中用(A3.5)式计算各因子的方差贡献,选出其中最大的一个,利用(A3.6)式做检验,检验为显著后,认为可以引进到方程中,然后对该因子所对应的列进行消去,并求出引进该因子后回归方程的标准回归系数。

第四步,剔除因子。

我们前面谈到过,当后来因子引入后,原来已引入的因子方差贡献会发生变化,可能变为不显著,要进行剔除。剔除的标准也可利用统计检验来进行。

引入几个变量后才考虑剔除呢?在方程引入前两个显著因子时是不必考虑剔除的,只在第三步引进第3个显著因子后才考虑原先已进入的两个因子是否贡献已不大,这时再考虑剔除。因为在第一步刚考虑引进一个因子,自然是不能考虑剔除的。在第二步,引入第2个因子时,能否考虑原先已引入的因子方差贡献已变小了呢?为了说明这一点,我们假定头两个进入方程的因子为 x_{z1} 和 x_{z2}。

在剔除过程中要考虑因子的方差贡献,其计算过程如下。

设已进行了 l 步,方程中已引入 l 个因子,现在考虑在方程中各个因子所起的作用,即它们的方差贡献,亦即要计算其中第 k 个因子的方差贡献,于是可使用下面公式

$$V_k^{(l)}=\frac{[r_{ky}^{(l-1)}]^2}{r_{kk}^{(l-1)}} \tag{A3.12}$$

但使用这一公式时要求存在前一步的矩阵 $\boldsymbol{R}^{(l-1)}$ 的元素,而现在方程已引入 l 个因子,已做 l 次消去,当步的矩阵为 $\boldsymbol{R}^{(l)}$,能否用当步矩阵的元素来表示呢?实际上利用消去求逆计算公式有

$$V_k^{(l)}=\frac{[r_{ky}^{(l-1)}]^2}{r_{kk}^{(l-1)}}=\frac{[r_{ky}^{(l)}r_{kk}^{(l-1)}]^2}{r_{kk}^{(l-1)}}=[r_{ky}^{(l)}]^2r_{kk}^{(l-1)}=\frac{[r_{ky}^{(l)}]^2}{r_{kk}^{(l)}} \tag{A3.13}$$

即

$$V_k^{(l)}=\frac{[r_{ky}^{(l)}]^2}{r_{kk}^{(l)}} \tag{A3.14}$$

说明可用当步矩阵元素计算因子的方差贡献，设第 k 个因子为最小，即 $V_{\min}=V_k^{(l)}$，则统计量

$$F=\frac{V_k^{(l)}}{\frac{r_{yy}^{(l)}}{n-l-1}} \tag{A3.15}$$

遵从分子自由度为1，分母自由度为 $n-l-1$ 的 F 分布。在显著水平 α 下，若计算值 $F<F_\alpha$ 则认为该因子方差贡献不显著，可剔除。

总括而言，在第三步时考虑剔除，用(A3.14)式计算当步回归方程中各因子的方差贡献，用(A3.15)式对贡献最小者做统计检验，若不显著，就进行剔除。对该因子所对应的列再做消去，就相当于这因子从未进入过方程一样。

自此，每一步首先考虑有无因子需要剔除，若有就进行剔除，直到没有可剔除的因子时再考虑引入新因子。如此逐步进行下去，直到既无因子剔除又无因子可引入为止。

第五步，计算结果。

设结果引入了 l 个因子进入回归方程，消去过程从 $\boldsymbol{R}^{(0)}$ 变到 $\boldsymbol{R}^{(l)}$，头 l 个因子进入方程，则回归方程为

$$\hat{y}_z=b_{z1}x_{z1}+b_{z2}x_{z2}+\cdots+b_{zl}x_{zl}$$

式中，标准回归系数为 $b_{zk}=r_{ky}^{(l)}$。

如果要化为距平形式的回归方程，则使用公式：

$$b_k=\frac{s_y}{s_x}b_{zk}$$

就可求出距平形式回归方程的系数，得到距平形式的回归方程：

$$\hat{y}_d=b_1x_{d1}+b_2x_{d2}+\cdots+b_lx_{dl}$$

这时，距平形式的回归残差平方和为

$$Q=S_{yy}Q^{(l)}=S_{yy}r_{yy}^{(1)}$$

回归平方和为

$$U=S_{yy}-Q=S_{yy}(1-r_{yy}^{(l)})$$

进一步计算复相关系数：

$$R=\sqrt{\frac{U}{S_{yy}}}=\sqrt{1-R_{yy}^{(l)}}$$

完成多元回归方程的逐步回归建模。

逐步回归过程中求解求逆的计算方法是使用求解求逆紧凑方案，对因子相关阵构成的增广矩阵 $\boldsymbol{R}^{(0)}$ 进行逐步列消去的计算。第 $l+1$ 步消去第 k 列的计算公式如下：

$$r_{ij}^{(l+1)}=\begin{cases}-\dfrac{r_{kj}^{(l)}}{r_{kk}^{(l)}} & (i=k,j\neq k)\\ r_{ij}^{(l)}-\dfrac{r_{kj}^{(l)}r_{ik}^{(l)}}{r_{kk}^{(l)}} & (i\neq k,j\neq k)\\ \dfrac{1}{r_{kk}^{(l)}} & (i=k,j=k)\\ -\dfrac{r_{ik}^{(l)}}{r_{kk}^{(l)}} & (i\neq k,j=k)\end{cases} \tag{A3.16}$$

在每消去一列时，就得到对应该列因子回归方程的解，以及系数矩阵的逆矩阵。求解过程与消去列的顺序无关。对已经消去的列进行再消去等于恢复该列未消去前的元素。

A4　事件概率回归(REEP)

1964年美国气象学家Miller在做局地航空站气象要素预报时，提出事件概率回归(Regression Estimation of Event Probability)方法，简记为REEP。

(1)事件概率回归方程的建立

这一方法的基本思想是把因子与预报量看成随机事件，通常对这类随机事件出现与否用"1"和"0"两个变量表示。把预报量事件y与p个预报因子$x_1,\cdots,x_p$事件之间的关系看成是在p个前期因子已经出现的条件下事件y出现与否的关系，则可以建立对预报量y的条件期望。假定这一期望与因子事件出现的关系是线性的，即可表示为

$$E(y\,|_{x_1,\cdots,x_p})=\beta_0+\sum_{k=1}^{p}\beta_k x_k \tag{A4.1}$$

式中，$\beta_0,\beta_1,\cdots,\beta_p$为系数。按数学期望定义，条件期望可表示成

$$E(y\,|_{x_1,\cdots,x_p})=\sum_{j=0}^{1}y_j P(y_j\,|_{x_1,\cdots,x_p}) \tag{A4.2}$$

式中，"$y=1$"记为y_1，代表预报量事件出现；反之，记为y_0，代表"$y=0$"事件。$P(y|_{x_1,\cdots,x_p})$为在因子出现条件下$y_j(j=0,1)$事件出现的概率。

这样，上式进一步演化为

$$E(y\,|_{x_1,\cdots,x_p})=P(y=1\,|_{x_1,\cdots,x_{kp}}) \tag{A4.3}$$

把上式代入(A4.1)式则有

$$P(y=1\,|_{x_1,\cdots,x_p})=\beta_0+\sum_{k=1}^{p}\beta_k x_k \tag{A4.4}$$

上式表现了事件概率回归的全部关系，$\beta_k(k=0,1,\cdots,p)$称为事件概率回归系数。如果用样本资料去求回归系数，则可表示成事件概率回归估计。如果用"$y=1$"表示"有雨日"，(A4.4)方程就称为"降水概率预报"方程。写成样本形式的回归方程是

$$\hat{P}(y=1\,|_{x_1,\cdots,x_p})=b_0+\sum_{k=1}^{p}b_k x_k \tag{A4.5}$$

概率回归方程中的回归系数仍用最小二乘法定出，即使用求回归系数的标准方程组。由于因子和预报量均为0,1值，计算平方和或交叉积和时十分方便。由(A4.5)式所算出的预报值为事件概率估计值。计算值有时可出现大于1或小于0的值，这时规定超过1的值为1，小于0的值为0，以保证概率值变化在0至1的范围。或者根据方程拟合所有样本中的样品，计算出判定0,1的最佳拟合阈值。

(2)概率回归方程的显著性检验

对概率回归方程效果的显著性检验同样可以通过对复相关系数检验进行。

首先计算回归平方和，若用向量来表示，回归平方和可表达为

$$U=\hat{\boldsymbol{y}}'_d\hat{\boldsymbol{y}}_d=\hat{\boldsymbol{y}}'_d\boldsymbol{y}_d=(\hat{\boldsymbol{y}}-\hat{\bar{y}}\boldsymbol{1})'(\boldsymbol{y}-\hat{\bar{y}}\boldsymbol{1}) \tag{A4.6}$$

式中，$\boldsymbol{1}$ 为 $n\times1$ 单位向量。展开上式得

$$U=\hat{\boldsymbol{y}}'\boldsymbol{y}-\hat{y}\boldsymbol{1}'\boldsymbol{y}-\hat{\boldsymbol{y}}'\hat{y}\boldsymbol{1}+\hat{\boldsymbol{y}}^2\boldsymbol{1}'\boldsymbol{1}$$

利用(A2.9)式，上式变为

$$\begin{aligned}U&=(\boldsymbol{Xb})'\boldsymbol{y}-n\hat{y}^2-\hat{y}(\boldsymbol{Xb})'\boldsymbol{1}+n\hat{y}^2\\&=\boldsymbol{b}'\boldsymbol{X}'\boldsymbol{y}-n\hat{y}\boldsymbol{b}'\overline{x}\\&=\boldsymbol{b}'(\boldsymbol{X}'\boldsymbol{y}-n\,\overline{yx})\end{aligned}$$

其中

$$\boldsymbol{b}=\begin{pmatrix}b_0\\b_1\\\cdots\\b_p\end{pmatrix},\overline{\boldsymbol{x}}=\begin{pmatrix}\overline{x}_0\\\overline{x}_1\\\vdots\\\overline{x}_p\end{pmatrix}$$

$\overline{x}_0$ 为引入的所有元素为 1 的虚变量，它的平均值为 1，(A4.6)式还可表示为

$$U=\sum_{k=0}^{p}b_k\Big(\sum_{i=1}^{n}x_{ik}y_i-n\overline{x}_k\hat{y}\Big)=\sum_{k=0}^{p}b_kS_{ky}\tag{A4.7}$$

其中

$$S_{ky}=\sum_{i=1}^{n}(x_{ik}-\overline{x}_k)(y_i-\hat{y})\quad(k=0,1,\cdots,p)$$

比较(A4.7)式与(A2.18)式，发现(A4.7)式只不过是把自变量推广到包括一个虚变量 x_0 的回归方差表示。

如果注意到虚变量的特点，即 $x_0=1$，使得

$$b_0\,S_{0y}=b_0\sum_{i=1}^{n}(x_{i0}-\overline{x}_0)(y_i-\hat{y})=0$$

(A4.7)式又可表示为

$$U=\sum_{k=1}^{p}b_kS_{ky}=\sum_{k=1}^{p}b_k\Big[\sum_{i=1}^{n}x_{ik}y_i-\frac{1}{n}\Big(\sum_{i=1}^{n}x_{ik}\Big)\Big(\sum_{i=1}^{n}y_i\Big)\Big]\tag{A4.8}$$

此公式表明，可以利用该公式通过变量的原始数据，计算回归方程的回归平方和。根据回归平方和与回归方差，可以按照(A2.30)式计算 F 统计量，从而进行方程显著性检验。

(3)利用相关系数求事件概率回归方程

在气象应用中，因子的类型最初使用均为 0，1 变量，后来试验表明，使用连续型因子变量对预报有所改善，这可能由于用这类因子会带来比 0，1 的变量更多的预报信息。当因子是连续型时，挑选与预报量相关较大的因子，可用点双序列相关系数。具体而言，当 x 是连续型因子，y 是 0，1 变量，它们之间相关系数为

$$r=\frac{\overline{x}(1)-\overline{x}}{s_x}\Big(\frac{P}{1-P}\Big)^{\frac{1}{2}}\tag{A4.9}$$

式中，$\overline{x}$ 为因子 x 的平均值；$\overline{x}(1)$ 为在 $y=1$ 时 x 的平均值；P 为事件 $y=1$ 出现的频率；s_x 为因子的样本标准差。上式容易从相关系数的表达式导出。设 n_1 为 $y=1$ 时事件出现的次数，n 为总样本容量，x 与 y 的协方差为

$$\frac{1}{n}\sum_{i=1}^{n}(x_i-\overline{x})(y_i-\hat{y})=\frac{1}{n}\sum_{i=1}^{n}x_iy_i-\overline{xy}=\frac{n_1}{n}\overline{x}(1)-\overline{x}\Big(\frac{1}{n}\sum_{i=1}^{n}y_i\Big)$$

$$= \frac{n_1}{n}(\overline{x}(1) - \overline{x}) = P(\overline{x}(1) - \overline{x})$$

又因

$$s_y = \left[\frac{1}{n}\sum_{i=1}^{n}(y_i - \hat{y})^2\right]^{\frac{1}{2}} = \left[\frac{1}{n}\sum_{i=1}^{n}y_i^2 - \hat{y}^2\right]^{\frac{1}{2}} = \left[\frac{n_1}{n} - \left(\frac{n_1}{n}\right)^2\right]^{\frac{1}{2}}$$
$$= (P - P^2)^{\frac{1}{2}} = P^{\frac{1}{2}}(1-P)^{\frac{1}{2}}$$

最后得

$$r = \frac{\frac{1}{n}\sum_{i=1}^{n}(x_i - \overline{x})(y_i - \hat{y})}{s_x s_y} = \frac{(\overline{x}(1) - \overline{x})P}{s_x P^{\frac{1}{2}}(1-P)^{\frac{1}{2}}} = \frac{\overline{x}(1) - \overline{x}}{s_x}\left(\frac{P}{1-P}\right)^{\frac{1}{2}} \quad \text{(A4.10)}$$

有了因子与因子及因子与预报量之间的相关系数，自然可以通过标准化变量回归方程求回归系数的方法求出相应的事件概率回归方程。

A5 Logit 回归模型

在用 REEP 方法做 MOS 预报中，由于预报量 0～1 化，做回归估计时，预报量的拟合值有时超过概率值的变化范围(0～1)，因而常用一种分对数(Logit)模型来使因子变量规格化，然后再由这些转换后的因子组成回归方程。

Logit 回归模型(Logistic regression)实际上是一种非线性回归。假设因子变量 x 是连续型变量，在 x 出现的条件下，预报量事件"$y=1$"出现的概率回归方程为

$$P(y = 1 |_x) = \frac{\exp(\alpha + \beta x)}{1 + \exp(\alpha + \beta x)} + e \quad \text{(A5.1)}$$

即概率回归估计方程为

$$\hat{P}(y = 1 |_x) = \frac{\exp(\alpha + \beta x)}{1 + \exp(\alpha + \beta x)} \quad \text{(A5.2)}$$

从上式可见，当 $x \to -\infty$ 时，$\hat{P}(y=1|_x)=0$；当 $x \to +\infty$ 时，$\hat{P}(y=1|_x)=1$(当 $\beta>0$ 时)。显然预报量概率估计值就可以在 0～1 范围内变化。(A5.1)式就是单变量 Logit 模型。

确定(A5.1)式的回归系数 α 和 β，可以令

$$f(x;\alpha,\beta) = \frac{\exp(\alpha + \beta x)}{1 + \exp(\alpha + \beta x)} = \frac{1}{1 + \exp[-(\alpha + \beta x)]}$$

在 $\alpha^{(0)}$、$\beta^{(0)}$ 点上做泰勒展开有

$$f(x;\alpha,\beta) = f(x;\alpha^{(0)},\beta^{(0)}) + \frac{\partial}{\partial\alpha}f(x;\alpha^{(0)},\beta^{(0)})(\alpha - \alpha^{(0)}) + \frac{\partial}{\partial\beta}f(x;\alpha^{(0)},\beta^{(0)})(\beta - \beta^{(0)})$$

但是

$$\frac{\partial}{\partial\alpha}f(x;\alpha^{(0)},\beta^{(0)}) = \frac{e^{-(\alpha+\beta x)}}{[1 + e^{-(\alpha+\beta x)}]^2}\bigg|_{\substack{\alpha=\alpha^{(0)}\\ \beta=\beta^{(0)}}} = \frac{1 + e^{-(\alpha+\beta x)} - 1}{[1 + e^{-(\alpha+\beta x)}]^2}\bigg|_{\substack{\alpha=\alpha^{(0)}\\ \beta=\beta^{(0)}}}$$
$$= f(x;\alpha^{(0)},\beta^{(0)})[1 - f(x;\alpha^{(0)},\beta^{(0)})]$$

$$\frac{\partial}{\partial\alpha}f(x;\alpha^{(0)},\beta^{(0)}) = xf(x;\alpha^{(0)},\beta^{(0)})[1 - f(x;\alpha^{(0)},\beta^{(0)}]$$

代入(A5.2)式，经过整理得

$$\frac{f(x;\alpha,\beta)-f(x;\alpha^{(0)},\beta^{(0)})}{f(x;\alpha^{(0)},\beta^{(0)})[1-f(x;\alpha^{(0)},\beta^{(0)})]}=(\alpha-\alpha^{(0)})+(\beta-\beta^{(0)})x \tag{A5.3}$$

若令

$$\hat{y}^{(0)}=\frac{f(x;\alpha,\beta)-f(x;\alpha^{(0)},\beta^{(0)})}{f(x;\alpha^{(0)},\beta^{(0)})[1-f(x;\alpha^{(0)},\beta^{(0)})]} \tag{A5.4}$$

其中

$$a^{(0)}=\alpha-\alpha^{(0)},b^{(0)}=\beta-\beta^{(0)}$$

则(A5.4)式可写成 $\hat{y}^{(0)}=a^{(0)}+b^{(0)}x$。这就是一元线性回归方程,容易用经典方法求得 $a^{(0)}$ 与 $b^{(0)}$。于是通过下式

$$\begin{cases}\alpha^{(1)}=\alpha^{(0)}+a^{(0)}\\ \beta^{(1)}=\beta^{(0)}+b^{(0)}\end{cases} \tag{A5.5}$$

可求得非线性函数中的 $\alpha^{(1)}$ 和 $\beta^{(1)}$。给定 $\alpha_0^{(0)}$ 和 $\beta_0^{(0)}$ 的初值,可用上面迭代法求出新的 $\alpha^{(1)}$ 及 $\beta^{(1)}$ 的估计。用 $\alpha^{(1)}$ 和 $\beta^{(1)}$ 代替(A5.5)式中的 $\alpha^{(1)}$ 和 $\beta^{(1)}$ 可计算出下一次迭代的 $\hat{y}$ 值,表示为

$$\hat{y}^{(1)}=a^{(1)}+b^{(1)}x \tag{A5.6}$$

求出新的 $a^{(1)}$ 和 $b^{(1)}$ 代替上次迭代的 $a^{(0)}$ 和 $b^{(0)}$,又可求得下一次的 $\alpha^{(2)}$ 和 $\beta^{(2)}$,如此进行迭代。每次迭代过程,还需计算残差平方和,即计算

$$\begin{aligned}Q^{(k)}&=\sum_{i-1}^{n}[P(y=1\,|_x)-f(x;\alpha^{(k)}\beta^{(k)})]^2\\ Q_c^{(k)}&=Q^{(k)}-Q^{(k-1)}\end{aligned} \tag{A5.7}$$

最后使 $Q_c^{(k)}$ 绝对值达到满意的精度为止。

Logit 模型中回归系数也可以通过变量变换求出,即把

$$y=\frac{1}{1+\exp[-(\alpha+\beta x)]} \tag{A5.8}$$

变换成如下形式:

$$\frac{1}{y}-1=\exp[-(\alpha+\beta x)] \tag{A5.9}$$

令新变量

$$z=\frac{1}{y}-1 \tag{A5.10}$$

则有

$$\ln z=-(\alpha+\beta x) \tag{A5.11}$$

引入新变量

$$z_1=a+bx \tag{A5.12}$$

其中

$$a=-\alpha,b=-\beta \tag{A5.13}$$

把原来预报量的数据变换成新变量 z_1 的数据,按最小二乘法可求出模型的回归系数。

对多元 logit 回归模型:

$$y=\frac{1}{1+\exp[-(\alpha+\beta_1x_1+\beta_2x_2+\cdots+\beta_px_p)]} \tag{A5.14}$$

类似地,使用上述变量变换,可以把模型变成多元线性回归模型。进一步还可以使用逐步

回归方法进行筛选因子等操作，优化预报模型。

A6 最佳子集回归模型

从多个回归模型中筛选出最优的回归方程，是预报效果提高的重要工作。可以使用最优回归子集(Optimal Subset Regression，OSR)的方法进行筛选。它是在回归方差最大的原则下，比较所有可能的变量组合的回归方程。

在 p 个待选因子的情况下，可以建立 2^p-1 个因子的回归方程。当 p 较大时，可建立的回归方程数很多。例如，当 $p=10$ 时，则可以建立 1023 个回归方程。当 p 很大时，方程个数很多，计算产生困难。因此，需要设计可能回归的最佳算法。可以使用分支定界法，将 p 个变量分成若干组，设 A、B 为其中两个组，若它们的回归方程残差平方和 Q_A 比 Q_B 小，则 B 变量组的所有可能子集的回归残差平方和不会再比 A 变量组的小。因此，B 变量组的所有可能子集的回归方程就不必计算，可以大大减少计算量。

在因子初选时可以采用 PRESS 准则，定义系数

$$r_p = 1 - \frac{PRESS}{Q_y} \tag{A6.1}$$

$r_p>0$ 表示预报因子有一定的预报能力。式中，$PRESS$ 称为刀切残差平方和，即计算回归方程的第 i 个样品时的残差，是去掉第 i 个样品时的资料，利用 $n-1$ 个样品所组成的新样本，建立回归方程，对第 i 个样品的预报量做估计，对试验样品 i，遍历所有样品，即

$$PRESS = \sum_{i=1}^{n}(y_i - \hat{y}_{(i)})^2 \tag{A6.2}$$

式中，$\hat{y}_{(i)}$ 为第 i 个样品的预报量的回归估计，它可以通过回归方程求出，也可以不通过回归方程计算，而使用帽子矩阵中元素 h_{ii} 求出。

对于残差平方和

$$Q = (\boldsymbol{y}-\hat{\boldsymbol{y}})'(\boldsymbol{y}-\hat{\boldsymbol{y}}) = (\boldsymbol{y}-\boldsymbol{Xb})'(\boldsymbol{y}-\boldsymbol{Xb})$$

用 $\boldsymbol{b}=(\boldsymbol{X}'\boldsymbol{X})^{-1}\boldsymbol{X}'\boldsymbol{y}$，代入上式得

$$Q = [\boldsymbol{y}-\boldsymbol{X}(\boldsymbol{X}'\boldsymbol{X})^{-1}\boldsymbol{X}'\boldsymbol{y}]'[\boldsymbol{y}-\boldsymbol{X}(\boldsymbol{X}'\boldsymbol{X})^{-1}\boldsymbol{X}'\boldsymbol{y}]$$

令

$$\boldsymbol{H} = \boldsymbol{X}(\boldsymbol{X}'\boldsymbol{X})^{-1}\boldsymbol{X}'$$

$\boldsymbol{H}$ 矩阵在回归分析中常称为“hat”(帽子)矩阵。$\boldsymbol{H}$ 矩阵是$(p+1)\times(p+1)$幂等阵，即

$$\boldsymbol{H}^2 = \boldsymbol{HH} = [\boldsymbol{X}(\boldsymbol{X}'\boldsymbol{X})^{-1}\boldsymbol{X}'][\boldsymbol{X}(\boldsymbol{X}'\boldsymbol{X})^{-1}\boldsymbol{X}'] = \boldsymbol{H}$$

去掉第 i 样品的残差，记为 $e_{(i)}$，即

$$e_{(i)} = y_i - \hat{y}_{(i)} \tag{A6.3}$$

$e_{(i)}$ 的计算实际上可以通过原来的 n 个样品所得到的 $\boldsymbol{H}$ 矩阵元素表示出来。因为在去掉第 i 个样品时回归系数向量可表示为

$$b_{(i)} = (\boldsymbol{X}'_{(i)}\boldsymbol{X}_{(i)})^{-1}\boldsymbol{X}'_{(i)}\boldsymbol{y}_{(i)} \tag{A6.4}$$

式中，$\boldsymbol{X}_{(i)}$ 表示去掉 i 样品时的因子矩阵；$\boldsymbol{y}_{(i)}$ 表示去掉 i 样品的预报量向量。于是去掉 i 样品时的回归估计值为

$$\hat{\boldsymbol{y}}_{(i)} = \boldsymbol{x}'_i\boldsymbol{b}_{(i)} \tag{A6.5}$$

$\boldsymbol{x}'_i$ 为第 i 个样品因子向量，以(A6.4)式代入上式得

$$\hat{\boldsymbol{y}}_{(i)} = \boldsymbol{x}'_i(\boldsymbol{X}'_{(i)}\boldsymbol{X}_{(i)})^{-1}\boldsymbol{X}'_{(i)}\boldsymbol{y}_{(i)}$$

但去掉 i 样品的因子交叉积的逆阵与原因子交叉积的逆阵有如下关系：

$$(\boldsymbol{X}'_{(i)}\boldsymbol{X}_{(i)})^{-1} = (\boldsymbol{X}'\boldsymbol{X})^{-1} + \frac{(\boldsymbol{X}'\boldsymbol{X})^{-1}\boldsymbol{x}_i\boldsymbol{x}'_i(\boldsymbol{X}'\boldsymbol{X})^{-1}}{1-\boldsymbol{h}_{ii}} \tag{A6.6}$$

(A6.6)式的证明如下：

因为原 n 个样品因子交叉积阵可表示为

$$\boldsymbol{X}'\boldsymbol{X} = \boldsymbol{X}'_{(i)}\boldsymbol{X}_{(i)} + \boldsymbol{x}_i\boldsymbol{x}'_i$$

记矩阵

$$\boldsymbol{A} = \begin{pmatrix} \boldsymbol{X}'_{(i)}\boldsymbol{X}_{(i)} & -\boldsymbol{x}_i \\ \boldsymbol{x}'_i & \boldsymbol{I} \end{pmatrix}$$

则

$$|\boldsymbol{A}| = \begin{vmatrix} \boldsymbol{X}'_{(i)}\boldsymbol{X}_{(i)} & -\boldsymbol{x}_i \\ \boldsymbol{x}'_i & \boldsymbol{I} \end{vmatrix} = |\boldsymbol{X}'_{(i)}\boldsymbol{X}_{(i)} + \boldsymbol{x}_i\boldsymbol{x}'_i| = |\boldsymbol{X}'\boldsymbol{X}| \neq 0$$

所以分块矩阵 $\boldsymbol{A}$ 的逆阵存在，设逆阵为

$$\boldsymbol{A}^{-1} = \begin{bmatrix} \boldsymbol{D}_{11} & \boldsymbol{D}_{12} \\ \boldsymbol{D}_{21} & \boldsymbol{D}_{22} \end{bmatrix}$$

则有

$$\begin{pmatrix} \boldsymbol{X}'_{(i)}\boldsymbol{X}_{(i)} & -\boldsymbol{x}_i \\ \boldsymbol{x}'_i & \boldsymbol{I} \end{pmatrix}\begin{bmatrix} \boldsymbol{D}_{11} & \boldsymbol{D}_{12} \\ \boldsymbol{D}_{21} & \boldsymbol{D}_{22} \end{bmatrix} = \begin{pmatrix} \boldsymbol{I} & \boldsymbol{0} \\ \boldsymbol{0} & \boldsymbol{I} \end{pmatrix}$$

由上面矩阵方程可得下面几个矩阵方程

$$(\boldsymbol{X}'_{(i)}\boldsymbol{X}_{(i)})\boldsymbol{D}_{11} - \boldsymbol{x}_i\boldsymbol{D}_{21} = \boldsymbol{I} \tag{A6.7}$$

$$\boldsymbol{x}'_i\boldsymbol{D}_{11} + \boldsymbol{D}_{21} = \boldsymbol{0} \tag{A6.8}$$

$$(\boldsymbol{X}'_{(i)}\boldsymbol{X}_{(i)})\boldsymbol{D}_{12} - \boldsymbol{x}_i\boldsymbol{D}_{22} = \boldsymbol{0} \tag{A6.9}$$

$$\boldsymbol{x}'_i\boldsymbol{D}_{12} + \boldsymbol{D}_{22} = \boldsymbol{I} \tag{A6.10}$$

用 $\boldsymbol{x}'_i$ 左乘(A6.8)式与(A6.7)式相加得

$$[(\boldsymbol{X}'_{(i)}\boldsymbol{X}_{(i)}) + \boldsymbol{x}_i\boldsymbol{x}'_i]\boldsymbol{D}_{11} = \boldsymbol{I}$$

$$(\boldsymbol{X}'\boldsymbol{X})\boldsymbol{D}_{11} = \boldsymbol{I}$$

即

$$\boldsymbol{D}_{11} = (\boldsymbol{X}'\boldsymbol{X})^{-1} \tag{A6.11}$$

将上式代入(A6.8)式得

$$\boldsymbol{D}_{21} = -\boldsymbol{x}'_i(\boldsymbol{X}'\boldsymbol{X})^{-1} \tag{A6.12}$$

用 $\boldsymbol{x}_i$ 左乘(A6.10)式与(A6.9)式相加

$$(\boldsymbol{X}'_{(i)}\boldsymbol{X}_{(i)} + \boldsymbol{x}_i\boldsymbol{x}'_i)\boldsymbol{D}_{12} = \boldsymbol{x}_i$$

得

$$\boldsymbol{D}_{12} = (\boldsymbol{X}'\boldsymbol{X})^{-1}\boldsymbol{x}'_i \tag{A6.13}$$

将上式代入(A6.10)式得

$$\boldsymbol{D}_{22} = \boldsymbol{I} - \boldsymbol{x}'_i(\boldsymbol{X}'\boldsymbol{X})^{-1}\boldsymbol{x}_i \tag{A6.14}$$

又从(A6.9)式有

$$\boldsymbol{x}'_i \boldsymbol{D}_{22} = (\boldsymbol{X}'_{(i)} \boldsymbol{X}_{(i)}) \boldsymbol{D}_{12}$$

对上式右乘 $\boldsymbol{D}_{22}^{-1}$ 得

$$\boldsymbol{x}_i = (\boldsymbol{X}'_{(i)} \boldsymbol{X}_{(i)}) \boldsymbol{D}_{12} \boldsymbol{D}_{22}^{-1}$$

将上式代入(A6.7)式有

$$(\boldsymbol{X}'_{(i)} \boldsymbol{X}_{(i)})(\boldsymbol{D}_{11} - \boldsymbol{D}_{12} \boldsymbol{D}_{22}^{-1} \boldsymbol{D}_{21}) = \mathbf{I}$$

由上式可求得$(\boldsymbol{X}'_{(i)} \boldsymbol{X}_{(i)})$的逆阵，表示为

$$(\boldsymbol{X}'_{(i)} \boldsymbol{X}_{(i)})^{-1} = \boldsymbol{D}_{11} - \boldsymbol{D}_{12} \boldsymbol{D}_{22}^{-1} \boldsymbol{D}_{21}$$

将(A6.11)式和(A6.14)式代入上式有

$$(\boldsymbol{X}'_{(i)} \boldsymbol{X}_{(i)})^{-1} = (\boldsymbol{X}'\boldsymbol{X})^{-1} + \frac{(\boldsymbol{X}'\boldsymbol{X})^{-1} \boldsymbol{x}_i \boldsymbol{x}'_i (\boldsymbol{X}'\boldsymbol{X})^{-1}}{1 - \boldsymbol{x}'_i (\boldsymbol{X}'\boldsymbol{X})^{-1} \boldsymbol{x}_i}$$

由 H 矩阵定义可知 $\boldsymbol{h}_{ii} = \boldsymbol{x}'_i (\boldsymbol{X}'\boldsymbol{X})^{-1} \boldsymbol{x}_i$，因此(A6.6)式证毕。

这样一来，去掉 i 样品的残差可表为

$$\begin{aligned} e_{(i)} &= y_i - \boldsymbol{x}'_i - \left[(\boldsymbol{X}'\boldsymbol{X})^{-1} + \frac{(\boldsymbol{X}'\boldsymbol{X})^{-1} \boldsymbol{x}_i \boldsymbol{x}'_i (\boldsymbol{X}'\boldsymbol{X})^{-1}}{1 - h_{ii}}\right] \boldsymbol{X}'_{(i)} y_{(i)} \\ &= y_i - \boldsymbol{x}'_i (\boldsymbol{X}'\boldsymbol{X})^{-1} \boldsymbol{X}'_{(i)} y_{(i)} - \frac{\boldsymbol{x}'_i (\boldsymbol{X}'\boldsymbol{X})^{-1} \boldsymbol{x}_i \boldsymbol{x}'_i (\boldsymbol{X}'\boldsymbol{X})^{-1} \boldsymbol{X}'_{(i)} y_{(i)}}{1 - h_{ii}} \\ &= \frac{(1 - h_{ii}) y_i - \boldsymbol{x}'_i (\boldsymbol{X}'\boldsymbol{X})^{-1} \boldsymbol{X}'_{(i)} y_{(i)}}{1 - h_{ii}} \end{aligned}$$

因为 $\boldsymbol{X}'\boldsymbol{y} = \boldsymbol{X}'_{(i)} y_{(i)} - \boldsymbol{x}_i y_i$，代入上式得

$$\begin{aligned} e_{(i)} &= \frac{(1 - h_{ii}) y_i - \boldsymbol{x}'_i (\boldsymbol{X}'\boldsymbol{X})^{-1} (\boldsymbol{X}'\boldsymbol{y} - \boldsymbol{x}_i y_i)}{1 - h_{ii}} \\ &= \frac{(1 - h_{ii}) y_i - \boldsymbol{x}'_i \boldsymbol{b} + h_{ii} y_i}{1 - h_{ii}} = \frac{y_i - \boldsymbol{x}'_i \boldsymbol{b}}{1 - h_{ii}} \\ &= \frac{e_i}{1 - h_{ii}} \end{aligned} \tag{A6.15}$$

上式表明，去掉第 i 样品残差可以用原来第 i 样品残差表示出来，因此，在 n 个样品中去掉任一样品(i)的残差平方和为

$$Q_{(i)} = \sum_{i=1}^{n} e_{(i)}^2 = \sum_{i=1}^{n} \left(\frac{e_i}{1 - h_{ii}}\right)^2 \tag{A6.16}$$

当然，也可以得到对应的回归平方和

$$U_{(i)} = S_{yy(i)} - Q_{(i)} \tag{A6.17}$$

以及对应的复相关系数平方

$$R_{(i)}^2 = 1 - \frac{Q_{(i)}}{S_{yy(i)}} \tag{A6.18}$$

上式也有人称为预报复相关系数平方。

对去掉第 i 样品的残差取方差有

$$\mathrm{var}(e_{(i)}) = \mathrm{var}\left(\frac{e_i}{1 - h_{ii}}\right) = \frac{\mathrm{var}(e_i)}{(1 - h_{ii})^2} \tag{A6.19}$$

以残差表示式代入得

$$\mathrm{var}(e_{(i)}) = \frac{\sigma^2 (1 - h_{ii})}{(1 - h_{ii})^2} = \frac{\sigma^2}{1 - h_{ii}} \tag{A6.20}$$

类似地可以得到去掉第 i 样品的标准化残差为

$$t_{(i)} = \frac{e_{(i)}}{\hat{\sigma}_{(i)}} = \frac{e_i}{\hat{\sigma}_{(i)} \sqrt{1-h_{ii}}} \tag{A6.21}$$

其中

$$\hat{\sigma}^2_{(i)} = \frac{Q-(1-h_{ii})^{-1}e_i^2}{n-p-2} \tag{A6.22}$$

类似地用统计量 $t_{(i)}$ 可诊断出去掉第 i 样品后，样本中的极端值的残差平方和的情况：

$$PRESS = \sum_{i=1}^{n}\left(\frac{y_i-\hat{y}_i}{1-h_{ii}}\right)^2 \tag{A6.23}$$

A7 预报残差最小逐步回归

选择预测效果最好的标准来建立回归预报模型，能够改善大气变量预报效果。传统逐步回归方法在大气变量预报中存在缺点：在传统的逐步回归中，因子的筛选是用一种所谓的双重检验准则实现的。因子每一步引人或剔除是以因子的方差贡献大小来判别。其贡献效果是使引人到回归方程中的所有因子的组合对预报量有较好的拟合，即预报量的观测值与回归方程的估计值的残差平方和最小。这一过程的缺点是它仅考虑预报量资料的拟合，对于用某些因子来描述的预报量来说，这也许是表达较好的统计模型。但是，对气象来说，其回归方程主要的目的是预测，应该使用以预报最优为原则建立的回归方程。

预报残差最小的逐步回归方法是：以每步只引入一个因子为主要计算方案。该方案可以避免计算一开始就需要占据机器较多的单元。设要预报的降水量为 y，引入的因子为 x，则第 i 个样品的拟合残差可表示为

$$e_i = y_i - \hat{y}_i \tag{A7.1}$$

式中，$\hat{y}_i$ 为用因子做的回归估计，用样本（样本容量 n）中去掉第 $i(i=1,2,\cdots,n)$ 个样品后的样本（即容量为 $n-i$ 的样本）建立回归方程，做第 i 个样品的预报，此时该样品预报量观测值与预报估计值之差称为预报残差，此残差可用因子和预报量的实测值计算得到，利用（A6.15）式即表示为

$$e_{(i)} = e_i/(1-h_{ii}) \tag{A7.2}$$

式中，h_{ii} 为帽子矩阵中的元素。

容易证明对应的一元回归方程的预报残差平方和为

$$PRESS = \sum_{i=1}^{n} e^2(i) = \sum_{i=1}^{n} \frac{(y_i-\hat{y}_i)^2}{\left(1-\frac{x_i^2}{n}\right)} \tag{A7.3}$$

利用上面的计算公式，进行残差逐步回归计算，其计算步骤如下。

第一步，在 p 个因子变量中，选取预报残差最小的变量，建立一元回归，设该回归方程通过显著性检验，则该因子作为第 1 个因子被选入，得到预报量的第一次估计预报量和相应的回归方程：

$$\hat{y}_1 = b_{10} + b_{11}x_1 \tag{A7.4}$$

预报量与第一次估计变量之差是残差变量，即

$$y - \hat{y}_1 = e_1 \tag{A7.5}$$

第一次估计变量与残差变量之间的协方差为

$$\begin{aligned} s_{\hat{y}_1 e_1} &= \frac{1}{n}\sum(e_{1i} - \bar{e}_1)(\hat{y}_{1i} - \bar{\hat{y}}_1) \\ &= \frac{1}{n}\sum(e_{1i})(\hat{y}_{1i} - \hat{y}) \end{aligned} \tag{A7.6}$$

因为

$$\begin{aligned} &\sum_{i=1}^{n}(y_i - \hat{y}_{1i})(\hat{y}_{1i} - \hat{y}) = \sum_{i=1}^{n}(y_i - b_{10} - b_{11}x_{1i})(\hat{y}_{1i} - \hat{y}) \\ &= \sum_{i=1}^{n}(y_i - b_{10} - b_{11}x_{1i})\hat{y}_{1i} - \hat{y}\sum_{i=1}^{n}(y_{1i} - b_{10} - b_{11}x_{1i}) \\ &= \sum_{i=1}^{n}(y_i - b_{10} - b_{11}x_{1i})(b_{10} - b_{11}x_{1i}) \\ &= \sum_{i=1}^{n}[(y_i - b_{10} - b_{11}x_{1i})b_{10} - b_{11}x_{1i}(y_i - b_{10} - b_{11}x_{1i})] \end{aligned}$$

据回归方程的标准方程组：

$$\begin{cases} nb_{10} + b_{11}\sum_{i=1}^{n}x_{1i} = \sum_{i=1}^{n}y_i \\ b_{10}\sum_{i=1}^{n}x_{1i} + b_{11}\sum_{i=1}^{n}x_{1i}^2 = \sum_{i=1}^{n}x_{1i}y_i \end{cases}$$

可以证明上式为 0，于是(A7.4)式为 0，即第一次估计变量与残差变量之间是无关的。

第二步，在余下 $p-1$ 个因子变量中，以 e_1 变量为新的预报量，选取对 e_1 变量预报残差最小的变量，建立一元回归，回归方程通过显著性检验。由于第 1 因子与残差变量之间是无关的，则引入的第 2 因子与第 1 因子相关性很小。设第 2 个因子被选入，得到预报量的第二次估计值和相应的回归方程：

$$\hat{y}_2 = b_{20} + b_{21}x_2 \tag{A7.7}$$

第一次估计变量与第二次估计变量的第二个残差变量表示为

$$e_1 - \hat{y}_2 = e_2 \tag{A7.8}$$

类似地，可以证明第二次估计变量与第二个残差变量之间是无关的。即第二次选入的变量与第一次选入的变量相关性很小。

第三步，在余下 $p-2$ 个因子变量中，以 e_2 变量为新的预报量，选取对 e_2 变量预报残差最小的变量，建立一元回归。第三次选入的变量与第二次选入的变量相关性很小。每步选入的变量基本上保证相互相关性很小。如此下去，直至回归方程不通过显著性检验为止。设第三步回归方程不显著，逐次选入的回归过程结束。

因为

$$y = \hat{y}_1 + e_1 = \hat{y}_1 + \hat{y}_2 + e_2 \tag{A7.9}$$

合并两步的回归估计变量有

$$y = \hat{y} + e_2 \tag{A7.10}$$

建立最后的回归方程为

$$\hat{y} = b_{10} + b_{11}x_1 + b_{20} + b_{21}x_2 = b_0 + b_{11}x_1 + b_{21}x_2$$

其中

$$b_0 = b_{10} + b_{20}$$

因此,当第 p 步选取了 p 个显著因子时,最后得到的预报残差最小的逐步回归方程是

$$\hat{y} = b_0 + \sum_{k=1}^{p} b_{k1} x_{k1} \tag{A7.11}$$

其中

$$b_0 = \sum_{k=1}^{p} b_{k0}$$

式中,变量的第 1 个下标"k",表示步数;第 2 个下标"0"和"1",表示每步引入 1 个因子的回归方程回归系数的截距项和斜率项。

A8 权重回归

经典的分析变量间线性相关关系的回归方法要求应变量至少服从正态分布且等差,而实际资料中常会遇到一些不规则数据,如离群值、异常值、缺失数据和多重共线性等;在目前的线性回归应用中,对其模型提出了若干基本假设,但实际中完全满足这些基本假设的情况并不多见。那么,这时应用普通最小二乘法估计模型就不能得到无偏的、有效的参数估计量。权重回归和鲁棒回归分析是针对这些问题的解决方法。

(1)权重回归

一般的回归模型是用最小二乘法确定回归系数,即以预报量与回归方程估计量之间的差值平方和达到最小作为代价函数。而权重回归(weighted regression)的基本思想是采用迭代加权最小二乘估计回归系数,根据回归残差的大小确定各自变量点的权重,以达到使得回归方程稳健的目的。其优化的目标函数是

$$Q = \sum_{i=1}^{n} w_i (y_i - \hat{y}_i)^2 \longrightarrow \min$$

为减小样本中异常点(或称为高杠点)的作用,对不同的点给出不同的权重,即对残差小的点给较大的权重,而对残差较大的点给较小的权重。

如果令每个误差项有不同的权重。权重矩阵 $\boldsymbol{W}$,则加权平方误差为

$$E_W(\boldsymbol{b}) = \boldsymbol{e}'\boldsymbol{e} = (\boldsymbol{y} - \boldsymbol{X}\boldsymbol{b})'\boldsymbol{W}(\boldsymbol{y} - \boldsymbol{X}\boldsymbol{b})$$

用求导解得回归系数向量:

$$\boldsymbol{b}_W = (\boldsymbol{X}'\boldsymbol{W}\boldsymbol{X})^{-1}\boldsymbol{X}'\boldsymbol{W}\boldsymbol{y} \tag{A8.1}$$

当 $\boldsymbol{W}$ 为单位阵时,$\boldsymbol{b}_W$ 退化为 $\boldsymbol{b}$。

修正后的残差为

$$e_i = \sqrt{w_i}(y_i - \hat{y}_i)$$

修正后回归方程的残差平方和为

$$RSS = \sum_{i=1}^{n} w_i (y_i - \hat{y}_i)^2 = \sum_{i=1}^{n} e_i^2, \hat{\sigma}_i^2 = RSS/(n-p) \tag{A8.2}$$

权重通常取

$$w_i = 1/\mathrm{var}(y_i \mid X_i) \tag{A8.3}$$

在因子 X_i 出现的条件下,预报量的第 i 次观测值变量的变化方差为

$$\begin{aligned}\operatorname{var}(y_i \mid X_i) &= E\{(y_i - E(y_i \mid X_i))^2 \mid X_i\} \\ &= E\left\{\left(y_i - \sum_{k=1}^{p} b_k x_{ki}\right)^2\right\} = \sigma^2(1-h_{ii})\end{aligned} \tag{A8.4}$$

式中，h_{ii} 为帽子矩阵中的元素。

所以，权重的计算公式变成为

$$w_i = 1/\sigma^2(1-h_{ii}) = 1/\sigma^2[1-\boldsymbol{X}_i(\boldsymbol{X}'\boldsymbol{X})^{-1}\boldsymbol{X}'_i] \tag{A8.5}$$

式中，σ 为方程的标准差。

(2)鲁棒回归

鲁棒回归是权重回归的一种表现，它的最大似然估计(M 估计)的基本思想是采用迭代加权最小二乘估计回归系数，根据回归残差的大小确定各自变量点的权重，据此建立加权的最小二乘估计，反复迭代以改进权重系数，如果分别用 $\boldsymbol{b}^{(l+1)}$ 和 $\boldsymbol{b}^{(l)}$ 向量，表示第 $l+1$ 步和第 l 步的鲁棒回归系数向量，则可规定一个迭代收敛的误差标准，当相邻两步之间回归系数绝对值的差为最大的变量，它的差值小于规定的误差范围内时，即

$$\max_{1\leqslant k\leqslant p}(|\boldsymbol{b}_k^{(l+1)} - \boldsymbol{b}_k^{(l)}|) \to \varepsilon \tag{A8.6}$$

最大或然估计的关键在于权重的选取，在多种权重函数中，一般选取二次阶梯函数，在第 k 个变量上的权重函数可以取：

$$w_k(x) = \begin{cases}0 & |x| \geqslant 1 \\ (1-x^2)^2 & |x| < 1\end{cases} \tag{A8.7}$$

$$x = \frac{e_k}{6m}$$

式中，m 为残差序列的中位数；e_k 为第 k 个变量上预报量的残差。

回归系数向量在迭代过程中，可以使用递归最小二乘估计器来计算下一步的回归系数向量。在 $n+1$ 步时，回归系数向量为

$$\boldsymbol{b}^{(n+1)} = \left[\begin{pmatrix}\boldsymbol{X} \\ \boldsymbol{x}'_{n+1}\end{pmatrix}' \begin{pmatrix}\boldsymbol{X} \\ \boldsymbol{x}'_{n+1}\end{pmatrix}\right]^{-1} \begin{pmatrix}\boldsymbol{X} \\ \boldsymbol{x}'_{n+1}\end{pmatrix}' \boldsymbol{y} \tag{A8.8}$$

为了简化表示，引入两个 $n\times n$ 矩阵：

$$\boldsymbol{P}_n = (\boldsymbol{X}'\boldsymbol{X})^{-1} \tag{A8.9}$$

和

$$\begin{aligned}\boldsymbol{P}_{n+1} &= \left[\begin{pmatrix}\boldsymbol{X} \\ \boldsymbol{x}'_{n+1}\end{pmatrix}' \begin{pmatrix}\boldsymbol{X} \\ \boldsymbol{x}'_{n+1}\end{pmatrix}\right]^{-1} \\ &= \left[(\boldsymbol{X}' \quad \boldsymbol{x}'_{n+1}) \begin{pmatrix}\boldsymbol{X} \\ \boldsymbol{x}'_{n+1}\end{pmatrix}\right]^{-1} \\ &= [\boldsymbol{X}'\boldsymbol{X} + \boldsymbol{x}_{n+1}\boldsymbol{x}'_{n+1}]^{-1}\end{aligned} \tag{A8.10}$$

这两个矩阵之间的关系为

$$\boldsymbol{P}_n^{-1} = \boldsymbol{P}_{n+1}^{-1} - \boldsymbol{x}_{n+1}\boldsymbol{x}'_{n+1} \tag{A8.11}$$

则有

$$\boldsymbol{b}^{(n)} = \boldsymbol{P}_n\boldsymbol{X}'\boldsymbol{y} \Rightarrow \boldsymbol{X}'\boldsymbol{y} = \boldsymbol{P}_n^{-1}\boldsymbol{b}^{(n)} \tag{A8.12}$$

下一步的回归系数向量为

$$
\begin{aligned}
\boldsymbol{b}^{(n+1)} &= \boldsymbol{P}_{n+1}\begin{pmatrix}\boldsymbol{X}\\ \boldsymbol{x}'_{n+1}\end{pmatrix}'\boldsymbol{y} \\
&= \boldsymbol{P}_{n+1}(\boldsymbol{X}'\boldsymbol{y}+\boldsymbol{x}_{n+1}\boldsymbol{y}) = \boldsymbol{P}_{n+1}(\boldsymbol{P}_n^{-1}\boldsymbol{b}^{(n)}+\boldsymbol{x}_{n+1}\boldsymbol{y}) \\
&= \boldsymbol{P}_{n+1}[(\boldsymbol{P}_{n+1}^{-1}-\boldsymbol{x}_{n+1}\boldsymbol{x}'_{n+1})\boldsymbol{b}^{(n)}+\boldsymbol{x}_{n+1}\boldsymbol{y}) \\
&= \boldsymbol{b}^{(n)}+\boldsymbol{P}_{n+1}\boldsymbol{x}_{n+1}(\boldsymbol{y}-\boldsymbol{x}'_{n+1}\boldsymbol{b}^{(n)})
\end{aligned}
\tag{A8.13}
$$

此步回归系数向量等于上一步的系数向量加上一个基于新数据的修正项。这个修正项等于自适应增益向量与上一步的系数所产生预测误差的乘积。

问题是如何求此增益矩阵。进一步利用求逆公式有

$$\boldsymbol{P}_{n+1}=(\boldsymbol{P}_n^{-1}+\boldsymbol{x}_{n+1}\boldsymbol{x}'_{n+1})^{-1}=\boldsymbol{P}_n-\boldsymbol{P}_n\boldsymbol{x}_{n+1}(1+\boldsymbol{x}'_{n+1}\boldsymbol{P}_n\boldsymbol{x}_{n+1})^{-1}\boldsymbol{x}'_{n+1}\boldsymbol{P}_n$$

得到如下递归计算回归系数向量的计算式：

$$\boldsymbol{P}_{n+1}=\boldsymbol{P}_n-\frac{\boldsymbol{P}_n\boldsymbol{x}_{n+1}\boldsymbol{x}'_{n+1}\boldsymbol{P}_n}{1+\boldsymbol{x}'_{n+1}\boldsymbol{P}_n\boldsymbol{x}_{n+1}} \tag{A8.14}$$

$$\boldsymbol{b}^{(n+1)}=\boldsymbol{b}^{(n)}+P_{n+1}\boldsymbol{x}_{n+1}(\boldsymbol{y}-\boldsymbol{x}'_{n+1}\boldsymbol{b}^{(n)}) \tag{A8.15}$$

另外，通过计算和绘制散点图中的平滑点，可以在很大程度上提高散点图所能表达出的直观信息。在气候要素的趋势变化分析中，单从散点图中很难了解到线性影响的特点，但是如果叠合平滑点的波动曲线就能够明显准确地揭示变化趋势。对气候变化曲线进行平滑，可以使用鲁棒局部权重回归的方法。

对于点$(x_i,y_i)(i=1,\cdots,n)$来说，其在x_k点上的拟合值是利用迭代加权最小二乘法对数据进行多项式拟合得到的，其中如果x_i越接近x_k，那么点(x_i,y_i)的权重就越大，反之越小。

主要平滑过程如下：

①计算参与平滑拟合的点的个数(q)。

②利用三次函数进行权重最小二乘拟合。给与点(x_i,y_i)的权重为

$$w_k(x_i)=W\left(\frac{(x_i-x_k)}{h_i}\right) \tag{A8.16}$$

式中，h_i是x_i离它最近的第q个点的距离；W是三次权重函数。得到的拟合值为

$$\hat{y}_i=\sum_{j=0}^{d}\hat{\beta}_j(x_i)x_i^j \tag{A8.17}$$

式中，d为局部多项式拟合的阶数；$\hat{\beta}_j$是加权最小二乘估计的回归系数。

③计算鲁棒权重。由②计算得到残差$e_i=y_i-\hat{y}_i$，定义B为二次权重函数，即

$$B(x)=\begin{cases}0, & |x|\geqslant 1\\ (1-x^2)^2, & |x|<1\end{cases} \tag{A8.18}$$

则鲁棒权重为$\delta_k=B(e_k/6s)$，其中的s为$|e_i|$的中位数。

④利用加权最小二乘的d阶多项式拟合，对每个i进行新的$\hat{y}_i$计算，但是对于点(x_k,y_k)的权重由$\delta_k w_k(x_i)$所取代。

⑤重复③、④步t次(一般t取2)，最终得到的$\hat{y}_i$即为鲁棒局部权重回归拟合值。

A9 卡尔曼滤波回归

由样本资料所建立的回归模型并不是稳定不变的，随着资料的增加模型也会随之变化。

如果能建立一个随时间变化的预报模型，根据资料增加所引起的变化而变化的话，那么将对回归方程的预报准确度带来很大的改进。可以使用卡尔曼滤波(Kalman Filter)回归建立可变的预报模型，它能根据增加的资料修正原模式中的参数，模型的更新十分方便，它已广泛应用在数值预报中，如温度和风速。

在预报中，通常选取 p 个与局地气象要素 y 密切有关的因子 $x_1,\cdots,x_p$。在收集的样本容量为 n 的样本中，建立如下的多元线性回归方程，写成向量和矩阵形式为

$$\boldsymbol{y} = \boldsymbol{X}\boldsymbol{b} + \boldsymbol{v} \tag{A9.1}$$

式中，$\boldsymbol{y}(n\times1)$为观测要素向量，把它考虑为随机向量；$\boldsymbol{X}(n\times p)$为预报因子资料阵；$\boldsymbol{b}(p\times1)$为回归系数向量；$\boldsymbol{v}(n\times1)$为误差向量。

对所取的依赖样本，(A9.1)式中回归系数向量是不随时间变化的，预报时利用所建立起来的方程，用当步时刻 $t-1$ 的因子值代入，即可求得下一时刻 t 的要素估计值(即预报值)。但是，实际上由于样本资料的变化，回归方程不可能保持不变。因此，可考虑建立动态变化的预报方程，即(A9.1)式演化为

$$\boldsymbol{y}(t) = \boldsymbol{X}(t)\boldsymbol{b}(t) + \boldsymbol{v}(t) \tag{A9.2}$$

在卡尔曼滤波中(A9.2)方程称为量测系统方程。在方程中回归系数向量随样品状态变化而变化，这种状态变化控制着预报量的变化。因此，把描述回归系数向量状态变化的方程称为状态方程，表示为

$$\boldsymbol{b}(t) = \boldsymbol{\Phi}(t,t-1)\boldsymbol{b}(t-1) + \boldsymbol{w}(t) \tag{A9.3}$$

式中，$\boldsymbol{w}(t)(p\times1)$为随机向量；$\boldsymbol{\Phi}(t,t-1)$称为转移矩阵，其中元素是控制状态变化的参数，当考虑状态变化过程为随机步行时，可设它为单位阵。则上式变为

$$\boldsymbol{b}(t) = \boldsymbol{b}(t-1) + \boldsymbol{w}(t) \tag{A9.4}$$

设 $\boldsymbol{w}(t)$遵从均值向量为 $\boldsymbol{0}$、协方差阵为 $\boldsymbol{Q}$ 的正态分布，并设它与回归系数向量变化无关，且与随机向量 $\boldsymbol{v}(t)$无关。预报方程的更新依赖于回归系数的更新。如果我们在 $t-1$ 时刻上做出对回归系数向量的估计，则可做出对下一时刻 t 的估计。即

$$\hat{\boldsymbol{b}}(t\mid t-1) = \hat{\boldsymbol{b}}(t-1\mid t-1) \tag{A9.5}$$

从而得到新预报量的估计值，估计与实测值可能产生误差为

$$\begin{aligned}\tilde{\boldsymbol{y}}(t\mid t-1) &= \boldsymbol{y}(t) - \hat{\boldsymbol{y}}(t\mid t-1)\\ &= \boldsymbol{y}(t) - \boldsymbol{X}(t)\hat{\boldsymbol{b}}(t\mid t-1)\end{aligned} \tag{A9.6}$$

利用这种误差来修正对回归系数向量的估计，那么将会改善预报。因此，可对下一时刻回归系数向量估计值表示为

$$\begin{aligned}\hat{\boldsymbol{b}}(t\mid t) &= \hat{\boldsymbol{b}}(t\mid t-1) + \boldsymbol{A}(t)\tilde{\boldsymbol{y}}(t\mid t-1)\\ &= \hat{\boldsymbol{b}}(t\mid t-1) + \boldsymbol{A}(t)[\boldsymbol{y}(t) - \boldsymbol{X}(t)\hat{\boldsymbol{b}}(t\mid t-1)]\end{aligned} \tag{A9.7}$$

式中，$\boldsymbol{A}(t)(p\times n)$为修正系数矩阵，阵中元素在 0～1 之间变化，在卡尔曼滤波中称为增益矩阵，表示为

$$\boldsymbol{A}(t) = \boldsymbol{P}(t\mid t-1)\boldsymbol{X}'(t)[\boldsymbol{X}(t)\boldsymbol{P}(t\mid t-1)\boldsymbol{X}'(t) + \boldsymbol{R}]^{-1} \tag{A9.8}$$

但是上式中包含预报均方误差阵 $\boldsymbol{P}(t\mid t-1)$的计算。它又可转化为前一时刻滤波均方误差阵的计算。即

$$\boldsymbol{P}(t\mid t-1) = \boldsymbol{P}(t-1\mid t-1) + \boldsymbol{Q} \tag{A9.9}$$

式中，$\boldsymbol{P}(t-1\mid t-1)$表示前一时刻当步的回归系数向量的估计产生误差的协方差阵，它又称

为该时刻滤波均方误差阵。当步的滤波均方误差阵又可用前一时刻的误差均方误差阵来计算。即

$$\boldsymbol{P}(t \mid t) = \boldsymbol{P}(t \mid t-1) - \boldsymbol{A}(t)[\boldsymbol{X}(t)\boldsymbol{P}(t \mid t-1)\boldsymbol{X}'(t) + \boldsymbol{R}]\boldsymbol{A}'(t) \tag{A9.10}$$

因此,如果给定随机向量 $\boldsymbol{v}(t)$ 和 $\boldsymbol{w}(t)$ 的协方差阵 $\boldsymbol{Q}$ 和 $\boldsymbol{R}$,以及滤波均方误差阵的初始值,则可逐步订正前一步回归系数向量,完成原预报方程的卡尔曼滤波逐步订正。

A10 岭回归

岭回归(Ridge Regression,RR)是用于处理自变量之间高度相关的回归分析方法。一般线性回归的计算用的是最小二乘估计法,当自变量之间高度相关时,矩阵求逆出现困难,最小二乘回归估计的参数估计值会不稳定,这时如果在公式里加个 k,改变它的估计值,使估计结果变稳定。这时,最小二乘回归估计的参数向量的估计值为

$$\hat{\boldsymbol{\beta}}(k) = (\boldsymbol{X}'\boldsymbol{X} + k\boldsymbol{I})^{-1}\boldsymbol{X}'\boldsymbol{y} \tag{A10.1}$$

式中,$\boldsymbol{X}$ 为因子资料数据矩阵;$\boldsymbol{y}$ 为预报量数据向量。通过在自变量自相关矩阵中引入一个很小的岭参数 $k(0<k<1)$,并将它加到资料阵的交叉积阵中的主对角线元素上,从而可以降低参数的最小二乘估计复共线特征向量的影响,以保证参数估计更接近真实情况。

岭参数 k 的确定方法有以下几种。

(1)岭迹法:k 应该取多大,可以根据岭迹图来判断。选非常多的 k 值进行试验,做出一个回归系数与 k 之间关系的岭迹图,看看这个图在取哪个回归系数值的变化稳定,就确定 k 值。选择岭参数 k 的原则应选择尽可能小的 k 能使回归系数尽可能稳定下来。

(2)Hoerl-Kennard 方法:设资料阵的交叉积阵 $\boldsymbol{X}'\boldsymbol{X}$ 的特征值为 $\lambda_1,\lambda_2,\cdots,\lambda_P$,特征向量为 $\boldsymbol{V}=(v_1,v_2,\cdots,v_P)$,它们之间关系为

$$\boldsymbol{X}'\boldsymbol{X} = \boldsymbol{V}\boldsymbol{\Lambda}\boldsymbol{V}' \tag{A10.2}$$

由于变量是共线,至少在特征值中有 1 个接近于 0。引进典则回归系数向量

$$\boldsymbol{a} = \boldsymbol{V}'\boldsymbol{b} \tag{A10.3}$$

记

$$\boldsymbol{Z} = \boldsymbol{X}\boldsymbol{V} \tag{A10.4}$$

利用特征向量矩阵是正交矩阵的性质,原线性回归模型变为

$$\boldsymbol{y} = \boldsymbol{X}\boldsymbol{b} + \boldsymbol{e} = \boldsymbol{Z}\boldsymbol{V}'\boldsymbol{V}\boldsymbol{a} + \boldsymbol{e} = \boldsymbol{Z}\boldsymbol{a} + \boldsymbol{e} \tag{A10.5}$$

此式称为线性回归模型的典则形式。对典则形式的回归模型求解其回归系数向量,则有

$$\boldsymbol{a} = (\boldsymbol{Z}'\boldsymbol{Z})^{-1}\boldsymbol{Z}'\boldsymbol{y} = \boldsymbol{\Lambda}^{-1}\boldsymbol{Z}'\boldsymbol{y} \tag{A10.6}$$

按定义典则回归系数向量的岭估计为

$$\hat{\boldsymbol{a}}(k) = (\boldsymbol{Z}'\boldsymbol{Z} + k\boldsymbol{I})^{-1}\boldsymbol{Z}'\boldsymbol{y} = (\boldsymbol{\Lambda} + k\boldsymbol{I})^{-1}\boldsymbol{Z}'\boldsymbol{y} = \boldsymbol{V}'\boldsymbol{b}(k) \tag{A10.7}$$

令

$$k_t = \frac{\sigma_e^2}{\max\limits_i \| \hat{\boldsymbol{a}}(i) \|^2} = \frac{(\boldsymbol{y} - \boldsymbol{X}\boldsymbol{b})'(\boldsymbol{y} - \boldsymbol{X}\boldsymbol{b})/(n-p)}{\max\limits_i \| \hat{\boldsymbol{a}}(i) \|^2} \tag{A10.8}$$

则当取 $0<k<k_t$ 时,对应的回归系数向量为最佳。

(3)方差扩大因子法:利用回归系数向量的变化幅度来确定。因为回归系数向量方差为

$$\begin{aligned}D(\hat{b}(k)) &= \mathrm{cov}[(\boldsymbol{X}'\boldsymbol{X}+k\boldsymbol{I})^{-1}\boldsymbol{X}'\boldsymbol{y},(\boldsymbol{X}'\boldsymbol{X}+k\boldsymbol{I})^{-1}\boldsymbol{X}'\boldsymbol{y}]\\ &= (\boldsymbol{X}'\boldsymbol{X}+k\boldsymbol{I})^{-1}\boldsymbol{X}'\mathrm{cov}(y,y)\boldsymbol{X}(\boldsymbol{X}'\boldsymbol{X}+k\boldsymbol{I})^{-1}\\ &= \sigma^2(\boldsymbol{X}'\boldsymbol{X}+k\boldsymbol{I})^{-1}\boldsymbol{X}'\boldsymbol{X}(\boldsymbol{X}'\boldsymbol{X}+k\boldsymbol{I})^{-1}\\ &= \sigma^2\boldsymbol{C}(k)\end{aligned} \tag{A10.9}$$

式中，矩阵 $\boldsymbol{C}(k)$ 是控制回归系数变化幅度的要素，它的对角线元素 $c_{ii}(k)$ 为岭估计的方差扩大因子，它随 k 的增大而减小，选择 k 使得扩大因子小于10时，岭估计的回归系数就会比较稳定。

A11 贝叶斯回归

贝叶斯概率是复杂事件的条件概率，由它发展起来的是贝叶斯统计学。贝叶斯统计学认为参数的取值是随机的，经验的或数据的信息形成参数的先验概率分布。在得到样本之前，从先验分布中产生了某个样本，即参数值。在可靠的先验信息情况下，贝叶斯估计的误差应该更小。贝叶斯分析法利用随机试验中获得的新信息修正自然状态的先验分布，可得到更接近实际状态、更准确的后验概率分布，进而降低期望损失。从贝叶斯观点对回归模型中的参数进行估计，称为贝叶斯回归(Bayesian Regression，BR)。

(1)基本原理

记 $\boldsymbol{Y}$ 为预报量的随机变量向量，$\boldsymbol{\theta}$ 为包含所有未知参数向量，$P(\boldsymbol{\theta}|\boldsymbol{Y})$ 是预报量事件 $\boldsymbol{Y}$ 发生下 $\boldsymbol{\theta}$ 也发生的条件概率，由于 $\boldsymbol{\theta}$ 发生于事件 $\boldsymbol{Y}$ 之前，而 $p(\boldsymbol{\theta}|\boldsymbol{Y})$ 则计算于事件 $\boldsymbol{Y}$ 之后，故分别称 $P(\boldsymbol{\theta})$ 和 $P(\boldsymbol{\theta}|\boldsymbol{Y})$ 为先验概率和后验概率。另记 $p(\boldsymbol{Y}|\boldsymbol{\theta})$ 为 $\boldsymbol{Y}$ 的概率密度函数，为了计算 $P(\boldsymbol{\theta}|\boldsymbol{Y})$，首先必须先了解 $\boldsymbol{\theta}$ 和 $\boldsymbol{Y}$ 同时发生或相继发生的概率，即

$$P(\boldsymbol{\theta},\boldsymbol{Y}) = p(\boldsymbol{Y})p(\boldsymbol{\theta}\mid\boldsymbol{Y}) = p(\boldsymbol{\theta})p(\boldsymbol{Y}\mid\boldsymbol{\theta}) \tag{A11.1}$$

以 $\boldsymbol{Y}$ 为条件，根据贝叶斯原理可得到后验概率

$$P(\boldsymbol{\theta}\mid\boldsymbol{Y}) = \frac{P(\boldsymbol{\theta})P(\boldsymbol{Y}\mid\boldsymbol{\theta})}{P(\boldsymbol{Y})} = \frac{P(\boldsymbol{\theta})P(\boldsymbol{Y}\mid\boldsymbol{\theta})}{\int P(\boldsymbol{\theta})P(\boldsymbol{Y}\mid\boldsymbol{\theta})\mathrm{d}\boldsymbol{\theta}} \tag{A11.2}$$

因为式(A11.2)的分母 $P(\boldsymbol{Y})$ 不依赖于参数 $\boldsymbol{\theta}$，故可省略，得到

$$P(\boldsymbol{\theta}\mid\boldsymbol{Y}) \propto P(\boldsymbol{\theta})P(\boldsymbol{Y}\mid\boldsymbol{\theta}) \tag{A11.3}$$

式(A11.3)浓缩了贝叶斯推断的技术核心，任何应用贝叶斯方法的主要任务都是发展 $P(\boldsymbol{\theta}|\boldsymbol{Y})$ 模型，这要求特化 $P(\boldsymbol{\theta})$ 和 $P(\boldsymbol{\theta}|\boldsymbol{Y})$，并用适当的运算方法得到后验分布 $P(\boldsymbol{\theta}|\boldsymbol{Y})$，但在大部分情况下，后验分布 $P(\boldsymbol{\theta}|\boldsymbol{Y})$ 没有一个明确的形式，所以很难估计，一般运用MCMC算法或其他计算技术从 $P(\boldsymbol{\theta}|\boldsymbol{Y})$ 中产生后验样本，然后通过分析该后验样本获得参数 $\boldsymbol{\theta}$ 的估计，如使用后验样本的平均数或中位数等统计量来估计相应参数。

(2)参数的估计

参数的估计可以使用MCMC算法(又称马尔科夫链—蒙特卡罗算法)。

假设参数 $\boldsymbol{\theta}=\{\theta_1,\theta_2,\cdots,\theta_r\}$，其中 r 为参数的个数，设 $\boldsymbol{\theta}_s$ 为参数向量中的一个参数($s=1,2,\cdots,r$)，$\boldsymbol{\theta}_{-s}$ 为剩余的 $r-1$ 个参数的向量，运用MCMC算法从 $P(\theta|Y)$ 中产生后验样本的步骤如下：

①给参数向量赋初值

$$\boldsymbol{\theta}^{(0)} = \{\theta_1^{(0)},\theta_2^{(0)},\cdots,\theta_r^{(0)}\} \tag{A11.4}$$

②对于第 t 轮次($t=1,2,\cdots$)，从 θ_s 的条件分布 $P(\theta_s|\boldsymbol{\theta}_{-s}^{(t-1)},\boldsymbol{Y})$ 中抽取一个随机样本，更新该参数后，再去抽取其他参数，当所有的参数都被抽取后，就完成了一个马尔科夫链循环，得到

$$\boldsymbol{\theta}^{(t)}=\{\theta_1^{(t)},\theta_2^{(t)},\cdots,\theta_r^{(t)}\} \tag{A11.5}$$

③重复步骤②，可得各轮次参数的随机样本，去除最初未收敛的循环，然后以一定间隔取后验样本。由于单一参数的条件后验分布 $P(\theta_s|\boldsymbol{\theta}_{-s}^{(t-1)},\boldsymbol{Y})$ 通常有简单的解析表达式，可用 Gibbs 抽样方法获得其随机样本。

(3)线性回归模型参数估计

对含多个因子的因子矩阵 $\boldsymbol{X}$ 和预报量向量 $\boldsymbol{y}$，回归模型为

$$\boldsymbol{y}=\boldsymbol{Xb}+\boldsymbol{e} \tag{A11.6}$$

在式(A11.6)中，$\boldsymbol{X}$ 和 $\boldsymbol{y}$ 通常是可观察的已知量，未知量有回归系数向量 $\boldsymbol{b}$ 和误差方差 σ_e^2。

回归分析的目的是，根据 $\boldsymbol{y}$ 和 $\boldsymbol{X}$，对回归系数向量 $\boldsymbol{b}$ 和误差方差 σ_e^2 做出统计推断。贝叶斯回归分析和通常的线性回归方法的不同之处，在于每一个 $\boldsymbol{b}$ 均被假定是从平均数为 0 和方差为 σ_e^2 的正态分布中抽取，记

$$\boldsymbol{v}=(\sigma_e^2,\sigma_1^2,\cdots,\sigma_p^2)$$

根据贝叶斯原理，给定 $\boldsymbol{y}$ 和 $\boldsymbol{X}$，$\boldsymbol{b}$ 和 $\boldsymbol{v}$ 的联合后验分布

$$P(\boldsymbol{b},\boldsymbol{v}\mid\boldsymbol{Y},\boldsymbol{X})\propto P(\boldsymbol{b},\boldsymbol{v})P(\boldsymbol{Y}\mid\boldsymbol{b},\boldsymbol{v},\boldsymbol{X})$$

其中，预报量 Y 的条件概率密度为

$$P(\boldsymbol{b},\boldsymbol{v}\mid\boldsymbol{Y},\boldsymbol{X})=(2\pi\sigma_e^2)^{-n/2}\exp\left[-\frac{1}{2\sigma_e^2}(\boldsymbol{y}-\boldsymbol{Xb})'(\boldsymbol{y}-\boldsymbol{Xb})\right] \tag{A11.7}$$

通常可假定 $\boldsymbol{b}$ 和 $\boldsymbol{v}$ 中各参数的先验分布是相互独立的，则它们的联合先验分布为

$$P(\boldsymbol{b},\boldsymbol{v})=p(b_0)p(b_1)\cdots p(b_p)p(\sigma_e^2)p(\sigma_1^2)\cdots p(\sigma_p^2) \tag{A11.8}$$

先验分布取

$$\begin{aligned}&p(b_0)\propto U(0,1),p(\sigma_e^2)\propto 1/\sigma_e^2,\\&p(b_j)=N(0,\sigma_j^2),p(\sigma_j^2)=1/\sigma_p^2\quad(j=1,2,\cdots,p)\end{aligned} \tag{A11.9}$$

根据式(A11.7)推导出条件后验分布，并用 MCMC 模拟算法从条件后验分布中计算产生样本。计算步骤如下：

①给参数变量赋初值($b_0^{(0)},b_1^{(0)},\cdots b_p^{(0)},\sigma_e^{2(0)},\sigma_1^{2(0)},\cdots\sigma_p^{2(0)}$)。

②更新 b_0，b_0 的条件后验分布服从正态分布，其期望为

$$\bar{b}_0=\frac{1}{n}\sum_{i=1}^{n}\left(y_i-\sum_{j=1}^{p}x_{ij}b_j^{(0)}\right) \tag{A11.10}$$

方差为

$$s_0^2=\frac{1}{n}\sigma_e^{2(0)} \tag{A11.11}$$

从该分布中抽取一个新的 $b_0^{(1)}$ 代替 $b_0^{(0)}$。

③更新 b_j，b_j 的条件后验分布服从 $N(\bar{b}_j,\bar{s}_j^2)$)的正态分布，其期望为

$$\bar{b}_j=\left(\sum_{i=1}^{n}x_{ij}^2+\sigma_e^{2(0)}/\sigma_j^{2(0)}\right)^{-1}\sum_{i=1}^{n}x_{ij}\left(y_i-b_0^{(0)}-\sum_{k\neq j}^{p}x_{ik}b_k^{(0)}\right) \tag{A11.12}$$

方差为

$$\bar{s}_j^2=\left(\sum_{i=1}^{n}x_{ij}^2+\sigma_e^{2(0)}/\sigma_j^{2(0)}\right)^{-1}\sigma_e^{2(0)} \tag{A11.13}$$

从该分布中抽取一个新的 $b_j^{(1)}$ 代替 $b_j^{(0)}$。

④更新 σ_e^2。剩余方差的条件后验分布为一个逆 χ^2 分布，$\sigma_e^{2(1)}$ 可取如下计算值：

$$\sigma_e^{2(1)} \approx \frac{1}{\chi_n^2}\sum_{i=1}^{n}\left(y_i - b_0^{(0)} - \sum_{k\neq j}^{p} x_{ik}b_k^{(0)}\right)^2 \tag{A11.14}$$

式中，χ_n^2 是从一个自由度为 n 的 χ^2 分布中抽出的一个随机数，以 $\sigma_e^{2(1)}$ 代替 $\sigma_e^{2(0)}$。

⑤更新 σ_j^2。$\sigma_j^{2(1)}$ 可取如下计算值：

$$\sigma_j^{2(1)} \approx \frac{b_j^{2(0)}}{\chi_1^2} \tag{A11.15}$$

式中，χ_1^2 是从一个自由度为1的 χ^2 分布中抽出的一个随机数，以 $\sigma_j^{2(1)}$ 代替 $\sigma_j^{2(0)}$。

⑥重复②～⑤步的 t 轮次，直到回归系数收敛为止。

A12 支持向量机回归

支持向量机(Support Vector Machine，SVM)是数据训练拟合的方法。它是一种小样本学习方法，它引入核函数，通过非线性映射，把样本空间映射到一个高维乃至于无穷维的特征空间，最终得到的决策函数只由少数的支持向量所确定。

支持向量机回归的基本思想是：定义最优线性超平面，通过非线性映射，把样本空间映射到一个高维乃至无穷维的特征空间，使在特征空间中可以应用线性学习机的方法解决样本空间中的高度非线性回归问题。

(1)基本原理

SVM 方法用于回归模型的估计，它要解决的问题是：根据给定的样本数据集：

$$\{(\boldsymbol{x}_i, y_i)\}, i = 1, 2, \cdots, n$$

式中，$\boldsymbol{x}_i$ 为输入因子向量在样品 i 的向量；y_i 为输出值(预报量)，寻求一个反映样本数据输出输入的最优函数关系 $y=f(\boldsymbol{x})$。即对输入，构造一个函数 $f(\boldsymbol{x}_i, \boldsymbol{w})$($\boldsymbol{w}$ 为因子的权重向量)，即使

$$R_{emp}(\boldsymbol{w}) = \frac{1}{n}\sum_{i=1}^{n} L[y_i, f(\boldsymbol{x}_i, \boldsymbol{w})] \tag{A12.1}$$

最小化，其中包含有

$$L[y, f(\boldsymbol{x}, \boldsymbol{w})] = [y - f(\boldsymbol{x}, \boldsymbol{w})]^2 \tag{A12.2}$$

最小。则函数 $f(\boldsymbol{x}_i, \boldsymbol{w})$就是拟合 y_i 的最优函数。这里的“最优”是指按某一确定的误差函数来计算，所得函数关系对样本数据集拟合得“最好”(累计误差最小)。通常取平方函数、绝对值函数或 Huber 函数为误差函数。SVM 回归中采用的是 ε-intensive 损失函数，形式如下：

$$e(f(\boldsymbol{x}) - y) = \begin{cases} 0 & |f(\boldsymbol{x}) - y| < \varepsilon \\ |f(\boldsymbol{x}) - y| - \varepsilon & |f(\boldsymbol{x}) - y| \geqslant \varepsilon \end{cases} \tag{A12.3}$$

其含义为：当误差小于 ε 时，误差忽略不计；当误差超过 ε 时，误差函数的值为实际误差减去 ε。

SVM 的回归函数为

$$y = f(\boldsymbol{x}) = \boldsymbol{w}\varphi(\boldsymbol{x}) + b \tag{A12.4}$$

式中，函数 $\varphi(\cdot)$是指由输入空间到特征空间的非线性映射；函数 $f(\cdot)$在特征空间中表示为一个线性函数。其中，$\varphi(\boldsymbol{x})$是输入空间 R^d 高维特征空间 H 的非线性映射，SVM 就是将实际

问题通过非线性映射转换到高维特征空间，在高维特征空间中构造一个线性回归函数，来实现原空间中的非线性回归函数。引入松弛因子 $\xi_i \geqslant 0$ 和 $\xi_i^* \geqslant 0$，根据 SRM 准则，可将问题转化为在满足

$$\begin{cases} y_i - \boldsymbol{w}'\boldsymbol{x}_i - b \leqslant \varepsilon + \xi_i \\ \boldsymbol{w}'\boldsymbol{x}_i + b - y_i \leqslant \varepsilon + \xi_i^* \end{cases} \tag{A12.5}$$

条件下使泛函

$$\frac{1}{2}\|\mathrm{w}\|^2 + C\sum_{i=1}^{n}(\xi_i + \xi_i^*) \tag{A12.6}$$

最小。式中，$\frac{1}{2}\|\mathrm{w}\|^2$ 为正则化参数，体现 SVM 对推广能力的控制；$C(C>0)$为平衡系数，用来平衡经验风险和正则化部分。这是一个典型的不等式约束下二次寻优的问题，存在唯一解。引入 Lagrange 乘子 α_i、α_i^* 及核函数，可将其转化为在约束条件：

$$\begin{cases} \sum_{i=1}^{n}(\alpha_i - \alpha_i^*) \\ 0 \leqslant \alpha_i - \alpha_i^* \leqslant C \end{cases} \tag{A12.7}$$

下，对 α_i、α_i^* 最大化下面的目标函数：

$$G(\alpha,\alpha^*) = -\varepsilon\sum_{i=1}^{n}(\alpha_i^* + \alpha_i) + \sum_{i=1}^{n}y_i(\alpha_i^* - \alpha_i) - \frac{1}{2}\sum_{i,j=1}^{n}(\alpha_i^* - \alpha)(\alpha_j^* - \alpha_j)K(\boldsymbol{x}_i \cdot \boldsymbol{x}_j)$$

最后得回归函数为

$$f(x) = \sum_{i=1}^{n}(\alpha_i^* - \alpha_i)K(\boldsymbol{x}_i \cdot \boldsymbol{x}) + b^* \tag{A12.8}$$

式中，x_i 为支持向量的样本因子向量；x 为待预报因子向量；α_i、α_i^*、b 为建立 SVM 模型待确定的系数，这里 α_i、α_i^* 为指定样本的 Lagrange 乘子，只有一小部分不为 0，它们对应的样本就是支持样本向量，其中

$$K(\boldsymbol{x}_i,\boldsymbol{x}_j) = \langle\varphi(\boldsymbol{x}_i),\varphi(\boldsymbol{x}_j)\rangle$$

为核函数。它反映 $\varphi(x)$向量的内积的平均状态。核函数反映了高维特征空间中任意两个样本点之间的位置关系，因而对样本点的拟合具有重要意义，核函数选取的好坏直接影响到 SVM 模型性能的优劣。最常用的核函数有以下几种：

多项式核函数：　$K(\boldsymbol{x}_i,\boldsymbol{x}_j) = (\sigma(\boldsymbol{x}'_i\boldsymbol{x}_j) + \gamma)^d, \sigma>0$

RBF 核函数：　$K(\boldsymbol{x}_i,\boldsymbol{x}_j) = \exp(-\sigma\|\boldsymbol{x}_i - \boldsymbol{x}_j\|^2), \sigma>0$

Sigmod 核函数：　$K(\boldsymbol{x}_i,\boldsymbol{x}_j) = \tanh(\sigma(\boldsymbol{x}'_i\boldsymbol{x}_j) + \gamma)$

其中，σ 为核函数中的参数，它调节核函数的平滑程度；γ 为正则化参数，控制模型的复杂度（支持向量机的个数）和函数逼近误差的大小。这两个模型参数在很大程度上决定了该模型的学习能力及泛化能力。求和运算只在支持向量中进行。

支持向量机是通过内积函数定义的非线性变换将输入空间变换到一个高维空间，在这个高维空间中求最优回归函数。

(2)支持向量机的计算

支持向量机可以看作是一个 3 层前向神经网络，其输出是若干中间层节点的线性组合，而每一个中间层节点对应于输入样本与一个支持向量的内积。网络结构见图 A12.1。

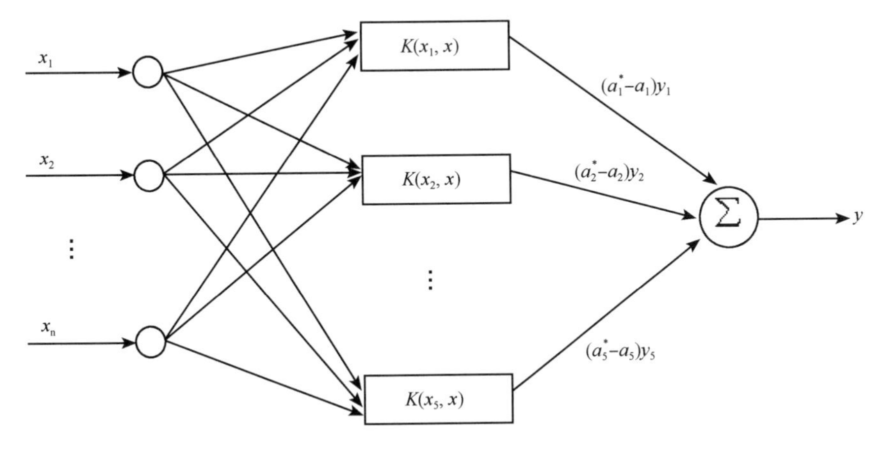

图 A12.1 支持向量机网路结构示意图

图 A12.1 中，$K(x_s, x)$为核函数，x_s 为支持向量，$a_s^* - a_s$ 为网络权重(Lagrange 乘子)，$x_1, x_2, \cdots, x_n$ 为输入变量向量，y 为网路输出，其隐节点个数即为支持向量机的个数。每个基函数中心对应一个支持向量，它们及输出权值都是由算法自动确定的。

建立模型的过程就是对输入的训练样本根据模型的期望输出调节模型参数确定核函数和支持向量。计算过程如下：

①对数据资料做标准化处理，然后取上述各初始预报优化因子作为单独输入变量。

②核函数确定后，还需确定两个相关的参数(σ、γ)。可以采用逐步筛选的方法确定这两个模型参数：首先设置较大的参数取值范围，对参数进行大间隔步长的循环取值，通过训练和测试，根据期望输出(预报结果)与实际输出(实际的预报量值)的相关系数、平均绝对误差和相对误差的大小综合确定最优参数值，再以此参数值为中心，设置较小的参数范围，以小间隔步长重复上述步骤，直至最终确定出用于建立 SVM 预报模型的参数值。

③确定预报模型，重复训练样本，直至回归模型稳定为止。

附录B 判别分析

在气象预报中，为了使用需要，一些预报量常常分成若干级别或类别。例如，把降水量的资料用经验或使用其他数学方法进行划分，使之变成不同的级别或类别，如暴雨、大雨、中雨、小雨和无雨；或者化为更为简单的两类，如有雨和无雨。然后根据预报量不同类别，选择一些前期因子，利用在不同类别的样本内，寻找因子与预报量的关系，建立针对不同类别的预报量的方程式，选择适当的判别规则，判别某个因子观测样品所属的类别来实现对预报量的预报。这种方法就称为判别分析，也称为分辨法。常用的判别预报模型有：费歇判别方程、贝叶斯判别方程和回归逐步判别等。

B1 费歇判别方程

费歇判别方程是根据Fisher判别准则建立的判别模型。

(1)判别函数

假设根据需要，把预报量分为G类，取样本容量为n的样本，对此样本，根据预报量的G类级别分为G组，每组样本容量分别为$n_1,n_2,\cdots,n_G$。选取P个因子$x_1,x_2,\cdots,x_p$进行预报，由它们的线性组合构成一个判别函数y，表示为

$$y=v_1x_1+v_2x_2+\cdots+v_px_p \tag{B1.1}$$

式中，$v_1,v_2,\cdots,v_p$为判别系数。

据(B1.1)式，判别函数可用向量形式表示为

$$\boldsymbol{y}=\boldsymbol{v}'\boldsymbol{x} \tag{B1.2}$$

式中，$\boldsymbol{v}'=(v_1,v_2,\cdots,v_p)$为判别系数向量；$\boldsymbol{x}=(x_1,x_2,\cdots,x_p)'$为因子向量。类似地，第$g$组第$i$个样品的判别函数表示为

$$\boldsymbol{y}_{gi}=\boldsymbol{v}'\boldsymbol{x}_{gi} \tag{B1.3}$$

式中，$\boldsymbol{x}_{gi}=(x_{1gi},x_{2gi},\cdots,x_{pgi})'$为$p$个因子对应在第$g$组内第$i$个样品的向量。同样，在全部样本中判别函数平均值为

$$\hat{\boldsymbol{y}}=\boldsymbol{v}'\bar{\boldsymbol{x}} \tag{B1.4}$$

式中，$\bar{\boldsymbol{x}}=(\bar{x}_1,\cdots,\bar{x}_p)'$为$p$个因子在所有样本中的平均值向量，其中第$k$个因子平均值表示为

$$\bar{x}_k=\frac{1}{n}\sum_{i=1}^{n}x_{ki}=\frac{1}{n}\sum_{g=1}^{G}\sum_{i=1}^{n_g}x_{kgi}$$

第g组判别函数的平均值表示为

$$\hat{\boldsymbol{y}}_g=\boldsymbol{v}'\bar{\boldsymbol{x}}_g \tag{B1.5}$$

式中，$\bar{\boldsymbol{x}}_g=(\bar{x}_{1g},\bar{x}_{2g},\cdots,\bar{x}_{pg})'$为$p$个因子在对应的组内样本平均值向量，其中第$k$个因子在第$g$组样本中平均值为

$$\bar{x}_{kg} = \frac{1}{n_g}\sum_{i=1}^{n_g} x_{kgi}$$

可以根据费歇准则。即要求在 p 维因子空间中的超平面上，各类判别函数的点子愈密集愈好，类与类之间距离愈远愈好。也就是要求判别函数组内离差平方和 F 愈小愈好，组间离差平方和 E 愈大愈好，即要求它们的比值

$$\lambda = \frac{E}{F} \to \text{最大} \tag{B1.6}$$

判别函数组间离差平方和 E 表示为

$$E = \sum_{g=1}^{G} n_g(\boldsymbol{v}'\bar{\boldsymbol{x}}_g - \boldsymbol{v}'\bar{\boldsymbol{x}})(\boldsymbol{v}'\bar{\boldsymbol{x}}_g - \boldsymbol{v}'\bar{\boldsymbol{x}})' = \boldsymbol{v}'\left[\sum_{g=1}^{G} n_g(\bar{\boldsymbol{x}}_g - \bar{\boldsymbol{x}})(\bar{\boldsymbol{x}}_g - \bar{\boldsymbol{x}})'\right]\boldsymbol{v} \tag{B1.7}$$

令

$$\boldsymbol{B} = \sum_{g=1}^{G} n_g(\bar{\boldsymbol{x}}_g - \bar{\boldsymbol{x}})(\bar{\boldsymbol{x}}_g - \bar{\boldsymbol{x}})'$$

则

$$E = \boldsymbol{v}'\boldsymbol{B}\boldsymbol{v} \tag{B1.8}$$

称矩阵 $\boldsymbol{B}$ 为 p 个因子组间离差交叉积阵，矩阵中第 k 行第 l 列中的元素为

$$b_{kl} = \sum_{g=1}^{G} n_g(\bar{x}_{kg} - \bar{x}_k)(\bar{x}_{lg} - \bar{x}_l)$$

判别函数组内离差平方和 F 表示为

$$F = \sum_{g=1}^{G}\sum_{i=1}^{n_g}(\boldsymbol{v}'\boldsymbol{x}_{gi} - \boldsymbol{v}'\bar{\boldsymbol{x}}_g)(\boldsymbol{v}'\boldsymbol{x}_{gi} - \boldsymbol{v}'\bar{\boldsymbol{x}}_g)' = \boldsymbol{v}'\left[\sum_{g=1}^{G}\sum_{i=1}^{n_g}(\boldsymbol{x}_{gi} - \bar{\boldsymbol{x}}_g)(\boldsymbol{x}_{gi} - \bar{\boldsymbol{x}}_g)'\right]\boldsymbol{v} \tag{B1.9}$$

令

$$\boldsymbol{W} = \sum_{g=1}^{G}\sum_{i=1}^{n_g}(\boldsymbol{x}_{gi} - \bar{\boldsymbol{x}}_g)(\boldsymbol{x}_{gi} - \bar{\boldsymbol{x}}_g)'$$

矩阵 $\boldsymbol{W}$ 为因子组内离差交叉积阵，阵中第 k 行第 l 列的元素与上节所定义的相同，即为

$$w_{k1} = \sum_{g=1}^{G}\sum_{i=1}^{n_g}(x_{kgi} - \bar{x}_{kg})(x_{1gi} - \bar{x}_{1g})$$

则

$$F = \boldsymbol{v}'\boldsymbol{W}\boldsymbol{v} \tag{B1.10}$$

因子组内离差交叉积阵 $\boldsymbol{W}$ 的计算也可以通过因子总离差交叉积阵和因子组间离差交叉积阵计算得到。因为因子总离差交叉积阵 $\boldsymbol{T}$ 可以表示为

令

$$\boldsymbol{T} = \sum_{g=1}^{G}\sum_{i=1}^{n_g}(\boldsymbol{x}_{gi} - \bar{\boldsymbol{x}})(\boldsymbol{x}_{gi} - \bar{\boldsymbol{x}})'$$

称 $\boldsymbol{T}$ 为 p 个因子的总离差交叉积阵，阵中第 k 行第 l 列的元素就是第 k 个因子与第 l 个因子的交叉距平乘积和，即

$$t_{kl} = \sum_{g=1}^{G}\sum_{i=1}^{n_g}(x_{kgi} - \bar{x}_k)(x_{lgi} - \bar{x}_l)$$

它可分解为因子组间离差交叉积阵与因子组内离差交叉积阵之和，即

$$\boldsymbol{T} = \boldsymbol{B} + \boldsymbol{W} \tag{B1.11}$$

利用(B1.11)式，若已知其中任两个矩阵，则可求出第三个矩阵。

按照求极值法则有$\frac{\partial \lambda}{\partial v}=0$，即

$$\frac{\partial \lambda}{\partial v} = \frac{F\frac{\partial E}{\partial v} - E\frac{\partial F}{\partial v}}{F^2} = 0$$

因而有

$$\lambda \frac{\partial F}{\partial v} = \frac{\partial E}{\partial v}$$

用 E 及 F 与矩阵 $\boldsymbol{B}$、$\boldsymbol{W}$ 的关系式代入上式有

$$\lambda \frac{\partial}{\partial \boldsymbol{v}}(\boldsymbol{v}'\boldsymbol{W}\boldsymbol{v}) = \frac{\partial}{\partial \boldsymbol{v}}(\boldsymbol{v}'\boldsymbol{B}\boldsymbol{v})$$

对二次型微分后有

$$\lambda \cdot 2\boldsymbol{W}\boldsymbol{v} = 2\boldsymbol{B}\boldsymbol{v}$$

即

$$(\boldsymbol{B} - \lambda\boldsymbol{W})\boldsymbol{v} = 0 \tag{B1.12}$$

或

$$(\boldsymbol{W}^{-1}\boldsymbol{B} - \lambda I)\boldsymbol{v} = 0 \tag{B1.13}$$

求向量 $\boldsymbol{v}$ 的问题可转化为求解 $\boldsymbol{W}^{-1}\boldsymbol{B}$ 矩阵的特征向量问题。尽管矩阵 $\boldsymbol{W}^{-1}$ 及 $\boldsymbol{B}$ 是对称阵，但 $\boldsymbol{W}^{-1}\boldsymbol{B}$ 阵却一般是不对称的，可用不对称矩阵求解特征值的方法求解。设解出矩阵 $\boldsymbol{W}^{-1}\boldsymbol{B}$ 的最大特征值为 λ_1 及它所对应的特征向量为 $\boldsymbol{v}_1=(v_{11},v_{21},\cdots,v_{p1})'$，把它们代入(B1.1)判别函数表示式就可得到一个满足费歇判别准则的一个判别函数 y_1，表示为

$$y_1 = v_{11}x_1 + v_{21}x_2 + \cdots + v_{p1}x_p$$

但是，矩阵 $\boldsymbol{W}^{-1}\boldsymbol{B}$ 还存在有第二大特征值 λ_2 及其对应的特征向量 $\boldsymbol{v}_2=(v_{12},v_{22},\cdots,v_{p2})'$。显然 $\boldsymbol{v}_2$ 也同样满足费歇准则，于是又可得到符合要求的第二个判别函数

$$y_2 = v_{12}x_1 + v_{22}x_2 + \cdots + v_{p2}x_p$$

设矩阵 $\boldsymbol{W}^{-1}\boldsymbol{B}$ 的秩为 s(一般 $s=\min\{p;(G-1)\}$)，则可解出 s 个非零的特征值 $\lambda_1 \geqslant \lambda_2 \geqslant \cdots \geqslant \lambda_s$，以及它们所对应的特征向量 $\boldsymbol{v}_1,\boldsymbol{v}_2,\cdots,\boldsymbol{v}_s$。因此，可相应地得到 s 个判别函数，其中第 j 个判别函数表示为

$$y_j = v_{1j}x_1 + v_{2j}x_2 + \cdots + v_{pj}x_p \quad (j = 1,2,\cdots,s) \tag{B1.14}$$

例如，当预报量分为三类时，即 $G=3$，一般因子个数总大于 G，于是 $s=G-1=2$。表明做三类判别分析时能找到两个判别函数(或判别方程)。

(2)判别函数的性质

①判别函数的离差平方和与矩阵 $\boldsymbol{W}^{-1}\boldsymbol{B}$ 的特征值有关，即第 j 个判别函数的离差平方和与矩阵 $\boldsymbol{W}^{-1}\boldsymbol{B}$ 第 j 个特征值 λ_j 有如下关系：

$$\sum_{i=1}^{n}(y_{ji} - \hat{y}_j)^2 = 1 + \lambda_j \tag{B1.15}$$

②判别函数之间是相互无关的，即第 k 个判别函数与第 l 个判别函数之间的协方差和相

关系数为0。

(3)判别函数的显著性检验

设 p 个因子来自 G 个具有相同协方差阵 $\sum$ 的 p 维正态总体，G 个总体的数学期望为 $\mu_1, \mu_2, \cdots, \mu_G$。$Ho: \mu_1 = \mu_2 = \cdots = \mu_G$，可用统计量

$$\Lambda = \frac{|\boldsymbol{W}|}{|\boldsymbol{T}|} \tag{B1.16}$$

进行检验。式中，$|\boldsymbol{W}|$ 为矩阵 $\boldsymbol{W}$ 的行列式。在因子固定的情况下，因子总离差交叉积阵的行列式 $|\boldsymbol{T}|$ 的值是不变的。当组内离差交叉积阵行列式 $|\boldsymbol{W}|$ 小时，Λ 的值就小。同时组间离差交叉积阵的行列式就有可能较大。这种情况表明，在因子中，各组内样品点比较集中，而组间的重心点之间距离较大。由因子线性组合而成的判别函数也具有这种特点，因而判别能力就强。所以，Λ 是判别方程判别能力的一种度量。

Λ 统计量有3个自由度($p, G-1, n-G$)，它的分布函数计算困难，实际使用时，用其他分布函数近似代替。例如，可用 χ^2 分布代替，即用统计量(当 n 较大时)

$$\chi^2 = -\left[n - 1 - \frac{1}{2}(p + G)\right]\ln\Lambda \tag{B1.17}$$

这一统计量遵从自由度为 $p(G-1)$ 的 χ^2 分布。

实际计算时，Λ 的计算可化为用矩阵 $\boldsymbol{W}^{-1}\boldsymbol{B}$ 的特征值来计算，即

$$\Lambda = \frac{|\boldsymbol{W}|}{|\boldsymbol{T}|} = \frac{1}{\prod_{i=1}^{s}(1 + \lambda_i)} \tag{B1.18}$$

实际检验时，按判别函数的重要性逐个进行检验。一开始检验第1个特征值所对应的判别函数，使用公式(B1.17)。如果检验的结果是显著的(即 $\chi^2 > \chi_a^2$)，然后再检验第2个特征值所对应的判别函数，这时使用统计量

$$\chi^2 = -\left[n - 1 - \frac{1}{2}(p + G)\right]\ln\Lambda_{(1)} \tag{B1.19}$$

它遵从自由度为$(p-1)(G-1-1)$的 χ^2 分布。其中

$$\Lambda_{(1)} = \frac{1}{\prod_{i=2}^{s}(1 + \lambda_i)}$$

为去掉第1个特征值 λ_1 所计算的 Λ 统计量。如第二个判别函数通过检验，再逐步检验下去，直到某一判别函数不显著为止。在第 k 个判别函数通过后，检验第 $k+1$ 个判别函数时，统计量

$$\chi^2 = -\left[n - 1 - \frac{1}{2}(p + G)\right]\ln\Lambda_{(k)} \tag{B1.20}$$

遵从自由度为$(p-k)(G-k-1)$的 χ^2 分布。其中

$$\Lambda_{(k)} = \frac{1}{\prod_{i=k}^{s}(1 + \lambda_i)} \tag{B1.21}$$

(4)决策规则

有了判别函数之后，要做出预报还需要有预报判据，在统计上称为决策规则。常用的有两种决策规则。

①利用贝叶斯定理求后验概率分布。当前期因子已出现时，预报的问题是要确定预报量该判哪一类(组)别。这时可用已出现的 p 个因子的样品 $x_{10},x_{20},\cdots,x_{p0}$，代入判别函数中，进一步计算其值出现的条件下，第 g 类出现的概率，从 $g=1,2,\cdots,G$ 中选择出现最大概率的类别作为预报。这类概率称为后验概率。假设我们得到一个判别方程，由因子样品算出判别函数为 y_0，根据贝叶斯公式可以计算在 y_0 出现后发生的各类概率，即

$$P(g|_{y_0})=\frac{q_g f(y_0|_g)}{\sum_{g=1}^{G} g_g f(y_0|_g)}\quad (g=1,2,\cdots,G) \tag{B1.22}$$

式中，q_g 为预报值出现的 g 类先验概率，它可以用频率来估计，即

$$q_g=\frac{n_g}{n}\quad (g=1,2,\cdots,G)$$

$f(y_0|_g)$为判别函数值 y_0 在 g 类中出现的概率密度。通常假定判别函数遵从正态分布，那么 $f(y_0|_g)$可用正态分布概率密度值来计算。在计算中，数学期望和均方差均可用样本平均和标准差估计。

②距离判别规则。由于判别函数的性质，我们可以把 s 个判别函数看成 s 个正交基底，它是由 p 维因子通过转换得到的。由 s 个判别函数构成判别空间。各类判别函数点在这个 s 维空间中构成 G 组点集群，每组点集群各有一个重心点，对应的向量为

$$\hat{\boldsymbol{y}}_g=(\hat{y}_{1g},\hat{y}_{2g},\cdots,\hat{y}_{sg})\quad (g=1,2,\cdots,G)$$

其中

$$\hat{y}_{jg}=\frac{1}{n_g}\sum_{i=1}^{n_g} y_{jgi}=\frac{1}{n_g}\sum_{i=1}^{n_g}\sum_{k=1}^{p} x_{kgi}v_{kj}\ (j=1,2,\cdots,s)$$

判别时，把已知因子样品代入到 s 个判别方程中，得到 s 个判别函数值 $y_{10},y_{20},\cdots,y_{s0}$。把它们看成 s 维空间中一个点，对应的向量为

$$\boldsymbol{y}_0=(y_{10},y_{20},\cdots,y_{s0})'$$

考察这一点与各组重心的距离，距离哪一组重心近，就判为这样品点是来自该组(类)的，即计算

$$D_g=\sum_{i=1}^{s}(y_{i0}-\hat{y}_{ig})^2=(\boldsymbol{y}_0-\hat{\boldsymbol{y}}_g)'(\boldsymbol{y}_0-\hat{\boldsymbol{y}}_g)\quad (g=1,2,\cdots,G)$$

若 h 属于 G 组内任一组别并有

$$D_h=\min_{l\leqslant g\leqslant G} D_g$$

则判别样品 $\boldsymbol{x}_0=(x_{10},x_{20},\cdots,x_{p0})'$属于第 h 组。

上面距离的计算也可直接用因子向量表示

$$D_g=(\boldsymbol{V}'\boldsymbol{x}_0-\boldsymbol{V}'\bar{\boldsymbol{x}}_g)'(\boldsymbol{V}'\boldsymbol{x}_0-\boldsymbol{V}'\bar{\boldsymbol{x}}_g)=(\boldsymbol{x}_0-\bar{\boldsymbol{x}}_g)'\boldsymbol{V}\boldsymbol{V}'(\boldsymbol{x}_0-\bar{\boldsymbol{x}}_g)\quad (g=1,2,\cdots,G)$$

式中，$\boldsymbol{V}$ 为由 $\boldsymbol{W}^{-1}\boldsymbol{B}$ 特征向量组成的矩阵；$\bar{\boldsymbol{x}}_g$ 为 p 个因子在第 g 组内的平均值向量。

(5)判别方程计算步骤

第一步，选择适当因子，并根据预报量类别确定不同类别的样本，计算各组因子的平均值和总平均值。

第二步，计算总离差交叉积阵 $\boldsymbol{T}$、组内离差交叉积阵 $\boldsymbol{W}$ 及组间离差交叉积阵 $\boldsymbol{B}$。

第三步，求 $\boldsymbol{W}^{-1}\boldsymbol{B}$ 的特征值及特征向量，得 $\boldsymbol{V}$ 阵，并建立判别函数。

第四步，对判别函数进行显著性检验以便确定选取多少个判别函数构成判别空间。

第五步，计算各样品点与各组重心距离并进行分类判别。

B2 贝叶斯判别方程

贝叶斯判别方程是根据 Bayes 判别准则建立的判别模型。

如果把 p 个因子的所有样品由预报量 G 个类别划分为 G 个组，并把它们看成以 G 个总体中抽取的样本，记这 G 个总体为 $A_1, A_2, \cdots, A_G$。从 p 个因子中任取一组样品，记为 $\boldsymbol{x}=(x_1, x_2, \cdots, x_p)'$，这一组样品只能来自 G 个总体中任一个。根据贝叶斯公式，对于任一样品 $\boldsymbol{x}$ 来自 A_g 总体的条件概率为

$$P(g \mid \boldsymbol{x}) = \frac{q_g f_g(\boldsymbol{x})}{\sum_{g=1}^{G} q_g f_g(\boldsymbol{x})}$$

式中，q_g 为先验概率，即第 g 个总体样品被抽取的概率；$f_g(\boldsymbol{x})$ 为 $\boldsymbol{x}$ 在总体 A_g 中的概率分布密度函数。要把样品判断为 h 类的原则是使得它出现的概率最大，即

$$\frac{q_h f_h(\boldsymbol{x})}{\sum_{g=1}^{G} q_g f_g(\boldsymbol{x})} \rightarrow 最大 \tag{B2.1}$$

上式对不同类别来说，分母总是一样的，因此(B2.1)式又等价于使

$$q_h f_h(\boldsymbol{x}) \rightarrow 最大 \tag{B2.2}$$

综合上述，关于贝叶斯判别过程的叙述为：若各总体的概率分布密度函数 $f_g(\boldsymbol{x})$ 及其先验概率 $q_g(g=1,2,\cdots,G)$ 已知，在错判损失相等的前提下可建立判别函数，计算 $q_g f_g(\boldsymbol{x})$ $(g=1,2,\cdots,G)$，若最大者为 $q_h f_h(\boldsymbol{x})$，则判 $\boldsymbol{x}$ 来自总体 A_h。

在上面的判别准则中，$f_g(\boldsymbol{x})$ 是任意的。现在假设各总体的分布遵从多元正态分布，具有相同的协方差阵。例如，A_g 总体的分布密度函数为

$$f_g(\boldsymbol{x}) = \frac{\left|\sum^{-1}\right|^{\frac{1}{2}}}{(2\pi)^{\frac{p}{2}}} \exp\left[-\frac{1}{2}(\boldsymbol{x}-\boldsymbol{\mu}_g)' \sum^{-1} (\boldsymbol{x}-\boldsymbol{\mu}_g)\right] \tag{B2.3}$$

式中，$\boldsymbol{\mu_g}=(\mu_{1g}, \mu_{2g}, \cdots, \mu_{pg})'$ 为第 g 个总体的期望向量；$\sum$ 为总体协方差阵。将上式代入(B2.2)式即可得判别函数。但为了计算方便，对(B2.2)式做变化，即该式与下式是等价的

$$\ln[q_g f_g(\boldsymbol{x})] \rightarrow 最大 \tag{B2.4}$$

最后得到关于 A_g 总体的判别函数，记为

$$y_g = \ln q_g + \boldsymbol{x}' \sum^{-1} \boldsymbol{\mu}_g - \frac{1}{2} \boldsymbol{\mu}'_g \sum^{-1} \boldsymbol{\mu}_g$$

令向量

$$\boldsymbol{c}_g = \sum^{-1} \boldsymbol{\mu}_g = (c_{1g}, c_{2g}, \cdots, c_{pg})'$$

常数

$$c_{0g} = -\frac{1}{2} \boldsymbol{\mu}_g \sum^{-1} \boldsymbol{\mu}_g$$

则判别函数可写为

$$y_g = \ln q_g + c_{0g} + c'_g x = \ln q_g + c_{0g} + \sum_{k=1}^{p} c_{kg} x_k \tag{B2.5}$$

判别时，可把某一样品 $\boldsymbol{x}_0$ 代入(B2.5)式，计算 $y_g(g=1,2,\cdots,G)$，若

$$y_h(\boldsymbol{x}_0) = \max\{\underset{1\leqslant g\leqslant G}{y_g}(\boldsymbol{x}_0)\}$$

则把 $\boldsymbol{x}_0$ 划归 h 类。

具体计算时，判别函数中的判别系数 c_{0g} 及向量 $\boldsymbol{c}_g$ 均可用样本相应统计量来估计，$\boldsymbol{\mu}_g$ 可用 $\bar{\boldsymbol{x}}_g=(x_{1g},x_{2g},\cdots,x_{pg})'$ 来估计，协方差阵 $\sum$ 可用 $\boldsymbol{W}(n-G)$ 来估计，先验概率可用相应的频率 n_g/n 来估计。因此，实际计算中的判别函数可写为

$$y_g = \ln \frac{n_g}{n} + c_{0g} + c'_g x \quad (g = 1,2,\cdots,G) \tag{B2.6}$$

其中

$$c_g = (n-G)\boldsymbol{W}^{-1}\overline{\boldsymbol{x}_g}$$

$$c_{og} = -\frac{1}{2}\overline{\boldsymbol{x}'}_g(n-G)\boldsymbol{W}^{-1}\overline{\boldsymbol{x}_g}$$

式中，$\boldsymbol{W}$ 阵为组内离差交叉积阵。

B3 逐步判别

在判别分析中，要选择最佳的判别方程也有预报因子的选择问题或对进入判别方程的因子的筛选问题。逐步判别就是类似逐步回归的一种筛选因子方法。

(1)单个因子判别能力的显著性检验

由于逐步判别也是一步步考虑引入重要因子，因此，首先假设在判别方程中已进入 l 个因子，考虑在余下 $p-l$ 个因子中是否可以选择第 k 个因子进入判别方程。衡量这个因子能否进入方程的原则当然要看它的判别能力贡献是否显著。

我们知道，衡量判别方程的判别效果是用 Λ 统计量(见(B1.18))，对含 l 个因子的方程判别效果可用下面公式衡量：

$$\Lambda_{(l)} = \frac{|\boldsymbol{W}_l|}{|\boldsymbol{T}_l|} \tag{B3.1}$$

式中，$\boldsymbol{W}_l$ 及 $\boldsymbol{T}_l$ 表示 l 个因子的组内离差交叉积阵和总离差交叉积阵，$\Lambda_{(l)}$ 愈小表示该方程判别效果愈好。如果在余下 $p-l$ 个因子中选择第 k 个因子进入方程，则方程判别效果用

$$\Lambda_{l+1} = \frac{|\boldsymbol{W}_{l+1}|}{|\boldsymbol{T}_{l+1}|}$$

来衡量。实际上，$l+1$ 个因子判别方程的判别效果与 l 个因子的方程判别效果有如下关系：

$$\Lambda_{(l+1)} = \Lambda_{(l)} \cdot \Lambda_k^{(l)} \tag{B3.2}$$

其中

$$\Lambda_k^{(l)} = \frac{w_{kk}^{(l)}}{t_{kk}^{(l)}} \tag{B3.3}$$

式中，$w_{kk}^{(l)}$ 及 $t_{kk}^{(l)}$ 分别为 l 个因子时 $\boldsymbol{W}_l$ 及 $\boldsymbol{T}_l$ 阵中第 k 行第 k 列元素。$\Lambda_k^{(l)}$ 表示方程含 l 个因子时，再在余下因子中选入 x_k 时的判别能力。如果它在所有余下的因子中最小，那么 $\Lambda_{(l+1)}$ 也是最小，表明引入 x_k 使方程判别效果在余下因子中是最好的。

既然量 $\Lambda_k^{(l)}$ 反映进入方程的单个因子判别能力的贡献，那么它是否也可以进行显著性检验。可以证明，$\Lambda_k^{(l)}$ 也是一个 Λ 统计量，在 G 个总体数学期望相同的假设条件下，统计量

$$F=\frac{1-\Lambda_k^{(l)}}{\Lambda_k^{(l)}}\cdot\frac{n-G-l}{G-1}$$

遵从分子自由度为 $G-1$，分母自由度为 $n-G-l$ 的 F 分布。在实际计算时统计量可用(B3.3)式代入，即

$$F=\frac{t_{kk}^{(l)}-w_{kk}^{(l)}}{w_{kk}^{(l)}}\cdot\frac{n-G-l}{G-1} \tag{B3.4}$$

当判别方程中含 l 个因子时，要首先检查这些已进入方程的因子有哪一个判别能力贡献不显著的需要进行剔除。这种能力贡献大小在下式

$$\Lambda_{(l)}=\Lambda_{(l-1)}\Lambda_k^{(l-1)}$$

中以 $\Lambda_k^{(l-1)}$ 反映出来，式中，$\Lambda_{(l-1)}$ 表示 l 个因子中去掉第 k 个因子时的 Λ 统计量。用类似(B3.2)式与(B3.3)式的方法，也可证明第 k 个因子在 l 个因子方程中的贡献大小为

$$\Lambda_k^{(l-1)}=\frac{w_{kk}^{(l-1)}}{t_{kk}^{(l-1)}} \tag{B3.5}$$

每一步的 Λ 统计量的计算，可以用一般线性方程组消去同时求逆法进行计算。然后进行因子剔除或引进的显著性检验。在类似的假设条件下，统计量

$$F=\frac{1-\Lambda_k^{(l-1)}}{\Lambda_k^{(l-1)}}\cdot\frac{n-G-(l-1)}{G-1}$$

或

$$F=\frac{t_{kk}^{(l-1)}-w_{kk}^{(l-1)}}{w_{kk}^{(l-1)}}\cdot\frac{n-G-(l-1)}{G-1} \tag{B3.6}$$

遵从分子自由度为 $G-1$，分母自由度为 $n-G-(l-1)$ 的 F 分布。有了关于单个因子进入方程或剔除出方程的贡献能力显著性检验，就可以进行类似逐步回归方法的逐步判别。

(2)统计量 Λ 的计算方法

如上所述，无论考察整个方程的判别能力，还是单个因子对判别方程判别能力的贡献，均需做 Λ 统计量的计算。用一般线性方程组消去法的公式进行计算，可以达到既方便，又节省机器存储单元的目的。计算过程如下。

①用消去法(见(A2.32)式)计算行列式的值。以计算 $p=3$ 的因子组内离差交叉积阵行列式为例：

$$|\boldsymbol{W}_3|=\begin{vmatrix} w_{11} & w_{12} & w_{13} \\ w_{21} & w_{22} & w_{23} \\ w_{31} & w_{32} & w_{33} \end{vmatrix}$$

消去第 1 列，并把 w_{11} 提出行列式之外有

$$|\boldsymbol{W}_3|=\begin{vmatrix} 1 & \dfrac{w_{12}}{w_{11}} & \dfrac{w_{13}}{w_{11}} \\ 0 & w_{22}-\dfrac{w_{21}w_{21}}{w_{11}} & w_{23}-\dfrac{w_{21}w_{13}}{w_{11}} \\ 0 & w_{32}-\dfrac{w_{31}w_{13}}{w_{11}} & w_{33}-\dfrac{w_{31}w_{13}}{w_{11}} \end{vmatrix}$$

简记为

$$|\boldsymbol{W}_3| = w_{11}\begin{vmatrix} 1 & w_{12}^{(1)} & w_{13}^{(1)} \\ 0 & w_{22}^{(1)} & w_{23}^{(1)} \\ 0 & w_{32}^{(1)} & w_{33}^{(1)} \end{vmatrix}$$

然后做第 2 列的消去有

$$|\boldsymbol{W}_3| = w_{11}w_{22}^{(1)}\begin{vmatrix} 1 & 0 & w_{13}^{(1)} - \dfrac{w_{12}^{(1)}w_{23}^{(1)}}{w_{22}^{(1)}} \\ 0 & 1 & \dfrac{w_{23}^{(1)}}{w_{22}^{(1)}} \\ 0 & 0 & w_{33}^{(1)} - \dfrac{w_{32}^{(1)}w_{23}^{(1)}}{w_{22}^{(1)}} \end{vmatrix}$$

简记为

$$|\boldsymbol{W}_3| = w_{11}w_{22}^{(1)}\begin{vmatrix} 1 & 0 & w_{13}^{(2)} \\ 0 & 1 & w_{23}^{(2)} \\ 0 & 0 & w_{33}^{(2)} \end{vmatrix}$$

最后做第 3 列的消去有

$$|\boldsymbol{W}_3| = w_{11}w_{22}^{(1)}w_{33}^{(2)}\begin{vmatrix} 1 & 0 & 0 \\ 0 & 1 & 0 \\ 0 & 0 & 1 \end{vmatrix} = w_{11}w_{22}^{(1)}w_{33}^{(2)}$$

当然，消去的顺序不一定按自然顺序，例如，对两个因子的$|\boldsymbol{W}_2|$值，求法可先消第 2 列，再消第 1 列，即

$$|\boldsymbol{W}_2| = w_{22}w_{11}^{(1)} = w_{22}\left(w_{11} - \frac{w_{12}w_{21}}{w_{22}}\right) = w_{11}w_{22} - w_{12}w_{21}$$

②引入因子判别能力的计算。设判别方程中已进入 l 个因子，计算余下 $p-l$ 个因子对进入方程时的贡献能力大小，可用(B3.2)式，即

$$\Lambda_{(l+1)} = \Lambda_{(l)}\frac{w_{kk}^{(l)}}{t_{kk}^{(l)}} \quad (k = l+1,\cdots,p) \tag{B3.7}$$

其中
$$\Lambda_{(l)} = \frac{w_{11}^{(0)}w_{22}^{(1)}\cdots w_{ll}^{(l-1)}}{t_{11}^{(0)}t_{22}^{(1)}\cdots t_{ll}^{(l-1)}}$$

因此，在逐步判别中每步仅需计算当步矩阵中的元素即可。

③剔除时单个因子判别能力的计算。如果使用求解求逆消去法的计算公式，剔除因子后的逆矩阵和相应的行列式值不需从头算起，只需再使用求解求逆消去法的计算公式对该列进行再消去。因为若第 $l+1$ 步要剔除的因子 x_k 是在第 $l-1$ 步时引入的，如果在第 $l+1$ 步时对第 k 列进行再消去，容易证明消去后矩阵中元素与第 $l-1$ 步时一样，就好像 x_k 从未被引入过一样。当然在实际计算中不会出现前一步刚引进的因子被剔除的现象。但是由于消去列与消去顺序无关，消去列所对应的因子都可被认为是前一步引进的。这就证明了上述的结论。

对于含 l 个因子的过程，如果要计算其中第 k 个因子判别能力贡献大小可用(B3.3)式，利用消去求逆公式，容易证明

$$w_{kk}^{(l-1)} = \frac{1}{w_{kk}^{(l)}},\ t_{kk}^{(l-1)} = \frac{1}{t_{kk}^{(l)}}$$

因此，实际计算时用下式计算

$$\Lambda_k^{(l-1)} = \frac{t_{kk}^{(l)}}{w_{kk}^{(l)}} \quad (k=1,\cdots,l) \tag{B3.8}$$

(3)逐步判别计算步骤

第一步，确定预报量级别，相应地对因子进行分组，计算各因子组内平均值和总平均值。

第二步，计算因子总离差交叉积阵和组内交叉积阵 $\boldsymbol{T}$ 及 $\boldsymbol{W}$。

第三步，据(B3.7)式及(B3.8)式逐步计算各因子的判别能力，在给定的 F_α 判据值下，据(B3.4)式及(B3.6)式进行显著性检验，确定剔除或引进的因子并做对应列消去，直到无剔除和无引进为止。

第四步，据(B2.6)式求判别函数，并对各样品作判别预报。

B4 回归逐步判别

回归逐步判别是利用逐步回归方法建立判别函数来进行判别预报量类别的方法。把要建立的 G 类判别函数看作 G 个新预报量，记为 $y=(y_1,y_2,\cdots,y_G)$，这 G 个新预报量的序列由原预报量的序列产生。

例如，建立 y_1 的序列是这样：在预报量的样本中，如果发现某一个样品为 1 类时，相应的 y_1 值取为1，否则取为0。于是 y_1 序列为仅含0或1的二值变量序列。类似地建立 $y_2,y_3,\cdots,y_G$ 序列，它们都是含 n 个样品的二值序列。但是为了使这些新预报量与预报因子建立的回归方程具有较简明的形式，使用距平值较为方便。因此，进一步令

$$y_{hi}^{(g)} = \begin{cases} 1-\dfrac{n_g}{n} & (h=g) \\ -\dfrac{n_g}{n} & (h \neq g) \end{cases} \tag{B4.1}$$

式中，n_g 表示第 g 类的样品数；$y_{hi}^{(g)}$ 表示第 g 个新预报量在第 i 个样品时的值，下标 h 在1至 G 之间变化，i 在1至 n 之间变化。

这一变换结果，使得第 g 个新预报量具有平均值为0的特点。因为容易证明

$$\sum_{i=1}^{n} y_{g_i} = \left(1-\frac{n_g}{n}\right)n_g + \left(-\frac{n_g}{n}\right)(n-n_g) = 0$$

那么 $1-\dfrac{n_g}{n}$ 值就作为第 g 类事件发生的代表值，它代替了原来二值变量中的“1”的表示，由此可建立 G 个新预报量序列。由于它们具有距平变量的特点，就可以用它们与 p 个预报因子 x_k $(k=1,2,\cdots,p)$ 建立回归方程对预报量进行估计，实际上由于

$$\hat{y}_G = -\sum_{h=1}^{G-1} \hat{y}_h$$

估计时仅需对 $G^*=G-1$ 个 y 做估计

$$\hat{y}_g = b_{1g}x_1 + b_{2g}x_2 + \cdots + b_{pg}x_p \quad (g=1,2,\cdots,G^*)$$

或者写成矩阵方程的形式为

$$\hat{\boldsymbol{Y}} = \boldsymbol{XB} \tag{B4.2}$$

式中，$\hat{\boldsymbol{Y}}$ 为预报量估计阵；$\boldsymbol{X}$ 为因子资料阵，阵中元素为距平值；$\boldsymbol{B}$ 为回归系数阵。

由(B4.2)式就可得到 G^* 个预报量的估计。用一实测因子样品向量 $\boldsymbol{x}_0=(x_{10},x_{20},\cdots,x_{p0})'$代入方程，就可求出 $\hat{y}_{10},\hat{y}_{20},\cdots,\hat{y}_{G0}$。再计算各类的估计值与各类代表值之差的绝对值，该值反映样品点与各类代表点之距离，以距离最近作为判定的类别。

回归系数阵 $\boldsymbol{B}$ 可用最小二乘法从下面的矩阵标准方程组

$$\boldsymbol{S}_{11}\boldsymbol{B}=\boldsymbol{S}_{12}$$

中解出，即

$$\boldsymbol{B}=\boldsymbol{S}_{11}^{-1}\boldsymbol{S}_{12} \tag{B4.3}$$

式中，$\boldsymbol{S}_{11}$ 为 p 个因子的交叉积阵，即

$$\boldsymbol{S}_{11}=\boldsymbol{X}'\boldsymbol{X}$$

$\boldsymbol{S}_{12}$ 为 p 个因子与 G^* 个预报量的交叉积阵，即

$$\boldsymbol{S}_{12}=\boldsymbol{X}'\boldsymbol{Y}$$

$\boldsymbol{Y}$ 为 G^* 个新预报量的资料阵。求解 $\boldsymbol{B}$ 矩阵中的回归系数时，还可类似地采用逐步回归方法，对进入 G^* 个回归方程的因子进行逐步筛选，筛选时出发矩阵为一分块矩阵，表示为

$$\boldsymbol{S}^{(0)}=\begin{pmatrix}\boldsymbol{S}_{11} & \boldsymbol{S}_{12}\\ \boldsymbol{S}_{21} & \boldsymbol{S}_{22}\end{pmatrix}$$

阵中 $\boldsymbol{S}_{21}$ 为 $\boldsymbol{S}_{12}$ 的转置阵，$\boldsymbol{S}_{22}$ 为 $\boldsymbol{G}^*$ 个预报量的交叉积阵 $\boldsymbol{S}_{22}=\boldsymbol{Y}'\boldsymbol{Y}$。

对 $\boldsymbol{S}$ 阵进行逐步地消去求逆过程。筛选因子仍然是用 F 统计量(遵从 F 分布)：

$$F(q,v)=\frac{v}{q}\cdot\frac{\boldsymbol{S}_i^{(t)'}[\boldsymbol{S}_{22}^{(t)}]^{-1}\boldsymbol{S}_i^{(t)}}{s_{ii}^{(t)}-\boldsymbol{S}_i^{(t)'}[\boldsymbol{S}_{22}^{(t)}]^{-1}\boldsymbol{S}_i^{(t)}} \tag{C4.4}$$

进行计算，式中，q、v 分别为分子及分母自由度，其中

$$q=G^*-1,v=n-(p+1)-q$$

矩阵的上标“(t)”表示逐步回归过程的步数；$\boldsymbol{S}_i^{(t)}$ 为第 t 步消去阵 $\boldsymbol{S}^{(t)}$ 中的 $\boldsymbol{S}_{12}$ 分块阵中第 i 行元素所组成的向量，这些元素相当于引入 x_i 变量进入 G^* 个回归方程中的相应回归系数；$s_{ii}^{(t)}$ 为第 t 步时矩阵 $\boldsymbol{S}^{(t)}$ 中 $\boldsymbol{S}_{11}$ 分块阵中第 i 行第 i 列中的元素；$[\boldsymbol{S}_{22}^{(t)}]^{-1}$ 表示在第 t 步时矩阵 $\boldsymbol{S}_{22}$ 的逆阵，阵中元素可以在消去求逆过程中求得。

附录C　变量场的分解

在气象统计中,经常要研究分析各种气象要素场,如海温场、降水场。它们大多由不规则的网格点所组成。如果抽取这些场的某一段历史时期的资料,就构成一组以网格点为空间点(多个变量)随时间变化的样本,如何提取它们的时空变化主要特征,是大气变量数据分析的重要内容。它们常常使用经验正交函数分解的系列方法。例如,对单个变量场分析方法常用主分量分析、经验正交函数分解。在不同对象场的分析中,由它们发展起来的还有其他分析方法,例如,用于多变量场分析的多变量场经验正交函数分解,用于风场分析的向量经验正交函数分解。

在不同对象场的分析中,着眼于场的时间变化特征分析方法有:用于在连续时间变化场上分析的扩展经验正交函数分解;用于变量场年内变化分析的季节经验正交函数分解;用于场的时空分解的复经验正交函数分解。作为经验正交函数分解应用的扩展方法还有主振荡模态分析,以及独立分量分析等。

C1　主分量分析

主分量分析(Principal Component Analysis,PCA)是经验正交函数分解系列方法之一,它又称主成分分析。它是以大气变量场的数据样本为分析对象的。主分量分析能够把随时间变化的气象要素场分解为空间函数部分和时间函数(主分量)部分。空间函数部分概括场的地域分布特点,这部分是不随时间变化的;而时间函数部分则由空间点(变量)的线性组合所构成,称为主分量,这些主分量的前几个占有原空间点(变量)的总方差的很大部分。研究主分量随时间变化的规律就可以代替对大气变量场随时间变化的研究。

(1)主分量的表示

设我们研究分析的对象是某一气象要素场,场中有 p 个空间点,抽取样本容量为 n 的样本,记 p 个空间点上要素为 $x_1,x_2,\cdots,x_p$,其观测值为 $x_{ki}(k=1,2\cdots,p;i=1,2,\cdots,n)$。由这 p 个变量线性组合成一新变量

$$y=v_1x_1+v_2x_2+\cdots+v_px_p \tag{C1.1}$$

如果 y 满足方差极大的要求,则称 y 为原 p 个变量的主分量。如果进一步令

$$\boldsymbol{v}=(v_1,v_2,\cdots,v_P),\boldsymbol{x}=(x_1,x_2,\cdots,x_P)$$

则(C1.1)式还可写为

$$y=\boldsymbol{v}'\boldsymbol{x} \tag{C1.2}$$

根据实际要求,希望主分量有极大的方差,即

$$s_y^2=\frac{1}{n}\sum_{i=1}^{n}(y_i-\hat{y})^2\rightarrow 极大 \tag{C1.3}$$

据(C1.2)式，新变量的平均值为

$$\hat{y} = \boldsymbol{v}'\bar{\boldsymbol{x}}$$

式中，$\bar{\boldsymbol{x}}=(\bar{x}_1,\bar{x}_2,\cdots,\bar{x}_p)'$为 p 个变量的平均值向量。新变量的第 i 个样品值表示为

$$y_i=\boldsymbol{v}'\boldsymbol{x}_i$$

式中，$\boldsymbol{x}_i=(x_{1i},x_{2i},\cdots,x_{pi})'$为 p 个变量第 i 个样品观测向量。将这个新变量第 i 个样品的表示式代入(C1.3)式有

$$s_y^2 = \frac{1}{n}\sum_{i=1}^{n}(\boldsymbol{v}'\boldsymbol{x}_i - \boldsymbol{v}'\bar{\boldsymbol{x}})(\boldsymbol{v}'\boldsymbol{x}_i - \boldsymbol{v}'\bar{\boldsymbol{x}})' = \boldsymbol{v}'\left[\frac{1}{n}\sum_{i=1}^{n}(\boldsymbol{x}_i - \bar{\boldsymbol{x}})(\boldsymbol{x}_i - \bar{\boldsymbol{x}})'\right]\boldsymbol{v}$$

上式中括号内的部分为 p 个变量的协方差阵，即

$$\boldsymbol{S} = \frac{1}{n}\sum_{i=1}^{n}(\boldsymbol{x}_i - \bar{\boldsymbol{x}})(\boldsymbol{x}_i - \bar{\boldsymbol{x}})'$$

于是新变量的方差可表示为 $s_y^2=\boldsymbol{v}'\boldsymbol{S}\boldsymbol{v}$。在条件 $\boldsymbol{v}'\boldsymbol{v}=1$ 下的极值问题，转化为函数

$$Q = \boldsymbol{v}'\boldsymbol{S}\boldsymbol{v} - \lambda(\boldsymbol{v}'\boldsymbol{v} - 1)$$

的求极值问题，即有

$$\frac{\partial Q}{\partial \boldsymbol{v}} = 2\boldsymbol{S}\boldsymbol{v} - 2\lambda\boldsymbol{v} = 0$$

整理得$(\boldsymbol{S}-\lambda\boldsymbol{I})\boldsymbol{v}=0$。要使 $\boldsymbol{v}$ 有非零解，必须有

$$|\boldsymbol{S} - \lambda\boldsymbol{I}| = 0$$

上式就是矩阵 $\boldsymbol{S}$ 的特征多项式。因此，问题就转化为求矩阵 $\boldsymbol{S}$ 的特征值及其对应的特征向量问题，由于 $\boldsymbol{S}$ 为 $p\times p$ 协方差阵，设它为非奇异阵，它的秩为 p，则它的 p 个非零特征值(记为 $\lambda_1\geqslant\lambda_2\geqslant\cdots\geqslant\lambda_p$)及其对应的 p 个特征向量 $\boldsymbol{v}_1,\boldsymbol{v}_2,\cdots,\boldsymbol{v}_p$ 均满足(C1.2)式的解。因此，可以得到 p 个主分量。表示为

$$y_k = \boldsymbol{v}'_k\boldsymbol{x}\ (k=1,2,\cdots,p)$$

式中，$\boldsymbol{v}'_k=(v_{1k},v_{2k},\cdots,v_{pk})$为第 k 个特征值 λ_k 所对应的转置特征向量，p 个主分量还可写为主分量向量，表示为

$$\boldsymbol{y} = \boldsymbol{V}'\boldsymbol{x} \tag{C1.4}$$

式中，$\boldsymbol{y}=(y_1,y_2,\cdots,y_p)'$；$\boldsymbol{V}$ 为 p 个特征向量为列向量所组成的矩阵，即

$$\boldsymbol{V} = \begin{pmatrix} v_{11} & v_{12} & \cdots & v_{1p} \\ v_{21} & v_{22} & \cdots & v_{2p} \\ \vdots & \vdots & & \vdots \\ v_{p1} & v_{p2} & \cdots & v_{pp} \end{pmatrix}$$

(2)主分量的性质

①各主分量的方差分别为原 p 个变量的协方差阵的特征值，不同的主分量彼此是无关的。

p 个主分量的协方差为

$$\begin{aligned}\frac{1}{n}\sum_{i=1}^{n}(\boldsymbol{y}_i - \hat{\boldsymbol{y}})(\boldsymbol{y}_i - \hat{\boldsymbol{y}})' &= \frac{1}{n}\sum_{i=1}^{n}(\boldsymbol{V}'\boldsymbol{x}_i - \boldsymbol{V}'\bar{\boldsymbol{x}})(\boldsymbol{V}'\boldsymbol{x}_i - \boldsymbol{V}'\bar{\boldsymbol{x}})' \\ &= \boldsymbol{V}'\left[\frac{1}{n}\sum_{i=1}^{n}(\boldsymbol{x}_i - \bar{\boldsymbol{x}})(\boldsymbol{x}_i - \bar{\boldsymbol{x}})'\right]\boldsymbol{V}\end{aligned}$$

$$= \boldsymbol{V}'\boldsymbol{S}\boldsymbol{V} = \boldsymbol{\Lambda} \tag{C1.5}$$

因为 $\boldsymbol{\Lambda}$ 阵为对角阵，对角元素对应各主分量的方差，非对角元素为0，所以不同的主分量相互正交。

②各主分量的方差贡献大小按矩阵 $\boldsymbol{S}$ 特征值大小顺序排列。

由性质①得知，p 个主分量的总方差为 $\boldsymbol{S}$ 阵 p 个特征值之和，即 $\sum_{i=1}^{p}\lambda_i$。那么第 k 个主分量的分差贡献大小为 $R_k=\lambda_k/\sum_{i=1}^{p}\lambda_i$。由于特征值 $\lambda_1 \geqslant \lambda_2 \geqslant \cdots \geqslant \lambda_p$ 按顺序排列，故主分量的方差贡献大小亦按大小顺序排列。

我们称前 m 个($m<p$)主分量占总方差的百分率为累积方差贡献百分率，或称累积解释方差，表示为

$$G(m) = \frac{\sum_{i=1}^{m}\lambda_i}{\sum_{i=1}^{p}\lambda_i} \tag{C1.6}$$

③p 个主分量的总方差与原 p 个变量的总方差相等。

主分量的协方差阵与特征值组成的对角阵的关系有

$$\boldsymbol{V}'\boldsymbol{S}\boldsymbol{V} = \boldsymbol{\Lambda}$$

对上面矩阵方程两边取矩阵之迹得

$$\mathrm{tr}(\boldsymbol{V}'\boldsymbol{S}\boldsymbol{V}) = \mathrm{tr}(\boldsymbol{\Lambda})$$

即

$$\mathrm{tr}(\boldsymbol{S}\boldsymbol{V}'\boldsymbol{V}) = \mathrm{tr}(\boldsymbol{\Lambda})$$

据特征向量性质，其组成的正交矩阵有

$$\boldsymbol{V}'\boldsymbol{V} = \boldsymbol{I}$$

所以

$$\mathrm{tr}(\boldsymbol{S}) = \mathrm{tr}(\boldsymbol{\Lambda})$$

即

$$\sum_{i=1}^{p} s_{ii} = \sum_{i=1}^{p}\lambda_i$$

因此(C1.6)式也可写为

$$G(m) = \frac{\sum_{i=1}^{m}\lambda_i}{\sum_{i=1}^{p}s_{ii}} \tag{C1.7}$$

在计算中为简便常常仅求出 $\boldsymbol{S}$ 阵的前几个最大特征值，此时就可用(C1.7)式来计算前几个主分量的累积解释方差。

(3)主分量的其他形式

上面所述的是从变量原值出发来求其主分量。但消除不同空间地点气象要素气候平均态的差异，常用距平场进行分析。对于变量为距平变量时，得到的距平变量场的主分量表示为

$$y_d = v_{d1}x_{d1} + v_{d2}x_{d2} + \cdots + v_{dp}x_{dp} \tag{C1.8}$$

由主分量的变量线性组合形式

$$y = v_1x_1 + v_2x_2 + \cdots + v_px_p$$

代入距平变量的主分量，有

$$y - \hat{y} = v_1(x_1 - \overline{x}_1) + v_2(x_2 - \overline{x}_2) + \cdots + v_p(x_p - \overline{x}_p)$$

可见，v_i 与 v_{di} 相同。所以，距平变量主分量可以表示为

$$y_d = v_1x_{d1} + v_2x_{d2} + \cdots + v_px_{dp} \tag{C1.9}$$

可见，距平主分量的组合系数与原值主分量的一样。另外，也可以从(C1.8)式出发，使用同样过程亦会导出同样结论。距平变量主分量的平均值具有如下性质：

$$\hat{y}_d = v_1\overline{x}_{d1} + v_2\overline{x}_{d2} + \cdots + v_p\overline{x}_{dp} = 0$$

还容易证明，距平主分量的方差与原变量协方差阵的特征值是相同的。

气象上为了消除不同地区变量标准差不同的影响，还常使用标准化变量，由标准化变量可得到标准化主分量

$$y_z = v_{z1}x_{z1} + v_{z2}x_{z2} + \cdots + v_{zp}x_{zp} \tag{C1.10}$$

容易证明，式中的组合系数是原变量的相关阵 $\boldsymbol{R}$ 的特征向量。标准化主分量的方差与 $\boldsymbol{R}$ 阵的特征值相对应。一般来说，原变量的协方差阵 $\boldsymbol{S}$ 与标准化变量的相关阵 $\boldsymbol{R}$ 的特征值与特征向量是不同的，也即(C1.9)式与(C1.10)式中的组合系数是不同的。为简便起见，几种主分量形式都写成(C1.1)式的形式，只是根据不同需要使用不同变量进行主分量分析。

(4)主分量计算步骤

第一步，由变量场的距平变量场或标准化变量场

$$\underset{p\times n}{\boldsymbol{X}_d} = \begin{pmatrix} x_{d11} & x_{d12} & \cdots & x_{d1n} \\ x_{d21} & x_{d22} & \cdots & x_{d2n} \\ \vdots & \vdots & & \vdots \\ x_{dp1} & x_{dp2} & \cdots & x_{dpn} \end{pmatrix}, \underset{p\times n}{\boldsymbol{X}_z} = \begin{pmatrix} x_{z11} & x_{z12} & \cdots & x_{z1n} \\ x_{z21} & x_{z22} & \cdots & x_{z2n} \\ \vdots & \vdots & & \vdots \\ x_{zp1} & x_{zp2} & \cdots & x_{zpn} \end{pmatrix}$$

计算 p 个变量(或网格点)的协方差阵 $\boldsymbol{S}$ 或相关阵 $\boldsymbol{R}$：

$$\underset{p\times p}{\boldsymbol{S}} = \frac{1}{n}\boldsymbol{X}_d\boldsymbol{X}'_d, \underset{p\times p}{\boldsymbol{R}} = \frac{1}{n}\boldsymbol{X}_z\boldsymbol{X}'_z$$

第二步，根据如下的矩阵方程，求协方差阵 $\boldsymbol{S}$(或相关阵 $\boldsymbol{R}$)的 p 个(矩阵的秩)特征值和特征向量

$$\boldsymbol{V}'_d\boldsymbol{S}\boldsymbol{V}_d = \boldsymbol{\Lambda}_d, \boldsymbol{V}'_z\boldsymbol{R}\boldsymbol{V}_z = \boldsymbol{\Lambda}_z$$

式中，$\boldsymbol{V}_d$、$\boldsymbol{\Lambda}_d$ 分别为协方差阵的 p 个特征向量和特征值组成的矩阵；$\boldsymbol{V}_z$、$\boldsymbol{\Lambda}_z$ 分别为相关阵的 p 个特征向量和特征值组成的矩阵。

第三步，求对应的 p 个距平或标准化的主分量组成的主分量矩阵。即计算

$$\underset{p\times n}{\boldsymbol{Y}_d} = \boldsymbol{V}'_d\boldsymbol{X}_d, \underset{p\times n}{\boldsymbol{Y}_z} = \boldsymbol{V}'_z\boldsymbol{X}_z$$

完成主分量的计算。

C2 经验正交函数分解

经验正交函数分解(Empirical Orthogonal Function，EOF)，又称自然正交函数分解或特征向量分析。经验正交函数分解是针对气象要素场进行的，其基本原理是把包含 p 个空间点

(变量)的场,随时间变化和空间变化的不同模态进行分解。

(1)时间函数与空间函数

设抽取样本容量为 n 的资料。则场中任一空间点 i 和任一时间点 j 的距平观测值 x_{ij} 可看成由 p 个空间函数 v_{ik} 和时间函数 $y_{ki}(k=1,2,\cdots,p)$ 的线性组合,表示成

$$x_{ij} = \sum_{k=1}^{p} v_{ik} y_{kj} = v_{i1} y_{1j} + v_{i2} y_{2j} + \cdots + v_{ip} y_{pj}$$

上述分解还可以表成矩阵形式:

$$\boldsymbol{X} = \boldsymbol{VY} \tag{C2.1}$$

式中,$\boldsymbol{X}$ 为 $p\times n$ 变量场的资料阵。

其中

$$\boldsymbol{V} = \begin{pmatrix} v_{11} & v_{12} & \cdots & v_{1p} \\ v_{21} & v_{22} & \cdots & v_{2p} \\ \vdots & \vdots & & \vdots \\ v_{p1} & v_{p2} & \cdots & v_{pp} \end{pmatrix}, \boldsymbol{Y} = \begin{pmatrix} y_{11} & y_{12} & \cdots & y_{1p} \\ y_{21} & y_{22} & \cdots & y_{2p} \\ \vdots & \vdots & & \vdots \\ y_{p1} & y_{p2} & \cdots & y_{pn} \end{pmatrix}$$

分别称为空间函数矩阵和时间函数矩阵。由于它们是根据场的资料阵 $\boldsymbol{X}$ 进行分解,分解的函数没有固有的函数形式,因而称为“经验”的。但是我们还希望这种分解和其他正交函数类似具有“正交”性的特点,即要求

$$\begin{cases} v'_k v_l = \sum_{i=1}^{p} v_{ik} v_{il} = 0(k \neq l) \\ y_k y'_l = \sum_{j=1}^{n} y_{ki} y_{lj} = 0(k \neq l) \end{cases} \tag{C2.2}$$

事实上,对(C2.1)式右乘资料矩阵的转置 $\boldsymbol{X}'$ 有

$$\boldsymbol{XX}' = \boldsymbol{VYY}'\boldsymbol{V}' \tag{C2.3}$$

但 $\boldsymbol{XX}'$ 是 $p\times p$ 对称阵,阵中元素为距平变量的交叉积。据实对称阵分解定理有

$$\boldsymbol{XX}' = \boldsymbol{V\Lambda V}'$$

即

$$\boldsymbol{YY}' = \boldsymbol{\Lambda} \tag{C2.4}$$

式中,$\boldsymbol{\Lambda}$ 为 $\boldsymbol{XX}'$ 矩阵的特征值组成的对角阵;$\boldsymbol{V}$ 为对应的特征向量为列向量组成的矩阵。比较(C2.3)式与(C2.4)式可知

$$\boldsymbol{YY}' = \boldsymbol{\Lambda} \tag{C2.5}$$

又根据特征向量性质有

$$\boldsymbol{V}'\boldsymbol{V} = \boldsymbol{VV}' = \boldsymbol{I} \tag{C2.6}$$

显然(C2.5)式及(C2.6)式满足(C2.2)式的要求。由此可知,空间函数矩阵可从 $\boldsymbol{XX}'$ 矩阵的特征向量求得,而时间函数则可利用(C2.1)式左乘特征向量组成的矩阵的转置 $\boldsymbol{V}'$ 阵得到,即

$$\boldsymbol{Y} = \boldsymbol{V}'\boldsymbol{X}$$

至此,完成变量场资料矩阵 $\boldsymbol{X}$ 的经验正交函数分解。

事实上,如果把时间函数矩阵 $\boldsymbol{Y}$ 阵中第 k 行元素用求和形式表示为

$$y_{k1} = v_{1k} x_{1j} + v_{2k} x_{2j} + \cdots + v_{pk} x_{pj} \quad (j = 1,2,\cdots,n)$$

则上式与主分量分析中的(C1.1)式有相似的表达形式。表明在经验正交函数分解中的时间函数就是上一节的主分量。不过,在变量的系数数值上有所不同。在主分量中是从变量的协方差阵中求得其特征值的特征向量,其组合系数是协方差矩阵的特征向量。而EOF方法则是用变量的交叉积阵求得其特征值的特征向量,其组合系数是变量场的交叉积矩阵的特征向量。

如果变量场是距平变量场或标准化变量场,则有

$$\boldsymbol{V}'_d(\boldsymbol{X}_d\boldsymbol{X}'_d)\boldsymbol{V}_d = \boldsymbol{\Lambda}_d,\quad \boldsymbol{V}'_z(\boldsymbol{X}_z\boldsymbol{X}'_z)\boldsymbol{V}_z = \boldsymbol{\Lambda}_z$$

式中,$\boldsymbol{V}_d$、$\boldsymbol{\Lambda}_d$ 分别为距平场的交叉积阵的 p 个特征向量和特征值组成的矩阵;而 $\boldsymbol{V}_z$、$\boldsymbol{\Lambda}_z$ 分别为距平场的交叉积阵的 p 个特征向量和特征值组成的矩阵。它们与主分量的协方差阵或相关阵的 p 个特征向量和特征值组成的矩阵不同。它们的 p 个特征值是距平和标准化主分量的特征值的 n 倍。因为协方差阵表示为

$$\boldsymbol{S} = \frac{1}{n}\boldsymbol{X}_d\boldsymbol{X}'_d$$

如果记 $\boldsymbol{XX}'$ 阵的特征值阵为 $\boldsymbol{\Lambda}_x$,$\boldsymbol{S}$ 阵的特征值阵记为 $\boldsymbol{\Lambda}_s$,则据(C2.4)式有

$$\frac{1}{n}\boldsymbol{X}_d\boldsymbol{X}'_d = \frac{1}{n}\boldsymbol{V}'\boldsymbol{\Lambda}_x\boldsymbol{V}$$

即

$$\boldsymbol{S} = \boldsymbol{V}'\left(\frac{1}{n}\boldsymbol{\Lambda}_x\right)\boldsymbol{V} = \boldsymbol{V}'\boldsymbol{\Lambda}_s\boldsymbol{V}$$

这就说明 $\boldsymbol{XX}'$ 阵特征值是主分量分析中的协方差阵的特征值的 n 倍,而特征向量是一样的。如果在本节一开始的距平变量值缩小 $\sqrt{n}$ 倍来分解,那么就会得到与上节完全一样的结果。由此说明,主分量和经验正交函数的时间函数无本质不同,故一般在使用该方法上有用前者的称呼,亦有用后者的称呼。

(2)变量场的拟合

由时间函数(或主分量)性质,我们就可以用 p 个时间函数与其对应的空间函数乘积作为原气象变量场的估计。即变量的估计场表示为

$$\hat{x}_{ij} = \sum_{k=1}^{p} v_{ik}y_{kj} \tag{C2.7}$$

但是,由于前几个方差较大的时间函数有较大的方差贡献,与其对应的空间函数乘积也可以作为原气象变量场的逼近估计。下面介绍这样估计的精度问题。

如果取前 m 个($m<p$)时间函数及其相应的空间函数乘积作为原气象要素场第 i 个空间点和第 j 个时刻观测值 x_{ij} 的一个估计,表示为

$$\hat{x}_{ij} = \sum_{k=1}^{m} v_{ik}y_{kj} \tag{C2.8}$$

原来的要素场与估计场的拟合程度可以类似于多元回归中用预报量实测值与估计值的差值平方和来衡量那样,表示为

$$Q = \sum_{i=1}^{p}\sum_{j=1}^{n}(x_{ij} - \hat{x}_{ij})^2 \tag{C2.9}$$

如果记 p 个空间点第 j 个距平观测向量及估计向量分别为

$$\boldsymbol{x}_j = (x_{1j}, x_{2j}, \cdots, x_{pj})', \hat{\boldsymbol{x}}_j = (\hat{x}_{1j}, \hat{x}_{2j}, \cdots, \hat{x}_{pj})'$$

则(C2.9)式可写为

$$Q=\sum_{j=1}^{n}(\boldsymbol{x}_j-\hat{\boldsymbol{x}}_j)'(\boldsymbol{x}_j-\hat{\boldsymbol{x}}_j)$$

据式(C2.1),上式还可写为

$$Q=\sum_{j=1}^{n}(\boldsymbol{V}\boldsymbol{y}_j-\hat{\boldsymbol{V}}\hat{\boldsymbol{y}}_j)'(\boldsymbol{V}y_j-\hat{\boldsymbol{V}}\hat{\boldsymbol{y}}_j)\qquad\text{(C2.10)}$$

式中,$\boldsymbol{y}_i$ 和 $\hat{\boldsymbol{y}}_i$ 分别为第 j 个时刻 p 个时间函数和 m 个时间函数向量,记为

$$\boldsymbol{y}_j=(y_{1j},y_{2j},\cdots,y_{pj}),\hat{\boldsymbol{y}}_j=(y_{1j},y_{2j},\cdots,y_{mj})'$$

而 $\boldsymbol{V}$ 及 $\hat{\boldsymbol{V}}$ 分别为由 XX'矩阵所有 p 个特征向量及选出的 m 个特征向量为列向量组成的矩阵。进一步把 $\boldsymbol{V}$ 阵和 $\boldsymbol{y}_j$ 向量写成分块矩阵和分块向量的形式,即

$$\boldsymbol{V}=(\hat{\boldsymbol{V}}\tilde{\boldsymbol{V}}),\boldsymbol{y}_j=\begin{pmatrix}\hat{\boldsymbol{y}}_j\\ \tilde{\boldsymbol{y}}_j\end{pmatrix}$$

式中,$\tilde{\boldsymbol{V}}$ 表示余下 $p-m$ 个特征向量所组成的矩阵;$\tilde{\boldsymbol{y}}_j$ 为余下的 $p-m$ 个时间函数在第 j 时刻的向量,则

$$\boldsymbol{V}\boldsymbol{y}_j-\hat{\boldsymbol{V}}\hat{\boldsymbol{y}}_j=\hat{\boldsymbol{V}}\hat{\boldsymbol{y}}_j+\tilde{\boldsymbol{V}}\tilde{\boldsymbol{y}}_j-\hat{\boldsymbol{V}}\hat{\boldsymbol{y}}_j=\tilde{\boldsymbol{V}}\tilde{\boldsymbol{y}}_j$$

代入(C2.10)式有

$$Q=\sum_{j=1}^{n}(\tilde{\boldsymbol{V}}\tilde{\boldsymbol{y}}_j)'(\tilde{\boldsymbol{V}}\tilde{\boldsymbol{y}}_j)=\sum_{j=1}^{n}\tilde{\boldsymbol{y}}'_j\tilde{\boldsymbol{V}}'\tilde{\boldsymbol{V}}\tilde{\boldsymbol{y}}_j$$

据特征向量性质有 $\tilde{\boldsymbol{V}}'\tilde{\boldsymbol{V}}=\boldsymbol{I}$,于是

$$Q=\sum_{j=1}^{n}\tilde{\boldsymbol{y}}'_j\tilde{\boldsymbol{y}}_j=\sum_{j=1}^{n}\sum_{k=m+1}^{p}y_{kj}^2$$

据(C2.4)式

$$Q=\sum_{k=m+1}^{p}\lambda_k=\lambda_{m+1}+\lambda_{m+2}+\cdots+\lambda_k=\sum_{k=1}^{p}\lambda_k-\sum_{k=1}^{m}\lambda_k\qquad\text{(C2.11)}$$

而原要素场的总离差平方和

$$S_{yy}=\sum_{i=1}^{p}\sum_{j=1}^{n}x_{ij}^2=\sum_{j=1}^{n}\boldsymbol{x}'_j\boldsymbol{x}_j=\sum_{j=1}^{n}(\boldsymbol{V}\boldsymbol{y}_j)'(\boldsymbol{V}\boldsymbol{y}_j)=\sum_{j=1}^{n}\boldsymbol{y}'_j\boldsymbol{V}'\boldsymbol{V}\boldsymbol{y}_i=\sum_{k=1}^{p}\lambda_k$$

因此用

$$G(m)=1-\frac{Q}{S_{yy}}=\frac{\sum_{k=1}^{m}\lambda_k}{\sum_{k=1}^{p}\lambda_k}\qquad\text{(C2.12)}$$

来衡量场的拟合程度。对照(C1.7)式,这种场的拟合程度和前 m 个分量的解释方差是一致的。与回归分析比较,就相当于后者的复相关系数平方。

特征向量的 p 个分量是变量场的空间函数,也可以看成大气变量场的空间模态,有时,变量场的各个空间模态对原始变量场的拟合程度,也可以作为表征空间模态对原始场的分解程度。

(3)大气变量场的时空转换

在做要素场的经验正交函数分解过程中,气象要素场的空间点数很多,而所取的资料样本容量往往比空间点数少,即有 $n<p$。这时对应空间点的变量的距平交叉积阵 $\boldsymbol{XX}'$ 阶数很大,在电子计算机上占有较多的内存单元。例如,对 500 hPa 高度场做经验正交函数分解,取北半

球10°～90°N纬圈范围某一月平均高度值，每隔10个经度取一点，共有504个空间点，若取1951—1980年共30年资料，则n仅为30，$\boldsymbol{XX'}$为504×504阵，要占254016个单元。在这种情况下，可以首先求矩阵$\boldsymbol{X'X}$(30×30)的特征值及特征向量。因为$\boldsymbol{XX'}$阵与$\boldsymbol{X'X}$阵的秩是一样的，即它们的非零特征值的个数相等，再利用其他一些关系即可求得$\boldsymbol{XX'}$阵的特征向量，完成经验正交函数分解。下面介绍这一时空转换求解特征向量的过程。

设矩阵$\boldsymbol{XX'}$及$\boldsymbol{X'X}$的特征向量分别为$\boldsymbol{v}_R$和$\boldsymbol{v}_Q$。我们首先求$\boldsymbol{X'X}$的特征值。据特征值、特征向量性质有

$$(\boldsymbol{X'X})\boldsymbol{v}_Q = \lambda \boldsymbol{v}_Q$$

式中，λ为$\boldsymbol{X'X}$非零特征值。对上式左乘$\boldsymbol{X}$有

$$(\boldsymbol{XX'})\boldsymbol{X}\boldsymbol{v}_Q = \lambda \boldsymbol{X}\boldsymbol{v}_Q$$

记为

$$\boldsymbol{v} = \boldsymbol{X}\boldsymbol{v}_Q \tag{C2.13}$$

则$\boldsymbol{v}$为矩阵XX'的特征向量，则有

$$(\boldsymbol{XX'})\boldsymbol{v} = \lambda \boldsymbol{v} \tag{C2.14}$$

上式说明，$\boldsymbol{X'X}$与$\boldsymbol{XX'}$具有相同的非零特征值。但满足(C2.13)式的特征向量$\boldsymbol{v}$并不是标准化的。因为

$$\boldsymbol{v'v} = (\boldsymbol{X}\boldsymbol{v}_Q)'(\boldsymbol{X}\boldsymbol{v}_Q) = \boldsymbol{v}_Q\boldsymbol{X'X}\boldsymbol{v}_Q = \boldsymbol{v'}_Q\lambda\boldsymbol{v}_Q = \lambda$$

并不满足$\boldsymbol{v'v}=1$。若令

$$\boldsymbol{v}_R = \frac{1}{\sqrt{\lambda}}\boldsymbol{v} \tag{C2.15}$$

容易证明

$$\boldsymbol{v'}_R\boldsymbol{v}_R = 1$$

因此，在求出$\boldsymbol{X'X}$的特征值和特征向量后，$\boldsymbol{XX'}$的特征值与$\boldsymbol{X'X}$相同，其特征向量可通过(C2.13)式和(C2.15)式求出。

不同的资料阵可以有不同的经验正交函数分解。例如，由原值变量观测值出发得到形如(C2.1)式的经验正交函数是从变量原值的交叉积阵分解得到。而由标准化变量出发的经验正交函数，则可以从对应的标准化变量交叉积阵分解得到。由于这些矩阵不同，分解得到的特征向量不同，因而会构成不同的空间函数与时间函数。气象上可以根据需要做不同的选择。

用经验正交函数分解气象要素场的主要优点在于：第一，它没有固定的函数形式，它可以用前几个分量的时间函数和空间函数来反映场的主要特征；第二，它能在有限区域上对不规则分布的站点进行分解，这对于降水场、气温场的分解特别方便；它还可在小区域的要素场分析及天气过程分析上使用。

(4)模态点方差贡献

在进行EOF分析时，需要估计提取的空间模态中某格点变量的方差贡献。根据经验正交函数的分解公式，使用新资料阵的协方差矩阵的第k个特征值对应的特征向量和时间函数，可以恢复第k个特征值对应的原始变量距平场中第i个格点第j个时刻变量估计值，表示为

$$\hat{x}(k,i,j) = v(k,i)y(k,j) \tag{C2.16}$$

式中，$v(k,i)$为第k个特征向量中的第i个格点的值；$y(k,j)$为第k个时间函数中的第j个时刻的值。

由第 k 个特征向量和时间函数恢复的变量场中第 i 个格点的变量方差为

$$s^2(k,i) = \frac{1}{n}\sum_{j=1}^{n} x^2(k,i,j) = \frac{1}{n}\sum_{j=1}^{n}[v(k,i)y(k,j)]^2 = v(k,i)\lambda(k)$$

式中，$\lambda(k)$为变量场交叉积阵的第 k 个特征值。

第 i 个格点的变量方差与原始场中第 i 个格点的方差之比的百分率，称为模态点方差贡献，表示为

$$G(i) = s^2(k,i)/s^2(i) = v(k,i)\lambda(k)/s^2(i) \tag{C2.17}$$

它可以描述各模态的方差贡献（场方差贡献）的详细空间分布，因此，能提供模态中主要空间区域的气象变量变化的信息。

C3 多变量场经验正交函数分解

在大气变量场的分析中，常常考虑多个变量场综合在一起时变化的气候特征，需要使用多变量场经验正交函数分解（Multi-Variate Empirical Orthogonal Function，MVEOF）方法进行分析。MVEOF 又称为组合 EOF，它把多个变量场组合在一起进行 EOF 分析。由于不同要素单位不同，数据变化幅度不同，在 MVEOF 分析中，不同变量场的数据要求各个变量场均已经进行变量标准化，消除变量间的单位和变化幅度的差异，使得各变量场的数据相互间有可比性。

（1）多变量场经验的时间函数与空间函数

假设有 g 个气象要素标准化的资料场，各变量场中空间点可以不同，但是，分析的时间区间是一致的，即时间样本容量 n 相同，其中第 i 个要素场空间（或网格）点数为 p_i，把它们数据资料阵作为分块矩阵，放在一起构成一个组合资料阵，记为

$$\underset{p\times n}{\boldsymbol{X}} = \begin{pmatrix} \underset{p_1\times n}{\boldsymbol{X}_1} \\ \underset{p_2\times n}{\boldsymbol{X}_2} \\ \vdots \\ \underset{p_g\times n}{\boldsymbol{X}_g} \end{pmatrix} \tag{C3.1}$$

式中，p 为 g 个变量场的空间变量数之和。

对组合资料阵进行经验正交函数分解，得到的对应第 k 个主分量的空间函数是由 g 个要素变量场的空间函数组成，每个空间函数可以分别绘出图，称为对应要素场的空间模态。第 i 个要素的空间模态在第 k 个空间函数中的的解释方差，可以表示为

$$FV_i^{(k)} = \frac{V_i^{(k)}}{V_i^0} \times 100\% \tag{C3.2}$$

式中，$V_i^{(k)}$ 是第 i 个要素模态使用第 k 个空间函数得到的估计要素场中所有格点变量的方差之和；V_i^0 为第 i 个要素原始场中所有格点变量的方差之和。

（2）多变量场的主分量计算步骤

第一步，由 g 个变量场的距平变量场或标准化变量场，形如（C3.1）组成为 p 个变量的综合资料阵，计算 p 个变量的协方差阵或相关阵。

第二步，求协方差阵（或相关阵）的 p 个（矩阵的秩）特征值和特征向量，得到协方差阵（或相关阵）的 p 个特征向量和特征值组成的矩阵。

第三步，从特征向量中提取 g 个变量场中对应第 k 个特征值的特征向量分量，绘出 g 个空间函数，构成对应的空间模态。

第四步，使用特征向量和资料阵，求得多变量场的主分量。

C4 复向量经验正交函数分解

气象要素中风速的测量是由两个风速所组成，即纬向风速与经向风速。风速场中空间某格点的风速是一个向量，它可以表示为复数变量。对风速场进行经验正交函数分解可以使用复向量经验正交函数分解(Complex Vector Empirical Orthogonal Function，CVEOF)进行分析。

(1)复主分量

对风速场中第 i 格点、第 j 时刻的风速，可以表示为

$$U_{ij} = u_{ij} + \mathrm{i}v_{ij} \tag{C4.1}$$

它的共轭变量为

$$\overline{U}_{ij} = u_{ij} - \mathrm{i}v_{ij} \tag{C4.2}$$

对 p 个格点，有 n 个观测时刻的风速场资料，其中格点风速变量为距平变量。风速场可以表示为复数矩阵

$$\boldsymbol{U} = \begin{pmatrix} U_{11} & U_{12} & \cdots & U_{1n} \\ U_{21} & U_{22} & \cdots & U_{2n} \\ \vdots & \vdots & & \vdots \\ U_{p1} & U_{p2} & \cdots & U_{pn} \end{pmatrix}$$

对应的共轭矩阵为

$$\overline{\boldsymbol{U}} = \begin{pmatrix} \overline{U}_{11} & \overline{U}_{12} & \cdots & \overline{U}_{1n} \\ \overline{U}_{21} & \overline{U}_{22} & \cdots & \overline{U}_{2n} \\ \vdots & \vdots & & \vdots \\ \overline{U}_{p1} & \overline{U}_{p2} & \cdots & \overline{U}_{pn} \end{pmatrix}$$

对风场可以进行 EOF 分析，风场分解的矩阵表示为

$$\boldsymbol{U} = \boldsymbol{V}\boldsymbol{Y} \tag{C4.3}$$

式中，$\boldsymbol{V}$ 为空间函数矩阵；$\boldsymbol{Y}$ 为主分量矩阵。空间函数的求取，需要计算风速场的协方差矩阵，它是复矩阵：

$$\boldsymbol{S} = \frac{1}{n}\boldsymbol{U}\overline{\boldsymbol{U}}' \tag{C4.4}$$

式中，$\overline{\boldsymbol{U}}'$ 是共轭矩阵 $\overline{\boldsymbol{U}}$ 的转置矩阵。复协方差矩阵详细表示为

$$\boldsymbol{S} = \frac{1}{n}\begin{pmatrix} \sum_{j=1}^{n} U_{1j}\overline{U}_{1j} & \sum_{j=1}^{n} U_{1j}\overline{U}_{2j} & \cdots & \sum_{j=1}^{n} U_{1j}\overline{U}_{pj} \\ \sum_{j=1}^{n} U_{2j}\overline{U}_{1j} & \sum_{j=1}^{n} U_{2j}\overline{U}_{2j} & \cdots & \sum_{j=1}^{n} U_{2j}\overline{U}_{pj} \\ \vdots & \vdots & & \vdots \\ \sum_{j=1}^{n} U_{pj}\overline{U}_{1j} & \sum_{j=1}^{n} U_{pj}\overline{U}_{2j} & \cdots & \sum_{j=1}^{n} U_{pj}\overline{U}_{pj} \end{pmatrix}$$

矩阵第 k 行第 j 列的元素是复数：

$$\begin{aligned} S_{kl} &= \frac{1}{n}\sum_{j=1}^{n} U_{kj}\bar{U}_{lj} \\ &= \frac{1}{n}\sum_{j=1}^{n}[u_k(j)+\mathrm{i}v_k(j)][u_l(j)-\mathrm{i}v_l(j)] \\ &= \frac{1}{n}\sum_{j=1}^{n}[u_k(j)u_l(j)+v_k(j)v_l(j)]-\mathrm{i}[u_k(j)v_l(j)-v_k(j)u_l(j)] \end{aligned}$$

记第 k 个格点的纬向风速为 u_k，经向风速为 v_k。则与第 l 个格点中风速的协方差为复数，表示为

$$S_{kl} = (s_{ukul}+s_{vkvl})-\mathrm{i}(s_{ukvl}-s_{vkul}) \tag{C4.5}$$

风场变量的协方差矩阵表示为：

$$\boldsymbol{S} = \begin{pmatrix} s_{u1u1}+s_{v1v1} & s_{u1u2}+s_{v1v2} & \cdots & s_{u1up}+s_{v1vp} \\ s_{u2u1}+s_{v2v1} & s_{u2u2}+s_{v2v2} & \cdots & s_{u2up}+s_{v2vp} \\ \vdots & \vdots & & \vdots \\ s_{upu1}+s_{vpv1} & s_{upu2}+s_{vpv2} & \cdots & s_{upup}+s_{vpvp} \end{pmatrix}$$

$$-\mathrm{i}\begin{pmatrix} s_{u1v1}-s_{v1u1} & s_{u1v2}-s_{v1u2} & \cdots & s_{u1vp}-s_{v1up} \\ s_{u2v1}-s_{v2u1} & s_{u2v2}-s_{v2u2} & \cdots & s_{u2vp}-s_{v2up} \\ \vdots & \vdots & & \vdots \\ s_{upv1}-s_{vpu1} & s_{upv2}-s_{vpu2} & \cdots & s_{upvp}-s_{vpup} \end{pmatrix}$$

如果使用风速距平变量，则可以得到复协方差矩阵。其物理意义是，复协方差阵实部是纬向风速与经向风速协能量之和，而虚部则反映它们的差，实际上是协能量位相差 90°。复协方差矩阵是复 Hermitian 矩阵，可以求出相应复特征向量：

$$\boldsymbol{V} = \boldsymbol{V}_R + \mathrm{i}\boldsymbol{V}_I \tag{C4.6}$$

式中，$\boldsymbol{V}_R(p\times p)$ 为实部；$\boldsymbol{V}_I(p\times p)$ 为虚部。它的共轭矩阵为

$$\bar{\boldsymbol{V}} = \boldsymbol{V}_R - \mathrm{i}\boldsymbol{V}_I \tag{C4.7}$$

由复特征向量，使用类似 EOF 方法，可以求出对应的复主分量，表示为

$$\begin{aligned} \boldsymbol{Y} &= \bar{\boldsymbol{V}}'\boldsymbol{X} = (\boldsymbol{V}_R - \mathrm{i}\boldsymbol{V}_I)'(\boldsymbol{X}_R + \mathrm{i}\boldsymbol{X}_I) \\ &= (\boldsymbol{V}'_R - \mathrm{i}\boldsymbol{V}'_I)(\boldsymbol{X}_R + \mathrm{i}\boldsymbol{X}_I) \\ &= \boldsymbol{V}'_R\boldsymbol{X}_R + \boldsymbol{V}'_I\boldsymbol{X}_I - \mathrm{i}(\boldsymbol{V}'_I\boldsymbol{X}_R - \boldsymbol{V}'_R\boldsymbol{X}_I) \\ &= \boldsymbol{Y}_R + \boldsymbol{Y}_I \end{aligned} \tag{C4.8}$$

式中，$\boldsymbol{Y}_R$ 和 $\boldsymbol{Y}_I$ 分别表示主分量的实部和虚部矩阵。

主分量的模可以表示模态的强度随时间变化特征，它表示为

$$\|\boldsymbol{Y}\|^2 = \boldsymbol{Y}\bar{\boldsymbol{Y}}' = \boldsymbol{Y}_R\boldsymbol{Y}'_R + \boldsymbol{Y}_I\boldsymbol{Y}'_I \tag{C4.9}$$

对应第 k 个特征值的第 k 个复主分量在 t 时刻值为复数，表示为

$$y(k,t) = y_R(k,t) + \mathrm{i}y_I(k,t) \tag{C4.10}$$

它的共轭复数表示为

$$\hat{y}(k,t) = y_R(k,t) - \mathrm{i}y_I(k,t) \tag{C4.11}$$

如果使用复标准化变量，则可以得到复相关矩阵：

$$\boldsymbol{R} = \frac{1}{n}\boldsymbol{U}\bar{\boldsymbol{U}}'$$

其中，矩阵第 k 行第 j 列元素是

$$R_{kl}=\frac{1}{n}\sum_{j=1}^{n}U_{kj}\overline{U}_{lj}$$

记第 k 个格点的纬向风速为 u_k，经向风速为 v_k。则与第 l 个格点风的相关系数为复数：

$$R_{kl}=(r_{ukul}+r_{vkvl})-\mathrm{i}(r_{ukvl}-r_{vkul})$$

类似地可以进行标准化复变量场的 EOF 分析。

(2)复变量场的主分量计算步骤

第一步，由变量场的距平变量场或标准化变量场，形如(C4.1)组成为 p 个复变量的资料阵，计算 p 个复变量的复协方差阵或复相关阵。

第二步，求复协方差阵(或复相关阵)的 p 个(矩阵的秩)特征值和复特征向量，得到协方差阵(或相关阵)的 p 个复特征向量和特征值组成的矩阵。

第三步，从特征向量中提取复变量场中对应第 k 个特征值的特征向量分量，绘出对应空间函数图，构成对应的复空间模态。

第四步，使用复特征向量和资料阵，求得复变量场的复主分量。

(3)复主分量性质

①某特征值对应的复主分量方差为特征值。不同特征值对应的复主分量是无关的。即

$$\begin{cases}\frac{1}{n}\sum_{t=1}^{n}Y(k,t)\overline{Y}(k,j)=\lambda_k & (k=l)\\ 0 & (k\neq l)\end{cases}\tag{C4.12}$$

式中，λ_k 为第 k 个特征值。

②第 k 个复主分量的解释方差可表示为

$$G(k)=\frac{\lambda_k}{\sum_{k=1}^{p}\lambda_k}\tag{C4.13}$$

利用复主分量，定义风场中时刻 t 的第 k 个模态的时间位相函数和时间振幅函数为

$$\varphi_k(t)=\arctan\left[\frac{y_I(k,t)}{y_R(k,t)}\right]\tag{C4.14}$$

$$A_k(t)=\sqrt{y_R^2(k,t)+y_I^2(k,t)}\tag{C4.15}$$

对应在复变量场中第 k 个模态空间场第 j 个格点的复特征向量表示为

$$\boldsymbol{V}(j,k)=\boldsymbol{v}_R(j,k)+\mathrm{i}\boldsymbol{v}_I(j,k)$$

由复特征向量可定义变量场中第 k 个模态第 j 个格点的空间位相函数

$$\theta_k(j)=\arctan\left[\frac{\boldsymbol{v}_I(j,k)}{\boldsymbol{v}_R(j,k)}\right]\tag{C4.16}$$

变量场中第 j 个格点在第 k 个模态的空间振幅函数定义为

$$B_k(j)=\sqrt{\boldsymbol{v}_R^2(j,k)+\boldsymbol{v}_I^2(j,k)}\tag{C4.17}$$

(4)复变量场的模态格点方差贡献

由复变量场的 EOF 分解：

$$\begin{aligned}\boldsymbol{X}&=\boldsymbol{V}\overline{\boldsymbol{Y}}\\&=(\boldsymbol{V}_R+\mathrm{i}\boldsymbol{V}_I)(\boldsymbol{Y}_R-\mathrm{i}\boldsymbol{Y}_I)\end{aligned}$$

$$= (\boldsymbol{V}_R\boldsymbol{Y}_R + \boldsymbol{V}_I\boldsymbol{Y}_I) + \mathrm{i}(\boldsymbol{V}_I\boldsymbol{Y}_R - \boldsymbol{V}_R\boldsymbol{Y}_I)$$

在第 k 个模态中格点方差贡献可以通过估计(恢复)场的格点方差进行计算。在第 k 个模态恢复场中格点 j 在时刻 t 的风速为

$$u(k,j,t) + \mathrm{i}v(k,j,t) = [v_R(j,k)y_R(k,t) + v_I(j,k)y_I(k,t)] + \mathrm{i}[v_I(j,k)y_R(k,t) - v_R(j,k)y_I(k,t)]$$

则在第 k 个模态恢复场的纬向风速和经向风速分别为

$$u(k,j,t) = v_R(j,k)y_R(k,t) + v_I(j,k)y_I(k,t)$$

$$v(k,j,t) = v_I(j,k)y_R(k,t) - v_R(j,k)y_I(k,t)$$

在格点 j 风速的方差则表示为

$$\begin{aligned}
s_U^2(k,j) &= \frac{1}{n}\sum_{t=1}^{n}U(k,j,t)\bar{U}(k,j,t) = \frac{1}{n}\sum_{t=1}^{n}[u(k,j,t)+\mathrm{i}v(k,j,t)][u(k,j,t)-\mathrm{i}v(k,j,t)] \\
&= \frac{1}{n}\sum_{t=1}^{n}[u^2(k,j,t)+v^2(k,j,t)] \\
&= \frac{1}{n}\sum_{t=1}^{n}[v_R(j,k)y_R(k,t) + v_I(j,k)y_I(k,t)]^2 + \frac{1}{n}\sum_{t=1}^{n}[v_I(j,k)y_R(k,t) - v_R(j,k)y_I(k,t)]^2 \\
&= s_u^2(k,j) + s_v^2(k,j)
\end{aligned}$$

由上式可见,在第 k 个模态风场中的格点方差由两个部分组成,一部分是由纬向风速贡献的方差,一部分是由经向风速贡献的方差。因此,在第 k 个模态格点 j 的风速方差贡献为

$$\begin{aligned}
G(k,j) &= \frac{s_U^2(k,j)}{\sum_{j=1}^{p}\sum_{k=1}^{p}s_U^2(k,j)} \\
&= \frac{s_u^2(k,j)}{\sum_{j=1}^{p}\sum_{k=1}^{p}s_U^2(k,j)} + \frac{s_v^2(k,j)}{\sum_{j=1}^{p}\sum_{k=1}^{p}s_U^2(k,j)} \\
&= G_u(k,j) + G_v(k,j)
\end{aligned} \tag{C4.18}$$

C5　扩展经验正交函数分解

对于整个要素场的持续性的研究可用扩展经验正交函数(Extended Empirical Orthogonal Function,EEOF)进行分析。它是在 EOF 基础上进行的扩展。这一方法能同时提取要素场的时间持续性的主要特征。

(1)扩展资料阵的构成

设要素场的资料阵为 $\boldsymbol{X}(p\times n)$,其中 p 为场中格点数,n 为样本容量。为考查与前期各时刻的场的依赖关系,把资料场按不同时刻进行扩展。例如,研究落后一个时刻场的依赖关系,可把原资料阵扩展为由两个分块矩阵组成的矩阵,为

$$\underset{2p\times(n-1)}{\boldsymbol{X}} = \begin{pmatrix} \underset{p\times(n-1)}{\boldsymbol{X}_1} \\ \underset{p\times(n-1)}{\boldsymbol{X}_2} \end{pmatrix} \tag{C5.1}$$

式中,$\boldsymbol{X}_1$ 为数据第 n 个观测值的原始资料阵;$\boldsymbol{X}_2$ 为落后 1 个时刻的原始资料阵,即

$$\underset{p\times(n-1)}{\boldsymbol{X}_1}=\begin{bmatrix} x_{11} & x_{12} & \cdots & x_{1(n-1)} \\ x_{21} & x_{22} & \cdots & x_{2(n-1)} \\ \vdots & \vdots & & \vdots \\ x_{p1} & x_{p2} & \cdots & x_{p(n-1)} \end{bmatrix}$$

$$\underset{p\times(n-1)}{\boldsymbol{X}_2}=\begin{bmatrix} x_{12} & x_{13} & \cdots & x_{1n} \\ x_{22} & x_{23} & \cdots & x_{2n} \\ \vdots & \vdots & & \vdots \\ x_{p2} & x_{p3} & \cdots & x_{pn} \end{bmatrix}$$

新资料阵的元素差不多扩展一倍。对这一新资料阵做EOF分析则可求得相应的特征向量和时间函数。特征向量包含$2p$个格点值,其中为某时刻t的p个分量特征向量场,后一个特征向量场为$t+1$时刻的场。从不同时刻的特征向量场的比较中,可分析主要模式持续性的特征。

类似地,研究落后m个时刻场的依赖关系,可把原资料阵扩展为由$m+1$个分块矩阵组成的矩阵,其中第i个分块矩阵是由落后第i个时刻资料阵组成$\boldsymbol{X}_i(p\times(n-m))$。

$$\underset{[(m+1)\times p]\times(n-m)}{\boldsymbol{X}}=\begin{bmatrix} \boldsymbol{X}_1 \\ \boldsymbol{X}_2 \\ \vdots \\ \boldsymbol{X}_{m+1} \end{bmatrix} \tag{C5.2}$$

对新资料阵做EOF分析,可求得新资料阵的协方差(或相关)矩阵,相应的特征向量和时间函数,从中可以分析变量场随时空变化的主要特征。

(2)扩展经验正交函数分解计算步骤

第一步,以变量场中的p个格点变量落后步长$1\sim m$的序列,以原变量资料阵为基础,构成扩展新资料阵,形如(C3.1)组成为$p\times(m+1)$个变量的新资料阵,对新资料阵的格点变量进行距平化和标准化,使得变量场变成距平变量场或标准化变量场,计算$p\times(m+1)$个变量的协方差阵或相关阵。

第二步,求协方差阵(或相关阵)的$p\times(m+1)$个(矩阵的秩)特征值和特征向量,得到协方差阵(或相关阵)的p个特征向量和特征值组成的矩阵。

第三步,从特征向量中提取$p\times(m+1)$个变量场中对应第k个特征值的特征向量分量,绘出$p\times(m+1)$个空间函数,构成对应的落后时刻空间模态。

第四步,使用特征向量和资料阵,求得新变量场的主分量。

C6 联合经验正交函数分解

联合经验正交函数(Joint Empirical Orthogonal Function,JEOF)与扩展EOF类似,只是把两个不同的变量场联合组成一个新的矩阵。

(1)扩展资料阵的构成

设两个变量场,其资料阵分别为$\boldsymbol{X}(p\times n)$和$\boldsymbol{Y}(q\times n)$,其中$p$为$\boldsymbol{X}$场中格点数,$q$为$\boldsymbol{Y}$场中格点数,$n$为样本容量。为考查与前期各时刻的场的依赖关系,把资料场按不同时刻进行扩展。例如,研究两个变量场的依赖关系,可把原两个资料阵组合为一个新资料阵,阵中由两个

分块资料矩阵组成的矩阵，为

$$\underset{(p+q)\times n}{\boldsymbol{Z}} = \begin{pmatrix} \underset{p\times n}{\boldsymbol{X}} \\ \underset{q\times n}{\boldsymbol{Y}} \end{pmatrix} \tag{C6.1}$$

对矩阵 $\boldsymbol{Z}$ 进行 EOF 分解即可得到联合 EOF 的时间函数和空间模态。为了消除不同变量的单位影响，常常需要把原两个变量场变成标准化的变量场，以便相互比较。

类似地，研究均含 p 个格点的 m 个变量场的综合时空特征，可把每个变量场的资料阵组合在一起扩展为由 m 个分块矩阵组成的新资料矩阵，其中第 i 个分块矩阵是由第 i 个变量场资料阵 $\boldsymbol{X}_i(p\times n)$ 构成。新资料阵表示为

$$\underset{(m\times p)\times n}{\boldsymbol{X}} = \begin{pmatrix} \boldsymbol{X}_1 \\ \boldsymbol{X}_2 \\ \vdots \\ \boldsymbol{X}_m \end{pmatrix} \tag{C6.2}$$

对新资料阵做 EOF 分析，可求得新资料阵的协方差（或相关）矩阵，相应的特征向量，和时间函数，分析场随时空变化的主要特征。

(2)联合经验正交函数分解计算步骤

第一步，取 m 个变量场，以场中的 p 个格点变量资料阵为基础，构成扩展新资料阵，形如(C3.1)组成为 $p\times m$ 个变量的新资料阵，对新资料阵的格点变量进行标准化，使得变量场变成标准化变量场，计算 $p\times m$ 个变量的相关阵。

第二步，求相关阵的 $p\times m$ 个（矩阵的秩）特征值和特征向量，得到相关阵的 p 个特征向量和特征值组成的矩阵。

第三步，从特征向量中提取 $p\times m$ 个变量场中对应第 k 个特征值的特征向量分量，绘出 $p\times m$ 个空间函数，构成对应的变量场的联合空间模态。

第四步，使用特征向量和资料阵，求得新变量场的联合主分量。

C7　复经验正交函数分解

复经验正交函数分解(Complex Empirical Orthogonal Function，CEOF)方法是一种能从要素场的时间变化中识别空间尺度行波的方法。

(1)变量的复变换

如果记任一要素场中第 j 个空间点变量的时间序列为 $u_j(t)$，用 Hibert 变换可以求出它的虚部序列：

$$u_j^*(t) = \sum_{k=-\infty}^{+\infty} u_j(t-k)h(k) \tag{C7.1}$$

其中

$$h(k) = \begin{cases} \dfrac{2}{\pi k}\sin^2\left(\dfrac{\pi k}{2}\right) & (k \neq 0) \\ 0 & (k = 0) \end{cases}$$

这一变量变换过程实际上是一滤波过程。过滤后序列 $u_j^*(t)$ 的频率响应振幅大小为 1，而位相差为 $\pi/2$，即位相差为 90°。因而，这一变换能揭示同一频率中位相相差为 90°的振动情况。

由原变量序列和变换后的序列，构成一个新的复时间序列：

$$U_j(t) = u_j(t) + \mathrm{i}u_j^*(t) \tag{C7.2}$$

另外，从频域方面据傅里叶展开可把上面复时间序列展成为

$$U_j(t) = \sum_{\omega} C_j(\omega)\mathrm{e}^{-\mathrm{i}\omega t} \tag{C7.3}$$

其中

$$C_j(\omega) = a_j(\omega) + \mathrm{i}b_j(\omega)$$

也可写为

$$\begin{aligned} U_j(t) &= \sum_{\omega}[a_j(\omega) + \mathrm{i}b_j(\omega)](\cos\omega t - \mathrm{i}\sin\omega t) \\ &= \sum_{\omega}[a_j(\omega)\cos\omega t + b_j(\omega)\sin\omega t] + \mathrm{i}[b_j(\omega)\cos\omega t - a_j(\omega)\sin\omega t] \end{aligned}$$

其实部时间序列为

$$u_j(t) = \sum_{\omega}[a_j(\omega)\cos\omega t + b_j(\omega)\sin\omega t] \tag{C7.4}$$

其虚部时间序列为

$$u_j^*(t) = \sum_{\omega}[b_j(\omega)\cos\omega t - a_j(\omega)\sin\omega t] \tag{C7.5}$$

显而易见，(C7.4)式与(C7.5)式位相差 $\pi/2$。因此，(C7.4)式是原变量在频域上的表现形式。以(C7.4)式与(C7.5)式表现的时间序列，是通过求傅氏系数基础上得到的复时间序列，又称为直接方法。

变量时间序列(C7.1)式的表现称为卷积方法。在此法中过滤器的长度在实际计算中不能为无穷大，一般取截断长度 L 作为近似。即(C7.1)式可写为、

$$u_j^*(t) = \sum_{k=-l}^{+l} u_j(t-k)h(k) \tag{C7.6}$$

实际计算中 L 取 7～25 已能很好地满足要求。计算时可对原序列做带通过滤后再求复序列。它的共轭变量为

$$\overline{U}_j(t) = u_j(t) - \mathrm{i}u_j^*(t) \tag{C7.7}$$

分别求出变量的实部和虚部序列的平均值和标准差，再求出变量实部和虚部的距平序列或标准化序列。则变量场中第 k 个格点与第 j 个格点的交叉积是复数，它可以表示为

$$\begin{aligned} S_{kj} &= \frac{1}{n}\sum_{t=1}^{n} U_k(t)\overline{U}_j(t) = \frac{1}{n}\sum_{t=1}^{n}[u_k(t) + \mathrm{i}u_k^*(t)][u_j(t) - \mathrm{i}u_j^*(t)] \\ &= \frac{1}{n}\sum_{t=1}^{n}[(u_k(t)u_j(t) + u_k^*(t)u_j^*(t)] + \mathrm{i}[u_k^*(t)u_j(t) - u_k(t)u_j^*(t)] = s_{kj} + \mathrm{i}s_{kj}^* \end{aligned}$$

其中

$$s_{kj} = \frac{1}{n}\sum_{t=1}^{n}[(u_k(t)u_j(t) + u_k^*(t)u_j^*(t)]$$

$$s_{kj}^* = \frac{1}{n}\sum_{t=1}^{n}[u_k^*(t)u_j(t) - u_k(t)u_j^*(t)]$$

分别为复交叉积的实部和虚部。如果变量的实部和虚部序列是距平序列，上式就是变量场中第 k 个格点与第 j 个格点的复协方差的实部和虚部。如果变量的实部和虚部序列是标准化序列，上式就是变量场中第 k 个格点与第 j 个格点的复相关系数的实部和虚部。

对不同空间点的复序列计算其复交叉积(或协方差和相关系数),得到复交叉积(或协方差和相关系数)矩阵。然后求复交叉积(或协方差和相关系数)矩阵的特征值和复特征向量。求得第 k 个特征值对应的复特征向量,其中特征向量中第 j 个分量表示为

$$V_k(j) = v_k(j) + \mathrm{i}v_k^*(j) = \mathrm{Re}[V_k(j)] + \mathrm{Im}[V_k(j)] \tag{C7.8}$$

式中,Im 和 Re 分别表示虚部和实部。由它与复时间序列的乘积,可求出对应的第 k 个复主分量为

$$\begin{aligned} Y_k(t) &= \sum_{j=1}^{p} U_j(t)\bar{V}(j) = \sum_{j=1}^{p}[u_j(t) + \mathrm{i}u_j^*(t)][v_k(j) - \mathrm{i}v_k^*(j)] \\ &= \sum_{j=1}^{p}[u_j(t)v_k(j) - u_j^*(t)v_k^*(j)] + \mathrm{i}[u_j^*(t)v_k(j) - u_j(t)v_k^*(j)] \\ &= y_k(t) + \mathrm{i}y_k^*(t) = \mathrm{Re}[Y_k(t)] + \mathrm{Im}[Y_k(t)] \end{aligned} \tag{C7.9}$$

式中,p 为空间点数。第 k 个复主分量在 t 时刻的共轭复数表示为

$$\bar{Y}_k(t) = y_k(t) - \mathrm{i}y_k^*(t) = \mathrm{Re}[Y_k(t)] - \mathrm{Im}[Y_k(t)] \tag{C7.10}$$

由复特征向量可定义变量场中第 j 个格点的第 k 个空间位相函数

$$\theta_k(j) = \arctan\left[\frac{\mathrm{Im}[V_k(j)]}{\mathrm{Re}[V_k(j)]}\right] \tag{C7.11}$$

变量场中第 j 个格点在第 k 个模态的空间振幅函数定义为该点特征向量在 j 点的复数值与其共轭复数乘积的开方,即

$$A_k(j) = \sqrt{V_k(j)\bar{V}_k(j)} \tag{C7.12}$$

类似地可定义变量场时刻 t 第 k 个模态的时间位相函数和时间振幅函数为

$$\varphi_k(t) = \arctan\left[\frac{\mathrm{Im}[Y_k(t)]}{\mathrm{Re}[Y_k(t)]}\right] \tag{C7.13}$$

$$B_k(t) = \sqrt{Y_k(t)\bar{Y}_k(t)} \tag{C7.14}$$

利用它们可诊断出波动的传播方向。因为可由它们分解出时间函数、空间函数、时间位相函数及空间位相函数,由这些函数组成变量场中分解的某个模态中,其空间场第 j 个格点的空间行波表示为

$$\begin{aligned} w_j(t) &= A(j)Y(t)\cos 2\pi[\varphi(t) - \theta(j)] \\ &= [A(j)\cos 2\pi\theta(j)][Y(t)\cos 2\pi\varphi(t)] + [A(j)\sin 2\pi\theta(j)][Y(t)\sin 2\pi\varphi(t)] \end{aligned}$$

上式表明,时空的行波是空间波与时间波的乘积叠加。因此,在某个变量场的模态中,时间位相场和空间位相场中位相的等值线的梯度表示对应的波的传播速度和方向。

(2)复经验正交函数分解计算步骤

第一步,对变量场中的 p 个格点变量根据(C7.1)式做变换,求出变量的复时间序列,构成新复数资料阵,对新复资料阵的格点变量进行距平化和标准化,使得变量场变成复距平变量场或复标准化变量场,计算 $p\times m$ 个变量的复协方差阵或复相关阵。

第二步,求复协方差阵(或复相关阵)的 $p\times m$ 个(矩阵的秩)特征值和复特征向量,得到复协方差阵(或复相关阵)的 p 个复特征向量和特征值组成的矩阵。

第三步,从复特征向量中提取 $p\times m$ 个变量场中对应第 k 个特征值的特征向量分量,绘出 $p\times m$ 个空间振幅和位相函数,构成对应的变量场的复空间模态。

第四步,使用复特征向量和资料阵,求得新变量场的复主分量,得到 k 个模态的时间位相

函数和时间振幅函数。

(3)复主分量性质

①某特征值对应的复主分量方差为特征值。不同特征值对应的复主分量是无关的。即

$$\begin{cases} \frac{1}{n}\sum_{t=1}^{n} Y_k(t)\overline{Y}_l(t) = \lambda_k & (k = l) \\ 0 & (k \neq l) \end{cases} \tag{C7.15}$$

式中,λ_k 为第 k 个特征值。

②第 k 个复主分量的解释方差可表示为

$$G(k) = \frac{\lambda_k}{\sum_{k=1}^{p}\lambda_k} \tag{C7.16}$$

C8 主振荡模态分析

主振荡模态(Principal Oscillation Pattern,POP)分析。这种方法能密切与动力系统相联系,较好地描述动力系统的非线性变化特征,它是将变量场随时间变化过程看成一阶马尔科夫过程,建立一阶自回归方程并以其自回归系数阵的特征向量为基础进行正交展开的方法,提取随时间变化的主要模态。

(1)主振荡模态

对 t 时刻要素场资料阵 $\boldsymbol{X}(p\times n)$,其中 p 为场中格点数,n 为样本容量,可以写为 p 维空间中的向量 $\boldsymbol{x}(t)$。其一阶向量自回归方程表示为

$$\boldsymbol{x}(t+1) = \boldsymbol{B}\boldsymbol{x}(t) + \boldsymbol{e}(t) \tag{C8.1}$$

式中,$\boldsymbol{e}(p\times 1)$一般假定为白噪声向量。系数矩阵 $\boldsymbol{B}(p\times p)$是一变换矩阵,通常它是非对称实矩阵,其特征值可以是负值、正值和复数。当其是复数时,有共轭复数特征值和特征向量:

$$\lambda^* = \lambda_r + \mathrm{i}\lambda_i, \boldsymbol{v}^* = \boldsymbol{v}_r + \mathrm{i}\boldsymbol{v}_i$$

在 t 时刻变量场的状态 $\boldsymbol{x}(t)$可以投影在特征向量上,表示为

$$\boldsymbol{x}(t) = \sum_k Z_k(t)\boldsymbol{v}_k \tag{C8.2}$$

式中,$Z_k(t)$为时间系数。在 $t+1$ 时刻变量场的状态 $\boldsymbol{x}(t+1)$可以表示为

$$\boldsymbol{x}(t+1) = \sum_k Z_k(t+1)\boldsymbol{v}_k \tag{C8.3}$$

根据自回归方程,有

$$\begin{aligned}\sum_k Z_k(t+1)\boldsymbol{v}_k &= \boldsymbol{B}\sum_k Z_k(t)\boldsymbol{v}_k \\ &= \sum_k Z_k(t)\boldsymbol{B}\boldsymbol{v}_k = \sum_k Z_k(t)\lambda_k\boldsymbol{v}_k\end{aligned} \tag{C8.4}$$

由于时间系数和特征向量的正交性,上述的表示是可分离的,写为一般化的形式

$$Z_k(t+1)\boldsymbol{v}_k = \lambda_k Z_k(t)\boldsymbol{v}_k \tag{C8.5}$$

即得到时间系数的递推公式

$$Z_k(t+1) = \lambda_k Z_k(t) \tag{C8.6}$$

对复数特征值和特征向量的情况,在 t 时刻变量场的状态 $\boldsymbol{x}(t)$ 中某分量的展开式可以表

示为复数与复共轭之和，即

$$Z(t)\boldsymbol{v}+Z^*(t)\boldsymbol{v}^* \tag{C8.7}$$

复时间系数及其共轭表示为实部与虚部，即

$$\begin{aligned}Z(t)&=\frac{1}{2}Z_r(t)-\mathrm{i}\,\frac{1}{2}Z_i(t)\\Z^*(t)&=\frac{1}{2}Z_r(t)+\mathrm{i}\,\frac{1}{2}Z_i(t)\end{aligned} \tag{C8.8}$$

在 t 时刻变量场的状态 $\boldsymbol{x}(t)$ 中某分量的展开式可以表示为复时间系数和特征向量的实部和虚部乘积，即

$$\begin{aligned}&\left[\frac{1}{2}Z_r(t)-\mathrm{i}\,\frac{1}{2}Z_i(t)\right](\boldsymbol{v}_r+\mathrm{i}\boldsymbol{v}_i)+\left[\frac{1}{2}Z_r(t)+\mathrm{i}\,\frac{1}{2}Z_i(t)\right](\boldsymbol{v}_r-\mathrm{i}\boldsymbol{v}_\mathrm{i})\\&=Z_r(t)\boldsymbol{v}_r+Z_i(t)\boldsymbol{v}_i\end{aligned} \tag{C8.9}$$

把特征向量称为主振荡模态。

(2)主振荡模态的预报模型

利用主振荡模态分析方法可以进行进一步的预报，其预报模型称为线性转置模型(Linear Inverse Modeling，LIM)。其原理是利用变量场的自回归矩阵方程做未来时刻的预报。根据变量向量随机微分方程，即

$$\mathrm{d}\boldsymbol{x}(t)/\mathrm{d}t=\boldsymbol{B}\boldsymbol{x}(t) \tag{C8.10}$$

微分方程的解就是格林(Green)函数，表示为

$$\boldsymbol{G}(\tau)=\exp(\boldsymbol{B}\tau) \tag{C8.11}$$

其中

$$\boldsymbol{B}=\boldsymbol{C}_\tau\boldsymbol{C}_0^{-1}$$

式中，$\boldsymbol{C}_\tau$、$\boldsymbol{C}_0$ 分别是变量场向量在时滞为 τ、0 的协方差阵。

变量场向量的预报估计为

$$\hat{\boldsymbol{x}}(t+\tau)=\boldsymbol{x}(t)\exp(\boldsymbol{B}\tau) \tag{C8.12}$$

如何求出矩阵 $\boldsymbol{B}$ 的特征值，进一步对系数矩阵 $\boldsymbol{B}(p\times p)$ 求其奇异值分解，并做谱分解为

$$\boldsymbol{B}=\sum_k\boldsymbol{u}_k\lambda_k\boldsymbol{v}'_k \tag{C8.13}$$

式中，$\boldsymbol{u}$ 为对应特征值 λ 的左特征向量；$\boldsymbol{v}$ 为对应特征值 λ 的右特征向量。

类似地，对格林函数矩阵也做谱分解，表示为

$$\boldsymbol{G}(\tau)=\sum_k\boldsymbol{u}_k\exp(\lambda_k\tau)\boldsymbol{v}'_k \tag{C8.14}$$

由于系数矩阵 $\boldsymbol{B}$ 一般是非对称阵，其特征值可以是负值、正值和复数。当特征值是负值时，表明系统是稳定的，这时变量场向量的预报估计值趋于稳定。如果特征值是正值，表明系统是发散的。若特征值为复数，则系统处于振荡态。

当特征值为复数时，它对应的特征向量是复向量，就是所谓的主振荡(POP)模态。把复特征值表示为模和复角的形式，即

$$\lambda=\rho\mathrm{e}^{\mathrm{i}\omega}$$

根据时间系数的递推公式(C8.6)，令 $Z(0)=1$，则有

$$Z(t)=\lambda^tZ(0)=\rho^t\mathrm{e}^{\mathrm{i}\omega t}=\rho^t(\cos\omega t-\mathrm{i}\sin\omega t) \tag{C8.15}$$

其中，复角频率为

$$\omega = \arctan\left(\frac{\lambda_i}{\lambda_r}\right) \tag{C8.16}$$

在 t 时刻变量场的状态 $\boldsymbol{x}(t)$ 中某分量的展开式可以表示为

$$\rho^t(\boldsymbol{v}_r\cos\omega t - \mathrm{i}\boldsymbol{v}_i\sin\omega t) \tag{C8.17}$$

系统表现为振荡模态，从复向量的实部和虚部中循环，循环过程是按复数坐标 4 个象限变化，即“实部—负虚部—负实部—虚部”，完成一个传播周期。周期可以通过复角频率求出，即

$$T = \frac{2\pi}{\omega} \tag{C8.18}$$

振荡衰减时间

$$\tau = \frac{1}{\ln\rho} \tag{C8.19}$$

(3)主振荡分析计算步骤

第一步，对变量场中的 p 个格点变量，使用变量场中估计系数矩阵 $\boldsymbol{B}$ 时，使用一阶自回归过程，落后时刻为 $\tau=1$ 的进行系数矩阵估计，即

$$\boldsymbol{B} = \boldsymbol{C}_1\boldsymbol{C}_0^{-1} \tag{C8.20}$$

式中，$\boldsymbol{C}_1$、$\boldsymbol{C}_0$ 分别是变量场向量在时滞为 1、0 的协方差阵。$\boldsymbol{B}$ 矩阵为 $p\times p$ 实非对称矩阵。

第二步，求系数矩阵 $\boldsymbol{B}$ 的复数特征值、共轭复数特征值和特征向量。

第三步，根据(C8.4)式，递推求出主振荡模态的时间系数。

第四步，使用(C8.15)～(C8.20)式，计算主振荡模态的振荡传播过程的统计量。

C9　独立分量分析

独立分量分析(Independent Component Analysis，ICA)是 20 世纪 90 年代发展起来的一种多元统计和计算技术，它可以分离或提取变量场的主要时间变化特征，其时间变化部分是由相互独立的分量组成。ICA 给出了一个变量场分解模型，该模型假设所观测到的数据变量是未知分量的线性或非线性混合，还假设那些分离出的新变量(分量)是非高斯的且相互独立的，并称它们为观测数据的独立分量。这些独立分量也可以称作源信号或因子，它们可以通过 ICA 相关方法分离或提取出来。

(1)基本原理

设有变量场 $\boldsymbol{X}(p\times n)$，含 p 个格点变量，它们随时间 t 变化，每个格点变量数据的样本容量为 n。把格点变量写成向量的形式：

$$\underset{p\times 1}{\boldsymbol{x}(t)} = [x_1(t), x_2(t), \cdots, x_p(t)]$$

它可以分离成如下形式：

$$\boldsymbol{x}(t) = \boldsymbol{A}\boldsymbol{s}(t) + \boldsymbol{n}(t) \tag{C9.1}$$

式中 $\boldsymbol{A}(p\times m)$ 为混合矩阵；$\boldsymbol{s}(t)$(m×1)为分离出的新变量向量；$\boldsymbol{n}(t)$($p\times 1$)为噪声向量。变量场分解也可以写成：

$$\boldsymbol{x}_i(t) = \sum_{j=1}^{m} a_{ij}s_j(t) \tag{C9.2}$$

式(C9.1)称为独立分量分析(ICA)模型，该模型描述了变量场的变量 $\boldsymbol{x}$ 可以分离为新变量 $\boldsymbol{s}$ 和转换矩阵。但是混合矩阵 $\boldsymbol{A}$ 是未知的，新变量 $\boldsymbol{s}$ 也是未知的。所以必须估计出混合矩阵 $\boldsymbol{A}$

和 $\boldsymbol{s}$。如果能够估计出混合矩阵 $\boldsymbol{A}$，只需要计算混合矩阵 $\boldsymbol{A}$ 的逆 $\boldsymbol{W}$，即可以得到独立分量 $\boldsymbol{s}$ 的估计的独立分量 $\boldsymbol{y}$。

$$\boldsymbol{y}(t)=\boldsymbol{W}\boldsymbol{x}(t) \tag{C9.3}$$

其中

$$\boldsymbol{W}=\boldsymbol{A}^{-1}$$

称为分离矩阵。问题是 $\boldsymbol{A}$ 一般不是满秩矩阵，求取 $\boldsymbol{W}$ 是问题的关键。

(2)独立分量的预处理

独立分量求法中在估算分离矩阵 $\boldsymbol{W}$ 之前，需要进行预处理。ICA 预处理又包括去均值和白化两个部分。对变量场中变量去均值是 ICA 算法最基本和最必需的预处理步骤，即把变量变成距平变量，使得变量场中所有变量变成零均值变量。这意味着 ICA 得到的独立分量的估计 $\boldsymbol{y}$ 也是零均值的。用去均值数据估计分离矩阵 $\boldsymbol{W}$ 后，可以在独立分量的估计 $\boldsymbol{y}$ 上加上均值即可。

ICA 另外一个预处理步骤是对观测场的变量进行白化处理。在 ICA 算法实际计算之前，对观测场变量进行白化处理，使得白化后的变量为非相关的，且为单位的方差，即通过矩阵 $\boldsymbol{B}$，产生新变量 $\boldsymbol{z}$，其对应新变量向量为

$$\boldsymbol{z}(t)=\boldsymbol{B}\boldsymbol{x}(t) \tag{C9.4}$$

它满足：

$$\boldsymbol{z}'\boldsymbol{z}=\boldsymbol{I}$$

实际上，变量场在使用白化处理后，在求取分离矩阵时，收敛更快，能获得更好的稳定性。

变量场变量的白化处理可以使用主分量分析方法，提取变量场的标准化主分量 $\boldsymbol{z}$，即可以得到白化新变量：

$$\boldsymbol{z}=\boldsymbol{V}\boldsymbol{\Lambda}^{-1/2}\boldsymbol{V}'\boldsymbol{x}=\boldsymbol{B}\boldsymbol{x}$$

式中，$\boldsymbol{\Lambda}$ 变量场变量的协方差阵的特征值组成的对角矩阵；$\boldsymbol{V}$ 为变量场变量的协方差阵的特征向量组成的正交矩阵。

(3)分离矩阵的求取原则

分离矩阵是单位向量 $\boldsymbol{w}$，对原变量投影的新变量

$$\boldsymbol{y}=\boldsymbol{w}'\boldsymbol{x}$$

具有最大的非高斯性。因为由概率理论的中心限制理论可知，一般情况下，独立随机变量的总和的分布较单个独立分量更趋向于高斯分布。两个独立随机变量的和比其中任何一个分量更趋近高斯分布。因此，判断分量之间是否独立的问题就可以转化成计算分量的非高斯性最大的问题，分离矩阵的估计也就变成不断改进 $\boldsymbol{w}$，使 $\boldsymbol{y}=\boldsymbol{w}'\boldsymbol{x}$ 的非高斯性最大。

非高斯性变量的度量标准有很多，最常见的有以下几种(所有 y 都假定具有零均值和单位方差)。

①峰度。峰度是一种经典的非高斯性变量的度量方法。独立分量 y 的峰度定义为

$$kurt(y)=E\{y^4\}-3(E\{y^2\})^2 \tag{C9.5}$$

式中，$E\{.\}$为取期望操作。由于假定了 y 具有单位方差，有

$$kurt(y)=E\{y^4\}-3 \tag{C9.6}$$

的简化形式。如果 y 是高斯变量，其峰度值为 0。对大多数(不是所有的)非高斯随机变量，其峰度值非 0；对于亚高斯变量，其峰度值小于 0；而对于超高斯变量，峰度值大于 0。

②负熵。熵是信息论的概念，随机变量 y 的熵定义为

$$H(y)=-\sum_i P(y)\lg[p(y)] \tag{C9.7}$$

式中，$P(y)$ 为变量 y 取值的概率。y 的负熵定义为

$$N(y)=H(y_{\text{gauss}})-H(y) \tag{C9.8}$$

表示估计 y 的熵与实际 y 的熵值之差。估计 y 与实际 y 是有相同的方差的高斯变量。

由于信息理论有一个基本结论，即高斯变量在所有相同方差的随机变量中具有最大的熵，因此，$N(y)$ 值非负，当 y 为高斯变量时，其值为 0。最大化 $N(y)$，即最大化独立分量的非高斯性。但是，难以直接计算 $N(y)$，实际中使用其近似计算，如使用一个非二次方程式 G 的负熵近似计算，即

$$N(y)\approx[E\{G(y)\}-E\{G(v)\}]^2 \tag{C9.9}$$

式中，函数 $G(.)$ 为非线性函数。如果函数 G 不会增长太快就可以得到鲁棒性更好的负熵估计。在实际应用中，对于高斯变量，其负熵值为 0；对于非高斯变量，其值大于 0。只要求取负熵值最大的 y，即可确定为所需要的独立分量。

③互信息。m 个随机变量 $y_i(i=l,\cdots,m)$ 之间的互信息定义为

$$I(y_1,y_2,\cdots,y_m)=\sum_{i=1}^{m}H(y_i)-H(y_{\text{gauss}}) \tag{C9.10}$$

互信息是随机变量之间相关性的度量。实际上，互信息等价于多个随机变量的联合分布和其边界密度乘积之间的散布。互信息的值总是非负的，当且仅当变量是统计独立时值为 0。非独立变量的互信息大于 0，求独立分量时，使得最小化的互信息分量就是所求的分量。

(4)Fast ICA 算法

设 $\boldsymbol{w}_i(i=1,2,\cdots,m)$ 为分离矩阵 $\boldsymbol{W}$ 的第 i 个行向量，$\boldsymbol{y}_i$ 为第 i 个分离向量。Fast ICA 算法的具体步骤如下：

①对变量场中的变量，通过主分量分析，把变量进行白化处理得到新变量组成的新变量向量组，新变量 $\boldsymbol{z}$ 均满足正交性和标准化。

②随机初始化 n 维初始分离向量 $\boldsymbol{w}_0$。

③以负熵 $J(y)$ 为目标函数，$g(x)$ 为负熵近似中的非线性函数。基于二阶收敛的牛顿迭代方法对分离向量进行更新，经化简得到 $\boldsymbol{w}^+$：

$$\boldsymbol{w}^+=E\{\boldsymbol{z}G(\boldsymbol{w}'\boldsymbol{z})\}-E\{\boldsymbol{z}g(\boldsymbol{w}'\boldsymbol{z})\}\boldsymbol{w} \tag{C9.11}$$

式中，函数 $G(.)$ 为非线性函数；函数 $g(.)$ 为函数 $G(.)$ 的导数。

非线性函数可以取如下的函数：

$$G_1(x)=\lg(a_1+x),G_2(x)=\sqrt{a_2+x}$$

式中，a_1 取小于 1，a_2 取小于 2 的值，以保证函数和取导数的计算过程中，计算值是在函数定义域中。也有取如下的函数：

$$\begin{cases} G_1(x)=\dfrac{1}{a_1}\log(\cosh a_1 x) \\ G_2(x)=\dfrac{1}{a_2}\exp(-a_2x^2/2) \\ G_3(x)=\dfrac{1}{4}x^4 \end{cases}$$

式中，a_1 和 a_2 取 0～1 或适当的值，以保证函数和取导数的计算过程中，计算值是在函数定义域中。

④步骤③只分离了一个独立分量，根据式(C9.4)将第 $i+1$ 次得到的分离向量 $\boldsymbol{w}_{i+1}$ 对前 i 个向量 $\boldsymbol{w}_1,\boldsymbol{w}_2,\cdots,\boldsymbol{w}_i$ 进行正交化投影，去掉分量之间的相关性。计算过程：

$$\begin{cases}\boldsymbol{w}_{i+1}=\boldsymbol{w}_{i+1}-\sum_{j=1}^{i}\boldsymbol{w}'_{i+1}\boldsymbol{w}_j\boldsymbol{w}_j\\ \boldsymbol{w}_{i+1}=\boldsymbol{w}_{i+1}/\boldsymbol{w}_{i+1}\end{cases}\tag{C9.12}$$

⑤如果第 i 次分离的向量 $\boldsymbol{w}_i$ 满足 $|\boldsymbol{w}'_i\boldsymbol{w}_i-1|$ 小于给定的误差值 ε，则算法收敛并输出向量 $\boldsymbol{w}_i$，否则返回步骤③继续计算。

⑥如果 $i<p$，令 $i=i+1$，返回步骤②，否则完成 ICA 求取过程。

附录D　聚类分析

在大气变量场的数据分析中，需要对大气变量时空特征进行聚类分析，例如，天气形势的分型、气候区划等。常用的聚类分析方法有：因子分析、转动经验正交函数分解（在天气分型等方面都有广泛应用），此外还有对应分析。

另外一种聚类分析方法是，找出一些典型年份的变量场作为典型变量场，然后利用其余年份及典型年份的变量场与典型场的相似程度来划分不同类型，常用的方法有串组法。

D1　因子分析的一般模型

在预报中需要寻找许多与预报量有关的因子（变量）来建立回归方程然后进行预报，用逐步回归的方法选择较好的因子是减少因子数目的一种方法。但是，一些有气象意义的因子也很可能被筛选掉。因此，能不能挑选一批有气象意义的因子综合成数目较少的新因子，再拿综合成的少数新因子做预报量的预报。这样一种由数量较多的因子变量综合成数目较少的新因子，而且这种新因子还具有相互正交性质的方法就是因子分析（Factor Analysis，FA）方法。

对 p 个气象变量进行因子分析的目的是研究它们有哪些共同因素，哪些是特殊因素，这些因素在变量分析中起什么作用。为研究方便，设这 p 个变量已进行标准化，记为 $x_1,x_2,\cdots,x_p$，或表为向量形式 $\boldsymbol{x}=(x_1,x_2,\cdots,x_p)'$。

上述的 p 个因子（变量）会有一些共同因素，这些共同因素称为公共因子，记为 $f_1,f_2,\cdots,f_m$（公共因子数目 m 通常要比原因子个数 p 要少），也可记为向量形式 $\boldsymbol{f}=(f_1,f_2,\cdots,f_\mathrm{m})'$。对每一个因子，除了可以有一些公共因素的部分外，还有一些自身特殊因素，称之为特殊因子。因而因子模型可表示为如下形式：

$$x_k = a_{k1}f_1 + a_{k2}f_2 + \cdots + a_{km}f_m + u_k \tag{D1.1}$$

式中，$a_{k1},a_{k2},\cdots,a_{km}$ 称为 m 个公共因子的荷载；u_k 为第 k 个因子的特殊部分。$\boldsymbol{u}$ 称为特殊因子向量，记为 $\boldsymbol{u}=(u_1,u_2,\cdots,u_p)'$。

（D1.1）所表示的因子模型还可表示为向量形式

$$\boldsymbol{x} = \boldsymbol{A}\boldsymbol{f} + \boldsymbol{u} \tag{D1.2}$$

式中，矩阵 $\boldsymbol{A}$ 为因子荷载阵，为

$$\boldsymbol{A} = \begin{pmatrix} a_{11} & a_{12} & \cdots & a_{1m} \\ a_{21} & a_{22} & \cdots & a_{2m} \\ \vdots & \vdots & & \vdots \\ a_{p1} & a_{p2} & \cdots & a_{pm} \end{pmatrix}$$

寻找确定因子荷载阵是因子分析的主要内容，为了解决这个问题，对模型还要做一些假定（在样本容量为 n 情况下）：

(1)公共因子与特殊因子是无关的,即它们之间的关系为

$$\frac{1}{n}\boldsymbol{fu}' = \frac{1}{n}\boldsymbol{uf}' = 0 \tag{D1.3}$$

(2)公共因子是标准化变量,不同公共因子之间是无关的,即公共因子之间的协方差阵为单位阵,表示为

$$\frac{1}{n}\boldsymbol{ff}' = \boldsymbol{I} \tag{D1.4}$$

(3)各特殊因子之间是无关的,第 k 个特殊因子的方差为 c_{kk}^2,它们的协方差阵为 $\boldsymbol{C}$

$$\frac{1}{n}\boldsymbol{uu}' = \boldsymbol{C} \tag{D1.5}$$

在上述假定下,p 个变量之间的相关阵可表为

$$\boldsymbol{R} = \frac{1}{n}\boldsymbol{xx}' = \frac{1}{n}(\boldsymbol{Af} + \boldsymbol{u})(\boldsymbol{Af} + \boldsymbol{u})'$$

利用(D1.3)~(D1.5)式的假定,上式可变为

$$\boldsymbol{R} = \boldsymbol{AA}' + \boldsymbol{C} \tag{D1.6}$$

上式矩阵 $\boldsymbol{R}$ 第 k 行第 k 列元素可写为

$$r_{kk} = \sum_{j=1}^{m} a_{kj}^2 + c_{kk}^2 \tag{D1.7}$$

该式表明,第 k 个变量的方差可表示为公共性部分的方差和特殊性部分的方差之和。记公共性部分的方差为

$$h_k^2 = \sum_{j=1}^{m} a_{kj}^2 \tag{D1.8}$$

h_k^2 称为第 k 个变量的公共性,它反映了第 k 个变量被公共因子所解释的那部分方差。

由于公共因子是标准化变量,可以构成为 2 维空间中坐标轴中的向量,在(D1.1)式的因子模型中,因子荷载 a_{kj} 可看成第 k 个变量在 m 个公共因子空间中第 j 个因子轴上的投影,变量数据可看成在该空间中的一个向量;(D1.8)式可看成第 k 个变量在该空间中的向量长度的平方。第 k 个变量在第 l 个公共因子轴上的投影就是第 k 个变量与第 l 个公共因子之间的相关系数。因为

$$r_{kl} = \frac{1}{n}\sum_{i=1}^{n}(a_{k1}f_{1i} + a_{k2}f_{2i} + \cdots + a_{km}f_{mi} + u_{ki})f_{li}$$

据(D1.3)~(D1.5)式的假定,容易得知

$$r_{kl} = a_{kl} \tag{D1.9}$$

在上面推导中,r_{kl} 表示变量 x_k 与公共因子 f_l 之间的协方差,但由于它们都是标准化变量,所以它们之间的协方差就是它们之间的相关系数。

概括因子分析过程,对标准化变量场,其矩阵 $\boldsymbol{X}(p\times n)$,可以表示为

$$\boldsymbol{X} = \boldsymbol{AF} + \boldsymbol{U}$$

式中,$\boldsymbol{A}(p\times m)$为荷载矩阵;$\boldsymbol{F}(m\times n)$为公共因子矩阵,它由 m 个公共因子组成;$\boldsymbol{U}(p\times n)$为特殊因子矩阵。

D2 主因子分析模型

(1)主因子及因子荷载

从变量标准化资料阵 $\boldsymbol{X}$ 出发,根据因子分析模型有

$$\boldsymbol{X}=\boldsymbol{AF}+\boldsymbol{U}$$

对变量场中的 p 个格点变量,可以计算其相关阵 $\boldsymbol{R}$,据对称阵分解定理有

$$\boldsymbol{R}=\boldsymbol{V}'\boldsymbol{\Lambda}\boldsymbol{V} \tag{D2.1}$$

式中,$\boldsymbol{\Lambda}$ 为 $\boldsymbol{R}$ 阵的特征值组成的对角阵;$\boldsymbol{V}$ 为特征向量组成的矩阵。对 $\boldsymbol{V}$ 及 $\boldsymbol{\Lambda}$ 阵进一步分块表示为

$$\boldsymbol{V}=(\boldsymbol{V}_1 \quad \boldsymbol{V}_2) \tag{D2.2}$$

式中,$\boldsymbol{V}_1$ 由对应较大的特征值的 m 个特征向量为列向量所组成,为 $p\times m$ 矩阵;$\boldsymbol{V}_2$ 由余下对应较小的特征值的 $p-m$ 个特征向量所组成,为 $p\times(p-m)$矩阵,类似地特征值的矩阵亦相应地有

$$\boldsymbol{\Lambda}=\begin{pmatrix}\boldsymbol{\Lambda}_1 & \boldsymbol{0}\\ \boldsymbol{0} & \boldsymbol{\Lambda}_2\end{pmatrix} \tag{D2.3}$$

将上面分块矩阵代入(D2.1)式得

$$\begin{aligned}\boldsymbol{R}&=(\boldsymbol{V}_1\ \boldsymbol{V}_2)\begin{bmatrix}\boldsymbol{\Lambda}_1 & \boldsymbol{0}\\ \boldsymbol{0} & \boldsymbol{\Lambda}_2\end{bmatrix}\begin{pmatrix}\boldsymbol{V}'_1\\ \boldsymbol{V}'_2\end{pmatrix}=(\boldsymbol{V}_1\ \boldsymbol{V}_2)\begin{bmatrix}\boldsymbol{\Lambda}_1^{1/2} & \boldsymbol{0}\\ \boldsymbol{0} & \boldsymbol{\Lambda}_2^{1/2}\end{bmatrix}\begin{bmatrix}\boldsymbol{\Lambda}_1^{1/2} & \boldsymbol{0}\\ \boldsymbol{0} & \boldsymbol{\Lambda}_2^{1/2}\end{bmatrix}\begin{pmatrix}\boldsymbol{V}'_1\\ \boldsymbol{V}'_2\end{pmatrix}\\ &=\boldsymbol{V}_1\boldsymbol{\Lambda}_1^{1/2}\boldsymbol{\Lambda}_1^{1/2}\boldsymbol{V}'_1+\boldsymbol{V}_2\Lambda_2^{1/2}\boldsymbol{\Lambda}_2^{1/2}\boldsymbol{V}'_2\end{aligned}$$

又因为

$$\boldsymbol{R}=\frac{1}{n}\boldsymbol{XX}'=\frac{1}{n}(\boldsymbol{AF}+\boldsymbol{U})(\boldsymbol{AF}+\boldsymbol{U})'=\boldsymbol{AA}'+\boldsymbol{UU}'=\boldsymbol{AA}'+\boldsymbol{C}$$

与上式比较,可知

$$\boldsymbol{A}=\boldsymbol{V}_1\boldsymbol{\Lambda}_1^{1/2} \tag{D2.4}$$

$$\boldsymbol{C}=\boldsymbol{V}_2\boldsymbol{\Lambda}_2^{1/2}\boldsymbol{\Lambda}_2^{1/2}\boldsymbol{V}'_2 \tag{D2.5}$$

由此可见,因子荷载阵 $\boldsymbol{A}$ 可以通过对原变量相关阵的特征向量和特征值得到,即由 $\boldsymbol{R}$ 的前 m 个特征值与特征向量构成,余下的 $\boldsymbol{R}$ 阵的特征值及其特征向量构成特殊因子的方差阵。这一过程和从标准化变量出发做的主分量分析或从相关阵出发做的经验正交函数分析类似,故亦有称此分析为主分量分析的。按主分量分析方法,对标准化变量场 $\boldsymbol{X}(p\times n)$,可以表示为

$$\boldsymbol{X}=\boldsymbol{VY}$$

式中,$\boldsymbol{V}(p\times p)$为变量场相关阵的特征向量矩阵;$\boldsymbol{Y}(p\times n)$为主分量矩阵。对特征向量和主分量矩阵分为两个分块矩阵,还可以表示为

$$\boldsymbol{X}=(\boldsymbol{V}_1\boldsymbol{V}_2)\begin{pmatrix}\boldsymbol{Y}_1\\ \boldsymbol{Y}_2\end{pmatrix}=\boldsymbol{V}_1\boldsymbol{Y}_1+\boldsymbol{V}_2\boldsymbol{Y}_2$$

式中,$\boldsymbol{V}_1(p\times m)$由变量场相关阵的前 m 个特征值对应的特征向量矩阵组成;$\boldsymbol{V}_2(p\times(p-m))$由余下 $p-m$ 个特征值对应的特征向量矩阵组成;$\boldsymbol{Y}_1(m\times n)$为前 m 个特征值对应的主分量组成;$\boldsymbol{Y}_2(p-m\times n)$为余下的 $p-m$ 个特征值对应的主分量组成。

令

$$\boldsymbol{A}=\boldsymbol{V}_1\boldsymbol{\Lambda}_1^{1/2},\boldsymbol{F}=\boldsymbol{\Lambda}_1^{-1/2}\boldsymbol{Y}_1,\boldsymbol{U}=\boldsymbol{V}_2\boldsymbol{Y}_2$$

式中，$\boldsymbol{\Lambda}_1(m\times m)$为变量场相关阵的前 m 个特征值组成的对角阵。

如果对标准化变量场做主分量分析，也可以表示成因子分析的模型为

$$\boldsymbol{X}=\boldsymbol{V}_1\boldsymbol{\Lambda}_1^{1/2}\boldsymbol{\Lambda}_1^{-1/2}\boldsymbol{Y}_1+\boldsymbol{V}_2\boldsymbol{Y}_2=\boldsymbol{AF}+\boldsymbol{U}$$

式中，$\boldsymbol{F}$ 就是由 m 个公共因子组成的矩阵。因为据标准化变量的第 k 个主分量可表示为

$$\boldsymbol{y}_{zk}=\boldsymbol{v}'_k\boldsymbol{x}$$

式中，$\boldsymbol{x}$(p×1)为变量场的变量向量。公共因子 f_k 与主分量的关系为

$$f_k=\frac{1}{\sqrt{\lambda_k}}y_{zk} \tag{D2.6}$$

式中，λ_k 为 $\boldsymbol{R}$ 阵的第 k 个特征值(在前 m 个特征值中)。则 f_k 的方差为

$$\begin{aligned}\frac{1}{n}\sum_{i=1}^{m}(f_{ki}-\bar{f}_k)^2&=\frac{1}{\lambda_k}\frac{1}{n}\sum_{i=1}^{n}(y_{zk})^2=\frac{1}{\lambda_k}\cdot\frac{1}{n}\sum_{i=1}^{n}(\boldsymbol{v}'_k\boldsymbol{x}_i)(\boldsymbol{v}'_k\boldsymbol{x}_j)'\\&=\frac{1}{\lambda_k}\cdot\boldsymbol{v}'_k\left(\frac{1}{n}\sum_{i=1}^{n}\boldsymbol{x}_i\boldsymbol{x}'_i\right)\boldsymbol{v}_\lambda=\frac{1}{\lambda_k}\cdot\boldsymbol{v}'_k\boldsymbol{R}\boldsymbol{v}_k\\&=\frac{1}{\lambda_k}\cdot\boldsymbol{v}'_k\lambda_k\boldsymbol{v}_k=1\end{aligned}$$

容易得知，公共因子 f_k 具有平均值为0，方差为1的标准化变量。由主分量性质，亦可推知不同的公共因子之间是无关的。

上述从标准化变量场出发得到的 m 个公共因子的分析方法，又称为主因子分析。

(2)主因子分析模型计算步骤

第一步，把变量场变成标准化变量场，即

$$\underset{p\times n}{\boldsymbol{X}_z}=\begin{pmatrix}x_{z11}&x_{z12}&\cdots&x_{z1n}\\x_{z21}&x_{z22}&\cdots&x_{z2n}\\\vdots&\vdots&&\vdots\\x_{zp1}&x_{zp2}&\cdots&x_{zpn}\end{pmatrix}$$

然后计算 p 个变量(或网格点)的相关阵 $\boldsymbol{R}$：

$$\underset{p\times p}{\boldsymbol{R}}=\frac{1}{n}\boldsymbol{X}_z\boldsymbol{X}'_z$$

第二步，求相关阵 $\boldsymbol{R}$ 的 p 个(矩阵的秩)特征值和特征向量。

$$\boldsymbol{V}'_z\boldsymbol{R}\boldsymbol{V}_z=\boldsymbol{\Lambda}_z$$

式中，$\boldsymbol{V}_z$、$\boldsymbol{\Lambda}_z$ 分别为相关阵的 p 个特征向量和特征值组成的矩阵。

第三步，利用前 m 个特征值对应的特征向量矩阵组成 $\boldsymbol{V}_1(p\times m)$矩阵，求前 m 个主分量。

$$\underset{m\times n}{\boldsymbol{Y}_1}=\boldsymbol{V}'_1\boldsymbol{X}_z$$

第四步，取前 m 个特征值组成的矩阵 $\boldsymbol{\Lambda}_1(m\times m)$，求 m 个主因子和荷载矩阵。

$$\underset{m\times n}{\boldsymbol{F}}=\boldsymbol{\Lambda}_1^{-1/2}\boldsymbol{Y}_1=\boldsymbol{\Lambda}_1^{-1/2}\boldsymbol{V}'_1\boldsymbol{X}_z$$

第五步，求 m 个主因子对应的荷载场(向量)，即得荷载矩阵，表示为

$$\boldsymbol{A}=\boldsymbol{V}_1\boldsymbol{\Lambda}_1^{1/2}$$

(3)主因子分析方法在聚类分析中的应用

判别不同因子中各个变量的重要性，对第 j 个公共因子来说第 i 个变量在其上面的荷载 a_{ij} 的大小是它们的相关系数，即反映该变量与第 j 个公共因子之间关系的密切程度。

变量的重要性可以使用变量的公共性来度量。反映第 k 个变量在公共性部分的重要程度，也反映 m 个公共因子对变量 x_k 做回归估计的拟合程度，因为从回归分析的角度来看，形如(D1.1)式的因子模型可以写成：

$$x_k = a_{k1}f_1 + a_{k2}f_2 + \cdots + a_{km}f_m + e_k$$

e_k 是(D1.1)式的因子模型的特殊性。因子模型也可看成多因子变量的线性拟合，即

$$\hat{x}_k = a_{k1}f_1 + a_{k2}f_2 + \cdots + a_{km}f_m$$

和估计 x_k 的残差来表示。那么因子模型可以看成为回归模型，对第 k 个变量方程的回归平方和可写为

$$U_k = \sum_{j=1}^{m} a_{kj} r_{kj} \tag{D2.7}$$

式中，r_{kj} 表示 f_j 与 r_k 之间的相关系数。则从(D1.9)式可知

$$U_k = \sum_{j=1}^{m} a_{kj} a_{kj} = h_k^2 \tag{D2.8}$$

公共因子数目 m 的选择也可以用它们对 p 个变量回归拟合的方差贡献来确定。因为据(D2.8)式，第 1 个公共因子对第 k 个变量的方差贡献为 $U_{k1}=a_{k1}a_{k1}$。那么对 p 个变量的方差贡献为

$$U_1 = \sum_{k=1}^{p} a_{k1}^2$$

用(D2.4)式关系代入有

$$U_1 = \sum_{k=1}^{p} (\sqrt{\lambda_1} v_{k1})^2 = \lambda_1 \sum_{k=1}^{p} v_{k1}^2 = \lambda_1$$

那么，m 个公共因子对 p 个变量的总方差贡献为

$$U = \sum_{k=1}^{m} \lambda_k$$

把 m 个公共因子的累积解释方差定义为回归平方和对总方差的相对贡献，即

$$G(m) = \frac{\sum_{i=1}^{m} \lambda_i}{\sum_{i=1}^{p} s_{ii}}$$

由于因子变量是标准化的，故 $s_{ii}=1(i=1,2,\cdots,p)$，即

$$G(m) = \frac{\sum_{i=1}^{m} \lambda}{p} \tag{D2.9}$$

由于 m 个公共因子是正交的且长度为 1，于是可看成 m 维空间的一个正交基底。根据变量的公共性，可以确定选取公共因子个数 m，然后通过因子荷载确定 x_k 在这 m 维空间中的位置，p 个变量对应为 m 维空间中 p 个点，研究这 p 个点的聚集情况就可以把它们分为不同的类。例如，根据变量的公共性，选取前两个公共因子作为主要因子，以它们作为直角坐标系绘图，在图中根据 p 个变量在两个公共因子的荷载，点在图上，使用第 3 个公共因子的荷载值，把

图中点子用大小进行区分，然后按照3个公共因子点子的形状和聚集情况进行分类。

(4) R 型与 Q 型因子分析

一般用空间点作为变量，从它们的相关阵出发进行因子分析，称为 R 型因子分析，这种分析着重研究空间点变量与公共因子之间的相关情况。与此相反，如果着眼点是研究时间点(作为变量)与公共因子相关情况的因子分析就称为 Q 型因子分析。但是以时间点作为变量的相关阵没有明确的意义，因为以时间点为变量时，其样品是各空间点(变量)的元素。如果空间点(变量)是由不同单位、不同尺度大小的要素组成的话，那么以时间点为变量的相关值就没有气象意义，增加解释的复杂性。所以在 Q 型因子分析中，常用两个时间点(变量)的相似系数来代替，利用时间点之间的相似系数就可以建立相似系数阵，把它作为因子分析中的相关矩阵进行因子分析。

D3　因子轴的转动

因子分析中，满足(D1.2)式因子荷载阵 $\boldsymbol{A}$ 的解是很多的，因而满足要求的公共因子也很多。为了分析气象变量的需要，如何能找到合适的解释变量的 m 个公共因子轴是很重要的，可以根据实际需要对因子轴进行转动，常常对任意两个因子过程的坐标轴进行转动。这种转动方法常常使用在对变量场做经验正交分解或主分量分析中，所以称为转动经验正交函数分解(REOF)，或转动主分量分析(Rotated Principal Component Analysis，RPCA)。

(1)因子轴转动过程

设 $\boldsymbol{f}=(f_1,f_2,\cdots,f_m)'$ 为原 m 个公共因子向量，它们构成因子空间的坐标基，转动过程相当于做一个线性变换。新的因子空间坐标基 $\boldsymbol{f}^*=(f_1^*,f_2^*,\cdots,f_m^*)'$ 由变换矩阵 $\boldsymbol{G}$ 对原因子坐标基做变换得到，表示为

$$\boldsymbol{f}^* = \boldsymbol{G}\boldsymbol{f} \tag{D3.1}$$

原因子荷载阵 $\boldsymbol{A}$，亦可通过线性变换矩阵 $\boldsymbol{T}$ 变为新的因子荷载阵，即

$$\boldsymbol{A}^* = \boldsymbol{A}\boldsymbol{T} \tag{D3.2}$$

若新因子荷载阵 $\boldsymbol{A}^*$ 及新因子向量 $\boldsymbol{f}^*$ 满足(D1.2)式的模型的话，则应有

$$\boldsymbol{x} = \boldsymbol{A}^*\boldsymbol{f}^* + \boldsymbol{u}$$

类似可导出

$$\boldsymbol{R} = \frac{1}{n}(\boldsymbol{A}^*\boldsymbol{f}^*\boldsymbol{f}^{*\prime}\boldsymbol{A}^{*\prime} + \boldsymbol{u}\boldsymbol{u}')$$

将(D3.1)式及(D3.2)式代入上式有

$$\boldsymbol{R} = \boldsymbol{A}^*\boldsymbol{G}\left(\frac{1}{n}\boldsymbol{f}\boldsymbol{f}'\right)\boldsymbol{G}'\boldsymbol{A}^{*\prime} + \boldsymbol{C}$$

据(D1.4)式，上式变为

$$\boldsymbol{R} = \boldsymbol{A}^*\boldsymbol{G}\boldsymbol{G}'\boldsymbol{A}^{*\prime} + \boldsymbol{C} = \boldsymbol{A}(\boldsymbol{T}\boldsymbol{G})(\boldsymbol{T}\boldsymbol{G}')\boldsymbol{A}' + \boldsymbol{G}$$

式中，“′”表示矩阵转置。若令

$$(\boldsymbol{T}\boldsymbol{G})(\boldsymbol{T}\boldsymbol{G})' = \boldsymbol{I} \tag{D3.3}$$

则可得到(D1.6)式。这就说明在转动因子轴的过程中，所使用的变换矩阵应满足(D3.3)式要求。在转动过程中，矩阵($\boldsymbol{T}\boldsymbol{G}$)必须是正交的，但对它们本身，即 $\boldsymbol{G}$ 阵及 $\boldsymbol{T}$ 阵不一定要求是正

交的。

如果要求转动过程中，因子轴保持刚性转动，即要求新因子轴也是正交的话，那么就要求：

$$\frac{1}{n}\boldsymbol{f}^{*}\boldsymbol{f}^{*\prime}=\boldsymbol{G}\left(\frac{1}{n}\boldsymbol{f}\boldsymbol{f}'\right)\boldsymbol{G}'=\boldsymbol{G}\boldsymbol{G}'=\boldsymbol{I} \tag{D3.4}$$

即要求 $\boldsymbol{G}$ 阵必须是正交阵。这样亦导致要求 $\boldsymbol{T}$ 阵也必须是正交阵，因为据(D3.3)式有

$$\boldsymbol{T}\boldsymbol{G}\boldsymbol{G}'\boldsymbol{T}'=\boldsymbol{T}\boldsymbol{T}'=\boldsymbol{I} \tag{D3.5}$$

例如，一般可选 $\boldsymbol{G}=\boldsymbol{T}^{-1}$。

如果不要求新因子轴是正交，即

$$\frac{1}{n}\boldsymbol{f}\boldsymbol{f}'\neq\boldsymbol{I} \tag{D3.6}$$

这种转动就称为仿射转动或斜交转动。

(2)极大方差转动

极大方差转动是目前常用的一种正交因子轴转动方法，它的转动结果能使少数变量在某个公共因子轴上有高的荷载。

从(D2.8)式可知，第 k 个因子的平方荷载是反映该因子对原变量的方差贡献，如果要使得在新的公共因子轴上少数变量有高的荷载，这就相当于使它们在因子荷载的分布上有较大的散布，这种散布在第 k 个新公共因子上表现为 p 个荷载平方值的方差，可用下式表示：

$$s_k^2=\frac{\left\{p\sum_{i=1}^{p}(a_{ik}^{*2})^2-\left(\sum_{i=1}^{p}a_{ik}^{*2}\right)^2\right\}}{p^2}\quad(k=1,2,\cdots,m) \tag{D3.7}$$

式中，a_{ik}^{*} 为在第 k 个公共因子上第 i 个变量经转动后的新因子荷载；m 为选择转动的公共因子数目。我们希望在 m 个公共因子上总变幅经转动后能达到极大值，即

$$s^2=\sum_{k=1}^{m}s_k^2\rightarrow\text{极大}$$

为了消除变量中公共性不同的影响，将上面判据改为

$$s^2=\sum_{k=1}^{m}\left\{\frac{p\sum_{i=1}^{p}\left(\frac{a_{ik}^{*2}}{h_i^2}\right)^2-\left(\sum_{i=1}^{p}\frac{a_{ik}^{*2}}{h_i^2}\right)}{p^2}\right\}\rightarrow\text{极大} \tag{D3.8}$$

式中，h_1^2 为第 i 个变量的公共性。在转动过程中变量公共性的值保持不变。

对判据 s^2，可以连续应用三角函数序列来极大化，即每次仅转动两个因子，过程开始时，用正交转动其中任两个因子轴，使它们的因子荷载满足(D3.8)式判据，然后用所得的第 1 个与第 3 个因子应用正交转动，以满足极大方差判据，如此下去直到所有可能因子对都满足(D3.8)式为止。

如果求得转动角 θ，则转动后在第 p 个及第 q 个公共因子上的新荷载可表示为

$$\begin{aligned}a_{ip}^{*}&=a_{ip}\cos\theta+a_{iq}\sin\theta\\a_{iq}^{*}&=-a_{ip}\sin\theta+a_{iq}\cos\theta\end{aligned} \tag{D3.9}$$

将(D3.9)式代入(D3.8)式，并令$\partial s/\partial\theta=0$，可以导出

$$\tan 4\theta = \frac{2\sum_{i=1}^{p} u_i v_i - 2\frac{\sum_{i=1}^{p} u_i \sum_{i=1}^{p} v_i}{p}}{\sum_{i=1}^{p}(u_i^2 - v_i^2) - \frac{(\sum_{i=1}^{p} u_i)^2 - (\sum_{i=1}^{p} v_i)^2}{p}} \tag{D3.10}$$

其中

$$u_i = \frac{a_{ip}^2 - a_{i1}^2}{h_i^2}$$

$$v_i = \frac{2a_{ip}a_{iq}}{h_i^2}$$

利用(D3.10)式中分子分母的正负号可以定出角度的象限,从而得到每一次转动的角度。

举一例子说明因子轴的转动过程。例如,有3个公共因子,表示为 f_1、f_2、f_3,据(D3.10)式找到转动前两个因子轴 f_1、f_2 的转动角 θ_{12},则转动矩阵为

$$\boldsymbol{T}_{12} = \begin{pmatrix} \cos\theta_{12} & \sin\theta_{12} & 0 \\ -\sin\theta_{12} & \cos\theta_{12} & 0 \\ 0 & 0 & 1 \end{pmatrix}$$

利用此矩阵把 f_1、f_2 转到新因子轴 y_1、y_2 上,再以 y_1、f_3 为基础,找到 $\boldsymbol{T}_{13}$,把它们转动到新因子轴 f_1^*、y_3 上,然后又以 y_2、y_3 为基础,找到 $\boldsymbol{T}_{23}$,再转动到新因子轴 f_2^*、f_3^* 上,这时完成从 $f_1,f_2,f_3 \rightarrow f_1^*,f_2^*,f_3^*$ 的转动。这一过程见表D3.1。

表D3.1 因子轴正交转动过程

原因子轴	转动角	新因子轴	矩阵表示
$f_1 f_2$	θ_{12}	$y_1 y_2$	$\boldsymbol{C}=\boldsymbol{AT}_{12}$
$y_1 f_3$	θ_{13}	$f_1^* y_3$	$\boldsymbol{D}=\boldsymbol{CT}_{13}$
$y_2 y_3$	θ_{23}	$f_2^* f_3^*$	$\boldsymbol{A}^*=\boldsymbol{DT}_{23}$

从表中可见,转动后新因子荷载 $\boldsymbol{A}^*$ 可从下面矩阵关系中表示出来,即

$$\boldsymbol{A}^* = \boldsymbol{CT}_{13}\boldsymbol{T}_{23} = \boldsymbol{AT}_{12}\boldsymbol{T}_{13}\boldsymbol{T}_{23}$$

令

$$\boldsymbol{T} = \boldsymbol{T}_{12}\boldsymbol{T}_{13}\boldsymbol{T}_{23}$$

则

$$\boldsymbol{A}^* = \boldsymbol{AT}$$

(3)转动后的主分量求取

一般按传统的做法,转动后的主分量可用下式求出

$$\hat{\boldsymbol{F}}^* = \boldsymbol{A}^{*-1}\boldsymbol{X} \tag{D3.11}$$

式中,$\boldsymbol{A}$ 为因子荷载矩阵;$\boldsymbol{X}$ 为分析对象场的资料的标准化阵;符号上标的"*"表示转动后的矩阵。这一算法要求转动后的主分量估计要得到转动后因子荷载矩阵,才能计算出。当资料阵的行列数较大时,求转动后因子荷载阵的逆阵十分麻烦,因为计算过程中还需保留若干中间过程矩阵和进行矩阵求逆。但是,如果注意到因子荷载阵的另一表示式:

$$\boldsymbol{A} = \boldsymbol{A}^*\boldsymbol{T}^{-1} \tag{D3.12}$$

式中，$\boldsymbol{T}$ 为转动过程的变换矩阵，把它代入因子分析表达式，就可以在原因子分析基础上，直接得到转动后主分量的计算式，即

$$\hat{\boldsymbol{F}}^{*}=\boldsymbol{T}^{-1}\boldsymbol{F} \tag{D3.13}$$

在对因子荷载阵 $\boldsymbol{A}$ 进行极大方差转动时，每次仅转动两个因子轴，对每一步的变换矩阵 $\boldsymbol{T}$，由于它是正交阵，只要将对角元素交换，其转置矩阵即为逆矩阵，使之作用在主分量矩阵，即可以得到转动后的转动主分量。

D4 对应分析

对应分析(Corresponding Analysis,CA)是在 R 型及 Q 型因子分析基础上发展起来的一种因子分析方法。

(1)时间空间比例(频率)矩阵

假定我们分析的要素场具有 p 个空间点和 n 个时间点，它们组成一个原始资料阵 $\boldsymbol{X}$，阵中元素为 $x_{ij}(i=1,2,\cdots,p;j=1,2,\cdots,n)$。为了综合考虑时间和空间的相互关系，这个方法不用通常的求 p 个空间点的相关阵或求 n 个时间点的相似阵，而是求一个综合时间空间的比例(频率)矩阵 $\boldsymbol{Z}$，$\boldsymbol{Z}$ 中元素

$$z_{ij}=\frac{p_{ij}-p_{i.}p_{.j}}{\sqrt{p_{i.}p_{.j}}}\quad\begin{pmatrix}i=1,2,\cdots,p\\ j=1,2,\cdots,n\end{pmatrix} \tag{D4.1}$$

其中

$$p_{ij}=\frac{x_{ij}}{\sum_{i=1}^{p}\sum_{j=1}^{n}x_{ij}},p_{i.}=\sum_{j=1}^{n}p_{ij},p_{.j}=\sum_{i=1}^{p}p_{ij}$$

由于使用比例量 p_{ij}，使得不同单位的空间点与时间点可以统一起来。这种度量方法与概率论中用 χ^2 分布检验列联表时，对实测频率与理论频率差别所用的统计量十分类似。把 $\boldsymbol{Z}$ 阵中的 n 个列向量看成是 p 维权重欧氏空间中的向量。在该空间中，两个向量元素的交叉积反映了两个时间点的相似程度，即矩阵

$$\boldsymbol{Q}=\boldsymbol{Z}'\boldsymbol{Z} \tag{D4.2}$$

阵中元素

$$q_{kl}=\sum_{i=1}^{p}z_{ik}z_{il}=\sum_{i=1}^{p}\frac{p_{ik}-p_{i.}p_{.k}}{\sqrt{p_{i.}p_{.k}}}\frac{p_{il}-p_{i.}p_{.l}}{\sqrt{p_{i.}p_{.l}}}=\frac{1}{\sqrt{p_{.k}p_{.l}}}\sum_{i=1}^{p}\frac{1}{p_{i.}}(p_{ik}-p_{i.}p_{.k})(p_{il}-p_{i.}p_{.l})$$

反映了 p 维空间中两个时间点的相似度。

(2)典型因子的求取

把频率矩阵 $\boldsymbol{Z}$ 阵中 p 个行向量看成是 n 维空间中的向量，它们元素的交叉积也反映 p 个空间点之间的相似程度，它们组成为两个交叉积矩阵：

$$\boldsymbol{R}=\boldsymbol{Z}\boldsymbol{Z}' \tag{D4.3}$$

其中元素

$$r_{kl}=\frac{1}{\sqrt{p_{.k}p_{l.}}}\sum_{j=1}^{n}\frac{1}{p_{oj}}(p_{kj}-p_{k.}p_{.j})(p_{lj}-p_{l.}p_{.j})$$

和另一形式的交叉积矩阵：

$$Q = Z'Z \tag{D4.4}$$

事实上，矩阵 $\boldsymbol{R}$ 与 $\boldsymbol{Q}$ 具有相同的非零特征值，对应的特征向量有形如(C2.13)式和(C2.15)式所反映的关系式。

从 $\boldsymbol{R}$ 阵与 $\boldsymbol{Q}$ 阵具有相同的非零特征值这一事实可知，对应于第 k 个非零特征值的 p 维空间中的第 k 个因子与 n 维空间中第 k 个因子具有相同的解释方差，这样可以用相同的因子轴构成的因子空间去表示 p 维与 n 维变量。

假设我们已求得矩阵 $\boldsymbol{R}$ 及 $\boldsymbol{Q}$ 的特征值及其对应的特征向量 $\boldsymbol{v}$ 及 $\boldsymbol{u}$，则从 $\boldsymbol{R}$ 阵出发求第 k 个公共因子，可表示为

$$f_k(\boldsymbol{R}) = \frac{1}{\sqrt{\lambda_k}}\boldsymbol{Z}'\boldsymbol{v}_k \tag{D4.5}$$

式中，$\boldsymbol{v}_k$ 为 $\boldsymbol{R}$ 阵第 k 个特征向量。但据(C2.13)式和(C2.15)式，容易导出 $\boldsymbol{Q}$ 阵第 k 个特征向量 $\boldsymbol{u}_k$ 与 $\boldsymbol{v}_k$ 的关系式，上式即为

$$f_k(\boldsymbol{R}) = \boldsymbol{u}_k$$

这因子在 n 维权重欧氏空间中并不满足公共因子之间的协方差阵为单位阵的要求。如果令这个因子的第 j 个分量表示为

$$f_{jk}(\boldsymbol{R}) = \frac{u_{jk}}{\sqrt{p_{.j}}} \quad (j = 1,2,\cdots,n) \tag{D4.6}$$

这时的 $f_k(R)$就能满足因子的要求，因为

$$\sum_{j=1}^{n} p_{.j} f_{jk}^2(\boldsymbol{R}) = \sum_{j=1}^{n} p_{.j} \frac{u_{jk}^2}{p_{.j}} = 1$$

显然，根据上面所述理由，(D4.6)式的变量也可看成是 p 维权重欧氏空间中 n 个时间点变量的第 k 个公共因子。类似地，从 $\boldsymbol{Q}$ 阵出发求出权重空间中第 k 个公共因子的第 i 个分量为

$$f_{ik}(\boldsymbol{Q}) = \frac{v_{ik}}{\sqrt{p_{i.}}} \quad (i = 1,2,\cdots,p) \tag{D4.7}$$

式中，v_{ik} 为 $\boldsymbol{R}$ 阵的第 k 个特征向量中第 i 个元素。容易证明，这时因子 $f_k(\boldsymbol{Q})$具有权重方差

$$\sum_{i=1}^{p} p_{i.} f_{ik}^2(\boldsymbol{Q}) = 1$$

实际上，$f_{jk}(\boldsymbol{R})$不必通过 $\boldsymbol{Q}$ 阵的特征向量表示，也可以用 $f_{ik}(\boldsymbol{Q})$来表示。因为据不同矩阵特征向量关系有

$$u_{jk} = \frac{1}{\sqrt{\lambda_k}}\sum_{i=1}^{p} z_{ij} v_{ik} = \frac{1}{\sqrt{\lambda_k}}\sum_{i=1}^{p} \frac{p_{ij} - p_{i.}p_{.j}}{\sqrt{p_{i.}p_{.j}}} v_{ik} = \frac{1}{\sqrt{\lambda_k}}\sum_{i=1}^{p} \frac{\sqrt{p_{.j}}}{\sqrt{p_{i.}}}\left(\frac{p_{ij}}{p_{.j}} - p_{i.}\right) v_{ik}$$

令

$$y_{ij} = \frac{p_{ij}}{p_{.j}} - p_{i.} \tag{D4.8}$$

则

$$u_{jk} = \frac{1}{\sqrt{\lambda_k}}\sum_{i=1}^{n} \sqrt{p_{.j}}\, y_{ij} \frac{v_{ik}}{\sqrt{p_{i.}}} = \frac{1}{\sqrt{\lambda_k}}\sum_{i=1}^{p} \sqrt{p_{.j}}\, y_{ij} f_{ik}(\boldsymbol{Q})$$

所以，用上式代入(D4.5)式得

$$f_{jk}(\boldsymbol{R}) = \frac{1}{\sqrt{\lambda_k}}\sum_{i=1}^{p} y_{ij} f_{ik}(\boldsymbol{Q}) \quad (j = 1,2,\cdots,n) \tag{D4.9}$$

(3)对应分析计算步骤

第一步，由变量场资料根据(D4.1)式转化为时间空间比例(频率)矩阵 $\boldsymbol{Z}$。

第二步，由 Z 出发，根据(D4.3)式和(D4.4)式计算两个交叉积矩阵 $\boldsymbol{R}$ 和 $\boldsymbol{Q}$。

第三步，计算矩阵 $\boldsymbol{R}$ 和 $\boldsymbol{Q}$ 的特征值和特征向量。

第四步，根据(D4.6)式和(D4.7)式求出 $\boldsymbol{R}$ 和 $\boldsymbol{Q}$ 的权重空间中前 m 个公共因子。

D5 串组法

串组法就是以某典型变量场为基础，根据某些相似性的指标，计算其他变量场与典型变量场之间的相似性，进行聚类，把对象的个体(或样品)进行联合或串组、分解等的过程。

(1)相似性度量指标

在串组过程中，需要对不同时刻的两个变量场之间的关系进行相似分析，相似的就归为一类。需要计算它们的相似性，相似性通常使用相似系数作为指标。对两个变量场(A,B)，记为两个个体，它们相似性指标应具有如下性质：

①$\theta(A,B)=\theta(B,A)$；

②$\theta(A,B)\geqslant 0$；

③$\theta(A,B)$随 A 和 B 之间相似性增加而增加。

不同个体的相似系数(θ 或 α)还可以进行相加或平均。

客观地度量任两个个体的相似程度大致有下面两种指标。

①相关距离系数。对 k 和 l 时刻的变量场(含 p 个空间点和 n 个时刻样品)，相关距离系数表示为

$$\theta_{kl} = \arccos r_{kl} \tag{D5.1}$$

式中，r_{kl} 为第 k 个时刻与第 l 个时刻变量场之间的相关系数。因为相关系数在-1与$+1$之间变化，不能作为相似性指标。如果把两个变量场的序列，看成二维空间的两个向量，距离相似系数是度量其夹角大小的量。它满足相似性指标的要求。

②相似系数。主要研究要素场不同时间点之间的相似程度。衡量第 i 个时间点与第 j 个时间点之间相似程度用

$$\alpha_{ij} = \arccos s_{ij} \tag{D5.2}$$

其中

$$s_{ij} = \frac{\sum_{k=1}^{p} x_{ik}x_{jk}}{\sqrt{\sum_{k=1}^{p} x_{ik}^2 \sum_{k=1}^{p} x_{jk}^2}}$$

s_{ij} 衡量了两个时间点的两个变量场之间的相关程度。但是，变量场中格点的值可以有负值，s_{ij} 不满足相似性指标要求，做反余弦变换后，则可以满足相似性指标的要求。

两个变量场也可以看成两个个体在 n 维空间中的两个点，它们之间的距离作为串组的依据，如果两个点距离相近，就归并为一组。对空间点之间距离的度量可以类似地定义，只需将

i、j 换成空间点 k、l 即可。这些距离系数具有共同的特点：

• 对称性，$d(P,Q)=d(Q,P)$；

• 非负性，$d(P,Q)\geqslant 0$；

• 单一性，$d(P,P)=0$；

• 唯一性，如果 $P=Q$，则有 $d(P,Q)=0$；

• 距离三角不等式，$d(P,Q)\leqslant d(P,R)+d(R,Q)$，其中 $d(P,Q)$、$d(P,R)$或 $d(R,Q)$分别表示个体 P、Q、R 之间的距离。

度量空间两个点之间的距离的指标有以下 5 种。

①欧氏距离

$$de_{ij}=\sqrt{\sum_{k=1}^{p}(x_{ik}-x_{jk})^2} \tag{D5.3}$$

②平均距离

$$dm_{ij}=\sqrt{\frac{1}{P}\sum_{k=1}^{p}(x_{ik}-x_{jk})^2} \tag{D5.4}$$

③域块距离

$$dy_{ij}=\sum_{k=1}^{p}|x_{ik}-x_{jk}| \tag{D5.5}$$

④Pearson 距离

$$dp_{ij}=\sum_{k=1}^{p}\frac{(x_{ik}-x_{jk})^2}{s_k^2} \tag{D5.6}$$

式中，s_k^2 为 k 个空间点变量方差。

⑤Mahalanobis 距离

$$d_{ij}=(\boldsymbol{x}_i-\boldsymbol{x}_j)'\boldsymbol{S}^{-1}(\boldsymbol{x}_i-\boldsymbol{x}_j) \tag{D5.7}$$

式中，$\boldsymbol{S}$ 为变量场 n 个时间点的协方差阵；$\boldsymbol{x}_i$ 及 $\boldsymbol{x}_j$ 为第 i 及第 j 个时间点的样品向量(包括 p 个空间点的元素)。

(2)逐级归并法

对 n 个时刻的变量场进行时间的串组分析，其计算步骤是：一开始假定某变量场的某时刻(每一个体)为独立的一组(类)，设分析对象为空间中 n 个点，这样就有 n 个组。逐级归并串组步骤如下：

第一步，要找两个最相似的组把它们合并，得到 $n-1$ 组。在这一步中要普查 $n(n-1)/2$ 个相似系数中哪两个最相似，最相似的两个点的相似系数保留下来，作为第一级归并级的相似水平。

第二步，把其余的组与第一步合并组进行比较，比哪一组与它最相似为原则进行归并。由于相似系数(或距离系数)具有可加性，可用平均相似系数(或距离系数)作衡量判据。

第三步，如此下去，每一次都将“最相似”(或“最近”)的两组归并，直到所有个体归并为一组为止。归并过程可制成枝形图(或称树图)。

(3)平均权重串组法

与上面串组法类似，只是在每一级归并后重新计算各组的相似系数(或距离系数)矩阵。计算步骤：一开始建立 n 组的相似系数(或距离系数)矩阵。

第一步，要找两个最相似的组把它们合并，得到 $n-1$ 组。在这一步中要普查 $n(n-1)/2$ 个相似系数中哪两个最相似，归并为一组，作为新的个体，其相似(距离)系数为前两个个体的相似(距离)系数的平均值，并保留下来，作为第一级归并级的相似水平。

第二步，计算其余点与第一步新个体之间的距离系数，得到余下的 $n-1$ 组相似系数(或距离系数)矩阵。

第三步，如此下去，每一次都将"最相似"(或"最近")的两组归并，直到所有个体归并为一组为止。归并过程可制成枝形图(或称树图)。

(4)最近矩心串组法

最近矩心串组法是一种既考虑因子又考虑预报量的可供预报使用的分类法。其原则是，使每个样本点距离本组的矩心(由本组因子平均值构成的点)的距离最近来进行分类。串组过程必须使得组内的因子和预报量的方差变小，而使组间的距离增大。为方便起见，给出一定的判据值，称为阈值，作为变动范围的限制值。

计算过程由 3 步组成。

第一步：初定组别。将因子的资料阵(含 p 个空间点与 n 个时间点)中任一时间点看成 p 维空间中一点，计算任两时间点 i、j 之间距离，取 G 个代表性样本点作为初始分组的 G 组矩心，计算任一点与 G 组矩心的距离，以最靠近矩心的原则分为 G 组。

第二步：组的分割。计算 G 组内每个因子的标准差及在该组内预报量的凝聚直径

$$c_k = \max y_i - \min y_i \quad (i \in n_k; k = 1,2,\cdots,G)$$

式中，n_k 为第 k 个初分组内样品点数目。再把

$$s_{ki} = \sqrt{\frac{1}{n_k}\sum_{j=1}^{n_k}(x_{ij} - \overline{x}_i)^2} \quad (i = 1,2,\cdots,p; k = 1,2,\cdots,G)$$

记为因子的标准差。将 s_{ki} 和 c_k 与事先给定的阈值 δ 及 θ 进行比较，若在 p 个因子中的 s_{ki} 最大者大于 δ 或 $c_k > \theta$，则将该组以 α 值分裂为两组。α 值的决定办法：若 $c_k \leqslant \theta$，则取第 k 组预报量 y 的中值，否则取标准差最大的那个因子的平均值作为分组界线。

第三步：组的归并。对已分好的任两组 R、Q，使用距离计算公式计算两个组矩心之间的距离，若距离小于预定的阈值 β，且 $c_{R+Q} < \theta$，则合并这两组。c_{R+Q} 为将两组合并后预报量的凝聚直径。

重复第二步和第三步，直到组无法分割或合并为止。

(5)k 均值聚类

k 均值聚类(k-means)是数据挖掘中聚类方法的一种，聚类就是一个将数据集划分为若干簇或类的过程，通过聚类使得同一类内的数据对象具有较高的相似度。

①聚类程度的度量。对聚类的每一类称为一群，每群中心，即群的质心，是群内所有点值的和的平均。然后计算每群的标准差，反映群内个体间的离散程度。还计算群中个体的离群率。它反映的是某个体与群中心的离散程度：

$$\theta_i = \left|\frac{x_i - \mu}{\sigma}\right| \tag{D5.8}$$

还需要计算离群速度，反映的是个体偏离中心的速度：

$$\delta_i = \left|\frac{\Delta\theta_i}{\Delta t}\right| \tag{D5.9}$$

式中，$\Delta\theta_i$ 为两个相邻时间离散率的差；Δt 为时间差；δ_i 是有单位的非负值，它的数值越大表示偏离中心的速度越快，数值越小表示与中心的移动速度越接近。

②聚类原则。通过指定聚类个数 k，把含有 n 个数据的数据集 C 划分 k 个聚类(C_1，C_2，…，C_k)，通过迭代方式，最终使每个聚类中的数据点 p 到该聚类中心的距离最小。

采用误差平方和准则函数来评价聚类性能，具体定义可用如下公式表示：

$$E = \sum_{i=1}^{k} \sum_{p \in C_i} \| \boldsymbol{p} - \boldsymbol{m}_i \|^2 \tag{D5.10}$$

式中，$\boldsymbol{p}$ 为对象空间中一个数据对象；$\boldsymbol{m}_i$ 为聚类 C_i 的均值。该函数旨在使生成的聚类结果集尽可能地紧凑和独立。

对于多变量数据，可以使用组内离差平方 W、组间离差平方和 B 的比值来度量分组的独立性。即使用

$$I = \frac{\dfrac{B}{(k-1)}}{\dfrac{W}{(n-k)}} \tag{D5.11}$$

其中

$$B = \sum_{g=1}^{G} n_g (\bar{x}_g - \bar{x})^2$$

$$W = \sum_{g=1}^{G} \sum_{i=1}^{n_g} (x_{gi} - \bar{x}_g)^2$$

$$\bar{x}_g = \frac{1}{n_g} \sum_{i=1}^{n_g} x_{gi}$$

式中，G 为聚类个数；B 为资料点所属聚类中心点至全体资料中心点之欧氏距离，表示所有聚类间的分离程度；W 为资料点至所属聚类中心点的欧氏距离，即聚类内部的紧密程度。

③聚类指数

聚类指数是利用聚类间离散程度与聚类内聚程度作为衡量依据，其定义如下：

$$I_{DB} = \frac{1}{G} \sum_{t=1}^{G} \max_{j,t \neq j} \left(\frac{S_{t,j} + S_{j,q}}{d_{ij,t}} \right) \tag{D5.12}$$

式中，k 为聚类个数；S 为隶属于群聚 i 的资料点至聚类 i 重心的平均欧氏距离。

④k-means 算法步骤

第一步，从 n 个数据对象中任意选取 k 个对象作为初始聚类中心。

第二步，分别计算每个对象到各个聚类中心的距离，把对象分配到距离最近的群类中。

第三步，所有对象分配完成后，重新计算 k 个聚类的中心。

第四步，与前一次计算得到的 k 个聚类中心比较，如果聚类中心发生变化，如果差异小于预先给定的阈值，则聚类结束，否则转第二步。

附录E　变量场的耦合分析

在天气分析与预报中，经常要研究两个天气系统或者两个气象要素场之间的关系。例如，要研究我国长江中下游地区的降水与太平洋副热带高压之间的关系，或者研究太平洋海温场对我国气温场的影响，等等。显然，如果研究时仅考察两个天气系统之中某一网格点的气象要素之间的关系，就可以用相关系数进行研究，这种分析方法称为相关分析。但是如果研究的是两个天气系统(各包含多个网格点的区域或气象要素场)之间的关系，那么就可以用两个变量场的耦合分析。两个变量场的耦合分析方法常用的有典型相关分析、奇异值分解和偏最小二乘回归。

E1　典型相关分析

典型相关分析(Canonical Correlation Analysis，CCA)，是研究两组变量中原变量的线性组合的关系，它又不同于回归分析。回归分析也可以研究两组多个变量的关系，但它是以预报量组中每一个预报量为基点，建立单个预报量与另一组因子变量的回归方程，最后得到的是以预报量组的多个预报量为对象的多个回归方程，在过程中并没有考虑两组变量整体之间的关系。

典型相关分析亦不同于主分量分析。主分量分析是研究某一组变量内部的线性综合指标，这些综合指标代表性是比较好的，而且它们之间相互无关。但是能不能用两组变量各自进行主分量分析，得到若干主分量，然后研究这两组主分量之间的回归关系来代替典型相关分析呢？回答也是否定的，因为两组变量各自的主分量并不能说明它们就是两组变量的线性关系最好的代表。

典型相关分析有类似回归分析和主分量分析的地方，但其主要特点则在于，典型相关着重研究两组多变量线性组合中最佳的线性关系方面。这种分析方法给气象上多变量系统分析或气象要素场预报提供了一个有力的工具。

(1)典型因子的表示

假设我们要研究某一气象要素场的预报，如降水场，这个降水场包含 q 个空间点，选择一个前期的气压场作为因子，这气压场包含有 p 个空间点。实际上我们研究的对象是两组变量：一组包含 q 个变量，另一组包含 p 个变量。如果取这样两个气象要素场的 n 年资料，则上述各变量就有容量为 n 的样本。按之前各章的习惯，记预报场那一组变量为 $y_1,y_2,\cdots,y_q$，预报因子场那一组变量为 $x_1,x_2,\cdots,x_p$。并预先把各变量分别距平化，使之成为距平变量。

为书写方便，记预报量组资料阵为

$$\boldsymbol{Y}=\begin{pmatrix}\boldsymbol{y}_1\\ \boldsymbol{y}_2\\ \vdots\\ \boldsymbol{y}_3\end{pmatrix}=\begin{pmatrix}y_{11} & y_{12} & \cdots & y_{1n}\\ y_{21} & y_{22} & \cdots & y_{2n}\\ \vdots & \vdots & & \vdots\\ y_{q1} & y_{q2} & \cdots & y_{qn}\end{pmatrix}$$

因子组变量资料阵为

$$\boldsymbol{X}=\begin{pmatrix}\boldsymbol{x}_1\\ \boldsymbol{x}_2\\ \vdots\\ \boldsymbol{x}_p\end{pmatrix}=\begin{pmatrix}x_{11} & x_{12} & \cdots & x_{1n}\\ x_{21} & x_{22} & \cdots & x_{2n}\\ \vdots & \vdots & & \vdots\\ x_{p1} & x_{p2} & \cdots & x_{pn}\end{pmatrix}$$

式中，$y_k(k=1,2,\cdots,q)$及$x_k(k=1,\cdots,p)$均为含n个观测元素的向量，即$y_k=(y_{k1},y_{k2},\cdots,y_{kn})$及$x_k=(x_{k1},x_{k2},\cdots,x_{kn})$。

为研究两组距平变量的关系，需要研究它们之间的交叉关系。这种关系可以用两组变量内部及它们之间的协方差阵表示。

预报量变量组内部的协方差阵记为$\boldsymbol{S}_{22}$，表示为

$$\boldsymbol{S}_{22}=\frac{1}{n}\boldsymbol{YY}'=\frac{1}{n}\begin{pmatrix}\boldsymbol{y}_1\\ \boldsymbol{y}_2\\ \vdots\\ \boldsymbol{y}_q\end{pmatrix}(\boldsymbol{y}'_1\quad \boldsymbol{y}'_2\quad \cdots\quad \boldsymbol{y}'_q)$$

因子变量组内部的协方差阵记为$\boldsymbol{S}_{11}$，类似地表示为

$$\boldsymbol{S}_{11}=\frac{1}{n}\boldsymbol{XX}'=\frac{1}{n}\begin{pmatrix}\boldsymbol{x}_1\\ \boldsymbol{x}_2\\ \vdots\\ \boldsymbol{x}_p\end{pmatrix}(\boldsymbol{x}'_1\quad \boldsymbol{x}'_2\quad \cdots\quad \boldsymbol{x}'_p)$$

两组变量之间的协方差阵记为$\boldsymbol{S}_{12}$或$\boldsymbol{S}_{21}$，表示为

$$\boldsymbol{S}_{12}=\frac{1}{n}\boldsymbol{XY}'=\frac{1}{n}\begin{pmatrix}\boldsymbol{x}_1\boldsymbol{y}'_1 & \boldsymbol{x}_1\boldsymbol{y}'_2 & \cdots & \boldsymbol{x}_1\boldsymbol{y}'_q\\ \boldsymbol{x}_2\boldsymbol{y}'_1 & \boldsymbol{x}_2\boldsymbol{y}'_2 & \cdots & \boldsymbol{x}_2\boldsymbol{y}'_q\\ \vdots & \vdots & & \vdots\\ \boldsymbol{x}_p\boldsymbol{y}'_1 & \boldsymbol{x}_p\boldsymbol{y}'_2 & \cdots & \boldsymbol{x}_p\boldsymbol{y}'_q\end{pmatrix}$$

其中

$$\boldsymbol{x}_k\boldsymbol{y}'_l=\sum_{i=1}^{n}(x_{ki}-\bar{x}_k)(y_{li}-\hat{y}_l)$$

$$\boldsymbol{S}_{21}=\frac{1}{n}\boldsymbol{YX}'=\frac{1}{n}\begin{pmatrix}\boldsymbol{y}_1\boldsymbol{x}'_1 & \boldsymbol{y}_1\boldsymbol{x}'_2 & \cdots & \boldsymbol{y}_1\boldsymbol{x}'_p\\ \boldsymbol{y}_2\boldsymbol{x}'_1 & \boldsymbol{y}_2\boldsymbol{x}'_2 & \cdots & \boldsymbol{y}_2\boldsymbol{x}'_p\\ \vdots & \vdots & & \vdots\\ \boldsymbol{y}_q\boldsymbol{x}'_1 & \boldsymbol{y}_q\boldsymbol{x}'_2 & \cdots & \boldsymbol{y}_q\boldsymbol{x}'_p\end{pmatrix}$$

显然有$\boldsymbol{S}_{12}=\boldsymbol{S}'_{21}$。

为方便起见，还可以把两个变量组合并为一个含$p+q$个变量的向量，求$p+q$个变量的协方差阵，由这$(p+q)\times(p+q)$的协方差阵中的4个分块矩阵中得到两变量组之间的协方差

阵，即令

$$T=\begin{pmatrix}X\\Y\end{pmatrix}$$

则 $p+q$ 个协方差阵为

$$S=\frac{1}{n}TT'=\frac{1}{n}\begin{pmatrix}X\\Y\end{pmatrix}(X'Y')=\begin{bmatrix}\frac{1}{n}XX' & \frac{1}{n}XY'\\ \frac{1}{n}YX' & \frac{1}{n}YY'\end{bmatrix}=\begin{pmatrix}S_{11} & S_{12}\\ S_{21} & S_{22}\end{pmatrix}$$

这些协方差阵在下面我们将要用到。当我们知道两组变量的所有协方差关系后，就回到原来所研究的问题，即怎样表示两组变量之间的关系。我们按照主要分量的思想，分别在两组变量中由原变量线性组合构成一对新变量。例如，从因子组的原 p 个变量线性组合成一个新变量，记为

$$u_1=c_{11}x_1+c_{21}x_2+\cdots+c_{p1}x_p$$

若令 $c_1=(c_{11}\ c_{21}\cdots\ c_{p1})'$，则上式可写为

$$u_1=c'_1X \tag{E1.1}$$

同样，用类似方法在预报变量组中用原 q 个变量线性组合构成一个新变量，记为

$$v_1=d'_1Y \tag{E1.2}$$

式中，$d_1=(d_{11}\ d_{21}\cdots\ d_{q1})'$。

为了处理方便，我们还希望所组成的这对新变量是标准化变量，即它们具有平均值为 0、方差为 1 的特点。平均值为 0 是容易做到的，因为我们两组原变量均是距平变量，它们线性组合后的新变量的平均值自然亦为 0。要使新变量的方差为 1，必须要求 u_1 变量的方差

$$\frac{1}{n}u_1u'_1=\frac{1}{n}(c'_1X)(c_1X)'=c'_1\left(\frac{1}{n}XX'\right)c_1=c'_1S_{11}c_1=1 \tag{E1.3}$$

而要使预报量组的新变量 v_1 的方差为 1，即要求

$$\frac{1}{n}v_1v'_1=\frac{1}{n}(d_1Y)(d_1Y)'=\frac{1}{n}d'_1YY'd_1=d'_1S_{22}d_1=1 \tag{E1.4}$$

上面具有平均值为 0、方差为 1 的一对新变量还应该具有一个特点，它们之间的协方差即相关系数在两组变量所有线性组合而成的新变量中是最大的，亦即要求新变量协方差（相关系数）

$$r_1=\frac{1}{n}u_1v'_1=\frac{1}{n}(c'_1X)(d'_1Y)'=c'_1S_{12}d_1\rightarrow\text{最大} \tag{E1.5}$$

我们把具有(E1.3)式、(E1.4)式及(E1.5)式性质的新变量 u_1 和 v_1 称为典型因子，称它们之间的相关系数为典型相关系数。

实际上我们以后将会看到，满足式(E1.3)式、(E1.4)式及(E1.5)式性质的原变量组合的新变量不止一对，还可以找到另一对满足上述要求的新变量，而且它们之间的协方差在两组变量剩余的协方差中也是最大的。这句话的意思是，第 1 对典型因子之间的协方差固然是最大的，但它仅描写了所有原变量线性组合的一切新变量之间的协方差的大部分，并不能够全部地描述所有两组间的各种线性关系，还有不能描述的那一部分。那么我们总能找到第 2 对典型因子，它们除满足是标准化的因子外，还具有在剩余协方差中能占有其中最大的解释部分，且与第 1 对典型因子无关。即可以表示为

$$u_2=c'_2X \tag{E1.6}$$

$$v_2 = d'_2 Y \tag{E1.7}$$

式中，$c_2 = (c_{12}\ c_{22} \cdots\ c_{p2})'$，$d_2 = (d_{12}\ d_{22} \cdots\ d_{q2})'$，并在剩余的协方差中，即它们之间的相关系数 r_2 满足

$$r_2 = \frac{1}{n} u_2 v'_2 = c'_2 S_{12} d_2 \rightarrow \text{极大}$$

同样，第 2 对典型因子并不能完全描述剩余协方差所有部分，还可以存在第 3 对典型因子、第 4 对典型因子等。到底有多少对满足上述条件的典型因子呢？可以证明，典型因子的对数等于两组变量的协方差阵 S_{12} 的秩数，即两组变量个数 p、q 中最小的数（设 p、$q<n$）。我们不妨假定预报量组中变量的个数 q 小于因子变量组中的变量个数 p，则典型因子可以一直找到第 q 对。它们分别表示为

$$u_q = c'_q X, v_q = d'_q Y$$

其中

$$c_q = \begin{pmatrix} c_{1q} \\ c_{2q} \\ \vdots \\ c_{pq} \end{pmatrix}, d_q = \begin{pmatrix} d_{1q} \\ d_q \\ \vdots \\ d_{qq} \end{pmatrix}$$

各对典型因子之间，我们希望它们是相互独立的，以便能最大限度地描述两组变量之间的协方差关系。

（2）求解典型因子

求典型因子的问题是确定未知的组合系数向量 c_1 及 d_1 的问题。在条件（E1.3）式及（E1.4）式下面满足（E1.5）式协方差极大原则，即是求二次型的极值问题。按拉格朗日乘数法求下面函数

$$Q = c'_1 S_{12} d_1 - \frac{1}{2}\nu_1 (c'_1 S_{11} c_1 - 1) - \frac{1}{2}\nu_2 (d'_1 S_{22} d_1 - 1) \tag{E1.8}$$

的极值。式中，ν_1 和 ν_2 为拉格朗日乘数；函数 Q 是 c_1 和 d_1 的函数，它的极值问题即为

$$\frac{\partial Q}{\partial c_1} = 0 \tag{E1.9}$$

$$\frac{\partial Q}{\partial d_1} = 0 \tag{E1.10}$$

用（E1.8）式代入（E1.9）式及（E1.10）式有

$$\begin{cases} S_{12} d_1 - \nu_1 S_{11} c_1 = 0 & ① \\ S_{21} c_1 - \nu_2 S_{22} d_1 = 0 & ② \end{cases} \tag{E1.11}$$

对（E1.11）中①、②两式分别左乘 c'_1 及 d'_1 得

$$\begin{cases} c'_1 S_{12} d_1 - \nu_1 c'_1 S_{11} c_1 = 0 \\ d'_1 S_{21} c_1 - \nu_2 d'_1 S_{22} d_1 = 0 \end{cases} \tag{E1.12}$$

将（E1.3）及（E1.4）的关系式代入到（E1.12）式有

$$\begin{cases} c'_1 S_{12} d_1 = \nu_1 \\ d'_1 S_{21} c_1 = \nu_2 \end{cases}$$

因为 $c'_1 S_{12} d_1$ 的矩阵乘积是一个数，且 $S'_{12} = S_{21}$，则

$$c'_1 S_{12} d_1 = d'_1 S_{21} c_1$$

所以 $\boldsymbol{c}'_1\boldsymbol{S}_{12}\boldsymbol{d}_1=\nu_1=\nu_2$。

从上一节中我们知道，$\boldsymbol{c}'_1\boldsymbol{S}_{12}\boldsymbol{d}_1$ 就是第 1 对典型相关因子的相关系数 r_1，即 $r_1=\nu_1=\nu_2$。对(E1.11)式的①式左乘 $\boldsymbol{S}_{21}\boldsymbol{S}_{11}^{-1}$(设 $\boldsymbol{S}_{11}$ 有逆)则得

$$\begin{aligned}\boldsymbol{S}_{21}\boldsymbol{S}_{11}^{-1}\boldsymbol{S}_{12}\boldsymbol{d}_1-\nu_1\boldsymbol{S}_{21}\boldsymbol{S}_{11}^{-1}\boldsymbol{S}_{11}\boldsymbol{c}_1&=0\\ \boldsymbol{S}_{21}\boldsymbol{c}_1&=\frac{1}{\nu_1}\boldsymbol{S}_{21}\boldsymbol{S}_{11}^{-1}\boldsymbol{S}_{12}\boldsymbol{d}_1\end{aligned}\tag{E1.13}$$

把(E1.13)式代入(E1.11)式中②式得

$$\frac{1}{\nu_1}\boldsymbol{S}_{21}\boldsymbol{S}_{11}^{-1}\boldsymbol{d}_1-\nu_1\boldsymbol{S}_{22}\boldsymbol{d}_1=0$$

即

$$(\boldsymbol{S}_{21}\boldsymbol{S}_{11}^{-1}\boldsymbol{S}_{12}-\nu_1^2\boldsymbol{S}_{22})\boldsymbol{d}_1=0\tag{E1.14}$$

令 $\lambda_1=\nu_1^2$，则有

$$(\boldsymbol{S}_{21}\boldsymbol{S}_{11}^{-1}\boldsymbol{S}_{12}-\lambda_1\boldsymbol{S}_{22})\boldsymbol{d}_1=0\tag{E1.15}$$

设 S_{22} 有逆存在，对上式左乘 S_{22}^{-1} 得

$$(\boldsymbol{S}_{22}^{-1}\boldsymbol{S}_{21}\boldsymbol{S}_{11}^{-1}\boldsymbol{S}_{12}-\lambda_1\boldsymbol{I})\boldsymbol{d}_1=0\tag{E1.16}$$

从(E1.16)式可知，求 λ_1 及 $\boldsymbol{d}_1$ 的问题归结为求矩阵 $\boldsymbol{S}_{22}^{-1}\boldsymbol{S}_{21}\boldsymbol{S}_{11}^{-1}\boldsymbol{S}_{12}$ 的特征值 λ_1 及其对应的特征向量的问题。但实际上 $\boldsymbol{S}_{22}^{-1}\boldsymbol{S}_{21}\boldsymbol{S}_{11}^{-1}\boldsymbol{S}_{12}$ 矩阵是非对称的矩阵，可以通过非对称的矩阵求解特征向量的方法求解。

剩下的问题就是求 $\boldsymbol{c}_1$，可以通过(E1.11)第①式得到

$$\boldsymbol{S}_{12}\boldsymbol{d}_1=\nu_1\boldsymbol{S}_{11}\boldsymbol{c}_1,\boldsymbol{c}_1=\frac{\boldsymbol{S}_{11}^{-1}\boldsymbol{S}_{12}\boldsymbol{d}_1}{\nu_1}$$

利用 λ_1 与 ν_1 的关系，即得

$$\boldsymbol{c}_1=\frac{\boldsymbol{S}_{11}^{-1}\boldsymbol{S}_{12}\boldsymbol{d}_1}{\sqrt{\lambda_1}}\tag{E1.17}$$

求出组合系数向量 $\boldsymbol{c}_1$ 及 $\boldsymbol{d}_1$，即得到第 1 对典型因子

$$\boldsymbol{u}_1=\boldsymbol{c}'_1\boldsymbol{X},\boldsymbol{v}_1=\boldsymbol{d}'_1\boldsymbol{Y}$$

第 1 对因子的典型相关系数为

$$r_1=\nu_1=\sqrt{\lambda_1}$$

典型因子 $\boldsymbol{u}_1$ 的原变量组合系数向量 $\boldsymbol{c}_1$ 也可以直接由(E1.11)的第②式导出。对②式左乘 $\boldsymbol{S}_{12}\boldsymbol{S}_{22}^{-1}$(设 $\boldsymbol{S}_{22}$ 有逆)，类似 $\boldsymbol{d}_1$ 的推导容易导出

$$(\boldsymbol{S}_{11}^{-1}\boldsymbol{S}_{12}\boldsymbol{S}_{22}^{-1}\boldsymbol{S}_{21}-\lambda_1\boldsymbol{I})\boldsymbol{c}_1=0\tag{E1.18}$$

$\boldsymbol{c}_1$ 就是矩阵 $\boldsymbol{S}_{11}^{-1}\boldsymbol{S}_{12}\boldsymbol{S}_{22}^{-1}\boldsymbol{S}_{21}$ 的最大特征值 λ_1 所对应的特征向量。

矩阵的特征值可以按大小顺序排列，它的最大特征值的开方就是满足(E1.5)式的最大协方差或最大相关系数。

对第 2 对典型因子，它们已标准化，与第 1 对典型因子类似应用拉格朗日乘数法，得到类似(E1.15)式或(E1.16)式的方程：

$$(\boldsymbol{S}_{22}^{-1}\boldsymbol{S}_{21}\boldsymbol{S}_{11}^{-1}\boldsymbol{S}_{12}-\lambda_2\boldsymbol{I})\boldsymbol{d}_2=0\tag{E1.19}$$

上式表明，第 2 对典型因子的相关系数就是 $\boldsymbol{S}_{22}^{-1}\boldsymbol{S}_{21}\boldsymbol{S}_{11}^{-1}\boldsymbol{S}_{12}$ 矩阵的第二大特征值的平方根。其中一个典型因子 $\boldsymbol{v}_2$ 的组合系数向量就是该特征值所对应的特征向量 $\boldsymbol{d}_2$。而另一个典型因子

是 $\boldsymbol{S}_{11}^{-1}\boldsymbol{S}_{12}\boldsymbol{S}_{22}^{-1}\boldsymbol{S}_{21}$ 矩阵的第二大特征值所对应的特征向量。当然也可以类似(E1.17)式用下式通过与 $\boldsymbol{d}_2$ 关系求出

$$\boldsymbol{c}_2=\frac{\boldsymbol{S}_{11}^{-1}\boldsymbol{S}_{12}\boldsymbol{d}_2}{\sqrt{\lambda_2}} \tag{E1.20}$$

由此可一直解出 q 对典型因子,各对典型因子的相关系数就是矩阵 $\boldsymbol{S}_{22}^{-1}\boldsymbol{S}_{21}\boldsymbol{S}_{11}^{-1}\boldsymbol{S}_{12}$ 或矩阵 $\boldsymbol{S}_{11}^{-1}\boldsymbol{S}_{12}\boldsymbol{S}_{22}^{-1}\boldsymbol{S}_{21}$ 的特征值的开方。这两个矩阵的特征值是一样的。假设预报量组的变量个数 q 小于因子组变量个数 p,$\boldsymbol{S}_{22}^{-1}\boldsymbol{S}_{21}\boldsymbol{S}_{11}^{-1}\boldsymbol{S}_{12}$ 矩阵与 $\boldsymbol{S}_{11}^{-1}\boldsymbol{S}_{12}\boldsymbol{S}_{22}^{-1}\boldsymbol{S}_{21}$ 矩阵具有相同的秩 q。矩阵的特征值为 $\lambda_1\geqslant\lambda_2\geqslant\cdots\geqslant\lambda_q$,它们的开方分别是各对典型因子的最大相关系数,它们所对应的特征向量分别为各对典型因子的组合系数向量。

(3)典型相关分析计算步骤

将两个变量场看成两组变量群,设有一组含 p 个因子变量,另一组含 q 个预报变量,且$q<p$。求各变量的平均值,然后用变量序列去减各平均值得 p 个因子距平变量及 q 个预报距平变量序列。

第一步,求因子变量组内 p 个变量的协方差阵 $\boldsymbol{S}_{11}$,预报变量组 q 个变量的协方差阵 $\boldsymbol{S}_{22}$,再求 p 个因子变量组与 q 个预报量组的交叉协方差阵 $\boldsymbol{S}_{12}$ 及它的转置阵 $\boldsymbol{S}_{21}$。

第二步,解下面方程

$$(\boldsymbol{S}_{22}^{-1}\boldsymbol{S}_{21}\boldsymbol{S}_{11}^{-1}\boldsymbol{S}_{12}-\lambda\boldsymbol{S}_{22})\boldsymbol{d}=0 \tag{E1.21}$$

求出 $\boldsymbol{S}_{22}^{-1}\boldsymbol{S}_{21}\boldsymbol{S}_{11}^{-1}\boldsymbol{S}_{12}$ 矩阵的各顺次的特征值,$\lambda_1\geqslant\lambda_2\geqslant\cdots\geqslant\lambda_q$ 及其对应的特征向量 $\boldsymbol{d}_1,\boldsymbol{d}_2,\cdots,\boldsymbol{d}_q$。得到预报量组典型因子的荷载向量(组合系数)。

第三步,利用(E1.18)的关系式求矩阵 $\boldsymbol{S}_{11}^{-1}\boldsymbol{S}_{12}\boldsymbol{S}_{22}^{-1}\boldsymbol{S}_{21}$ 的非零特征值所对应的特征向量 $\boldsymbol{c}_1$,$\boldsymbol{c}_2,\cdots,\boldsymbol{c}_q$,或使用公式

$$\boldsymbol{c}_k=\frac{\boldsymbol{S}_{11}^{-1}\boldsymbol{S}_{12}\boldsymbol{d}_k}{\sqrt{\lambda_k}}\quad(k=1,2,\cdots,q) \tag{E1.22}$$

求解。得到因子组典型因子的荷载向量(组合系数)。

第四步,由此即得 q 对典型因子,其组合系数分别由上述的特征向量所组成,即

$$\begin{cases}\boldsymbol{u}_k=\boldsymbol{c'}_k\boldsymbol{X}\\ \boldsymbol{v}_k=\boldsymbol{d'}_k\boldsymbol{Y}\end{cases}\quad(k=1,2,\cdots,q) \tag{E1.23}$$

典型相关系数就是矩阵 $\boldsymbol{S}_{22}^{-1}\boldsymbol{S}_{21}\boldsymbol{S}_{11}^{-1}\boldsymbol{S}_{12}$ 的特征值的开方,即为

$$r_k=\sqrt{\lambda_k}\quad(k=1,2,\cdots,q) \tag{E1.24}$$

有时为书写方便,用矩阵形式来表示上述计算过程,通过第三步求出矩阵 $\boldsymbol{S}_{22}^{-1}\boldsymbol{S}_{21}\boldsymbol{S}_{11}^{-1}\boldsymbol{S}_{12}$ 的 q 个特征值及其对应的特征向量后,利用它们分别构成对角阵 $\boldsymbol{\Lambda}$ 及矩阵 $\boldsymbol{D}$。
其中

$$\boldsymbol{\Lambda}=\begin{pmatrix}\lambda_1 & & & 0\\ & \lambda_2 & & \\ & & \ddots & \\ 0 & & & \lambda_q\end{pmatrix},\boldsymbol{D}=\begin{pmatrix}d_{11} & d_{12} & \cdots & d_{1q}\\ d_{21} & d_{22} & \cdots & d_{2q}\\ \vdots & \vdots & & \vdots\\ d_{q1} & d_{q2} & \cdots & d_{qq}\end{pmatrix} \tag{E1.25}$$

式中,$\boldsymbol{\Lambda}$ 阵是特征值为主对角元素,其余元素为 0 的矩阵;$\boldsymbol{D}$ 阵是由对应的特征向量为列向量所组成的矩阵。第四步中 $\boldsymbol{S}_{11}^{-1}\boldsymbol{S}_{12}\boldsymbol{S}_{22}^{-1}\boldsymbol{S}_{21}$ 矩阵的特征向量组成的矩阵为

$$\boldsymbol{C} = \boldsymbol{S}_{11}^{-1}\boldsymbol{S}_{12}\boldsymbol{D}\boldsymbol{\Lambda}^{-1/2}$$

第五步，最后得典型因子矩阵 $\boldsymbol{U}$ 及 $\boldsymbol{V}$，其中 $\boldsymbol{V}$ 是因子变量组的典型因子矩阵，$\boldsymbol{V}$ 为预报量组的典型因子矩阵，它们表示为

$$\begin{cases}\boldsymbol{U} = \boldsymbol{C}'\boldsymbol{X} \\ \boldsymbol{V} = \boldsymbol{D}'\boldsymbol{Y}\end{cases} \tag{E1.26}$$

上面求典型相关因子的方法，其中两个变量组中的变量为距平变量。如果变量组中变量为标准化变量，求解过程中的协方差矩阵变成相关阵，也类似地求出两个标准化变量场耦合的典型相关因子。

(4)典型因子的性质及典型相关系数的检验

由两组变量线性组合的典型因子不同于一般的线性组合出来的新变量。上节导出的 q 对典型因子具有如下性质。

①各典型因子是标准化变量。根据典型因子的表达式(E1.23)，对第 k 对典型因子的 n 个分量平均为

$$\frac{1}{n}\sum_{i=1}^{n}u_{ki} = \frac{1}{n}\sum_{i=1}^{n}(c_{1k}x_{1i} + c_{2k}x_{2i} + \cdots + c_{pk}x_{pi}) = c_{1k}\bar{x}_1 + c_{2k}\bar{x}_2 + \cdots + c_{pk}\bar{x}_p$$

式中，$\bar{x}_1,\bar{x}_2,\cdots,\bar{x}_p$ 分别是变量 $x_1,x_2,\cdots,x_p$ 的平均值。由于原变量是距平变量，平均值为0，故

$$\bar{u}_k = \frac{1}{n}\sum_{i=1}^{n}u_{ki} = 0$$

对第 k 对典型因子的另一个因子变量亦有

$$\bar{v}_k = \frac{1}{n}\sum_{i=1}^{n}v_{ki} = \frac{1}{n}\sum_{i=1}^{n}(d_{1k}y_{1i} + \cdots + d_{qk}y_{qi}) = 0$$

第 k 对典型因子的方差为

$$s_u^2 = \frac{1}{n}\boldsymbol{u}_k\boldsymbol{u}'_k$$

据(E1.23)表达式有

$$s_u^2 = \boldsymbol{c}'_k\boldsymbol{S}_{11}\boldsymbol{c}_k$$

据(E1.18)式容易知道

$$s_u^2 = 1$$

即典型因子是标准化因子。同样对第 k 对典型因子另一个因子的方差类似地有

$$s_v^2 = \frac{1}{n}\boldsymbol{v}_k\boldsymbol{v}'_k = 1$$

凡是有平均值为0，方差为1的变量称为标准化因子，典型因子亦具有这种性质。上述性质当 $k=1,2,\cdots,q$ 时均成立。

②各对典型因子之间的相关系数反映两组变量线性组合相互关系的密切程度，它们是矩阵 $\boldsymbol{S}_{22}^{-1}\boldsymbol{S}_{21}\boldsymbol{S}_{11}^{-1}\boldsymbol{S}_{12}$ 各特征值的开方。因为第 k 对典型因子的相关系数为

$$r_k = \frac{1}{n}\boldsymbol{u}_k\boldsymbol{v}'_k = \boldsymbol{c}'_k\boldsymbol{S}_{12}\boldsymbol{d}_k$$

据典型因子导出过程中(E1.12)～(E1.15)式有

$$r_k = v_k = \sqrt{\lambda_k}$$

式中，λ_k 为矩阵 $\boldsymbol{S}_{22}^{-1}\boldsymbol{S}_{21}\boldsymbol{S}_{11}^{-1}\boldsymbol{S}_{12}$ 第 k 个特征值。由于 q 个特征值排列次序为 $\lambda_1 \geqslant \lambda_2 \geqslant \cdots \geqslant \lambda_q$，因而典型相关系数亦有 $r_1 \geqslant r_2 \geqslant \cdots \geqslant r_q$。所以，第 1 对典型因子的相关系数（或协方差）在所有相关系数中是最大的。相关系数亦是典型因子的协方差，即第 2 对典型因子是所有典型因子的协方差中最大的。典型因子之间的相关系数在余下的 $q-1$ 个相关系数中是最大的，即它在余下的一切线性组合之间协方差中也是最大的。典型因子的第 3 对、第 4 对等均有类似性质。

③不在同一对中各典型因子相互是无关的。设选择第 i 对典型因子与第 j 对典型因子 $(i \neq j)$，求它们之间的相关系数

$$r_{ij} = \frac{1}{n}\boldsymbol{u}_i\boldsymbol{v}'_j = c'_j\left(\frac{1}{n}\boldsymbol{XY}'\right)\boldsymbol{d}_j = \boldsymbol{c}'_i\boldsymbol{S}_{12}\boldsymbol{d}_j$$

由(E1.15)式求第 i 对典型因子时有

$$(\boldsymbol{S}_{21}\boldsymbol{S}_{11}^{-1}\boldsymbol{S}_{12} - \lambda_i\boldsymbol{S}_{22})\boldsymbol{d}_i = 0 \tag{E1.27}$$

求第 j 对典型因子时有

$$(\boldsymbol{S}_{21}\boldsymbol{S}_{11}^{-1}\boldsymbol{S}_{12} - \lambda_j\boldsymbol{S}_{22})\boldsymbol{d}_j = 0 \tag{E1.28}$$

对(E1.27)式用 $\boldsymbol{d}'_j$ 左乘得

$$\boldsymbol{d}'_j\boldsymbol{S}_{21}\boldsymbol{S}_{11}^{-1}\boldsymbol{S}_{12}\boldsymbol{d}_i - \lambda_i\boldsymbol{d}'_j\boldsymbol{S}_{22}\boldsymbol{d}_i = 0 \tag{E1.29}$$

对(E1.28)式用 $\boldsymbol{d}'_i$ 左乘得

$$\boldsymbol{d}'_i\boldsymbol{S}_{21}\boldsymbol{S}_{11}^{-1}\boldsymbol{S}_{12}\boldsymbol{d}_j - \lambda_i\boldsymbol{d}'_i\boldsymbol{S}_{22}\boldsymbol{d}_j = 0 \tag{E1.30}$$

对(E1.29)式转置有

$$\boldsymbol{d}'_i\boldsymbol{S}'_{12}\boldsymbol{S}_{11}^{-1}\boldsymbol{S}_{21}\boldsymbol{d}_j - \lambda_i\boldsymbol{d}'_i\boldsymbol{S}_{22}\boldsymbol{d}_j = 0$$

利用 $\boldsymbol{S}'_{12} = \boldsymbol{S}_{21}$，$\boldsymbol{S}'_{21} = \boldsymbol{S}_{12}$ 得

$$\boldsymbol{d}'_i\boldsymbol{S}_{21}\boldsymbol{S}_{11}^{-1}\boldsymbol{S}_{12}\boldsymbol{d}_j - \lambda_i\boldsymbol{d}'_i\boldsymbol{S}_{22}\boldsymbol{d}_j = 0 \tag{E1.31}$$

把(E1.31)式与(E1.30)式相减得

$$(\lambda_i - \lambda_j)(\boldsymbol{d}'_i\boldsymbol{S}_{22}\boldsymbol{d}_j) = 0$$

由于 $\boldsymbol{S}_{22}^{-1}\boldsymbol{S}_{21}\boldsymbol{S}_{11}^{-1}\boldsymbol{S}_{12}$ 的 q 个特征值是非零且一般不相等，即 $\lambda_i \neq \lambda_j (i \neq j)$，所以

$$\boldsymbol{d}'_i\boldsymbol{S}_{22}\boldsymbol{d}_j = 0 \tag{E1.32}$$

而由(E1.11)式的第②式对第 j 对典型因子有

$$\boldsymbol{S}_{21}\boldsymbol{c}_j - \nu_j\boldsymbol{S}_{22}\boldsymbol{d}_j = 0 \tag{E1.33}$$

用 d'_i 左乘(E1.33)式有

$$\boldsymbol{d}'_i\boldsymbol{S}_{21}\boldsymbol{c}_j = \nu_j\boldsymbol{d}'_i\boldsymbol{S}_{22}\boldsymbol{d}_j$$

以(E1.32)式代入上式得

$$\boldsymbol{d}'_i\boldsymbol{S}_{21}\boldsymbol{c}_j = 0 \tag{E1.34}$$

上式矩阵转置有

$$\boldsymbol{c}'_j\boldsymbol{S}_{12}\boldsymbol{d}_i = 0 \tag{E1.35}$$

由于 i、j 任意，亦有

$$\boldsymbol{c}'_i\boldsymbol{S}_{12}\boldsymbol{d}_j = 0 \tag{E1.36}$$

对类似(E1.11)式的第①式的第 j 对典型因子有

$$\boldsymbol{S}_{12}\boldsymbol{d}_j - \nu_j\boldsymbol{S}_{11}\boldsymbol{c}_j = 0$$

用 c'_i 左乘上式有

$$\boldsymbol{c}'_i\boldsymbol{S}_{12}\boldsymbol{d}_j - \nu_j\boldsymbol{c}'_i\boldsymbol{S}_{11}\boldsymbol{c}_j = 0$$

以(E1.36)式代入上式，因为ν_j不为0，故得

$$c'_i S_{11} c_j = 0 \tag{E1.37}$$

类似地，由于i、j任意，亦有

$$c'_j S_{11} c_i = 0$$

第i对典型因子与第j对典型因子之间还存在下列几个相关系数，即

$$\frac{1}{n} u_i u'_j = c'_i S_{11} c_j$$

$$\frac{1}{n} v_i v'_j = d'_i S_{22} d_j$$

$$\frac{1}{n} v_i u'_j = d'_i S_{21} c_j$$

根据(E1.32)式、(E1.34)式及(E1.37)式可得它们均为0。说明不同对的典型相关因子之间是无关的。

由于典型相关因子具有上述3个特点，所以常利用它们来分析两组多变量之间的依赖关系。而且往往根据它的第二条性质，前几对典型相关因子常常代表了两组变量之间协方差关系的大部分。因而就可以用前几对典型相关因子作为反映两组变量的线性关系的主要信息，从而对于分析两组变量之间的线性关系可以通过前几对典型相关因子来进行。但是究竟选择前多少对典型相关因子才可以达到描述两组变量大部分的协方差关系呢？或者哪几对典型相关因子是显著的呢？下面将给予讨论。

典型因子对数的选择是用典型相关系数来定，即用矩阵$S_{22}^{-1} S_{21} S_{11}^{-1} S_{12}$的特征值来定。因为据性质②可知，典型相关系数大小是按典型因子对数的顺序排列的。因而对数的选择可以由典型相关系数是否显著来决定。通常认为典型相关系数小于0.30就不显著。严格的检验也可以通过下面的特征值显著性检验进行。

原假设两组变量的总体之间是无关的，则统计量

$$\chi^2 = -\left[(n-1) - \frac{1}{2}(p+q+1)\right]\ln L_1 \tag{E1.38}$$

遵从自由度为$p \times q$的χ^2分布。式中，n为样本容量；p、q分别为两组变量个数；L_1与矩阵特征值有关，表示为$L_1 = \prod_{i=1}^{s}(1-\lambda_i)$，其中$s$为$p$、$q$之中较小的一个数。

若检验结果拒绝假设，表示第1个特征值λ_1是显著的。再检验其余的特征值，这时统计量

$$\chi^2 = -\left[(n-1) - \frac{1}{2}(p+q+1)\right]\ln L_2 \tag{E1.39}$$

遵从自由度为$(p-1)(q-1)$的χ^2分布。式中，n、p、q意义与(E1.38)式相同；L_2与特征值λ有关，可表示为

$$L_2 = \prod_{i=2}^{s}(1-\lambda_i)$$

如此下去，直到下一个特征值检验为不显著为止(检验过程查附录12中的χ^2表判据值)。

(5)典型因子的回归

由于典型相关因子的性质可知，前几对通过显著性检验的典型相关因子代表了两组变量

之间的线性协方差关系的主要信息。那么对于一组含 q 个预报量的变量组和一组含 p 个因子的变量组进行典型相关分析，必然能找到反映这两组的依赖关系显著部分的典型因子。利用关系最好的典型因子之间做回归和在多元回归分析中选择好的因子(线性相关系数高的)做回归分析类似。但它还有更好的特点，即因子之间是相互独立的。这点对求它们之间的回归方程的回归系数是很方便的。

下面就来看看如何利用典型相关因子及其性质建立两组变量的回归关系。

例如，对于第1对典型相关因子 $\boldsymbol{u}_1$ 及 $\boldsymbol{v}_1$，可看作是两个各含 n 个样品的两个变量。设 v_1 为预报量，则据回归分析理论，可以建立它们之间的线性回归估计方程为

$$\hat{\boldsymbol{v}}_1 = b_1\boldsymbol{u}_1 \tag{E1.40}$$

式中，b_1 为回归系数，求回归系数 b_1 的标准方程组为

$$b_1\boldsymbol{u}_1\boldsymbol{u}'_1 = \boldsymbol{v}_1\boldsymbol{u}'_1 \tag{E1.41}$$

式中，$\boldsymbol{u}_1$ 及 $\boldsymbol{v}_1$ 为向量。据(E1.3)式及(E1.5)式，典型因子 $\boldsymbol{u}_1$ 的方差为

$$\frac{1}{n}\boldsymbol{u}_1\boldsymbol{u}'_1 = \boldsymbol{c}'_1\boldsymbol{S}_{11}\boldsymbol{c}_1 = 1$$

典型相关因子的协方差为

$$\frac{1}{n}\boldsymbol{v}_1\boldsymbol{u}'_1 = \boldsymbol{c}'_1\boldsymbol{S}_{12}\boldsymbol{d}_1 = r_1$$

将其代入(E1.41)式，得 $nb_1=nr_1$，即

$$b_1 = r_1 \tag{E1.42}$$

说明利用典型相关因子做回归时，它们之间的回归方程中的回归系数就是它们之间的典型相关系数，这一结论对多个典型相关因子也是成立的。

设预报量组的变量个数 q 小于因子变量组的变量个数 p，则可以求出它们之间 q 对典型因子。这 q 对典型因子之间的回归方程可以类似多元回归一章中矩阵表达式写成

$$\hat{\mathbf{V}} = \boldsymbol{BU} \tag{E1.43}$$

其中

$$\hat{\mathbf{V}} = \begin{pmatrix} \hat{\boldsymbol{v}}_1 \\ \hat{\boldsymbol{v}}_2 \\ \vdots \\ \hat{\boldsymbol{v}}_q \end{pmatrix}, \boldsymbol{U} = \begin{pmatrix} \boldsymbol{u}_1 \\ \boldsymbol{u}_2 \\ \vdots \\ \boldsymbol{u}_q \end{pmatrix}, \boldsymbol{B} = \begin{pmatrix} b_{11} & b_{12} & \cdots & b_{1q} \\ b_{21} & b_{22} & \cdots & b_{2q} \\ \vdots & \vdots & & \vdots \\ b_{q1} & b_{q2} & \cdots & b_{qq} \end{pmatrix}$$

B 为回归系数矩阵，据多元回归分析方法，求多个预报量 $v_1,v_2,\cdots,v_q$ 的回归系数矩阵的标准方程组类似地为

$$\boldsymbol{BUU}' = \boldsymbol{UV}' = \boldsymbol{VU}' \tag{E1.44}$$

根据 q 对典型相关因子的性质①～③有

$$\frac{1}{n}\boldsymbol{UU}' = \frac{1}{n}\begin{pmatrix} \boldsymbol{u}_1 \\ \boldsymbol{u}_2 \\ \vdots \\ \boldsymbol{u}_q \end{pmatrix}(\boldsymbol{u}'_1 \quad \boldsymbol{u}'_2 \quad \cdots \quad \boldsymbol{u}'_q) = \frac{1}{n}\begin{pmatrix} u_1u'_1 & u_1u'_2 & \cdots & u_1u'_q \\ u_2u'_1 & u_2u'_2 & \cdots & u_2u'_q \\ \vdots & \vdots & & \vdots \\ u_qu'_1 & u_qu'_2 & \cdots & u_qu'_q \end{pmatrix} = \boldsymbol{I}$$

$$\frac{1}{n}\boldsymbol{UV}' = \frac{1}{n}\begin{pmatrix} \boldsymbol{u}_1 \\ \boldsymbol{u}_2 \\ \vdots \\ \boldsymbol{u}_q \end{pmatrix}(\boldsymbol{v}'_1 \quad \boldsymbol{v}'_2 \quad \cdots \quad \boldsymbol{v}'_q) = \frac{1}{n}\begin{pmatrix} u_1v'_1 & u_1v'_2 & \cdots & u_1v'_q \\ u_2v'_1 & u_2v'_2 & \cdots & u_2v'_q \\ \vdots & \vdots & & \vdots \\ u_qv'_1 & u_qv'_2 & \cdots & u_qv'_q \end{pmatrix} = \boldsymbol{v}'\boldsymbol{uu}'$$

$$
= \begin{pmatrix} r_1 & & & 0 \\ & r_2 & & \\ & & \ddots & \\ 0 & & & r_q \end{pmatrix}
$$

式中，$r_1, r_2, \cdots, r_q$ 为典型相关系数。把上面关系代入(E1.44)式即得 $\boldsymbol{B}=\frac{1}{n}\boldsymbol{U}\boldsymbol{V}'$，所以

$$
\boldsymbol{B} = \begin{pmatrix} r_1 & & & 0 \\ & r_2 & & \\ & & \ddots & \\ 0 & & & r_q \end{pmatrix}
$$

据各典型相关系数与矩阵 $\boldsymbol{S}_{22}^{-1}\boldsymbol{S}_{21}\boldsymbol{S}_{11}^{-1}\boldsymbol{S}_{12}$ 的特征值 $\lambda_1, \lambda_2, \cdots, \lambda_q$，有如下关系

$$
r_k = \sqrt{\lambda_k} \quad (k=1,2,\cdots,q)
$$

所以回归系数矩阵

$$
\boldsymbol{B} = \boldsymbol{\Lambda}^{\frac{1}{2}} = \begin{pmatrix} \sqrt{\lambda_1} & & & 0 \\ & \sqrt{\lambda_2} & & \\ & & \ddots & \\ 0 & & & \sqrt{\lambda_q} \end{pmatrix}
$$

因此得到两组变量的 q 对典型因子之间的回归估计矩阵方程为

$$
\hat{\boldsymbol{V}} = \boldsymbol{\Lambda}^{1/2}\boldsymbol{U} \tag{E1.45}
$$

利用典型因子与原两组变量的关系式(E1.26)式，可以建立两组变量直接的回归估计方程，即

$$
\boldsymbol{D}'\hat{\boldsymbol{Y}} = \boldsymbol{\Lambda}^{1/2}\boldsymbol{C}'\boldsymbol{X} \tag{E1.46}
$$

其中

$$
\hat{\boldsymbol{Y}} = \begin{pmatrix} \hat{\boldsymbol{y}}_1 \\ \hat{\boldsymbol{y}}_2 \\ \vdots \\ \hat{\boldsymbol{y}}_q \end{pmatrix}, \boldsymbol{X} = \begin{pmatrix} \boldsymbol{x}_1 \\ \boldsymbol{x}_2 \\ \vdots \\ \boldsymbol{x}_q \end{pmatrix}
$$

而 $\boldsymbol{C}$ 阵及 $\boldsymbol{D}$ 阵分别由(E1.22)式及(E1.26)式所表示。于是对(E1.46)式两边左乘 D，再求解有

$$
\hat{\boldsymbol{Y}} = (\boldsymbol{D}\boldsymbol{D}')^{-1}\boldsymbol{D}\boldsymbol{\Lambda}^{1/2}\boldsymbol{C}'\boldsymbol{X} \tag{E1.47}
$$

据典型因子性质①及③有

$$
\boldsymbol{D}'\boldsymbol{S}_{22}\boldsymbol{D} = \boldsymbol{I} \tag{E1.48}
$$

对(E1.48)式左乘 $\boldsymbol{D}$ 及右乘 $\boldsymbol{D}'$ 有

$$
\boldsymbol{D}\boldsymbol{D}'\boldsymbol{S}_{22}\boldsymbol{D}\boldsymbol{D}' = \boldsymbol{D}\boldsymbol{D}'
$$

得

$$
\boldsymbol{S}_{22} = (\boldsymbol{D}\boldsymbol{D}')^{-1}
$$

将其代入(E1.47)式有

$$
\hat{\boldsymbol{Y}} = \boldsymbol{S}_{22}\boldsymbol{D}\boldsymbol{\Lambda}^{1/2}\boldsymbol{C}'\boldsymbol{X} \tag{E1.49}
$$

令

$$\boldsymbol{B}' = \boldsymbol{S}_{22}\boldsymbol{D}\boldsymbol{\Lambda}^{1/2}\boldsymbol{C}' \tag{E1.50}$$

即

$$\boldsymbol{B} = \boldsymbol{C}\boldsymbol{\Lambda}^{1/2}\boldsymbol{D}'\boldsymbol{S}_{22} \tag{E1.51}$$

则(E1.49)式写为

$$\hat{\boldsymbol{Y}} = \boldsymbol{B}'\boldsymbol{X}$$

这表明两组变量可以建立回归方程，其中回归系数阵可以用原预报量组内的协方差阵 $\boldsymbol{S}_{22}$，矩阵 $\boldsymbol{S}_{22}^{-1}\boldsymbol{S}_{21}\boldsymbol{S}_{11}^{-1}\boldsymbol{S}_{12}$ 的特征值的开方组成的对角阵 $\boldsymbol{\Lambda}^{\frac{1}{2}}$ 及其对应的特征向量阵 $\boldsymbol{D}$ 和 $\boldsymbol{S}_{11}^{-1}\boldsymbol{S}_{21}\boldsymbol{S}_{22}^{-1}\boldsymbol{S}_{21}$ 矩阵的特征向量阵 $\boldsymbol{C}$ 所表示。当取前几个显著的典型相关因子做回归估计时，矩阵 $\boldsymbol{C}$ 及 $\boldsymbol{D}$ 中的列向量由所取的特征值对应的特征向量构成，而 $\boldsymbol{\Lambda}^{\frac{1}{2}}$ 由所取的特征值的开方所构成。

实际上，当取矩阵 $\boldsymbol{S}_{22}^{-1}\boldsymbol{S}_{21}\boldsymbol{S}_{11}^{-1}\boldsymbol{S}_{12}$ 的全部特征值及其对应的特征向量组成矩阵 $\boldsymbol{\Lambda}$ 和 $\boldsymbol{D}$ 时，其结果与多预报量和多因子的回归估计方程一样。因为这时回归系数矩阵的转置有(用(E1.22)式代入)

$$\boldsymbol{B}' = \boldsymbol{S}_{22}\boldsymbol{D}\boldsymbol{\Lambda}^{1/2}(\boldsymbol{S}_{11}^{-1}\boldsymbol{S}_{12}\boldsymbol{D}\boldsymbol{\Lambda}^{-1/2})' = \boldsymbol{S}_{22}\boldsymbol{S}_{22}^{-1}\boldsymbol{S}_{21}\boldsymbol{S}_{11}^{-1} = \boldsymbol{S}_{21}\boldsymbol{S}_{11}^{-1} \tag{E1.52}$$

不过，在典型相关分析中由于可以取少数协方差极大的典型因子来代替全部两组变量的相关信息，从而比一般的多预报量回归更能排除一些随机因素的影响，并能提取它们的线性相关信息中的主要部分。

E2　奇异值分解

奇异值分解(Singular Value Decomposition，SVD)方法，也是对气候要素耦合场进行统计分析的常用方法之一，主要是用来分解耦合场的时空场，从而提取它们时间和空间的有用相关信息。它可以看作是一种基本的矩阵运算，对两个数据场的交叉相关系数阵进行奇异值分解，得到结果中空间场部分最大程度的解释了两场的协方差关系。因此，对于两个要素场，为了研究两者之间的相关关系，可以采用SVD方法来分解两个场的交叉协方差阵。

(1)奇异值分解原理

对于两个变量场中任意记某一个场为左场 $\boldsymbol{X}$，另一个场为右场 $\boldsymbol{Y}$，如降水场，这个降水场包含 q 个空间点，选择一个前期的气压场作为因子场，为左场 $\boldsymbol{X}$，这个气压场包含 p 个空间点。实际上我们研究的对象是两组距平变量：一组包含 q 个变量，另一组包含 p 个变量。如果取这样两个气象要素场的 n 年资料，它们的交叉协方差阵记为 $\boldsymbol{S}_{12}$ 或 $\boldsymbol{S}_{21}$

$$\boldsymbol{S}_{12} = \frac{1}{n}\boldsymbol{X}\boldsymbol{Y}' = \frac{1}{n}\begin{pmatrix} \boldsymbol{x}_1\boldsymbol{y}'_1 & \boldsymbol{x}_1\boldsymbol{y}'_2 & \cdots & \boldsymbol{x}_1\boldsymbol{y}'_q \\ \boldsymbol{x}_2\boldsymbol{y}'_1 & \boldsymbol{x}_2\boldsymbol{y}'_2 & \cdots & \boldsymbol{x}_2\boldsymbol{y}'_q \\ \vdots & \vdots & & \vdots \\ \boldsymbol{x}_p\boldsymbol{y}'_1 & \boldsymbol{x}_p\boldsymbol{y}'_2 & \cdots & \boldsymbol{x}_p\boldsymbol{y}'_q \end{pmatrix}$$

$$\boldsymbol{S}_{21} = \frac{1}{n}\boldsymbol{Y}\boldsymbol{X}' = \frac{1}{n}\begin{pmatrix} \boldsymbol{y}_1\boldsymbol{x}'_1 & \boldsymbol{y}_1\boldsymbol{x}'_2 & \cdots & \boldsymbol{y}_1\boldsymbol{x}'_p \\ \boldsymbol{y}_2\boldsymbol{x}'_1 & \boldsymbol{y}_2\boldsymbol{x}'_2 & \cdots & \boldsymbol{y}_2\boldsymbol{x}'_p \\ \vdots & \vdots & & \vdots \\ \boldsymbol{y}_q\boldsymbol{x}'_1 & \boldsymbol{y}_q\boldsymbol{x}'_2 & \cdots & \boldsymbol{y}_q\boldsymbol{x}'_p \end{pmatrix}$$

显然有 $\boldsymbol{S}_{12}=\boldsymbol{S}'_{21}$。

对矩阵进行奇异值分解，即

$$\underset{p\times q}{\boldsymbol{S}_{12}} = \underset{p\times q}{\boldsymbol{U}}\ \underset{q\times q}{\boldsymbol{\Lambda}}\ \underset{q\times q}{\boldsymbol{V}'} \tag{E2.1}$$

式中，$\boldsymbol{U}$ 和 $\boldsymbol{V}$ 是相互正交的。$\boldsymbol{U}$ 和 $\boldsymbol{V}$ 的列分别是左、右特征向量，即 $\boldsymbol{U}=(u_1,u_2,\cdots,u_k)$ 和 $\boldsymbol{V}=(v_1,v_2,\cdots,v_k)$。$\boldsymbol{\Lambda}$ 是非负奇异值组成的对角阵，阵中有 s 个非零的元素，是奇异值，按大小排列次序为 $\lambda_1\geqslant\lambda_2\geqslant\cdots\geqslant\lambda_q$，$s$ 为矩阵的秩，s 为 p、q 之中较小的一个数。每一个奇异值和一对左右特征向量相对应。

特征向量的求解可以通过两个协方差阵的交叉积求出，即

$$\begin{aligned}\underset{p\times n}{\boldsymbol{S}_{12}}\ \underset{n\times p}{\boldsymbol{S}'_{12}} &= \boldsymbol{U\Lambda V}'(\boldsymbol{U\Lambda V}')' \\ &= \boldsymbol{U\Lambda V}'\boldsymbol{V\Lambda U}' = \boldsymbol{U\Lambda}^2\boldsymbol{U}'\end{aligned} \tag{E2.2}$$

由于两个协方差阵的交叉积阵是对称阵，可以按对称阵分解的方法求出特征值和特征向量，其特征值的开方就是奇异值，其特征向量就是左特征向量，由特征向量为列向量构成矩阵 $\boldsymbol{U}(p\times s)$。

类似地有

$$\begin{aligned}\underset{q\times n}{\boldsymbol{S}'_{12}}\ \underset{n\times q}{\boldsymbol{S}_{12}} &= (\boldsymbol{U\Lambda V}')'\boldsymbol{U\Lambda V}' \\ &= \boldsymbol{V\Lambda}^2\boldsymbol{V}'\end{aligned} \tag{E2.3}$$

可以按对称阵分解的方法求出特征值和特征向量，其特征值的开方就是奇异值，其特征向量就是右特征向量，由特征向量为列向量构成矩阵 $\boldsymbol{V}(q\times s)$。

对时间系数的分析，可以通过计算原两个要素场 $\boldsymbol{X}$、$\boldsymbol{Y}$ 各自在左、右特征向量 $\boldsymbol{u}_i$ 和 $\boldsymbol{v}_i$ 上的投影，可得到左场的展开系数（时间系数）矩阵为

$$\underset{s\times n}{\boldsymbol{A}} = \underset{s\times p}{\boldsymbol{U}'}\ \underset{p\times n}{\boldsymbol{X}} \tag{E2.4}$$

类似地，左场的展开系数（时间系数）矩阵为

$$\underset{s\times n}{\boldsymbol{B}} = \underset{s\times q}{\boldsymbol{V}'}\ \underset{q\times n}{\boldsymbol{Y}} \tag{E2.5}$$

显然

$$\frac{1}{n}\underset{s\times n}{\boldsymbol{A}}\ \underset{s\times n}{\boldsymbol{B}'} = \underset{s\times p}{\boldsymbol{U}'}\left(\frac{1}{n}\underset{p\times n}{\boldsymbol{X}}\ \underset{n\times q}{\boldsymbol{Y}'}\right)\underset{q\times s}{\boldsymbol{V}} = \underset{s\times p}{\boldsymbol{U}'}\boldsymbol{S}_{12}\ \underset{q\times s}{\boldsymbol{V}} = \underset{s\times s}{\boldsymbol{\Lambda}}$$

即某一奇异值对应左与右场的时间系数的协方差。第1对左与右场的时间系数的协方差有最大的奇异值，也具有最大的协方差。它们对应的左与右特征向量，分别构成左与右场的空间模态，它们对左、右场相关特征有最大的解释量。但是，由于协方差有正（负）值，可以使用协方差的交叉积来表示协方差的能量，即

$$\left(\frac{1}{n}\boldsymbol{AB}'\right)\left(\frac{1}{n}\boldsymbol{AB}'\right)' = \boldsymbol{U}'\boldsymbol{S}_{12}\boldsymbol{VV}'\boldsymbol{S}'_{12}\boldsymbol{U} = \boldsymbol{U}'\boldsymbol{S}_{12}\boldsymbol{S}'_{12}\boldsymbol{U} = \boldsymbol{\Lambda}^2$$

因此，为了衡量各模态对原要素场 $\boldsymbol{X}$、$\boldsymbol{Y}$ 的交叉协方差的贡献，定义第 k 个模态对平方协方差的贡献百分比率为

$$g(k) = \frac{\lambda_k^2}{\sum_{i=1}^{s}\lambda_i^2} \tag{E2.6}$$

前 m（小于 s）个模态的累积平方协方差贡献百分率为

$$G(m)=\frac{\sum_{i=1}^{m}\lambda_i^2}{\sum_{i=1}^{s}\lambda_i^2} \tag{E2.7}$$

第 k 个奇异值对应的左、右场展开系数变量时间序列记为 $a_k(t)$ 和 $b_k(t)$，它们反映左、右场的空间模态对应的时间变化特征。左、右场展开系数变量时间序列的方差与对应场的总方差之比，是度量它们在两个场关系模态的时间变化的解释方差，分别表示为

$$\begin{cases} g_x(k)=\dfrac{s^2(a_k)}{\sum_{i=1}^{p}s_i^2(y)} \\ g_y(k)=\dfrac{s^2(b_k)}{\sum_{i=1}^{p}s_i^2(y)} \end{cases} \tag{E2.8}$$

式中，$s^2(a_k)$ 和 $s^2(b_k)$ 分别为第 k 个模态左、右场的空间模态对应的时间序列的方差；$s_i^2(x)$ 和 $s_i^2(y)$ 分别为左、右场的第 i 个格点变量序列的方差。

(2)同(异)性相关

在空间模态的分析上面，是以异性相关图来描述两个场中那些相关性强的空间特征的。为了得到异性相关模态，利用前面得到的左、右两场的展开系数，可以得到如下第 K 个模态异性相关系数：

$$r(X,b_K(t))=\frac{\langle X(t)b_K(t)\rangle}{\langle X^2(t)\rangle^{1/2}\langle a_K^2(t)\rangle^{1/2}} \tag{E2.9}$$

$$r(Y,a_K(t))=\frac{\langle Y(t)a_K(t)\rangle}{\langle Y^2(t)\rangle^{1/2}\langle a_K^2(t)\rangle^{1/2}} \tag{E2.10}$$

式中，“〈〉”为平均操作；$X(t)$ 和 $Y(t)$ 分别为左、右场中格点距平变量时间序列；$a_k(t)$ 和 $b_k(t)$ 分别为第 K 个模态左、右场展开系数变量时间序列。

由第 K 个模态异性相关系数可以绘出异性相关场的图。异性相关系数的分布表示一个场的展开系数(时间系数)与另一个场之间的相关分布状况。

同理，一个场的展开系数与同一个场进行计算，可以得到同性相关系数：

$$r(X,a_K(t))=\frac{\langle X(t)a_K(t)\rangle}{\langle X^2(t)\rangle^{1/2}\langle a_K^2(t)\rangle^{1/2}} \tag{E2.11}$$

$$r(Y,b_K(t))=\frac{\langle Y(t)b_K(t)\rangle}{\langle Y^2(t)\rangle^{1/2}\langle b_K^2(t)\rangle^{1/2}} \tag{E2.12}$$

由第 K 个模态同性相关系数可以绘出同性相关场的图。同性相关系数的分布表示一个场的展开系数(时间系数)与同一个场之间的相关分布状况，反映左、右变量场的耦合相关的区域特征。

(3)奇异值分解计算步骤

第一步，计算两个变量场 X 和 Y 的距平变量场或标准化变量场。

第二步，求两个变量场的协方差阵 $\boldsymbol{S}_{12}$(或相关阵 $\boldsymbol{R}_{12}$)的 s 个(矩阵的秩)奇异值和特征向量。

第三步，根据前 m(小于 s)个模态的累积平方协方差贡献百分率，确定提取模态的个数，得到对应各模态的空间场的分布图。

第四步，求各模态对应的左、右场展开系数变量时间序列。

第五步，求各模态对应的左、右异性相关场和同性相关场。

E3 偏最小二乘回归

偏最小二乘回归方法也是分析两个变量场之间关系的分析方法。当多个变量之间存在高度相关性时，如果要建立回归模型，会出现共性，使得求解出现困难。偏最小二乘回归方法改进传统多元回归分析的不足，使得分析结论更可靠，整体性更强。它还适合在样本容量小于变量个数的情况下进行回归建模。可以实现多种多元统计分析方法（包括主分量分析方法等）的综合应用。

（1）基本原理

对于两个变量场的耦合分析，记预报量（因变量）场为 $\boldsymbol{Y}$，包含 q 个空间点，选择一个前期的大气变量场作为因子（自变量）场，记为 $\boldsymbol{X}$，包含有 p 个空间点，包含 n 年资料。研究的出发资料阵是两个变量场 $\boldsymbol{X}$、$\boldsymbol{Y}$ 的标准化变量场，分别记为 $\boldsymbol{X}_0$、$\boldsymbol{Y}_0$，对它们分别做主分量分析，分别提取两个场的第 1 主分量，记为 $\boldsymbol{t}_1$、$\boldsymbol{u}_1$，即

$$\begin{aligned}\underset{1\times n}{\boldsymbol{t}_1} &= \underset{1\times p}{\boldsymbol{w}'_1}\ \underset{(p\times n)}{\boldsymbol{X}_0}\\ \underset{1\times n}{\boldsymbol{u}_1} &= \underset{1\times q}{\boldsymbol{c}'_1}\ \underset{q\times n}{\boldsymbol{Y}_0}\end{aligned} \tag{E3. 1}$$

式中，$\boldsymbol{w}_1$ 和 $\boldsymbol{c}_1$ 分别为两个场第 1 模态的荷载向量。符号“′”表示转置。

进一步求 $\boldsymbol{X}_0$ 场中格点变量对因子场主分量的回归方程，包含所有方程的预报值和误差的矩阵表示为

$$\underset{p\times n}{\boldsymbol{X}_0} = \underset{p\times 1}{\boldsymbol{p}'_1}\ \underset{1\times n}{\boldsymbol{t}_1} + \underset{p\times n}{\boldsymbol{X}_1} \tag{E3. 2}$$

式中，$\boldsymbol{p}_1$ 为回归系数向量，它是自变量场中 p 个格点变量对第 1 主分量的一元回归方程的回归系数；$\boldsymbol{X}_1$ 为因子场的残差矩阵，它是由 p 个格点变量的回归方程产生的预报值与实际观测值的误差值构成。回归系数向量分别为

$$\boldsymbol{p}_1 = \frac{\boldsymbol{X}'_0\boldsymbol{t}_1}{\|\boldsymbol{t}_1\|^2} \tag{E3. 3}$$

式中，$\|\boldsymbol{t}_1\|^2$ 表示第 1 主分量向量长度。

类似地，求 Y_0 场中格点变量对因子场主分量的回归方程，包含所有方程的预报值和误差的矩阵为

$$\underset{q\times n}{\boldsymbol{Y}_0} = \underset{q\times 1}{\boldsymbol{r}'_1}\ \underset{1\times n}{\boldsymbol{t}_1} + \underset{q\times n}{\boldsymbol{Y}_1} \tag{E3. 4}$$

式中，$\boldsymbol{r}_1$ 为回归系数向量，它是预报量场中 q 个格点变量对因子场第 1 主分量的一元回归方程的回归系数；$\boldsymbol{Y}_1$ 为预报量残差矩阵，它是由 q 个格点变量的回归方程产生的预报值与实际观测值的误差值构成。回归系数向量分别为

$$\boldsymbol{r}_1 = \frac{\boldsymbol{Y}'_0\boldsymbol{t}_1}{\|\boldsymbol{t}_1\|^2} \tag{E3. 5}$$

然后用第 1 次误差矩阵 $\boldsymbol{X}_1$、$\boldsymbol{Y}_1$ 取代开始出发矩阵 $\boldsymbol{X}_0$、$\boldsymbol{Y}_0$，进行第 2 次计算。分别提取第 1 次误差矩阵 $\boldsymbol{X}_1$、$\boldsymbol{Y}_1$ 的第 1 主分量 $\boldsymbol{t}_2$、$\boldsymbol{r}_2$，则有

$$\underset{p\times n}{\boldsymbol{X}_0} = \underset{p\times 1}{\boldsymbol{p}'_1}\ \underset{1\times n}{\boldsymbol{t}_1} + \underset{p\times 1}{\boldsymbol{p}'_2}\ \underset{1\times n}{\boldsymbol{t}_2} + \underset{p\times n}{\boldsymbol{X}_2}$$

$$\underset{q\times n}{\boldsymbol{Y}_0} = \underset{q\times 1}{\boldsymbol{r}'_1}\underset{1\times n}{\boldsymbol{t}_1} + \underset{q\times 1}{\boldsymbol{r}'_2}\underset{1\times n}{\boldsymbol{t}_2} + \underset{q\times n}{\boldsymbol{Y}_2} \tag{E3.6}$$

得到第2次因子和预报量场的残差矩阵，如此计算下去，类似回归分析中的残差最小逐步回归方法见(附录1)。如果 $\boldsymbol{X}$ 的秩为 s，则有

$$\begin{aligned}\boldsymbol{X}_0 &= \boldsymbol{p}'_1\boldsymbol{t}_1 + \boldsymbol{p}'_2\boldsymbol{t}_2 + \cdots + \boldsymbol{p}'_s\boldsymbol{t}_s \\ \boldsymbol{Y}_0 &= \boldsymbol{r}'_1\boldsymbol{t}_1 + \boldsymbol{r}'_2\boldsymbol{t}_2 + \cdots + \boldsymbol{r}'_s\boldsymbol{t}_s + \boldsymbol{Y}_e = \hat{\boldsymbol{Y}}_0 + \boldsymbol{Y}_e\end{aligned} \tag{E3.7}$$

$\hat{\boldsymbol{Y}}_0$ 包含因变量组的变量 Y 的估计，$\boldsymbol{Y}_e$ 包含因估计产生的残差，因此，得到的是 $\boldsymbol{X}$ 与 $\boldsymbol{Y}$ 的逐次回归线性方程。

由于在一个回归方程中，回归残差与回归变量之间是不相关的。因此，在逐次回归中每次主分量的引入可以保持其独立性。

(2)交叉场主分量回归的有效性判别

用刀切法考察预报场回归方程残差。用部分主分量拟合方程，定义预报量场中去第 i 点的 y_j 的预测误差平方和为

$$PRESS_j = \sum_{i=1}^{n}(y_{ji} - \hat{y}_{ji(-i)})^2 \tag{E3.8}$$

对 q 个预报场变量回归方程，则有 $PRESS = \sum_{j=1}^{q} PRESS_j$

另外，再使用所有样本点计算 y_j 的残差平方和 $SSE_j = \sum_{i=1}^{n}(y_{ji} - \hat{y}_{ji})^2$ 和 $SSE = \sum_{j=1}^{q} SSE_j$

一般来说，$PRESS$ 大于 SSE。如果 m 个主分量的误差小于 $m-1$ 个主成分的误差，就认为增加一个主成分会使得预测精度提高。设有 m 次操作，使用判断准则为

$$\frac{PRESS_m}{SSE_{m-1}} \leqslant 0.95^2 \text{ 或 } Q_m^2 = 1 - \frac{PRESS_m}{SSE_{m-1}} \geqslant 1 - 0.95^2 = 0.0975$$

(3)变量场的方差分析

由于自变量荷载是反映自变量在偏最小二乘回归中起的重要作用，而该主分量轴又可以解释因变量，因此，自变量的荷载相当于以因变量为对象的传统的回归方程中的回归系数。

自变量荷载向量中的分量平方，表示对应自变量在主分量轴上的公共性，所有自变量公共性之和相当于回归方差。

由于荷载表示相关系数，从而可以在图中绘出对应因子荷载场 p 分量值的显著区域。

因子场 X 的荷载是 p，其分量的平方和，平方和的值称为在公共因子 t 上的公共性，它乘上 t 的平方和除 p 就是所有因变量场的回归方差。

预报量场 Y 的荷载是 r，其分量的平方和，平方和的值乘上 t 的平方和除 q 就是所有因变量场的回归方差。

根据 $\boldsymbol{X}_0$ 矩阵的秩为 s，则两个变量场矩阵的模为

$$\|\boldsymbol{X}_0\|^2 = \sum_{h=1}^{s}\|\boldsymbol{t}_h\|^2 \times \|\boldsymbol{p}_h\|^2$$

$$\|\boldsymbol{Y}_0\|^2 = \sum_{h=1}^{s}\|\boldsymbol{t}_h\|^2 \times \|\boldsymbol{r}_h\|^2 + \|\boldsymbol{Y}_s\|^2$$

两个变量场格点的方差为

$$\frac{1}{n}\|\boldsymbol{X}_0\|^2 = p = \sum_{h=1}^{s}\frac{1}{n}\|\boldsymbol{t}_h\|^2 \times \|\boldsymbol{p}_h\|^2 = S_{kt}^2\sum_{h=1}^{s}\|\boldsymbol{p}_h\|^2$$

$$\frac{1}{n}\|\boldsymbol{Y}_0\|^2 = q = \sum_{h=1}^{s}\frac{1}{n}\|\boldsymbol{t}_h\|^2 \times \|\boldsymbol{r}_h\|^2 + \|\boldsymbol{Y}_e\|^2 = S_{kt}^2\sum_{h=1}^{s}\|\boldsymbol{r}_h\|^2 + \|\boldsymbol{Y}_e\|^2$$

自变量场的解释方差为

$$G_X = \frac{1}{p}S_{kt}^2\sum_{h=1}^{s}\|\boldsymbol{p}_h\|^2$$

因变量场的解释方差为

$$G_Y = \frac{1}{q}S_{kt}^2\sum_{h=1}^{s}\|\boldsymbol{r}_h\|^2$$

由于 t 是主因子，其方差为 1，所以如果仅取 1 个主因子($s=1$)，其主因子方差和

$$S_{kt}^2 = \sum_{h=1}^{1}\frac{1}{n}\|\boldsymbol{t}_h\|^2 = 1$$

因此，如果仅取 1 个主因子($s=1$)，自变量场的解释方差为

$$G_X = \frac{1}{p}\sum_{h=1}^{1}\|\boldsymbol{p}_h\|^2 = \frac{1}{p}\|\boldsymbol{p}_1\|^2 \tag{E3. 9}$$

因变量场的解释方差为

$$G_Y = \frac{1}{q}\sum_{h=1}^{1}\|\boldsymbol{r}_h\|^2 = \frac{1}{q}\|\boldsymbol{r}_1\|^2 \tag{E3. 10}$$

(4)偏最小二乘计算步骤

第一步，计算两个变量场，自变量场 X 和因变量场 Y 的标准化变量场，作为出发矩阵。

第二步，对自变量场分别做主分量分析，分别提取自变量场的第 1 主分量。

第三步，求因变量场中格点变量，对自变量场第 1 主分量的一元回归方程的回归系数，得到因变量场回归系数向量。

第四步，计算两个变量场的残差矩阵。

第五步，以各变量场的残差矩阵作为新出发矩阵，转入第二步，做第二次残差矩阵计算，直到因变量场残差小于设定阈值。

附录F　大气变量时域分析

大气变量是随时间变化的，通过对它进行观测会形成一组有序的随时间变化数据，称这种数据为时间序列。对变量取值的时间变化规律进行分析，称为“时域”分析，又称为时间序列分析或时序分析。变量在时间上的变化特征，表现有持续性和波动性等特征。分析的方法有自回归模型、滑动平均模型和自回归滑动平均模型。还有可以诊断时间序列不规则波动周期的方差分析、均生函数模型、经验模态分解和去趋势涨落分析等。

F1　自回归模型

自回归模型（Autoregressive，AR），是研究变量随时间变化过程中变量之间的关系的方法。

（1）一阶自回归模型

把大气变量的时间序列 $x_i(i=1,2,\cdots,n)$，看成随机序列的一组观测现实。随机序列就是指一串随机变量 $X_1,X_2,\cdots$所构成的序列，用 $X_t(t=1,2,\cdots)$表示。对每个固定的整数 t，X_t 是一随机变量。

表示要素某一时刻与前一时刻之间的线性回归模型称为一阶自回归模型，记为 AR(1)。对随机序列 X_t 有

$$X_t = \varphi_1 X_{t-1} + a_t \tag{F1.1}$$

式中，φ_1 为模型系数；a_t 为白噪声。为讨论方便，设 X_t 的数学期望为 0，方差为 σ_x^2。

满足(F1.1)式的 X_t 也符合马尔科夫过程定义，故又称为一阶马尔科夫过程。这一过程的自相关函数具有如下特点：落后 τ 时刻与落后 1 时刻的自相关函数关系为

$$\rho_\tau = \rho_1^{|\tau|} \tag{F1.2}$$

证明如下：用 X_{t-1}乘(F1.1)式两边后取数学期望有

$$E(X_t X_{t-1}) = \varphi_1 E(X_{t-1} X_{t-1}) + E(X_{t-1} a_t)$$

设 X_t 仅与前期时刻的白噪声有关，而与后期时刻的白噪声无关，对上式再除以 X_t 的方差后得 $\rho_1=\varphi_1$。于是(F1.1)式可表为

$$X_t = \rho_1 X_{t-1} + a_t$$

利用上式，对 X_{t-1}可表示为

$$X_{t-1} = \rho_1 X_{t-2} + a_{t-1}$$

代入(F1.1)式有

$$X_t = \rho_1^2 X_{t-2} + \tilde{a}_t$$

如此下去，容易导出

$$X_t = \rho_1^k X_{t-k} + \tilde{a}_t \tag{F1.3}$$

对(F1.3)式两边乘 X_{t-k} 并取数学期望，则可证明(F1.2)式。式中，k 为时间间隔；$\tilde{a}_t$ 为含白噪声其他项。

对 AR(1)，其中回归系数 ρ_1 为落后 1 时刻自相关系数。当它为正值时，表示时间序列具有红噪声过程，即有持续性；如果它等于 0，表示序列为白噪声过程；如果为负值，表示序列为紫噪声过程；如果它等于 1，表示序列为随机步行。

AR(1)还可写成另一形式，即

$$X_t - \varphi_1 X_{t-1} = a_t$$

或

$$(1 - \varphi_1 B) X_t = a_t \tag{F1.4}$$

式中，B 为后移算子，$BX_t = X_{t-1}$，$B_2 X_t = X_{t-2}$，…。于是，(F1.4)式可表示为 $X = (1 - \varphi_1 B)^{-1} a_t$。由于

$$\frac{1}{1 - \varphi_1 B} = 1 + \varphi_1 B + (\varphi_1 B)^2 + (\varphi_1 B)^3 + \cdots$$

则

$$X_t = (1 + \varphi_1 B + \varphi_1^2 B^2 + \cdots) a_t = a_t + \varphi_t a_{t-1} + \varphi_1^2 a_{t-2} + \cdots = \sum_{j=0}^{\infty} \varphi_1^j a_{t-j} \tag{F1.5}$$

(F1.5)式称为(F1.4)式的逆形式。即除了把气象要素现在时刻的变化看成是前一时刻的影响外，也可看成是前期无穷多时刻的白噪声的影响。

对(F1.5)式两边取方差，并据白噪声性质有

$$\mathrm{var}(X_t) = \sigma_a^2 + \varphi_1^2 \sigma_a^2 + \varphi_1^4 \sigma_a^2 + \cdots = \sigma_a^2 \sum_{j=0}^{\infty} \varphi_1^{2j} = \sigma_a^2 \left(\frac{1}{1 - \varphi_1^2} \right)$$

由上式可见，要使 X_t 的方差有限，必须要求 $\varphi_1^2 < 1$，这就是 AR(1)系统稳定的条件。

对一阶自回归方程的求取，可以把变量数据资料看成预报量，把时间变量看成自变量，使用一元回归模型即可求得。

(2)二阶自回归模型

$$X_t = \varphi_1 X_{t-1} + \varphi_2 X_{t-2} + a_t \tag{F1.6}$$

为 AR(2)系统模型。对上式乘 X_t 并取数学期望，且假定 $E(a_t X_t) = \sigma_a^2$，则得 X_t 的方差为

$$\sigma_x^2 = \varphi_1 \gamma_1 + \varphi_2 \gamma_2 + \sigma_a^2 \tag{F1.7}$$

即

$$\sigma_x^2 (1 - \varphi_1 \rho_1 - \varphi_2 \rho_2) = \sigma_a^2 \tag{F1.8}$$

对(F1.6)式两边乘 X_{t-1}，取期望后除以 σ_x^2 有

$$\rho_1 = \varphi_1 + \varphi_2 \rho_1 \tag{F1.9}$$

对(F1.6)式两边乘 X_{t-2}，取期望后除以 σ_x^2 有

$$\rho_2 = \varphi_1 \rho_1 + \varphi_2 \rho_0 \tag{F1.10}$$

AR(2)还可写为另一形式，即

$$(1 - \varphi_1 B - \varphi_2 B^2) X_t = a_t \tag{F1.11}$$

上式左边关于 B 的多项式可用因式分解，则上式为

$$(1 - \lambda_1 B)(1 - \lambda_2 B) X_t = a_t$$

式中，λ_1 及 λ_2 为 B 的多项式的特征方程($\lambda_2 - \varphi_1 \lambda - \varphi_2 = 0$)的根，于是

$$
\begin{aligned}
X_t &= \frac{1}{(1-\lambda_1 B)(1-\lambda_2 B)} a_t \\
&= \frac{1}{\lambda_1-\lambda_2}\left(\frac{\lambda_1}{1-\lambda_1 B}-\frac{\lambda_2}{1-\lambda_2 B}\right) a_t \\
&= \frac{1}{\lambda_1-\lambda_2}\left\{\sum_{j=0}^{\infty}(\lambda_1^{j+1}-\lambda_2^{j+1}) B\right\} a_t \\
&= \frac{1}{\lambda_1-\lambda_2}\left\{\sum_{j=0}^{\infty}(\lambda_1^{j+1}-\lambda_2^{j+1}) a_{t-j}\right\}
\end{aligned}
$$

从上式可见，AR(2)的稳定条件是$|\lambda_1|<1$及$|\lambda_2|<1$。

(3)p阶自回归模型

p阶自回归模型AR(p)表示为

$$X_t = \varphi_1 X_{t-1} + \varphi_2 X_{t-2} + \cdots + \varphi_p X_{t-p} + a_t \tag{F1.12}$$

用$X_{t-1}(k=1,2,\cdots,p)$乘上式再取数学期望并除以σ_x^2，得

$$\begin{cases}
\rho_1 = \varphi_1 + \varphi_2 \rho_1 + \cdots + \varphi_p \rho_{p-1} \\
\rho_2 = \varphi_1 \rho_1 + \varphi_2 + \cdots + \varphi_p \rho_{p-2} \\
\vdots \qquad \vdots \qquad \vdots \\
\rho_p = \varphi_1 \rho_{p-1} + \varphi_2 \rho_{p-2} + \cdots + \varphi_p
\end{cases} \tag{F1.13}$$

对(F1.12)式两边乘X_t，取数学期望再除以σ_x^2有

$$\sigma_x^2\left(1-\sum_{k=1}^{p}\varphi_k \rho_k\right) = \sigma_a^2 \tag{F1.14}$$

类似地，p阶自回归模型还可写为

$$(1-\varphi_1 B-\varphi_2 B^2-\cdots-\varphi_p B^p) X_t = a_t$$

对上式左边B的p阶多项式进行因子分解，为$\left[\prod_{k=1}^{p}(1-\lambda_k B)\right] X_t = a_t$，类似地，$\lambda_k$为$B$的多项式的特征方程的根。因此，AR($p$)的稳定条件是$|\lambda_k|<1(k=1,2,\cdots,p)$。

(4)自回归模型的参数估计

对于大气变量的样本现实$x_t(t=1,2,\cdots,n)$，p阶自相关系数$r(\tau)(\tau=1,2,\cdots,p)$，记为$r_\tau$。它定义为

$$r_\tau = r(\tau) = s(\tau)/s^2 \tag{F1.15}$$

称为落后τ时刻的自相关系数，其中，自协方差$s(\tau)$用下式估计：

$$s(\tau) = \frac{1}{n}\sum_{i=1}^{n-\tau}(x_i-\bar{x})(x_{i+\tau}-\bar{x})$$

也可以使用其无偏估计量计算：

$$s(\tau) = \frac{1}{n-\tau}\sum_{i=1}^{n-\tau}(x_i-\bar{x})(x_{i+\tau}-\bar{x})$$

式中，$\bar{x}$及s为样本均值和标准差。

把它们作为(F1.13)式中ρ_τ的估计，则从(F1.13)式可解出自回归模型AR(p)的系数的估计，求系统的标准方程为

$$\begin{pmatrix}\hat{\varphi}_1\\\hat{\varphi}_2\\\vdots\\\hat{\varphi}_p\end{pmatrix}=\begin{pmatrix}1 & r_1 & \cdots & r_{p-1}\\ r_1 & 1 & \cdots & r_{p-2}\\ \vdots & \vdots & & \vdots\\ r_{p-1} & r_{p-2} & \cdots & 1\end{pmatrix}^{-1}\begin{pmatrix}r_1\\r_2\\\vdots\\r_p\end{pmatrix}$$

AR(p)模型的系数还可用递推法进行估计。对 $p=1$ 有 $\hat{\varphi}_1^{(1)}=r_1$，系数右上角"(1)"表示自回归模型阶数为1。对 $p=2$ 有

$$\begin{pmatrix}\hat{\varphi}_1^{(2)}\\\hat{\varphi}_2^{(2)}\end{pmatrix}=\begin{pmatrix}1 & r_1\\ r_1 & 1\end{pmatrix}^{-1}\begin{pmatrix}r_1\\r_2\end{pmatrix}$$

$$\begin{cases}\hat{\varphi}_2^{(2)}=\dfrac{r_2-r_1r_1}{1-r_1r_1}=\dfrac{r_2-\hat{\varphi}_1^{(1)}r_1}{1-\hat{\varphi}_1^{(1)}r_1}\\ \hat{\varphi}_1^{(2)}=\hat{\varphi}_1^{(1)}-\hat{\varphi}_2^{(2)}\hat{\varphi}_1^{(1)}\end{cases}$$

对 $p=3$ 有

$$\begin{cases}\hat{\varphi}_1^{(3)}+\hat{\varphi}_2^{(3)}r_1+\hat{\varphi}_3^{(3)}r_2=r_1\\ \hat{\varphi}_1^{(3)}r_1+\hat{\varphi}_2^{(3)}+\hat{\varphi}_3^{(3)}r_1=r_2\\ \hat{\varphi}_1^{(3)}r_2+\hat{\varphi}_2^{(3)}r_1+\hat{\varphi}_3^{(3)}=r_3\end{cases}\tag{F1.16}$$

联立方程中的前两式可改写为

$$\begin{cases}\hat{\varphi}_1^{(3)}+r_1\hat{\varphi}_2^{(3)}=r_1-\hat{\varphi}_3^{(3)}r_2\\ \hat{\varphi}_1^{(3)}r_1+\hat{\varphi}_2^{(3)}=r_2-\hat{\varphi}_3^{(3)}r_1\end{cases}$$

即

$$\begin{pmatrix}1 & r_1\\ r_1 & 1\end{pmatrix}\begin{pmatrix}\hat{\varphi}_1^{(3)}\\\hat{\varphi}_2^{(3)}\end{pmatrix}=\begin{pmatrix}r_1\\r_2\end{pmatrix}-\hat{\varphi}_3^{(3)}\begin{pmatrix}r_2\\r_1\end{pmatrix}$$

或

$$\begin{pmatrix}\hat{\varphi}_1^{(3)}\\\hat{\varphi}_2^{(3)}\end{pmatrix}=\begin{pmatrix}1 & r_1\\ r_1 & 1\end{pmatrix}^{-1}\begin{pmatrix}r_1\\r_2\end{pmatrix}-\hat{\varphi}_3^{(3)}\begin{pmatrix}1 & r_1\\ r_1 & 1\end{pmatrix}^{-1}\begin{pmatrix}r_2\\r_1\end{pmatrix}$$

利用 $p=2$ 时的系数关系式(F1.15)有

$$\begin{pmatrix}\hat{\varphi}_1^{(3)}\\\hat{\varphi}_2^{(3)}\end{pmatrix}=\begin{pmatrix}\hat{\varphi}_1^{(2)}\\\hat{\varphi}_2^{(2)}\end{pmatrix}-\hat{\varphi}_3^{(3)}\begin{pmatrix}\hat{\varphi}_2^{(2)}\\\hat{\varphi}_1^{(2)}\end{pmatrix}$$

将上式代入(F1.16)的第三式整理后得

$$\hat{\varphi}_3^{(3)}=\frac{r_3-\hat{\varphi}_1^{(2)}r_2-\hat{\varphi}_2^{(2)}r_1}{1-\hat{\varphi}_1^{(2)}r_1-\hat{\varphi}_2^{(2)}r_2}$$

如此下去，由数学归纳法可得 p 阶自回归系数逐阶递推公式为

$$\begin{cases}\hat{\varphi}_p^{(p)}=\dfrac{r_p-\sum\limits_{k=1}^{p-1}\hat{\varphi}_k^{(p-1)}r_{p-k}}{1-\sum\limits_{k=1}^{p-1}\hat{\varphi}_k^{(p-1)}r_k} & (k=1,2,\cdots,p-1)\\ \hat{\varphi}_k^{(p)}=\hat{\varphi}_k^{(p-1)}-\hat{\varphi}_p^{(p)}\hat{\varphi}_{p-k}^{(p-1)}\end{cases}\tag{F1.17}$$

(5)自回归预报方程

利用样本对AR(p)模型做估计的部分称为 p 阶自回归预报方程，即表示为

$$\hat{x}_t = \hat{\varphi}_1 x_{t-1} + \hat{\varphi}_2 x_{t-2} + \cdots + \hat{\varphi}_p x_{t-p} \tag{F1.18}$$

AR(p)模型中 a_t 部分相当于回归分析中的残差，于是残差方差估计可利用(F1.14)式得到，记为

$$s_a^2 = s_x^2 \left(1 - \sum_{k=1}^{p} \hat{\varphi}_k r_k\right) \tag{F1.19}$$

式中，s_x^2 为现实 x_t 样本方差。因而，自回归方程的复相关系数为

$$R^2 = 1 - \frac{s_a^2}{s_x^2} = \sum_{k=1}^{p} \hat{\varphi}_k r_k \tag{F1.20}$$

利用(F1.18)式，自回归预报方程可做出时间序列未来时刻的预报。

(6)自回归模型 AR(p)计算步骤

第一步，根据公式(F1.15)计算变量落后 p 时刻的自相关系数。

第二步，把自相关系数代入公式(F1.17)，即求 p 阶自回归系数逐阶递推公式，求出 p 阶自回归系数。

第三步，根据公式(F1.20)求自回归方程的复相关系数。

另一种 p 阶自回归方程求取方法，也可以用变量数据资料，把变量看成预报量，把 p 个落后时刻的时间变量看成 p 个自变量，使用多元回归模型求得自回归系数，得到自回归方程，求复相关系数，并对方程做显著性检验，然后根据未来时刻值代入方程，得到未来时刻预报值。但是，此自回归方程与上述自回归模型有些不同，因为它没有变量平稳性。

F2 滑动平均模型

滑动平均模型(Moving Average，MA)，是研究变量随时间变化与噪声的关系的方法。

(1)一阶滑动平均模型

从(F1.5)式可知，随机序列也可用前期多时刻白噪声的线性组合来描述，最简单的模型为一阶滑动平均模型，记为 MA(1)，表示为

$$X_t = a_t - \theta_1 a_{t-1} \tag{F2.1}$$

式中，θ_1 为模型系数，对上式两边乘 X_t 有

$$X_t X_t = (a_t - \theta_1 a_{t-1})(a_t - \theta_1 a_{t-1})$$

取数学期望得

$$\rho_x^2 = (1 + \theta_1^2)\sigma_a^2 \tag{F2.2}$$

对(F2.1)式两边乘 X_{t-1}，取期望再除以 σ_x^2 有

$$\rho_1 = -\frac{\theta_1 \sigma_a^2}{\sigma_x^2} \tag{F2.3}$$

用(F2.2)式代入上式，可得 MA(1)中自相关函数与系数的关系：

$$\rho_1 = \frac{-\theta_1}{1 + \theta_1^2} \tag{F2.4}$$

(F2.1)式也可写为另一形式，即

$$a_t = \frac{1}{1 - \theta_1 B} X_t = \sum_{j=0}^{\infty} \theta_1^j B^j X_t = \sum_{j=0}^{\infty} \theta_1^j X_{t-j} \tag{F2.5}$$

上式表明，白噪声也可用前期无穷时刻的随机序列 X_t 来表示，类似 AR(1)的讨论，欲使 a_t 的方

差有限，必须有条件$|\theta_1|<1$，若满足此条件，称 MA(1)系统是可逆的。

(2)二阶滑动平均模型

二阶滑动平均模型记为 MA(2)，表示为

$$X_t = a_t - \theta_1 a_{t-1} - \theta_2 a_{t-2} \tag{F2.6}$$

对(F2.6)式两边乘 $X_{t-k}(k=0,1,2)$再取数学期望有

$$\begin{cases}\sigma_x^2 = (1+\theta_1^2+\theta_2^2)\sigma_a^2 \\ \rho_1\sigma_x^2 = (-\theta_1+\theta_1\theta_2)\sigma_a^2 \\ \rho_2\sigma_x^2 = -\theta_2\sigma_a^2\end{cases}$$

从上式可解得 MA(2)模型中自相关函数与模型系数的关系：

$$\begin{cases}\rho_1 = \dfrac{-\theta_1+\theta_1\theta_2}{(1+\theta_1^2+\theta_2^2)} \\ \rho_2 = \dfrac{-\theta_2}{(1+\theta_1^2+\theta_2^2)}\end{cases}$$

与 AR(2)模型推导方法类似，若令

$$\Theta(B) = 1-\theta_1 B-\theta_2 B^2 = (1-v_1 B)(1-v_2 B)$$

则可以导出 MA(2)系统的可逆性条件为$|v_k|<1(k=1,2)$，式中，v_k 为 B 多项式的特征方程的根。

(3)q 阶滑动平均模型

q 阶滑动平均模型记为 MA(q)，表示为

$$X_t = a_t - \theta_1 a_{t-1} - \theta_2 a_{t-2} - \cdots - \theta_q a_{t-q} \tag{F2.7}$$

上式两边乘 $X_{t-1}(k=0,1,\cdots,q-1)$再取期望有

$$\begin{cases}\sigma_x^2 = (1+\theta_1^2+\cdots+\theta_q^2)\sigma_a^2 \\ \rho_k = \dfrac{-\theta_k+\theta_1\theta_{k+1}+\cdots+\theta_{q-k}\theta_a}{1+\theta_1^2+\theta_2^2+\cdots+\theta_q^2} \quad (k=1,2,\cdots,q)\end{cases} \tag{F2.8}$$

关于 MA(q)(即(F2.7)式)系统可逆性条件是多项式

$$\Theta(B) = 1-\theta_1 B-\cdots-\theta_q B^a$$

所对应的特征方程($v^q-\theta_1 v^{q-1}-\cdots-\theta_a=0$)的根$|v_k|<1(k=1,\cdots,q)$。

(4)滑动平均模型的系数估计

利用 X_t 一组实测样本 $x_t(t=1,2\cdots,n)$的自相关系数作为 $\rho_1,\rho_2,\cdots,\rho_q$ 的估计，然后利用自相关函数与系数的关系即可做出 MA(q)中系数的估计。

例如，对 $q=1$ 时，有

$$\hat{\theta}_1 = \frac{r_1\hat{\sigma}_x^2}{\hat{\sigma}_a^2} \tag{F2.9}$$

代入(F2.2)式得

$$\hat{\sigma}_a^4 - \hat{\sigma}_x^2\hat{\sigma}_a^2 + r_1^2\hat{\sigma}_x^2 = 0$$

解出

$$\hat{\sigma}_a^2 = \hat{\sigma}_x^2\,\frac{1\pm\sqrt{1-r_1^2}}{2}$$

将上式代入(F2.9)式得

$$\hat{\theta}_1 = -r_1 \frac{2}{1+\sqrt{1-4r_1^2}}$$

至于在 σ_a^2 及 $\hat{\theta}_1$ 式中根式前正负号取哪一个，可以用可逆性条件 $|\theta_1|<1$ 来做决定，即所取的符号保证使 $|\hat{\theta}_1|<1$。

当 $q=2$ 时，会得到关于 σ_a^2 的四次方程，由于解高次代数方程不容易，所以通常当 $q\geqslant 2$ 时不用上面方法，而用迭代法来估计模型中的系数。一般情况下，(F2.8)式改为

$$\begin{cases} \hat{\sigma}_a^2 = \hat{\sigma}_x^2(1+\hat{\theta}_1^2+\cdots+\hat{\theta}_q^2)^{-1} \\ \hat{\theta}_k = -\left(\dfrac{r_k\hat{\sigma}_x^2}{\hat{\sigma}_a^2} - \hat{\theta}_1\hat{\theta}_{k+1} - \cdots - \hat{\theta}_{q-k}\hat{\theta}_q\right) \quad (k=1,\cdots,q) \end{cases} \tag{F2.10}$$

给出 $\hat{\theta}_1,\hat{\theta}_2,\cdots,\hat{\theta}_q$ 和 σ_a^2 的一组初值(例如，设 $\hat{\theta}_1^{(0)}=\cdots=\hat{\theta}_q^{(0)}=0,\hat{\sigma}_a^2=\hat{\sigma}_x^2$)，代入(F2.10)式右边，计算得 $\hat{\sigma}_a^{2(1)}$ 及 $\hat{\theta}_k^{(1)}(k=1,2,\cdots,q)$ 的值，然后再将它们代入(F2.10)式右边进行计算。如此迭代下去，直到计算值稳定为止。

(5)滑动平均模型 MA(q)的计算步骤

第一步，计算变量的方差和落后 q 时刻的自相关系数。

第二步，给出模型系数和白噪声的一组初值，根据迭代公式(F2.10)求 q 阶滑动平均模型的白噪声方差和系数。

F3　自回归滑动平均模型

自回归滑动平均模型(Autoregressive Moving Average，ARMA)，是研究变量随时间变化过程中，变量之间和噪声的关系的方法。

(1)ARMA(p,q)模型

自回归滑动平均模型 ARMA(p,q)可以看成是自回归模型 AR(p)的扩展。对形如(F1.12)式的 AR(p)模型，若令

$$\Phi(B) = 1-\varphi_1 B-\varphi_2 B^2-\cdots-\varphi_p B^p$$

则 AR(p)可写为

$$\Phi(B)X_t = e_t$$

式中，e_t 为残差部分，它反映用 p 阶自回归模型描述 X_t 所余下无法拟合的部分。对这一残差部分我们可用 MA(q)模型来描述，即

$$e_t = \Theta(B)a_t$$

其中

$$\Theta(B) = 1-\theta_1 B-\theta_2 B^2-\cdots-\theta_q B^q$$

由上述两个部分综合而成

$$\Phi(B)X_t = \Theta(B)a_t \tag{F3.1}$$

称为 ARMA(p,q)模型，对(F3.1)式做整理可表示为

$$X_t = \varphi_1 X_{t-1}+\varphi_2 X_{t-2}+\cdots+\varphi_p X_{t-p}+a_t-\theta_1 a_{t-1}-\cdots-\theta_q a_{t-q} \tag{F3.2}$$

上式说明，可把 ARMA(p,q)模型看成由 AR(p)及 MA(q)混合而成。

若令 $\Psi(B)=\Phi^{-1}(B)\Theta(B)$，则(F3.1)模型还可写为

$$X_t = \Psi(B)a_t \tag{F3.3}$$

即随机序列某一时刻取值可以看成是前期多个白噪声取值的线性组合。(F3.3)式还可以有它的逆形式，写成

$$a_t = \Psi(B)^{-1}X_t \equiv \Pi(B)X_t \tag{F3.4}$$

在线性系统中，也称 $\Psi(B)$ 及 $\Pi(B)$ 为传递函数。由于 ARMA(p,q) 模型是由 AR(p) 及 MA(q) 混合而成，故它的稳定和可逆条件与 AR(p) 及 MA(q) 的一致。这些条件保证了 X_t 及 a_t 的方差是有限的。

(2)ARMA(p,q)模型的自相关函数

对(F3.2)式两边乘 X_{t-k} 再取期望有

$$\gamma_k = \varphi_1\gamma_{k-1} + \cdots + \varphi_p\gamma_{k-p} + \gamma_{xa}(k) - \theta_1\gamma_{xa}(k-1) - \cdots - \theta_q\gamma_{xa}(k-q) \tag{F3.5}$$

式中，γ_k 为 X_t 的自协方差函数；$\gamma_{xa}(k)$ 为 X_t 与 a_t 的落后交叉协方差函数；k 为落后阶数。由于已假定 X_t 与后期时刻 $a_{t+k}(k>0)$ 无关，所以当 $k\geqslant q+1$ 时，上式变为

$$\gamma_k = \varphi\gamma_{k-1} + \cdots + \varphi_p\gamma_{k-p} \tag{F3.6}$$

然后对上式除以 σ_x^2 变为

$$\rho_k = \varphi_1\rho_{k-1} + \cdots + \varphi_p\rho_{k-p} \tag{F3.7}$$

(3)ARMA(p,q)模型的系数求解

由(F3.7)式可建立 $k\geqslant q+1$ 的 p 阶线性方程组

$$\begin{cases}\rho_{q+1} = \varphi_1\rho_q + \varphi_2\rho_{q-1} + \cdots + \varphi_p\rho_{q-p+1} \\ \rho_{q+2} = \varphi_1\rho_{q+1} + \varphi_2\rho_q + \cdots + \varphi_q\rho_{q-p+2} \\ \vdots \qquad\qquad \vdots \qquad\qquad\qquad \vdots \\ \rho_{q+p} = \varphi_1\rho_{q+p-1} + \varphi_2\rho_{q+p-2} + \cdots + \varphi_p\rho_q\end{cases} \tag{F3.8}$$

由(F3.8)式可解出 $\varphi_1,\varphi_2,\cdots,\varphi_p$，再令

$$Y_t = X_t - \varphi_1X_{t-1} - \varphi_2X_{t-2} - \cdots - \varphi_pX_{t-p} \tag{F3.9}$$

则 ARMA(p,q)模型可写为

$$Y_t = a_t - \theta_1a_{t-1} - \cdots - \theta_qa_{t-q} \tag{F3.10}$$

对 Y_t 来说就变成一个纯 MA(q)模型，再用 MA(q)模型系数估计方法即可得到 $\theta_1,\cdots,\theta_q$ 的估计。但在估计 $\theta_1,\cdots,\theta_q$ 时要用到 Y_t 的自相关函数或自协方差函数。下面介绍如何通过原序列 X_t 的自相关函数来计算 Y_t 的自协方差函数。

由于已设 $E(X_t)=0$，则据(F3.9)式有 $E(Y_t)=0$，于是 Y_t 落后 k 时刻自协方差函数可表为

$$\begin{aligned}c_k &= E(Y_tY_{t+k}) \\ &= E\Big[\big(X_t - \sum_{j=1}^{p}\varphi_jX_{t-j}\big)\big(X_{t+k} - \sum_{i=1}^{p}\varphi_iX_{t+k-i}\big)\Big] \\ &= \gamma_k - \sum_{j=1}^{p}\varphi_j\gamma_{k+j} - \sum_{i=1}^{p}\varphi_i\gamma_{k-i} + \sum_{i=1}^{p}\sum_{j=1}^{p}\varphi_i\varphi_j\gamma_{k+j-i}\end{aligned}$$

如果令 $\varphi_0=-1$，上式可综合写成

$$c_k = \sum_{i=0}^{p}\sum_{j=0}^{p}\varphi_i\varphi_j\gamma_{k+j-i} \qquad (k=0,1,2,\cdots,q) \tag{F3.11}$$

如用 X_t 的自相关函数表示，则对上式两边除以 σ_x^2 得

$$c'_k = \frac{c_k}{\sigma_x^2} = \sum_{i=0}^{p}\sum_{j=0}^{p}\varphi_i\varphi_j\rho_{k+j-i} \qquad (k=0,1,2,\cdots,q)$$

于是 Y_t 的自协方差函数可表示为

$$c_k = \sigma_x^2 \sum_{i=0}^{p} \sum_{j=0}^{p} \varphi_i \varphi_j s_{k+j-i} \qquad (k = 0,1,\cdots,q) \tag{F3.12}$$

或写为

$$c_k = \sum_{i=0}^{p} \varphi_i^2 \gamma_k + \sum_{j=1}^{p} (\varphi_0 \varphi_i + \varphi_1 \varphi_{i+1} + \cdots + \varphi_{p-i} \varphi_p) d_k \tag{F3.13}$$

式中，$d_k = \gamma_{k+i} + \gamma_{k-i}$。再利用求 MA($q$)模型系数的估计方法，即用下面公式

$$\begin{cases} \sigma_a^2 = \dfrac{c_0}{1 + \theta_1^2 + \cdots + \theta_q^2} \\ \theta_k = -\left(\dfrac{c_k}{\sigma_a^2} - \theta_1 \theta_{k+1} - \theta_2 \theta_{k+2} - \cdots - \theta_{q-k} \theta_q\right) \end{cases} \tag{F3.14}$$

作为求 σ_a^2 及 θ_k 的迭代公式，于是可求出 ARMA(p,q)模型的系数。

(4)ARMA(p,q)模型的预报

从 X_t 的传递函数表示形式可得到未来 l 时刻的 X_{t+1} 为

$$X_{t+1} = \Psi(B) a_{t+1} = a_{t+1} + \psi_1 a_{t+l-1} + \cdots + \psi_l a_t + \psi_{l+1} a_{t-1} + \cdots$$

我们可把上式分为两部分，一部分与未来时刻的白噪声值($a_{t+1}, a_{t+2}, \cdots, a_{t+l}$)有关，记为

$$e_t(l) = a_{t+l} + \psi_1 a_{t+l-1} + \cdots + \psi_{l-1} a_{t+l} \tag{F3.15}$$

称为预报未来 l 时刻的预报误差；另一部分与目前及过去的白噪声值有关，记为

$$\hat{X}_t(l) = \psi_l a_t + \psi_{l+1} a_{t-1} + \cdots \tag{F3.16}$$

称为预报未来 l 时刻的估计。于是 X_{t+l} 可写为

$$X_{t+l} = \hat{X}_t(l) + e_t(l) \tag{F3.17}$$

容易用白噪声性质证明预报误差有如下特点：

$$\begin{cases} E[e_t(l)] = 0 \\ var[e_t(l)] = (1 + \psi_1^2 + \psi_2^2 + \cdots + \psi_{l-1}^2) \sigma_a^2 \end{cases} \tag{F3.18}$$

具体预报时，可用如下法则：

①现在的或过去的观测值的条件期望就是此同测值(已知的)；

②未来观测值的条件期望就是它的预报值；

③现在的或过去的白噪声的条件期望就是 a_t 本身，它可以计算出来；

④未来的白噪声条件期望为 0。

(5)模型阶数选择

要建立较为理想的 ARMA(p,q)的预报模型，仅靠一次猜测就建立某一阶数模型是不行的，应该对不同的 p、q 阶数进行试验，以便选择出最佳的 p、q 来建立最终的预报模型。选择 p、q 阶数的标准自然是预报时的残差方差最小。我们可以对残差 a_t 的方差进行估计，即

$$\hat{\sigma}_a^2 = \frac{\sum_{t=1}^{n} (x_t - \hat{x}_t)^2}{n - (p + q + 1)} \tag{F3.19}$$

式中，n 为样本容量：x_t、$\hat{x}_t$ 分别为变量序列实测值与估计值。但是实际预报中，残差方差最小的预报模型，不一定预报效果好。因而，选择 p、q 阶数标准通常使用最小信息准则(AIC)及贝叶斯信息准则(BIC)。它们的表示形式分别为

$$AIC = n \ln \hat{\sigma}_a^2 + 2(p + q + 1) \tag{F3.20}$$

$$BIC = n\ln\hat{\sigma}_a^2 + (p+q+1)\ln(n) \tag{F3.21}$$

对各种 p、q 进行选择，计算出该模型的 AIC 或 BIC。比较各种可能的判据值，从中选择最小的值所对应的阶数作为最终的预报模型。

(6)自回归滑动平均模型 ARMA(p,q)的计算步骤

第一步，对变量序列，求 p 阶自回归模型的模型参数。

第二步，根据(F3.9)式求残差变量 Y。

第三步，对残差变量 Y，求 q 阶滑动平均模型。

第四步，把 p 阶自回归模型与 q 阶滑动平均模型混合，得到 ARMA(p,q)。

第五步，对各种 p、q 进行选择，计算对应的模型 AIC 或 BIC。比较各种可能的判据值，从中选择最小的值所对应的阶数作为最终的 ARMA(p,q)模型。

F4 方差分析模型

方差分析(Analysis of Variance, ANOVA)，是研究变量变化过程中不同时间段的方差变化的方法。

利用方差分析中的不同时间段方差的差异性检验，寻找气候时间序列的周期性。这种周期性分析方法的主要原理是把时间序列数据按周期性的时间间隔进行分组，比较分组后不同组的组内方差与组间方差大小，然后用方差检验来确定可能存在的周期。

设对预报量的 n 个资料的时间序列现实(样本)$x(t)$，按某一周期性变化的间隔分为 k 组，每组样本容量分别为 $n_1, n_2, \cdots, n_k (n=\sum_{i=1}^{k} n_i)$，每组数据记为 $x_{ij}(i=1,2,\cdots,k;j=1,2,\cdots,n_i)$。原序列平均值可表示为

$$\overline{x} = \frac{1}{n}\sum_{i=1}^{k}\sum_{j=1}^{n_i} x_{ij}$$

第 k 组数据平均值为

$$\overline{x}_k = \frac{1}{n_k}\sum_{j=1}^{n_k} x_{ki}$$

n 个数据的总离差平方和可分解为

$$\begin{aligned}\sum_{i=1}^{k}\sum_{j=1}^{n_i}(x_{ij}-\overline{x})^2 &= \sum_{i=1}^{k}\sum_{j=1}^{n_i}[(x_{ij}-\overline{x}_i)+(\overline{x}_i-\overline{x})]^2 \\ &= \sum_{i=1}^{k}\sum_{j=1}^{n_i}(x_{ij}-\overline{x}_i)^2 + \sum_{i=1}^{k} n_i(\overline{x}_i-\overline{x})^2 + 2\sum_{i=1}^{k}\sum_{j=1}^{n_i}(x_{ij}-\overline{x}_i)(\overline{x}_i-\overline{x})\end{aligned}$$

上式右边第三项展开后容易证明为 0。于是有

$$\sum_{i=1}^{k}\sum_{j=1}^{n_i}(x_{ij}-\overline{x})^2 = \sum_{i=1}^{k}\sum_{j=1}^{n_i}(x_{ij}-\overline{x}_i)^2 + \sum_{i=1}^{k}(\overline{x}_i-\overline{x})^2$$

上式右边第一项称为组内离差平方和，第二项称为组间离差平方和。这两项分别除以 $n-k$ 及 $k-1$，则可以得到组内方差及组间方差的无偏估计量。统计量

$$F_{v_1,v_2} = \frac{\sum_{i=1}^{k} \frac{n_i(\overline{x}_i - \overline{x})^2}{(k-1)}}{\sum_{i=1}^{k}\sum_{j=1}^{n_i} \frac{(x_{ij} - \overline{x})^2}{(n-k)}} \tag{F4.1}$$

遵从分子自由度 $v_1 = k-1$ 和分母自由度 $v_2 = n-k$ 的 F 分布。

利用变量序列的方差分析，可以进行序列变化的周期性分析，然后利用序列周期性进行序列未来时刻的预报。其计算步骤如下：

第一步，对变量的时间序列以测量值为单位，如对年际变化的变量序列，分别取 2 年、3 年、4 年等作为试验周期，对序列做相应时间间隔分组。容易计算各试验周期组的 F 值，找出 F 值最大，且通过显著性检验的组，设其周期分组为 m 年，确定为序列存在 m 年周期的变化规律，认为它是气象要素时间序列的主要周期。

第二步，用主要周期对应的平均序列，作为原序列周期波动特征，以该周期的平均序列按年际变化排列为

$$\overline{x}_1, \overline{x}_2, \cdots, \overline{x}_m, \overline{x}_1, \overline{x}_2, \cdots$$

排列年序列样本容量与原序列相同，即可以得到主要周期变化的波动特征序列，并作为原序列的主要周期估计序列 $x_1(t)$。

第三步，对残差序列 $y(t) = x(t) - x_1(t)$，重复第一步过程，找出 F 值最大，且通过显著性检验的组，设其周期分组为 p 年，确定为序列存在 p 年周期的变化规律，认为它是气象要素时间序列的次要周期。

$$\hat{y}_1, \hat{y}_2, \cdots, \hat{y}_p, \hat{y}_1, \hat{y}_2, \cdots$$

如此下去，直到无显著周期找到为止。

第四步，把找到的几个显著周期的序列排列，进行叠加，其序列样本容量进行外延，即可对未来年份的预报量做出预报。

值得指出的是，方差分析提取的序列变化周期，不是传统的正弦波或余弦波的规则变化周期，而是不规则的变化周期。

F5 均生函数模型

均生函数(Mean Generating Function，MGF)模型也是提取变量序列不规则变化周期的方法。

设样本量为 n 的一个时间序列 $x(t)$，定义均生函数

$$\overline{x}_l(i) = \frac{1}{n_l}\sum_{j=0}^{n_l} x(i+jL) \qquad (i = 1,2,\cdots,L; L = 1,2,\cdots,m) \tag{F5.1}$$

其中

$$n_l = \mathrm{int}(n/L), m = \mathrm{int}(n/2) \text{ 或 } \mathrm{int}(n/3)$$

式中“int”表示取整。

对时间序列可以求得 m 个均生函数，做周期性延拓可得新均生函数序列：

$$f_L(t) = \overline{x}_l(i), t = i[\mathrm{mod}(L)]$$

式中，“mod”表示同余，据式(F5.1)可构造出周期为 L 的 m 列周期函数。这样就使得各均生

函数定义域可扩展到整个需要的同一时间轴上。

对 m 个周期函数序列，需要确定时间序列的主要变化周期。将 m 个周期序列看作因子，对原时间序列做多元回归分析，利用逐步回归，筛选出几个方差贡献较大的周期因子，其方差贡献最大者为主要周期。但是，考虑到周期序列的有效长度为 n/L，计算方差贡献时，做有效长度的系数订正。订正后的长度为 L 序列的方差贡献为

$$V_l = a_l U_l = \frac{n}{l} U_l \qquad (l = 2, \cdots, m) \tag{F5.2}$$

式中，U_l 为订正前长度为 L 序列的方差贡献。

预报未来时刻变量值时，利用主要周期序列做外延延拓即可。

另外一种模型建模方法是，如果选取 p 个主要周期序列，则可以把 p 个周期序列看成 p 个因子，建立 p 个因子与变量序列的回归方程，使用逐步回归得到最终的回归方程作为预报模型，将周期因子序列延拓后的值代入预报模型，即可得到未来时刻预报值。

F6　经验模态分解

经验模态分解(Empirical Mode Decomposition，EMD)也是对变量序列进行周期分析的方法，其提取的周期也是不规则变化周期。它可以从序列中逐级分离出本征模态函数(IMF)分量，通过分析这些分量揭示序列内在的多尺度振荡变化。分离的办法是采用筛选过程，把序列中的极大值和极小值分别用(3 次)样条函数曲线联结起来，分别构成上、下两条包络线，它们的均值线为 m_1。由原序列 $X(t)$ 与 m_1 之差得到 h_1。经过 k 次筛选，使得 h_1 的全部极大值都为正，极小值都为负，并且局部峰和谷的波形关于横轴(零均值线)是基本对称的。这样得到了第 1 个本征模态函数 IMF1：

$$IMF1 = C_1(t) = h_{1k}(t) = h_{1(k-1)}(t) - m_{1k}(t) \tag{F6.1}$$

C_1 是原序列中时间尺度最短即最高频的分量(振荡模态)。然后把 C_1 从原序列中分离出来，得到剩余序列 r_1。再对 r_1 重复上述过程，得到第 2 个 IMF 分量 C_2。如此进行下去，原序列就可用逐级分离出的 IMF 分量表示成：

$$X(t) = \sum_{i=1}^{n} C_i(t) + r_n(t) \tag{F6.2}$$

式中，r_n 是最后的“剩余”，即趋势项，表示整个序列的总趋势。停止筛选过程所用的门限值 SD 是每次筛选前后的序列之差：

$$SD = \sum_{t=0}^{T} \left[\frac{\left| h_{j(k-1)}(t) - h_{jk}(t) \right|^2}{h_{j(k-1)}^2(t)} \right] \quad (j = 1, \cdots, n; k = 1, 2, \cdots) \tag{F6.3}$$

一般可以取 SD=0.2～0.3。

式(F6.2)表明，原序列 $X(t)$ 可被分解为有限的 n 个 IMF 分量(C_i，$i=1,\cdots,n$)之和，以及 1 个趋势项 r_n。每一个分量表征原序列内在的一种时间尺度的振荡，它基本上是平稳的，原序列的非平稳性主要包含在非零的趋势项中；因此，EMD 方法适合于分析非平稳序列中的振荡模态。

F7　去趋势的涨落分析

去趋势的涨落分析(Detrended Fluctuation Analysis，DFA)是一种非线性时间序列分析

方法。这种方法以随机游走理论为基础，利用 DFA，可以简单快捷的计算出表征气候变率长程持续性的判据。

对于一给定的大气变量时间序列$\{x(i)\}(i=1,2,\cdots,n)$(假设是已经去除年循环的距平序列)，首先对序列求一次积分得到廓线序列，即累积距平序列：

$$y(j)=\sum_{i=1}^{j}x(i)\quad(j=1,\cdots,n)\tag{F7.1}$$

然后将廓线序列$\{y(j)\}$分成等宽度为 s 的 N_s 个时段窗口，其中 $N_s=[n/s]$。由于时间序列的长度 n 不一定总是窗口宽度 s 的整数倍，为了充分利用分窗口时在廓线序列尾部余下的、没有被考虑进去的数据，从时间序列尾部(反方向)再一次划分窗口，得到了另一组 N_s 个窗口。这样便有 $\nu=1,2,\cdots,2N_s$，共 $2N_s$ 个时段窗口。

在每个时段窗口 ν 内，我们利用最小二乘法拟合趋势(可用一次、二次乃至多次多项式拟合)，得到拟合曲线$\{P(j)\}$。然后对廓线序列$\{y(j)\}$去趋势，即

$$Y_s(j)=y(j)-P_\nu(j)\tag{F7.2}$$

$Y_s(j)$序列即为去趋势后的序列。利用 $Y_s(j)$，在每个窗口 ν 内可求涨落函数

$$F_s^2(\nu)=\frac{1}{s}\sum_{j=1}^{s}Y_s^2[(\nu-1)s+j]\tag{F7.3}$$

对所有 $2N_s$ 个窗口的涨落函数做算数平均，即可得到 DFA 涨落函数：

$$F(s)=\sqrt{\frac{1}{2N_s}\sum_{\nu=1}^{2N_s}F_s^2(\nu)}\tag{F7.4}$$

选取不同的窗口大小 s，可以得到不同的涨落函数 $F(s)$。如果原始序列$\{x(i)\}$具有长程持续性，则函数 $F(s)$和窗口大小 s 之间满足幂律关系：

$$F(s)\sim s^{\alpha}\tag{F7.5}$$

式中，幂指数称为标度指数 α，可用来描述序列$\{x(i)\}$长程持续性的强弱。

对 DFA 涨落函数做图，在$(F(s),s)$的双对数坐标中，对函数求最小二乘法拟合直线，其直线部分的斜率即为标度指数 α，又称为自相似性参数或 DFA 指数。根据随机游走理论，当 $0<\alpha<0.5$ 时，表示时间序列是非持久的，只有短期记忆性，即当前事件不会对长期的未来事件产生影响；当 $\alpha=0.5$ 时，表示原序列是白噪声(如布朗运动)；当 $0.5<\alpha<1.0$ 时，表示序列具有长程相关特征，即当前发生的事件和未来事件存在长程相关性，时间序列具有长期记忆性或持续性，且标度指数 α 越大记忆性越好，即时间序列可预测性也越强。

附录G 大气变量频域分析

大气变量存在各种尺度的波动现象。它可以看成由不同频率振荡所组成，可以从频域结构来进行分析，即将时域信号变换至频域加以分析，称为变量的频域分析。实际上，大气运动无论时间变化或空间变化均存在各种尺度的波动现象。波动分析的方法有基于傅里叶展开的谱分析、功率谱、非整谱、最大熵谱、双谱分析、多窗口谱分析，对变量的不同频段进行过滤，两个变量之间的交叉谱。还有利用提取不同时间窗口的奇异值的奇异谱、两个变量之间的交叉奇异谱分析方法，以及基于小波函数的小波分析和两个变量之间的交叉小波谱分析。

G1 变量的频谱

变量在时间域的变化可以通过谱分析(Spectrum Analysis，SA)方法，转化为频域进行分析。

众所周知，对任一以周期 T 变化的时间函数 $x(t)$，在满足狄氏条件下，可以展开成如下的傅氏级数：

$$x(t) = a_0 + \sum_{k=1}^{\infty}\left(a_k \cos \frac{2\pi k}{T}t + b_k \sin \frac{2\pi k}{T}t\right) \tag{G1. 1}$$

若令 $\omega_k = 2\,\frac{\pi k}{T}$，则有

$$x(t) = a_0 + \sum_{k=1}^{\infty}(a_k \cos\omega_k t + b_k \sin\omega_k t) \tag{G1. 2}$$

式中，ω_k 称为第 k 个谐波的圆频率。实际应用中，还常使用频率 f，它与 ω 有如下关系：

$$f = \frac{\omega}{2\pi} \tag{G1. 3}$$

或

$$f_k = \frac{k}{T} \tag{G1. 4}$$

上式给出了频率与周期的关系。为简便，以下把频率与圆频率统称为频率，k 称为谐波的波数。在(G1. 2)式中的 a_k 与 b_k 称为傅氏系数，它们可用下式表示：

$$\begin{cases} a_0 = \dfrac{1}{T}\displaystyle\int_{-\frac{T}{2}}^{\frac{T}{2}} x(t)\,\mathrm{d}t \\ a_k = \dfrac{2}{T}\displaystyle\int_{T}^{\frac{T}{2}} x(t)\cos\omega_k t\,\mathrm{d}t \\ b_k = \dfrac{2}{T}\displaystyle\int_{-\frac{T}{2}}^{\frac{T}{2}} x(t)\sin\omega_k t\,\mathrm{d}t \end{cases} \tag{G1. 5}$$

由(G1.1)式及(G1.2)式表明，一般的时间函数可看成由无穷个不同频率的振动波叠加而成，实际分析中对这些振动波的振幅及位相的了解是十分重要的。利用尤拉公式容易把(G1.2)式改写为

$$x(t)=a_0+\sum_{k=1}\left(\frac{a_k-\mathrm{i}b_k}{2}\mathrm{e}^{\mathrm{i}\omega_k t}+\frac{a_k+\mathrm{i}b_k}{2}\mathrm{e}^{-\mathrm{i}\omega_k t}\right)$$

若令 $c_0=a_0, c_k=(a_k-\mathrm{i}b_k)/2, c_{-k}=(a_k+\mathrm{i}b_k)/2$，则上式可写为

$$x(t)=\sum_{k=-\infty} c_k\mathrm{e}^{\mathrm{i}\omega_k t} \tag{G1.6}$$

c_k 称为 $x(t)$ 的复谱。因为 c_k 是一个复数，可以把 c_k 表示成振幅 A_k 和位相 θ_k 的形式，即

$$c_k=A_k\mathrm{e}^{-\mathrm{i}\theta_k}$$

其中

$$A_k=\frac{1}{2}\sqrt{a_k^2+b_k^2}, \theta_k=\tan^{-1}\frac{b_k}{a_k}$$

A_k 称为振幅谱，θ_k 称为位相谱，并可用 k 为横坐标，A_k 或 θ_k 为纵坐标做图，这种图称为振幅谱或位相谱图。由于 k 是整数，谱图上的曲线是不连续的，称这种谱为离散谱或线谱。

对(G1.6)式两边各乘以 $\mathrm{e}^{-\mathrm{i}\omega k' t}$，并在周期 T 上积分有

$$c_k=\frac{1}{T}\int_{-\frac{T}{2}}^{\frac{T}{2}}x(t)\mathrm{e}^{-\mathrm{i}\omega k t}\,\mathrm{d}t \tag{G1.7}$$

在分析中，仅了解某一时间间隔 T 内的波动情况是不够的，还应了解在无限时间序列中各种频率结构。这时只需把周期 T 推广至无限大即得。把(G1.5)式代入(G1.2)式并利用三角函数和差化积公式可导出：

$$x(t)=\frac{1}{T}\int_{-\frac{T}{2}}^{\frac{T}{2}}x(\lambda)\mathrm{d}\lambda+\sum_{k=1}^{\infty}\frac{2}{T}\int_{-\frac{T}{2}}^{\frac{T}{2}}x(\lambda)\cos\omega_k(t-\lambda)\mathrm{d}\lambda \tag{G1.8}$$

由于 $\omega_k=2\pi k/T, \omega_{k-1}=2\pi(k-1)/T$，则任意两个相邻谐波之间频率差为 $\Delta\omega=\omega_k-\omega_{k-1}=2\pi/T$，即 $T=2\pi/\Delta\omega$。代入(G1.8)式有

$$x(t)=\frac{\Delta\omega}{2\pi}\int_{-\frac{T}{2}}^{\frac{T}{2}}x(\lambda)\mathrm{d}\lambda+\sum_{k=1}^{\infty}\frac{\Delta\omega}{2\pi}\int_{-\frac{T}{2}}^{\frac{T}{2}}x(\lambda)\cos[\omega_k(t-\lambda)]\mathrm{d}\lambda$$

当 $T\to\infty$ 时，$\Delta\omega\to 0$，上式变成

$$x(t)=\frac{1}{\pi}\int_0^{\infty}\mathrm{d}\omega\int_{-\infty}^{\infty}x(\lambda)\cos[\omega(t-\lambda)]\mathrm{d}\lambda$$

或

$$x(t)=\frac{1}{\pi}\int_0^{\infty}\mathrm{d}\omega\left[\int_{-\infty}^{\infty}x(\lambda)\cos\omega\lambda\cos\omega t\,\mathrm{d}\lambda+\int_{-\infty}^{\infty}x(\lambda)\sin\omega\lambda\sin\omega t\,\mathrm{d}\lambda\right]$$

如果令

$$\begin{cases}a(\omega)=\int_{-\infty}^{\infty}x(\lambda)\cos\omega\lambda\,\mathrm{d}\lambda\\ b(\omega)=\int_{-\infty}^{\infty}x(\lambda)\sin\omega\lambda\,\mathrm{d}\lambda\end{cases} \tag{G1.9}$$

则上面的公式变成

$$x(t)=\frac{1}{\pi}\int_0^{\infty}[a(\omega)\cos\omega t+b(\omega)\sin\omega t]\mathrm{d}\omega \tag{G1.10}$$

若令

$$\begin{cases} a(\omega) = (\omega)\cos\theta(\omega) \\ b(\omega) = (\omega)\sin\theta(\omega) \end{cases} \tag{G1.11}$$

则(G1.10)式变成

$$x(t)\ \frac{1}{\pi}\int_0^{\infty} A(\omega)\cos[\omega t - \theta(\omega)]\mathrm{d}\omega$$

利用尤拉公式上式变为

$$\begin{aligned} x(t) &= \frac{1}{2\pi}\int_0^{\infty} A(\omega)\{\mathrm{e}^{\mathrm{i}[\omega t-\theta(\omega)]} + \mathrm{e}^{-\mathrm{i}[\omega t-\theta(\omega)]}\}\mathrm{d}\omega \\ &= \frac{1}{2\pi}\int_0^{\infty} A(\omega)\mathrm{e}^{\mathrm{i}[\omega t-\theta(\omega)]}\mathrm{d}\omega + \frac{1}{2\pi}\int_0^{\infty} A(\omega)\mathrm{e}^{\mathrm{i}[(-\infty)t-\theta(-\omega)]}\cdot\mathrm{d}\omega \\ &= \frac{1}{2\pi}\int_{-\infty}^{\infty} A(\omega)\mathrm{e}^{-\mathrm{i}\theta(\omega)}\mathrm{e}^{\mathrm{i}\omega t}\mathrm{d}\omega \end{aligned}$$

令

$$F(\omega) = A(\omega)\mathrm{e}^{-\mathrm{i}\theta(\omega)} \tag{G1.12}$$

则有

$$x(t) = \frac{1}{2\pi}\int_{-\infty}^{\infty} F(\omega)\mathrm{e}^{\mathrm{i}\omega t}\mathrm{d}\omega \tag{G1.13}$$

$F(\omega)$称为时间函数 $x(t)$的谱，它也是复数，可表示为

$$\begin{aligned} F(\omega) &= A(\omega)\mathrm{e}^{-\mathrm{i}\theta(\omega)} \\ &= A(\omega)[\cos\theta(\omega) - \mathrm{i}\sin\theta(\omega)] \\ &= a(\omega) - \mathrm{i}b(\omega) \end{aligned} \tag{G1.14}$$

式中，$A(\omega)$称为连续振幅谱；$\theta(\omega)$称为相应的位相谱。将(G1.9)式代入(G1.14)式有

$$F(\omega) = \int_{-\infty}^{\infty} \lambda\cos\omega\lambda\,\mathrm{d}\lambda - \mathrm{i}\int_{-\infty}^{\infty} x(\lambda)\sin\omega\lambda\,\mathrm{d}\lambda$$

即

$$F(\omega) = \int_{-\infty} x(t)\mathrm{e}^{-\mathrm{i}\omega t}\mathrm{d}t \tag{G1.15}$$

把(G1.6)式、(G1.7)式与(G1.13)式、(G1.15)式相比较，可见离散谱与连续谱具有相同的特点。

G2 功率谱

功率谱(Power Spectrum)分析是研究变量周期性的方法。

(1)功率谱的概念

按照一般的物理模型，若其电阻为 1 个单位，瞬时电压用 $x(t)$表示，则它的瞬时功率为 $x^2(t)$，它的总能量为

$$\int_{-\infty}^{+\infty} x^2(t)\mathrm{d}t \tag{G2.1}$$

(2)离散功率谱

从统计观点来看，上式就表示以数学期望为 0 的 $x(t)$的方差。对于这种总能量或总方差，可以分解为各波动的部分能量或方差之和，功率谱分析就是在这种概念下产生的。

设时间函数 $x(t)$ 与 $y(t)$ 具有相同周期 T，据(G1.6)式可表示为

$$x(t)=\sum_{-\infty}^{\infty}c_k\mathrm{e}^{\mathrm{i}\omega_k t},y(t)=\sum_{k'=-\infty}d_{k'}\mathrm{e}^{\mathrm{i}\omega_{k'}t}$$

将以上两等式两边相乘并取积分有

$$\frac{1}{T}\int_{-\frac{T}{2}}^{\frac{T}{2}}x(t)y(t)\mathrm{d}t=\frac{1}{T}\int_{-\frac{T}{2}}^{\frac{T}{2}}\sum_{k,k'=}^{\infty}\sum_{-\infty}^{\infty}c_kd_{k'}\mathrm{e}^{\mathrm{i}(\omega_k+\omega_{k'})}\mathrm{d}t$$

利用

$$\frac{1}{T}\int_{-\frac{T}{2}}^{\frac{T}{2}}\mathrm{e}^{\mathrm{i}(\omega_k+\omega_{k'})t}\mathrm{d}t=\begin{cases}1 & (k+k'=0)\\0 & (k+k'=0)\end{cases}$$

可得

$$\frac{1}{T}\int_{-\frac{T}{2}}^{\frac{T}{2}}x(t)y(t)\mathrm{d}t=\sum_{-\infty}^{\infty}c_kd_{-k}$$

由于负波数的复谱就等于正波数复谱的共轭，即 $d_{-k}=d_k^*$，则有

$$\frac{1}{T}\int_{-\frac{T}{2}}^{\frac{T}{2}}x(t)y(t)\mathrm{d}t=\sum_{k=-\infty}^{\infty}c_kd_k^*$$

对于在时间段 T 上的方差或功率的情况，只要把上面两时间函数取成相同即可，即 $x(t)=y(t)$。于是上式变为

$$\frac{1}{T}\int_{-\frac{T}{2}}^{\frac{T}{2}}[x(t)]^2\mathrm{d}t=\sum_{k=-\infty}^{\infty}c_kc_k^* \tag{G2.2}$$

但 $c_kc_k^*=|c_k|^2=\frac{1}{4}(a_k^2+b_k^2)$。由于振幅谱 $|c_{-k}|^2$ 与 $|c_k|^2$ 相同，不妨集中表示在 $k>0$ 的谱图上，故令

$$S_k^2=2|c_k|^2=\frac{1}{2}(a_k^2+b_k^2) \tag{G2.3}$$

则(G2.2)式写为

$$\frac{1}{T}\int_{-\frac{T}{2}}^{\frac{T}{2}}[x(t)]^2\mathrm{d}t=2\sum_{k=0}^{\infty}|c_k|^2=\sum_{k=0}^{\infty}S_k^2 \tag{G2.4}$$

式中，S_k^2 为离散功率谱。

(3)连续功率谱

为了了解连续频率对应的振动波的方差贡献，还需研究连续功率谱，利用(G1.13)式，时间函数的总方差可表为

$$\begin{aligned}\int_{-\infty}^{\infty}[x(t)]^2\mathrm{d}t&=\int_{-\infty}^{\infty}x(t)\left[\frac{1}{2\pi}\int_{-\infty}^{\infty}F(\omega)\mathrm{e}^{\mathrm{i}\omega t}\mathrm{d}\omega\right]\mathrm{d}t\\&=\frac{1}{2\pi}\int_{-\infty}^{\infty}F(\omega)\left[\int_{-\infty}^{\infty}x(t)\mathrm{e}^{\mathrm{i}\omega t}\mathrm{d}t\right]\mathrm{d}\omega\\&=\frac{1}{2\pi}\int_{-\infty}^{\infty}F(\omega)F(-\omega)\mathrm{d}\omega\end{aligned}$$

由于 $F(-\omega)=F^*(\omega)$，$F^*(\omega)$ 为共轭复谱，于是

$$\int_{-\infty}^{\infty}[x(t)]^2\mathrm{d}t=\frac{1}{2\pi}\int_{-\infty}^{\infty}|F(\omega)|^2\mathrm{d}\omega$$

$|F(\omega)|^2$ 称为功率谱密度，或记为

$$S(\omega)=|F(\omega)|^2=F(\omega)F^*(\omega) \tag{G2.5}$$

(4)功率谱估计

对一实测时间序列现实 $x_i(t=1,2,\cdots,n)$,可有两种估计功率谱方法。

①离散功率谱估计。首先计算不同波数 k 的傅里叶系数估计,利用(G1.5)式可写成离散点的计算式:

$$\begin{cases} a_k=\dfrac{2}{n}\sum\limits_{t=1}^{n}x_t\cos\dfrac{2\pi k}{n}(t-1) \\ b_k=\dfrac{2}{n}\sum\limits_{t=1}^{n}x_t\sin\dfrac{2\pi k}{n}(t-1) \end{cases} \tag{G2.6}$$

k 的取值为 $1,2,\cdots,\left[\dfrac{2}{n}\right]$([]表示取整数部分)。$a_0=\bar{x}$。然后计算不同波数 k 的功率谱值,即

$$S_k^2=\frac{1}{2}(a_k^2+b_k^2) \tag{G2.7}$$

以波数为横轴,离散功率谱估计值 S_k^2 为纵坐标做谱图。在横轴上通常也标上对应的振动周期值或频率值,以备分析用。周期值与波数 k 的关系为

$$T_k=\frac{n}{k} \tag{G2.8}$$

②连续功率谱估计。连续功率谱估计通常不是通过(G1.15)式计算,而是通过时间函数的自相关函数做间接估计。假定时间函数 $x(t)$ 为一标准化的时间函数,它的数学期望为 0,方差为 1,则它的自相关函数可表示成

$$\rho(\tau)=\int_{-\infty}^{\infty}\mathrm{x}(t)x(t+\tau)\mathrm{d}t \tag{G2.9}$$

式中,τ 为落后时间间隔长度。利用(G1.13)式及(G1.15)式,上式可变为

$$\begin{aligned}\rho(\tau)&=\int_{-\infty}^{\infty}x(t)\left[\frac{1}{2\pi}\int_{-\infty}^{\infty}F(\omega)\mathrm{e}^{\mathrm{i}\omega(t+\tau)}\mathrm{d}\omega\right]\mathrm{d}t\\&=\int_{-\infty}^{\infty}x(t)\left[\frac{1}{2\pi}\int_{-\infty}^{\infty}F(\omega)\mathrm{e}^{\mathrm{i}\omega\tau}\mathrm{e}^{\mathrm{i}\omega t}\mathrm{d}\omega\right]\mathrm{d}t\\&=\int_{-\infty}^{\infty}F(\omega)\left[\frac{1}{2\pi}\int_{-\infty}^{\infty}x(\omega)\mathrm{e}^{\mathrm{i}\omega t}\mathrm{d}t\right]\mathrm{e}^{\mathrm{i}\omega\tau}\mathrm{d}\omega\\&=\frac{1}{2\pi}\int_{-\infty}^{\infty}F(\omega)F(-\omega)\mathrm{e}^{\mathrm{i}\omega\tau}\mathrm{d}\omega\end{aligned}$$

据(G2.5)式,上式变为 $\rho(\tau)=\dfrac{1}{2\pi}\int_{-\infty}^{\infty}S(\omega)\mathrm{e}^{\mathrm{i}\omega\tau}\mathrm{d}\omega$。利用傅里叶反变换即得

$$S(\omega)=\int_{-\infty}^{\infty}\rho(\tau)\mathrm{e}^{\mathrm{i}\omega\tau}\mathrm{d}\tau \tag{G2.10}$$

展开上式有

$$S(\omega)=\int_{-\infty}^{\infty}\rho(\tau)\cos(\omega\tau)\mathrm{d}\tau-\mathrm{i}\int_{-\infty}^{\infty}\rho(\tau)\sin(\omega\tau)\mathrm{d}\tau$$

由于 $\sin(\omega\tau)$ 为奇函数,具有反对称性,$\cos(\omega\tau)$ 为偶函数,具有对称性,加上平稳随机过程的自相关函数也是偶函数,也有对称性,上式容易变为

$$S(\omega)=\int_{-\infty}^{\infty}\rho(\tau)\cos(\omega\tau)\mathrm{d}\tau=2\int_{0}^{\infty}\rho(\tau)\cos(\omega\tau)\mathrm{d}\tau \tag{G2.11}$$

从上式可见，连续功率谱函数在正、负半轴上对称。因而类似离散谱的做法，只绘出正半轴的连续功率谱即可。

(5)连续功率谱估计具体步骤

第一步，计算样本落后自相关系数 $r(\tau)(\tau=0,1,2,\cdots,m)$，$m$ 为最大步长，或最大落后时间长度。

第二步，求粗谱估计，利用近似积分中的梯形公式，把(G2.11)式变为有限项求和公式。

$$\hat{S}_k = 2\left\{\frac{1}{m}\left[\frac{1}{2}r(0)+\sum_{\tau=1}^{m-1}r(\tau)\cos\omega_k\tau+\frac{1}{2}r(m)\cos\omega_k m\right]\right\} \tag{G2.12}$$

由于资料数据是离散点，最短周期为2(单位为抽样时间间隔)，周期变化范围从2到无穷大，频率变化范围从0.5到0，圆频率的变化范围从 π 到0。因而据波数与圆频率的关系在取样点数为 m 时有

$$\omega_k = \frac{2\pi k}{m} \tag{G2.13}$$

波数 k 最大可取到 $m/2$。习惯上令 $l=2k$，波数 l 取值点可从0到 m。于是(G2.12)式可写为

$$\hat{S}_l = \frac{1}{m}\left[r(0)+2\sum_{\tau=1}^{m-1}r(\tau)\cos\frac{\tau l}{m}\tau+r(m)\cos l\pi\right] \tag{G2.14}$$

第三步，计算平滑功率谱，为消除粗谱估计的抽样误差，还要对粗谱估计做平滑处理，作为功率谱最后估计。常用平滑公式为

$$\begin{cases} S_0 = \dfrac{1}{2}\hat{S}_0+\dfrac{1}{2}\hat{S}_1 \\ S_l = \dfrac{1}{4}\hat{S}_{l-1}+\dfrac{1}{2}\hat{S}_l+\dfrac{1}{4}\hat{S}_{l+1} \qquad (1\leqslant l\leqslant m-1) \\ S_m = \dfrac{1}{2}\hat{S}_{m-1}+\dfrac{1}{2}\hat{S}_m \end{cases} \tag{G2.15}$$

上式平滑效果相当于对(G2.14)式乘上一个窗

$$w(\tau) = \frac{1}{2}\left(1+\cos\frac{\pi\tau}{m}\right)$$

即得谱估计公式为

$$S_l = \frac{1}{m}\left[r(0)+\sum_{\tau=1}^{m-1}r(\tau)\left(1+\cos\frac{\pi\tau}{m}\right)\cos\frac{l\pi\tau}{m}\right] \tag{G2.16}$$

另外，为保持权重一致，端点也还要乘上0.5。综合上述几步，得下面计算平滑功率谱密度估计的公式为

$$S_l = \frac{B_l}{m}\left[r(0)+\sum_{\tau=1}^{m-1}r(t)\left(1+\cos\frac{\pi\tau}{m}\right)\cos\frac{l\pi\tau}{m}\right] \tag{G2.17}$$

式中，$l=0,1,\cdots,m$。其中

$$B_l = \begin{cases} 1 & (l\neq 0,m) \\ 0.5 & (l=0,m) \end{cases}$$

第四步，做谱图，以波数 l 为横轴，平滑功率谱密度估计值 S_l 为纵坐标做图。在谱图横轴上，也可同时标上对应波数的周期或频率，以备分析时用。波数 l 与周期关系为

$$\begin{cases} \omega_l = \dfrac{\omega l}{m} \\ T_l = \dfrac{2m}{l} \end{cases} \tag{G2.18}$$

(6)离散功率谱检验

由(G2.3)式可知，$x(t)$的总方差可以分解为$[n/2]$个波动方差之和，容易根据方差检验的方法，在假设 $H_0:E(a_k)=E(b_k)=0$ 的情况下，统计量

$$F = \frac{\frac{1}{2}(a_k^2 + b_k^2)/2}{\left(s^2 - \frac{1}{2}a_k^2 - \frac{1}{2}b_k^2\right)/(n-2-1)} \tag{G2.19}$$

遵从分子自由度为 2、分母自由度为 $n-2-1$ 的 F 分布，式中，s^2 为原序列方差。

(7)连续功率谱检验

连续功率谱检验是通过与非周期性随机过程做比较来进行的。所谓非周期性随机过程一般指两种过程：红色噪声过程和白色噪声过程。这种比较可以用谱曲线进行。因此，下面先介绍这两种过程的谱。

①红色噪声过程功率谱。红色噪声过程即一阶马尔科夫过程或一阶自回归模型。利用(F1.2)式代入(G2.10)式有红色噪声功率谱为

$$S(\omega) = \int_{-\infty}^{\infty} \rho_1^{|\tau|} \mathrm{e}^{-\mathrm{i}\omega\tau} \mathrm{d}\tau$$

将上式写为求和级数为

$$S(\omega) = \sum_{\tau=-\infty}^{\infty} \rho_1^{|\tau|} \mathrm{e}^{-\mathrm{i}\omega\tau} \tag{G2.20}$$

令 $z=\mathrm{e}^{\mathrm{i}\omega}$，则

$$S(\omega) = \sum_{\tau=-\infty}^{\infty} \rho_1^{|\tau|} z^{-\tau}$$

上面求和式展开后由三个部分组成。当 $\tau=0$ 时，有

$$S(\omega) = \rho_1^0 = 1$$

当 $\tau<0$ 时，有

$$1 + (\rho_1 z)^1 + (\rho_1 z)^2 + \cdots = \frac{1}{1-\rho_1 z}$$

即

$$(\rho_1 z)^1 + (\rho_1 z)^2 + \cdots = \frac{1}{1-\rho_1 z} - 1$$

类似，当 $\tau>0$ 时，有

$$(\rho_1 z^{-1}) + \rho_1^2 z^{-2} + \cdots = \frac{1}{1-\rho_1 (z)^{-1}} - 1$$

将它们一并代入(G2.21)式有

$$S(\omega) = 1 + \frac{1}{1-\rho_1 z} - 1 + \frac{1}{1-\rho_1 (z)-1} - 1$$
$$= \frac{1-\rho_1^2}{1-\rho_1 (z)^{-1} - \rho_1 z + \rho_1^2} \tag{G2.21}$$
$$= \frac{1-\rho_1^2}{1-2\rho_1 \cos\omega + \rho_1^2}$$

从上式可见,红色噪声谱在 $\omega=0$ 时有其最大值,即只有线性趋势而无其他周期振荡。

②白色噪声过程功率谱。由白色噪声过程性质,它的功率谱密度为

$$S(\omega) = \int_{-\infty}^{\infty} \rho(\tau) \mathrm{e}^{-\mathrm{i}\omega\tau} \mathrm{d}\tau = 1 \tag{G2.22}$$

由上式可见,白色噪声过程是另一种非周期过程。

③显著性检验。设统计量 χ_v^2 是遵从自由度为 v 的 χ^2 分布,则据概率论关于 χ^2 分布的数学期望和方差的讨论有

$$E(\chi_v^2) = v$$
$$var(\chi_v^2) = 2v$$

若令 $a\chi_v^2 = Y$,则

$$E(Y) = av$$
$$var(Y) = 2a^2 v$$

从而得

$$a = \frac{E(Y)}{v}$$

因此

$$\frac{Y}{a} = \frac{Y}{\frac{E(Y)}{v}} = \chi_v^2$$

如果设 Y 为时间函数 $x(t)$ 的谱估计 S,假设总体谱是某一随机过程的谱,记为 $E(S)$,则统计量

$$W = \frac{S}{\frac{E(S)}{v}} \tag{G2.23}$$

遵从自由度为 v 的 χ^2 分布。对用最大后延长度为 m 的自相关系数计算的功率谱,自由度为

$$v = \left(2n - \frac{m}{2}\right)$$

检验时,如果序列的落后自相关系数 $r(1)$ 接近于 0 或负值时,表明时间序列不会是红色噪声过程。因为红色噪声过程具有 $r(1)>0, r(2)=r(1)^2, r(3)=r(1)^3 \cdots$ 关系,但是 $r(1)$ 是否接近于 0,也要通过相关系数的检验来决定。

G3　非整谱

非整谱(Non-Integer Spectrum)是对变量序列周期性分析中,分辨率较高的周期分析方法。

在一般的功率谱分析方法(直接谱和间接谱)中,不同周期功率的分辨只能在序列长度的最大周期范围内,而且分辨率高的谱段是在高频段。如对样本容量为 n 年的降水序列,仅能分辨 $n/2$ 年以内的周期振荡,对于低频振荡(周期在 $n/2\sim n$ 年之间),无法分辨。非整波则可以解决这种困难,对变量序列 $x(t)$,序列长度为 n,可把它看成由若干个非整正弦波和余弦波叠加而成,即表示为

$$x(t)=c+\sum_{k}\left(a_{k}\cos\frac{2\pi k}{n}t+b_{k}\sin\frac{2\pi k}{n}t\right)+e \tag{G3.1}$$

式中,波数 k 取为非整正数;a_k 及 b_k 为系数;c 为常系数;e 为误差。上式可看成一个多元回归方程,其傅里叶系数可用最小二乘法定出。

以试验周期为横轴,以各周期的方差构成功率谱图。从图上可以通过方差最大决定为其主要周期。主要周期的显著性检验可以使用回归方程中偏回归方差贡献的显著性检验方法。

G4 最大熵谱

最大熵谱(Maximum Entropy Spectrum)是变量序列周期性分析中,分辨率较高的周期分析方法。

由于功率谱在低频波段存在分辨率不高的缺点,最大熵谱是一种补充分析方法,它是以信息论中的熵为基础发展的。当随机事件以等概率可能性出现时,其熵值达到最大,这时以时间序列为形式的信号输出功率也达到最大。根据熵与功率谱有关,功率又与自相关,即自回归有关,从而可以导出关于 $b_k(p)$ 的最大熵谱的表达式为

$$S_H(\omega)=\frac{\sigma_p^2}{\left|1-\sum_{k=1}^{p}b_k^{(p)}\mathrm{e}^{-\mathrm{i}\omega k}\right|^2} \tag{G4.1}$$

式中,$b_k^{(p)}$ 为 p 阶自回归方程的系数;σ_p^2 为方程的预报误差方差;ω 为圆频率。从(G4.1)表达式可见,实际上时间序列的波动仍然是以三角函数的展开来表现的,只是其傅里叶系数是以自回归系数所代替,对某一波数 k 的振荡合成达到最大值时,上面表达式的分母达到最小,在方程的变量方差固定下,熵谱达到最大值。

对距平变量时间序列,其 p 阶自回归方程:

$$\hat{x}(t)=b_1x(t-1)+b_2x(t-2)+\cdots+b_dx(t-p) \tag{G4.2}$$

式中,$\hat{x}(t)$ 为 t 时刻的预报值,与实测值的误差称为预报误差。即

$$e(t)=x(t)-\hat{x}(t)$$

(G4.1)式的自回归方程也可以看成滤波器,把前 p 时刻的序列值作为输入,把误差作为输出,自回归方程的系数就是滤波器的权重。

把变量序列看成随机变量的序列,对(G4.1)式两边乘 $x(t-k)(k=1,2,\cdots,p)$ 再取数学期望,则有变量落后 k 时刻自协方差的关系式:

$$c_k=E(x(t)x(t-k))=c_{-k}$$

以及变量落后自协方差与系数之间的关系式:

$$\begin{pmatrix} c_0 & c_1 & \cdots & c_{d-1} \\ c_1 & c_0 & \cdots & c_{d-2} \\ \vdots & \vdots & & \vdots \\ c_{d-1} & c_{d-2} & \cdots & c_0 \end{pmatrix} \begin{pmatrix} b_1 \\ b_2 \\ \vdots \\ b_p \end{pmatrix} = \begin{pmatrix} c_1 \\ c_2 \\ \vdots \\ c_p \end{pmatrix} \tag{G4.3}$$

进一步，容易导出其方程预报误差方差为

$$\sigma_p^2 = c_0 - (b_1 c_1 + b_2 c_2 + \cdots + b_p c_p) \tag{G4.4}$$

把上面关系式加到式(G4.3)中，组成 $p+1$ 阶关于系数的联立方程组：

$$\begin{cases} -c_0 + b_1 c_1 + b_2 c_2 + \cdots + b_p c_p = -\sigma_p^2 \\ -c_1 + b_1 c_0 + b_2 c_1 + \cdots + b_p c_{p-1} = c_1 - c_1 = 0 \\ -c_2 + b_1 c_1 + b_2 c_2 + \cdots + b_p c_{p-2} = c_2 - c_2 = 0 \\ \qquad \vdots \qquad\qquad\qquad\qquad \vdots \\ -c_d + b_1 c_{d-1} + b_2 c_{d-2} + \cdots + b_p c_0 = c_p - c_p = 0 \end{cases} \tag{G4.5}$$

求解上面联立方程的自回归系数时，还需要加上附加条件才能解出。具体求解过程可以使用迭代法。即首先对方程的阶数从 $0\sim p(p<n)$，求出各阶方程的预报误差方差。例如，0 阶方程的方差就是序列的方差，然后根据 0 阶方程误差方差，导出 $p=1$ 方程的误差方差的解。求解时的附加条件是：使得向前和向后的预报误差方差最小。

记 $p=1$ 向前和向后的自回归方程分别为

$$\hat{x}(t+1) = b_1^{(1)} x(t)$$

$$\hat{x}(t) = b_1^{(1)} x(t+1)$$

其平均误差方差为

$$\frac{1}{2} \cdot \frac{1}{n-1} \sum_{t=1}^{n-1} \{[x(t) - b_1^{(1)} x(t+1)]^2 + [x(t+1) - b_1^{(1)} x(t)]^2\}$$

对系数求导可得

$$b_1^{(1)} = \frac{2\sum_{t=1}^{n-1} x(t)x(t+1)}{\sum_{t=1}^{n-1} [x^2(t) + x^2(t+1)]}$$

对应方程的误差方差可由下面矩阵方程

$$\begin{pmatrix} c_0 & c_1 \\ c_1 & c_0 \end{pmatrix} \begin{pmatrix} 1 \\ -b_1^{(1)} \end{pmatrix} = \begin{pmatrix} \sigma_1^2 \\ 0 \end{pmatrix}$$

解出。即

$$\sigma_1^2 = \sigma_0^2 [1 - (b_1^{(0)})^2]$$

然后用类似的方法，逐步递推，可以得到 p 阶系数，其计算式为

$$b_p^{(p)} = \frac{2\sum_{t=1}^{n-p} d_t^{(p)} d'^{(p)}_t}{\sum_{t=1}^{n-p} [(d_t^{(p)})^2 + (d'^{(p)}_t)^2]} \tag{G4.6}$$

其中

$$\begin{cases} d_t^{(p)} = d_t^{(p-1)} - b_{p-1}^{(p-1)} d'^{(p-1)}_t \\ d'^{(p)}_t = d'^{(p-1)}_t - b_{p-1}^{(p-1)} d_t^{(p-1)} \end{cases}$$

迭代时初始值为

$$\begin{cases} d_t^{(1)} = x(t) \\ d'^{(1)}_t = x(t+1) \end{cases}$$

p 阶系数方程的误差方差，其计算式为

$$\sigma_p^2 = \sigma_{p-1}^2[1-(b_p^{(p)})^2] \tag{G4.7}$$

最佳预报误差方差还需要使用最终预报误差(EPE)来确定，即使用

$$EPE(k) = \sigma_k^2 \cdot \frac{n+k}{n-k} \qquad (k=1,2,\cdots,n-1) \tag{G4.8}$$

的最小值作为最佳阶数。

计算最大熵谱计算步骤如下：

第一步，根据时间序列计算 $d_t^{(k)}$ 和 $d'^{(k)}_t$ $(k=1,2,\cdots,n-1)$。

第二步，用(G4.6)式和(G4.6)式逐阶计算 $b_k^{(k)}$ $(k=1,2,\cdots)$和 σ_p^2。

第三步，用(G4.8)式确定最佳阶数 p。

第四步，用下式计算熵谱

$$S_H(l) = \frac{\sigma_p^2}{\left[1-\sum_{k=1}^{p} b_k^{(p)}\cos(\frac{\pi lk}{m})\right]^2 + \left[\sum_{k=1}^{p} b_k^{(p)}\sin(\frac{\pi lk}{m})\right]^2} \tag{G4.9}$$

式中，m 为最大落后长度，一般取 $0\sim n/3$，$l(l=1,2,\cdots,m)$为波数。

G5 双谱分析

双谱分析(Bispectrum analysis)是研究两个时间序列之间的非线性关系的一种谱分析技术。

双谱分析是从时间序列之间关系的三阶矩做傅里叶变换后得到的。对一平稳过程，把它的一个现实 $x(t)(t=1,2,\cdots,n)$分为 P 组，每一组长度为 M，则原时间序列记为 $x_j(t)(j=1,2,\cdots,P;t=1,2,\cdots,M)$。其双谱(在任意两频率上)表示为

$$B(\omega_1,\omega_2) = \frac{1}{M}\sum_{j=1}^{M} X_j(\omega_1)X_j(\omega_2)X_j^*(\omega_1+\omega_2) \tag{G5.1}$$

式中，$X_j(\omega)$为 $x_j(t)$在频率 ω 上的复谱；$X_j{}^*(\omega)$表示共轭复谱。时间序列的功率谱表示为

$$S(\omega) = \frac{1}{P}\sum_{j=1}^{P} X_j(\omega)X_j^*(\omega) \tag{G5.2}$$

对应的双凝聚谱定义为

$$R^2(\omega_1,\omega_2) = \frac{|B(\omega_1,\omega_2)|^2}{S(\omega_1)S(\omega_2)S(\omega_1+\omega_2)} \tag{G5.3}$$

对应的双相谱定义为

$$\theta(\omega_1,\omega_2) = \arctan(\frac{\mathrm{lm}[B(\omega_1,\omega_2)]}{\mathrm{Re}[B(\omega_1,\omega_2)]}) \tag{G5.4}$$

式中，Im 和 Re 分别表示双谱中的虚部和实部。

G6　多窗口谱分析

多窗口谱分析方法(Multi-Taper Method,MTM)是一种低方差、高分辨的谱分析方法，尤其适合于短序列、高噪声背景下准周期信号的诊断分析。与传统的周期图方法相比，多窗口谱分析方法无论在处理信号的动态范围、谱的泄漏性能、估计方差还是分辨率等方面都具有明显的优越性。

设实值平稳序列$\{x(t)\}(t=1,2,\cdots,n)$的功率谱密度函数为$S(\omega)$。多窗口谱的功率谱估计具有如下形式：

$$S(\omega)=\sum_{k=1}^{K}\alpha_k\left|\sum_{t=1}^{n}h_k(t)x(t)\mathrm{e}^{-\mathrm{i}\omega t}\right|^2 \tag{G6.1}$$

式中，$h_k(t)$为第k个窗口函数；K为总窗口数；α_k为估计系数。窗口函数的作用在于对原时间序列做加权平均，以一簇数据窗代替单一数据窗，对每一数据窗构成的时间序列进行离散傅氏变换。其特点是对于给定的频域ω，分辨率的能量几乎全部集中在$[-\omega,\omega]$主瓣内。此外，当被估计序列真实谱的本地频率特性变化很小时，估计谱的估计方差可以得到显著的改善，与周期图方法相比，估计方差可以减小至$1/K$。窗口函数满足如下两个条件：

其一是各窗口具有单位能量，即

$$\sum_{t=1}^{n}h_k^2(t)=\int_0^{2\pi}|H(\omega)|^2\mathrm{d}\omega=1\qquad(k=1,2,\cdots,K) \tag{G6.2}$$

其二是各窗口函数相互正交。

此外，从估计谱的泄漏特性考虑，各窗口函数还应当具有较好的能量集中特性。对于连续时间变量的情况，可以定义如下的代价函数来表征窗函数的泄漏特性，即

$$C=\int_0^{2\pi}\omega^2S_h(\omega)\mathrm{d}\omega \tag{G6.3}$$

式中，$S_h(\omega)$为窗函数的功率谱；ω^2为惩罚函数，从惩罚函数的变化特性可以看出，只有当窗函数的功率谱随$|\omega|$的增大而迅速减小，或它的泄漏小时，代价函数才会减小。与此类似，考虑到离散系统频域的周期性，可以选择离散域惩罚函数为$[\sin(2\omega)]^2$，由此得到多窗口代价函数为

$$C=\sum_{k=1}^{K}\alpha_k\int_0^{2\pi}|S_{hk}(\omega)|^2\sin^2(2\omega)\mathrm{d}\omega \tag{G6.4}$$

对惩罚函数可以使用傅里叶反变换变成时间序列，其序列不同时刻的方差就是Toeplitz矩阵，记为$\boldsymbol{P}$，利用拉格朗日条件极值方法，在以上窗函数的单位能量约束条件下对上式求极值，可以得到此时的优化(最小泄漏)窗满足如下矩阵方程：

$$\boldsymbol{Ph}=\lambda\boldsymbol{h}$$

不难求出第k个特征值$\lambda_k=2\sin2[\pi k/(2N+2)]$，并由此得到在惩罚函数意义下的最小泄漏多窗口为

$$h_k(t)=\sqrt{\frac{2}{(n+1)}}\sin\left(\frac{\pi kt}{n+1}\right)\quad(k=1,2,\cdots,K) \tag{G6.5}$$

在多窗口中，能量在$[-w,w]$频带内具有最好的能量集中特性，常用的选择窗口数是$K=2nw-1$或$K=2nw-2$。

多窗口功率谱的计算是选取合适的窗口数得到窗口函数，乘原时间序列，得到新的多窗口修正的时间序列，分别求出对应功率谱 $S_{hk}(\omega)$，通过下式求出高分辨率的多窗谱估计

$$S_h(\omega)=\frac{\sum_{k=1}^{K}\lambda_k S_{hk}(\omega)}{\sum_{k=1}^{K}\lambda_k} \tag{G6.6}$$

多窗谱估计显著性检验与一般功率谱相同。

G7 滤波

(1)频率响应

对气象要素做谱分析过程中，一些规则周期占有很大的分量，例如，如果对月平均气象要素序列做分析，结果年变化周期一定是主要周期。但这种周期是众所周知的，它的存在削弱了其他周期的表现，一旦把它去掉之后，则可突出地表现其他周期的成分，这一过程就是滤波过程。滤波过程实际上是原始序列经一定的变换转化为另一序列的过程。设一时间函数 $x(t)$，经过一个过滤器，输出新时间函数为 $y(t)$，这一过程称为过滤。设过滤器系统具有时间不变性和稳定性，用一脉冲函数 $\delta(t)$ 作为输入，它的输出记为 $h(t)$，称为脉冲响应。

对任意输入函数 $x(t)$，可表示成无穷脉冲的积分形式：

$$x(t)=\int_{-\infty}^{\infty}x(\tau)\delta(t-\tau)\mathrm{d}\tau \tag{G7.1}$$

据线性和时间不变性要求，输出 $y(t)$ 亦可表示为无穷脉冲响应的积分形式：

$$y(t)=\int_{-\infty}^{\infty}x(\tau)h(t-\tau)\mathrm{d}\tau \tag{G7.2}$$

称脉冲函数的谱为频率响应，记为 $H(\omega)$。对输入 $x(t)$，它的对应谱记为 $F(\omega)$，输出 $y(t)$ 的对应谱可表示为

$$\begin{aligned}G(\omega)&=\int_{-\infty}^{\infty}\left[\int_{-\infty}^{\infty}x(\tau)h(t-\tau)\mathrm{d}\tau\right]\mathrm{e}^{-\mathrm{i}\omega t}\mathrm{d}t\\&=\int_{-\infty}^{\infty}x(s\tau)\left[\int_{-\infty}^{\infty}h(t-\tau)\mathrm{e}^{-\mathrm{i}\omega(t-\tau)}\mathrm{d}(t-\tau)\right]\mathrm{e}^{-\mathrm{i}\omega\tau}\mathrm{d}\tau\\&=H(\omega)\int_{-\infty}^{\infty}x(\tau)\mathrm{e}^{-\mathrm{i}\omega\tau}\mathrm{d}\tau\\&=H(\omega)F(\omega)\end{aligned} \tag{G7.3}$$

对于输出 $y(t)$ 的功率谱，则据(G2.5)式有

$$S_y(\omega)=|G(\omega)|^2=|H(\omega)|^2|F(\omega)|^2=|H(\omega)|^2S_x(\omega) \tag{G7.4}$$

通常对某一频率振动，通过过滤后，它的方差有所削减，其削减量就是输入与输出的功率比，即

$$\frac{S_y(\omega)}{S_x(\omega)}=|H(\omega)|^2 \tag{G7.5}$$

(2)滤波方法

气象上常用的过滤方法有以下几种。

①低通过滤

使过滤后的序列主要含低频振动分量的过滤称为低通过滤。

对一个时间序列 $x(t)(t=1,2,\cdots,n)$，低通过滤方法是把序列高频分量滤去以便突出长期或气候变化趋势的一种方法。常用的低通过滤方法是对序列做滑动平均，又称滑动平均法。其过滤后的序列 $y(t)$ 为

$$y(t)=\int_{-\infty}^{\infty}x(t+\lambda)h(\lambda)\mathrm{d}\lambda$$

取截断滑动长度 k，则上式可表示为求和形式，即

$$y_t=\sum_{i=-k}^{k}h_i x^{t+i} \tag{G7.6}$$

h_i 又称为滑动权重系数，上式称为对 x_i 序列的滑动求和过程。为保证系统稳定，滑动区间中的权重系数满足

$$\sum_{i=-k}^{k}h_i=1 \tag{G7.7}$$

对过滤后的序列，不同频率的方差削弱情况可以从它的频率响应来考察。利用 $H(\omega)$ 谱的表示，写成离散形式为

$$H(\omega)=\sum_{j=-k}^{k}h_j\mathrm{e}^{-\mathrm{i}\omega t}=h_0+2\sum_{j=1}^{k}h_j\cos\omega j$$

或写为频率形式为

$$H(f)=h_0+2\sum_{j=1}^{k}h_j\cos2\pi fj \tag{G7.8}$$

对一般的等权重滑动过程，若间隔时间取 $m=2k+1$，则有 $h_j=1/(2k+1)=1/m$。对以年为时间间隔的气象序列，这种过程称 m 年滑动平均。考察这种过程对原序列所含的各种周期振动的影响，对 $H(f)$ 有

$$H(f)=\frac{1}{m}\left[1+2\sum_{j=1}^{k}\cos2\pi fj\right] \tag{G7.9}$$

但

$$2\sum_{j=1}^{k}\cos2\pi fj=\frac{2\sin\frac{1}{2}k2\pi f\cos\frac{1}{2}(k+1)2\pi f}{\sin\frac{1}{2}2\pi f}=\frac{\sin(2k+1)\pi f-\sin\pi f}{\sin\pi f}$$

代入(G7.9)式有

$$H(f)=\frac{\sin\pi fm}{m\sin\pi f} \tag{G7.10}$$

在 πf 足够小时，近似有 $m\sin\pi f\to m\pi f$，于是上式变为

$$H(f)=\frac{\sin\pi fm}{m\pi f} \tag{G7.11}$$

从上式可见，在通常的滑动平均中，对于无限大的周期($f\to0$)，频率响应 $H(f)\to1$，表示在过滤后无任何削弱。而对于周期等于滑动间隔为 m 的周期振动，由于它的频率为 $f=1/m$，则有 $H(f)=0$，表示对这种周期振动达到全部削弱，至于相应的 $f=p/m(p=1,2,\cdots)$ 的周期振动，也有类似效果。对于大于 m 的周期，由于 $f<1/m$，使得响应 $H(f)$ 总小于1，这类周期则有不同程度的方差或振幅削弱，周期越大，削弱程度越小。

滑动平均的过程实际是压低小波动(即短周期振动)的影响，同时突出长周期波动的作用，

因而也起到反映长周期气候因子的综合影响的作用。如对序列做 5 年等权重滑动平均时，m 取为 2，有 5 个滑动权重系数，每个均为 0.2。滑动后序列能消除 5 年内短周期的影响，表现 5 年以上周期波动的综合影响。

在对序列进行平滑过程中，所取的滑动区间越大，过滤掉的短周期越长。如做 10 年滑动平均，可以过滤掉 10 年以内的波动。但这种过滤会削弱过滤后振动的振幅和改变其位相。不少人设计各种滤波器以便克服这一缺点，常用的是不等权重滑动平均。一般用权重分布形状来设计过滤权重。其中有二项系数过滤，此过滤器权重值的分布遵从二项分布，突出滑动中心点的作用。在滑动间隔 m 内，滑动步长 i 与 k 及 m 有如下关系：

$$C_m^j = \frac{m!}{j!(m-j)!} \qquad (j = k + i; m = 2k + 1) \tag{G7.12}$$

当 $m=3$ 时，$k=1$，二项系数为 1、2、1，故权重系数为 1/4、1/2、1/4。这就是(G2.16)式所采用的平滑功率谱的权重系数。二项系数滑动的频率响应函数为 $H(f)=\cos^m \pi f$，由于 f 变化在 0～1/2之间，从上式可见，$f=0$ 时对应响应函数的极大值，$f=1/2$ 时对应极小值。可见对高频有很大的削弱。

常用的有三点平滑的二项系数过滤器，滑动区间中 m 取为 1，其权重系数 $w(i)$ 分布值如表 G7.1 所示。

表 G7.1　三点二项系数过滤器权重

	i	$i\pm1$
$w(i)$	0.50	0.25

在序列两个端点由于没有前和后数据，可用端点后一点和前一点的数据代替，使得在过滤后的序列样品数与过滤前一样。显然，如果序列是年变化序列，过滤掉的是 3 年以内的短周期波动。滑动区间越大，平滑掉的波动周期越长。如取过滤器为九点二项系数，具体数值如表 G7.2 所示。

表 G7.2　九点二项系数过滤器权重

	i	$i\pm1$	$i\pm2$	$i\pm3$	$i\pm4$
二项权重	0.22	0.20	0.12	0.05	0.02
正态权重	0.24	0.20	0.12	0.05	0.01

平滑结果可以滤去 9 年内的波动周期。过滤时为使过滤后序列样本容量个数不至于有所损失，其端点前后要插补 4 个资料，它们均用序列平均值代替，或以端点为中心将有资料的数据对称地外延到无资料的相应位置上来代替。

除权重分布遵从二项分布外，还可以用遵从正态分布的权重。其权重分布值按正态分布概率密度曲线形状分布，如表 G7.2 所示。从表中可见，它与二项分布权重相差不大，而二项分布权重容易求。所以常用二项分布权重做低通过滤。

还可以用其他近似二项分布的权重，权重分布较二项分布更平缓。如对序列 $x(t)$ 使用五点过滤器，过滤器权重分布如表 G7.3 所示。

表 G7.3　五点过滤器权重

	i	$i\pm1$	$i\pm2$
近似权重	0.330	0.250	0.083
二项权重	0.374	0.250	0.063

还有 31 点低通滤波器，过滤器权重分布如表 G7.4 所示。

表 G7.4　31 点过滤器权重

i	0	±1	±2	±3	±4	±5	±6	±7
	0.2335	0.2121	0.1553	0.0821	0.0149	−0.0287	−0.0428	−0.0329
i	±8	±9	±10	±11	±12	±13	±14	±15
	−0.0117	0.0077	0.0170	0.0153	0.0072	−0.0012	−0.0057	−0.0055

当取滤波器的滤波权重系数的个数为$\pm m$时，滤波结果的样本数较滤波前少$2m$，在实际的滤波过程中，原始滤波资料要前后各延伸m个样本。

②高通过滤

使过滤后的序列主要含高频振动分量的过滤称为高通过滤。

常用的高通过滤使用差分滤波，一阶差分过滤表示为

$$y(t)=\nabla x(t)=x(t)-x(t-1)$$

或写为后移算子B的形式为

$$y(t)=(1-B)x(t)$$

q阶差分滤波写为

$$y(t)=\nabla^{q}x(t)=(1-B)^{q}x(t) \tag{G7.13}$$

设关于B的多项式为

$$\Psi(B)=(1-B)^{q}=\sum_{j=0}^{\infty}\varphi_{j}B^{j} \tag{G7.14}$$

则(G7.13)式可写为

$$y(t)=\sum_{j=0}^{\infty}\psi_{j}B^{j}x(t)$$

由于关于y落后k的自相关函数可表示为

$$\rho_{y}(k)=E\Big[\sum_{j=0}^{\infty}\sum_{h=0}^{\infty}\psi_{j}\psi_{k}x_{t-j}x_{t+k-h}\Big]=\sum_{j=0}^{\infty}\sum_{h=0}^{\infty}\psi_{j}\psi_{h}\rho_{x}(k-h+j)$$

代入功率谱的求和表达式有

$$\begin{aligned}S_{y}(\omega)&=\sum_{k=-\infty}^{\infty}\rho_{y}(k)\mathrm{e}^{-\mathrm{i}\omega(k)}=\sum_{j=0}^{\infty}\sum_{h=0}^{\infty}\Big[\sum_{k=-\infty}^{\infty}\rho_{x}(k-h+j)\mathrm{e}^{-\mathrm{i}\omega(k-h+j)}\Big]\psi_{j}\psi_{h}\mathrm{e}^{-\mathrm{i}\omega(h-j)}\\&=S_{x}(\omega)\Big[\sum_{h=0}^{\infty}\psi_{h}\mathrm{e}^{-\mathrm{i}\omega(h)}\Big]\Big[\sum_{j=0}^{\infty}\psi_{j}\mathrm{e}^{\mathrm{i}\omega(j)}\Big]\end{aligned}$$

若令$B=\mathrm{e}^{-\mathrm{i}\omega}$，则$y(t)$的功率谱可写为

$$S_{y}(\omega)=S_{x}(\omega)\Big(\sum_{h=0}^{\infty}\psi_{h}B^{h}\Big)\Big(\sum_{j=0}^{\infty}\psi_{j}B^{j}\Big)=S_{x}(\omega)\Psi(B)\Psi(B^{-1})$$

与(G7.5)式比较，可知响应的功率谱为

$$|H(\omega)|^2 = H(\omega)H^*(\omega) = \Psi(B)\Psi(B-1)$$

对应的谱,即频率响应为

$$H(\omega) = \Psi(B) = \Psi(e^{-i\omega}) = (1-e^{-i\omega})^q$$

因此,q 阶差分过滤的频率响应为(写为 f 的函数形式)

$$H(f) = (1-e^{-i2\pi f})^q$$

取其实部有

$$H(f) = (1-\cos 2\pi f)^q = (2\sin\pi f)^q = 2^q \mid \sin\pi f \mid^q \tag{G7.15}$$

从上式可见,对于高频振动,$f \to \frac{1}{2}$,$H(f) \to 1$,即无削弱;而对低频振动,$f \to 0$,$H(f) \to 0$,即完全削弱。阶数 q 愈高,削弱速度愈快,过滤效果愈好。

③带通过滤

当需要滤出某一感兴趣的波段或频率带的振动时,可使用带通滤波器。用于某一频段的过滤,常用于低频振荡(40~60 天)分析中。

带通过滤方法有 3 种:一是用两个简单的低通滤波器或高通滤波器来实现带通过滤。二是用频率响应函数构造序列滑动权重函数,达到带通过滤的目的。三是可用两个简单的低通滤波器(或高通滤波器)来构成一个带通滤波器。例如,先做 5 年滑动平均,除去 5 年以下的波,再把原序列做 9 年滑动平均,除去 9 年以下的波,然后把两个过滤后的序列相减,则可得到 5~9年周期波动的序列。一般说来,第一次做对应于时间间隔 m_1 的低通过滤,过滤后序列为

$$y_{1t} = \sum_{i=-k_1}^{k_1} h_i x_{t+I}$$

式中,$k_1=(m_1-1)/2$。第二次做对应于时间间隔 m_2(与 k_2 对应)的低通过滤,过滤后序列为

$$y_{2t} = \sum_{i=-k_2}^{k_2} h'_i x_{t+i}$$

则带通过滤后的新序列为(设 $k_2 > k_1$)

$$y_t = y_{1t} - y_{2t} = \sum_{i=-k_2}^{k_2} (h_i - h'_i) x_{t+i} \tag{G7.16}$$

其相应的频率响应函数为

$$H(f) = H_1(f) - H_2(f) \tag{G7.17}$$

但这种相减的带通滤波效果并不十分理想,因为它对所感兴趣的频带振动有较大的削弱。

另一种方法是设计制作理想的带通滤波器。例如,我们想要过滤出中心频率 f_0,频率带范围 $f_0/2 \leqslant f \leqslant 2f_0$ 内的序列,希望在 f_0 频率振动上无任何削弱,即对应的频率响应为 1,对不在上频率带内的振动削减为 0,即对应的频率响应函数为 0。那么相应的频率响应可分段设计为

$$H(f) = \begin{cases} 0 & (0 < f < f_0/2) \\ \frac{1}{2} + \frac{1}{2}\cos 2\pi \frac{f}{f_0} & (f_0/2 \leqslant f < f_0) \\ \frac{1}{2} - \frac{1}{2}\cos 2\pi \frac{f}{f_0} & (f_0 \leqslant f < 2f_0) \\ 0 & (2f_0 \leqslant f < 1/2) \end{cases} \tag{G7.18}$$

例如，在年气象要素分析中，常希望了解是否存在与太阳黑子相对数的11年周期相当的周期现象，可设计在 $f_0=1/11$ 的 $1/22<f<2/11$ 范围内的带通滤波器，据(G7.18)式，得频率响应函数为

$$H(f)=\begin{cases}0 & (0<f<1/22)\\ \dfrac{1}{2}+\dfrac{1}{2}\cos22\pi f & (1/22\leqslant f<1/11)\\ \dfrac{1}{2}-\dfrac{1}{2}\cos11\pi f & (1/11\leqslant f<2/11)\\ 0 & (2/11\leqslant f<1/2)\end{cases} \tag{G7.19}$$

有了频率响应函数的形式，对应的脉冲响应 $h(t)$ 可用反傅氏变换求出，即

$$h(t)=\int_{-\infty}^{\infty}H(f)\mathrm{e}^{\mathrm{i}2\pi ft}df=2\int_{0}^{\infty}H(f)\cos2\pi ftdf$$

实际计算可根据某一样本容量为 n 的序列，以求和形式估计上式，取 $1/2n$ 或 $1/3n$ 作为 $f=0$ 的估计，即有滑动权重

$$h_i=\frac{1}{2n}\Big[H(0)+2\sum_{f=1/2n}^{1/2}H(f)\cos2\pi f_i\Big] \tag{G7.20}$$

也有使用对称滤波器对要过滤的频率段(f_1-f_2)做不同的截断。常用的截断方法是梯形截断和正弦截断，其低频和高频对应的响应函数分别为

$$H_L(f)=\begin{cases}1 & (0\leqslant|f|<f_1)\\ \dfrac{f_1-f}{f_2-f_1} & (f_1\leqslant|f|\leqslant f_2)\\ 0 & (f_2<|f|\leqslant0.5)\end{cases} \tag{G7.21}$$

$$H_s(f)=\begin{cases}1 & (0\leqslant|f|<f_1)\\ \dfrac{1}{2}[1+\cos\pi(f_1-f)/(f_2-f_1)] & (f_1\leqslant|f|\leqslant f_2)\\ 0 & (f_2<|f|\leqslant0.5)\end{cases} \tag{G7.22}$$

梯形截断的滤波权重函数为

$$w_L(k)=\Big[\frac{\sin(2\pi f_2k)}{\pi k}-\frac{\sin(2\pi f_1k)}{\pi k}\Big]\frac{\sin(\pi k/m)}{\pi k/m}$$
$$k=-m,\cdots,0,\cdots,m \tag{G7.23}$$

正弦截断的滤波权重函数为

$$w_s(k)=\Big[\frac{\sin(2\pi f_2k)}{\pi k}-\frac{\sin(2\pi f_1k)}{\pi k}\Big]\frac{\cos(\pi k/m)}{1-(2k/m)^2}$$
$$k=-m,\cdots,0,\cdots,m \tag{G7.24}$$

由上面两种截断综合为理想截断，其滤波权重函数为

$$w(k)=\frac{\sin(2\pi f_2k)}{\pi k}-\frac{\sin(2\pi f_1k)}{\pi k}$$
$$k=-m,\cdots,0,\cdots,m \tag{G7.25}$$

还有一种称为反馈滤波，又称为 Butterworth 带通滤波器，它是自回归带通过滤器，其过滤后的时间序列表示为

$$y(k) = a[x(k) - x(k-2)] - b_1 y(k-1) - b_2 y(k-2) \tag{G7.26}$$

式中,$x(k)$和 $y(k)$分别为原始输入变量和输出变量 k 时刻的值。a、b_1 和 b_2 为过滤器系数,它们分别为

$$a = \frac{2\Delta\Omega}{4 + 2\Delta\Omega + \Omega_0^2} \tag{G7.27}$$

$$b_1 = \frac{2(\Omega_0^2 - 4)}{4 + 2\Delta\Omega + \Omega_0^2} \tag{G7.28}$$

$$b_2 = \frac{4 - 2\Delta\Omega + \Omega_0^2}{4 + 2\Delta\Omega + \Omega_0^2} \tag{G7.29}$$

其中

$$\Delta\Omega = 2\left|\frac{\sin\omega_1 \Delta T}{1+\cos\omega_1 \Delta T} - \frac{\sin\omega_2 \Delta T}{1+\cos\omega_2 \Delta T}\right|$$

$$\Omega^2 = \frac{4\sin\omega_1 \Delta T \cdot \sin\omega_2 \Delta T}{(1+\cos\omega_1 \Delta T)\cdot(1+\cos\omega_2 \Delta T)}$$

ΔT 为抽样点时间间隔,ω_1 和 ω_2 为过滤时两端点频率,它们响应功率均为 0.5。而中心频率 ω_0 的响应功率为 1.0。它们应满足

$$\omega_0^2 = \omega_1 \omega_2$$

这种过滤器的优点是过滤后的序列长度与过滤前的一致。

一般的过滤器总要损失端点附近的资料。因为过滤后序列可以表示为

$$y(k) = \sum_{i=-m}^{m} w_i x(k-i)$$

式中,w_i 为过滤器权重,i 在 $2m+1$ 个值中变化。因此,过滤后序列一般要损失 m 个值。对时间序列的过滤变换可表示为 z 的变换,即

$$Y(z) = W(z)X(z)$$

其中,原序列、权重序列及输出序列的变换表示为

$$Y(z) = \sum_{i=-m}^{n+m-1} y_i z^i, W(z) = \sum_{i=-m}^{m} w_i z^i, X(z) = \sum_{i=0}^{n-1} x_i z^i$$

式中,z 可以是复变量,它的方次正和负表示向前和向后运算。$W(z)$可表达为如下多项式函数:

$$W(z) = A(z)/B(z) \tag{G7.30}$$

其中

$$A(z) = \sum_{i=0}^{n} a_i z^i, B(z) = \sum_{i=0}^{m} b_i z^i$$

式中,n 和 m 为多项式阶数。代入过滤后的表达式有

$$B(z)Y(z) = A(z)X(z) \tag{G7.31}$$

即

$$\sum_{i=0}^{m} b_i y(k-i) = \sum_{i=0}^{n} a_i x(k-i)$$

可以令 $b_0 = 1$,则有

$$y(k) = \sum_{i=0}^{n} a_i x(k-i) - \sum_{i=0}^{m} b_i y(k-i)$$

上式仅给出了过去值之间的关系。取低阶多项式，即所谓一阶 Butterworth 函数的低通过滤器后就是(G7.31)式。式中，系数可通过 z 变换的权重函数求得。这时(G7.30)式表示为

$$W(z)=\frac{a(1-z^2)}{1+b_1z+b_1z^2} \tag{G7.32}$$

利用带通频率及权重函数与功率之间的关系，即

$$W(\mathrm{e}^{-\mathrm{i}\omega_0\Delta T})^2=1$$
$$W(\mathrm{e}^{-\mathrm{i}\omega_1\Delta T})^2=1/2$$
$$W(\mathrm{e}^{-\mathrm{i}\omega_2\Delta T})^2=1/2$$

G8　交叉谱

交叉谱(Cross Spectrum)分析是揭露两个时间序列在不同频率上互关系的一种分析方法。

(1)交叉谱概念

设存在两个时间函数 $x_1(t)$ 与 $x_2(t)$，它们的交叉积和，即协方差是反映它们的交叉能量，表示为

$$\begin{aligned}\int_{-\infty}^{\infty}x_1(t)x_2(t)\mathrm{d}t&=\int_{-\infty}^{\infty}x_1(t)\left[\frac{1}{2\pi}\int_{-\infty}^{\infty}F_2(\omega)\mathrm{e}^{\mathrm{i}\omega t}\mathrm{d}\omega\right]\mathrm{d}t\\&=\frac{1}{2\pi}\int_{-\infty}^{\infty}F_2(\omega)\mathrm{d}\omega\int_{-\infty}^{\infty}x_1(t)\mathrm{e}^{\mathrm{i}\omega t}\mathrm{d}t\\&=\frac{1}{2\pi}\int_{-\infty}^{\infty}F_2(\omega)F_1(-\omega)\mathrm{d}\omega\end{aligned}$$

式中，$F_1(\omega)$及 $F_2(\omega)$分别为 $x_1(t)$及 $x_2(t)$的复谱。那么类似单个时间函数功率谱的定义，定义两个时间函数交叉谱

$$S_{12}(\omega)=F_2(\omega)F_1^*(\omega) \tag{G8.1}$$

当 $x_1(t)=x_2(t)$时，(G8.1)式与功率谱定义相同。交叉谱是复谱，可写为实部与虚部的形式为

$$S_{12}(\omega)=P_{12}(\omega)-\mathrm{i}Q_{12}(\omega) \tag{G8.2}$$

称实部谱为协谱，虚部谱为正交谱。也有的称为共谱和余谱。

交叉谱也可写成振幅与位相的形式

$$S_{12}(\omega)=A_{12}(\omega)\mathrm{e}^{\mathrm{i}\theta_{12}(\omega)} \tag{G8.3}$$

其中

$$A_{12}(\omega)=|S_{12}(\omega)|=\sqrt{P_{12}^2(\omega)+Q_{12}^2(\omega)} \tag{G8.4}$$

称为交叉振幅谱，$\theta_{12}(\omega)$称为交叉位相谱或位相差谱。

与单个时间函数的研究方法类似，如果把时间函数定义在区间 T 上，也会有交叉乘积为

$$\frac{1}{T}\int_{-T/2}^{T/2}x_1(t)x_2(t)\mathrm{d}t=\sum_{k=-\infty}^{\infty}c_{1k}c_{2k}$$

那么离散交叉谱为

$$S_{12k}=c_{1k}\times c_{2k} \tag{G8.5}$$

用 c_k 的定义代入有

$$S_{12k}=\frac{a_{1k}+\mathrm{i}b_{1k}}{2}\cdot\frac{a_{2k}-\mathrm{i}b_{2k}}{2}=\frac{1}{4}[(a_{1k}a_{2k}+b_{1k}b_{2k})-\mathrm{i}(a_{1k}b_{2k}-a_{2k}b_{1k})]$$

则离散的协谱与正交谱定义为

$$P_{12k}=\frac{1}{4}(a_{1k}a_{2k}+b_{1k}b_{2k}) \tag{G8.6}$$

$$Q_{12k}=\frac{1}{4}(a_{1k}b_{2k}-a_{2k}b_{1k}) \tag{G8.7}$$

连续交叉谱也可以表示成与相关函数的关系。如果 $x_1(t)$ 与 $x_2(t)$ 为两个标准化随机过程，$x_2(t)$ 落后于 $x_1(t)\tau$ 时刻的交叉相关函数为

$$\rho_{12}(\tau)=\int_{-\infty}^{\infty}x_1(t)x_2(t+\tau)\mathrm{d}t \tag{G8.8}$$

类似地，定义 $x_1(t)$ 落后于 $x_2(t)\tau$ 时刻的交叉相关函数为

$$\rho_{21}(\tau)=\int_{-\infty}^{\infty}x_2(t)x_1(t+\tau)\mathrm{d}t \tag{G8.9}$$

在平稳时间序列中，落后交叉相关函数不像单个时间函数有对称性，但却有交叉关系的对称性，即

$$\begin{cases}\rho_{12}(\tau)=\rho_{21}(-\tau)\\ \rho_{12}(-\tau)=\rho_{21}(\tau)\end{cases} \tag{G8.10}$$

因为据(G8.8)式

$$\rho_{12}(-\tau)=\int_{-\infty}^{\infty}x_1(t)x_2(t-\tau)\mathrm{d}t$$

若令 $t_1=t-\tau$，则有

$$\rho_{12}(-\tau)=\int_{-\infty}^{\infty}x_1(t_1+\tau)x_2(t_1)\mathrm{d}t_1=\rho_{21}(\tau)$$

利用上面关系式可导出交叉相关函数与交叉谱关系：

$$\begin{aligned}\rho_{12}(\tau)&=\int_{-\infty}^{\infty}x_1(t)x_2(t+\tau)\mathrm{d}t\\ &=\int_{-\infty}^{\infty}x_1(t)\left[\frac{1}{2\pi}\int_{-\infty}^{\infty}F_2(\omega)\mathrm{e}^{\mathrm{i}\omega(t+\tau)\mathrm{d}\omega}\right]\mathrm{d}t\\ &=\int_{-\infty}^{\infty}F_2(\omega)\left[\frac{1}{2\pi}\int_{-\infty}^{\infty}x_1(t)\mathrm{e}^{\mathrm{i}\omega t}\mathrm{d}t\right]e^{\mathrm{i}\omega\tau}\mathrm{d}\omega\\ &=\frac{1}{2\pi}\int_{-\infty}^{\infty}F_2(\omega)F_1{}^{*}(\omega)\mathrm{e}^{\mathrm{i}\omega\tau}\mathrm{d}\omega=\frac{1}{2\pi}\int_{-\infty}^{\infty}S_{12}(\omega)\mathrm{e}^{\mathrm{i}\omega\tau}\mathrm{d}\omega\end{aligned} \tag{G8.11}$$

据傅氏反变换公式，亦有

$$S_{12}(\omega)=\int_{-\infty}^{\infty}\rho_{12}(\tau)\mathrm{e}^{-\mathrm{i}\omega\tau}\mathrm{d}\tau \tag{G8.12}$$

将上式写成实部与虚部形式为

$$S_{12}(\omega)=\int_{-\infty}^{\infty}\rho_{12}(\tau)\cos\omega\tau\mathrm{d}\tau-\mathrm{i}\int_{-\infty}^{\infty}\rho_{12}(\tau)\sin\omega\tau\mathrm{d}\tau$$

于是可把协谱表示为

$$P_{12}(\omega)=\int_{-\infty}^{\infty}\rho_{12}(\tau)\cos\omega\tau\mathrm{d}\tau$$

正交谱表示为

$$Q_{12}(\omega)=\int_{-\infty}^{\infty}\rho_{12}(\tau)\sin\omega\tau\,d\tau$$

利用(G8.10)式可进一步把协谱与正交谱写为

$$\begin{aligned}P_{12}(\omega)&=\int_{-\infty}^{\infty}\rho_{12}(\tau)\cos\omega\tau\,d\tau+\int_{-\infty}^{\infty}\rho_{12}(\tau)\cos\omega\tau\,d\tau\\&=-\int_{-\infty}^{\infty}\rho_{12}(-\tau)\cos\omega(-\tau)\,d(-\tau)+\int_{0}^{\infty}\rho_{12}(\tau)\cos\omega\tau\,d\tau\\&=\int_{0}^{\infty}\rho_{21}(\tau)\cos\omega\tau\,d\tau+\int_{0}^{\infty}\rho_{12}(\tau)\cos\omega\tau\,d\tau\\&=\int_{0}^{\infty}[\rho_{12}(\tau)+\rho_{21}(\tau)]\cos\omega\tau\,d\tau\end{aligned}\tag{G8.13}$$

$$\begin{aligned}Q_{12}(\omega)&=\int_{-\infty}^{0}\rho_{12}(\tau)\sin\omega\tau\,d\tau+\int_{0}^{\infty}\rho_{12}(\tau)\sin\omega\tau\,d\tau\\&=-\int_{0}^{\infty}\rho_{21}(\tau)\sin\omega\tau\,d\tau+\int_{0}^{\infty}\rho_{12}(\tau)\sin\omega\tau\,d\tau\\&=\int_{0}^{\infty}[\rho_{12}(\tau)-\rho_{21}(\tau)]\sin\omega\tau\,d\tau\end{aligned}\tag{G8.14}$$

(2)交叉谱的估计

①离散交叉谱估计

对两个时间序列现实 x_{1t} 和 $x_{2t}(t=1,2,\cdots,n)$ 可得到傅氏系数的估计，然后利用(G8.6)式、(G8.7)式对离散协谱与正交谱做估计计算。然后利用(G2.16)式的平滑公式对它们分别做平滑，即可得平滑谱估计。

②连续交叉谱估计

可利用两个时间序列落后自相关系数及交叉落后相关系数代入(G8.13)式及(G8.14)式的求和形式求得。当取最大落后长度 m 时有

$$\hat{P}_{21}(l)=\frac{1}{m}\left\{r_{12}(0)+\sum_{\tau=1}^{m-1}[t_{12}(\tau)+r_{21}(\tau)]\cos\frac{l\pi}{m}\tau+r_{21}(m)\cos l\pi\right\}$$

$$\hat{Q}_{12}(l)=\frac{1}{m}\sum_{\tau=1}^{m-1}[r_{12}(\tau)-t_{21}(\tau)]\sin\frac{l\pi}{m}\tau$$

$\hat{P}_{12}(l)$ 和 $\hat{Q}_{12}(l)(l=0,1,\cdots,m)$ 称为协谱与正交谱(相差 90°)的粗估计。对它们做二项系数平滑(类似(G2.16)的公式)，最后综合为下面的平滑协谱与正交谱的计算式：

$$\begin{cases}P_{12}(l)=\dfrac{B_l}{m}\left\{r_{12}(0)+\dfrac{1}{2}\displaystyle\sum_{\tau=1}^{m-1}[r_{12}(\tau)+r_{21}(\tau)]\left(1+\cos\dfrac{\pi\tau}{m}\right)\cos\dfrac{l\pi\tau}{m}\right\}\\Q_{12}(l)=\dfrac{B_l}{m}\left\{\displaystyle\sum_{\tau=1}^{m-1}\left[\dfrac{1}{2}\left(1+\cos\dfrac{\pi\tau}{m}\right)\sin\dfrac{\pi l\tau}{m}\right][r_{12}(\tau)-r_{21}(\tau)]\right\}\end{cases}\tag{G8.15}$$

式中，$l=0,1,\cdots,m$。

$$B_l=\begin{cases}1&(l\neq 0,m)\\\dfrac{1}{2}&(l=0,m)\end{cases}$$

(3)凝聚谱与位相差谱

定义两个时间函数 $x_1(t)$ 与 $x_2(t)$ 之间的凝聚谱为

$$R_{11}^{2}(\omega)=\frac{P_{12}^{2}(\omega)+Q_{12}^{2}(\omega)}{P_{11}(\omega)P_{22}(\omega)} \tag{G8.16}$$

凝聚谱反映两个时间函数在 ω 频率上的相关密切程度。因为据(G8.1)式，上式可表示为

$$R_{12}^{2}(\omega)=\frac{|S_{12}(\omega)|^{2}}{S_{11}(\omega)S_{22}(\omega)} \tag{G8.17}$$

据交叉谱定义有

$$\begin{aligned} S_{12}(\omega) &= F_{1}^{*}(\omega)F_{2}(\omega) \\ &= \mathrm{A}_{1}(\omega)\mathrm{A}_{2}(\omega)\mathrm{e}^{\mathrm{i}[\theta_{2}(\omega)-\theta_{1}(\omega)]} \end{aligned} \tag{G8.18}$$

这表明，凝聚值反映了两个时间函数在 ω 频率上波的振幅的交叉积与各个振动波的振幅乘积之比，这种关系完全类似于相关系数的表示式。事实上，在用离散粗谱表示时，可以证明(G8.16)式为 1，故在计算中(G8.16)式要用平滑谱进行计算。凝聚谱值在 0～1 之间变化。凝聚谱也称为相干谱。

从(G8.1)式可知，位相差谱可用交叉谱的实部与虚部谱求得，即定义为

$$\theta_{12}(\omega)=\tan^{-1}\frac{Q_{12}(\omega)}{P_{12}(\omega)} \tag{G8.19}$$

由于在分析中，更感兴趣的是落后位相所对应的时间长度，故引入落后时间长度谱，表示为

$$L(\omega)=\frac{\theta_{12}(\omega)T}{2\pi} \tag{G8.20}$$

式中，$\theta_{12}(\omega)$用弧度计算；T 为 ω 所对应的周期。对(G8.18)～(G8.20)式的估计可在交叉谱的平滑估计谱的基础上进行。据(G8.18)式可知，当 $\theta_{12}(\omega)>0$ 时，表示在 ω 波动上 $x_2(t)$落后于 $x_1(t)$。

对凝聚值的显著性检验，可在两时间函数振动的凝聚期望为 0 的原假设下，使用统计量

$$F=\frac{(v-1)R_{12}^{2}}{1-R_{12}^{2}} \tag{G8.21}$$

进行检验，F 遵从分子自由度为 2、分母自由度为 $2(v-1)$的 F 分布。自由度的计算可与功率谱估计中的计算类似。

G9 奇异谱

奇异谱分析(Singular Spectrum Analysis，SSA)也是谱分析方法之一。它是一种被用于数字信号处理的分析方法。在非线性动力学分析中广泛应用，这主要是由于它对于资料具有自适应能力。它不需要波动正弦性的假定，其识别的波形信号(不一定是正弦波)是直接由实际序列确定的，而且对功率谱信号具有强化放大作用，适合于识别蕴含于非线性动力学系统中的弱信号，是一种有效的研究序列频域结构的分析工具。

对一时间序列 $x(t)(t=1,2,\cdots,n)$，设在多维空间取嵌入维数 m，即对序列以 m 步长截断，类似方差分析的排序方法，进行重新排列可转化为一个二维矩阵：

$$\underset{(n-m+1)\times m}{\boldsymbol{X}}=\begin{pmatrix} x(1) & x(2) & \cdots & x(m) \\ x(2) & x(3) & \cdots & x(m+1) \\ \vdots & \vdots & & \vdots \\ x(n-m+1) & x(n-m+2) & \cdots & x(n) \end{pmatrix} \tag{G9.1}$$

对此矩阵可以进行 EOF 分解，即矩阵中元素分解为

$$x(i,j)=\sum_{k=1}^{m}a(k,i)v(j,k)\quad(i=1,2,\cdots,n-m+1;j=1,2,\cdots,m)$$

式中，$v(k,j)$是 $\boldsymbol{X}$ 的交叉积矩阵的第 k 个特征向量（记为 T－EOF）的第 j 个分量；$a(i,k)$是 EOF 分解的第 k 个时间函数（记为 T－PC）中的第 i 个分量。如果序列是变量距平序列，求两两变量的协方差，构成协方差矩阵：

$$\underset{m\times m}{\boldsymbol{S}}=\begin{bmatrix} s(0) & s(1) & \cdots & s(m-1) \\ s(1) & s(0) & \cdots & s(m-2) \\ \vdots & \vdots & & \vdots \\ s(m-1) & s(m-2) & \cdots & s(0) \end{bmatrix} \tag{G9.2}$$

矩阵中元素就是对序列 i 时刻的落后 $i-j$ 时刻的落后协方差。如果序列是变量标准化序列，则可以得到序列落后 $i-j$ 时刻的落后自相关函数。不同的特征向量反映在 m 点时间间隔的不同落后时刻的变化特征，取不同的 m 值进行分析则可得到不同周期振荡方差贡献，比较它们在 EOF 中的方差贡献大小即得谱图，从中可发现主要周期振荡。不过此周期不同于经典谱分析的周期波动，是不规则波动周期。

时间序列的 SSA 有一基本性质，当满足下面三个条件时则时间序列中存在一对周期性振荡分量，其周期与 T-EOF 中的周期相同。即

（1）X 的交叉积矩阵相邻两个奇异值（特征值）比较接近；

（2）相应的组成 T-EOF 的序列为近周期的，且周期相同，相差 1/4 位相；

（3）相应的 T-PC 周期也相同，也相差 1/4 位相。

T-PC 实际上是原始序列的滤波形式，长度为 $n-m+1$，原始序列不能通过它们和的形式表现出来，使用分段平均作为时间序列 i 时刻第 K 个分量重建，即

$$\begin{cases} \hat{x}(k,i)=\dfrac{1}{i}\displaystyle\sum_{j=1}^{m}a(k,i-j)v(j,k) & (1\leqslant i\leqslant m-1) \\ \hat{x}(k,i)=\dfrac{1}{n-i+1}\displaystyle\sum_{j=i-n+m}^{m}a(k,i-j+1)v(j,k) & (n-m+2\leqslant i\leqslant n) \\ \hat{x}(k,i)=\dfrac{1}{m}\displaystyle\sum_{j=1}^{m}a(k,i-j+1)v(j,k) & (m\leqslant j\leqslant n-m+1) \end{cases} \tag{G9.3}$$

这些重建分量都是单变量时间系列，长度与原始序列相同，它们表示原始序列中对应于某一特征量的那部分信息。原始序列可以表示成这些重建分量之和，即

$$\hat{x}(i)=\sum_{k=1}^{m}\hat{x}(k,i) \tag{G9.4}$$

重建分量的缺点是它们之间不是线性无关的，优点是重建分量与原始序列有相同的长度，它们之间没有位相漂移（除序列两端可能有之外）。在时间序列两端 m 个点内可能会有位相漂移，但如果将一对周期性振荡分量$(k,k+1)$相加则可以消除位相漂移。

在奇异谱分析中，窗口长度 m 的选取是一个关键性的问题。一般认为 m 不能超过 $n/3$，且指出 SSA 方法对于周期在$(m/5,m)$范围之间的周期性振荡分析是很成功的。

SSA 方法还能将时间序列分解成信号部分和噪声部分。当时间序列中包含噪声时，奇异

值(特征值)在一定阶数之后缓慢减小,这些高阶特征值对应于噪声部分。

用 SSA 提取变量时间序列基本周期的计算流程如下:

(1)将一维时间序列按给定的嵌套空间维数(窗口长度)构造二维资料矩阵。

(2)计算资料矩阵的协方差矩阵。

(3)求解协方差矩阵的特征值和相应的特征向量,再求出时间主分量。

(4)按特征值大小排序,计算方差贡献。

(5)计算各特征值的误差范围。若某对 T-EOF 所对应的特征值满足误差范围,则进一步计算这对 T-PC 的滞后相关系数。将相关系数亦按大小排列,如果存在较大数值,表示这对 T-PC 代表系统的基本周期。

(6)计算周期。由于上述一对 T-PC 近于正交,对滞后时间长度 j,在落后时间内相差 $90°$,一个周期 $360°$ 为 $4j$,将最大滞后相关系数对应的滞后时间长度 j 乘以 4,所得周期就是系统存在的显著周期。

使用 SSA 方法做预报是利用选取的显著周期对应的主分量和特征向量,重建分量的估计序列,对有关分量估计序列求和,得到时间序列的估计序列,使用自回归方程可以做出序列未来时刻的预报值。

G10　交叉奇异谱

对两个变量序列的关系,可以使用交叉奇异谱(Cross－Singular Spectrum Analysis,CSSA)进行频域分析。

对两个时间序列 $x(t)$ 和 $y(t)(t=1,2,\cdots,n)$,在样本中分别取截断时段 m,经不同排列可转化为两个二维矩阵,分别为

$$\underset{m\times(n-m+1)}{\boldsymbol{X}}=\begin{pmatrix} x(1) & x(2) & \cdots & x(n-m+1) \\ x(2) & x(3) & \cdots & x(n-m+2) \\ \vdots & \vdots & & \vdots \\ x(m) & x(m+1) & \cdots & x(n) \end{pmatrix} \tag{G10.1}$$

$$\underset{m\times(n-m+1)}{\boldsymbol{Y}}=\begin{pmatrix} y(1) & y(2) & \cdots & y(n-m+1) \\ y(2) & y(3) & \cdots & y(n-m+2) \\ \vdots & \vdots & & \vdots \\ y(m) & y(m+1) & \cdots & y(n) \end{pmatrix} \tag{G10.2}$$

把上面两个矩阵看成是两个变量场的资料阵,记某一个场为左场 $\boldsymbol{X}$,场包含 m 个空间点。另一个场为右场 $\boldsymbol{Y}$,这个场也包含 m 个空间点,空间点的时间序列样本容量为 $n-m+1$。当然,两个矩阵的排列也可以对两个序列的时段截断数不同,例如,$x(t)$ 序列取截断时段为 p,$y(t)$ 序列取截断时段为 q。这时,左场 $\boldsymbol{X}$ 包含 p 个空间点,右场 $\boldsymbol{Y}$ 包含 q 个变量,但是其样本容量要相等,且小于等于 n 的样本容量。

把两个序列转换成两个新变量场后,就可以把场中变量转化为距平变量或者标准化变量,按奇异值分解的方法,求出左场的奇异值和左特征向量,以及右场的奇异值和右特征向量。

对于最大的奇异值,就是对应两个时间序列不同落后长度的最大协方差。选取对应的左、右特征向量,以及由它们产生的左、右场的展开系数(时间系数)。其中,左场的展开系数(时间

系数)反映两个序列耦合过程中 $x(t)$序列的共同时间落后关系主要特征,而右场的展开系数(时间系数)则反映两个序列耦合过程中 $y(t)$序列的共同时间落后关系主要特征。

对两个场的展开系数(时间系数)进行交叉谱分析,就是奇异交叉谱。

对不同奇异值对应的左、右场的展开系数(时间系数)进行交叉谱分析,可以提取不同显著周期的振荡序列。当确定若干主要周期后,对相应的左、右场的展开系数(时间系数)进行综合,可以得到左、右场序列的拟合序列。

G11 小波分析

小波又称子波。小波分析(Wavelet Analysis,WA)是对大气变量的一种时域和频域结合分析方法,亦称多分辨分析。小波分析又称小波变换,它基于放射群的不变性,即平移和伸缩的不变性,从而允许把一个信号分解为对时间和频率(空间和尺度)的贡献。小波变换对于数据信号处理十分有用,它具有分辨不同尺度的"显微镜"作用和分离信号在不同角度的贡献的"偏振镜"作用。因为资料含有多时间尺度性,由于大小尺度互相包涵,显得杂乱无章,用传统的统计辨别方法很难判别其演变过程,而小波分析具有多分辨性。它好像是有关数学的放大镜,调节器放大倍数,可以对大气变量时频结构做细致的分析,提取有价值的信息。

小波变换实质上是一种数据平滑过程,因而也是一种过滤。在形式上类似傅里叶变换,只不过基底函数不是指数函数而改用小波基底函数。对实数域上的一个可测的平方可积函数 $x(t)$,它的小波变换可表示为

$$T(a,b) = \frac{1}{\sqrt{a}}\int_{-\infty}^{\infty} x(t)g(a,b,t)\mathrm{d}t \tag{G11.1}$$

式中,$g(a,b,t)$是一个基本小波函数,它可生成一簇正交或准正交基底函数,可根据研究的问题的特点来选择。常用有 Mexh(墨西哥帽)、Morlet 小波等。

(1)墨西哥帽小波变换

墨西哥帽小波的基函数形式为

$$g(x) = (1-x^2)\exp(\frac{-x^2}{2}) \tag{G11.2}$$

式中,a 是伸缩尺度;b 是平移因子,又称为窗口。由于 b 是平移因子,对一时间函数 $x(t)$取为某一时刻 t_0,则在该时刻具有尺度 a 的墨西哥帽小波变换,把(G11.2)式代入(G11.1)式,即得

$$T(a,t_0) = \frac{1}{\sqrt{a}}\int_{-\infty}^{\infty} x(t)g(\frac{t-t_0}{a})\mathrm{d}t \tag{G11.3}$$

又称为 Mexh 连续小波变换。对一时间序列 $x(t)$($t=1,2,\cdots,n$),可把积分换成求和形式。将 t_0 取值遍历所有样本,这相当于对序列做平滑处理,其权重函数的分布形如墨西哥帽。此权重函数与正态分布很相似,尺度 a 越大相当于散布越大,低频分量过滤出来的就越多,在时域中的分辨率就越低,反之亦然。

将小波系数的平方值在 b 域上积分,就可得到小波方差,即

$$s^2(a) = \int_{-\infty}^{\infty} |T(a,b)|^2 \mathrm{d}b \tag{G11.4}$$

小波方差也称为在不同尺度上面的功率,又称为能量。它可以用来反映变量时间序列中各种尺度扰动的相对强度,对应峰值处的尺度称为该序列的变化主要时间尺度。

由小波变换重构的时间序列恢复称为小波逆变换，表示为

$$x(t)=\frac{1}{Ca^2}\int_{-\infty}^{0}\int_{0}^{\infty}T(a,b)g(t,a,b)\,\mathrm{d}a\mathrm{d}b \tag{G11.5}$$

一个时间序列的小波功率谱的显著性可以通过与相应的白噪声或红噪声功率谱比较来检验。

由于墨西哥帽的基函数是 Guass 函数的二阶导数，且满足均值为 0，由于函数二阶导数的过零点是函数的拐点，可以作为气候可能的突变点。在小波系数图中，小波系数为 0 时，可以作为突变点，因为它反映小波系数随 b 发生的突变。

(2)Morlet 小波变换

Morlet 小波变换的基函数为复函数，表示为

$$\psi(\omega_0,t)=\pi^{-1/4}\mathrm{e}^{-\mathrm{i}\omega_0 t}\mathrm{e}^{-|t^2|/2} \tag{G11.6}$$

式中，$\omega_0=6.2$。

时间序列的 Morlet 小波变换为复数，它表示为

$$T(a,b)=\int_{-\infty}^{+\infty}x(t)\bar{\psi}(a,b,t)\,\mathrm{d}t \tag{G11.7}$$

$\bar{\psi}$ 为如下函数的复共轭

$$\psi(a,b,t)=\frac{1}{\sqrt{a}}\psi\left(\frac{t-b}{a}\right) \tag{G11.8}$$

在尺度 a 全域能量密度为

$$E(a)=\frac{1}{\omega_0}\int|T(a,b)|^2\frac{\mathrm{d}b}{a^2} \tag{G11.9}$$

在时间域 b 全域能量密度为

$$E(b)=\frac{1}{\omega_0}\int|T(a,b)|^2\frac{\mathrm{d}a}{a^2} \tag{G11.10}$$

式中，$a(a>0)$，b 为参数。类似墨西哥帽小波变换的求取方法，把积分转换为求和，则可以通过原时间序列求得时间序列的 Morlet 小波变换。这种变换实际上是包含了一个周期一定的波，而且是有限的，其波动实际上是正弦波动通过高斯函数的调制而成。

对于时间序列 $x(t)$，它可以表示为傅里叶波动形式：

$$x(t)=A\mathrm{e}^{\mathrm{i}(\omega t+\varphi)}$$

对应的 Morlet 小波变换是复数，表示为

$$T(a,b)=A\sqrt{2a\pi^{1/2}}\,\mathrm{e}^{-\frac{1}{2}(a\omega-\omega_0)^2}\mathrm{e}^{i(\omega b+\varphi)} \tag{G11.11}$$

Morlet 小波变换是复数，因此有对应的振幅和位相。

(3)小波变换的计算步骤

第一步，选择一个基小波函数。

第二步，选择一个最小尺度 a_0 和所有其他的尺度。一般尺度取为 2^0、$2^{0.25}$、$2^{0.5}$、…、2^5，即以 2 为底，幂次从 0 到 5，间隔为 0.25，这样一共可得到 21 个时间尺度的变换系数，足以反映序列各时间尺度变换的全貌。

第三步，计算小波系数，为了尽量减少小波变换计算过程中产生的时间序列边界效应影响，要用不同的边界处理方法对原时间序列进行资料的延伸。即在采取小波变换之前，将序列

资料向前和向后各延伸一个样本容量长度，变换后再将前后延伸部分舍弃，只保留中间部分。

第四步，对每一个尺度计算该尺度下的子小波系数，画等值线图。图中横坐标为时间，纵坐标为小波系数，取不同的 a 值即得到不同尺度的图像。

G12　交叉小波谱

对两个变量序列的关系，可以使用交叉小波谱(Cross-Wavelet Analysis，CWA)进行频域分析。

对两个时间序列 $x(t)$ 和 $y(t)$，分别做小波变换，得到

$$W_x(a,b), W_y(a,b)$$

由于两个小波变换中的参数 b 随时间变化，可以看成时间序列，类似于连续小波变换，小波交叉谱可定义为

$$C_{xy}(a) = \int W_x(a,b)\,\overline{W_y(a,b)}\mathrm{db} \tag{G12.1}$$

式中，"—"表示复共轭。实际上，交叉小波变换就是信号 $x(t)$ 和 $y(t)$ 协方差的时间尺度分解，它在时间轴上的积分即为小波交叉谱。

类似时间序列交叉谱定义，可以分别把交叉小波谱的实部称为交叉小波协谱，虚部称为交叉小波正交谱；其振幅称为交叉小波振幅谱。类似地，还可以定义交叉小波的凝聚谱和位相谱。

实际计算时，应该首先将两个时间序列的小波变换，以及它们的交叉小波转化为谱密度的形式，然后再进行时间域和频率域平滑。否则，将会导致在所有时间和频率点上小波凝聚谱值都相等的错误结果。

交叉小波凝聚谱的显著性检验，可以采用假设某一频率上凝聚为 0 的 F 分布检验方法。再按下式直接估计给定显著水平 α 条件下交叉小波凝聚谱的临界值，即

$$R(a,\omega) = 1 - \alpha^{\frac{1}{\nu-1}} \tag{G12.2}$$

其中，检验时的自由度为

$$\nu = 2n - m/2$$

式中，m 为计算功率谱中最大落后步长；n 为时间序列样本容量。

附录 H　大气变量场的谱分析

在大气变量场中，大气运动包含有多种尺度的扰动结构，其尺度变化范围小到厘米级，大到几千千米，这些扰动可以从波动的角度来度量，如高度场，表现为等压面中的不同等高线形成的波动曲线，其波动(振动)频率不是以时间为单位，而是以距离为单位。因此，对大气变量场中的波动分析也可以称为空间频域分析。分析方法有纬向谐波分析、高度场的物理量谱分析、球谐分析、时空谱、空间谱分析、交叉谱分析、多窗口—奇异值分析和循环平稳经验正交函数分解等。

H1　纬向谐波分析

大气变量场中的波动分析方法中，最为常用的是纬向谐波分析(Zonal Harmonic Analysis)方法。

(1)高度场的纬向谐波

对某等压面上，某纬圈 φ 某经度 λ 格点的高度值可以傅里叶展开为

$$Z(\varphi,\lambda)=a_0(\varphi)+\sum_{k=1}^{\infty}\left[a_k(\varphi)\cos k\lambda+b_k(\varphi)\sin k\lambda\right] \tag{H1.1}$$

式中，k 为波数。此公式与时间序列的谱展开公式是类似的，只是随时间变化曲线变成随距离(经度)变化的波动曲线。波动曲线的峰值与另外一个波动的峰值之间的距离称为波长，在一个纬度上，其基波波长固定为 $360°(2\pi)$ 经度，对应第 k 波圆频率是

$$\omega_k=\frac{2\pi k}{2\pi}=k \tag{H1.2}$$

式中，傅里叶展开系数为

$$\begin{cases}a_0(\varphi)=\overline{Z}(\varphi,\lambda)=\dfrac{1}{2\pi}\displaystyle\int_0^{2\pi}Z(\varphi,\lambda)\mathrm{d}\lambda\\ a_k(\varphi)=\dfrac{1}{\pi}\displaystyle\int_0^{2\pi}Z(\varphi,\lambda)\cos k\lambda\,\mathrm{d}\lambda\\ b_k(\varphi)=\dfrac{1}{\pi}\displaystyle\int_0^{2\pi}Z(\varphi,\lambda)\sin k\lambda\,\mathrm{d}\lambda\end{cases} \tag{H1.3}$$

为了空间波动分析方便，高度值 Z 的展开式还可以表示为

$$Z(\varphi,\lambda)=a_0(\varphi)+\sum_{k=1}^{\infty}A_k(\varphi)\cos k[\lambda-\theta_k(\varphi)] \tag{H1.4}$$

式中，$A_k(\varphi)$ 和 $\theta_k(\varphi)$ 为第 k 波振幅和位相。用此表示式可以方便地反映高度场中的槽脊位置。当 $\lambda=\theta_k(\varphi)$ 时，波动有最大的振幅值，对应的经度是第 k 波的脊线所在位置；在 $\lambda=\theta_k(\varphi)+2\pi/k$ 处，则是槽线所在位置。

第 k 波的振幅和位相可以通过展开式中的系数求出：

$$\begin{cases} A_k(\varphi) = \sqrt{a_k^2(\varphi) + b_k^2(\varphi)} \\ \theta_k(\varphi) = \dfrac{1}{k}\arctan\left[\dfrac{b_k(\varphi)}{a_k(\varphi)}\right] \end{cases} \tag{H1.5}$$

对某纬度，取每隔 10 个经度的格点高度场数据，得到变量数据是 $n=36$ 个格点高度值序列 $x_i(i=1,2,\cdots,36)$，容易得到展开式的系数具体计算公式：

$$\begin{cases} a_0(\varphi) = \dfrac{1}{36}\sum\limits_{i=1}^{36} x_i \\ a_k(\varphi) = \dfrac{1}{18}\sum\limits_{i=1}^{36} x_i \cos ki \\ b_k(\varphi) = \dfrac{1}{18}\sum\limits_{i=1}^{36} x_i \sin ki \end{cases} \tag{H1.6}$$

波数变化范围为 1～18，一般把 1～3 波称为超长波，波长约为 1 万～4 万千米。4～6 波称为中波，波长约为 0.7 万～1 万千米。余下称为短波。第 k 波的方差为

$$s_k^2 = \frac{1}{2}(a_k^2 + b_k^2) \tag{H1.7}$$

其方差贡献率为

$$G(k) = s_k^2 / s^2 \tag{H1.8}$$

式中，s^2 是高度序列的方差。

(2)风场的纬向谐波

对某等压面上的风场，某纬圈 φ 某经度 λ 格点的风速是复数，表示为

$$X = u + \mathrm{i}v \tag{H1.9}$$

式中，u 为纬向风速；v 为经向风速；类似高度场，它也可以傅里叶展开为

$$X(\varphi,\lambda) = a_0(\varphi) + \sum_{k=1}^{\infty}[a_k(\varphi)\cos k\lambda + b_k(\varphi)\sin k\lambda] \tag{H1.10}$$

但是，式中的展开系数不是实数，而是复数。(H1.10)式中傅里叶展开系数为

$$\begin{cases} a_{x0}(\varphi) = \overline{X}(\varphi,\lambda) = \overline{u}(\varphi,\lambda) + \mathrm{i}\overline{v}(\varphi,\lambda) = \dfrac{1}{2\pi}\displaystyle\int_0^{2\pi} u(\varphi,\lambda)d\lambda + \mathrm{i}\,\dfrac{1}{2\pi}\displaystyle\int_0^{2\pi} v(\varphi,\lambda)d\lambda \\ a_{xk}(\varphi) = \dfrac{1}{\pi}\displaystyle\int_0^{2\pi} u(\varphi,\lambda)\cos k\lambda d\lambda + \mathrm{i}\,\dfrac{1}{\pi}\displaystyle\int_0^{2\pi} v(\varphi,\lambda)\cos k\lambda d\lambda = a_{uk}(\varphi) + \mathrm{i}a_{vk}(\varphi) \\ b_{xk}(\varphi) = \dfrac{1}{\pi}\displaystyle\int_0^{2\pi} u(\varphi,\lambda)\sin k\lambda d\lambda + \mathrm{i}\,\dfrac{1}{\pi}\displaystyle\int_0^{2\pi} v(\varphi,\lambda)\sin k\lambda d\lambda = b_{uk}(\varphi) + \mathrm{i}b_{vk}(\varphi) \end{cases}$$

下标“$x0$”和“xk”分别表示风场第 0 波和第 k 波。为了空间波动分析方便，纬向风速的展开式还可以表示为

$$X(\varphi,\lambda) = a_{x0}(\varphi) + \sum_{k=1}^{\infty} A_{xk}(\varphi)\cos k[\lambda - \theta_{xk}(\varphi)] \tag{H1.11}$$

式中，$A_{xk}(\varphi)$ 和 $\theta_{xk}(\varphi)$ 为第 k 波振幅和位相。风速第 k 波的振幅也是复数，表示为实部与虚部之和，即

$$\begin{aligned} A_{Rk}(\varphi) + \mathrm{i}A_{Ik}(\varphi) &= [a_{uk}(\varphi) + \mathrm{i}a_{vk}(\varphi)][b_{uk}(\varphi) - \mathrm{i}b_{vk}(\varphi)] \\ &= [a_{uk}(\varphi)b_{uk}(\varphi) + a_{vk}(\varphi)b_{vk}(\varphi)] + \mathrm{i}[a_{vk}(\varphi)b_{uk}(\varphi) - a_{uk}(\varphi)b_{vk}(\varphi)] \end{aligned} \tag{H1.12}$$

因此，振幅和位相表示为

$$\begin{cases} A_{xk}(\varphi) = \sqrt{A_{Rk}^2(\varphi) + A_{Ik}^2(\varphi)} \\ \theta_{xk}(\varphi) = \arctan\left[\dfrac{A_{Ik}(\varphi)}{A_{Rk}(\varphi)}\right] \end{cases} \tag{H1.13}$$

第 k 波振幅模的方贡献率为

$$G_k(\varphi) = \frac{\| A_{xk}(\varphi) \|^2}{\sum\limits_i \| A_{xi}(\varphi) \|^2} \tag{H1.14}$$

H2 高度场的物理量谱

常用于动力分析的物理量有风速、动能和角动量输送等，对它们的物理量场可以进行谱分析。

(1)风速场的谱

由于高度值与风速的关系，利用高度场的纬向谐波展开可以做风速场的谱分析。

对任一等压面，某一纬度 φ、经度 λ 上的地转风的纬向风 u 和经向风 v 的表达式为

$$\begin{cases} u(\varphi,\lambda) = -\dfrac{g}{2\Omega \cdot \sin\varphi} \cdot \dfrac{\partial Z(\varphi,\lambda)}{r\partial\varphi} \\ v(\varphi,\lambda) = \dfrac{g}{2\Omega \cdot \sin\varphi} \cdot \dfrac{\partial Z(\varphi,\lambda)}{r\cos\varphi\partial\lambda} \end{cases} \tag{H2.1}$$

式中，g 为重力加速度；r 为地球半径；Ω 为地球自转角速度；$Z(\varphi,\lambda)$ 为高度值。风速的纬向谐波展开式为

$$\begin{cases} u(\varphi,\lambda) = \bar{u}(\varphi) + \sum\limits_{k=1}^{\infty} [a_{uk}(\varphi)\cos k\lambda + b_{uk}(\varphi)\sin k\lambda] \\ v(\varphi,\lambda) = \sum\limits_{k=1}^{\infty} [a_{vk}(\varphi)\cos k\lambda + b_{vk}(\varphi)\sin k\lambda] \end{cases} \tag{H2.2}$$

式中，$\bar{u}(\varphi)$ 为纬向平均风速，经向风在纬向平均为 0。

用纬向风速表达式(H2.1)代入谱系数的计算式，即可得到纬向风展开式的第 1 个傅里叶系数表达式，有

$$\begin{aligned} a_{uk}(\varphi) &= -\frac{g}{2\Omega \cdot \sin\varphi} \cdot \frac{\partial}{r\partial\varphi}\left[\frac{1}{\pi}\int_0^{2\pi} Z(\varphi,\lambda)\cos k\lambda \, \mathrm{d}\lambda\right] \\ &= -\frac{g}{2\Omega \cdot \sin\varphi} \cdot \frac{\partial a_k(\varphi)}{r\partial\varphi} \end{aligned} \tag{H2.3}$$

纬向风展开式的第 2 个傅里叶系数表达式，有

$$\begin{aligned} b_{uk}(\varphi) &= -\frac{g}{2\Omega \cdot \sin\varphi} \cdot \frac{\partial}{r\partial\varphi}\left[\frac{1}{\pi}\int_0^{2\pi} Z(\varphi,\lambda)\sin k\lambda \, \mathrm{d}\lambda\right] \\ &= -\frac{g}{2\Omega \cdot \sin\varphi} \cdot \frac{\partial b_k(\varphi)}{r\partial\varphi} \end{aligned} \tag{H2.4}$$

用(H2.1)式的经向风速表达式代入谱系数的计算式，即可得到经向风展开式的第 1 个傅里叶系数表达式，有

$$\begin{aligned}
a_{vk}(\varphi) &= \frac{g}{2\Omega \cdot \sin\varphi} \cdot \frac{\partial}{r\partial\varphi}\left[\frac{1}{\pi}\int_0^{2\pi} Z(\varphi,\lambda)\cos k\lambda\, d\lambda\right] \\
&= \frac{g}{2\Omega \cdot r\sin\varphi}\left[\frac{1}{\pi}Z(\varphi,\lambda)\cos k\lambda \,\Big|_0^{2\pi} - \frac{1}{\pi}\int_0^{2\pi} Z(\varphi,\lambda)(-\sin k\lambda)k\, d\lambda\right] \\
&= \frac{kgb_k(\varphi)}{2\Omega \cdot r\sin\varphi}
\end{aligned} \tag{H2.5}$$

经向风展开式的第 2 个傅氏系数表达式，有

$$\begin{aligned}
b_{vk}(\varphi) &= \frac{g}{2\Omega \cdot \sin\varphi} \cdot \frac{\partial}{r\partial\varphi}\left[\frac{1}{\pi}\int_0^{2\pi} Z(\varphi,\lambda)\sin d\lambda\right] \\
&= \frac{g}{2\Omega \cdot r\sin\varphi}\left[\frac{1}{\pi}Z(\varphi,\lambda)\sin k\lambda \,\Big|_0^{2\pi} - \frac{1}{\pi}\int_0^{2\pi} Z(\varphi,\lambda)(\cos k\lambda)k\, d\lambda\right] \\
&= -\frac{kga_k(\varphi)}{2\Omega \cdot r\sin\varphi}
\end{aligned} \tag{H2.6}$$

因为 a_k 和 b_k 分别是高度场纬向谐波展开的系数，代入上面公式可以计算高度场的风速谱展开。

(2)动能谱

动能是表征大气运动的重要物理量，对任一等压面，某一纬度 φ、经度 λ 上的动能与纬向风 u 和经向风 v 的关系式为

$$E(\varphi,\lambda) = \frac{1}{2}[u^2(\varphi,\lambda) + v^2(\varphi,\lambda)] \tag{H2.7}$$

把风速谱展开表达式代入，并利用三角函数沿纬圈积分的正交性，可以得到动能谱是纬圈平均动能、纬向动能与经向动能之和，展开式为

$$E(\varphi) = E_0(\varphi) + \sum_{k=1}^{\infty}[E_{uk}(\varphi) + E_{vk}(\varphi)] \tag{H2.8}$$

其中

$$E_0(\varphi) = \frac{1}{2}\bar{u}^2(\varphi)$$

$$E_{uk}(\varphi) = \frac{1}{4}[a_{uk}^2(\varphi) + b_{uk}^2(\varphi)]$$

$$E_{vk}(\varphi) = \frac{1}{4}[a_{vk}^2(\varphi) + b_{vk}^2(\varphi)]$$

从(H2.8)的展开式可见，动能谱实际上就是风速的方差谱或者是功率谱。

由于纬向风展开式的傅氏系数计算中，涉及纬向谐波系数的偏微分计算。在具体计算动能谱时，可以取某纬度南北相邻的两个纬度 φ_1 和 φ_2 进行计算，即把(H2.5)式和(H2.6)式代入(H2.8)式，得到具体纬向动能谱的计算公式为

$$E_{uk}(\varphi) = \frac{1}{4}\left\{\left(\frac{g}{2\Omega \cdot r\sin\varphi}\right)^2 \cdot \left[\frac{[a_k(\varphi_2) - a_k(\varphi_1)]^2}{(\varphi_2 - \varphi_1)^2} + \frac{[b_k(\varphi_2) - b_k(\varphi_1)]^2}{(\varphi_2 - \varphi_1)^2}\right]\right\} \tag{H2.9}$$

经向动能谱的计算公式为

$$E_{vk}(\varphi) = \frac{1}{4}\left\{\left(\frac{kg}{2\Omega \cdot r\sin\varphi}\right)^2 \cdot [a_k(\varphi) - b_k(\varphi)]^2\right\} \tag{H2.10}$$

(3)角动量输送谱

在单位时间单位气压层厚度内，通过某纬度 φ 的大型扰动水平输送的角动量为

$$J(\varphi)=\frac{2\pi r^2\ \overline{uv}\cos^2\varphi}{g} \tag{H2.11}$$

式中，$\overline{uv}$表示纬向风速与经向风速乘积的纬圈平均，表示为

$$\overline{uv}=\frac{1}{2\pi}\int_0^{2\pi}uv\,\mathrm{d}\lambda \tag{H2.12}$$

把风速的谱展开公式(H2.2)代入，再利用两个三角函数在一个波动(纬圈长度)内的正交性，可以得到平流输送的谱展开为

$$\begin{aligned}\overline{uv}(\varphi)&=\frac{1}{2}\sum_{k=1}^{\infty}(a_{uk}a_{vk}+b_{uk}b_{vk})\\&=\frac{1}{2}\sum_{k=1}^{\infty}\left[-\frac{g^2kb_k(\varphi)}{(2\Omega\cdot r\sin\varphi)^2\cos\varphi}\cdot\frac{\partial a_k(\varphi)}{r\partial\varphi}+\frac{g^2ka_k(\varphi)}{(2\Omega\cdot r\sin\varphi)^2\cos\varphi}\cdot\frac{\partial b_k(\varphi)}{r\partial\varphi}\right]\end{aligned}$$

取该纬度南北相邻的两个纬度 φ_1 和 φ_2 进行差分代替偏微分计算，即得

$$\overline{uv}(\varphi)=\frac{1}{2}\cdot\frac{g^2k}{(2\Omega\cdot r\sin\varphi)^2(\varphi_2-\varphi_1)\cos\varphi}\sum_{k=1}^{\infty}[b_k(\varphi_1)a_k(\varphi_2)-b_k(\varphi_2)a_k(\varphi_1)]$$

代入角动量表达式，即可得到角动量谱展开，即

$$J(\varphi)=\frac{\pi gk\cos\varphi}{(2\Omega\sin\varphi)^2(\varphi_2-\varphi_1)}\sum_{k=1}^{\infty}[b_k(\varphi_1)a_k(\varphi_2)-b_k(\varphi_2)a_k(\varphi_1)] \tag{H2.13}$$

计算结果如果为正值表示向北输送，负值表示向南输送。

H3 高度场的球谐分析

对大气变量场，如果考虑在地球表面上进行谱分析，则可以使用球谐分析(Spherical Harmonic Analysis)方法。

球谐分析是球面谐波分析的简称，它是一种二维谱分析，由于高度场的坐标是地球表面，坐标系是经度、纬度。高度场中某格点的值，在球面上展开式为

$$Z(\lambda,\theta)=\sum_{m=0}^{\infty}\sum_{n=0}^{\infty}(a_n^m\cos m\lambda+b_n^m\sin m\lambda)P_n^m(\cos\theta) \tag{H3.1}$$

式中，$P_n^m(\cos\theta)$为标准化的勒让德函数；λ 为经度；$\theta=90°-\varphi$ 是余纬(φ 某为纬度)；m 和 n 分别为勒让德函数的幂次；a_n^m 和 b_n^m 为球谐系数。

对上式两边乘标准化的勒让德函数，在球面上积分，利用三角函数和勒让德函数正交性，即可得到球谐系数表示式为

$$\begin{cases}a_n^m=\int_0^{\pi}a_m(\theta)P_n^m(\cos\theta)\sin\theta\mathrm{d}\theta\\b_n^m=\int_0^{\pi}b_m(\theta)P_n^m(\cos\theta)\sin\theta\mathrm{d}\theta\end{cases} \tag{H3.2}$$

其中

$$\begin{cases}a_m(\theta)=\frac{1}{\pi}\int_0^{2\pi}Z(\lambda,\theta)\cos m\lambda\,\mathrm{d}\lambda\\b_m(\theta)=\frac{1}{\pi}\int_0^{2\pi}Z(\lambda,\theta)\sin m\lambda\,\mathrm{d}\lambda\end{cases}$$

为纬向谐波系数。

对实际高度场格点数据，展开的项数只能取有限项。对于 $m>n$ 时，$P_n^m(\cos\theta)=0$，故一般取 $m\geqslant n$，$n-m$ 是勒让德多项式幂次数，也是球面函数中平行纬圈的节点数，称 m 为纬向波数，$n-m$ 为经向波数。在高度场球谐展开中，大多采用所谓菱形截断作为逼近，即取 $m\geqslant 0$，$n-m\leqslant r$，r 为任意正整数。由于勒让德多项式幂次数差 2，所以 $n-m$ 数值在 r 范围内取偶数或奇数递增。在取奇数时，球面函数对赤道是对称的。在取偶数时，球面函数对赤道是反对称的。在菱形截断下，$Z(\lambda,\theta)$ 展开式为

$$Z(\lambda,\theta)=\sum_{m=0}^{r}\sum_{n=m}^{m+r}(a_n^m\cos m\lambda+b_n^m\sin m\lambda)P_n^m(\cos\theta) \tag{H3.3}$$

它也可以表示球面波动振幅和位相的形式，即

$$Z(\lambda,\theta)=\sum_{m=0}^{r}\sum_{n=m}^{m+r}A_n^m\cos[m(\lambda-\eta_n^m)]P_n^m(\cos\theta) \tag{H3.4}$$

其中，振幅和位相可以通过球谐系数求出，即

$$\begin{aligned}A_n^m&=\sqrt{(a_n^m)^2+(b_n^m)^2}\\ \eta_n^m&=\arctan\left(\frac{b_n^m}{a_n^m}\right)\end{aligned} \tag{H3.5}$$

H4　时空谱

对大气变量场，如果考虑既在空间中进行谱分析，又考虑在时间域上进行综合的谱分析，则可以使用时空谱分析(Space-Time Spectrum)方法。

对高度场中某纬圈格点随时间变化序列为 $Z(\lambda_0,t)$，其中，λ 为经度，它的变化范围是 0～2π，时间 t 变化范围也是 0～2π，它可以做二维谱展开，表示为

$$Z(\lambda,t)=\sum_{k=-\infty}^{+\infty}\int_{-\infty}^{+\infty}F(k,\omega)e^{i(k\lambda+\omega t)}d\omega \tag{H4.1}$$

式中，$F(k,\omega)$ 是复数二维谱；k 和 ω 分别是纬向波数和时域正规化圆频率。复数二维谱可表示为

$$F(k,\omega)=\frac{1}{4\pi^2}\int_0^{2\pi}\int_0^{2\pi}Z(\lambda,t)e^{-i(k\lambda+\omega t)}d\lambda dt \tag{H4.2}$$

对某一时刻 t_0，沿某一纬圈的波动是一维空间波，表示为

$$Z(\lambda,t_0)=\sum_{k=-\infty}^{+\infty}F(k,t_0)e^{ik\lambda} \tag{H4.3}$$

式中，$S(k,t_0)$ 为纬向谐波分析中的纬向谱，它表示为

$$F(k,t_0)=\frac{1}{2\pi}\int_0^{2\pi}Z(\lambda,t_0)e^{-i\omega t}dt \tag{H4.4}$$

当固定在高度场中某经度 λ_0 格点上，该格点谱展开为

$$Z(\lambda_0,t)=\int_{-\infty}^{+\infty}F(\lambda_0,\omega)e^{i\omega t}d\omega \tag{H4.5}$$

式中，$F(\lambda_0,\omega)$ 为对应的一维时间谱，它表示为

$$F(\lambda_0,\omega)=\frac{1}{2\pi}\int_0^{2\pi}Z(\lambda_0,t)e^{-i\omega t}dt \tag{H4.6}$$

对高度场中时空变化序列 $Z(\lambda,t)$，其功率可以表示为

$$\frac{1}{4\pi^2}\int_0^{2\pi}\int_0^{2\pi}Z^2(\lambda,t)\mathrm{d}\lambda\mathrm{d}t=\frac{1}{4\pi^2}\int_0^{2\pi}\int_0^{2\pi}Z(\lambda,t)\left[\sum_{k=-\infty}^{+\infty}\int_{-\infty}^{+\infty}F(k,\omega)\mathrm{e}^{\mathrm{i}(k\lambda+\omega t)}d\omega\right]\mathrm{d}\lambda\mathrm{d}t$$

$$=\sum_{k=-\infty}^{+\infty}\int_{-\infty}^{+\infty}F(k,\omega)\left[\frac{1}{4\pi^2}\int_0^{2\pi}\int_0^{2\pi}Z(\lambda,t)\mathrm{e}^{\mathrm{i}(k\lambda+\omega t)}\mathrm{d}\lambda\mathrm{d}t\right]\mathrm{d}\omega$$

$$=\sum_{k=-\infty}^{+\infty}\int_{-\infty}^{+\infty}F(k,\omega)F^*(k,\omega)\mathrm{d}\omega$$

式中，$F^*(k,\omega)$为 z_{ij} 时空谱 $F(k,\omega)$的复共轭。因此，二维时空功率谱为

$$S(k,\omega)=F(k,\omega)F^*(k,\omega) \tag{H4.7}$$

如果把复数的时空谱 $F(k,\omega)$分解为实部和虚部，即

$$F(k,\omega)=F_r(k,\omega)-\mathrm{i}F_i(k,\omega) \tag{H4.8}$$

则时空功率谱可以表示为

$$S(k,\omega)=F_r^2(k,\omega)+F_i^2(k,\omega)=|F(k,\omega)|^2 \tag{H4.9}$$

如果对固定第 k 波的空间波动上，绘出对应的时域的时空功率谱，其时间功率谱图可以以 $-\omega$ 和 $+\omega$ 两个半轴绘出。从图上可以看出空间波动的前进波和后退波的能量变化情况。

对一个随经度和时间变化序列，有 m 个经度格点，序列样本容量为 n，则空间波动的波数取 $0\sim m/2$，频域波数取 $0\sim n/2$。在经度 λ 和时间 t 上，首先把 $Z(\lambda,t)$按空间域做纬向谐波展开，展开式为

$$Z(\lambda,t)=\sum_{k=0}^{m/2}[a_k(t)\cos k\lambda+b_k(t)\sin k\lambda] \tag{H4.10}$$

然后对两个展开系数的时间序列，分别再做时域的谱展开，即

$$\begin{cases}a_k(t)=\sum_{l=0}^{n/2}\left[a_{kl}\cos\frac{2\pi l}{T}t+b_{kl}\sin\frac{2\pi l}{T}t\right]\\ b_k(t)=\sum_{l=0}^{n/2}\left[c_{kl}\cos\frac{2\pi l}{T}t+d_{kl}\sin\frac{2\pi l}{T}t\right]\end{cases} \tag{H4.11}$$

代入时空谱展开式，得到

$$Z(\lambda,t)=\sum_{k=0}^{m/2}\sum_{l=0}^{n/2}\left[a_{kl}\cos k\lambda\cdot\cos\frac{2\pi l}{T}t+b_{kl}\cos k\lambda\cdot\sin\frac{2\pi l}{T}t+c_{kl}\sin k\lambda\cdot\cos\frac{2\pi l}{T}t+d_{kl}\sin k\lambda\cdot\sin\frac{2\pi l}{T}t\right] \tag{H4.12}$$

其中，4 个展开系数的计算式为

$$\begin{cases}a_{kl}=\frac{4}{mn}\sum_{i=0}^{m/2}\sum_{j=0}^{n/2}z_{ij}\cos ki\cdot\cos\frac{2\pi l}{n}j\\ b_{kl}=\frac{4}{mn}\sum_{i=0}^{m/2}\sum_{j=0}^{n/2}z_{ij}\cos ki\cdot\sin\frac{2\pi l}{n}j\\ c_{kl}=\frac{4}{mn}\sum_{i=0}^{m/2}\sum_{j=0}^{n/2}z_{ij}\sin ki\cdot\cos\frac{2\pi l}{n}j\\ d_{kl}=\frac{4}{mn}\sum_{i=0}^{m/2}\sum_{j=0}^{n/2}z_{ij}\sin ki\cdot\sin\frac{2\pi l}{n}j\end{cases} \tag{H4.13}$$

式中，z_{ij} 为第 i 个格点，时刻 j 的高度值。

求出系数后，时空功率谱可以用下式估计：

$$\hat{S}_{kl} = \frac{1}{4}(a_{kl}^2 + b_{kl}^2 + c_{kl}^2 + d_{kl}^2) \tag{H4.14}$$

对粗功率谱值还可以进行各种形式的平滑，如使用二项系数平滑：

$$S_{kl} = \frac{1}{16}(\hat{S}_{k-1,l-1} + \hat{S}_{k-1,l+1} + \hat{S}_{k+1,l-1} + \hat{S}_{k+1,l+1}) + \frac{1}{8}(\hat{S}_{k-1,l} + \hat{S}_{k+1,l} + \hat{S}_{k,l+1} + \hat{S}_{k,l-1}) + \frac{1}{4}\hat{S}_{k,l} \tag{H4.15}$$

以上计算的是空间波动的前进波功率谱（即 $S(k,+\omega)$），对于后退波的功率谱计算，只需要把随时间增加的正向序列变成逆向序列，进行同样的计算即可。

H5　二维空间谱分析

对大气变量场，如果考虑在场的平面上进行谱分析，则可以使用二维空间谱分析方法。

把高度场看成横坐标 x 和纵坐标 y 构成的平面，在高度场中某格点 $Z(x,y)$ 可以类似纬向谐波方法按 x 方向进行傅里叶展开，展开式为

$$Z(x,y) = \sum_k [a_k(y)\cos kx + b_k(y)\sin kx] \tag{H5.1}$$

然后对两个展开系数的 y 方向序列，分别再做 y 方向的谱展开，即

$$\begin{cases} a_k(y) = \sum_l [a_{kl}\cos ly + b_{kl}\sin ly] \\ b_k(y) = \sum_l [c_{kl}\cos ly + d_{kl}\sin ly] \end{cases} \tag{H5.2}$$

代入展开式，得到

$$Z(x,y) = \sum_k \sum_l [a_{kl}\cos kx \cdot \cos ly + b_{kl}\cos kx \cdot \sin ly + c_{kl}\sin kx \cdot \cos ly + d_{kl}\sin kx \cdot \sin ly] \tag{H5.3}$$

式中，k 为 x 方向的波数；l 为 y 方向波数。

根据气象问题需要可以选取有限的波数，建立具体的展开式。把高度场在平面中所有格点值按有序排列，可以作为预报量序列，把公式中的三角函数乘积作为预报因子，上式就是多元回归方程，其展开系数可以使用最小二乘法求出。还可以使用逐步回归方法对展开各项进行筛选，挑选出对高度场最佳拟合的方程。从方程中可以计算出模拟场的解释方差和做显著性检验。

H6　变量场中的交叉谱分析

研究变量场中格点变量之间在频域的交叉关系的谱结构问题，需要使用多维时间序列交叉谱分析方法。

由大气变量场中各格点的时间序列一起，可以组成多个时间序列，它们构成相互联系的多维时间序列，设变量场中有 p 个格点，组成一个向量

$$\boldsymbol{x}(t) = \begin{pmatrix} x_1(t) \\ x_2(t) \\ \vdots \\ x_p(t) \end{pmatrix} \tag{H6.1}$$

对有 p 个格点的场中，对场中任意两个格点变量的时间序列可以计算它们的交叉谱，P 个格点变量时间序列组成一个交叉谱矩阵为

$$\underset{p\times p}{\boldsymbol{S}(\omega)} = \begin{bmatrix} s_{11}(\omega) & s_{12}(\omega) & \cdots & s_{1p}(\omega) \\ s_{21}(\omega) & s_{22}(\omega) & \cdots & s_{2p}(\omega) \\ \vdots & \vdots & & \vdots \\ s_{p1}(\omega) & s_{p2}(\omega) & \cdots & s_{pp}(\omega) \end{bmatrix} \tag{H6.2}$$

矩阵中对角元素分别为 p 个时间序列的功率谱，非对角元素分别对应两个时间序列的交叉谱。由于交叉谱是复数，上面矩阵是复数矩阵。它的复共轭矩阵为

$$\underset{p\times p}{\boldsymbol{S}^*(\omega)} = \begin{bmatrix} s_{11}^*(\omega) & s_{12}^*(\omega) & \cdots & s_{1p}^*(\omega) \\ s_{21}^*(\omega) & s_{22}^*(\omega) & \cdots & s_{2p}^*(\omega) \\ \vdots & \vdots & & \vdots \\ s_{p1}^*(\omega) & s_{p2}^*(\omega) & \cdots & s_{pp}^*(\omega) \end{bmatrix} \tag{H6.3}$$

矩阵中的要素分别对应两个时间序列交叉谱的复共轭交叉谱。对于两个时间序列交叉谱有

$$s_{ij}(\omega) = F_j(\omega)F_i^*(\omega) = s_{ji}^*(\omega) \quad (i \neq j) \tag{H6.4}$$

因此，多维时间序列交叉谱矩阵等于其复共轭矩阵的转置，即

$$\boldsymbol{S}(\omega) = \boldsymbol{S}^*(\omega)' \tag{H6.5}$$

表明多维时间序列交叉谱矩阵是厄米特矩阵。

利用交叉谱矩阵的特点，可以把多元分析方法应用到变量场的频域分析中。例如，可以对变量场时间序列做频域的经验正交函数分解。由于多维时间序列交叉谱矩阵相当于多个变量的协方差矩阵，对交叉谱矩阵一定存在一个 p 阶酉矩阵 $\boldsymbol{U}$，使得交叉谱矩阵转化为对角阵，即

$$\boldsymbol{U}^{-1}\boldsymbol{S}(\omega)\boldsymbol{U} = \boldsymbol{U}^{*\prime}\boldsymbol{S}(\omega)\boldsymbol{U} = \boldsymbol{D}(\omega) \tag{H6.6}$$

式中，$\boldsymbol{U}^{*\prime}$是 $\boldsymbol{U}$ 的复共轭的转置；$\boldsymbol{D}(\omega)$是对角矩阵，矩阵中元素是交叉谱矩阵的特征值；矩阵 $\boldsymbol{U}$ 中的列向量是其对应的复特征向量，是酉空间的正交基。它们乘上变量场的资料阵应该可以得到对应的复时间系数，但是由于是复数，使用不方便，可以把变量场中的时间序列转化为复数时间序列，即使用转化变量

$$w_i(t) = x_i(t) - \mathrm{i}\omega^{-1}\frac{\mathrm{d}x}{\mathrm{d}t} \quad (i = 1,2,\cdots,n) \tag{H6.7}$$

则对应经验正交函数的时间系数序列为

$$y_i(t) = \mathrm{Re}\Big[\sum_{j=1}^{p} u_{ij}w_j(t)\Big] \quad (i = 1,2,\cdots,n) \tag{H6.8}$$

式中，Re 表示括号内的复数中取实部。时间系数序列的方差就是交叉谱矩阵的特征值。

选取有气象意义的主要频率段进一步计算交叉谱中的协谱和正交谱，以及落后位相谱和落后长度谱，由于它们是实数矩阵，分别做经验正交函数分解的矩阵分解，得到对应频率段的空间模态和时间函数，从中可以分析变量场在某频率段中的时间演变特征。

H7 多窗口—奇异值分析

多窗口—奇异值(Multi-Taper Method-SVD，MTM-SVD)分析是对变量场利用多窗口谱进行频域分析的方法。设变量场中有 p 个格点变量，每个变量是标准化变量(平均值为 0，方

差为1),变量序列样本容量为 n。对某个要研究的频率段,选取其代表频率 ω_0,计算每个变量序列的 K 个窗口的功率谱,表示为

$$S_h(i,k,\omega_0) \quad (k=1,2,\cdots,K;i=1,2,\cdots,p) \tag{H7.1}$$

它们可以构成一个矩阵,记为

$$\underset{p\times K}{\boldsymbol{S}(\omega_0)}$$

对此矩阵可以进行在代表频率上的奇异值分解,即

$$\boldsymbol{S}(\omega_0)=\boldsymbol{U}(\omega_0)\boldsymbol{D}(\omega_0)\boldsymbol{V}'(\omega_0) \tag{H7.2}$$

式中,$\boldsymbol{U}(\omega_0)$ 和 $\boldsymbol{V}(\omega_0)$ 分别为左和右特征向量;$\boldsymbol{D}(\omega_0)$ 为奇异值组成的对角矩阵,矩阵中元素记为 $\lambda_1\geqslant\lambda_2\geqslant\cdots\geqslant\lambda_K$,第1特征值对总的特征值之和的贡献为

$$G(\omega_0)=\frac{\lambda_1}{\sum_{k=1}^{K}\lambda_k} \tag{H7.3}$$

它可以看成该变量场中所有格点变量振荡在频率 ω_0 上的方差贡献。

对所有频率进行上述计算,得到不同频率上的方差贡献,以频率为横坐标,以方差贡献为纵坐标,可以得到不同频率的谱图,该谱称为LEV(Local Fractional Variance)谱。谱图上可以反映变量场的变量变化在不同频率上的表现。

LEV谱的显著性检验可以使用蒙特卡洛方法进行检验。

H8 循环平稳经验正交函数分解

对于一变量场,利用传统EOF方法进行分解,可以得到空间模态和时间系数的组合。在循环平稳经验正交函数分解(Cyclostationary-EOF,CSEOF)方法中,该变量场将被分解为与EOF方法相似的形式,然而,它与传统的EOF分解法得到的结果有所不同。其最主要的区别在于其空间模态是不独立于时间变量的,也就是说,变量场的空间模态也能够随时间变化,且这种时间变化限制在一个嵌套周期内,CSEOF分解法最大的优点是可以体现一个变量场叠加在长周期变化背景下的短周期变化,这是传统的EOF分解法所无法实现的。

时间序列的循环平稳过程,是认为序列的平均值是周期变化的,周期为 d,其序列的落后协方差是周期 d 的函数。

对一时间序列 $X(t)$,设它遵从循环平稳过程,可以表示以基波周期为 d(称为嵌入周期)的过程,其平均值有周期 d 的变化,即

$$\mu(t)=E[X(t)]=\mu(t+d) \tag{H8.1}$$

其落后协方差为

$$C(t,t')=E\{[X(t)-\mu(t)][X(t')-\mu(t')]=C(t+d,t'+d) \tag{H8.2}$$

对此时间序列 $X(t)$ 可以做傅里叶展开,即

$$X(t)=\sum_{k=0}^{d-1}A_k(t)\mathrm{e}^{2\pi ikt/d} \tag{H8.3}$$

式中,k 为波数。其振幅随时间变化。

对时间序列的落后协方差也可以做谱展开,即

$$C(t,t')=\sum_k\sum_l\langle A_k(t)A_k^*(t')\rangle\mathrm{e}^{2\pi ikt/d}\mathrm{e}^{-2\pi ikt/d} \tag{H8.4}$$

式中,“〈〉”表示平均;上标“$*$”表示复共轭。振荡的振幅与其复共轭在不同波数中的交叉积反映振幅的落后交叉能量,表现为振幅的协方差矩阵。对振幅的协方差矩阵进行分解,能够得到对应的不同波数振荡交叉能量矩阵的特征值和特征向量,即

$$\sum_{l=0}^{d-1}\langle A_k(t)A_l^*(t)\rangle u_{jl}=\sum_{l=0}^{d-1}C_{kl}u_{jl}=\lambda_j u_{jk} \tag{H8.5}$$

式中,λ_j 为波数 k 的特征值;u_{jk} 为对应的特征向量。振幅与第 k 波的特征向量的乘积得到对应的第 k 波主分量,为

$$y_k(t)=\sum_{l=0}^{d-1}u_{jk}A_l(t) \tag{H8.6}$$

第 k 波主分量可以反映其对应变量序列的 k 波动随时间变化的主要特征。其主分量具有与传统 EOF 类似性质,即不同波的主分量是正交的。

对于大气变量场,可以把场中的 p 个格点变量看成向量,做向量的 CSEOF 即可以得到场的 CSEOF,类似地完成变量场的循环平稳经验正交函数分解。

附录I　马尔科夫概型分析

马尔科夫概型(Markov model)分析是以时间序列内部概率分布结构为出发点，应用多元时间序列分析和马尔科夫过程的理论从实测时间序列中总结出随机过程的概率规律。它常可以用来分析和研究气象中天气现象和天气系统等事件发生的演变规律，未来出现的可能性大小。因此，这一概型在研究以事件为表征的灾害性天气现象的出现、大气过程持续性及天气形势的转变中有重要的实际意义。

I1　马尔科夫链

在大气过程的研究中，我们总可以把某些天气现象的出现称为某种“状态”，例如，对逐日天气现象划分为“晴”和“雨”两种状态，对以年为单位的气候状况也可以划分为“旱”和“涝”两种状态，或者划分为三种状态：“旱”“正常”和“涝”等。如果在天气演变过程中，明天的“晴”或“雨”状态仅与今天的天气系统状态有关，而与过去的天气状态无关，这样的过程可以看成马尔科夫过程。

严格地说，马尔科夫过程是这样的一个过程：若随机过程 $x(t)$，在时刻 t 系统的状态以 E 表示，对于时刻 $\tau(\tau>t)$ 系统所处状态与时间 t 以前所处状态无关，这一过程称为马尔科夫过程。马尔科夫过程又称为无后效的随机过程。马尔科夫链就是时间离散、状态离散的马尔科夫过程。在通常的马尔科夫链中，系统可能存在的状态的数目是有限个或可列个。

在实际应用中，马尔科夫链既适用于时间序列，也适用于空间序列。我们把适用于这两方面的马尔科夫概率模型称为“马尔科夫概型”，在这一概型中，状态之间的转移及其转移的概率作为研究的重要对象。一般马尔科夫过程的转移概率随时间而变，这类过程称为非平稳(非齐次)马尔科夫过程，如果转移概率不随时间而变，这样的过程称为平稳(齐次)马尔科夫过程。

I2　转移概率

转移概率描述了马尔科夫过程各状态之间演变的概率统计特征，如何确定转移概率的问题是马尔科夫概型分析中的一个重要问题。在一个马尔科夫链中，系统状态的转移可以是系统中任何一种状态转移至另一状态或与自身相同的状态，设系统共有 m 种状态，记为 $E_i(i=1,2,\cdots,m)$。显然出现其中任一状态的事件构成一个完备事件群，随时间变化由状态 E_i 转移到状态 E_j 事件的概率称为转移概率，记为 $p_{ij}=P(E_j|E_i)$，即由前一时刻状态 E_i 条件下事件 E_j 发生的概率。

由各状态的各种转移概率为元素组成的矩阵称为转移概率矩阵，记为 $\boldsymbol{P}=(p_{ij})$或

$$P = \begin{pmatrix} P_{11} & P_{12} & \cdots & P_{1m} \\ P_{21} & P_{22} & \cdots & P_{2m} \\ \vdots & \vdots & & \vdots \\ P_{m1} & P_{m2} & \cdots & P_{mm} \end{pmatrix}$$

转移概率矩阵有两个重要性质：

(1)矩阵中每个元素 p_{ij} 均为非负且小于 1,即 $1 \geqslant p_{ij} \geqslant 0$,其中 $i,j=1,2,\cdots,m$；

(2)矩阵中每行元素相加,其和为 1,即 $\sum_{i=1}^{m} p_{ij} = 1$。

这两个性质是由于状态转移事件是一完备事件群所决定的。

把由某状态转到下一时刻的某状态称为一步转移,而把由某状态经过下一时刻某状态再转至另一状态称为二步转移,当然类似地还可有三步或更多步状态转移。利用一步转移概率可以计算从状态 E_i 经过两步转移到状态 E_j 的转移概率,其公式为

$$p_{ij}^{(2)} = \sum_{k=1}^{m} p_{ik} p_{kj} \tag{I2.1}$$

这一概率计算过程可理解为当由状态 E_j 转移到下一个状态时,由于有 m 个可能转移的状态 $E_j(k=1,2,\cdots,m)$,那么在下一步转移出现的 E_j 状态有可能来自它们中任一状态,各种可能的转移事件又是互不相容的,则据全概公式自然有(I2.1)式成立。同理,在计算三步转移概率时,也可把第三步出现的 E_j 状态看成是可能来自第二步任一状态转移过来的。因此,计算从状态 E_i 经过三步转移到状态 E_j 的转移概率计算公式为

$$p_{ij}^{(3)} = \sum_{k=1}^{m} p_{ik}^{(2)} p_{kj} \tag{I2.2}$$

推广之,当状态 E_i 经过 n 步转移到状态 E_j 的过程可以看成是它先经过 $l(n>l>0)$ 步转移到状态 $E_k(k=1,2,\cdots,m)$,再由 E_k 经过 $n-l$ 步转移到状态 E_j 的。所以其转移概率计算公式可表示为

$$p_{ij}^{(n)} = \sum_{k=1}^{m} p_{ik}^{(l)} p_{kj}^{(n-1)} \tag{I2.3}$$

上式亦称为切普曼—柯尔莫哥洛夫方程。一般地对由状态 E_i 经过 n 步转移后再到 $n+1$ 步的 E_j 状态的转移过程据马尔科夫过程的无后效性也可以看成为由状态 E_i 经一步转移,然后再经 n 步转移到达 E_j 状态的过程。所以其转移概率计算公式可写为

$$p_{ij}^{(n+1)} = \sum_{k=1}^{m} p_{ik}^{(n)} p_{kj} = \sum_{k=1}^{m} p_{ik} p_{kj}^{(n)} \tag{I2.4}$$

上面几个公式中,数学符号的上标“()”内的数字表示转移步数。

由状态 E_i 经多步转移到状态 E_j 的转移概率又称为高阶转移概率。由高阶转移概率为元素组成的矩阵称为高阶转移概率矩阵。据(I2.4)式,由状态 E_i 经 $n+1$ 步转移到状态 E_j 的 $n+1$ 阶转移概率矩阵可表示为

$$\boldsymbol{P}^{(n+1)} = \boldsymbol{P}^{(n)} \cdot \boldsymbol{P} = \boldsymbol{P} \cdot \boldsymbol{P}^{(n)} \tag{I2.5}$$

高阶转移概率矩阵中的元素可由一步转移概率矩阵的元素逐步计算得到。因为由一步转移概率矩阵可以由公式 $\boldsymbol{P}^{(2)} = \boldsymbol{P} \cdot \boldsymbol{P} = \boldsymbol{P}^2$ 计算出 2 阶转移概率矩阵 $\boldsymbol{P}^{(2)}$,再由类似的方法可计算出 $\boldsymbol{P}^{(3)}$、$\boldsymbol{P}^{(4)}$ 等高阶转移概率矩阵。

I3 绝对概率

尽管转移概率(p_{ij})决定了随机试验序列的转移过程的概率规律，然而(p_{ij})并没有决定初始各状态的概率分布。因而需要引进初始(即0步)的各状态初始概率分布，设为

$$q_k = p(E_k) \quad (k = 1,2,\cdots,m)$$

称$\{q_i\}=(q_1,q_2,\cdots,q_m)$为初始状态概率分布，据状态定义显然有$q_k \geqslant 0(k=1,2,\cdots,m)$且满足$\sum_{k=1}^{m} q_k = 1$，于是马尔科夫链的概率演变规律完全由$\{q_k\}$及$\{q_{ij}\}$所决定。因此，马尔科夫概率转移过程可描述为：

(1)过程发生前，体系处于状态E_i的初始概率为

$$p_k^{(0)} = q_k \quad (k = 1,2,\cdots,m)$$

(2)如果状态E_i到状态E_j的转移概率为p_{ij}，则过程在时刻1上系统处于状态E_j的绝对概率，据全概公式可写为

$$p_j^1 = \sum_{i=1}^{m} p_{ij} p_i^0 \quad (j = 1,2,\cdots,m) \tag{I3.1}$$

由m个状态在时刻1上出现的绝对概率可组成一个列向量。据(I3.1)式它可表示为

$$\boldsymbol{p}^{(1)} = \boldsymbol{P}' \boldsymbol{p}^{(0)} \tag{I3.2}$$

式中，$\boldsymbol{P}'$为转移概率矩阵的转置矩阵；$\boldsymbol{p}^{(0)}$为初始时刻(0)上状态初始概率向量(由m个初始状态出现的概率组成)。

类似地，在时刻2上状态绝对概率分布可由相应的状态绝对概率向量描述，该向量表示为

$$\boldsymbol{p}^{(2)} = \boldsymbol{P}' \boldsymbol{p}^{(1)}$$

用(I3.2)式代入上式得

$$\boldsymbol{p}^{(2)} = (\boldsymbol{P}^{(2)})' \boldsymbol{p}^{(0)} \tag{I3.3}$$

由此可推得在n时刻上状态概率分布的绝对概率向量为

$$\boldsymbol{p}^{(n)} = \boldsymbol{P}' \boldsymbol{p}^{(n-1)} = (\boldsymbol{P}^{(n-1)})' \boldsymbol{p}^{(0)} \tag{I3.4}$$

随着过程的发展，初始时刻状态的影响逐渐消失。因此，当n很大时，系统在时刻n上处于状态E_k的绝对概率不依赖于在时刻0的初始状态，即绝对概率分布$\boldsymbol{P}^{(n)}$收敛于一个独立于初始分布$\boldsymbol{p}^{(0)}$的极限分布$\boldsymbol{p}$，即有

$$\lim_{n\to\infty} \boldsymbol{p}^{(n)} = \boldsymbol{p}$$

表明系统经过足够长时间的平稳转移后，趋于一个稳定状态，这一性质称为马尔科夫链的遍历性。

利用状态的绝对概率分布就可以做出状态未来时刻的预测。因为对于一段有限观测的时间序列，在划分状态后可以求出它们的各步转移概率矩阵，据马尔科夫链的平稳性假定，这些转移概率不随时间发生改变。那么我们就可以用状态的气候概率(即状态在样本中的频率)分布来代替初始状态概率分布，然后根据(I3.1)～(I3.4)式可以做出气候未来时刻上的状态绝对概率分布的估计(预测)。

I4 转移概率矩阵的谱分解

由于转移概率矩阵刻画了马尔科夫链中各状态演变的规律，我们可以对矩阵做更深入的分析，用特征向量分析提取其中各种优势成分以便寻找出它们演变的主要趋势。

从线性代数中知道，一个矩阵和它的转置具有相同的秩数，即它们非零的特征值相同。设 λ 为转移概率矩阵 $\boldsymbol{P}$ 及其转置矩阵 $\boldsymbol{P}'$ 的特征值，则有

$$\boldsymbol{P}'\boldsymbol{u} = \lambda\boldsymbol{u} \tag{I4.1}$$

式中，$\boldsymbol{u}$ 为对应于 λ 的 $\boldsymbol{P}'$ 的特征向量。对上式两边矩阵求转置有

$$\boldsymbol{u}'\boldsymbol{P} = \lambda\boldsymbol{u}' \tag{I4.2}$$

称 $\boldsymbol{u}'$ 为矩阵 $\boldsymbol{P}$ 对应于 λ 的“左特征向量”。而对于关于矩阵 $\boldsymbol{P}$ 的特征方程，亦有

$$\boldsymbol{P}\boldsymbol{v} = \lambda\boldsymbol{v} \tag{I4.3}$$

式中，$\boldsymbol{v}$ 称为矩阵 $\boldsymbol{P}$ 对应于 λ 的“右特征向量”。

设马尔科夫链具有 m 个状态，其转移概率矩阵 $\boldsymbol{P}$ 为一个 $m\times m$ 矩阵，有 m 个特征值 $\lambda_k(k=1,2,\cdots,m)$，并对应着 m 个左、右特征向量 $\boldsymbol{u}_k$ 及 $\boldsymbol{v}_k(k=1,2,\cdots,m)$。

用 m 个右、左特征向量为列向量分别构成 $m\times m$ 矩阵：

$$\boldsymbol{V} = (\boldsymbol{v}_1\ \boldsymbol{v}_2\ \cdots\ \boldsymbol{v}_m) \quad 及 \quad \boldsymbol{U} = (\boldsymbol{u}_1\ \boldsymbol{u}_2\ \cdots\ \boldsymbol{u}_m)$$

据(I4.2)式及(I4.3)式则有

$$\boldsymbol{P}\boldsymbol{V} = \boldsymbol{\Lambda}\boldsymbol{V} \quad 及 \quad \boldsymbol{U}'\boldsymbol{P} = \boldsymbol{\Lambda}\boldsymbol{U}' \tag{I4.4}$$

式中，$\boldsymbol{\Lambda}$ 为特征值为对角元素组成的 $m\times m$ 对角阵。

由(I4.4)式有

$$\boldsymbol{P} = \boldsymbol{V}\boldsymbol{\Lambda}\boldsymbol{V}^{-1} = (\boldsymbol{U}')^{-1}\boldsymbol{\Lambda}\boldsymbol{U}' \tag{I4.5}$$

对于第 j 个左特征向量及第 i 个右特征向量有

$$\boldsymbol{u}'_j(\boldsymbol{P}\boldsymbol{v}_i) = \boldsymbol{u}'_j(\lambda_i\boldsymbol{v}_i) = \lambda_i\boldsymbol{u}'_j\boldsymbol{v}_i$$

$$\boldsymbol{u}'_j\boldsymbol{P}\boldsymbol{v}_i = (\boldsymbol{u}'_j\boldsymbol{P})\boldsymbol{v}_i = (\lambda_i\boldsymbol{u}'_j)\boldsymbol{v}_i = \lambda_i\boldsymbol{u}'_j\boldsymbol{v}_i$$

比较上面两式，若 $\lambda_i\neq\lambda_j$，则必有 $\boldsymbol{u}'_j\boldsymbol{v}_i=0(i\neq j)$。表明不同的左、右特征向量之间是正交的。我们总可以选择适当的标度，使得

$$\boldsymbol{u}'_j\boldsymbol{v}_i = \begin{cases} 0 & (i\neq j) \\ 1 & (i=j) \end{cases} \tag{I4.6}$$

于是有

$$\boldsymbol{U}'\boldsymbol{V} = \boldsymbol{I} \tag{I4.7}$$

对上式两边右乘 $\boldsymbol{V}^{-1}$ 有 $\boldsymbol{U}'=\boldsymbol{V}^{-1}$，再把此关系式代入(I4.5)式得

$$\boldsymbol{P} = \boldsymbol{V}\boldsymbol{\Lambda}\boldsymbol{U}' = (\boldsymbol{v}_1\ \boldsymbol{v}_2\ \cdots\ \boldsymbol{v}_m)\boldsymbol{\Lambda}(\boldsymbol{u}_1\ \boldsymbol{u}_2\ \cdots\ \boldsymbol{u}_m)' = \sum_{k=1}^{m}\lambda_k\boldsymbol{v}_k\boldsymbol{u}'_k$$

令

$$\boldsymbol{A}_k = \boldsymbol{v}_k\boldsymbol{u}'_k$$

则

$$\boldsymbol{P} = \sum_{k=1}^{m}\lambda_k\boldsymbol{A}_k \tag{I4.8}$$

上式表明，转移概率矩阵可以表示成矩阵 $\boldsymbol{A}_k$ 的线性组合，而矩阵 $\boldsymbol{A}_k(k=1,2,\cdots,m)$ 构成一个正交系的谱集合。因为它们具有两个性质：

(1)不同的谱分量相互是正交的，即

$$\boldsymbol{A}_i\boldsymbol{A}_j=\begin{cases}0 & (i\neq j)\\ \boldsymbol{A}_i & (i=j)\end{cases} \tag{I4.9}$$

(2)各谱分量之和为单位阵，即

$$\sum_{k=1}^{m}\boldsymbol{A}_k=\boldsymbol{I} \tag{I4.10}$$

这两个性质证明如下：

据 $\boldsymbol{A}_k$ 的定义有

$$\boldsymbol{A}_i\boldsymbol{A}_j=(\boldsymbol{v}_i\boldsymbol{u'}_i)(\boldsymbol{v}_j\boldsymbol{u'}_j)=\boldsymbol{v}_i(\boldsymbol{u'}_i\boldsymbol{v}_j)\boldsymbol{u'}_j$$

据(I4.6)式有

$$\boldsymbol{A}_i\boldsymbol{A}_j=\begin{cases}0 & (i\neq j)\\ \boldsymbol{A}_i & (i=j)\end{cases}$$

性质(1)得证。又因为

$$\begin{aligned}\sum_{k=1}^{m}\boldsymbol{A}_k&=\sum_{k=1}^{m}\boldsymbol{v}_k\boldsymbol{u'}_k=\boldsymbol{v}_1\boldsymbol{u'}_1+\boldsymbol{v}_2\boldsymbol{u'}_2+\cdots+\boldsymbol{v}_m\boldsymbol{u'}_m\\&=(\boldsymbol{v}_1\ \boldsymbol{v}_2\ \cdots\ \boldsymbol{v}_m)(\boldsymbol{u}_1\ \boldsymbol{u}_2\ \cdots\ \boldsymbol{u}_m)'=\boldsymbol{VU'}=\boldsymbol{VU'VV}^{-1}=\boldsymbol{V}(\boldsymbol{U'V})\boldsymbol{V}^{-1}\end{aligned}$$

据(I4.7)式得

$$\sum_{k=1}^{m}\boldsymbol{A}_k=\boldsymbol{I}$$

性质(2)得证。

对于高阶转移概率矩阵的谱分解容易从一阶转移概率矩阵的谱分量 $A_k(k=1,2,\cdots,m)$ 中获得，例如，对2阶转移概率矩阵

$$\boldsymbol{P}^{(2)}=\boldsymbol{P}\cdot\boldsymbol{P}=\Big(\sum_{k=1}^{m}\lambda_k\boldsymbol{A}_k\Big)\Big(\sum_{k=1}^{m}\lambda_k\boldsymbol{A}_k\Big)$$

利用谱分量 $\boldsymbol{A}_k$ 的正交性(即(I4.9)式)得

$$\boldsymbol{P}^{(2)}=\sum_{k=1}^{m}\lambda_k^2\boldsymbol{A}_k^2=\sum_{k=1}^{m}\lambda_k^2\boldsymbol{A}_k$$

类似地，对 n 阶转移概率矩阵有

$$\boldsymbol{P}^{(n)}=\boldsymbol{P}^n=\sum_{k=1}^{m}\lambda_k^n\boldsymbol{A}_k \tag{I4.11}$$

由上可见，矩阵 $\boldsymbol{A}_k$ 的集合构成关于转移概率矩阵 $\boldsymbol{P}$ 的描述，它们将各步转移概率矩阵分解为 m 个相互无关，既不重复，又无遗漏的各个部分，而特征值及其幂次是各部分的权重。因而就可以分别对每一部分独立地加以考察，例如，若 λ_1 为转移概率矩阵的最大特征值，那么其对应的部分 $\boldsymbol{P}_1=\lambda_1\boldsymbol{A}_1$ 就能反映马尔科夫链一步转移中各状态转移概率的优势倾向。

I5 马尔科夫性质的检验

检验随机过程是否具有马尔科夫性质是马尔科夫概型分析的必要前提。对离散状态序列

的马尔科夫链通常可用 χ^2 统计量进行检验。

设所研究的序列包含 m 个可能状态，用 f_{ij} 记转移频数矩阵中元素，将转移频数矩阵各列之和分别除以各行各列的总和就得到边缘频率，并把它作为边缘概率的估计，记为 $\hat{p}_{.j}$，即

$$\hat{p}_{.j} = \frac{\sum_{i=1}^{m} f_{ij}}{\sum_{i=1}^{m}\sum_{j=1}^{m} f_{ij}} \tag{I5.1}$$

用 $\hat{p}_{ji}$ 表示 $m \times m$ 转移频率矩阵中的元素，则当 m 很大时，下面统计量

$$\chi^2 = 2\sum_{i=1}^{m}\sum_{j=1}^{m} f_{ij} \left| \ln \frac{\hat{p}}{\hat{p}_{.j}} \right| \tag{I5.2}$$

遵从自由度 $v=(m-1)^2$ 的 χ^2 分布。在选定的显著水平 α 下，如果计算的 χ^2 值大于 $\chi^2_{v:\alpha}$ 时，则随机序列的零假设被拒绝，即认为序列符合马尔科夫性质。

附录J　神经网络

神经网络(Neural Network,NN),又称人工神经网络(Artificial Neural Networks,ANNs),是一种模仿动物神经网络行为特征,进行分布式并行信息处理的算法数学模型。这种网络依靠系统的复杂程度,通过调整内部大量节点之间相互连接的关系,从而达到处理信息的目的。它具有自学习和自适应的能力。作为一种并行的建模计算模型,它具有传统建模方法所不具有的很多优点,有很好的非线性映射能力,一般不必事先知道有关建模对象的结构、参数和动态特性等方面的知识,只需给出对象的输入/输出数据,通过网络本身的学习功能就可以达到输入与输出的映射关系。在大气过程分析和气候预测上,有很多的应用。

神经网络可以用作分类、聚类、预测等。神经网络需要有一定量的历史数据,通过历史数据的训练,网络可以学习到数据中隐含的知识。可以利用气象问题的一些天气气候特征,以及对应的数据来训练神经网络。

J1　神经元模型

(1)基本概念

人们认识到复杂的神经系统是由数目繁多的神经元组合而成。大脑皮层包括有100亿个以上的神经元,每立方毫米约有数万个,它们互相联结形成神经网络,通过感觉器官和神经接受来自身体内外的各种信息,传递至中枢神经系统内,经过对信息的分析和综合,再通过运动神经发出控制信息,以此来实现机体与内外环境的联系,协调全身的各种机能活动。

神经元是组成人脑最基本的单元,也是神经系统的基本单元。人类思维方式的根本之点在于信息是通过神经元上的兴奋模式分布储在网络上;信息处理是通过神经元之间同时相互作用的动态过程来完成的。神经元也和其他类型的细胞一样,包括有细胞膜、细胞质和细胞核。但是神经细胞的形态比较特殊,具有许多突起,因此又分为细胞体、轴突和树突三部分。细胞体内有细胞核,突起的作用是传递信息。树突是作为引入输入信号的突起,而轴突是作为输出端的突起,它只有一个。

神经元具有如下动能:

①时空整合功能。对于不同时间通过同一突触传入的信息,神经元可以进行时间整合;对于同一时间通过不同突触传入的信息,神经元可以进行空间整合。

②动态极化性。在神经元中,信息是以预知的确定方向流动的,从起始接收信息,通过突触再传到另一神经元。

③兴奋与抑制状态。神经元对输入信息经过整合,超过一定阈值,产生兴奋状态;神经元对输入信息经过整合,低于一定阈值,无神经冲动输出,产生抑制状态。

④结构可塑性。随着神经冲动传递方式的变化,传递作用强弱不同,可以形成神经元之间

柔性连接。

⑤学习、遗忘和疲劳。突触的传递作用有增强、减弱和饱和三种情况，对应有学习、遗忘和疲劳的效应。

(2)传递模型

将某神经元 i 的 n 个信息，$x_1 \sim x_n$，输入至神经元 j，通过权重进行整合，通过激活函数，进行输出，得到新信息 y。其过程如图 J1.1 所示。

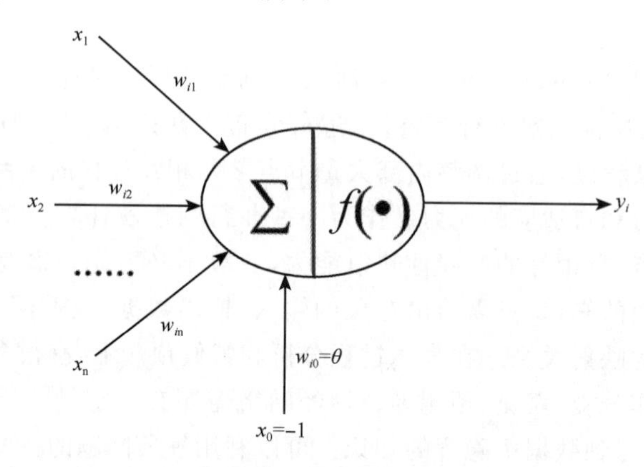

图 J1.1　神经元模型

图 J1.1 中，$x_1 \sim x_n$ 是从其他神经元传来的输入信号，w_{ij} 表示从神经元 j 到神经元 i 的连接权值，θ 表示一个阈值。神经元 i 的输出与输入的关系表示为

$$y_i = f\left(\sum_j w_{ij} x_j - \theta_i\right) \tag{J1.1}$$

图 J1.1 中，y_i 表示神经元 i 的输出，函数 f 称为激活函数或转移函数，net 称为净激活。

若将阈值看成是神经元 i 的一个输入 x_1 的权重 w_{i1}，则上面的式子可以简化为

$$net_i = \sum_{j=1}^{n} w_{ij} x_j \tag{J1.2}$$

式中，n 表示输入的样本容量。输出表示为

$$y_1 = f(net_i) \tag{J1.3}$$

若用 $\boldsymbol{x}$ 表示输入向量，用 $\boldsymbol{w}$ 表示权重向量，即

$$\boldsymbol{x} = (x_1, x_2, \cdots, x_n)$$

$$\boldsymbol{w} = (w_{i1}, w_{i2}, \cdots, w_{in})'$$

则神经元的净激活可以表示为向量相乘的形式：

$$net_i = \boldsymbol{xw} \tag{J1.4}$$

相应神经元输出表示为

$$y_i = f(net_i) = f(\boldsymbol{xw}) \tag{J1.5}$$

若神经元的净激活 net 为正，称该神经元处于激活状态或兴奋状态；若净激活 net 为负，则称神经元处于抑制状态。

图 J1.1 中的这种“阈值加权和”的神经元模型称为 M-P 模型，也称为神经网络的一个处理单元。

(3)激活函数

激活函数起非线性映射作用,它将神经元输出的数值变化限制在一定范围内,一般限制在(0,1)或(−1,1)之间。激活函数有如下几种形式:

①阶梯函数

$$y = f(x) = \begin{cases} 1 & (x \geqslant 0) \\ -1 & (x < 0) \end{cases}$$

②分段线性函数

$$y = f(x) = \begin{cases} 1 & (x \geqslant 1) \\ \frac{1}{2}(1+x) & (-1 < x < 1) \\ -1 & (x \leqslant -1) \end{cases}$$

③Sigmoid 型函数(又称 S 型函数)

$$y = f(x) = \frac{1}{1+\exp(ax)}$$

或双曲正切对称 S 型函数

$$y = f(x) = \tanh\left(\frac{1}{2}x\right) = \frac{1-\exp(-x)}{1+\exp(-x)}$$

J2 神经网络结构

神经网络就是模拟人思维的第二种方式。这是一个非线性动力学系统,其特色在于信息的分布式存储和并行协同处理。虽然单个神经元的结构极其简单,功能有限,但大量神经元构成的网络系统所能实现的行为却是极其复杂的。

(1)基本结构

神经网络结构是由大量神经元相互连接组成,以神经元为节点,用有向加权弧连接的有向网络。在结构上,可以把一个神经网络划分为输入层、输出层和隐含层(图 J2.1)。输入层的每个节点对应一个个的预测变量。输出层的节点对应目标变量,可有多个。在输入层和输出层之间是隐含层(对神经网络使用者来说不可见),隐含层的层数和每层节点的个数决定了神经网络的复杂度。

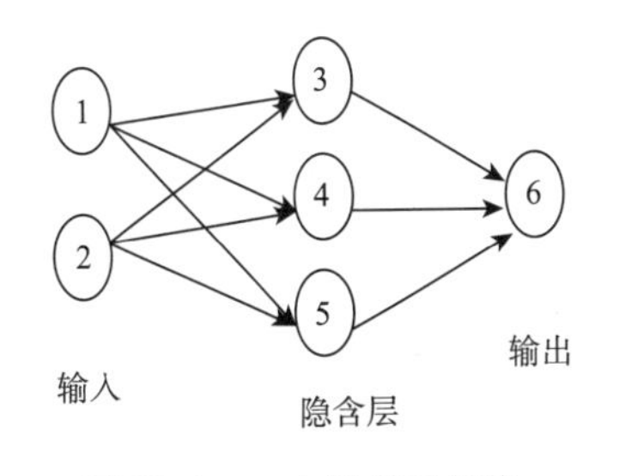

图 J2.1 一个神经元网络

除了输入层的节点,神经网络的每个节点都与它前面的很多节点(称为此节点的输入节点)连接在一起,每个连接对应一个权重 Wxy,此节点的值就是通过它所有输入节点的值与对应连接权重乘积的和作为一个函数的输入而得到,这个函数称为激活函数或挤压函数。如图 J2.2 中节点 4 输出到节点 6 的值可通过如下计算得到:

节点 6 的值$=W_{14}\times$节点 1 的值$+W_{24}\times$节点 2 的值

神经网络的每个节点都可表示成变量(节点 1、2)的值或值的组合(节点 3～6)。注意节点 6 的值已经不再是节点 1、2 的线性组合,因为数据在隐含层中传递时使用了激活函数。实际上如果没有激活函数,神经元网络就等价于一个线性回归函数,如果此激活函数是某种特定的非线性函数,神经网络又等价于逻辑回归。

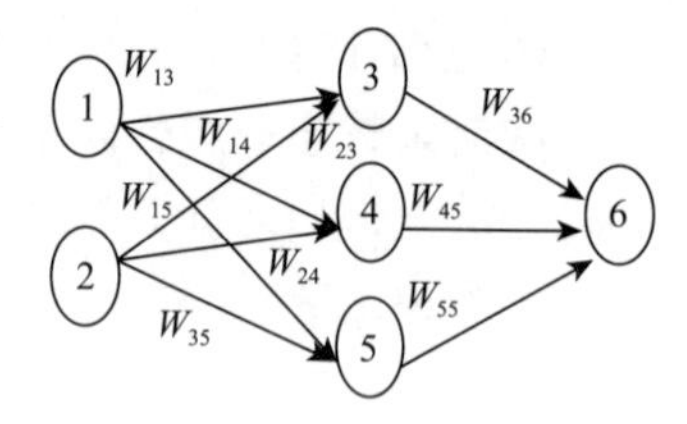

图 J2.2　带权重 Wxy 的神经元网络

调整节点间连接的权重，就是建立（也称训练或学习）神经网络的计算过程。过程中需要有一些参数来控制训练的过程，如防止训练过度和控制训练的速度。

决定神经网络拓扑结构（或体系结构）的是隐含层及其所含节点的个数，以及节点之间的连接方式。要从头开始设计一个神经网络，必须要决定隐含层和节点的数目、激活函数的形式，以及对权重做那些限制等。

（2）前馈型网络

前馈型网络（Back Propagation，BP）是前向传播式神经网络，即图 J2.2 中所描绘的那种。在网络中各神经元接收前一层的输入，并输出到下一层。把各节点的值，按照各个连接权重的大小加权输入活动函数，再得到新的值，进一步传播到下一个节点。

前馈型网络有单隐层前馈网络，一般称为三层前馈网或三层感知器，即包含有输入层、中间层（也称隐含层）和输出层。它的特点是：各层神经元仅与相邻层神经元之间相互全连接，同层内神经元之间无连接，各层神经元之间无反馈连接，构成具有层次结构的前馈型神经网络系统。单计算层前馈神经网络只能求解线性可分问题，能够求解非线性问题的网络必须是具有隐层的多层神经网络。

常见的多层结构的前馈网络由三部分组成。①输入层，众多神经元接受大量非线性输入信息。输入的信息包含在输入向量中。②输出层，信息在神经元链接中进行传输、分析、权衡，形成输出结果。输出的信息包含在输出向量中。③隐含层，简称“隐层”，是输入层和输出层之间众多神经元和链接组成的各个层面。隐层可以有多层，习惯上会用一层。隐层的节点（神经元）数目不定，但数目越多神经网络的非线性越显著，从而神经网络的鲁棒性（控制系统在一定结构、大小等的参数摄动下，维持某些性能的特性）更显著。习惯上会选输入节点 1.2 至 1.5 倍的节点。

（3）反馈型网络

反馈型网络（Recurrent Neural Network，RNN）又称为递归网络或回归网络。当节点的输出值与预期的目标值不同时，也就是发生错误（产生误差）时，就要进行“学习”（从错误中学习）和修正。把节点间连接的权重，看成后一节点对前一节点的“信任”程度（下一节点的输出更容易受他前面哪个节点输入的影响）。学习的方法是采用惩罚的方法，其过程如下：如果一节点输出发生错误，那么看它的错误是受哪个（些）输入节点的影响所造成的，是不是它最信任的节点（权重最高的节点）陷害了它（使它出错），如果是，则要降低对它的信任值（降低权重），惩罚它们，同时升高那些做出正确建议节点的信任值。对那些受到惩罚的节点来说，它也需要用同样的方法来进一步惩罚它前面的节点。就这样把惩罚一步步向前传播直到输入节点为止。

对训练集中的每一条记录都要重复这个步骤，用前向传播得到输出值，如果发生错误，则用回馈法进行学习。当把训练集中的每一条记录都运行过一遍（次）之后，我们称完成一个训练周期。要完成神经网络的训练可能需要很多个训练周期，经常是几百个。训练完成之后得到的神经网络，就是在通过训练集总结和归纳的模型，它描述了训练过程中变量受其他变量的影响及其变化规律。一旦与目标之间的误差达到要求时，那么就认为神经网络已经达到最佳状态，可以停止训练。

J3 网络学习

(1)学习方式

神经网络具有初步的自适应与自组织能力。在学习或训练过程中改变突触权重值,以适应周围环境的要求。同一网络因学习方式及内容不同可具有不同的功能。人工神经网络是一个具有学习能力的系统,可以发展知识,以致超过设计者原有的知识水平。通常,它的学习训练方式有三种。

①有监督(或称有导师)学习

存在一个外界"导师",利用给定的样本输入,进行教导提供应有的输出结果。例如,在建立变量预测模型时,利用输入样本向量 $\boldsymbol{x}(1\times n)$和系统产生的输出向量 $\boldsymbol{t}(1\times n)$。把这组已知的输入/输出数据称为训练样本,学习系统可根据系统输出 $\boldsymbol{t}$ 与实际输出(要预测的目标的实况)$\boldsymbol{y}(1\times n)$之间的差向量(误差信号),来调整网络系统连接的各种参数。学习规则由一组描述网络行为的训练集给出:

$$\{\boldsymbol{x}^{(1)},\boldsymbol{t}^{(1)}\},\{\boldsymbol{x}^{(2)},\boldsymbol{t}^{(2)}\},\cdots,\{\boldsymbol{x}^{(N)},\boldsymbol{t}^{(N)}\}$$

上标( )中的 N 为训练集的一个训练周期。当输入作用到网络时,对输出与目标输出进行比较(差异度),如果误差很大,则需要调整网络权值和阈值,使至误差最小。

②无监督(或称无导师)学习

只规定学习方式或某些规则,具体的学习内容随系统所处环境(即输入信号情况)而异,系统可以自动发现环境特征和规律性,具有更近似人脑的功能。此类学习方式适用于变量的聚类过程。

③强化学习

该学习方式介于上述两种学习方式之间。外部环境对系统输出结果,只给出评价(奖励或惩罚),不是给出正确答案。网络系统通过强化那些受奖励的动作来改善自身的性能。此学习方式适用于控制系统领域。

网络学习的准则应该是:如果网络做出错误的的判决,则通过网络的学习,应使得网络减少下次犯同样错误的可能性。首先,给网络的各连接权值赋予(0,1)区间内的随机值,将"A"所对应的图像模式输入网络,网络将输入模式加权求和、与门限比较、再进行非线性运算,得到网络的输出。在此情况下,网络输出为"1"和"0"的概率各为 50%,也就是说是完全随机的。这时如果输出为"1"(结果正确),则使连接权值增大,以便使网络再次遇到"A"模式输入时,仍然能做出正确的判断。

如果输出为"0"(即结果错误),则把网络连接权值朝着减小综合输入加权值的方向调整,其目的在于使网络下次再遇到"A"模式输入时,减小犯同样错误的可能性。如此操作调整,当给网络轮番输入若干个手写字母"A""B"后,经过网络按以上学习方法进行若干次学习后,网络判断的正确率将大大提高。这说明网络对这两个模式的学习已经获得了成功,它已将这两个模式分布地记忆在网络的各个连接权值上。当网络再次遇到其中任何一个模式时,能够做出迅速、准确的判断和识别。一般说来,网络中所含的神经元个数越多,它能记忆、识别的模式也就越多。

(2)学习算法

①误差纠正规则

学习最终目的是使得神经元的期望输出与实际输出误差最小。对训练过程的第 k 步，第 i 个神经元的输出误差表示为

$$e_i(k) = t_i(k) - y_i(k)$$

式中，$t_i(k)$、$y_i(k)$分别为期望输出与实际输出。一旦定义了目标函数的形式，误差纠正学习就是最优化过程。常用的函数是均方误判据，即

$$J = E\left\{\frac{1}{2}\sum_{i=1}^{L}(t_i - y_i)^2\right\} \tag{J3.1}$$

式中，E 是期望算子；L 为网络输出数。

以均方误差判据最小化为目标函数，对第 k 步的均方误差判据，对权值求极小值，即对

$$J(k) = \frac{1}{2}\sum_{i=1}^{L}(t_i(k) - y_i(k))^2 = \frac{1}{2}\sum_{i=1}^{L}e_i^2(k) \tag{J3.2}$$

使用最陡下降法求解，得到如下的纠正学习规则：

$$\Delta w_{ij}(k) = \eta \cdot \delta_i(k) \cdot x_j(k) = \eta \cdot e_i(k) \cdot f'(w_i x) \cdot x_j(k) \tag{J3.3}$$

式中，η 为学习速率，它在 0～1 之间变化；f 为激活函数。

②Hebb 学习规则

考虑当某一突触(连接)两端神经元的激活同步(同为激活或同为抑制)时，该连接强度应增加，反之则减弱。权重调整值为

$$\Delta w_{ij}(k) = \eta \cdot y_i(k) \cdot x_j(k) \tag{J3.4}$$

为了增加学习的记忆功能，还可以使用如下规则：

$$\Delta w_{ij}(k) = \eta \cdot y_i(k) \cdot x_j(k) - d_i \cdot w_{ij}(k) \tag{J3.5}$$

上式最后一项是衰减项，它能够对权值的取值加以限制。衰减系数 d_i 的取值在 0～1 之间。

③竞争学习规则

在学习过程中，网络各输出单元相互竞争，最后达到只有一个最强者激活。竞争学习规则有如下三种：

(a)Kohonen 规则

$$\Delta w_{ij}(k) = \begin{cases}\eta(x_j - w_{ij}) & \text{若神经元 } j \text{ 获胜} \\ 0 & \text{若神经元 } j \text{ 失败}\end{cases} \tag{J3.6}$$

(b)Instron 规则

$$\Delta w_{ij}(k) = \begin{cases}\eta y_i(x_j - w_{ij}) & \text{若神经元 } j \text{ 获胜} \\ 0 & \text{若神经元 } j \text{ 失败}\end{cases} \tag{J3.7}$$

(c)Outstar 规则

$$\Delta w_{ij}(k) = \begin{cases}\eta(y_i - w_{ij})/x_j & \text{若神经元 } j \text{ 获胜} \\ 0 & \text{若神经元 } j \text{ 失败}\end{cases} \tag{J3.8}$$

J4　前馈型神经网络

(1)算法原理

前馈型网络称为误差反传神经网络，又称 BP(Back Propagation)神经网络，是误差反传或误差反向传播算法的学习过程。它由信息的正向传播和误差的反向传播两个过程组成。输入

层各神经元负责接收来自外界的输入信息，并传递给中间层各神经元；中间层是内部信息处理层，负责信息变换，根据信息变化能力的需求，中间层可以设计为单隐层或者多隐层结构；最后一个隐层传递到输出层各神经元的信息，经进一步处理后，完成一次学习的正向传播处理过程，由输出层向外界输出信息处理结果。当实际输出与期望输出不符时，进入误差的反向传播阶段。误差通过输出层，按误差梯度下降的方式修正各层权值，向隐层、输入层逐层反传。周而复始的信息正向传播和误差反向传播过程，是各层权值不断调整的过程，也是神经网络学习训练的过程，此过程一直进行到网络输出的误差减少到可以接受的程度，或者预先设定的学习次数为止。

(2)前馈计算过程

在训练学习阶段，设有 N 个训练样本，用其中第 p 个样品对输入向量 $\{x_i^{(p)}\}$ 和期望输出向量 $\{t_i^{(p)}\}$ 进行网络训练，隐含层的第 i 个神经元在样品 p 的输入为

$$net_i^{(p)} = \sum_{j=1}^{M} w_{ij} o_j^{(p)} - \theta_i = \sum_{j=1}^{M} w_{ij} x_j^{(p)} - \theta_i \quad (i = 1,2,\cdots,q) \tag{J4.1}$$

式中，$x_i^{(p)}$ 和 $o_i^{(p)}$ 分别为输入节点 j 在样品 p 作用时的输入和输出，对输入节点而言，前面的输出就是后面的输入，所以两者是相当的；w_{ij} 为输入层神经元 j 与隐含层神经元 i 之间的连接权值；θ_i 为隐含层神经元 i 的阈值；M 为输入层的节点数，即输入个数。

隐含层神经元 i 的输出为

$$o_i^{(p)} = g(net_i^{(p)}) \quad (i = 1,2,\cdots,q) \tag{J4.2}$$

式中，$g(\cdot)$为隐含层的激活函数；q 为隐含层的节点数。激活函数可以取 Sigmoid 型激活函数：

$$g(x) = \frac{1}{1 + \exp[-(x + \beta_1)/\beta_0]} \tag{J4.3}$$

式中，参数 β_1 表示偏值，它为正值时使激活函数水平向左移动；β_0 的作用是调节函数形状。

隐含层神经元 i 的输出 $o_i^{(p)}$ 将通过权重系数向前传播的输出层的第 k 个神经元，作为它的输入之一，而输出层的第 k 个神经元的总输入为

$$net_k^{(p)} = \sum_{j=1}^{q} w_{ij} o_j^{(p)} - \theta_k \quad (k = 1,2,\cdots,L) \tag{J4.4}$$

式中，L 为输出节点数。

隐含层激活函数的微分函数为

$$\begin{aligned} g'(net_i^{(p)}) &= g(net_i^{(p)})[1 - g(net_i^{(p)})] \\ &= o_i^{(p)}(1 - o_i^{(p)}) \end{aligned} \quad (i = 1,2,\cdots,q) \tag{J4.5}$$

第 k 个神经元的实际输出为

$$o_k^{(p)} = g(net_k^{(p)}) \quad (k = 1,2,\cdots,L) \tag{J4.6}$$

输出层激活函数的微分函数为

$$\begin{aligned} g'(net_k^{(p)}) &= g(net_k^{(p)})[1 - g(net_k^{(p)})] \\ &= o_k^{(p)}(1 - o_k^{(p)}) \end{aligned} \quad (k = 1,2,\cdots,L) \tag{J4.7}$$

若其输出与给定模式对期望输出 $t_k^{(p)}$ 不一致，则将其误差信号从输出端反向传播回来，并在传播过程中，对权重系数不断修正，直到在输出层神经元上得到与期望输出一致(在误差要求内)为止。对样品 p 完成网络权重系数的调整后，再送入另一样品模式对进行类似的学习，直到

完成 N 个样品的训练学习为止。

(3)权重系数的调整规则

对每一个样品的输入模式时，其二次型误差函数为

$$J_p=\frac{1}{2}\sum_{k=1}^{L}(t_k^{(p)}-o_k^{(p)})^2 \tag{J4.8}$$

则系统对所有 N 个训练样品的总误差函数为

$$J=\sum_{p=1}^{N}J_p=\frac{1}{2}\sum_{p=1}^{N}\sum_{k=1}^{L}(t_k^{(p)}-o_k^{(p)})^2 \tag{J4.9}$$

学习过程要使误差函数减小，调整权重系数直到获得满意的权重系数集。权重系数的修正是顺序操作的，网络对一个一个的输入进行学习并修正。

(4)输出层权重系数的调整

权重系数按 J_p 函数梯度变化的反方向调整，使网络逐渐收敛。根据梯度法，可得输出每个神经元权重系数的修正公式为

$$\begin{aligned}\Delta w_{ki}&=-\eta\frac{\partial J_p}{\partial w_{ki}}=-\eta\frac{\partial J_p}{\partial net_k^{(p)}}\cdot\frac{\partial net_k^{(p)}}{\partial w_{ki}}\\&=-\eta\frac{\partial J_p}{\partial net_k^{(p)}}\cdot\frac{\partial}{\partial w_{ki}}\Big[\sum_{i=1}^{q}w_{ki}o_i^{(p)}-\theta_i\Big]=-\eta\frac{\partial J_p}{\partial net_k^{(p)}}o_i^{(p)}\end{aligned} \tag{J4.10}$$

式中，η 为学习速率，它为 0～1 的数。

定义

$$\begin{aligned}\delta_k^{(p)}&=-\frac{\partial J_p}{\partial net_k^{(p)}}=\frac{\partial J_p}{\partial o_k^{(p)}}\cdot\frac{\partial o_k^{(p)}}{\partial net_k^{(p)}}\\&=(t_k^{(p)}-o_k^{(p)})\cdot g(net_k^{(p)})=(t_k^{(p)}-o_k^{(p)})o_k^{(p)}(1-o_k^{(p)})\end{aligned} \tag{J4.11}$$

因此，输出层的第 k 个神经元的权重系数修正公式为

$$\Delta w_{ki}=\eta\delta_k^{(p)}o_i^{(p)}=\eta(t_k^{(p)}-o_k^{(p)})o_k^{(p)}(1-o_k^{(p)})o_i^{(p)} \tag{J4.12}$$

在样品 p 作用时，式中，$o_k^{(p)}$ 为输出节点 k 的输出；$o_i^{(p)}$ 为隐含节点 i 的输出；$t_k^{(p)}$ 是期望输出。

(5)隐含层权重系数的调整

隐含层的每个神经元权重系数修正公式为

$$\begin{aligned}\Delta w_{ij}&=-\eta\frac{\partial J_p}{\partial w_{ij}}=-\eta\frac{\partial J_p}{\partial net_i^{(p)}}\cdot\frac{\partial net_i^{(p)}}{\partial w_{ij}}\\&=-\eta\frac{\partial J_p}{\partial net_i^{(p)}}\cdot\frac{\partial}{\partial w_{ij}}\Big[\sum_{i=1}^{q}w_{ij}o_j^{(p)}-\theta_i\Big]=-\eta\frac{\partial J_p}{\partial net_i^{(p)}}o_j^{(p)}\end{aligned} \tag{J4.13}$$

定义

$$\begin{aligned}\delta_i^{(p)}&=-\frac{\partial J_p}{\partial net_i^{(p)}}=-\frac{\partial J_p}{\partial o_i^{(p)}}\cdot\frac{\partial o_i^{(p)}}{\partial net_i^{(p)}}\\&=-\frac{\partial J_p}{\partial o_i^{(p)}}\cdot g'(net_i^{(p)})=-\frac{\partial J_p}{\partial o_i^{(p)}}\cdot o_i^{(p)}(1-o_i^{(p)})\end{aligned} \tag{J4.14}$$

由于隐含层中一个神经元输出的改变，会影响与该神经元连接的所有输出神经元的输入，即

$$\frac{\partial J_p}{\partial o_i^{(p)}}=-\sum_{k=1}^{L}\frac{\partial J_p}{\partial net_k^{(p)}}\cdot\frac{\partial net_k^{(p)}}{\partial o_i^{(p)}}=-\sum_{k=1}^{L}\frac{\partial J_p}{\partial net_k^{(p)}}\cdot\frac{\partial}{\partial o_i^{(p)}}\Big[\sum_{i=1}^{q}w_{ki}o_i^{(p)}-\theta_k\Big]$$

$$= \sum_{k=1}^{L}\left[-\frac{\partial J_p}{\partial net_k^{(p)}}\right]\cdot w_{ki} = \sum_{k=1}^{L}\delta_k^{(p)}\cdot w_{ki}$$

则

$$\delta_i^{(p)} = \left[\sum_{k=1}^{L}\delta_k^{(p)}\cdot w_{ki}\right]\cdot o_i^{(p)}(1-o_i^{(p)}) \tag{J4.15}$$

因此,隐含层神经元 i 的权重系数修正公式为

$$\Delta w_{ij} = \eta\delta_i^{(p)}o_j^{(p)} = \eta\left[\sum_{k=1}^{L}\delta_k^{(p)}\cdot w_{ki}\right]o_i^{(p)}(1-o_i^{(p)})o_j^{(p)} \tag{J4.16}$$

在样品 p 作用时,式中,$o_i^{(p)}$ 为节点 i 的输出;$o_j^{(p)}$ 为输入节点 j 的输出,也是该节点的输入(对输入节点两者相当)。

(6)权重系数的增量

在学习过程中,权重系数的增量计算公式如下:

输出层的神经元 k 在样品 p 作用时,

$$w_{ki}(t+1) = w_{ki}(t) + \eta\delta_k^{(p)}o_i^{(p)} \tag{J4.17}$$

隐含层的神经元 i 在样品 p 作用时,

$$w_{ij}(t+1) = w_{ij}(t) + \eta\delta_i^{(p)}o_j^{(p)} \tag{J4.18}$$

式中,t 为迭代次数。给定某一个样品 p,根据误差要求调整网络的权重系数,使其满足要求;然后对另一个样品,再根据误差要求调整网络的权重系数,使其满足要求;直到所有样品的误差满足要求为止。这种计算过程称为在线学习。

如果学习过程按总误差函数(J)减小的原则调整权重系数,类似推导,可得权重系数增量计算公式如下:

输出层的神经元 k 在样品 p 作用时,

$$w_{ki}(t+1) = w_{ki}(t) + \eta\sum_{p=1}^{N}\delta_k^{(p)}o_i^{(p)} \tag{J4.19}$$

隐含层的神经元 i 在样品 p 作用时,

$$w_{ij}(t+1) = w_{ij}(t) + \eta\sum_{p=1}^{N}\delta_i^{(p)}o_j^{(p)} \tag{J4.20}$$

权重系数的修正是在所有样品输入后,计算完总误差后进行的,这种计算过程称为离线学习。在样品数量多的时候,它比在线学习的收敛速度快。

(7)BP 算法的计算步骤

第一步,初始化,置所有的权重系数为最小的随机数。

第二步,提供训练集,给出顺序赋值的输入向量 $\boldsymbol{x}^{(1)},\boldsymbol{x}^{(2)},\cdots,\boldsymbol{x}^{(N)}$ 和期望的输出向量 $\boldsymbol{t}^{(1)},\boldsymbol{t}^{(2)},\cdots,\boldsymbol{t}^{(N)}$。

第三步,计算实际输出,按(J4.1)～(J4.7)式计算隐含层、输出层各神经元的输出。

第四步,按(J4.8)式或(J4.9)式计算期望值与实际输出的误差。

第五步,按(J4.17)式或(J4.19)式调整输出层的权重系数 w_{ki}。

第六步,按(J4.18)式或(J4.20)式调整隐含层的权重系数 w_{ij}。

第七步,返回第三步,直到误差满足要求为止。

J5 径向基函数网络

(1)基本网络模型

径向基函数(Radial Basis Function,RBF)网络是局部逼近的神经网络,它能够以任意精度逼近任一连续函数,当有很多训练向量时,有很好的训练效果。

RBF 网络的结构是具有单隐含层的一种两层前向网络,从输入到隐含层的变换是非线性的,它通过 RBF 把输入向量直接(不通过权重系数连接)映射到隐含层。而从隐含层到输出层的变换是线性的,网络输出是隐含层神经元的输出线性加权和,其权重是可调整的参数。

(2)网络输出

设网络输入 $\boldsymbol{x}$ 为 M 维向量,输出 $\boldsymbol{y}$ 为 L 维向量,输入/输出的样品总数为 N。输入到隐含层节点的映射过程表示为

$$\boldsymbol{x} \rightarrow u_i(\boldsymbol{x})$$

其中,作用函数 u 是径向基函数,一般有如下形式:

$$u_i(\boldsymbol{x}) = \exp[-(\boldsymbol{x}'\boldsymbol{x}/\delta_i^2)]$$

$$u_i(\boldsymbol{x}) = \frac{1}{(\boldsymbol{x}'\boldsymbol{x}+\delta_i^2)^a} \quad (a>0)$$

$$u_i(\boldsymbol{x}) = (\boldsymbol{x}'\boldsymbol{x}+\delta_i^2)^\beta \quad (a<\beta<1)$$

上面的函数都是径向对称的。常用的径向基函数是高斯函数:

$$u_i(\boldsymbol{x}) = \exp\left[\frac{(\boldsymbol{x}-\boldsymbol{c}_i)'(\boldsymbol{x}-\boldsymbol{c}_i)}{2\sigma_i^2}\right] \quad (i=1,2,\cdots,q) \tag{J5.1}$$

式中,$u_i(\boldsymbol{x})$是隐含层的第 i 个节点输出函数;$\boldsymbol{c}_i$ 为第 i 个节点平均值向量;σ_i 为第 i 个节点取值的标准差;q 为隐含层节点数。节点输出函数值在 0 到 1 之间变化。

为了提高网络精度和减少隐含层节点数,也可以使用如下的激活函数:

$$u_i(\boldsymbol{x}) = \exp\left[\frac{1}{2}(\boldsymbol{x}-\boldsymbol{c}_i)\boldsymbol{S}^{-1}(\boldsymbol{x}-\boldsymbol{c}_i)'\right] \quad (i=1,2,\cdots,q) \tag{J5.2}$$

式中,$\boldsymbol{S}$ 为输入变量的协方差矩阵。

RBF 网络隐含层到输出层的线性映射表示为

$$u_i(\boldsymbol{x}) \rightarrow \boldsymbol{y}$$

其中,输出向量 $\boldsymbol{y}$ 是包含 L 个节点的分量,第 k 个节点的输出分量表示为

$$y_k = \sum_{i=1}^{q} w_{ki}u_i - \theta_k \quad (k=1,2,\cdots,L) \tag{J5.3}$$

式中,u_i 是隐含层的第 i 个节点输出函数值;θ_k 为隐含层的阈值;w_{ki} 为权重系数。

(3)网络学习过程

设有 N 个训练样品,则系统对所有样品的总误差为

$$J = \sum_{p=1}^{N} J_p = \frac{1}{2}\sum_{p=1}^{N}\sum_{k=1}^{L}(t_k^{(p)} - y_k^{(p)})^2 \tag{J5.4}$$

式中,$t_k^{(p)}$ 为第 k 个节点在第 p 次训练样品中的期望输出;$y_k^{(p)}$ 为第 k 个节点在第 p 次训练样品中的实际输出。

RBF 网络学习过程分为两个阶段。第一阶段为无教师学习,确定隐含层各节点的平均值

向量和标准差;第二阶段为有教师学习,根据输入样本,使用最小二乘法求出隐含层和输出层各节点的权重系数。有时,为了提高网络精度,在第二阶段完成后,再根据样本信号校正隐含层和输出层的参数。

无导师学习也称为非监督学习,此阶段要对所有输入样品进行聚类,求取各隐含层节点的平均值向量,可以使用 k-均值聚类算法进行,计算过程如下:

①给定各隐含节点的初始平均值向量(中心向量),学习速率和判定停止计算的阈值(误差值允许范围)。

②计算各类距离(一般使用欧氏距离),并求出最小距离的节点,即按下式计算:

$$\begin{cases} d_i(k) = \|\boldsymbol{x}(k) - \boldsymbol{c}_i(k-1)\| \quad (i = 1,2,\cdots,q) \\ d_{\min}(k) = \min\limits_{1<i<q} d_i(k) = d_r(k) \end{cases} \tag{J5.5}$$

式中,k 为训练样品序号;r 为第 $k-1$ 次训练时的平均值向量 $\boldsymbol{c}_i(k-1)$ 与输入样本向量 $\boldsymbol{x}(k)$ 距离最近的隐含层节点的序号。

③调整类别中心

对平均值所在中心进行调整,即计算

$$\begin{cases} \boldsymbol{c}_i(k) = \boldsymbol{c}_i(k-1) \quad (1 \leqslant i \leqslant q, i \neq r) \\ \boldsymbol{c}_r(k) = \boldsymbol{c}_r(k-1) + \beta(k)[\boldsymbol{x}(k) - \boldsymbol{c}_i(k-1)] \end{cases} \tag{J5.6}$$

式中,$\beta(k)$ 为第 k 次训练时的学习速率,它与上一次(第 $k-1$ 次)训练时的学习速率关系为

$$\beta(k) = \beta(k-1)/[1 + \mathrm{int}(k/q)]^{1/2} \tag{J5.7}$$

式中,“int”表示取整的运算。训练时学习速率逐次减低,直至为 0。

④判定聚类质量

对于训练的全部样品($k=1,2,\cdots,N$)反复进行以上②、③步,直至满足输入样本向量接近各类别的平均值,即满足如下条件:

$$J_c = \sum_{i=1}^{q} \|\boldsymbol{x}(k) - \boldsymbol{c}_i(k)\|^2 \leqslant \varepsilon \tag{J5.8}$$

当各类别平均值确定后,进入第二阶段为有导师学习阶段,计算隐含层至输出层之间的权重系数,由于是一个线性方程组,可以使用最小二乘法确定,即计算

$$w_{ki}(k+1) = w_{ki}(k) + \eta(t_k - y_k)\frac{u_i(\boldsymbol{x})}{\boldsymbol{u}'\boldsymbol{u}} \tag{J5.9}$$

其中

$$\boldsymbol{u} = [u_1(\boldsymbol{x}), u_2(\boldsymbol{x}), \cdots, u_q(\boldsymbol{x})]'$$

为隐含层 q 个节点的高斯函数组成的向量;η 为学习速率,通常取 0~1;k 为训练样品;t_k 和 y_k 分别表示第 k 次样品输出的期望值和实际值。

J6 自组织映射网络

自组织映射网络,又称自组织特征映射(Self-Organizing Mapping 或 Self-Organizing Feature Mapping,SOM),是一种较为有效的神经网络聚类方法,可把一组样本按照相似性归成若干类,使得同一类样本之间尽可能最大程度地相似,而不同类间的样本最大程度地不同。由于完全不需要初始的聚类点和外部指导信息,利用神经网络进行学习训练,由输入层和竞争层组

成，输入层与竞争层之间的神经元实行全互连接，竞争层之间有时还存在侧向抑制连接，SOM通过有序的映射，将高维空间中样本数据间的复杂非线性统计关系转化为低维空间中的简单几何关系，同时保持主要数据间的重要拓扑关系。对于网络的每个输入模式，调整一部分网络的连接权值，使权值向量更加接近或偏离输入向量，该调整过程即为竞争学习过程。通过学习，所有权值向量在输入向量空间中相互分离，形成各自代表的输入模式，实现特征自动识别的聚类分析功能。

自组织特征映射网络的基本结构是由输入层和竞争层组成，竞争层按二维网络阵列方式组织，输入层与竞争层之间实行全互连接。竞争层各神经元之间实行侧向抑制连接，网络中有两种连接权重值，一种是神经元对外部输入反应的连接权重值，另一种是神经元之间的连接权重值，它的大小控制着神经元之间交互作用的大小。对于给定的输入，训练过程不仅要调节竞争获胜神经元的各连接权重值，而且还要调节获胜神经元的邻域神经元的权重值。

自组织特征映射算法是一种无导师的聚类方法，它能够将任意输入模式在输出层映射成一维或二维离散图形，并保持其拓扑结构不变，通过对输入模式的自组织学习，在竞争层将分类结果表示出来。

自组织特征映射网络的竞争学习过程：第一，对给定输入模式，确定竞争层获胜神经元；第二，按照学习规则，修正获胜神经元及其邻域神经元的连接权重值；第三，逐渐减小邻域及学习过程中的权重值的变化量。

竞争获胜神经元及其邻域神经元权重值更新规则为

$$w_{ji}(t+1) = w_{ji}(t) + \Delta w_{ji} \tag{J6.1}$$

式中，t 为迭代次数。权重值的变化量为

$$\Delta w_{ji} = \begin{cases} \eta_c(x_i - w_{ji}) & \text{获胜神经元} \\ \eta_d(x_i - w_{ji}) & \text{获胜邻域神经元} \end{cases} \tag{J6.2}$$

式中，η_c 和 η_d 分别表示获胜神经元和邻域神经元的权重值学习率，取值在(0,1)之间，且 $\eta_c > \eta_d$；x_i 和 w_{ji} 分别表示获胜神经元的输入和连接权重值。

学习率和邻域 d 的大小应该随着迭代过程而逐渐减小。至于邻域的学习率的初值 η_{d0}，一般可以取得比较大，通常取 0.2～0.5，其调整过程公式为

$$\eta_d = \eta_{d0}\left(1 - \frac{t}{T}\right) \tag{J6.3}$$

式中，t 为迭代次数；T 为总迭代次数。

邻域的宽度也随学习过程减小，邻域神经元的距离也减小。设距离初值为 d_0，一般可以取 1/2 或 1/3 竞争层宽度，宽度距离调整过程公式为

$$d = d_0\left(1 - \frac{t}{T}\right) \tag{J6.4}$$

自组织映射网络的学习，使得竞争获胜神经元的邻域神经元受到激励，而邻域外较远的神经元则受到抑制，从而完成聚类。

SOM 的具体算法如下：

第一步，设输入学习模式的集合为$\{x_1, x_2, \cdots, x_n\}$，其中，$n$ 为输入模式的总数即为输入神经元个数；设聚类类别数即输出神经元个数为 m。

第二步，初始化网络连接权重$\{w_{ji}\}$，随机赋初始值给连接权重并进行归一化处理，其中，

w_{ji}为输出层第j个神经元节点和输入层第i个神经元节点间的连接权重($j=1,2,\cdots,m;i=1,2,\cdots,n$)。确定学习率初始值$\eta(0)(0<\eta(0)<1)$;确定优胜领域$N_{j*}(0)$的初始值;确定总学习次数$T$;确定允许的误差精度$\varepsilon$。

第三步,从n个学习模式中随机抽取一组作为输入模式进入网络,并记为$[x_k](k=1,2,\cdots,n)$。

第四步,计算输入模式向量$\boldsymbol{x}_k$与连接权矢量$\boldsymbol{w}_j$的欧式距离,其中,$\boldsymbol{w}_j=(w_{j1},w_{j2},\cdots,w_{jn})$,然后找出距离最小的神经元$j^*$,并确定其为获胜神经元,$d_{j^*}=\min[d_j](j=1,2,\cdots,m)$。

第五步,对连接权进行调整,其中对优胜领域N_{j^*}外的节点权重保持不变,而优胜领域内的所有神经元与输入层神经元间的连接权按一定规则进行修正,即

$$w_{ji}(t+1)=w_{ji}(t)+\eta(t)[x_k-w_{ji}(t)]$$

式中,$\eta(t)$是t时刻的学习率,为t时刻优胜领域内第k个神经元与获胜领域j^*之间拓扑距离的函数。优胜域$N_{j*}(t)$,通常初始领域较大,在训练过程中随训练时间逐渐收缩。学习率随着时间增大而减小。

第六步,重新选取一组新的学习模式作为输入模式进入网络,并返回到第四步,直到n个学习模式全部完成输入。

第七步,更新学习率$\eta(t)$及优胜领域大小$N_{j^*}(t)(t=1,2,\cdots,T)$。

第八步,计算误差,即计算

$$e_i=\|\boldsymbol{w}_t-\boldsymbol{w}_{t-1}\|=\sum_{j=1}^{m}\|\boldsymbol{w}_{j,t}-\boldsymbol{w}_{j,t-1}\|$$

第九步,若$e_j\leqslant\varepsilon$则停止训练,否则$t=t+1$,并返回到第三步,进行下一次迭代,直到$t=T$。

附录 K　统计检验

对大气变量的变化规律分析是使用统计方法,通过资料数据进行的,其结果的可信性还需要进行可信度的评价,可信度评价要使用统计检验。常用的统计检验主要使用统计学中的参数和非参数假设检验方法,叙述如下。

K1　假设检验

假设检验(hypothesis testing)是推断性统计学中的一项重要内容,它是先对研究总体的参数做出某种假设,然后通过样本的观察来决定假设是否成立。假设基本形式有,H_0:原假设,H_1:备择假设。运用统计理论对上述假设进行检验,在原假设与备择假设中选择其一。假设检验基本依据是小概率事件原理:小概率事件在一次试验中几乎不可能发生。检验的前提是承认原假设,进行一次实验,如果小概率事件发生,则拒绝原假设,如果大概率事件发生,则接受原假设。

对假设的检验问题,常常是检验对象是否来自某个假设对象,检验其样本,往往看它们与假设对象是否有显著差异。因此,假设检验又称为显著性检验(test of statistical significance 或 significance test)。

假设的检验结果有可能犯错误。可能的错误有两类。第一类错误:原假设是真实的,检验结果是拒绝假设,即弃真。其事件发生的概率是设定的小概率 α,气象应用中常使用为 0.05 或 0.01,作为小概率事件出现的可能性大小度量,称为显著性检验的水平,简称为显著(性)水平 α。即检验结果是弃真犯错误的概率为

$$P\{\text{拒绝 } H_0 \mid H_0 \text{ 为真}\} = \alpha \tag{K1.1}$$

第二类错误:原假设是不真实的,检验结果是接受假设,即取伪。其犯错误的概率为

$$P\{\text{接受 } H_0 \mid H_0 \text{ 不真}\} = \beta \tag{K1.2}$$

对于一定的样本容量 n,不能同时做到两类错误的概率都很小。如果减小犯 α 错误,就会增大犯 β 错误的概率;若减小 β 错误,也会增大犯 α 错误的概率。使 α、β 同时变小的办法就是增大样本容量。一般来说,哪一类错误所带来的后果越严重,危害越大,在假设检验中就应当把哪一类错误作为首要的控制目标。但在假设检验中,一般均首先控制犯 α 错误概率。

假设检验的步骤如图 K1.1 所示。

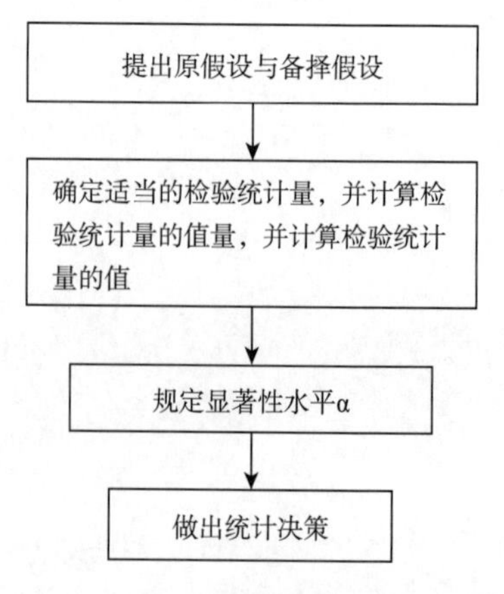

图 K1.1　假设检验步骤

K2 平均值检验

平均值的显著性检验在概率统计中一般有大样本检验(统计量近似遵从正态分布)和小样本检验(统计量遵从 t 分布)。

(1)u 检验

对有大样本平均值的显著性检验可以使用正态总体参数(数学期望 μ)假设检验——u 检验,其原假设为

$$H_0: \mu = \mu_0, H_1: \mu \neq \mu_0 \text{(双边备择假设)}$$

在已知总体方差情况下,统计量

$$u = \frac{\bar{x} - \mu_0}{\sigma / \sqrt{n}} \tag{K2.1}$$

遵从标准正态分布 $N(0,1)$。式中,$\bar{x}$ 为试验的大样本平均值;σ 为总体标准差(可以使用大样本中的样本标准差估计)。若 u 的绝对值大于概率 $\alpha/2$ 分布值(当 $\alpha=0.05$ 时,其值为 1.96)时,拒绝假设。

(2)t 检验

t 检验的原假设为

$$H_0: \mu = \mu_0, H_1: \mu \neq \mu_0 \text{(双边备择假设)}$$

当未知总体方差时,统计量

$$t = \frac{\bar{x} - \mu_0}{s / \sqrt{n-1}} \tag{K2.2}$$

遵从自由度为 $n-1$ 的 t 分布。式中,$\bar{x}$ 为试验样本平均值;s 为样本标准差,即

$$\bar{x} = \frac{1}{n}\sum_{i=1}^{n} x_i, s = \sqrt{\frac{1}{n}\sum_{i=1}^{n}(x_i - \bar{x})^2} \quad (i = 1, \cdots, n)$$

若 t 的绝对值大于概率 $\alpha/2$ 分布值(查 t 分布表)时,拒绝假设。

K3 两组样本平均值差异的检验

气象中的数值试验经常要遇到异常年份与一般年份平均值差异是否显著,或者变量序列在某一段时期与另外一段时期气候状态(平均值)差异是否显著等问题,其检验需要使用平均值差异显著性检验。

(1)两组平均值差异的检验

设一般年份有 m 年,特殊年份有 n 年,某气象要素在这两个年份中的平均值分别表示为 $\overline{x^c}$ 及 $\overline{x^a}$,在假设它们总体平均值无显著差异的条件下,统计量

$$t = \frac{\overline{x^c} - \overline{x^a}}{s\left(\frac{1}{n} + \frac{1}{m}\right)^{\frac{1}{2}}} \tag{K3.1}$$

遵从自由度为 $n+m-2$ 的 t 分布。式中,s^2 为它们差值方差的无偏估计量,即

$$s^2 = \frac{\sum_{i=1}^{n}(x_i^c - \overline{x^c})^2 + \sum_{i=1}^{m}(x_i^a - \overline{x^a})}{n+m-2}$$

式中，x_i^c 及 x_i^a 分别为一般年份及特殊年份第 i 时刻的要素值。

(2)两个变量场平均值差异的检验

如果检验不是单个气象要素，而是多个要素，例如，为了检验在某一水平面气压场中某一地区上的一般年份与特殊年份平均值的差异，那么这种检验就是针对多个变量进行。这时可以在多变量两个总体平均值差异的检验基础上进行。

对 p 个变量(或变量场网格点)，在假设一般年份与特殊年份总体平均值向量无差异的条件下，统计量

$$F = \frac{n+m-p-1}{(n+m-2)p}T^2 \tag{K3.2}$$

遵从分子自由度为 p，分母自由度为 $n+m-p-1$ 的 F 分布。

其中

$$T^2 = \left(\frac{1}{n} + \frac{1}{m}\right)^{-1}(\overline{\boldsymbol{x}^a} - \overline{\boldsymbol{x}^c})'S^{-1}(\overline{\boldsymbol{x}^a} - \overline{\boldsymbol{x}^c})$$

式中，$\overline{\boldsymbol{x}^c}$ 及 $\overline{\boldsymbol{x}^a}$ 分别为 p 个变量(或变量场网格点)在一般年份和特殊年份的平均值向量；S 为它们之间差值的无偏协方差阵估计，即

$$\boldsymbol{S} = \frac{1}{n+m-2}\left\{\sum_{i=1}^{n}(\boldsymbol{x}_i^a - \overline{\boldsymbol{x}^a})(\boldsymbol{x}_i^a - \overline{\boldsymbol{x}^a})' + \sum_{i=1}^{n}(\boldsymbol{x}_i^c - \overline{\boldsymbol{x}^c})(\boldsymbol{x}_i^c - \overline{\boldsymbol{x}^c})'\right\}$$

式中，$\boldsymbol{x}_i^a$ 及 $\boldsymbol{x}_i^c$ 分别为 p 个变量在异常及一般年份中的第 i 个样品向量。

K4 方差检验

(1)一个变量方差检验

对单个变量，要检验其变化幅度是否与总体方差有显著差异，可以使用 χ^2 检验。它通常是用于对单个正态总体的方差进行假设检验。当需要判断总体方差 σ^2 是否等于 σ_0^2(σ_0^2为已知常数)时，原假设和备择假设分别为

$$H_0: \sigma^2 = \sigma_0^2$$

$$H_1: \sigma^2 \neq \sigma_0^2$$

由于样本方差 s^2 是总体方差 σ^2 的无偏估计，取它与总体方差之比值构成统计量，即把

$$\chi^2 = \frac{(n-1)s^2}{\sigma_0^2} \tag{K4.1}$$

作为检验统计量。给定显著水平 α，用样本资料计算统计量，当满足

$$\chi_{1-\alpha/2}^2(n-1) \leqslant \chi^2 \leqslant \chi_{\alpha/2}^2(n-1)$$

时，则接受原假设，认为变量样本的波动性与总体比较，没有发生较大的变化；否则，拒绝原假设，认为变量样本的波动性与总体比较，发生了较大的变化。即拒绝域为

$$\chi^2 \leqslant \chi_{1-\alpha/2}^2(n-1) \text{或} \chi^2 \geqslant \chi_{\alpha/2}^2(n-1)$$

(2)两个变量方差检验

假设在某种气候模型试验中，得到两种不同试验过程(记为 x_1 和 x_2)，或者同一个变量在

不同时期的变量(记为 x_1 和 x_2)变化幅度是否有显著差别,可以用方差比进行检验。计算两个变量样本方差 $s^2(x_2)$ 及 $s^2(x_1)$(样本容量均为 n)。

当需要判断某变量总体方差 σ_1^2 是否等于另外一个变量总体方差 σ_2^2 时,原假设和备择假设分别为

$$H_0: \sigma_1^2 = \sigma_2^2$$

$$H_1: \sigma_1^2 \neq \sigma_2^2$$

由于样本方差 s^2 是总体方差 σ^2 的无偏估计,分别取两个变量样本方差之比值构成统计量,则统计量

$$F_{v_1,v_2} = \frac{s^2(x_2)}{s^2(x_1)} \tag{K4.2}$$

遵从分子自由度为 $v_1=n-1$,分母自由度为 $v_2=n-1$ 的 F 分布。在给定的显著水平 α 下,计算样本统计量的 $\hat{F}$ 值。若

$$\frac{\hat{F}}{F_{v_1,v_2,\frac{\alpha}{2}}} \leqslant F \leqslant \hat{F} \times F_{v_1,v_2,\frac{\alpha}{2}}$$

则接受假设,否则则拒绝假设。

K5　相关系数的检验

相关系数是衡量两个变量之间关系密切程度的统计量。两个变量关系密切程度是否显著也需要做统计检验。

(1)相关系数的 t 检验

对于两个总体不相关(即总体相关系数 $\rho=0$)的随机变量,由于抽样的缘故,其样本相关系数 r 不一定等于 0,也可能出现其他的数值,因而样本相关系数也是一个随机变量。在假设总体相关系数 $\rho=0$ 成立的条件下,样本相关系数 r 的概率密度函数为

$$f(r) = \frac{1}{\sqrt{\pi}} \cdot \frac{\Gamma\left(\frac{n-1}{2}\right)}{\Gamma\left(\frac{n-2}{2}\right)}(1-r^2)^{\frac{n-4}{2}} \tag{K5.1}$$

式中,Γ 为 Gamma 函数。将 r 做一变换,令

$$r = \frac{\frac{t}{\sqrt{v}}}{\sqrt{1+\frac{t^2}{v}}} \tag{K5.2}$$

式中,$v=n-2$(自由度),则有

$$f(r)\mathrm{d}r = \frac{1}{\sqrt{\pi}} \frac{\Gamma\left(\frac{v+2-1}{2}\right)}{\Gamma\left(\frac{v}{2}\right)} \left[1 - \frac{\frac{t^2}{v}}{1+\frac{t^2}{v}}\right]^{\frac{v+2-4}{2}} \times \frac{1}{\sqrt{v}\left(1+\frac{t^2}{v}\right)^{\frac{3}{2}}}\mathrm{d}t$$

$$= \frac{1}{\sqrt{v\pi}} \frac{\Gamma\left(\frac{v+1}{2}\right)}{\Gamma\left(\frac{v}{2}\right)} \left(1+\frac{t^2}{2}\right)^{-\frac{v+1}{2}} \mathrm{d}t$$

上式正好就是 t 分布统计量的密度函数。于是，就可以用 t 检验法来检验，即在原假设 H_0：$\rho=0$ 的条件下，统计量

$$t=\sqrt{n-2}\frac{r}{\sqrt{1-r^2}} \tag{K5.3}$$

遵从自由度为 $n-2$ 的 t 分布。

根据两个变量样本计算其样本相关系数，代入(K5.3)式，得到 t 统计量的值。然后在显著水平下，查 t 分布表，看其绝对值是否大于临界值，若大于则认为相关系数是显著的。

在气象统计预报中，选择因子往往要计算很多相关系数，逐个如上述方法进行检验很麻烦。实际上，在样本容量固定的情况下，可以事先计算统一的判别标准相关系数 r_c，若计算的相关系数 $r>r_c$，则通过显著性的 t 检验。求 r_c 的过程如下：

由(K5.3)式，在指定显著水平 α 下，通过显著性检验计算的 t 值应至少等于在 α 下否定域的起点值 t_α。故有

$$t_\alpha=r_c\sqrt{\frac{n-2}{1-r_c^2}} \tag{K5.4}$$

式中，r_c 就是刚巧通过检验的显著相关系数临界值。由上式解出

$$r_c=\sqrt{\frac{t_\alpha^2}{n-2+t_\alpha^2}} \tag{K5.5}$$

在实际检验过程中，若已知自由度和显著水平，求 r_c 可直接查表 K5.1。

表 **K5.1** 相关系数检验表

自由度	α=0.05	α=0.01
5	0.754	0.874
6	0.707	0.834
7	0.666	0.798
8	0.632	0.765
9	0.602	0.735
10	0.576	0.708
11	0.553	0.684
12	0.532	0.661
13	0.514	0.641
14	0.497	0.623
15	0.482	0.606
16	0.468	0.590
17	0.456	0.575
18	0.444	0.561
19	0.433	0.549
20	0.423	0.537
21	0.413	0.526
22	0.404	0.515
23	0.396	0.506
24	0.388	0.496

续表

自由度	$\alpha=0.05$	$\alpha=0.01$
25	0.381	0.487
26	0.374	0.478
27	0.367	0.470
28	0.361	0.463
29	0.355	0.456
30	0.349	0.449
60	0.254	0.330
120	0.187	0.244

* 表中 α 为显著水平。

(2)相关系数的 z 变换检验

由于相关系数不遵从正态分布,计算总体相关系数的置信区间发生困难,可以使用 Fisher 的 z 变换,把相关系数 r 转换为新变量 z 进行相关系数的检验。它定义为

$$z=\frac{1}{2}\log\left(\frac{1+r}{1-r}\right) \tag{K5.6}$$

新变量 z 是遵从正态分布的,它的数学期望为

$$E(z)=\frac{1}{2}\log\left(\frac{1+r}{1-r}\right)$$

方差为 $1/(n-3)$,其中 n 为计算 r 时序列的自由度。可以利用正态分布求数学期望的置信区间进行检验。

(3)相关系数差异的显著性检验

在气象中经常遇到检验两个样本相关系数差异是否显著的问题。设两个样本相关系数分别记为 r_1 和 r_2,分别从两组彼此独立的总体中抽样得到。将 r_1 和 r_2 分别进行 Fisher 的 z 变换,变换后分别记为 Zr_1 和 Zr_2。由于 Zr 的分布近似正态,同样(Zr_1-Zr_2)的分布仍为正态,其分布的标准差为

$$SE_{DZr}=\sqrt{\frac{1}{n_1-3}+\frac{1}{n_2-3}} \tag{K5.7}$$

式中,n_1 和 n_2 分别为两个样本的容量。

类似两个平均值检验,在假设两个总体期望没有差异的条件下,统计量

$$Z=\frac{Zr_1-Zr_2}{\sqrt{\frac{1}{n_1-3}+\frac{1}{n_2-3}}} \tag{K5.8}$$

若计算 Z 的绝对值大于 1.96,则在 0.05 显著水平下,认为两个相关系数有显著差异。否则认为无显著差异。

K6 变量的分布检验

(1)参数检验

气象统计方法中的随机变量大多假设遵从正态分布,为了在使用方法时能符合这种假设

的条件。严格来说,对研究的变量是否遵从正态分布都应进行变量分布的检验。

在样本容量很大的情况下,随机变量若遵从正态分布,它的偏度系数及峰度系数亦遵从正态分布。它们分布的数学期望为0,均方差分别为

$$s_{g_1}=\sqrt{\frac{6(n-2)}{(n+1)(n+3)}} \tag{K6.1}$$

及

$$s_{g_2}=\sqrt{\frac{24n(n-2)(n-3)}{(n+1)^2(n+3)(n+5)}} \tag{K6.2}$$

式中,n为样本容量。因此,对某一变量做正态性的检验可如下进行:假设要检验的变量遵从正态分布,分别用一次抽样的样本计算偏度系数及峰度系数,若在显著水平$\alpha=0.05$下

$$|g_1|>1.96\sqrt{\frac{6(n-2)}{(n+1)(n+3)}} \tag{K6.3}$$

$$|g_2|>1.96\sqrt{\frac{24n(n-2)(n-3)}{(n+1)^2(n+3)(n+5)}} \tag{K6.4}$$

则拒绝假设,认为变量不遵从正态分布。否则就可以认为变量遵从正态分布。

(2)拟合优度检验

拟合优度检验记为K-S(Kolmogorov-Smirnov)检验。K-S检验是检验样本是否来自某一特定分布的方法,它以样本数据的累计频数分布与特定理论分布比较,若两者间的差距很小,则认为该样本取自某特定的分布。

设抽样样本来自某个随机变量总体,该随机变量遵从的分布函数已知为$\Phi(x)$,根据样本的分布函数$F(x)$进行检验的原假设为

$$H_0:F(x)=\Phi(x),H_1:F(x)\neq\Phi(x)$$

统计量

$$\chi^2=\sum_{i=1}^{k}\frac{(m_i-np_i)^2}{np_i} \tag{K6.5}$$

的极限分布为自由度为$k-1$的χ^2分布。式中,k为样本数据直方图中的分组数;n为样本容量;m_i为第i组的实测频数;p_i为第i组的理论频率,它可以从分布函数$\Phi(x)$中计算得到。

在具体计算时,自由度还需要考虑分布函数$\Phi(x)$中的参数个数c。例如,如果检验的随机变量分布是正态分布,它有两个参数(数学期望和均方差),参数个数为$c=2$,则计算的自由度为$k-2-1$。给定显著水平α,当$\chi^2\leqslant\chi_\alpha^2$时,则接受原假设,认为样本是来自分布函数为$\Phi(x)$的总体;否则,拒绝原假设。

K7 频率的检验

(1)单个总体频率的检验

对某个气象事件出现的频率,如果样本容量n与原总体的频率(即事件气候概率)p_0满足:

$$np_0\geqslant 5,n(1-p_0)\geqslant 5$$

则可以使用u检验法对事件频率进行检验,其原假设为

$$H_0: p = p_0, H_1: p \neq p_0$$

统计量

$$u = \frac{p - p_0}{\sqrt{\frac{p_0(1-p_0)}{n}}} \tag{K7.1}$$

遵从标准正态分布 $N(0,1)$。式中,p 为试验的样本计算的频率。若 u 的绝对值大于概率 $\alpha/2$ 分布值(当 $\alpha=0.05$ 时,为 1.96),则拒绝假设,即事件样本频率与原总体频率有显著差异。

(2)两个总体频率的差异检验

比较两个总体频率有无显著差异时,如比较两个气象事件出现频率 p_1、p_2 有无显著差异,可取容量 n_1、n_2 足够大,使得 $n_1p_1 \geqslant 5, n_1(1-p_1) \geqslant 5; n_2p_2 \geqslant 5, n_2(1-p_2) \geqslant 5$;可采用 u 检验法进行检验。假设条件:

$$H_0: p_1 = p_2, H_1: p_1 \neq p_2$$

统计量

$$u = \frac{p_1 - p_2}{\sqrt{\bar{p}(1-\bar{p})\left(\frac{1}{n_1} + \frac{1}{n_2}\right)}} \tag{K7.2}$$

其中

$$\bar{p} = \frac{n_1\bar{p}_1 - n_2\bar{p}_2}{n_1 + n_2}$$

为总体频率的估计。统计量 u 近似遵从标准正态分布 $N(0,1)$。式中,p_1、p_2 为试验的大样本两个事件的频率,若 u 的绝对值大于概率 $\alpha/2$ 分布值(当 $\alpha=0.05$ 时,为 1.96),则拒绝假设,即两个事件样本频率有显著差异。

K8 趋势检验

(1)直线趋势检验

以时间变量为自变量的一元回归方程

$$\hat{x} = a + bt$$

是描述变量 x 时间变化的拟合直线,方程中的回归系数可以表征直线趋势的方向和程度。变量序列直线趋势的检验,即对回归方程的自变量因子 t 的总体回归系数 β 进行检验,原假设 $H_0: \beta=0$,这时统计量

$$Z = \frac{b - \beta}{\frac{\sigma}{\sqrt{\sum_{i=1}^{n}(t_i - \bar{t})^2}}} \tag{K8.1}$$

遵从标准正态 $N(0,1)$分布,对其总体方差 σ^2 用无偏估计量估计有

$$\hat{\sigma}^2 = \frac{1}{n-2}\sum_{i=1}^{n}(x_i - \hat{x}_i)^2 = \frac{1}{n-2}Q \tag{K8.2}$$

则统计量

$$T = \frac{\frac{b}{\sqrt{c}}}{\sqrt{\frac{Q}{n-2}}} \tag{K8.3}$$

遵从自由度为 $n-2$ 的 t 分布。式中，Q 为回归方程的残差平方和，参数

$$c = \left[\sum_{i=1}^{n}(t_i - \bar{t})^2\right]^{-1}$$

检验时，利用变量数据样本计算 T 值，在显著水平 α 下，若其绝对值落在否定域中，则拒绝假设，认为该变量时间变化的直线趋势是显著的。

(2)τ 检验

序列变化的趋势是否显著，可以使用宏观趋势检验中的 Kendall-τ 显著性检验方法。它是一种用于检验时间序列变化趋势的非参数检验方法，允许序列中有缺测值，变量遵从分布未知。它的原假设是序列无变化趋势。对时间序列 $x_t(t=1,2,\cdots,n)$，计算统计量

$$\tau = \frac{4\sum_{i=1}^{n-1}N(i)}{n(n-1)} - 1 \tag{K8.4}$$

式中，$N(i)$为序列中 $x(j)(j>i)$大于 $x(i)$的样品个数。τ 值在$-1\sim1$之间变化。对递增直线或曲线，其 $N(i)$序列为

$$n-1, n-2, \cdots, 1$$

则

$$4\sum_{i=1}^{n-1}N(i) = 4(n-1)(1+n-1)/2 = 2n(n-1)$$

即 τ 为 1，对无变化趋势序列 τ 为-1。在 n 很大时，统计量 τ 遵从标准正态分布，其期望为 0，方差为

$$s^2 = \frac{4n+10}{9n(n-1)}$$

因此，若 τ 值大于如下判据值

$$\tau_c = 1.96\sqrt{\frac{4n+10}{9n(n-1)}}$$

则表明序列有显著的变化趋势(显著水平为 0.05)。

K9 突变检验

(1)t 检验

序列的突变多是反映不同时期气候态(平均值)的突变。可以用差异统计量 t 检验两相邻时段序列平均值有无显著差异，来判断序列平均状态是否存在突变。对某变量时间序列，其样本容量为 n，一般在序列中取某年份为分割点，取相邻时段为 m 年，在假设两个总体平均值无显著差异的条件下，统计量

$$t = \frac{\overline{x}_1 - \overline{x}_2}{s} \tag{K9.1}$$

遵从自由度为 $2(m-1)$ 的 t 分布。式中，$\overline{x}_1$ 及 $\overline{x}_2$ 分别为分割前、后时段子样本的平均值；s 为它们两个时段差值标准差的无偏估计量，即

$$s = \sqrt{\frac{\sum_{i=1}^{m}(x_{1i}-\overline{x}_1)^2 + \sum_{i=1}^{m}(x_{2i}-\overline{x}_2)}{m(m-1)}}$$

检验时，计算变量数据样本的 t 值，在显著水平 α 下，若其绝对值落在否定域中，则拒绝假设，认为该变量时间变化的直线趋势是显著的。

(2)扫描式 t 检验

扫描式 t 检验是对变量时间序列多尺度突变现象的一种显著性检验方法。对样本容量为 N 的变量时间序列 $x(i)$，当序列中第 j 时间点前、后两个相邻子序列样本量(n)相等时，其显著性检验统计量为

$$t(n,j) = (\overline{x}_{j2} - \overline{x}_{j1}) \cdot n^{1/2} \cdot (s_{j2}^2 + s_{j1}^2)^{-1/2} \tag{K9.2}$$

其中

$$\overline{x}_{j1} = \frac{1}{n}\sum_{i=j-n}^{j-1} x(i), \overline{x}_{j2} = \frac{1}{n}\sum_{i=j}^{j+n-1} x(i)$$

$$s_{j1}^2 = \frac{1}{n-1}\sum_{i=j-n}^{j-1}(x(i)-\overline{x}_{j1})^2, s_{j2}^2 = \frac{1}{n-1}\sum_{i=j}^{j+n-1}(x(i)-\overline{x}_{j2})^2$$

这里 n 表示两相邻子序列的长度，$n=2,3,\cdots<N/2$，也可以选择适当的间隔。j 是检测突变现象的参考点($j=n+1,n+2,\cdots,N-n$)。

对于独立、正态分布的序列，上述 $t(n,j)$ 检验时的自由度可由下式的近似整数来估算：

$$f(n,j) = (s_{j1}^2 + s_{j2}^2)(n-1)n(s_{j1}^4 + s_{j2}^4)^{-1} \tag{K9.3}$$

由于 t 检验要求序列应是独立的和遵从正态分布的，当序列是非独立序列时，其有效自由度的计算为

$$E_f(n) = f(n) \cdot \left[\sum_{\tau=0}^{m} r^2(\tau)\right]^{-1} \tag{K9.4}$$

其中自相关系数的最大阶数 m，在实际计算时可适当取到 $r(m)$ 接近 0 值的阶数。为使图表直观，分析方便，还可计算比值

$$t_r(n,j) = t(n,j)/t_{0.01}[E_f(n)] \tag{K9.5}$$

作为一阶矩突变扫描式 t 检验的显著性指数。显然，当 $|t_r(n,j)|>1.0$ 时，可判断该突变是在 0.01 显著水平下是统计显著的。$t_r(n,j)>1.0$ 代表上升的突变事件，$t_r(n,j)<-1.0$ 表示变化趋势为下降的突变。

定义统计量：

$$t_{rc}(n,j) = sign\left\{\frac{t_{ra}(n,j)t_{rb}(n,j)}{\sqrt{[t_{ra}(n,j)t_{rb}(n,j)]^2}}\right\} \tag{K9.6}$$

为两个序列 a 和 b 之间突变现象的相干性指数。通常，$t_{rc}(n,j)>1.0$ 的中心(局部最大值)表示两序列的突变方向相同；$t_{rc}(n,j)<-1.0$ 的中心(局部最小值)表示两序列的突变方向相反。严格说来，还应该要求 $|t_{ru}(n,j)|$ 和 $|t_{rv}(n,j)|$ 也同时大于 1.0。

(3)序贯 t 检验

在 t 检验中，一般要求分割点两侧选取一定长度的窗口进行平均值比较。如果长度很小，还考虑序列的波动幅度时，需要使用序贯 t 检验。

对气候年变化序列 $x(t)$，序贯 t 检验步骤如下：

第一步，选取序列一个分割点前的一段时段，记为 R_1，其时段长度为 L，此时段没有序列突变点。

第二步，计算突变时段平均值的波动范围区间，计算公式为

$$diff = t_\alpha \sqrt{2\sigma_L^2/t_\alpha} \tag{K9.7}$$

式中，t_α 为显著水平为 α，对应自由度为 $2L-2$ 的 t 分布值；σ_L^2 为该时段的方差，并假定以 L 尺度在序列中滑动，其方差不变。

第三步，计算该时段平均值 $\bar{x}_{R1}$，则下一个时段 R_2 的平均值与该时段的波动进行比较的波动范围为

$$\bar{x}'_{R2} = \bar{x}_{R1} \pm diff$$

第四步，判断下一个时段 R_2 第 1 个时刻($i=L+1$)出现的值，是否超过上面的波动范围，若超过则认为此时刻是出现突变时段 R_2 可能的第 1 个时刻。

第五步，判断下一个时段 R_2 是否存在平均值的跃变，即在 $i>j$ 过程中，$x_i-\bar{x}_{R2}$ 应该有相同的距平值，且大于波动范围，即其累积距平和(称为突变指数)为

$$RSI_{i,j} = \sum_{i=j}^{j+m} \frac{x_i^*}{t\sigma_L} \quad (m = 0,1,\cdots,L-1)$$

式中，$x_i^*=x_i-\bar{x}'_{R2}$(如果突变后的均值是升值)，或者 $x_i^*=\bar{x}'_{R2}-x_i$(如果突变后的均值是降值)，计算过程中以波动范围的标准差为基础的标准化累积距平值，如果 RSI 出现负值时，转入第六步，否则转到第七步。

第六步，如果 RSI 为负值，意味 t 检验在第 j 年失败。把第 1 时段 R_1 延长至 j 时刻，按第四步方法重新计算从 1 到 j 时刻的第 1 时段的平均值，修正该时段的波动范围。

第七步，如果 RSI 为正值，意味 t 检验从 $L+1$ 到 j 年的时段平均值与 R_1 时段平均值有显著水平为 α 的显著差异，确定该时段为突变的时段，分割点是第 j 时刻。然后再继续进行下一段序贯 t 检验过程。

(4)Mann-Kendall 检验

Mann-Kendall 检验简称为 M-K 法，它是一种检验序列是否存在突变的常用方法。其优点在于避开了序列分布的假定。M-K 检验通过比较序列所有的成对的(X_i,X_j)来获取信息。其原假设为序列($X_1,X_2,\cdots,X_n$)为 n 个独立同分布的随机变量；备选假设为对于 $i,j<n$ 且 $i\neq j$，X_i 和 X_j 的分布不相同。

M-K 检验的统计量 S 由下式给出：

$$S = \sum_{i=1}^{n-1} \sum_{j=i+1}^{n} \mathrm{sgn}(X_j - X_i) \tag{K9.8}$$

式中，X_i 和 X_j 分别为序列第 i 个和第 j 个时间点的数值；$\mathrm{sgn}(\theta)$ 函数定义为

$$\mathrm{sgn}(\theta) = \begin{cases} 1 & (\theta > 0) \\ 0 & (\theta \leqslant 0) \end{cases}$$

统计量 S 实际上是所有对偶(X_i,X_j)中满足后者大于前者的对偶个数。

在序列抽样是独立条件下，统计量

$$Z=\frac{S-E(S)}{\sqrt{var(S)}} \tag{K9.9}$$

遵从标准正态分布。

其中

$$E(S)=\frac{n(n+1)}{4}$$

$$var(S)=\frac{n(n-1)(2n+5)}{72}$$

进一步计算序列正和反向的对偶 Z 统计量序列，画于同一张图上。如果两个曲线的交点落在某显著水平的接受域内，说明序列既无正向又无反向的显著变化趋势，则认为该交点(时刻)可能存在趋势变化的突变。

K10　蒙特卡洛检验

一般的检验常常假定变量遵从正态(高斯)分布，如果变量不遵从正态分布，可以采用如下所述的蒙特卡洛(monte-carlo)检验方法。蒙特卡洛方法是一种针对难以用分析方法找到答案或者很难用分析方法检验的问题的统计方法。

蒙特卡洛方法是随机试验方法其一般步骤如下：

第一步，对检验目标参数，随机选取一个随机抽样的样本，计算对应的参数，得到一个参数值。

第二步，将第一步重复尽可能多的次数，得到很多的参数值，组成参数的随机试验样本。

第三步，对随机参数样本进行累计频率分布计算和整理，得到累计频率分布直方图。

第四步，从参数的累计频率分布图中，根据预定的显著水平，确定假设检验的拒绝原假设的拒绝域，以及其对应的百分位值。

第五步，分析实际要进行检验的参数计算值，是否落入原假设的拒绝域，如果落入，则拒绝假设，否则接受假设。

例如，对大气变量合成场中某格点距平变量平均值做显著性检验，格点变量数据的时间(年)总长度 n 是 31，合成场选取 3 个，检验合成的平均值是否显著的 monte-carlo 检验的做法是：

(1)在 1～31 之间随机产生 3 个数，然后将这 3 个数对应的年份做合成，得到一个平均值(空间每个点)；

(2)将第(1)步重复 1000 遍，一共得到 1000 个值(空间每个点)；

(3)将这 1000 个数按从小到大排列，将第 25 和第 975 百分位值保存下来；

(4)将实际要进行合成的 3 年做合成，合成值小于第(3)步中保存的第 25 百分位值或者大于第 975 百分位值时，则认为 3 年合成场中该格点距平的平均值通过显著水平为 0.05 的显著性检验。

附录L 气象统计常用数表

L1 正态分布函数

$$\Phi(x)=\frac{1}{\sqrt{2\pi}}\int_{-\infty}^{x}e^{-\frac{x^2}{2}}dt \text{ 的数值表}$$

x	$\Phi(x)$	x	$\Phi(x)$	x	$\Phi(x)$	x	$\Phi(x)$	x	$\Phi(x)$	x	$\Phi(x)$
0.00	0.5000	0.50	0.6915	1.00	0.8413	1.50	0.9332	2.00	0.9772	2.50	0.9938
0.05	0.5199	0.55	0.7088	1.05	0.8531	1.55	0.9394	2.05	0.9798	2.55	0.9946
0.10	0.5398	0.60	0.7257	1.10	0.8643	1.60	0.9452	2.10	0.9821	2.60	0.9953
0.15	0.5596	0.65	0.7421	1.15	0.8749	1.65	0.9505	2.15	0.9842	2.65	0.9960
0.20	0.5793	0.70	0.7580	1.20	0.8849	1.70	0.9554	2.20	0.9861	2.70	0.9965
0.25	0.5987	0.75	0.7734	1.25	0.8944	1.75	0.9599	2.25	0.9878	2.75	0.9970
0.30	0.6179	0.80	0.7881	1.30	0.9032	1.80	0.9641	2.30	0.9893	2.80	0.9974
0.35	0.6368	0.85	0.8023	1.35	0.9115	1.85	0.9678	2.35	0.9906	2.85	0.9978
0.40	0.6554	0.90	0.8159	1.40	0.9192	1.90	0.9712	2.40	0.9918	2.90	0.9981
0.45	0.6736	0.95	0.8289	1.45	0.9265	1.95	0.9744	2.45	0.9929	2.95	0.9984
										3.00	0.9987

L2　χ^2 分布

$$P(\chi^2 \geqslant \chi_a^2) = \frac{1}{2^{\frac{n}{2}}\Gamma(\frac{n}{2})}\int_{\chi_a^2}^{\infty} e^{-\frac{u}{2}} u^{\frac{n}{2}-1} du = a \text{ 的数值表}$$

表中给出具有自由度 n 的随机变量 χ^2 不少于 χ_a^2 的概率等于 a 的 χ_a^2 值。

n \ a	0.80	0.70	0.50	0.30	0.20	0.10	0.05	0.02	0.01
1	0.064	0.143	0.455	1.074	1.642	2.706	3.841	5.412	6.635
2	0.446	0.713	1.386	2.408	3.219	4.605	5.991	7.824	9.210
3	1.005	1.424	2.366	3.665	4.642	6.251	7.815	9.832	11.345
4	1.649	2.195	3.357	4.878	5.989	7.779	9.488	11.668	13.277
5	2.343	3.000	4.351	6.064	7.289	9.236	11.070	13.388	15.086
6	3.070	3.828	5.348	7.231	8.558	10.645	12.592	15.033	16.812
7	3.822	4.671	6.346	8.383	9.803	12.017	14.067	16.622	18.475
8	4.594	5.527	7.344	9.524	11.030	13.362	15.507	18.168	20.090
9	5.380	6.393	8.343	10.656	12.242	14.684	16.919	19.679	21.666
10	6.179	7.267	9.342	11.781	13.442	15.987	18.307	21.161	23.209
11	6.989	8.148	10.341	12.899	14.631	17.275	19.675	22.618	24.725
12	7.807	9.034	11.340	14.011	15.812	18.549	21.026	24.054	26.271
13	8.634	9.926	12.340	15.119	16.985	19.812	22.362	25.472	27.688
14	9.467	10.821	13.339	16.222	18.151	21.064	23.685	26.873	29.141
15	10.307	11.721	14.339	17.322	19.311	22.307	24.996	28.259	30.578
16	11.152	12.624	15.338	18.418	20.465	23.452	26.296	29.633	32.000
17	12.002	13.531	16.338	19.511	21.615	24.769	27.587	30.995	33.409
18	12.857	14.440	17.338	20.601	22.760	25.989	28.869	32.346	34.805
19	13.716	15.352	18.338	21.680	23.900	27.204	30.144	33.687	36.191
20	14.578	16.266	19.337	22.775	25.038	28.412	31.410	38.020	37.566
21	15.445	17.182	20.337	23.858	26.171	29.615	32.671	36.343	38.932
22	16.314	18.101	21.337	24.939	27.301	30.813	33.924	37.659	40.289
23	17.187	19.021	22.337	26.018	28.429	32.007	35.172	38.968	41.638
24	18.062	19.943	23.337	27.096	29.553	33.196	36.415	40.270	42.980
25	18.940	20.867	24.337	28.172	30.675	34.382	37.652	71.566	44.314
26	19.820	21.792	25.336	29.246	31.795	35.563	38.885	42.856	45.642
27	20.703	22.719	26.336	30.319	32.912	36.741	40.113	44.140	46.963
28	12.588	23.647	27.336	31.391	34.027	37.916	41.337	45.419	48.278
29	22.475	24.577	28.336	32.461	35.139	39.087	42.557	46.693	49.588
30	23.364	25.508	29.336	33.530	36.250	40.256	43.773	47.662	50.892

L3　F 分布

$$P(F \geqslant F_{\alpha}) = \int_{F_{\alpha}}^{\infty} g(F)\mathrm{d}F = 0.05$$

显著水平 0.05 的 $F = S_1^2/S_2^2$ 的置信限，f_1—— 分子自由度，

f_2 \ f_1	1	2	3	4	5	6	7	8	9	10	11	12	13	14
1	161	200	216	25	230	234	237	239	241	242	243	244	245	245
2	18.50	19.00	19.20	19.20	19.30	19.30	19.40	19.40	19.40	19.40	19.40	19.40	19.40	19.40
3	10.10	9.55	9.28	9.12	9.01	8.94	8.89	8.85	8.81	8.79	8.76	8.74	8.73	8.71
4	7.71	6.94	6.59	6.39	6.26	6.16	6.09	6.04	6.00	5.96	5.94	5.91	5.89	5.87
5	6.61	5.79	5.41	5.19	5.05	4.95	4.88	4.82	4.77	4.74	4.70	4.68	4.66	4.64
6	5.99	5.14	4.76	4.53	4.39	4.28	4.21	4.15	4.10	4.06	4.03	4.00	3.98	3.96
7	5.59	4.74	4.35	4.12	3.97	3.87	3.79	3.73	3.68	3.64	3.60	3.57	3.53	3.53
8	5.32	4.46	4.07	3.84	3.69	3.58	3.50	3.44	3.39	3.35	3.31	3.28	3.26	3.24
9	5.12	4.26	3.86	3.63	3.48	3.37	3.29	3.23	3.18	3.14	3.10	3.07	3.05	3.03
10	4.96	4.10	3.71	3.48	3.33	3.22	3.14	3.07	3.02	2.98	2.94	2.91	2.89	2.86
11	4.84	3.98	3.59	3.36	3.20	3.09	3.01	2.95	2.90	2.85	2.82	2.79	2.76	2.74
12	4.75	3.89	3.49	3.26	3.11	3.00	2.91	2.85	2.80	2.75	2.72	2.69	2.66	2.64
13	4.67	3.81	3.41	3.18	3.03	2.92	2.83	2.77	2.71	2.67	2.63	2.60	2.58	2.55
14	4.60	3.74	3.34	3.11	2.96	2.85	2.76	2.70	2.65	2.60	2.57	2.53	2.51	2.48
15	4.54	3.68	3.29	3.06	2.90	2.79	2.71	2.64	2.59	2.54	2.51	2.48	2.45	2.42
16	4.49	3.63	3.24	3.01	2.85	2.74	2.66	2.59	2.54	2.49	2.46	2.42	2.40	2.37
17	4.45	3.59	3.20	2.96	2.81	2.70	2.61	2.55	2.49	2.45	2.41	2.38	2.35	2.33
18	4.41	3.55	3.16	2.93	2.77	2.66	2.58	2.51	2.46	2.41	2.37	2.34	2.31	2.29
19	4.38	3.52	3.13	2.90	2.74	2.63	2.54	2.48	2.42	2.38	2.34	2.31	2.28	2.26
20	4.35	3.49	3.10	2.87	2.71	2.60	2.51	2.45	2.39	2.35	2.31	2.28	2.25	2.22
21	4.32	3.47	3.07	2.84	2.68	2.57	2.49	2.42	2.37	2.32	2.28	2.25	2.22	2.20
22	4.30	3.44	3.05	2.82	2.66	2.55	2.46	2.40	2.34	2.30	2.26	2.23	2.20	2.17
23	4.28	3.42	3.03	2.80	2.64	2.53	2.44	2.37	2.32	2.27	2.23	2.20	2.18	2.15
24	4.26	3.40	3.01	2.78	2.62	2.51	2.42	2.36	2.30	2.25	2.21	2.18	2.15	2.13
25	4.24	3.39	2.99	2.76	2.60	2.49	2.40	2.34	2.28	2.24	2.20	2.16	2.14	2.11
26	4.23	3.37	2.98	2.74	2.59	2.47	2.39	2.32	2.27	2.22	2.18	2.15	2.12	2.09
27	4.21	3.35	2.96	2.73	2.57	2.46	2.37	2.31	2.25	2.20	2.17	2.13	2.10	2.08
28	4.20	3.34	2.95	2.71	2.56	2.45	2.36	2.29	2.24	2.19	2.15	2.12	2.09	2.06
29	4.18	3.33	2.93	2.70	2.55	2.43	2.35	2.28	2.22	2.18	2.14	2.10	2.08	2.05
30	4.17	3.32	2.92	2.69	2.53	2.42	2.33	2.27	2.21	2.16	2.13	2.09	2.06	2.04
32	4.15	3.29	2.90	2.67	2.51	2.40	2.31	2.24	2.19	2.14	2.10	2.07	2.04	2.01
34	4.13	3.23	2.88	2.65	2.49	2.38	2.29	2.23	2.17	2.12	2.08	2.05	2.02	1.99
36	4.11	3.26	2.87	2.63	2.48	2.36	2.28	2.21	2.15	2.11	2.07	2.03	2.00	1.98
38	4.10	3.24	2.85	2.62	2.46	2.35	2.26	2.19	2.14	2.09	2.05	2.02	1.99	1.96
40	4.08	3.23	2.84	2.61	2.45	2.34	2.25	2.18	2.12	2.08	2.04	2.00	1.97	1.95
42	4.07	3.22	2.83	2.59	2.44	2.32	2.24	2.17	2.11	2.06	2.03	1.99	1.96	1.93
44	4.06	3.21	2.82	2.58	2.43	2.31	2.23	2.16	2.10	2.05	2.01	1.98	1.95	1.92
46	4.05	3.20	2.81	2.57	2.42	2.30	2.22	2.15	2.09	2.04	2.00	1.97	1.94	1.91
48	4.04	3.19	2.80	2.57	2.41	2.29	2.21	2.14	2.08	2.03	1.99	1.96	1.93	1.90
50	4.03	3.18	2.79	2.56	2.40	2.29	2.20	2.13	2.07	2.03	1.99	1.95	1.92	1.89
60	4.00	3.15	2.76	2.53	2.37	2.25	2.17	2.10	2.04	1.99	1.95	1.92	1.89	1.86
70	3.98	3.13	2.74	2.50	2.33	2.23	2.14	2.07	2.02	1.97	1.93	1.89	1.86	1.84
80	3.96	3.11	2.72	2.49	2.35	2.21	2.13	2.06	2.00	1.95	1.91	1.88	1.84	1.82
90	3.95	3.10	2.71	2.47	2.32	2.20	2.11	2.04	1.99	1.94	1.90	1.86	1.83	1.80
100	3.94	3.09	2.70	2.46	2.31	2.19	2.10	2.03	1.97	1.93	1.89	1.85	1.82	1.79
125	3.92	3.07	2.68	2.44	2.29	2.17	2.08	2.01	1.96	1.91	1.87	1.83	1.80	1.77
150	3.90	3.06	2.66	2.43	2.27	2.16	2.07	2.00	1.94	1.89	1.85	1.82	1.79	1.76
200	3.89	3.04	2.65	2.42	2.26	2.14	2.06	1.98	1.93	1.88	1.84	1.80	1.77	1.74
300	3.87	3.03	2.63	2.40	2.24	2.13	2.04	1.97	1.91	1.86	1.82	1.78	1.75	1.72
500	3.86	3.01	2.62	2.39	2.23	2.12	2.03	1.96	1.90	1.85	1.81	1.77	1.74	1.71
1000	3.85	3.00	2.61	2.38	2.22	2.11	2.02	1.95	1.89	1.84	1.80	1.76	1.73	1.70

f_2——分母自由度。若 $f_2>1000$，则利用 $f_2=1000$ 的置信限。

15	16	17	18	19	20	22	24	26	28	30	40	50	60	80	100
246	246	247	247	248	248	249	249	249	250	250	251	252	252	252	253
19.40	19.40	19.40	19.40	19.40	19.40	19.50	19.50	19.50	19.50	19.50	19.50	19.50	19.50	19.50	19.50
8.70	8.69	8.68	8.67	8.67	8.66	8.65	8.64	8.63	8.62	8.62	8.59	8.58	8.57	8.56	8.55
5.86	5.84	5.83	5.82	5.81	5.80	5.79	5.77	5.76	5.75	5.75	5.72	5.70	5.69	5.67	5.66
4.62	4.60	4.59	4.58	4.57	4.56	4.54	4.53	4.52	4.50	4.50	4.46	4.44	4.43	4.41	4.41
3.94	3.92	3.91	3.90	3.88	3.87	3.86	3.84	3.83	3.82	3.81	3.77	3.75	3.74	3.72	3.71
3.51	3.49	3.48	3.47	3.46	3.44	3.43	3.41	3.40	3.39	3.38	3.34	3.32	3.30	3.29	3.27
3.22	3.20	3.19	3.17	3.16	3.15	3.13	3.12	3.10	3.09	3.08	3.04	3.02	3.01	2.99	2.97
3.01	2.99	2.97	2.96	2.95	2.94	2.92	2.90	2.89	2.87	2.86	2.83	2.82	2.79	2.77	2.76
2.85	2.83	2.81	2.80	2.78	2.77	2.75	2.74	2.72	2.72	2.70	2.66	2.64	2.62	2.60	2.59
2.72	2.70	2.69	2.67	2.66	2.65	2.63	2.61	2.59	2.58	2.57	2.53	2.51	2.49	2.47	2.46
2.62	2.60	2.58	2.57	2.56	2.54	2.52	2.51	2.49	2.48	2.47	2.43	2.40	2.38	2.36	2.35
2.53	2.51	2.50	2.48	2.47	2.46	2.44	2.42	2.41	2.39	2.38	2.34	2.31	2.30	2.27	2.26
2.46	2.44	2.43	2.41	2.40	2.39	2.37	2.35	2.33	2.32	2.31	2.27	2.24	2.22	2.20	2.19
2.40	2.38	2.37	2.35	2.34	2.33	2.31	2.29	2.27	2.26	2.25	2.20	2.18	2.16	2.14	2.12
2.35	2.33	2.32	2.30	2.29	2.28	2.25	2.24	2.22	2.21	2.19	2.15	2.12	2.11	2.08	2.07
2.31	2.29	2.27	2.62	2.24	2.23	2.21	2.19	2.17	2.16	2.15	2.10	2.08	2.06	2.03	2.02
2.27	2.25	2.23	2.22	2.20	2.19	2.17	2.15	2.13	2.12	2.11	2.06	2.04	2.02	1.99	1.98
2.23	2.21	2.20	2.18	2.17	2.16	2.13	2.11	2.10	2.08	2.07	2.03	2.00	1.98	1.96	1.94
2.20	2.18	2.17	2.15	2.14	2.12	2.10	2.08	2.07	2.05	2.04	1.99	1.97	1.95	1.92	1.91
2.18	2.16	2.14	2.12	2.11	2.10	2.07	2.05	2.04	2.02	2.01	1.96	1.94	1.92	1.89	1.88
2.15	2.13	2.11	2.10	2.08	2.07	2.05	2.03	2.01	2.00	1.98	1.94	1.91	1.89	1.86	1.85
2.13	2.11	2.09	2.07	2.06	2.05	2.02	2.00	1.99	1.97	1.96	1.91	1.88	1.86	1.84	1.82
2.11	2.09	2.07	2.05	2.04	2.03	2.00	1.98	1.97	1.95	1.94	1.89	1.86	1.84	1.82	1.80
2.09	2.07	2.05	2.04	2.02	2.01	1.98	1.96	1.95	1.93	1.92	1.87	1.84	1.82	1.80	1.78
2.07	2.05	2.03	2.02	2.00	1.99	1.97	1.95	1.93	1.91	1.90	1.85	1.82	1.80	1.78	1.76
2.06	2.04	2.02	2.00	1.99	1.97	1.95	1.93	1.91	1.90	1.88	1.84	1.81	1.79	1.76	1.74
2.04	2.02	2.00	1.99	1.97	1.96	1.93	1.91	1.90	1.88	1.87	1.82	1.79	1.77	1.74	1.73
2.03	2.01	1.99	1.97	1.96	1.94	1.92	1.90	1.88	1.87	1.85	1.81	1.77	1.75	1.73	1.71
2.01	1.99	1.98	1.96	1.95	1.93	1.91	1.89	1.87	1.85	1.84	1.79	1.76	1.74	1.71	1.70
1.99	1.97	1.95	1.94	1.92	1.91	1.88	1.86	1.85	1.83	1.82	1.77	1.74	1.71	1.69	1.67
1.97	1.95	1.93	1.92	1.90	1.89	1.86	1.84	1.82	1.80	1.80	1.75	1.71	1.69	1.66	1.65
1.95	1.93	1.92	1.90	1.88	1.87	1.85	1.82	1.81	1.79	1.78	1.73	1.69	1.67	1.64	1.62
1.94	1.92	1.90	1.88	1.87	1.85	1.83	1.81	1.79	1.77	1.76	1.71	1.68	1.65	1.62	1.61
1.92	1.90	1.89	1.87	1.85	1.84	1.81	1.79	1.77	1.76	1.74	1.69	1.66	1.64	1.61	1.59
1.91	1.89	1.87	1.86	1.84	1.83	1.80	1.78	1.76	1.74	1.73	1.68	1.65	1.62	1.59	1.57
1.90	1.88	1.86	1.84	1.83	1.81	1.79	1.77	1.75	1.73	1.72	1.67	1.63	1.61	1.58	1.56
1.89	1.87	1.85	1.83	1.82	1.80	1.78	1.76	1.74	1.72	1.71	1.65	1.62	1.60	1.57	1.55
1.88	1.86	1.84	1.82	1.81	1.79	1.77	1.75	1.73	1.71	1.70	1.64	1.61	1.59	1.56	1.54
1.87	1.85	1.83	1.81	1.80	1.78	1.76	1.74	1.72	1.70	1.69	1.63	1.60	1.58	1.54	1.52
1.84	1.82	1.80	1.78	1.76	1.75	1.72	1.70	1.68	1.66	1.65	1.59	1.56	1.53	1.50	1.48
1.81	1.79	1.77	1.75	1.74	1.72	1.70	1.67	1.65	1.64	1.62	1.57	1.53	1.50	1.47	1.45
1.79	1.77	1.75	1.73	1.72	1.70	1.68	1.65	1.63	1.62	1.60	1.54	1.51	1.48	1.45	1.43
1.78	1.76	1.74	1.72	1.70	1.69	1.66	1.64	1.62	1.60	1.59	1.53	1.49	1.46	1.43	1.41
1.77	1.75	1.73	1.71	1.69	1.68	1.65	1.63	1.61	1.59	1.57	1.52	1.48	1.45	1.41	1.39
1.75	1.72	1.70	1.69	1.67	1.65	1.63	1.60	1.58	1.57	1.55	1.49	1.45	1.42	1.39	1.36
1.73	1.71	1.69	1.67	1.66	1.64	1.61	1.59	1.57	1.55	1.53	1.48	1.44	1.41	1.37	1.34
1.72	1.69	1.67	1.66	1.64	1.62	1.60	1.57	1.55	1.53	1.52	1.46	1.41	1.39	1.35	1.32
1.70	1.68	1.66	1.64	1.62	1.61	1.58	1.55	1.53	1.51	1.50	1.43	1.39	1.36	1.32	1.30
1.69	1.66	1.64	1.62	1.61	1.59	1.56	1.54	1.52	1.50	1.48	1.42	1.38	1.34	1.30	1.28
1.68	1.65	1.63	1.61	1.60	1.58	1.55	1.53	1.51	1.49	1.47	1.41	1.36	1.33	1.29	1.26

L4 t 分布

$$P(|t| \geqslant t_\alpha) = \frac{1}{\sqrt{\pi}B(\frac{1}{2},\frac{n}{2})}\int_{t_\alpha}^{\infty} \frac{1}{(1+\frac{t^2}{n})^{\frac{n+1}{2}}}\mathrm{d}t = \alpha \text{ 的数值表}$$

表中给出具有自由度的学生氏随机变量 t 的绝对值不少于 t_α 的概率等于 α 的 t_α 值。

n \ α	0.80	0.60	0.40	0.20	0.10	0.05	0.02	0.10
1	0.325	0.727	1.376	3.078	6.314	12.706	31.821	63.657
2	0.289	0.617	1.061	1.886	2.920	4.303	6.965	9.925
3	0.277	0.584	0.978	1.638	2.353	3.182	4.541	5.841
4	0.271	0.569	0.941	1.533	2.132	2.776	3.747	4.604
5	0.267	0.559	0.920	1.476	2.015	2.571	3.365	4.032
6	0.265	0.553	0.906	1.440	1.943	2.447	3.143	3.707
7	0.263	0.549	0.896	1.415	1.895	2.365	2.998	3.499
8	0.262	0.546	0.889	1.397	1.860	2.306	2.896	3.355
9	0.261	0.540	0.883	1.383	1.833	2.262	2.821	3.250
10	0.260	0.542	0.879	1.372	1.812	2.228	2.764	3.169
11	0.260	0.540	0.876	1.363	1.796	2.201	2.718	3.106
12	0.259	0.539	0.873	1.356	1.782	2.179	2.681	3.055
13	0.259	0.538	0.870	1.350	1.771	2.160	2.650	3.012
14	0.258	0.537	0.868	1.345	1.761	2.145	2.624	2.977
15	0.258	0.536	0.866	1.341	1.753	2.131	2.602	2.947
16	0.258	0.535	0.865	1.337	1.746	2.120	2.583	2.921
17	0.257	0.534	0.863	1.333	1.740	2.110	2.567	2.898
18	0.257	0.534	0.862	1.330	1.734	2.101	2.552	2.878
19	0.257	0.533	0.861	1.328	1.729	2.093	2.539	2.861
20	0.257	0.533	0.860	1.325	1.725	2.086	2.528	2.845
21	0.257	0.532	0.859	1.323	1.721	2.080	2.518	2.831
22	0.256	0.532	0.858	1.321	1.717	2.074	2.508	2.819
23	0.256	0.532	0.858	1.319	1.714	2.069	2.500	2.807
24	0.256	0.531	0.857	1.318	1.711	2.064	2.492	2.797
25	0.256	0.531	0.856	1.316	1.708	2.060	2.485	2.787
26	0.256	0.531	0.856	1.315	1.706	2.056	2.479	2.779
27	0.256	0.531	0.855	1.314	1.703	2.052	2.473	2.771
28	0.256	0.530	0.855	1.313	1.701	2.048	2.467	2.763
29	0.256	0.530	0.854	1.311	1.699	2.045	2.462	2.756
30	0.256	0.530	0.854	1.310	1.697	2.042	2.457	2.750
40	0.255	0.529	0.851	1.303	1.684	2.021	2.423	2.704
60	0.254	0.527	0.848	1.296	1.671	2.000	2.390	2.660
120	0.254	0.526	0.845	1.289	1.658	1.980	2.358	2.617
∞	0.253	0.524	0.842	1.282	1.645	1.906	2.326	2.576